国家出版基金资助项目

俄罗斯数学经典著作译丛

几何变换(Ⅰ)

JIHE BIANHUAN (Ⅰ)

[苏] 雅格洛姆 著

尤承业 译

HITP

哈爾濱工業大學出版社

HARBIN INSTITUTE OF TECHNOLOGY PRESS

黑版贸审字 08 - 2015 - 001 号

内 容 简 介

本书讨论的是平面上的一类基本几何变换——保距变换.

本书通过对“什么是几何学”这个问题的讨论,自然地引出了保距变换的概念;然后给出了平移、旋转、反射和滑动反射等保距变换的定义和性质,复合和分解的规律,以及它们的相互关系;最后对保距变换进行了分类.

书中配有许多有难度但却饶有趣味的习题,认真做这些题,有助于读者加深对正文的理解,并激发对学习的兴趣.书后附有详细的习题解答.

本书适合中学生、大学低年级学生、中学教师以及数学爱好者阅读参考.

图书在版编目(CIP)数据

几何变换. Ⅰ/(苏)雅格洛姆著;尤承业译. 哈尔滨:哈尔滨工业大学出版社,2024. 5. —(俄罗斯数学经典著作译丛). —ISBN 978 - 7 - 5767 - 1473 - 9

Ⅰ. O123. 1

中国国家版本馆 CIP 数据核字第 2024DU7651 号

策划编辑 刘培杰 张永芹

责任编辑 钱辰琛

封面设计 孙茵艾

出版发行 哈尔滨工业大学出版社

社 址 哈尔滨市南岗区复华四道街 10 号 邮编 150006

传 真 0451 - 86414749

网 址 http://hitpress. hit. edu. cn

印 刷 辽宁新华印务有限公司

开 本 787 mm×1 092 mm 1/16 印张 42.75 字数 819 千字

版 次 2024 年 5 月第 1 版 2024 年 5 月第 1 次印刷

书 号 ISBN 978 - 7 - 5767 - 1473 - 9

定 价 338.00 元(全 4 册)

序言（摘译）

本书是关于初等几何的著作.长期以来，尤其是在19世纪，人们在初等几何的领域里积累了极其丰富的资料.许多关于圆、三角形和多边形的美妙而意想不到的定理被证明了.在初等几何的内部，还形成了一些完整的分支，如“三角形的几何”“四面体的几何”等，这些分支都有各自广泛的题材，各自的习题和解题的方法.

然而，本书的目的并不是向读者介绍初等几何中那些他们所不熟悉的定理.我们认为，上面谈到的初等几何的那些发展，并不需要有专著来阐述它们，这是因为超出高中课程范围的大部分定理只不过是一些“古董”，它们既没有什么实用价值，又脱离了数学发展的主流.但是，在初等几何中，除去一些具体的定理，还包含两个重要的有普遍意义的思想，它们是几何学进一步发展的基础，其重要性远远超出了几何学的界限，其中一个是演绎法和几何学的公理基础，另一个是几何变换和几何学的群论基础.这些思想都是内容丰富和卓有成效的.例如，两者的发展都直接促使了非欧几何的产生.本书的任务是阐明这两种思想之一——几何变换和几何学的群论基础.

……

下面我们介绍一下本书的特点.本书面向的读者十分广泛，在这种情况下，就难免为照顾一部分读者而不能顾及另一部分读者的兴趣.作者牺牲了基础较好的读者感兴趣的某些内容，力求使本书简单明了、通俗易懂，而不去过分追求严密性和逻辑上的精确性.例如，我们一般不对几何变换这个概念下定义，因为尽管定义的术语在直观上是清楚的，但它总是使一些缺乏经验的读者感到困难.基于同样的原因，我们不得不避开有向角的概念，并且把有向线段的概念推迟到第 2 章引进，尽管这样做使得正文和习题解答中的某些论证严格地说可以认为是不完整的，但是我们认为，基础较好的读者自己能够去完善这些论证；对于基础薄弱的读者，严格性上的欠缺不会对他们有什么影响……

在术语的选用上我们也有同样的考虑.作者根据自己当学生时的经验确信，如果在一本书中出现大量生疏的术语，会大大增加它的阅读难度，因此在术语的使用上我们尽量做得较为恰当.在某些情况下，不得不放弃一些方便的术语，这样可能就忽视了基础较好的读者的某些兴趣……

习题给读者提供了一个检验自己对正文内容掌握情况的机会，不必按顺序解所有的习题，但是我们主张读者在每一组习题中至少选做一道题(做几道更好).本书设计的结构使得按照这个方法做的读者不会丢失任何基本的内容.在解完(或试图去解)一道习题时，读者应当研究一下书后的解答.

习题一般不一定与正文相衔接，但解答都是用本书中的基本内容和初等几何变换的内容.读者特别要注重的是解题方法而不是结论.个别的习题可能出现在几个不同的地方，因为将同一个问题的几种不同的解法加以比较，常常是有益的.

本书有许多作图题，在解这些习题时，我们并不去追求“最简单”(在某种意义上)的作图法.作者对这些题目的主要兴趣是在逻辑上，而实际上并不关心怎样去完成这些作图.

……

雅格洛姆

前言

什么是几何学

基谢廖夫(Kiselëv) 在他的高级中学几何课本中首先给出了点、线、面、体的定义,并规定“几何图形是以常规的方式处在空间中的点、线、面、体的集合”,紧接着给几何学下了定义:“几何学是研究几何图形性质的学科”. 这可能使人们产生一个印象:作为前言标题的这个问题似乎早已在高级中学几何课本中回答了,不需要我们再进行进一步的研究.

然而,这种简单化的印象是错误的,虽然不能说基谢廖夫的定义不对,但它是不完善的. “性质” 这个词的含义很广泛,几何学不需要研究图形的所有性质. 例如,一个三角形是画在白纸上的,还是画在黑板上的,这在几何学中是不重要的;三角形的颜色也不是几何学的研究对象. 当然我们可以这样解释:按照上面的定义,几何学所研究的是几何图形的性质,而颜色是用来画三角形的纸的性质,不是图形本身的性质. 但是,这种解释仍然不会使人满意. 究竟图形的哪些性质是几何学中所研究的? 人们总是希望能依据一个“数学式” 的定义来判别,而这里还缺少这样的定义. 例如,当你试图去解释下面的现象时,就会感到这种不足. 在几何学中,我们只研究画在黑板上的三角形的一个顶点到某些直线(例如这个三角形的这个顶点的对边) 的距离,而不研究它到另一些直线(例如黑板的边框线) 的距离. 如果用上面的定义来解释这个现象,简直是不可能做到的.

但是在这里我们要说明，不能因为上述定义的不完善而去责怪学校用的几何课本，在学习几何的最初阶段，基谢廖夫的定义也许是所能给出的唯一的定义. 要明白这一点，只需看看下面的事实. 几何学的历史开始于4 000多年以前，但几何学的第一个科学的定义（本书的主要目的之一就是描述这个定义）却是在1872年由德国数学家克莱因（Klein）给出的. 非欧几何学的创建推动了这个定义的产生. 在罗巴切夫斯基（Lobachevsky）创建非欧几何学时，数学家们并没有明确认识到有必要对几何学的研究对象下一个确切的定义，只是在非欧几何创建之后，人们才明白“几何图形”的直观概念不能再作为几何学科中丰富多彩的结构的基础了，直观概念是不能容纳多种“几何学”的.

现在我们回到原题来阐述几何学所研究的几何图形的性质. 我们已经看到，几何学所研究的并不是几何图形的所有性质，而只是其中的一部分. 在对这部分属于几何学所研究的性质做出精确描述之前，我们只能笼统地说——几何学研究的是图形的“几何性质”. 而这个说法并不能使基谢廖夫的定义得到完善，只是把问题变成了“什么是几何性质”. 对这个新问题又只能回答“几何性质是几何学中所研究的那些性质”. 这样，我们就兜了一个圈子：几何学被规定为研究图形的几何性质的学科，而几何性质又被规定为几何学中所研究的性质. 要冲破这个圈子，我们必须不用“几何学”这个词来规定“几何性质”.

为了研究什么是图形的“几何性质”这个问题，我们先来看一个大家熟悉的命题：若给定两边 a，b 和夹角 C 作三角形，则只有一个解（图 1(a)）①. 可是，如果从另一个角度去考虑，这个结论似乎是不对的：实际上不止一个三角形具有给定边 a，b 和夹角 C，而是有无穷多个（图 2）. 因此上述问题有不止一个解，即有无穷多个解. 那么结论说只有一个解又是什么意思呢？

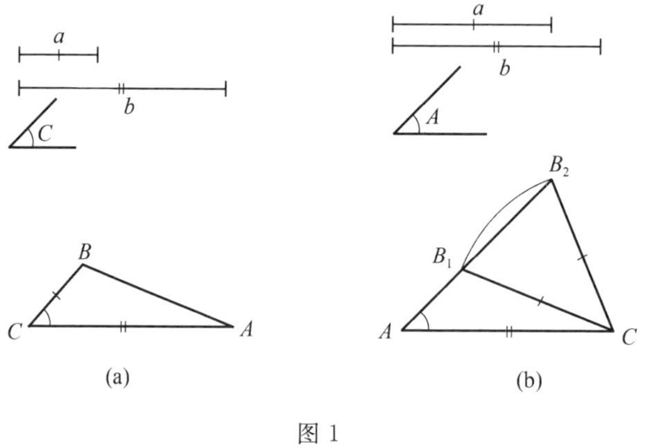

图 1

① 与此不同，若给定两边 a，b 和一个对角 A 作三角形，则可能有两个解（图 1(b)）.

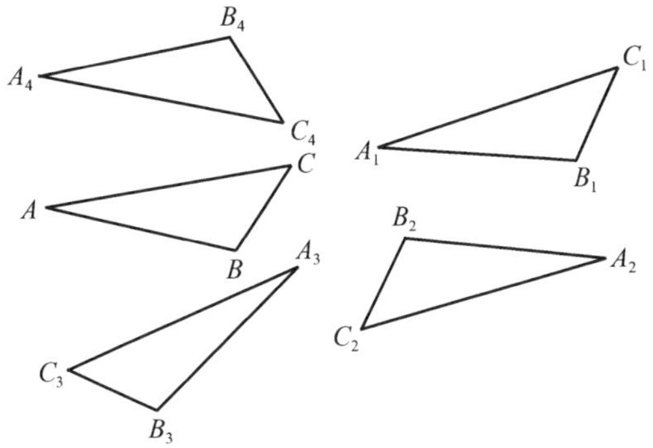

图 2

“由两边 a,b 和夹角 C 只能作一个三角形”这个结论显然意味着所有具有给定边 a,b 和夹角 C 的三角形互相全等. 因此,更确切的说法是:给定两边和夹角可以作无穷多个三角形,但它们都互相全等. 而在几何学中说只有一个三角形具有给定的两边 a,b 和夹角 C 时,对那些只在位置上不相同的三角形是不加以区别的. 既然几何学是研究图形的“几何性质”的学科,那么很清楚,只有几何性质完全相同的图形才能彼此不加以区别. 因此,全等的图形就有完全相同的几何性质;相反地,不全等的图形一定具有不同的几何性质,否则它们就不能区别了.

这样,我们就得到了图形的几何性质的定义:图形的几何性质是全等的图形所共有的那些性质. 现在,我们可以明确回答前面提到的问题:为什么几何学中不研究三角形的一个顶点到黑板边框线的距离?这是因为这个距离不是几何性质,对于全等的图形来说,它不是不变的. 另外,三角形的高是几何性质,因为全等三角形对应的高是相等的.

至此,我们离几何学的定义已经很近了. 我们知道几何学研究的是图形的“几何性质”,也就是全等图形所共有的性质. 剩下只需回答“什么是全等图形”这个问题了.

最后的这个问题也许会使有些读者失望,它可能会造成这样的印象:到此为止我们什么也没有得到,只是单单把一个问题变成另一个同样困难的问题. 然而事实并不是这样,什么情况下两个图形全等的问题是不难回答的,基谢廖夫的几何课本已经给出了一个令人满意的回答. 按照基谢廖夫的说法,“如果两个图形中的一个图形经过在空间中的移动,可以和另一个图形在各个部分上都重合,那么就称它们是全等的”. 换句话说,全等的图形就是指能经过运动而做到彼此完全重合的那些图形. 因此,图形的几何性质——全等图形所共有的性质——就是图形在移动中不变的那些性质.

现在,我们终于得到了几何学的下述定义:几何学是研究几何图形在运动中不变的那些性质的学科.我们就在这个定义上停步了,尽管这个定义还有进一步发展的余地,但我们将在以后去讨论它.

爱追根究底的读者也许对这个定义仍不满意,要求我们解释运动的意义.可以这样回答:运动[①]是平面(或空间)上的一个几何变换,它把任一点 A 变到另一点 A',并且使得任何两点 A 与 B 之间的距离等于它们所变到的点 A' 与点 B' 之间的距离[②](图 3).运动这个定义是相当抽象的,既然我们已认识到保距变换在几何学中起了如此重要的根本性作用,就愿意直观地认识它,并仔细地研究它的所有性质.这种研究就是本书的重要内容.在本书的末尾,列出了平面上所有可能的保距变换,这可以作为平面上保距变换的一个新的而且更简单的定义.(参看第 2 章 2.2 节末尾.)

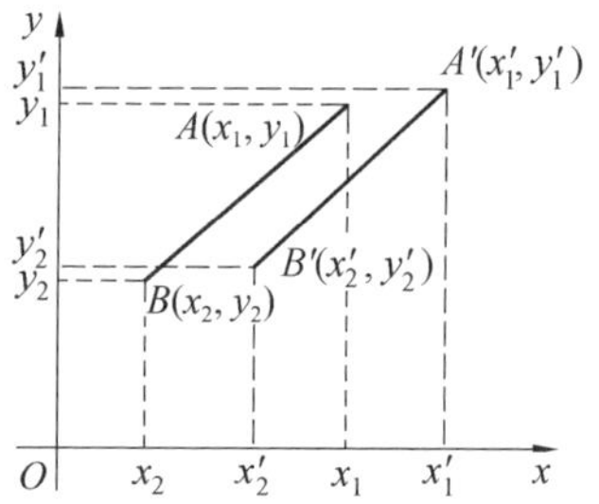

图 3

我们还要指出,研究保距变换不仅是为了用来明确几何学这个概念,它还有重要的实用意义.保距变换在解决许多几何题,特别是作图题时,有许多应用,这可以用它在几何学中的根本性作用来解释.同时,从保距变换的研究中还能得到可用来解许多几何题的某些一般方法.有时,我们能应用它们把一组习题化成同一道习题,若用别的途径去解这些习题,则要用各不相同的方法.例如,我们考虑三道大家熟悉的作图题:

(1) 在平面上作一个三角形,使得在它的三条边上分别向外作的三个等边三角形的新顶点恰为预先给定的三点.

(2) 在平面上作一个三角形,使得在它的三条边上分别向外作的三个正方形的中心恰为预先给定的三点.

(3) 给定七边形各边的中点,求作此七边形.

这三道习题用中学课本中的通常的方法也能解,但这时看起来它们似乎是互不相关的(而且都是相当复杂的习题).

问题(1) 可以这样解:先证明图 4(a) 中的三条直线 A_1M_1,A_2M_2 和 A_3M_3 交于一点 O,并且互相夹相等的角(就是说 $\angle M_1OM_2 = \angle M_1OM_3 =$

---

① 或称保距变换,或称刚体运动,后面常用保距变换这个词.

② 平面上两点 A 与 B 之间的距离等于

$$\sqrt{(x_1-x_2)^2+(y_1-y_2)^2}$$

这里(x_1,y_1)和(x_2,y_2)分别是点 A 和 B 在某个平面直角坐标系中的坐标.(坐标系的选择是无关紧要的)于是距离的概念归结为一个简单的代数式,不必做任何解释.

类似地,空间中两点 A 与 B 的距离等于

$$\sqrt{(x_1-x_2)^2+(y_1-y_2)^2+(z_1-z_2)^2}$$

这里(x_1,y_1,z_1)和(x_2,y_2,z_2)分别是 A 和 B 在某个空间直角坐标系中的坐标.

$\angle M_2OM_3=120°$，于是我们可以由 M_1，M_2 和 M_3 找到点 O)．然后再证明

$$OA_1+OA_2=OM_3,OA_2+OA_3=OM_1,OA_3+OA_1=OM_2$$

(从而就有 $OA_1=\dfrac{OM_2+OM_3-OM_1}{2}$ 等三个等式，这样就能找到点 A_1，A_2，A_3 了)．

解问题(2)时只需先证明(图 4(b))

$$M_2B_1\perp M_3B_1,M_2B_1=M_3B_1$$

这里 B_1 是 $\triangle A_1A_2A_3$ 中边 A_2A_3 的中点，或者证明(这是第二种解法)

$$A_1M_1=M_2M_3,A_1M_1\perp M_2M_3$$

解问题(3)时可以利用下面的事实：七边形 $A_1A_2A_3A_4A_5A_6A_7$ 的对角线 A_1A_5 的中点 M'_5 与点 M_5，M_6，M_7 恰好是一个平行四边形的四个顶点(图 4(c))，因此 M'_5 可以作出．于是，作七边形 $A_1A_2A_3A_4A_5A_6A_7$ 的问题就转化成作五边形 $A_1A_2A_3A_4A_5$ 的类似问题．这个新问题又可用同样的方法继续化简．

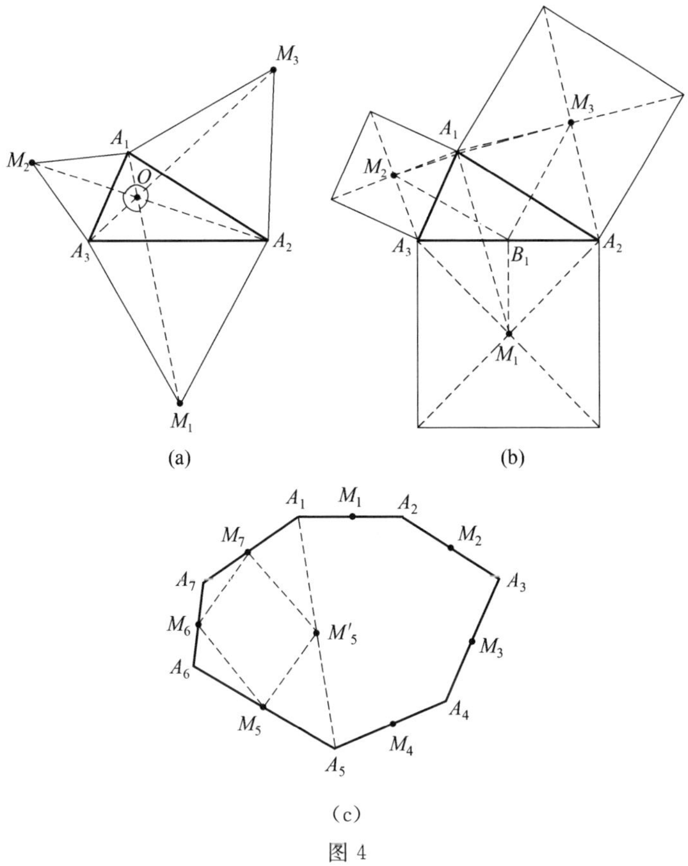

(c)

图 4

以上这几个解法技巧性都是极强的，都要作一些辅助线(事先我们怎么知

道要作哪些辅助线呢)，并且都是要动动脑筋的. 但是，保距变换的研究使我们能提出并解答一个更一般的作图题(参见第 1 章第 21 题)：

试作一个 n 边形，使得分别以它的各边为底边，给定角 $\alpha_1, \alpha_2, \cdots, \alpha_n$ 为顶角的(并在 n 边形外的)n 个等腰三角形的顶点恰好为给定的 n 个点.(当 $n=3$，$\alpha_1=\alpha_2=\alpha_3=60^\circ$ 时，就是问题(1)；当 $n=3$，$\alpha_1=\alpha_2=\alpha_3=90^\circ$ 时，就是问题(2)；当 $n=7$，$\alpha_1=\alpha_2=\cdots=\alpha_7=180^\circ$ 时，就是问题(3).)

这个一般的作图题能用关于保距变换的某些定理很简单地解决，并且不需要画任何图. 在第 1 章和第 2 章中，读者还能找到一大批能借助于保距变换来解的几何题.

目录

位　移

第1章

1.1　平　移

在平面上选定一个方向 NN'(可用一条带箭头的直线表示),并取定一条长度为 a 的线段. 设 A 是平面上任意一点,取点 A',使得线段 AA' 具有 NN' 的方向,并且长度为 a(图 1.1(a)). 这时,我们就说 A' 是点 A 经过在 NN' 方向上的、距离为 a 的平移而变得的点;或者说点 A 被这个平移变到点 A'. 设 F 是一个几何图形. 在这个平移下,所有由 F 上的点所变得的点的集合构成一个新图形 F',称 F' 是 F 经过这个平移而变得的图形(图 1.1(b)). 有时我们也说 F' 是图形 F"整个地"沿着 NN' 方向移动距离 a 所得到的图形. 这里"整个地"的意思是指图形 F 的所有点都按同一个方向移动同一距离;也就是说,所有联结图形 F 和 F' 上对应点的直线段互相平行,方向相同并且长度相等. 如果图形 F' 是由 F 经过一个 NN' 方向上的平移而得到的,那么图形 F 也可以由 F' 经过一个相反方向(即 $N'N$ 方向)上的平移而得到. 因此,我们就可以说两个图形相差一个平移.

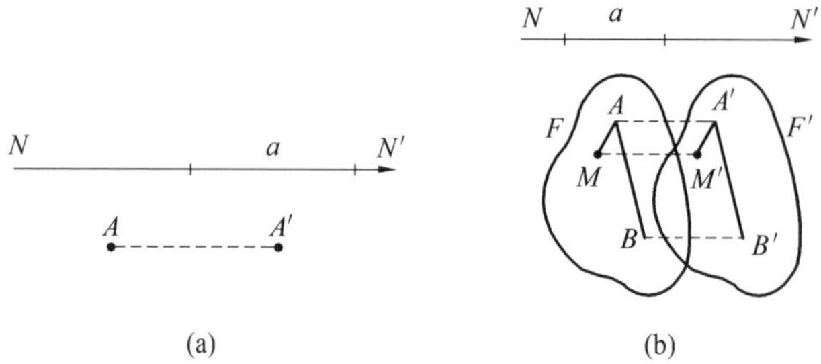

图 1.1

平移把一条直线 l 变成一条与它平行的直线 l'(图 1.2(a)),并把一个圆 S 变成一个与它相等的圆 S'(图 1.2(b)).

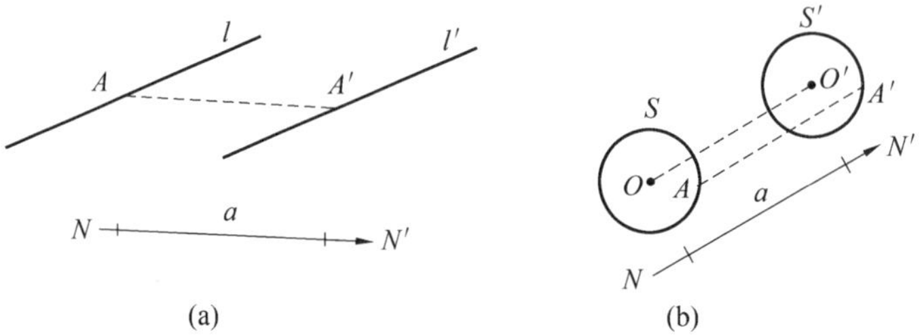

图 1.2

习　题

1. 给定两个圆 S_1 和 S_2,一条直线 l. 试作一条平行于 l 的直线,使它与 S_1 和 S_2 的两个交点之间的距离等于给定值 a.

2. (1) A 和 B 两个城市被一条河隔开,现要在河上架设一座桥 MN. 试问桥架在何处才能使 A 到 B 的路径 $AMNB$ 最短(图 1.3(a))?(假定河的两岸是两条平行直线,桥要与河垂直.)

(2) 设在上题中隔开 A 和 B 的是几条河,每条河上各架一桥,应该在哪儿架桥才能使 A 到 B 的路径最短(图 1.3(b))?

3. (1) 给定两条直线 l_1 和 l_2. 试求到 l_1 与 l_2 的距离之和为给定值 a 的点 M 的轨迹.

(2) 给定两条直线 l_1 和 l_2. 试求到 l_1 与 l_2 的距离之差为给定值 a 的点 M 的轨迹.

4. 设 D,E,F 分别是 $\triangle ABC$ 的三边 AB,BC,CA 的中点;又设 O_1,O_2,O_3 分别是 $\triangle ADF,\triangle BDE,\triangle CEF$ 的三个外心(外接圆的圆心),Q_1,Q_2,Q_3 分别是这三个三角形的内心(内切圆的圆心). 试证:$\triangle O_1O_2O_3$ 和 $\triangle Q_1Q_2Q_3$ 全等.

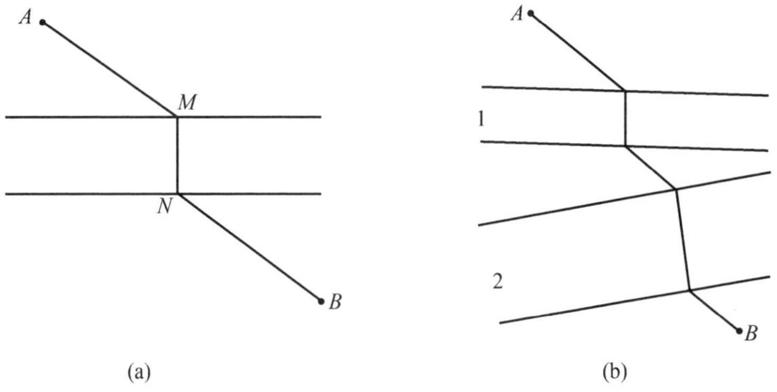

图 1.3

5. 试证：若四边形 $ABCD$ 的一组对边的中点连线 MN（M 和 N 分别是 AD 和 BC 的中点）的长度等于 AB，CD 长度之和的一半，则这个四边形是梯形.

6. 在圆上给定两条弦 AB 和 CD. 试在圆周上找一点 X，使得弦 AX 和 BX 在 CD 上截下的线段 EF 的长度等于给定值 a（图 1.4）.

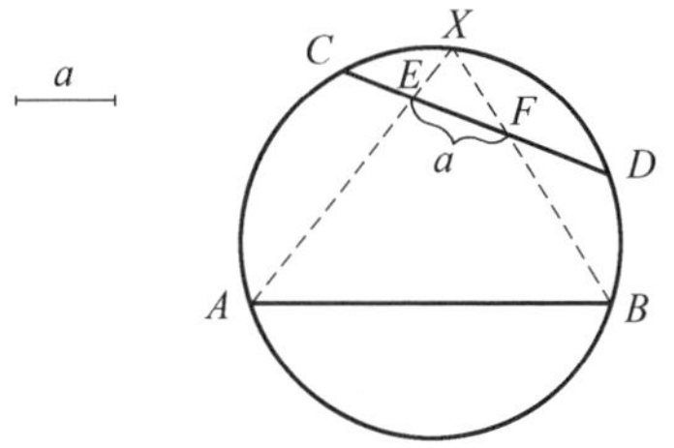

图 1.4

7.（1）给定两个相交的圆 S_1 和 S_2，设 A 是它们的一个交点. 试过 A 作一直线 l，使它和 S_1，S_2 的另两个交点 M_1，M_2 之间的距离为给定值 a.

（2）试作一个三角形，使它和一个已知三角形全等，并且三条边分别经过三个给定的点.

此题还将在《几何变换（Ⅱ）》第 2 章的 2.1 节问题 1(1) 中出现.

8. 给定两个圆 S_1 和 S_2，一直线 l_1 以及一点 A. 试作一条直线 l：

（1）平行于 l_1，并使 S_1 和 S_2 在 l 上截得的两弦等长.

（2）平行于 l_2，并使 S_1 和 S_2 在 l 上截得的两弦长度之和（或差）等于定值 a.

（3）经过点 A，并使 S_1 和 S_2 在 l 上截得的两弦等长.

平移是平面变换（把平面上每一点变到另一点）的一个例子①. 在平移下，没有一点留在原处不动（即没有点变到自己）. 换句话说，平移没有不动点.

但是，在一个平移下，有不改变位置的直线：所有平行于平移方向的直线都变到自己（这种直线沿自身滑动），因此这些直线（也只有这些直线）是这个平

① 按照前言中的定义，平移还是保距变换（运动），因为我们马上就要证明，它把线段 AB 变成等长的线段 $A'B'$.

移的不变直线.

现在我们讨论平移的另外一些性质.设两个图形 F 和 F' 相差一个平移;又设 A 和 B 是 F 的任意两点,A' 和 B' 分别是它们在图形 F' 上的对应点(参见图 1.1(b)).因为 $AA' \parallel BB'$,并且 $AA'=BB'$①,所以四边形 $AA'B'B$ 是平行四边形,从而 $AB \parallel A'B'$ 且 $AB=A'B'$.于是,如果图形 F 和 F' 相差一个平移,那么这两个图形上的对应线段相等、平行并且方向相同.

下面,我们来证明这个结论的反面:如果从图形 F 上的点到另一个图形 F' 上的点有一个对应关系,使得联结 F 上任意两点的线段与联结 F' 上对应两点的线段相等、平行并且方向相同,那么 F 与 F' 相差一个平移.在图形 F 和 F' 上取定一对对应点 M 和 M'.设 A 和 A' 是任意的另一对对应点(参见图 1.1(b)).我们有 $MA \parallel M'A'$ 且 $MA=M'A'$,由此推出四边形 $MM'A'A$ 是平行四边形,因此 $AA' \parallel MM'$ 且 $AA'=MM'$.这就是说,点 A' 是点 A 经过一个在 MM' 方向上的距离为 MM' 的平移而得到的.由 A 和 A' 的任意性,可知图形 F' 是图形 F 经过与 MM' 同向,距离为 MM' 的平移而得到的.

现在我们考察连续进行两个平移的结果.假设第一个平移把 F 变到 F_1,第二个平移又把 F_1 变到 F'(图 1.5).如果第一个平移把图形 F 上的线段 AB 变到 F_1 上的线段 A_1B_1,那么 $A_1B_1 \parallel AB$,$A_1B_1=AB$,并且 A_1B_1 和 AB 有相同的方向.类似地,如果第二个平移把 A_1B_1 变成 F' 上的线段 $A'B'$,就有 $A'B' \parallel A_1B_1$,$A'B'=A_1B_1$,并且 $A'B'$ 和 A_1B_1 的方向相同.于是,F 和 F' 的对应线段 AB 和 $A'B'$ 就相等、平行并且方向相同.根据上面所证的结果,存在一个平移将 F 变成 F'.这就说明,连续进行两个平移可用另一个平移来代替.

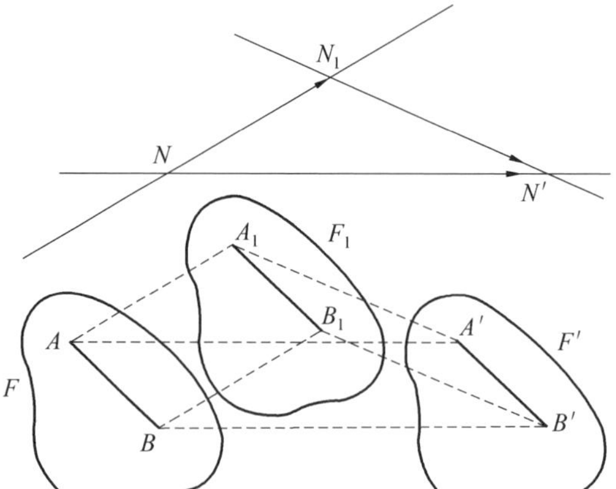

图 1.5

① 这里 $AA'=BB'$ 的意义是线段 AA' 和 BB' 的长度相等.在本书中,从一点 P 到另一点 Q 的距离仍简单地记作 PQ.

上述结论也可换成另一种说法. 在力学中,可用一个位移等价地代替几个位移的叠加,通常把这称为“位移的加法”. 同样,我们也可引进“变换的加法”. 平面上两个变换之和,就是作了第一个变换之后再作第二个变换所得到的变换①. 于是,上面的结论可重述如下:两个平移之和也是一个平移②. 还要注意,如果 NN_1 是表示第一个平移(它把 F 变到 F_1)的距离与方向的线段,N_1N' 是表示第二个平移(它把 F_1 变到 F')的距离与方向的线段,那么线段 NN' 就表示把 F 变到 F' 的平移的距离与方向.

人们常说一个平移在一条已知直线 l 上移动了给定的距离 a. 然而,这种说法是不明确的,因为对于给定的点 A,条件组

$$AA' \parallel l, AA' = a$$

确定两个点 A' 和 A''(图 1.6),而不是一个点. 下面我们来改进这个说法,使之明确. 选定直线 l 的一个方向作为正向(可用箭头来表示),数量 a 可取正值或负值,由平移的方向与 l 的正向是否一致来确定. 这样,图 1.6 中的点 A' 和点 A'' 分别对应着不同的(仅在正负符号上不同)平移距离. 这样,就自然产生了直线上的有向线段的概念,这条线段是可正可负的.

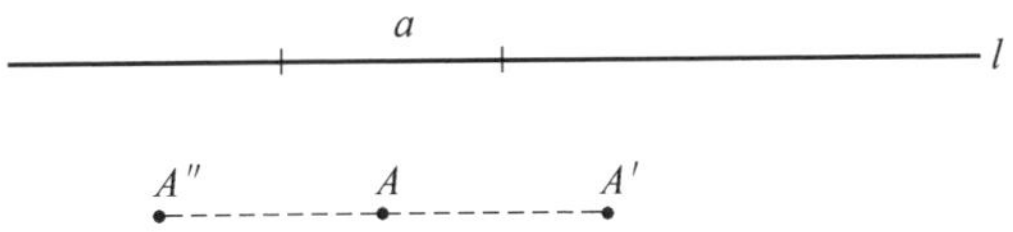

图 1.6

平移也可只用一条平面上的有向线段 NN' 来表示,这条有向线段既表示了平移的方向,又表示了它的大小(图 1.7). 于是,就引出了平面上的有向线段(向量)的概念,这个概念也产生于力学和物理学中. 平移的加法导出了通常向量加法的定义.

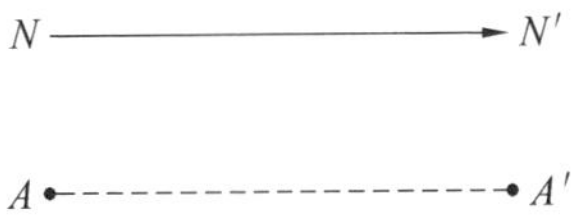

图 1.7

1.2　中心对称和旋转

在平面上取定一点 O(称为对称中心),我们来描述关于点 O 的中心对称. 如果线段 AA' 的中点就是 O,那么就说点 A 经过关于点 O 的中心对称变为点

① 数学文献中常把这个概念称为“变换的乘积”.

② 这个命题还有另一个阐述形式:若两个图形 F 和 F' 都可由第三个图形 F_1 经平移而得到,则它们也可互相用平移来变得.

A'(图 1.8(a)). 显然,当 A 经过关于点 O 的中心对称变为 A' 时,A' 经过关于点 O 的中心对称就变为 A. 因此,我们可以说两个点关于一给定点中心对称. 当 A' 是点 A 经过关于点 O 的中心对称所变得的点时,我们也常说 A' 是 A 在点 O 上作反射的像,或者说 A' 关于点 O 对称于 A.

给定图形 F,F 上的所有点关于点 O 的对称点的集合构成一个新图形 F',称 F' 是图形 F 经过关于点 O 的中心对称而变得的图形(图 1.8(b));与此同时,F 也是 F' 经过关于点 O 的中心对称所变得的图形. 中心对称把直线变成与它平行的直线(图 1.9(a)),把圆变成与它全等的圆(图 1.9(b),例如我们证明一个半径为 r 的圆经过一个中心对称变成一个全等圆. 注意图 1.9(b) 中 $\triangle AOM$ 和 $\triangle A'OM'$ 是全等的,因而到点 M 的距离为 r 的点 A 的轨迹被变成到点 M' 的距离为 r 的点 A' 的轨迹).

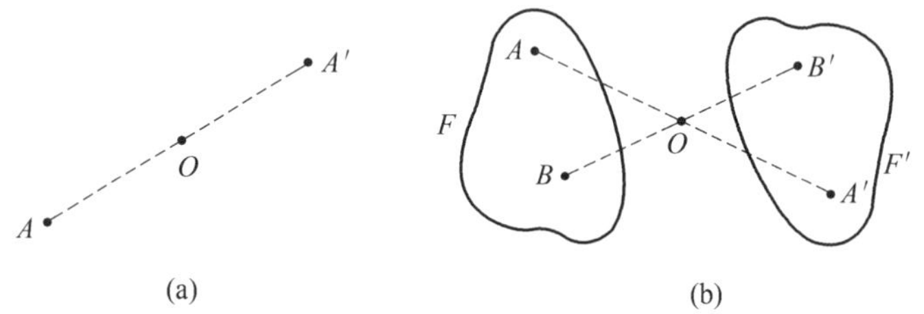

图 1.8

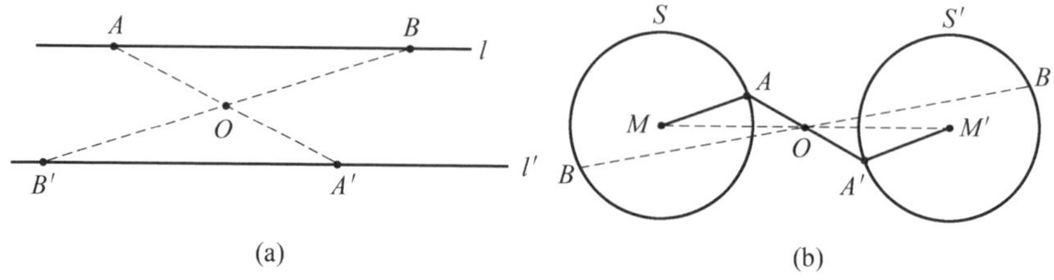

图 1.9

习　题

9. 给定圆 S,直线 l 和点 A. 试过 A 作一直线,使得它与 l 和 S 的交点①所夹线段的中点就是 A.

10. 过两圆 S_1 和 S_2 的交点 A 作一条直线 l,使得:

(1) 圆 S_1 和 S_2 在 l 上截得等长的弦.

(2) 圆 S_1 和 S_2 在 l 上截得弦的差恰为给定值 a.

---

① 这里指直线与 S 的两个交点中的任意一个.

问题 10(2) 显然是问题 7(1) 的推广.

11. 设在圆 S 上给定两弦 AB 和 CD，并在 CD 上取一定点 J. 试在圆周上找一点 X，使得弦 AX 和 BX 在 CD 上截得的线段 EF 的中点为 J(图 1.10).

12. 两条平行直线所夹的带子显然有无穷多个对称中心(图 1.11). 一个图形能有多于一个，但又是有限个对称中心吗(例如能有两个对称中心吗)?

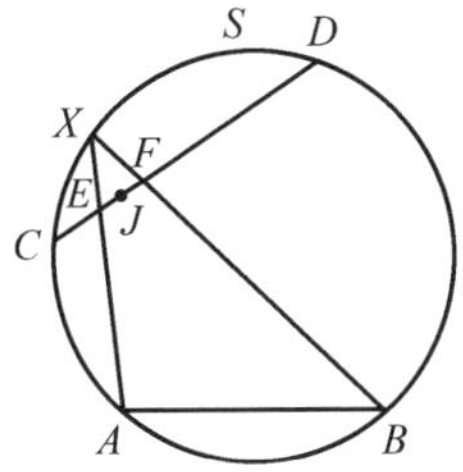

图 1.10

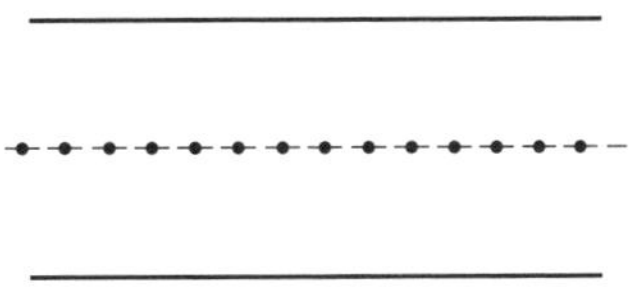

图 1.11

设图形 F 和 F' 关于点 O 中心对称. 如果 AB 和 $A'B'$ 是 F 和 F' 上的一对对应线段(图 1.12)，那么四边形 $ABA'B'$ 是平行四边形(因为它的两条对角线被交点 O 平分). 于是就有下面的结论：关于一点中心对称的两个图形上的对应线段等长、平行并且方向相反. 下面，我们证明这个结论的反面：如果从图形 F 的点到 F' 的点有一个对应关系，使得 F 和 F' 上的任意一对对应线段(端点分别对应) 相等、平行并且方向相反，那么 F 和 F' 关于某一点中心对称. 事实上，只要在 F 和 F' 上选定一对对应点 M 和 M'，并记线段 MM' 的中点为 O. 设 A 和 A' 是 F 和 F' 上的任意另一对对应点(图 1.12). 由条件，有 $AM \parallel M'A'$ 和 $AM = M'A'$，从而四边形 $AMA'M'$ 是平行四边形，其对角线 AA' 的中点与对角线 MM' 的中点 O 重合，即 A' 是由 A 经过关于点 O 的中心对称变得的点. 由 A，A' 的任意性，就知道 F' 是图形 F 经过关于点 O 的中心对称所变得的图形.

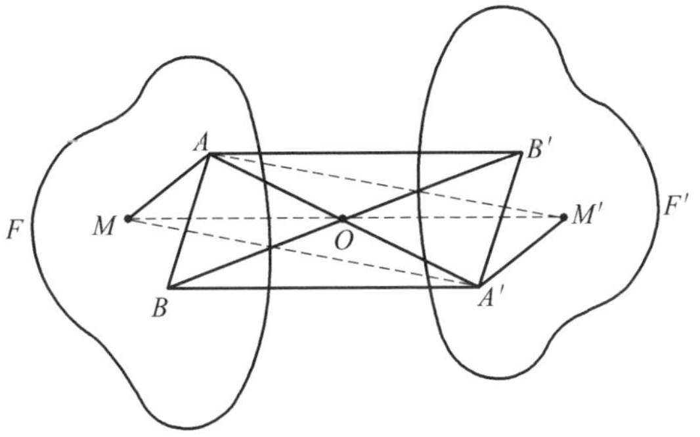

图 1.12

现在考虑三个图形 F,F_1 和 F',其中 F_1 是 F 经过关于点 O_1 的中心对称变得的图形,F' 是 F_1 经过关于点 O_2 的中心对称变得的图形(图 1.13). 设 A_1B_1 是 F_1 上的一条任意线段,AB 和 $A'B'$ 分别是 A_1B_1 在 F 和 F' 上的对应线段,则 A_1B_1 与 AB 等长、平行且方向相反,A_1B_1 与 $A'B'$ 也等长、平行且方向相反,于是线段 AB 与 $A'B'$ 等长、平行且方向相同. 这样,图形 F 和 F' 上的对应线段等长、平行且方向相同,因而 F' 可由 F 经过一个平移而变得. 我们就得到:两个中心对称之和是一个平移. 这个结论也可从图 1.13 中直接看出. 因为 O_1O_2 是 $\triangle AA_1A'$ 的两边 AA_1 和 A_1A' 的中点的连线,所以 $AA' /\!/ O_1O_2$,且 $AA'=2O_1O_2$. 这就是说,F' 上的任一点 A' 都是由它在 F 上的对应点 A 经过在 O_1O_2 方向上的、距离为线段 O_1O_2 两倍的平移而得到的.

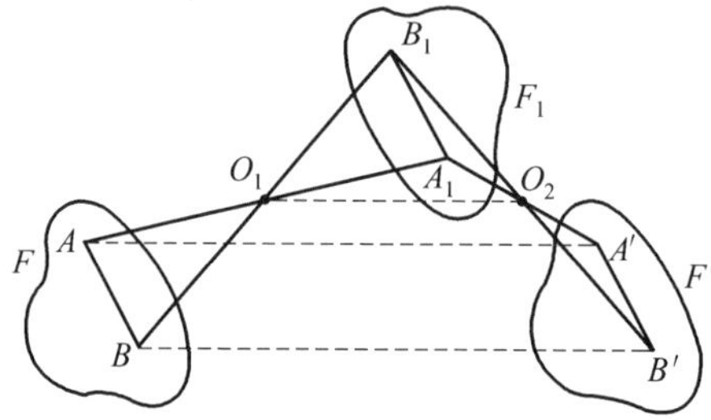

图 1.13

用完全相同的方法可以证明,一个平移与一个关于点 O 的中心对称之和(图 1.14),或一个关于点 O 的中心对称与一个平移之和,是关于某个新点 O_1 的中心对称.

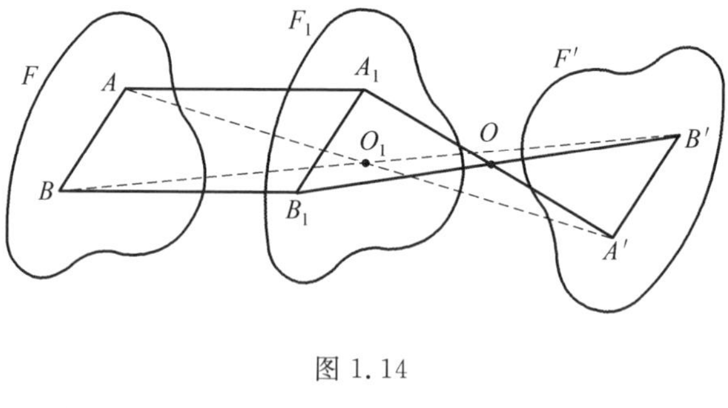

图 1.14

我们再进一步做一些重要分析. 连续作关于点 O_1 和点 O_2 的两次中心对称(在图 1.15 中:$A \to A_1 \to A'$),相当于作一个 O_1 到 O_2 方向的平移,平移距离为 $2O_1O_2$;而同样是这两个中心对称,按相反的次序进行(在图 1.15 中:$A \to A'_1 \to A''$),则相当于在 O_2 到 O_1 方向上的一个平移,距离也是 $2O_1O_2$. 由此可见,两个中心对称之和对于它们进行的次序有着实质性的依赖关系. 这种现象是变换的加法的特征,一般说来两个变换之和是依赖于它们的次序的.

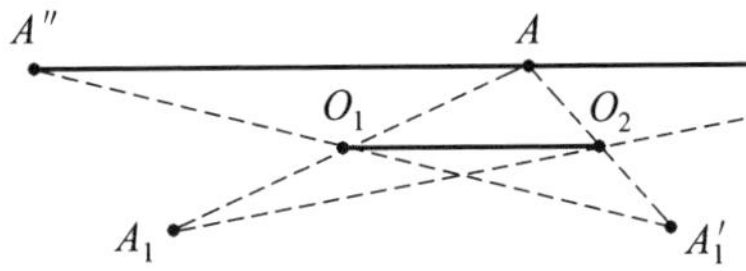

图 1.15

在谈到中心对称的加法时,我们总是把它看作整个平面的变换,它把平面的任一点 A 变到一个新点 A'. 不难看出,一个中心对称只有一个不动点,它就是对称中心 O,而不变直线就是通过点 O 的那些直线.

习　题

13. (1) 给定平面上偶数个点 $O_1,O_2,\cdots,O_n$,又设 AB 是平面上任一线段. 记 A_1B_1 是 AB 经过关于点 O_1 的中心对称所变得的线段,A_2B_2 是 A_1B_1 经过关于点 O_2 的中心对称所变得的线段,A_3B_3 是 A_2B_2 经过关于点 O_3 的中心对称所变得的线段,……,最后 A_nB_n 是 $A_{n-1}B_{n-1}$ 经过关于点 O_n 的中心对称所变得的线段(图1.16(a),图中 $n=4$). 试证:$AA_n=BB_n$.

如果 n 是奇数,本题结论还成立吗?

(2) 给定平面上奇数个点 $O_1,O_2,\cdots,O_n$(图 1.16(b),图中 $n=3$). 任取一点 A,将 A 相继作关于点 $O_1,O_2,\cdots,O_n$ 的中心对称,然后再将所得的点相继作关于点 $O_1,O_2,\cdots,O_n$ 的中心对称. 试证:经过这 $2n$ 次中心对称最后所得的点 A_{2n} 与 A 重合.

如果 n 是偶数,本题结论还成立吗?

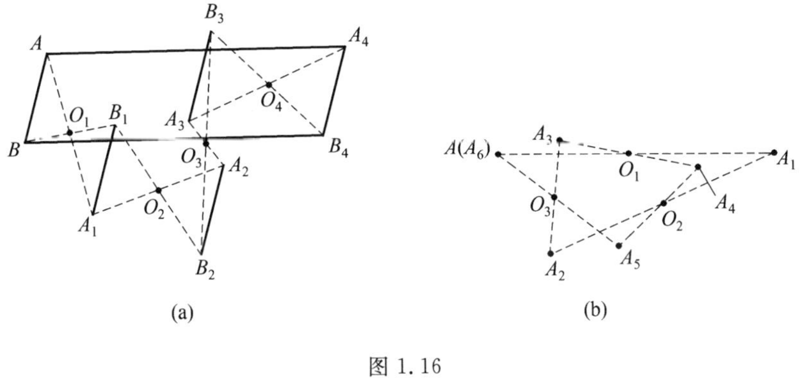

图 1.16

14. (1) 设 O_1,O_2,O_3,O_4 是平面上任意取定的四点,任给第五点 A. 将 A 相继作关于 O_1,O_2,O_3,O_4 的中心对称,然后仍从 A 出发,相继作关于这四点的中心对称，但次序改成 O_3, O_4, O_1, O_2. 试说明在这两种情况下，点 A 最后所变得的是同一点 A_4(图 1.17).

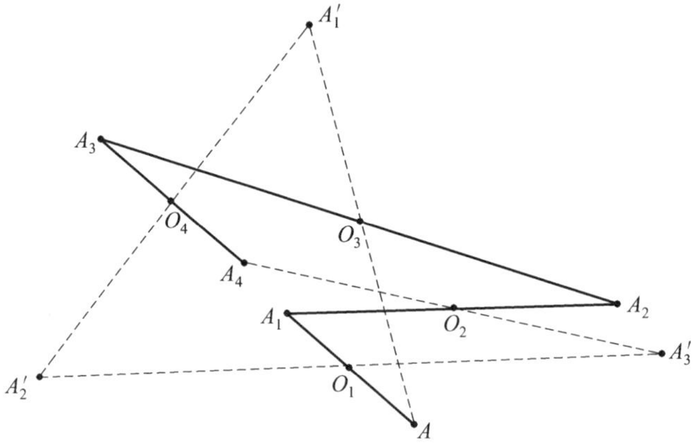

图 1.17

(2) 设 O_1, O_2, O_3, O_4, O_5 是平面上任意取定的五点. 将任意一点 A 相继作关于 O_1, O_2, O_3, O_4, O_5 的中心对称，然后再将 A 相继作关于这五点的中心对称，但次序改成 O_5, O_4, O_3, O_2, O_1. 试说明在这两种情况下，点 A 最后所变得的是同一点 A_5.

(3) 在平面上给定 n 个点 $O_1, O_2, \cdots, O_n$. 将任意一点相继作关于 $O_1, O_2, \cdots, O_n$ 的中心对称，再将原来的点相继作关于 $O_n, O_{n-1}, \cdots, O_1$ 的中心对称. 试问当 n 是什么数时，两种做法最后得到的点的位置相同？

15. 设 n 是一个奇数(例如 $n=9$)，给定平面上 n 个点，试作一个 n 边形，使得它各边的中点就是这 n 个点.

考虑 n 为偶数的情形.

16. (1) 试证：任意一个四边形各边的中点构成一个平行四边形(图 1.18(a)).

(2) 设 $M_1, M_2, M_3, M_4, M_5, M_6$ 是一个六边形各边的中点. 试证：存在三角形 T_1 和 T_2，T_1 的各边分别平行且等于 M_1M_2, M_3M_4, M_5M_6，T_2 的各边分别平行且等于 M_2M_3, M_4M_5, M_6M_1(图 1.18(b)).

在平面上选定一点 O，给定一个角 α，并约定一个旋转方向(通常我们取逆时针方向). 设 A 是平面上任意一点，令 A' 是满足条件 $OA=OA'$ 和 $\angle AOA'=\alpha$(因而当 OA 按规定方向旋转角 α 时，便与 OA' 重合)的点，我们就说 A' 是点 A 经过中心为 O，转角为 α 的旋转而变得的点，或者说点 A 被这个旋转变到点 A'(图 1.19(a)). 一个图形 F 的所有点经过一个旋转而变得的点的集合，构成一个新图形 F'(图 1.19(b)). 有时，我们也可说图形 F' 是 F"整体地"绕点 O 旋转角 α 而得到的，这里"整体地"的意思是指 F 的所有点都在同一以 O 为圆心的

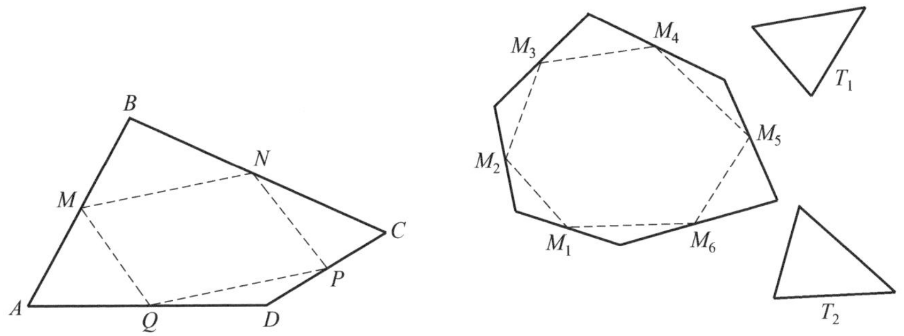

(a) (b)

图 1.18

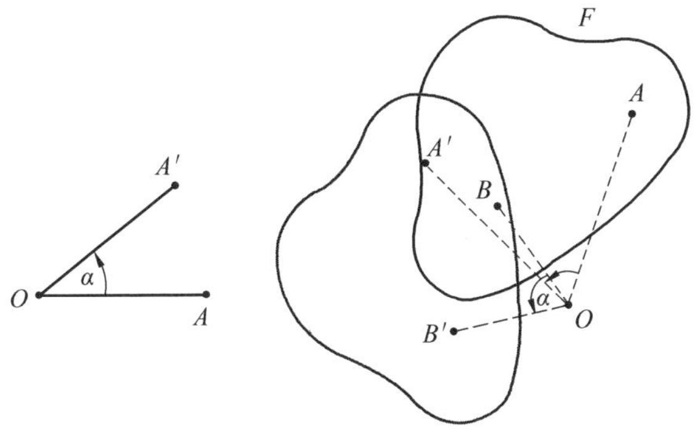

(a) (b)

图 1.19

圆周上移动，并画出相同弧度的弧.如果 F' 是 F 经过一个旋转(转角为 α) 所得到的图形，那么反过来 F 也可由 F' 经过同一中心的一个旋转而得到，转角为 $360°-\alpha$(或在相反方向上旋转角 α).因此，我们可以说一对图形相差一个旋转.

一个旋转把一条直线 l 变成另一条直线 l'.要作 l'，只需先把旋转中心 O 在 l 上的垂足 P 旋转，得新点 P'，再过 P' 作垂直于 OP' 的直线，即为 l'(图 1.20(a)).显然 l 与 l' 的夹角就等于转角.要证此结论，只需注意图 1.20(a) 中 $\angle POP'$ 和 $\angle lMl'$ 是相等的，因为这两个角的边互相垂直.

设绕点 O 的旋转把一个圆 S 变成一个新圆 S'.要作 S'，只需先将 S 的圆心 M 绕 O 旋转，再以所得点 M' 为圆心，S 的半径为半径作圆，即为 S'(图 1.20(b)).

如果对旋转的方向不作约定，那么对给定点 A，条件组

$$OA'=OA,\angle AOA'=\alpha$$

显然能确定两个点 A' 和 A''(图 1.21).要从中选定一点，可用下面的方法.我们

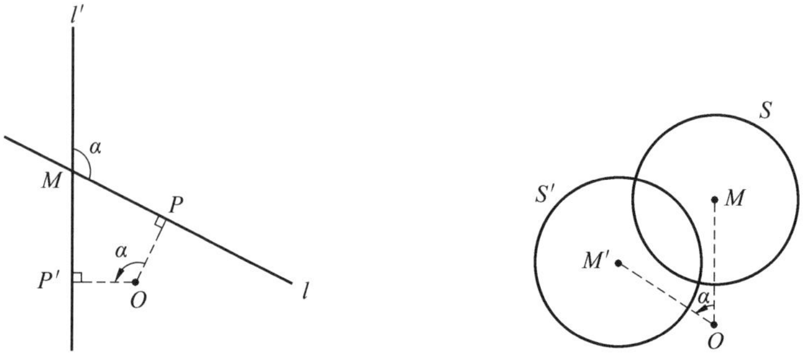

(a) (b)

图 1.20

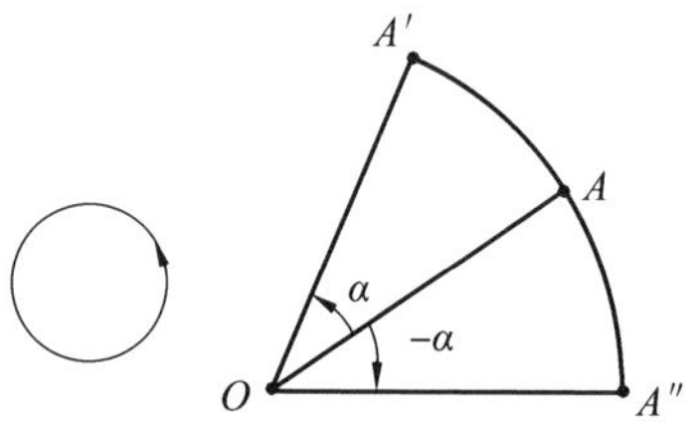

图 1.21

约定把一个旋转方向看作正的(例如可在一圆周上画个箭头来表示),而把相反的旋转方向看作负的.于是,我们就可根据 A 到 A' 的旋转方向把旋转角 $\alpha=\angle AOA'$ 分为正的或负的,从而 A' 和 A'' 对应着不同的(在正、负符号上)旋转角.这样,就自然地导出了有向角的概念,它是可正可负的.有向角的概念在初等数学的很多别的问题中也有用.(在别的地方,还出现有向圆的概念,即选定了方向的圆周.)

习　题

17.给定两条直线 l_1 和 l_2,一点 A,以及一角 α.试以 A 为圆心作一圆,使得 l_1 和 l_2 在此圆上截下一条弧度与 α 相等的弧.

18.试作一个等边三角形,使得它的三个顶点分别在三条给定的平行直线上,或在三个给定的同心圆上.

19.给定一圆 S,两点 A 和 B,以及一角 α.试在 S 上找两点 C 和 D,使 $CA \parallel DB$,并且 $\overset{\frown}{CD}$ 的弧度与 α 相等.

20.给定两圆 S_1 和 S_2,一点 A,以及一角 α.试过 A 作两条直线 l_1 和 l_2,使它们的夹角等于 α,并且 S_1 和 S_2 分别在 l_1 和 l_2 上截得的弦相等.

设一个中心为 O,转角为 α 的旋转把图形 F 变为 F'.又设 AB 和 $A'B'$ 是 F 和 F' 上的一对对应线段(图 1.22).则 $\triangle OAB$ 和 $\triangle OA'B'$ 全等($OA=OA'$,$OB=OB'$.又因为 $\angle AOA'=\angle BOB'=\alpha$,所以 $\angle AOB=\angle A'OB'$),因此 $AB=A'B'$.线段 AB 和 $A'B'$ 的夹角等于 α(因为直线 AB 和 $A'B'$ 相差一个转角

为 α 的旋转，参见图 1.22），而且，要得到有向线段 $A'B'$，只需将 AB 在这个旋转的方向上旋转角 α. 于是，我们得到：如果图形 F 和 F' 相差一个转角为 α 的旋转，那么 F 和 F' 上的对应线段相等，并且夹角为 α.

下面我们证明这个结论的逆命题：如果从图形 F 的点到图形 F' 的点有一个对应关系，使得 F 和 F' 上的对应线段相等，且夹角为给定角 α（因此当 F 上的线段在某个确定方向上旋转角 α 时，就与它在 F' 上的对应线段平行），那么 F 与 F' 相差一个转角为 α 的旋转. 事实上，设 M 和 M' 是 F 和 F' 上的一对对应点. 在线段 MM' 上作弧，使其所含圆周角为 α①，并设点 O 是此弧与线段 MM' 的中垂线的交点. 因为 $OM = OM'$，$\angle MOM' = \alpha$，所以中心为 O，转角为 α 的旋转把 M 变到 M'②. 又设 A 和 A' 是图形 F 和 F' 上的任一对别的对应点. 比较 $\triangle OMA$ 和 $\triangle OM'A'$，有 $OM = OM'$（根据点 O 的作法），$MA = M'A'$（由条件）. 另外，由于 OM 与 OM' 的夹角和 MA 与 $M'A'$ 的夹角相等，M，M'，O，K 这四点共圆（K 是直线 AM 与 $A'M'$ 的交点，参见图 1.22），而 $\angle OMA$ 和 $\angle OM'A'$ 是同一弧所对的圆周角，因此是相等的. 于是，$\triangle OMA$ 和 $\triangle OM'A'$ 全等. 由此得 $OA = OA'$，$\angle AOA' = \angle MOM'$（因为 $\angle A'OM' = \angle AOM$）. 这样，以 O 为中心，α 为转角的旋转把 F 上的任一点 A 变到它在 F' 上的对应点 A'，这正是所要证的.

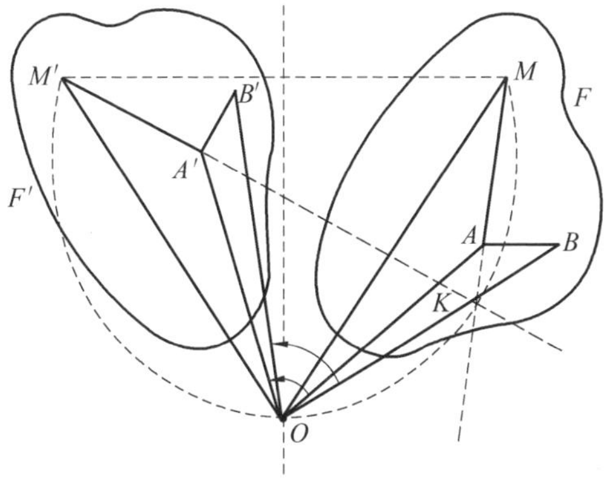

图 1.22

现在我们能够回答下面的问题了：两个旋转之和是什么样的变换？首先，根据旋转的定义，显然两个有同一旋转中心 O 的旋转之和仍是以 O 为中心的旋转；如果这两个旋转的转角分别是 α 和 β（在同一确定的方向上看），那么它们之

① 即弧上点 X 满足 $\angle MXM' = \alpha$.——译者

② 满足条件组 $OM = OM'$ 和 $\angle MOM' = \alpha$ 的点 O 有两个（它们分别在 MM' 的两侧），我们根据旋转方向从中确定一个. 事实上，如果要把 F 上的线段旋转角 α 使得平行于它在 F' 上的对应线段，那么旋转方向是确定的. 选定点 O，使得以 O 为中心，α 为转角，并把 M 变到 M' 的旋转的方向就是这个方向.

和的转角为 $\alpha+\beta$(图 1.23(a)).

下面考虑一般情况.设图形 F 被一个中心为 O_1,转角为 α 的旋转变到 F_1,而 F_1 又被一个中心为 O_2,转角为 β 的旋转变到 F'(图 1.23(b)).如果 F 上的线段 AB 被第一个旋转变到 F_1 上的 A_1B_1,而 A_1B_1 又被第二个旋转变到 F' 上的 $A'B'$,那么线段 AB 与 A_1B_1 相等,且夹角为 α,而 A_1B_1 又与 $A'B'$ 相等,且夹角为 β.于是,图形 F 和 F' 上的对应线段 AB 与 $A'B'$ 相等,且夹角为 $\alpha+\beta$.当 $\alpha+\beta=360°$ 时,AB 就平行于 $A'B'$①.应用前面已证的结果可推得:当 $\alpha+\beta\neq 360°$ 时,F 和 F' 相差一个转角为 $\alpha+\beta$ 的旋转;而当 $\alpha+\beta=360°$ 时,F 和 F' 相差一个平移.我们就有定理:分别以 O_1 和 O_2 为中心,α 和 β 为转角的两个旋转之和,当 $\alpha+\beta\neq 360°$ 时,是一个转角为 $\alpha+\beta$ 的旋转;当 $\alpha+\beta=360°$ 时,是一个平移.因为一个转角为 α 的旋转相当于在反方向上转角为 $360°-\alpha$ 的旋转,所以定理结论的后一半可改述如下:如果两个旋转的旋转方向相反,转角相同,那么它们之和为一个平移.

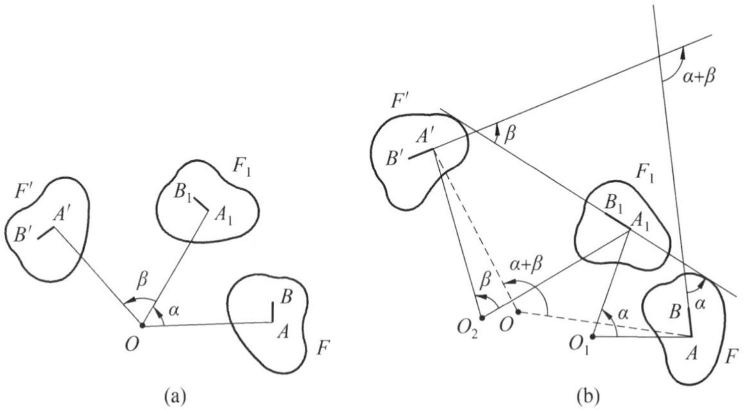

图 1.23

现在我们来说明,如何由两个旋转的中心 O_1 和 O_2 以及转角 α 和 β 来确定作为它们之和的那个旋转或平移.先假定 $\alpha+\beta\neq 360°$,这时,两个旋转之和仍是一个旋转,其转角为 $\alpha+\beta$,我们要找出它的中心.设第一个旋转的中心 O_1 经过这两次旋转变到 O'_1,则

$$O'_1O_2=O_1O_2,\angle O_1O_2O'_1=\beta$$

参见图 1.24(a),第一个旋转保持 O_1 不动,而第二个旋转把 O_1 变到 O'_1.设两次旋转之和把某点 O''_2 变到 O_2,则

① 确切的说法是:当 $\alpha+\beta$ 是 360° 的整数倍时,图形 F 和 F' 上的对应线段平行.但我们总可假定 α 与 β 都小于 360°,这时 $\alpha+\beta$ 是 360° 的整数倍,也就是 $\alpha+\beta=360°$.

$$O''_2O_1=O_2O_1,\angle O''_2O_1O_2=\alpha$$

第一个旋转把 O''_2 变到 O_2，而第二个旋转保持 O_2 不动. 由此可知，所要找的中心 O 到 O_1 和 O'_1 是等距的，到 O_2 和 O''_2 也是等距的. 于是 O 就是线段 $O_2O''_2$ 和 $O_1O'_1$ 的中垂线 l_1 和 l_2 的交点. 但是从图 1.24(a) 可清楚看到，l_1 经过 O_1，且 $\angle l_1O_1O_2=\frac{\alpha}{2}$；而 l_2 经过 O_2，且 $\angle O_1O_2l_2=\frac{\beta}{2}$. 这样，直线 l_1 和 l_2 完全可由这些条件确定，它们的交点就是所求的旋转中心 O.

如果 $\alpha+\beta=360°$，那么两个旋转之和是一个平移. 设它把 O_1 变到 O'_1，把 O''_2 变到 O_2，则这个平移完全由 O'_1 或 O''_2 所确定. O'_1 和 O''_2 的求法同上面一样(参见图1.24(b)，从图中我们也可清楚看到，上面谈到的 l_1 和 l_2 现在是平行的，它们垂直于平移的方向，并且相互的距离等于平移距离的一半).

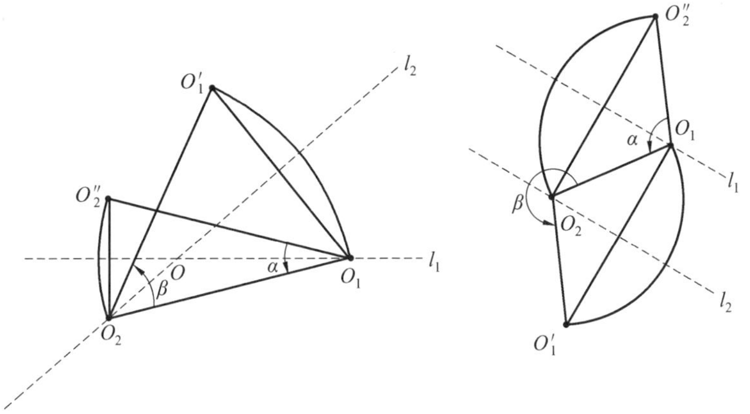

图 1.24

类似于关于两个旋转之和的定理的证明，我们可证明：一个平移与一个旋转之和(以及一个旋转与一个平移之和)是一个旋转，它与原旋转有相同的转角，但中心不同. 怎样根据原旋转的中心 O 与转角 α 以及平移的距离和方向来确定它们之和的旋转中心呢？请读者自己去解(也可看下面和第 26 页的叙述).

关于平移与旋转的加法定理也可用下面的方法证明. 我们已经知道，如果两个旋转的方向相反，转角相同，那么它们的和是一个平移；并且如果它把点 O''_2 变到第二个旋转的中心 O_2，那么 $O_1O''_2=O_1O_2$，$\angle O''_2O_1O_2=\alpha$(图1.24(b)，这里的记号都是图中的). 现在，我们把给定的平移分解成两个旋转之和，使得其中第二个旋转与给定的旋转有相同的中心 O，相同的转角 α，但旋转方向相反(这时，第一个旋转的中心 O_1 可由条件组

$$O_1O'=O_1O,\angle O'O_1O=\alpha$$

来确定，其中 O'' 是被给定平移变到 O 的点，参见图 1.25). 这样，所求的平移和旋转之和就被三个旋转之和代替了；而其中后两个旋转相互抵消，只剩下以 O_1 为中心的那个旋转了.

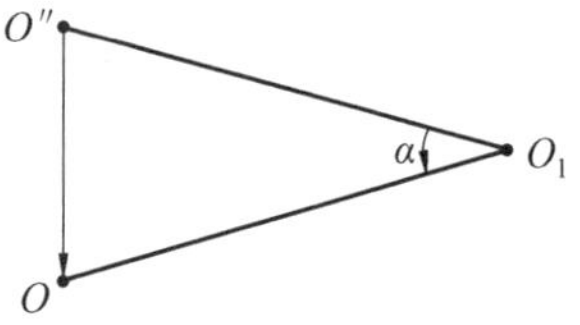

图 1.25

用类似的方法可以证明关于一个旋转和一个平移的加法定理.

旋转和平移在性质上很相近. 从上面的讨论，大家都会感觉到这种相近，特别在把平移的加法定理和旋转的加法定理作比较时，会看得更清楚①. 平移和旋转统称为位移(或称为正常运动、正保距变换). 这些称呼的理由将在第 2 章 2.2 节中阐明.

中心对称是旋转的一种特殊情形，即转角 $\alpha=180^\circ$ 的旋转. 当转角 $\alpha=360^\circ$ 时，又得到另一种特殊情形. 转角为 360° 的旋转把平面上每一点变到它原来的位置. 这种不改变平面上任何一点位置的变换称为恒同(或恒同变换，用变换这个词似乎是不合适的，因为在恒同变换下每个图形都不变动；然而这样称呼会带来许多方便).

正如中心对称那样，旋转也能当作整个平面的变换，它把平面上任一点 A 变到一个新点 A'②. 这个变换的唯一不动点是旋转中心 O(除非转角 α 是 360° 的整数倍，即旋转为恒同). 旋转没有不动直线(除非转角 α 是 180° 的整数倍，即为恒同或中心对称).

习　题

21. 试作一个 n 边形，使得分别以它的各边为底边，给定角 $\alpha_1,\alpha_2,\cdots,\alpha_n$ 为顶角的(并在 n 边形外的) n 个等腰三角形的顶点恰为给定的 n 个点(图 1.26，图中 $n=6$).

问题 15 是问题 21 的特殊情形(n 是奇数，$\alpha_1=\alpha_2=\cdots=\alpha_n=180^\circ$).

22. (1) 任给 $\triangle ABC$，在它的各边上向外作等边三角形(图 1.27). 试证：这三个等边三角形的中心 O_1,O_2,O_3 恰是一个等边三角形的顶点.

如果题中三个等边三角形不是作在 $\triangle ABC$ 之外，而是作在 $\triangle ABC$ 的内侧，结论还正确吗?

(2) 以 $\triangle ABC$ 的各边为底边，向外作等腰 $\triangle BCA_1$，$\triangle ACB_1$ 和 $\triangle ABC_1$，使得它们的顶角 A_1,B_1,C_1 分别等于 α,β 和 γ. 试证：如果 $\alpha+\beta+\gamma=360^\circ$，那么

---

① 从更进一步的观点来看，平移可以当作旋转的一种特殊情形.

② 参见第 3 页的注 ①.

$\triangle A_1B_1C_1$ 的各个角分别为$\frac{\alpha}{2}$，$\frac{\beta}{2}$ 和$\frac{\gamma}{2}$，因此它们与 $\triangle ABC$ 的形状无关.

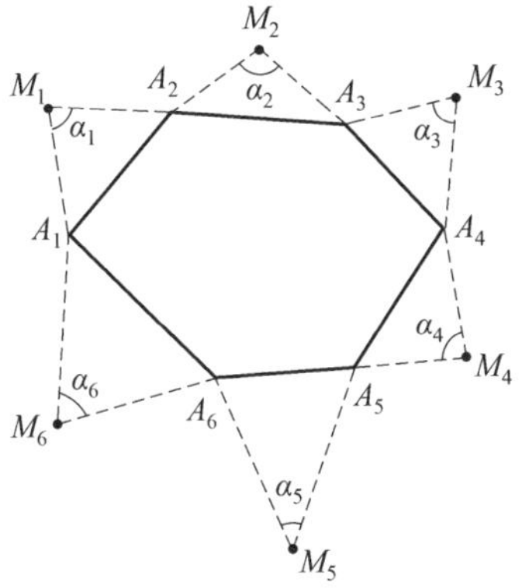

图 1.26

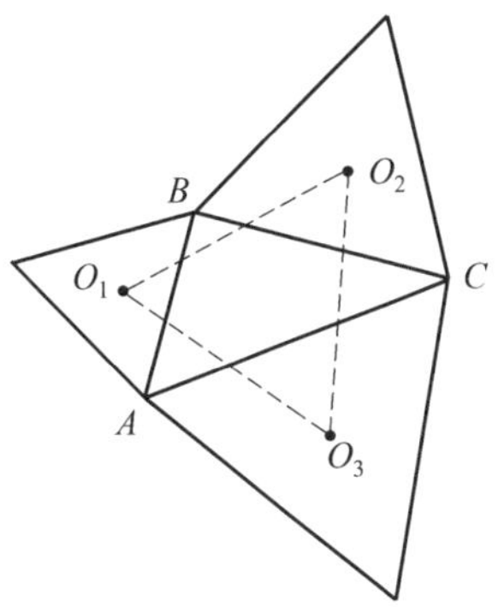

图 1.27

如果题中各等腰三角形不向外作，而是作在 $\triangle ABC$ 的内侧，结论仍成立吗？

不难看出，(1) 是(2) 的特殊情形($\alpha=\beta=\gamma=120°$).

23. 在 $\triangle ABC$ 的各边上作等边 $\triangle BCA_1$，$\triangle ACB_1$ 和 $\triangle ABC_1$，使得 A_1 和 A 在边 BC 的两侧，B_1 和 B 在边 AC 的两侧，但是 C_1 和 C 在边 AB 的同一侧. 设 M 是 $\triangle ABC_1$ 的中心. 试证：$\triangle A_1B_1M$ 是等腰三角形，并且顶角为 120°(图 1.28).

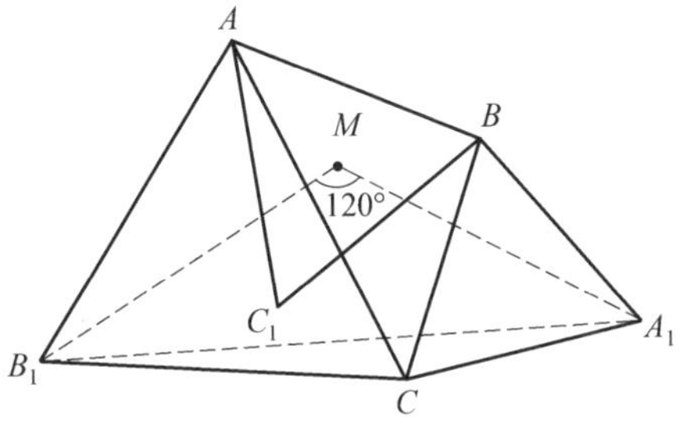

图 1.28

24. (1) 在一个任给凸四边形 $ABCD$ 的各边上作等边 $\triangle ABM_1$，$\triangle BCM_2$，$\triangle CDM_3$，$\triangle DAM_4$，使得第一个和第三个三角形在四边形之外，另两个三角形在四边形所在的一侧(图 1.29(a)). 试证：四边形 $M_1M_2M_3M_4$ 是平行四边形(在特殊情形，这个平行四边形可退化为一条线段).

(2) 在一个任给凸四边形 $ABCD$ 的各边上向外作正方形，记它们的中心为 M_1，M_2，M_3，M_4. 试证：$M_1M_3=M_2M_4$，且 $M_1M_3\perp M_2M_4$(图 1.29(b)).

(3) 在一个平行四边形的各边上向外作正方形. 试证：它们的中心 M_1，M_2，M_3 和 M_4 恰是一个正方形的四个顶点(图 1.29(c)).

如果题中的各个正方形都与平行四边形处在相应边的同一侧，结论还正确吗？

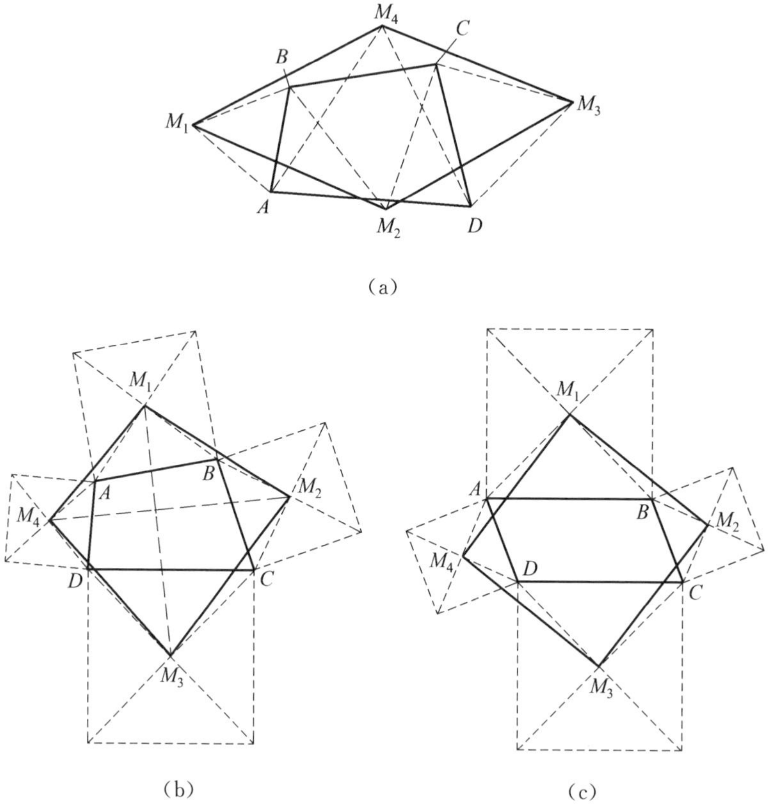

图 1.29

第2章 对　称

2.1　反射与滑动反射

在平面上取定直线 l,作为我们将讨论的反射的对称轴.如果线段 AA' 垂直于 l,且被 l 平分,那么称一点 A' 是另一点 A 在 l 上的反射像(图 2.1(a)).如果 A' 是 A 在 l 上的反射像,那么反过来 A 也是 A' 在 l 上的反射像.因此,我们可以说一对点互为在给定直线上的反射像.当 A' 是 A 在 l 上的反射像时,我们也可说 A' 关于直线 l 对称于 A.

一个图形 F 的所有点在直线 l 上的反射像的集合,构成一个新图形 F',称为 F 在 l 上的反射像(图 2.1(b)).显然,这时反过来 F 也是 F' 在 l 上的反射像.一条直线被在 l 上的反射变成一条新的直线;而平行于 l 的直线的反射像也平行于 l,与 l 相

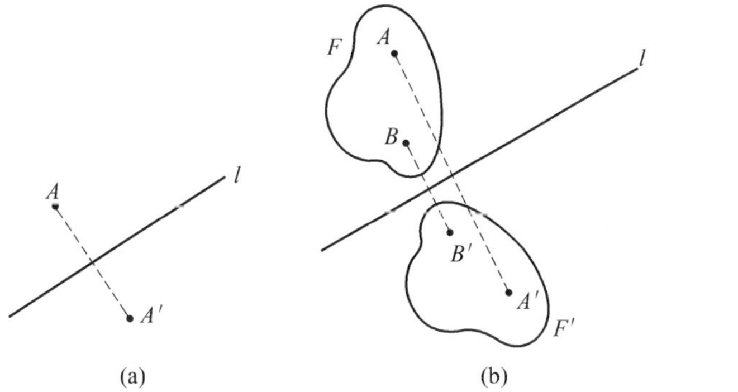

图 2.1

交于点 O 的直线的反射像也与 l 相交于点 O(图 2.2(a) 中,直线 m 变为 m',n 变为 n').一个圆被反射成一个与它全等的圆(图 2.2(b),作为例子,我们来证明最后这个结论.为此,只要注意线段 AB 的反射像 $A'B'$ 与 AB 等长.在图2.3(a)中,$AB = PQ = A'B'$; 而在图 2.3(b)(c) 中,有 $\triangle AOP \cong \triangle A'OP$,$\triangle BOQ \cong \triangle B'OQ$,从而 $OA = OA'$,$OB = OB'$,因此 $AB = A'B'$.由此可推出,到点 O 的距离为 r 的点的轨迹的反射像是到 O'(O 关于 l 的反射像) 的距离为 r 的点的轨迹,也就是说圆 S 的反射像是与它全等的圆 S').

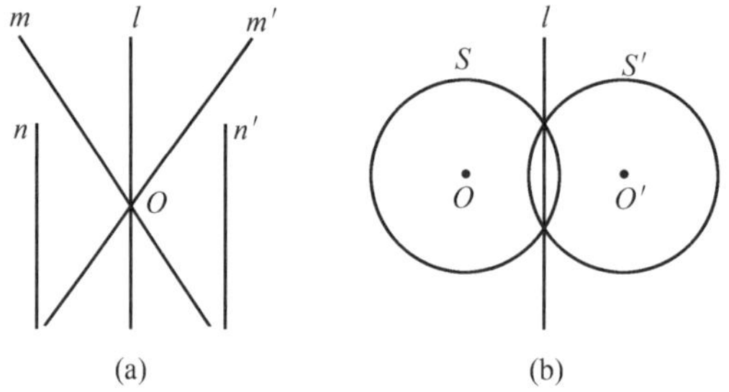

图 2.2

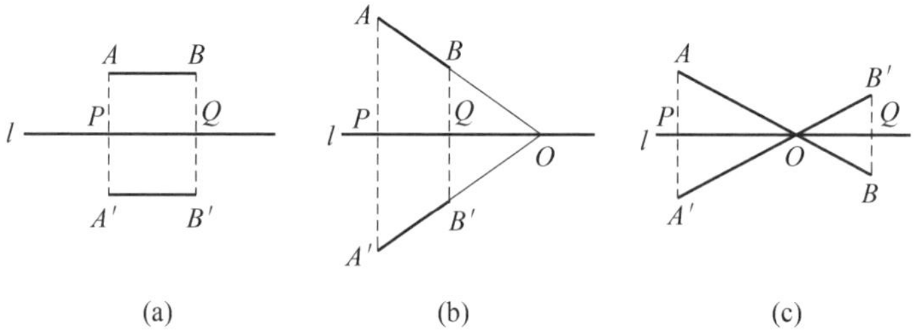

图 2.3

习　题

1.(1) 给定直线 MN 和在它同侧的两点 A,B.试在直线 MN 上找一点 X,使得直线 AX 和 BX 与 MN 的夹角相等,即

$$\angle AXM = \angle BXN$$

(2) 给定直线 MN 和在它同侧的两个圆 S_1,S_2.试在 MN 上找一点 X,使得 S_1 和 S_2 各有一条过 X 的切线,它们与 MN 夹相等的角.

(3) 给定直线 MN 和在它同侧的两点 A,B.试在 MN 上找一点 X,使得线

段 AX 和 BX 与 MN 所夹的两个角中，有一个是另一个的两倍（如图 2.4 中，$\angle AXM = 2\angle BXN$）.

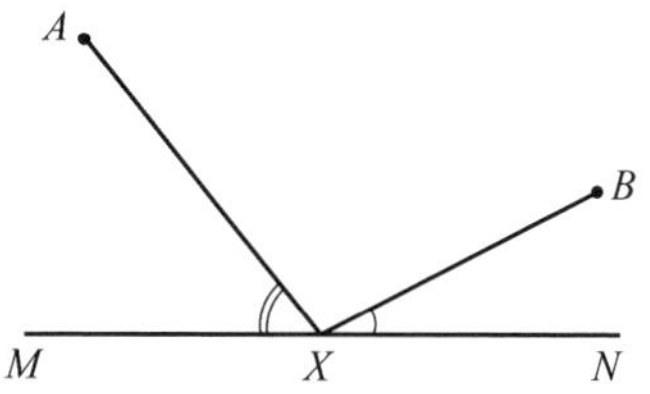

图 2.4

2.（1）给定三条直线 l_1，l_2 和 l_3，它们相交于一点，在其中一条直线上取定一点 A. 试作一个 $\triangle ABC$，使得 l_1，l_2 和 l_3 恰是它的三条角平分线.

（2）给定一个圆 S 和过圆 S 的圆心的三条直线 l_1，l_2，l_3. 试作一个 $\triangle ABC$，使它的顶点分别在三条直线上，而且它的内切圆就是 S.

（3）给定相交于一点的三条直线 l_1，l_2 和 l_3，又在其中一条上取定一点 A_1. 试作一个 $\triangle ABC$，使得 A_1 是边 BC 的中点，并且 l_1，l_2 和 l_3 是它的各边的中垂线.

本章后面问题 15(2) 和(1) 分别是问题 2(1) 和(3) 的推广.

3.（1）给定一条边 AB，AB 上的高 h，以及边 AB 的两邻角之差 γ，求作一个三角形.

（2）给定两条边和它们与第三条边的夹角之差 γ，求作一个三角形.

4. 给定一个 $\angle MON$ 和角内两点 A，B. 试在射线 OM 上找一点 X，使得直线 XA，XB 与射线 ON 的两个交点 Y，Z 和 X 一起构成一个等腰三角形，即 $XY = XZ$（图 2.5）.

5.（1）给定各边的长度，求作四边形 $ABCD$，使得对角线 AC 平分 $\angle A$.

（2）给定相邻边 AB 和 AD 的长度，并给定 $\angle B$ 和 $\angle D$，求作一个四边形 $ABCD$，使它有内切圆（即有一圆与它的四边都相切）.

6.（1）一个台球在碰撞台球桌的一桌边时，反弹路线遵循这样的规律：击向桌边的直线和弹离的直线与桌边的斜率相等. 假定台球桌是由 n 条直线 l_1，l_2，…，l_n 所围成的，设 A，B 是球桌上给定两点. 试问：由哪个方向打击位于点 A 的台球，可使它相继碰弹 l_1，l_2，…，l_n 后经过点 B？（图 2.6，图中 $n=3$.）

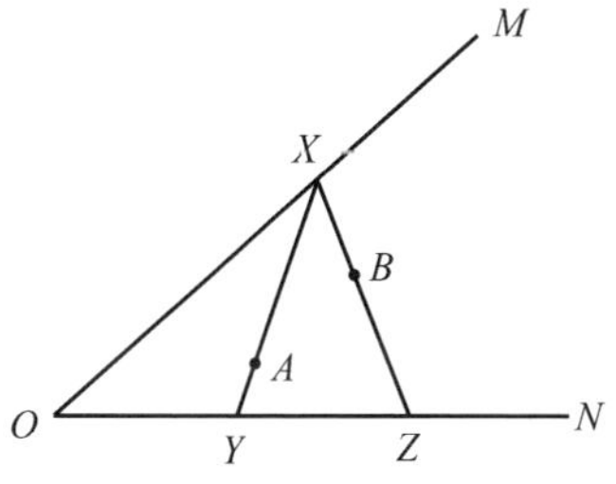

图 2.5

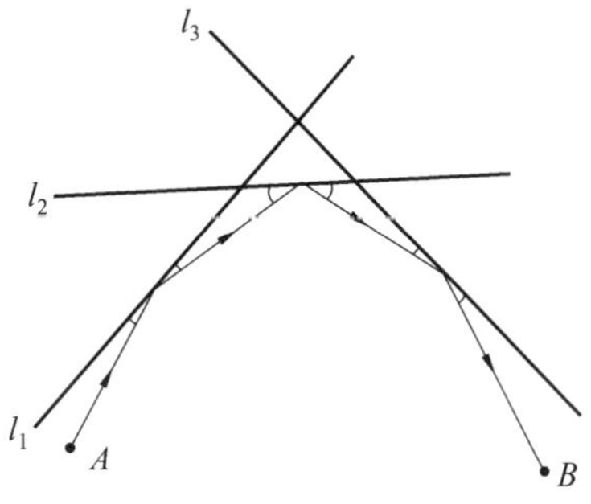

图 2.6

（2）设 $n=4$，l_1，l_2，l_3，l_4 构成一个矩形，并且点 B 与点 A 重合. 试证：若一个台球从点 A 出发，碰弹各边后又回到原处，则台球走过的路程等于矩形的两条对角线之和(因而与点 A 的位置无关). 又若球回到点 A 时不停止,则它又将在四条边上各碰弹一次后再回到点 A 处.

7.(1) 给定直线 l 和位于它两侧的两点 A,B. 试在 l 上找一点 X,使它到 A,B 的距离之和 $AX+XB$ 等于给定值 a.

(2) 给定直线 l 和位于它两侧的两点 A,B. 试在 l 上找一点 X,使它到 A,B 的距离之差 $AX-XB$ 等于给定值 a.

8.(1) 给定 $\triangle ABC$,并设它的三条高的交点是 H. 试证:H 在三角形各边上的反射像都在三角形的外接圆上.

(2) 已知三角形三条高的交点在各边上的反射像为 H_1,H_2,H_3,求作此三角形.

三角形三条高的交点称为它的垂心.

9. 给定在平面上的四点 A_1,A_2,A_3,A_4,其中 A_4 是 $\triangle A_1A_2A_3$ 的垂心. S_1,S_2,S_3,S_4 分别是 $\triangle A_2A_3A_4$,$\triangle A_1A_3A_4$,$\triangle A_1A_2A_4$,$\triangle A_1A_2A_3$ 的外接圆,它们的圆心分别为 O_1,O_2,O_3,O_4. 试证:

(1)A_1 是 $\triangle A_2A_3A_4$ 的垂心,A_2 是 $\triangle A_1A_3A_4$ 的垂心,A_3 是 $\triangle A_1A_2A_4$ 的垂心.

(2)S_1,S_2,S_3,S_4 是全等的.

(3)$O_1O_2O_3O_4$ 是四边形 $A_1A_2A_3A_4$ 经过关于某点 O 的中心对称所变得的四边形(图 2.7,也就是说,如果四个点 A_1,A_2,A_3,A_4 中的任一点都是其他三点构成的三角形的垂心,那么分别联结每一点与其他三点所确定的圆的圆心的四条线段相交于一点 O,且点 O 恰是每条线段的中点).

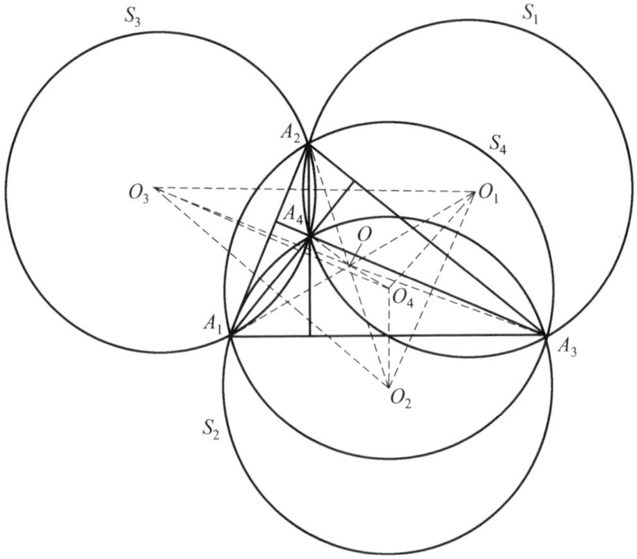

图 2.7

10. 在圆 S 上给定四点 A_1,A_2,A_3,A_4,把 $\triangle A_1A_2A_3$,$\triangle A_1A_2A_4$,$\triangle A_1A_3A_4$,$\triangle A_2A_3A_4$ 的垂心分别记作 H_4,H_3,H_2,H_1. 试证:

(1) $H_1H_2H_3H_4$ 是四边形 $A_1A_2A_3A_4$ 经过关于某点 H 的中心对称所变得的四边形(图 2.8,也就是说,如果四点 A_1,A_2,A_3,A_4 共圆,那么分别联结每一点与其他三点所构成的三角形的垂心的四条线段交于同一点,且此点即各线段的中点).

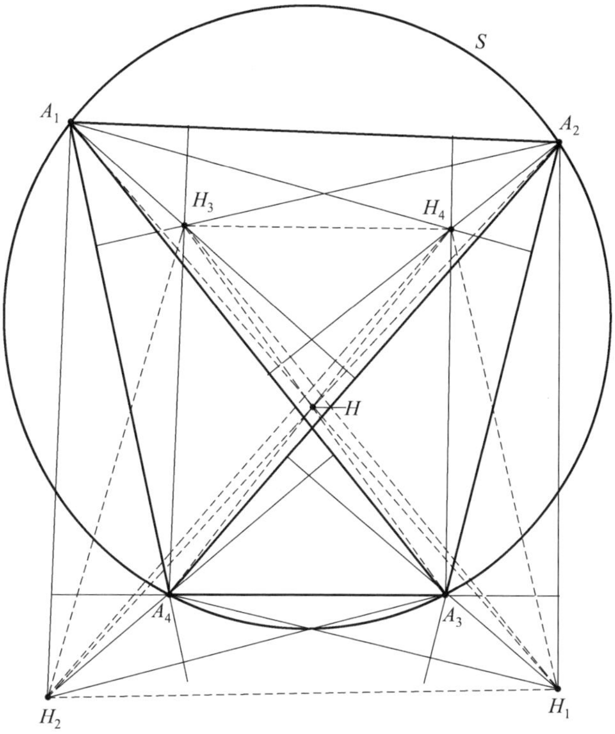

图 2.8

(2) 下列各点组(每组四个点)都是共圆的,且由它们所确定的圆都与圆 S 全等:A_1,A_2,H_3,II_4;A_1,Λ_3,H_2,H_4;A_1,A_4,H_2,H_3;A_2,A_3,H_1,H_4;A_2,A_4,H_1,H_3;A_3,A_4,H_1,H_2;H_1,H_2,H_3,H_4.

11. 试证:若一个多边形有多于两个对称轴,则这些对称轴交于一点.

还有一些利用在直线上的反射来解答的习题,放在《几何变换(Ⅱ)》第 2 章的 2.2 节中.

如果点 A_1 是点 A 在直线 l 上的反射像,而点 A' 又是 A_1 沿着同一直线 l 的方向平移距离 a 而得到的点(图 2.9(a)),那么我们就说 A' 是 A 经过一个以 l 为轴,距离为 a 的滑动反射所变得的点. 换句话说,一个滑动反射是在一条直线 l

上的反射和在这条直线方向上的一个平移之和(从图 2.9(a) 中容易看出,和的次序可随便选择.图中 A_2 是 A 经过在 l 的方向上,距离为 a 的平移变得的点,那么 A_2 在直线 l 上的反射像也正是 A').

一个图形 F 的所有点经滑动反射所得到的点的集合,构成新图形 F',我们就称 F' 是图形 F 经过一个滑动反射所得到的图形(图 2.9(b)).显然,反过来图形 F 可以由图形 F' 经过一个具有同一轴 l 的(平移方向相反的)滑动反射所得到.因此,我们可以说两个图形相差一个滑动反射.

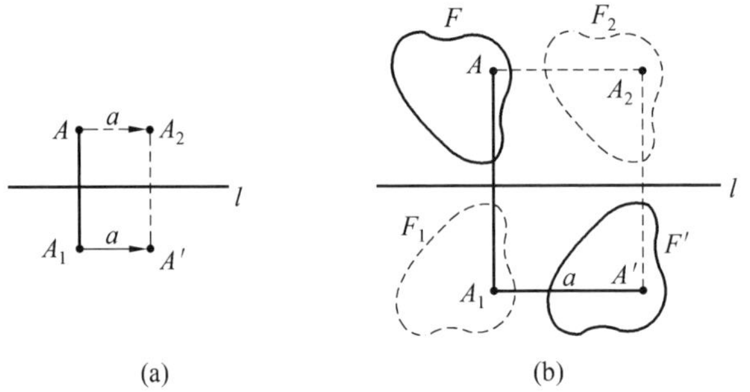

图 2.9

习　题

12.给定直线 l 和在它同侧的两点 A,B,又给定一线段 a.在 l 上找一线段 XY,使其长度等于 a,且折线 $AXYB$ 的长度最小(图 2.10).

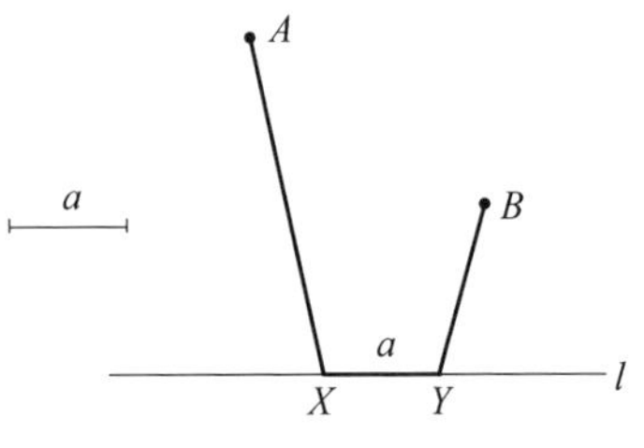

图 2.10

13.(1) 给定四边形 $ABCD$ 的两边 AB 和 CD,以及另两边之和 $AD+BC$.又给定顶点 A 到边 CD 的距离 d,已知 $\angle C=\angle D$,求作此四边形.

(2) 给定四边形 $ABCD$ 的两边 AB 和 CD,以及另两边之和 $AD+BC$.又给定顶点 A 和 B 到边 CD 的距离 d_1 和 d_2,求作此四边形.

现在我们来证明关于反射加法的几个命题①.

命题 1　在同一直线上的两次反射之和是恒同变换.

事实上,若在直线 l 上的反射把点 A 变到点 A'(图 2.1(a)),则第二次这样的反射又把 A' 变回 A.这就是说,两次相同反射的结果是任一点 A 的位置不变.

命题 1 也可改述如下:在同一直线上的两次反射互相抵消.

① 以后我们常把"在直线上的反射"简称为"反射".

命题 2 在两条平行直线上的反射之和是一个平移,其方向垂直于这两条直线,移动距离等于这两条直线间距离的两倍.

设 A 是平面上任意一点,并设 A_1 是 A 在直线 l_1 上的反射像,A' 是 A_1 在平行于 l_1 的直线 l_2 上的反射像(图 2.11(a)),则 $AA_1 \perp l_1$,$A_1A' \perp l_2$,因此点 A,A_1 和 A' 在同一条垂直于 l_1 和 l_2 的直线 m 上.设 P 和 Q 分别是 m 与 l_1 和 l_2 的交点,则 $AP=PA_1$,$A_1Q=QA'$.我们以图 2.11(a) 中的情形为例,来计算 AA',即

$$AA'=AP+PA_1+A_1Q+QA'=2PA_1+2A_1Q=2PQ$$

这样,$AA' \perp l_1$,并且 $AA'=2PQ$,这正是所要证明的.

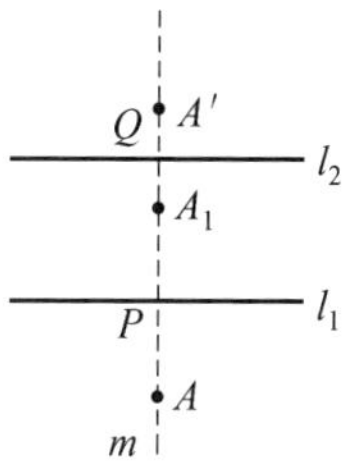

(a)

命题 1 可看作命题 2 的一种特例,即 $PQ=0$ 的情形.

命题 3 在两条相交直线上的反射之和是一个旋转,其中心是这两条直线的交点,转角等于这两条直线夹角的两倍.

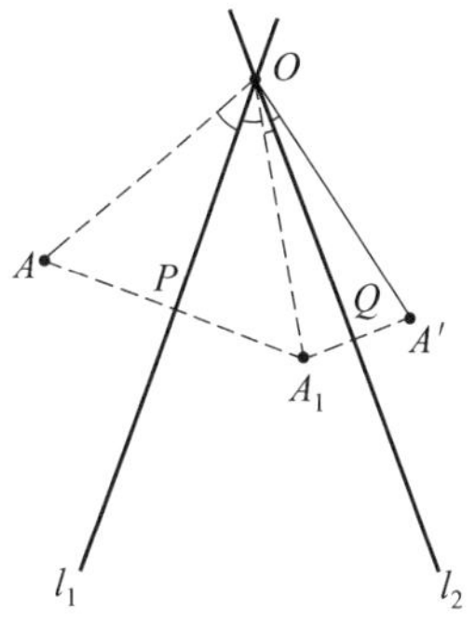

(b)

图 2.11

设 A 是平面上任意一点,A_1 是 A 在直线 l_1 上的反射像,A' 是 A_1 在直线 l_2 上的反射像(图 2.11(b)).记 l_1 和 l_2 的交点为 O,AA_1 与 l_1 的交点为 P,A_1A' 与 l_2 的交点为 Q,则

$$\triangle AOP \cong \triangle A_1OP,\triangle A_1OQ \cong \triangle A'OQ$$

由此推出

$$OA=OA_1,OA_1=OA'$$

$$\angle AOP=\angle POA_1,\angle A_1OQ=\angle QOA'$$

并且,以图 2.11(b) 中的情形为例,有

$$\begin{aligned}\angle AOA' &= \angle AOP+\angle POA_1+\angle A_1OQ+\angle QOA' \\ &= 2\angle POA_1+2\angle A_1OQ=2\angle POQ\end{aligned}$$

这样,$OA=OA'$,并且 $\angle AOA'=2\angle POQ$,就正是要证的①.

我们可以利用命题 1 ~ 3,比较简单地证明关于旋转与旋转或旋转与平移的加法定理.

例如,我们来求两个旋转之和.设两个旋转的中心分别是 O_1 和 O_2,转角分别是 α 和 β.又设 l_1 是过 O_1 的直线,使 $\angle l_1O_1O_2=\frac{\alpha}{2}$,$l_2$ 是过 O_2 的直线,使

① 从命题 2 和命题 3 的证明中不难看出,在两条直线上的反射之和与它们的次序有关,除非这两条直线互相垂直(在这种情形,无论哪个次序,两次反射之和都是关于它们交点的中心对称).

$\angle O_1O_2l_2=\dfrac{\beta}{2}$. 则根据命题 3，第一个旋转可以分解为在直线 l_1 和 O_1O_2 上的两次反射之和，第二个旋转可以分解为在直线 O_1O_2 和 l_2 上的两次反射之和. 但是，这四次反射的中间两次有相同的对称轴，根据命题 1，它们可互相抵消. 这样，四次反射之和就等于在直线 l_1 和 l_2 上的两次反射之和. 如果 l_1 和 l_2 的交点是 O，那么根据命题 3，这两次反射之和是一个以 O 为中心的旋转，转角为 $2\angle l_1OO_2$. 从图 2.12(a) 中可看出，这个转角等于

$$2\angle l_1O_1O_2=\alpha \text{ 和 } 2\angle O_1O_2l_2=\beta$$

之和（$\angle l_1OO_2$ 是 $\triangle O_1O_2O$ 的一个外角）.

如果 l_1 和 l_2 是平行的（显然，当 $\angle l_1O_1O_2+\angle O_1O_2l_2=180°$ 时，也就是当 $\alpha+\beta=360°$ 时出现这种情形，参见图 2.12(b)），那么根据命题 2，在 l_1 和 l_2 上的两次反射之和是一个平移. 这样，我们再次证得了以前的结果（参见第 14 页）.

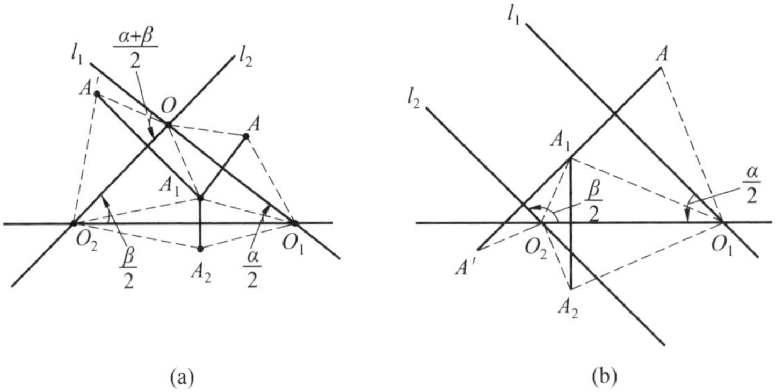

图 2.12

下面我们来求一个平移与一个旋转之和. 设此平移的方向是 NN'，距离为 a；旋转的中心为点 O，转角为 α. 用两次反射之和来代替这个平移，这两次反射的对称轴 l_1 和 l 都垂直于 NN'，相距 $\dfrac{a}{2}$，并让 l 经过点 O（图 2.13(a)）. 设直线 l_2 经过点 O，且 $\angle lOl_2=\dfrac{\alpha}{2}$，则那个旋转可用在直线 l 和 l_2 上的两次反射之和来代替. 于是，所求平移与旋转之和就可分解为在 l_1, l, l, l_2 上的四次反射之和. 根据命题 1，这四次反射的中间两次可互相抵消，只剩下在 l_1 与 l_2 上的两次反射之和. 再根据命题 3，它是一个以 l_1 与 l_2 的交点 O_1 为中心的旋转，转角为

$$2\angle l_1O_1l_2=2\angle lOl_2=\alpha$$

如图 2.13(a) 所示.

用完全相同的方法还可以说明，一个中心为 O，转角为 α 的旋转与一个在

NN' 方向上距离为 a 的平移之和仍是一个旋转，其转角仍为 α. 中心 O_1 可这样求：过 O 作直线 l 和 l_1，使 $l \perp NN'$ 且 $\angle l_1Ol = \frac{\alpha}{2}$，再作直线 $l_2 \parallel l$，且与 l 相距 $\frac{a}{2}$，那么 l_1 和 l_2 的交点就是 O_1（图 2.13(b)）.

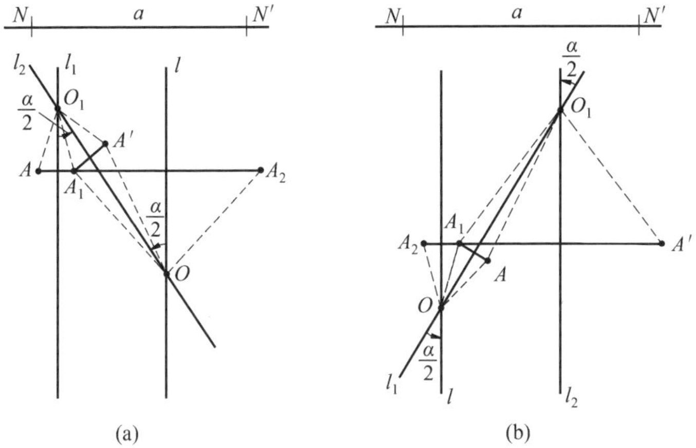

图 2.13

命题 4　在三条平行直线或三条交于一点的直线上的反射之和，为一个在某直线上的反射.

先看三条直线 l_1，l_2 和 l_3 平行的情形（图 2.14(a)）. 根据命题 2，在 l_1 和 l_2 上的反射之和是一个平移，其方向垂直于 l_1 和 l_2，移动距离等于这两条直线间距离的两倍. 这个平移也等于在任意两条平行于 l_1，并且相距恰为 l_1 与 l_2 间距离的直线 l 与 l' 上的反射之和. 选取 l 和 l'，使 l' 与 l_3 重合. 原来的三次反射之和可用在 l，l'，l_3 上的反射之和代替. 根据命题 1，后两次反射互相抵消，所以只剩下在 l 上的反射了.

再看 l_1，l_2 和 l_3 相交于点 O 的情形（图 2.14(b)）. 根据命题 3，在 l_1 和 l_2 上

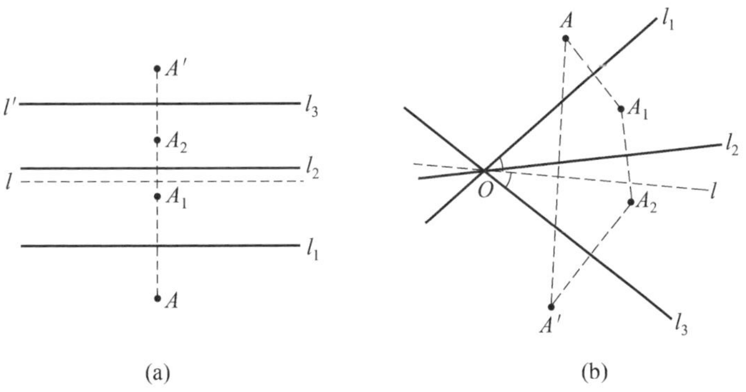

图 2.14

的反射之和是一个旋转，其中心为 O，转角为 $2\angle l_1Ol_2$. 设 l 是过点 O 的一条直线，使 $\angle lOl_3=\angle l_1Ol_2$. 那么，上述旋转也等于在 l 和 l_3 上的反射之和. 这样，在 l_1，l_2 和 l_3 上的三次反射之和等于在 l，l_3 和 l_3 上的三次反射之和，也就是在 l 上的反射(后两次反射互相抵消).

命题 5 若三条直线两两相交，但交于三个不同点，或者有两条平行，而第三条与它们相交，则在它们上的三次反射之和为一个滑动反射.

设直线 l_1 和 l_2 相交于点 O(图 2.15(a)). 在 l_1 和 l_2 上的反射之和是以点 O 为中心的一个旋转，其转角为 $2\angle l_1Ol_2$(参见命题 3). 若 l'_1 和 l'_2 是任取的两条交于点 O，且夹角等于 $\angle l_1Ol_2$ 的直线，则在 l'_1，l'_2 上的反射之和也是上述旋转. 我们选择 l'_1 和 l'_2，使 $l'_2\perp l_3$，并用在 l'_1，l'_2，l_3 上的三次反射之和来代替在 l_1，l_2，l_3 上的三次反射之和(根据命题 3，在两条垂直直线上的反射之和等于关于它们交点的中心对称. 因此，在 l'_1，l'_2，l_3 上的反射之和，就是在 l'_1 上的反射与关于 l'_2，l_3 交点 O_1 的中心对称之和——或说在 l'_1 上的反射与在 O_1 上的反射之和).

现在，我们再用在另外两条垂直相交于 O_1 的直线 l''_2，l'_3 上的反射之和来代替在 l'_2，l_3 上的反射之和，并且取 l''_2 平行于 l'_1(图 2.15(b)，这样代替是允许的，因为在 l''_2，l'_3 上的反射之和也是关于 O_1 的中心对称). 于是，在 l'_1，l'_2，l_3 上的反射之和又可用在 l'_1，l''_2，l'_3 上的反射之和代替. 根据命题 2，在平行直线 l'_1，l''_2 上的反射之和等于一个平移，其方向垂直于 l'_1 和 l''_2，也即平行于 l'_3. 这样，在 l'_1，l''_2，l'_3 上的反射之和等于在 l'_3 方向上的一个平移与在 l'_3 上的反射之和，因此是以 l'_3 为轴的一个滑动反射.

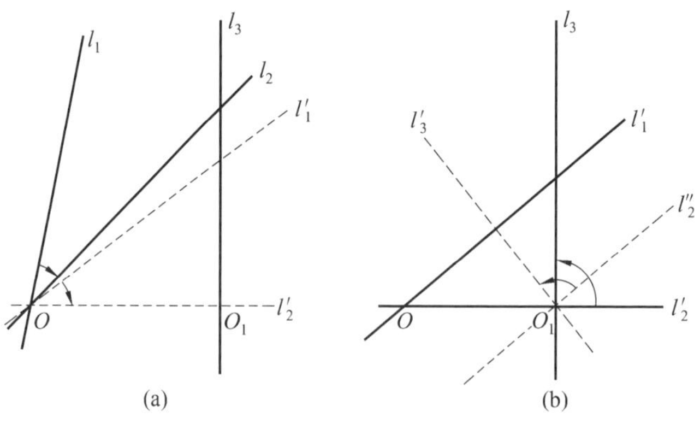

图 2.15

在 l_1 和 l_2 平行，而 l_3 与它们相交的情形，证明过程完全相仿(设 l_2 与 l_3 交于点 O. 首先用在另一对相交于 O 的直线 l'_2 和 l'_3 上的反射之和来代替在 l_2 和 l_3 上的反射之和，并选取 $l'_2\perp l_1$. 然后再把在 l_1 和 l'_2 上的反射之和换成在另一对垂直的直线 l'_1 和 l''_2 上的反射之和，这里 l'_1 与 l''_2 的交点和 l_1 与 l'_2 的交点重合,并选择 l''_2 与 l'_3 平行).

综合命题 2 ～ 5 的结果,我们得到下面的定理.

定理 偶数次反射之和是一个旋转或一个平移,奇数次反射之和是反射或滑动反射.

事实上,根据命题2和命题3,偶数次反射之和可用一些旋转与平移之和来代替,而任何有限个旋转与平移之和仍是旋转或平移(参看第 1 章,第 13 ～ 15 页).

既然偶数次反射之和是旋转或平移,那么奇数次反射之和等于一个旋转或平移加上一个反射.根据命题 2 和命题 3,旋转或平移都可分解为两个反射.这样一来,奇数次反射之和总可用三次反射之和来代替.再应用命题 4 和命题 5,就推出定理的结论.

我们还要注意,偶数次反射之和一般来说是一个旋转,平移的情形应认为是一种特殊情形(在直线 l_1 和 l_2 上的两次反射之和为平移的情形仅在 $l_1 \parallel l_2$ 这种特殊条件下才发生,而转角为 α 和β 的两个旋转之和也仅在$\alpha+\beta=360^\circ$ 时才是平移).类似地,奇数次反射之和一般来说是滑动反射,只有在特殊情况下才是反射(例如,在三条直线 l_1,l_2,l_3 上的反射之和仅仅在 l_1,l_2,l_3 互相平行或相交于一点的条件下才是反射).

反射和滑动反射也都是整个平面的变换①(平面的每一点都被变到一个新点).在直线 l 上的反射的不动点是对称轴 l 上的所有点,不动直线是 l 以及与 l 垂直的直线.滑动反射没有不动点,不动直线也只有对称轴 l 这一条.

习　题

14. 光线在平直镜面上的反射遵循如下法则:入射角等于反射角(也就是和台球在球桌边上碰弹时的反射法则一样,参见本章问题 6).现设在平面上放置两个镜面,它们的夹角为 α.试证:若 $\alpha=\frac{90^\circ}{n}$,这里 n 是整数(并且仅当 n 为整数时),则任何光线射到这两个镜面上反射数次后,将沿入射方向的反向射出去(图 2.16(a)(b) 分别说明 $n=1$,$\alpha=90^\circ$ 和 $n=2$,$\alpha=45^\circ$ 的情况.在这两种情况下,光线最后射出的方向(即图中的 PQ 和RS) 与入射方向 MN 相反).

① 按照前言中的定义,反射还是保距变换,因为它把每一条线段 AB 变为一条与它等长的线段 $A'B'$(参见图 2.3 和相应的文字部分).滑动反射是反射和平移这样两个保距变换之和,因此也是保距变换.

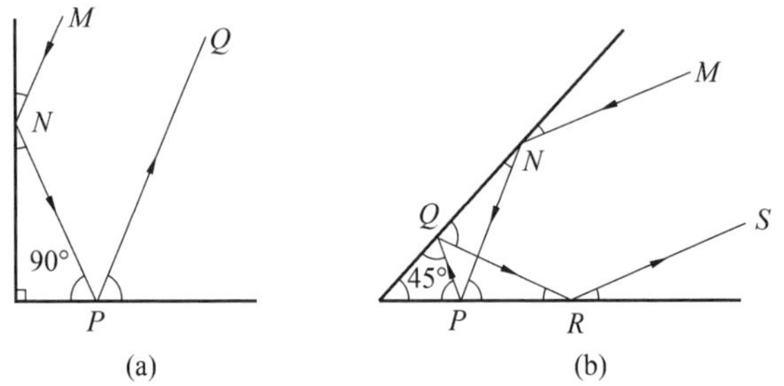

图 2.16

15. 在平面上给定 n 条直线 $l_1, l_2, \cdots, l_n$. 试作一个 n 边形 $A_1A_2\cdots A_n$，使得直线 $l_1, l_2, \cdots, l_n$ 分别是：

(1) 这个多边形各边的中垂线(图 2.17(a)).

(2) 这个多边形各顶点处的外角或内角的平分线(图 2.17(b)).

分别考虑 n 是奇数和偶数的情况. 在哪一种情况下本题无解，或解不能唯一确定？

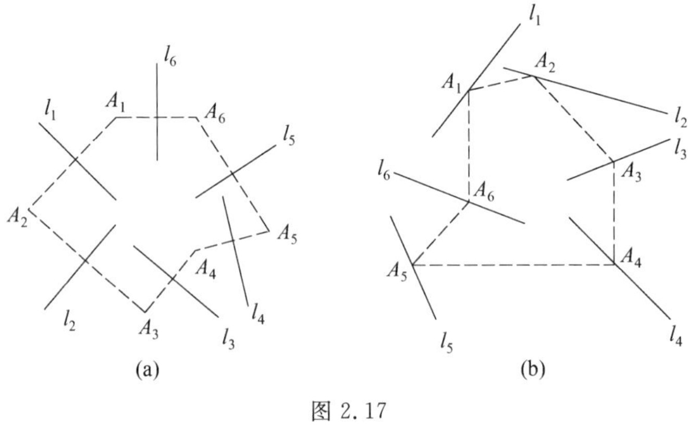

图 2.17

16. 给定平面上一点 M 和 $n-1$ 条直线 $l_2, l_3, \cdots, l_n$. 求作一个 n 边形 $A_1A_2\cdots A_n$：

(1) 使得边 A_1A_2 的中点是 M，而余下各边的中垂线分别是 $l_2, l_3, \cdots, l_n$.

(2) 使得 $\angle A_1$ 等于给定值 α，它的平分线经过 M，并且 $\angle A_2, \angle A_3, \cdots, \angle A_n$ 的平分线分别为 $l_2, l_3, \cdots, l_n$.

17. 在给定圆上作一内接 n 边形：

(1) 使得它的各边分别平行于 n 条给定直线.

(2) 使得边 A_1A_n 过给定点，余下各边分别平行于 $n-1$ 条给定直线.

18. (1) 在平面上给定三条交于一点的直线 l_1, l_2 和 l_3，又设 A 是平面上任一点. 将 A 相继在 l_1, l_2, l_3 上作反射，得到 A_3，然后将 A_3 按同一次序作这三次反射，得点 A_6. 试证：A_6 与 A 重合(图 2.18(a)).

如果题中三条直线 l_1，l_2 和 l_3 换成 n 条交于一公共点的直线，结论还正确吗（原来要作六次反射，现在要作 $2n$ 次了）？

(2) 在平面上给定三条交于一点的直线 l_1，l_2，l_3. 将平面上任意点 A 相继在 l_1，l_2，l_3 上作三次反射，然后再将 A 相继在 l_3，l_2，l_1 上作三次反射. 试证：在两种情况下最后所得的像点是同一点 A_3.

(3) 在平面上给定四条交于一点的直线 l_1，l_2，l_3，l_4. 将平面上任一点 A 相继在 l_1，l_2，l_3，l_4 上作四次反射，然后又将 A 按另一次序作四次反射：l_3，l_4，l_1，l_2. 说明两种做法最后得到的像点是同一点 A_4（图 2.18(b)）.

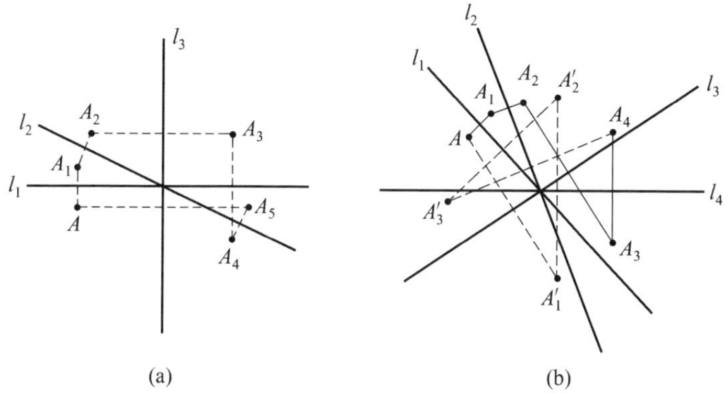

图 2.18

19. (1) 设点 M，N，P 分别在 $\triangle ABC$ 的边 AB，BC，CA 上，又设 CM'，AN'，BP' 是直线 CM，AN，BP 分别在 $\angle C$，$\angle A$，$\angle B$ 的平分线上的反射像. 试证：若 CM，AN，BP 交于一点或互相平行，则 CM'，AN'，BP' 也交于一点或互相平行（图 2.19(a)）.

(2) 设点 M，N，P 分别在 $\triangle ABC$ 的边 AB，BC，CA 上，M_1，N_1，P_1 是 M，N，P 分别关于相应边中点的中心对称像（即 M_1 是点 M 作关于 AB 中点的中心对称而得到的点，N_1，P_1 也类似）. 试证：若 AB，BC，CA 分别在 M，N，P 处的垂线交于一点，则 AB，BC，CA 分别在 M_1，N_1，P_1 处的垂线也交于一点（图 2.19(b)）.

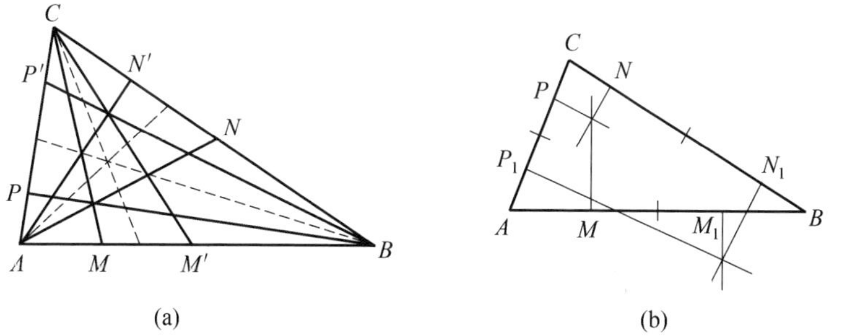

图 2.19

20. 任意给定平面上三条直线 l_1, l_2, l_3. 设 A 是平面上任意一点. 用两种方法将 A 在这三条直线上连续作一系列反射：方法一，先以 $l_1, l_2, l_3, l_1, l_2, l_3$ 的次序作六次反射，将所得点 A_6 再以 $l_2, l_3, l_1, l_2, l_3, l_1$ 的次序作六次反射；方法二，将 A 先以 $l_2, l_3, l_1, l_2, l_3, l_1$ 的次序作六次反射，再将所得点 A'_6 以 $l_1, l_2, l_3, l_1, l_2, l_3$ 的次序作六次反射. 试证：用这两种方法，点 A 经十二次反射最后得到的是同一个点 A_{12}.

2.2　正全等图形和反全等图形，平面保距变换的分类

在基谢廖夫的高级中学几何课本中规定："如果两个几何图形中的一个可以经过在空间中的运动而和另一个重合，就称它们是全等的." 这个定义是在基谢廖夫的《几何（第一册）》的开头给出的，是全书的一个基础. 然而，在平面几何课程的开始就出现这样的定义，是会使人感到疑惑的. 平面几何是研究平面上的图形的性质的，而在图形全等的这个定义中所说的图形的运动，却是在空间中的. 看起来，平面几何课程的最初的，也是最基本的一个定义却不属于平面几何，而是属于立体几何. 似乎在平面几何课程中，采用下面的说法更恰当一些：两个图形如果可以经过平面上的（而不是空间中的）运动而重合，就称为全等的. 这个定义中没有用到立体几何的概念. 可是，全等的这个新定义与原来的定义是不等价的.

事实上，平面上一对图形全等可以有两种情况. 一种情况是：我们可以一直不离开平面来移动一个图形，使它与另一个重合. 例如图 2.20(a) 中的 F 和 F_1 就是这种情况（可以用关于点 O 的旋转来使它们重合）. 但是也有另一种情况：要使两个全等图形重合，必须将其中一个离开原来所在平面，并翻一个面. 图 2.20(b) 中的 F' 和 F'_1 就是如此. 不可能在平面上移动 F'_1，使它与 F' 重合.

下面我们对此加以说明. 考虑 F'_1 上的三点 A'_1, B'_1, C'_1，以及 F' 上的对应点 A', B', C'. $\triangle A'B'C'$ 和 $\triangle A'_1B'_1C'_1$ 有所谓"不同的定向". 在 $\triangle A'B'C'$ 中，由 $A' \to B' \to C'$ 所确定的边界的围绕方向与时针走的方向一致（即顺时针方向），然而在 $\triangle A'_1B'_1C'_1$ 中，由 $A'_1 \to B'_1 \to C'_1$ 所确定的边界的围绕方向是与时针走的方向相反的（即逆时针方向）. 显然，图形 F'_1 在平面上作任何运动都不能改变 $\triangle A'_1B'_1C'_1$ 的定向. 因此，任何在平面上的运动都不能使 $\triangle A'_1B'_1C'_1$ 与 $\triangle A'B'C'$ 重合. 但是，如果我们把图形 F'_1 翻转到它的另一面——为此，只要用 F'_1 在某直线 l 上的反射像 F'_2 来代替 F'_1——这时再用平面上的运动，就不难让 F'_2 与 F' 重合了（参见图 2.20(b)，只用作绕点 O 的一

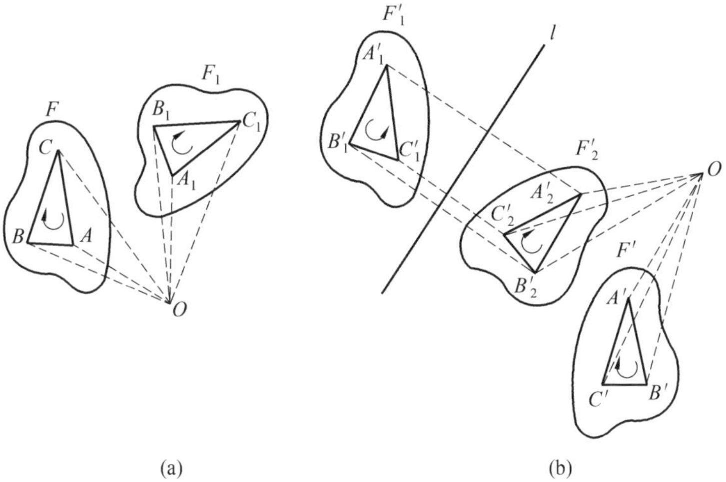

图 2.20

个旋转).

以后,两个图形如果可以只用平面上的运动使它们重合,就称它们是正全等的.如果两个图形全等,但不能用平面上的运动使它们重合,就称它们是反全等的.从上面的讨论中我们已经知道怎样判断给定的两个全等图形 F 和 F' 是正全等的还是反全等的:在 F 上任选不共线的三点 A,B,C,记 A',B',C' 是它们在 F' 上的对应点,然后检验 $\triangle ABC$ 和 $\triangle A'B'C'$ 的定向(分别由 $A\rightarrow B\rightarrow C$ 和 $A'\rightarrow B'\rightarrow C'$ 所确定)相同还是相反.只有在不必要区别正全等和反全等的情况下,我们才用"全等"这个词而不在前面加上"正"或"反".

于是,如果两个几何图形中的一个可以经过在平面上的运动而与第二个重合,就说这两个图形是正全等的.这个定义几乎逐字逐句的和基谢廖夫的定义一样,但是它完全是平面几何的.

下面我们证明两个重要定理.

定理 1 平面上任何两个正全等的图形都可以经过一个旋转或一个平移而重合.

首先我们注意到,任给平面上两条等长的线段 AB 和 $A'B'$,总可以用一个旋转或一个平移使它们重合.事实上,如果 AB 和 $A'B'$ 平行,并且方向相同(图 2.21(a)),那么可用一个平移把 AB 变到 $A'B'$(参见第 4 页,那里证明了一个更一般的命题:如果两个图形 F 和 F' 的对应线段相等、平行且方向相同,那么它们相差一个平移),这个平移的方向和距离可由线段 AA' 所确定.如果线段 AB

和 $A'B'$ 夹一角 α（图 2.21(b)）①，那么 AB 可被一个转角为 α 的旋转变到 $A'B'$（参见第 13 页，那里证明了一个更一般的命题：如果两个图形 F 和 F' 的对应线段相等，且夹定角 α，那么它们相差一个旋转），这个旋转的中心 O 是线段 AA' 和 BB' 的中垂线的交点②.

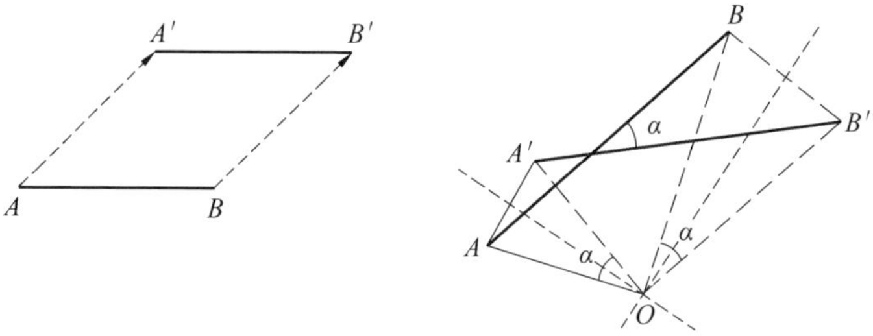

(a) (b)

图 2.21

现在我们考察两个正全等图形 F 和 F'（图 2.22）. 设 M 和 N 是 F 上的两点，M' 和 N' 是它们在 F' 上的对应点. 因为 F 和 F' 全等，所以 $MN=M'N'$，因而有一个旋转（或平移）把线段 MN 变为 $M'N'$.

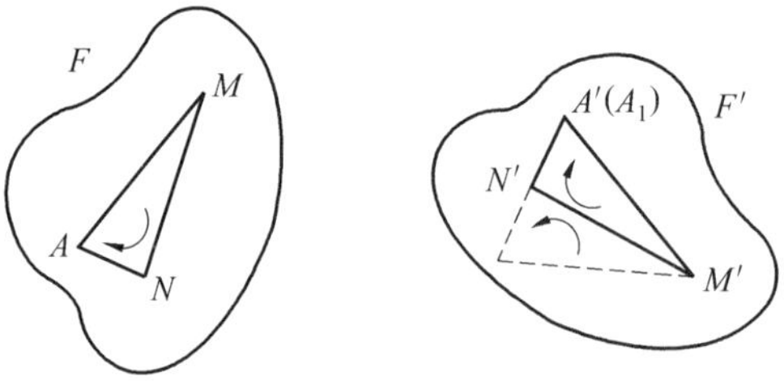

图 2.22

我们说，这时实际上整个图形 F 被变到了 F'，也就是说 F 上的任一点 A 被变到它在 F' 上的对应点 A'. 事实上，如果将 MN 变到 $M'N'$ 的旋转（或平移）把点 A 变到点 A_1，我们只需说明 A_1 与 A' 重合. 一方面，由于图形 F 与 F' 全等，故有 $AM=A'M'$，$AN=A'N'$；另一方面，又显然 $AM=A_1M'$，$AN=A_1N'$. 由此推出 $\triangle A'M'N'$ 和 $\triangle A_1M'N'$ 全等. 但是，这两个三角形有公共边 $M'N'$，因此它们或者重合，或者互为在直线 $M'N'$ 上的反射像. 在后一种情形，这两个三角

① 包括 AB 和 $A'B'$ 夹角 $\alpha=180^\circ$ 的情形，即它们相等、平行，但是方向相反.

② 如果这两条中垂线重合，那么这种求点 O 的方法就不能用了. 这时，O 就是直线 AB 与 $A'B'$ 的交点（如果 AB 与 $A'B'$ 重合，也就是说 A 与 B' 重合，B 与 A' 重合，那么点 O 就是它们的公共中点）. 也可以这样求点 O：作立在 AA' 上的弧，使其所含角为 α，则 AA' 的中垂线与此弧的交点即点 O. 在《几何变换（Ⅱ）》第 1 章的1.2 节中，还将给出作点 O 的两个更简便的方法.

形的定向相反. 但是,由于 F 与 F' 是正全等的,故 $\triangle A'M'N'$ 的定向与 $\triangle AMN$ 的定向相同. 另外,$\triangle AMN$ 与 $\triangle A_1M'N'$ 只差一个旋转或平移,从而定向也是相同的. 于是,$\triangle A'M'N'$ 与 $\triangle A_1M'N'$ 定向相同. 这样,我们就推出它们一定是重合的,也就是说点 A_1 与点 A' 重合. 定理证毕.

如果两个图形 F 和 F' 可以经过以点 O 为中心的旋转互变,那么称点 O 是这两个图形的旋转中心. 要作两个正全等图形的旋转中心,只需在一个图形上任取两点 A 和 B,找到它们在第二个图形上的对应点 A' 和 B',则点 O 就是线段 AA' 和 BB' 的中垂线的交点(参见第 34 页注 ②).

定理 2 平面上任何两个反全等的图形都可以经过一个滑动反射或反射而重合.

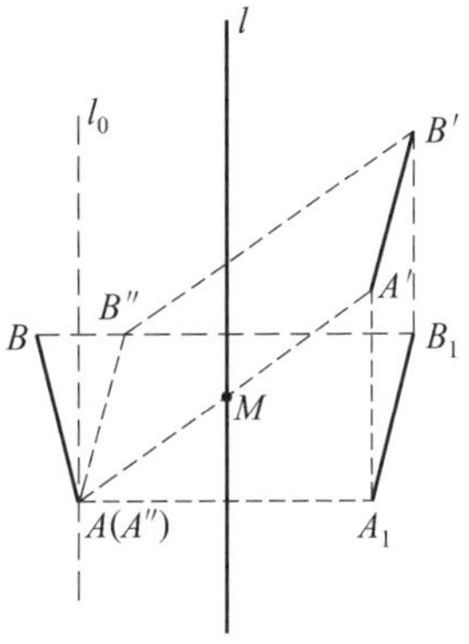

图 2.23

定理 2 的证明类似于定理 1 的证明. 我们说明,任何两条等长的线段 AB 和 $A'B'$ 可以经过在某轴上的滑动反射(或反射)互相变化. 假定这是对的,并设 l 为该滑动反射(或反射)的轴. 把线段 $A'B'$ 平移到新位置 $A''B''$ 处,使 A'' 与 A 重合(图 2.23). 设 A_1B_1 是线段 AB 在 l 上的反射像,那么 $A_1B_1 \parallel A''B''$(因为它们都平行于 $A'B'$). 由此可得,l 平行于 $\angle B''AB$ 的平分线 l_0(因为 $A''B''$ 相继在 l_0 和 l 上作反射后变成平行线段 A_1B_1). 另外,点 A 和 A' 在 l 的两侧,且到 l 的距离相等(因为 A 和 A_1 在 l 的两侧,到 l 的距离相等;而 A_1 和 A' 在 l 的同侧,到 l 的距离相等). 因此 l 经过 AA' 的中点 M. 这样,l 就能从线段 AB 和 $A'B'$ 来作出了(过点 M,平行于 l_0).

现在,设线段 A_1B_1 是 AB 在 l(上面作的轴)上的反射像. 由于 $l \parallel l_0$,因此有 $A_1B_1 \parallel A'B'$. 又因为 A_1 和 A' 在 l 的同侧,且到 l 的距离相等,所以若 A_1B_1 与 $A'B'$ 不重合,则它一定可被一个在 l 方向上的平移变到 $A'B'$. 这样就证明了线段 AB 确实可经过一个滑动反射(或反射)变为线段 $A'B'$.

证明的剩下部分几乎是定理 1 的证明的后半部分的重复. 设 F 和 F' 是两个反全等图形,M,N 和 M',N' 是 F 和 F' 上的两对对应点(图 2.24),则存在一个滑动反射(或反射)把线段 MN 变为 $M'N'$. 下面我们来说明,这个滑动反射(或反射)实际上把整个图形 F 变成图形 F'. 也就是说,F 上的任一点 A 被它变到的点 A_1,与 A 在 F' 上的对应点 A' 重合(由于 F 和 F' 是反全等的,因此 F 的任一点 A 在 F' 上有对应点 A'). 事实上,由于 F 和 F' 全等,故 $\triangle A'M'N' \cong \triangle AMN$. 又由于 $\triangle A_1M'N'$ 是 $\triangle AMN$ 经过一个滑动反射(或反射)变来的,$\triangle A_1M'N' \cong \triangle AMN$,因此,$\triangle A_1M'N'$ 或者与 $\triangle A'M'N'$ 重合,或者是 $\triangle A'M'N'$ 在它们公共的边 $M'N'$ 上的反射像. 由 $\triangle A'M'N'$ 的定向与 $\triangle AMN$

的定向相反(因为图形反全等),而 $\triangle A_1M'N'$ 的定向也与 $\triangle AMN$ 的定向相反(因为反射或滑动反射改变三角形的定向),$\triangle A'M'N'$ 与 $\triangle A_1M'N'$ 就有相同的定向,因此它们不可能互为反射像.于是 $\triangle A'M'N'$ 和 $\triangle A_1M'N'$ 重合.定理2证毕.

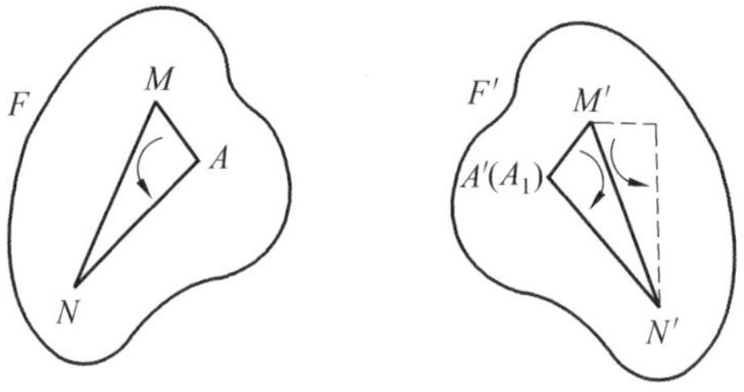

图 2.24

平面的一个保距变换如果把两个正全等图形中的一个变成另一个,我们就称之为正保距变换(或位移);与此相应地,我们称把两个反全等图形中的一个变为另一个的保距变换为反保距变换.于是定理1和定理2正是说明:正保距变换或是一个旋转,或是一个平移;反保距变换或是一个反射,或是一个滑动反射(与第29页的内容相对照).

综合定理1和定理2的结果,我们可以阐述一个更一般的结论:

任给平面上两个全等图形,我们总可以用一个平移,或旋转,或反射,或滑动反射,使它们重合.

一般来说,若两个图形正全等,则它们相差一个旋转,相差一个平移被看作特殊情况;若两个图形反全等,则一般它们相差一个滑动反射,相差一个反射是特殊情况.

平移和旋转都可以表示为在两条直线(平行的或相交的)上的反射之和;同时,在一条直线上的反射或滑动反射可以表示为在某条直线上的反射与关于某点的中心对称之和(例如,在直线 m 上的反射等于下面三条直线上的反射之和:l,l,m,其中 l 是任一条垂直于 m 的直线.因此它也就等于在 l 上的反射与关于 l 与 m 的交点 O 的中心对称之和.至于滑动反射,请看第28页).于是我们的结论也可阐述为:

任给平面上两个全等图形,我们总可以用在两条直线 l_1,l_2 上的反射之和,或在一条直线 l 和一点 O 上的反射之和来使它们重合.当 $l_1 /\!/ l_2$ 时,我们用的是平移,当点 O 在 l 上时,所用的是在一条直线上的反射.

定理1和定理2也可以从关于反射加法的那几个命题(参见2.1节)推出.事实上,定理1的证明基于这样的事实,任何两条相等线段 AB 和 $A'B'$ 都可以用一个旋转或一个平移来实现重合.然而很明显,AB 可以经过相继在两条直线 l_2 和 l_1 上作反射变成 $A'B'$:只需取 l_1 是线段 AA' 的中垂线(如果 A' 与 A 重合,那么 l_1 可取过点 A 的任一直线),记 B_1 是 B' 在 l_1 上的反射像(图2.25(a)),再取 l_2 是 $\angle B_1AB$ 的平分线. 剩下只需用 2.1 节的命题 2 和命题 3 即可. 定理 2 的证明基于另一事实:两条相等线段 AB 和 $A'B'$ 可以用一个滑动反射或反射来互相变化. 但是 AB 可以经过在三条直线 l_1, l_2 和 l_3 上的反射而变到 $A'B'$: l_1 可完全任意取;记 A_1B_1 是 AB 在 l_1 上的反射像,再取 l_2 和 l_3,使得在它们上作的两次反射之和把 A_1B_1 变为 $A'B'$(图 2.25(b)). 剩下只需再用 2.1 节的命题 4 和命题 5 即可.

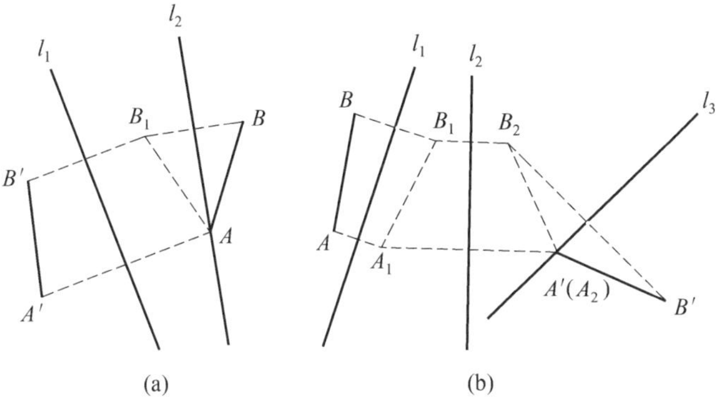

图 2.25

反过来,关于保距变换的加法的所有命题都能从定理1和定理2推出. 定理 1 是说,每一对正全等图形可以用一个旋转或平移来互相变得. 如果两个图形 F 和 F' 相差两次反射,或更一般地说相差偶数次反射,那么它们是正全等的(因为一次反射改变三角形的定向,两次反射就保持定向了). 因此,F' 可以由 F 经过一个旋转或平移而变得. 这就说明,两个(更一般地,偶数个) 反射之和是一个旋转或一个平移(参见第29页). 用完全类似的方法,可以从定理2推出:三个(更一般地,奇数个) 反射之和是一个滑动反射或反射(参见第 29 页). 从定理 1 也可推出:两个旋转之和是一个旋转或平移(参见第 14 ~ 15 页或第 25 ~ 26 页),以及两个滑动反射之和是一个旋转或平移,等等.

习　题

21. 给定两条直线 l_1 和 l_2,以及 l_1 上一点 A 和 l_2 上一点 B. 试作直线 m,使得它与 l_1 和 l_2 的交点 X 和 Y 满足 $AX = BY$,并且:

(1) 直线 m 平行于给定直线 n.

(2) 直线 m 经过给定点 M.

(3) 线段 XY 有定长 a.

(4) 线段 XY 被一给定直线 r 平分.

22. 给定三条直线 l_1, l_2, l_3，以及分别在 l_1, l_2, l_3 上的三点 A, B, C. 试作直线 m，使得它与 l_1, l_2, l_3 的三个交点 X, Y, Z 满足 $AX = BY = CZ$.

23. 给定 $\triangle ABC$. 求作一条直线 l，使得它与边 AB, AC 的交点 P, Q 满足 $BP = PQ = QC$（图 2.26）.

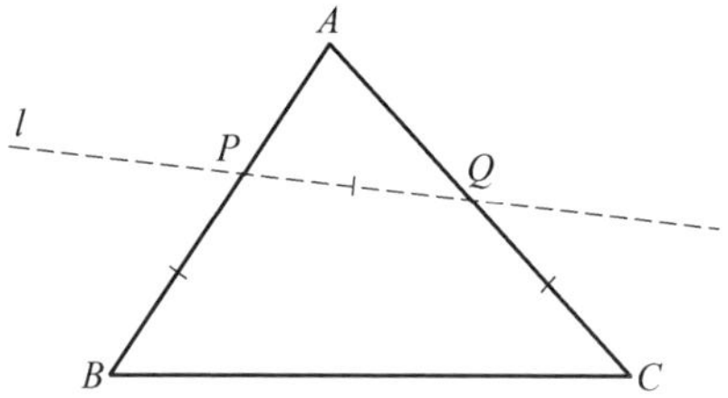

图 2.26

我们可以利用定理1和定理2给平面的保距变换下一个定义. 事实上，在几何学中讨论变换，我们关心的是变换的结果（即一个图形从哪个位置变到了哪个位置），而不是变换的实际过程（例如一个点在运动中所走的路径，点移动的速度，等等）. 既然根据定理 1 和定理 2，任何两个全等图形都可以经过一个平移，或旋转、反射、滑动反射而重合，那么在几何学中我们就能说，这四种保距变换已经是平面上的所有保距变换①. 而把平面上保距变换的所有情形都列举出来，可以看作对它的一个定义. 因此我们可以说，几何学所研究的是图形在平移、旋转、反射和滑动反射之下不改变的那些性质（参见前言第 3 页）.

在数学中（一般地说，在自然科学中），我们能遇到两种不同类型的定义. 对于一个新的概念，我们可以通过列举它所具有的所有性质来定义它. 例如，平面上的平行线可定义为无论怎么延长总不相交的那些直线；算术级数可定义为相邻两项之差为常数的数列；蒸汽机可定义为把热能转变为机械能的机械. 这种类型的定义称为描述性定义. 我们在定义一个新的研究对象时，也可以不去描述它的性质，而是直接指出如何构造它. 例如，平行线可定义为垂直于同一条直线的两条直线（这里给出了平行线的一种作法）；算术级数可规定为下述形式的数列

$$a, a+d, a+2d, a+3d, \cdots$$

（这里 a 称为首项，d 称为公差）；而蒸汽机也可以用对它的结构的描述来给出它的一个定义. 这种类型的定义称为构造性定义. 可以这样说，科学的基本任务，是对那些仅仅有描述性定义的概念去寻找它的构造性定义. 譬如，发明蒸汽机

① 在力学中就与此不同，那里研究运动的过程，因此不可能如此简单地列举出所有平面上的运动.

的问题可以看成从它的描述性定义——转变热能为机械能的机械——出发，去找到它的构造性定义，也就是实际地制造它[①].

把保距变换定义为不改变点之间距离的变换(参见前言第 4 页)，这是一个典型的描述性定义.在保距变换的理论中，基本的问题是找到它的构造性定义，也就是列举出所有保距变换.而本节的定理 1 和定理 2 恰好就是解决这个问题的，因此是本节的基本结果.

反过来，给了某个概念的构造性定义，如能找到它的简单的描述性定义，则会带来许多方便，譬如有助于研究这个新概念的性质.在本章里我们已经有了这类例子.又例如在先给出平移的构造性定义后，我们又给出它的一个纯粹的描述性定义：平移是平面上的一种变换，它把每条线段 AB 变为与它等长、平行且方向相同的线段 $A'B'$(参见第 4 页).在解决两个平移之和是什么样的变换这个问题时，这个定义是非常有用的；而平移的第一个定义(构造性的)则对解决此问题没有多大用处.同样地，在解决两个旋转之和是什么变换的问题时，我们也是依据旋转的描述性定义：旋转是平面上的一种变换，它把每条线段 AB 变为与它等长、并且与它夹定角 α 的线段(参见第 14 页).读者自己在本书中还能找到别的例子.

① 应该注意，对于一个还只有描述性定义的研究对象，找到它的构造性定义实际上也证明了这个研究对象的存在性，而描述性定义是不能说明它的存在性的.

习题解答

第1章　位　移

1. 在直线 l 的方向上将圆 S_1 平移距离 a，记 S'_1 是所得的新圆. 设 A' 和 B' 是 S'_1 与 S_2 的两个交点(图 1)，那么过 A' 且平行于 l 的直线和过 B' 且平行于 l 的直线都是本题的解(图 1 中线段 AA' 和 BB' 都等于平移的距离 a). 如果将 S_1 在相反的方向上平移距离 a 得 S''_1，那么又可得到另外两个解.

随着圆 S'_1 和 S''_1 与圆 S_2 相交情况的不同，本题可能有无穷多个解、四个解、三个解、两个解、一个解以及无解等多种情形，图 1 中所画的是三个解的情形.

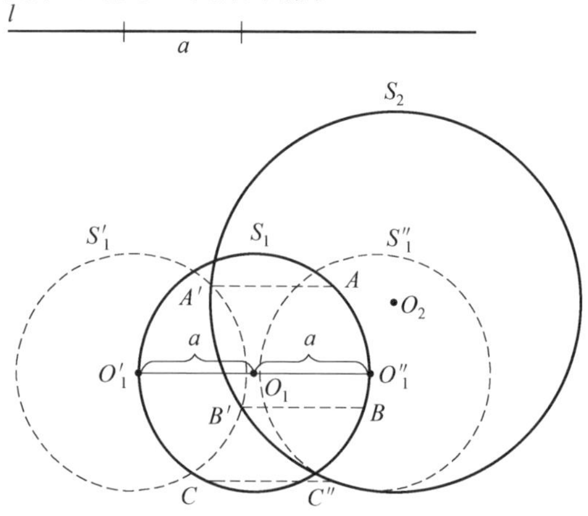

图 1

2.（1）假定本题已解出．将 MN 平移至 AN'，使得点 M 变为点 A（图 2(a)）．于是 $AM = N'N$，因此

$$AM + NB = N'N + NB$$

这样，$AMNB$ 是最短路径的充分必要条件是 N'，N 和 B 在同一直线上．

由此我们得到作图法如下：从点 A 出发作线段 AN'，使其长度等于河宽，与河垂直，方向朝着河．过点 N' 和点 B 作直线，设它与靠近 B 的河岸线的交点为 N，就在点 N 处架桥．

（2）为了简单起见，我们考虑有两条河的情况．假定本题已解出，记 KL 和 MN 是所架两座桥的位置．将线段 KL 平移到 AL'，使点 K 变到点 A（图 2(b)）．于是 $AK = L'L$，并且

$$AK + LM + NB = L'L + LM + NB$$

如果 $AKLMNB$ 是最短路径，那么 $L'LMNB$ 是 L' 到 B 的最短路径，$LMNB$ 是 L 到 B 的最短路径．L 与 B 只相隔第二条河，因此由（1）我们知道怎样作出它们之间的最短路径．

于是我们得到作图法如下：从点 A 作线段 AL'，使其长度等于第一条河的宽度，并垂直于它，且方向朝着它．从点 L' 作线段 $L'N'$，使其长度等于第二条河的宽度，并垂直于它，且方向朝着它．过点 N' 和点 B 作直线，记 N 是它与第二条河的靠近 B 的河岸线的交点．在点 N 处架第二条河上的桥．设此桥的另一头在点 M 处，过点 M 作直线平行于直线 $N'B$，记 L 是所作直线与第一条河靠近 M 的河岸线的交点．在点 L 处架第一条河上的桥．

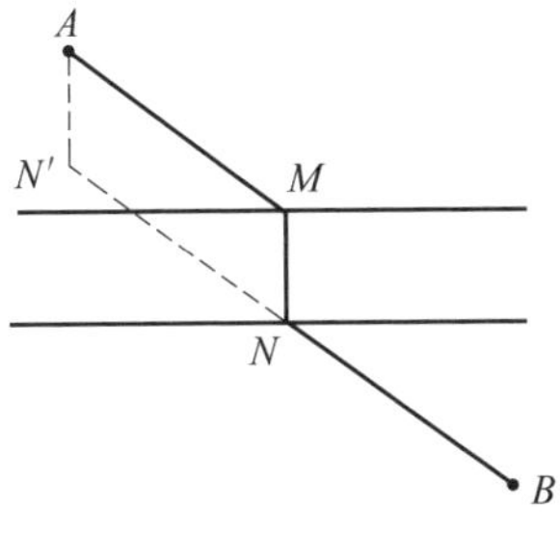

(a)

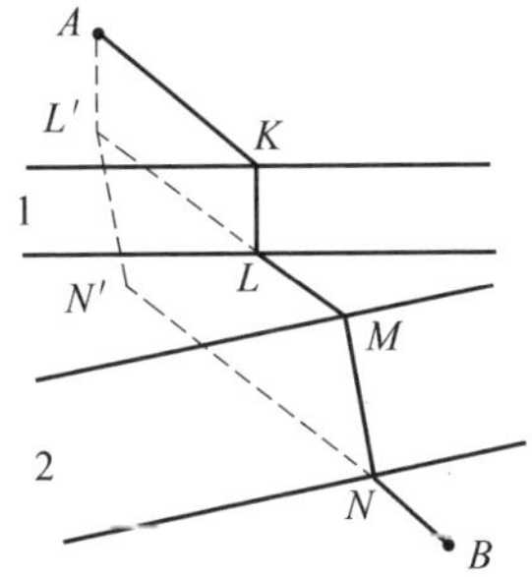

(b)

图 2

3.（1）假设 M 是平面上的点，满足条件 $MP + MQ = a$，这里 P 和 Q 分别是点 M 在直线 l_1 和 l_2 上的垂足（图 3(a)）．将直线 l_2 在 QM 的方向上平移距离 a，所得直线记作 l'_2．显然，M 到 l'_2 的距离 $MQ' = a - MQ = MP$．因此 M 在 l_1 与 l'_2 所夹的一个角的平分线上．

由上面的分析容易看到，所求轨迹上的所有点都在 l_1 与 l'_2 或 l''_2 所夹的角

的平分线上，这里 l'_2 和 l''_2 是将 l_2 在垂直于 l_2 的方向上（两个方向）平移距离 a 所得到的直线. 然而，并非这四条角平分线上的所有点都在所求轨迹上. 从图 3(a) 中不难看出，只有矩形 $ABCD$ 的边界上的点在所求轨迹上，这里 A，B，C 和 D 是这些角平分线的交点.

(2) 设点 M 是平面上满足方程

$$MP - MQ = a \text{ 或 } MQ - MP = a$$

的点，这里 P 和 Q 分别是过 M 的垂线在直线 l_1 和 l_2 上的垂足(图 3(b) 中的 M 满足第二个方程). 在 QM 方向上平移直线 l_2，距离为 a，所得直线记作 l'_2. 正如

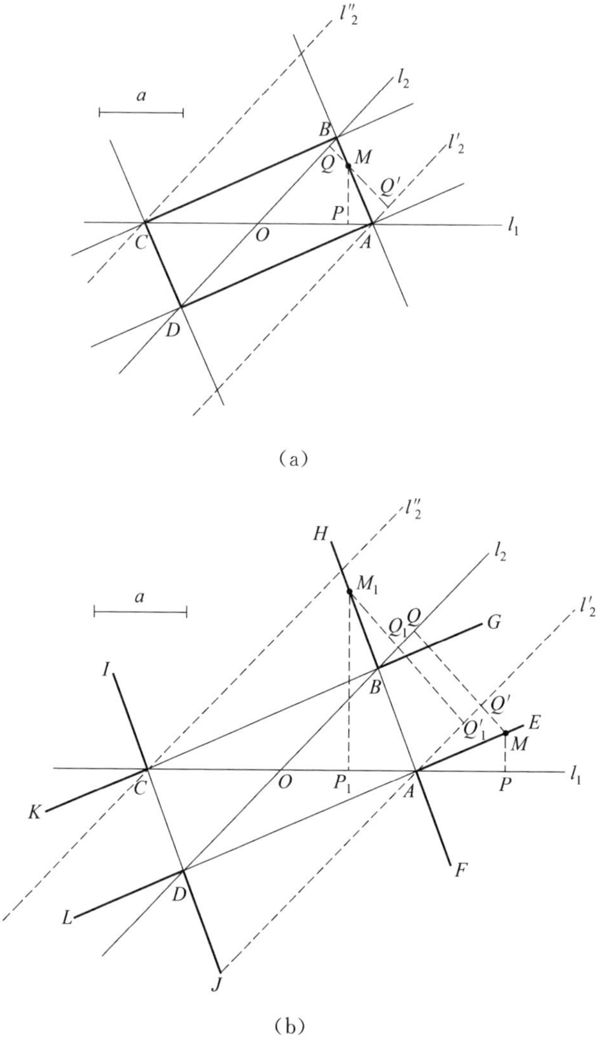

(a) (b)

图 3

(1) 中那样，我们可以说明 M 到 l_1 和 l'_2 的距离相等(图 3(b)，那里 $MQ - MP = a$，$M_1P_1 - M_1Q_1 = a$). 由此可推出，所求轨迹上的所有点都在 l_1 与 l'_2 或 l''_2 所构成的角的平分线上. 但是在本题的情形，只有矩形 $ABCD$ 之外的点在轨迹上.(图 3(b) 中，HBG 和 LDJ 上的点满足方程 $MP - MQ = a$，EAF 和 ICK 上的点满足 $MQ - MP = a$.)

4. 由于 $\triangle BDE$ 可由 $\triangle DAF$ 经过一个平移(在 AB 方向上，距离为 AD)而得到，联结这两个三角形的对应点的线段都是互相平行且相等的. 于是

$$O_1O_2 = Q_1Q_2, O_1O_2 \parallel Q_1Q_2$$

类似地有

$$O_2O_3 = Q_2Q_3, O_2O_3 \parallel Q_2Q_3$$

和

$$O_3O_1 = Q_3Q_1, O_3O_1 \parallel Q_3Q_1$$

因此 $\triangle O_1O_2O_3$ 和 $\triangle Q_1Q_2Q_3$ 全等(实际上它们的对应边平行且相等，即一个三角形可由另一个经过一个平移而得到，参见第 4 页).

5. 将四边形 $ABCD$ 的边 AB 和边 DC 分别平移到 MB' 和 MC'(图 4)，这样所得到的两个四边形 $AMB'B$ 和 $DMC'C$ 都是平行四边形，因此

$$BB' \parallel AM \text{ 且 } BB' = AM$$

$$CC' \parallel DM \text{ 且 } CC' = DM$$

又有 $AM = MD$(M 是 AD 的中点)，因而线段 BB' 与 CC' 相等且平行. 再加上 $BN = NC$，就推出

$$\triangle BNB' \cong \triangle CNC'$$

因此 $B'N = NC'$，并且 $\angle BNB' = \angle CNC'$，即线段 $B'C'$ 的中点是 N，从而 MN 是 $\triangle MB'C'$ 的一条中线.

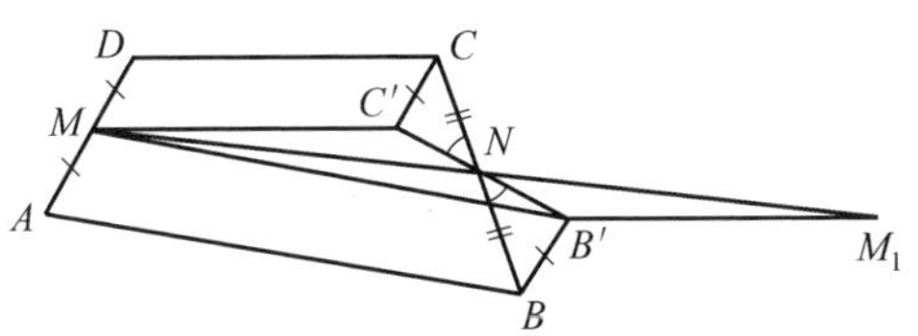

图 4

又由题设，在 $\triangle MB'C'$ 中，中线 MN 是相邻两边 MB' 和 MC' 之和的一半(因为 $MB' = AB$，$MC' = DC$). 延长 MN 至 M_1，使 $NM_1 = MN$，再联结 M_1 和 B'. 这样，我们就得到一个 $\triangle MM_1B'$，它的边 $MM_1 = 2MN$，因此也是另外两边 MB' 和 $B'M_1(= MC')$ 之和. 由此推出 B' 在线段 MM_1 上，这就意味着

$$MB' \parallel MN \parallel MC'$$

因而

$$AB \parallel MN \parallel DC$$

即四边形 $ABCD$ 是一个梯形.

6. 假设本题已解出. 将线段 AX 在直线 CD 的方向上平移距离 a，得线段 $A'X'$（图 5）.

显然 $A'X'$ 过点 F. 又由

$$\angle A'FB = \angle AXB = \frac{1}{2}AmB^{①}$$

因此我们可认为 $\angle A'FB$ 是已知的.

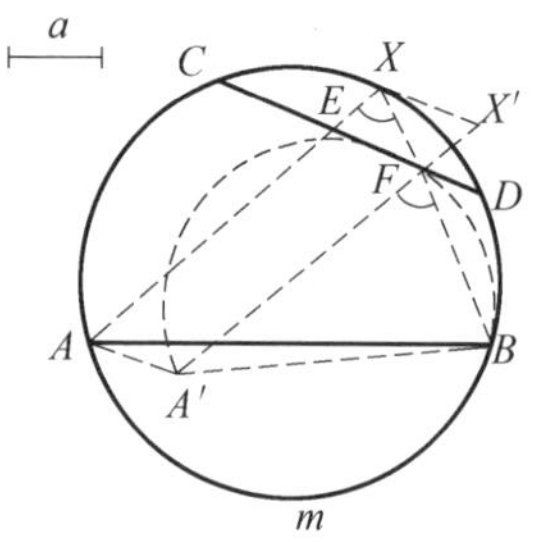

图 5

于是，就有作图法如下：在弦 CD 的方向上将点 A 平移距离 a，所得的点记作 A'. 以线段 $A'B$ 为弦作圆弧，使得它所含的圆周角等于 $\angle AXB$（即若 Y 是弧上的任一点，则 $\angle A'YB = \angle AXB = \frac{1}{2}AmB$）.

若所作圆弧与弦 CD 有两个交点，则任取其中一点作为 F，直线 BF 与原来圆的另一个交点就是所求的点 X. 因此，在这种情形本题有两个解.

若所作圆弧与 CD 相切，则切点就是点 F. 因此本题恰有一个解.

若所作圆弧与 CD 不相切也不相交，则本题无解.

若我们允许 CD 与 AX 和 BX 在延长线上相交（因此交点 E 和 F 在 CD 的延长线上，落在圆外），则本题最多能有四个解（这是因为 A 可以在直线 CD 的两个相反方向上平移）.

7. (1) 假设本题已解出，即 $M_1M_2 = a$（图 6）. 从圆 S_1 和 S_2 的圆心 O_1 和 O_2 分别向直线 l 作垂线 O_1P_1 和 O_2P_2（点 P_1 和点 P_2 为垂足），则

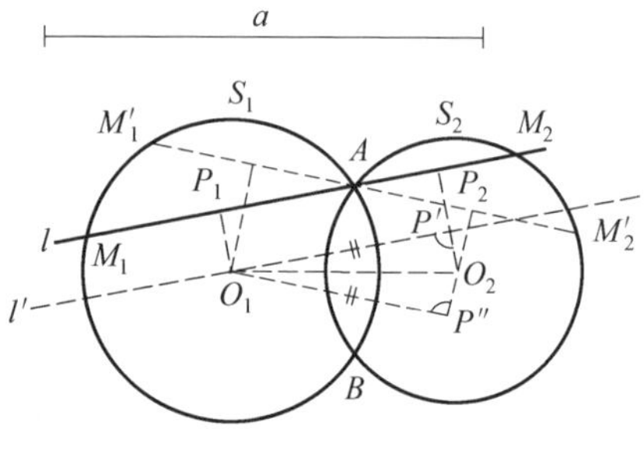

图 6

$$AP_1 = \frac{1}{2}AM_1$$

$$AP_2 = \frac{1}{2}AM_2$$

因此

$$P_1P_2 = \frac{1}{2}(AM_1 + AM_2) = \frac{1}{2}M_1M_2 = \frac{1}{2}a$$

将直线 l 平移成 l'，使 l' 过点 O_1. 设 l' 与直线 O_2P_2 的交点为 P'，则四边形 $P_1O_1P'P_2$ 是矩形，因而

① 本题 AmB 表示$\overset{\frown}{AmB}$（此处指弧度），$\frac{1}{2}AmB$ 表示$\overset{\frown}{AmB}$ 所对圆心角的一半. —— 译者

$$O_1P' = P_1P_2 = \frac{1}{2}a$$

于是我们有作图法如下：以 O_1O_2 为斜边，作 $\mathrm{Rt}\triangle O_1O_2P'$，使$O_1P' = \frac{a}{2}$，那么所求直线 l 平行于O_1P'.

当 $O_1O_2 > \frac{a}{2}$ 时，本题有两个解(在图 6 中，第二个解用虚线表示出，即 $M'_1M'_2$ 所在直线)；当 $O_1O_2 = \frac{a}{2}$ 时，有一个解；当 $O_1O_2 < \frac{a}{2}$ 时，无解.

(2) 设M,N,P是三个给定点，$\triangle ABC$ 是给定三角形(图7). 在线段MN和MP上作圆弧，使它们所含的圆周角分别等于 $\angle ACB$ 和 $\angle ABC$. 于是，问题就转化为：过点 M 作直线，使其被两个圆弧截下的线段 B_1C_1 的长度等于 BC. 这就变成(1) 了.

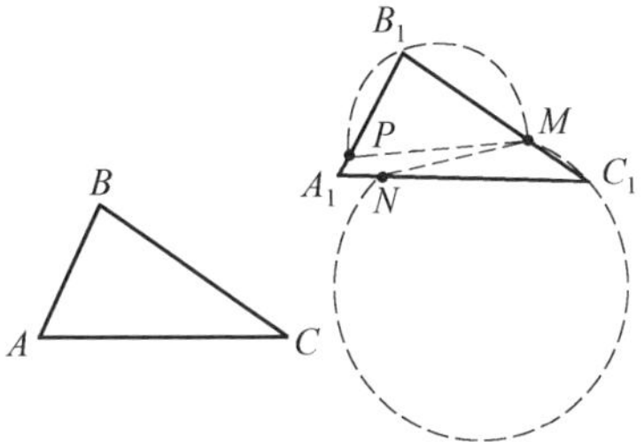

图 7

此题可能有两个解，也可能有一个解或者无解(解的情况还要依赖于给定的三点分别在所求作三角形的哪条边上).

8. (1) 假设此题已解出. 设直线 l 与圆 S_1 和 S_2 的交点分别为 A,B 和 C,D(图 8(a)). 将圆 S_1 在直线 l 的方向上平移距离 AC，所得新圆记作 S'_1. 因为 $AB = CD$，所以经过上述平移，线段 AB 将与CD 重合. 于是，圆 S_2 和 S'_1 的圆心 O_2 和 O'_1 都在线段 CD 的中垂线上.

由此我们可得到作图法如下：设 m 是过圆 S_2 的圆心 O_2 并且与 l 垂直的直线，n 是过圆 S_1 的圆心 O_1 且平行于 l_1 的直线. 记 O'_1 是 m 与 n 的交点，平移圆 S_1 使圆心 O_1 移到 O'_1，得新圆 S'_1，则过圆 S'_1 和 S_2 的两个交点的直线就是所求作的直线.

本题可能有一个解，也可能无解.

(2) 假设此题已解出. 设直线 l 与圆S_1 和 S_2 分别相交于 A,B 和C,D，使得 $AB + CD = a$(图 8(b)). 将圆 S_1 在直线 l 的方向上平移距离 a，记所得圆为 S'_1，则

$$AA' = a = AB + CD$$

即 $A'B = CD$. 因此，如果将圆 S_2 在 l 的方向上平移到圆 S'_2，使其圆心 O'_2 在线段 $O_1O'_1$ 的中垂线上(O_1，O'_1 分别是圆 S_1 和 S'_1 的圆心)，那么圆 S_2 的弦 CD 就变到 BA'.

由此我们得到作图法如下：将圆 S_1 在直线 l_1 的方向上平移距离 a，所得新圆记作 S'_1；再将圆 S_2 在 l_1 的方向上平移到新圆 S'_2，使其圆心在线段 $O_1O'_1$ 的

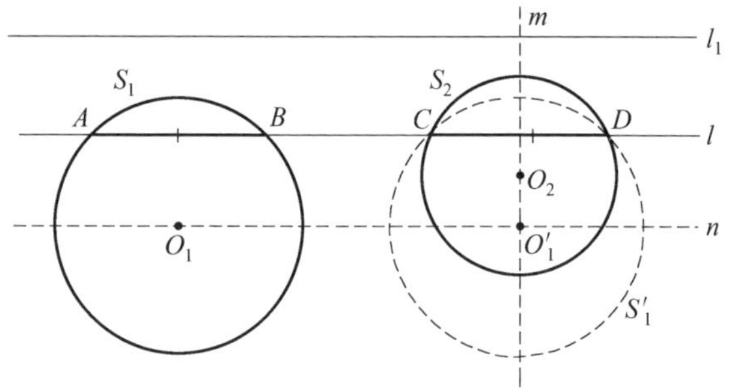

(a)

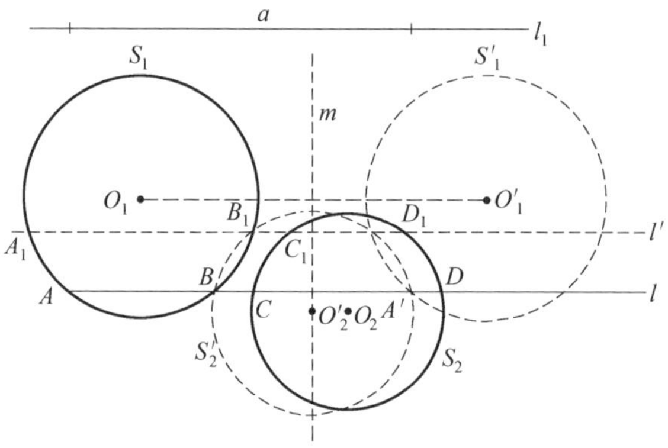

(b)

图 8

中垂线 m 上. 圆 S_1 和 S'_2 的交点(在图中就是点 B 和 B_1) 确定了所求的直线. 本题最多有两个解,解的个数依赖于圆 S_1 和 S'_2 的交点的个数(图 8(b) 中是有两个解的情形).

本题的另一半——作 l,使它被两圆截得的两弦之差等于给定值——可用类似方法解出.

(3) 假设此题已解出(图 9,直线 KN 就是所求的直线 l). 在直线 KN 的方向上平移圆 S_1,使线段 KL 与 MN 重合,所得新圆记作 S'_1. 这时圆 S_2 和 S'_1 有公共弦 MN.

设直线 AB_1 和 AB_2 分别是由点 A 向圆 S'_1 和 S_2 作的切线(B_1 和 B_2 分别是切点),则

$$(AB_1)^2 = AM \cdot AN, (AB_2)^2 = AM \cdot AN$$

因此

$$(AB_1)^2 = (AB_2)^2$$

这样我们就能求 AO'_1 了(O'_1 是圆 S'_1 的圆心),即

$$AO'_1 = \sqrt{(O'_1B_1)^2 + (AB_1)^2} = \sqrt{r_1^2 + (AB_2)^2}$$

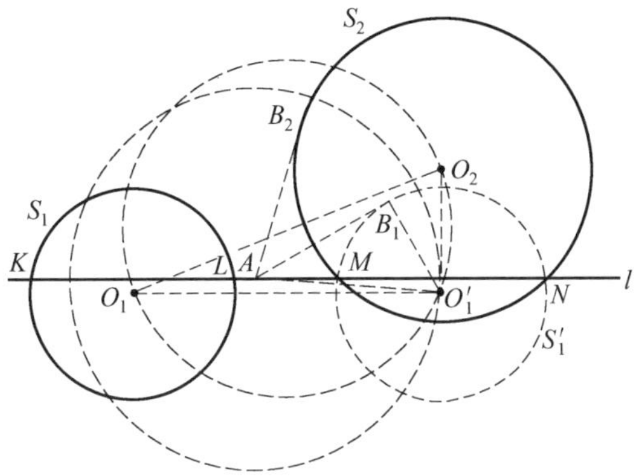

图 9

这里 r_1 是圆 S_1 的半径. 而且，我们知道 $\angle O_1O'_1O_2$ 是直角，这是因为圆 S'_1 和 S_2 的圆心的连线 O'_1O_2 垂直于它们的公共弦 MN，从而也和平行于 l 的线段 $O_1O'_1$ 垂直. 由此我们就能找到点 O'_1 了.

我们用下面的方法作图：以 A 为圆心，以$\sqrt{r_1^2+(AB_2)^2}$ 为半径作圆；又以 O_1O_2 为直径作圆. 以这两个圆的一个交点 O'_1 为圆心，r_1 为半径作圆 S'_1. 由圆 S_2 与 S'_1 的交点 M 和 N 所确定的直线 MN 就是本题的一个解. 点 A 确实在直线上，否则等式 $(AB_1)^2=(AB_2)^2$ 不会成立.（如果直线 AM 与圆 S_2 和 S'_1 交于不同点 N_2 和 N_1，那么我们有 $(AB_2)^2=AM\cdot AN_2$ 和 $(AB_1)^2=AM\cdot AN_1$.）又因为 $O_2O'_1$ 垂直于 MN，而 $O_1O'_1$ 垂直于 $O_2O'_1$，所以 $O_1O'_1 \parallel MN$，也就是说 O_1 和 O'_1 分别到 S_1 和 S'_1 的弦 KL 和 MN 的距离相等. 由此推出 KL 和 MN 等长，这正是所要求的.

本题至多有两个解.

9. 作直线 l 经过关于点 A 的中心对称所变得的直线 l'（图 10），设 P' 是 l' 与圆 S 的一个交点，那么直线 $P'A$ 是本题的一个解. 因为 $P'A$ 与 l 的交点 P 是点 P' 关于点 A 的中心对称像，从而有 $P'A=PA$.

本题至多有两个解.

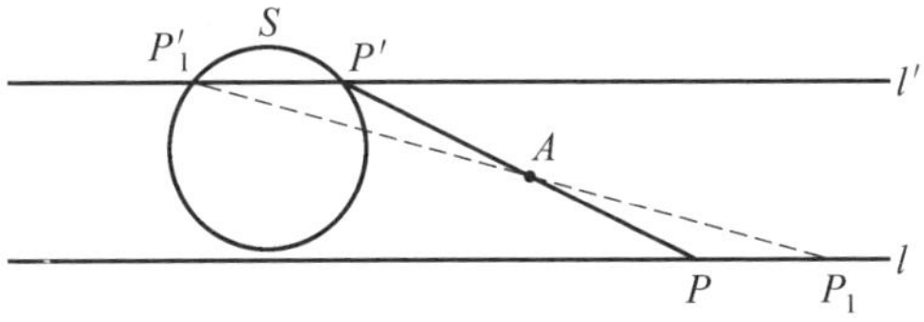

图 10

10.（1）作圆 S_2 经过关于点 A 的中心对称所变得的圆 S'_2（图 11(a)），圆 S_1 和 S'_2 也相交于点 A，另一个交点记作 P'. 则直线 $P'A$ 是本题的解，因为它与圆

S_2 的另一个交点 P 是点 P' 关于点 A 的对称点，有 $P'A=AP$.

若圆 S_1 和 S_2 相交于两个点，则本题恰有一个解. 若这两个圆相切，则当它们的半径不同时，无解；当它们的半径相同时，有无穷多个解.

注：本题是问题 8(3) 的特殊情形，但解法更简单.

(2) 作圆 S_2 经过关于点 A 的中心对称所变得的圆 S'_2. 假设本题已解出，图 11(b) 中的直线 MAN 就是解. 设 N' 是此直线与圆 S'_2 的交点，则 $MN'=a$. 从圆 S_1 和 S'_2 的圆心 O_1 和 O'_2 分别向直线 MAN 作垂线 O_1P 和 O'_2Q（P，Q 为垂足），则

$$PA=\frac{1}{2}MA,\ QA=\frac{1}{2}N'A$$

从而

$$PQ=PA-QA=\frac{1}{2}(MA-N'A)=\frac{1}{2}a$$

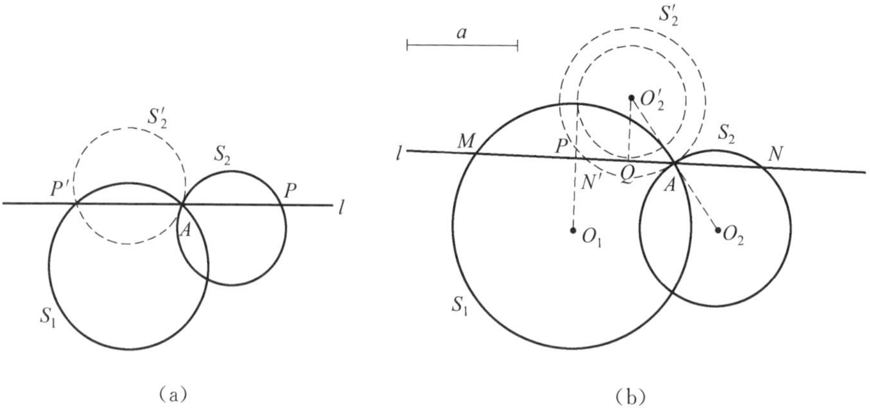

图 11

于是 O'_2 到直线 O_1P 的距离等于 $\frac{a}{2}$，也就是说，以 O'_2 为圆心，$\frac{a}{2}$ 为半径的圆与直线 O_1P 相切. 这样，从题设条件，我们就能作出直线 O_1P. 有了 O_1P，再作直线 MAN 垂直于 O_1P，从而得到本题的一个解.

本题最多有两个解.

11. 假设本题已解出（图 12），并设 $A'X'$ 是由线段 AX 经过关于点 J 的中心对称而得的线段. 因为 AX 过点 E，所以 $A'X'$ 过点 F. 由于 $X'A' \parallel XA$，故有

$$\angle X'FB=\angle AXB=\frac{1}{2}AmB$$

（此处 $\frac{1}{2}AmB$ 表示 $\overset{\frown}{AmB}$ 所对圆心角的一半）因此

$$\angle A'FB = 180° - \angle X'FB$$

并且可以认为

$$\angle A'FB = 180° - \frac{1}{2}AmB$$

是已知的.

这样我们就得到作图法如下：设 A' 是点 A 关于点 J 的对称点. 在线段 $A'B$ 上作一圆弧，使它所含圆周角是

$$180° - \frac{1}{2}AmB$$

此圆弧与弦 CD 的交点就是点 F，而直线 BF 与圆周的另一交点就是所求的点 X.

本题有唯一解. 但是，若允许弦 CD 与 AX 和 BX 在延长线上相交，则可能有两个解（参看问题 6 的解）.

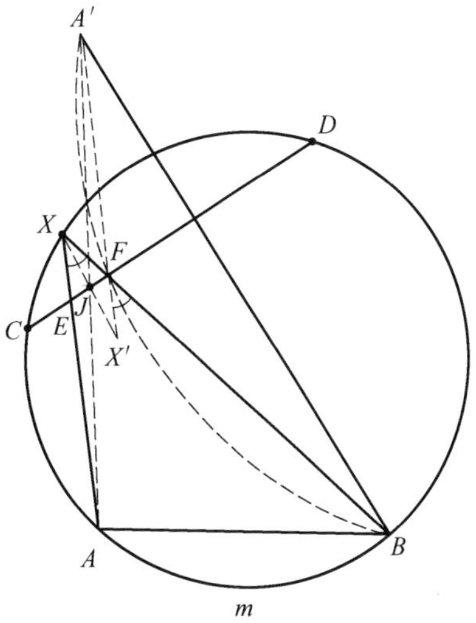

图 12

12. 假定图形 F 有两个对称中心 O_1 和 O_2（图 13）. 设点 O_3 是点 O_1 关于点 O_2 的中心对称像，则 O_3 也是 F 的一个对称中心. 事实上，若 A 是 F 上的任意一点，记 A_1 是点 A 关于点 O_2 的对称点，A_2 是点 A_1 关于 O_1 的对称点，A' 是点 A_2 关于 O_2 的对称点，则 A_1，A_2 和 A' 都是 F 中的点（因为 O_1，O_2 都是 F 的对称中心）. 由于 AO_3 和 A_1O_1，A_1O_1 和 A_2O_1，A_2O_1 和 $A'O_3$ 这三对线段都相等、平行且方向相反，线段 AO_3 和 $A'O_3$ 是相等、平行且方向相反的，因此 A' 是 A 关于 O_3 的对称点.

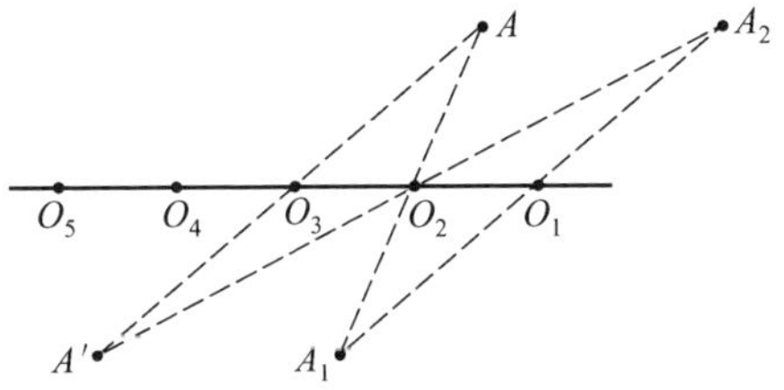

图 13

这样，F 上任意一点 A 关于 O_3 的对称点 A' 仍是 F 中的点，也就是说 O_3 是 F 的一个对称中心.

类似地，我们可以推出 O_2 关于 O_3 的对称点 O_4，O_3 关于 O_4 的对称点 O_5 等都是 F 的对称中心. 这样我们就可以看出：若 F 有两个不同的对称中心，则它必定有无穷多个对称中心.

13. (1) A_nB_n 是由 AB 相继作关于 O_1，O_2，…，O_n 的 n 次中心对称所得到的线段（n 为偶数）. 但是，关于 O_1 与 O_2 的两次中心对称之和为一个平移，关于 O_3

与 O_4 的两次中心对称之和是一个平移，关于 O_5 与 O_6 的两次中心对称之和是一个平移，……，最后，关于 O_{n-1} 和 O_n 的两次中心对称之和也是一个平移. 因此，A_nB_n 是由 AB 经过 $\frac{n}{2}$ 次平移而得到的. 因为任意个平移之和仍为平移，所以 A_nB_n 也是由 AB 经过一次平移所得到的. 于是，有 $AA_n = BB_n$.

如果 n 是奇数，那么本题的结论是不正确的. 由于奇数个中心对称之和是一个平移加上一个中心对称，它也是一个(关于另一点的) 中心对称(参见第 8 页)，因此一般地说，$AA_n \neq BB_n$(但 $AB_n = BA_n$).

(2) 因为奇数个中心对称之和还是一个中心对称(参见本题(1) 的证明)，所以由 A 相继作关于 $O_1, O_2, \cdots, O_n$ 的 n 次中心对称所得的点 A_n，也可由 A 关于某一点 O 作中心对称而得到. 由于点 A_{2n} 是由 A_n 作同样的 n 次中心对称而得到的，故它也是由 A_n 作关于点 O 的中心对称而得到的点. 这就可推出 $A_{2n} = A$.

若 n 是一个偶数，则 A_n 是由 A 经过一个平移而得到的点，而 A_{2n} 又是由 A_n 经过同一个平移而得到的点，因此一般来说 A_{2n} 与 A 不会重合.(只有当上述平移是恒同变换，即平移距离为 0 时，它们才重合①.)

14.(1) 关于点 O_1 和点 O_2 的两个中心对称的和是一个平移(参见第 8 页)，关于点 O_3 和点 O_4 的两个中心对称之和是另一个平移(一般来说与第一个不同). 于是，“第一”点 A_4 是点 A 经过这两次平移得到的，而“第二”点(我们记作 A'_4) 是 A 经过同样两个平移得到的，只是进行的次序与第一次相反. 但是，两个平移之和与进行的次序是无关的.(要证明这个断言，只需参见图 14，点 B 和点 C 分别是点 A 经过线段 MN 和 PQ 表示的平移而变得的；点 D 是点 B 经过 PQ 表示的平移所得的点，它也是点 C 经过 MN 表示的平移所得的点，由此得到断言.)

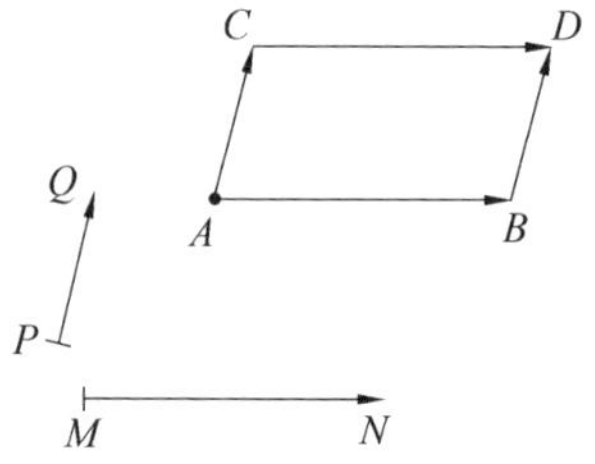

图 14

(2) 此题显然与问题 13(2) 相同($n=5$)，因为问题 13(2) 告诉我们，若相继作点 A 关于 O_1, O_2, O_3, O_4, O_5 的中心对称的点，记作 A_5，则 A_5 以同样的次序作这五次中心对称后就回到点 A.

(3) 当 n 是奇数时，最后的位置相同(参见问题 13).

在 n 为偶数的情形($n = 2k$)，如果有一个 k 边形 $M_1M_2\cdots M_k$，使得它的边 $M_1M_2, M_2M_3, \cdots, M_kM_1$ 分别与线段 $O_1O_2, O_3O_4, \cdots, O_{n-1}O_n$ 相等、平行且方向相同，那么以两种次序作 n 个中心对称所得的两点也是重合的(这时，在这两种次序下作的关于 $O_1, O_2, \cdots, O_n$ 的 n 个中心对称之和都是距离为零的平移，即恒

① 括号中的这句话是译者加的.

同变换）.

15. 第一种解法. 假设此题已解出，并设 $A_1A_2\cdots A_9$ 是所求作的九边形，它的各边中点是 $M_1, M_2, \cdots, M_9$（图 15(a)，图中取 $n=9$）. 任取平面上一点 B_1，记 B_2 是 B_1 经过关于点 M_1 的中心对称所得到的点，B_3 又是 B_2 经过关于点 M_2 的中心对称所得到的点，…… 如此继续，直至得到 B_{10}（它是 B_9 经过关于点 M_9 的中心对称所得到的点）. 在线段序列 $A_1B_1, A_2B_2, A_3B_3, \cdots, A_1B_{10}$ 中，从第二条起，每一条都是前一条经过一个中心对称而变得的，因而这些线段互相平行、长度相等，并且相邻两条方向相反. 于是 A_1B_1 和 A_1B_{10} 相等、平行，并且方向相反，也就是说点 A_1 是线段 B_1B_{10} 的中点. 这样我们就能找到点 A_1 了，因为从任一点 B_1 出发，总能找到 B_{10}. 剩下的顶点 $A_2, A_3, \cdots, A_9$ 可以用关于 $M_1, M_2, \cdots, M_9$ 的一系列中心对称来找出.

本题总有唯一解，但是，解得的九边形并不一定是凸多边形，甚至它的各边还可能相交.

当 n 是偶数时，如果我们也假定此题已解出，并重复上面的推理，就将看到线段 A_1B_{n+1} 与 A_1B_1 相等、平行且有相同的方向，也就是说它们重合. 因此，如果 B_{n+1} 与 B_1 不重合，那么本题无解；如果 B_{n+1} 与 B_1 重合，那么不管 A_1 怎样选取，A_1B_1 总是与 A_1B_{n+1} 重合，因而在这种情况下本题有无穷多个解，而且平面上任一点都可被选作顶点 A_1.

第二种解法. 所求 n 边形的顶点 A_1，在关于 $M_1, M_2, \cdots, M_n$ 这 n 个点的中心对称之和的作用下还是变到 A_1，也就是说，A_1 是这 n 个中心对称之和的不动点（图 15(b)，图中取 $n=9$）. 如果 n 是偶数，那么这 n 个中心对称之和是一个平移（参见问题13(1) 的证明）. 因为一般来说平移没有不动点，所以在 n 是偶数的情形下本题一般无解，只有当这 n 个中心对称之和是恒同变换（即距离为零的平移）时才有例外. 恒同变换保持平面上每一点不动，因此在这种情况下本题有无穷多个解，平面上任何一点都可取作顶点 $A_1$①. 如果 n 是奇数（例如 $n=9$），那么 n 个中心对称之和是一个中心对称. 因为一个中心对称恰好有一个不动点，就是它的对称中心，所以，所求九边形的顶点 A_1 一定就是这个对称中心，从而本题有唯一解.

下面我们来说明，如何找到关于 $M_1, M_2, \cdots, M_9$ 的九个中心对称之和的对称中心. 关于 M_1 和 M_2 的中心对称之和是一个平移，它在 M_1M_2 的方向上移动距离 $2M_1M_2$，关于 M_3 和 M_4 的中心对称之和是在 M_3M_4 的方向上移动距离为 $2M_3M_4$ 的平移，…… 这样，前八个中心对称之和就等于四个平移之和；这四个平移的方向分别为 M_1M_2（或 M_1N_1），M_3M_4（$/\!/ N_1N_2$），M_5M_6（$/\!/ N_2N_3$），

① 参见问题 16(2) 解答后面的注，那里讨论了 $M_1, M_2, \cdots, M_n$ 满足这种情况的条件.

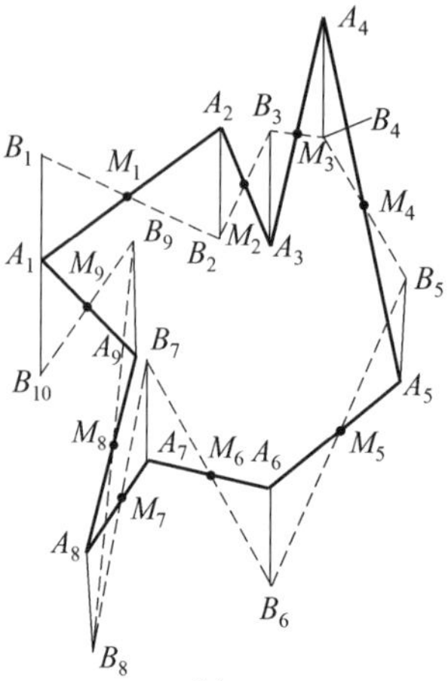

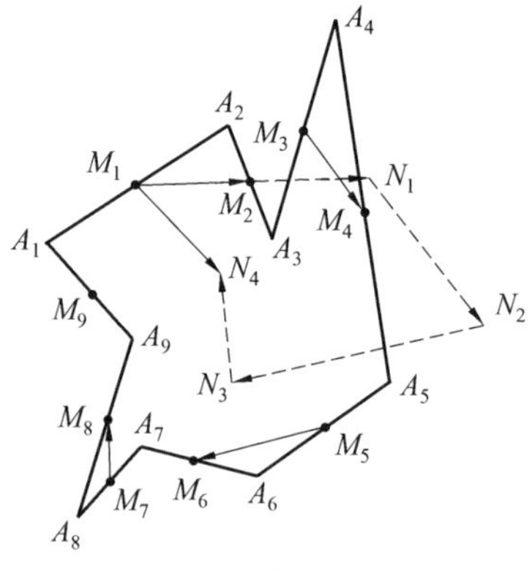

图 15

M_7M_8（// N_3N_4），移动距离分别为 $2M_1M_2(=M_1N_1)$，$2M_3M_4(=N_1N_2)$，$2M_5M_6(=N_2N_3)$，$2M_7M_8(=N_3N_4)$(图 15(b))，它们之和就是在 M_1N_4 的方向上移动距离为 M_1N_4 的平移. 这个平移与关于 M_9 的中心对称之和仍是一个中心对称，其对称中心就是所要找的 A_1. 要求出 A_1 只需在 M_9 处作线段 M_9A_1，使它平行于 N_4M_1(方向也一致！—— 译者)，长度等于 $\frac{1}{2}N_4M_1$(图 15(b)，并对照前文中的图 1.14). 找到 A_1 后，再找九边形剩下的那八个顶点就没有困难了.

16. (1) 设四边形 $ABCD$ 各边的中点分别为 M，N，P 和 Q(参见前文中的图 1.18(a))，则当将点 A 按照 M，N，P，Q 的次序作关于它们的四次中心对称时仍回到点 A. 但是，这种情形只在关于 M，N，P，Q 的四个中心对称之和是恒同变换时才会发生. 另外，这四个中心对称之和恰好等于两个平移之和，这两个平移的方向分别是 MN 和 PQ，平移距离分别为 $2MN$ 和 $2PQ$. 这样，我们就推出 MN 和 PQ 平行、长度相等且方向相反. 也就是说，四边形 $MNPQ$ 是一个平行四边形.

(2) 和(1) 中一样，我们可推出分别以 M_1M_2，M_3M_4，M_5M_6 为方向，以 $2M_1M_2$，$2M_3M_4$，$2M_5M_6$ 为距离的三个平移之和是一个恒同变换. 因此存在一个三角形，它的边分别平行于 M_1M_2，M_3M_4，M_5M_6，且长度分别等于 $2M_1M_2$，$2M_3M_4$，$2M_5M_6$. 由此又可推出存在一个三角形，它的各边分别与线段 M_1M_2，M_3M_4，M_5M_6 平行且相等.

用同样的方法可以证明：存在一个三角形，它的三边分别与线段 M_2M_3，M_4M_5，M_6M_1 平行且相等.

注：利用本题(2) 的证明中所用的方法，我们可以说明：有 $2n$ 个点 M_1，

$M_2, \cdots, M_{2n}$ 恰好是某一个 $2n$ 边形的各边中点的充分必要条件是存在一个 n 边形，它的各边分别与线段 $M_1M_2, M_3M_4, \cdots, M_{n-1}M_n$ 平行且长度相等. 这时也存在一个 n 边形，它的各边分别与 $M_2M_3, M_4M_5, \cdots, M_{2n}M_1$ 平行且长度相等.

17. 将直线 l_1 绕点 A 旋转角 α 得新直线 l'_1. 设 M 是直线 l_2 与 l'_1 的交点(图 16)，则以点 A 为圆心，并且过点 M 的圆就是本题的一个解，因为它与 l_1 的交点 M' 绕点 A 旋转角 α 得到点 M(也就是说 $\angle M'AM=\alpha$).

如果直线 l_1 和 l_2 的两个夹角都不等于 α，那么本题有两个解(对应于两个旋转方向). 当 l_1 与 l_2 的夹角中有一个等于 α 时，本题或者只有一个解，或者有无穷多个解. 当 $\alpha=90^\circ$，l_1 与 l_2 垂直时，本题或者无解，或者有无穷多个解.

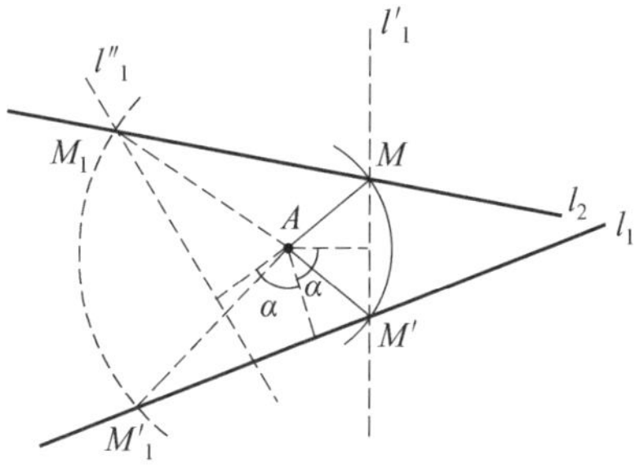

图 16

18. 假设此题已解出，$\triangle ABC$ 就是所求作的三角形，它的顶点 A, B, C 分别在直线 l_1, l_2, l_3 上(图 17). 把直线 l_2 绕点 A 在 B 到 C 的方向上旋转 60° 角，于是点 B 变到点 C.

由此我们可得到作图法如下：在直线 l_1 上任意选定一点 A，把 l_2 绕点 A 旋转 60° 角得 l'_2，则直线 l'_2 与 l_3 的交点就是所求三角形的顶点 C. 因为 l_2 可在两个方向上绕点 A 旋转 60° 角，所以本题有两个解，它们是两个互相全等的三角形.

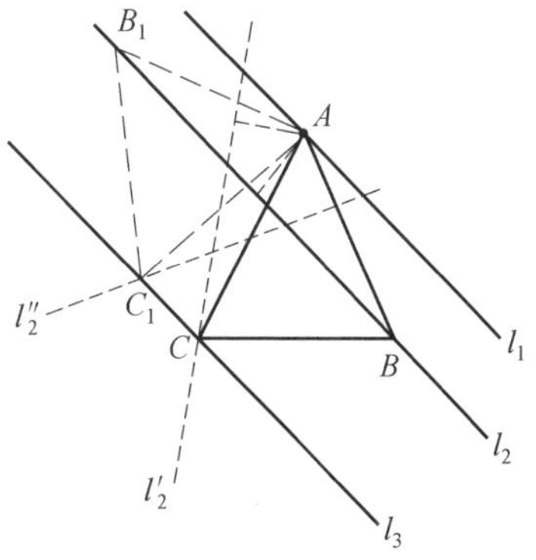

图 17

至于作等边三角形，使它的三个顶点分别在给定的三个同心圆上的问题完全可类似地去解.

注：如果我们在直线 l_1 上选取另一点 A' 代替点 A，那么所得的等边三角形恰好是图 17 中的三角形经过在 l_1 方向上的一个平移所变得的，平移的距离为 AA' 的长度. 在几何学中，我们是对它们不加以区别的(参见前言). 基于这个理由，我们并不考虑本题的解对于 l_1 上的点 A 的位置的依赖关系. 当三条直线 l_1, l_2 和 l_3 不平行时，虽然问题也可被完全同样地解决，但是在这种情况下我们必须认为，对于直线上点 A 的不同选择，本题有不同的解(因为所得的等边三角形不再都是全等的了)，从而有无穷多个解.

与此完全相同，作等边三角形，使它的三个顶点分别在三个同心圆 S_1, S_2 和 S_3 上的问题最多可能有四个解(点 A 在圆 S_1 上的不同选取所得的解不加以区别，因为它们只相差一个旋转，其旋转中心就是三个圆的公共圆心）. 另外，如果圆 S_1，S_2 和 S_3 不是同心圆，那么本题将有无穷多个解（点 A 在 S_1 上的不同选取可确定不同的解）.

19. 假设已经找到 $\overset{\frown}{CD}$（图 18）. 将线段 BD 绕圆 S 的圆心 O 旋转角 α，得新线段 $B'C$，则它与线段 AC 构成的 $\angle ACB'=\alpha$.

这样，我们就可得到作图法如下：将点 B 绕点 O 旋转角 α，得点 B'. 过点 A 与点 B' 作圆弧，使它所含的圆周角为 α（这就是说，若 C 是圆弧上任意一点，则 $\angle ACB'=\alpha$）. 这个圆弧与圆 S 的交点就是点 C.

本题最多可有四个解（圆弧与圆可能有两个交点，并且点 B 可在两个方向上绕点 O 旋转）.

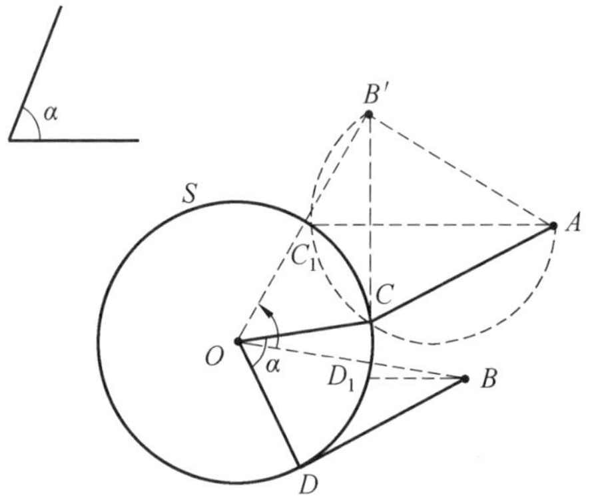

图 18

20. 假设直线 l_1 和 l_2 已作出（图 19）. 将圆 S_1 绕点 A 旋转角 α，得新圆 S'_1，那么圆 S_2 和 S'_1 就在直线 l_2 上截下等长的弦，于是本题就被转化成问题 8(3) 了，这就是说，求作直线 l_2，使其过点 A，并且 S_2 和 S'_1 在 l_2 上截得等长的弦. 作出了 l_2 后，再将它绕点 A 旋转角 α 就得到 l_1. 直线 l_1 和 l_2 就是本题的解.

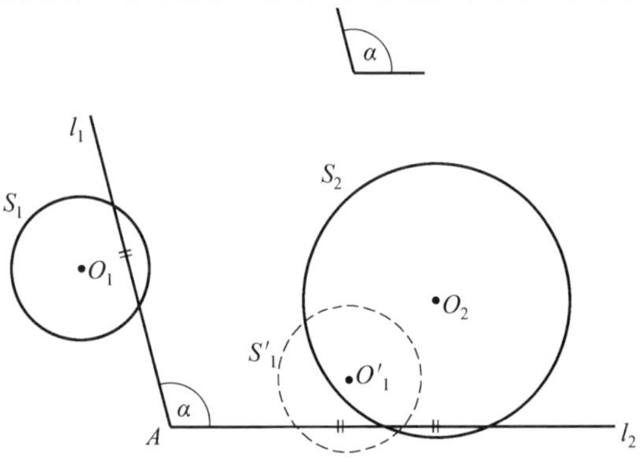

图 19

本题最多可有四个解(因为 S_1 可在两个方向上绕点 A 旋转,所以有两种途径将本题转化成问题 8(3),而问题 8(3) 本身又可能有两个解).

21. 第一种解法(对照问题 15 的第一种解法). 假设本题已解出,$A_1A_2\cdots A_n$ 是所求的 n 边形(图 20,图中 $n=6$). 在平面上任意选取一点 B_1. 规定一系列旋转如下:第一个绕点 M_1 旋转角 α_1,第二个绕点 M_2 旋转角 α_2,……,第 n 个绕点 M_n 旋转角 α_n. 线段 A_1B_1 被第一个旋转变到线段 A_2B_2,而 A_2B_2 又被第二个旋转变到线段 A_3B_3,……,最后,线段 A_nB_n 被第 n 个旋转变到线段 A_1B_{n+1}. 由于所有这些线段都是相等的,因此 n 边形的顶点 A_1 到点 B_1 和点 B_{n+1} 是等距的(B_{n+1} 是点 B_1 经过这 n 个旋转而变得的点). 我们再在平面上取第二点 C_1,照样作上述的一系列旋转,把点 C_1 变为 C_{n+1},则 C_1 和 C_{n+1} 又是与 A_1 等距的. 于是,n 边形的顶点 A_1 就可找到:它就是线段 B_1B_{n+1} 的中垂线与 C_1C_{n+1} 的中垂线的交点. 找到点 A_1 后,将它绕点 M_1 旋转角 α_1 就得到点 A_2;将 A_2 绕点 M_2 旋转角 α_2 就得到点 A_3,如此继续,直至得到全部 n 个顶点. 如果 B_1B_{n+1} 的中垂线和 C_1C_{n+1} 的中垂线相交(也就是 B_1B_{n+1} 和 C_1C_{n+1} 不平行),那么本题有唯一解;如果那两条中垂线平行,但是不重合,那么本题无解;如果那两条中垂线重合,那么本题有无穷多个解①.

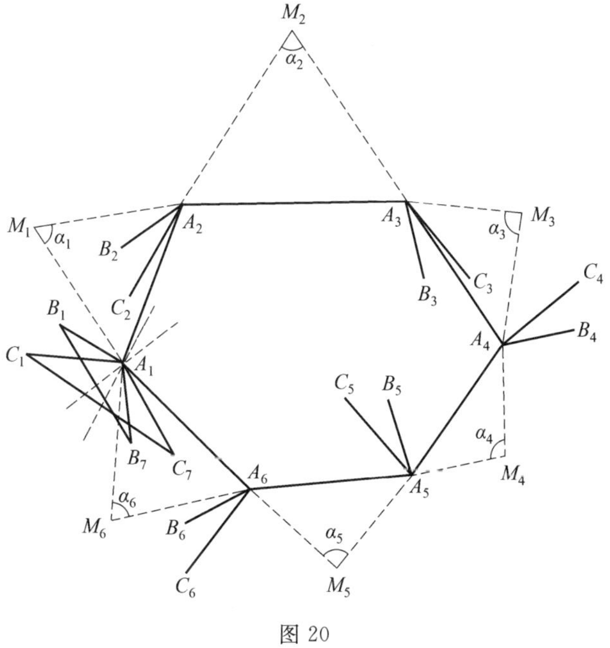

图 20

这种解法解得的多边形不一定是凸多边形,甚至它的各边可能相交.

① 此话不对. 对于取定两点 B_1 和 C_1,线段 B_1B_{n+1} 的中垂线与 C_1C_{n+1} 的中垂线重合时可能无解,也可能有唯一解,而在 $B_1=B_{n+1}$,$C_1=C_{n+1}$ 时有无穷多个解. —— 译者

第二种解法(对照问题 15 的第二种解法). 顶点 A_1 是分别以 $M_1, M_2, \cdots, M_n$ 为中心,以 $\alpha_1, \alpha_2, \cdots, \alpha_n$ 为转角的 n 个旋转之和的不动点(这些旋转依次将 A_1 变为 A_2, A_2 变为 A_3, A_3 变为 A_4, ……,最后一个 A_n 变为 A_1). 而 n 个转角分别是 $\alpha_1, \alpha_2, \cdots, \alpha_n$ 的旋转之和,是一个转角等于 $\alpha_1+\alpha_2+\cdots+\alpha_n$ 的旋转,除非 $\alpha_1+\alpha_2+\cdots+\alpha_n$ 是 360° 的整数倍;当 $\alpha_1+\alpha_2+\cdots+\alpha_n$ 是 360° 的整数倍时,这 n 个旋转之和为一个平移(这可从关于两个旋转之和的定理推出). 一个旋转只有一个不动点即它的旋转中心. 因此,如果 $\alpha_1+\alpha_2+\cdots+\alpha_n$ 不是 360° 的整数倍,那么点 A_1 是分别以 $M_1, M_2, \cdots, M_n$ 为中心,以 $\alpha_1, \alpha_2, \cdots, \alpha_n$ 为转角的 n 个旋转之和(它也是旋转)的旋转中心. 实际上要找出点 A_1,只需重复应用前文中所给出的找两个旋转之和的中心的方法①.

一个平移(不是恒同)是没有不动点的. 因此,如果 $\alpha_1+\alpha_2+\cdots+\alpha_n$ 是 360° 的整数倍,那么一般来说本题就没有解. 然而,当绕 $M_1, M_2, \cdots, M_n$ 的转角分别为 $\alpha_1, \alpha_2, \cdots, \alpha_n$($\alpha_1+\alpha_2+\cdots+\alpha_n$ 是 360° 的整数倍)的 n 个旋转之和是恒同变换时,本题有无穷多个解(平面上任意一点可选作顶点 A_1).

于是,如果 $\alpha_1=\alpha_2=\cdots=\alpha_n=180^\circ$(这正是问题 15 中考虑的情形),那么当 n 是奇数时有唯一解,当 n 是偶数时或无解,或有无穷多个解.

22. (1) 规定三个旋转,它们的转角都是 120°,而旋转中心分别是 O_1, O_2, O_3(参见前文中的图 1.27). 第一个旋转把 A 变到 B,第二个旋转把 B 变到 C,第三个旋转把 C 变到 A.

于是,A 是这三个旋转之和的不动点. 但是,一般情况下三个转角为 120° 的旋转之和是平移,因而没有不动点. 从 A 是不动点这个事实我们就推知,上述三个旋转之和为恒同变换(距离为零的平移). 前两个旋转之和是一个转角为 240° 的旋转,它的中心是下列两条直线的交点:一条过点 O_1,另一条过点 O_2,且每条直线与 O_1O_2 都夹 60° 角. 记 O 是这个旋转中心,则 $\triangle O_1O_2O$ 是等边三角形. 这个旋转与中心为 O_3,转角为 120° 的旋转之和是恒同变换,于是 O 与 O_3 一定重合. 因此 $\triangle O_1O_2O_3$ 是等边三角形,这正是所要证明的.

用同样的方法可以说明,在 $\triangle ABC$ 的三边上向三角形"内"作的三个等边三角形的中心 O'_1, O'_2, O'_3 也构成等边三角形(图 21).

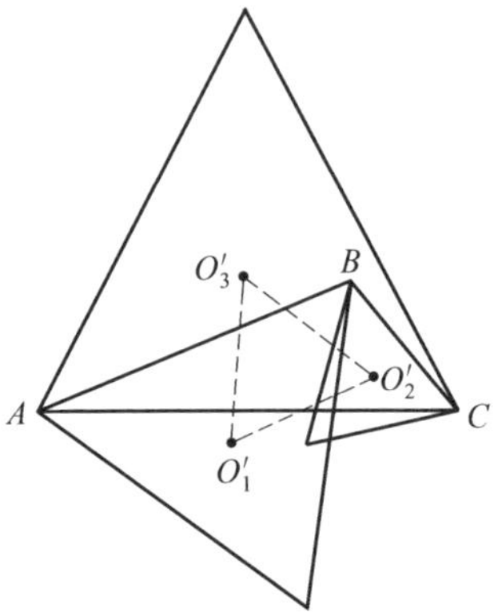

图 21

① 在作图过程中,也可能需要寻找一个平移与一个旋转之和(是一个旋转)的中心. 对此可参考第 15 页或第 26 页的内容.

(2) 证明类似于(1). 因为分别以 B_1,A_1 和 C_1 为中心,以 β,α 和 γ 为转角($\alpha+\beta+\gamma=360^\circ$)的三个旋转之和以点 A 为不动点,所以这三个旋转之和为恒同变换. 于是,以 B_1,A_1 为中心,β,α 为转角的两个旋转之和(是一个旋转)的中心必定与 C_1 重合. 也就是说,C_1 是分别过 B_1 和 A_1,且与直线 B_1A_1 的夹角分别为 $\frac{\beta}{2}$ 和 $\frac{\alpha}{2}$ 的两条直线的交点. 由此可推出本题结论.

用同样的方法可以说明,以 $\triangle ABC$ 的各边为底边,分别以 α,β,γ 为顶角,且朝 $\triangle ABC$"内"作的三个等腰三角形的顶点 A'_1,B'_1,C'_1 所构成的三角形的三个角分别为 $\frac{\alpha}{2}$,$\frac{\beta}{2}$ 和 $\frac{\gamma}{2}$.

23. 依次作三个旋转,它们的转角(在同一方向上)分别为 60°,60° 和 240°,中心分别为 A_1,B_1 和 M,则点 B 经过这三个旋转仍变到点 B(参见前文中的图 1.28). 于是这三个旋转之和为恒同变换,因此前两个旋转之和是一个中心为点 M 的旋转,由此推出本题的结论(对照问题 22 的证明).

24. (1) 规定四个旋转,中心分别为 M_1,M_2,M_3 和 M_4,转角都是 60°,但第一个和第三个旋转的方向与第二个和第四个旋转的方向相反,则这四个旋转之和把四边形的顶点 A 变到自身(参见前文中的图 1.29(a)). 但是,绕 M_1 和 M_2 的两个旋转之和是一个平移,它可由线段 $M_1M'_1$ 确定,这里 M'_1 是等边 $\triangle M_1M_2M'_1$ 的一个顶点($M_2M_1=M_2M'_1$,$\angle M_1M_2M'_1=60^\circ$,且从 M_2M_1 到 $M_2M'_1$ 的旋转方向与从 M_2B 到 M_2C 的旋转方向相同,参见图 22(a) 和前文中的图 1.24(b)). 类似地,绕 M_3 和 M_4 的两个旋转之和是由线段 $M_3M'_3$ 确定的平移,这里 M'_3 与 M_3,M_4 一起构成等边三角形(且从 M_4M_3 到 $M_4M'_3$ 的旋转方向与从 M_4D 到 M_4A 的旋转方向是相同的). 于是,分别由 $M_1M'_1$ 和 $M_3M'_3$ 所确定的两个平移之和把点 A 变到自身. 而两个平移之和仍为一个平移,它有一个不动点,则就一定是恒同变换了. 由此可见,线段 MM'_1 和 $M_3M'_3$ 一定相等、平行且方向相反. 这样,在等边 $\triangle M_1M_2M'_1$ 和 $\triangle M_3M_4M'_3$ 之间,满足

$$M_1M'_1=M_3M'_3,M_1M'_1 \parallel M_3M'_3$$

并且 $M_1M'_1$ 和 $M_3M'_3$ 方向相反. 这时就有 M_1M_2 和 M_3M_4 相等、平行且方向相反. 由此推知,四边形 $M_1M_2M_3M_4$ 是一个平行四边形(图 22(a)).

(2) 分别绕 M_1,M_2,M_3 和 M_4 旋转 90°,这样四个旋转之和显然把四边形的顶点 A 变到自身. 由此可推出,这四个旋转之和为恒同变换(对照(1) 的证明). 但是,绕 M_1 和 M_2 的两个旋转之和是关于某一点 O_1 的中心对称,这里的点 O_1 与 M_1 和 M_2 一起构成等腰直角三角形(因为 $\angle O_1M_1M_2=\angle O_1M_2M_1=45^\circ$,对照图 22(b) 和前文中的图 1.24(a)). 类似地,绕 M_3 和 M_4 的两个旋转之和是关于点 O_2 的中心对称,点 O_2 与 M_3 和 M_4 一起构成等腰直角三角形. 由于关于 O_1 和 O_2 的中心对称之和为恒同变换,由此容易推出 O_1 和 O_2 是重合的,从而 $\triangle O_1M_2M_4$ 绕 O_1(即 O_2)旋转 90° 即得到 $\triangle O_1M_1M_3$. 于是线段 M_1M_3 与 M_2M_4

相等且互相垂直.

(3) 根据上面已证明的事实(参见(2)的证明),四边形 $M_1M_2M_3M_4$ 的对角线 M_1M_3 和 M_2M_4 相等并且互相垂直.另外,由于平行四边形 $ABCD$ 的对角线的交点 O 是此平行四边形的对称中心,因此它也是整个图形 22(c) 的对称中心,特别地,它也是四边形 $M_1M_2M_3M_4$ 的对称中心(因此这个四边形是平行四边形,因为具有对称中心的四边形一定是平行四边形).而对角线互相垂直且相等的平行四边形一定是正方形.

用同样的方法可以证明,在一个平行四边形各边上向平行四边形的内部作的四个正方形的中心也构成一个正方形(图 22(d)).

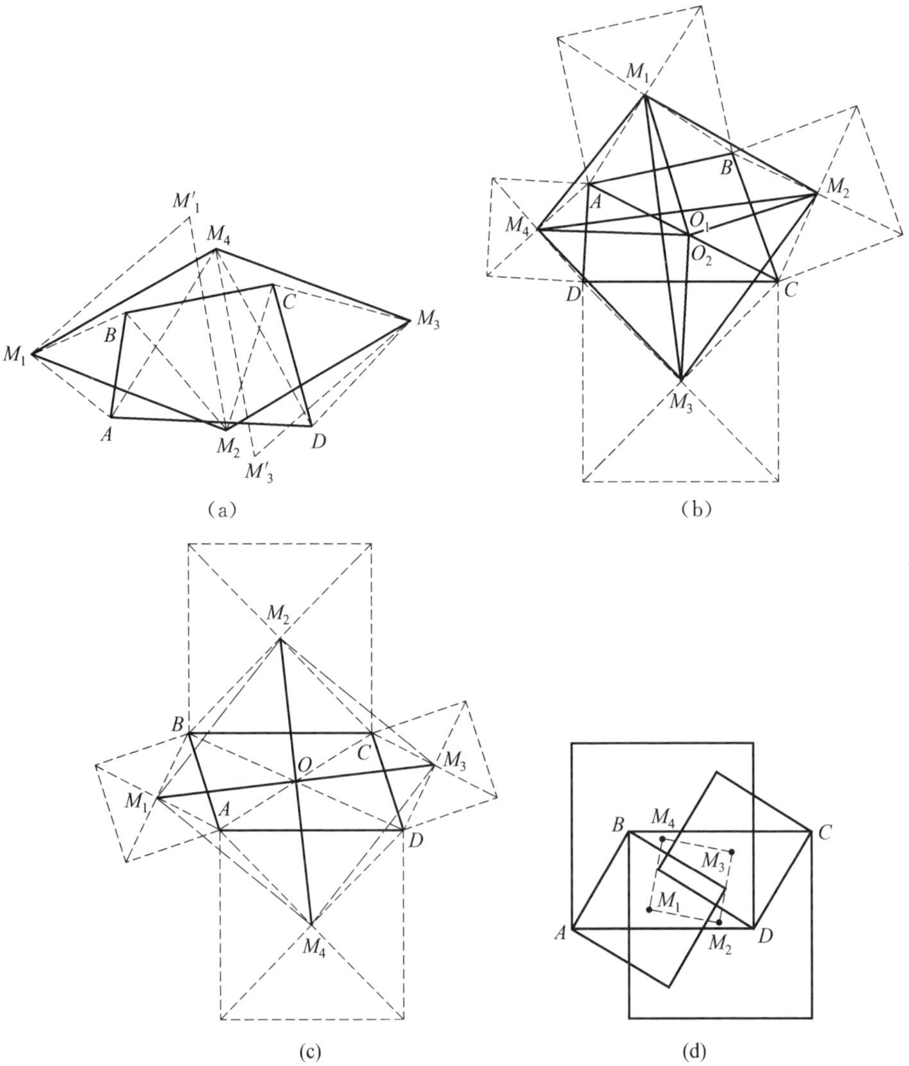

图 22

第2章 对 称

1. (1) 假设点 X 已找到，它满足 $\angle AXM=\angle BXN$（图 23(a)）. 设点 B' 是点 B 在直线 MN 上的反射像，则

$$\angle B'XN=\angle BXN=\angle AXM$$

这就是说 A,X,B' 这三点共线. 由此推出，X 是直线 MN 和 AB' 的交点.

(2) 假设点 X 已找到. 又设 S'_2 是圆 S_2 在直线 MN 上的反射像（图 23(b)）.

如果 XA，XB 和 XB' 是从点 X 向圆 S_1，S_2 和 S'_2 作的切线，则

$$\angle B'XN=\angle BXN=\angle AXM$$

这就是说 A,X,B' 这三点共线. 因此 X 是圆 S_1 和 S'_2 的公切线 AB' 与直线 MN 的交点. 本题最多可能有四个解（因为两个圆最多有四条公切线）.

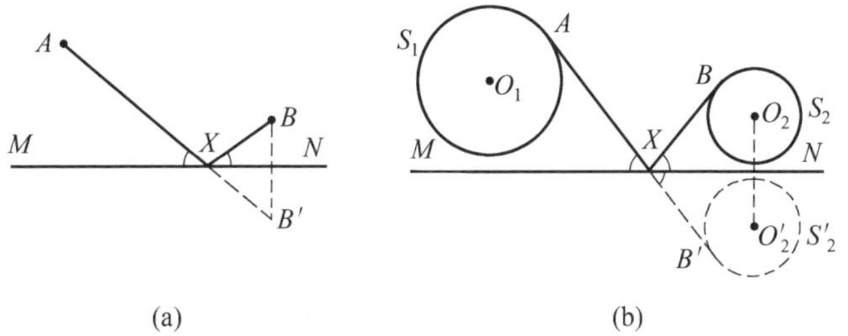

图 23

(3) 第一种解法. 假设点 X 已找到，又设点 B' 是点 B 在直线 MN 上的反射像，并设 XC 是线段 AX 在 X 一端的延长线（图 24(a)），则

$$\angle CXN=2\angle BXN=2\angle B'XN$$

因此射线 XB' 是 $\angle NXC$ 的平分线. 于是直线 AC 与圆 S 相切，这里 S 是以 B' 为圆心，并与 MN 相切的圆. 这样，X 就是圆 S 的过点 A 的切线与直线 MN 的交点.

第二种解法. 还是假定点 X 已经找到. 设点 A' 是点 A 在直线 $B'X$ 上的反射像（点 B' 仍是点 B 在直线 MN 上的反射像）. $B'X$ 平分 $\angle AXM$，因此 A' 在直线 XM 上，并且 $B'A=B'A'$（图 24(b)）. 这样，点 A' 就是以点 B' 为圆心，以 $B'A$ 为半径的圆与 MN 的一个交点，从而它可求得. 然后，过点 B' 作直线 AA' 的垂线，它与 MN 的交点就是点 X.

2. (1) 假设 $\triangle ABC$ 已经作出，使 l_2 平分 $\angle B$，l_3 平分 $\angle C$（图 25(a)）. 于是，直线 BA 和 BC 互为在直线 l_2 上的反射像，直线 BC 和 AC 互为在直线 l_3 上的反射像，因此点 A 分别在直线 l_2 和 l_3 上的反射像 A' 和 A'' 都在直线 BC 上.

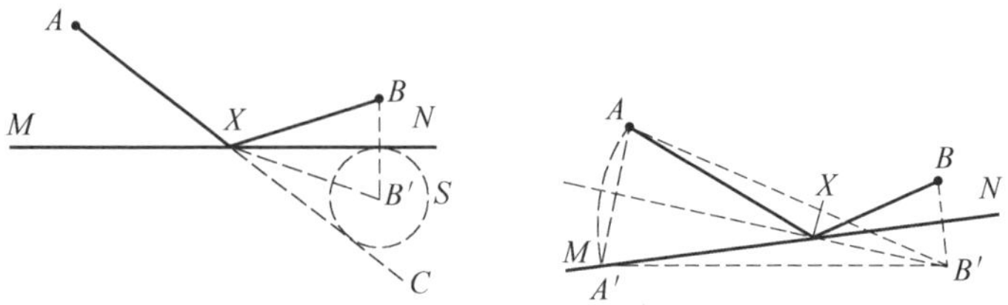

(a) (b)

图 24

由此我们得到作图法如下：求出点 A 在直线 l_2 和 l_3 上的反射像 A' 和 A''. 直线 $A'A''$ 与直线 l_2，l_3 的交点就是顶点 B，C.

如果直线 l_2 与 l_3 垂直，那么直线 $A'A''$ 经过 l_1，l_2，l_3 的公共交点，本题无解. 如果 l_1 垂直于 l_2（或 l_3），那么 $A'A''$ 平行于 l_3（或 l_2），本题也无解. 在三条给定直线互相都不垂直的情形，本题有唯一解. 然而，只有当 l_1，l_2，l_3 中每一条都包含在另两条所夹的钝角中时，l_1，l_2，l_3 才能分别是 $\triangle ABC$ 的三个内角的平分线. 例如，若 l_1 包含在 l_2 和 l_3 所夹的锐角中，则 l_2 和 l_3 平分三角形的外角（图 25(b)）. 请读者自己去证明这个结论.

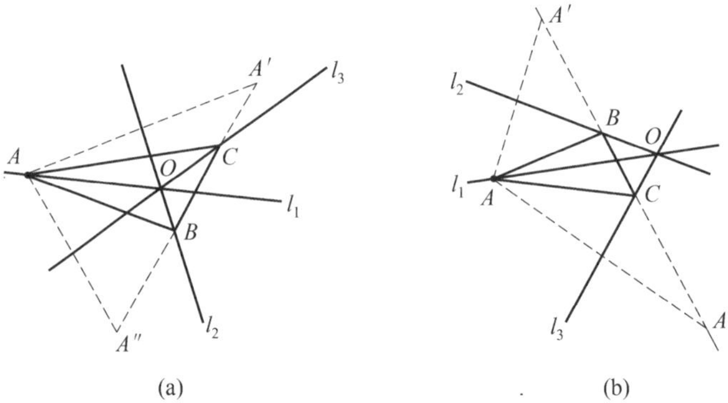

(a) (b)

图 25

(2) 在这三条直线中的一条上任取一点 A'，并作 $\triangle A'B'C'$，使得直线 l_1，l_2，l_3 恰好是它的三个内角的平分线（参见(1) 的解）. 作圆的三条切线，使它们分别平行于 $\triangle A'B'C'$ 的三条边（图 26），则这三条切线所构成的三角形就是本题的解. 如果三条直线 l_1，l_2，l_3 中的每一条都包含在另外两条所夹的钝角中，那么本题有唯一解. 如果它们中有一条包含在另外两条所夹的锐角中，那么圆 S 将是所作三角形的一个旁切圆，或叫外圆.

(3) 假设 $\triangle ABC$ 已作出（图 27）. 由于点 A 是点 B 在直线 l_2 上的反射像，因此直线 BC 在 l_2 上的反射像一定经过点 A. 又由于点 A 是点 C 在直线 l_3 上的反射像，因此直线 BC 在 l_3 上的反射像也一定经过点 A.

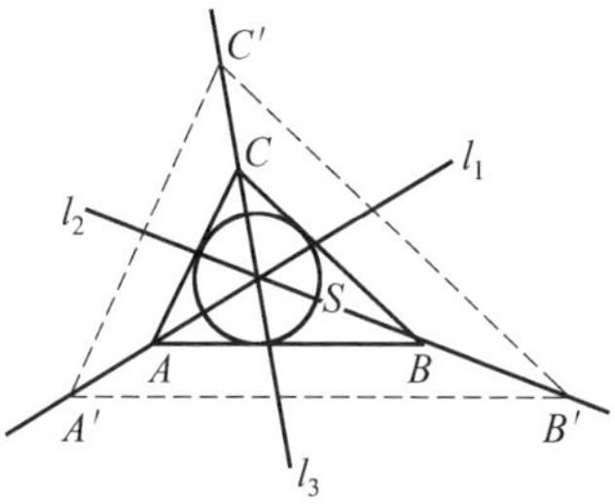

图 26

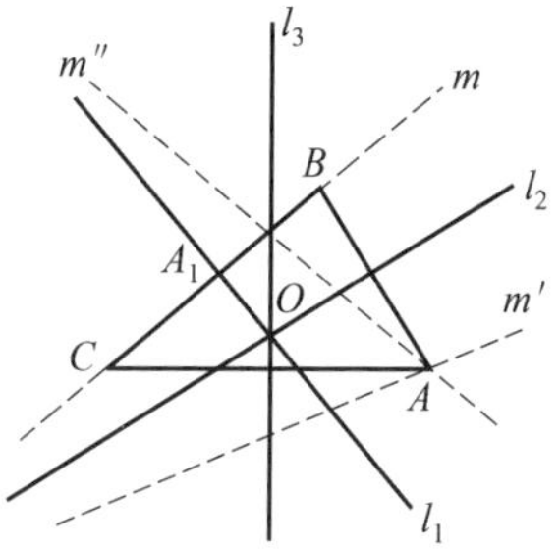

图 27

于是我们得到作图法如下:过点 A_1 作直线 m,使它垂直于 l_1,然后作直线 m 分别在 l_2 和 l_3 上的反射像 m' 和 m''. m' 和 m'' 的交点就是所求三角形的顶点 A,顶点 B 和 C 分别是点 A 在 l_2 和 l_3 上的反射像(图 27).

如果直线 l_2 与 l_3 是垂直的,那么或者 m 分别在 l_2 和 l_3 上的反射像 m' 和 m'' 是平行的(当点 A_1 与三条直线 l_1,l_2,l_3 的交点 O 不重合时),或者它们是重合的(当点 A_1 与点 O 重合时). 在第一种情形下,本题无解;在第二种情形下,解不唯一. 如果 l_2 与 l_3 不垂直,那么解是唯一的.

3. (1) 假设本题已解出. 过顶点 C 作平行于 AB 的直线 MN. 设点 B' 是点 B 在 MN 上的反射像(图 28). 又设此三角形的与底边 AB 相邻的两个角分别等于 α 和 β(我们设 $\alpha > \beta$),则

$$\angle ACN = 180° - \alpha, \angle B'CN = \angle BCN = \beta$$
$$\angle ACB' = (180° - \alpha) + \beta = 180° - (\alpha - \beta) = 180° - \gamma$$

于是我们得到作图法如下:令线段 $AB = a$,作平行于 AB 的直线 MN,使它到 AB 的距离为 h. 设点 B' 是点 B 关于直线 MN 的反射像. 在线段 AB' 上作弧,使它所含的圆周角为 $180° - \gamma$. 这条弧与直线 MN 的交点就是所求三角形的第三个顶点 C. 本题有唯一解.

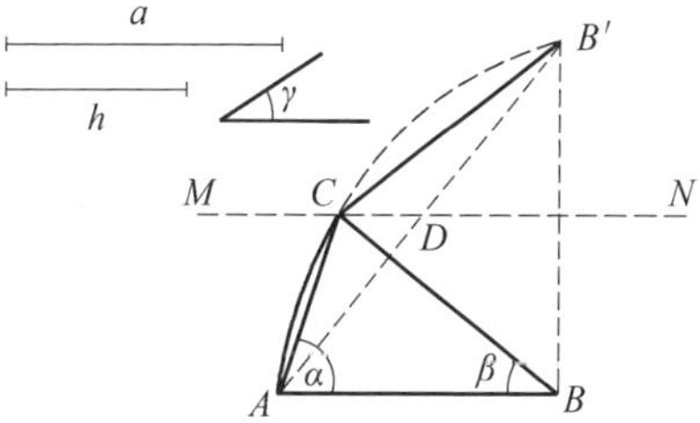

图 28

(2) 假设本题已解出. 如同(1) 的解法中那样作直线 MN 和点 B'(图 28).

由于

$$\angle ACB' = 180° - \gamma$$

我们能作出 $\triangle ACB'$(它的两边 AC 和 $CB'(=CB)$ 已知,夹角为 $180° - \gamma$). 而 MN 与这个三角形的边 AB' 上的中线 CD 是重合的(因为 MN 平行于 $\triangle ABB'$ 的边 AB,且过另一边 BB' 的中点,所以它也过 AB' 的中点 D). 于是点 B 也能找

到：它是点 B' 在直线 MN 上的反射像. 本题有唯一解.

4. 假设本题已解出，并设点 B' 是点 B 在直线 OM 上的反射像(图 29). 我们有

$$\angle B'XA = \angle B'XB + \angle YXZ$$

但是

$$\angle B'XB = 2\angle OXZ = 2(\angle XZY - \angle MON)$$

(因为 $\angle XZY$ 是 $\triangle XOZ$ 的一个外角). 于是

$$\begin{aligned}\angle B'XA &= 2\angle XZY - 2\angle MON + \angle YXZ \\ &= \angle XZY + \angle XYZ + \angle YXZ - 2\angle MON \\ &= 180^\circ - 2\angle MON\end{aligned}$$

因此 $\angle B'XA$ 是已知的. 于是点 X 可这样来找：作建立在线段 AB' 上的弧，使它所含的圆周角为 $180^\circ - 2\angle MON$，此弧与射线 OM 的交点即点 X. 本题有唯一解.

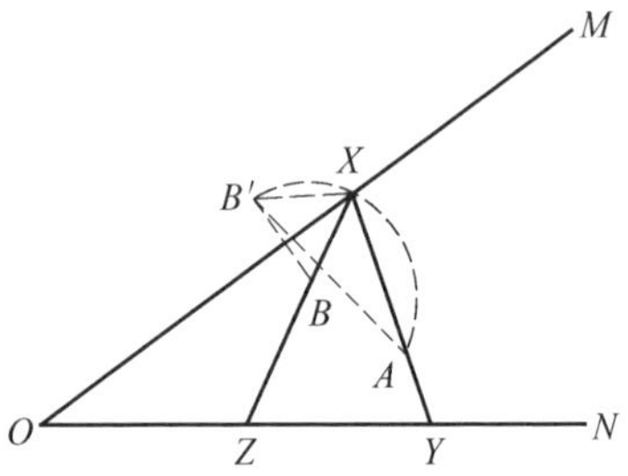

图 29

5. (1) 假设四边形 $ABCD$ 已作出，设点 B' 是点 B 在对角线 AC 上的反射像(图 30). 因为 $\angle BAC = \angle DAC$，所以点 B' 在直线 AD 上. 于是 $\triangle B'DC$ 的三条边都是已知的，即

$$DC, B'C = BC, DB' = AD - AB' = AD - AB$$

先作这个三角形，再找出点 A(利用 AD 已知)，然后求点 B' 在直线 AC 上的反射像，它就是顶点 B. 如果 $AD \neq AB$，那么本题有唯一解；如果 $AD = AB$，而 $CD \neq CB$，那么本题无解；如果 $AD = AB$ 且 $CD = CB$，那么本题有不止一个解.

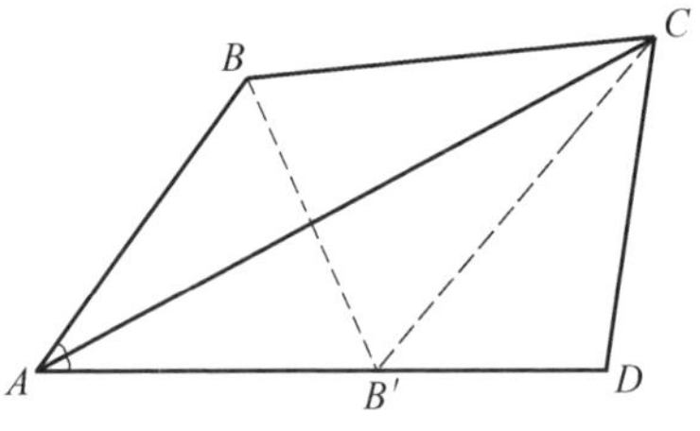

图 30

(2) 假设本题已解出(图 31). 设 $\triangle AD_1C_1$ 是 $\triangle ADC$ 在直线 AO 上的反射像(点 O 是这个四边形的内切圆的圆心). 显然点 D_1 在直线 AB 上，且边 D_1C_1 与四边形 $ABCD$ 的内切圆相切.

由此我们得到作图法如下：任取一条直线，在其上作线段 AB 和 $AD_1 = AD$. 此处由于知 $\angle ABC$ 和 $\angle AD_1C_1 = \angle ADC$，故能作直线 BC 和 D_1C_1(虽然我

们还不知道点 C 和点 C_1 的位置). 于是,我们就能作出内切圆了,因为它与直线 AB,BC 和 D_1C_1 都相切. 然后,作线段 AD_1 和直线 D_1C_1 在直线 AO 上的反射像,就得到四边形的边 AD 和直线 DC,直线 BC 与 DC 的交点就是顶点 C.

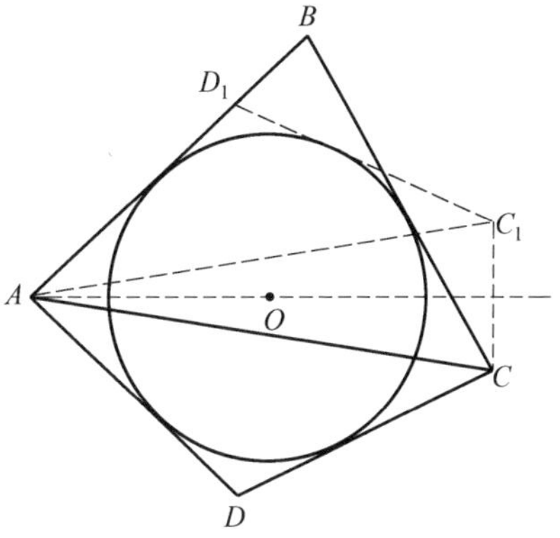

图 31

如果 $\angle ADC \neq \angle ABC$,那么本题有唯一解;如果 $\angle ABC = \angle ADC$,而 $AB \neq AD$,那么本题无解;如果 $\angle ABC = \angle ADC$ 且 $AB = AD$,那么本题有不止一个解.

6. (1) 假设本题已解出,也就是说在直线 $l_1, l_2, \cdots, l_n$ 上已找到点 $X_1, X_2, \cdots, X_n$,使得 $AX_1X_2\cdots X_nB$ 是台球所走的路线(图 32 中表示了 $n=3$ 的情形). 设 B_n 是点 B 在直线 l_n 上的反射像,则容易看出点 X_n 是直线 l_n 与直线 $X_{n-1}B_n$ 的交点(参见问题 1(1) 的解),也就是说 B_n,X_n,X_{n-1} 三点共线. 同样,若设 B_{n-1} 是 B_n 在直线 l_{n-1} 上的反射像,B_{n-2} 是 B_{n-1} 在直线 l_{n-2} 上的反射像,……,则 X_{n-1} 是直线 l_{n-1} 与直线 $X_{n-2}B_{n-1}$ 的交点,X_{n-2} 是直线 l_{n-2} 与直线 $X_{n-3}B_{n-2}$ 的交点,……

这样我们就有下面的作图法:在 l_n 上反射点 B 得到点 B_n,又在 l_{n-1} 上反射点 B_n 得到点 B_{n-1},如此作下去,最后在 l_1 上反射点 B_2 得到点 B_1. 于是,直线 l_1 和直线 AB_1 的交点就是点 X_1,而它决定了在点 A 处的台球被击出时应有的方向. 利用 X_1 和 $B_2, B_3, \cdots, B_n$ 容易找到点 X_2,$X_3, \cdots, X_n$.

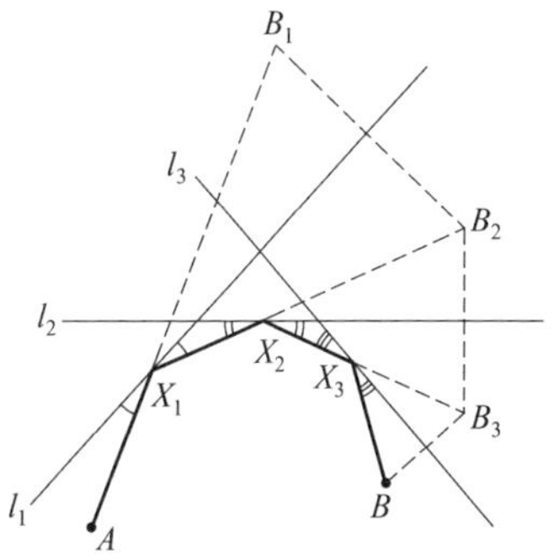

图 32

(2)[①] 按照(1) 中所用的方法,我们先求出点 A 在 l_4 上的反射像 A_4,然后求出 A_4 在 l_3 上的反射像 A_3,再求出 A_3 在 l_2 上的反射像 A_2,最后求出 A_2 在 l_1 上的反射像 A_1(图 33). 容易证明,相继作在 l_4 上的反射和在 l_3 上的反射等价于一个关于 l_3 与 l_4 的交点 R 的中心对称[②]. 同样地,在 l_2 和 l_1 上的反射之和是关于点 P 的中心对称. 于是,四次反射之和等同于关于点 R 与点 P 的两个中心对称之和. 但是我们知道(参看前文中的图 1.13),这样两个中心对称之和等于在 RP 方向上、距离为 $2RP$ 的一个平移.

---

① 这种证法不是原著中的证法,是译者给出的.

② 参见第 28 页.

这样，线段 AA_1 平行于对角线 RP，并且等于 RP 的两倍. 再通过对夹角的考虑，我们容易看出：点 A 所走的路径 $AX_1X_2X_3X_4A$ 是一个平行四边形（对边平行），它的边分别平行于对角线 PR，SQ. 因此，如果台球回到点 A 时仍不停止，就将按原来的路径再走第二次.

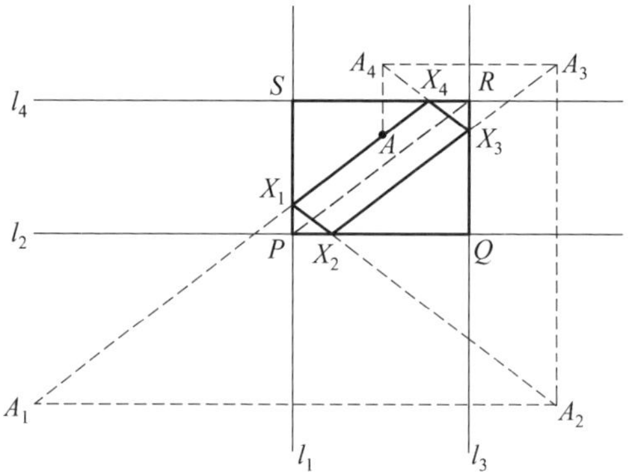

图 33

最后，从图中可看出，上述道路的长度等于 AA_1，也就是一条对角线长度的两倍.

7.（1）假设本题已解出. 以点 A 为圆心，a 为半径作圆 S_1，又以点 X 为圆心，XB 为半径作圆 S_2（图 34(a)）. 显然这两个圆相切，且切点在直线 AX 上. 由于圆 S_2 过点 B，它也一定过点 B 在 l 上的反射像 B'. 于是，本题就转化为下面的问题：过两个已知点 B 和 B'，求作一圆 S_2，使它与给定圆 S_1 相切. 这就是《几何变换（Ⅱ）》第 1 章问题 13(2). 圆 S_2 的中心 X 就是所求点. 本题最多有两个解，也可能只有一个解，或者无解.

（2）假设本题已解出，并设 S_1 是以点 A 为圆心，a 为半径的圆，S_2 是以点 X 为圆心，BX 为半径的圆（图 34(b)），则这两个圆相切于直线 AX 上的一点. 由

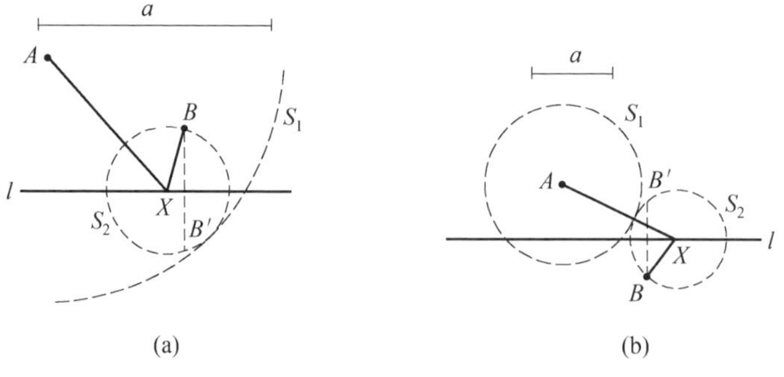

(a) (b)

图 34

于 S_2 一定经过点 B 在 l 上的反射像 B'，因此本题也可转化为《几何变换（Ⅱ）》第 1 章问题 13(2). 本题最多有两个解.

8. (1) 设 H_1 是 H 在 BC 上的反射像，P,Q,R 为三条高的垂足(图 35)，则有

$$\angle BH_1C=\angle BHC$$

(因为 $\triangle BH_1C\cong\triangle BHC$). 但是

$$\angle BHC=\angle RHQ$$

而

$$\angle RHQ+\angle RAQ=180^\circ$$

因此

$$\angle BH_1C+\angle BAC=180^\circ$$

由此可推出 H_1 在 $\triangle ABC$ 的外接圆上. 同样可证，H 在 AB 和 AC 上的反射像也在外接圆上.

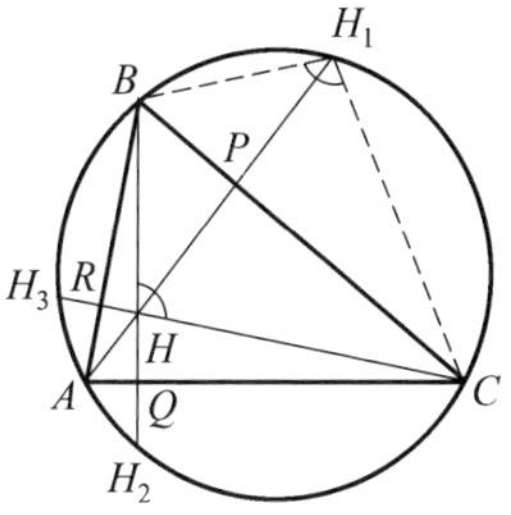

图 35

(2) 我们先假设 $\triangle ABC$ 已作出，则 H_1,H_2,H_3 都在它的外接圆上(参见(1)). 由于 $\angle BRC=\angle BQC(=90^\circ)$，而且 $\angle BHR=\angle CHQ$，可以推出

$$\angle RBH=\angle QCH$$

因此 $\overset{\frown}{AH_3}$ 与 $\overset{\frown}{AH_2}$ 相等. 类似地，可证明 $\overset{\frown}{BH_1}$ 与 $\overset{\frown}{BH_3}$ 相等，$\overset{\frown}{CH_1}$ 与 $\overset{\frown}{CH_2}$ 相等. 由此可知，三角形的三个顶点 A,B,C 分别是 $\overset{\frown}{H_2H_3}$，$\overset{\frown}{H_3H_1}$，$\overset{\frown}{H_1H_2}$(过 H_1,H_2,H_3 的圆上的弧) 的中点. 如果 H_1,H_2,H_3 不共线，那么本题有唯一解；如果 H_1，H_2,H_3 共线，那么本题无解.

9. (1) 以 $\triangle A_2A_3A_4$ 为例. 显然有

$$A_1A_4\perp A_2A_3, A_1A_3\perp A_2A_4, A_1A_2\perp A_3A_4$$

即 A_1A_4,A_1A_3,A_1A_2 是它的三条高，它们交于点 A_1.

(2) 设 A'_4 是 A_4 在直线 A_2A_3 上的反射像(图 36)，则 A'_4 在 $\triangle A_1A_2A_3$ 的外接圆 S_4 上(参见问题8(1)). 因此，$\triangle A_2A_3A'_4$ 的外接圆也就是 S_4. 由此推出，$\triangle A_2A_3A_4$ 的外接圆 S_1 与 S_4 是全等的(S_1 与 S_4 互为在直线 A_2A_3 上的反射像)，用类似的方法可以说明，圆 S_2 和 S_3 也都与 S_1 全等.

(3) 首先我们注意，$\triangle A_1A_2A_3$，$\triangle A_1A_2A_4$，$\triangle A_1A_3A_4$，$\triangle A_2A_3A_4$ 中至少有一个为锐角三角形①. 事实上，如果 $\triangle A_2A_3A_4$ 在 A_4 处的角为钝角，那么 $\triangle A_2A_3A_1$ 是锐角三角形(A_1 是 $\triangle A_2A_3A_4$ 的垂心). 我们不妨假设 $\triangle A_1A_2A_3$ 是锐角三角形，从而 A_4 在它的内部.

考察四边形 $A_1A_4O_1O_4$，这里点 O_1 和点 O_4 分别是 S_1 和 S_4 的圆心. 因为 S_1 和 S_4 互为在直线 A_2A_3 上的反射像(参见图 36 和(2) 的证明)，所以 O_1 和 O_4 也

① 恰好有一个是锐角三角形. —— 译者

互为在直线 A_2A_3 上的反射像，从而 $O_1O_4 \perp A_2A_3$. 在四边形 $A_1A_4O_1O_4$ 中，我们就有

$$O_4O_1 \parallel A_1A_4 \text{ 和 } O_1A_4 = O_4A_1 = R$$

这里 R 是圆 S_1, S_2, S_3, S_4 的半径. 于是，这个四边形或是平行四边形，或是等腰梯形. 由于边 O_4O_1 的垂直平分线 A_2A_3 与线段 A_1A_4 并不相交，因此它不可能是等腰梯形. 这就推出四边形 $A_1A_4O_1O_4$ 是一个平行四边形，它的对角线 A_1O_1 和 A_4O_4 的交点 O 是它们的中点. 用同样方法可证，点 O 还是线段 A_2O_2 和 A_3O_3 的中点.

10. (1) 设点 O' 是圆 S 的圆心 O 在直线 A_2A_3 上的反射像(图 37)，则四边形 $OO'H_4A_1$ 和 $OO'H_1A_4$ 都是平行四边形(参见问题 9(3) 的证明). 因此

$$A_1H_4 = OO' = A_4H_1, A_1H_4 \parallel OO' \parallel A_4H_1$$

从而四边形 $A_1H_4H_1A_4$ 是一个平行四边形. 由此推出，线段 A_1H_1 和 A_4H_4 有同一个中点 H. 类似地，可以证明点 H 也是线段 A_2H_2 和 A_3H_3 的中点.

(2) 以 A_2, A_3, H_1 和 H_4 这四点为例. 对照图 37 和图 36，我们可看到：H_4 在圆 S' 上，这里圆 S' 是圆 S 在直线 A_2A_3 上的反射像，H_1 也在 S' 上. 这样 A_2, A_3，H_1 和 H_4 都在圆 S' 上，因而圆 S' 与圆 S 是全等的. 对其他各点组可类似地证明.

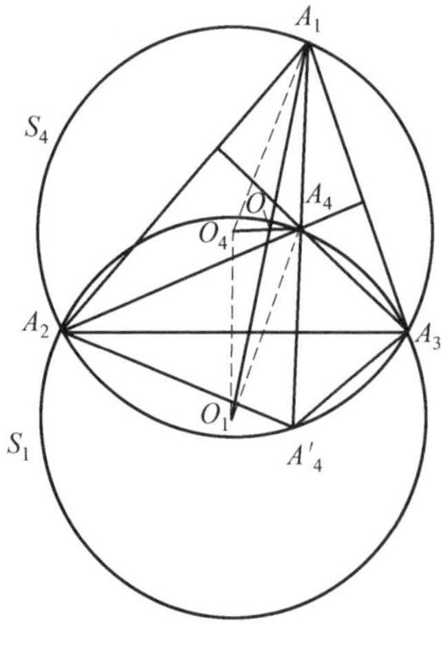

图 36

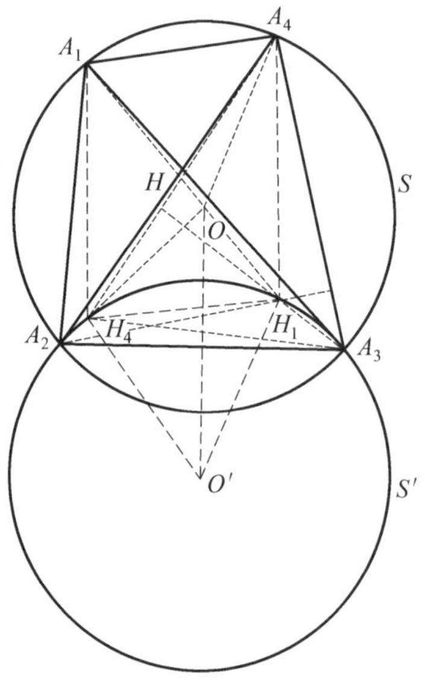

图 37

11. 首先，多边形 M 的任何两条对称轴 AB 和 CD 的交点一定在 M 的内部，因为否则它们就不可能都把图形分成相等的两部分（图 38(a)）. 现在我们来说明：如果还存在第三条对称轴 EF，那么它也一定通过 AB 与 CD 的交点. 假定不是这样，那么 AB，CD，EF 这三条对称轴将夹出一个 $\triangle PQR$（图 38(b)）. 取这个三角形的一个内点 M. 容易看出，对于平面上任何一点，在这三条对称轴中至少有一条使得此点与点 M 在它的同一侧. 在多边形的诸顶点中选取一点，使它到点 M 的距离最大（如果这样的顶点不止一个，那么就任选一个），记作 T. 不妨设点 T 和 M 在对称轴 AB 的同侧. 设点 T_1 是点 T 在 AB 上的反射像（T_1 也一定是多边形的顶点），那么必定有 $MT_1 > MT$（因为 MT_1 在 TT_1 上的投影大于 MT 在 TT_1 上的投影，参见图 38(b)），产生矛盾. 论证完毕.

用类似的方法可以说明，任何有界图形（不必为多边形）若有几条对称轴，则它们必定交于一点. 但是，对于无界的图形就不对了. 例如，由两条平行直线 l_1 和 l_2 所夹的带子有无穷多条对称轴，它们互相平行，都垂直于直线 l_1 和 l_2.

注：本题的结论从力学上来考虑是明显的. 一个厚薄均匀的多边形的物体如果有对称轴，那么它的重心就一定在对称轴上. 这样，如果它有几条对称轴，那么它们一定都经过重心.

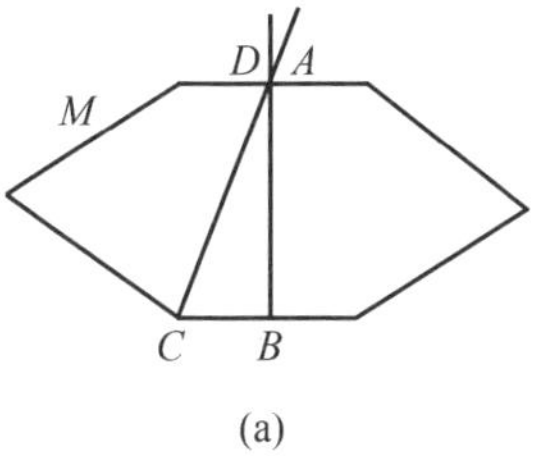

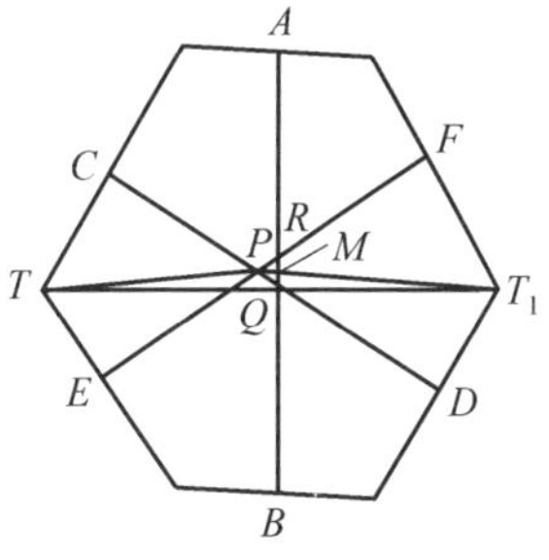

图 38

12. 因为线段 XY 的长度为定值 a，所以我们只要取 XY，使 $AX+BY$ 达到最小. 假设 XY 已找到. 一个轴为 l，距离为 a 的滑动反射将点 B 变到点 B'，将点 Y 变到点 X（图 39），因此 $BY=B'X$，从而

$$AX+BY=AX+B'X$$

于是，本题的要求就是让折线 AXB' 的长度达到最小. 由此可知，X 是 AB' 与 l 的交点.

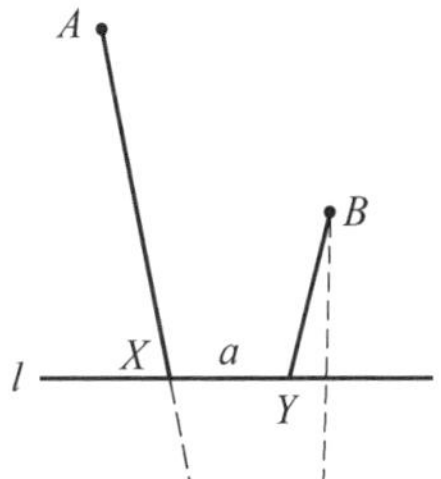

图 39

13. (1) 假设四边形 $ABCD$ 已作出. 设以直线 DC 为轴，以 DC 的长度为距离的滑动反射把点 A 变到点 A'（图 40），则

$$\angle A'CD = \angle ADK$$

（DK 是边 CD 在 D 一方的延长线），因为如果设点 A_1 是点 A 在直线 l 上的反射像，那么

$$\angle A'CD = \angle A_1DK = \angle ADK$$

但是

$$\angle ADK = 180^\circ - \angle CDA = 180^\circ - \angle DCB$$

因此 $\angle A'CD = 180^\circ - \angle DCB$，也就是说 $A'CB$ 是直线. 于是

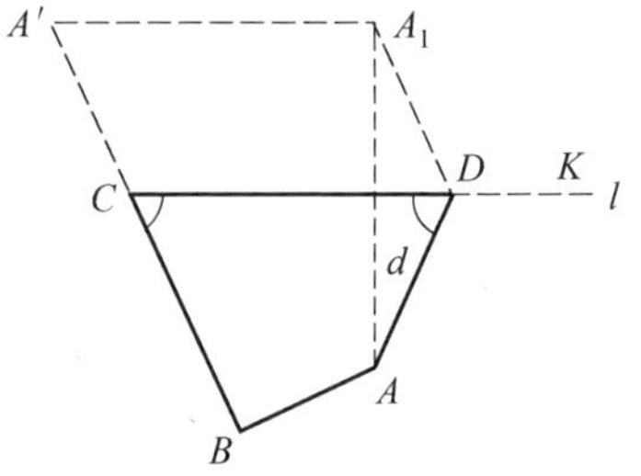

图 40

$$A'B = A'C + CB = AD + CB$$

是已知的，又点 A 到 CD 的距离 d 也是已知的.

这样，我们得到作图法如下：

任作一条直线 l，并取一点 A，使它到 l 的距离等于 d. 设以 l 为轴，CD 为距离的滑动反射把点 A 变到点 A'. 于是点 B 到点 A 的距离 AB 和点 B 到点 A' 的距离

$$A'B = AD + BC$$

都已知，因此点 B 可作出. 而顶点 C 是线段 $A'B$ 与直线 l 的交点，点 D 在 l 上，并且距离 CD 已知，因此也可找到. 本题可能有两个解、一个解或无解.

(2) 作线段 AB. 分别以点 A 和点 B 为圆心，d_1 和 d_2 为半径作两个圆，并作它们的公切线 l(图 41). 我们只用再在 l 上作线段 DC，使 $AD + BC$ 恰为给定的值(参见问题 7(1)).

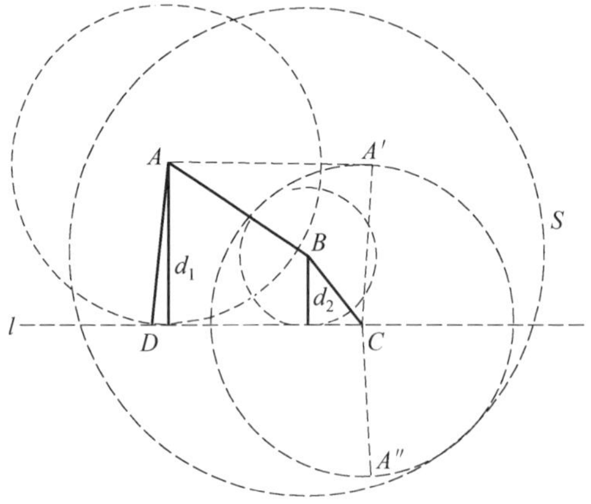

图 41

假设点 D 和点 C 已经找到. 设在直线 l 的方向上，距离为 DC 的平移把点 A 变到点 A'，点 A'' 又是点 A' 在 l 上的反射像. 显然，圆心为点 C，半径为 AD 的圆经过点 A' 和点 A''($A'C = A''C = AD$)，并且它与圆心为点 B，半径为

$$BC + CA'' = BC + AD$$

的圆 S 相切，而圆 S 可由已知条件作出. 这样，只需再作一个圆，使它过点 A' 和点 A''，并与 S 相切，它的圆心就是点 C.

14. 第一种解法. 很明显，在光线射向一个镜面时，只有当入射光线垂直于镜面的时候，反射光线才会恰好与入射光线反向. 下面我们假定光线不是垂直地射向角的一条边. 首先，我们考虑下面的情形：光线 MN 在 $\angle ABC$ 的边上反射两次后，沿着与 MN 方向相反的路线 PQ 反射出去(图 42(a)). 这时，我们有

$$\angle PNB + \angle NPB = 180° - \angle NBP = 180° - \alpha$$

$$\begin{aligned} 2(180° - \alpha) &= 2\angle PNB + 2\angle NPB \\ &= \angle ANM + \angle PNB + \angle NPB + \angle CPQ \\ &= 180° - \angle MNP + 180° - \angle NPQ \\ &= 360° - (\angle MNP + \angle NPQ) \end{aligned}$$

因为射线 MN 和 PQ 平行，且方向相反，所以

$$\angle MNP + \angle NPQ = 180°$$

于是

$$2(180° - \alpha) = 360° - 180°, \alpha = 90°$$

反过来，如果 $\alpha = 90°$，那么 $\angle MNP + \angle QPN = 180°$，就是说射线 PQ 的方向与 MN 的方向相反.

其次，我们考虑入射光线在角的边上反射四次后，再在与入射光线相反的方向上射出的情形(图 42(b)，MN 和 RS 分别是射进和射出的路线. 如果要使入射光线恰好经三次反射后在相反的方向射出，那么光线必须垂直地射向第二条角边. 这种情况当然不可能对每条入射光线都发生，事实上，对每个 α 角，仅仅有一个方向上的入射光线发生这种情况). 在直线 BC 上反射直线 AB 和折线 PQR，并记 BA_1 是 BA 的反射像，点 Q_1 是点 Q 的反射像，则

$$\angle ABA_1 = 2\angle ABC = 2\alpha$$

并且

$$\angle QPB = \angle Q_1PB = \angle NPC$$

因此 NPQ_1 是一条直线. 同样可说明 Q_1RS 也是一条直线(因为 $\angle QRB - \angle Q_1RB = \angle SRC$). 又因为 $\angle BQ_1P = \angle BQP$，$\angle A_1Q_1R = \angle AQR$，所以 $\angle BQ_1P = \angle A_1Q_1R$. 这样，我们就看到：光线 MN 在 $\angle ABA_1(=2\alpha)$ 的边上作两次反射(分别在点 N 和点 Q_1 处)后，在 Q_1S 的方向上射出，而 Q_1S 与 MN 反向. 由上面的讨论可知，$\angle ABA_1 = 2\alpha = 90°$，即 $\alpha = \frac{90°}{2}$. 反过来，当 $\alpha = \frac{90°}{2}$ 时，有 $\angle ABA_1 = 90°$，所以光线 MN 在 $\angle ABC$ 的边上反射四次后，在与入射光线相反的方向上射出.

下面我们再考虑光线在角边上反射六次后沿入射方向的反方向射出的情

形(图 42(c) 中,MN 和 TU 分别是入射路线和射出路线,它们方向相反. 一般来说,光线不会在角边上反射五次后再在相反的方向上射出). 在直线 BC 上反射直线 AB 和折线 $PQRST$,设 BA_1 是 BA 在 BC 上的反射像,点 Q_1 和点 S_1 分别是点 Q 和点 S 的反射像. 如同前面那样,我们可推出 NPQ_1 是一条直线($\angle Q_1PB = \angle QPB = \angle NPC$),$S_1TU$ 也是一条直线($\angle S_1TB = \angle STB = \angle UTC$),并且

$$\angle Q_1RB = \angle S_1RC, \angle RQ_1B = \angle PQ_1A_1, \angle RS_1B = \angle TS_1A_1$$

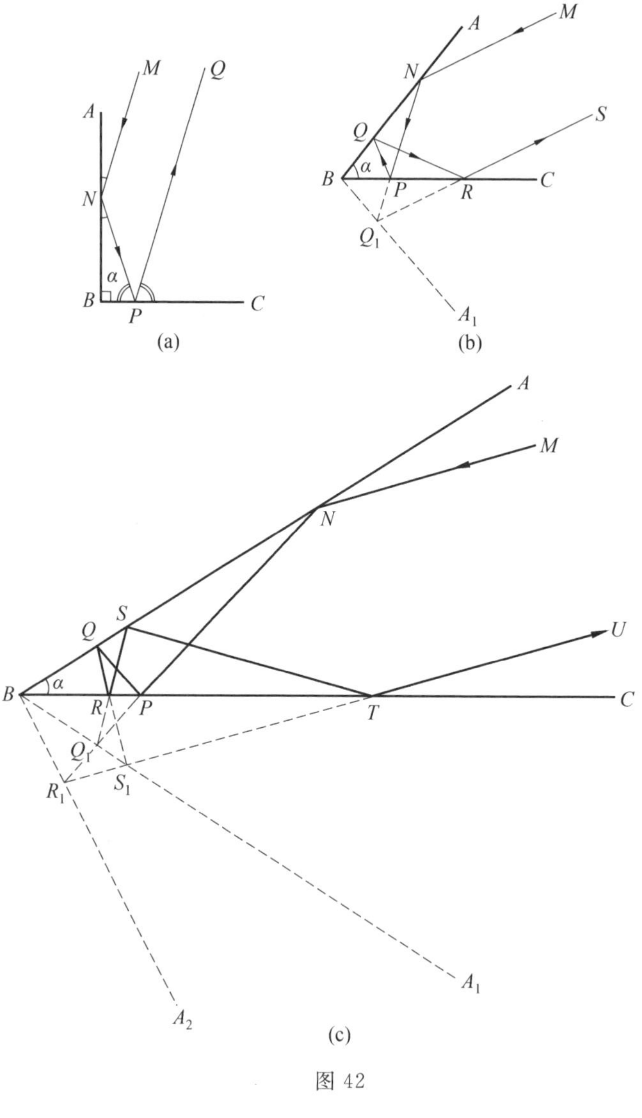

图 42

于是我们就可以看出，光线从 MN 入射后，相继在直线 AB(于 N 处)，BA_1(于 Q_1 处)，BC(于 R 处) 上各反射一次后，又一次在 BA_1 上反射(于 S_1 处)，再沿 S_1U 射出，方向与 MN 是相反的.

现在再在直线 BA_1 上反射直线 BC 和折线 Q_1RS_1. 设 BA_2 是 BA_1 的反射像，点 R_1 是点 R 的反射像，则 NPQ_1R_1 是一条直线(因为 $\angle R_1Q_1B=\angle RQ_1B=\angle PQ_1A_1$)，$R_1S_1TU$ 也是一条直线(因为 $\angle R_1S_1B=\angle RS_1B=\angle TS_1A_1$)，并且 $\angle Q_1R_1B=\angle S_1R_1A_2$(因为 $\angle Q_1R_1B=\angle Q_1RB$，$\angle S_1R_1A_2=\angle S_1RC$，而 $\angle Q_1RB=\angle S_1RC$). 这样我们就可看出，从 MN 入射的光线于点 N 和点 R_1 处在 $\angle ABA_2(=3\alpha)$ 的边上反射两次后，在与 MN 反向的 R_1U 上射出. 根据上面已证的结论，一定有 $3\alpha=90^\circ$，也就是 $\alpha=\dfrac{90^\circ}{3}$. 反过来，如果 $\alpha=\dfrac{90^\circ}{3}$，那么 $\angle ABA_2=90^\circ$，从而从 MN 入射的光线在 $\angle ABC$ 的边上反射六次后沿与 MN 相反的方向射出.

最后，设光线在 $\angle ABC=\alpha$ 的边上反射 $2n$ 次后，在与入射方向相反的方向上射出(一般来说，光线不能在一个角的边上反射 $2n-1$ 次后，在与入射方向相反的方向上射出).

证明的过程和上面几种情形类似①，大致如下：假设光线先射到边 AB 上，在直线 BC 上反射光线的路径. 设 BA_1 是 BA 的反射像，又在 BA_1 上反射 BC 得 BA_2，在 BA_2 上反射 BA_1 得 BA_3，……，直至作 $n-1$ 次反射，得到 BA_{n-1}. 这时，$\angle ABA_{n-1}=n\alpha$.

一条射向 AB 的入射光线在 $\angle ABC$ 的边上的反射路线经过一系列适当的反射变换之后，可得到它在 $\angle ABA_{n-1}$ 的边上两次反射后射出的路线，射出方向与入射方向相反. 于是由前面的结果，可知 $n\alpha=90^\circ$，因此 $\alpha=\dfrac{90^\circ}{n}$.

第二种解法. 设 $\angle ABC$ 是所给角，$MNPQ\cdots$ 是光线所走的路线(图 43(a) 中给出了 $n=2$，$\alpha=45^\circ$ 的情形). 在本题中，关键的只是光线的方向. 因此为了简便，不妨设所有方向都是从一点 O 射出的(在图 43(a) 中 $O1 \parallel MN$，$O2 \parallel NP$，$O3 \parallel PQ$，等等). 因为 $\angle MNA=\angle PNB$，所以射线 $O2$ 是 $O1$ 在直线 OU($OU \parallel AB$) 上的反射像(为得此结论，只需注意 NM' 是 NP 在直线 NB 上的反射像，图 43(a)). 类似地，射线 $O3$ 是 $O2$ 在直线 OV($OV \parallel BC$) 上的反射像. 因此根据 2.1 节命题 3，射线 $O3$ 是 $O1$ 旋转角 $2\angle UOV=2\alpha$ 所变得的. 类似地，射线 $O5$ 是 $O3$ 经过在同一方向上旋转角 2α 所变得的. 因此射线 $O5$ 是 $O1$ 旋转角 4α 所变得的，…… 因为 $\alpha=\dfrac{90^\circ}{n}$，所以射线 $O(2n+1)$ 与射线 $O1$ 的夹角为 180°；然而射

① 原著中有详细论证，此处已省略.

线$O(2n+1)$ 正是入射光线在每条角边上各反射 n 次后所具有的方向，于是本命题的结论就得证了(这里我们假定 $0^\circ<\angle MNA<\alpha$. 如果 $\angle MNA>\alpha$，那么 MN 要与边 BC 相交，也就是说入射光线在遇到边 BA 之前已在边 BC 上反射过. 这个假定保证与射线 $O1$，$O3$，$O5$，… 平行的那些光线是射向边 BA 的，而与 $O2$，$O4$，… 平行的光线是射向边 BC 的. 如果 $\angle MNA=\alpha$，也就是说入射光线 MN 平行于边 BC，那么射线 $O(2n)$ 总是与 $O1$ 反向的. 在这种情形，光线最后射出的方向也与入射方向相反，但反射的次数比一般情况少 1. 如图 43(b) 所示，图中表明 $\angle ABC=45^\circ$，$\angle MNA=45^\circ$ 的情形).

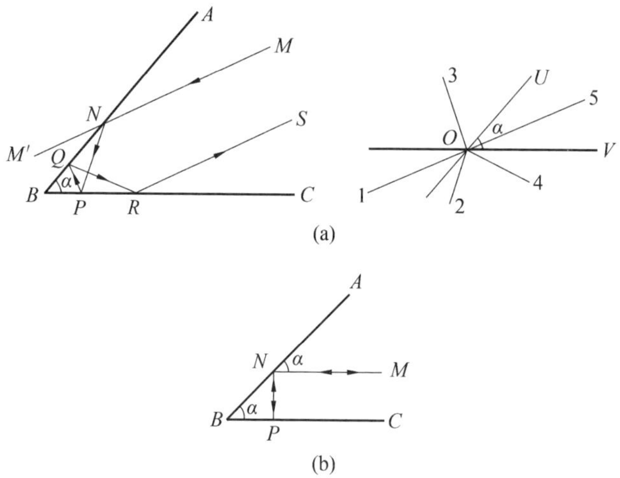

图 43

以上讨论也说明当 $\alpha\neq\frac{90^\circ}{n}$ 时，不是所有的光线都能在角边上反射数次后，在与入射方向相反的方向上射出.

15. (1) 第一种解法. (参见第 1 章问题 15 和第 1 章问题 21 的第一种解法) 假设 A_1，A_2，…，A_n 是所求 n 边形的顶点，B_1 是平面上任意一点. 将线段 A_1B_1 相继在直线 l_1，l_2，…，l_{n-1}，l_n 上作反射，得到线段 A_2B_2，A_3B_3，…，A_nB_n，A_1B_{n+1}. 这些线段都是互相全等的，特别有 $A_1B_1=A_1B_{n+1}$. 因此点 A_1 到 B_1 和 B_{n+1} 的距离相等，从而点 A_1 在线段 B_1B_{n+1} 的中垂线上.

再在平面上另选一点 C_1，将它相继在直线 l_1，l_2，…，l_{n-1}，l_n 上作反射，所得一系列点记作 C_2，C_3，…，C_n，C_{n+1}. 显然点 A_1 到 C_1 和 C_{n+1} 的距离也相等，因此 A_1 也在线段 C_1C_{n+1} 的中垂线上. 于是，求出线段 B_1B_{n+1} 的中垂线与 C_1C_{n+1} 的中垂线的交点，它就是 A_1 了(当我们任意选定了两个不同点 B_1 和 C_1 后，线段 B_1B_{n+1} 和 C_1C_{n+1} 就可作出). 然后，将点 A_1 相继作在给定的 n 条直线上的反射，就得到 n 边形的其余顶点.

如果线段 B_1B_{n+1} 与 C_1C_{n+1} 不平行(即它们的中垂线 p 和 q 相交),那么本题有唯一解;如果 $B_1B_{n+1} // C_1C_{n+1}$,且 p 与 q 不同,那么本题无解;如果 $B_1B_{n+1} // C_1C_{n+1}$,且 p 与 q 重合,那么本题有无穷多个解①.

解出的多边形的各边是可能相交的.

这种解法有一个缺点,就是不能从它看出在 n 是奇数或偶数时本题的结果有什么本质的差别.从这方面来说,第二种解法较好.

第二种解法.(参见第 1 章问题 15 和第 1 章问题 21 的第二种解法)假设 $A_1A_2\cdots A_n$ 是所求多边形(参见前文中的图 2.17(a)).如果我们将点 A_1 相继在直线 $l_1,l_2,\cdots,l_{n-1}$ 和 l_n 上作反射,那么得到 $A_2,A_3,\cdots,A_n$,最后回到 A_1.因此 A_1 是在直线 $l_1,l_2,\cdots,l_n$ 上的 n 次反射之和的不动点.

第一种情况:n 是偶数.这时,在直线 $l_1,l_2,\cdots,l_n$ 上的反射之和一般来说是一个旋转(参见第 29 页),旋转中心 O 可以利用反射的加法作出.点 O 是这个旋转的唯一不动点,因此 A_1 一定与 O 重合.找到 A_1 后,就不难找到其他各顶点了.因此,在 n 为偶数时,一般来说本题有唯一解.

但是在特殊情况,即在 n 条线 $l_1,l_2,\cdots,l_n$ 上的反射之和为一个平移或恒同变换(即转角为 $0°$ 的旋转,或移动距离为 0 的平移)时,本题无解(平移无不动点)或有不止一个解——平面上任何一点都可取作点 A_1(每一点都是恒同变换的不动点).

第二种情况:n 是奇数.这时,在直线 $l_1,l_2,\cdots,l_n$ 上的反射之和一般来说是一个滑动反射(参见第 29 页).因为滑动反射没有不动点,所以当 n 是奇数时,本题一般来说无解.但在特殊情况,即在这 n 条直线 $l_1,l_2,\cdots,l_n$ 上的反射之和是在某直线 l 上的反射时(l 是可作出的),就有许多解,l 上任何一点都可取作所求 n 边形的顶点 A_1(对称轴上的每一点都是反射的不动点).

因此,在 $n=3$ 时,本题一般来说无解,只有在三条直线 l_1,l_2 和 l_3 交于一点时(参见本章问题 2(3)),或者互相平行时,本题才有无穷多个解(参见 2.1 节命题 4).

(2) 解法与(1) 的第二种解法类似.如果 $A_1A_2\cdots A_n$ 是所求 n 边形(参见前文中的图 2.17(b)),那么将直线 A_nA_1 相继作在直线 $l_1,l_2,\cdots,l_{n-1},l_n$ 上的反射,得到直线

$$A_1A_2,A_2A_3,\cdots,A_{n-1}A_n$$

最后又回到 A_nA_1.于是 A_nA_1 是在直线 $l_1,l_2,\cdots,l_n$ 上的 n 次反射之和的不变直线.下面分两种情况讨论.

---

① 应理解为:如果对任取两点 B_1 和 C_1 都有 $B_1B_{n+1} // C_1C_{n+1}$,且它们的中垂线重合,那么本题有无穷多个解.——译者

第一种情况：n 是偶数. 一般地说，在直线 $l_1, l_2, \cdots, l_n$ 上的反射之和为一个旋转，设其旋转中心为点 O，因此，一般来说无不变直线. 于是，当 n 是偶数时，一般来说本题无解. 但是在特殊情形，这 n 次反射之和可能是一个关于点 O 的中心对称（转角为 $180°$ 的旋转），或者是一个平移，也可能是一个恒同变换，在这些情形本题都有不止一个解. 在反射之和是中心对称时，可取任何一条过点 O 的直线作为 A_nA_1；在反射之和是平移的情形时，可取任何平行于平移方向的直线作 A_nA_1；在反射之和是恒同变换的情形时，可取平面上任何直线作 A_nA_1.

第二种情况：n 是奇数. 一般来说，在直线 $l_1, l_2, \cdots, l_n$ 上的反射之和为一个滑动反射. 设此滑动反射的轴为 l（l 是可以作出的），则它是滑动反射的唯一不变直线. 于是，所求多边形的边 A_nA_1 在直线 l 上. 将 l 相继在 $l_1, l_2, \cdots, l_{n-1}$ 上作反射，得到 n 边形的其他各边. 这样，在 n 是奇数时，一般来说有唯一解. 在特殊情形，这 n 次反射之和是在某直线 l 上的反射，这时本题有无穷多个解. 所求 n 边形的边 A_nA_1 可取 l 本身，也可选取任一条垂直于 l 的直线来作.

因此，在 $n=3$ 时，本题一般有唯一解. 直线 l_1, l_2 和 l_3 或者都是三角形的外角的平分线，或者有两条是内角的平分线，另一条是外角的平分线. 当三条直线 l_1, l_2 和 l_3 交于一点时是例外，此时本题有不止一个解（参见本章问题 2(1)）. 这三条直线 l_1, l_2 和 l_3 分别是三角形的三个内角的平分线，或者有两条是外角的平分线，另一条是内角的平分线. ①

我们也可用类似于(1) 的第一种解法的方法来解(2)，请读者自己去做.

16. (1) 假设本题已解出（图 44）. 顶点 A_1 经过关于点 M 的中心对称变到点 A_2，A_2 经过在 l_2 上的反射变到 A_3，A_3 经过在 l_3 上的反射又变到 A_4，等等. 最后 A_n 经过在 l_n 上的反射变回到 A_1. 这样，关于 M 的中心对称与在直线 $l_2, l_3, \cdots, l_n$ 上的各反射之和以 A_1 为一个不动点. 关于在 M 的中心对称又可等价地用两次反射来代替. 下面分两种情况来考虑.

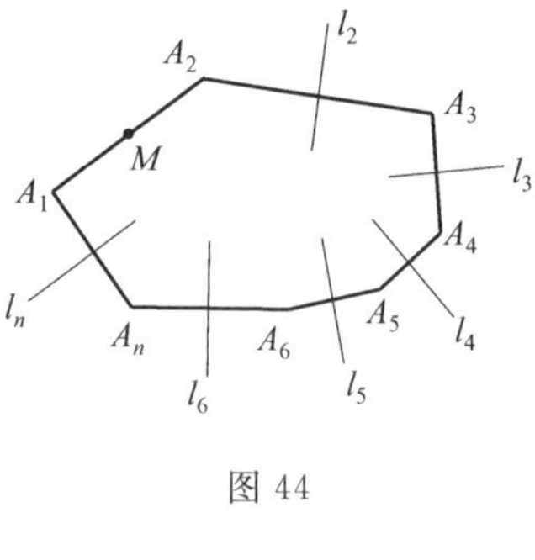

图 44

① 在 $l_1 \parallel l_2 \parallel l_3$ 时也是例外，这时有无穷多个解，但解出的三角形是退化的，其各边在同一条直线上. —— 译者

第一种情况：n 是奇数. 本题转化成求偶数个在直线上的反射之和的不动点的问题. 一般来说，这个和是一个旋转（旋转中心 O 可以从 M 和 $l_2, l_3, \cdots, l_n$ 作出来）. 因此在 n 为奇数的情形，本题一般有唯一解（参见问题 15(1) 的第二种解法的第一种情形）. 只有两种例外情形：这偶数次反射之和是平移 —— 这时本题无解，或是恒同变换 —— 这时本题有许多解.

第二种情况：n 是偶数. 本题转化成求奇数个在直线上的反射之和的不动点的问题. 一般来说，这个和是一个滑动反射，因此本题无解（滑动反射无不动点）. 在特殊情况下，这些反射之和是一个在某直线 l 上的反射，这时本题有许多解（在一直线 l 上的反射有无穷多个不动点，即 l 上的所有点）.

我们也可用类似于问题 15(1) 的第一种解法来解本题.

解出的多边形可能是自交的.

(2) 假设本题已解出（图 45）. 直线 A_nA_1 绕点 M 旋转角 $180° - \alpha$ 变成直线 A_1A_2，A_1A_2 在 l_2 上反射变成直线 A_2A_3，A_2A_3 在 l_3 上反射变成直线 A_3A_4，等等. 最后，直线 $A_{n-1}A_n$ 在 l_n 上反射变成直线 A_nA_1. 这样，中心为 M，转角为 $180° - \alpha$ 的旋转（它可用两次反射之和来代替）与在直线 $l_2, l_3, \cdots, l_n$ 上的 $n-1$ 次反射之和以 A_nA_1 为一条不变直线.

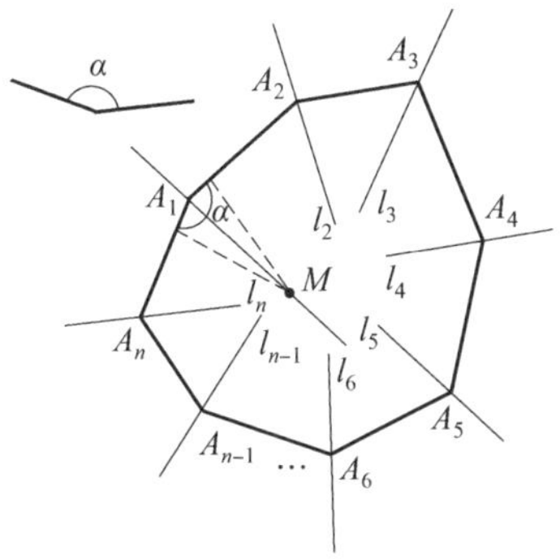

图 45

下面分两种情况讨论.

第一种情况：n 是偶数. 一般来说，奇数次反射之和是一个滑动反射，它有唯一不变直线，即轴线 l（它是可以作出的），因此本题有唯一解. 但在特殊情形，这奇数次反射之和是一个反射，此时本题将有无穷多个解（因为在一条直线上的反射有无穷多条不变直线）.

第二种情况：n 是奇数. 在这种情况下，我们考虑的变换是偶数个在直线上的反射之和，一般来说，它是一个旋转. 这时本题无解. 然而在特殊情况，这偶数次反射之和是一个中心对称，或是一个平移，或是恒同变换. 在这些特殊情况下，本题都有不止一个解.

作为本题解的多边形可能是自交的. $l_2, l_3, \cdots, l_n$ 可能是内角的平分线，也可能是外角的平分线.

我们也可用类似于问题 15(1) 的第一种解法来解本题.

17. (1) 假设 $A_1A_2A_3\cdots A_n$ 是所求 n 边形(图 46). 从圆心 O 向它的各边 $A_1A_2, A_2A_3, \cdots, A_{n-1}A_n, A_nA_1$ 作垂线(这些垂线可以根据条件作出，因为这个 n 边形各边的方向已给出). 将点 A_1 相继在这些垂线上作反射，A_1 先变到 A_2，A_2 再变到 A_3，……，A_{n-1} 变到 A_n，最后 A_n 又变回到 A_1. 于是 A_1 是这 n 次反射(在这 n 条垂线上的)之和的不动点. 下面分两种情况讨论.

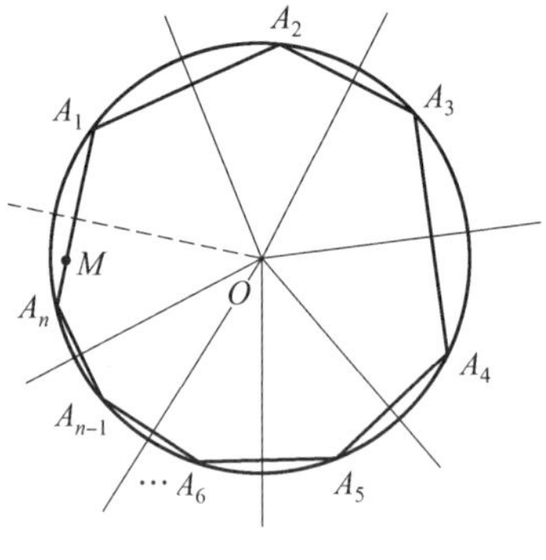

图 46

第一种情况：n 是奇数. 由于在三条交于一点的直线上的反射之和仍为一个反射，并且其对称轴过这个交点(参见 2.1 节命题 4)，我们不难看出在任何奇数条交于一点的直线上的反射之和也是一个反射，并且其对称轴过此交点(首先用一个反射代替前三次反射之和，再考虑它和下面两次反射之和，……). ① 因此，在 n 是奇数时，本题中的 n 次反射之和仍是一个反射，其对称轴 l 过圆心点 O. 在圆周上恰好有两个点是这个反射的不动点，就是 l 与圆周的两个交点. 取其中任一点作为所求 n 边形的顶点 A_1，再通过反射得到其他顶点. 于是，在这种情况本题有两个解.

第二种情况：n 是偶数. 由于在任何两条相交于点 O 的直线上的反射之和为一个旋转，其旋转中心为 O，因此，我们可推出在 n(偶数) 条过点 O 的直线上的反射之和可表示成 $\frac{n}{2}$ 个绕点 O 的旋转之和，从而它本身也是一个绕点 O 的旋转. 一般来说，绕点 O 的一个旋转只有唯一的不动点 O，而在以 O 为圆心的圆上没有不动点. 因此，当 n 是偶数时，一般情况下本题无解. 但当这 n 次反射之和是恒同变换时则是例外，本题有无穷多个解，圆上任何一点都可选作所求 n 边形的顶点 A_1.

(2) 假设所求 n 边形已作出(图 46). 过圆心 O 向各边 $A_1A_2, A_2A_3, \cdots, A_{n-1}A_n$ 作垂线(由于点 O 及多边形的这 $n-1$ 条边的方向是已知的，这些垂线由条件可作出). 将点 A_1 相继在这 $n-1$ 条直线上作反射，最后就变到 A_n. 下面分两种情况讨论.

第一种情况：n 为奇数. 这时，在这 $n-1$ 条直线(它们都过点 O) 上的反射之

① 也可这样看：奇数次反射之和为滑动反射或反射. 由于本题中的奇数次反射的轴都过点 O，因此点 O 是它们之和的不动点. 于是，这些反射之和一定是反射，轴过点 O. —— 译者

和是一个以点 O 为中心的旋转，其转角 α 可由这些直线来求出. 于是 $\angle A_1OA_n=\alpha$ 是已知角. 这样，我们可求出弦 A_1A_n 的长度以及它到点 O 的距离 d. 以 O 为圆心，d 为半径作圆. 因为 A_1A_n 过点 M，又与此圆相切，所以它在过点 M 的圆的切线上. 本题可能有两个解，也可能只有一个解或无解.

第二种情况：n 是偶数. 这时，在 $n-1$ 条过点 O 的直线上的反射之和仍是一个反射，其对称轴 l 过点 O. 因此点 A_1 和点 A_n 互为在 l 上的反射像. 由于 A_1A_n 过已知点 M，因此它就在从 M 向 l 作的垂线上. 本题总有唯一解.

18.（1）由于在三条交于一点 O 的直线上的反射之和仍为一个反射，并且轴线 l 过点 O，因此，我们可推出点 A_3 是点 A 在 l 上的反射像；同样点 A_6 又是点 A_3 在 l 上的反射像. 于是点 A_6 与点 A 重合.

对于奇数条交于一点的直线，本题的结论是成立的（对照第 1 章问题 13）. 如果偶数（n）条直线交于点 O，那么在这些直线上的反射之和是一个绕点 O 的旋转，记 α 为其转角，则只有当 α 是 $180°$ 的整数倍时，点 A 经过 $2n$ 次反射才能回到原来的位置.

注：平面上任何一点 A 经过在直线 l_1,l_2,l_3,l_1,l_2,l_3 上的六次反射之后得到的像点 A_6 总与 A 重合的充分必要条件是：l_1,l_2,l_3 交于一点或者互相平行（如果 $l_1 /\!/ l_2 /\!/ l_3$，那么在 l_1,l_2,l_3 上的三次反射之和也是一个反射. 再用上面解法中的理由，可说明点 A_6 与点 A 重合）. 在其他情形，在 l_1,l_2,l_3 上的反射之和是一个滑动反射，因而点 A_6 是点 A 经过两个相同的滑动反射所得到的，也就是点 A 经过一个平移所得到的，不可能与点 A 重合.（沿直线 l 的两个相同的滑动反射之和，可分解成下面四个变换之和：沿 l 的一个平移，在 l 上的反射，在 l 上的反射以及沿 l 的一个平移（与第一个平移相同），因此也就是两个相同的平移之和.）

（2）本题实质上与（1）相同（也可参见第 1 章问题 14（2））.

（3）设四条直线的交点为 O. 在 l_1 和 l_2 上的反射之和是绕点 O 的一个旋转，设转角为 α. 在 l_3 和 l_4 上的反射之和也是绕点 O 的一个旋转，设转角为 β. 由此可知，不论采用哪种次序作这些反射，所得的点 A_4 都是 A 绕点 O 旋转角 $\alpha+\beta$ 变得的点（参照第 1 章问题 14（1））.

19.（1）由于直线 CM,AN,BP 交于一点或互相平行，在直线 CM,AN,BP,CM,AN,BP 上的六次反射之和为恒同变换（参见问题 18（1））. 为了证明直线 CM',AN' 和 BP' 也交于一点或互相平行，只需说明在直线 CM',AN',BP',CM',AN',BP' 上的六次反射之和也是恒同变换（参见问题 18（1）解答后的注）. 由于 CM' 是 CM 在 $\angle BCA$ 的平分线上的反射像，一个绕点 C，转角为 $\angle BCM'$ 的旋转把 CM 变到 CA，把 CB 变到 CM'. 由此可推出，在直线 CM' 上的反射就是在 CB,CM,CA 这三条直线上的反射之和（对照图 47（a）与前文中的图2.14（b），并参看第 2 章中命题 4 证明的后半部分）. 类似地，在直线 AN' 上的

反射等于在 AC，AN，AB 这三条直线上的反射之和，在直线 BP' 上的反射是在 BA，BP，BC 这三条直线上的反射之和. 于是，在直线 CM'，AN'，BP' 上的反射之和就等于分别以 CB，CM，CA，$AC(=CA)$，AN，AB，$BA(=AB)$，BP，BC 为轴的九次反射之和. 因为连续在同一直线上的两次反射互相抵消，所以这九次反射之和等于在 CB，CM，AN，BP，BC 上的五次反射之和. 把这个变换重复进行两次，就得到在直线 CB，CM，AN，BP，BC，$CB(=BC)$，CM，AN，BP，BC 上的十次反射之和，而它又等于在 CB，CM，AN，BP，CM，AN，BP，BC 上的八次反射之和. 由条件知，中间的六次反射之和为恒同变换，因此这八次反射之和等于在 CB 与 $BC(BC=CB)$ 上的两次反射之和，这是一个恒同变换.

(2) 将过点 M 和点 M_1 且垂直于 AB 的两条直线分别记作 m 和 m_1，过点 N 和点 N_1 且垂直于 BC 的两条直线分别记作 n 和 n_1，过点 P 和点 P_1 且垂直于 CA 的两条直线分别记作 p 和 p_1. 又设 a 和 b 分别是过点 A 和点 B，并垂直于 AB 的两条直线. 本题的结论可由下述命题推出：如果在直线 m,n,p,m,n,p 上的六次反射之和是恒同变换，那么在 m_1,n_1,p_1,m_1,n_1,p_1 上的六次反射之和也是恒同变换(参见(1) 的证明. 这里还用到下面的事实：一个三角形三边上的垂线不会互相平行). 下面我们证明这个命题. 首先，在 m_1 上的反射等于在点 A 上直线 m 与点 B 上的反射之和. 事实上，在点 A 上的反射等于在直线 AB 与 a 上的反射之和，在点 B 上的反射等于在直线 b 与 AB 上的反射之和. 这样，在点 A 上直线 m 与点 B 上的反射之和等于在直线 AB,a,m,b,AB 上的五次反射之和. 但是，m_1 是 m 在 AB 中点上的反射像，把 m 变到 b 的平移一定把 a 变到 m_1. 因此在直线 a,m,b 上的反射之和等于在 m_1 上的反射(对照图 47(b) 和前文中的图 2.14(a)). 于是，上述五次反射之和就等于在 AB,m_1,AB 上的三次反射之和，或等于在点 M_1 与直线 AB 上的反射之和. 而在点 M_1 上的反射又可分解为在 m_1 与 AB 两条直线上的反射之和，因此在 M_1 与 AB 上的反射之和又等于在 m_1，AB 与 AB 上的三次反射之和，也就是等于在 m_1 上的反射. 类似地可说明，在 n_1 上的反射等于在点 B 上直线 n 与点 C 上的反射之和；在 p_1 上的反射等于在点 C 上直线 p 与点 A 上的反射之和.

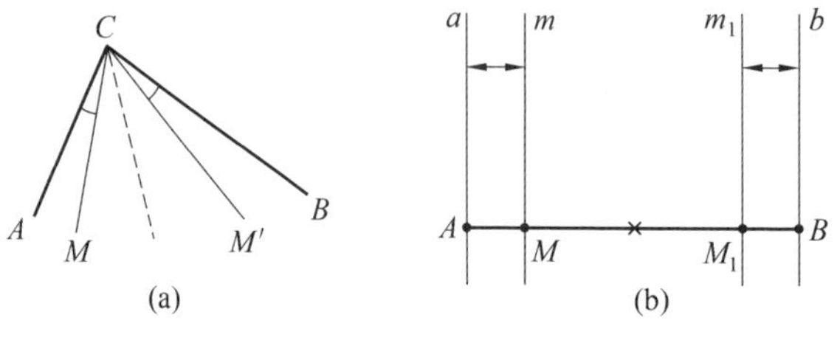

图 47

这样，在直线 m_1,n_1,p_1,m_1,n_1,p_1 上的六次反射之和就等于在下列点与直线上的反射之和：$A,m,B,B,n,c,c,p,A,A,m,B,B,n,c,c,p,A$，也就是在 A,m,n,p,m,n,p,A 上的八次反射之和. 当中间六次反射之和为恒同变换时，这八次反射之和就化为在点 A 的两次反射之和，也是恒同变换(参见(1) 的证明).

20. 如果将在三条直线上的反射之和连作两次，那么所得到的或是恒同变换，或是一个平移(参见问题 18(1) 的证明，特别是证明后的注). 这样，点 A 按第一种次序经过十二次反射所得的点 A_{12}，也就是 A 经过两次平移所变得的点(这两次平移的移动距离都有可能为零，也就是它们都可能是恒同变换). 而点 A 按第二种次序经过十二次反射所得的点 A'_{12}，是 A 按相反的次序经过这两个平移所变得的点. 由此推出本题的结论(参看第 1 章问题 14(1) 的解).

21. 第一种解法(以 2.2 节定理 1 为基础). 先讨论 l_1 与 l_2 不平行的情形(图 48(a)). 假设直线 m 已作出. 根据 2.2 节定理 1，可用一个旋转把线段 AX 变到线段 BY，使 A 变到 B，X 变到 Y(由于 l_1 与 l_2 不平行，不能用平移把 AX 变到 BY). 这个旋转的转角 α 等于 l_1 与 l_2 的夹角. 于是可以这样来求这个旋转的中心：在 AB 上作弧，使它所含的圆周角为 α(如果记 P 为 l_1 和 l_2 的交点，那么此弧在 $\triangle ABP$ 的外接圆 S 上)，则 AB 的中垂线与此弧的交点就是旋转中心 O①. 设此旋转将所求直线 m 变到 m'，m' 也通过点 Y. 下面我们就(1)(2)(3)(4) 的不同要求来讨论.

(1) 将直线 n 绕点 O 旋转角 α，所得直线记作 n'. 直线 OY 是 m 与 m' 夹角的平分线，它也是 n 与 n' 所夹角的平分线. 于是，联结 n 与 n' 的交点和点 O 的直线与 l_2 的交点就是 Y. 本题可能有两个解(参见本页的注 ①).

(2) 设点 M 绕点 O 旋转角 α 变为点 M'，则 m' 过点 M'，而且 m' 与 m 的夹角为 α. 于是，在 MM' 上作弧，使其所含圆周角为 α，此弧与 l_2 的交点就是 Y. 本题最多可能有四个解②.

(3) 我们已知等腰 $\triangle OXY$ 的顶角为 α，底边 $XY=a$. 于是，O 到 X 的距离 OX 可以计算出来. 本题最多可能有四个解.

(4) 设线段 XY 的中点是 S. 由于等腰 $\triangle OXY$ 的角都是已知的，我们可求出比值

$$\frac{OS}{OX}=k,\angle XOS=\frac{1}{2}\alpha$$

因此，点 S 可由点 X 经过一个所谓“螺旋相似变换”而变得(参见《几何变换(Ⅱ)》第 1 章 1.2 节). 于是，如果把直线 l_1 经过这个螺旋相似变换变得的直线

---

① 圆 S 与 AB 的中垂线有两个交点，它们分别对应着 X 和 Y 在直线 AB 的同侧和不同侧两种情形的解.

② 原著中说可能有两个解. 但是如果允许 X 和 Y 位于直线 AB 的两侧，那么最多应有四个解. —— 译者

记作 l'_1，那么 S 就是 l'_1 与 r 的交点．所求直线 m 垂直于 OS，并且过点 S，本题一般有两个解，但如果 l'_1 与 r 重合，那么有无穷多个解．

如果 $l_1 /\!/ l_2$，那么所求直线或者经过线段 AB 的中点 S，或者平行于 AB（图 48(b)）．在这种情况，解法就更加简单了．下面我们只指出解的个数．

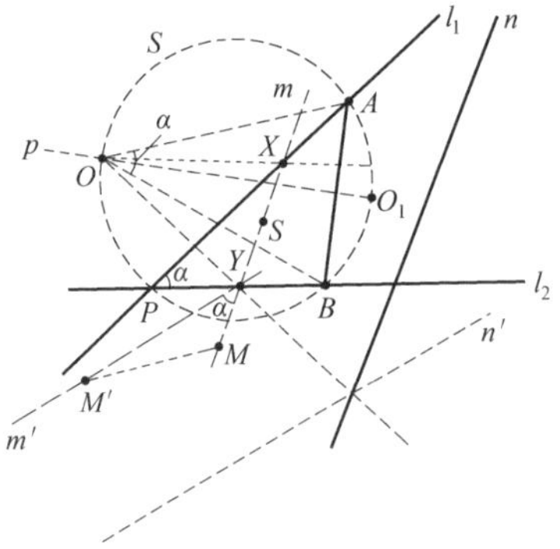

(a)

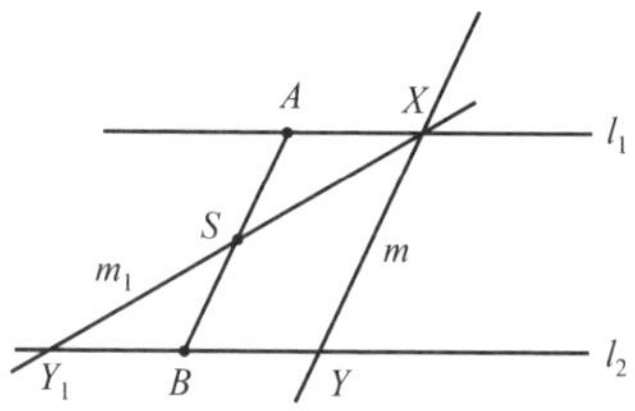

(b)

图 48

(1) 如果 n 与 AB，l_1 都不平行，那么有唯一解；如果 $n /\!/ l_1 /\!/ l_2$，那么无解；如果 $n /\!/ AB$，那么有无穷多个解．

(2) 如果 M 既不在直线 AB 上，又不在 l_1 与 l_2 的中位线 l_0（即与 l_1，l_2 平行，且到它们的距离相等的直线）上，那么有两个解；如果 M 在 AB 上或在 l_0 上，但不是 S，那么有唯一解；如果 M 与 S 重合，那么有无穷多个解．

(3) 如果 $a \neq AB$，且 a 大于 l_1 与 l_2 的距离 d，那么有两个解；如果 $a = d$（但 $AB \neq d$），那么有唯一解；如果 $a < d$，那么没有解；如果 $a = AB$，那么有无穷多个解．

(4) 如果 r 不与 l_1 平行，又不通过点 S，那么有一个解；如果 $r /\!/ l_1$，但不通过点 S，那么无解；如果 r 通过点 S，那么有无穷多个解．

(1)(3)(4) 的第二种解法（以 2.2 节定理 2 为基础）．根据 2.2 节定理 2，线段 AX 可以经过一个滑动反射（或反射，这可看作滑动反射的特殊情形）变到直线 BY，并且 A 变到 B，X 变到 Y．这个滑动反射的轴线 l 通过线段 AB 的中点，并且平行于 l_1 和 l_2 夹角的平分线①，滑动距离 d 等于 A_1B，这里 A_1 是 A 在直线 l 上的反射像（图 49）．设 X_1 是 X 在 l 上的反射像，那么

$$X_1Y /\!/ l,\ X_1Y = d$$

① 因为直线 l_1 和 l_2 有两个夹角，角平分线也有两条，所以把 AX 变到 BY 的滑动反射有两个（分别对应着 X 和 Y 在直线 AB 的同侧或不同侧两种情况）．如果 $l_1 /\!/ l_2$，那么一个滑动反射的轴平行于 l_1，另一个滑动反射的轴垂直于 l_1．这说明在解(1)(3) 和(4) 时，$l_1 /\!/ l_2$ 这种情况的特殊性．

现在分别讨论(1)(3) 和(4) 三种情况.

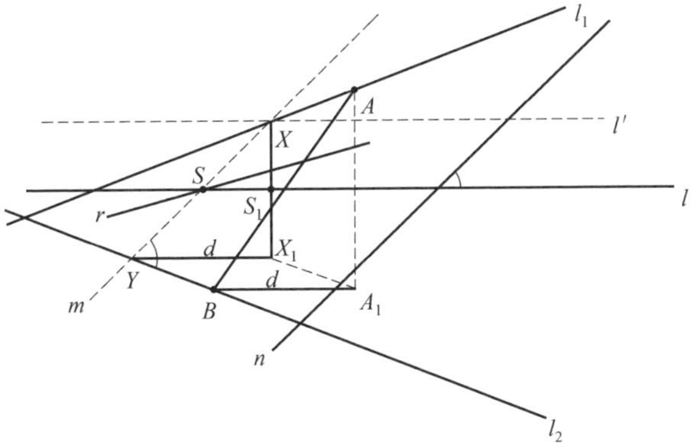

图 49

情况(1),在 Rt$\triangle XX_1Y$ 中,已知 $X_1Y=d$,$\angle XYX_1$ 等于直线 m 与 l 的夹角,因此边 XX_1 的长度可求出. 作直线 l' 平行于 l,并且与 l 的距离为$\frac{XX_1}{2}$. 那么 l' 与 l_1 的交点就是 X. 一般来说,在 l_1 与 l_2 不平行时,本题有两个解.

情况(3),在 Rt$\triangle XX_1Y$ 中,由于斜边 $XY=a$ 和直角边 $X_1Y=d$ 都是已知的,因此另一直角边 XX_1 也可求出. 然后用类似于(1) 的方法可找到点 X. 本题一般有四个解①.

情况(4),由于线段 XY 的中点 S 一定在 Rt$\triangle XX_1Y$ 的中位线 l 上,因此 S 就是 l 和 r 的交点. 在 l 上取点 S_1,使 $SS_1=\frac{d}{2}$,然后过 S_1 作垂直于 l 的直线 p,则 p 与 l_1 的交点就是点 X. 一般来说,本题有两个解.

22. 我们只讨论 l_1,l_2 和 l_3 并不都互相平行的情形. 不妨设 l_3 与 l_1,l_2 都不平行. 假设本题已解出(图 50). 根据 2.2 节定理 1,有一个旋转把 AX 变成 CZ,又有一个旋转把 BY 变成 CZ. 这两个旋转的转角分别是直线 l_3 与 l_1,l_2 的夹角 α_1,α_2,旋转中心 O_1,O_2 也可找到(参见问题 21 的第一种解法). $\triangle O_1XZ$ 和

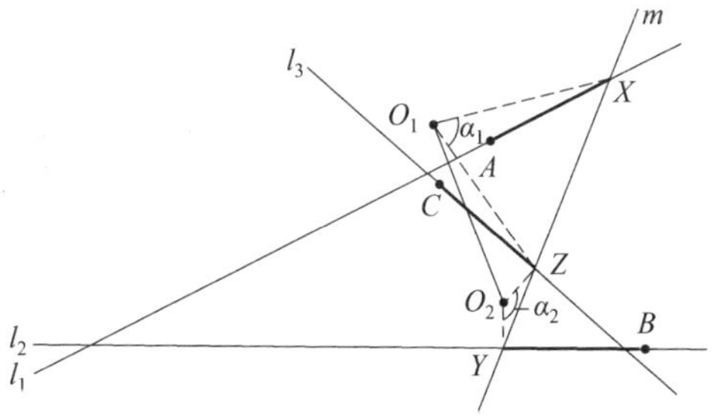

图 50

① 原著中是"本题有两个解",这是不对的,参见第一种解法. —— 译者

$\triangle O_2YZ$ 都是等腰三角形，顶角分别在 O_1，O_2 处，并分别等于 α_1 和 α_2，因此

$$\angle O_1ZX = 90^\circ - \frac{1}{2}\alpha_1, \angle O_2ZY = 90^\circ - \frac{1}{2}\alpha_2$$

于是可推出

$$\angle O_1ZO_2 = \frac{1}{2}(\alpha_1 \pm \alpha_2)$$

这样，Z 就可找出：在 O_1O_2 上作弧，使它所含圆周角等于$\frac{\alpha_1 + \alpha_2}{2}$或$\frac{\alpha_1 - \alpha_2}{2}$，此弧与 l_3 的交点就是 Z①.

23. 假设本题已解出（图 51）. 根据 2.2 节定理 1，有一个旋转把 BP 变成 CQ. 它的转角等于 AB 和 AC 的夹角 α，旋转中心 O 可像问题 21(1) ～ (4) 的第一种解法那样找到. 因为等腰 $\triangle OPQ$ 的顶角（在 O 处）为 α，所以我们可求出比值

$$\frac{OP}{PQ} = k$$

但是根据本题的条件，$PQ = BP$，因此

$$\frac{OP}{BP} = k$$

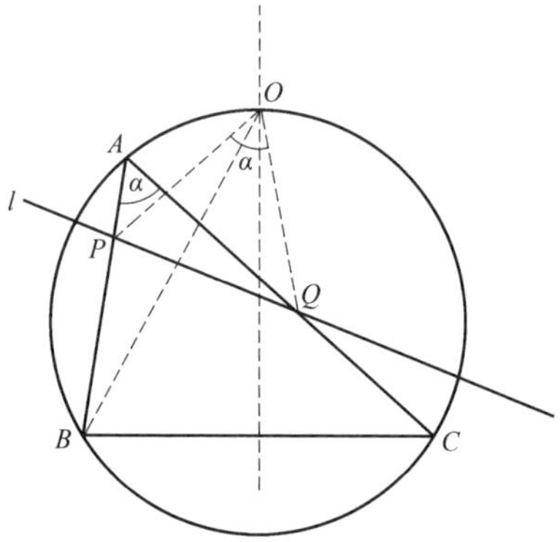

图 51

于是，点 P 就可找到：到点 O 和点 B 的距离之比为 k 的点的轨迹与边 AB 的交点就是点 P. 上述轨迹是一个圆，我们可以这样来证明这个事实：设 P 是满足 $\frac{OP}{BP} = k$ 的任意一点（图 52）. 设 $\triangle OPB$ 在顶点 P 处的内角和外角的平分线分别与底边 OB 交于点 M 和点 N，则有

$$\frac{OM}{MB} = \frac{ON}{BN} = k = \frac{OP}{BP}$$

因此 M，N 与点 P 无关，完全被 O 和 B 所决定. 因为两条角平分线互相垂直，所以 P 在以 MN 为直径的圆上.

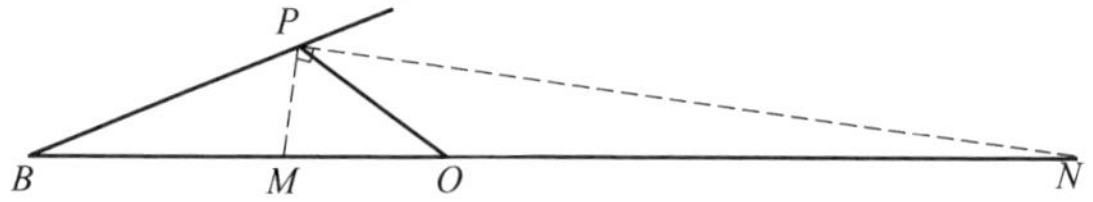

图 52

---

① 在原著中，还有谈解的个数的一段话："角 α_1 和 α_2，旋转中心 O_1 和 O_2 都各有两种选择（对照上题的解）. 因此本题最多有十六个解."然而，α_1 与 O_1 是互相牵制的，当 α_1 选定后，O_1 就只有一个选择了. 同样，α_2 与 O_2 也是互相牵制的. 因此并没有十六个解. —— 译者

国家出版基金项目
NATIONAL PUBLICATION FOUNDATION

国家出版基金资助项目

俄罗斯数学经典著作译丛

几何变换（II）

JIHE BIANHUAN (II)

[苏] 雅格洛姆 著

詹汉生 译

HITP

哈尔滨工业大学出版社
HARBIN INSTITUTE OF TECHNOLOGY PRESS

黑版贸审字 08－2015－001 号

内 容 简 介

本书主要讨论的是几何中的相似变换，内容大致可分为两部分：在前一部分中，作者首先讨论中心相似、螺旋相似和膨胀反射等变换，并仔细分析了它们的特征性质，在此基础上，给出了相似变换的完全分类；后一部分着重介绍保距变换和相似变换的许多有趣的应用.

本书内容丰富，重点突出，讲述富于启发性. 在每个新概念引进或在主要定理的证明之后，都配有一定数量的习题，书后附有全部习题的详细解答.

本书适合中学生、大学低年级学生、中学教师以及数学爱好者阅读参考.

图书在版编目(CIP)数据

几何变换. Ⅱ/(苏)雅格洛姆著；詹汉生译.
哈尔滨：哈尔滨工业大学出版社，2024. 5. —(俄罗斯数学经典著作译丛). —ISBN 978－7－5767－1473－9

Ⅰ. O123. 1

中国国家版本馆 CIP 数据核字第 2024VU1006 号

策划编辑　刘培杰　张永芹
责任编辑　钱辰琛
封面设计　孙茵艾
出版发行　哈尔滨工业大学出版社
社　　址　哈尔滨市南岗区复华四道街 10 号　邮编 150006
传　　真　0451－86414749
网　　址　http://hitpress. hit. edu. cn
印　　刷　辽宁新华印务有限公司
开　　本　787 mm×1 092 mm　1/16　印张 42. 75　字数 819 千字
版　　次　2024 年 5 月第 1 版　2024 年 5 月第 1 次印刷
书　　号　ISBN 978－7－5767－1473－9
定　　价　338. 00 元(全 4 册)

◉ 前言

什么是几何学

在《几何变换(Ⅰ)》的前言中,我们曾经把几何定义为研究图形在运动下保持不变的那些性质的学科,运动则定义为不改变图形中任何两点之间距离的变换.由于点之间距离的概念(线段的长度)看起来好像是整个几何中最重要的概念,因而图形的最重要的几何性质似乎是它的各点之间的距离.如果我们仔细考察一下像基谢廖夫(Kiselëv)的教科书中所讲过的全部几何定理,那么我们就会看到点之间距离的概念几乎都不在这些定理中出现.关于平行线和垂线的所有定理(例如,若两条平行直线被第三条直线所截,则同位角相等,或从不在给定直线上的每个点可以向给定的直线引一条且仅能引一条垂线),关于圆的大部分定理(例如,过不在一条直线上的三个点可以作一个且仅可作一个圆),关于三角形和多边形的许多定理(例如,三角形内角之和等于一个平角,或菱形的对角线互相垂直并且平分菱形的各个角)都与距离的概念毫无关系.即使在那些表述中包含长度概念的定理中(例如,三角形任意一个角的角平分线分对边所成两部分之比等于这个三角形两邻边的比;在给定的圆或等圆中,两条不等长的弦中的长弦离圆心更近;或者毕达哥拉斯(Pythagoras)定理:若用同一单位度量直角三角形的边,则斜边长度的平方等于两条直角边长度的平方之和),实际上起作用的并不是某条线段或某些线段的长度,而只是两条或几条线段长度之比.只要回想一下这些定理的内容,这一点是容易确信的.例如,在毕达哥拉斯定理中,起作用的不是三角形的各边的实际长度,而是斜边长度与两条直角边长度之比. 这个定理说,如果 Rt$\triangle ABC$ 的两条直角边的长度为 b 和 c,用 k 和 l 分别表示这两条直角边长度与斜边长度 a 之比(即 $\frac{b}{a}=k$, $\frac{c}{a}=l$),则有 $k^2+l^2=1$.

这背后的道理是不难理解的. 线段长度的概念本质上依赖于某个固定长度单位的选取;如果我们分别用厘米、千米去度量线段,那么表示同一条线段长度的数将是不同的. 但是几何定理的内容不能依赖于特定的度量单位的选取. 由此可见,在几何定理中长度本身不能出现,我们能遇到的只是两条或几条线段的长度之比(这些比是不依赖于度量单位选取的). 因此,毕达哥拉斯定理中开始的那句话"若用同一单位度量直角三角形的边,则 ……" 正是告诉我们定理说的是三角形边长之比. 如果我们知道几条线段都是用同一单位度量的,而我们又不知道度量的单位是什么,那么我们只能考虑这些线段长度之比. 当然,在定理的假设中要求用规定的度量单位(例如用米) 去度量线段是不足取的. 显然,一个定理不能仅当其中的线段用米去度量时是正确的,而当用千米去度量这些线段时却是错误的.

这与下面这个事实是相关联的,即从几何的观点看,所有的线段都是同等的,它们之中没有某一条以任何方式显得与众不同. 因此从几何的观点看,所有长度单位的规定都有完全任意的性质. 例如,把米规定为保存在巴黎国际计量局中某铂铱棒的长度;或把它规定为在某些标准条件下镉所放射出的红光的波长的 1 552 734.83 倍. 因此,在几何定理的陈述中不用线段的长度而只用线段长度之比(一些不依赖于度量单位选取的量) 是自然的①.

按照我们对几何所下的定义,应当扮演基本角色的是点之间距离的概念,实际上距离又不直接出现在几何定理中,这种情况已经由第一个给几何以严格定义的克莱因(Klein) 指出. 事实上,克莱因的定义与《几何变换(Ⅰ)》的前言中所给的定义稍有不同. 克莱因的定义是:几何学是研究几何图形在相似变换下不变的那些性质的学科. 相似变换可以定义为不改变点偶之间距离之比的那种变换. 相似变换的这个抽象的定义可以用对所有这类变换的完全的描述来代替. 这样的描述将在本书 1.2 节中给出. 克莱因的定义称,在一定意义下,几何学不仅不区分全等的图形,而且它甚至不区分相似的图形. 事实上,为了断定两个三角形是全等的而不仅仅是相似的,我们必须始终固定一个用以度量这两个三角形边的长度单位. 正是相似图形之间的这种"不可区分性",使得我们能把一个尺寸很大的图形描绘在一张图纸上. 当老师要求学生们把画在黑板上的图

---

① 注意,与线段长度相反,角度大小常常在几何定理的陈述中出现. 这是因为角的度量单位可以纯几何地加以规定:弧度定义为长度等于圆的半径的弧所对的圆心角,直角可以定义为与它的补角相等的角. 线段的长度与角度的大小的这种差别,可以通过下面的定理得到很好的说明:在直角三角形中,如果它的一个锐角等于 30°,那么最短的边长与斜边长之比是 1∶2.

形“准确地”画到他们的笔记本上去的时候，老师用的正是这个原理. 当然，如果不缩小图形的尺寸，这是不可能办到的①.

这样，我们知道在初等几何中基本的角色实际上是由相似变换扮演的. 因此，这类变换的研究是重要的. 相似变换的研究不仅在理论上有很重要的意义，而且在解许多各种各样的问题时也是很有用的. 事实上，在这方面相似变换并不亚于保距变换. 我们可以用“求作一个四边形，使它与一个给定的四边形相似，并且它的边经过四个给定的点”这样一个问题(参看第 2 章中问题 7(2)) 作为例子. 这个问题是下面三个熟知的问题的推广，而这三个问题通常是要用正方形、长方形和菱形的特殊性质来解的：

(1) 作一个正方形，使它的边经过四个给定的点.

(2) 作一个边长为给定比的长方形，使它的边过四个给定的点.

(3) 作一个有给定角的菱形，使它的边过四个给定的点.

问题(1) 可以用下面的方法来解：若点 A,B,C 分别在正方形 $XYZT$ 的边 XY,YZ 和 ZT 上(图 1(a))，并且过点 B 垂直于 AC 的直线交直线 XT 于点 M. 因为图 1(a) 中的 $\triangle ACP$ 与 $\triangle BMQ$ 全等，所以 $AC=BM$. 这样，若已知落在正方形四条边上的四个点 A,B,C,D，则我们就能在边 TX 上(或在它的延长线上) 找到一点 M，并且作出过点 D 和 M 的直线(假设点 D 与 M 不重合)TX.

这同一个问题也可以用另一种方法来解：像前面一样，令 A,B,C,D 是正方形的边 XY,YZ,ZT 和 TX 上的点，以 AD 为直径的圆过点 X，令 R 是对角线 XZ 与这个圆的另一个交点. 同样，以 BC 为直径的圆过点 Z，令 S 是对角线 XZ 与这个圆的另一个交点(图 1(b)). 因为 XZ 平分以 X 为顶点的角，点 R 是 $\overset{\frown}{ARD}$ 的中点. 同理，S 是 $\overset{\frown}{BSC}$ 的中点. 于是 XZ 可以作为过这两个中点 R 和 S(如果 R 与 S 两点不重合) 的直线被作出来. 这条直线与上述两个圆的另外两个交点就是所要求的顶点 X 和 Z.

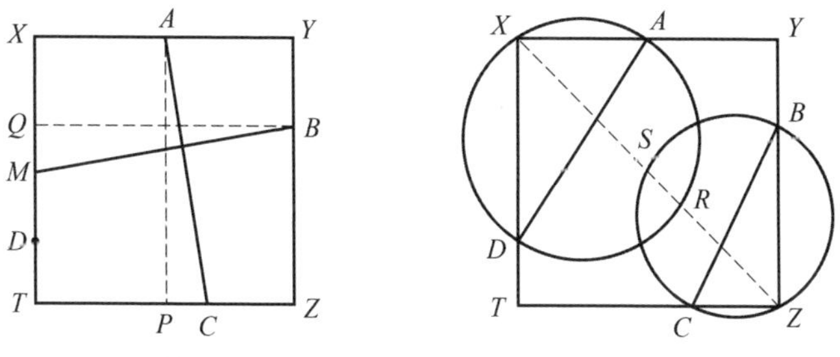

(a) (b)

图 1

---

① 顺便提一下，在某些场合《几何变换(Ⅰ)》中所给的几何的定义比这里所给的要好，关于这个问题在《几何变换(Ⅲ)》的引论中有更充分的论述.

上面概述的第一种解法可以自然地加以推广，用来解问题(2)，现在 $AC : BM = AP : BQ = TX : XY$ 是已知的(图 2(a)). 作正方形问题的第二种解法正好可以推广用来解问题(3). 但是这时这些圆弧必须张在线段 AD 和 BC 上，并且所含的圆周角等于给定菱形的角. 然后和前面一样，对角线 XZ 作为过这两个圆弧的中点 R 和 S 的连线可以定出来(图 2(b)).

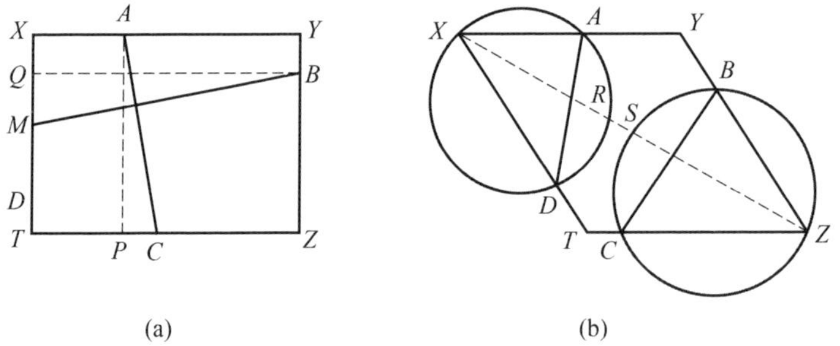

图 2

虽然问题(1)(2)(3) 的这些解法都很漂亮，但它们都有点不自然，人们不容易想出这样一些证明. 基于相似变换的一般考虑，使我们能对一个包括上面三个问题作为特例的更一般的问题，找出一个较为自然的解法. 读者将会找到许多可以用相似变换来解的其他问题.

还要注意，因为保距变换是相似变换的特殊情形，所以许多能用保距变换来解的问题，如果改用相似变换来解，那么它们可以被广泛推广. 例如，以一个多边形的各边为底，作有给定顶角的等腰三角形，已知这些三角形顶角的顶点，求作此多边形这样一个问题(我们在《几何变换(Ⅰ)》中曾说过这个问题) 可以推广成下面的形式：

以一个 n 边形的各边为底作 n 个三角形，使与 n 个给定的三角形相似，已知这些三角形的顶点，求作这个 n 边形(参看第 1 章中问题 37).

读者在第 1 章中将会找到很多这样的例子.

目录

相似变换的分类

第1章

1.1 中心相似(同位相似)

我们说点 A' 是由点 A 经过中心为 O,相似系数为 k 的中心相似(或同位相似)得到的,如果点 A' 在直线 OA 上,点 A 位于点 O 的同侧,并且 $\frac{OA'}{OA}=k$(图 1.1(a)).平面到自身的变换,如果它把平面的每个点 A 变到由 A 经过中心为 O,相似系数为 k 的中心相似所得到的点 A',那么称这个变换为中心相似(或同位相似).点 O 称为中心,数 k 称为这个变换的系数,点 A' 称为 A 在这个变换下的像.图形 F 的全部点的像构成一个图形 F',F' 称为中心相似于 F 的图形(有相似中心 O 和相似系数 k)(图 1.1(b)).显然,图形 F 也中心相似于 F'(有同样的相似中心,

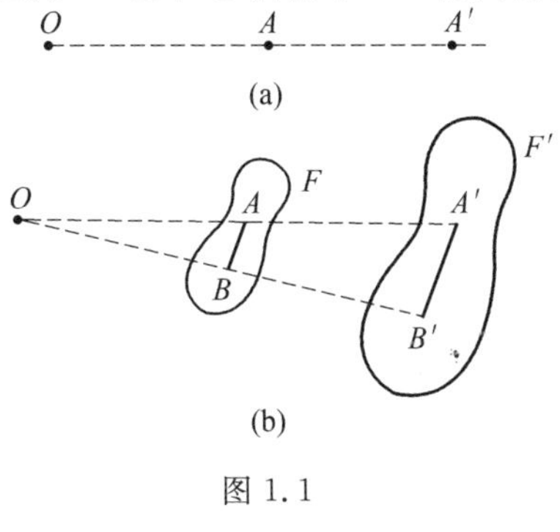

图 1.1

但相似系数为 $\frac{1}{k}$). 这使得我们可以说 F 和 F' 是一对中心相似的图形. 有时也说图形 F 和 F' 是相似的①,或者说它们处于相似位置. 中心相似变换把直线 l 变成与它平行的直线 l'. 为了作出 l',只要找出直线 l 上某个点 A 在中心相似变换下的像 A',然后再过点 A' 引一条平行于 l 的直线(图 1.2(a)). 如果两条直线 l 和 m 相交成角 α,那么它们的像 l' 和 m' 也相交成同样的角 α. 因而与给定的 $\triangle ABC$ 中心相似的 $\triangle A'B'C'$ 和 $\triangle ABC$ 有同样的内角,即这两个三角形是相似的(图1.2(b)). 一个中心②为点 A,半径为 r 的圆 S,经过中心相似变成中心为点 A',半径为 $r'=kr$ 的新圆 S',这里点 A' 是点 A 在中心相似下的像,而 k 是相似系数(图 1.3). 事实上,由 $\triangle OAM$ 与 $\triangle OA'M'$ 相似(这里 M 是 S 的任意一点,M' 是它的像),可知 $\frac{A'M'}{AM}=k$,即 $A'M'=kr$. 这证明圆 S 变成了中心为点 A',半径为 kr 的圆.

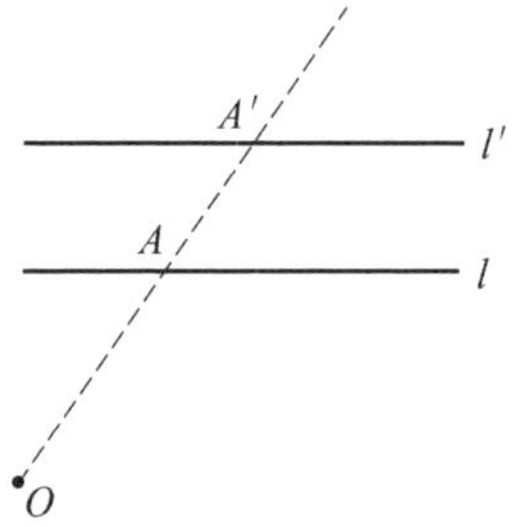

(a)

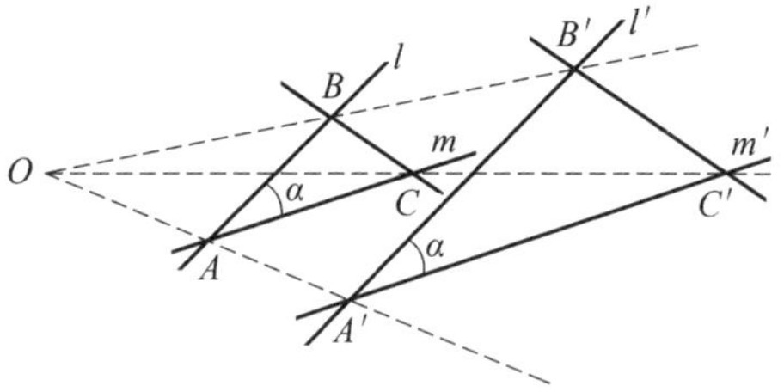

(b)

图 1.2

显然,我们可以认为任何两个中心分别在点 A 和 A',半径分别为 r 和 r' 的不全等的圆 S 和 S' 是中心相似的. 这只要把直线 AA' 上位于线段 AA' 之外,并使得 $\frac{OA'}{OA}=\frac{r'}{r}$ 的点 O 作为相似中心,把比 $\frac{r'}{r}$ 作为相似系数就行了(图 1.3). 这个点 O 称为圆 S 和 S' 的外相似中心(对应于我们在下面将要谈到的内相似中心). 为了作出两个不全等的圆 S 和 S' 的外相似中心 O,只需在这两个圆中引任意两条平行且有相同指向的半径 AM 和 $A'M'$,再用直线联结点 M 和 M',O 就是 AA' 和 MM' 的交点. 如果这两个圆中较小的圆不在较大的圆的内部,那么外相似中心也可以作为它们的外公切线的交点确定出来(图 1.3(a));如果 S 和 S' 内切,那么相似中心与切点重合(图 1.3(b)).

把在同一条直线上的两条线段 AB 和 CD 之比认为有确定的符号常常是方便的:当线段 AB 和 CD 的方向(即从点 A 到 B 的方向和从点 C 到 D 的方向)相

---

① 因为在中心相似变换下所有线段的长度都乘上同一个数 k,所以中心相似变换是前言中所定义的那种相似变换.

② 圆心即圆的中心,由于本章主要讲述中心相似,故涉及中心相似问题时将圆心称为中心.

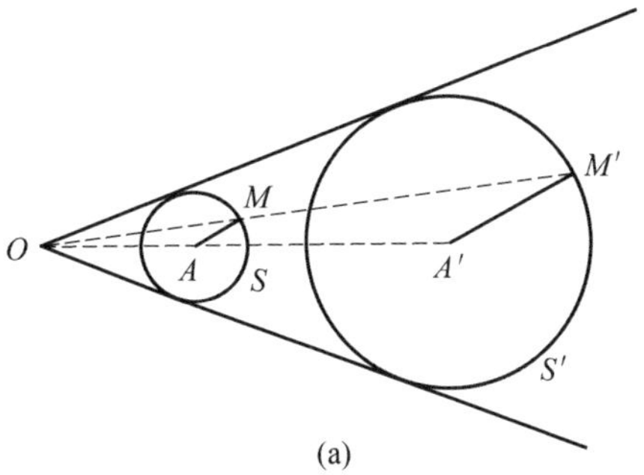

(a)

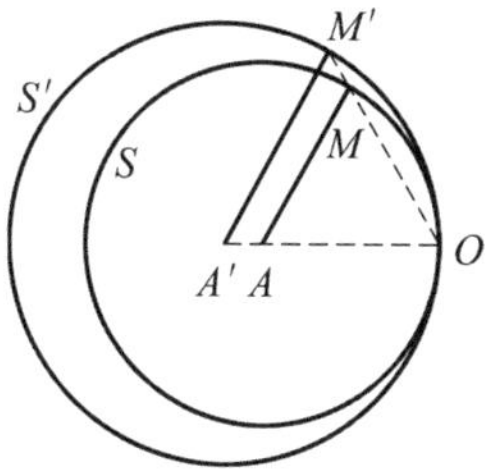

(b)

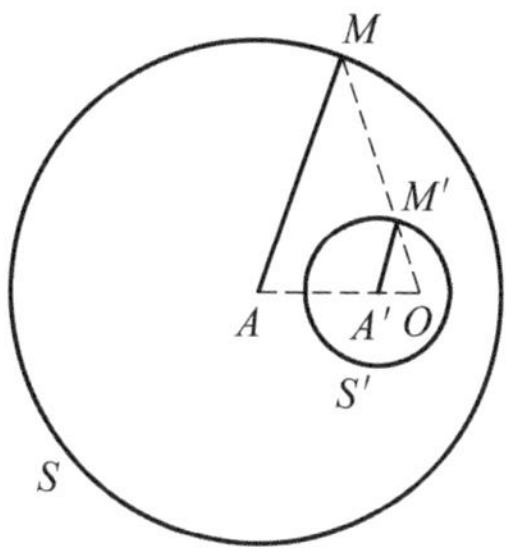

(c)

图 1.3

同时(图 1.4(a)),认为比$\frac{AB}{CD}$是正的;而当它们的方向相反时(图 1.4(b)),认为比$\frac{AB}{CD}$是负的. 显然,在这里线段端点的次序是本质的. 例如,$\frac{BA}{CD}=-\frac{AB}{CD}$. 关于线段之比的符号的这个规定,对很多几何问题是方便的,以后我们将要用到它①. 如果我们承认这个规定,那么两个中心相似图形的相似系数就可以是正

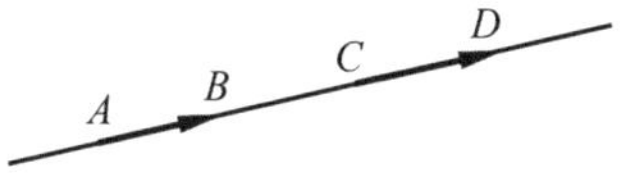

(a)

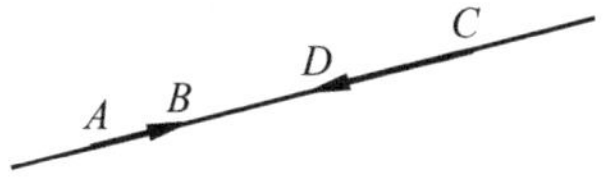

(b)

图 1.4

① 线段比的符号的这个定义可以解释如下:在直线上选取某个方向作为正向(它可以用直线上的一个箭头来表示). 若直线上的线段 AB 被认为是正的,则它的方向(从点 A 到点 B)是正向,否则认为它是负的. 于是,两线段之比可以是正的,也可以是负的. 容易看出,这个比与直线上正方向的特别选取无关. 若线段 AB 和 CD 有相同的符号(即两条线段或者都是正的,或者都是负的),则比$\frac{AB}{CD}$是正的;若两条线段符号相反(即一条线段是正的,而另一条线段是负的),则比是负的.

带有确定符号的线段的比,可以用向量的语言定义如下:$\frac{AB}{CD}=k$,其中 k 是使得 $AB=kCD$ 成立的正数或负数.

的或负的. 换句话说，两个图形 F 和 F' 称为以 O 为相似中心，$-k$（负的）为相似系数中心相似的，如果这两个图形的每一对对应点 A 和 A' 在一条过点 O 的直线上，位于 O 的两侧，并且线段 OA' 和 OA 的长度之比等于 k（图 1.5），这个条件可写成 $\frac{OA'}{OA}=-k$. 一个以 O 为相似中心，有负相似系数 $-k$ 的中心相似，与先作一个以 O 为中心，有正相似系数 k 的中心相似（把图形 F 变到 F_1，如图 1.5 所示），然后将平面作关于点 O 的中心对称（把图形 F_1 变到 F'）；或者先将平面作关于点 O 的中心对称（把图形 F 变到 F_2，如图 1.5 所示），再接着作一个以 O 为中心，有正相似系数 k 的中心相似（把图形 F_2 变到 F'），所得出的变换是相同

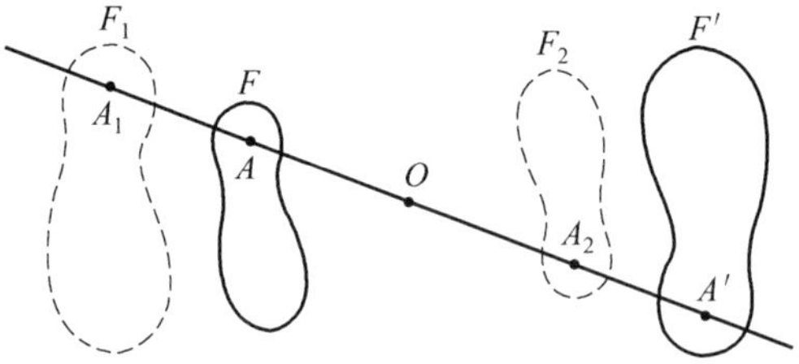

图 1.5

的. 因而，具有负相似系数 $-k$ 的中心相似，是一个有同样中心 O 和正相似系数 k 的中心相似与一个关于点 O 的中心对称变换之和①，这个和与两个变换施行的次序无关. 以后当谈到中心相似时，我们总是认为相似系数可以是正的，也可以是负的. 有负相似系数 $-k$ 的中心相似也把直线 l 变成直线 l'（但是，现在相似中心在直线 l 和 l' 之间，如图 1.6 所示），并且也把圆 S 变成另一个圆 S'（圆 S' 的中心 A' 以 $-k$ 为相似系数，中心相似于圆 S 的中心 A，并且两圆半径之比 $\frac{r'}{r}$ 等于 k，如图 1.7 所示）. 任何两个圆 S 和 S' 都是中心相似的，它们有负相似系数 $-\frac{r'}{r}$（其中 r 和 r' 是两个圆的半径），相似中心 O 在它们圆心的连线 AA' 上，并且使得 $\frac{OA'}{OA}=-\frac{r'}{r}$. 点 O 在线段 AA' 内，称为圆 S 和 S' 的内相似中心. 为了找出两个圆 S 和 S' 的内相似中心，只需在这两个圆中引任意两条平行并且反向的半径 AM 和 $A'M'$，O 就是 AA' 和 MM' 的交点（图 1.7）. 如果两个圆 S 和 S' 不相交，那么它们的内相似中心也

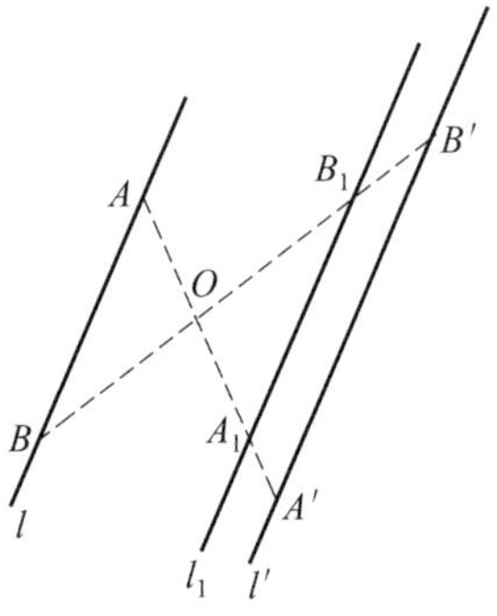

图 1.6

① 先作变换 $f:A\to A'$，接着再作另一个变换 $g:A'\to A''$，所得的结果是复合变换 $g\circ f:A\to A''$，通常称它为 f 和 g 的乘积 $g\circ f$，但是在本书中称它为 f 与 g 的和.

就是两圆的内公切线的交点(图 1.7(a))；如果两个圆 S 和 S' 外切，那么 O 是切点(图 1.7(b)). 这样，任何两个不全等的圆可按如下两种方式看作中心相似：相似系数可以认为是 $\frac{r'}{r}$ 或 $-\frac{r'}{r}$. 两个全等的圆只以一种方式中心相似，相似系数为 -1. 对于两个同心圆(并且仅对同心圆)，外相似中心和内相似中心彼此重合，并且与这两个圆的中心重合.

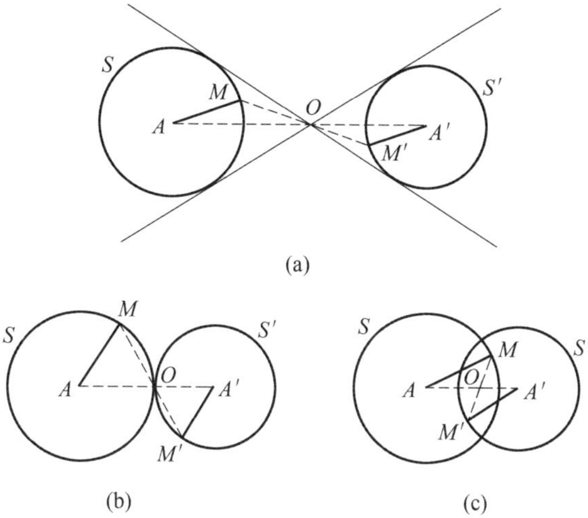

图 1.7

不是恒等变换的中心相似(恒等变换可以看作中心相似的特殊情形，它的相似系数 $k=1$) 仅有的不动点是中心 O，它的不动直线是所有过点 O 的直线.

如果中心相似的系数是 -1，那么这个变换就是关于相似中心的中心对称. 因而，关于某个点的中心对称是中心相似的一种特殊情形. 利用这一点，我们可以推广《几何变换(Ⅰ)》中那些用中心对称方法解的第 1 章中的问题 9 ～ 11. 为了解这些更一般的问题，我们必须用比中心对称更为一般的中心相似. 例如，在问题 9 中我们可以要求“所作直线在给定的直线和圆之间的线段被点 A 分成给定比 $\frac{m}{n}$”；在问题 10(2) 中我们可以要求“当所求直线被圆 S_1 和 S_2 截下的弦的长度分别乘以给定的数 m 和 n 时，它们的差有给定的值”；在问题 11 中我们可以要求“点 J 把弦 CD 上的线段 EF 分成比 $\frac{m}{n}$”. 这些新的问题的解法与问题 9 ～ 11 的解法是类似的. 我们把它们留给读者自己去完成.

习　题

1. 给定两条直线 l_1，l_2 和一点 A. 过点 A 引直线 l，使得此直线被 l_1 和 l_2 截

得的线段 BC 满足 $AB : AC = m : n$.

2.(1) 给定圆 S 和 S 上面的一点 A,找所有经过点 A 的弦的中点的轨迹.

(2) 给定圆 S 和 S 上面的三个点 A,B,C,作弦 AX,使得它被弦 BC 平分.

3. 给定两个相切的圆 R 和 S. 设 l 是过切点 M 的直线,它与 R 交于另一个点 A,与 S 交于另一个点 B. 证明:R 在点 A 处的切线平行于 S 在点 B 处的切线.

4. 设 R 和 S 是两个互不相交的圆,任何一个都不在另一个的内部. 设 m,n 是圆 R 和 S 的两条外公切线,M 是 m 和 n 的交点. 设 l 是过点 M 的直线,交圆 R 于点 A,B,并且交圆 S 于点 C,D. 最后,令 E 是 m 和 R 的切点,F 是 m 和 S 的切点. 证明:

(1) $\triangle ABE$ 相似于 $\triangle CDF$.

(2) $\triangle ABE$ 和 $\triangle CDF$ 的面积之比等于圆 R 和 S 的半径之比的平方.

(3) 由 $\triangle ABE$ 和 $\triangle CDF$ 的中线交点所确定的直线经过点 M.

5. 设 $ABCD$ 是梯形,它的边 AD 和 BC 延长后交于点 M. 令 N 是对角线 AC 和 BD 的交点. 证明:

(1) $\triangle ABM$ 的外接圆 R 和 $\triangle DCM$ 的外接圆 S 相切.

(2) $\triangle ABN$ 的外接圆 R_1 和 $\triangle CDN$ 的外接圆 S_1 相切.

(3) 圆 R_1 与 S_1 的半径之比等于圆 R 与 S 的半径之比.

6.(1) 以梯形 $ABCD$ 的两条平行边 AB 和 CD 为底作等边 $\triangle ABE$ 和等边 $\triangle CDF$. 要求这两个三角形位于它们底边的同一侧(即如果把 AB 和 CD 看作水平的,那么这两个三角形或者都在底边的上面或者都在底边的下面). 证明:直线 EF 过梯形的两条不平行边延长线的交点.

(2) 在梯形的平行边 AB 和 CD 上向梯形外作正方形. 证明:连这两个正方形中心的直线过梯形对角线的交点.

7. 证明:梯形的两条平行边中点的连线过其他两边延长线的交点以及对角线的交点.

8.(1) 给定两个同心圆 S_1 和 S_2. 作直线 l 依次交这两个圆于点 A,B,C,D,使得 $AB = BC = CD$(图 1.8(a)).

(2) 给定三个同心圆 S_1,S_2 和 S_3. 作直线 l 依次交圆 S_1,S_2,S_3 于点 A,B,C,使得 $AB = BC$(图 1.8(b)).

(3) 给定四个同心圆 S_1,S_2,S_3 和 S_4. 作直线 l 依次交圆 S_1,S_2,S_3,S_4 于点 A,B,C,D,使得 $AB = CD$(图 1.8(c)).

9.(1) 在给定的 $\triangle ABC$ 中,作内接正方形,使得它的两个顶点在底边 AB 上,而其他两个顶点分别在边 AC 和 BC 上.

(2) 在给定的 $\triangle ABC$ 中,作内接三角形,使它的边分别平行于三条给定的

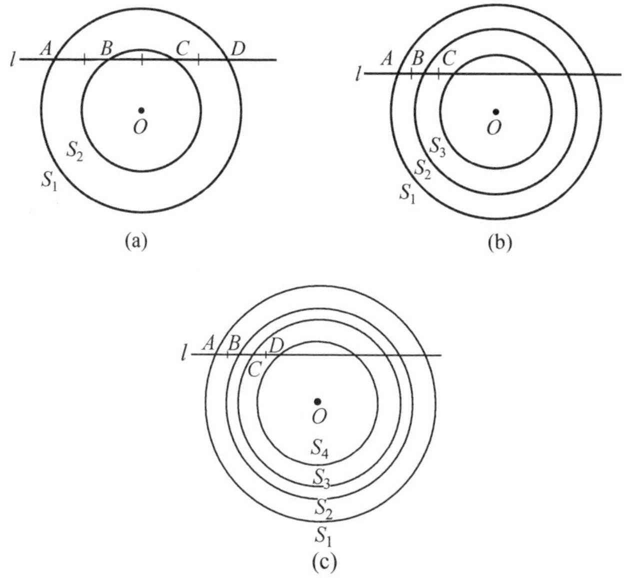

图 1.8

直线 l_1，l_2，$l_3$①.

10.（1）给定两条直线 l_1，l_2 以及 l_1 上的一点 A 和 l_2 上的一点 B. 在直线 l_1 和 l_2 上分别作线段 AM_1 和 BM_2，使得它们有给定的比 $\frac{AM_1}{BM_2}=m$. 过点 M_1 和 M_2 作直线分别平行于两条给定的直线 l_3 和 l_4（图 1.9）. 求所作直线交点的轨迹.

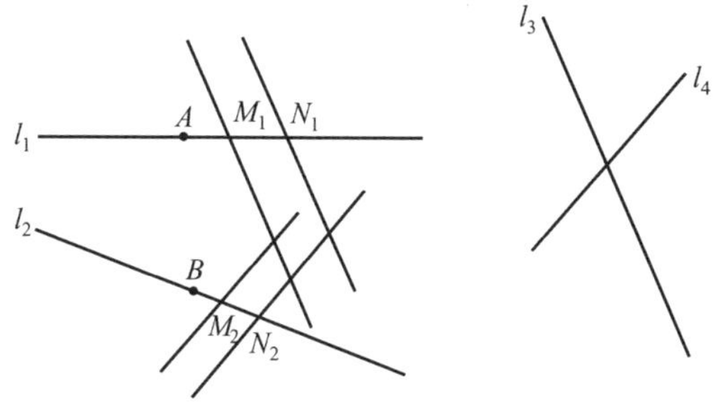

图 1.9

（2）多边形 $A_1A_2\cdots A_n$ 按如下的方式变化：它的边保持平行于原来的方向，并且顶点 A_1，A_2，…，A_{n-1} 在给定的直线 l_1，l_2，…，l_{n-1} 上移动. 求顶点 A_n 的轨迹.

（3）在给定的多边形中，求作另一个内接多边形，使它的边平行于一些给定的直线.

① 给定多边形的内接多边形是指这样的多边形，它的所有顶点都在给定的多边形的边或其延长线上（每条边上至少有一个顶点）.

问题 10(3) 是问题 9(2) 的推广.

11. 设给定一个用铰链连接的平行四边形 $ABCD$. 更确切地说,这个四边形的边长是固定的,顶点 A 和 B 也是固定的,但是顶点 C 和 D 可以移动(图 1.10). 证明:当顶点 C 和 D 移动时,对角线的交点 Q 沿着某个圆周移动.

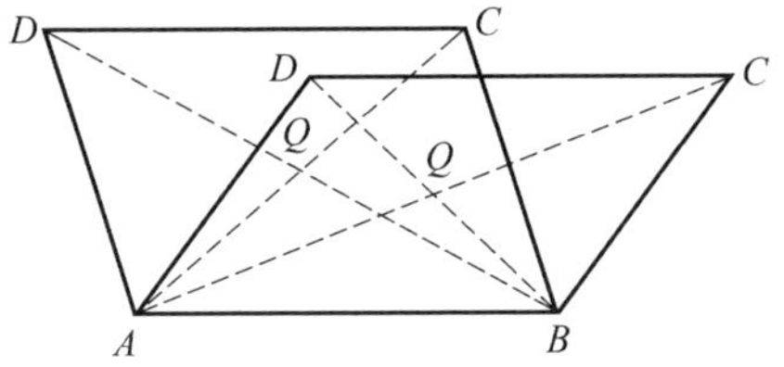

图 1.10

12. (1) 设 $\triangle ABC$ 的内切圆 S 切 BC 于点 D. 又设与边 BC,AB 和 AC 的延长线相切的旁切圆切 BC 于点 E. 证明:AE 和圆 S 相交于点 D 的对径点 D_1.

(2) 给定 $\triangle ABC$ 的内切圆半径 r,边 BC 上的高 $AP=h$ 和另外两边之差 $b-c$,求作 $\triangle ABC$.

13. 求作圆 S,使得:

(1) 圆 S 与两条给定直线 l_1 和 l_2 相切并且过给定的点 A.

(2) 圆 S 过两个给定点 A 和 B 并且与给定的直线 l 相切.

(3) 圆 S 与两条给定的直线 l_1 和 l_2 相切并且与给定的圆 $\overline{S}$ 相切.

参见后面的问题 22.

14. (1) 证明:$\triangle ABC$ 的中线的交点 M,外接圆中心 O 和高的交点 H 在一条直线上①,并且 $\dfrac{HM}{MO}=2$(图 1.11(a)).

(2) 证明:过三角形各边的中点并且平行于这些边所对角的平分线的三条直线交于一点.

(3) 证明:连 $\triangle ABC$ 的各顶点和它们的对边与旁切圆的切点的三条直线交于一点 J. 这点与中线的交点 M 和内切圆中心 Z 共线,并且 $\dfrac{JM}{MZ}=2$(图1.11(b)).

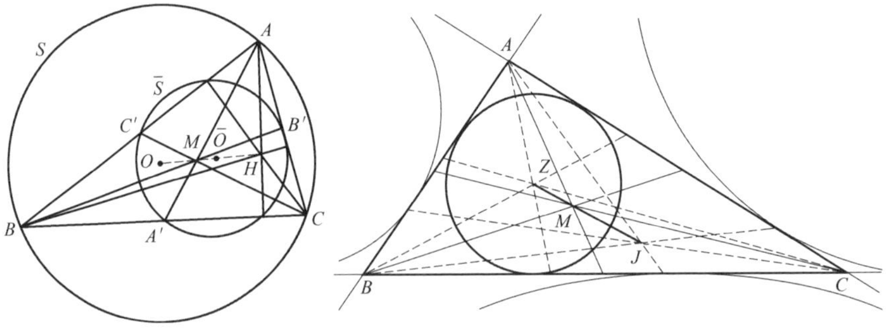

(a)　　(b)

图 1.11

① 这条直线称为 $\triangle ABC$ 的欧拉(Euler) 线.

15. 给定圆 S，求作内接于圆 S 的 $\triangle ABC$，使得它的顶点 A 和高的交点 H 为给定的点.

16. 给定圆 S. 问：内接于圆 S 的所有可能的锐角三角形（直角三角形或钝角三角形）的中线的交点和高的交点的轨迹分别是什么？

17. (1) 设 H 是 $\triangle ABC$ 的高的交点，M 是中线的交点. 圆 $\overline{S}$ 以 H 为相似中心，以 $\frac{1}{2}$ 为相似系数，中心相似于 $\triangle ABC$ 的外接圆 S. 证明：圆 $\overline{S}$ 也以 M 为相似中心，以 $-\frac{1}{2}$ 为相似系数，中心相似于 $\triangle ABC$ 的外接圆 S；圆 $\overline{S}$ 经过三角形三边的中点 A'，B'，C'，三条高的垂足以及三条高上的线段 HA，HB，HC 的中点（图1.12(a)）[①].

(2) 设 J 是 $\triangle ABC$ 的各顶点和它的对边与旁切圆的切点连线的交点（参见问题 14(3)）. 令 M 是三角形的中线的交点. 设圆 $\overline{S}$ 以 J 为相似中心，以 $\frac{1}{2}$ 为相似系数，中心相似于内切圆 S. 证明：圆 $\overline{S}$ 以 M 为相似中心，以 $-\frac{1}{2}$ 为相似系数，中心相似于圆 S；圆 $\overline{S}$ 与 $\triangle ABC$ 三边中点的连线 $A'B'$，$B'C'$，$C'A'$ 相切，并且也与线段 JA，JB，JC 的中点 D，E，F 的连线相切（图 1.12(b)）.

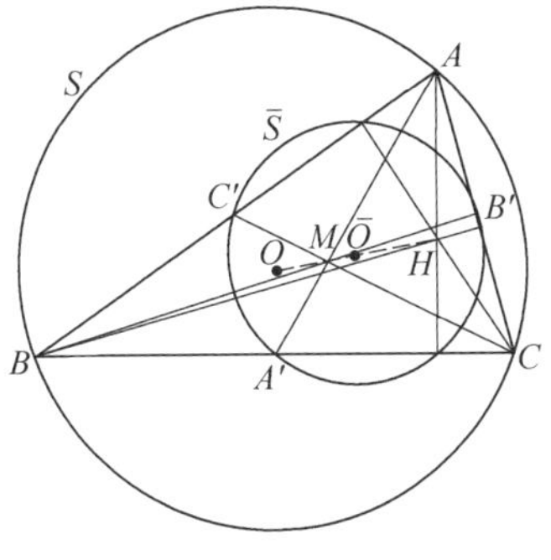

(a)

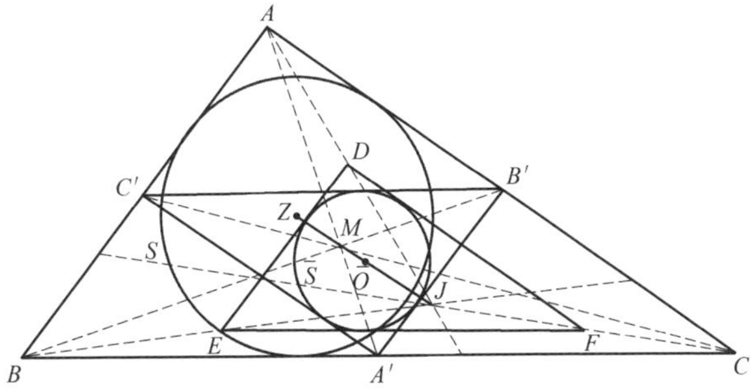

(b)

图 1.12

18. (1) 多边形的形心. 线段的形心是指它的中点（图 1.13(a)）. 三角形的三条边的形心构成一个与原三角形中心相似的新三角形，相似系数为 $-\frac{1}{2}$，相似中心为中线的交点，这个点称为三角形的形心（图 1.13(b)）. 以任意给定的四边形的顶点作顶点，可得四个三角形，这些三角形的形心构成一个新四边形，

---

① 这个圆 $\overline{S}$ 称为 $\triangle ABC$ 的九点圆.

证明:这个四边形以 $-\frac{1}{3}$ 为相似系数,中心相似于给定的四边形.它们的相似中心 N(图1.13(c))称为四边形的形心.类似地,以任意给定的五边形的顶点作顶点,可得五个四边形,这些四边形的形心构成一个新五边形,这个五边形以 $-\frac{1}{4}$ 为相似系数,中心相似于给定的五边形,它们的相似中心称为五边形的形心.以任意给定的六边形的顶点作顶点,可得六个五边形,这些五边形的形心构成一个新的六边形,这个六边形以 $-\frac{1}{5}$ 为相似系数,中心相似于给定的六边形,它们的相似中心称为六边形的形心,如此等等.(换句话说,连三角形的各顶点和它的对边的形心所得的三条直线交于一点(三角形的形心),并且这些直线被交点分为2∶1.连四边形的每个顶点和其余三个顶点构成的三角形的形心所得的四条直线交于一点(四边形的形心),并且这些直线被交点分为3∶1,如此等等.)

(2) 圆内接多边形的欧拉圆.设 S 是半径为 R 的圆,圆 S 的弦的欧拉圆是指中心为弦的中点,半径等于 $\frac{R}{2}$ 的圆(图1.13(d)).圆 S 的内接三角形三边的欧拉圆的中心落在一个半径为 $\frac{R}{2}$(中心是这三个欧拉圆的交点)的圆上,这个圆称为该三角形的欧拉圆(参看图1.13(e)和图1.12(a)).以圆 S 的任意一个内接四边形的顶点作顶点,得到四个三角形,证明:这四个三角形的欧拉圆的中心落在一个半径为 $\frac{R}{2}$(中心是这四个欧拉圆的交点)的圆上,这个圆称为该四边形的欧拉圆(图1.13(f)).类似地,以圆 S 的任意一个内接五边形的顶点作顶点得到五个四边形,它们的欧拉圆的中心落在一个半径为 $\frac{R}{2}$(中心是这五个欧拉圆的交点)的圆上,这个圆称为该五边形的欧拉圆,如此等等.

(3) 证明:圆内接 n 边形的形心(参见问题(1))在连此 n 边形的外接圆中心和欧拉圆中心(参见问题(2))的线段上,并且分这条线段成2∶$(n-2)$.

用中心相似来解在平面的有界部分作图的问题是方便的.通常在解作图题时,我们总是假定平面是无界的.例如,我们假定每条直线可以在两个方向上无限延长.但是实际上总是在一个有界范围内作图,即作图是在一张纸上或在教室的黑板上进行的.因此,在作图的过程中可能会碰到这样的情况,譬如所要作的两条直线的交点落在画面的范围之外,也就是说它对我们来说是不可到达的.这种情况导致我们考虑这样一类问题,在这些问题中强调作图必须完全在

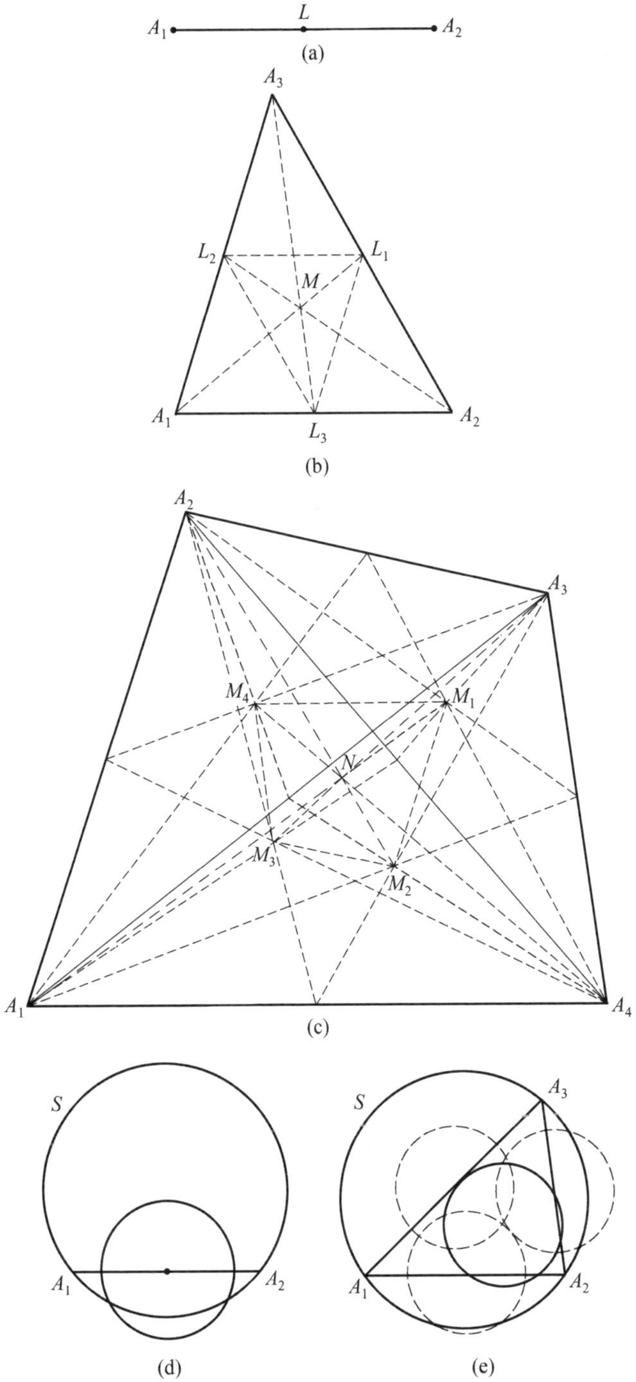
A1
L
A2
(a)
A3
L2
L1
M
A1
L3
A2
(b)
A2
A3
M4
M1
N
M3
M2
A1
A4
(c)
S
A1
A2
(d)
S
A3
A1
A2
(e)

图 1.13

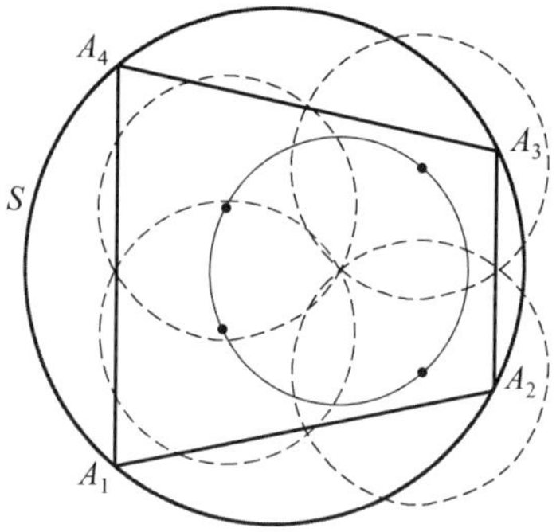

(f)

续图 1.13

平面的某个有界部分内完成①. 应用中心相似，我们能够得到这样一个值得注意的事实：每个可以在无界平面上实现的作图也可以在平面的任何部分中实现，无论这个部分是多么小(参看下面问题 20).

19.(1) 求作一条直线，连给定点 M 和两条给定直线 l_1，l_2(或一条给定直线 l 与一个圆 S，或两个给定的圆 S_1 和 S_2) 的不可到达的交点(图 1.14(a)).

(2) 过给定点 M 作一条直线平行于不可到达的直线 l，这里直线 l 上的两个点分别是两对直线 a_1 和 a_2，b_1 和 b_2 的交点(图 1.14(b)).

(3) 过三个不共线的不可到达的点 A，B，C 作一个圆，这里 A，B，C 分别由三对直线 a_1 和 a_2，b_1 和 b_2，c_1 和 c_2 的交点确定(图 1.14(c)). 当然，在这个问题中，我们仅需作出这个圆落在平面可到达的区域中的部分，或者确定这个圆的中心和半径.

20. 在平面的有界部分 $\mathscr{K}$ 中(或者甚至在 $\mathscr{K}$ 之外)，任意给定点的分布和任意给定一些线段的长度，证明：每个在全平面可解的作图题在不超出 $\mathscr{K}$ 的范围的情况下也可解.(这里的含义是，若一个给定的或者要作的点 A 在 $\mathscr{K}$ 范围之外，则它由 $\mathscr{K}$ 中两条相交于点 A 的直线确定；一条不可到达的直线由它的两个点确定；而一个不可到达的圆由它的中心和圆上一点或由它的中心和半径确定.)

---

① 我们注意，在几何学中，通常并不坚持在解每个作图题时都要把图形真正画出来：若解决这个问题的途径已经给出，则就认为这个问题已经被解决了. 因此图形的有界性不是解作图题的真正障碍. 因而在平面的有界部分作图的问题必须认为是这样一类问题，在这类问题的叙述中包含了对作图的某种特殊的限制(类似于禁止用直尺或圆规的作图，对于这类作图参看《几何变换(Ⅲ)》). 在工程设计中，在平面有界部分中的作图问题有实际意义；在大地测量学中，即关于地球上地区的测量和作图的学科中，这类作图也有重要的实际意义，这里允许的作图区域可能被一条河、一个海域、一座山、一片森林或一块沼泽地所限制.

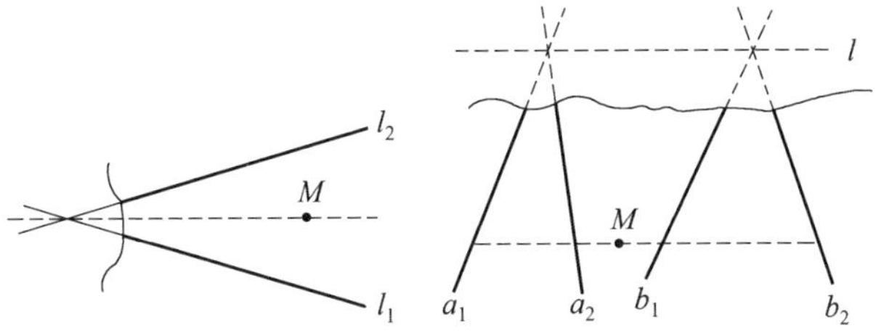

(a) (b)

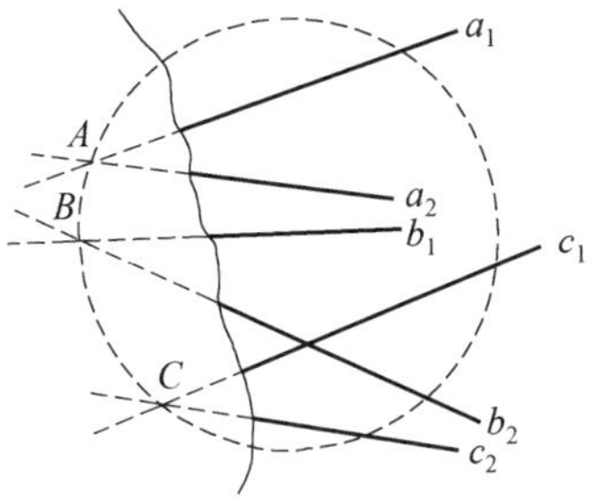

(c)

图 1.14

设 F 和 F' 是两个以 k 为相似系数(正的或负的)的中心相似图形(图 1.15(a)(b)). 这时两个图形中的对应线段总是平行的,并且它们的长度之比为 k,这个结论可以由 $\triangle OAB$ 与 $\triangle OA'B'$ 相似这一事实得出(因为 $\frac{OA'}{OA}=\frac{OB'}{OB}=\pm k$). 让我们约定:对于两条平行线段 AB 和 $A'B'$,根据它们的方向(从点 A 到 B 和从点 A' 到 B')相同或相反,分别认为它们之比是正的或负的. 这个约定类似于我们之前引进的关于同一直线上两条线段之比的符号的约定. 这样一来,在任何情况下,我们都可以说两个中心相似图形中的对应线段平行,并且有固定的比,这个比就等于相似系数. 反过来,我们可以证明:如果图形 F 的每个点能以这样的方式对应于图形 F' 中的点,使得这两个图形中的对应线段平行并且有固定的比 k(就大小和符号而言),这里 $k\neq 1$,那么图形 F 和 F' 中心相似.

事实上,任取 F 的一点 M,设点 M' 是 M 在 F' 中的对应点,A 和 A' 是这两个图形的任意一对与点 M 和 M' 不同的对应点,令 O 是直线 MM' 和 AA' 的交点(图 1.15). 因 $MA \parallel M'A'$,故 $\triangle OMA$ 和 $\triangle OM'A'$ 是相似的. 由假设 $\frac{M'A'}{MA}=k$,故 $\frac{OM'}{OM}=\frac{OA'}{OA}=k$. 由此可见:首先,点 O 的确定不依赖于 A,A' 这一对点的选取(它是直线 MM' 上使得 $\frac{OM'}{OM}=k$ 的点);其次,图形 F 和 F' 的任意一

对对应点 A 和 A' 都以 O 为相似中心，以 k 为相似系数中心相似，这就是我们所要证明的. 如果对应线段之比是 1，那么我们的论证将不成立，因为这时直线 MM' 和 AA' 不会相交(它们是平行的). 在这种情形下，图形 F 和 F' 不是中心相似的，但是它们可以彼此经过一个平移得到(参见《几何变换(Ⅰ)》).

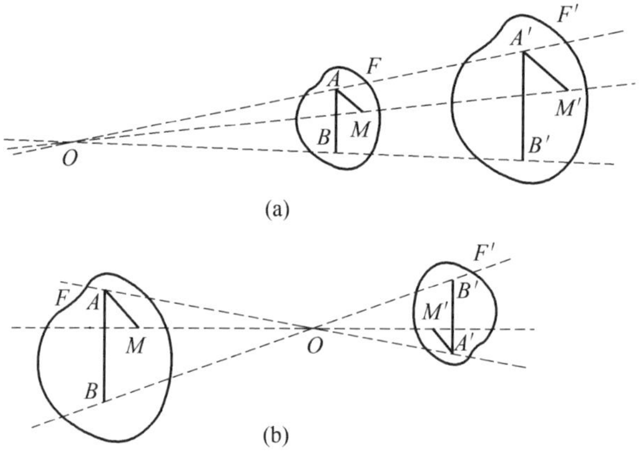

图 1.15

现在我们来考虑中心相似的加法. 设图形 F_1 中心相似于 F，相似中心为 O_1，相似系数为 k_1；图形 F' 中心相似于 F_1，相似中心为 O_2，相似系数为 k_2(如图 1.16，为简单起见，我们在图中只画出 k_1 和 k_2 都是正的情形. 事实上，在下面的论证中，k_1 和 k_2 可以是正的，也可以是负的). 这时图形 F 和 F_1 中的对应线段平行，并且有固定的比 k_1；图形 F_1 和 F' 中的对应线段也平行，并且有固定的比 k_2. 由此可见，图形 F' 和 F 中的对应线段平行，并且有固定的比 k_1k_2(只要把等式 $\frac{A_1B_1}{AB}=k_1$ 和 $\frac{A'B'}{A_1B_1}=k_2$ 的左右两边分别相乘就得到 $\frac{A'B'}{AB}=k_1k_2$). 这意味着当 $k_1k_2\neq 1$ 时，图形 F' 中心相似于图形 F，相似系数为 k_1k_2；而当 $k_1k_2=1$ 时，图形 F' 可以由图形 F 经过一个平移得到. 上面的结论也可以表述如下：两个相似系数分别为 k_1 和 k_2 的中心相似之和，当 $k_1k_2\neq 1$ 时是一个相似系数为 k_1k_2 的中心相似；而当 $k_1k_2=1$ 时，这个和是一个平移①.

给定两个中心相似的中心 O_1 和 O_2 以及相似系数 k_1 和 k_2，我们现在来说明如何去找作为它们之和的那个中心相似的中心 O(或者当 $k_1k_2=1$ 时，如何去

---

① 这个命题还有另一种说法：若图形 F 和 F' 都中心相似于第三个图形 F_1，则它们或者彼此中心相似或者彼此相差一个平移.

我们建议读者试一试，只从中心相似的定义出发，不用“对应线段平行并且有固定比的两个图形是彼此中心相似的”这一事实，自己去证明中心相似的加法定理.

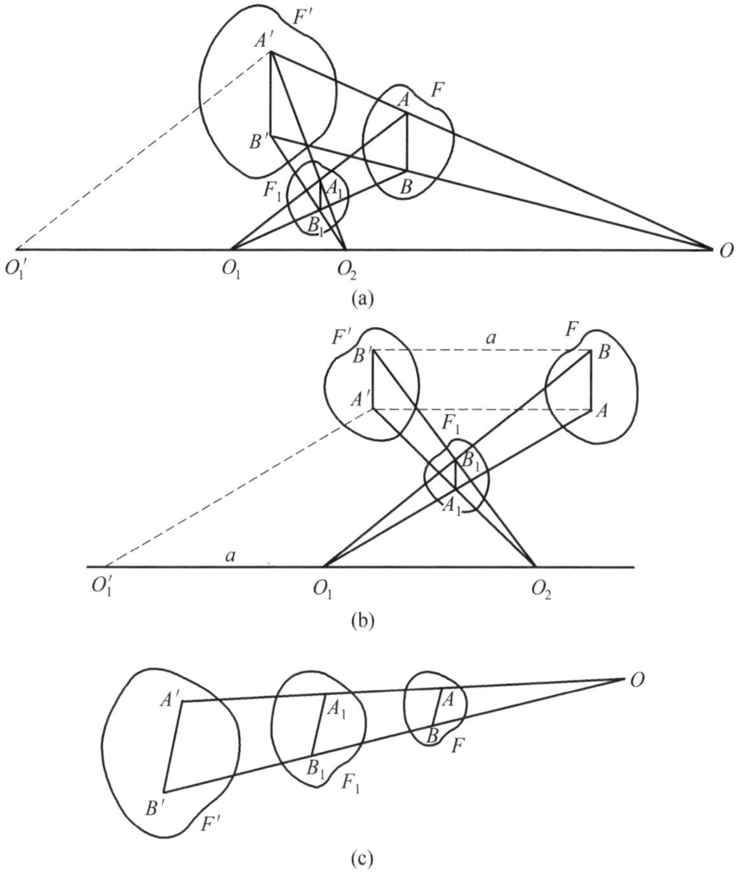

图 1.16

找作为它们之和的那个平移的距离和方向)①. 显然,若点 O_1 和 O_2 重合,则 O 也与它们重合(图 1.16(c)). 因此我们假定 O_1 和 O_2 是不同的. 第一个中心相似保持 O_1 不动,第二个中心相似把 O_1 变到直线 O_2O_1 上使得 $\dfrac{O_2O'_1}{O_2O_1}=k_2$ 的点 O'_1(图 1.16(a)(b)). 于是两个变换之和把 O_1 变到 O'_1. 由此可知,若 $k_1k_2=1$(图 1.16(b)),则两个变换之和是沿直线 $O_1O'_1$ 方向(即直线 O_2O_1 的方向,因为 O'_1 在直线 O_1O_2 上)的平移,平移的距离 $a=O_1O'_1$;因为 $\dfrac{O_2O'_1}{O_2O_1}=k_2$,所以 a 也可以表示成

$$a=O_2O'_1-O_2O_1=\frac{O_2O'_1-O_2O_1}{O_2O_1}O_2O_1=(k_2-1)O_2O_1$$

---

① 为了使下面的论证不需要分别考虑相似系数 k_1 和 k_2 的符号和大小,我们必须始终考虑有向线段(参看《几何变换(Ⅰ)》).

若 $k_1k_2\neq 1$(图 1.16(a)),则所求中心 O 在直线 $O_1O'_1$ 上(亦即在直线 O_1O_2 上),并且使得$\frac{OO'_1}{OO_1}=k_1k_2$. 还可以找到确定点 O 位置的一个更方便的表达式. 由等式$\frac{O_2O'_1}{O_2O_1}=k_2$ 和$\frac{OO'_1}{OO_1}=k_1k_2$ 可得

$$\frac{O_1O'_1}{O_2O_1}=\frac{O_2O'_1-O_2O_1}{O_2O_1}=k_2-1$$

和

$$\frac{O_1O'_1}{OO_1}=\frac{OO'_1-OO_1}{OO_1}=k_1k_2-1$$

第一式除以第二式,我们有

$$\frac{OO_1}{O_2O_1}=\frac{k_2-1}{k_1k_2-1}$$

最后得到

$$OO_1=\frac{k_2-1}{k_1k_2-1}O_2O_1$$

这样一来,我们证明了下面的重要定理:

三相似中心定理 设图形 F_1 中心相似于图形 F,相似中心为 O_1,图形 F_1 又中心相似于图形 F',相似中心为 O_2. 如果点 O_1 不与 O_2 重合,那么直线 O_1O_2 或者经过图形 F 和 F' 的相似中心 O(图 1.16(a)),或者平行于把图形 F 变到 F' 的平移的方向(图 1.16(b)). 如果点 O_1 与 O_2 重合,那么 O_1 也是图形 F 和 F' 的相似中心(图1.16(c)).

如果点 O_1 不与 O_2 重合,那么直线 O_1O_2 称为图形 F,F_1,F' 的相似轴;如果点 O_1 与 O_2 重合,那么称这个点为图形 F,F_1,F' 的相似中心.

三相似中心定理常常不是很严格地叙述为:三个两两中心相似的图形的三个相似中心在一条直线上①.

作为例子我们考虑三个圆 S_1,S_2,S_3 的情形. 在一般情况下,即当它们之中任何两个都不全等时,每一对圆有两个相似中心,即外相似中心和内相似中心,因此总共有六个相似中心,它们落在四条相似轴上(图 1.17). 如果这些圆中有两个全等,那么这两个全等的圆就没有外相似中心,于是有五个相似中心,它们落在四条相似轴上. 如果这三个圆都全等,那么有三个相似中心和三条相似轴. 还有,如果这三个圆的中心不在一条直线上,那么所有的相似轴互不相同;如果

---

① 三个相似中心重合的情形包含在这个叙述中,这个叙述对三个相似中心存在的所有情形都成立. 正文中所指出的不精确之处在于这里我们已经排除考虑三个图形 F_1,F_2,F_3 中有两个全等的情形. 参看《几何变换(Ⅲ)》1.2 节.

这些中心共线，那么相似轴全都重合；还可能碰巧有三个相似中心重合，这时三个圆的四条相似轴中有一条变成了一个相似中心[①].

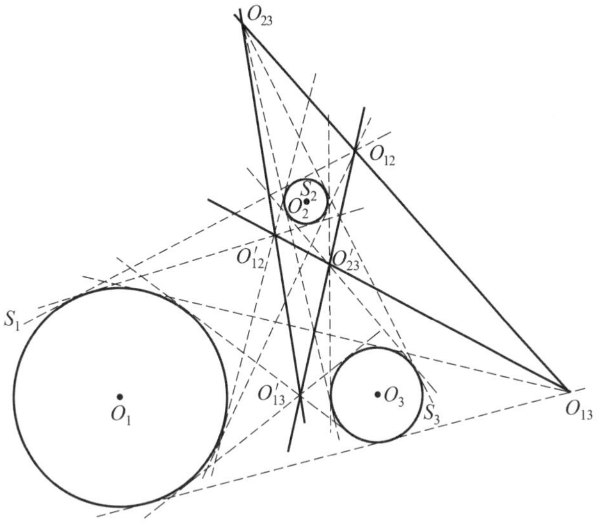

图 1.17

三相似中心定理有一个漂亮的立体几何式的证明. 我们用字母 π 表示三个图形 F, F_1, F' 所在的平面. 把图形 F, F_1, F' 扩展成空间图形 $\overline{F}, \overline{F}_1, \overline{F}'$，它们是以同样的相似中心 O_1, O_2, O 两两中心相似的(图 1.18)[②]. 如果 F' 不是中心相

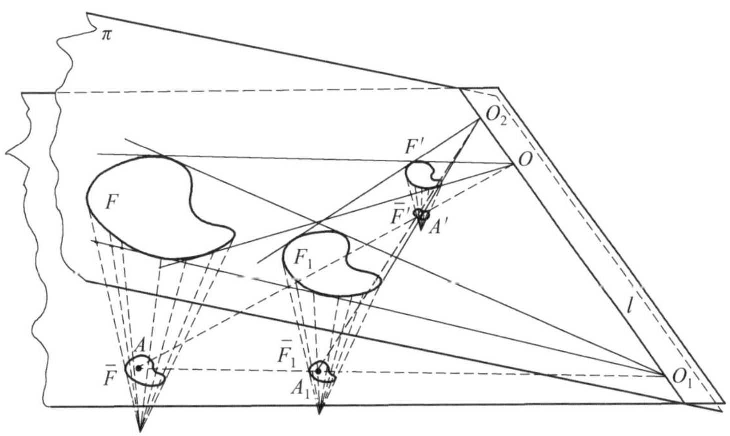

图 1.18

① 我们建议读者自己去画出图形，说明所有可能的情形.

② 空间中的中心相似的定义和性质类似于平面上的中心相似的定义和性质.

似于 F，而是由 F 经过平移得到，那么 $\overline{F}'$ 也是由 $\overline{F}$ 经过同一平移得到. 设 A 是 $\overline{F}$ 的任意一个不在平面 π 上的点，令 A_1 和 A' 是 A 在 $\overline{F}_1$ 和 $\overline{F}'$ 中的对应点. 于是直线 A_1A 过 O_1，A_1A' 过 O_2，AA' 过 O（或平行于把 F 变到 F' 的平移的方向）. 因此，若 O_1 与 O_2 重合，则直线 A_1A 和 $A'A_1$ 也重合. 所以直线 AA' 也必定与 AA_1 和 A_1A' 重合，这意味着 AA' 和平面 π 的交点 O 与 O_1 和 O_2 重合. 若 O_1 不与 O_2 重合，则过 A，A_1，A' 的平面与 π 交于一直线 l，这条直线过所有的三个相似中心 O_1，O_2，O，或过 O_1 和 O_2 并且平行于把图形 F 变到 F' 的平移的方向.

习　题

21. 设圆 S 与圆 S_1 和 S_2 都相切. 证明：连切点的直线过 S_1 和 S_2 的一个相似中心（若 S 与 S_1，S_2 都外切或都内切，则这个相似中心是外相似中心，否则是内相似中心）.

22. 用三相似中心定理导出问题 13(3) 的一种新解法.

23. (1) 设圆 S_1 和 S_2 外切于 M_1（即它们在点 M_1 相切，并且任何一个都不在另一个之内）；圆 S_2 和 S_3 外切于 M_2；圆 S_3 和 S_1 外切于 M_3（图 1.19(a)）. 令 A_1 是 S_1 的任意一点，A_2 是直线 A_1M_1 与 S_2 的第二个交点，A_3 是 A_2M_2 与 S_3 的第二个交点，A_4 是 A_3M_3 与 S_1 的第二个交点. 证明：A_1 与 A_4 是 S_1 的对径点①.

把本题的结果推广到任意奇数个相切圆的情形.

(2) 设圆 S_1 和 S_2 外切于 M_1，圆 S_2 和 S_3 外切于 M_2，圆 S_3 和 S_4 外切于 M_3，最后圆 S_4 与 S_1 外切于 M_4（图 1.19(b)）. 令 A_1 是 S_1 上任意一点，A_2 是直线 A_1M_1 与 S_2 的第二个交点，A_3 是 A_2M_2 与 S_3 的第二个交点，A_4 是 A_3M_3 与 S_4 的第二个交点，A_5 是 A_4M_4 与 S_1 的第二个交点. 证明：A_1 与 A_5 重合②.

把本题的结果推广到任意偶数个相切圆的情形.

(3) 在前面(1)(2) 中，如果我们不坚持要求每两个圆都彼此外切，结果如何？

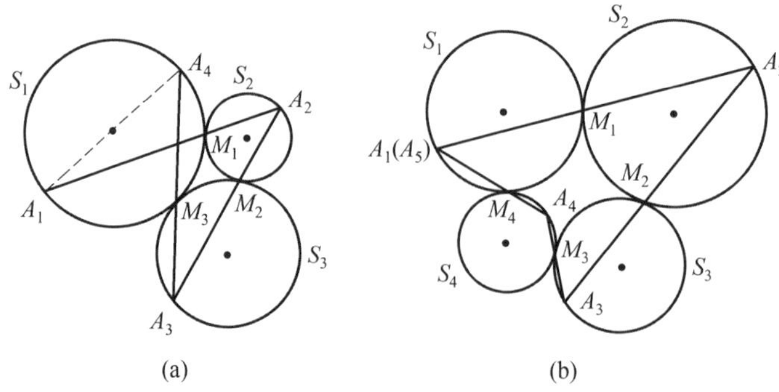

图 1.19

① 例如，若 A_2 与 M_2 重合，则直线 A_2M_2 必须用 S_2 在 M_2 的切线代替，因此也有 A_3 与 M_2 重合.

② 例如，若 A_2 与 M_2 重合，则直线 A_2M_2 必须用 S_2 在 M_2 的切线代替，因此也有 A_3 与 M_2 重合.

24. 设圆 R 和 S 外切于点 M，t 是这两个圆的公切线，它分别与圆 R 和 S 在点 N 和 P 相切(图 1.20). 令 A 是圆 R 上任意一点，B 是直线 AM 与圆 S 的第二个交点. 过 N 引直线平行于 PB，设这条直线与圆 R 相交于点 C. 证明：A 和 C 是圆 R 的对径点.

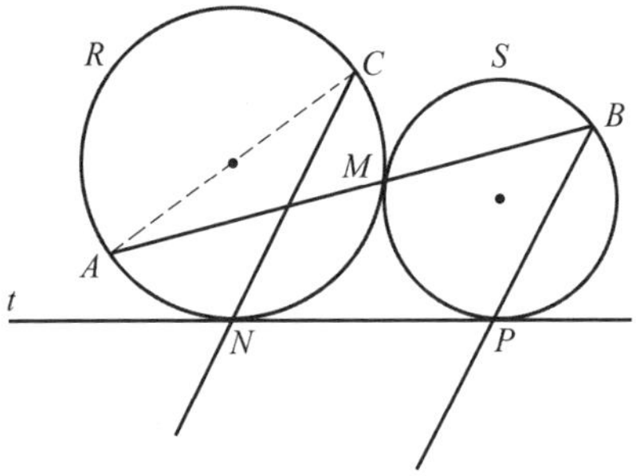

图 1.20

25. 设 $\triangle ABC$ 是给定的三角形，k 是平行于 BC 的直线，分别与边 AC 和 AB 交于点 K 和 L；m 是平行于 CA 的直线，分别与边 BA 和 BC 交于点 M 和 N；p 是平行于 AB 的直线，分别与边 CB 和 CA 交于点 P 和 Q. 证明：如果 AB 和 KN，BC 和 MQ，CA 和 PL 的交点都存在，那么它们共线.

26. (1) 设 P 是平面上任意一点，D，E，F 分别是给定的 $\triangle ABC$ 的边 AB，BC，CA 的中点，K，L，M 分别是 P 关于 D，E，F 的对称点. 证明：线段 CK，AL，BM 交于同一点 Q，并且 Q 是这些线段的中点.

(2) 设(1) 中的点 P 沿着圆 S 移动，则点 Q 描出怎样的路径?

27. 设 M，N，P 是 $\triangle ABC$ 的边 AB，BC，CA(或它们的延长线)上的三个点. 证明：

(1) 三点 M，N，P 共线，当且仅当

$$\frac{AM}{BM}\cdot\frac{BN}{CN}\cdot\frac{CP}{AP}=1$$

(梅涅劳斯(Menelaus) 定理).

(2) 三条直线 CM，AN，BP 共点或平行，当且仅当

$$\frac{AM}{BM}\cdot\frac{BN}{CN}\cdot\frac{CP}{AP}=-1$$

(塞瓦(Ceva) 定理).

梅涅劳斯定理和塞瓦定理还将出现在《几何变换(Ⅲ)》第 1 章中(参见问题

34)，那里给了这两个重要定理的很多应用①.

28.(1) 用问题18(1)和14(1)中的断言导出《几何变换(Ⅰ)》第2章中问题10(1)的一种新解法.

(2) 设 A_1,A_2,A_3,A_4 是圆 S 上的四个点，O_1,O_2,O_3,O_4 分别是 $\triangle A_2A_3A_4$，$\triangle A_1A_3A_4$，$\triangle A_1A_2A_4$，$\triangle A_1A_2A_3$ 的欧拉圆(参见问题17(1))的中心. 证明：四边形 $O_1O_2O_3O_4$ 以 $-\frac{1}{2}$ 为相似系数，中心相似于四边形 $A_1A_2A_3A_4$(图1.21).(换句话说，如果点 A_1,A_2,A_3,A_4 在一个圆上，那么连它们中的每一点到其余三点张成的三角形的欧拉圆的中心所得的四条线段交于一点，并且这些线段被这个点分成2∶1.)

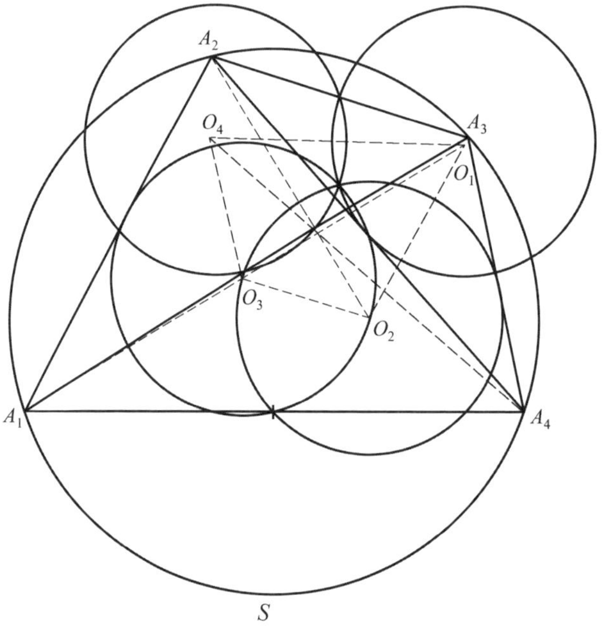

图1.21

① 在问题27(1)中我们必须证明两个定理：(1) 若点 M,N,P 在一条直线上，则

$$\frac{AM}{BM}\cdot\frac{BN}{CN}\cdot\frac{CP}{AP}=1$$

(条件的必要性).(2) 若

$$\frac{AM}{BM}\cdot\frac{BN}{CN}\cdot\frac{CP}{AP}=1$$

则点 M,N,P 在一条直线上(条件的充分性).对问题27(2)也做类似的说明.关于线段比的符号的概念见本书第3页.

29. 设 A_1, A_2, A_3, A_4 是圆 S 上的点，H_4, H_3, H_2, H_1 分别是 $\triangle A_1A_2A_3$，$\triangle A_1A_2A_4$，$\triangle A_1A_3A_4$，$\triangle A_2A_3A_4$ 的高的交点. 从 $A_1, A_2, A_3, A_4, H_1, H_2, H_3, H_4$ 中选取由下标互不相同的三个点组成的点组，并考虑以这些点组作为顶点的所有的三角形（例如，$\triangle A_1A_2A_4$ 和 $\triangle A_1H_2H_4$ 是允许的，而 $\triangle A_1A_3H_3$ 是不允许的，因为 A_3 和 H_3 有相同的下标）. 这种三角形共有 $\frac{8\times 6\times 4}{6}=32$ 个. 对每个这样的三角形可以作一个欧拉圆（参见问题 17（1））. 证明：

（1）这 32 个圆中仅有 8 个是不同的.

（2）这 8 个圆都全等，并且相交于同一个点.

（3）可以把这 8 个圆分成两组，使得任意一组中的 4 个圆的圆心以 $\frac{1}{2}$ 为相似系数，分别中心相似于 4 个点 A_1, A_2, A_3, A_4，并且以 $-\frac{1}{2}$ 为相似系数，分别中心相似于 4 个点 H_1, H_2, H_3, H_4.

1.2　螺旋相似与膨胀反射，正向相似与反向相似的图形

设 F_1 是与图形 F 中心相似的图形，具有相似中心 O 和正的相似系数 k. 将 F_1 绕点 O 转角 α 到达位置 F'（图 1.22）. 把 F 变成 F' 的这个变换称为螺旋相似. 于是，一个螺旋相似由两个量：相似系数 k 和转角 α 来刻画. 点 O 称为这个螺旋相似的中心.

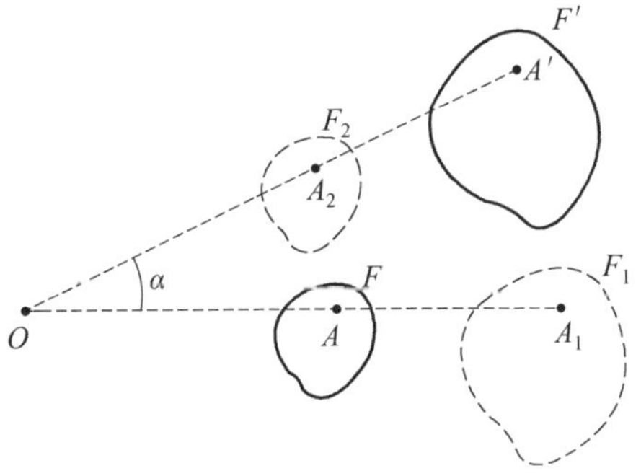

图 1.22

螺旋相似也能以如下的方式实现：先将 F 绕 O 转过角 α 使之到达位置 F_2，然后作相似中心为 O，相似系数为 k 的中心相似把 F_2 变到 F'. 换句话说，中心为 O，转角为 α，相似系数为 k 的螺旋相似是一个以 O 为中心，以 k 为相似系数的中心相似和一个绕点 O 的转角为 α 的旋转之和，这个和与两个变换施行的次序

无关[①]. 由此可见，若 F' 由 F 经过以 O 为中心，以 α 为转角，以 k 为相似系数的螺旋相似得到，则反过来，F 也可以由 F' 经过一个螺旋相似（有相同的中心 O，转角为 $-\alpha$，相似系数为 $\frac{1}{k}$）得到. 因而我们可以说这两个图形是一对螺旋相似的图形.

螺旋相似把每条直线 l 变成一条新的直线 l'（图 1.23(a)）. 为了作出 l'，我们首先必须作出以 O 为相似中心，以 k 为相似系数，中心相似于 l 的直线 l_1，然后再把 l_1 绕点 O 转角 α 使之到达位置 l'. 直线 l 与 l' 构成角 α（参见《几何变换(Ⅰ)》）. 每个圆 S 经过螺旋相似变成新的圆 S'（图 1.23(b)）. S' 的中心 A' 是 S 的中心 A 在这个螺旋相似下的像，S' 的半径 r' 等于 kr，这里 r 是 S 的半径，k 是相似系数.

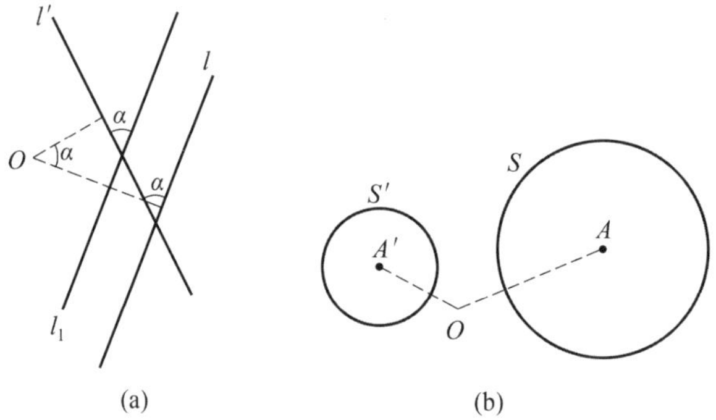

图 1.23

绕一点的旋转是螺旋相似的特殊情形（相似系数 $k=1$）. 这使得我们可以把《几何变换(Ⅰ)》中某些用旋转来解的问题加以推广. 但是在解这些更一般的问题时，我们必须用螺旋相似代替旋转. 例如，对于《几何变换(Ⅰ)》第 1 章问题 18 的条件，可用“与任意一个给定的三角形相似的三角形”来代替“等边三角形”；对于《几何变换(Ⅰ)》第 1 章问题 20 的条件，可以要求“圆 S_1 和 S_2 在所求直线 l_1 和 l_2 上截得的弦的长度有任意给定的比”. 问题 18 和 20 的这些推广的解法与原来问题的解法类似，我们把它们留给读者自己去完成.

螺旋相似的另一种特殊情形是中心相似（相似系数为 k 的中心相似是这样一种螺旋相似，当 $k>0$ 时，它的转角 $\alpha=0°$；当 $k<0$ 时，它的转角 $\alpha=180°$）. 与之相应我们也可以推广 1.1 节中的某些问题. 但是在解这些新问题时，我们必须用螺旋相似代替中心相似. 例如，在问题 1 的条件中，对于点 B 和 C，我们可以

① 由此可见，螺旋相似是本书前言中所定义的那种相似变换，这是因为中心相似是相似变换，而旋转则是保距变换.

要求“线段 AB 和 AC 不是在一条直线 l 上，而是分别在过点 A 并构成一定角 α 的两条直线 l 和 m 上”（参见问题 34，它是 1.1 节中问题 13(3) 的推广）.

如果螺旋相似不是恒等变换（恒等变换可以看作转角为 0°，相似系数为 1 的螺旋相似），那么相似中心是它的仅有的不动点. 如果螺旋相似不是中心相似（即这个螺旋相似的转角不是 0° 或 180°），那么它没有不动直线.

习　题

30. (1) 在给定的 $\triangle ABC$ 中，作内接 $\triangle PXY$（点 P 给定在边 AB 上），使它与给定的 $\triangle LMN$ 相似.

(2) 在给定的 $\square ABCD$ 中，作内接平行四边形，使它与给定的 $\square KLMN$ 相似.

31. 给定两个相交的圆 S_1 和 S_2，A 是其中一个交点. 过 A 引直线分别与 S_1 和 S_2 交于 M_1 和 M_2，设 N 是这两个圆在 M_1 和 M_2 处切线的交点. 过圆心 O_1 和 O_2 引直线分别平行于 M_1N 和 M_2N，设它们交于点 J（图 1.24）. 证明：直线 JN 总过某个定点，并且线段 JN 总有同样的长度（与直线 M_1M_2 的选取无关）.

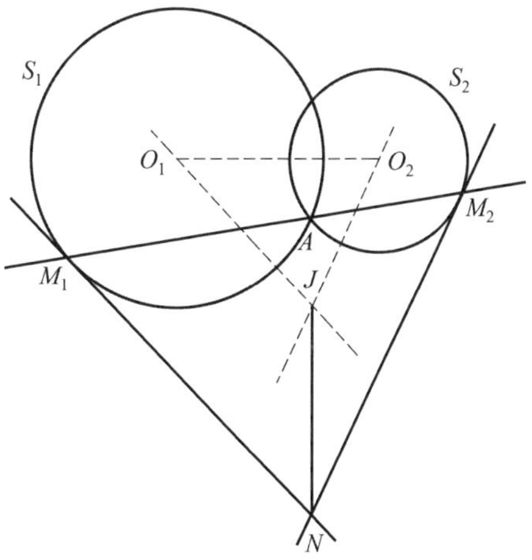

图 1.24

32. (1) 作一个可以内接于圆的四边形 $ABCD$，使得它的边有给定的长度 $AB=a$，$BC=b$，$CD=c$，$DA=d$.

(2) 给定四边形 $ABCD$ 的对角 $\angle B$ 与 $\angle D$ 之和以及边长 $AB=a$，$BC=b$，$CD=c$，$DA=d$，求作这个四边形.

问题(1) 是问题(2) 的特殊情形.

33. 设 R 与 S 是两个相交的圆，M 是它们的一个交点；设 l 是任意一条过 M 的直线，分别交 R 和 S 于点 A 和 B①. 当 l 变动时，求下列各种点的轨迹：

(1) 把线段 AB 分成给定的比 $\dfrac{AQ}{QB}=\dfrac{m}{n}$ 的点 Q.

(2) 以线段 AB 为一边的等边 $\triangle ABC$ 的顶点 C.

(3) 以一固定点 O 为起点，与线段 AB 平行、相等且有相同方向的线段 OP

① 例如，若 l 与 S 相切，则点 B 与 M 重合（参看第 18 页上的注 ①）.

的端点 P①.

34. 作圆 S,使它与两条给定的直线 l_1 和 l_2 相切,并且与给定圆 $\overline{S}$ 交成定角 α.(两个圆的交角是指在交点处它们的切线的夹角.相切的圆的交角是 $0°$;不相交的圆不构成角.)

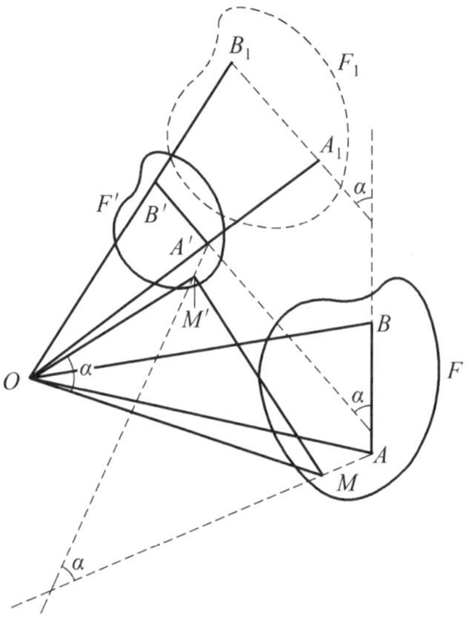

图 1.25

设图形 F' 是由图形 F 经过转角为 α,相似系数为 k 的螺旋相似得到的(图 1.25).令 AB 和 $A'B'$ 是这两个图形中任意两条对应线段.这时有 $\dfrac{A'B'}{AB}=k$(因为在图 1.25 中,F_1 是由 F 经过转角为 α 的旋转得到的,F' 是由 F_1 经过相似系数为 k 的中心相似得到的,我们有 $A_1B_1=AB$,$\dfrac{A'B'}{AB}=k$),并且线段 $A'B'$ 与 AB 的夹角等于 α(因为 AB 与 A_1B_1 的夹角等于 α,而且 $A'B' \parallel A_1B_1$).因此图形 F' 与 F 中的对应线段有定比 k,并且构成定角 α.现在我们证明,反过来,若 F 的每个点以这样的方式对应于 F' 的点,使得两个图形中的对应线段有定比 k,并且构成定角 α(当按一确定方向把图形 F 的线段转角 α 时,这些线段变得与图形 F' 中的对应线段平行),则 F 与 F' 彼此是螺旋相似的.事实上,设 M 和 M' 是 F 和 F' 中任意两个对应点(图 1.25).在线段 MM' 上作 $\triangle MM'O$,使得 $\dfrac{OM'}{OM}=k$,并且 $\angle MOM'=\alpha$②(若 $\alpha>180°$,则作三角形使得 $\angle MOM'=360°-\alpha$).

以 O 为中心,以 α 为转角,以 k 为相似系数的螺旋相似把 M 变到 M'.我们证明它把 F 的每个点 A 变到 A 在 F' 中的对应点 A'.考虑 $\triangle OMA$ 和 $OM'A'$.

---

① 换句话说,在问题 33(3) 中,我们要找以固定点 O 为起点且与 $\overrightarrow{AB}$ 相等的向量 $\overrightarrow{OP}$ 的端点 P 的轨迹.

② 首先必须作一个顶角为 α,相邻两边之比等于 k 的辅助三角形 T.由于 T 相似于 $\triangle MOM'$,因此 T 确定了 $\triangle MOM'$ 的底边 MM' 的对角.我们把 $\triangle MM'O$ 作在线段 MM' 的这样一边,使得把直线 OM 变到 OM' 所要作的(转角为 α)旋转与把 F 的线段变成平行于它在 F' 中的对应线段所作的(转角为 α)旋转,两者的旋转方向一致.

点 O 也可通过求两圆弧的交点找出来,其中一个圆弧上的每个点对线段 MM' 的视角为 α,另一个圆弧是到 M 和 M' 的距离之比等于 k 的点的轨迹.

在这两个三角形中，$\frac{OM'}{OM}=\frac{M'A'}{MA}$(因为由 $\triangle OM'M$ 的作法有$\frac{OM'}{OM}=k$，而由假设有$\frac{M'A'}{MA}=k$)，并且 $\angle OMA=\angle OM'A'$(因为由作法 OM 和 OM' 的夹角等于 α，而由假设 MA 与 $M'A'$ 的夹角也等于 α，参见《几何变换(Ⅰ)》)，因此它们是相似的. 由此得到 $\frac{OA'}{OA}=k$，并且 $\angle AOA'=\angle MOM'=\alpha$(因为 $\angle AOM=\angle A'OM'$). 而这就意味着我们的螺旋相似把 A 变成 A'.

现在容易回答这样的问题：两个螺旋相似的和是什么？设图形 F_1 是由图形 F 经过中心为 O_1，相似系数为 k_1，转角为 α_1[①] 的螺旋相似而得到，而图形 F' 是由 F_1 经过中心为 O_2，相似系数为 k_2，转角为 α_2 的螺旋相似而得到. 设 AB，A_1B_1，$A'B'$ 是这三个图形中的对应线段(图1.26). 于是，$\frac{A_1B_1}{AB}=k_1$，并且线段 AB 和 A_1B_1 构成角 α_1；$\frac{A'B'}{A_1B_1}=k_2$，并且线段 A_1B_1 和 $A'B'$ 构成角 α_2. 因此有

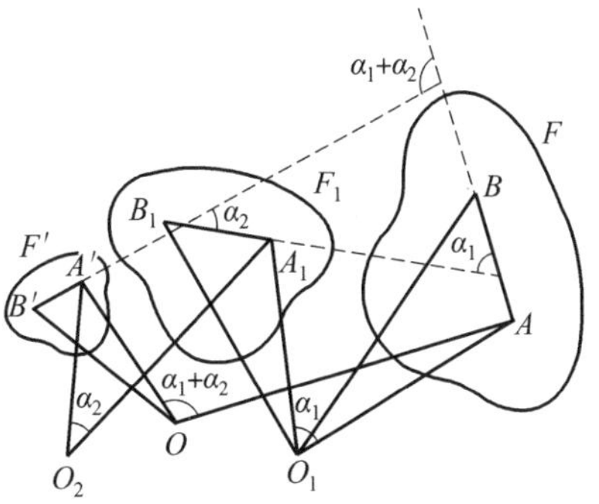

图 1.26

$$\frac{A'B'}{AB}=\frac{A_1B_1}{AB}\cdot\frac{A'B'}{A_1B_1}=k_1k_2$$

并且线段 AB 和 $A'B'$ 构成角 $\alpha_1+\alpha_2$(参见《几何变换(Ⅰ)》). 这样一来，图形 F 和 F' 中的对应线段有定比 k_1k_2，且构成定角 $\alpha_1+\alpha_2$. 由前面的证明，这意味着 F' 是由 F 经过转角为 $\alpha_1+\alpha_2$，相似系数为 k_1k_2 的螺旋相似而得到；或者在 $\alpha_1+\alpha_2=360°$，$k_1k_2=1$ 的情形下，F' 是由 F 经过一个平移而得到. 因此，两个相似系数为 k_1 和 k_2，转角为 α_1 和 α_2 的螺旋相似之和是一个新的螺旋相似，其相似系数为 k_1k_2，转角为 $\alpha_1+\alpha_2$；在 $k_1k_2=1$，并且 $\alpha_1+\alpha_2=360°$[②] 的例外情形下，这两个螺旋相似之和是一个平移[③].

让我们来找作为这两个给定螺旋相似之和的那个螺旋相似的中心 O(或找平移的方向和距离). 如果两个螺旋相似的中心 O_1 和 O_2 重合，那么显然 O 也与它们重合. 现在假设 O_1 与 O_2 不重合. 这两个螺旋相似之和把点 O_1 变到点 O'_1，

① 在这里以及在后面，旋转角总是按某个固定的方向(如按逆时针方向)来度量.

② 更确切地说，$\alpha_1+\alpha_2$ 是 360° 的倍数(参见《几何变换(Ⅰ)》).

③ 我们建议读者设法给出螺旋相似加法定理的另一个证明，要求这个证明只用这种变换的定义，而不用“若在两个图形中对应线段有定比，并且构成定角，则它们可以彼此经过螺旋相似得到”这个事实.

实际上只是第二个旋转把 O_1 变到点 O'_1(因为第一个旋转保持 O_1 不动). 不难作出点 O'_1. 这两个变换之和把某个点 $\overline{O}_2$ 变到 O_2,实际上只是第一个旋转把点 $\overline{O}_2$ 变到 O_2(因为第二个旋转保持 O_2 不动). 点 $\overline{O}_2$ 容易作出. 因此,若 $k_1k_2=1$,并且 $\alpha_1+\alpha_2=360°$,则线段 $O_1O'_1$ 和线段 $\overline{O}_2O_2$ 平行、相等并且有相同的方向(图 1.27(a)). 这两条线段的长度和方向就是所给的两个螺旋相似之和的那个平移的距离和方向. 如果两个螺旋相似之和是另一个螺旋相似,那么这个新的螺旋相似把线段 $O_1\overline{O}_2$ 变成线段 O'_1O_2(图 1.27(b)).

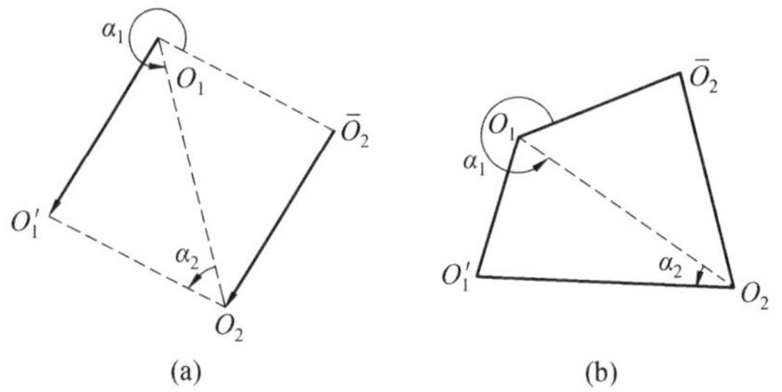

图 1.27

我们现在说明如何去找把给定线段 AB 变成另一条给定线段 $A'B'$ 的(在这里是 $O_1\overline{O}_2$ 变成 O'_1O_2)螺旋相似的中心 O①. 若这两条线段间的夹角是 180° 或 360°,并且它们的长度不相等,则这个螺旋相似就是中心相似. 在这种情形下,O 就是直线 AA' 和 BB' 的交点(图 1.28(a)). 现在设这两条线段间的夹角不是 180° 的倍数,即线段 AB 和 $A'B'$ 不平行,令 P 是 AB 和 $A'B'$ 的交点(图 1.28(b)). 于是 $\triangle AA'P$ 和 $\triangle BB'P$ 的外接圆都经过旋转中心 O. 事实上,$\angle AOA'=\angle APA'$(转角 $\angle AOA'$ 等于线段 AB 和 $A'B'$ 间的夹角 $\angle APA'$). 类似地,$\angle BOB'=\angle BPB'$. 因此中心 O 可以作为 $\triangle AA'P$ 和 $\triangle BB'P$ 的外接圆的第二个交点而被确定出来(图 1.28(b)).

如果这两个圆在点 P 相切(图 1.28(c)),即若 $\angle PAA'=\angle PBB'$(这两个角都等于直线 $PA'B'$ 与两圆在 P 处的公切线的夹角),则 O 与 P 重合(因为 $\triangle PAA'$ 与 $\triangle PBB'$ 相似,所以我们有 $\frac{PA'}{PA}=\frac{PB'}{PB}$).

我们还要注意把 AB 变到 $A'B'$ 的螺旋相似的中心与把 AA' 变到 BB' 的螺旋相似的中心是相同的. 事实上,若 $\angle AOA'=\angle BOB'=\alpha$,并且 $\frac{OA'}{OA}=\frac{OB'}{OB}=$

① 为了找中心 O,我们也可作一个顶角为 $\alpha_1+\alpha_2$(或 $360°-(\alpha_1+\alpha_2)$),邻边之比为 k_1k_2 的辅助三角形,用这样的方法确定 $\triangle O'_1O_1O$ 的底角(参见第 24 页注 ②).

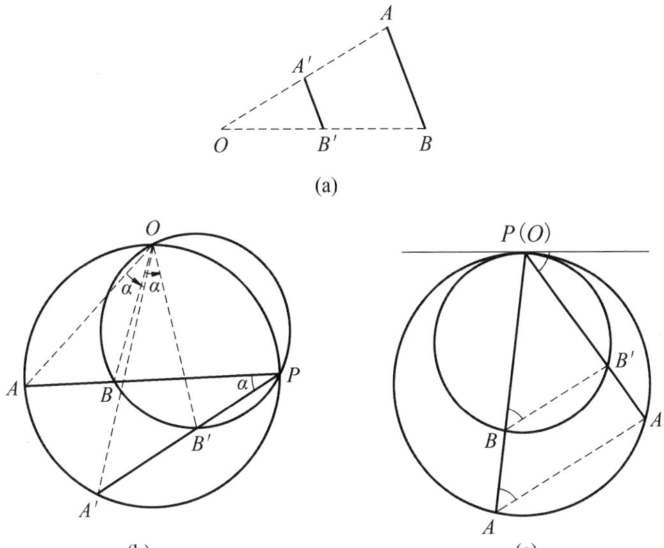

(a)

(b) (c)

图 1.28

k，则有 $\angle AOB=\angle A'OB'=\beta$(在图 1.29 中，$\beta=\alpha+\angle A'OB$)，并且 $\dfrac{OA}{OB}=\dfrac{OA'}{OB'}=l$. 由此可见，中心 O 也可以作为 $\triangle ABQ$ 和 $\triangle A'B'Q$ 的外接圆交点而被确定出来，这里 Q 是直线 AA' 和 BB' 的交点(或者当 $AA' \parallel BB'$ 时，O 就是直线 AB 和 $A'B'$ 的交点. 这种情形如图 1.28(c) 所示，当 $\triangle AA'P$ 和 $\triangle BB'P$ 的外接圆在 P 相切的时候出现).

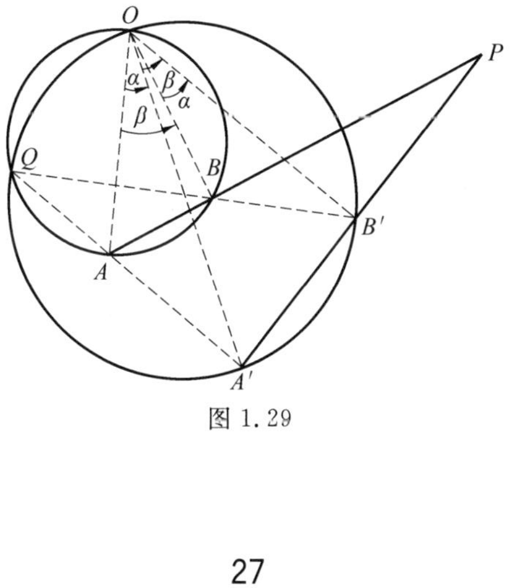

图 1.29

习　题

35. 在平面上给定四条直线 l_1, l_2, l_3, l_4，它们之中任何三条不交于一点，并且任何两条都不平行. 证明：由这些直线所构成的四个三角形的外接圆交于同一点(图 1.30).

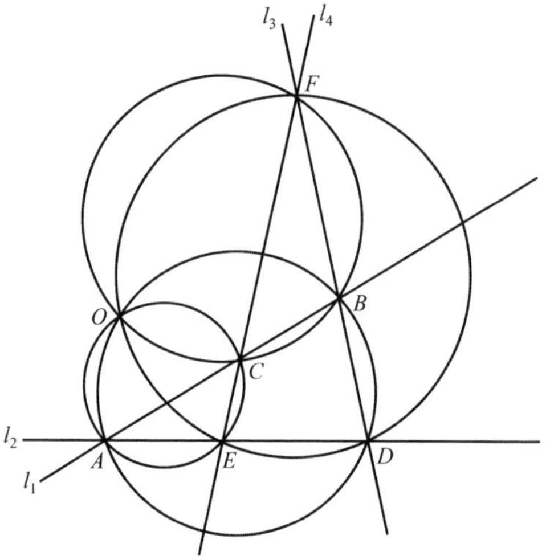

图 1.30

参看 2.1 节中问题 14(1).

36. 设 S_1 和 S_2 是分别以 O_1 和 O_2 为中心的两个圆，它们相交于点 A. 考虑顶点在 A 的一个定角 α. 令 M_1 和 M_2 是这个角的两条边与圆 S_1 和 S_2 的交点，J 是直线 O_1M_1 和 O_2M_2 的交点(图 1.31).

(1) 证明：当这个角绕点 A 转动时，$\triangle M_1M_2J$ 的外接圆总经过某固定点 O.

(2) 对应于各种可能的角 α，找出(1)中所叙述的点 O 的轨迹.

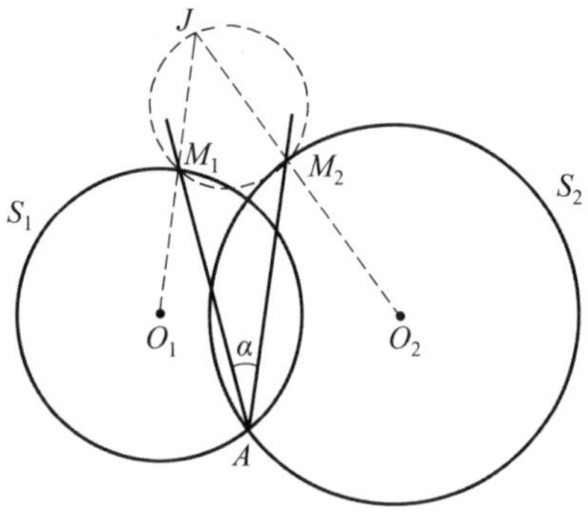

图 1.31

37. 求作 n 边形，使得分别以它的 n 条边为底作与 n 个给定的三角形相似的三角形时，这些三角形的顶点 $M_1, M_2, \cdots, M_n$ 为给定点. 在什么条件下这个问题无解？什么时候有一个以上的解？

这个问题是《几何变换(Ⅰ)》第 1 章问题 21 的推广.

38. 设 S_1 和 S_2 是相交于点 M 和 N 的两个圆. 令 A 是 S_1 上任意一点，B 是

直线 AM 与圆 S_2 的第二个交点,C 是 BN 与圆 S_1 的第二个交点,D 是 CM 与圆 S_2 的第二个交点,E 是 DN 与圆 S_1 的第二个交点①.

(1) 证明:距离 AE 不依赖于 S_1 上初始点 A 的选取,而仅依赖于圆 S_1 和 S_2.

(2) 若要使 E 与 A 重合,问 S_1 与 S_2 必须处于怎样的位置?

39. 设 S_1,S_2,S_3 是三个圆 ,其中每一个都与其他两个相交,并令 A_1 是 S_1 上的任意一点.

(1) 假设三个圆有一个公共交点 N. 令 M_1,M_2,M_3 分别是 S_1 和 S_2,S_2 和 S_3,S_3 和 S_1 的第二个交点(图 1.32(a)). 设 A_2 是直线 A_1M_1 与 S_2 的第二个交点,A_3 是直线 A_2M_2 与 S_3 的第二个交点,A_4 是直线 A_3M_3 与 S_1 的第二个交点②. 证明:A_4 与 A_1 重合.

(2) 假设三个圆没有公共点,并设 S_1 与 S_2 交于点 M_1 和 N_1,S_2 与 S_3 交于点 M_2 和 N_2,S_3 与 S_1 交于点 M_3 和 N_3(图 1.32(b)). 令 A_2 是 A_1M_1 与 S_2 的第二个交点,A_3 是 A_2M_2 与 S_3 的第二个交点,A_4 是 A_3M_3 与 S_1 的第二个交点,A_5 是 A_4N_1 与 S_2 的第二个交点,A_6 是 A_5N_2 与 S_3 的第二个交点,A_7 是 A_6N_3 与 S_1 的第二个交点③. 证明:A_7 与 A_1 重合.

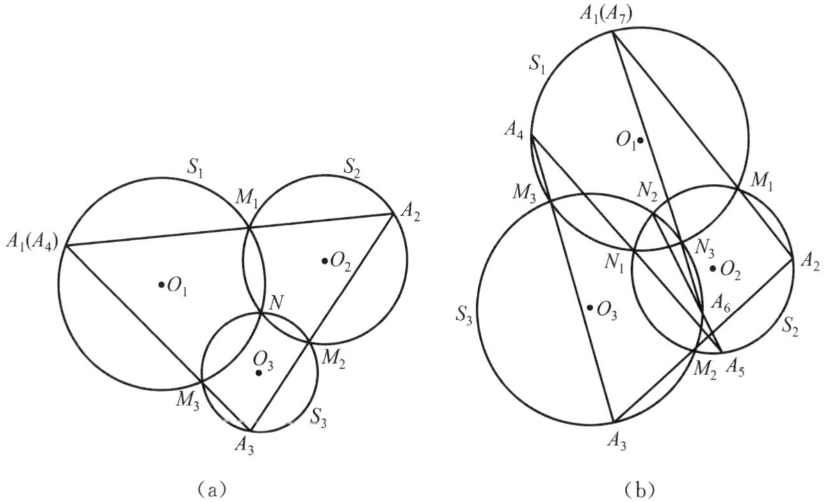

(a)　　　　(b)

图 1.32

---

① 可能出现几个例外情形. 首先,若 A 与 M 重合,则直线 AM 用 S_1 在 M 的切线代替;其次,若 A 处于这样的位置,使得 AM 与 S_2 相切,则 B 与 M 重合,因此 C 也与 M 重合. 于是正如第一种情形一样,直线 CM 必须用 S_1 在 M 的切线代替. 参看第 18 页上的注 ①.

② 例如,若 A_1M_1 与 S_2 在 M_1 相切,则我们认为 A_2 与 M_1 重合. 另外,若点 A_2 与 M_2 重合,则直线 A_2M_2 是指 S_2 在 M_2 的切线(参看本页上的注 ①).

③ 参见本页上的注 ① 和注 ②.

把问题 39(1) 和(2) 的结果推广到任意多个两两相交的圆的情形.

40. 设 S_1 和 S_2 是相交于点 M 和 N 的两个圆, l 是一条直线, A 是 S_1 上的任意一点.

(1) 设 l 与 S_1 交于点 K 和 L, 并且与 S_2 交于点 P 和 Q(图 1.33(a)). 令 B 是直线 AM 与圆 S_2 的第二个交点, C 是平行于 BP 的直线 KC 与 S_1 的第二个交点, D 是直线 CN 与 S_2 的第二个交点, E 是平行于 DQ 的直线 LE 与 S_1 的第二个交点①. 证明: E 与 A 重合.

(2) 设直线 l 与 S_1 和 S_2 分别在点 K 和 P 相切(图 1.33(b)). 令 B 是直线 AM 与 S_2 的第二个交点, C 是平行于 BP 的直线 KC 与 S_1 的第二个交点, D 是直线 CN 与 S_2 的第二个交点, E 是平行于 DP 的直线 KE 与 S_1 的第二个交点②. 证明: E 与 A 重合.

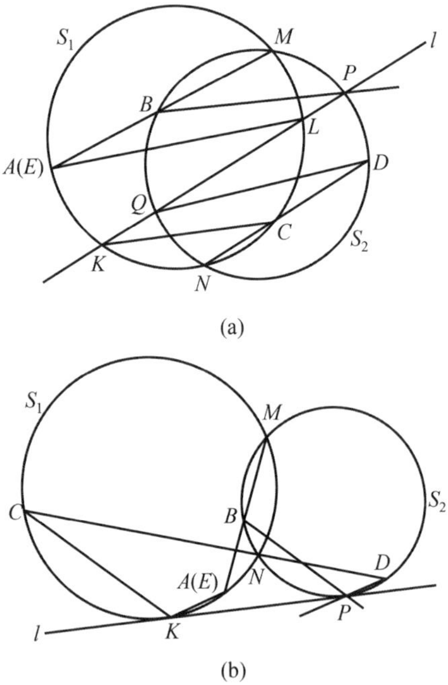

图 1.33

设图形 F_1 中心相似于图形 F, 以 O 为相似中心, 并具有(正的)相似系数 k. 令 F' 是由 F_1 经过对于过 O 的某直线 l 作反射得到的图形(图 1.34). 这时我们

---

① 参见第 29 页上的注 ① 和注 ②.

② 参见第 29 页上的注 ① 和注 ②.

称 F' 是由 F 经过相似系数为 k 的膨胀反射而得到的，点 O 和直线 l 分别称为这个膨胀反射的中心和轴. 这个膨胀反射也可以通过另一种方式来实现：先作关于直线 l 的反射，把 F 变到 F_2，然后作中心为 O，相似系数为 k 的中心相似把 F_2 变到 F'. 换句话说，膨胀反射是一个以 O 为中心的中心相似与一个关于过 O 的直线 l 的反射之和，这个和与两个变换施行的次序无关①.

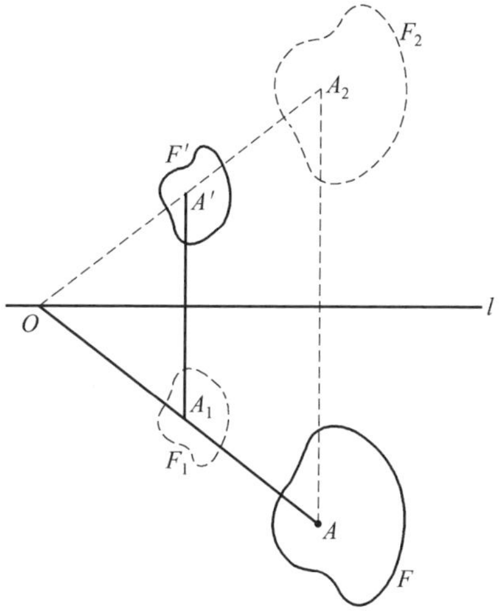

图 1.34

显然，若图形 F' 是由图形 F 经过膨胀反射得到的，则反过来，F 也可以由 F' 经过膨胀反射（有相同的中心 O 和轴 l，但相似系数为 $\frac{1}{k}$）得到. 因此我们可以说图形 F 和 F' 是互相由膨胀反射得到的. 膨胀反射把直线 n 变成新的直线 n'（图 1.35(a)），把圆 S 变成新的圆 S'（图 1.35(b)）.

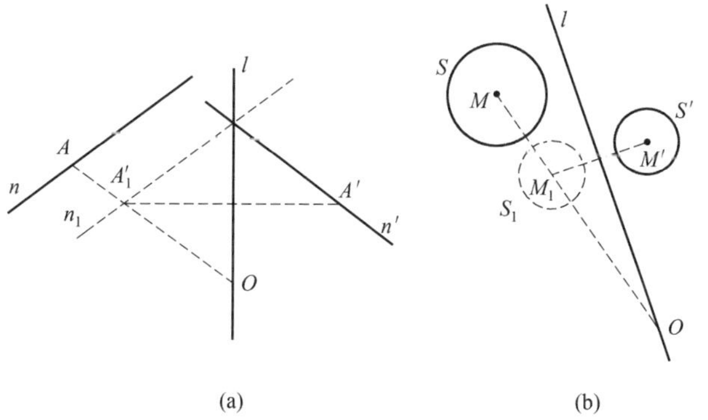

图 1.35

① 由此可见，膨胀反射是本书前言中所定义的相似变换（因为它是一个相似变换与一个保距变换之和）.

如果膨胀反射不是关于某直线 l 的反射(关于直线的反射可以看作相似系数等于 1 的膨胀反射),那么它仅有的不动点是变换的中心 O. 膨胀反射(如果不是关于直线的反射)仅有的不动直线是变换的轴 l 和 l 在点 O 的垂线.

习　题

41. 设给定直线 l 和它上面的一点 A,以及两个圆 S_1 和 S_2,求作 $\triangle ABC$,使得直线 l 是它的 $\angle A$ 的平分线,它的顶点 B 和 C 分别在圆 S_1 和 S_2 上,并且边 AB 和 AC 有给定的比 $m:n$.

42. 在下面各种已知条件下求作四边形 $ABCD$,使得它的对角线 AC 平分 $\angle A$.

(1) 已知边 AB 和 AD,对角线 AC,$\angle B$ 和 $\angle D$ 之差.

(2) 已知边 BC 和 CD,边 AB 与 AD 之比,$\angle B$ 和 $\angle D$ 之差.

(3) 已知边 AB 和 AD,对角线 AC,边 BC 与 CD 之比.

43. 把问题42中的条件"对角线 AC 平分 $\angle A$"改为更一般的条件:"$\angle BAC$ 与 $\angle DAC$ 有给定的差 r",再求解同样的问题.

44. 在平面上给定两条直线 l_1 和 l_2,对平面上每个点 M 以如下的方式关联一个新的点 M'.

(1) 设 m 是过点 M 的直线,并且 m 介于 l_1 和 l_2 之间的线段 PQ 被 M 所平分①. 设 P' 是 P 在 l_2 上的垂直投影,Q' 是 Q 在 l_1 上的垂直投影,令 M' 是 $P'Q'$ 的中点(图 1.36(a)).

(2) 设 O 是 l_1 和 l_2 的交点,M_1 和 M_2 分别是点 M 在 l_1 和 l_2 上的垂直投影,令 M' 是 $\triangle OM_1M_2$ 的高的交点(即垂心)(图 1.36(b)).

现在假设 M 描出圆 S,问 M' 将描出什么样的轨迹?

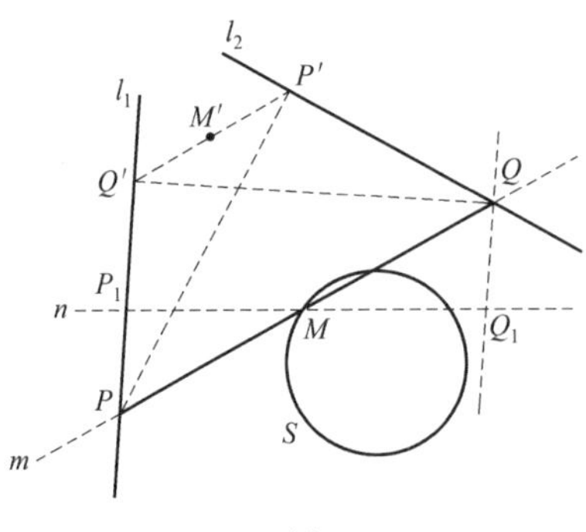

(a)

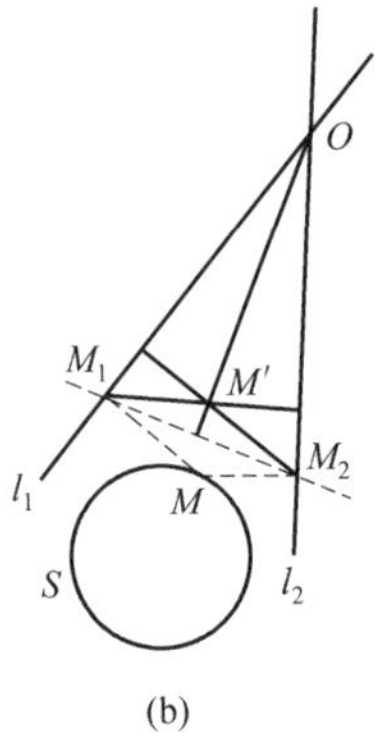

(b)

图 1.36

① 为了作出 m,只需过 M 引任意一条直线 n 交 l_1 于 P_1,然后在 n 上截取 $MQ_1 = MP_1$,于是有 $QQ_1 /\!/ l_1$(图 1.36(a)).

正像我们曾经把正向全等图形与反向全等图形加以区别一样(参见《几何变换(Ⅰ)》),我们也把平面上的两类相似图形加以区别. 设 F 和 F' 是两个相似图形,用 F_1 表示以 F' 和 F 中的对应线段之比为相似系数,中心相似于 F 的图形,若 F_1 与 F' 正向全等(图 1.37(a)),则称 F 与 F' 是正向相似的;若 F_1 与 F' 反向全等,则称 F 与 F' 是反向相似的(图 1.37(b)). 仅当两个相似图形是正向相似或反向相似对我们来说是无关紧要的情况下,我们才不加修饰地说这两个图形是相似的. 为判定两个给定的相似图形 F 和 F' 是正向相似还是反向相似,只需考虑 F 中任意不共线的三个点 A,B,C 和它们在 F' 中的对应点 A',B',C'. 若 F 与 F' 正向相似,则(相似的)$\triangle ABC$ 和 $\triangle A'B'C'$ 的边界的环绕方向相同,否则它们的边界的环绕方向相反(图 1.37(a) 和(b)).

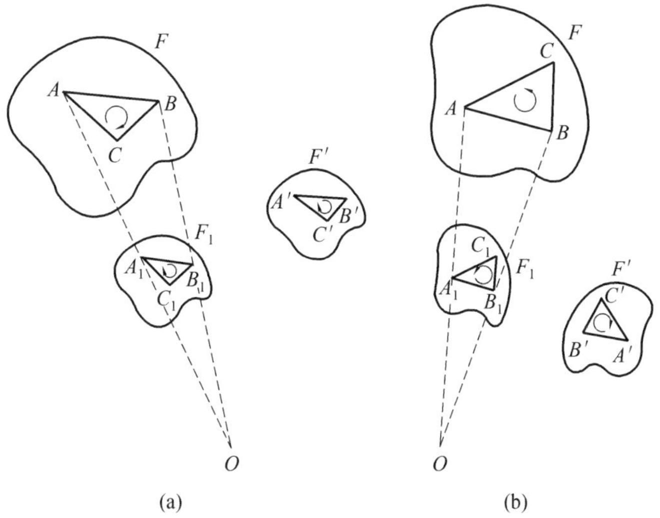

图 1.37

现在我们证明下面两个重要的定理.

定理 1 平面上任何两个正向相似图形可以通过一个螺旋相似或平移使之重合[①].

这个定理的证明几乎与《几何变换(Ⅰ)》第 2 章中定理 1 的证明没有什么不同. 首先容易证明,任何两条线段 AB 和 $A'B'$ 能够通过一个转角等于这两条线段的夹角、相似系数等于这两条线段之比的螺旋相似使之重合. 仅有的例外情形出现在这两条线段不仅相等、平行并且有相同方向的时候,而在这种情形下,它们可以经过一个平移彼此互变(参见第 25 页和《几何变换(Ⅰ)》,在那里

① 由这个定理可见,平面上任何两个正向相似但不全等的图形可以通过一个螺旋相似使之重合(因为若图形可以经过一个平移使之重合,则它们是全等的).

证明了一个关于任意图形的更一般的结果). 现在通过一个螺旋相似或平移把图形 F 的某线段 AB 变到与 F 正向相似的图形 F' 中的对应线段 $A'B'$. 不难证明这个螺旋相似也把整个图形 F 变到 F'. 它的证明完全类似于《几何变换(Ⅰ)》第 2 章定理 1 的证明中的最后一部分.

若 F 与 F' 可以通过一个中心为 O 的螺旋相似使之重合,则称 O 为 F 和 F' 的旋转中心(有时也称 O 为相似中心). 为了找两个正向相似图形 F 与 F' 的旋转中心,必须在这两个图形中选取一对对应线段 AB 与 $A'B'$. 若直线 AB 与 $A'B'$ 相交于点 P,直线 AA' 与 BB' 交于点 Q,则 O 是 $\triangle PAA'$ 和 $\triangle PBB'$ 的外接圆的另一个交点,或者是 $\triangle QAB$ 和 $\triangle QA'B'$ 的外接圆的第二个交点(参见第 25 ~ 26 页). 若 $AB \parallel A'B'$,则 O 与 Q 重合. 若 $AA' \parallel BB'$,则 O 与 P 重合. 最后,若 $AB \parallel A'B'$,并且 $AA' \parallel BB'$,则线段 AB 和 $A'B'$ 不仅相等、平行并且有相同的方向;在这种情形下,图形 F 与 F' 可以通过一个平移彼此互变,因而没有旋转中心.

定理 2 平面上任何两个反向相似图形可以通过一个膨胀反射或滑动反射使之重合①.

这个定理的证明与《几何变换(Ⅰ)》第 2 章中定理 2 的证明很相似. 设 F' 是与图形 F 反向相似的图形,A 和 B 是 F 中任意两点,A' 和 B' 分别是 A 和 B 在图形 F' 中的对应点. 我们要证明存在一个膨胀反射(或滑动反射) 把线段 AB 变成线段 $A'B'$. 事实上,令 l 是所要找的把 AB 变到 $A'B'$ 的膨胀(或滑动) 反射的轴(图1.38). 平移 $A'B'$ 到新的位置 $A\overline{B}$. 由 AB 经过关于 l 的反射所得到的线段 A_1B_1,或者是中心相似于 $A'B'$,或者是由 $A'B'$ 经过平移而得到. 因此线段 A_1B_1 与 $A\overline{B}$ 都平行于 $A'B'$. 由于 A_1B_1 是 AB 关于 l 的反射像,并且 A_1B_1 平行于 $A\overline{B}$,由此即知 l 平行于 $\angle \overline{B}AB$ 的平分线 l_0.

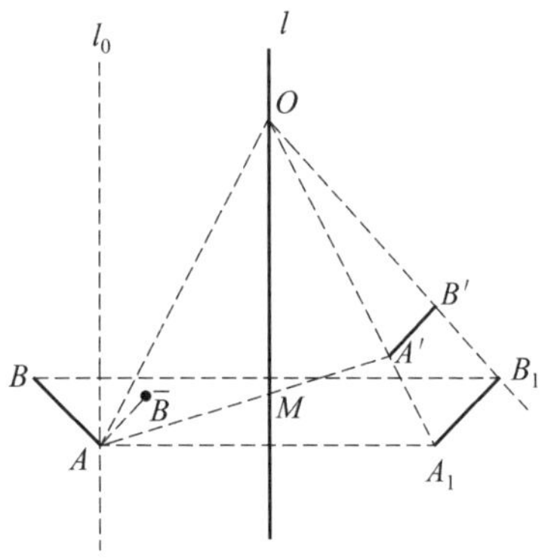

图 1.38

进一步设 $A'B' \neq AB$,并且 O 是把 AB 变到 $A'B'$ 的膨胀反射的中心,则 l 是 $\triangle AOA_1$ 的一条角平分线,因此它也是 $\triangle AOA'$ 的一条角平分线. 因而直线 AA' 和 l 的交点 M,使得

① 特别地,由这个定理可见:平面上任何两个反向相似但不全等的图形,可以彼此通过一个膨胀反射得到(因为若两个图形可经过一个滑动反射使之重合,则它们是全等的).

$$\frac{A'M}{MA}=\frac{OA'}{OA}=\frac{OA'}{OA_1}=\frac{A'B'}{A_1B_1}$$

或者

$$\frac{A'M}{MA}=\frac{A'B'}{AB}$$

这样一来，若知道线段 AB 和 $A'B'$，则我们能够作出直线 l：它平行于 $\angle\overline{B}AB$ 的平分线，并且分线段 AA' 为 $\frac{A'B'}{AB}$（这个作法甚至当 $A'B'=AB$ 时也有效. 参见《几何变换（Ⅰ）》第2章定理2的证明）. 作关于 l 的反射把线段 AB 变成平行于 $A'B'$ 的线段 A_1B_1. 再作一个以 $A'A_1$ 与 l 的交点 O 为中心的中心相似（因为 $\frac{OA'}{OA_1}=\frac{OA'}{OA}=\frac{A'M}{MA}=\frac{A'B'}{AB}$）或一个沿直线 l 方向的平移，便把 A_1B_1 变成 $A'B'$. 这样一来，就找到了把线段 AB 变到线段 $A'B'$ 的膨胀（或滑动）反射. 定理2证明中的最后部分几乎与《几何变换（Ⅰ）》第2章定理2的证明中的最后部分逐字相同，在这里我们把它省掉了.

定理2和定理1可以综合成下面的命题：

平面上任何两个相似图形可以通过一个螺旋相似，或者一个膨胀反射，或者一个平移，或者一个滑动反射彼此互变①.

这个命题可以作为平面上相似变换的定义（参见《几何变换（Ⅰ）》）. 也就是说，相似变换是下面四类变换中的任何一种变换.

（1）螺旋相似（包括中心相似和绕某个点的旋转）.

（2）膨胀反射.

（3）平移.

（4）滑动反射（包括关于直线的反射）.

把（1）和（3）类变换称为正向相似变换（它把图形变成与之正向相似的图形），而把（2）和（4）类变换称为反向相似变换（它把图形变成与之反向相似的图形）是自然的.

定理1和定理2使我们能推广《几何变换（Ⅰ）》第2章中的问题21～23：把要求问题21中的线段 AX 和 BY，问题22中的线段 AX，BY 和 CZ，问题23中的线段 BP，PQ 和 QC“是全等的”改为要求它们“有给定的比”. 这些更一般的问题的解法与原来问题的解法是类似的，我们建议读者自己去解这些问题.

从定理1和定理2可见，所有相似变换的共同性质正是螺旋相似、膨胀反射、平移和滑动反射（参见上面相似变换的定义）所共有的那些性质. 例如，每

---

① 特别地，任何两个相似但不全等的图形，可以通过一个螺旋相似或一个膨胀反射彼此互变.

个相似变换都把直线变成直线，把圆变成圆①(图 1.39). 还有，每个相似变换或有一个不动点或有一条不动直线，因为上面所列四类相似变换中没有不动点的仅有平移和滑动反射，但是它们有不动直线. 最后，每个反向相似变换至少有一条不动直线. 事实上，膨胀反射正好有两条不动直线. 而滑动反射(如果不是关于直线的反射)恰有一条不动直线. 如果滑动反射是关于直线的反射，那么它有无穷多条不动直线.

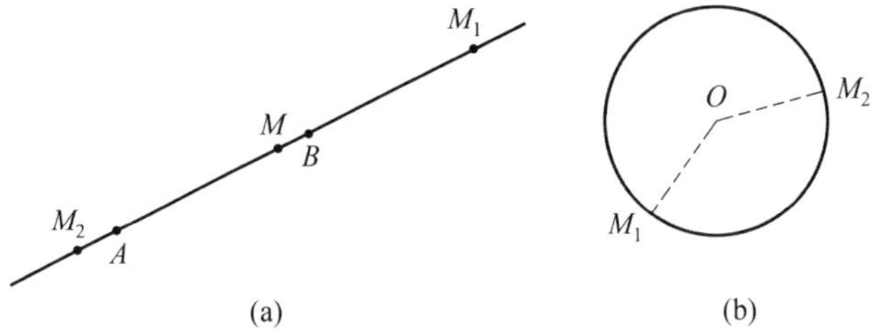

图 1.39

---

① 顺便指出，把相似变换定义为平面上保持点之间距离之比的变换，也能得出这样的性质. 事实上，直线 AB 可以定义为这样一些点 M 所组成的集合，它们使得三个距离 AM，BM，AB 中最大的一个等于其他两个之和，即 M 满足或者

$$\frac{AM}{AB}+\frac{BM}{AB}=1$$

或者

$$\frac{BM}{AM}+\frac{AB}{AM}=1$$

或者

$$\frac{AM}{BM}+\frac{AB}{BM}=1$$

(图 1.39(a)). 但是一个把点 A 和 B 变到 A' 和 B' 的相似变换把上述点 M 的集合变为这样一些点 M' 的集合，它们使得

$$\frac{A'M'}{A'B'}+\frac{B'M'}{A'B'}=1$$

或者

$$\frac{B'M'}{A'M'}+\frac{A'B'}{A'M'}=1$$

或者

$$\frac{A'M'}{B'M'}+\frac{A'B'}{B'M'}=1$$

即直线 AB 变成直线 $A'B'$.

用类似的方式可以定义以 O 为中心的圆是具有这样性质的点所组成的集合 S，即若 M_1 和 M_2 是 S 的任意两个点，则有 $OM_1=OM_2$，即 $\frac{OM_1}{OM_2}=1$(图 1.39(b)). 但是把点 O 变到某个点 O' 的相似变换也把上面所述的集合 S 变成具有同样性质的点所组成的集合 S'，即若 M'_1 和 M'_2 是 S' 中任意两点，则有 $\frac{O'M'_1}{O'M'_2}=1$. 换句话说，这样的变换把以 O 为圆心的圆变成以 O' 为圆心的圆.

有趣的是上面所列举的相似变换的第一个性质是相似变换的特征，即它可以用来作为相似变换的（描述性的）定义[①]：平面上任何一个把每条直线变成直线，并且把每个圆变成圆的变换必定是相似变换. 换句话说，任何一个这种变换必定保持点之间距离的比：若点 A,B,C,D 经过这种变换变成 A',B',C',D'，则有

$$\frac{C'D'}{A'B'}=\frac{CD}{AB}$$

这一事实突出了相似变换在初等几何中（即在关于直线、圆和由某些线段及圆弧所围成的图形的性质的研究中）的基本作用.

为了证明上面楷体字的命题，我们必须证明把直线变成直线，并且把圆变成圆的变换必定把相距 d 单位的每对点 A,B 变成相距 d' 单位的一对点 A',B'，这里 d' 仅依赖于 d，而不依赖于点 A,B 的特别选取！例如，可以用下面的方式来论证.

首先，我们注意，平面到自身的把直线变成直线的任何变换，必定把平行直线变成平行直线. 事实上，若我们的变换把平行直线 k,l 变成了在某个点 M 相交的直线 k',l'（图 1.40），则被变到点 M 的那个点必定同时在 k 和 l 上，但这样的点是不存在的.

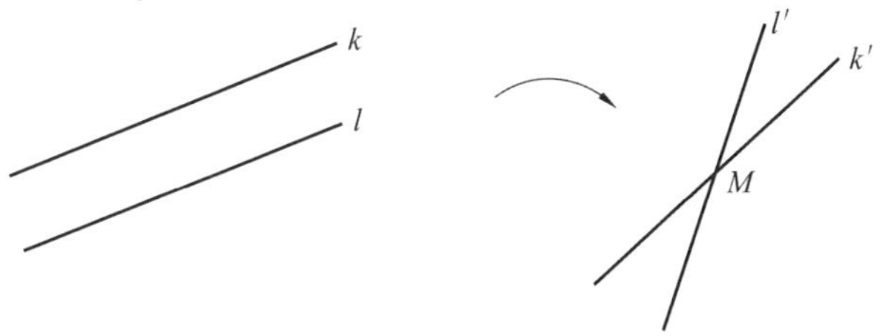

图 1.40

其次，显然可见，若一个变换把直线变成直线，并且把圆变成圆，则它把相交于两点的两个圆变成相交于两点的两个圆，并且把交于两点的一条直线和一个圆变成交于两点的一条直线和一个圆. 还有，它把两个相切的圆（即恰有一个公共点的两个圆）和一个圆与一条切线分别变成两个相切的圆和一个圆与一条切线. 最后，它把不相交的两个圆和不相交的一个圆与一条直线分别变成不相交的两个圆和不相交的一个圆与一条直线. 由所有这些可知，它把两个全等的圆（即两个有平行公切线的圆）变成全等的圆（图 1.41）. 还有，若我们的变换把圆 S 变为圆 S'，则它必定把 S 的中心 O 变到 S' 的中心 O'. 事实上，点 O 可以用“任何两个过 O 并且与 S 相切的圆都是全等的”这个事实来刻画. 同样，O' 可

① 参看《几何变换（Ⅰ）》.

以用“任何两个过 O' 并且与 S' 相切的圆都是全等的”这个事实来刻画(图 1.42).但是我们已经知道,在我们的变换下全等的圆变成全等的圆,相切的圆变成相切的圆,所以 O 必定变成 O'.

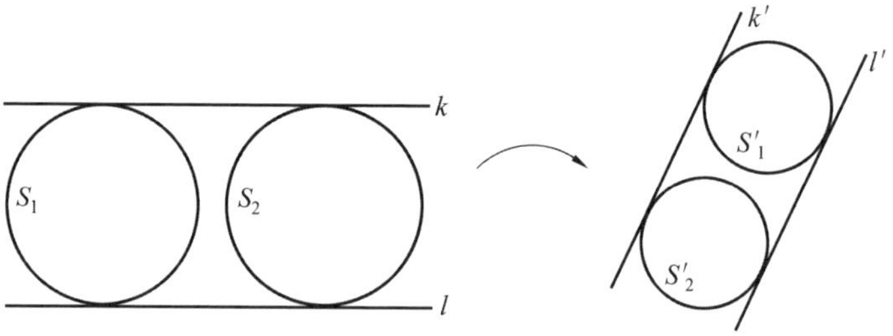

图 1.41

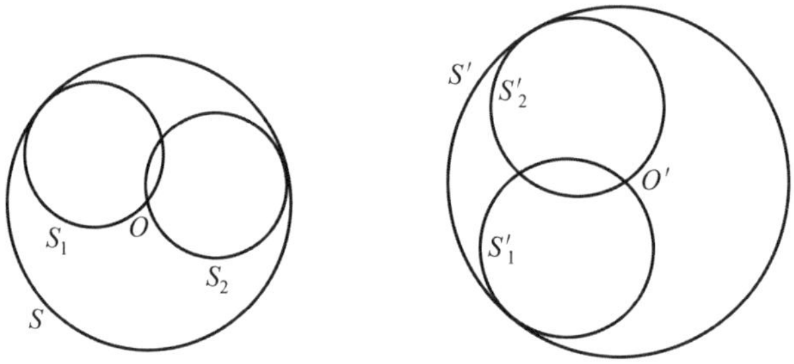

图 1.42

现在容易看出,若线段 AB 与 CD 相等,即若以 A 为中心,以 AB 为半径的圆 S_1 和以 C 为中心,以 CD 为半径的圆 S_2 全等,则上述变换必定把点 A,B,C,D 变到这样的点 A',B',C',D',使得以 A' 为中心,以 $A'B'$ 为半径的圆 S'_1 和以 C' 为中心,以 $C'D'$ 为半径的圆 S'_2 是全等的(图 1.43).因此,我们证明了:若线段 AB 和 CD 有同样的长度,则变换后得到的线段 $A'B'$ 和 $C'D'$ 也有同样的长度.

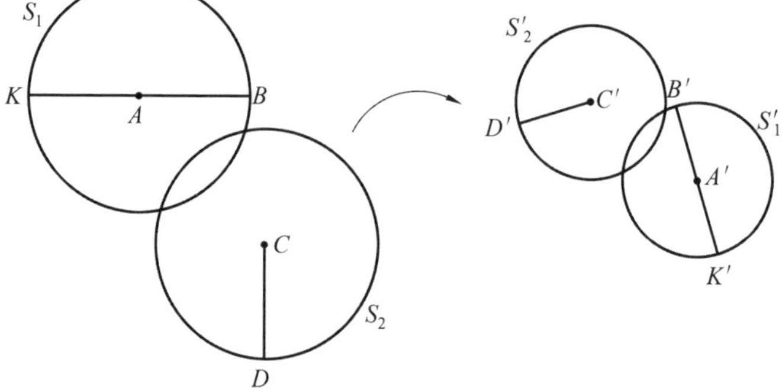

图 1.43

证明的最后部分是相当标准的. 这类证明在几何学中也是常见的. 首先，注意若在一条直线上有三个点 K,A,B,使得 $KA=AB$,则我们的变换将把它们变成在一条直线上的三个点 K',A',B',使得 $K'A'=A'B'$,这个结论可以由我们的变换把两条相等线段变成相等线段的事实得出(图 1.43). 由此立即知道，若比 $\frac{CD}{AB}=\frac{m}{n}$ 是有理数(m 和 n 是正整数),则我们的变换把点 A,B,C,D 变成 A',B',C',D',使得 $\frac{C'D'}{A'B'}=\frac{CD}{AB}\left(=\frac{m}{n}\right)$. 事实上,条件 $\frac{CD}{AB}=\frac{m}{n}$ 等价于在直线 AB 上存在 $n-1$ 个点 $A_1,A_2,\cdots,A_{n-1}$ 和在直线 CD 上存在 $m-1$ 个点 $C_1,C_2,\cdots,C_{m-1}$,使得

$$AA_1=A_1A_2=\cdots=A_{n-1}B=CC_1=C_1C_2=\cdots=C_{m-1}D$$

但我们的变换显然把这些点变成点 $A'_1,A'_2,\cdots,A'_n$ 及 $C'_1,C'_2,\cdots,C'_{m-1}$,其中前 $n-1$ 个点落在直线 $A'B'$ 上,后 $m-1$ 个点落在直线 $C'D'$ 上,并且使得

$$A'A'_1=A'_1A'_2=\cdots=A'_{n-1}B'=C'C'_1=C'_1C'_2=\cdots=C'_{m-1}D'$$

(图 1.44).

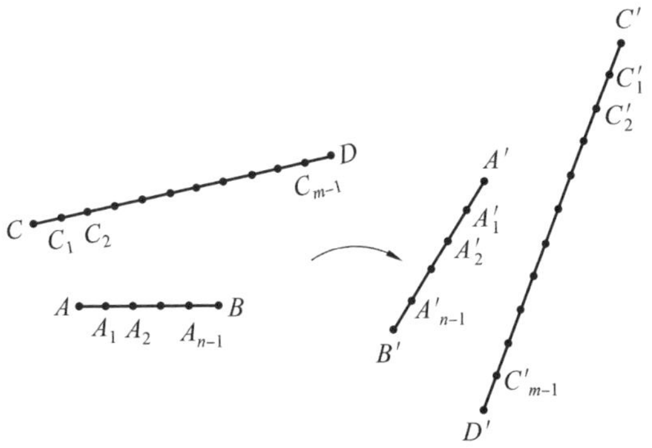

图 1.44

其次,只要再注意:若 $MN>PQ$,则 N 落在以 M 为圆心,PQ 为半径的圆 S 的外边,即从 N 我们可以引 S 的两条切线. 不难看出,我们的变换把满足 $MN>PQ$ 的点 M,N,P,Q 变成满足 $M'N'>P'Q'$ 的点 M',N',P',Q'(图 1.45). 因此,若距离 AB 与 CD 之比不是有理数,并且

$$\frac{m}{n}<\frac{CD}{AB}<\frac{m+1}{n}$$

其中 m 和 n 是正整数,则有直线 CD 上的点 E 和 F,使得

$$\frac{CE}{AB}=\frac{m}{n},\frac{CF}{AB}=\frac{m+1}{n}$$

并且

$$CE<CD<CF$$

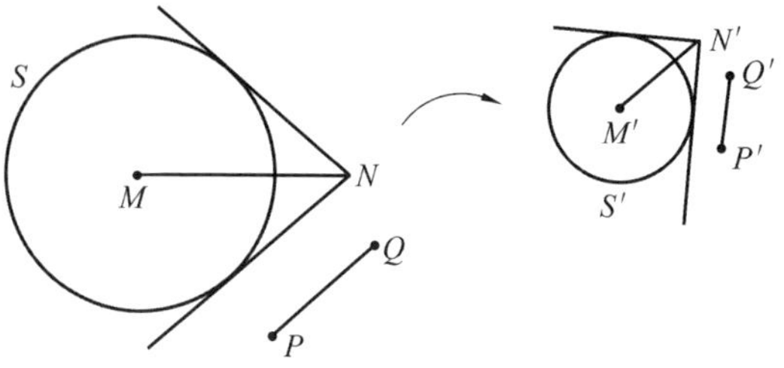

图 1.45

于是我们的变换把点 A,B,C,D,E,F 变到点 A',B',C',D',E',F'，使得 E' 和 F' 落在直线 $C'D'$ 上，并且满足

$$\frac{C'E'}{A'B'}=\frac{m}{n},\frac{C'F'}{A'B'}=\frac{m+1}{n}$$

和

$$C'E'<C'D'<C'F'$$

（图 1.46）. 由此推得

$$\frac{m}{n}<\frac{C'D'}{A'B'}<\frac{m+1}{n}$$

在这一不等式以及与之相应的关于$\frac{CD}{AB}$的不等式中，分母 n 可以任意大，于是我们得到$\frac{C'D'}{A'B'}=\frac{CD}{AB}$.

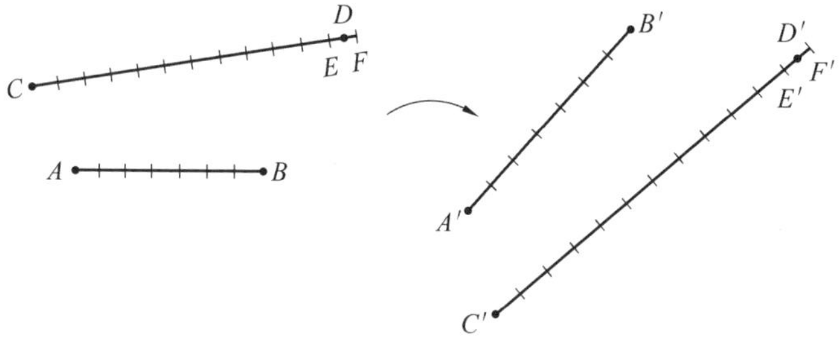

图 1.46

习　题

45.（1）令 $ABCD$ 与 $A_1B_1C_1D_1$ 是任意两个正方形. 假设它们的周界有相同的走向，即当我们在两个正方形周界上按从 A 到 B 到 C 到 D 与从 A_1 到 B_1 到 C_1 到 D_1 的顺序走的时候，或者都是顺时针方向，或者都是逆时针方向. 证明：线段 AA_1，BB_1，CC_1，DD_1 的中点或者张成一个正方形，或者它们全都重合.

如果两个正方形的周界走向相反，上面的结论是否仍然成立？

(2) 设 $\triangle ABC$ 和 $\triangle A_1B_1C_1$ 是两个等边三角形. 以线段 AA_1，BB_1，CC_1 为底边分别作新的等边三角形 $\triangle AA_1A^*$，$\triangle BB_1B^*$，$\triangle CC_1C^*$. 假设五个三角形 $\triangle ABC$，$\triangle A_1B_1C_1$，$\triangle AA_1A^*$，$\triangle BB_1B^*$，$\triangle CC_1C^*$ 的周界都有相同走向（或者全是顺时针方向，或者全是逆时针方向）. 证明：三个点 A^*，B^*，C^* 或者是一个等边三角形的顶点，或者重合.

如果我们不要求这五个三角形的周界都有同一走向，结论是否仍然成立？

46. (1) 设 $ABCD$ 和 $MNPQ$ 是两个正方形. 证明：若这两个正方形的周界有相同的走向，则

$$AM^2 + CP^2 = BN^2 + DQ^2$$

如果用两个相似的长方形代替这两个正方形，结论是否仍然成立？如果不要求它们的周界走向相同，结论是否仍然成立？

(2) 设 $ABCDEF$ 与 $MNPQRS$ 是两个正六边形. 证明：如果它们的周界有相同的走向，则

$$AM^2 + CP^2 + ER^2 = BN^2 + DQ^2 + FS^2$$

47. (1) 作长方形，使它的边分别过四个给定的点 A, B, C, D，并且使它的对角线有给定的长度.

(2) 给定四边形 $ABCD$ 的各个角和对角线，求作这个四边形.

(3) 设给定过同一点的四条直线，作平行四边形使它的边有给定的长度，并且它的顶点在四条给定的直线上.

48. (1) 在平面上给定一点 M 及两条直线 l_1 和 l_2，求作 $\triangle ABC$，使得 M 分边 AB 成给定比 $\frac{BM}{MA}=k$，并且使得 l_1 和 l_2 分别是边 BC 和 CA 的中垂线.

(2) 在平面上给定两点 M 和 N 及一条直线 l，求作 $\triangle ABC$，使得 M 和 N 分别把边 AB 和 BC 分成给定比 $\frac{BM}{MA}=k_1$ 和 $\frac{CN}{NB}=k_2$，并且使得 l 是边 AC 的中垂线.

保距变换和相似变换的进一步应用

第2章

2.1 互相相似的图形系统

在这一节中，我们将考虑某些互相相似的图形系统，它们有一些有趣的性质. 首先考虑较为简单的全等图形系统.

设 F 和 F' 是平面上两个全等图形. 在《几何变换(Ⅰ)》2.2 节中，已经证明这样的图形可以通过一个旋转或平移使之重合，并且基于这一点，断言平面内的刚体运动只有旋转和平移[①]. 但是，在那里我们是不考虑图形在运动过程中所处的那些中间位置的. 我们只集中注意于图形初始的和最终的位置. 而现在我们对一个运动的图形的中间位置也感兴趣，这些位置构成了一个互相全等的图形系统[②]. 对应于把一个图形从位置 F 移动到位置 F' 的各种可能的方式，有无限多个这种不同的系统. 我们只考虑这类系统的某些简单的例子.

让图形 F 绕点 O 旋转，也就是让图形 F 运动，使得其中的某个点 O 保持不动(图 2.1(a)). 这时 F 的每个点 A 描出一个以 O 为中心的圆(因为距离 OA 保持不变). F 的每条直线 l 或者总与某个以 O 为中心的固定的圆相切，或者总经过 O(因为 O 到 l 的距离保持不变). 点 O 是这个图形的任何两个位置的旋转中心.

---

① 在这里和以后，“全等图形”这个词总是指“正向全等图形”(参见《几何变换(Ⅰ)》). 两个反向全等图形通常不能通过平面内的刚体运动使之重合.

② 我们仅对运动的图形的不同位置的集合感兴趣，而不管运动过程本身. 这样，我们将完全不考虑各个点的速度或加速度. 虽然力学上的考虑常常能简化几何定理的证明，但是在这里我们不去考虑这种特殊的几何学(所谓运动几何学). (请注意，这一节中的基本定理 1 和 2 也可以用力学的方法证明.)

现在我们来考虑图形沿某给定直线 p 的方向的平移(图 2.1(b))，也就是让图形运动，使得其中某直线 p 保持不动(实际上是沿直线自身的一个滑动). 这时图形的每个点 B 描出一条平行于 p 的直线(因为从 B 到 p 的距离保持不变). 每条不平行于 p 的直线 m 总是以保持平行于其初始位置的方式运动(因为 m 和 p 之间的夹角不变). 每条平行于 p 的直线 q 沿自身滑动(因为它与 p 之间的距离不变). F 的任何两个位置可以彼此通过一个沿 p 的方向的平移而得到.

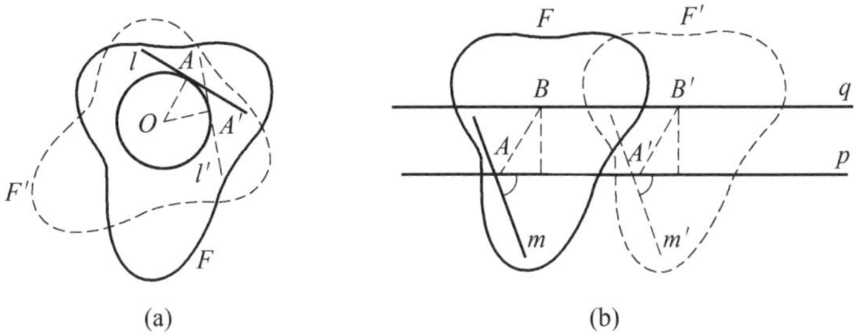

图 2.1

如果在平面上移动图形 F，使得在整个运动过程中 F 有两条平行直线 p 和 q 总是经过平面上两个给定的点 A 和 B，那么直线 p 的运动是沿自身滑动(因为 p 与线段 AB 之间的夹角不变：这个角的正弦等于 p 和 q 之间的距离与线段 AB 的长度之比)①. 因此我们所讨论的图形 F 的这种运动正是上面已经考虑过的图形的平移(图 2.1(b)). 如果在运动过程中图形 F 有两条不平行直线总是经过给定的两个点，那么情况就比较复杂. 这种运动可以通过如下的方式实现：在平面上钉好两个钉子，再把一个角粘在图形上，然后移动这个角，使得它的两条边总保持与钉子相接触. 我们有下面的定理：

定理 1 若图形 F 在平面上运动，使得 F 的两条给定的不平行直线 p 和 q 总是分别过平面上两个给定的点 A 和 B，则 F 的每条其他的直线或者总经过平面上某个给定的点，或者总与平面上某个圆相切.

证明 设 F_1 是 F 在运动过程中的另一个位置，直线 p_1 和 q_1 分别是直线 p 和 q 在 F_1 中的对应位置. 令 O 是 p 与 q 的交点，O_1 是 p_1 与 q_1 的交点(图 2.2(a)). 点 O 和 O_1 必落在某个圆 S 的某段弧上，这段弧张在弦 AB 上，并且它所含的圆周角等于直线 p 与 q 的夹角. 设 l 是 F 的过 O 的某条直线，l_1 是 l 在 F_1 中的对应位置，令 M 和 M_1 分别是 l 和 l_1 与圆周 S 的交点. 因为 $\angle MOA = \angle M_1O_1A$(直线 l 与 p 之间的夹角不变)，由此可知 $\overset{\frown}{AM} = \overset{\frown}{AM_1}$，所以 M_1 与 M 重合. 这样，我们就证明了直线 l 的所有位置都过同一点 M.

① 在这里我们想象图形 F 和直线 p，q 在平面上作滑动，而在平面上的点，例如 A 和 B，则是不动的.

现在设 m 是 F 的不经过点 O 的任意一条直线.过 O 引直线 l 平行于 m.如我们已经看到的,直线 l 的所有位置都过同一点 M.因为直线 m 与 l 之间的距离保持不变,所以直线 m 的所有可能的位置必定与以 M 为中心,半径等于 l 到 m 的距离的圆相切.这就完成了定理的证明.

现在设图形 F 在平面上移动,使得图形中的两条不平行直线 m 和 n 总是分别与两个给定的圆 S_1 和 S_2 相切(图 2.2(b)).过圆 S_1 和 S_2 的中心 A 和 B 分别引直线 p 和 q,使它们分别平行于 m 和 n. m 和 p 之间的距离等于 S_1 的半径.因为在图形运动过程中这个距离是不变的,所以直线 p 始终都过点 A.类似地,直线 q 始终都过点 B.因此可以应用定理 1.于是,我们知道,在这样的运动中,图形 F 的每条直线也是或者总是与某固定的圆相切,或者总过某个给定的点.

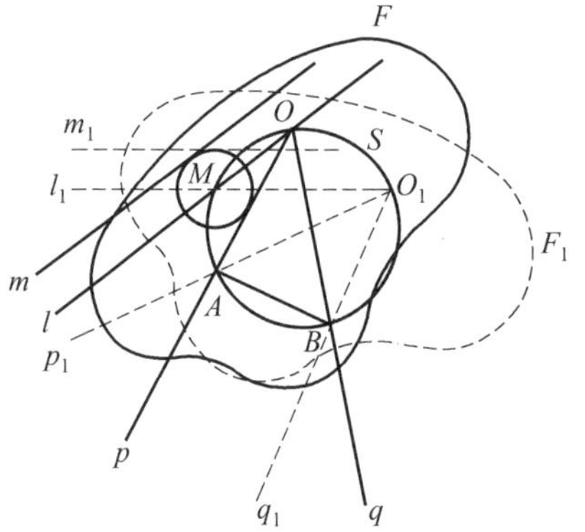

(a)

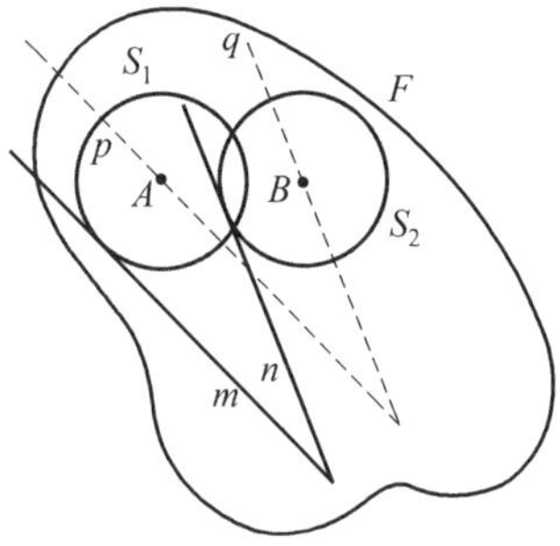

(b)

图 2.2

若图形 F 在平面上移动,使得图形中的某两个点 A 和 B 描出两条平行直线 p 和 q,则线段 AB 的所有位置彼此平行(因为 AB 与 p 的夹角的正弦不变:它等于 p 和 q 之间的距离与线段 AB 的长度之比).因此图形的任何两个位置可以彼此经过一个沿直线 p 的方向的平移得到,即图形 F 的运动是平移,对于它我们在前面已研究过了(图 2.1(b)).若图形 F 运动,使得 F 的某线段 AB 的两个端点分别保持在两条不平行的直线上,则情况就比较复杂.我们有下面的定理:

定理 2　若图形 F 在平面上以这样的方式移动,使得它的两个点 A 和 B 描出相交于点 O 的直线 p 和 q,则存在一个与图形 F 相伴的圆 S, S 上每个点的轨迹都是过 O 的直线.

证明　设 F_1 是 F 在运动过程中的另一个位置, A_1B_1 是 F 的线段 AB 在 F_1 中的对应位置(图 2.3).过点 A,B,O 作圆 S.我们将把这个圆看作与图形 F 相伴的圆,并且用 S_1 表示当 F 到达 F_1 时这个圆所在的位置.显然, S_1 也经过点 O(因为圆 S 的 $\overset{\frown}{AB}$ 所对的圆心角等于圆 S_1 的 $\overset{\frown}{A_1B_1}$ 所对的圆心角,它们都等于 $2\angle AOB$).设 M 是 S 上的任意一点, M_1 是 M 在 S_1 中的对应点.从 F 与 F_1 全等可知$\overset{\frown}{AM}$与$\overset{\frown}{A_1M_1}$相等，这意味着这些弧所对的圆周角$\angle AOM$和$\angle A_1OM_1$也相等．这就是说直线OM_1与OM重合．从而证明了圆周S上的每个点M都沿着过O的直线移动．

还可以看出，S的中心N沿着一个以O为中心的圆移动，这个圆的半径等于圆S的半径R．这是因为S的所有位置都经过点O，因而距离ON始终等于R．

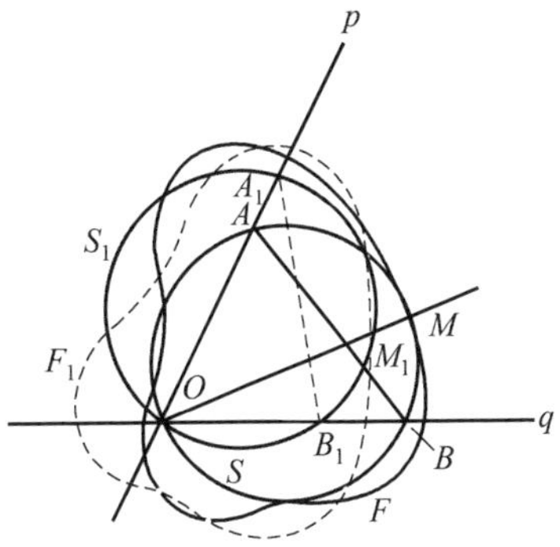

图 2.3

习　题

1. 求作三角形，使它与给定的三角形全等，并且它的边分别满足以下条件：

(1) 过三个给定的点．

(2) 与三个给定的圆相切．

这个问题已出现在《几何变换(Ⅰ)》第1章中(参见问题7(2))．

2. (1) 设一个直角三角形的斜边以这样的方式滑动，使得它的两个端点保持在两条垂直的直线上，求直角的顶点所描出的轨迹．

(2) 设顶角为120°的等腰三角形以这样的方式滑动，使得它的最长边的端点保持在一个60°角的两条边上，求这个三角形的最大角的顶点的轨迹．

3. 在平面上给定两条互相垂直的直线l_1和l_2以及圆S．求作$\mathrm{Rt}\triangle ABC$，使得它的一个锐角为已知角α，它的顶点A和B分别在l_1和l_2上，并且直角的顶点C在圆S上．

现在设F和F'是平面上两个相似图形①．从1.2节中我们知道F可以经过一个螺旋相似变成F'．但是那时我们并不考虑从位置F变动到位置F'时图形所处的那些中间位置．现在我们将考虑当图形以始终保持相似于初始位置的方式，从某个位置F变动到另一个位置F'时，由它的所有位置所构成的互相相似的图形系统．

首先假设F以这样的方式变动，使得F总是相似于它的初始位置，并且除此之外还使得图形的某个点O保持不动．如果与此同时还有图形的另外某个点A描出一个以O为中心的圆，则O与A之间的距离不变．因而F总是全等于(不

① 从此以后，“相似”这个词总是指“正向相似”(参见第33页)．

仅是相似）它的初始位置，并且F的所有点都描出以O为中心的圆（图2.1(a)）. 若F的某个点A描出一条过O的直线，则F的每个其他的点B也描出一条过O的直线（因为当F保持与初始位置相似时，$\angle BOA$不能改变）. 图形的这样一种运动意味着总可以通过一个相似中心为O的中心相似把图形变回到原来的位置（图2.4(a)）. 现在假设F的点A描出一条任意的曲线γ，我们将证明F的每个其他的点B（除点O外）也描出一条相似于γ的曲线（图2.4(b)）. 事实上，设F是初始位置，F_1是F的任意一个别的位置. 设A_1，B_1是A，B在F_1中的对应点. 因为图形的所有位置都相似于初始位置，并且点O保持不动，所以可见$\triangle OAB$和$\triangle OA_1B_1$是相似的. 因而$\angle B_1OA_1=\angle BOA$，并且$\frac{OB_1}{OA_1}=\frac{OB}{OA}$. 用$\alpha$表示$\angle BOA$，$k$表示比$\frac{OB}{OA}$. 前面的等式说明通过一个中心为$O$，相似系数为$k$，转角为$\alpha$的螺旋相似可以把$B_1$变到$A_1$. 因为$F_1$是图形$F$的任意一个位置，这意味着我们的螺旋相似把点$B$所描出的整条曲线$\gamma'$变成点$A$所描出的曲线$\gamma$. 但是，如果两条曲线可以通过一个螺旋相似彼此互变，那么它们是相似的，这就是要证明的.

用同样的方法可以证明，若图形F变动，使得F的一条不过O的直线m在每个时刻都保持与某曲线γ相切，则这个图形的任意一条别的直线n（不经过O）也在每个时刻都与一条相似于γ的曲线相切（图2.4(b)）. 这条曲线可由γ经过一个以O为中心，把m变成n的螺旋相似得到. 特别地，若图形F变动，使得它的一条不过O的直线m总过某个给定点M，则这个图形的任意一条别的直线n（不经过O）也总过某个固定点（这个点对不同的直线可能是不同的）.

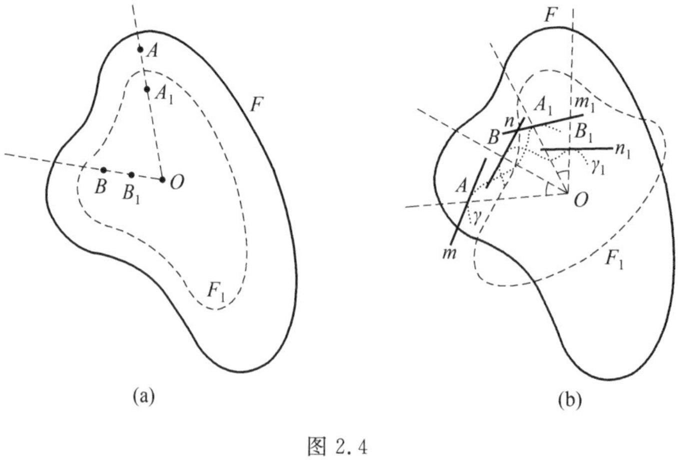

图 2.4

我们还应注意,若图形 F 变动,使得它的某个点 O 保持不动,则 O 是这个图形的任何两个位置的旋转中心. 事实上,由 $\triangle AOB$ 与 $\triangle A_1OB_1$ 相似(图 2.4(b)),可见 $\triangle AOA_1$ 和 $\triangle BOB_1$ 也相似(因为 $\angle AOA_1=\angle AOB+\angle BOA_1$, $\angle BOB_1=\angle A_1OB_1+\angle BOA_1$,所以 $\angle AOA_1=\angle BOB_1$. 而且由 $\frac{OB_1}{OA_1}=\frac{OB}{OA}$,有 $\frac{OA_1}{OA}=\frac{OB_1}{OB}$). 但是这意味着图形 F_1 可由 F 经过一个中心为 O,转角为 $\angle A_1OA$,相似系数为 $\frac{OA_1}{OA}$ 的螺旋相似得到.

反之,若变动 F 使得它总保持相似于它的初始位置,并且使得 F 的任何两个位置有相同的旋转中心 O,则把点 O 看作 F 的点,它是不动的(因为旋转中心在中心相似变换下是不动点).

习　题

4. 设 A 是两个圆 S_1 和 S_2 的一个交点. 过 A 引任意一条直线 l 和一条固定的直线 l_0,它们分别与 S_1 和 S_2 再次相交于点 M_1, M_2 和 N_1, N_2. 设 $\triangle M_1M_2P$ 是作在线段 M_1M_2 上的等边三角形,并设 Q 是直线 M_1N_1 和 M_2N_2 的交点(图 2.5). 证明:当直线 l 绕 A 旋转时:

(1) $\triangle M_1M_2P$ 的顶点 P 描出一个圆 Σ,并且 M_1P 和 M_2P 分别绕某两个固定点 I_1 和 I_2 转动(其中 M_1P 过 I_1, M_2P 过 I_2).

(2) 点 Q 的轨迹描出一个圆 Γ. 变动给定直线 l_0 的位置,求圆 Γ 的中心描出的轨迹.

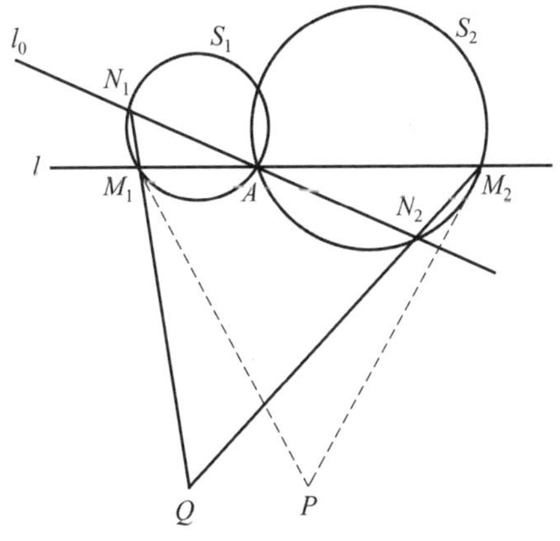

图 2.5

5. 设 l 是过 $\triangle ABC$ 的顶点 A，并且与它的底边 BC 交于点 M 的任意一条直线. 令 O_1 和 O_2 分别是 $\triangle ABM$ 和 $\triangle ACM$ 的外接圆的圆心. 变动直线 l，使它经过所有可能的位置，求线段 O_1O_2 的中点所描出的轨迹.

6. 给定 $\triangle ABC$ 和一个点 O. 过 O 引三条直线 l_1, l_2, l_3，使得它们之间的夹角分别等于 $\triangle ABC$ 的各个角(角的方向考虑在内). 设 $\overline{A}, \overline{B}, \overline{C}$ 是这三条直线与 $\triangle ABC$ 相应的边的交点(图 2.6).

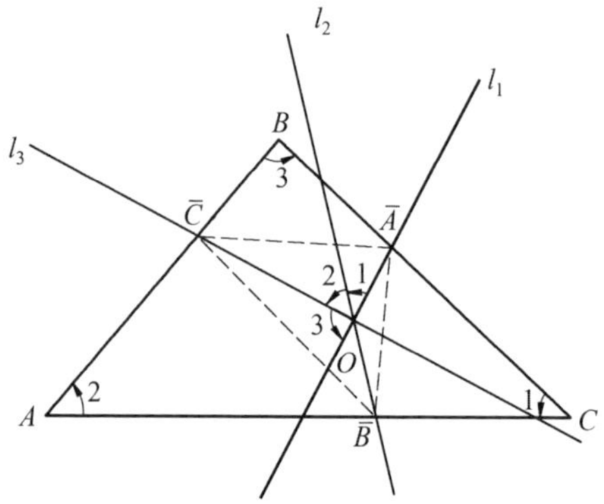

图 2.6

(1) 证明：若 O 分别是 $\triangle ABC$ 的外接圆圆心、内切圆圆心、高的交点(垂心)，则相应的 O 是 $\triangle \overline{A}\,\overline{B}\,\overline{C}$ 的垂心、外接圆圆心、内切圆圆心.

(2) 设点 O 任意，让直线 l_1, l_2, l_3 绕 O 旋转. 分别找出 $\triangle \overline{A}\,\overline{B}\,\overline{C}$ 的外接圆圆心、内切圆圆心、垂心的轨迹.

现在我们回到本节要证的一些主要定理.

定理 3　若图形 F 以这样的方式变动，使得它的所有的位置都相似于初始位置，并且使得图形 F 的某三个点 A, B, C 描出不经过同一点的三条直线，则图形的每个点都描出一条直线.

定理 4　若图形 F 以这样的方式变动，使得它的所有的位置都相似于初始位置，并且使得图形 F 的不过同一点的三条直线 l, m, n 总过三个给定的点，则 F 的每条直线总过某个固定点，并且 F 的每个点都描出一个圆.

定理 3 的证明　我们将证明 F 的任何两个位置有同一个旋转中心 O(即当 F 变动时，F 的某个点 O 保持不动). 由此推得，F 的所有点描出的曲线都相似于点 A 所描出的曲线，即直线. 而这就是我们要证明的.

用字母 P, Q, R 表示点 A, B, C 分别沿着它们运动的那些直线的交点(图

2.7(a))①. 设 F 和 F_1 是图形 F 的两个位置, A_1, B_1, C_1 是 A, B, C 在 F_1 中的对应位置. 图形 F 和 F_1 的旋转中心 O 也是线段 AB 和 A_1B_1, AC 和 A_1C_1 的旋转中心. 但是如前面(图 1.29) 所证明的, 线段 AB 和 $A'B'$ 的旋转中心落在 $\triangle ABQ$ 和 $\triangle A'B'Q$ 的外接圆上, 其中 Q 是 AA' 与 BB' 的交点. 在现在的情形下, 这意味着 O 必定在 $\triangle ABP$ 的外接圆(和 $\triangle A_1B_1P$ 的外接圆) 上. 同理, 线段 AC 和 A_1C_1 的旋转中心在 $\triangle ACQ$ 的外接圆(和 $\triangle A_1C_1Q$ 的外接圆) 上. 于是图形 F 和 F_1 的旋转中心可以作为 $\triangle ABP$ 和 $\triangle ACQ$ 的外接圆的一个交点被确定出来, 因而不依赖于图形的特别位置 F_1. 这就是说, 图形 F 的任何两个位置有相同的旋转中心, 定理证完.

如果由点 A, B, C 描出的直线过同一点 P(图 2.7(b)), 定理的断言一般说来仍成立. 它的证明与上面所说的没有什么不同. 所有位置的公共相似中心首先必须与圆 ABP 和 BCP 的交点(即点 P) 重合(其中 A, B, C 是我们所考虑的图形 F 的三个点在某个时刻的位置). 仅有的例外情形出现在圆 ABP 与 BCP 重合(即点 A, B, C 与点 P 共同落在一个圆上) 的时候, 也就是说, 当

$$\angle APB + \angle ACB = 180^\circ$$

并且点 P 和 C 位于直线 AB 的两侧, 或者 $\angle APB = \angle ACB$, 并且点 P 和 C 位于边 AB 的同一侧的时候. 对这种情形, 定理不一定成立.

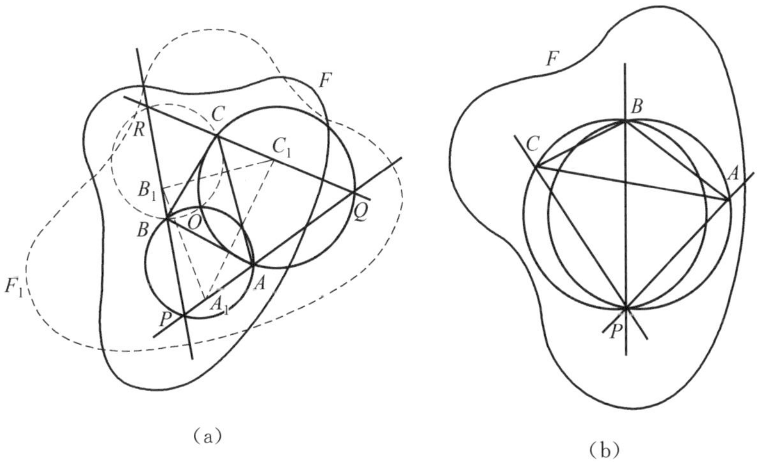

图 2.7

① 我们假设三条直线中没有两条是平行的. 例外的情形, 即其中两条直线或所有三条直线都平行的情形的分析留给读者.

定理4的证明　我们将证明F的任何两个位置有相同的旋转中心O,并且F的某个点A描出一个圆.然后由问题3后面我们所作的说明可知,F的每条直线总过某个固定点(因为直线l过固定点),并且F的每个点描出一个圆(因为A描出一个圆).

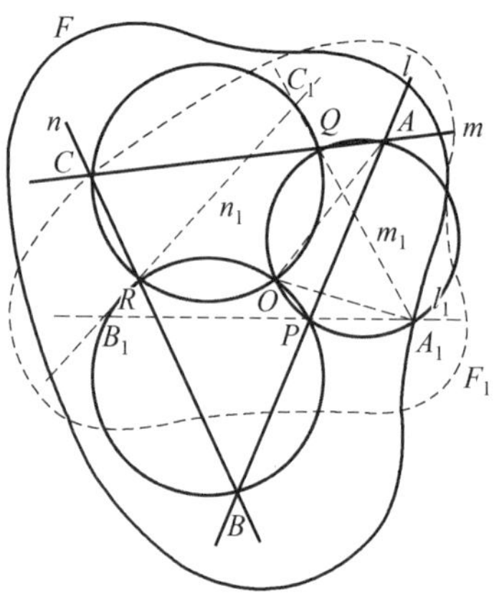

图 2.8

我们用A,B,C表示直线l,m,n的交点①,用P,Q,R表示这三条直线所经过的给定点(图2.8).

首先,由于在F的变动过程中$\angle QAP$的大小必定保持不变,显然A描出一个圆(因为F保持相似于它的初始位置,图形中直线l和m的夹角不能改变)②.其次,设F与F_1是图形F的两个位置.l_1,m_1,n_1是l,m,n在F_1中的对应位置.令A_1,B_1,C_1是点A,B,C在F_1中的对应位置.若O是F与F_1的旋转中心,则$\angle AOA_1$等于把F变成F_1的螺旋相似的转角,因而等于l与l_1的夹角或m与m_1的夹角.于是$\angle AOA_1=\angle APA_1=\angle AQA_1$,即$O$在过$A,A_1,P,Q$的圆上.同理,我们可以证明$O$在过$B,B_1,P,R$的圆上.由此可见,$F$与$F_1$的旋转中心$O$是$\triangle APQ$和$\triangle BPR$的外接圆的交点,因此它不依赖于变动的图形$F$的特殊位置$F_1$.这就是说$F$的任何两个位置有相同的旋转中心.

若F的直线l,m,n都过同一点A,则定理4的断言不一定成立.

习　题

7.作四边形$ABCD$,使它相似于给定的四边形(例如正方形),并且使它适合下列条件之一.

(1)它的顶点分别在四条给定的直线上.

(2)它的边分别过四个给定的点.

(3)它的边BC,CD与对角线BD分别过三个给定的点,而顶点A在给定的圆上.

问题7的(1)和(2)也可表述如下:

---

① 参见第49页上的注.

② 这个推理中,事先假定直线l的点A在变动过程中不越过给定点P(或给定点Q);在相反的情形,把$\angle QAP$换成它的补角.

（1）在给定的四边形中作内接四边形，使它相似于另一个给定的四边形（例如正方形）.

（2）作给定的四边形的外接四边形，使它相似于另一个给定的四边形（例如正方形）.

8. 设给定四条直线 l_1,l_2,l_3,l_4，作直线 l 使得由四条给定直线在它上面截出的三条线段成给定的比.

9. 把 $\triangle ABC$ 的每条边绕各自的中点转定角 α（每次都按同一方向旋转）. 设 $\triangle A'B'C'$ 是由旋转后的直线构成的新三角形. 变动角 α 使它取各种不同的值，分别找出 $\triangle A'B'C'$ 的中线交点、高的交点以及角平分线的交点的轨迹. 证明：所有这些三角形的外接圆圆心重合.

10. 设 M,K,L 是 $\triangle ABC$ 的边 AB,BC,AC 上的三个点. 证明：

（1）$\triangle LMA$，$\triangle MKB$，$\triangle KLC$ 的外接圆 S_1,S_2,S_3 交于一点.

（2）以圆 S_1,S_2,S_3 的中心为顶点的三角形相似于 $\triangle ABC$.

问题 10（1）中的命题可以进一步推广，类似地，问题 10（2）也可以推广，但我们不赘述了.

11. 设在圆 S 中内接了两个正向全等的三角形 $\triangle ABC$ 和 $\triangle A_1B_1C_1$（参见《几何变换（Ⅰ）》）. 令 $\overline{A},\overline{B},\overline{C}$ 是它们的对应边的交点（图 2.9）. 证明：

（1）$\triangle \overline{A}\,\overline{B}\,\overline{C}$ 相似于 $\triangle ABC$ 和 $\triangle A_1B_1C_1$.

（2）$\triangle \overline{A}\,\overline{B}\,\overline{C}$ 的高的交点与圆 S 的中心重合.

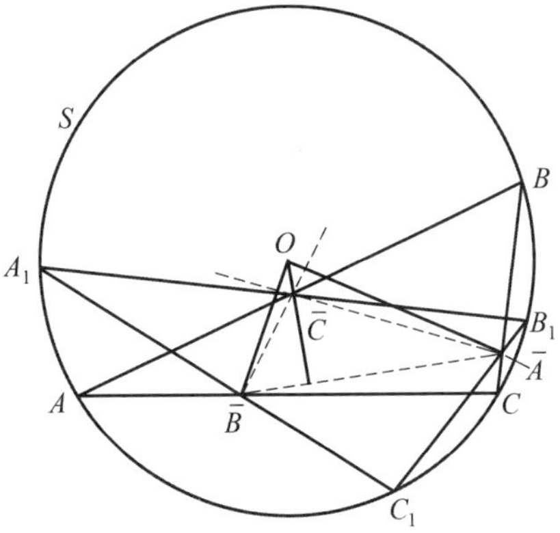

图 2.9

12. 设 l 是平面上任意一条直线，直线 l_1,l_2,l_3 分别关于给定的 $\triangle ABC$（不是直角三角形）的三条边与 l 对称，设 T 是由直线 l_1,l_2,l_3 构成的三角形. 证明：

（1）对应于直线 l 的各种不同位置，所得到的三角形 T 都彼此相似.

（2）所有使得 l_1,l_2,l_3，交于一点 P 的直线 l 都过 $\triangle ABC$ 的高的交点 H；l_1,l_2,l_3 的交点 P 的轨迹是 $\triangle ABC$ 的外接圆.

（3）所有使得三角形 T 有给定面积的直线 l 都与同一个以 H 为中心的圆相切.

13. 证明：从点 P 向 $\triangle ABC$ 的三条边所作的垂线的垂足在一条直线上（西姆森（Simson）线，图2.10），当且仅当 P 在 $\triangle ABC$ 的外接圆上.

14. 从问题 13 的结果导出以下定理的证明：

(1) 由平面上任意四条直线(其中任意三条都不交于一点，并且任何两条都不平行)确定的四个三角形的外接圆过同一点.

(2) 设给定圆 S 和它的三条弦 MA，MB，MC，以这些弦为直径作三个圆. 这三个圆中的任何两个都有除点 M 之外的另外一个交点. 证明这些交点在一条直线上(图 2.11).

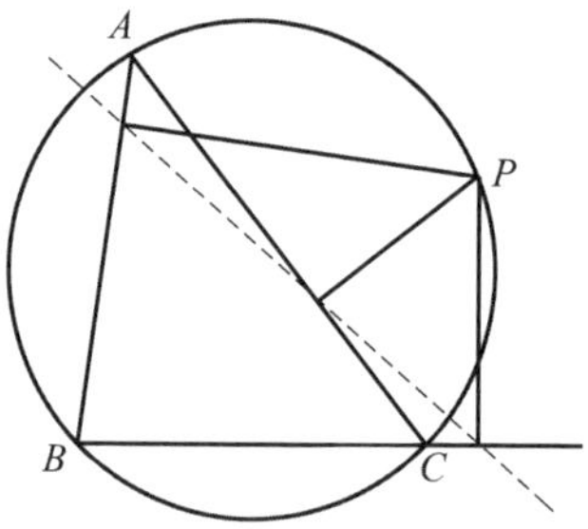

图 2.10

(3) 用 a,b,c,d 依次表示圆内接四边形 $ABCD$ 的各边的长度，e 和 f 是它的对角线的长度，则

$$ac+bd=ef$$

(托勒密(Ptolemy) 定理).

问题 14(1) 已出现在 1.2 节中(参见问题 35，特别是图 1.30).

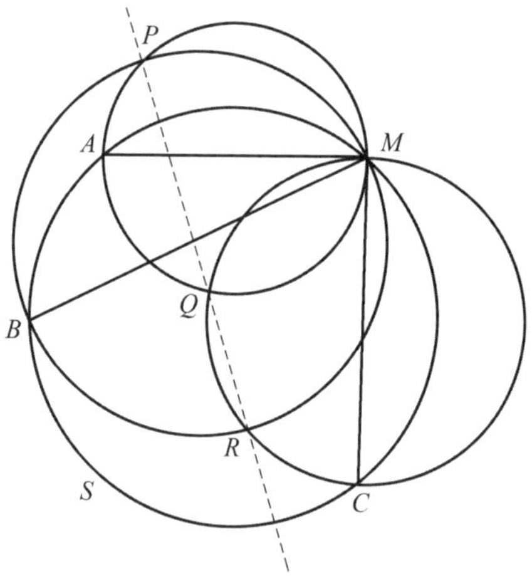

图 2.11

15. 平面上给定四条直线，其中任何三条不过同一点，并且任何两条不平行. 证明：由这些直线构成的四个三角形的高的交点在一条直线上.

这个问题还将在《几何变换(Ⅲ)》第 1 章问题 30 中出现.

16. 设 S_1 和 S_2 是两个相交的圆，点 M 是到 S_1 和 S_2 的切线长有给定比的点，找出点 M 的轨迹.

在给定 $\triangle ABC$ 中作另一个相似于 $\triangle ABC$ 的内接 $\triangle A_1B_1C_1$(字母的顺序表明了两个三角形的边的对应关系)，使得 $\triangle A_1B_1C_1$ 的顶点 A_1 在 AB 上，顶点 B_1 在 BC 上，顶点 C_1 在 CA 上(图 2.12). 满足我们所说条件的 $\triangle A_1B_1C_1$ 有无穷多个(因为我们可以按任意方式选取 $\triangle A_1B_1C_1$ 的一条边的方向或一个顶点的位置(参见第 1 章中问题 9(2) 和问题 30(1))). 所有这样的 $\triangle A_1B_1C_1$ 都可以看作 $\triangle ABC$ 在以 O_1 为公共旋转中心的螺旋相似下的像(参见定理 3 的证明). 点 O_1 称为 $\triangle ABC$ 的第

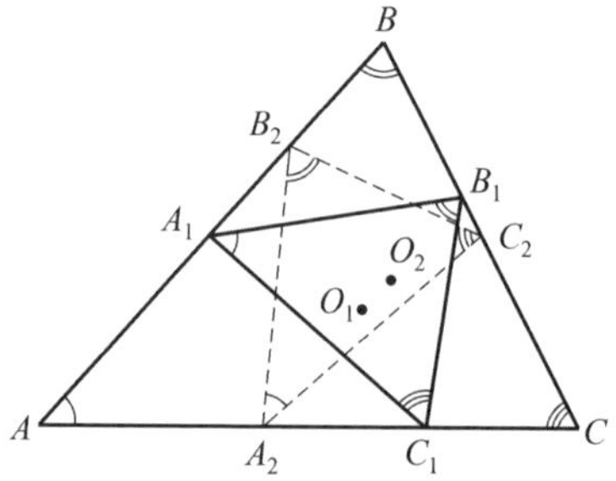

图 2.12

一旋转中心. $\triangle ABC$ 的第二旋转中心 O_2 是指 $\triangle ABC$ 和相似于它的 $\triangle A_2B_2C_2$ 的公共旋转中心(字母的顺序指明了两个三角形的边的对应关系),这里 $\triangle A_2B_2C_2$ 内接于 $\triangle ABC$,并且使得 A_2 在 CA 上,B_2 在 AB 上,C_2 在 BC 上.

习　题

17. 设 $\triangle A'B'C'$ 相似于 $\triangle ABC$(字母的顺序指明了两个三角形的边的对应关系),并且 A' 在 $\triangle ABC$ 的边 BC 上,B' 在边 AC 上,C' 在边 AB 上. 证明:$\triangle ABC$ 和 $\triangle A'B'C'$ 的旋转中心 O 是 $\triangle ABC$ 的外接圆圆心.

18. 设 O_1 和 O_2 分别是 $\triangle ABC$ 的第一和第二旋转中心,O 是外接圆圆心. 证明:

(1) $\angle O_1AB = \angle O_1BC = \angle O_1CA = \angle O_2BA = \angle O_2CB = \angle O_2AC$(图2.13);反之,如果点 M 使得

$$\angle MAB = \angle MBC = \angle MCA$$

那么点 M 与 O_1 重合.

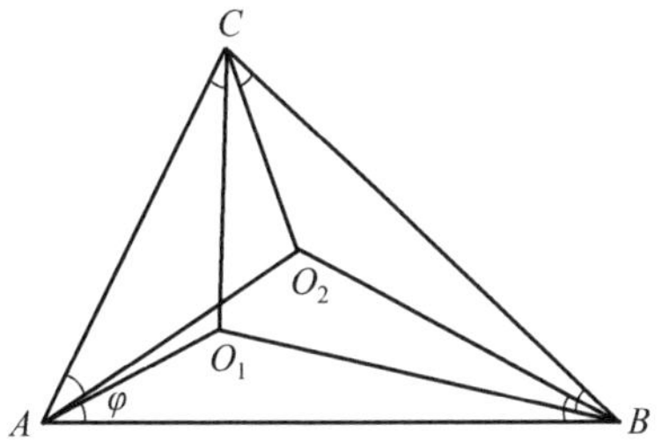

图 2.13

(2) O_1 和 O_2 重合,当且仅当 $\triangle ABC$ 是等边三角形.

(3) O_1 和 O_2 与 O 的距离相等:$O_1O = O_2O$.

(4) $\angle O_1AB$,$\angle O_1BC$,$\angle O_1CA$,$\angle O_2BA$,$\angle O_2CB$,$\angle O_2AC$ 的值 φ(参见(1))不超过 $30°$;$\varphi = 30°$,当且仅当 $\triangle ABC$ 是等边三角形.

19. 给定 $\triangle ABC$,求作它的旋转中心 O_1 和 O_2.

20. 设 $\triangle A_1B_1C_1$ 和 $\triangle A_2B_2C_2$ 都内接于 $\triangle ABC$,并且与 $\triangle ABC$ 相似(字母的顺序指明了这些三角形的边的对应关系),点 A_1,B_1,C_1 分别在 $\triangle ABC$ 的边 AB,BC,CA 上,点 A_2,B_2,C_2 分别在边 CA,AB,BC 上. 另外还假设 $\triangle A_1B_1C_1$ 的边 A_1B_1 和 $\triangle A_2B_2C_2$ 的边 A_2B_2 与 $\triangle ABC$ 的边 AB 构成等角(图 2.14). 证明:

(1) $\triangle A_1B_1C_1$ 与 $\triangle A_2B_2C_2$ 全等.

(2) 直线 B_2C_1,C_2A_1,A_2B_1 分别平行于边 BC,CA,AB,而直线 A_1A_2,

B_1B_2，C_1C_2 分别反平行①于这些边.

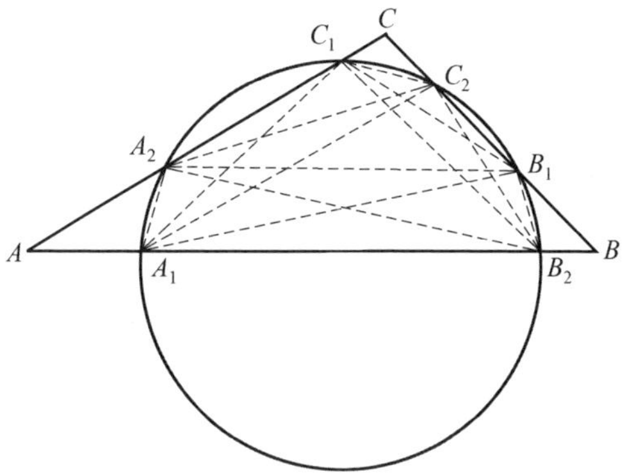

图 2.14

(3)A_1，B_1，C_1，A_2，B_2，C_2 六点在一个圆上.

21.(1) 设 A_1，B_1，C_1 和 A_2，B_2，C_2 分别是 $\triangle ABC$ 的第一和第二旋转中心在三角形各边上的投影. 证明：$\triangle A_1B_1C_1$ 和 $\triangle A_2B_2C_2$ 都相似于 $\triangle ABC$，并且彼此全等；六个点 A_1，B_1，C_1，A_2，B_2，C_2 都在一个圆上，该圆的中心是连 $\triangle ABC$ 的第一和第二旋转中心的线段的中点(图 2.15(a)).

(2) 证明：在一给定的 $\triangle ABC$ 中，可以作两个内接三角形 $\triangle A_1B_1C_1$ 和 $\triangle A_2B_2C_2$，使得这两个三角形的边分别垂直于 $\triangle ABC$ 的边，而且这两个三角形彼此全等，连这两个三角形对应顶点的三条线段彼此相等，并交于同一点 —— 它们的中点(图 2.15(b)).

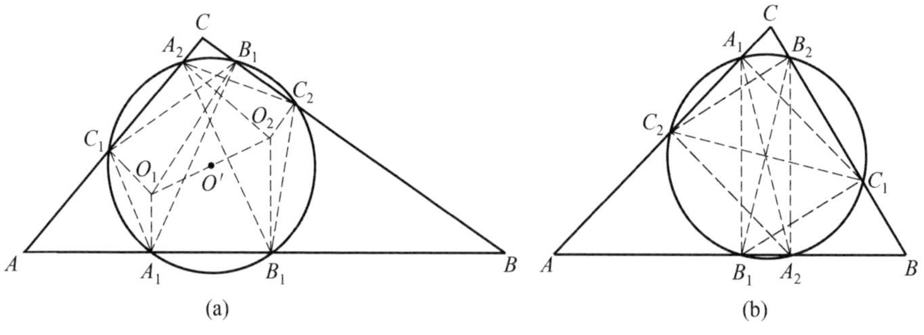

图 2.15

22. 设 O_1 是 $\triangle ABC$ 的一个旋转中心，A'，B'，C' 是直线 AO_1，BO_1，CO_1 与

① 一条与 $\triangle ABC$ 的边 AB 和 AC 分别交于 P 和 Q 的直线称为反平行于边 BC，如果 $\angle APQ = \angle ACB$，并且 $\angle AQP = \angle ABC$(如果 $\angle APQ = \angle ABC$，并且 $\angle AQP = \angle ACB$，那么线段 PQ 平行于边 BC).

$\triangle ABC$ 外接圆的交点. 证明:

(1) $\triangle A'B'C'$ 全等于 $\triangle ABC$.

(2) 六边形 $AC'BA'CB'$ 被它的顶点与 O_1 的连线所分成的六个三角形都与 $\triangle ABC$ 相似.

23. 设 M 是 $\triangle ABC$ 内任意一点. 证明:在 $\angle MAB$,$\angle MBC$,$\angle MCA$ 中和在 $\angle MAC$,$\angle MCB$,$\angle MBA$ 中都至少有一个角不超过 $30°$.

作为本节的结尾,我们考虑三个相似图形 F_1,F_2,F_3 的某些性质. 用 O_3,O_2,O_1 表示这三个图形中依次两个的旋转中心. $\triangle O_1O_2O_3$ 称为图形 F_1,F_2,F_3 的相似三角形. 这个三角形的外接圆称为图形 F_1,F_2,F_3 的相似圆①. 当点 O_1,O_2,O_3 在一条直线上或重合时,相似圆退化成一条直线或一个点,分别称它们为图形 F_1,F_2,F_3 的相似轴和相似中心. (若 F_1,F_2,F_3 两两中心相似,则相似圆退化成一条直线或一个点,参见三相似中心定理.)

在问题 24 和问题 25 中,我们假设图形 F_1,F_2,F_3 的相似圆不退化成一条直线或一个点.

习　题

24. 在平面上给定三个相似图形 F_1,F_2,F_3. 设 A_1B_1,A_2B_2,A_3B_3 是这三个图形中的三条对应线段,$\triangle D_1D_2D_3$ 的边分别在直线 A_1B_1,A_2B_2,A_3B_3 上(图 2.16). 证明:

(1) 直线 D_1O_1,D_2O_2,D_3O_3 相交于图形 F_1,F_2,F_3 的相似圆上的一点 U(图 2.16(a)).

(2) $\triangle A_1A_2D_3$,$\triangle A_1A_3D_2$,$\triangle A_2A_3D_1$ 的外接圆相交于图形 F_1,F_2,F_3 的相似圆上的一点 V(图 2.16(b)).

(3) 设 $\triangle D'_1D'_2D'_3$ 是与 $\triangle D_1D_2D_3$ 不同的某个三角形,它的边在 F_1,F_2 和 F_3 的三条对应直线上,则 $\triangle D_1D_2D_3$ 和 $\triangle D'_1D'_2D'_3$ 正向相似,并且它们的旋转中心 O 在图形 F_1,F_2,F_3 的相似圆上(图 2.16(c)).

① 两个正向相似图形的旋转中心这个概念推广了下面两个概念:两个正向全等图形的旋转中心与两个中心相似图形的相似中心. 所以上面提到的那些点无论称为图形的"旋转中心"或"相似中心"都是合理的. 我们认为对于这一节的结尾部分中所讨论的问题来说,第二个名字更为合适. 因此我们说:三个正向相似图形中依次两个的相似中心构成这些图形的相似三角形. 但是"旋转中心"这一术语在文献中更为普遍.

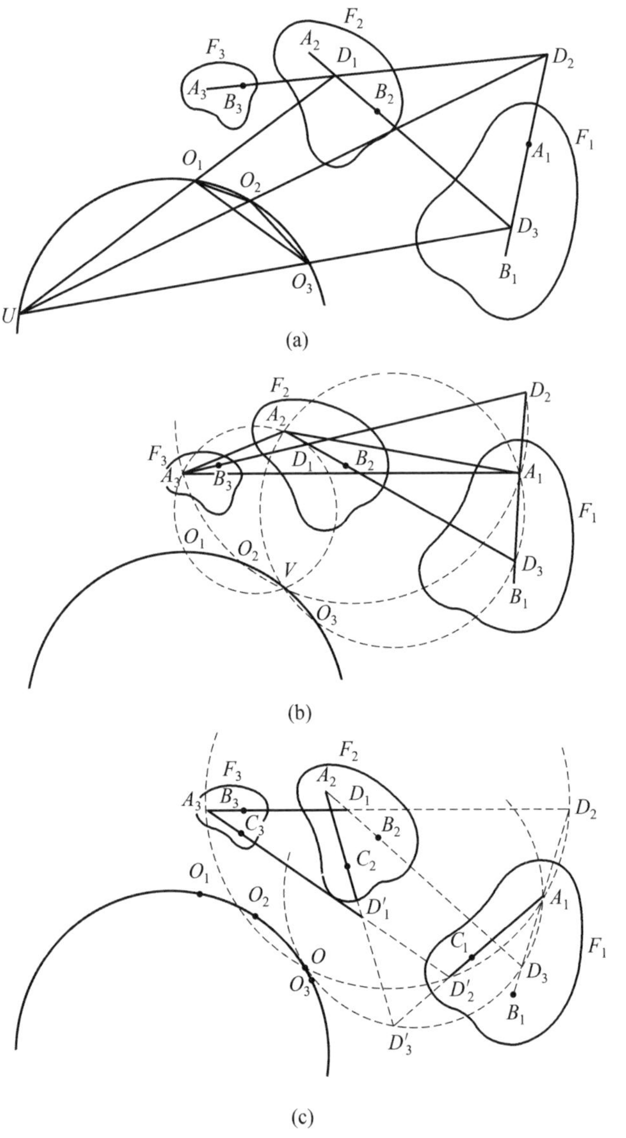

图 2.16

25. 设 F_1,F_2,F_3 是三个相似图形，l_1,l_2,l_3 是这些图形中的对应直线，并设 l_1,l_2,l_3 交于一点 W(图 2.17). 证明：

(1)W 在 F_1,F_2,F_3 的相似圆上.

(2)l_1,l_2,l_3 分别经过 F_1,F_2,F_3 的相似圆上的三个定点 J_1,J_2,J_3(即这三个点不依赖于直线 l_1,l_2,l_3 的选取).

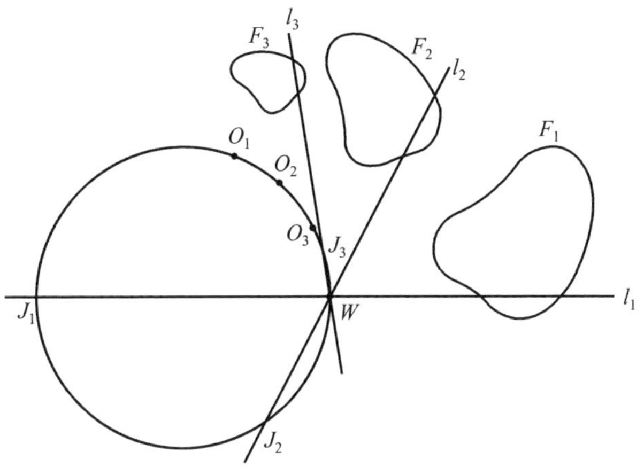

图 2.17

除问题24和问题25中所陈述的定理外,还可以指出三个相似图形 F_1,F_2,F_3 所具有的其他许多值得注意的性质.我们把其中的某些性质列在下面:

1. $\triangle J_1J_2J_3$(参见问题 25(2))反向相似于 $\triangle D_1D_2D_3$,其中后一个三角形的边分别在图形 F_1,F_2,F_3 的任意三条对应直线上.

2. 直线 J_1O_1,J_2O_2,J_3O_3 交于一点 T.

3. 若 F_1,F_2,F_3 的三个对应点 A_1,A_2,A_3 在一条直线上,则这条直线过一个固定点 T(即 2 中所述的点 T).反之,每条过 T 的直线包含 F_1,F_2,F_3 的三个对应点.

4. 若 A_1,A_2,A_3 是图形 F_1,F_2,F_3 的三个对应点,则 $\triangle A_1O_2O_3$,$\triangle A_2O_1O_3$,$\triangle A_3O_1O_2$ 的外接圆交于一点.

5. 图形 F_1 中的点 A_1 的基本三角形是指 $\triangle A_1A_2A_3$,其中 A_2 和 A_3 是点 A_1 在 F_2 和 F_3 中的对应点.则有:

(1) 使得 A_1 的基本 $\triangle A_1A_2A_3$ 的 $\angle A_2A_1A_3$(或 $\angle A_1A_2A_3$ 或 $\angle A_1A_3A_2$)等于给定角的点 A_1 的轨迹是圆.

(2) 使得基本 $\triangle A_1A_2A_3$ 的边 A_2A_3(或 A_1A_3 或 A_2A_1)有给定长度的点 A_1 的轨迹是圆.

(3) 使得基本 $\triangle A_1A_2A_3$ 的边之比$\frac{A_1A_2}{A_1A_3}$(或$\frac{A_1A_2}{A_2A_3}$ 或$\frac{A_1A_3}{A_2A_3}$)有给定值的点 A_1 的轨迹是圆.

(4) 使得基本 $\triangle A_1A_2A_3$ 有给定面积的点 A_1 的轨迹是圆.

我们把所有这些断言的证明留给读者.

2.2 保距变换和相似变换在求解极大、极小问题中的应用

这很短的一节与本书中其他部分的联系不是很紧密. 在这一节中收集了一些找各种几何量的最大值和最小值的问题. 这些问题可以用各种方法解决，但是在多数情况下是通过保距变换或相似变换来解决的. 这后一种情况正好说明了本书包含这一节的原因.

习　题

26.（1）给定直线 l 和位于 l 同侧的两个点 A 和 B. 在直线 l 上求一点 X，使得距离 AX 与 BX 之和有最小值.

（2）给定直线 l 和位于 l 异侧的两个点 A 和 B. 在直线 l 上找一点 X，使得距离 AX 与 BX 之差尽可能地大.

27.（1）在给定 $\triangle ABC$ 中求作内接三角形，使得它的一个顶点为 AB 上的给定点 P，并且它的周长有最小值.

（2）在给定 $\triangle ABC$ 中作内接三角形，使它的周长有最小值.

28. 在给定四边形 $ABCD$ 中作有极小周长的内接四边形. 证明：这个问题在一般情况下没有正常的解(即没有非退化四边形解). 但若四边形 $ABCD$ 可以内接于圆，则问题有无穷多个解，即有无穷多个内接于四边形 $ABCD$ 的周长相同的四边形，使得任何其余的内接于四边形 $ABCD$ 的四边形比它们有更长的周长.

我们可以提出下面更一般的问题：在给定的 n 边形中作有极小周长的内接 n 边形. 用类似于解问题 27(2) 和问题 28 时所用的方法可以证明，当 n 是奇数时，这个问题一般有唯一解；而当 n 为偶数时，本问题或根本无解或有无穷多个解.

29. 在给定的 $\triangle ABC$ 中，作内接三角形，使它的三条边分别垂直于外接圆半径 OA，OB，OC. 从这个作图法导出当 $\triangle ABC$ 是锐角三角形时，问题 27(2) 的另一种解法.

30. 在给定的 $\triangle ABC$ 中，作内接 $\triangle DEF$，并使得 $a \cdot EF + b \cdot FD + c \cdot DE$ 有最小值，其中 a，b，c 是给定的正数.

31. 在 $\triangle ABC$ 所在的平面上找一点 M，使它到各顶点的距离之和尽可能地小.

32.（1）作给定 $\triangle ABC$ 的外接等边三角形，使得过点 A,B,C 所作的这个等边三角形各边的垂线交于一点．从这个作图法导出问题 31 的另一种解法．

（2）在给定 $\triangle ABC$ 中作内接等边三角形，使得从点 A,B,C 向等边三角形各边所作的垂线交于一点．从这个作图法导出问题 31 的另一种解法．

33.（1）设 $\triangle ABC$ 是等边三角形，M 是这个三角形所在平面上的任意一点．证明：$MA+MC \geqslant MB$．问：什么时候有 $MA+MC=MB$？

（2）由题（1）中的命题再导出问题 31 的另一种解法．

34．设 $\triangle ABC$ 是等腰三角形，$AC=BC \geqslant AB$．对于三角形所在平面上怎样的点 M，M 到 A 的距离与 M 到 B 的距离之和减去 M 到 C 的距离，即 $MA+MB-MC$ 有极小值？

35．在给定的 $\triangle ABC$ 所在的平面上找一点 M，并使得 $a \cdot MA+b \cdot MB+c \cdot MC$ 有最小值，其中 a,b,c 是给定的正数．

问题 35 中的数 a,b,c 可以允许有某些是负的．但是在求解这类问题时必须区别许多不同的情形（参看问题 34 的解）．

习题解答

第 1 章　相似变换的分类

1. 设直线 l 已作出(图 1). 由假设点 C 以 A 为相似中心，以 $\frac{n}{m}$ 为相似系数，中心相似于点 B，所以它落在以 A 为相似中心，以 $\frac{n}{m}$ 为相似系数，中心相似于 l_1 的直线 l'_1 上. 因而点 C 可以作为直线 l_2 和 l'_1 的交点被作出. 若 l_1 不平行于 l_2，则本题有唯一解；若 $l_1 \parallel l_2$，则 l'_1 或平行于 l_2 或与 l_2 重合，对应于这两种情形，本题或无解或解不定.

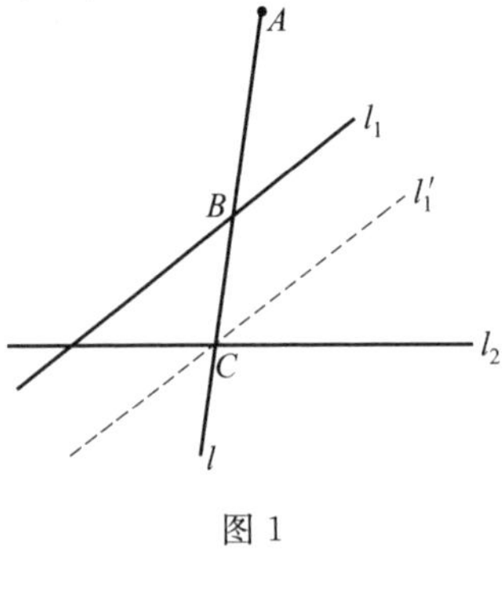

图 1

2. (1) 所求的轨迹可由圆 S 经过中心为 A，相似系数为 $\frac{1}{2}$ 的中心相似变换得到. 因此它是以 AO 为直径的圆，这里 O 是 S

的中心(图 2(a)).

(2) 作以 AO 为直径(O 是 S 的中心)的圆 S'. 因为 S' 是 S 的所有经过点 A 的弦的中点的轨迹(参见(1)), S' 与弦 BC 的交点确定所要作的弦(图 2(b)). 本题可以有两个解、一个解或无解.

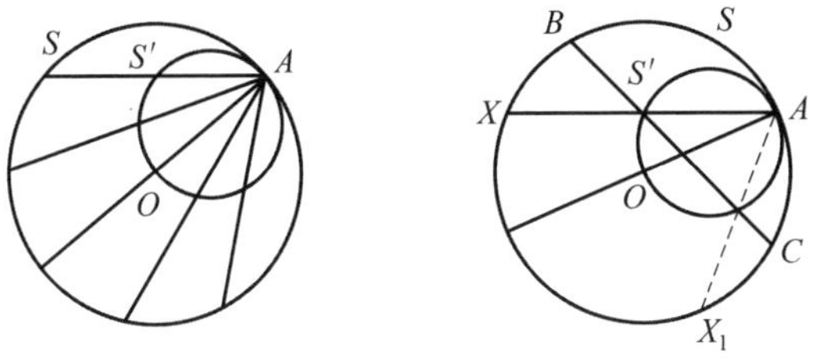

(a) (b)

图 2

3. 考虑以 M 为中心, 相似系数为 $\mp\frac{r_2}{r_1}$ (当两圆外切时(图 3(a)) 取"—", 而当两圆内切时(图 3(b)) 取"+")的中心相似变换, 这里 r_1, r_2 分别为圆 R 和 S 的半径. 这个变换把半径为 r_1 的圆 R 变成与圆 R 在点 M 相切的半径为 r_2 的圆, 即把圆 R 变成圆 S. 圆 R 上的点 A 在这个变换下变到圆 S 上的点 B, 并且圆 R 在点 A 处的切线 t_1 变成圆 S 在点 B 处的切线 t_2. 因为切线 t_2 是由 t_1 经过中心相似得到的, 所以这两条直线平行.

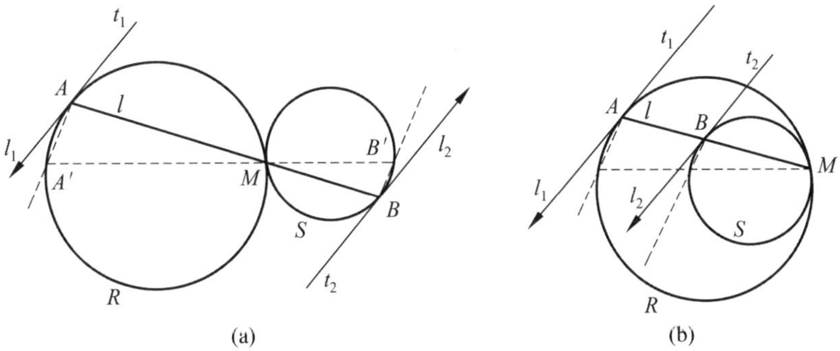

(a) (b)

图 3

4. 考虑以 M 为中心, 相似系数为 $k=\frac{r_2}{r_1}$ 的中心相似变换, 这里 r_1 和 r_2 分别是圆 R 和 S 的半径. 这个变换把直线 m 和 n 变成它们自身, 并且把与直线 m 和 n 相切的、半径为 r_1 的圆 R 变成与直线 m 和 n 相切的半径为 r_2 的圆 S(图 4). 还有, 直线 l 变成它自身, 线段 AB 变成 CD, 点 E 变到 F, 因而 $\triangle ABE$ 变成 $\triangle CDF$. 由此可知, 这两个三角形是相似的((1) 的断言), 并且相似系数是 $k=\frac{r_2}{r_1}$. 因此

$$\frac{S_{\triangle CDF}}{S_{\triangle ABE}}=k^2=\left(\frac{r_2}{r_1}\right)^2$$

((2) 的断言). 最后,从 $\triangle CDF$ 是由 $\triangle ABE$ 经过以 M 为中心的中心相似得到的,可知这两个三角形的对应点的连线,例如它们重心(即它们的中线的交点)的连线,经过点 M((3) 的断言).

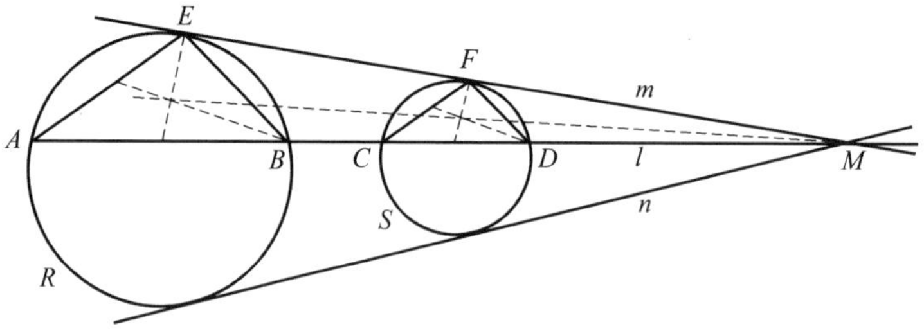

图 4

5. (1) 以 M 为中心,相似系数为

$$k=\frac{DC}{AB}=\frac{MD}{MA}=\frac{MC}{MB}$$

的中心相似(图 5) 把 $\triangle MAB$ 变成 $\triangle MDC$,并且把 $\triangle MAB$ 的外接圆 R 变成 $\triangle MDC$ 的外接圆 S. 因为圆 S 是由圆 R 经过以 R 上的点 M 为中心的中心相似得到的,由此即知圆 R 与 S 在点 M 处相切.

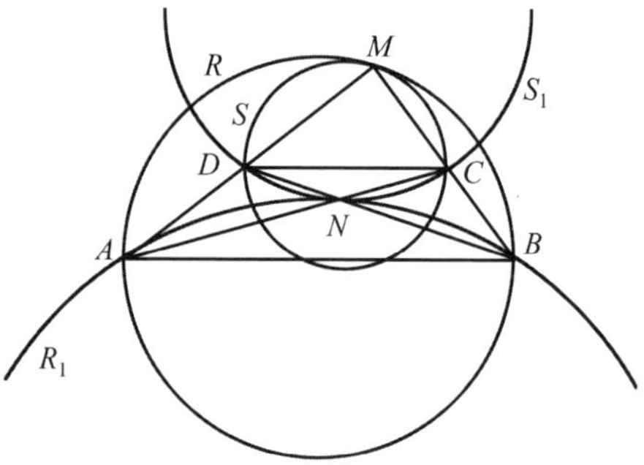

图 5

(2) 以 N 为中心,相似系数为

$$k_1=\frac{CD}{AB}=\frac{NC}{NA}=\frac{ND}{NB}$$

(因为在这里我们所考虑的是有向线段之比,所以 k_1 是负的) 的中心相似把 $\triangle NAB$ 变成 $\triangle NCD$,并且把 $\triangle NAB$ 的外接圆 R_1 变成 $\triangle NCD$ 的外接圆 S_1. 因为相似中心 N 在圆 R_1 上,所以圆 R_1 和 S_1 在点 N 处相切.

(3) 圆 S 与 R 的半径之比是 $k=\frac{DC}{AB}$(因为 $\triangle MAB$ 与 $\triangle MDC$ 相似,参见(1)). 圆 S_1 与 R_1 的半径之比是 $|k_1|=\left|\frac{CD}{AB}\right|$(参见(2) 的解). 但是,有 $\left|\frac{CD}{AB}\right|=\frac{DC}{AB}$,这就证明了(3) 的断言.

6. (1) 若 M 是梯形 $ABCD$ 的两条不平行边 AD 和 BC 的交点(图 6(a)),则

中心为 M，相似系数为 $\frac{DC}{AB}$ 的中心相似把线段 AB 变成线段 DC，且把 $\triangle ABE$ 变成 $\triangle DCF$（参看问题 5(1) 的解）. 由此即可得出本题中的断言.

(2) 若 N 是梯形 $ABCD$ 的对角线 AC 和 BD 的交点（图 6(b)），则中心为 N，相似系数为 $\frac{CD}{AB}$（负的）的中心相似把线段 AB 变成 CD，并且它把两个正方形中的一个变成另一个（参看问题 5(2) 的解）. 由此即知本题中的断言成立.

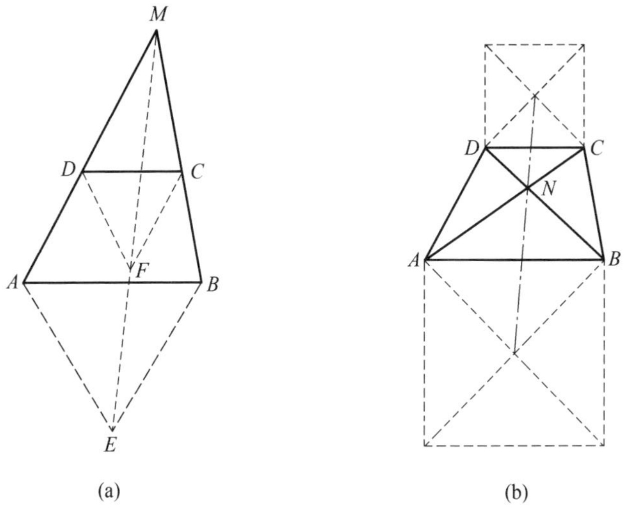

图 6

7. 中心为梯形 $ABCD$ 的边 AD 和 BC 的延长线交点 M，相似系数为 $\frac{DC}{AB}$ 的中心相似把线段 AB 变成线段 DC，并且把 AB 的中点 K 变成 DC 的中点 L（参看问题 6(1) 的解）. 因此直线 KL 过相似中心 M（图 7）. 中心为梯形 $ABCD$ 的对角线 AC 和 BD 的交点 N，相似系数为 $\frac{CD}{AB}$（负的）的中心相似也把点 K 变成点 L. 这个变换把线段 AB 变成 CD（参看问题 6(2) 的解）. 因此直线 KL 也过点 N.

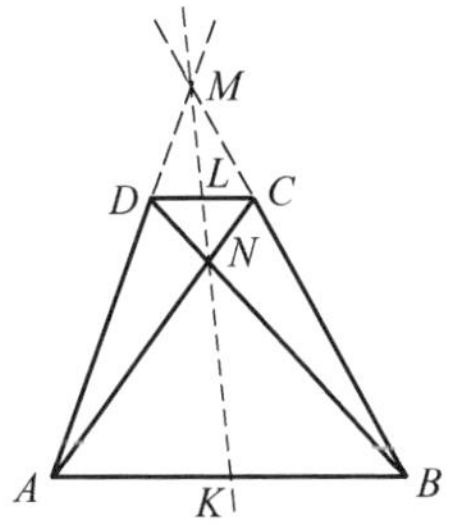

图 7

8. (1) 设所要作的直线 l 已作出，因而有 $\frac{AB}{AC}=\frac{1}{2}$（图 8(a)）. 由此我们得出下面的解法. 以圆 S_1 上任意一点 A 为相似中心，以 $\frac{1}{2}$ 为相似系数，作中心相似于圆 S_2 的圆 S'_2，所要作的直线由 S_2 与 S'_2 的交点和点 A 确定.（当点 A 选定以后，这样的直线可以有两条，或恰好有一条，或根本没有.）

(2) 再次假设直线 l 已作出，使得 $\frac{AB}{AC}=\frac{1}{2}$（图 8(b)），我们可以得出下面的作图法. 以圆 S_1 上任意一点 A 为相似中心，以 $\frac{1}{2}$ 为相似系数，作中心相似于 S_3 的圆 S'_3，圆 S_2 与 S'_3 的交点和点 A 确定所要作的直线.（当点 A 选定以后，这样的直线可以有两条，或有一条，或没有.）

(3) 设直线 l 已找到，并设 A',B',C',D' 是 l 与圆 S_1,S_2,S_3,S_4 的另外四个交点（图 8(c)）. 显然，$AB=C'D'$. 因此

$$AD'=AB+BC'-D'C'=BC'$$

所以有

$$\frac{AD}{BC}=\frac{AD\cdot AD'}{BC\cdot BC'}$$

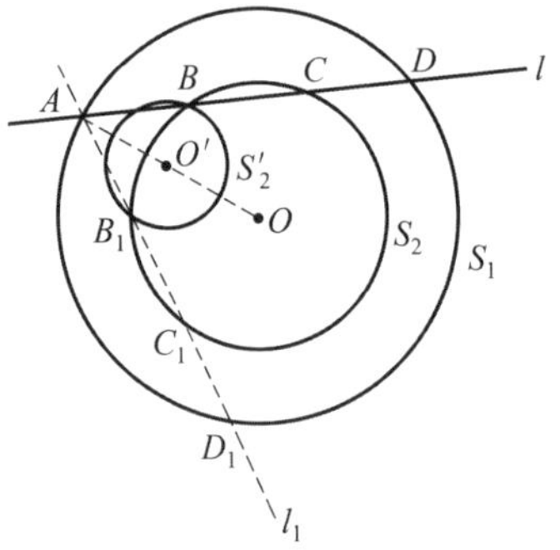

(a)

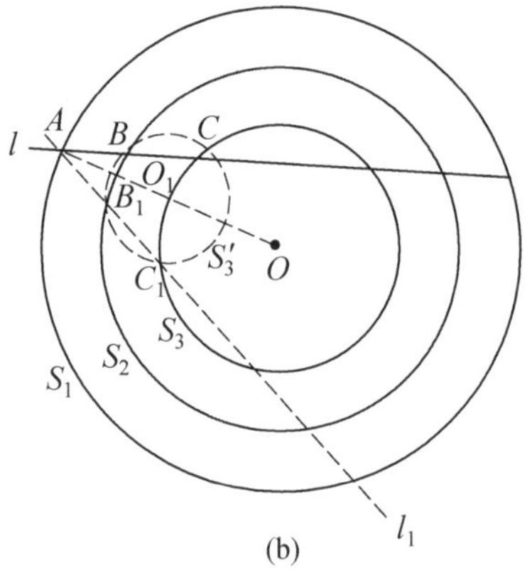

(b)

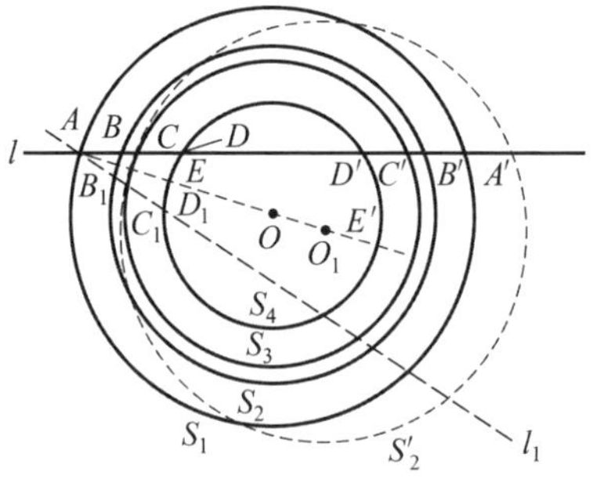

(c)

图 8

数量 $AD\cdot AD'$ 不依赖于从点 A 所引的直线与圆 S_4 的交点 D 和 D' 的位置，它等于 $AE\cdot AE'$（这里 E 和 E' 是直线 AO（O 是四个圆的公共中心）与圆 S_4 的交点），即等于 $(r_1-r_4)(r_1+r_4)$，这里 r_1 和 r_4 分别是圆 S_1 和 S_4 的半径. 类似

地，有 $BC \cdot BC' = (r_2 - r_3)(r_2 + r_3)$，这里 r_2 和 r_3 分别是圆 S_2 和 S_3 的半径. 于是有

$$\frac{AD}{BC} = \frac{r_1^2 - r_4^2}{r_2^2 - r_3^2}$$

又由

$$AD = AB + BC + CD = 2AB + BC$$

有

$$\frac{AD}{BC} = 2 \cdot \frac{AB}{BC} + 1$$

所以

$$\frac{AB}{BC} = \frac{1}{2}\left(\frac{r_1^2 - r_4^2}{r_2^2 - r_3^2} - 1\right) = \frac{r_1^2 - r_2^2 + r_3^2 - r_4^2}{2(r_2^2 - r_3^2)}$$

这样就有

$$\frac{AC}{AB} = \frac{AB + BC}{AB} = 1 + \frac{BC}{AB} = 1 + \frac{1}{\frac{AB}{BC}} = \frac{r_1^2 + r_2^2 - r_3^2 - r_4^2}{r_1^2 - r_2^2 + r_3^2 - r_4^2}$$

因此，$\dfrac{AC}{AB}$ 可以认为是已知的.

由此我们得出下面的作图法：以圆 S_1 上任意一点 A 为相似中心，以

$$k = \frac{r_1^2 + r_2^2 - r_3^2 - r_4^2}{r_1^2 - r_2^2 + r_3^2 - r_4^2}$$

为相似系数作中心相似. 设这个变换把圆 S_2 变到圆 S'_2. 所求作的直线由 S'_2 与 S_3 的交点和点 A 确定.（当点 A 选定以后，这样的直线可以有两条、一条或没有.）

9.（1）作一正方形 $KLMN$，使得点 K 在边 AC 上，MN 在底边 AB 上（图 9）. 若 L' 是直线 AL 与 BC 的交点，则以点 A 为相似中心，相似系数为 $k = \dfrac{AL'}{AL}$ 的中心相似把正方形 $KLMN$ 变成所求的正方形 $K'L'M'N'$.（如果坚持要求所作正方形的所有顶点都恰好落在 $\triangle ABC$ 的边上，而不是落在它们的延长线上，那么，当 $\angle A$ 和 $\angle B$ 都小于 $90°$ 或其中之一等于 $90°$ 时，本题显然有唯一解；而当这两个角之一大于 $90°$ 时，本题无解. 如果我们允许正方形的顶点落在 $\triangle ABC$ 的边的延长线上，那么一般来说

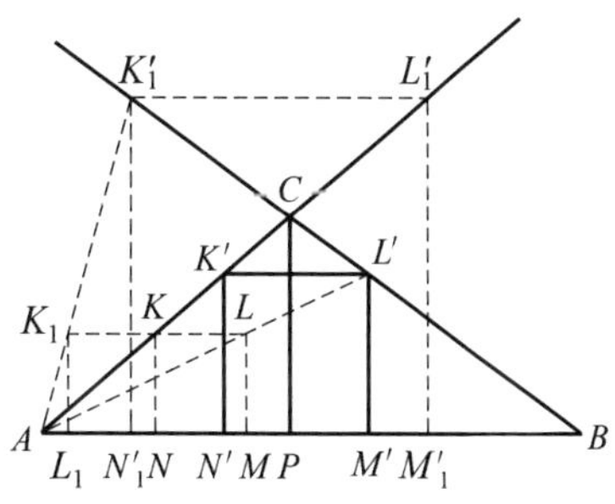

图 9

本题有两个解，在图 9 中它们由两个正方形 $K'L'M'N'$ 和 $K'_1L'_1M'_1N'_1$ 表示. 仅当$AL_1 /\!/ BC$ 时(用图 9 中的记号)，本题有唯一解.)

(2) 作$\triangle LMN$ 使得它的边分别平行于l_1，l_2，l_3，并且使得 L 在 BC 上，点 M 在 CA 上. 若 N' 是直线 CN 与 AB 的交点，则以 C 为相似中心，相似系数为 $k=\frac{CN'}{CN}$ 的中心相似把$\triangle LMN$ 变成所求的$\triangle L'M'N'$(图 10).

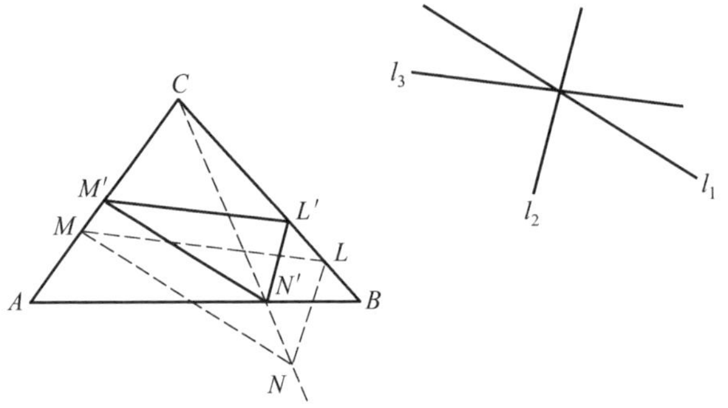

图 10

10. (1) 过点 A 和 B 分别引平行于 l_3 和 l_4 的直线，设 O 是它们的交点. 过 O 引直线 l'_1 和 l'_2 分别平行于 l_1 和 l_2(图 11). 选取两对满足题中假设的点 M_1，M_2 和 N_1，N_2；点 M_1 和 N_1 在 l_1 上，点 M_2 和 N_2 在 l_2 上，并且$\frac{AM_1}{BM_2}=\frac{AN_1}{BN_2}=m$.

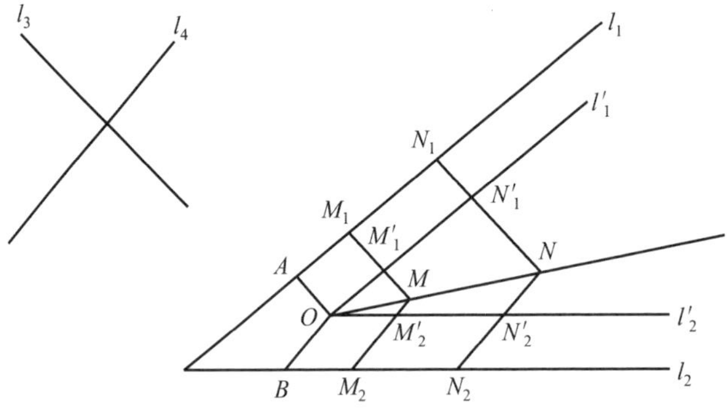

图 11

令 M'_1，N'_1 分别是过点 M_1，N_1 并且平行于 l_3 的直线和 l'_1 的交点；令 M'_2，N'_2 分别是过点 M_2，N_2 并且平行于 l_4 的直线和 l'_2 的交点. 于是有

$$\frac{OM'_1}{OM'_2}=\frac{ON'_1}{ON'_2}(=m)$$

或

$$\frac{OM'_1}{ON'_1}=\frac{OM'_2}{ON'_2}$$

由此可知,直线 $M_1M'_1$ 和 $M_2M'_2$ 都以 O 为相似中心,分别与直线 $N_1N'_1$ 和 $N_2N'_2$ 中心相似.因而直线 $M_1M'_1$ 和 $M_2M'_2$ 的交点 M 以 O 为相似中心,与直线 $N_1N'_1$ 和 $N_2N'_2$ 的交点 N 中心相似.换句话说,所求轨迹上的任何两个点都落在过点 O 的同一条直线上,因此所求的轨迹是一条直线.为了作出这条直线,只需要注意到它经过点 O 和任意一个满足题中条件的点 M.

(2) 设 $A_1^0A_2^0\cdots A_n^0$ 是我们的多边形的某个固定位置(参见图 12,这里 $n=6$).因为原多边形的边总平行于它们在 $A_1^0A_2^0\cdots A_n^0$ 中的对应边,并且顶点 $A_1,A_2,\cdots,A_{n-1}$ 沿直线 $l_1,l_2,\cdots,l_{n-1}$ 滑动,由此可知,比

$$\frac{A_1^0A_1}{A_2^0A_2},\frac{A_2^0A_2}{A_3^0A_3},\cdots,\frac{A_{n-2}^0A_{n-2}}{A_{n-1}^0A_{n-1}}$$

都保持常值.因此,比

$$\frac{A_1^0A_1}{A_{n-1}^0A_{n-1}}=\frac{A_1^0A_1}{A_2^0A_2}\cdot\frac{A_2^0A_2}{A_3^0A_3}\cdot\cdots\cdot\frac{A_{n-2}^0A_{n-2}}{A_{n-1}^0A_{n-1}}$$

也保持常值.由(1),这意味着点 A_n 也在直线 l_n 上移动.(直线 l_n 由顶点 A_n 的任意两个位置确定.)

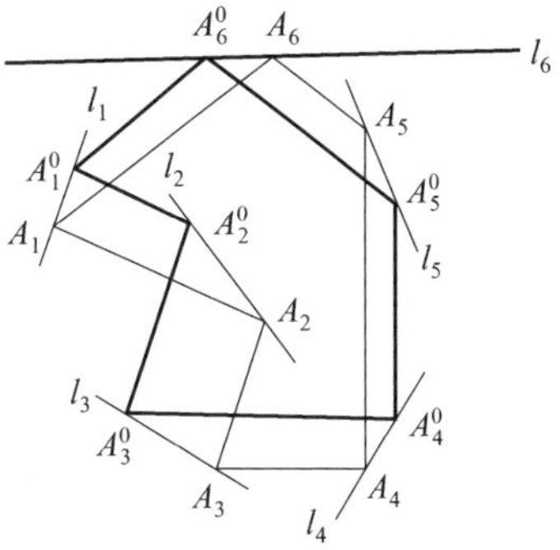

图 12

(3) 令 $l_1,l_2,\cdots,l_n$ 是给定多边形的边所在的直线.在 l_1 上任取点 A_1,作一个多边形 $A_1A_2\cdots A_n$ 使它的边平行于给定的直线,并且它的顶点 $A_2,\cdots,A_{n-1}$ 分别在直线 $l_2,\cdots,l_{n-1}$ 上.如果这个多边形的顶点 $A_1,A_2,\cdots,A_{n-1}$ 沿直线 l_1,$l_2,\cdots,l_{n-1}$ 以这样的方式滑动,使得它的边保持平行于给定的直线,那么由(2),顶点 A_n 也沿某直线 m 滑动,这条直线由 A_n 的任意两个位置确定.直线 m 与直线 l_n 的交点确定所求多边形 $\overline{A}_1\overline{A}_2\cdots\overline{A}_n$ 的顶点 $\overline{A}_n$ 的位置.

若 l_n 不平行于 m,则本题有唯一解;若 $l_n /\!/ m$ 但 $l_n\neq m$,则本题无解;若 $l_n=m$,则本题解不定.

11. 因为边 BC 的长度不变并且点 B 不动,所以当铰链连接的平行四边形移动时,点 C 在以点 B 为中心的某个圆上移动.但是点 Q 是由点 C 经过以固定点 A 为中心,相似系数为 $\frac{1}{2}$ 的中心相似变换得到的.因此点 Q 也在一个圆上移动,这个圆可以由点 C 沿着它移动的那个圆经过上面所讲述的变换得到.

12. (1) 设 r 是 $\triangle ABC$ 的内切圆 S 的半径,ρ 是旁切圆 σ 的半径(图 13).以 A 为中心,以 $\frac{r}{\rho}$ 为相似系数的中心相似把 σ 变成 S,并且把在点 E 与圆 σ 相切的直线 BC 变成在点 D_1 与圆 S 相切的直线 $B'C'$.因为点 D_1 是由点 E 经过以 A 为

中心的中心相似得到的，所以直线 ED_1 过点 A. 由于圆 S 的两条切线 BC 和 $B'C'$ 是平行的，因此它们与圆 S 的切点 D 和 D_1 必定是对径点. 这就证明了本题的断言.

(2) 设内切圆 S 与 $\triangle ABC$ 的边 BC，CA，AB 分别切于点 D，D'，D''，旁切圆 σ 分别与这些边(或延长线) 切于点 E，E'，E''(这里我们说的是与 $\triangle ABC$ 的边 BC 及其他两边延长线相切的旁切圆，如图 13 所示). 我们用 $BC=a$，$CA=b$，$AB=c$ 表示 $\triangle ABC$ 的边. 由于从圆外一点向圆所引的两条切线段有相同的长度，因而有

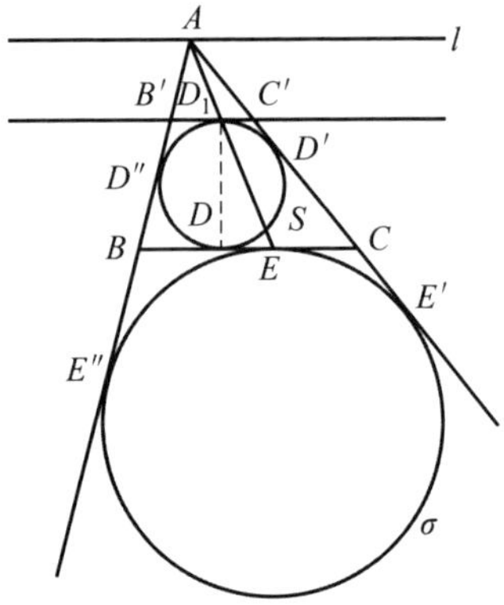

图 13

$$
\begin{aligned}
CD+CD' &= (a-BD)+(b-AD') \\
&= a-BD''+b-AD'' \\
&= a+b-AB \\
&= a+b-c
\end{aligned}
$$

又因为 $CD=CD'$，所以有

$$CD=\frac{1}{2}(a+b-c)$$

类似地，有

$$
\begin{aligned}
AE'+AE'' &= (b+CE')+(c+BE'') \\
&= b+CE+c+BE \\
&= b+c+BC \\
&= a+b+c
\end{aligned}
$$

因为 $AE'=AE''$，所以有

$$AE'=\frac{1}{2}(a+b+c)$$

又

$$CE=CE'=AE'-AC=\frac{1}{2}(a+b+c)-b=\frac{1}{2}(a-b+c)$$

由此得到

$$ED=CD-CE=\frac{1}{2}(a+b-c)-\frac{1}{2}(a-b+c)=b-c$$

为了从给定的量 r,h 和 $b-c$ 作出 $\triangle ABC$,我们先作一个 $\mathrm{Rt}\triangle EDD_1$(图 13),使得它的两条直角边 $ED=b-c$ 和 $DD_1=2r$. 然后,以 DD_1 为直径作圆 S. 引直线 l 平行于 ED,并使它与 ED 的距离等于 h. 直线 ED_1 与 l 的交点即为所求三角形的顶点 A. 三角形的另外两个顶点 B 和 C 是圆 S 的两条切线 AD'' 和 AD' 与 ED 的交点.

13. (1) 若 $l_1 /\!/ l_2$,则本题的解法是简单的. 若 l_1 与 l_2 不平行,则令 M 是它们的交点,考虑包含点 A 的角域 l_1Ml_2. 在角域 l_1Ml_2 中任作一内切圆 $\overline{S}$(图 14(a)). 令 B 是直线 MA 与圆 $\overline{S}$ 的交点. 所求的圆 S 以 M 为相似中心,以 $\frac{MA}{MB}$ 为相似系数,中心相似于 $\overline{S}$. 在相似中心和相似系数已知的情况下,我们容易作出圆 S,若点 A 不在 l_1 或 l_2 上,则本题有两个解.

(2) 令 m 是 AB 的中垂线,l' 是关于 m 对称于 l 的直线(图 14(b)). 所求的圆必定与直线 l' 相切. 于是把本题归结为问题(1):作一个圆,使它与两条给定直线 l 和 l' 相切,并且过给定点 A.

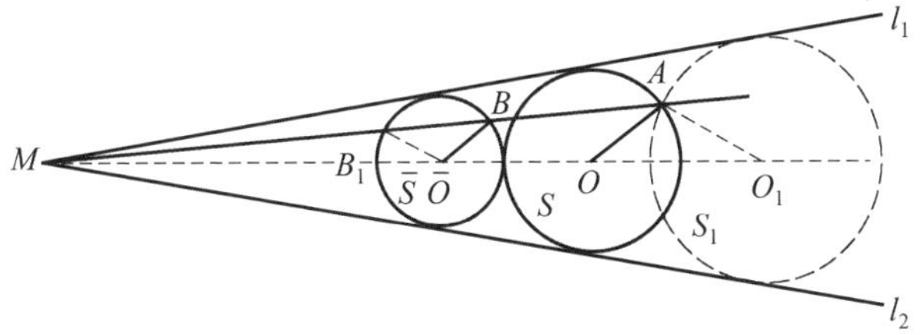

(a)

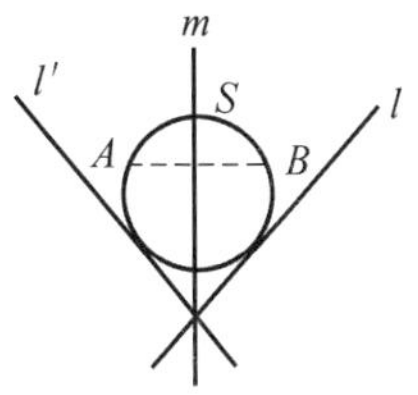

(b)

图 14

(3) 用 M 表示直线 l_1 与 l_2 的交点,并设 S 是所求的圆(图 15(a))①. 圆 $\overline{S}$ 与 S 的切点 N 是它们的相似中心. 把 S 变为 $\overline{S}$ 的这个中心相似把直线 l_1 和 l_2 分别变为直线 $\overline{l}_1$ 和 $\overline{l}_2$,这里 $\overline{l}_1 /\!/ l_1$,$\overline{l}_2 /\!/ l_2$,并且它们都与圆 $\overline{S}$ 相切. 点 M 变到 $\overline{l}_1$ 与 $\overline{l}_2$ 的交点 $\overline{M}$. 因此 N 可以作为直线 $M\overline{M}$ 与圆 $\overline{S}$ 的交点被定出. 随后 S 容易作出(以 N 为中心,把 $\overline{l}_1$ 变为 l_1 的中心相似也把 $\overline{S}$ 变为 S). 直线 $\overline{l}_1$ 与 $\overline{l}_2$ 各有两种选取方式,连 M 到 $\overline{l}_1$ 和 $\overline{l}_2$ 的交点的直线可以与圆 $\overline{S}$ 交于两点. 因此本题最多可得到 8 个解(例如,如图 15(b) 所示).

① 若 $l_1 /\!/ l_2$,则本题容易解,因为 S 的半径立即可以确定.

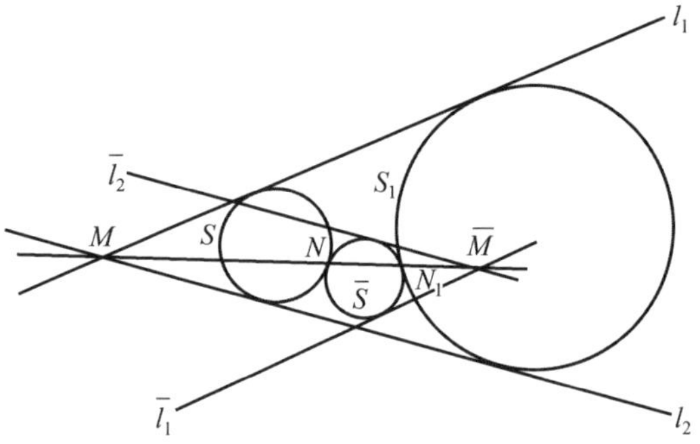

(a)

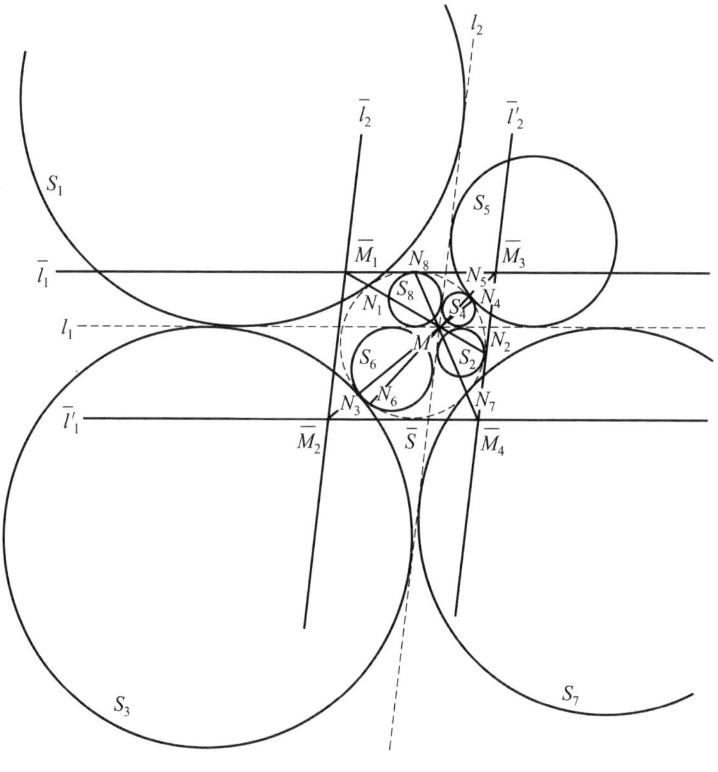

(b)

图 15

14.(1) 根据中线的一个熟知的性质，由 $\triangle ABC$ 各边中点连线所构成的 $\triangle A'B'C'$，以 M（$\triangle ABC$ 的重心）为相似中心，以 $-\dfrac{1}{2}$ 为相似系数，中心相似于 $\triangle ABC$（图 16(a)）. $\triangle ABC$ 的高 AD, BE, CF 对应于 $\triangle A'B'C'$ 的高 $A'D'$,

$B'E'$,$C'F'$,并且$\triangle ABC$的高的交点(垂心)H对应于$\triangle A'B'C'$的高的交点,即点O(因为$\triangle A'B'C'$的高分别是$\triangle ABC$各边的中垂线).因此点H和O以M为中心,以$-\frac{1}{2}$为相似系数中心相似,即它们在过点M的同一直线上,且M分线段OH成$\frac{HM}{MO}=2$.

(2) 本题的证明类似于(1)的证明,并且基于这样的事实:过$\triangle ABC$各边中点,且平行于这些边所对角的平分线的直线都以M为相似中心,以$-\frac{1}{2}$为相似系数,分别中心相似于$\triangle ABC$各角的平分线(图16(b)).因此这些直线交于一点K.(K是$\triangle ABC$角平分线的交点Z的像.)

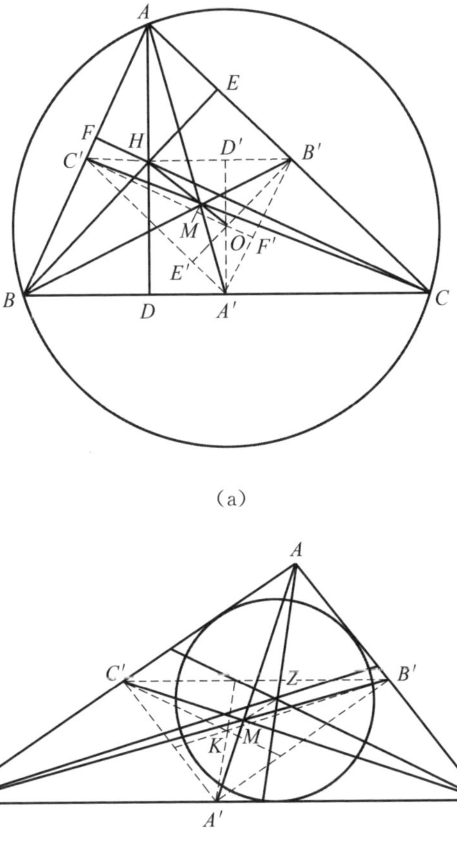

图 16

(3) 令A',B',C'是$\triangle ABC$各边的中点,K_1,K_2,K是$\angle A$内的旁切圆与$\triangle ABC$各边的切点,P,Q,R是内切圆与各边的切点(图17).我们来证明AK //

ZA'. 用 a,b,c 表示 $\triangle ABC$ 的各边，$2p$ 表示周长，h_a 表示边 BC 上的高 $A\overline{P}$，r 表示内切圆半径，S 表示三角形的面积. 因为 $ah_a = 2pr(=2S)$，我们有$\frac{h_a}{r}=\frac{2p}{a}$，所以

$$\frac{A\overline{P}}{ZP}=\frac{2p}{a}$$

我们将证明$\frac{K\overline{P}}{A'P}$等于这个数.

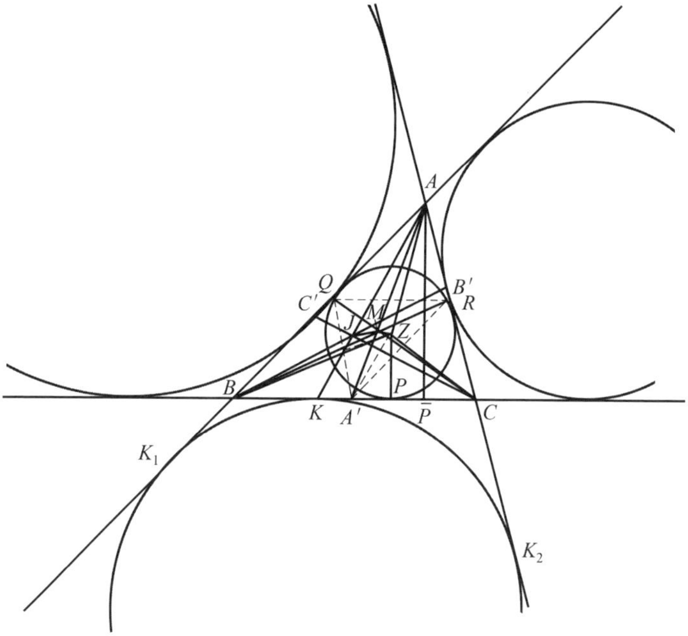

图 17

事实上，由 $b^2=a^2+c^2-2a\cdot B\overline{P}$，有

$$B\overline{P}=\frac{a^2+c^2-b^2}{2a}$$

另外，由

$$\begin{aligned}AK_1&=\frac{1}{2}(AK_1+AK_2)\\&=\frac{1}{2}(AB+BK_1+AC+CK_2)\\&=\frac{1}{2}(AB+BK+AC+CK)\\&=\frac{1}{2}(AB+AC+BC)\\&=\frac{1}{2}(a+b+c)=p\end{aligned}$$

有

$$BK=BK_1=AK_1-AB=p-c=\frac{a+b-c}{2}$$

因此(如在图 17 中所表示的情形)有

$$K\overline{P}=B\overline{P}-BK=\frac{a^2+c^2-b^2}{2a}-\frac{a+b-c}{2}$$

$$=\frac{a^2+c^2-b^2-a^2-ab+ac}{2a}$$

$$=\frac{(c-b)(c+b+a)}{2a}=\frac{p(c-b)}{a}$$

又由于

$$BP=\frac{1}{2}(BP+BQ)=\frac{1}{2}(BC-CP+BA-AQ)$$

$$=\frac{1}{2}(BC+BA-CR-AR)$$

$$=\frac{1}{2}(BC+BA-AC)$$

$$=\frac{1}{2}(a+c-b)=p-b$$

因而

$$A'P=BP-BA'=p-b-\frac{a}{2}=\frac{c-b}{2}$$

于是我们有

$$\frac{K\overline{P}}{A'P}=\frac{\dfrac{p(c-b)}{a}}{\dfrac{c-b}{2}}=\frac{2p}{a}=\frac{A\overline{P}}{ZP}$$

因此 $\triangle A\overline{P}K$ 与 $\triangle ZPA'$ 相似,从而直线 AK 与 ZA' 平行.

进一步,用与前面问题的解法完全类似的方法可以证明,过 $\triangle ABC$ 的顶点并且平行于 $A'Z$,$B'Z$,$C'Z$ 的直线(如我们已指出的,它们是连三角形顶点到它的对边与旁切圆的切点的直线)交于一点 J,这个点 J 以 M 为相似中心,以 -2 为相似系数中心相似于点 Z.

15. 令 O 是所求 $\triangle ABC$ 的外接圆 S 的中心(图 18).由问题 14(1) 的结果,这个三角形的重心 M 在线段 OH 上,并且分这条线段成比 $OM:MH=1:2$,于是 M 可以作出.进一步,由于点 M 分 $\triangle ABC$ 的中线 AD 成比 $AM:MD=2:1$,我们可以作出边 BC 的中点 D.现在联结点 D 与圆 S 的中心 O.因为 OD 平分圆

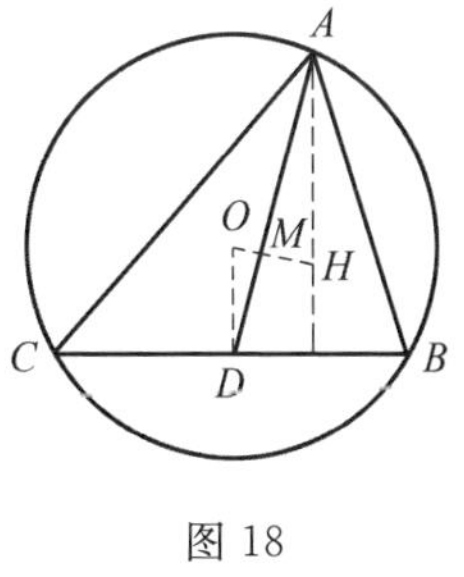

图 18

S 的弦 BC，可见 $OD \perp BC$，所以我们可以作弦 $BC \perp OD$，这就完成了 $\triangle ABC$ 的作图.

16. 由于内接于圆 S 的 $\triangle ABC$ 的中线的交点在 $\triangle ABC$ 内，因而也在圆 S 内. 另外，对 S 内的任一点 M，我们可以在 S 中作一内接 $\triangle ABC$，使它以 M 为重心. 为此只需在过点 M 的直径 AA_1 上取一点 D(这里 $AM \leqslant MA_1$)，使得 $AM : MD = 2 : 1$(图 19)，然后过点 D 作圆 S 的弦 BC，使 $BC \perp OD$. 这样一来，内接于圆 S 的所有三角形的重心的轨迹正好是由 S 内所有的点组成的集合 k(图 20(a)). 由问题 14(1) 的结果，若 H 是中心为 O 的圆 S 的内接 $\triangle ABC$ 的垂心，M 是这个三角形的重心，则 $OH : OM = 3 : 1$. 由此可知，内接于圆 S 的所有三角形的垂心的轨迹正好是由圆 Σ 内所有的点构成的集合 K，这里 Σ 是一个与圆 S 同心，并且半径等于圆 S 的半径 3 倍的圆(图 20(b)).

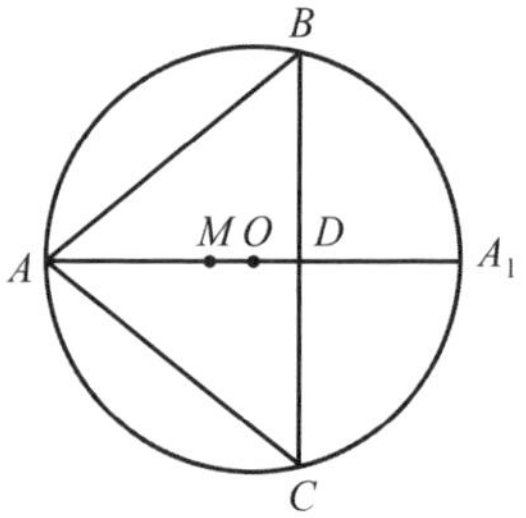

图 19

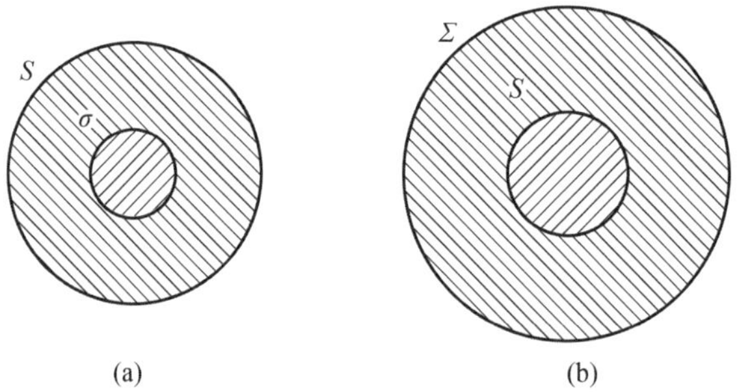

图 20

剩下仅需指出锐角 $\triangle ABC$ 的垂心在三角形内，因而在圆 S 内(图 21(a)). 因为内接于圆 S 的并且 $\angle A$ 为直角的 $\triangle ABC$ 的垂心与点 A 重合，所以在圆 S 上(图 21(b)). 由于内接于圆 S 的并且 $\angle A$ 为钝角的 $\triangle ABC$ 的垂心在高 AP 的延长线上，因而在圆 S 的外面(图 21(c)). 因此，全体内接于圆 S 的锐角三角形的垂心的轨迹与圆 S 的全体内点所构成的集合 k 一致；内接于圆 S 的全体直角三角形的垂心的轨迹是圆 S；内接于圆 S 的全体钝角三角形的垂心的轨迹是同心圆 S 与 Σ 之间的环形区域内的全体点组成的集合(图 20(b)).

因为内接于圆 S 的 $\triangle ABC$ 的重心可由垂心经过相似中心为圆 S 的中心 O，相似系数为 $\frac{1}{3}$ 的中心相似得到，所以所有内接于圆 S 的锐角三角形的重心的轨迹与圆 σ 内的全体点所构成的集合 k 一致，这里圆 σ 与 S 同心，并且半径等于圆 S 半径的 $\frac{1}{3}$. 同理，所有内接于圆 S 的直角三角形的重心的轨迹是圆 σ，而全体

内接于圆 S 的钝角三角形的重心的轨迹是圆 σ 与 S 之间的环形区域中的全体点组成的集合(图 20(a)).

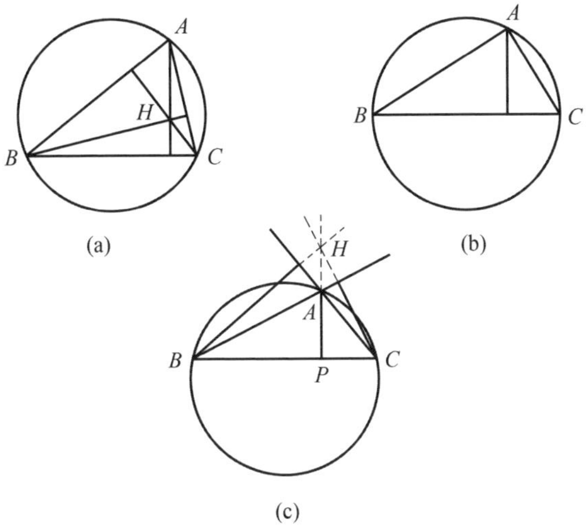

图 21

17.(1) 令 AP, BQ, CR 表示 $\triangle ABC$ 的高;A', B', C' 表示 $\triangle ABC$ 的各边的中点;D, E, F 表示线段 HA, HB, HC 的中点(图 22(a)). 显然,点 D, E, F 在圆 $\overline{S}$ 上. 我们现在证明点 P, Q, R 也在这个圆上.

延长高 AP 直到它与圆 S 交于点 P_1,联结 P_1B. 在 $\mathrm{Rt}\triangle APC$ 和 $\mathrm{Rt}\triangle BQC$ 中

$$\angle CBQ = \angle CAP (= 90^\circ - \angle BCA)$$

因为 $\angle CAP = \angle CBP_1$(因为它们对同一段弧),所以有 $\angle HBP = \angle PBP_1$,故 $\triangle HBP_1$ 是等腰三角形,且 $HP = \dfrac{HP_1}{2}$. 因此,经过以 H 为中心,以 $\dfrac{1}{2}$ 为相似系数的中心相似,点 P_1 变到点 P. 同样可以证明点 Q, R 也以 H 为中心,以 $\dfrac{1}{2}$ 为相似系数,分别中心相似于外接圆上的某两点.

进一步,显然点 A', B', C' 在以 M 为相似中心,以 $-\dfrac{1}{2}$ 为相似系数,中心相似于圆 S 的圆 S' 上. 我们来证明圆 S' 与 $\overline{S}$ 重合. 圆 $\overline{S}$ 的半径等于 $\dfrac{r}{2}$(这里 r 是 S 的半径),它的中心 $\overline{O}$ 是线段 HO 的中点(O 是 S 的中心,图 22(a)). 圆 S' 的半径也等于 $\dfrac{r}{2}$,它的中心 O' 在直线 OM 上,并且使得 $\dfrac{MO'}{MO} = -\dfrac{1}{2}$. 由问题 14(1) 的结论知,点 O, H, M 在一条直线上,且 $HM = 2MO$. 由此立即得知,点 $\overline{O}$ 与 O' 重合,即圆 $\overline{S}$ 与 S' 重合,这就完成了证明.

我们还注意到，A' 与 D，B' 与 E，C' 与 F 是欧拉圆上的对径点(因为此圆的弦 $A'D$ 所对的圆周角 $\angle A'PD$ 是直角)，因此 $\triangle A'B'C'$ 与 $\triangle DEF$ 关于欧拉圆的中心是对称的，因而它们全等.

(2) $\triangle DEF$ 显然以 J 为相似中心，以 $\frac{1}{2}$ 为相似系数，中心相似于 $\triangle ABC$(图22(b)). 由此可知，$\triangle DEF$ 的内切圆 $\overline{S}$ 以 J 为相似中心，以 $\frac{1}{2}$ 为相似系数，中心相似于 $\triangle ABC$ 的内切圆 S. 另外，$\triangle A'B'C'$ 的内切圆 S' 以 M 为相似中心，以 $-\frac{1}{2}$ 为相似系数，中心相似于圆 S. 因此圆 S' 的中心 O' 在直线 MZ 上，并且使 $\frac{MO'}{MZ}=-\frac{1}{2}$(参看(1)的解). 由问题14(3)的结论，线段 JZ 的中点 O(即圆 $\overline{S}$ 的中心)与圆 S' 的中心重合，故圆 $\overline{S}$ 与 S' 重合. 这就是所要证的.

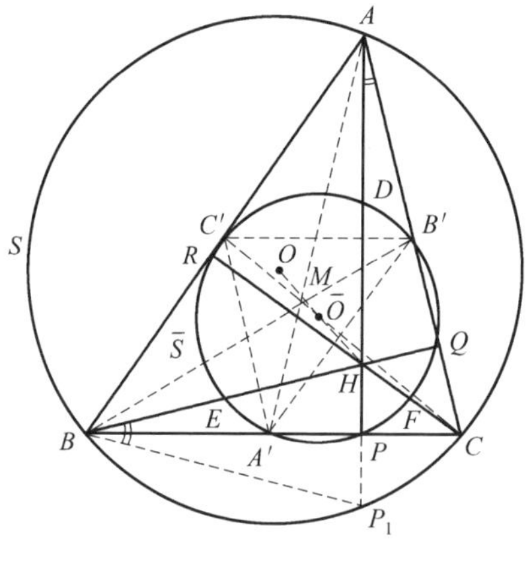

(a)

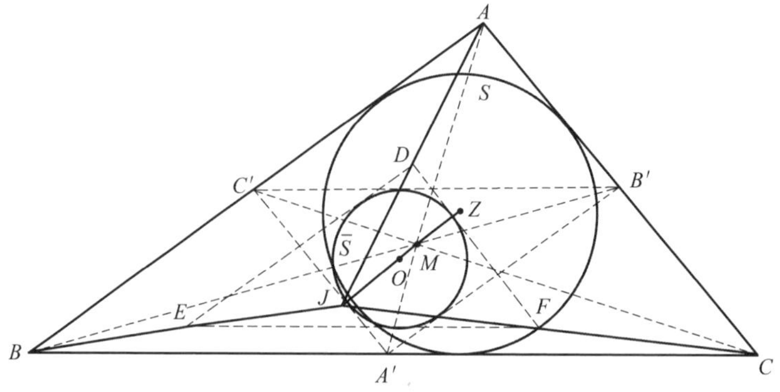

(b)

图 22

还应注意，直线 $A'B'$ 和 DE，$B'C'$ 和 EF，$C'A'$ 和 FD 都在对径点与圆 $\overline{S}$ 相切（因为 $A'B' /\!/ AB /\!/ DE$，$B'C' /\!/ BC /\!/ EF$，$C'A' /\!/ CA /\!/ FD$），因而 $\triangle DEF$ 与 $\triangle A'B'C'$ 关于圆 $\overline{S}$ 的中心是对称的，因此它们全等.

18.(1) 令 $A_1A_2A_3A_4$ 是任意四边形，M_4，M_3，M_2，M_1 分别是 $\triangle A_1A_2A_3$，$\triangle A_1A_2A_4$，$\triangle A_1A_3A_4$，$\triangle A_2A_3A_4$ 的重心（图 23(a)）. 为证线段 A_1M_1，A_2M_2，A_3M_3，A_4M_4 交于一点，只需证明这些线段中的任何两条都被它们的交点分成 3 ∶ 1. 设 N 是 A_1M_1 和 A_2M_2 的交点，L 是 A_3A_4 的中点，则有

$$\frac{A_1M_2}{M_2L}=\frac{A_2M_1}{M_1L}=2$$

于是 $\triangle A_1LA_2$ 与 $\triangle M_2LM_1$ 相似，因此我们有 $M_2M_1 /\!/ A_1A_2$，$\dfrac{A_1A_2}{M_2M_1}=3$. 现在我们知道 $\triangle A_1NA_2$ 与 $\triangle M_1NM_2$ 是相似的，于是有

$$\frac{A_1N}{NM_1}=\frac{A_2N}{NM_2}=3$$

这就是所要证的.

用类似的方法可以证明这个定理对任意 n 边形成立. 例如，若 N_1 和 N_2 是四边形 $A_2A_3A_4A_5$ 和 $A_1A_3A_4A_5$ 的形心，M 是 $\triangle A_3A_4A_5$ 的形心，P 是 A_1N_1 和 A_2N_2 的交点（图 23(b)），于是有

$$\frac{A_1N_2}{N_2M}=\frac{A_2N_1}{N_1M}=3$$

进而 $\triangle A_1MA_2$ 与 $\triangle N_2MN_1$ 相似，故有 $N_2N_1 /\!/ A_1A_2$ 且 $\dfrac{A_1A_2}{N_2N_1}=4$. 由此可知，$\triangle A_1PA_2$ 与 $\triangle N_1PN_2$ 相似，并且

$$\frac{A_1P}{PN_1}=\frac{A_2P}{PN_2}=4$$

这样，任意两条连五边形的顶点到剩下四个顶点所张的四边形的形心的线段，被它们的交点分成 4 ∶ 1. 由此立即推得定理对五边形成立.

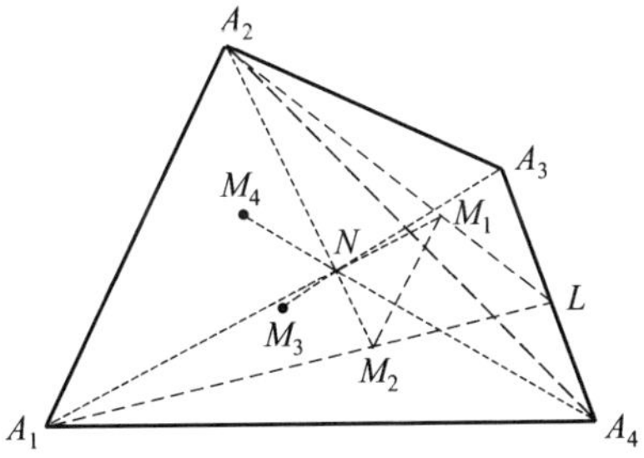

(a)

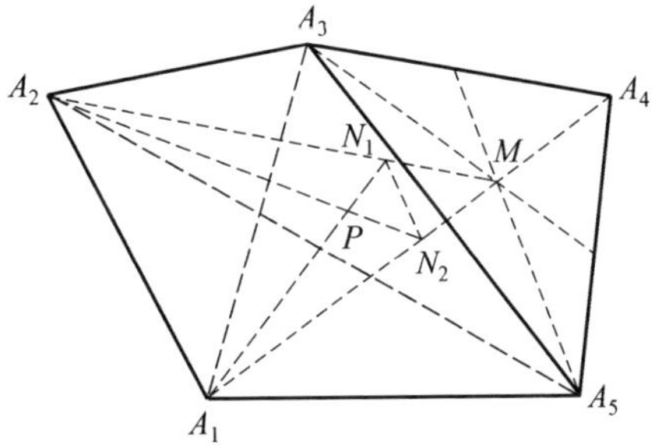

(b)

图 23

(2)(3) 由(1) 可知，以圆 S 的内接四边形顶点为顶点的四个三角形的重心落在半径为$\dfrac{R}{3}$ 的圆 S' 上. 由问题 17(1) 的结果可以知道，这些三角形的欧拉圆的圆心以圆 S 的中心 O 为相似中心，以$\dfrac{3}{2}$ 为相似系数，中心相似于这些三角形的重心. 因此这些欧拉圆的中心在半径等于$\dfrac{R}{3}\cdot\dfrac{3}{2}=\dfrac{R}{2}$ 的圆 $\overline{S}$ 上，由此推得(2) 的断言对四边形成立. 进一步，若 N 是四边形的形心，O' 是圆 S' 的中心，$\overline{O}$ 是 $\overline{S}$ 的中心，则 O,N,O' 三点在一条直线上，并且 $ON:NO'=3:1$；$O,O',\overline{O}$ 三点在一条直线上，并且 $O\overline{O}:OO'=3:2$. 所以 $O,N,\overline{O}$ 三点在一条直线上，并且 $ON:N\overline{O}=2:2$，这就证明了(3) 的断言对四边形成立. 用完全一样的推理可以证明断言(2) 和(3) 对任意多边形成立. 我们把证明留给读者去完成.

19. (1) 作以点 M 为中心，相似系数 k 充分小的中心相似，使得 l_1 和 l_2 在这个中心相似下的像 l'_1 和 l'_2 在我们的画面范围之内相交(图 24(a)). 连 l'_1，l'_2 的交点和点 M 的直线就是所要求的直线.

在不可到达的点不是由两条直线而是由一条直线和一个圆或两个圆给出(它们都相交在画面之外) 的情况下，本题可以用同样的方法来解.

(2) 作以点 M 为中心，相似系数 k 充分小的中心相似，把直线 a_1，a_2 和 b_1，b_2 分别变成直线 a'_1，a'_2 和 b'_1，b'_2，使得 a'_1 和 a'_2 的交点及 b'_1 和 b'_2 的交点的连线在画面范围之内(图 24(b)). 过点 M 且平行于此连线的直线即为所求的直线.

(3) 通过以任一可到达的点 O 为中心，相似系数 k 充分小的中心相似，把点 A，B，C 变成在我们的画面范围之内的点 A'，B'，C'(图 24(c)). 令 S' 是 $\triangle A'B'C'$ 的外接圆. 所求的圆 S 以 O 为相似中心，以$\dfrac{1}{k}$ 为相似系数，中心相似于圆 S'. 这样，我们就能找出圆 S 的中心和半径.

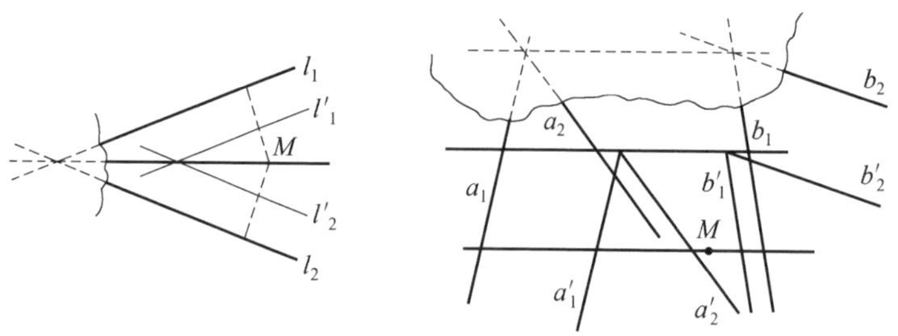

(a) (b)

图 24

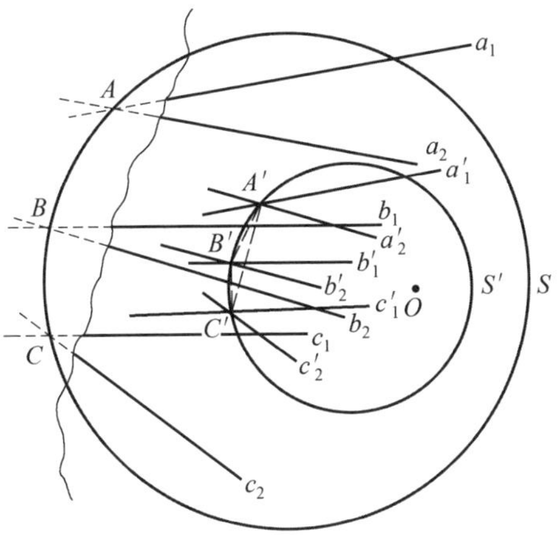

(c)

续图 24

20. 假设我们要在平面的有界部分 $\mathscr{K}$ 上实现某种作图，并且假设当完整地作出图形 T 时，T 不完全包含在 $\mathscr{K}$ 内. 作以 $\mathscr{K}$ 中的某个点 O 为中心，相似系数 k 充分小的中心相似，使 T 所变成的图形 T' 完全落在 $\mathscr{K}$ 内. 于是可以作出图形 T'. 因为图形 T 以 O 为相似中心，以 $\frac{1}{k}$ 为相似系数，中心相似于已经作出的图形 T'，我们可以认为已经完成了 T 的作图(若图形 T 的某个点 A 中心相似于图形 T' 的点 A'，而点 A 又不在平面的给定部分，则 A 可以由一对直线 l_1 和 l_2 确定，这对直线中心相似于过点 A' 的某一对直线 l'_1 和 l'_2. 而且 l'_1 和 l'_2 总可以选得使 l_1 和 l_2 经过我们的画面范围. 例如，只要相似中心 O 到直线 l'_1 和 l'_2 的距离充分小).

21. 这个命题是三相似中心定理的一个特殊情形(参见第 16 页)

22. 设 S 是所要作的圆. 任作一个与 l_1 和 l_2 相切的圆 S_1(如图 25，在图中我们不考虑 $l_1 /\!/ l_2$ 的情形，对这种情形，本题的解法非常简单). 圆 S 和 S_1 的相似中心是 l_1 和 l_2 的交点 M. 圆 S_1 和 $\overline{S}$ 的相似中心可以作出. 圆 $\overline{S}$ 和 S 的相似中心是它们的切点 N. 由三相似中心定理(参见第 16 页)，点 M, O, N 在一条直线上，即 N 是直线 OM 与圆 $\overline{S}$ 的交点. 找到了 N 以后我们就不难作出圆 S 了.

圆 $\overline{S}$ 和 S_1 的相似中心 O 有两种选取方式，直线 OM 可以有两条，其中的任一条交 $\overline{S}$ 于两点. 因此可以作出四个圆，它们全都满足问题的条件. 这些圆的圆心都在由直线 l_1 和 l_2 构成的两个邻角的角平分线上(图 25 中画出了 S_1 的中心落在一条角平分线上的情形). 如果选取 S_1 的中心在另一条角平分线上，我们还能找到四个解. 于是本题总共有八个解.

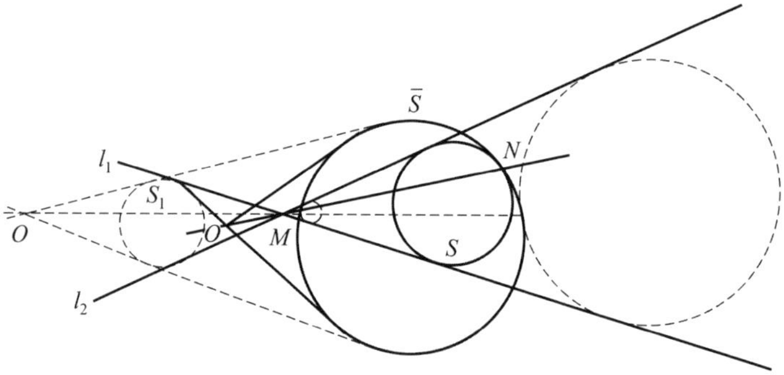

图 25

23. 考虑 n 个圆的一般情形. 设 S_1 和 S_2 在 M_1 相切(外切或内切), S_2 和 S_3 在 M_2 相切, ……, S_{n-1} 与 S_n 在 M_{n-1} 相切, 而 S_n 又与 S_1 在 M_n 相切. 令 A_1 是 S_1 的任意一点, A_2 是直线 A_1M_1 与 S_2 的第二个交点, A_3 是直线 A_2M_2 与 S_3 的第二个交点, ……, A_n 是 $A_{n-1}M_{n-1}$ 与 S_n 的第二个交点, A_{n+1} 是 A_nM_n 与 S_1 的第二个交点(参看图 1.19(a)(b)). 令 $r_1, r_2, \cdots, r_{n-1}, r_n$ 分别表示圆 $S_1, S_2, \cdots, S_{n-1}, S_n$ 的半径. 以 M_1 为中心, 以 $k_1 = \mp\frac{r_2}{r_1}$(在这里, 当 S_1 和 S_2 外切时取"—", 内切时取"+")为相似系数的中心相似把 S_1 变到 S_2, 并且把 A_1 变到 A_2; 以 M_2 为中心, 以 $k_2 = \mp\frac{r_3}{r_2}$(外切时取"—", 内切时取"+")为相似系数的中心相似把 S_2 变到 S_3, 并把 A_2 变到 A_3; ……; 以 M_{n-1} 为中心, 以 $k_{n-1} = \mp\frac{r_n}{r_{n-1}}$ 为相似系数的中心相似把 S_{n-1} 变到 S_n, 并把 A_{n-1} 变到 A_n; 最后, 以 M_n 为中心, 以 $k_n = \mp\frac{r_1}{r_n}$ 为相似系数的中心相似把 S_n 变到 S_1, 并把 A_n 变到 A_{n+1}. 因为

$$k_1 \cdot k_2 \cdot \cdots \cdot k_{n-1} \cdot k_n = \left(\mp\frac{r_2}{r_1}\right) \cdot \left(\mp\frac{r_3}{r_2}\right) \cdot \cdots \cdot \left(\mp\frac{r_n}{r_{n-1}}\right) \cdot \left(\mp\frac{r_1}{r_n}\right) = \pm 1$$

所以所有这些中心相似之和或者是一个平移(可能平移的距离为 0, 即恒等变换), 或者是一个相似系数为 -1 的中心相似, 即中心对称变换(参见《几何变换(Ⅰ)》). 但是我们知道这 n 个中心相似变换之和把圆 S_1 变到它本身, 所以这些变换之和必定是恒等变换或者是关于 S_1 的圆心的一个中心对称变换. 当 $k_1 \cdot k_2 \cdot \cdots \cdot k_n = 1$, 即外切圆数目是偶数时出现前一种情形, 特殊情形是所有的圆都外切, 并且一共有偶数个圆. 当外切圆的个数是奇数时出现第二种情形, 特殊情形是所有圆都外切, 并且一共有奇数个圆. 这就证明了(1)(2) 中的结论.

显然, 若按同样的顺序把所有变换重复一次, 则我们得到的是恒等变换. 因此, 若 A_{2n+1} 是按从 A_1 得到 A_{n+1} 的同样方式由 A_{n+1} 得到的 S_1 的点, 则 A_{2n+1} 总

与 A_1 重合. 这就可证更多的结论.

24. 首先考虑三个圆 R,S 和 T,其中 R 和 S 在点 M 处外切,S 和 T 在点 P 处外切,而 T 和 R 在点 N 处外切(图 26). 我们还假设 T 的半径比 R 与 S 的半径大得多. 若 T 的半径无限增大,则图 26 将越来越接近图 1.20,在极限情形图 26 变成图 1.20,从而问题 23(1) 的结果就成为本题所要的结果.

25. 显然,对应边平行的三个三角形 $\triangle ALK$,$\triangle MBN$,$\triangle QPC$ 可以彼此经过中心相似变换得到. $\triangle ALK$ 与 $\triangle MBN$ 的相似中心是 AB 与 KN 的交点,$\triangle MBN$ 与 $\triangle QPC$ 的相似中心是 BC 与 MQ 的交点,而 $\triangle QPC$ 与 $\triangle ALK$ 的相似中心是 CA 与 PL 的交点(图 27). 综上所述并用三相似中心定理即可得到本题所要的结论.

三相似中心定理的确切阐述使我们可以改进对本题中结果的叙述:或者 AB 与 KN,BC 与 MQ,CA 与 PL 的交点全都在一条直线上;或者恰好这些交点之一不存在,这时相应的一对平行线平行于剩下的两个交点的连线,例如,$AB \parallel KN \parallel UV$,这里 U 是 BC 与 MQ 的交点,而 V 是 CA 与 PL 的交点;或者不存在任何交点,即 $AB \parallel KN$,$BC \parallel MQ$,$CA \parallel PL$.

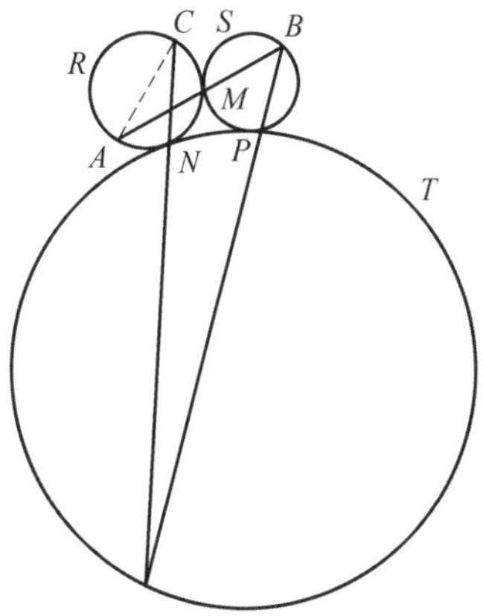

图 26

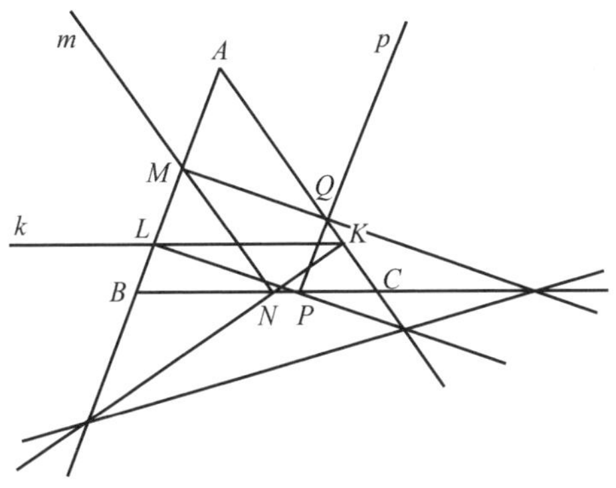

图 27

26. (1) $\triangle EFD$ 是由给定的 $\triangle ABC$ 经过以 $\triangle ABC$ 的重心为中心,以 $k_1 = -\frac{1}{2}$ 为相似系数的中心相似得到的(参看问题 14);$\triangle LMK$ 是由 $\triangle EFD$ 经过一个中心为 P,相似系数为 $k_2 = 2$ 的中心相似得到的(图 28). 因为 $k_1k_2 = \left(-\frac{1}{2}\right)\times 2 = -1$,所以 $\triangle LMK$ 是由 $\triangle ABC$ 经过相似系数为 $k=-1$ 的中心相似,即关于某点 Q 的中心对称得到的.

(2) 由第 16 页上导出的公式,我们有

$$O_1O=\frac{k_2-1}{k_1k_2-1}O_1O_2$$

若令

$$O_1=N, O_2=P, O=Q$$

并且

$$k_1=-\frac{1}{2}, k_2=2$$

则我们得到

$$NQ=\frac{2-1}{-1-1}NP=-\frac{1}{2}NP$$

即 Q 是由 P 经过中心为 N，相似系数为 $-\frac{1}{2}$ 的中心相似得到的. 因此当 P 描出一个圆 S 时，Q 也描出一个圆，这个圆由 S 经过所叙述的中心相似得到.

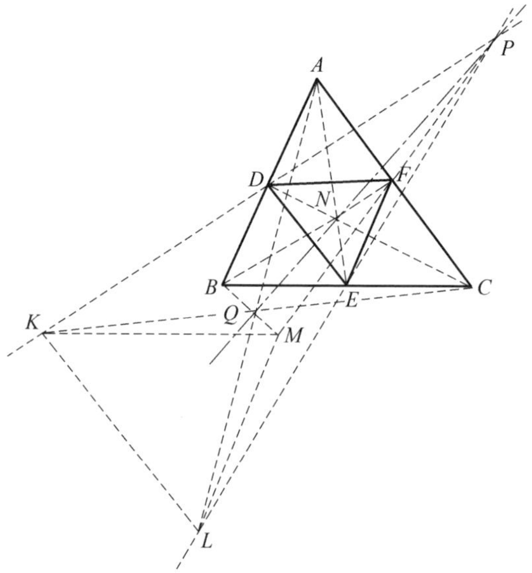

图 28

27.(1) 令 F_A 是包含三角形顶点 A 的某个图形；F_C 是由 F_A 经过中心为 P，相似系数为 $k_1=\frac{PC}{PA}$ 的中心相似得到的图形；F_B 是由 F_C 经过中心为 N，相似系数为 $k_2=\frac{NB}{NC}$ 的中心相似得到的图形(图 29(a)). 显然，图形 F_A 的点 A 对应于图形 F_C 的点 C，而点 C 又对应于图形 F_B 的点 B. 由中心相似的加法定理，F_B 是由 F_A 经过中心为 O，相似系数为 k 的中心相似得到的，这里 O 在直线 BA(因为 B 与 A 是图形 F_B 与 F_A 中的对应点) 和直线 PN 上(由三相似中心定理)，而

$$k=k_1k_2=\frac{PC}{PA}\cdot\frac{NB}{NC}$$

若 $k_1k_2=1$,则 F_B 是由 F_A 经平移得到的. 若

$$\frac{AM}{BM}\cdot\frac{BN}{CN}\cdot\frac{CP}{AP}=1$$

则

$$\frac{MB}{MA}=\frac{PC}{PA}\cdot\frac{NB}{NC}=k_1k_2=k$$

由 $\frac{OB}{OA}=k$ 可知 M 与 O 重合,因而 M 在直线 PN 上. 反过来,若点 M,N,P 共线,则 M 是直线 AB 与 PN 的交点,因而 M 与 O 重合. 因此有

$$\frac{MB}{MA}=\frac{OB}{OA}=k=k_1k_2=\frac{PC}{PA}\cdot\frac{NB}{NC}$$

故

$$\frac{AM}{BM}\cdot\frac{BN}{CN}\cdot\frac{CP}{AP}=1$$

注 1 注意在(1)的解答中,只须证明问题中条件的必要性或充分性即可. 另一半可以由已经证明的结果推得. 事实上,例如,假设我们已经证明了:若 $\frac{AM}{BM}\cdot\frac{BN}{CN}\cdot\frac{CP}{AP}=1$,则点 M,N,P 在一条直线上. 为了得到它的逆,我们假设 M,N,P 共线,然后必须证明$\frac{AM}{BM}\cdot\frac{BN}{CN}\cdot\frac{CP}{AP}=1$. 为此令 $\overline{M}$ 是直线 AB 上的一点,使得$\frac{A\overline{M}}{B\overline{M}}\cdot\frac{BN}{CN}\cdot\frac{CP}{AP}=1$. 根据我们刚才假设已证明的定理,点 $\overline{M},N,P$ 共线,由此可知 $\overline{M}$ 与 M 重合,因此$\frac{AM}{BM}\cdot\frac{BN}{CN}\cdot\frac{CP}{AP}=1$. 用类似的方式,我们可以从条件的必要性导出条件的充分性. 我们把这个推导留给读者.

注 2 梅涅劳斯定理可以与《几何变换(Ⅰ)》第 1 章问题 15 的下述推广相联系:给定 n 个点 $M_1,M_2,\cdots,M_n$,作一个 n 边形 $A_1A_2\cdots A_n$,使得这 n 个点分它的 n 条边成已知比(正的或负的)$\frac{A_1M_1}{A_2M_1}=k_1,\frac{A_2M_2}{A_3M_2}=k_2,\cdots,\frac{A_nM_n}{A_1M_n}=k_n$(这里不需要假设 n 边形的边数为奇数). 正如问题 15 的第二种解法一样,可以证明若 $k_1\cdot k_2\cdot\cdots\cdot k_n\neq 1$,则本题有唯一解;若 $k_1\cdot k_2\cdot\cdots\cdot k_n=1$,则一般说来本题无解,而对于点 $M_1,M_2,\cdots,M_n$ 的某些特殊位置,本题的解不定,由此可知若 $k_1\cdot k_2\cdot\cdots\cdot k_n\neq 1$,则平面上的点 $M_1,M_2,\cdots,M_n$ 的分布是任意的. 另外,若

$$k_1\cdot k_2\cdot\cdots\cdot k_n=\frac{A_1M_1}{A_2M_1}\cdot\frac{A_2M_2}{A_3M_2}\cdot\cdots\cdot\frac{A_nM_n}{A_1M_n}=1$$

则这个分布必须满足某些特别的条件. 在 $n=3$ 的情形下,由三相似中心定理,

这些特殊的条件变为要求点 M_1, M_2, M_3 在一条直线上. 于是得出梅涅劳斯定理.

(2) 设直线 CM, AN, BP 交于一个公共点 O(图 29(b)). 考虑任一包含点 A 的图形 F_A. 设以 O 为相似中心, 相似系数为 $k=\dfrac{ON}{OA}$ 的中心相似把 F_A 变成图形 F_N(图形 F_A 中的点 A 对应于图形 F_N 中的点 N). 以 B 为中心, 相似系数为 $k_1=\dfrac{BC}{BN}$ 的中心相似把 F_N 变成图形 F_C(图形 F_N 中的点 N 对应于图形 F_C 中的点 C). 以 C 为中心, 相似系数为 $k_2=\dfrac{CB}{CN}$ 的中心相似把 F_N 变成图形 F_B(图形 F_N 中的点 N 对应于图形 F_B 中的点 B). 由中心相似的加法定理, 图形 F_C 中心相似于 F_A, 它们的相似中心同时在直线 CA(C 与 A 是图形 F_A 与 F_C 中的对应点) 和直线 BO(由三相似中心定理) 上, 即相似中心与 P 重合, 它们的相似系数等于 $kk_1=\dfrac{ON}{OA}\cdot\dfrac{BC}{BN}$. 类似地, 可以证明 F_B 以 M 为中心, 以 $kk_2=\dfrac{ON}{OA}\cdot\dfrac{CB}{CN}$ 为相似系数, 中心相似于 F_A. 于是我们有

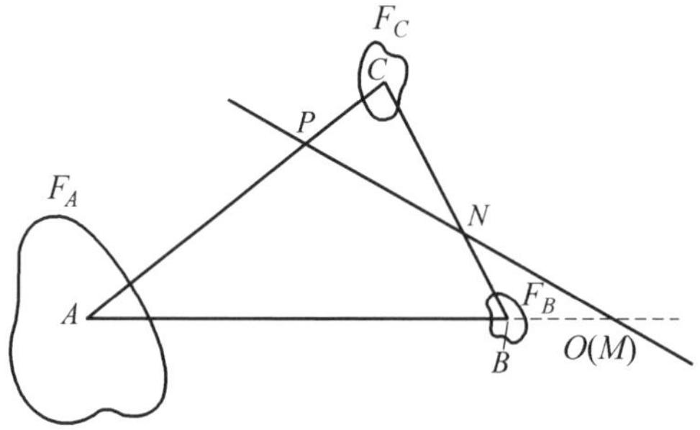

(a)

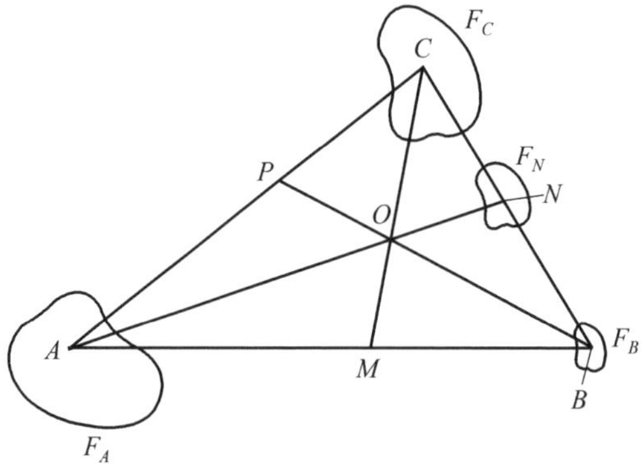

(b)

图 29

$$\frac{PC}{PA}=\frac{ON}{OA}\cdot\frac{BC}{BN},\frac{MB}{MA}=\frac{ON}{OA}\cdot\frac{CB}{CN}$$

用第二式除以第一式即得

$$\frac{PC}{PA}\cdot\frac{MA}{MB}=-\frac{CN}{BN}$$

或

$$\frac{MA}{MB}\cdot\frac{NB}{NC}\cdot\frac{PC}{PA}=-1$$

这就是我们所要证明的.

现在设$\frac{MA}{MB}\cdot\frac{NB}{NC}\cdot\frac{PC}{PA}=-1$,例如,若直线$AN$与$BP$交于点$O$.令$\overline{M}$是$CO$与$AB$的交点.于是,由上面所证,有

$$\frac{\overline{M}A}{\overline{M}B}\cdot\frac{NB}{NC}\cdot\frac{PC}{PA}=-1$$

即$\overline{M}$与M重合.这样,我们看出若

$$\frac{MA}{MB}\cdot\frac{NB}{NC}\cdot\frac{PC}{PA}=-1$$

则AN,BP,CM或者共点或者平行.

最后,设AN,BP,CM都平行,令$\overline{M}$是直线AB上的点,使得$\frac{\overline{M}A}{\overline{M}B}\cdot\frac{NB}{NC}\cdot\frac{PC}{PA}=-1$.在这种情形下$C\overline{M}$不能与$AN$或$BP$相交(否则三条直线$AN$,$BP$,$C\overline{M}$必定共点),所以$\overline{M}$与$M$重合,从而

$$\frac{MA}{MB}\cdot\frac{NB}{NC}\cdot\frac{PC}{PA}=-1$$

注 不难看出塞瓦定理的这些证明相当于梅涅劳斯定理的两次应用,第一次是对$\triangle ANC$(各边上的点是P,O,B),然后再对$\triangle ANB$(各边上的点是M,O,C).

28.(1) 由问题18(1)的结果,四边形$A_1A_2A_3A_4$与$M_1M_2M_3M_4$是以四边形$A_1A_2A_3A_4$的形心N为相似中心,以$-\frac{1}{3}$为相似系数中心相似的.这里M_1,M_2,M_3,M_4分别是$\triangle A_2A_3A_4$,$\triangle A_1A_3A_4$,$\triangle A_1A_2A_4$,$\triangle A_1A_2A_3$的重心.又由问题14(1)的结果,四边形$H_1H_2H_3H_4$与$M_1M_2M_3M_4$是以圆S的中心O为相似中心,以3为相似系数中心相似的,其中H_1,H_2,H_3,H_4分别是上面那些三角形的垂心.这样,四边形$H_1H_2H_3H_4$可以由四边形$A_1A_2A_3A_4$经过连续施行相似系数分别为$k_1=-\frac{1}{3}$和$k_2=3$的两次中心相似变换得到.但是这样两个中心相似之和是一个相似系数为$k_1k_2=-1$的中心相似,即关于某一点的中心对

称，从而得到《几何变换（Ⅰ）》第 2 章问题 10(1) 的断言.

注 由三相似中心定理，《几何变换(Ⅰ)》第2章问题10(1) 中的点 H，形心 N，外接圆心 O 在一条直线上. 不难证明 N 是 OH 的中点(例如参见第 16 页).

(2) 这部分的解法与(1) 的解法类似. 但必须用到下面的事实：三角形的九点圆的中心 $\overline{O}$，外接圆中心 O 和垂心 H 在同一直线上，并且 $\frac{O\overline{O}}{OH}=\frac{1}{2}$(参见问题 17(1) 的解).

29. (1) 考虑四个点 A_1, A_2, A_3, H_4. 由这些点可以作四个三角形 $\triangle A_1A_2A_3$，$\triangle A_1A_2H_4$，$\triangle A_1A_3H_4$，$\triangle A_2A_3H_4$. 我们证明这些三角形的欧拉圆全都重合. 事实上，$\triangle A_1A_2A_3$ 与 $\triangle A_2A_3H_4$ 的欧拉圆的半径等于这两个三角形外接圆半径的一半. 因为 $\triangle A_1A_2A_3$ 与 $\triangle A_2A_3H_4$ 的外接圆关于直线 A_2A_3 对称(参见《几何变换（Ⅰ）》第 2 章问题 9(2) 的解)，所以这两个欧拉圆的半径相等. 第一个欧拉圆的中心为线段 H_4O 的中点，这里 O 是 S 的中心，第二个欧拉圆的中心为线段 A_1O_1 的中点，其中 O_1 是 $\triangle A_2A_3H_4$ 的外接圆的中心(因为 A_1 是 $\triangle A_2A_3H_4$ 的垂心). 由于这两条线段的中点重合(四边形 $A_1H_4O_1O$ 是平行四边形，参见《几何变换（Ⅰ）》第 2 章问题 9(3) 的解)，因此可见这两个欧拉圆的中心重合，从而这两个欧拉圆本身也重合. 同理可证 $\triangle A_1A_2H_4$，$\triangle A_1A_3H_4$，$\triangle A_1A_2A_3$ 的欧拉圆重合.

用类似的方法可以证明，所考虑的 32 个欧拉圆中的每一个与 $\triangle A_1A_2A_3$，$\triangle A_1A_2A_4$，$\triangle A_1A_3A_4$，$\triangle A_2A_3A_4$，$\triangle H_1H_2H_3$，$\triangle H_1H_2H_4$，$\triangle H_1H_3H_4$，$\triangle H_2H_3H_4$ 中之一的欧拉圆重合.

(2) 所有这些欧拉圆全等可由问题 18(2) 和《几何变换（Ⅰ）》第 2 章问题 10(1) 的结果推得. 由问题 18(2)，这些圆中的四个交于一个公共点 $\overline{O}$，另外四个交于点 $\overline{O}'$. 又由点 $\overline{O}$ 与 $\overline{O}'$ 关于线段 A_1H_1 的中点 H 是对称的(参见《几何变换（Ⅰ）》第 2 章问题 10(1))，$\overline{O}$ 落在 ON 的延长线上，且使得 $ON=N\overline{O}$(N 是分线段 A_1M_1 成比 $A_1N : NM_1=3 : 1$ 的点，这里 M_1 是 $\triangle A_1A_2A_3$ 的重心，参见问题 18(3)). 由上面所述和 $OM_1 : M_1H_1=1 : 2$(参见问题 14(1)) 可知，$\overline{O}$ 与 H 重合(图 30)，所以 $\overline{O}'$ 与 $\overline{O}$ 重合.

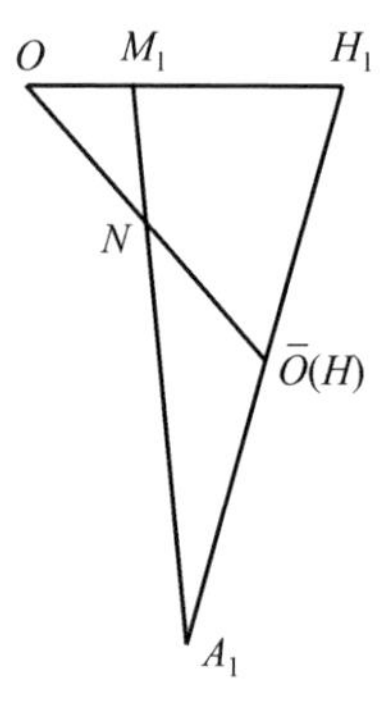

图 30

(3) 容易由《几何变换（Ⅰ）》第2章问题 10(1) 和本章问题 28(1) 的结果得出.

30. (1) 假设 $\triangle PXY$ 已经作好(图 31(a)). 点 Y 是由 X 经过以 P 为旋转中心，转角 α 等于 $\triangle LMN$ 的 $\angle L$，相似系数 k 等于此三角形边的比 $\frac{LN}{LM}$ 的螺旋相

似得到的. 由此即知 Y 在由 BC 经过中心为 P,转角为 α,相似系数为 k 的螺旋相似所得到的直线 l 上. 因为 Y 在 AC 上,所以 Y 是 l 与 AC 的交点. 若 $l \parallel CA$,则本题无解;若 l 与 AC 重合,则解不定.

(2) 注意,若 $\square K'L'M'N'$ 内接于 $\square ABCD$(图 31(b)),则这两个平行四边形的对角线的交点(即中心)O' 和 O 重合.(因为对角线 $K'M'$ 和 $L'N'$ 的公共中点 O' 在 $\square ABCD$ 的两条中线上[①],所以它与中心 O 重合.)

现在设 $K'L'M'N'$ 是所求的平行四边形. 这时 $\triangle K'O'L'$ 相似于 $\triangle K\bar{O}L$,这里 $\bar{O}$ 是 $\square KLMN$ 的中心. 以 O 为中心,转角为 $\angle K\bar{O}L$,相似系数为 $\dfrac{\bar{O}L}{\bar{O}K}$ 的螺旋相似把 $\square ABCD$ 的边 AB 变到直线 l,直线 l 与直线 BC 的交点确定了所求平行四边形的顶点 L'(参看(1) 的解).

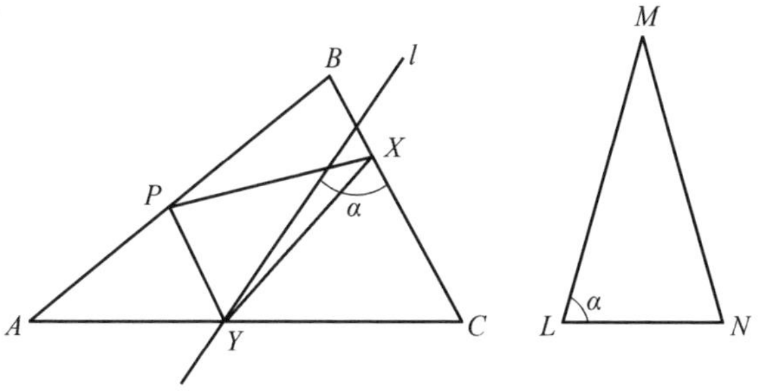

(a)

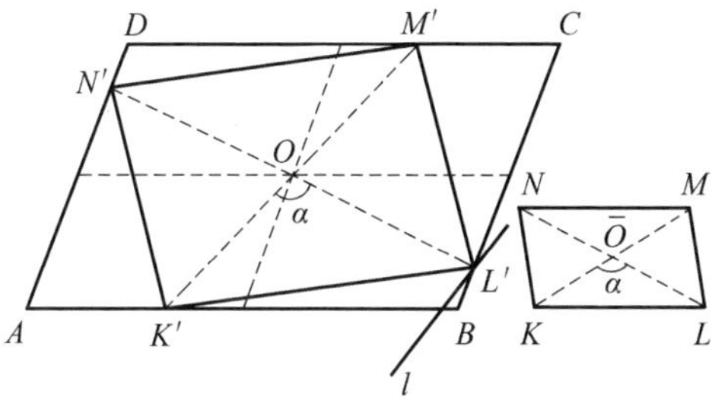

(b)

图 31

31. 设 B 是 S_1 和 S_2 的第二个交点,连 BM_1,BM_2,BO_1,BO_2,O_1O_2(图 32). 由于 $\triangle BM_1M_2$ 相似于 $\triangle BO_1O_2$(因 $\angle BO_1O_2 = \dfrac{1}{2}\angle BO_1A = \angle BM_1A$ 和 $\angle BO_2O_1 = \dfrac{1}{2}\angle BO_2A = \angle BM_2A$),因此 $\triangle BM_1M_2$ 是由 $\triangle BO_1O_2$ 经过以 B 为

① 平行四边形的中线是指连两条对边中点的直线.

中心，转角为 $\alpha=\angle M_1BO_1$，相似系数为 $k=\dfrac{BM_1}{BO_1}$ 的螺旋相似得到的. 作 $\triangle BO_1O_2$ 的外接圆 S 和 $\triangle BM_1M_2$ 的外接圆 S'. 由

$$\begin{aligned}&\angle BM_1N+\angle BM_2N\\&=(\angle BM_1M_2+\angle BM_2M_1)+(\angle NM_1M_2+\angle NM_2M_1)\\&=(\angle BM_1M_2+\angle BM_2M_1)+(\angle M_1BA+\angle M_2BA)\\&=\angle BM_1M_2+\angle BM_2M_1+\angle M_1BM_2=180^\circ\end{aligned}$$

我们知道 S' 过点 N. 因为

$$\angle O_1BO_2+\angle O_1JO_2=\angle M_1BM_2+\angle M_1NM_2=180^\circ$$

我们知道 S 过点 J，进而有

$$\angle NBM_1=\angle NM_2M_1,\angle JBO_1=\angle JO_2O_1$$

于是 $\angle NBM_1$ 与 $\angle JBO_1$ 之差等于 $\angle NM_2M_1$ 与 $\angle JO_2O_1$ 之差. 因为 $M_2N\,/\!/\,O_2J$ 并且它们同向，所以这个差就是在上述螺旋相似下的两条对应线段 M_2M_1 和 O_2O_1 之间的夹角. 因此 $\angle NBM_1$ 与 $\angle JBO_1$ 之差等于 M_2M_1 与 O_2O_1 的夹角，亦即转角 α. 由

$$\angle JBO_1-\angle NBM_1=\alpha=\angle M_1BO_1$$

即知直线 NJ 过点 B，这就证明了本题的第一个断言.

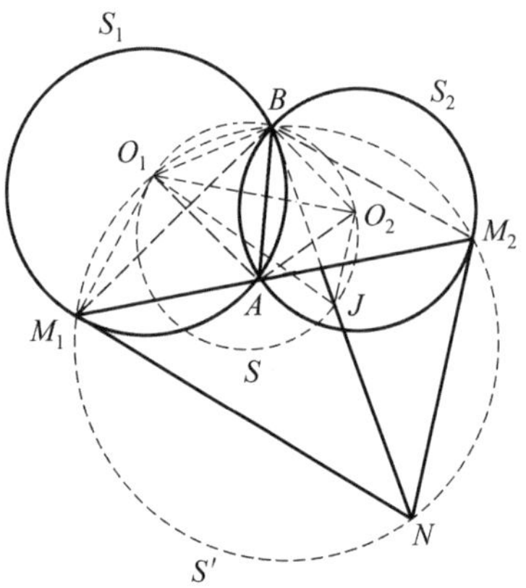

图 32

为了证明第二个断言，只要注意到 $JO_1\,/\!/\,NM_1\perp O_1M_1$，并且 $\angle JNM_1=\angle M_1M_2B=\angle O_1O_2B$. 于是我们知道线段 JN 与直线 O_1M_1 的交角等于 $90^\circ-\angle O_1O_2B$，并且 JN 到此直线的垂直投影是有定长 r_1（r_1 是 S_1 的半径）的线段 O_1M_1. 因此

$$JN=\frac{r_1}{\cos(90^\circ-\angle O_1O_2B)}=\frac{r_1}{\sin\angle O_1O_2B}$$

显然，它不依赖于直线 M_1M_2 的选取.

32. (1) 假设四边形 $ABCD$ 已作好(图 33(a)). 以 A 为中心,相似系数为$\frac{d}{a}$,转角为 $\angle BAD$ 的螺旋相似把 $\triangle ABC$ 变成 $\triangle ADC'$,这里 C' 落在 CD 的延长线上(因为 $\angle ADC+\angle ABC=180°$). 在 $\triangle ACC'$ 中,已知线段 $CD=c$, $DC'=\frac{bd}{a}$, $DA=d$ 以及边的比$\frac{AC'}{AC}=\frac{d}{a}$,进而这个三角形能够作出(作线段 CC', $\triangle ACC'$ 在顶点 A 的内角及外角的平分线交直线 CC' 于点 M 和 N,使得$\frac{C'M}{CM}=\frac{C'N}{CN}=\frac{d}{a}$,这些点能作出来. 因为 $\angle MAN=90°$,由此可知 A 是以线段 MN 为直径的圆与以 D 为中心,以 d 为半径的圆的交点). 再在线段 AC 上作 $\triangle ABC$,使得边 $AB=a$ 和 $BC=b$,就得到所要的四边形.

本题或恰有一解或根本无解.

(2) 的解法类似于(1). 假设四边形 $ABCD$ 已作好(图 33(b)). 以 A 为中心,相似系数为$\frac{d}{a}$,转角为 $\angle BAD$ 的螺旋相似把 $\triangle ABC$ 变成 $\triangle ADC'$,这里 C' 由 $\angle CDC'=\angle ABC+\angle CDA$ 和 $DC'=b\cdot\frac{d}{a}$ 确定. 作 $\triangle CDC'$,点 A 可以由以线段 MN 为直径的圆(这里 M 和 N 是直线 CC' 上的两个点,使$\frac{C'M}{CM}=\frac{C'N}{CN}=\frac{d}{a}$)和以 D 为中心,以 d 为半径的圆的交点定出来.

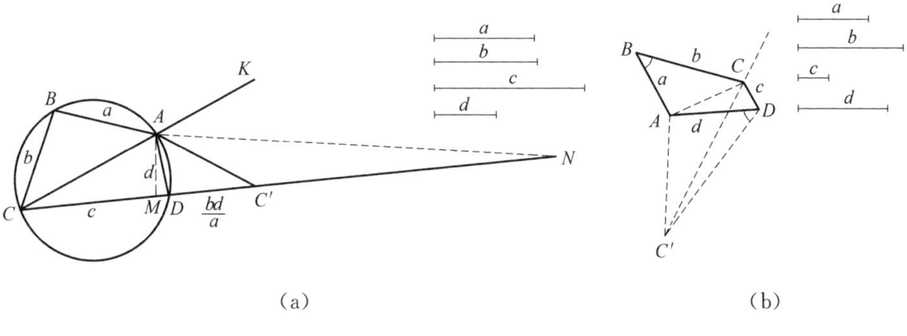

图 33

33. (1) 用 N 表示圆 R 与 S 的第二个交点,连 NA 和 NB(图 34). 注意 $\angle BAN$ 和 $\angle ABN$ 不依赖于直线 l 的选取,事实上,$\angle BAN=\angle MAN$,这由定弦 MN 决定;$\angle ABN=\angle MBN$ 的情况类似. 因此,$\triangle ABN$ 的第三个角$\angle ANB=\varphi$不依赖于 l 的选取(这个论证是不完全的. 在我们的图形中,仅考虑了 M 在 A 与 B 之间的情形. 对于 A 在 B 与 M 之间和 B 在 A 与 M 之间这两种情形的论证,我们留给读

者去完成). 注意角 φ 可以通过两个圆 R 与 S 之间的交角 α 找出来(关于两个圆的交角的定义参见问题 34 的叙述). 事实上,因为这个角不依赖于直线 l 的选取,我们取 $l \perp MN$,于是 NA 和 NB 与直径 NO_1A 和 NO_2B 重合,这里 O_1 和 O_2 分别是 R 和 S 的中心,因而或者 $\varphi = \angle O_1NO_2 = \alpha$ 或者 $\varphi = 180° - \alpha$.

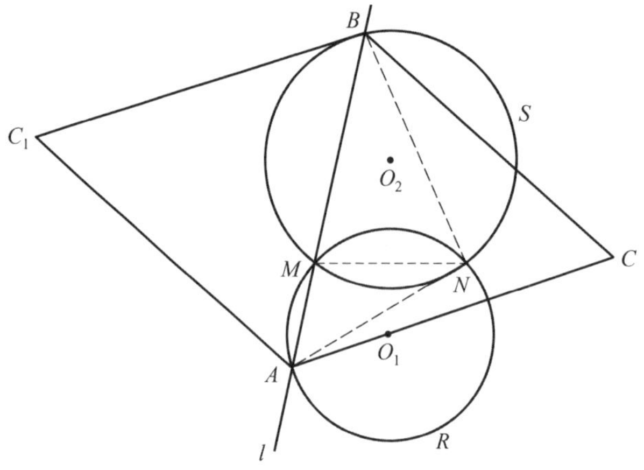

图 34

进而,因为 $\triangle ANB$ 的各角不依赖于 l 的选取,比 $\dfrac{NB}{NA} = k$ 同样也不依赖于 l 的选取. 于是 B 是由 A 经过以 N 为心,转角为 φ,相似系数为 k 的螺旋相似得到的(容易看出,相似系数 $k = \dfrac{NB}{NA}$ 等于 S 与 R 的半径之比 $\dfrac{r_2}{r_1}$,这可以由选取 $l \perp MN$ 得出,因为这时有 $NB = 2r_2$,而 $NA = 2r_1$;它也可以由相似系数为 k 的螺旋相似把半径为 r_1 的圆 R 变成半径为 r_2 的圆 S 这一事实推得).

显然,若点 Q 把线段 AB 分成定比 $\dfrac{AQ}{QB} = \dfrac{m}{n}$,则 $\triangle ANQ$ 的形状不依赖于直线 l 的选取. 换句话说 $\angle ANQ = \varphi_1$ 与比 $\dfrac{NQ}{NA} = k_1$ 都不依赖于 l. 这样,Q 是由 A 经过以 N 为相似中心,转角为 φ_1,相似系数为 k_1 的螺旋相似得到的. 因此,所有这种点 Q 的轨迹是一个圆,即一个由圆 R(点 A 的轨迹)经过上面所述的螺旋相似得到的圆.

(2) 用几乎同样的方式,我们可以解等边 $\triangle ABC$ 的顶点 C 的轨迹问题,这些 $\triangle ABC$ 以 AB 为底边并且位于 l 的同一侧(即或者总与 N 位于 l 的同侧,或者总与 N 位于 l 的异侧). 在这里 $\triangle ANC$ 的形状也不依赖于 l 的选取. 因此,所求的轨迹是一个圆,这个圆由 R 经过某个螺旋相似得到. 若像题中所述,我们不要求点 C 总在 l 的同一侧,则所求的轨迹由两个圆组成,其中之一是与 N 位于 l 同一侧的点 C 的轨迹,而另一个圆则是与 N 位于 l 相反一侧的点 C_1 的轨迹(图

34).（若圆 R 与 S 全等并且 $\angle O_1NO_2=60°$，则 C_1 所描出的圆化为一个点 N.）

（3）的解法与（1）的解法也是类似的. 作线段 NP_1，使它与 AB 平行且有相同的长度和方向. 显然，$\angle ANP_1=\varphi_2$ 和比 $\frac{NP_1}{NA}=k_2$ 不依赖于 l 的选取. 因此这种点 P_1 的轨迹是由 R 经过中心为 N，转角为 φ_2，相似系数为 k_2 的螺旋相似所得到的圆. 这个圆全等于由下述方式得到的圆：从任一固定点 O 出发，引与 AB 平行、相等且方向相同的线段 OP，然后考虑所有这样得到的点 P 的轨迹.

注 解问题 33(1) ～ (3) 的关键是：圆 S 可以由圆 R 经过一个把 R 的点 A 变到 S 的点 B 的螺旋相似得到. 用同样的方法可以证明，若 R 是任一图形，S 是从 R 经过一个把 R 的点 A 变到 S 的点 B 的螺旋相似得到的图形，则以下各种点的轨迹都是一个与 R 和 S 相似的图形①.

（1）分线段 AB 成给定比 $AQ:QB=m:n$ 的点 Q.

（2）作在线段 AB 上的等边 $\triangle ABC$ 的顶点 C，这里等边 $\triangle ABC$ 的 $\angle BAC$ 不仅有定值 60°，而且从射线 AB 到射线 AC 的旋转方向与上述螺旋相似的旋转方向相同.

（3）从一固定点 O 所引线段 OP 的端点 P，这里线段 OP 与线段 AB 平行、相等且有相同的方向.

上述命题的证明正如问题 33 的解一样. 这个注解在以后要用到.

34. 假设问题已解出（图 35）. 以 $\overline{S}$ 与 S 的交点 N 为中心，转角为 α，相似系数等于圆 $\overline{S}$ 与 S 的半径之比的螺旋相似把 S 变成 $\overline{S}$. 在这个变换下，l_1 和 l_2 变成与 $\overline{S}$ 相切的直线 l'_1 和 l'_2，并且 l'_1 与 l_1，l'_2 与 l_2 都交成 α 角；l_1 和 l_2 的交点 M 变成 l'_1 和 l'_2 的交点 M'②. 因而有 $\angle MNM'=\alpha$.

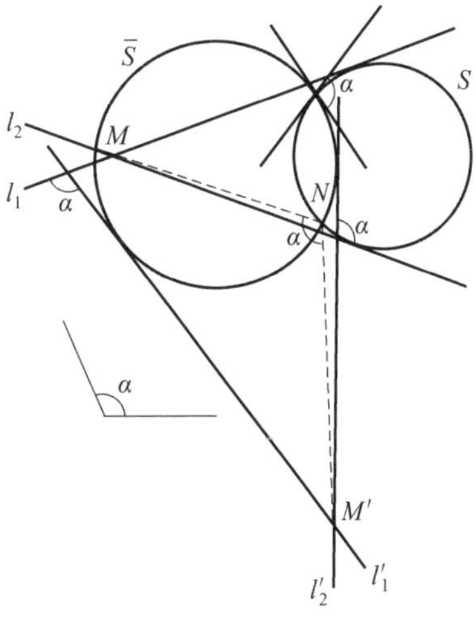

图 35

这就导致下面的作法：引 $\overline{S}$ 的切线 l'_1 和 l'_2 使之分别与 l_1 和 l_2 相交成 α 角. 令 M' 是 l'_1 和 l'_2 的交点，N 是 $\overline{S}$ 与另一个圆的交点，这个圆以 MM' 为弦，并且使得此弦所对的圆周角为 α. 以 N 为中心，转角为 α，相似系数为 $\frac{NM}{NM'}$ 的螺旋相

① 或化为一点.

② 若 $l_1 /\!/ l_2$，则本题的解法更简单. 因为这时我们可以立即找出所求圆的半径 r，所求圆的中心在与 $\overline{S}$ 同心的两个已知圆之一上. 这时本题的解可多达四个.

似把 $\overline{S}$ 变成所求的圆 S. 这个问题可多达八个解.

35. 令 A,B,C,D,E,F 是所给直线的交点(图 1.30). 把 AB 变到 EF 的螺旋相似的中心 O 可以作为 $\triangle AEC$ 与 $\triangle BFC$ 的外接圆的交点,或作为 $\triangle ABD$ 与 $\triangle EFD$ 的外接圆的交点被定出(参看图 1.28(b) 和图 1.29). 由此即知这四个圆交于一公共点.

36. (1) 我们将指出如何从点 M_1 得到点 M_2. 作 S_1 和 S_2 的第二个交点 B 与 M_1 的连线. M_1B 与 S_2 交于点 M'(图 36). 不管给定角 α 的位置如何, M' 总是由 M_1 经过同一个螺旋相似得出,这可以由 $\triangle M_1AM'$ 的形状不依赖于点 M_1 的位置(因为 $\angle AM_1M'$ 等于圆 S_1 的 $\overset{\frown}{AB}$ 所对的圆心角的一半, $\angle AM'M_1$ 等于圆 S_2 的 $\overset{\frown}{AB}$ 所对的圆心角的一半)这个事实推得. 通过引 $\overline{M}_1\overline{M}'\perp AB$(因而 $A\overline{M}_1$ 与 $A\overline{M}'$ 是两个圆的直径),容易知道这个螺旋相似的转角 β 等于 $\angle O_1AO_2$,并且相似系数是 $\dfrac{AO_2}{AO_1}$. 又 $\angle M'AM_2=\beta-\alpha$①, $\angle M'O_2M_2=2(\beta-\alpha)$,这就是说 M_2 是由 M_1 经过中心为 A,转角为 β,相似系数为 k 的螺旋相似(把 M_1 变到 M'),再接着作一个以 O_2 为中心,转角为 $2(\beta-\alpha)$ 的旋转(把 M' 变到 M_2)得到的. 但是这两个变换之和是一个以某点 O 为中心,相似系数为 k,转角为 $-\beta+2(\beta-\alpha)=\beta-2\alpha$(在图 36 中,从 AM_1 到 AM' 的旋转方向与从 O_2M' 到 O_2M_2 的旋转方向是相反的)的螺旋相似. 现在仅需注意到

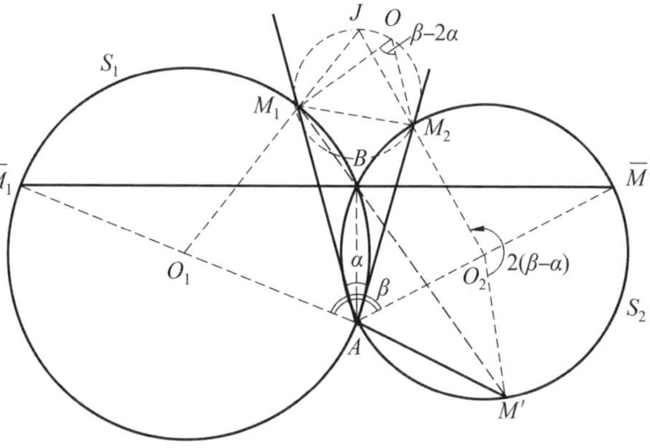

图 36

$$\begin{aligned}\angle M_1JM_2&=\angle AM_1M_2+\angle AM_2M_1+\angle O_1M_1A+\angle O_2M_2A-180^\circ\\&=(180^\circ-\angle M_1AM_2)+(\angle O_1AM_1+\angle O_2AM_2)-180^\circ\\&=(180^\circ-\alpha)+(\beta-\alpha)-180^\circ\end{aligned}$$

① 或 $\alpha-\beta$.

$=\beta-2\alpha$[①]

即知 $\triangle M_1M_2J$ 的外接圆过 O.

(2) 以 A 为中心,转角为 $\beta=\angle O_1AO_2$,相似系数为 $k=\dfrac{AO_2}{AO_1}$ 的螺旋相似把 O_1 变到 O_2;以 O_2 为中心,转角为 $2(\beta-\alpha)$ 的旋转保持 O_2 不动. 于是

$$\angle O_1OO_2=\beta-2\alpha$$

并且

$$\frac{OO_2}{OO_1}=\frac{AO_2}{AO_1}$$

(参看(1)的解). 因为比$\dfrac{OO_2}{OO_1}=\dfrac{AO_2}{AO_1}$是固定的,点$O$的轨迹是圆(参见第24页上的注②),这个圆过点 A(当 $\alpha=\beta$ 时,O 与 A 重合) 和 B(当 $\alpha=0°$ 时,O 与 B 重合).

37. 令 $A_1A_2\cdots A_n$ 是所求的 n 边形(图 37). 由本题的假设,点 $M_1,M_2,\cdots,M_n$ 已给定,我们知道 $\angle A_1M_1A_2=\alpha_1,\angle A_2M_2A_3=\alpha_2,\cdots,\angle A_nM_nA_1=\alpha_n$,并且知道$\dfrac{M_1A_2}{M_1A_1}=k_1,\dfrac{M_2A_3}{M_2A_2}=k_2,\cdots,\dfrac{M_nA_1}{M_nA_n}=k_n$. 现在依次作以 M_1 为中心,转角为 α_1,相似系数为 k_1 的螺旋相似;以 M_2 为中心,转角为 α_2,相似系数为 k_2 的螺旋相似;……;最后作以 M_n 为中心,转角为 α_n,相似系数为 k_n 的螺旋相似. 在这些变换下,点 A_1 将依次变到 A_2,$A_3,\cdots,A_n$,最后变到位置 A_1. 这样,A_1 是 n 个中心分别在 $M_1,M_2,\cdots,M_n$,转角分别为 $\alpha_1,\alpha_2,\cdots,\alpha_n$,相似系数分别为 $k_1,k_2,\cdots,k_n$ 的螺旋相似之和的不动点.

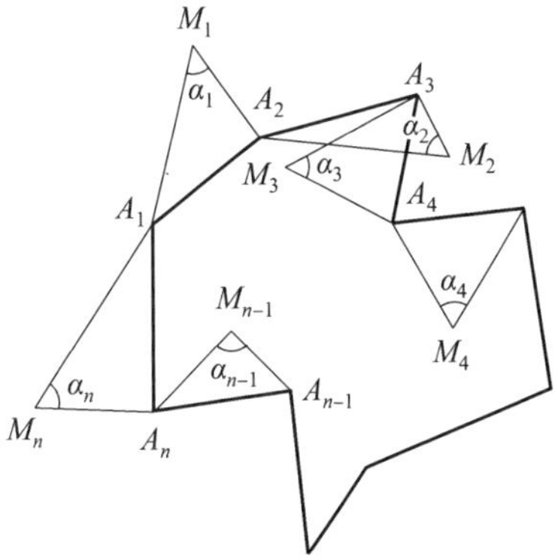

图 37

这些螺旋相似的和一般是一个新的螺旋相似(转角为 $\alpha_1+\alpha_2+\cdots+\alpha_n$,相似系数等于 $k_1k_2\cdots k_n$). 因为螺旋相似的仅有不动点是它的中心,由此可见,A_1 必定是所得到的新螺旋相似的中心. 通过作 $n-1$ 次两个已知螺旋相似之和的螺旋相似中心,就可以找到 A_1. 更简单的作法是找平面上任意一条线段 BC 在这 n 个螺旋相似之和作用下所变成的线段 $B'C'$,然后再作出把 BC 变到 $B'C'$ 的螺旋相似中心. 在找到了 A_1 之后,作出 n 边形的其余 $n-1$ 个顶点就没有困难了.

---

① 这个式子可以推导如下

$$\begin{aligned}\angle M_1JM_2&=180°-\angle JM_1M_2-\angle JM_2M_1\\&=\angle O_1M_1M_2+\angle O_2M_2M_1-180°\\&=(180°-\alpha)+(\beta-\alpha)-180°=\beta-2\alpha\end{aligned}$$

若 $\alpha_1+\alpha_2+\cdots+\alpha_n$ 是 360° 的倍数，并且 $k_1k_2\cdots k_n=1$，则这些螺旋相似之和是一个平移. 因为平移根本没有不动点，所以在这种情况下问题无解.

可能遇到这些螺旋相似之和是恒等变换(即平移的距离为 0). 在这种情形，问题的解不定，即我们可以选取平面上任意一点作为所求 n 边形的顶点 A_1.

38.(1) 点 B 由点 A 经过中心为 N，相似系数为 $k_1=\frac{r_2}{r_1}$，转角为 $\angle O_1NO_2$ 的螺旋相似得到，其中 r_1 和 r_2 分别是圆 S_1 和 S_2 的半径，O_1 和 O_2 分别是圆 S_1 和 S_2 的中心(参看问题 33 的解). 类似地，点 C 由点 B 经过中心为 M，相似系数为 $k=\frac{r_1}{r_2}$，转角为 $\angle O_2MO_1$ 的螺旋相似得到(图 38). 这两个螺旋相似之和把 A 变到 C. 但是两个螺旋相似之和还是一个螺旋相似，它的相似系数为 $k=k_1k_2=\frac{r_2}{r_1}\cdot\frac{r_1}{r_2}=1$，转角为 $\angle O_1NO_2+\angle O_2MO_1=2\angle O_1NO_2$(因为 M, N 关于直线 O_1O_2 对称，所以 $\angle O_2MO_1=\angle O_1NO_2$). 由于相似系数 $k=1$，这个螺旋相似实际上是一个通常的旋转. 又因为这个旋转把 S_1 的任意一点 A 变到 S_1 的某个点 C，即它把 S_1 变到自身，所以这个旋转的中心是 S_1 的中心 O_1. 最后，正如 C 可以由 A 经过绕点 O_1，转角为 $2\angle O_1NO_2$ 的旋转得到一样，点 E 也可以由 C 经过绕点 O_1，转角为 $2\angle O_1NO_2$ 的旋转得到. 于是，E 由 A 经过绕点 O_1，转角为 $4\angle O_1NO_2$ 的旋转得到. 因为 $4\angle O_1NO_2$ 不依赖于 A 的位置，所以断言(1) 成立.

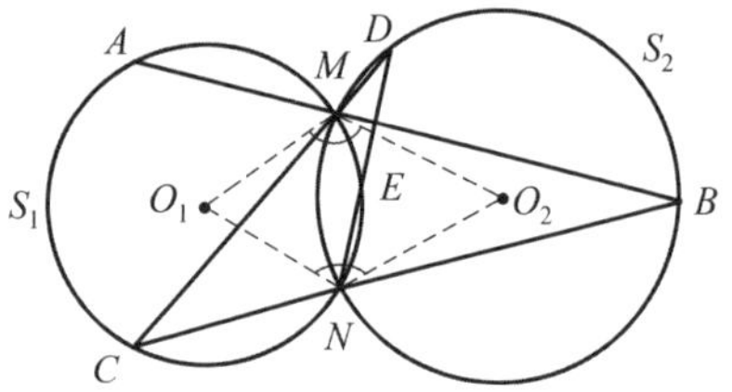

图 38

(2) 若 $4\angle O_1NO_2=360^\circ$，即若 $\angle O_1NO_2=90^\circ$，则 E 与 A 重合. 换句话说，若两圆 S_1 和 S_2 垂直相交，即 S_1 与 S_2 的交角为 90°(两个圆的交角的定义参见问题 34 的叙述)，则 E 与 A 重合.

39.(1) A_2 由 A_1 经过中心为 N，相似系数为 $k_1=\frac{r_2}{r_1}$，转角为 $\angle O_1NO_2$ 的螺旋相似得到；A_3 由 A_2 经过中心为 N，相似系数为 $k_2=\frac{r_3}{r_2}$，转角为 $\angle O_2NO_3$ 的螺旋相似得到；A_4 由 A_3 经过中心为 N，相似系数为 $k_3=\frac{r_1}{r_3}$，转角为 $\angle O_3NO_1$ 的螺旋相似得到，这里 O_1, O_2, O_3 分别是圆 S_1, S_2, S_3 的中心，r_1, r_2, r_3 分别是它们的半径(参看问题 33 的解). 因为

$$k_1k_2k_3=\frac{r_2}{r_1}\cdot\frac{r_3}{r_2}\cdot\frac{r_1}{r_3}=1$$

并且 $$\angle O_1NO_2+\angle O_2NO_3+\angle O_3NO_1=360°$$

所以这三个螺旋相似之和是一个平移. 又因为这个平移把圆 S_1 上的点 A_1 变到同一圆上的点 A_4，即它把 S_1 变到自身，所以这个平移必定是恒等变换. 于是 A_4 是由 A_1 经过恒等变换得到的，即有 A_4 与 A_1 重合.

显然，这个问题的结论可以推广到相交于一个公共点的任意多个圆的情形. 在图 39 中我们画出了四个圆交于一个公共点的情形. 点 A_5 是由 A_1 经过四个螺旋相似之和得到的. 但这个和是恒等变换，所以 A_5 与 A_1 重合.

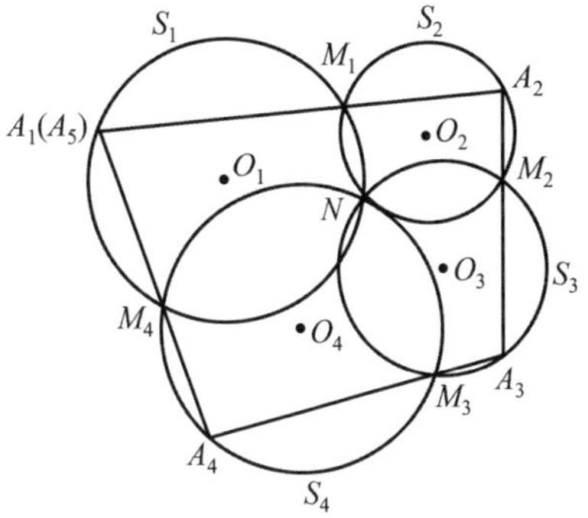

图 39

(2) 令 O_i 和 r_i 表示圆 $S_i(i=1,2,3)$ 的中心和半径. 点 A_2 由 A_1 经过中心为 N_1，相似系数为$k_1=\frac{r_2}{r_1}$，转角为 $\angle O_1N_1O_2$ 的螺旋相似得到(参看问题 33 的解). 同样，A_3，A_4，A_5，A_6，A_7 是由 A_2，A_3，A_4，A_5，A_6 分别经过中心为 N_2，相似系数为$k_2=\frac{r_3}{r_2}$，转角为 $\angle O_2N_2O_3$；中心为 N_3，相似系数为$k_3=\frac{r_1}{r_3}$，转角为 $\angle O_3N_3O_1$；中心为 M_1，相似系数为 $k_4=\frac{r_2}{r_1}(=k_1)$，转角为 $\angle O_1M_1O_2$；中心为 M_2，相似系数为 $k_5=\frac{r_3}{r_2}(=k_2)$，转角为 $\angle O_2M_2O_3$；中心为M_3，相似系数为$k_6=\frac{r_1}{r_3}(=k_3)$，转角为 $\angle O_3M_3O_1$ 的螺旋相似得到的. 于是 A_7 由 A_1 经过连续作 6 个螺旋相似得到. 因为

$$k_1k_2k_3=\frac{r_2}{r_1}\cdot\frac{r_3}{r_2}\cdot\frac{r_1}{r_3}=1$$

所以这些螺旋相似的前三个之和是通常的旋转. 这个旋转把圆 S_1 的任意一点 A_1 变到同一圆上的点 A_4，即它把 S_1 变到自身. 因此前三个螺旋相似之和是绕 O_1 的转角为

$$\alpha=\angle O_1N_1O_2+\angle O_2N_2O_3+\angle O_3N_3O_1$$

的旋转.

同样，后三个螺旋相似之和也是绕 O_1 的旋转，它的转角为

$$\beta=\angle O_1M_1O_2+\angle O_2M_2O_3+\angle O_3M_3O_1$$

因为原来的六个螺旋相似之和与这两个绕 O_1 的旋转之和是相同的，所以它是一个绕 O_1 的转角为 $\alpha+\beta$ 的旋转. 我们现在来证明 $\alpha+\beta=0°$. 事实上，因为

$$\angle O_1N_1O_2=-\angle O_1M_1O_2$$
$$\angle O_2N_2O_3=-\angle O_2M_2O_3$$

$$\angle O_3N_3O_1 = -\angle O_3M_3O_1$$

所以 $\alpha=-\beta$(参见前文中的图 1.32(b)).

这样,我们的6个螺旋相似之和是一个绕 O_1 的转角为 0° 的旋转,即它是恒等变换.因为这个恒等变换把 A_1 变到 A_7,所以这就证明了 A_1 与 A_7 重合.

这个问题的结果可以推广到任意多个两两相交的圆的情形.

40.(1) 首先设 l 是一个半径比圆 S_1 和 S_2 的半径大得多的圆,并且对这种情形应用问题 39(2) 的结果.现在如果让 l 的半径无限增大,使得 l 变得越来越逼近一条与圆 S_1 和 S_2 相交的直线,取极限即得本题所要的结果(参看问题 24 的解).

(2) 若我们移动直线 l,使得点 K 与 L 重合,并且使得点 P 与 Q 重合,即移动 l 使它成为 S_1 和 S_2 的公切线,则(1) 的结果就变成(2) 的结果.

41.假设 $\triangle ABC$ 已作好(图 40).以 A 为中心,l 为轴,相似系数为 $\frac{n}{m}$ 的膨胀反射把点 B 变到点 C.于是点 C 同时在圆 S_2 和圆 S'_1 上,这里的 S'_1 是由 S_1 经过所述的膨胀反射得到的(图 40).本题可以有两个解、一个解或无解.

42.假设四边形 $ABCD$ 已经作好.以 A 为中心,AC 为轴,相似系数为 $\frac{AB}{AD}$ 的膨胀反射把 $\triangle ADC$ 变成 $\triangle ABC'$(图 41).

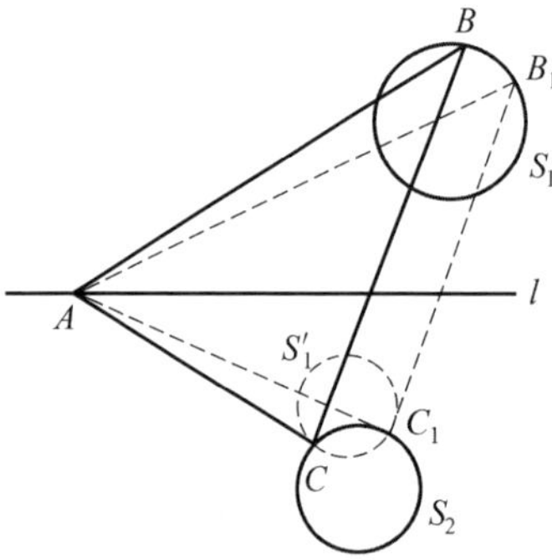

图 40

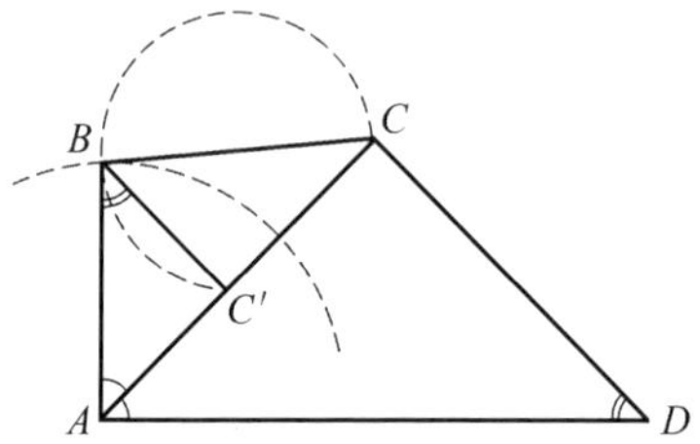

图 41

(1) 由于 AC 与 $AC'=AC\cdot\frac{AB}{AD}$ 是已知的,因而我们可以在某直线上作出这些线段.又由 $\angle ABC'=\angle ADC$,故

$$\angle C'BC=\angle ABC-\angle ADC=\angle B-\angle D$$

是已知的.于是 B 就是张在弦 CC' 上,并且所含圆周角等于 $\angle B-\angle D$ 的圆弧①

① 关于弧的作法的细节,参见 *Hungarian Problem Book* Ⅰ 中问题 1895/2,第 30 页上的注.

与以 A 为中心，半径等于 AB 的圆的交点. 现在容易找出顶点 D. 这个问题最多有一个解.

(2) 因为 $\triangle CBC'$ 的边 BC 与 $BC'=DC\cdot\frac{AB}{AD}$ 及

$$\angle C'BC=\angle B-\angle D$$

是已知的，所以这个三角形可以作出. 顶点 A 就是直线 $C'C$ 上使得 $\frac{AC'}{AC}=\frac{AB}{AD}$ 的点. 本题有唯一解.

(3) 在这种情形，我们知道

$$\frac{BC}{BC'}=\frac{BC}{CD\cdot\frac{AB}{AD}}=\frac{BC}{CD}\cdot\frac{AD}{AB}$$

点 B 就是到 C 和 C' 的距离之比有给定值 $\frac{BC}{CD}\cdot\frac{AD}{AB}$ 的点的轨迹(参见第 24 页上的注 ②) 与以 A 为心，AB 为半径的圆的交点. 本题最多有一个解.

43. 在作了以 A 为中心，AC 为轴，相似系数为 $\frac{AB}{AD}$ 的膨胀反射之后，接着再作一个以 A 为中心，转角为 γ 的旋转，把 $\triangle ADC$ 变到 $\triangle ABC'$(图 42). 剩下部分的作法类似于问题 42 的解.(在解类似于 42(2) 的问题时，顶点 A 可作为到 C' 和 C 的距离之比有定值 $\frac{AB}{AD}$ 的点的轨迹与张在弦 CC' 上并且所含的圆周角等于 γ 的弧的交点而定出.)

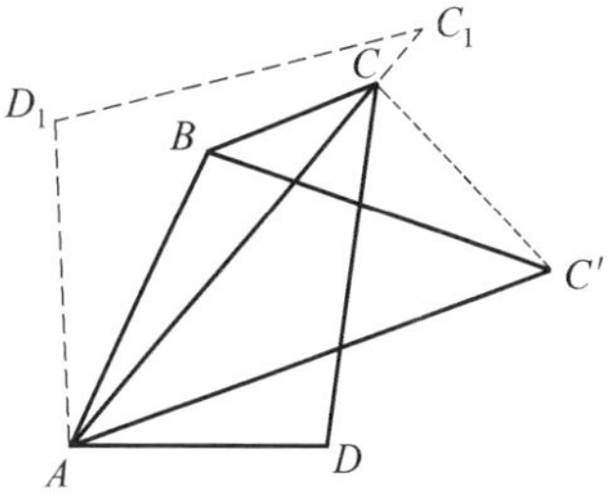

图 42

44. (1) 设 l_1 和 l_2 在点 O 相交并构成角 α(图 43(a))(若 $l_1 /\!/ l_2$，则这个问题没有意义，在这种情形下，仅当 M 与 l_1 和 l_2 等距时线段 PQ 存在，因此 M 不能描出一圆). 由于 $\triangle OPP'$ 与 $\triangle OQQ'$ 相似(因为是有相等底角的两个直角三角形)，因而 $\frac{OP}{OP'}=\frac{OQ}{OQ'}$，所以 $\frac{OP}{OQ}=\frac{OP'}{OQ'}$，亦即 $\triangle OPQ$ 与 $\triangle OP'Q'$ 也相似. 因此，$\triangle OPM$ 与 $\triangle OP'M'$ 是相似的(因为 OM 和 OM' 分别是 $\triangle OPQ$ 和 $\triangle OP'Q'$ 的中线). 这意味着比 $\frac{OM'}{OM}=\frac{OP'}{OP}=\cos\alpha$ 不依赖于点 M 的选取，并且 $\angle M'OP'=\angle MOP$，即 OM 和 OM' 都与 $\angle POQ$ 的平分线 l 构成等角. 这样，M' 是由 M 经过以 O 为中心，l 为轴，系数 $k=\cos\alpha$ 的膨胀反射得到的. 因此，当 M 描出圆 S 时，M' 描出圆 S'，S' 是 S 在上述膨胀反射下的像.

(2) 首先，若 $\angle M_1OM_2=\alpha=90°$，则平面上的每个点 M 显然变到同一点 M'，即与 O 重合. 这样，仅当 $\alpha\neq 90°$ 时问题才是有趣的. 用 N_1 表示 MM_1 与 l_2

的交点，N_2 表示 MM_2 与 l_1 的交点(图 43(b))．正如在(1)的解答中一样，我们可以证明 $\triangle OM_1M_2$ 和 $\triangle ON_1N_2$ 是相似的，且有相似系数 $k=\frac{OM_1}{ON_1}=\cos\alpha$(若点 M_1 和 M_2 分别扮演(1)中的点 P 和 Q 的角色，则那里的点 P' 和 Q' 分别扮演 N_1 和 N_2 的角色)．因为 M 和 M' 分别是相似三角形 $\triangle ON_1N_2$ 和 $\triangle OM_1M_2$ 的高的交点，由此可知 $\frac{OM'}{OM}=k=\cos\alpha$，并且 $\angle M'OM_1=\angle MOM_2$．因此，我们知道直线 OM 与 OM' 关于 $\angle M_1OM_2$ 的平分线是对称的．

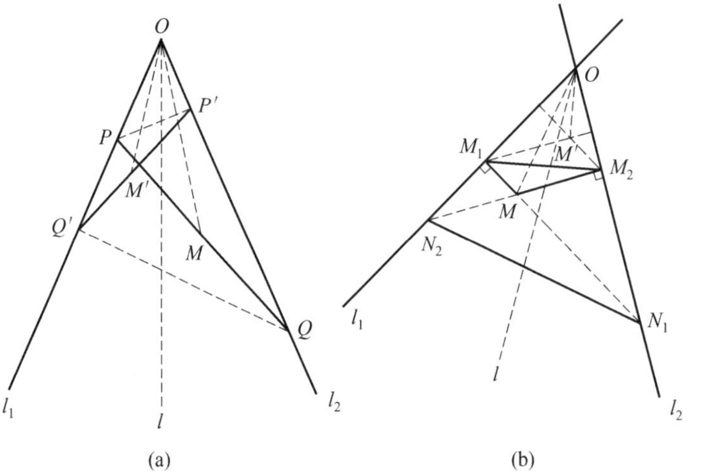

图 43

这样，(2)中的点 M' 是点 M 经过(1)中由 M 得到 M' 所作的那种膨胀反射得到的．因此，若 M 描出圆 S，则 M' 也描出圆 S'，S' 正是 S 在上述膨胀反射下的像．

45．(1)若两个正方形 $ABCD$ 和 $A_1B_1C_1D_1$ 的周界有同一走向，即若这两个正方形正向相似，则 $A_1B_1C_1D_1$ 是由 $ABCD$ 经过一个螺旋相似或者平移(参见第 1 章定理 1)得到的．若 $A_1B_1C_1D_1$ 由 $ABCD$ 经过平移得到，A^*，B^*，C^*，D^* 是线段 AA_1，BB_1，CC_1，DD_1 的中点，则 $A^*B^*C^*D^*$ 也可由 $ABCD$ 经过平移得到，这个平移与原平移方向相同，平移距离是原来的一半(图 44(a))．

另外，若 $A_1B_1C_1D_1$ 由 $ABCD$ 经过不是中心对称的螺旋相似得到(在中心对称的情形，中点 A^*，B^*，C^*，D^* 全都与旋转中心重合)，则由问题 33 的解答后面的注可知 A^*，B^*，C^*，D^* 必为一个正方形的顶点(图 44(b))．

但是，若正方形 $ABCD$ 与 $A_1B_1C_1D_1$ 的周界走向相反，则结论不再成立．例如，我们可以考虑当 A_1 与 A 重合，C_1 与 C 重合，B_1 与 D 重合，D_1 与 B 重合时的情形(图 44(c))．

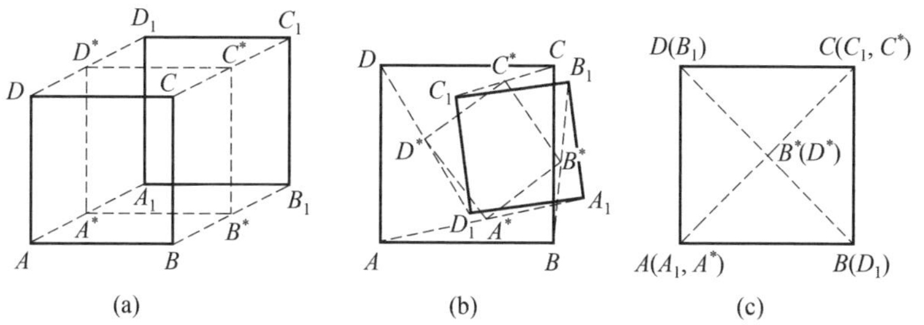

图 44

(2) 本题也可以用定理 1 和问题 33 的解答后面的注来解(图 45(a)(b)). 但是,在 $\triangle A_1B_1C_1$ 是由 $\triangle ABC$ 经过平移得到的这种更简单的情形,需要特别考虑. 在这种情形下,$\triangle A^*B^*C^*$ 由 $\triangle ABC$ 经过一个平移得到,平移的方向是 AA^*,平移的距离即线段 AA^* 的长度(图 45(a)).

若 $\triangle ABC$ 和 $\triangle A_1B_1C_1$ 的周界走向相同,而这一走向又与 $\triangle AA_1A^*$, $\triangle BB_1B^*$ 和 $\triangle CC_1C^*$ 的周界走向相反,则题中的断言仍然成立. 但是,如果没有关于周界走向的某些假设,断言一般不成立. 例如,如图 45(c) 所示.

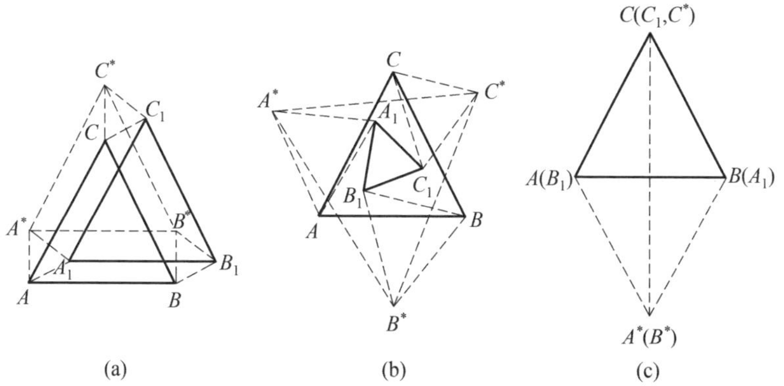

图 45

46. (1) 因为这两个正方形是正向相似图形,由第 1 章定理 1 可知 $MNPQ$ 是由 $ABCD$ 经过一个平移或者螺旋相似得到的. 在平移的情形,因为所述的四条线段 AM, BN, CP, DQ 有同样的长度,题中的断言是显然的,所以我们假设 $MNPQ$ 是由 $ABCD$ 经过一个螺旋相似得到的.

从某点 O 作线段 OT, OU, OV, OW,使得它们分别与线段 AM, BN, CP, DQ 平行、相等且有相同的方向. 由问题 33 解答后面的注可知,点 T, U, V, W 是一个正方形的顶点(图 46(a)). 令 Z 是正方形 $TUVW$ 的中心. 对 $\triangle OTZ$ 和 $\triangle OVZ$ 应用余弦定理,我们有

$$OT^2 = OZ^2 + ZT^2 - 2OZ \cdot ZT\cos\angle OZT$$

和

$$OV^2 = OZ^2 + ZV^2 - 2OZ \cdot ZV\cos\angle OZV$$
$$= OZ^2 + ZT^2 + 2OZ \cdot ZT\cos\angle OZT$$

由此可得

$$OT^2 + OV^2 = 2OZ^2 + 2ZT^2$$

用同样的方法，我们可得到

$$OU^2 + OW^2 = 2OZ^2 + 2ZU^2$$

因为 $ZT = ZU$，所以有

$$OT^2 + OV^2 = OU^2 + OW^2$$

即有

$$AM^2 + CP^2 = BN^2 + DQ^2$$

容易看出，当 $ABCD$ 和 $MNPQ$ 是任意两个正向相似的长方形时(图 46(b))，这个推理仍然成立. 但是，这个结果不能推广到当 $ABCD$ 与 $MNPQ$ 是反向相似的正方形或长方形时的情形. 例如，在图 44(c) 中，$AA_1 = CC_1 = 0$，而 $BB_1 = DD_1 \neq 0$，因而 $AA_1^2 + CC_1^2 \neq BB_1^2 + DD_1^2$.

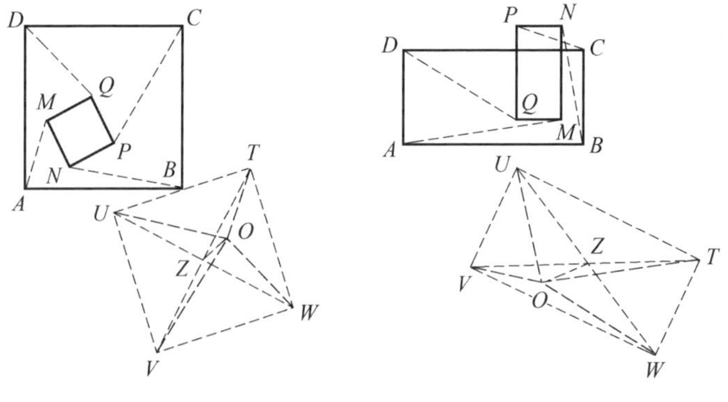

图 46

(2) 如(1) 中的证明一样，第二个正六边形是由第一个正六边形经过一个平移或者螺旋相似得到的. 因为在平移的情形，本题的断言是显然的，所以我们假设第二个正六边形是由第一个正六边形经过一个螺旋相似得到的.

现在从某点 O 作线段 OT，OU，OV，OW，OX，OY，使它们分别与线段 AM，BN，CP，DQ，ER，FS 平行、相等且有相同的方向. 于是由问题 33 解答后面的注可知，T，U，V，W，X，Y 这六个点是一个正六边形的顶点(图 47). 令 K 表示线段 TV 的中点，Z 表示六边形 $TUVWXY$ 的中心，于是，Z 也是等边 $\triangle TVX$ 的重心. 显然，我们有 $XZ : ZK = 2 : 1$. 正如在(1) 的解答中一样，我们也可以证明

$$OT^2 + OV^2 = 2OK^2 + 2KT^2$$

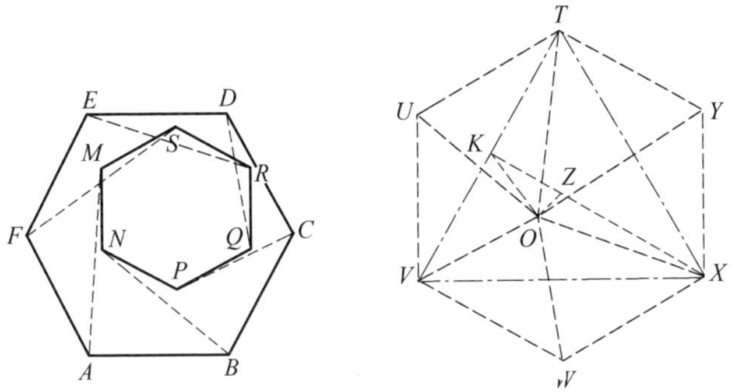

图 47

进一步,对 $\triangle OZX$ 和 $\triangle OZK$ 应用余弦定理,我们有

$$OX^2 = OZ^2 + ZX^2 - 2OZ \cdot ZX\cos\angle OZX$$

和

$$OK^2 = OZ^2 + ZK^2 - 2OZ \cdot ZK\cos\angle OZK$$

于是有

$$\begin{aligned} OT^2 + OV^2 &= 2OK^2 + 2KT^2 \\ &= 2OZ^2 + 2ZK^2 - 4OZ \cdot ZK\cos\angle OZK + 2KT^2 \end{aligned}$$

但是 $ZK = \dfrac{ZX}{2}$,并且 $\cos\angle OZK = -\cos\angle OZX$,所以

$$4OZ \cdot ZK\cos\angle OZK = -2OZ \cdot ZX\cos\angle OZX$$

从而有

$$\begin{aligned} & OT^2 + OV^2 + OX^2 \\ = & 3OZ^2 + 2ZK^2 + 2KT^2 + ZX^2 \\ = & 3OZ^2 + 3ZT^2 \end{aligned}$$

其中最后一个等号由

$$2(ZK^2 + KT^2) + ZX^2 = 2ZT^2 + ZX^2 = 3ZT^2$$

得出.

用同样的方法可以证明

$$OU^2 + OW^2 + OY^2 = 3OZ^2 + 3ZU^2 = 3OZ^2 + 3ZT^2$$

因此我们有

$$OT^2 + OV^2 + OX^2 = OU^2 + OW^2 + OY^2$$

即有

$$AM^2 + CP^2 + ER^2 = BN^2 + DQ^2 + FS^2$$

47.(1) 若 X 和 X' 是所求长方形的一对不相邻的顶点(图 48),则它们分别在以 AB 与 CD 为直径的圆 S 与 S' 上.可以认为这两个圆是具有对应点 X 和 X' 的正向相似图形.由第 1 章定理 1,存在一个螺旋相似(或平移)把 S 变成 S',并

且把点 X 变到点 X'. 这个螺旋相似可用下述方式确定：过点 A 和 C 引任意一对平行直线，设它们分别交圆 S 和 S' 于点 M 和 M'. 因为 $\angle MAX$ 与 $\angle M'CX'$ 的对应边平行，所以它们相等. 因此圆 S 的 $\overset{\frown}{MX}$ 与圆 S' 的 $\overset{\frown}{M'X'}$ 有同样的角测度. 由此可知，我们的螺旋相似把点 M 变到 M'. 又因为这个螺旋相似把圆 S 的中心 K 变到圆 S' 的中心 K'，所以就把问题归结为寻找一个把已知线段 KM 变成另一条已知线段 $K'M'$ 的螺旋相似(或平移)(参见第 26 ～ 27 页).

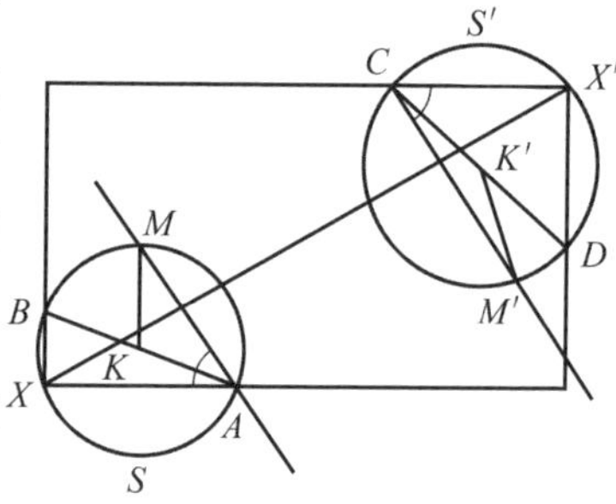

图 48

设这个螺旋相似的中心为 O，转角为 α，相似系数为 k，因为 $\angle MOM' = \angle XOX' = \alpha$ 和 $\dfrac{OM'}{OM} = \dfrac{OX'}{OX} = k$，所以

$$\triangle OMM' \backsim \triangle OXX'$$

由于 $\triangle OXX'$ 的边 XX' 是已知的，因此我们能求出边 OX，从而点 X 可作为圆 S 与以 O 为圆心，OX 为半径的圆的交点而定出来. 本题可以有两个解、一个解或无解. 点 A, B, C, D 可以在所作长方形的边上或它们的延长线上.

特殊情形出现在线段 KM 是由一个平移变到线段 $K'M'$ 的时候(或者换句话说，当线段 AB 与 CD 平行、相等且有相同方向时). 在这种情形下，若平移的距离不等于给定长方形的对角线长度，则本题无解，否则本题的解不定(因为我们可以选取圆 S 上的任一点作为所求长方形的顶点 X).

(2) 假设这个四边形已作好(图 49(a)). 它的顶点 B 和 D 分别在圆弧 S 和 S' 上，这里 S 和 S' 张在对角线 AC 上，并且它们所含的圆周角分别等于给定的 $\angle ABC$ 和 $\angle ADC$. 用 α 表示 $\angle BAC$，β 表示 $\angle DCA$. 在 $\triangle ABC$ 中，我们有

$$\alpha + \angle ABC + \angle BCD - \beta = 180^\circ$$

因而

$$\beta - \alpha = \angle ABC + \angle BCD - 180^\circ$$

即 $\beta - \alpha$ 是已知的. 为确定起见，假设 $\beta - \alpha > 0^\circ$. 过 C 引一直线使得它与对角线 AC 的夹角等于 $\beta - \alpha$. 设所引的直线与弧 S' 交于点 E. 于是 $\angle DCE = \beta - (\beta - \alpha) = \alpha$，即 $\angle DCE = \angle BAC$，因而 $\overset{\frown}{DE}$ 与 $\overset{\frown}{BC}$ 有同样的角测度.

由此我们得出下面与(1) 类似的作图法. 以给定线段 AC 为弦作圆弧 S，使它所含的圆周角等于给定的 $\angle ABC$，再以这条线段为弦在它的另一侧作圆弧 S'，使它所含的圆周角等于已知 $\angle D$. 过点 C 引一直线，使它与 AC 构成角 $\beta - \alpha = \angle ABC + \angle BCD - 180^\circ$，并且交圆弧 S' 于点 E. 现在如在(1) 中一样，本题归结为解下面这样的问题：在圆 S 与 S' 上分别给定点 C 和 E，要在 S 和 S' 上分

别找点 B 和 D,使得$\overset{\frown}{CB}$ 和$\overset{\frown}{ED}$ 有同样的角测度,并且使得线段 DB 有给定的长度.

(3) 设 $XYZT$ 是所求的平行四边形. MX,MY,MZ,MT 是四条给定的直线(图 49(b)). 沿 YZ 方向平移 $\triangle XMY$,平移的距离为 YZ 的长度,使得线段 XY 与线段 TZ 重合. 若 M' 是 M 的新位置,则在四边形 $MZM'T$ 中我们知道了对角线 ZT 和 $MM'=YZ$,以及 $\angle ZMT$,$\angle ZM'T=\angle YMX$,$\angle MTM'=\angle XMT$,$\angle MZM'=\angle YMZ$. 于是本问题归结为(2).

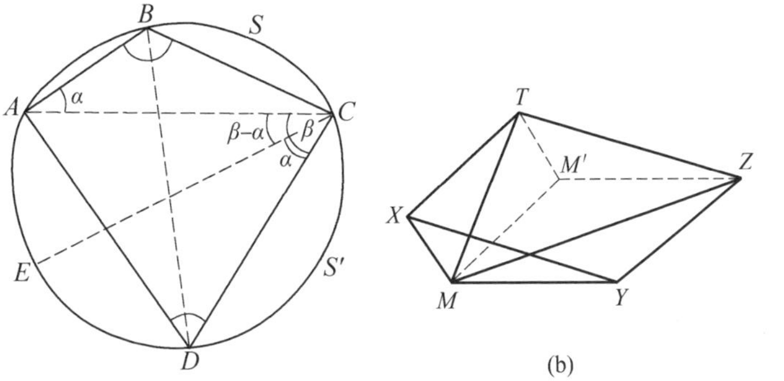

(b)

图 49

48. (1) 假设 $\triangle ABC$ 已作好(图 50(a)). 相继地作以 M 为中心,相似系数为 $-k$ 的中心相似和两个反射,其中一个是关于直线 l_1 的反射,另一个是关于直线 l_2 的反射. 这时点 A 首先变到 B,然后 B 变到 C,最后 C 变到 A. 于是 A 是上述的中心相似与两个关于直线的反射之和的不动点. 这个和是一个把图形 F 变成正向相似于 F 的图形 F' 的变换,由第 1 章定理 1,它是一个螺旋相似. 不难找出这个螺旋相似的中心 O. 为此只需作出平面上任意一条线段 PQ 在这三个变换之和的作用下的像 $P'Q'$,然后找出这两条线段的旋转中心(参见第 26 页). 顶点 A 必定与点 O 重合(因为螺旋相似仅有的不动点是中心). 点 A 作出以后,容易找到所要作的三角形的另外两个顶点 B 和 C. 若 $k=1$ 并且 $l_1 \perp l_2$,则本题或是无解或是解不定. 在所有其他的情形,本题有唯一解(参看问题 37 的解).

(2) 假设 $\triangle ABC$ 已作好(图 50(b)). 相继地作两个分别以 M 和 N 为中心,相似系数分别为 $-k_1$ 和 $-k_2$ 的中心相似和一个关于直线 l 的反射. 这些变换之和把点 A 变到自身,因而 A 是这些变换之和的不动点. 这个和变换显然把图形 F 变成反向相似于 F 的图形 F',根据第 1 章定理 2,它是一个膨胀反射. 如果我们找出平面中任意一条线段 PQ 在这个变换下的像 $P'Q'$,这个变换的中心 O 和轴就不难找到(参见第 34 页,特别是图 1.38). 于是 A 与 O 重合. 在已经作出 A 之后,找所要作的三角形的其余两个顶点 B 和 C 就没有困难了.

若 $k_1k_2 -1$,则我们的变换之和是一个滑动反射(或者仅是关于某条直线的反射). 在这种情形,本题或无解或解不定. 在所有其他情形本题都有唯一解.

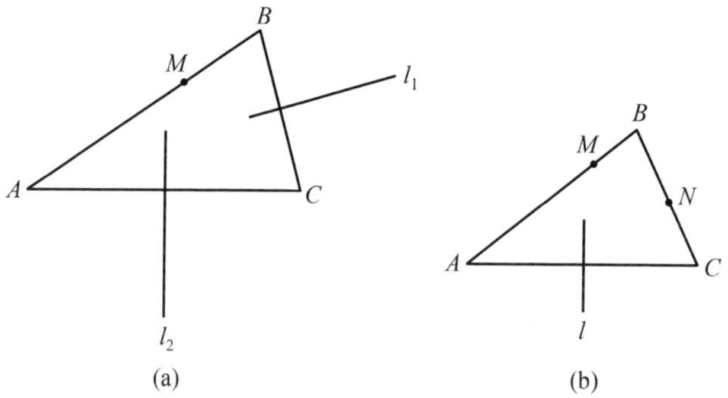

图 50

第 2 章　保距变换和相似变换的进一步应用

1.(1) 可以作很多这样的三角形，设其中之一为 $\triangle A_1B_1C_1$，使它全等于给定的 $\triangle ABC$，并且使得它的边 A_1B_1 和 A_1C_1 分别过两个给定点 M 和 N. 由第 2 章定理 1，任意一个这样的三角形的边 B_1C_1 必定与某定圆 S 相切，这个圆 S 可以通过作三个这样的三角形 $\triangle A_1B_1C_1$，$\triangle A_2B_2C_2$，$\triangle A_3B_3C_3$ 找出来（图 51(a)）. 剩下只需从给定点 P 引 S 的一条切线，所求 $\triangle A_0B_0C_0$ 的边 B_0C_0 必落在这条切线上.

本题可以有两个解、一个解或无解.

(2) 本题的解法与(1) 非常类似. 可以作很多这样的三角形，设其中之一为 $\triangle A_1B_1C_1$，使它全等于给定的 $\triangle ABC$，并且使得它的边 A_1B_1 与给定的圆 S_1 相切，边 A_1C_1 与给定的圆 S_2 相切. 所有这些三角形的第三边必与某定圆 S 相切（参见第 44 页），这个圆 S 容易通过作三个这样的三角形 $\triangle A_1B_1C_1$，$\triangle A_2B_2C_2$，$\triangle A_3B_3C_3$（图 51(b)）找出来. 然后只需作圆 S 和给定的圆 S_3 的公切线，所求 $\triangle A_0B_0C_0$ 的边 B_0C_0 必落在这条公切线上.

一般说来，圆 S 与 S_3 有四条公切线. 此外 $\triangle A_1B_1C_1$（因此还有 $\triangle A_2B_2C_2$ 和 $\triangle A_3B_3C_3$）可按下述四种本质上不同的方式作出：

① 圆 S_1 和点 C_1 在 A_1B_1 的两侧，圆 S_2 和点 B_1 在 A_1C_1 的两侧(图 51(b)).

② 圆 S_1 和点 C_1 在 A_1B_1 的两侧，圆 S_2 和点 B_1 在 A_1C_1 的同侧.

③ 圆 S_1 和点 C_1 在 A_1B_1 的同侧，圆 S_2 和点 B_1 在 A_1C_1 的两侧.

④ 圆 S_1 和点 C_1 在 A_1B_1 的同侧，圆 S_2 和点 B_1 在 A_1C_1 的同侧.

因此，本题可以有 16 个解.

2.(1) 图 52(a) 中的点 C_1 和 C_2 在 $\triangle ABO$ 的外接圆 S 上. 由第 2 章定理 2，当线段 AB 以保持它的端点在 $\angle AOB$ 的两条边上的方式滑动时，$\triangle ABC_1$ 和

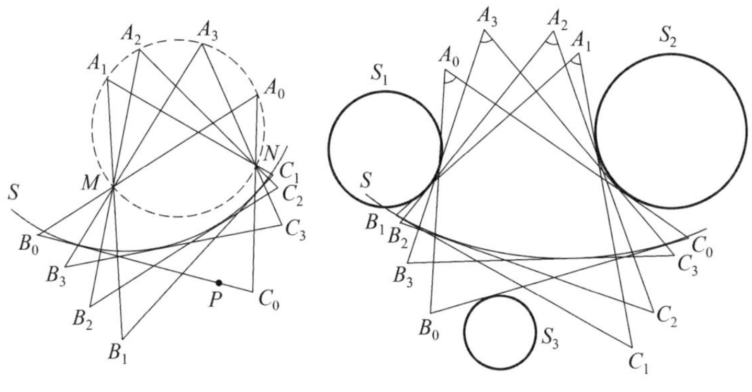

图 51

$\triangle ABC_2$ 的顶点 C_1 和 C_2 分别描出过 O 的直线 m_1 和 m_2.（更确切地说，它们描出这两条直线上的两个线段.我们让读者自己去确定这些线段的长度.）

(2) 图 52(b) 中的点 C_1 在 $\triangle ABO$ 的外接圆 S 上，点 C_2 是这个圆的中心.当线段 AB 以保持它的端点在 $\angle AOB$ 的两条边上滑动时，$\triangle ABC_1$ 的顶点 C_1 描出一条过 O 的直线，而 $\triangle ABC_2$ 的顶点 C_2 描出一个以 O 为中心的圆.（更确切地说，C_1 描出这条直线上的某条线段，而 C_2 描出这个圆的某一段弧.）

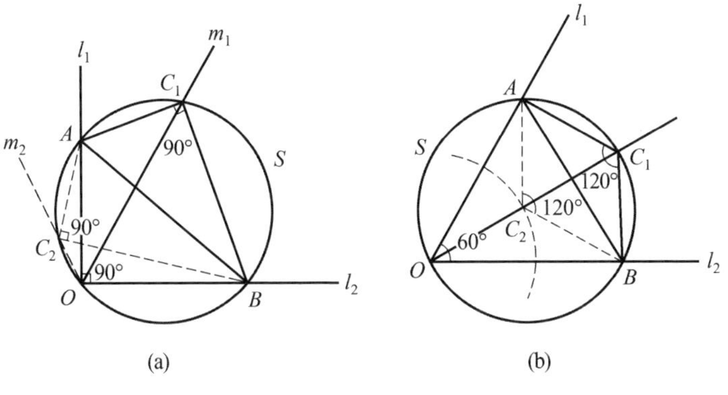

图 52

3. 假设 $\triangle ABC$ 已经作好.考虑这样的 $\triangle \overline{A}\overline{B}\overline{C}$，它的斜边有定长 $\overline{A}\overline{B}=a$，并且这个三角形以 l_1 与 l_2 的交点 O 为相似中心与 $\triangle ABC$ 中心相似.由问题 2(1) 的解答可知顶点 $\overline{C}$ 在过 O 的某四条容易作出的直线 m_1, m_2, m_3, m_4 之一上（图 53).（为了作出这些直线，只需作出有给定锐角 α，并且这个锐角的顶点在直线 l_1 或 l_2 上的 $\mathrm{Rt}\triangle \overline{A}\overline{B}\overline{C}_1$，$\mathrm{Rt}\triangle \overline{A}\overline{B}\overline{C}_2$，$\mathrm{Rt}\triangle \overline{A}\overline{B}\overline{C}_3$，$\mathrm{Rt}\triangle \overline{A}\overline{B}\overline{C}_4$.）显然，$C$ 与 $\overline{C}$ 在同一直线上，于是 C 可以作为直线 m_1, m_2, m_3, m_4 之一与圆 S 的交点而定出来.

本题可以多达 8 个解.

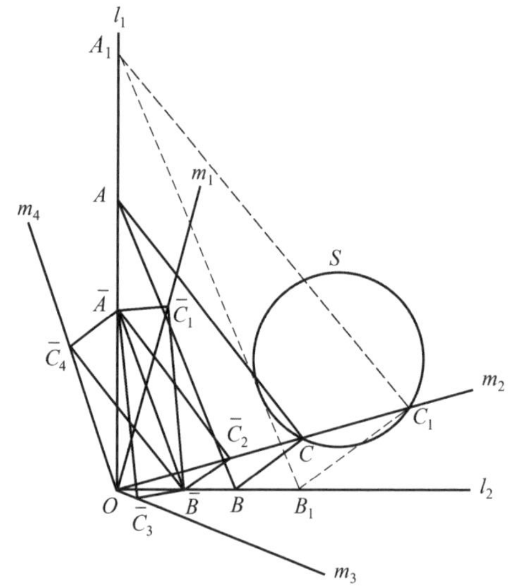

图 53

4.(1) 考虑四边形 BM_1M_2P，这里 B 是 S_1 和 S_2 的第二个交点. 当 M_1M_2 绕 A 旋转时，$\triangle BM_1M_2$ 保持与它自身相似（参见第 1 章问题 31 的解），因此四边形 BM_1M_2P 也保持与自身相似. 现在本题的全部断言可以由这个四边形的点 B 保持不动，顶点 M_1 和 M_2 描出圆 S_1 和 S_2 以及边 M_1M_2 总过定点 A 等事实得出（参见第 46 页）.（我们假设 $\triangle M_1M_2P$ 总是作在 M_1M_2 的固定的一侧，即总与 $\triangle BM_1M_2$ 在 M_1M_2 的同一侧或相反的一侧；否则我们必须允许 P 描出两个圆，并且必须对本题中关于直线 M_1P 和 M_2P 的陈述进行相应的改变.）

(2) 由 $\triangle BM_1M_2 \backsim \triangle BN_1N_2$（参见 (1) 的解），可知 $\triangle BM_1N_1 \backsim \triangle BM_2N_2$. 因而 $\angle BN_1M_1 = \angle BN_2M_2$，因此四边形 BN_1QN_2 可以有外接圆. 而这就是说点 Q 的轨迹是外接于 $\triangle BN_1N_2$ 的圆 Γ（图 54）.

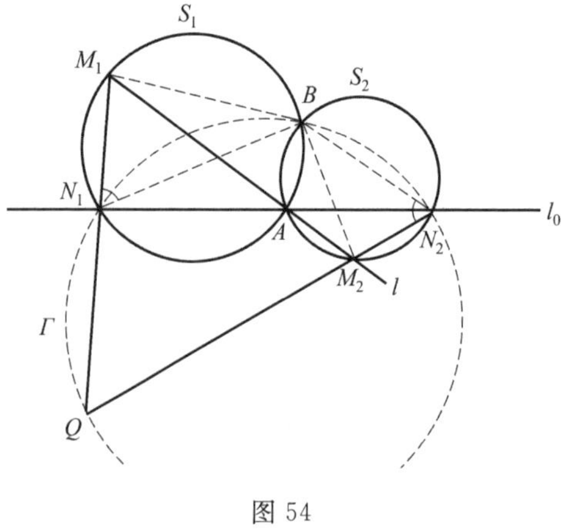

图 54

当 l_0 绕 A 转动时，$\triangle BN_1N_2$ 改变，但总保持与它的初始位置相似(参见(1) 的解). 因为同时又有点 B 保持不动，并且点 N_1 和 N_2 分别描出圆 S_1 和 S_2，因此这个三角形的外接圆 Γ 的中心描出一个圆.

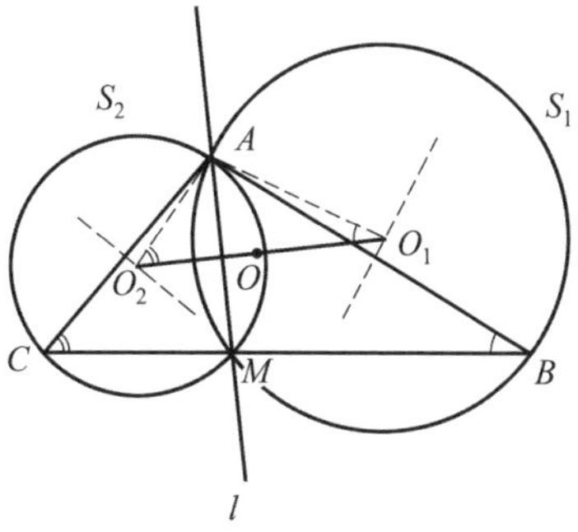

图 55

5. 显然 $\angle ABM=\angle AO_1O_2$(它们中的每一个都等于圆 S_1 的 $\overset{\frown}{AM}$ 所对的圆心角的一半，如图 55 所示). 类似地，$\angle ACM=\angle AO_2O_1$. 因此当 l 绕 A 转动时，$\triangle AO_1O_2$ 以这样的方式改变：它总保持与自身相似(并且都与 $\triangle ABC$ 相似). 因为点 A 是不动的，并且点 O_1 和 O_2 的轨迹都描出直线(AB 和 AC 的中垂线)，由此即知线段 O_1O_2 的中点所描出的轨迹是一条直线.

6. 设 $\triangle\overline{A}\,\overline{B}\,\overline{C}$ 和 $\triangle\overline{A}'\overline{B}'\overline{C}'$ 是 $\triangle ABC$ 的任意两个位置(图 56). 因为 $O\overline{A}$ 和 $O\overline{B}$($O\overline{A}'$ 和 $O\overline{B}'$) 的夹角等于 $\overline{A}C$ 与 $\overline{B}C$ 的夹角，由此可知

$$\begin{aligned}&\angle\overline{A}O\overline{B}+\angle\overline{A}C\overline{B}\\=&\angle\overline{A}'O\overline{B}'+\angle\overline{A}'C\overline{B}'\\=&180^\circ\end{aligned}$$

$$\begin{aligned}&\angle O\overline{A}C+\angle O\overline{B}C\\=&\angle O\overline{A}'C+\angle O\overline{B}'C\\=&180^\circ\end{aligned}$$

以及

$$\angle O\overline{A}'\overline{A}=\angle O\overline{B}'\overline{B}$$
$$\angle O\overline{A}\,\overline{A}'=\angle O\overline{B}\,\overline{B}'$$

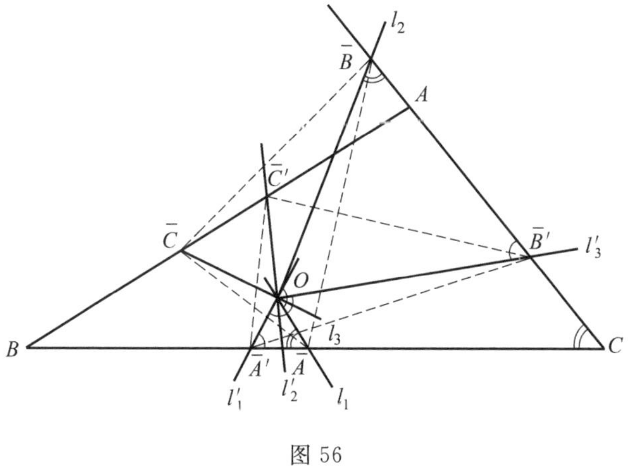

图 56

于是 $\triangle O\overline{A}\,\overline{A}'$ 与 $\triangle O\overline{B}\,\overline{B}'$ 相似. 同理可证 $\triangle O\overline{C}\,\overline{C}'$ 也与它们相似. 由此可见，$\triangle\overline{A}'\overline{B}'\overline{C}'$ 可由 $\triangle\overline{A}\,\overline{B}\,\overline{C}$ 经过一个以 O 为中心的螺旋相似得到. 这样，当直线 l_1，l_2，l_3 绕 O 旋转时，$\triangle\overline{A}\,\overline{B}\,\overline{C}$ 改变但仍保持与它自身相似，并且它的每两个位置都有同样的旋转中心 O. 由上述事实以及 $\triangle\overline{A}\,\overline{B}\,\overline{C}$ 的顶点都描出直线可知，这个三角形的每个点都描出一条直线，这就回答了(2) 中的问题. 因为对于所有的 $\triangle\overline{A}\,\overline{B}\,\overline{C}$，点 O 有相同的位置，所以为了弄清楚点 O 在这些三角形中的位置，只要考虑这些三角形中的某一个，例如，以 O 到 $\triangle ABC$ 各边的垂线的垂足为顶点的 $\triangle\overline{A}_0\overline{B}_0\overline{C}_0$.

若 O 是 $\triangle ABC$ 的外接圆的中心，则 $\triangle\overline{A}_0\overline{B}_0\overline{C}_0$ 的边平行于 $\triangle ABC$ 的边(因为 $\triangle\overline{A}_0\overline{B}_0\overline{C}_0$ 的边是 $\triangle ABC$ 的中位线)，因而 O 是 $\triangle\overline{A}_0\overline{B}_0\overline{C}_0$ 的高的交点.

若 O 是 $\triangle ABC$ 的内切圆圆心，则 $O\overline{A}_0=O\overline{B}_0=O\overline{C}_0$，因而 O 是 $\triangle\overline{A}_0\overline{B}_0\overline{C}_0$ 的外接圆圆心.

若 O 是 $\triangle ABC$ 的高的交点，则 O 是 $\triangle\overline{A}_0\overline{B}_0\overline{C}_0$ 的角平分线的交点(因为 $\angle O\overline{A}_0\overline{B}_0$ 与 $\angle OC\overline{B}_0$ 在四边形 $O\overline{A}_0C\overline{B}_0$ 的外接圆上对同一个弧，所以 $\angle O\overline{A}_0\overline{B}_0=\angle OC\overline{B}_0$. 同理 $\angle O\overline{A}_0\overline{C}_0=\angle OB\overline{C}_0$. 又由 $\triangle AC\overline{C}_0$ 与 $\triangle AB\overline{B}_0$ 相似，有 $\angle OC\overline{B}_0=\angle OB\overline{C}_0$).

7. (1) 设 l_1，l_2，l_3，l_4 是四条给定的直线. 考虑与给定的四边形相似并且三个顶点 $\overline{A}$，$\overline{B}$，$\overline{C}$ 分别在直线 l_1，l_2，l_3 上的所有四边形 $\overline{A}\,\overline{B}\,\overline{C}\,\overline{D}$. 给定这样的四边形的顶点 $\overline{A}$ 或边 $\overline{A}\,\overline{B}$ 的方向，我们可以把它作出来(参见第 1 章问题 9(2) 和 30(1)). 由第 2 章定理 3 可知，所有这样的四边形的顶点 $\overline{D}$ 落在某条直线 l 上，通过找出 $\overline{D}$ 的两个位置，直线 l 容易作出，l 与 l_4 的交点就是所求四边形 $ABCD$ 的顶点 D. 剩下的部分可利用第 1 章问题 30(1) 的解答中指出的作法来完成.

一般来说本题有唯一解，例外情形是 $l\parallel l_4$(本题无解) 或 $l=l_4$(解不定).

(2) 令 M_1，M_2，M_3，M_4 是四个给定点. 考虑所有这样的四边形 $\overline{A}\,\overline{B}\,\overline{C}\,\overline{D}$，它相似于给定的四边形，并且边 $\overline{A}\,\overline{B}$，$\overline{B}\,\overline{C}$，$\overline{C}\,\overline{D}$ 分别过点 M_1，M_2，M_3. 因为这些四边形的顶点 $\overline{B}$ 和 $\overline{C}$ 分别位于张在线段 M_1M_2 和 M_2M_3，并且所含圆周角为已知角的两个弧上，所以我们可以作很多这样的四边形. 由第 2 章定理 4，每个这样的四边形的边 $\overline{D}\,\overline{A}$ 都过某定点 M. 通过作出两个这样的四边形 $\overline{A}\,\overline{B}\,\overline{C}\,\overline{D}$ 容易找到点 M. 直线 MM_4 包含所求四边形的边 DA. 若 M 与 M_4 重合，则解不定.

(3) 考虑这样的四边形 $\overline{A}\,\overline{B}\,\overline{C}\,\overline{D}$，它与给定的四边形相似，并且边 $\overline{B}\,\overline{C}$，$\overline{C}\,\overline{D}$，$\overline{B}\,\overline{D}$ 分别过给定点 M，N，P. 根据第 2 章定理 4，每个这样的四边形 $\overline{A}\,\overline{B}\,\overline{C}\,\overline{D}$ 的顶点 $\overline{A}$ 在某个圆 $\overline{S}$ 上(这个圆不难作出，为此只需找出 $\overline{A}$ 的三个位置). $\overline{S}$ 与给定的圆 S 的任意一个交点都可以作为所求四边形的顶点 A(参看(2) 的解). 本题

可以有两个解、一个解或无解;若 $\overline{S}$ 与 S 重合,则解不定.

8. 考虑所有这样的直线 $\overline{l}$,它使得 l_1,l_2,l_3 在 $\overline{l}$ 上截得的线段 $\overline{A}\,\overline{B}$ 和 $\overline{B}\,\overline{C}$ 之比有给定的值. 选取直线 l_1 上任一点,我们可以作出 $\overline{l}$(参见第 1 章问题 1). 直线 $\overline{l}$ 上使得线段 $\overline{A}\,\overline{B}$,$\overline{B}\,\overline{C}$,$\overline{C}\,\overline{D}$ 有给定比的点 $\overline{D}$ 落在一条直线 m 上(参见第 2 章定理 3),通过找出 $\overline{D}$ 的两个位置,直线 m 容易作出来. m 与 l_4 的交点在所求的直线 l 上. 剩下的部分只需用第 1 章问题 1 的解答中所指出的作法来完成. 若 $m \parallel l_4$,则本题无解;若 m 与 l_4 重合,则解不定(参看问题 7(1) 的解).

9. 当角 α 改变时,$\triangle A'B'C'$ 改变,但仍然保持与自身(因而也与 $\triangle ABC$) 相似. 它的边总过某些固定点,即 $\triangle ABC$ 各边的中点. 因此 $\triangle A'B'C'$ 的每个点(特别是它的高的交点,它的角平分线的交点和它的中线的交点) 描出一个圆. 题中的第二个断言可以由 $\triangle A'B'C'$ 的所有位置(包括 $\triangle ABC$,它对应于值 $\alpha = 0°$) 的旋转中心 O 与 $\triangle ABC$ 外接圆中心重合这一事实得出. 为了弄清这一点,只需注意当 $\alpha = 90°$ 时,我们所考虑的那些直线都过同一点 O.

10. (1) 若 $\triangle KLM$ 以这样的方式变化:保持与它自身相似,并使它的顶点 K,L,M 分别在 $\triangle ABC$ 的边 BC,CA,AB 上滑动,则 $\triangle KLM$ 的所有位置有一公共旋转中心 O,它落在圆 S_1,S_2,S_3 上(参见第 2 章定理 3 的证明,特别是图 2.7(a)). 因此这三个圆过同一点 O(图 57).

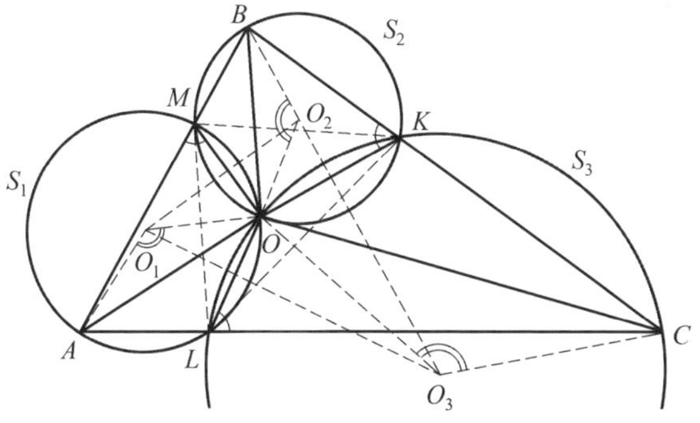

图 57

(2) 令 O_1,O_2,O_3 分别是圆 S_1,S_2,S_3 的中心,并令 O 是这些圆的公共点(图 57). 由于四边形 $ALOM$ 内接于圆,我们有 $\angle AMO + \angle ALO = 180°$,因而有 $\angle AMO = \angle CLO$. 类似地,$\angle CLO = \angle BKO$. 但是从等式 $\angle AMO = \angle BKO = \angle CLO$ 可得 $\angle AO_1O = \angle BO_2O = \angle CO_3O$. 因此 $\triangle OO_1A$,$\triangle OO_2B$,$\triangle OO_3C$ 全都彼此相似,从而 $\triangle O_1O_2O_3$ 可以由 $\triangle ABC$ 经过中心为 O,转角为 $\angle O_1OA$,相似系数为 $\dfrac{OO_1}{OA}$ 的螺旋相似得到.

11. (1) $\triangle A_1B_1C_1$ 是由 $\triangle ABC$ 经过绕点 O 旋转某 α 角得到的. 由此可知

$\angle A\overline{B}A_1=\angle A\overline{C}A_1=\angle AOA_1=\alpha$，即点 $A,A_1,\overline{B},\overline{C},O$ 位于一个圆上(图 58). 同理可证五个点 $B,B_1,\overline{A},\overline{C},O$ 在一个圆上，并且五个点 $C,C_1,\overline{A},\overline{B},O$ 也在一个圆上.

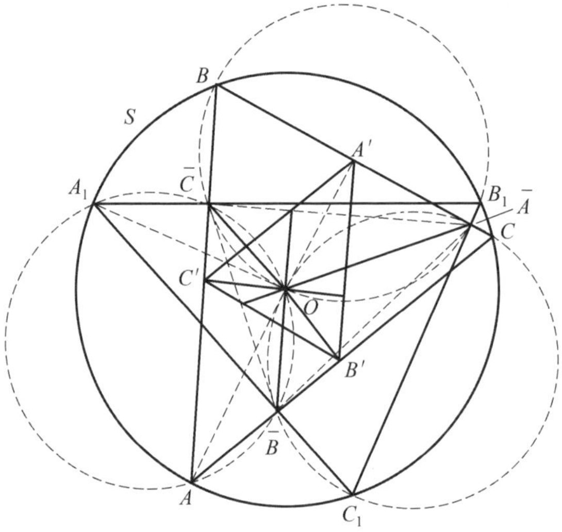

图 58

考虑由 $\triangle ABC$ 各边的中点连线构成的 $\triangle A'B'C'$. 我们变动这个三角形，使它的顶点在 $\triangle ABC$ 的边上滑动，并使得它总保持相似于初始位置(即相似于 $\triangle ABC$). 这个三角形的所有位置有一个公共的旋转中心 ——$\triangle AB'C'$，$\triangle BA'C'$，$\triangle CA'B'$ 的外接圆的交点(参见问题 10(1) 的解)，即点 O. 现在假设变动的三角形的一个顶点是 $\overline{A}$，令 $\overline{B}'$ 和 $\overline{C}'$ 是它的另外两个顶点，则 $\overline{B}',C,\overline{A},O$ 落在同一个圆上(参见第 2 章定理 3 的证明). 由此可知 $\overline{B}'$ 与 $\overline{B}$ 重合. 同理可证顶点 $\overline{C}'$ 与 $\overline{C}$ 重合.

(2) 点 O 是变动的 $\triangle\overline{A}\,\overline{B}\,\overline{C}$ 的不动点，对于这个三角形的所有位置，点 O 必定对应于自身. 因为 O 是 $\triangle A'B'C'$ 的高的交点，可知 O 也是 $\triangle\overline{A}\,\overline{B}\,\overline{C}$ 的高的交点.

12. (1) 因为 l_2 是由 l_1 经过关于 $\triangle ABC$ 的两条边的两个反射之和得到的，所以 l_1 与 l_2 的夹角等于 $\triangle ABC$ 的这两条边夹角的 2 倍(参见《几何变换(Ⅰ)》). 这样，三角形 T 的各个角由 $\triangle ABC$ 的角所决定，而与 l 的位置无关.(若 $\triangle ABC$ 是直角三角形，则三条直线 l_1,l_2,l_3 中的两条将是平行的，因此 l_1,l_2,l_3 不构成三角形.)

(2) 假设直线 l 绕平面中某点 M 转动. 于是三角形 T 的边总是分别过 M 关于 $\triangle ABC$ 的三条边的对称点 M_1,M_2,M_3. 换句话说，三角形 T 以这样的方式变动：它总保持与它自身相似，并且它的边总过三个定点. 在第 2 章定理 4 的证明中已经证得,在这种情形下三角形 T 的每两个位置的旋转中心 O 都相同.于是,当且仅当三角形 T 退化成一点(在这种情形下,直线 l_2 和 l_3 也过点 O)时,l_1 过点 O(亦即 l 过点 O 关于边 AB 的对称点 O').

这样一来,我们看到,在一般情形下,经过给定点 M 的直线之中仅有一条直线 l,使得 l_1,l_2,l_3 交于一点.若有两条这样的直线,则意味着所有过 M 的直线都有这一性质.现在令 M 和 N 是两个点,并令 l 和 $\bar{l}$ 分别是过它们的直线,使得对应的两组直线 l_1,l_2,l_3 和 $\bar{l}_1,\bar{l}_2,\bar{l}_3$ 分别都交于一点.若 H 是 l 与 $\bar{l}$ 的交点,则对每条过 H 的直线,它所对应的直线 l_1,l_2,l_3 交于一点(直线 l 与 $\bar{l}$ 不能是平行的,因为若 l_1,l_2,l_3 交于一点 O,并且 $l \parallel \bar{l}$,则直线 $\bar{l}_1,\bar{l}_2,\bar{l}_3$ 将平行于对应直线 l_1,l_2,l_3,并且它们与 O 的距离等于 l 与 $\bar{l}$ 的距离,所以它们不能交于一点).若 l 过 H,则 l_1 和 l_2 分别过 H 关于 $\triangle ABC$ 的两条边的对称点 H_1 和 H_2.又因为 l_1 与 l_2 的夹角是一定值(参见(1)的解),所以 l_1 与 l_2 的交点 P 的轨迹描出一个圆 S(它以线段 H_1H_2 为弦,并且所含圆周角等于已知角).

这样,我们证明了存在一点 H,它使得每条过 H 的直线所对应的直线 l_1,l_2,l_3 交于一点.不可能有两个这样的点 G 和 H,否则过点 M 就有两条直线 MG 和 MH,使得其中的任一条所对应的三条直线 l_1,l_2,l_3 都交于一点.为了看出 H 是 $\triangle ABC$ 的高的交点和 S 是这个三角形的外接圆,只需注意对应于 $\triangle ABC$ 的高的直线 l_1,l_2,l_3 相交于 $\triangle ABC$ 的顶点.

(3) 设 l 是任意一条直线,$\bar{l}$ 是与它平行且过 H 的直线.直线 $\bar{l}_1,\bar{l}_2,\bar{l}_3$ 交于一点 P.如(2)的解答中所指出的,直线 l_1,l_2,l_3 与点 P 的距离等于 $\bar{l}$ 与 l 的距离,亦即 H 到 l 的距离.这样,三角形 T 的内切圆半径等于 H 与 l 的距离.因为所有三角形 T 彼此相似,所以可知 T 的面积仅依赖于 H 到 l 的距离.

13. 第一种证法.若从 P 到 $\triangle ABC$ 各边所作垂线的垂足在一条直线 l 上,则由 $\bar{l}$ 关于 $\triangle ABC$ 的边作反射得到的直线 $\bar{l}_1,\bar{l}_2,\bar{l}_3$,交于点 P,这里 $\bar{l}$ 是以 P 为相似中心,2 为相似系数,中心相似于 l 的直线(图 59).由此即知 P 必落在 $\triangle ABC$ 的外接圆上(并且 $\bar{l}$ 必过 $\triangle ABC$ 的高的交点 H,参见问题 12(2)).

第二种证法.分别用 N,L,M 表示 P 向 $\triangle ABC$ 的边 AB,BC,CA 所作垂线的垂足(图 60).我们证明 P 是所有这样一些 $\triangle L'M'N'$ 的旋转中心,这些三角形的顶点分别在 $\triangle ABC$ 的边 BC,CA,AB 上.事实上,由 $\angle PMA = \angle PNA = 90^\circ$ 可知点 A,M,N,P 在一个圆上,即 P 在圆 AMN 上.同理可证 P 在圆 BNL 和圆 CLM 上.但是这些圆的交点也就是所求的旋转中心(参看问题 10(1) 的解).

进一步,如在图 60 中所表示的情形,因为 $\angle APN$ 和 $\angle AMN$ 是同弧所对的圆周角,$\angle NPB$ 和 $\angle NLB$ 也是同弧所对的圆周角,所以

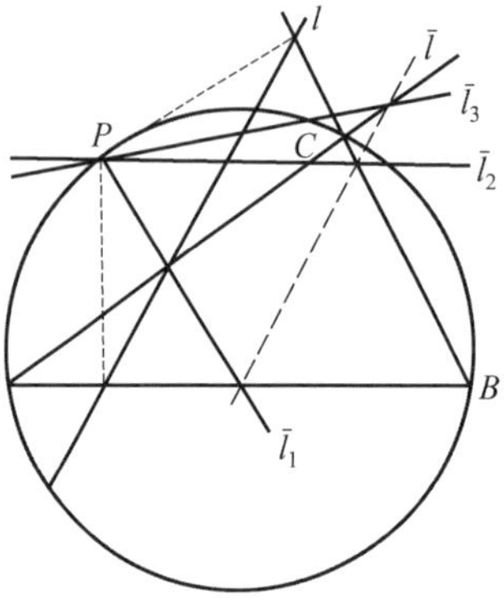

图 59

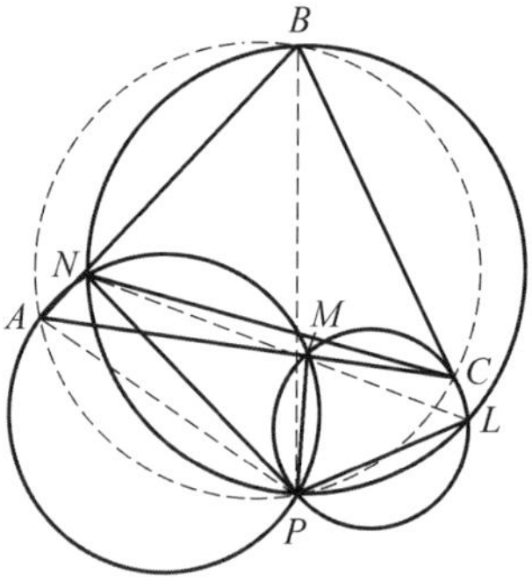

图 60

$$\angle APB = \angle APN + \angle NPB = \angle AMN + \angle NLB$$

但是

$$\angle AMN = \angle MCN + \angle MNC$$
$$\angle NLB = \angle NCB - \angle LNC$$

因此有

$$\begin{aligned} & \angle AMN + \angle NLB \\ = & (\angle MCN + \angle NCB) + (\angle MNC - \angle LNC) \\ = & \angle MCB + \angle MNL \end{aligned}$$

比较这个等式与前面的等式,我们得到

$$\angle APB = \angle MCB + \angle MNL$$

利用这个等式我们可以证明题中的断言.事实上,若点 P 在 $\triangle ABC$ 的外接圆上,则 $\angle APB = \angle ACB$,并且 $\angle MNL = 0°$,即点 M,N,L 在一条直线上(图 60).反之,若点 M,N,L 在一条直线上,则 $\angle MNL = 0°$,并且 $\angle APB = \angle ACB$,因此点 P 在过 A,B,C 的圆上.

14.(1) 设 l_1,l_2,l_3,l_4 是给定的四条直线.作分别由直线 l_1,l_2,l_3 和 l_1,l_2,l_4 构成的两个三角形的外接圆.用 P 表示这两个圆的(与直线 l_1 和 l_2 的交点不同的)交点(图 61).从 P 作直线 l_1,l_2,l_3,l_4 的垂线.令 M_1,M_2,M_3,M_4 是这些垂线的垂足,由问题 13 的结果,点 M_1,M_2,M_3 在一条直线上,点 M_1,M_2,M_4 也在一条直线上.因而这四个点落在一条直线上.再由问题 13 可知,仅当 P 在由 l_1,l_3,l_4 构成的三角形的外接圆上时,M_1,M_3,M_4 能在一条直线上.同理可证,P 在由 l_2,l_3,l_4 构成的三角形的外接圆上.

(2) 用前文中图 2.11 中的记号,$MP \perp AB$(因为 $\angle MPA$ 与 $\angle MPB$ 所对的弧是半圆).同理有 $MQ \perp AC$ 和 $MR \perp BC$,因而 P,Q,R 是从 $\triangle ABC$ 外接圆 S 上的点 M 向这个三角形的各边所作垂线的垂足.

(3) 设 $ABCD$ 是内接于圆的四边形,$AB = a, BC = b, CD = c, DA = d, AC =$

e, $BD=f$(图 62). 从 D 分别向 $\triangle ABC$ 的边 AB, BC, CA 作垂线 DR, DS, DT. 由前一问题的结果,这些垂线的垂足 R, S, T 共线. 显然,四边形 $ATDR$ 有外接圆,线段 AD 是这个圆的直径. 由此可得

$$TR = AD\sin\angle TDR = d\sin\angle TDR$$

但是 $\angle TDR=\angle BAC$(这两个角的边相互垂直),考虑 $\triangle ABC$ 知, $\sin\angle BAC=\dfrac{BC}{2r}=\dfrac{b}{2r}$,其中 r 是四边形 $ABCD$ 外接圆的半径. 于是我们得到

$$TR = d\cdot\frac{b}{2r}=\frac{bd}{2r}$$

用完全类似的方法,我们得到关系式

$$TS=\frac{ac}{2r}, RS=\frac{ef}{2r}$$

又由于点 R, S, T 在一条直线上(图 62),我们有

$$RT+TS=RS$$

也就是有

$$\frac{bd}{2r}+\frac{ac}{2r}=\frac{ef}{2r}$$

用 $2r$ 乘这个等式两边,得到

$$bd+ac=ef$$

这就是所要证的.

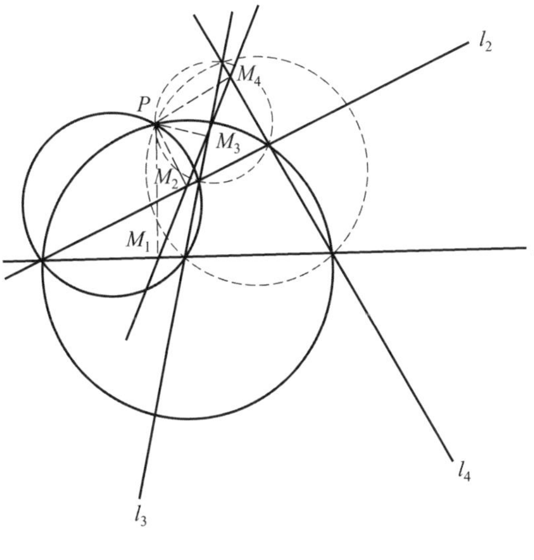

图 61

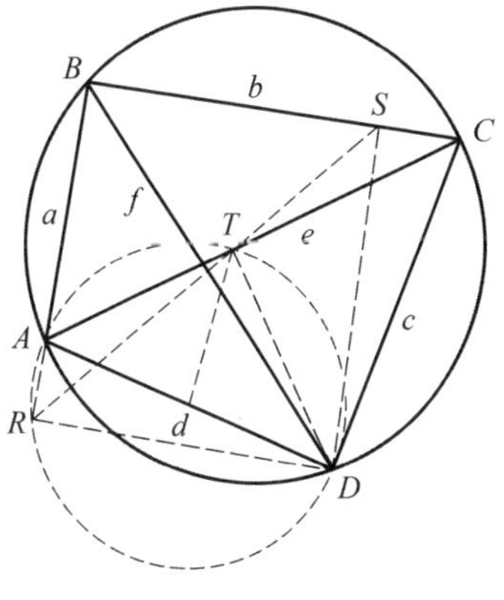

图 62

15. 由给定的四条直线构成的四个三角形的外接圆交于一点 P(参见第 1 章问题 35,本章问题 14(1)). 从 P 向直线 l_1, l_2, l_3, l_4 所作垂线的垂足在一条直

线 m 上(参看问题 13). 所考虑的四个三角形的高的交点 H_1, H_2, H_3, H_4, 以 P 为相似中心, 2 为相似系数, 分别中心相似于直线 PH_1, PH_2, PH_3, PH_4 和直线 m 的交点(参见问题 13 的第一种证法). 因此它们也在同一条直线上, 这条直线平行于 m, 并且经过点 P 关于 m 的对称点 P'.

16. 用 A 和 B 表示圆 S_1 和 S_2 的交点, 用 P 和 Q 分别表示直线 MB 与圆 S_1 和 S_2 的交点(图 63). 因为从点 M 到两个给定圆的切线长度之比 $\frac{m}{n}$ 已给定, 我们也可以把比

$$\frac{MP}{MQ}=\frac{MP \cdot MB}{MQ \cdot MB}=\frac{m^2}{n^2}$$

认为是已知的. 从这个等式我们看出, 若 $m=n$, 则点 P 和 Q 重合, 因而 M 在直线 AB 上. 因此下面我们将假设 $m \neq n$.

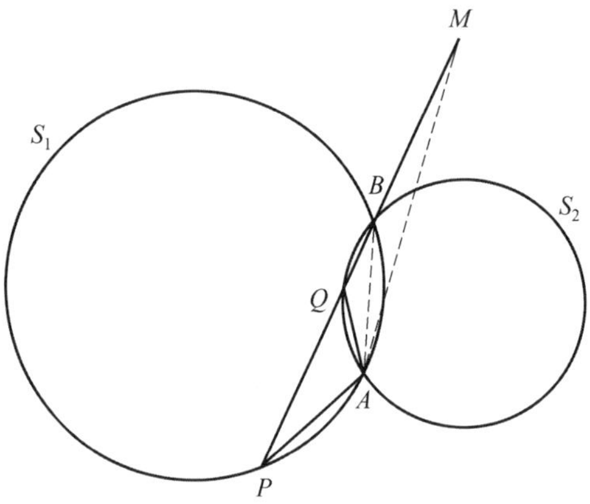

图 63

现在考虑 $\triangle AQP$. 当 M 移动时, 它要改变, 但是 $\angle APQ$ 保持不变, 因为它总是对着圆 S_1 上的定弧. $\angle AQP = 180^\circ - \angle AQB$ 也保持不变, 这是因为 $\angle AQB$ 总对着圆 S_2 上的定弧, 因此 $\triangle AQP$ 总保持与自身相似. 三角形的顶点 A 不动, 而 P 的轨迹描出圆 S_1, 因此点 M(在三角形的边 QP 上, 并且使得 $\frac{MP}{MQ}=\frac{m^2}{n^2}$) 的轨迹也描出一个圆 S, S 可由 S_1 经过以 A 为中心, 转角为 $\angle PAM$, 相似系数为 $\frac{AM}{AP}$ 的螺旋相似得到.

显然, 圆 S 过点 A. 我们现在证明它也过点 B. 为此只要在圆 S_1 上找一点 C, 使得 $\angle CAB=\angle PAM$, 因为 $\angle ACB=\angle APM$, $\triangle ACB$ 和 $\triangle APM$ 必定相似(于是 $\frac{AC}{AB}=\frac{AP}{AM}$), 所以上面所述的螺旋相似把 C 变到 B.

所求的轨迹现在可以用如下方法作出: 过圆 S_1 与 S_2 的交点 A 和 B 之一引

任意一条直线分别交 S_1 和 S_2 于 P 和 Q. 在这条直线上取一点 M，使得 $\frac{MP}{MQ}=\frac{m^2}{n^2}$，这里 $\frac{m}{n}$ 是给定的切线长度之比. 过 A,B,M 的圆（更确切地说，这个圆在 S_1 和 S_2 之外的弧）即为所求的轨迹.

17. 所有这样的 $\triangle A'B'C'$ 与 $\triangle ABC$ 有共同的旋转中心 O，并且圆 $AB'C'$ 与圆 $BA'C'$ 的一个交点和 O 重合（参见第 2 章定理 3 的证明）. 剩下仅需考虑当 A',B',C' 是 $\triangle ABC$ 的各边中点时，$\triangle A'B'C'$ 的这个特别位置.

18. (1) 因为 O_1 是 $\triangle ABC$ 与 $\triangle A_1B_1C_1$ 的旋转中心，我们有（图 64）

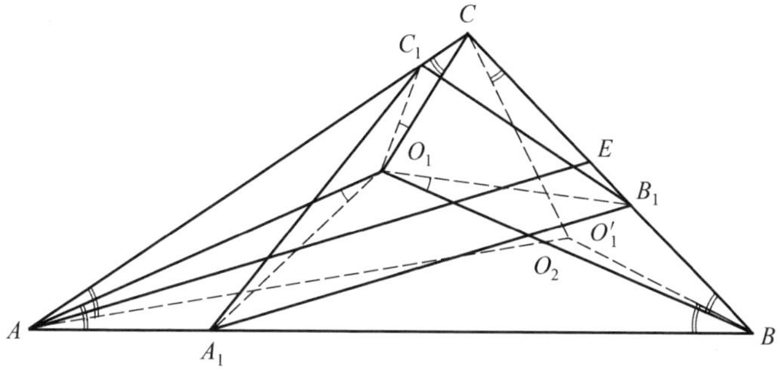

图 64

$$\angle AO_1A_1=\angle BO_1B_1=\angle CO_1C_1$$

$$\frac{O_1A}{O_1A_1}=\frac{O_1B}{O_1B_1}=\frac{O_1C}{O_1C_1} \tag{1}$$

所以 $\triangle AO_1A_1,\triangle BO_1B_1,\triangle CO_1C_1$ 彼此相似. 因此

$$\angle O_1AB=\angle O_1BC=\angle O_1CA \tag{2}$$

同理可证

$$\angle O_2BA=\angle O_2CB=\angle O_2AC \tag{3}$$

反之，若点 O_1 使条件(2) 满足，则它是 $\triangle ABC$ 的第一旋转中心. 事实上，过 O_1 引三条直线 O_1A_1,O_1B_1,O_1C_1，使它们分别交 $\triangle ABC$ 的边于 A_1,B_1,C_1，并与这些边构成等角. 因为 $\triangle AO_1A_1,\triangle BO_1B_1,\triangle CO_1C_1$ 是相似的（由于对应角相等），所以条件(1) 满足，且 O_1 是 $\triangle ABC$ 和 $\triangle A_1B_1C_1$ 的旋转中心，即 O_1 是 $\triangle ABC$ 的第一旋转中心. 用同样的方法可证，若条件(3) 满足，则点 O_2 是 $\triangle ABC$ 的第二旋转中心.

现在我们证明 $\angle O_1AB=\angle O_2AC$. 为此，分别作直线 AO_1,BO_1,CO_1 关于 $\angle A,\angle B,\angle C$ 的平分线的对称直线，我们来证明所得的三条直线交于一点 O'_1，用 m,n,p 分别表示 O_1 到 $\triangle ABC$ 的边 AB,BC,CA 的距离. 直线 AO_1 是与三角形的边 AB 和 AC 的距离之比为 $m:p$ 的点的轨迹（图 64）. 同样，BO_1 关于 $\angle B$ 的平分线的对称直线是到 BA 和 BC 的距离之比为 $n:m$ 的点的轨迹，CO_1

关于 $\angle C$ 的平分线的对称直线是到 CA 和 CB 的距离之比为 $n:p$ 的点的轨迹. 由此即知，所作三条直线中后两条直线的交点 O'_1 到边 AB 与 AC 的距离之比为 $p:m$，亦即 O'_1 属于所作三条直线中的第一条.

从点 O_1 所满足的条件(2) 可知，O'_1 满足等式

$$\angle O'_1BA=\angle O'_1CB=\angle O'_1AC$$

(因为 $\angle O_1AB=\angle O'_1AC$，$\angle O_1BC=\angle O'_1BA$，$\angle O_1CA=\angle O'_1CB$). 因此 O'_1 与 $\triangle ABC$ 的第二旋转中心 O_2 重合，因而

$$\angle O_1AB=\angle O_2AC$$

(2) 令 O 同时是 $\triangle ABC$ 的第一和第二旋转中心(图 65). 因为 O 是第一旋转中心，所以有 $\angle OAB=\angle OBC=\angle OCA$；因为 O 又是第二旋转中心，所以又有 $\angle OBA=\angle OCB=\angle OAC$. 由此立即得到 $\angle A=\angle B=\angle C$，即 $\triangle ABC$ 是等边三角形.

(3) 这里最方便的证法是用下面问题 20 的结果. 由这些结果，全等三角形 $\triangle A_1B_1C_1$ 和 $\triangle A_2B_2C_2$ 的外接圆圆心 O'_1 和 O'_2 重合(在图 66 中这些中心与 O' 重合). 因为 $\triangle A_1B_1C_1$ 是由 $\triangle ABC$ 经过以 O_1 为中心，转角为 α，相似系数为某个 k 的螺旋相似得到的，所以有 $\angle O'O_1O=\alpha$，$\dfrac{O_1O'}{O_1O}=k$；因为 $\triangle A_2B_2C_2$ 是由 $\triangle ABC$ 经过以 O_2 为中心，同样的转角 α(因为 A_1B_1 和 A_2B_2 与 AB 构成等角)和同样的相似系数 k(因为 $\triangle A_1B_1C_1$ 和 $\triangle A_2B_2C_2$ 全等)的螺旋相似得到的，所以有 $\angle O'O_2O=\alpha$，$\dfrac{O_2O'}{O_2O}=k$. 由此即知 $\triangle O_1OO'$ 与 $\triangle O_2OO'$ 相似，又因为它们有一公共边 OO'，它们必定是全等的，所以 $OO_1=OO_2$.

注意从 $\triangle O_1OO'$ 与 $\triangle O_1AA_1$ 相似，可知 $\angle O_1OO'=\angle O_1AA_1$，从而 $\angle O_1OO_2=2\varphi$，这里 φ 是 $\angle O_1AB$，$\angle O_1BC$，$\angle O_1CA$，$\angle O_2AC$，$\angle O_2CB$，$\angle O_2BA$ 的公共值. 结合(4) 的结论，可知 $O_1O_2\leqslant O_1O=O_2O$(并且等号仅对等边三角形成立，这时所有三个点 O_1，O_2，O 重合).

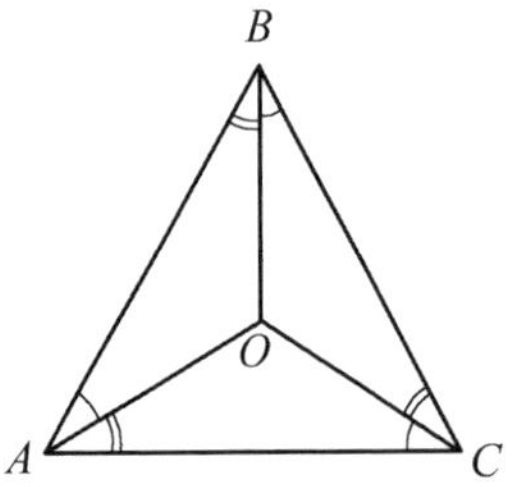

图 65

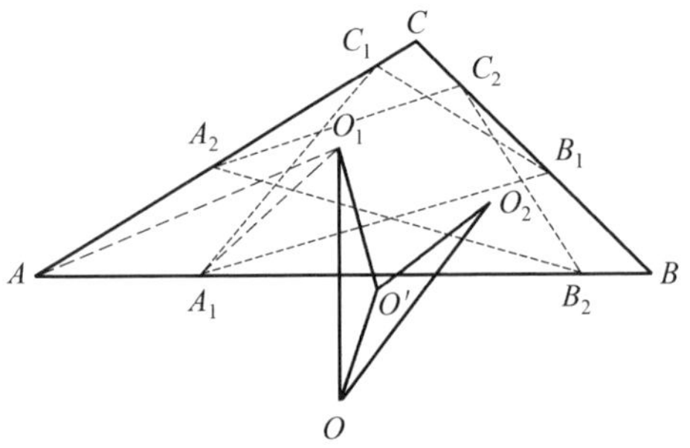

图 66

(4) 这个定理的证明将用到问题 22 中的图形(图 73). 让我们用外接圆半径

R 和角 φ 来确定乘积 $AO_1 \cdot O_1A' = BO_1 \cdot O_1B' = CO_1 \cdot O_1C'$. 由 $\triangle AO_1C'$ 和 $\triangle A'BO_1$ 相似(参见问题 22(2)),容易得到

$$\frac{AO_1}{AC'} = \frac{A'B}{A'O_1}$$

从而有

$$AO_1 \cdot O_1A' = AC' \cdot A'B$$

又因为 $\overset{\frown}{AC'}$ 与 $\overset{\frown}{A'B}$ 所对的圆心角都等于 2φ,我们有

$$AC' = A'B = 2R\sin\varphi$$

所以有

$$AO_1 \cdot O_1A' = 4R^2\sin^2\varphi$$

另外(图 73),有

$$AO_1 \cdot O_1A' = MO_1 \cdot O_1N = (R - OO_1)(R + OO_1)$$
$$= R^2 - OO_1^2 \leqslant R^2$$

由此可知

$$4R^2\sin^2\varphi \leqslant R^2$$
$$\sin^2\varphi \leqslant \frac{1}{4}$$
$$\varphi \leqslant 30°$$

而且仅当 O_1 与 O 重合($OO_1 = 0$),即 $\triangle ABC$ 是等边三角形时,有 $\varphi = 30°$(参见问题(3) 和(2)).

19. 要使 O_1 是 $\triangle ABC$ 的第一旋转中心,必须而且只需

$$\angle O_1AB = \angle O_1BC = \angle O_1CA$$

现在假设第一旋转中心已找到,作张在线段 AB 并且过 O_1 的圆弧(图 67). 因为 $\angle O_1AB = \angle O_1BC$,可知 $\angle O_1BC$ 等于圆弧 $\overset{\frown}{BO_1}$ 的度量的一半,所以直线 BC 与过 B, O_1, A 的圆相切. 同理可证 $\triangle ABC$ 的边 CA 和 AB 分别与过 B, C, O_1 的圆和过 C, A, O_1 的圆相切. 因此 $\triangle ABC$ 的第一旋转中心 O_1 可以作为这样两个圆的交点作出来:一个圆过 A 和 B 并与边 BC 相切,另一个圆过 B 和 C 并与边 CA 相切. 第二旋转中心可用类似的方法作出.

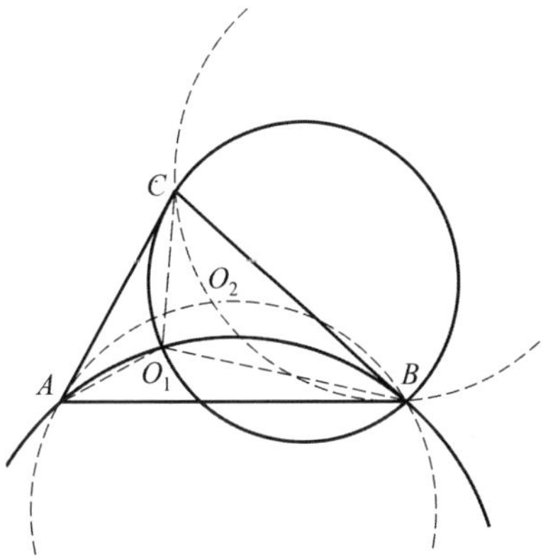

图 67

20. (1) $\triangle A_1B_1C_1$ 可由 $\triangle ABC$ 先作一

个绕点 O_1，转角为 $\angle AO_1A_1$ 的旋转，再作一个相似系数为 $\frac{O_1A_1}{O_1A}$ 的中心相似得到. 于是直线 AB 与 A_1B_1 的夹角等于 $\angle AO_1A_1$（图68）. 同理可证直线 AB 与 A_2B_2 的夹角等于 $\angle AO_2A_2$. 由本题的条件，我们有

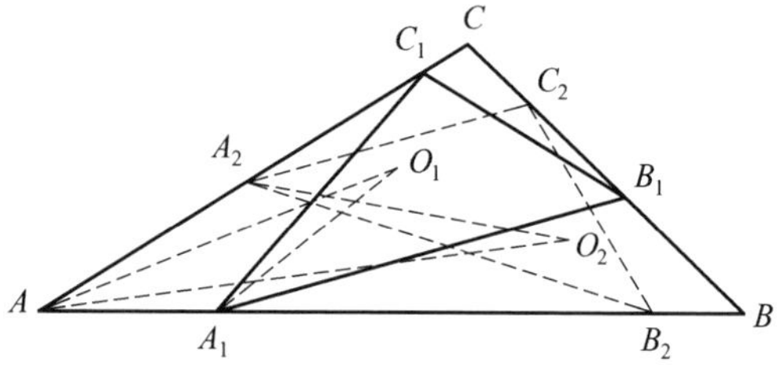

图 68

$$\angle AO_1A_1=\angle AO_2A_2$$

但是由问题 18(1) 可知 $\angle O_1AA_1=\angle O_2AA_2$，因此 $\triangle AO_1A_1$ 与 $\triangle AO_2A_2$ 相似，从而有

$$\frac{O_1A_1}{O_1A}=\frac{O_2A_2}{O_2A}$$

即 $\triangle ABC$ 与 $\triangle A_1B_1C_1$ 的相似系数等于 $\triangle ABC$ 与 $\triangle A_2B_2C_2$ 的相似系数. 由此即知 $\triangle A_1B_1C_1$ 与 $\triangle A_2B_2C_2$ 全等.

(2) 我们来证明 $B_2C_1 \parallel BC$（图 69）. 由问题 18(1) 和本题(1) 的解可知 $\triangle CO_1C_1$ 和 $\triangle BO_2B_2$ 相似，故有

$$\frac{CC_1}{BB_2}=\frac{CO_1}{BO_2}$$

又由问题 18(1) 可知 $\angle O_1CA=\angle O_2BA$，$\angle O_1AC=\angle O_2AB$，故 $\triangle CO_1A$ 与 $\triangle BO_2A$ 相似，因而

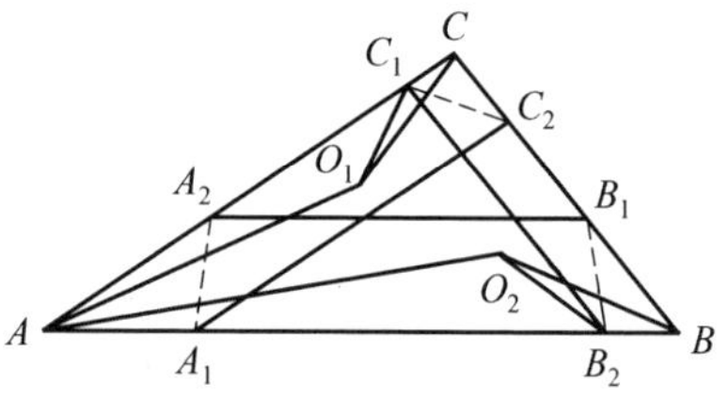

图 69

$$\frac{CO_1}{BO_2}=\frac{AC}{AB}$$

于是我们有

$$\frac{CC_1}{BB_2}=\frac{AC}{AB}$$

这就证明了我们的断言.

用同样的方法可以证明 $C_2A_1 \parallel CA$ 和 $A_2B_1 \parallel AB$.

我们进一步证明直线 A_1A_2 反平行于 $\triangle ABC$ 的边 BC. 由 $\triangle AO_1A_1$ 和 $\triangle AO_2A_2$ 相似，我们有

$$\frac{AA_1}{AA_2}=\frac{O_1A}{O_2A}$$

又由 $\triangle CO_1A$ 与 $\triangle BO_2A$ 相似，我们有

$$\frac{O_1A}{O_2A}=\frac{AC}{AB}$$

比较所得到的两个比例式，可得

$$\frac{AA_1}{AA_2}=\frac{AC}{AB}$$

由此可知 $\triangle AA_1A_2$ 和 $\triangle ACB$ 相似，因而直线 A_1A_2 反平行于 BC. 用同样的方法可证 B_1B_2 反平行于 CA，C_1C_2 反平行于 AB.

(3) 考虑四边形 $B_1C_1A_1B_2$. 在这个四边形中，因为 $\triangle A_1B_1C_1$ 与 $\triangle ABC$ 相似，所以 $\angle B_1C_1A_1=\angle C$. 另外，$\angle A_1B_2B_1=180^\circ-\angle B_1B_2B$（图 70）. 但是因为 B_1B_2 反平行于 $\triangle ABC$ 的边 CA，所以我们有 $\angle B_1B_2B=\angle C$，因而

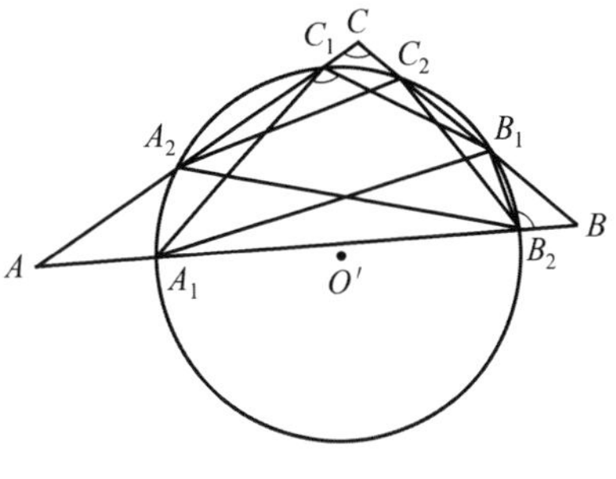

图 70

$$\angle B_1C_1A_1+\angle A_1B_2B_1=180^\circ$$

由此可知，B_2 在 $\triangle A_1B_1C_1$ 的外接圆上. 用同样的方法可证 C_2 和 A_2 也在这个圆上.

21. (1) 由于在 $\text{Rt}\triangle AA_1O_1$，$\text{Rt}\triangle BB_1O_1$ 以及 $\text{Rt}\triangle CC_1O_1$ 中，$\angle O_1AA_1$，$\angle O_1BB_1$，$\angle O_1CC_1$ 都相等（参看问题 18(1)），可见这些三角形全都相似（图 71）. 因此 $\angle AO_1A_1=\angle BO_1B_1=\angle CO_1C_1$，并且 $\frac{O_1A}{O_1A_1}=\frac{O_1B}{O_1B_1}=\frac{O_1C}{O_1C_1}$. 这就是说 $\triangle A_1B_1C_1$ 可以由 $\triangle ABC$ 经过一个以 O_1 为中心的螺旋相似得到. 因而 $\triangle A_1B_1C_1\backsim\triangle ABC$. 同理可证 $\triangle A_2B_2C_2\backsim\triangle ABC$.

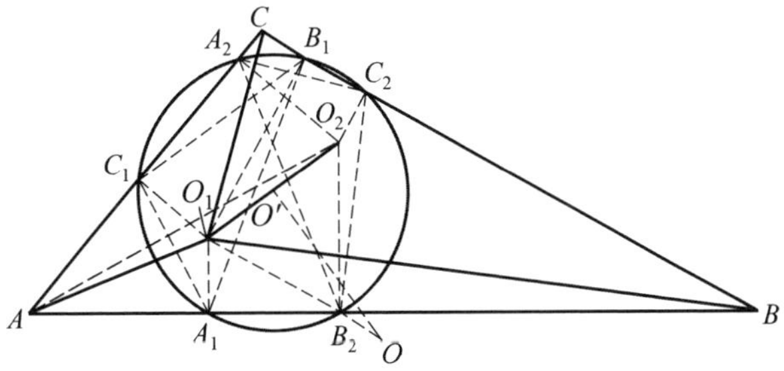

图 71

因为 $\text{Rt}\triangle AA_1O_1$ 和 $\text{Rt}\triangle AA_2O_2$ 是相似的（参见问题 18(1)），所以 $\triangle ABC$ 旋转到 $\triangle A_1B_1C_1$ 所转过的 $\angle AO_1A_1$ 与 $\triangle ABC$ 旋转到 $\triangle A_2B_2C_2$ 所转过的 $\angle AO_2A_2$ 相等. 因而直线 A_1B_1 和 A_2B_2 与 AB 构成的角也相等. 又 $\triangle A_1B_1C_1$ 和 $\triangle A_2B_2C_2$ 都内接于 $\triangle ABC$，于是，$\triangle A_1B_1C_1$ 和 $\triangle A_2B_2C_2$ 满足问题 20 中的条件. 因此，问题 20 的全部结论可应用于这两个三角形.

由 $\triangle O_1OO'$ 与 $\triangle O_1AA_1$ 的相似性，我们有 $\angle O_1O'O=\angle O_1A_1A=90^\circ$，这里的 $\triangle O_1OO'$ 是问题 18(3) 的解答中所考虑过的三角形（图 71）. 由此即知

$\triangle A_1B_1C_1$ 和 $\triangle A_2B_2C_2$ 的外接圆的公共中心 O' 是 O_1O_2 的中点.

(2) 设 $\triangle A_1B_1C_1$ 的各边分别平行于 $\triangle ABC$ 的各条高,若它的顶点依次落在 $\triangle ABC$ 的边上(图 72),这时 A_1B_1 可以平行于高 CF 或高 BE(但不能平行于高 AD).若 $A_1B_1 \parallel CF$,则 $A_1C_1 \parallel BE$;若 $A_1B_1 \parallel BE$,则 $B_1C_1 \parallel CF$.因此有两种可能方式在给定的 $\triangle ABC$ 中作内接三角形,使得它的各条边分别平行于 $\triangle ABC$ 的各条高,即有两个这样的内接三角形(参见第 1 章问题 9(2)).在图 72 中,这两个三角形分别用 $\triangle A_1B_1C_1$ 和 $\triangle A_2B_2C_2$ 表示,它们都相似于 $\triangle ABC$(我们用相同的字母表示它们对应的顶点).容易看出,它们满足问题 20 中的所有条件,因此这两个三角形全等(参见问题 20(1)).

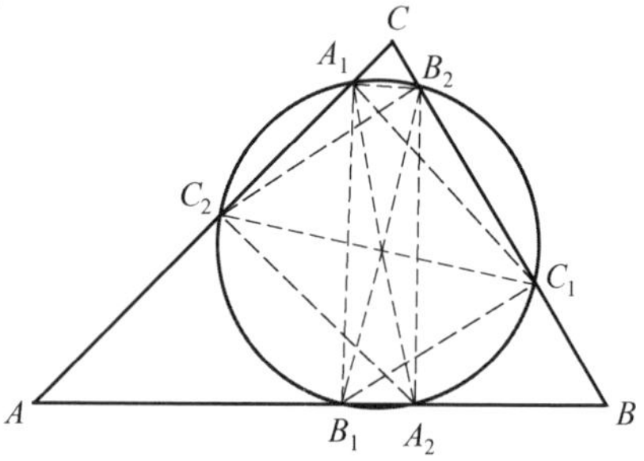

图 72

现在考虑四边形 $A_1B_1A_2B_2$.因为有 $A_1B_1 = A_2B_2$,$A_1B_1 \parallel A_2B_2$ 和 $A_1B_1 \perp B_1A_2$,所以这个四边形是矩形,因此它的两条对角线相等并且被它们的交点所平分.用同样的方法可证线段 B_1B_2 和 C_1C_2 相等并且被它们的交点平分.因此连 $\triangle A_1B_1C_1$ 和 $\triangle A_2B_2C_2$ 对应顶点的三条线段都相等,并且被它们的公共交点所平分.这个公共交点就是 $\triangle A_1B_1C_1$ 和 $\triangle A_2B_2C_2$ 的公共外接圆的中心(参见问题 20(3)).

22.(1) 用 φ 表示 $\angle A'AB$ 的大小.因为

$$\angle A'AB = \angle B'BC = \angle C'CA = \varphi$$

我们有 $\overset{\frown}{BA'}$,$\overset{\frown}{CB'}$,$\overset{\frown}{AC'}$ 所对的圆心角都等于 2φ.因而 $\triangle C'A'B'$ 是由 $\triangle ABC$ 经过绕外接圆圆心 O 旋转一个 2φ 角得到的(图 73).

(2) 例如,对 $\triangle AO_1C'$ 我们有

$$\angle AO_1C' = \angle BAC\left(\frac{\overset{\frown}{AC'} + \overset{\frown}{CA'}}{2} = \frac{\overset{\frown}{BA'} + \overset{\frown}{CA'}}{2} = \frac{\overset{\frown}{BC}}{2}\right)$$

$$\angle C'AO_1 = \angle ACB\left(\frac{\overset{\frown}{C'B} + \overset{\frown}{BA'}}{2} = \frac{\overset{\frown}{C'B} + \overset{\frown}{AC'}}{2} = \frac{\overset{\frown}{AB}}{2}\right)$$

于是 $\triangle AO_1C'$ 与 $\triangle ABC$ 相似.对剩下的五个三角形,证明是类似的.

23.连 $\triangle ABC$ 的第一旋转中心 O_1 和这个三角形的各个顶点(图 74).点 M 落在 $\triangle ABO_1$,$\triangle BCO_1$ 和 $\triangle CAO_1$ 的某一个之中.例如,若 M 落在 $\triangle ABO_1$ 内(或在它的边界上,图 74),$\angle MAB \leqslant \angle O_1AB \leqslant 30°$(参见问题 18(4)).类似地,可证 $\angle MAC$,$\angle MCB$,$\angle MBA$ 之中至少有一个小于或等于 $30°$(与 $\triangle ABO_1$,$\triangle BCO_1$,$\triangle CAO_1$ 类似,必须考虑 $\triangle ACO_2$,$\triangle CBO_2$,$\triangle BAO_2$,这里

O_2 是 $\triangle ABC$ 的第二旋转中心).

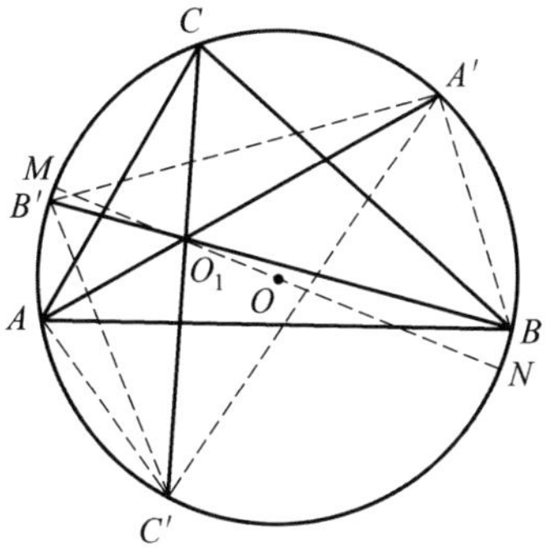

图 73

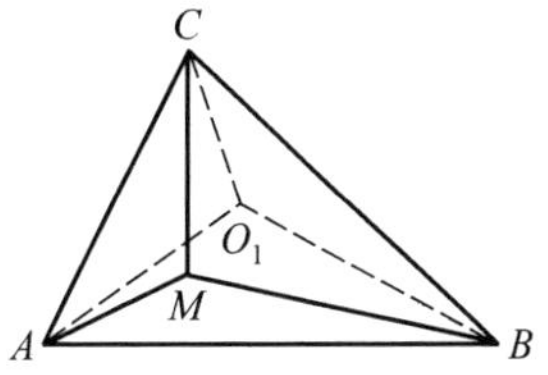

图 74

事实上,从证明可知,$\angle MAB$,$\angle MBC$,$\angle MCA$ 中至少有一个总是严格小于 30° 的,只有当 $\triangle ABC$ 是等边三角形,并且 M 是它的中心时是唯一的例外情形(在这种情形 $\angle MAB = \angle MBC = \angle MCA = 30°$).

24.(1)(2) 令 V 是 $\triangle A_1A_2D_3$ 和 $\triangle A_1A_3D_2$ 的外接圆的交点,并且它不是点 A_1.用 $\angle D_1$,$\angle D_2$ 和 $\angle D_3$ 分别表示 $\triangle D_1D_2D_3$ 的各个角,我们有(图 75)

$$\angle A_1VA_2 = \angle D_3$$

$$\angle A_1VA_3 = 180° - \angle D_2$$

因而有

$$\begin{aligned}\angle A_2VA_3 &= \angle A_3VA_1 - \angle A_2VA_1 \\ &= 180° - \angle D_2 - \angle D_3 = \angle D_1\end{aligned}$$

因此 $\triangle A_2A_3D_1$ 的外接圆也过 V.

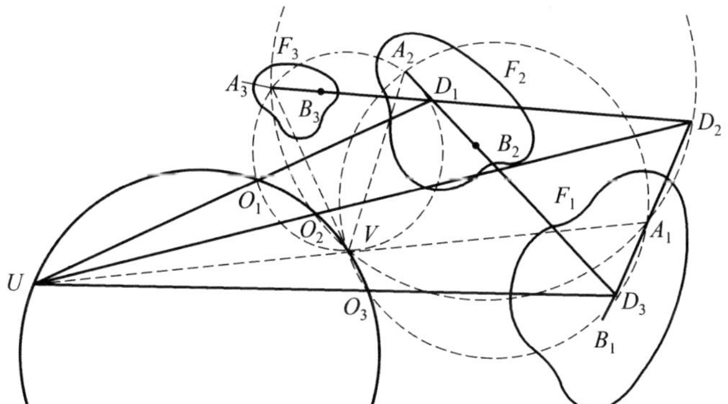

图 75

注意，由旋转中心的作法（前文中的图 1.28(b)）知道，O_1 在 $\triangle A_2A_3D_1$ 的外接圆上，O_2 在 $\triangle A_1A_3D_2$ 的外接圆上，O_3 在 $\triangle A_1A_2D_3$ 的外接圆上；而且如前面所证，所有这三个圆都过一公共点 V.

现在用 U 表示直线 D_2O_2 和 D_3O_3 的交点. 于是我们有（图 75）

$$\angle O_2VO_3=\angle D_2O_2V+\angle D_3O_3V-\angle O_2UO_3$$

（为了证明这个等式，只需用对角线 UV 把四边形 O_2VO_3U 分成两个三角形，并且对这两个三角形应用外角定理）. 因为点 D_2,O_2,V,A_1 在一个圆上，我们有

$$\angle D_2O_2V=180^\circ-\angle D_2A_1V$$

类似地，有

$$\angle D_3O_3V=180^\circ-\angle D_3A_1V$$

由此可得

$$\angle D_2O_2V+\angle D_3O_3V=180^\circ$$

所以有

$$\angle O_2VO_3=180^\circ-\angle O_2UO_3$$

亦即点 O_2,O_3,U,V 在一个圆上.

令 $\overline{V}$ 表示 $\triangle B_1B_2D_3$，$\triangle B_1B_3D_2$，$\triangle B_2B_3D_1$ 的外接圆的公共交点. 和前面一样，我们可以证明 $O_2,O_3,U,\overline{V}$ 在一个圆上. 由此即知五个点 $O_2,O_3,V,\overline{V},U$ 在一个圆上. 同理可证点 $O_1,O_3,V,\overline{V}$ 在一个圆上. 由两个四点组 $O_1,O_3,V,\overline{V}$ 和 $O_2,O_3,V,\overline{V}$ 都各自落在一个圆上这个事实，我们知道这两个圆必定彼此重合，并且与图形 F_1,F_2,F_3 的相似圆重合. 这就完成了(2) 的证明. 此外，我们知道 D_2O_2 和 D_3O_3 的交点 U 在这个圆上. 换句话说，直线 D_2O_2 经过直线 D_3O_3 与图形 F_1,F_2,F_3 的相似圆的交点 U（它不同于 O_3）；用同样的方法可证直线 D_1O_1 也过同一点 U，这就完成了(1) 的证明.

(3) 首先假设 $\triangle D'_1D'_2D'_3$ 的边平行于它在 $\triangle D_1D_2D_3$ 中的对应边（图 76）. 由 O_3 是图形 F_1 和 F_2 的旋转中心容易得出：O_3 到直线 $D'_2D'_3$ 和 $D'_1D'_3$ 的距离与 O_3 到 D_2D_3 和 D_1D_3 的距离成比例. 由此可知 D'_3 在直线 O_3D_3 上. 用同样的方法可证 D'_2 在直线 O_2D_2 上，D'_1 在直线 O_1D_1 上. 注意到(1) 的结果，我们知道 $D_1D'_1,D_2D'_2,D_3D'_3$ 交于同一点 O，显然 O 是 $\triangle D_1D_2D_3$ 和 $\triangle D'_1D'_2D'_3$ 的相似中心，并且它在图形 F_1,F_2,F_3 的相似圆上.

现在假设 $\triangle D'_1D'_2D'_3$ 的边不平行于它在 $\triangle D_1D_2D_3$ 的对应边. 设 A_1B_1 和 A_1C_1，A_2B_2 和 A_2C_2，A_3B_3 和 A_3C_3 是图形 F_1,F_2,F_3 中的三对对应线段. 令 $\triangle D_1D_2D_3$ 和 $\triangle D'_1D'_2D'_3$ 的边分别在直线 A_1B_1,A_2B_2,A_3B_3 和直线 A_1C_1，A_2C_2,A_3C_3 上（图 2.16(c)）. 因为图形 F_1 中直线 A_1B_1 和 A_1C_1 的夹角等于图形 F_2 中对应直线 A_2B_2 和 A_2C_2 的夹角，也等于图形 F_3 中对应直线 A_3B_3 和 A_3C_3

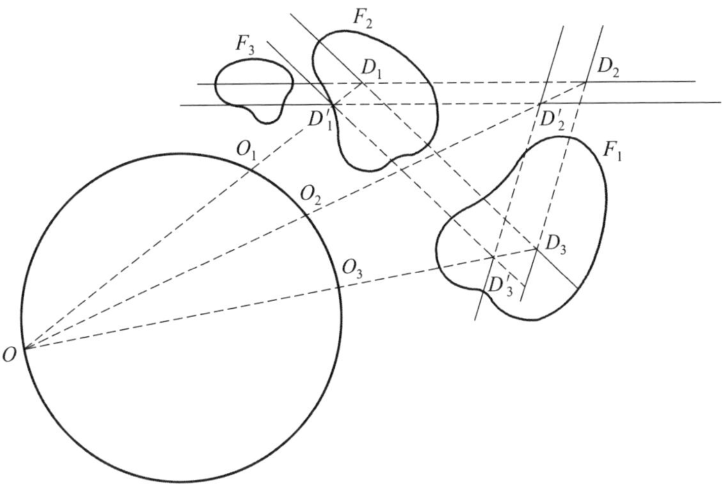

图 76

的夹角，所以 $\triangle D_1D_2D_3$ 与 $\triangle D'_1D'_2D'_3$ 相似. $\triangle D_1D_2D_3$ 和 $\triangle D'_1D'_2D'_3$ 的旋转中心在过三个点 D_3，D'_3，A_1 的圆上(参看两个图形的旋转中心的作图). 但是因为 $\angle D_3A_1D'_3=\angle D_3A_2D'_3$，所以这个圆也过 A_2. 于是 $\triangle D_1D_2D_3$ 和 $\triangle D'_1D'_2D'_3$ 的旋转中心在 $\triangle A_1A_2D_3$ 的外接圆上. 类似地，这个旋转中心也在 $\triangle A_1A_3D_2$ 和 $\triangle A_2A_3D_1$ 的外接圆上. 由(2) 可知这些圆的交点在图形 F_1，F_2，F_3 的相似圆上(参看图 2.16(c) 和图 2.16(b)).

25. (1) 设 l_1，l_2，l_3 是图形 F_1，F_2，F_3 的三条对应直线，它们交于一点 W. 又设 l'_1 是图形 F_1 中平行于 l_1 的直线，l'_2 和 l'_3 分别是图形 F_2 和 F_3 中对应于 l'_1 的直线，并设 $\triangle D_1D_2D_3$ 是由直线 l'_1，l'_2，l'_3 所构成的三角形(图 77). 显然 $l'_2 \parallel l_2$，$l'_3 \parallel l_3$. 因为 O_3 是 F_1 和 F_2 的旋转中心，O_3 到 l_1 和 l_2 的距离与 O_3 到 l'_1 和 l'_2 的距离成比例. 由此可见，直线 O_3D_3 经过点 W. 同理可证直线 O_2D_2 和 O_1D_1 也过 W. 剩下部分的证明只需应用问题 24(1) 的结果.

(2) 首先注意 $\triangle D_1D_2D_3$ 的 $\angle D_1$(图 77) 不依赖于直线 l'_1，l'_2，l'_3 的选取，它是把 F_2 变到 F_3 的螺旋相似的转角. 此外，从点 O_1 到直线 l'_2 和 l'_3 的距离之比不依赖于这些直线的选取，它等于图形 F_2 和 F_3 的相似系数，由此可知 $\angle O_1D_1D_2$ 和 $\angle O_1D_1D_3$ 为定值. 现在若 J_2 和 J_3 分别是 l_2，l_3 与 F_1，F_2，F_3 的相似圆的交点，则 $\angle O_1WJ_2=180°-\angle O_1D_1D_3$ 和 $\angle O_1WJ_3=\angle O_1D_1D_2$，因此 $\overset{\frown}{O_1J_2}$ 与 $\overset{\frown}{O_1J_3}$ 都为定值，因而 J_2 和 J_3 不依赖于直线 l_1，l_2，l_3 的选取. 同理，l_1 也与图形 F_1，F_2，F_3 的相似圆相交于一个定点 J_1.

我们留给读者自己去证明：反过来，若 U 是 F_1，F_2，F_3 的相似圆上的任意一点，则直线 UJ_1，UJ_2，UJ_3 是这三个图形中的对应直线.

26. (1) 令 B' 是 B 关于直线 l 的对称点(图 78(a)). 若 X' 是 l 上任意一点，

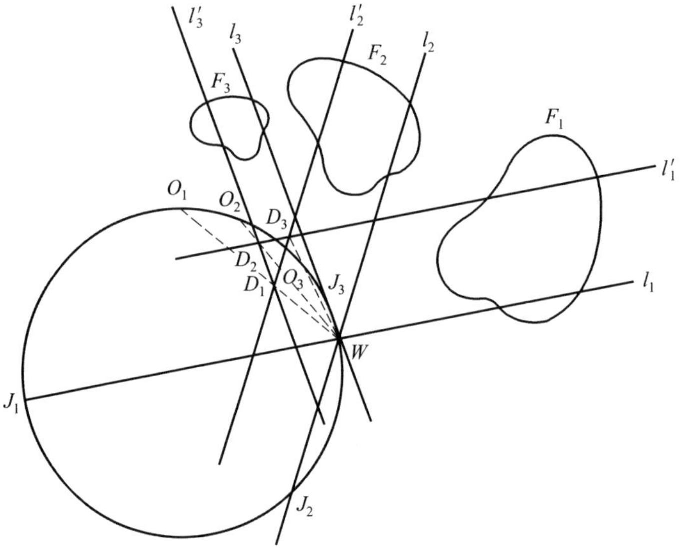

图 77

则有

$$AX' + X'B = AX' + X'B'$$

因此，当 $AX' + B'X'$ 最小时，亦即当 X' 是 AB' 和 l 的交点 X 时，$AX' + BX'$ 最小.

(2) 令 B' 是 B 关于直线 l 的对称点(图 78(b)). 若 X' 是 l 上任意一点，则 $AX' - B'X' \leqslant AB'$. 因为 $AX' - BX' = AX' - B'X'$，所以当 X' 是 AB' 和 l 的交点 X 时，$AX' - BX'$ 最大.

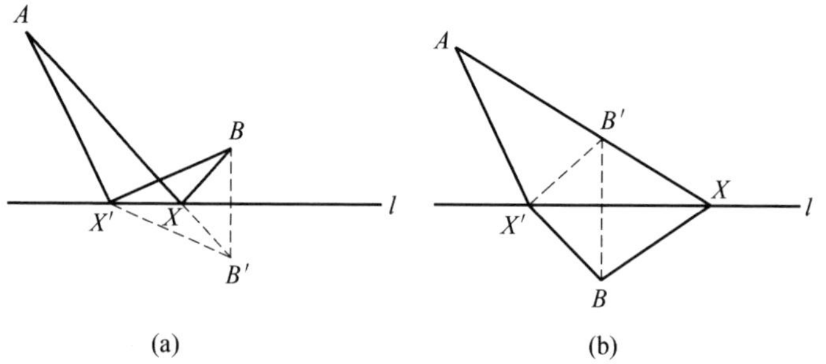

图 78

27. (1) 第一种解法. 令 $\triangle PXY$ 是内接于 $\triangle ABC$ 的任意三角形，它的一个顶点是 P. 将 $\triangle ABC$ 和 $\triangle PXY$ 作关于直线 BC 的反射，得到 $\triangle A'BC$ 和内接于它的 $\triangle P'XY'$，对所得的三角形再作关于直线 CA' 的反射(图 79). 用图 79 中的记号，因为 $XY = XY'$，$YP = Y'P''$，所以 $\triangle PXY$ 的周长等于折线 $PXY'P''$ 的长度.

有两种可能的情形. 若线段 PP'' 与直线 BC 的交点在 B 和 C 之间(因而 PP'' 与直线 CA' 的交点在 C 和 A' 之间)，则 PP'' 将比任何折线 $PXY'P''$ 短,因而所求的三角形已经找到(即图 79 中的 $\triangle PMN$,其中 M 是 PP'' 与 BC 的交点,N 是点 N' 关于直线 BC 的对称点,而 N' 是 PP'' 与 CA' 的交点)；若线段 PP'' 与直线 BC 交于线段 BC 之外,则最短折线 $PXY'P''$ 是使 X 和 Y' 与 C 重合的那一条折线. 在这种情形下,所求的三角形退化成被描了两次的线段 PC.

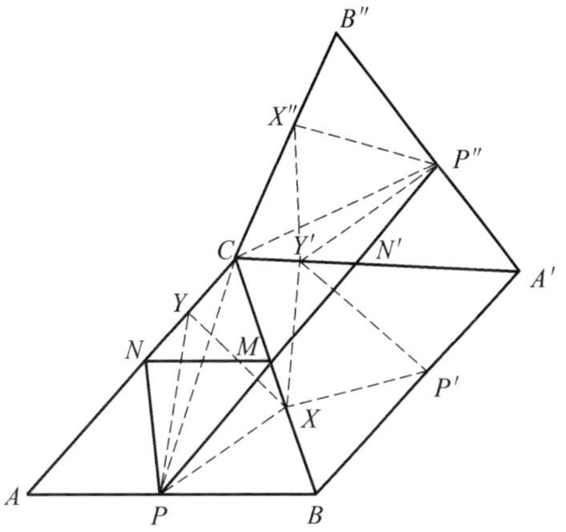

图 79

剩下还要说明这两种情况在什么时候出现. 为此，注意 $\triangle A'B''C$ 是由 $\triangle ABC$ 经过一个绕点 C 转角为 $2\angle ACB$ 的旋转得到的(因为 $\triangle A'B''C$ 由 $\triangle ABC$ 连续作关于直线 BC 和 CA' 的两次反射得到，而直线 BC 和 CA' 构成 $\angle BCA'$，$\angle BCA'=\angle ACB$，参见《几何变换(Ⅰ)》)，于是 $\angle PCP''=2\angle ACB$. 由此立即可知，若 $\angle ACB<90°$，则直线 PP'' 与三角形的边 BC 相交，而若 $\angle ACB \geqslant 90°$，则 PP'' 或与直线 BC 相交在点 C 或与 BC 相交在点 C 一侧的 BC 的延长线上的一点.

第二种解法. 仍令 $\triangle PXY$ 是内接于 $\triangle ABC$ 的任意三角形，令 P' 和 P'' 分别是 P 关于直线 BC 和 CA 的对称点(图 80). 因为 $PX=P'X$，$PY=P''Y$，所以 $\triangle PXY$ 的周长等于折线 $P'XYP''$ 的长度. 因而，若 $P'P''$ 与 $\triangle ABC$ 的两边 BC 和 AC 分别交于点 M 和 N，则 $\triangle PMN$ 即为所求的三角形. 若 $P'P''$ 不与线段 BC 和 AC 相交，则所求三角形退化为被描了两次的线段 PC. 用类似于第一种解法中的方法，可以证明若 $\triangle ABC$ 的 $\angle ACB<90°$，则第一种情形成立；若 $\angle ACB \geqslant 90°$，则第二种情形成立.

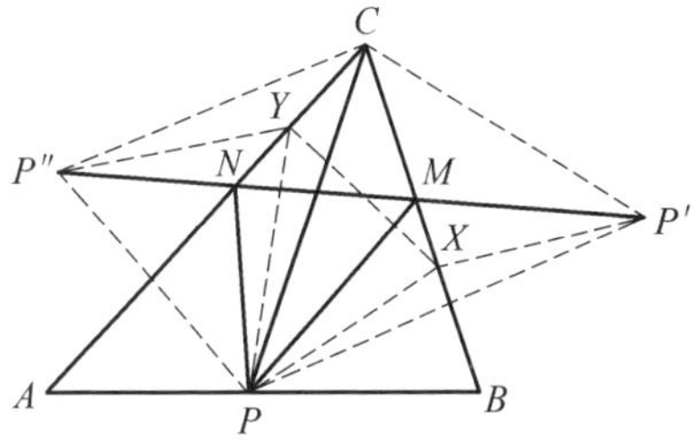

图 80

我们看到，第二种解法与第一种解法本质上没有多大的差别(参看图 79 和图 80).

(2) 第一种解法. 我们将假设在给定的三角形中，顶点在 C 的角是锐角. 令 P 是边 AB 上任意一点. 用(1)的第一种解法，在 $\triangle ABC$ 中作一个内接 $\triangle PMN$，使它的周长，即线段 PP'' 的长度为最小(图 79). 现在仅剩下选取点 P，

使得 PP'' 尽可能地小. 回想 $\angle PCP''=2\angle ACB$，即它不依赖于点 P 的选取，因此若边 CP 尽可能地小，则顶角为 $2\angle ACB$ 的等腰 $\triangle PCP''$ 的底边 PP'' 应为最小. 这时我们必须分两种情况来考虑.

①$\triangle ABC$ 中顶点为 A 和 B 的角都是锐角(因而我们的三角形是锐角三角形). 在这种情形，当点 P 是 $\triangle ABC$ 的高 CP_0 的垂足 P_0 时，线段 PC 有最短长度(图 81). 容易证明：由这样选取的 P_0 得到的 $\triangle P_0M_0N_0$ 的顶点 M_0 和 N_0 也是 $\triangle ABC$ 的高的垂足. 事实上，由图 81 可知

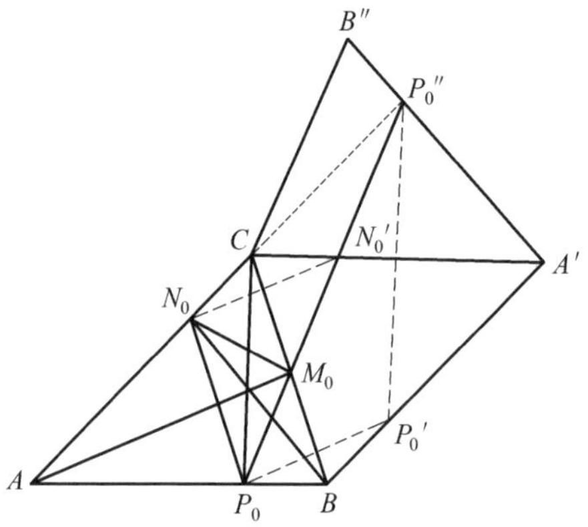

图 81

$$\begin{aligned}\angle N_0P_0A&=\angle CP_0A-\angle CP_0N_0\\&=90^\circ-\angle CP''_0N'_0\\&=90^\circ-\frac{180^\circ-2\angle ACB}{2}\end{aligned}$$

即四边形 BCN_0P_0 内接于圆，因而 $\angle BN_0C=\angle CP_0B=90^\circ$. 用同样的方法可证 $AM_0\perp BC$.

上面所作的计算已经用到这样的事实：在 $\triangle CP_0P''_0$ 中，$\angle P_0CP''_0=2\angle ACB$，$\angle CP_0P''_0=\angle CP''_0P_0=\angle CP''_0N'_0$，因此

$$2\angle CP''_0N'_0=180^\circ-2\angle ACB$$

给定 $\angle N_0P_0A=\angle ACB$，为了看出四边形 BCN_0P_0 内接于圆，我们可如下进行：线段 CP_0 分 $\angle C$ 成两部分，令 $\alpha_1=\angle P_0CN_0$，$\alpha_2=\angle BCP_0$. 过 P_0 引直线，使与 P_0N_0 成角 α_1，并设此直线交 AN_0 于点 D. 于是 $\angle DP_0A=\alpha_2$(图 82). 令 $\beta=\angle CP_0N_0$，于是有 $\alpha_1+\alpha_2+\beta=90^\circ$. 令 O 是 BC 的中点. 由于 $\angle CP_0B=90^\circ$，$\triangle CP_0B$ 的外接圆以 BC 为直径，因而 O 是这个圆的中心. 于是 $OC=OP_0$，因为它们是这个圆的半径，因此 $\angle OP_0C=\angle OCP_0=\alpha_2$.

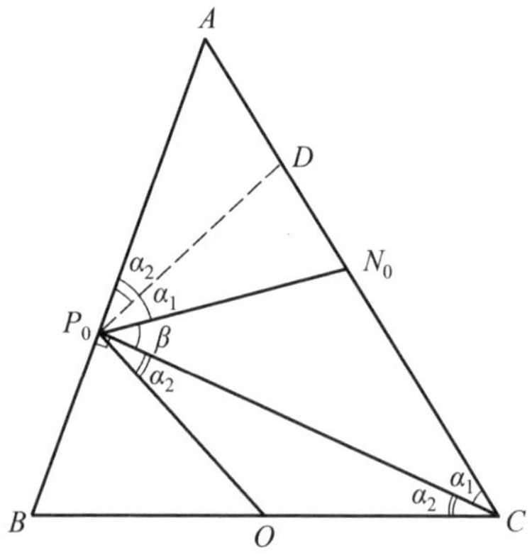

图 82

现在考虑 $\triangle CP_0N_0$ 的外接圆 S. 我们的目标是证明 S 的中心为点 O. 因为 $\angle P_0CN_0=\angle DP_0N_0$，所以可见 P_0D 是 S 的切线. 由 $\alpha_1+\alpha_2+\beta=90^\circ$ 可见 P_0O 与 S 过 P_0 的半径平行. 最后，由 $OP_0=OC$ 且 C 在 S 上，可见 O 必是 S 的中心. 这就是我们要证的.

上面的计算是要证明：当 P_0 如本题解答中那样选取时，M_0 和 N_0 必然是

$\triangle ABC$ 的高的垂足.这一点也可以证明如下:例如,设 N_0 不是 B 向 AC 所作垂线的垂足,则重复对 P_0 那样的讨论,我们知道,若选取 N 是 B 向 AC 所作垂线的垂足,然后如(1)的解答中一样,作出其余两个顶点 P 和 M,则我们可以得到一个周长更短的内接三角形.但这是不可能的,因为我们已经知道 P 的最佳选取是 P_0(即从 C 向 AB 所作垂线的垂足).

② 例如,若 $\angle A$ 是直角或钝角,则当 P 与顶点 A 重合时,线段 CP 为最短.在这种情形下,所求三角形退化为被描了两次的高 AM_0.

第二种解法.我们也可以用(1)的第二种解法来解(2).由于 $\triangle MNP$ 的周长(图 80)等于 $P'P''$,且 $CP'=CP''=CP$,$\angle P'CP''=2\angle ACB$,本题归结为找一点 P,使得 CP 有最小值.剩下部分的作法,参看第一种解法.

28.我们从解一个类似于 27(1)的问题开始,即假设点 P 给定在四边形 $ABCD$ 的边 AD 上,我们试图去找以 P 为一个顶点,内接于四边形 $ABCD$,并且有最小周长的四边形.这个问题有一个与问题 27(1)的第一种解法相类似的解法.将四边形 $ABCD$ 作关于边 AB 的反射,然后将这样得到的四边形 $ABC'D'$ 作关于 BC' 的反射,最后把得到的四边形 $A'BC'D''$ 作关于边 $C'D''$ 的反射,我们得到四边形 $C'D''A''B'$(图 83(a)).假设在这个过程中,任意一个内接四边形 $PXYZ$ 依次变到位置 $P'XY'Z'$,$P''X'Y'Z''$ 和 $P'''X''Y''Z''$.四边形 $PXYZ$ 的周长显然等于折线 $PXY'Z''P'''$ 的长度.由此可知,若直线 PP''' 与我们前面已得到的四边形的边 AB,BC',$C'D''$ 相交,则交点确定了所求的四边形.若 PP''' 不与所有这三条线段相交,则所求四边形将是退化的(即或者是一个三角形,它的一个顶点与四边形 $ABCD$ 的顶点之一重合;或者是四边形 $ABCD$ 的一条被描了两次的对角线).

现在回到原问题的解.我们必须在四边形 $ABCD$ 的边 AD 上找一点 P,使得线段 PP''' 有最短长度,这里 P''' 是四边形 $A''B'C'D''$ 的边 $A''D''$ 上对应于 P 的点(参看问题 27(2)的解).就像我们在问题 27(2)的解答中曾经看到过的那样,若线段 AD 与 $A''D''$ 不平行,因而没有相同的方向,则所求的点是从线段 AD 和 $A''D''$ 的旋转中心向直线 AD 所作垂线的垂足(如果这个垂足在线段 AD 上);或者所求的点是线段 AD 的最靠近这个垂足的那个端点(若这个垂足在线段 AD 的外边).若线段 AD 与 $A''D''$ 平行,并且有相同的方向,则从边 AD 的每个点 P 到它在线段 $A''D''$ 的对应点 P''' 的距离是相同的.

仅在第一种情形,即从线段 AD 和 $A''D''$ 的旋转中心 O 向直线 AD 所作垂线的垂足 P_0 在边 AD 上,并且直线 $P_0P'''_0$(这里 P'''_0 是从 O 到 $A''D''$ 的垂线的垂足)与三条线段 AB,BC' 和 $C'D''$ 都相交时,本题有正常意义上的(唯一)解.这时,线段 $P_0P'''_0$ 与线段 AB,BC',$C'D''$ 的交点确定了所求的四边形 $P_0Q_0R_0S_0$(图 83(a)).而且容易看出 $\angle P'''_0P_0A=\angle P_0P'''_0D''$(图 83(b)),由此

可知，所求四边形的边 P_0Q_0，P_0S_0 与四边形 $ABCD$ 的边 AD 构成等角. 进一步，由于直线 $P_0P'''_0$ 与直线 AB，BC'，$C'D''$ 构成的对顶角是相等的，可见四边形 $P_0Q_0R_0S_0$ 的边 P_0Q_0，Q_0R_0 与四边形 $ABCD$ 的边 AB 构成等角，边 Q_0R_0，R_0S_0 与边 BC 构成等角，以及边 R_0S_0，S_0P_0 与边 CD 构成等角①. 接着，用图 83(a) 中的记号，我们有

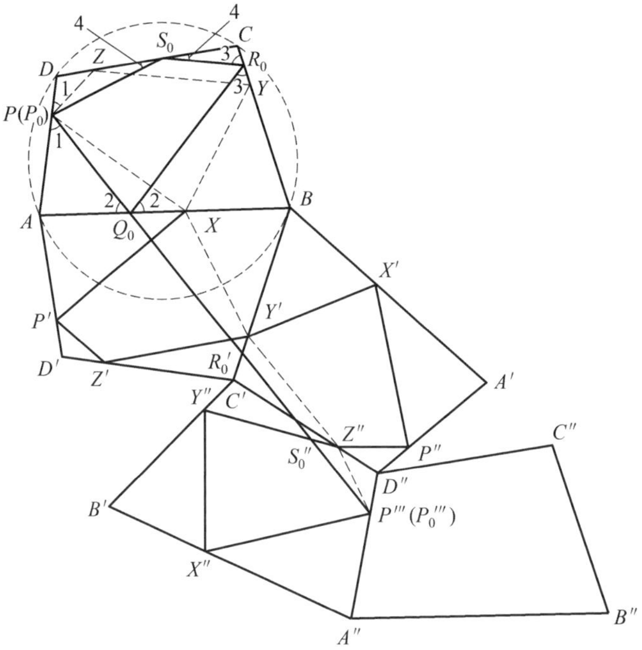

(a)

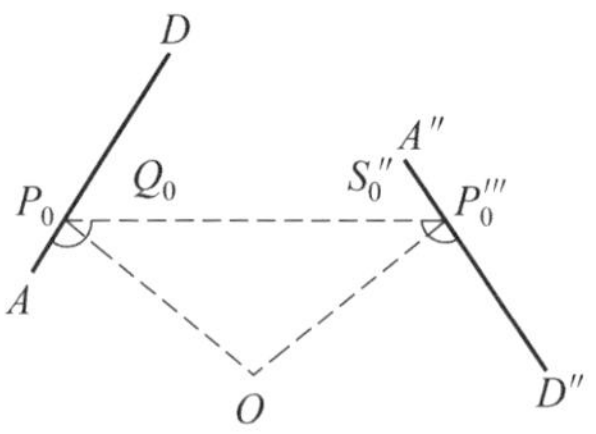

(b)

图 83

① 这样我们就证明了：若 $PQRS$ 是内接于四边形 $ABCD$ 并有极小周长的四边形，则它的任意两个相邻边和四边形 $ABCD$ 中与它们相交的边构成等角. 这个命题可以更简单地证明. 事实上，若 $\angle SPD = \angle QPA$，则我们可以改变 P 的位置而不改变顶点 Q，R，S 的位置，使得四边形 $PQRS$ 的周长变得更小(参见问题 26(1) 的解).

$$\angle BAD+\angle BCD=(180°-\angle 1-\angle 2)+(180°-\angle 3-\angle 4)$$
$$=360°-(\angle 1+\angle 2+\angle 3+\angle 4)$$
$$\angle ABC+\angle ADC=(180°-\angle 2-\angle 3)+(180°-\angle 4-\angle 1)$$
$$=360°-(\angle 1+\angle 2+\angle 3+\angle 4)$$
$$\angle BAD+\angle BCD=\angle ABC+\angle ADC=180°$$

因此,仅当四边形 $ABCD$ 可内接于圆时,本题有一个正常意义上的解.

现在设四边形 $ABCD$ 可内接于圆(即 $\angle ABC+\angle ADC=180°$). 令 $D''A''B''C''$ 是 $D''A''B'C'$ 关于直线 $D''A''$ 的反射像. 因为四边形 $BC'D''A'$ 是由 $ABCD$ 经过绕点 B,转角为 $2\angle ABC$ 的旋转得到的(参看问题 27(1) 的解),而 $D''A''B''C''$ 是由 $D''A'BC'$ 经过绕点 D'',转角为 $2\angle ADC$ 的旋转得到的,又 $2\angle ABC+2\angle ADC=360°$,可见 $A''B''C''D''$ 是由 $ABCD$ 经过平移得到的(参见《几何变换(Ⅰ)》1.2 节). 因此,若 $ABCD$ 可内接于圆,则线段 $A''D''$ 平行于 AD 并且与 AD 同向. 这样,AD 上任意一点 P 和它在 $A''D''$ 的对应点 P''' 间的距离不依赖于 P 的位置,因而我们的问题有无穷多个解,它们对应于所有那些使得线段 PP''' 与 AB,BC',$C'D''$ 都相交的点 P 的位置. 显然,所有这些内接于四边形 $ABCD$ 且有极小周长的四边形的边彼此是平行的(图 84).

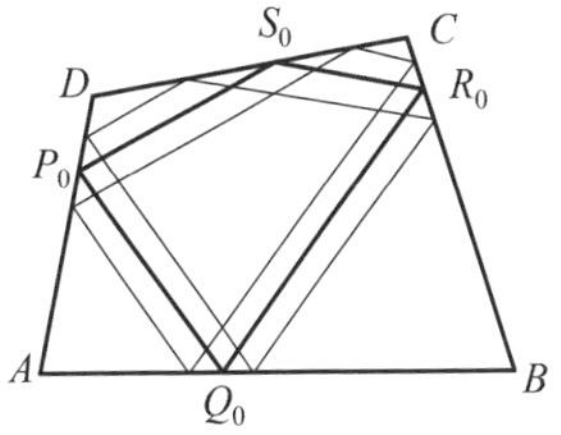

图 84

29. 若 D,E,F 是 $\triangle ABC$ 的高的垂足,则 $\triangle ACD\backsim\triangle BCE$(图 85),进而 $\frac{CE}{CD}=\frac{CB}{CA}$. 因此,$\triangle ABC\backsim\triangle DEC$. 于是$\angle CED=\angle CBA$. 令 MN 是 $\triangle ABC$ 的外接圆在点 C 处的切线. 显然,$\angle MCA=\angle CBA$. 于是有 $\angle MCE=\angle CED$,即 $ED\parallel MN\perp OC$. 同理可证 $EF\perp OA$,$DF\perp OB$,这就证明了 $\triangle DEF$ 就是所要求的三角形.(容易看出,没有其他内接于 $\triangle ABC$ 的三角形是本题的解,因为没有其他内接于 $\triangle ABC$ 的三角形,它的边是与 $\triangle DEF$ 的边平行的.)

若 $\triangle ABC$ 是锐角三角形,则其外接圆圆心落在 $\triangle ABC$ 的内部(图 85),进而有

$$S_{\triangle ABC}=S_{四边形ODCE}+S_{四边形OEAF}+S_{四边形OFBD}$$

但在等式右边的三个四边形中,每一个的对角线都是相互垂直的,因而它们的面积都等于它们的对角线乘积的一半. 于是有

$$S_{\triangle ABC}=\frac{1}{2}OC\cdot DE+\frac{1}{2}OA\cdot EF+\frac{1}{2}OB\cdot FD$$
$$=\frac{1}{2}R(DE+EF+FD)\qquad(*)$$

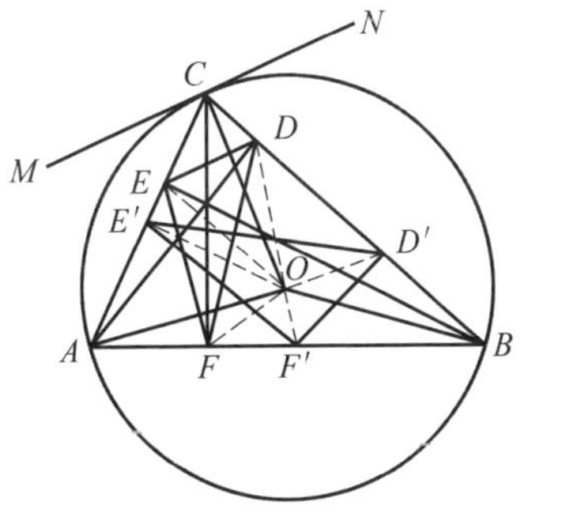

图 85

这里 R 是外接圆的半径.

若 $\triangle F'D'E'$ 是任一内接于 $\triangle ABC$ 的三角形，则

$$S_{\triangle ABC}=S_{\text{四边形}OD'CE'}+S_{\text{四边形}OE'AF'}+S_{\text{四边形}OF'BD'}$$
$$=\frac{1}{2}OC\cdot D'E'\sin\gamma+\frac{1}{2}OA\cdot E'F'\sin\alpha+\frac{1}{2}OB\cdot F'D'\sin\beta$$

这里 γ,α,β 分别是四边形 $OD'CE'$，$OE'AF'$，$OF'BD'$ 的对角线的夹角，因而

$$S_{\triangle ABC}\leqslant\frac{1}{2}R(D'E'+E'F'+F'D')$$

把这个等式与上面的式(*)加以比较，我们得到

$$DE+EF+FD\leqslant D'E'+E'F'+F'D'$$

因此，在内接于给定的锐角三角形的所有三角形中，有最小周长的是以给定三角形的高的垂足为顶点的三角形.

30. 我们先找一点，使它到顶点 A,B,C 的距离与数 a,b,c 成比例. 如果我们用与两个给定点距离之比有给定值的点的轨迹是圆这个事实(参见第 24 页的注 ②)，这样的点是容易作出的. 此外，可以证明，一般来说有两个这样的点，一个在给定三角形外接圆的外面，一个在它的里面. 因此这两点之一必定落在 $\triangle ABC$ 之外. 现在我们必须考虑两种情形.

① 所作出的点之一(我们用 O 表示) 在 $\triangle ABC$ 之内(图 86). 在 $\triangle ABC$ 中作一内接 $\triangle DEF$，使它的边分别垂直于线段 OA，OB 和 OC(参见第 1 章问题 9(2)). 显然，我们有

$$S_{\triangle ABC}=S_{\text{四边形}OEAF}+S_{\text{四边形}OFBD}+S_{\text{四边形}ODCE}$$

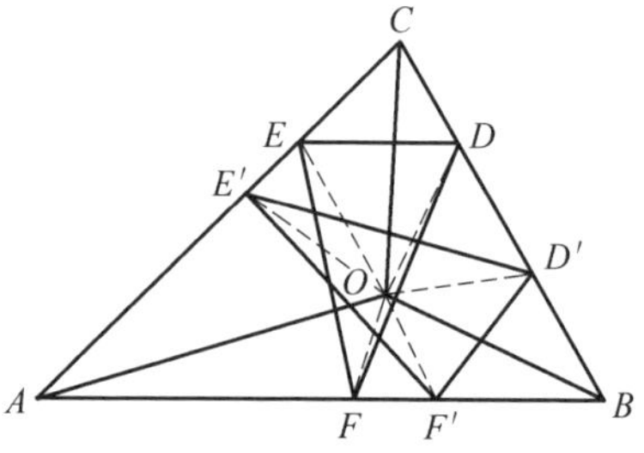

图 86

由于 $OA\perp EF$，$OB\perp FD$，$OC\perp DE$ 和 $OA=ak$，$OB=bk$，$OC=ck$(对某个数 k)，我们有

$$S_{\triangle ABC}=\frac{1}{2}OA\cdot EF+\frac{1}{2}OB\cdot FD+\frac{1}{2}OC\cdot DE$$
$$=\frac{1}{2}k(a\cdot EF+b\cdot FD+c\cdot DE)\qquad(*)$$

现令 $\triangle D'E'F'$ 是内接于 $\triangle ABC$ 的任意一个三角形，并且令 α,β,γ 分别是四边形 $OE'AF'$，$OF'BD'$，$OD'CE'$ 的对角线的夹角. 这时有(参看问题 29 的解)

$$S_{\triangle ABC}=\frac{1}{2}OA\cdot E'F'\sin\alpha+\frac{1}{2}OB\cdot F'D'\sin\beta+\frac{1}{2}OC\cdot D'E'\sin\gamma$$
$$\leqslant\frac{1}{2}k(a\cdot E'F'+b\cdot F'D'+c\cdot D'E')$$

因而

$$a \cdot EF + b \cdot FD + c \cdot DE \leqslant a \cdot E'F' + b \cdot F'D' + c \cdot D'E'$$

即 $\triangle DEF$ 就是所要求的三角形.

② 例如,若点 O 在 $\triangle ABC$ 的边 AB 上,则所求三角形退化成被描了两次的 $\triangle ABC$ 的边 AB 上的高;若 O 在 $\triangle ABC$ 之外,则所求三角形退化成 $\triangle ABC$ 中把 O 与 $\triangle ABC$ 分隔开的那条边上的高,并且它也是被描了两次.我们把这些证明留给读者①.

31. 所求的点 M 不能在 $\triangle ABC$ 之外,否则我们容易找到一点 M',使得

$$AM' + BM' + CM' < AM + BM + CM$$

(图 87(a)).现在令 X 是 $\triangle ABC$ 内任意一点(图 87(b)).把 $\triangle ACX$ 按从 B 到 C 的方向绕 A 旋转一个 $60°$ 角,到达一个新的位置 $AC'X'$.由于 $AX = XX'$(因 $\triangle AXX'$ 是等边三角形)和 $CX = C'X'$,我们知道从点 X 到三角形各顶点的距离之和等于折线 $BXX'C'$ 的长度.现在只剩下选取点 M,使得折线 $BMM'C'$ 有最短的长度.

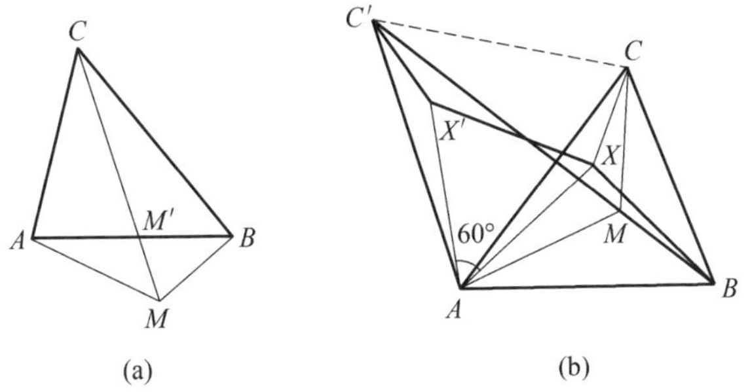

图 87

我们分两种情形考虑:

① 线段 $C'B$ 与 $\triangle ABC$ 的边 AC 相交.当 $\angle BCC' < 180°$,$\angle BAC' < 180°$ 或当 $\triangle ABC$ 的 $\angle C$ 和 $\angle A$ 都小于 $120°$ 时出现这种情况,后者是因为

$$\angle BCC' = \angle BCA + \angle ACC' = \angle BCA + 60°$$

和

$$\angle BAC' = \angle BAC + \angle CAC' = \angle BAC + 60°$$

这时如果能够在线段 $C'B$ 上找到一个点 M,使得 $\angle AMC' = 60°$,则对这个点我们就有

$$AM + MC + MB = C'B$$

① 平面上每条直线把平面分成两个半平面,在不同半平面上的点称为被这条直线彼此分隔开.在给定三角形之外的点与三角形内的点由三角形的至少一条、至多两条边(无限延长)分隔开.可以证明,在我们的情况下,只有 $\triangle ABC$ 的一条边把点 O 与 $\triangle ABC$ 分隔开.

因而它就是所求的点. 对于这个点 M，我们有 $\angle AMB = \angle CMB = \angle AMC = 120^\circ$（即 M 是这样的点，从它看三角形各条边的视角都相等）. 显然，为了使得在线段 $C'B$ 上确实有这样的点 M，必须使 $\angle CBA < 120^\circ$. 若 $\angle CBA \geqslant 120^\circ$，则所求的点是 $\triangle ABC$ 的顶点 B.

② 线段 $C'B$ 不与 $\triangle ABC$ 的边 AC 相交. 例如，点 C' 与 $\triangle ABC$ 在直线 BC 的两侧（$\angle C \geqslant 120^\circ$）. 在这种情形下，最短折线 $C'X'XB$ 是折线 $C'CB$，所求的点就是 $\triangle ABC$ 的顶点 C. 同样，若 $\angle A \geqslant 120^\circ$，则所求的点就是 $\triangle ABC$ 的顶点 A.

32.（1）若 $\triangle DEF$ 是 $\triangle ABC$ 的外接等边三角形，并且 AM，BM，CM 分别垂直于 $\triangle DEF$ 的各条边，则显然有 $\angle AMB = \angle BMC = \angle CMA = 120^\circ$（图 88(a)）. 由此可见，$M$ 是以 $\triangle ABC$ 的三条边为弦，所含圆周角为 120° 的三条圆弧的交点. 在找到了 M 之后，我们就不难作出 $\triangle DEF$. 若 $\triangle ABC$ 的角都不超过 120°，则点 M 在 $\triangle ABC$ 内；否则，例如若 $\angle C = 120^\circ$，则 M 与 C 重合；若 $\angle C > 120^\circ$，则 M 在 $\triangle ABC$ 之外. 现在，我们用它来导出问题 31 的解.

考虑第一种情况. 设 M' 是 $\triangle ABC$ 的任意一个内点，并令 $M'A'$，$M'B'$，$M'C'$ 是从 M' 向 $\triangle DEF$ 各边所作的垂线. 我们有

$$S_{\triangle DEF} = S_{\triangle DEM'} + S_{\triangle EFM'} + S_{\triangle FDM'}$$

或者，若用 a 和 h 分别表示等边 $\triangle DEF$ 的边和高，则有

$$\frac{1}{2}ah = \frac{1}{2}a \cdot M'A' + \frac{1}{2}a \cdot M'B' + \frac{1}{2}a \cdot M'C'$$

即

$$M'A' + M'B' + M'C' = h$$

但是 $M'A \geqslant M'A'$，$M'B \geqslant M'B'$，$M'C \geqslant M'C'$（因为垂直距离是最短的），因而有

$$M'A + M'B + M'C \geqslant h$$

并且等式仅当 M' 与 M 重合时成立. 因此，M 就是所求的点.

若 M 与 C 重合，则 C 是所求的点. 最后，若 $\angle C > 120^\circ$，则仍然有顶点 C 到三角形的其他两个顶点距离之和小于任一其他的点到三角形各顶点距离之和. 为证明这一点，作 $\triangle ABC$ 的一外接等腰 $\triangle DEF$，使得 $CA \perp DE$，$CB \perp EF$（图 88(b)）. 设 M' 是 $\triangle ABC$ 内任意一点. 令 A'，B'，C' 是从 M' 向 $\triangle DEF$ 各边所作垂线的垂足. $\triangle D'EF'$ 是相似于 $\triangle DEF$ 的，并且它的边 $D'F'$ 过 M'. 我们有

$$S_{\triangle DEF} = S_{\triangle CDE} + S_{\triangle CEF}$$

进而

$$CA + CB = h$$

其中 h 是 $\triangle DEF$ 的腰上的高. 类似地，我们得到

$$M'A' + M'B' = h'$$

其中 $h' = kh$ 是 $\triangle D'EF'$ 的腰上的高（k 是相似系数，$k < 1$）.

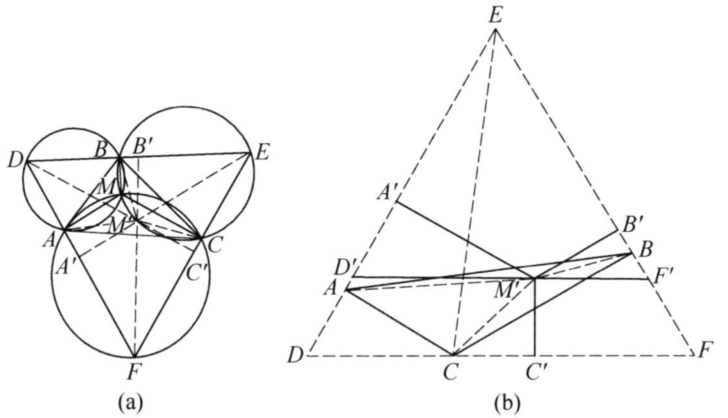

图 88

用 H 和 $H'=kH$ 分别表示 $\triangle DEF$ 和 $\triangle D'EF'$ 底边上的高. 由于 $\angle E=180^\circ-\angle C<60^\circ$,我们有 $DF<DE$, $H>h$,因此

$$M'A'+M'B'+M'C'=h'+(H-H')=H-(H'-h')$$
$$=H-k(H-h)>H-(H-h)=h=CA+CB$$

显然,我们有

$$M'A'+M'B'+M'C'\leqslant M'A+M'B+M'C$$

因而

$$M'A+M'B+M'C>CA+CB$$

这就是所要证的.

(2) 若 AM, BM, CM 分别与 $\triangle ABC$ 的内接等边 $\triangle DEF$ 的各边垂直,则显然有

$$\angle AMB=\angle BMC=\angle CMA=120^\circ$$

(图 89). 因此,为解本题,我们必须找一点 M,使得从它看 $\triangle ABC$ 的各个边都有 120° 的视角. 然后在 $\triangle ABC$ 中作内接 $\triangle DEF$,使得它的边分别垂直于 AM, BM, CM(参见第 1 章问题 9(2)). 若 $\triangle ABC$ 的各个角都小于 120°, $\triangle DEF$ 的顶点将落在 $\triangle ABC$ 的各边上而不在它们的延长线上. 假定是这种情形,则有

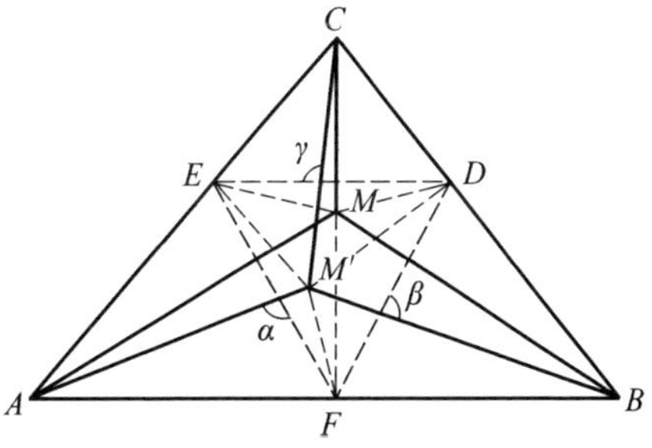

图 89

$$S_{\triangle ABC}=S_{四边形MDCE}+S_{四边形MEAF}+S_{四边形MFBD}$$
$$=\frac{1}{2}DE\cdot MC+\frac{1}{2}EF\cdot MA+\frac{1}{2}FD\cdot MB$$
$$=\frac{1}{2}DE(MA+MB+MC)$$

现在假设 M' 是 $\triangle ABC$ 内任意一点，并令 α,β,γ 分别是直线 $M'A,M'B,M'C$ 与 $\triangle DEF$ 中相应的边的交角，则有

$$S_{\triangle ABC}=S_{四边形M'DCE}+S_{四边形M'EAF}+S_{四边形M'FBD}$$
$$=\frac{1}{2}DE\cdot M'C\cdot\sin\gamma+\frac{1}{2}EF\cdot M'A\cdot\sin\alpha+\frac{1}{2}FD\cdot M'B\cdot\sin\beta$$
$$\leqslant\frac{1}{2}DE(M'A+M'B+M'C)$$

由此我们有

$$MA+MB+MC\leqslant M'A+M'B+M'C$$

这正是我们要证的(参看问题 29 的解).

33.(1) 第一种解法. 把 $\triangle CAM$ 绕点 A 旋转 $60°$ 到 $\triangle ABM'$ 的位置(图 90(a))，于是有 $MM'=AM'=AM,CM=BM'$. 但是 $BM\leqslant BM'+MM'$，所以有

$$BM\leqslant AM+CM$$

而且仅当 M' 在线段 BM 上时有 $BM=BM'+MM'$. 因为 $\angle AMM'=60°$，所以有 $\angle AMB=60°$. 这意味着 M 在 $\triangle ABC$ 的外接圆的 $\overset{\frown}{AC}$ 上(图 90(b)).

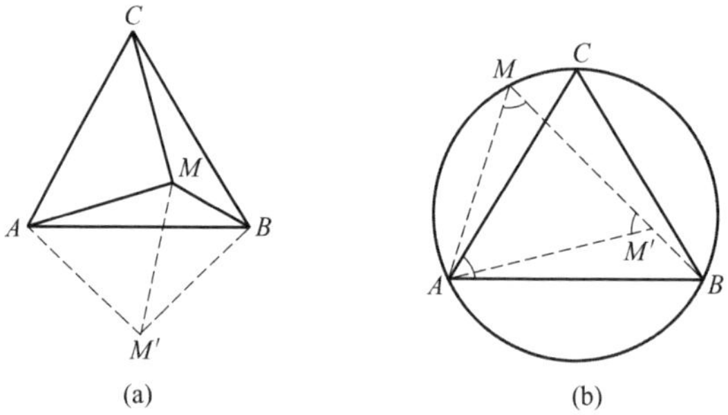

图 90

第二种解法. 过点 M 引直线 MP,MQ,MR 分别平行于 $\triangle ABC$ 的边 AC，AB,BC(图 91(a)). 容易看出，四边形 $MQAR,MPBR,MPCQ$ 是等腰梯形，因而 $MA=QR,MB=PR,MC=PQ$. 于是线段 MA,MB,MC 与 $\triangle PQR$ 的各边有相同的长度，因此有 $MA+MC\geqslant MB$. 仅当 $RQ+QP=PR$，即 Q 在线段 PR 上时，等式 $MA+MC=MB$ 成立(图 91(b)). 这时有 $\angle RMA=\angle RQA$，$\angle PMC=\angle PQC$，$\angle RQA=\angle PQC$，即有 $\angle RMA=\angle CMP$，$\angle AMC=\angle RMP=120°$，因此 M 在 $\triangle ABC$ 的外接圆的 $\overset{\frown}{AC}$ 上.

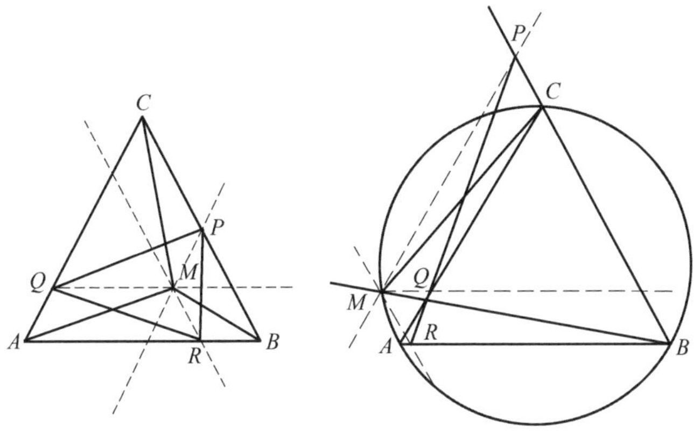

(a) (b)

图 91

第三种解法. 从 M 向 $\triangle ABC$ 的各边作垂线 MA_1, MB_1, MC_1(图 92(a)). 以 AM 为直径的圆是四边形 AC_1MB_1 的外接圆. 因为 $\angle B_1AC_1=60^\circ$,可见 B_1C_1 是内接于这个圆的某个等边三角形的边,所以 $B_1C_1=\frac{\sqrt{3}}{2}MA$. 类似地,有 $A_1B_1=\frac{\sqrt{3}}{2}MC$, $A_1C_1=\frac{\sqrt{3}}{2}MB$. 但是在 $\triangle A_1B_1C_1$ 中我们有

$$A_1C_1 \leqslant A_1B_1+B_1C_1$$

由此即得

$$MB \leqslant MA+MC$$

此外,若点 A_1, B_1, C_1 在一条直线上,且 B_1 在 A_1 和 C_1 之间(图 92(b)),则有 $MB=MA+MC$. 我们断言这时 M 在 $\triangle ABC$ 的外接圆的 $\overset{\frown}{AC}$ 上. 事实上,$\angle C_1MA=\angle C_1B_1A$, $\angle A_1MC=\angle A_1B_1C$, 但是,由于在这种情况下,$\angle C_1B_1A=\angle A_1B_1C$, 于是我们有 $\angle C_1MA=\angle A_1MC$, 因而 $\angle AMC=\angle C_1MA_1=120^\circ$,这就证明了我们的断言.

我们注意,一般说来,从任意一点 M 向任意一个三角形的边所作垂线的垂足共线,当且仅当 M 在这个三角形的外接圆上(参见问题 13).

第四种解法. 应用托勒密定理①于四边形 $MABC$. 我们得到

$$MB \cdot AC \leqslant MA \cdot CB+MC \cdot AB$$

并且等式成立,当且仅当四边形 $MABC$ 可以内接于圆. 但是 $AC=CB=AB$,因而

① 这个定理称:对于顶点依次为 A, B, C, D 的任意四边形,两对对边乘积之和大于或等于对角线的乘积,即

$$AC \cdot BD \leqslant AB \cdot CD+AD \cdot BC$$

并且等式成立,当且仅当四边形可以内接于圆.

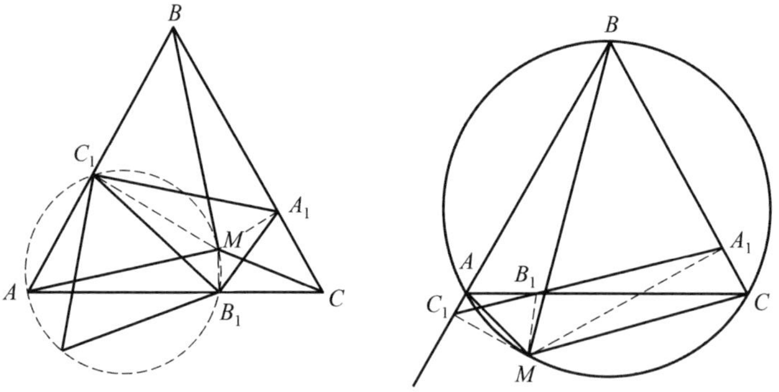

(a)　　(b)

图 92

$$MB \leqslant MA + MC$$

这就是所要证明的.

(2) 在给定 $\triangle ABC$ 的边 BC 上向外作等边 $\triangle BCA'$(图 93). 令 X 是平面上任意一点. 在 $\triangle XAA'$ 中,我们有

$$AA' \leqslant XA + XA'$$

并且等式成立,当且仅当 X 在线段 AA' 上. 进一步,由(1) 有

$$XA' \leqslant XB + XC$$

等式仅当 X 在 $\triangle A'BC$ 的外接圆的$\overset{\frown}{CB}$ 上时成立.

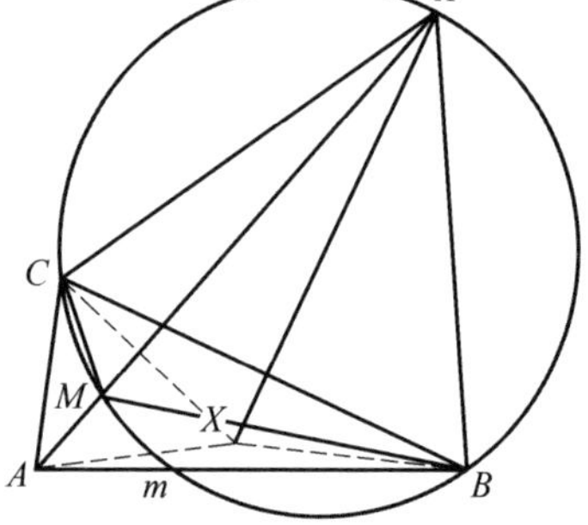

图 93

由上面这些关系式,我们有

$$AA' \leqslant XA + XB + XC$$

若 M 是 AA' 与 $\triangle A'BC$ 的外接圆的交点,则

$$AA' = MA + MB + MC$$

即有

$$MA + MB + MC \leqslant XA + XB + XC$$

因而 M 满足问题 31 中的条件. 通过简单的计算,容易证明若 $\triangle ABC$ 有一个角等于 120°,则线段 AA' 和$\overset{\frown}{CB}$ 交于这个角的顶点;而若三角形有一个角大于 120°,则线段 AA' 和$\overset{\frown}{CB}$ 不相交. 在后一种情形,可以证明钝角的顶点仍然是这个极小问题的解.

34. 首先,注意所求的点 M 必定在 $\triangle ABC$ 之外并且在 $\angle ACB$ 之内. 事实上,假设 M 是 $\triangle ABC$ 的一个内点,M' 是直线 CM 与边 AB 的交点(图 94(a)),则有 $AM' + BM' < AM + BM$ 和 $CM' > CM$,所以有

$$AM' + BM' - CM' < AM + BM - CM$$

其次,假设 M 不在 $\angle ACB$ 内,则 M 有几种可能:先假设 M 在 $\angle ACB$ 的对顶角内,令 M' 是 M 关于直线 l 的对称点(这里 l 经过点 C 且平行于 AB,如图 94(b) 所示),则 $M'C = MC$,并且 $M'A < MA$,$M'B < MB$(用图 94(b) 中的记号,后面两个不等式可以由 $M'P < MP$ 得出),因而有

$$AM' + BM' - CM' < AM + BM - CM$$

然后,假设 M 属于 $\angle CAB$(但不在直线 AB 上)并且不在 $\triangle ABC$ 内,令 M' 是 M 关于直线 AB 的对称点(图 94(c)),则有 $AM' = AM$,$BM' = BM$ 和 $CM' > CM$(用图 94(c) 中的记号,后面的不等式可以由 $M'Q > MQ$ 推得),因此有

$$AM' + BM' - CM' < AM + BM - CM$$

类似地,假如 M 属于 $\angle CBA$ 但不属于 $\triangle ABC$,也导致矛盾.

最后,假设 M 在 $\angle ABC$ 的对顶角内(或在直线 AB 上),则有 $MC - MB < BC$ 和 $MA > BA$(后面的不等式可以由 $\angle MBA > \angle DBA > 90°$(图 94(d)) 推得),因而

$$\begin{aligned} MA + MB - MC &= MA - (MC - MB) \\ &> BA - BC \end{aligned}$$

同理可证 M 不能在 $\angle BAC$ 的对顶角内. 这样一来,M 不落在 $\angle ACB$ 内的假设总会导致矛盾.

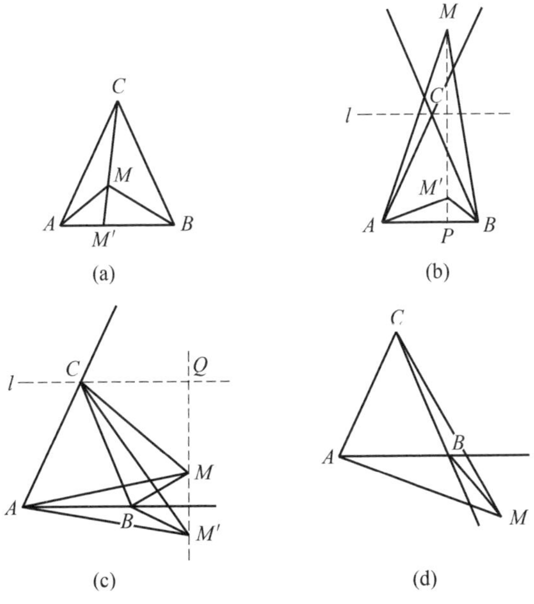

图 94

现在假设 X 是在 $\angle ACB$ 内,但不属于 $\triangle ABC$ 的任意一点. 将 $\triangle ACX$ 按照从 C 到 B 的方向绕 A 旋转 $60°$ 角到达 $\triangle AC'X'$ 的位置(图 95(a)). 由于 $AX =$

XX'（因为 $\triangle AXX'$ 是等边的）和 $CX = C'X'$，可见 $AX + BX - CX = X'X + BX - C'X'$. 这样，我们必须选取点 X，使得量 $BX + XX' - C'X'$ 尽可能地小. 但是因为显然有

$$C'B + BX + XX' \geqslant C'X'$$

所以我们总有

$$BX + XX' - C'X' \geqslant - C'B$$

因此，如果我们能找到一点 M，使得

$$C'B + BM + MM' = C'M' \qquad (*)$$

即

$$BM + MM' - C'M' = - C'B$$

则 M 就是所求的点，这里 M' 是用从 X 得到 X' 那样的方法由 M 得到的点.

现在必须考虑两种情形.

①$\angle A = \alpha > 60^\circ$，$AC = BC > AB$，即 $\triangle ABC$ 不是等边三角形. 这时 C' 不与 B 重合，只要点 M 和 M' 都在直线 $C'B$ 上，则等式（$*$）成立（图 95(a)）. 因为 $\triangle ABC$ 的 $\angle ACB = 180^\circ - 2\alpha$，可见 $\triangle BCC'$ 的 $\angle BCC' = 60^\circ - (180^\circ - 2\alpha) = 2\alpha - 120^\circ$，所以

$$\angle CC'B = \angle CBC' = 150^\circ - \alpha$$

因而 $\angle C'BA = \angle C'BC + \alpha = 150^\circ$. 于是，如果我们选取 M，使 $\angle C'BM = 180^\circ$，则有 $\angle ABM = 30^\circ$. 此外，若选取 M，使 $\angle BMM' = \angle BMA + 60^\circ = 180^\circ$，则 $\angle BMA = 120^\circ$. 由此即知有唯一的点 M，使得 M 和 M' 都在直线 $C'B$ 上，并且

$$AM + BM - CM = BM + MM' - C'M = - C'B$$

这里点 M 由条件 $\angle MBA = \angle MAB = 30^\circ$ 来刻画（图 95(b)）.

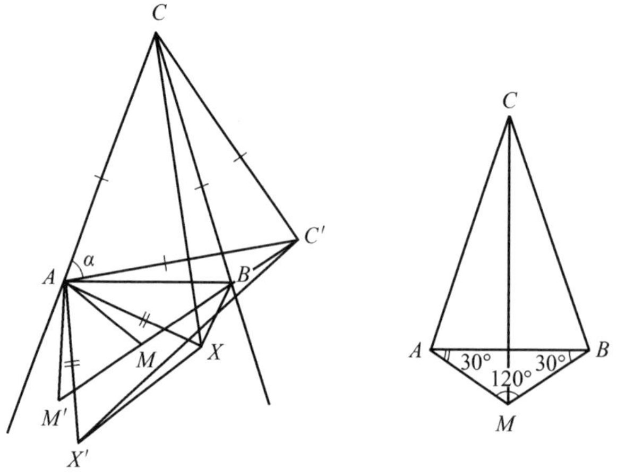

图 95

②$\angle A=60^\circ$，即 $\triangle ABC$ 是等边三角形. 这时 C' 与 B 重合(图 96(a)). 如果折线 BMM' 实际上是一直线段，我们仍然有 $BM+MM'-C'M'=-C'B(=0)$，并且 $\angle BMA=120^\circ$(因为 $\angle AMM'=60^\circ$). 所有这样的点 M(图 96(b)) 都在 $\triangle ABC$ 的外接圆的$\overset{\frown}{AB}$ 上，每个这样的点都满足本题的要求(参阅问题 33(1)).

注 当 $AC=BC<AB$ 且 $\angle A=\alpha<60^\circ$ 时，上面所给的解法不成立. 在这种情形可以证明：当点 M 与 $\triangle ABC$ 的顶点 A 或 B 重合时，$AM+BM-CM$ 达到极小(图 96(c)).

当 $\triangle ABC$ 是任意给定的三角形时，我们也可以提出找点 M，使 $MA+MB-MC$ 尽可能地小的问题. 如果在这时等式(＊)也对某个在 $\angle ACB$ 中，而不在 $\triangle ABC$ 内的点 M 成立，那么不难看出：若 M 又满足

$$\angle AMC=\angle BMC=60^\circ$$

于是 $\angle AMB=120^\circ$，则对这个点 M

$$MA+MB-MC(=-C'B)$$

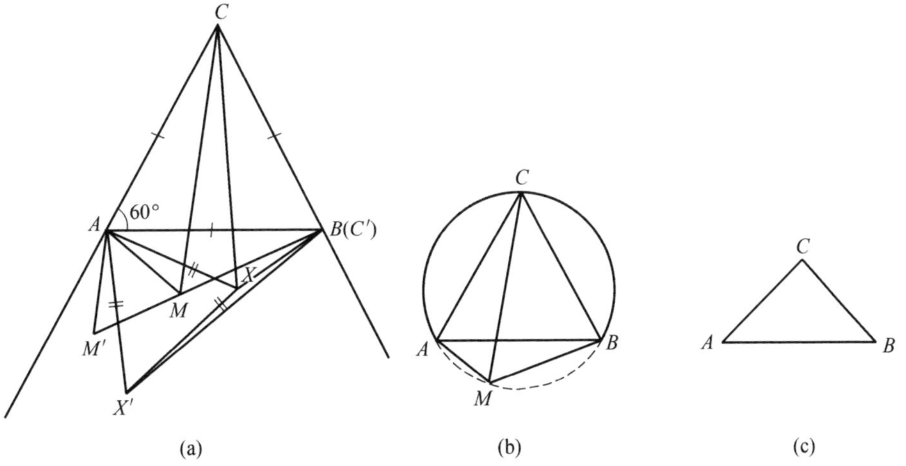

图 96

将取最小值(这里点 C' 是由 C 经过按 AC 到 AB 的方向绕点 A 旋转 60° 角而得到，这个旋转把点 M 变到出现在等式(＊)中的点 M'). 但是要对等式(＊)成立的条件做完全的描述，一般是十分困难的.

35. 首先考虑三个数 a,b,c 中两个较小的数之和不超过第三个数的情形，例如，假设 $a\geqslant b+c$. 对任意一点 X，我们有

$$\begin{aligned} a\cdot XA+b\cdot XB+c\cdot XC &\geqslant (b+c)XA+b\cdot XB+c\cdot XC \\ &=b(XA+XB)+c(XA+XC) \\ &\geqslant b\cdot AB+c\cdot AC \end{aligned}$$

(因为 $XA+XB\geqslant AB$，$XA+XC\geqslant AC$)，因此当点 X 与点 A 重合时 $a\cdot XA+$

$b \cdot XB + c \cdot XC$ 取最小值.

于是,仅剩下考虑存在边长等于 a, b, c 的三角形的情形. 在考虑这种情形时,可以分别遵循与问题 31,32(1),32(2),33 的解法相类似的下面四种解法.

第一种解法. 设 $\triangle A_0B_0C_0$ 是边长等于 a, b, c 的三角形,令 $\alpha = \frac{a}{b}, \gamma = \frac{c}{b}$. 设 X 是平面上任意一点. 以 A 为中心,γ 为相似系数,转角等于 $\triangle A_0B_0C_0$ 的 $\angle A_0$ 的螺旋相似(旋转方向是从 B 到 C 的方向)把 $\triangle AXC$ 变到 $\triangle AX'C'$(图 97). 由假设

$$\frac{AX'}{AX} = \gamma = \frac{A_0B_0}{A_0C_0}, \angle XAX' = \angle B_0A_0C_0$$

可知 $\triangle AX'X$ 和 $\triangle A_0B_0C_0$ 相似. 从它们的相似性,我们有 $\frac{XX'}{AX} = \frac{a}{b} = \alpha$,即 $XX' = \alpha AX$. 又由作法有 $C'X' = \gamma CX$,于是

$$\begin{aligned} C'X' + X'X + XB &= \gamma \cdot CX + \alpha \cdot AX + BX \\ &= \frac{c \cdot CX + a \cdot AX + b \cdot BX}{b} \end{aligned}$$

因此,当折线 $BXX'C'$ 有最短长度时,$a \cdot AX + b \cdot BX + c \cdot CX$ 有最小值. 下面是两种可能的情形.

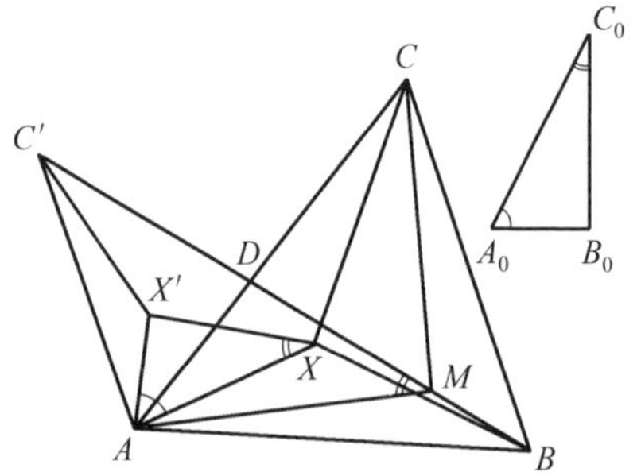

图 97

① 直线 BC' 与给定三角形的边 AC 交于某点 D. 这时连 B 和 C',并且与线段 AC 相交的最短折线是线段 BC'. 用 $\angle AXX'$ 等于 $\triangle A_0B_0C_0$ 的 $\angle C_0$ 这一事实,容易找到点 M. 为此,我们以线段 AD 为弦作弧,使得它所含的圆周角等于 $\triangle A_0B_0C_0$ 的 $\angle C_0$,并且使所作的弧与点 B 落在直线 AC 的同一侧. 若这条弧与线段 BC' 相交,则交点即为所求的点 M;若这条弧不与线段 BC' 相交,则所求的点 M 与 B 重合.

② 若直线 BC' 不与 $\triangle ABC$ 的边 AC 相交,则与边 AC 相交的最短折线 $BXX'C'$ 是折线 BCC',或是折线 BAC'. 显然,在前一种情形有 M 与 C 重合,而在后一种情形有 M 与 A 重合.

第二种解法. 若在 $\triangle DEF$ 中有 $EF : FD : DE = a : b : c$,则从任意一点 M 到 $\triangle DEF$ 各边的距离分别乘上 a, b, c 之后相加,所得的和是一个常数. 事实上,从图 98 我们有

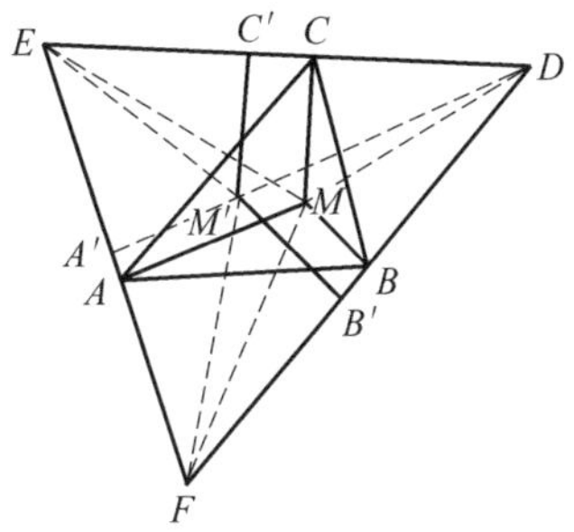

图 98

$$S_{\triangle DEF} = S_{\triangle MEF} + S_{\triangle MFD} + S_{\triangle MDE}$$

或者若 $EF = ak, FD = bk, DE = ck$,则有

$$S_{\triangle DEF} = \frac{1}{2}MA \cdot ka + \frac{1}{2}MB \cdot kb + \frac{1}{2}MC \cdot kc$$

于是

$$a \cdot MA + b \cdot MB + c \cdot MC = \frac{2S_{\triangle DEF}}{k} = \text{常数}$$

这里 A, B, C 是从 M 向 $\triangle DEF$ 各边所作垂线的垂足.

现在作 $\triangle ABC$ 的外接 $\triangle DEF$,使它的边长之比为 $a : b : c$,并且使得过 A, B, C 所作的 $\triangle DEF$ 各边的垂线交于一公共点 M(它的作法类似于问题 32(1) 中的作法). 若 M 在 $\triangle ABC$ 内,则 M 是我们的极小问题的解,这个结论可以用问题 32(1) 的解答中同样的方法证明. 若 M 在 $\triangle ABC$ 之外,则本题的解是这个三角形的顶点之一.

第三种解法. 在给定 $\triangle ABC$ 中,作内接 $\triangle DEF$,使得它的边成比例 $a : b : c$,并且具有性质:从 $\triangle ABC$ 的顶点向 $\triangle DEF$ 的边所作的垂线交于一公共点 M(它的作法类似于问题 32(2) 中的作法).

当 $\triangle DEF$ 在通常意义下内接于 $\triangle ABC$ 时(即它的所有顶点都在 $\triangle ABC$ 的边上,而不是在它们的延长线上),那么正如问题 32(2) 的解答一样,可以证明 M 就是所求的点. 否则本题的解由 $\triangle ABC$ 的顶点之一给出.

第四种解法. 我们用下面的命题(它推广了 33(1) 的结果):若在 $\triangle ABC$ 中有 $BC : CA : AB = a : b : c$,则对平面上任意一点 M,有

$$b \cdot MB \leqslant a \cdot MA + c \cdot MC$$

并且当 M 在 $\triangle ABC$ 的外接圆的相应的弧上时等式成立. 这个命题的证明(它可以用类似于问题 33(1) 的解答中的几种方法来完成) 留给读者.

现在在给定三角形的边 BC 上作 $\triangle BCA'$,使得 $BC : CA' : A'B = a : b : c$,作这个三角形的外接圆. 若 X 是平面上任意一点,则从 $\triangle XAA'$ 可知

$$AA' \leqslant XA + XA'$$

并且等式仅对线段 AA' 上的点成立. 此外,又有

$$a \cdot XA' \leqslant b \cdot XB + c \cdot XC$$

并且仅对 $\overset{\frown}{BC}$ 上的点等式成立.

用 a 乘上面第一个关系式,再把它加到第二个关系式,我们得到

$$a \cdot AA' \leqslant a \cdot XA + b \cdot XB + c \cdot XC$$

并且仅当 M 是 $\overset{\frown}{BC}$ 与线段 AA' 的交点时等式成立，即

$$a \cdot AA' = a \cdot MA + b \cdot MB + c \cdot MC$$

于是

$$a \cdot MA + b \cdot MB + c \cdot MC \leqslant a \cdot XA + b \cdot XB + c \cdot XC$$

这说明 M 是本题的解.

若 $\overset{\frown}{BC}$ 不与线段 AA' 相交，则可以证明本题的解由 $\triangle ABC$ 的顶点之一给出.

国家出版基金项目
NATIONAL PUBLICATION FOUNDATION

国家出版基金资助项目

俄罗斯数学经典著作译丛

几何变换（三）

JIHE BIANHUAN (三)

[苏] 雅格洛姆 著

章学诚 译

HITP

哈尔滨工业大学出版社
HARBIN INSTITUTE OF TECHNOLOGY PRESS

黑版贸审字 08－2015－001 号

内 容 简 介

平面中的仿射变换和射影变换是平面几何变换中的两类很重要的变换，全等和相似变换是它们的特例．本书专门讨论这两类变换和它们的基本性质，并着重阐述了这些变换与初等几何，特别是与几何作图问题的密切联系．在引论中介绍了变换群的概念，最终回答了本套书第Ⅰ分册和第Ⅱ分册中提出的什么是几何的问题．附录对在数学史上占有重要地位的一种非欧几何——双曲几何做了粗浅的介绍．本书中的一百多个问题是对正文的有益且有趣的补充．它们的详细解答构成本书的后半部分．

本书适合中学生、大学低年级学生、中学教师以及数学爱好者阅读参考．

图书在版编目(CIP)数据

几何变换．Ⅲ/(苏)雅格洛姆著；章学诚译．
哈尔滨：哈尔滨工业大学出版社，2024．5．—(俄罗斯数学经典著作译丛)．—ISBN 978－7－5767－1473－9

Ⅰ．O123．1

中国国家版本馆 CIP 数据核字第 20247TR127 号

策划编辑　刘培杰　张永芹
责任编辑　刘家琳
封面设计　孙茵艾
出版发行　哈尔滨工业大学出版社
社　　址　哈尔滨市南岗区复华四道街 10 号　邮编 150006
传　　真　0451－86414749
网　　址　http://hitpress.hit.edu.cn
印　　刷　辽宁新华印务有限公司
开　　本　787 mm×1 092 mm　1/16　印张 42.75　字数 819 千字
版　　次　2024 年 5 月第 1 版　2024 年 5 月第 1 次印刷
书　　号　ISBN 978－7－5767－1473－9
定　　价　338.00 元(全 4 册)

(如因印装质量问题影响阅读，我社负责调换)

序言（摘译）

《几何变换》的这一分册专门讨论平面上把直线变成直线的变换，这些变换通常称为仿射变换和射影变换，或简称线性变换.它们不属于苏联中学的教学计划，而是大学里学习的内容.然而，本书首先是为中学数学的读者——中学生和中学教师，以及未来的中学教师和高等学校中有关的教师——写的.按照这个宗旨，本书的主要目的是要阐明仿射变换、射影变换和初等几何之间的密切联系.由于篇幅的限制，作者几乎完全避免阐述与几何变换有关的较高级的理论，只是在高等几何这个领域内做了一次很有意思的涉猎，那就是关于罗巴切夫斯基的非欧几何的附录，但是作者在这里也力求保持叙述的初等性，因此这个附录对于中学高年级的数学爱好者也应当是完全可以读懂的.

书中所列的问题是本书的重要组成部分，它们的解答构成本书的后半部分.作为基本部分的正文同这些问题完全无关.但是我相信，如果读者哪怕至少对其中的部分问题下点功夫，对于加深对正文的理解也会是极其有益的.除附录中的问题旨在向读者介绍一点关于非欧几何的具体结果以外，所有的问题都属于初等几何的范畴.有些问题的解答后面加了注释，它们是对运用这些变换的方法所做的附加说明.

这一册与《几何变换(Ⅰ)》《几何变换(Ⅱ)》基本上没有关系,但是其中的引论和附录与它们的前言有直接的联系.此外,这一册中的部分术语也与第Ⅰ册和第Ⅱ册中的严格一致.

本书中的第1章和《几何变换(Ⅳ)》中的第2章都可作为一个独立的整体,第2章完全可以放在第1章之前来读.本书的引论和附录在初读时可以先省略,但是如果读者完全忽略它们,那是很可惜的.在读本书时也可以略去书中比较独特的最后一节.

雅格洛姆

目录

什么是几何(最后的论述)

引论

在《几何变换(Ⅰ)》的前言中,我们曾把几何定义为研究图形在运动下保持不变的那些性质的学科. 在《几何变换(Ⅱ)》的前言中,我们又给几何下了一个新的定义,那就是作为研究图形在相似变换下保持不变的那些性质的学科. 自然要问,这两种定义是否完全等价? 即它们究竟是同一个学科的不同的定义,还是存在两种不同的几何:一种是《几何变换(Ⅰ)》的前言中讨论的几何,另一种是《几何变换(Ⅱ)》的前言中讨论的几何呢? 我们将阐明后一种说法是正确的,即这两种几何是不同的(虽然是密切相关的),并且事实上存在许多种不同的几何. 最有趣的几何之一是罗巴切夫斯基-波尔约(Lobachevskiĭ-Bolyai)的非欧几何,也就是所谓双曲几何,它与通常的几何有根本性的差别,在本书末的附录中将讨论这种几何[①].

我们在《几何变换(Ⅱ)》的前言中已经指出,把几何当作研究图形在运动下保持不变的那些性质的原始的定义是不适当的. 我们做出这个结论的根据如下:运动是平面上任意两点之间距离保持不变的变换. 然而,表示距离的数目却依赖于度量单位的选择. 由于一个几何命题不能依赖于长度单位的选择,因此几何定理应当只涉及线段的长度之比,而不是线段的长度. 换一种

① 也可参看雅格洛姆的 *Complex Numbers in Geometry*(Academic Press,N. Y. ,1968) 的附录,在那里讨论了八种平面非欧几何,其中包括双曲几何.

说法，就是在几何中对相似的图形应当不加区别. 明确地说，就是如果一个定理关于某个图形是真的，那么对于任何一个与它相似的图形也是真的.

虽然这个论点对初等几何的所有定理成立，但是它对于，例如，所有的几何作图并不成立. 如果在某一几何作图中我们给定了一条线段的长度，那么这个长度不是用一个数，而是用给定一条线段的方式给出的. 例如，假若我们要作一个$\triangle ABC$，它的两边 AC 和 AB 以及中线 CD 的长度是给定的，这个意思就是我们给定了与 AC，AB，CD 全等的线段（图 1）. 这里所给出的是线段长度而不是这种长度的比值，这就意味着不是所有的相似三角形都能看成可接受的解；如果这些三角形中有一个是我们问题的解，那么其他（不与它全等）的三角形就不是解. 我们看到，在《几何变换（Ⅱ）》的前言中所给出的几何定义，一方面适用于初等几何的所有定理，另一方面却不能说它适用于所有的作图问题（这些问题实质上是建立在《几何变换（Ⅰ）》的前言中所讲的几何定义的基础之上的）. 基谢廖夫（Kiselëv）的教科书[①]的内容既然以《几何变换（Ⅰ）》的前言中的定义为基础，自然也就要从讨论三角形全等的定理开始；如果我们对相似三角形不加区别，那么这类定理就会变成没有对象的空论，因为在那时全等概念将失去意义.

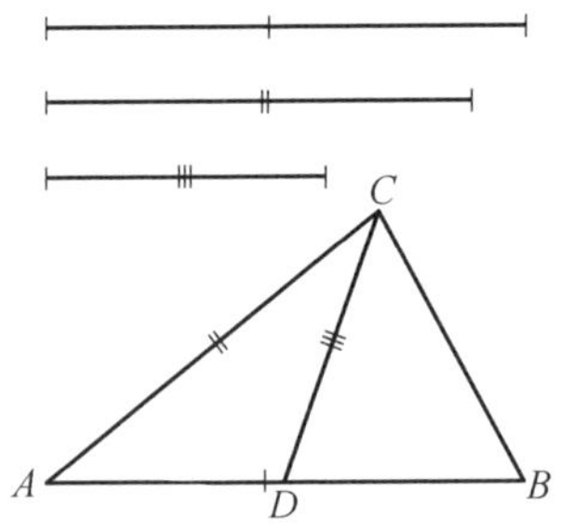

图 1

这样，我们可以得出结论：在《几何变换（Ⅰ）》和《几何变换（Ⅱ）》的前言中定义的两类几何是不同的. 此外，在第二种几何（自然称为相似几何）中图形的所有性质，也是在第一种几何（运动几何）中图形的性质；实际上，图形在相似变换下保持不变的每个性质在运动下必然也保持不变. 这句话反过来不成立；在运动几何中比在相似几何中有更多的性质（在运动几何中，一个图形的两点之间的距离反映了它的一个几何特性，而在相似几何中只有距离之比有意义）. 这就是在相似几何中的作图问题比运动几何中的作图问题要少得多的原因[②].

回忆一下我们是如何得到前面两个定义的. 我们把运动几何定义为研究图形在运动下保持不变的那些性质的学科；换一种说法，就是在这种几何中我们把经过运动能够彼此叠合的两个图形，也就是把两个全等的图形看成是不可区

① 这是标准的苏联几何教科书. —— 英译者

② 在相似几何中，只有用角度以及距离之比所描述的性质才是图形与度量有关的几何性质. 所以在这种几何中的作图问题，只能是包含图形的直线间的某些夹角和它的点之间距离的比值那样一类问题. 例如，给定角 A 及其角平分线的长度与自顶点 B 所作的高之比，求作 $\triangle ABC$. 要解这个问题，就是要找在一个顶点具有给定角，并且其角平分线和另一个顶点的高有给定比的相似三角形中的任何一个三角形.

别的.我们把相似几何定义为研究图形在相似变换下保持不变的那些性质的学科;换句话说,在这种几何中,我们认为两个图形是不可区别的,如果用相似变换能够将其中的一个图形变成另一个图形;简单地说,在这里用“相似变换”代替了上面的“全等”.按照这种思想,我们定义两个图形对于确定的一类变换是等价的,如果在这类变换中有一个变换把其中的一个图形变成另一个图形[①].与这个变换类相对应的几何,就定义为研究图形在这类变换下保持不变的那些性质的学科.

现在我们接近于最终回答什么是几何这个问题了.要给出几何(更确切些,是全部不同的几何)的一个完整的定义,我们还需要说明对于规定一种特定的几何变换类应当加上哪些限制(如果需要加某些限制的话).

加一定的限制的必要性是相当明显的.例如,假定我们试图定义“反射几何”为研究图形在对于直线的反射下保持不变的那些性质,且仅仅是那些性质.在这种假设的几何中,关于直线 l 对称的两个图形 F 和 F'(图2)将属于同一类,并且由于 F'' 关于直线 m 与 F 对称,因此 F 和 F'' 也将属于同一类;然而 F' 和 F'' 关于任何直线都不对称[②].这样,在我们假设的几何中不能引进一种有效的等价类的集合;F' 和 F'' 虽然都与 F 属于同一类,但它们却不在同一类中.

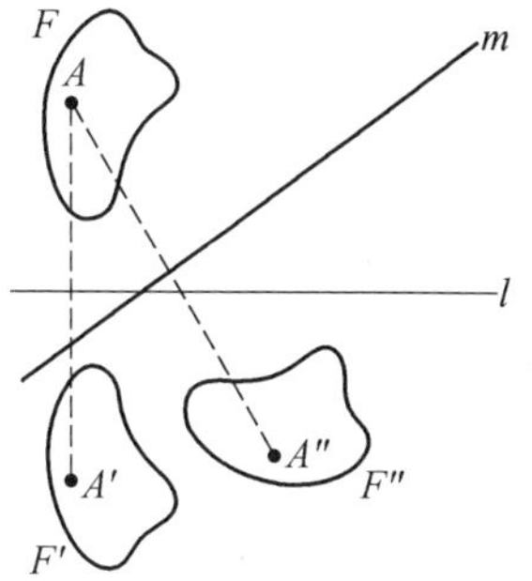

图 2

为了看出应当把什么样的限制加到作为一种几何的基础的变换类上面,我们更严格地来考虑图形的等价关系.

根据我们在数学、其他学科和日常生活中关于等价关系的经验,图形的等价关系必须满足下列要求:

1.每个图形同它自己等价.

2.如果图形 F 等价于图形 F',那么反过来 F' 等价于 F.

3.如果图形 F 等价于图形 F_1,F_1 又等价于图形 F',那么 F 等价于 F'.

如果变换类 G 具有下列性质,那么上面这些要求肯定能够满足:

1.G 包含恒同变换(即保持每个图形逐点固定的变换).

2.如果 G 包含把图形 F 变成图形 F' 的变换 Π,那么 G 必定也包含把 F' 变

① 在后面我们要引进比由相似变换所构成的类更为 般的变换类.

② 例如,这是出于这样的事实:关于一条直线对称的两个图形总是反向全等的,而图形 F' 和 F'' 却是正向全等的(参看《几何变换(Ⅱ)》).

成 F 的变换 P（称为 Π 的逆变换）（图 3(a)）.

3. 如果 G 包含把图形 F 变成图形 F_1 的变换 Π_1 和把图形 F_1 变成图形 F' 的变换 Π_2，那么 G 必定也包含把 F 变成 F' 的变换 Π_3（它称为两个变换 Π_1 和 Π_2 的“乘积”①）（图 3(b)）.

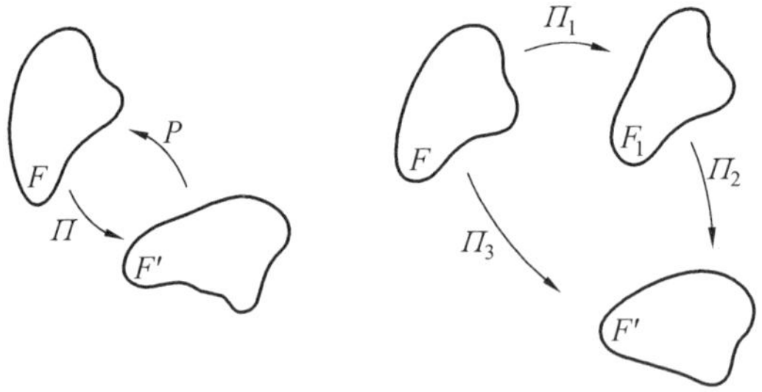

(a) (b)

图 3

具有性质 1 ～ 3 的变换类 G 称为一个变换群. 例如，所有的运动构成一个群，同样地，所有的相似变换也构成一个群. 平面上绕一个定点 O 的所有的旋转也构成一个群. 事实上：

1. 恒同变换是绕点 O 转 0°（或 360° 的任意倍数）的旋转；

2. 绕点 O 转角 α 的旋转的逆，是绕点 O 按反方向转过同一角度 α 的旋转；

3. 绕点 O 转角 α 的旋转与绕点 O 转角 β 的旋转的乘积，是绕点 O 转角 $\alpha+\beta$ 的旋转.

与绕一点的旋转相反，平面上所有旋转所构成的类不成为一个群，两个旋转的乘积可以变成一个平移而不再是一个旋转（参看《几何变换（Ⅰ）》，第 1 章，1.2 节）. 平面上所有对直线的反射也不构成一个群，因为群的定义中的条件 3 和 1 都不能满足（两个反射的乘积一般不是关于一条直线的反射，参看《几何变换（Ⅰ）》，第 2 章，1.1 节；恒同变换不能表示为对于一条直线的反射）.

现在我们能够叙述几何的定义如下：几何是研究图形在一个变换群的变换下保持不变的那些性质的一门学科. 这个定义强调了有许多种几何，而不是只有一种几何，并且说明为了得到一种几何，只需要选择一个变换群就够了. 在中学里学习过的运动几何和相似几何就是两个例子. 在本书的附录里我们将证明，双曲几何也能够看成在这种新的意义下的几何.

把几何定义为研究图形在属于一个特定的群的变换下保持不变的那些性质的学科，应归之于德国数学家克莱因（Klein）. 虽然这不是最一般的定义（它

---

① Π_1 和 Π_2 的这个复合 $\Pi_3=\Pi_2\cdot\Pi_1$，$\Pi_3(F)=\Pi_2[\Pi_1(F)]$，通常称为 Π_1 和 Π_2 的“乘积”，但是在《几何变换（Ⅰ）》和《几何变换（Ⅱ）》中把它叫作“和”，参看《几何变换（Ⅱ）》第 4 页中的注.

不包括几何的某些重要领域),但已经证明是非常有用的,并且在科学的发展中起了重要的作用. 特别地,变换群的概念现在已成为近代数学中最重要的概念之一①.

初等平面几何所研究的大部分是由直线和圆所组成的图形. 能够证明(参看《几何变换(Ⅱ)》,第1章,1.2节),相似变换可以定义为平面的把直线变成直线、圆变成圆的变换. 平面的保持直线(即直线变成直线),但不一定保持圆的变换,通常叫作仿射变换或仿射,它们构成一个群②,这是仿射几何的基础. 射影平面(参看第1章,1.2节)的保持直线,但不一定保持圆的变换(参看第45页中的注),通常称为射影变换或射影也构成一个群,它是射影几何的基础③. 平面的保持圆(直线可以看成半径是无穷大的圆)的变换叫作圆变换,同样构成一个群,它是反演几何的基础④.

本书虽然讲述仿射变换和射影变换,但并不是把它作为一本重要而有趣的学习仿射几何和射影几何的入门书来写的,本书的目的是要表明(即使我们不超出初等几何的范围)各种不同的几何的存在. 知道这一点可能是很有用的. 譬如说,如果我们断定某一个定理实质上是射影几何的定理(即这个定理是关于在射影变换下保持不变的性质的),那么我们常常能够简化它的证明. 例如,假设我们要证明三条直线 l_1, l_2, l_3 共点. 如果我们对定理中的图形作一个射影变换,这时直线 l_1, l_2, l_3 分别变成直线 l'_1, l'_2, l'_3,那么它们共点的充分必要条件是 l_1, l_2, l_3 是共点的. 于是可能出现这样的情况:通过巧妙地选择这个射影变换,可使得直线 l'_1, l'_2, l'_3 的共点性比原来直线 l_1, l_2, l_3 的共点性要容易证明. 这种证明方法,在本书中将用各种各样的例子给以说明.

我们提醒读者注意,在解本书中的问题时所用的方法,与在《几何变换(Ⅰ)》和《几何变换(Ⅱ)》中所用的方法有些差别. 在那里我们用运动和相似变

---

① 关于群论的两本极好的初等的引论是:P. S. Alexandroff, *An Introduction to the Theory of Groups*, Hafner Publishing Co., New York, 1959, 及 I. 格拉斯曼和 W. 迈格努斯的《群和它的图像表示》,胡复,唐松译,科学普及出版社,1981. —— 中译者

② 显然,如果一个变换 Π 把直线变成直线,那么其逆变换也把直线变成直线;如果两个变换 Π_1 和 Π_2 都把直线变成直线,那么它们的乘积也是如此. 因为恒同变换总是保持直线,所以平面上保持直线的变换构成一个群.

③ 射影几何一般是在大学里教授的. 关于这个学科有两本(英文的)引论性的书:H. S. M. Coxeter, *Projective Geometry*, Blaisdell Publ., Co., New York, 1964 和 A. Seidenberg, *Lectures in Projective Geometry*, D. Van Norstrand Co., Inc., Princeton, N. J., 1962. 有关射影几何的中文教材,较简单的有:《空间解析几何引论》(下册),南开大学数学系,人民教育出版社,1978;《解析几何学》(第二卷),裘光明编,高等教育出版社,1960. 较详细的有:《解析几何学》(第二卷),Б. Н. 狄隆涅,Д. А. 拉伊可夫著,陈鹀,周学光,裘光明等译,高等教育出版社,1957. —— 中译者

④ 参看 A. Tuller, *A Modern Introduction to Geometries*, D. Van Nostrand Co., Inc., Princeton, N. J., 1967.

换对问题中图形的一个确定的部分作变换，而在本书中则将经常是对问题中的整个图形作变换. 引起方法上的这种差异的原因是清楚的. 一个运动施行于作为一个整体的图形上将保持这个图形不变(在初等几何中我们对只有位置差异的图形不加区别)，因此问题并没有简化. 但是，在证明初等几何的一个定理，而这个定理实质上是射影几何或反演几何的一个定理时，我们可以发现对这个问题中的整个图形作变换会是相当有益的.

正如解本书中的问题所用的方法与在《几何变换(Ⅰ)》和《几何变换(Ⅱ)》中所用的方法有些不同一样，问题的性质也有些不同. 在《几何变换(Ⅰ)》和《几何变换(Ⅱ)》中，往往要求读者给出各种作图，而在本书中通常是要求证明定理. 但是，应当指出，即使在解作图问题时，如同下面三个有趣的问题所表明的那样，射影变换或反演有时也是有用的.

(1) 在一个给定的圆中内接一个 n 角形，它的边要经过平面上给定的 n 个点(参看第 82 页，1.5 节中的问题 84(1)).

(2) 作给定圆的外切 n 角形，它的顶点要在给定的 n 条直线上(参看第 82 页，1.5 节中的问题 84(2)).

(3) 在给定的一个 n 角形中内接另一个 n 角形，它的边要经过平面上给定的 n 个点(参看第 84 页，1.5 节中的问题 90).

要解上面的第一个问题而不用射影变换或圆变换，将是非常复杂的[①]. 至于第二和第三个问题，还没有不用这类变换的简单解法.

最后，我们注意，运用射影变换和圆变换使我们能够解决可能的直尺作图问题(参看 1.5 节) 和可能的圆规作图问题(参看第 2 章[②]).

---

① 例如，参看 L. I. Golovina 和 U. M. Yaglom, *Introduction in Geometry*, D. C. Heath and Co., Boston, 1963, pp. 49 ～ 52.

② 参考《几何变换(Ⅳ)》. —— 英译者

仿射变换和射影变换(仿射和射影)

第1章

1.1 平面到平面上的平行射影——平面的仿射变换

设π和π'是两个不同的(平行或相交的)平面.所谓π到π'上沿方向a的平行射影,指的是从π到π'上的一个映射,它使得平面π上的每一个点P对应于平面π'上的点P',P'在经过P平行于给定直线a的直线上(图1.1(a)(b))①.这种映射把平面π上的每个图形F变成平面π'上的某个图形F'.在日光照射下窗户在地板上的影子(图1.2)可以看成窗户经过平行投影的结果②.

如果平面π和π'平行,那么平行射影把π上的图形变成π'上的一个全等的图形(这时平行射影就是空间沿直线a的方向的平移,参看图1.1(a)③).如果π和π'不平行,那么平行射影改变图形的形态(参看图1.1(b),我们可以注意在早晨和傍晚物体和它的影子的形状会有多么大的差异).

---

① 显然,确定平面π到平面π'上的平行射影的直线a必须不平行于π和π'.以后我们总假定满足这个要求.

② 由于从地面到太阳的距离很远,因此我们可以假定它的光线是平行的.

③ 用类似于定义平面上的平移的方式定义空间中的平移(参看《几何变换(Ⅰ)》,第1章,1.1节).

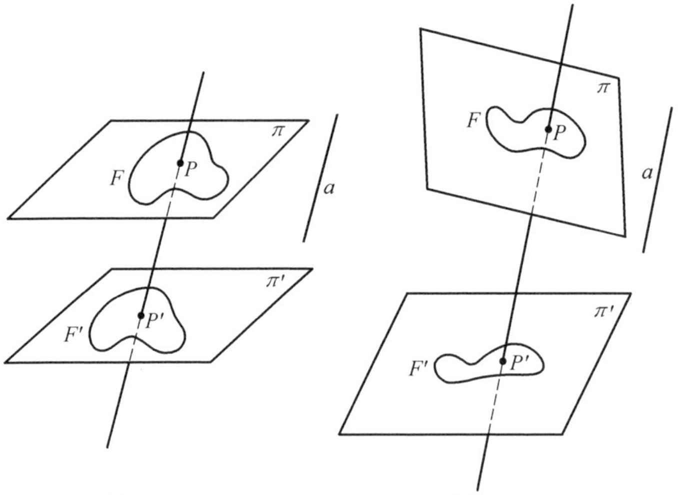

(a) (b)

图 1.1

图 1.2

有时，不去直接考虑给定的图形，而去考虑它在适当的平行射影下的像，可能会使几何问题的解得到简化. 本节专门讨论这种解题的方法. 但是，我们必须首先研究平行射影的基本性质.

A. 平行射影把 π 上的直线映射成 π' 上的直线. 实际上，通过平面 π 的直线 l 上的点且平行于 a 的直线构成一个平面 σ(经过 l 且平行于 a). 由此，l 在上述平行射影下的像就是平面 σ 同 π' 的交线 l'(图 1.3). 反之，π' 上的每一条直线都是 π 上某一条直线的像.

B. 平行射影把平行直线变成平行直线. 实际上，如果 π 上的直线 l 和 l_1 平行，那么与 a 平行且分别通过 l 和 l_1 的平面 σ 和 σ_1 平行，从而平面 σ 和 σ_1 同 π' 的交线 l' 和 l'_1 也平行(图 1.4).

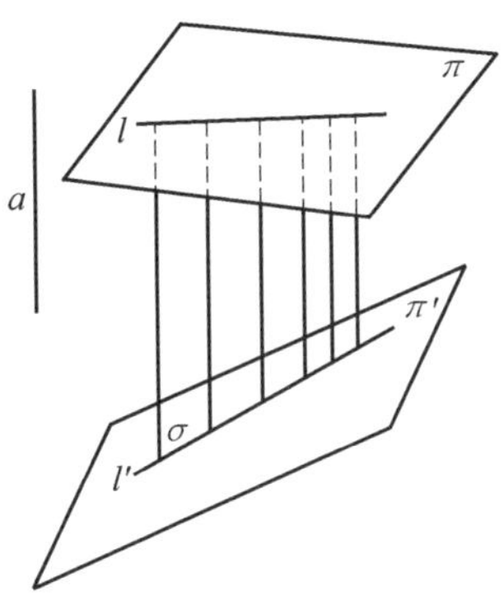

图 1.3

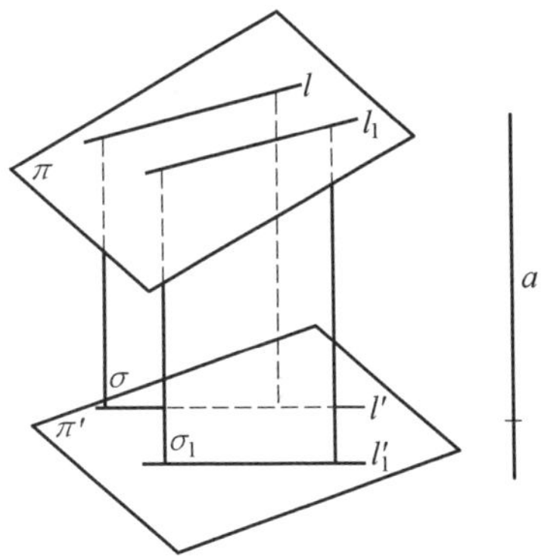

图 1.4

C. 平行射影保持两条共线的线段的长度之比不变. 这是下述定理的直接推论：与一个角的两边相交的平行线在这两边上截得成比例的线段(参看图 1.5(a)，其中 $AB/BC=A'B'/B'C'$).

平行射影也保持平行线上两条线段的长度之比不变. 实际上，设 AB 和 CD 是平面 π 上的两条线段，$AB \parallel CD$，点 E 是直线 AB 上的点，使得 $ED \parallel AC$(图 1.5(b)). 平行射影把平行四边形 $ACDE$ 变成平行四边形 $A'C'D'E'$(因为线段 AB 变成线段 $A'B'$，且平行线变成平行线)，因此(考虑到平行射影保持两条共线线段的长度之比不变) 我们有

$$\frac{CD}{AB}=\frac{AE}{AB}=\frac{A'E'}{A'B'}=\frac{C'D'}{A'B'}$$

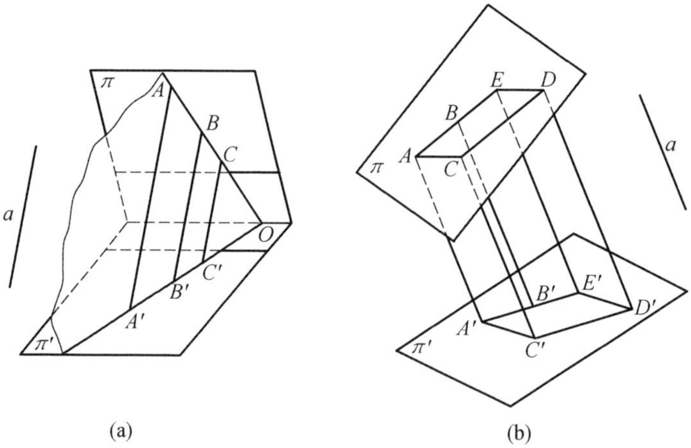

图 1.5

D. 平行射影保持平面上两个图形的面积之比不变. 为证明这个结论，在平面 π 上画全等的正方形网格. 性质 B 和 C 意味着平行射影把这个正方形网格变成 π' 上的全等平行四边形的网格(图 1.6). 设 F_1 和 F_2 是 π 上的两个图形，并设 F_1' 和 F_2' 表示在平行射影下它们在 π' 上的像. 如果正方形网格充分细，那么在 F_1 内部的正方形的个数与在 F_2 内部的正方形的个数之比和图形 F_1 和 F_2 的面

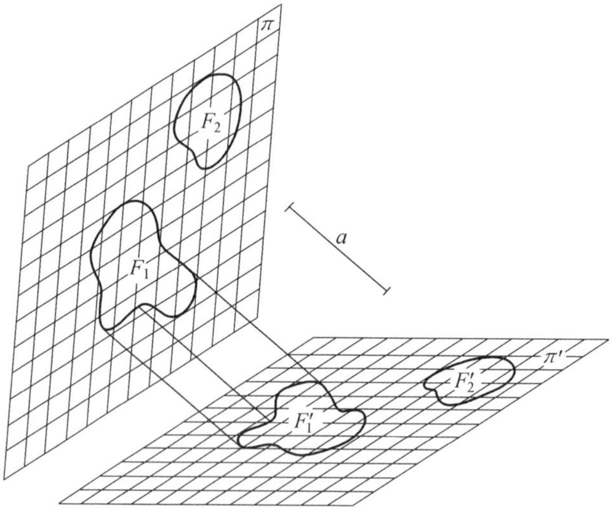

图 1.6

积之比 S_1/S_2 的差可以任意小①. 类似地，F'_1 内部的平行四边形的个数与 F'_2 内部的平行四边形的个数之比和 F'_1 与 F'_2 的面积之比 S'_1/S'_2 的差也可以任意小. 由于 F_1 内的正方形的个数等于 F'_1 内的平行四边形的个数，以及 F_2 内的正方形的个数等于 F'_2 内的平行四边形的个数，我们即可得到所要的结论

$$\frac{S_1}{S_2}=\frac{S'_1}{S'_2}$$

现在我们来证明关于平行射影的下列基本定理.

定理 1 设 A,B,C 是平面 π 上的三个不共线的点，M,N,P 是平面 π' 上的三个不共线的点，则可以把平面 π 和 π' 放置在空间中，使得存在 π 到 π' 上的一个平行射影把 $\triangle ABC$ 映射成与 $\triangle MNP$ 相似的 $\triangle A'B'C'$.

为此，只需令给定的平面 π 和 π' 沿直线 AB 相交，然后在平面 π' 上选取一点 C'，使得 $\triangle ABC' \backsim \triangle MNP$，则所要求的平行射影由直线 CC' 确定(图 1.7).

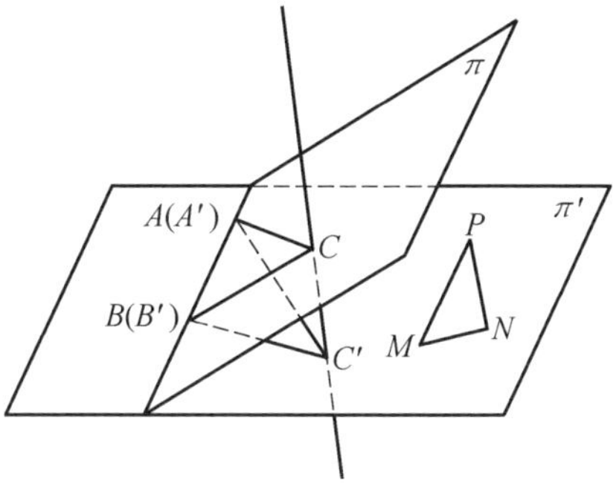

图 1.7

习　题

1. 试证明三角形的三条中线共点(即交于一点).

2. 试证明梯形的非平行边的延长线的交点同梯形对角线的交点的连线平分梯形的底.

3. 设 l 和 l_1 是平面上给定的两条平行直线.

(1) 试只用直尺平分直线 l 上的线段 AB.

(2) 试只用直尺作通过给定点 M 且平行于 l 和 l_1 的一条直线.

问题 3(1) 的一个推广是下节的问题 32(2).

4. 设 M,N,P 分别是在 $\triangle ABC$ 的边 AB,BC,CA 上的三个点，使得

① S_1/S_2 是 F_1 内正方形的个数与 F_2 内正方形的个数之比在网格中正方形的边长无限减小时的极限.

$AM/MB = BN/NC = CP/PA$. 试证明：

(1)$\triangle MNP$ 的中线的交点同 $\triangle ABC$ 的中线的交点重合；

(2) 由直线 AN，BP，CM 构成的三角形的中线的交点同 $\triangle ABC$ 的中线的交点重合.

5. 给定 $\triangle ABC$，试在 $\triangle ABC$ 的内部找一点 M，使得 $\triangle ABM$，$\triangle BCM$，$\triangle CAM$ 的面积相等.

6. 设 A_1，B_1，C_1 分别是 $\triangle ABC$ 的边 BC，CA，AB 上的点，它们使得

$$\frac{BA_1}{A_1C}=\frac{CB_1}{B_1A}=\frac{AC_1}{C_1B}=k$$

又设 A_2，B_2，C_2 分别是 $\triangle A_1B_1C_1$ 的边 B_1C_1，C_1A_1，A_1B_1 上的点，它们使得

$$\frac{C_1A_2}{A_2B_1}=\frac{A_1B_2}{B_2C_1}=\frac{B_1C_2}{C_2A_1}=k$$

试证明 $\triangle ABC$ 和 $\triangle A_2B_2C_2$ 相似.

7. 设 K，L，M 分别是面积为 1 的 $\triangle ABC$ 的三条边上的点，并且分别分各自所在的边成比 k_1，k_2，k_3. 试证明 $\triangle KLM$ 的面积只与数 k_1，k_2，k_3 有关，与究竟是哪条边分成哪一个比无关.

8. 经过 $\triangle ABC$ 的每一个顶点作两条直线三等分对边. 这六条直线确定一个六角形(图 1.8(a)). 试证明联结这个六角形的对顶点的对角线交于一点.

在问题 8 中我们假定从 $\triangle ABC$ 的每一个顶点所作的两条直线三等分对边，如果把这个假设改成这些直线三等分顶角，那么可以得到问题 8 的一个有趣的变形(图 1.8(b))①.

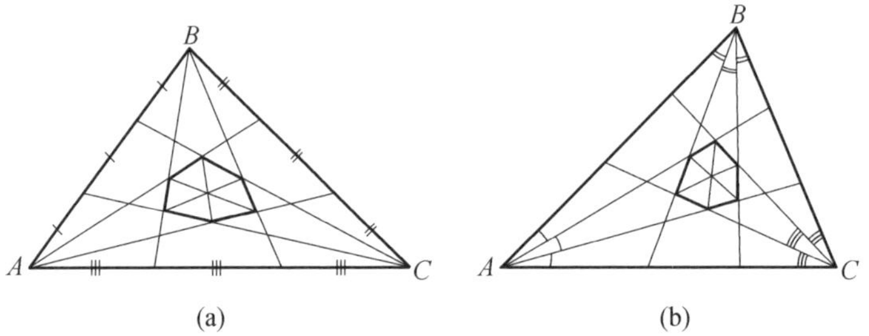

图 1.8

9. 设 M，N，P 是 $\triangle ABC$ 的边② AB，BC，AC 上的点. 试证明：

(1) 如果点 M_1，N_1，P_1 分别与 M，N，P 关于边 AB，BC，AC 的中点对称(图

① 在 Coxeter 的 *Introduction to Geometry* (2nd ed.) pp. 25，423(Ex. 1) 或在他的著作《几何学的新探索》(陈维桓译，北京大学出版社，1986.)，pp. 56，188(Ex. 1) 中可以找到一个特别简单的证明. —— 中译者

② 在这里和在问题 10 中，三角形的“边”指的是经过两个顶点的整条直线，而不仅仅是联结顶点的线段.

1.9(a)),那么 $\triangle MNP$ 和 $\triangle M_1N_1P_1$ 的面积相等(特别地,如果点 M,N,P 共线,那么点 M_1,N_1,P_1 也共线).

(2) 如果 M_1,N_1,P_1 分别是 $\triangle ABC$ 的边 AC,BA,CB 上的点,使得 $MM_1 /\!/ BC$, $NN_1 /\!/ CA$, $PP_1 /\!/ AB$(图 1.9(b)),那么 $\triangle MNP$ 和 $\triangle M_1N_1P_1$ 的面积相等(特别地,如果点 M,N,P 共线,那么点 M_1,N_1,P_1 也共线).

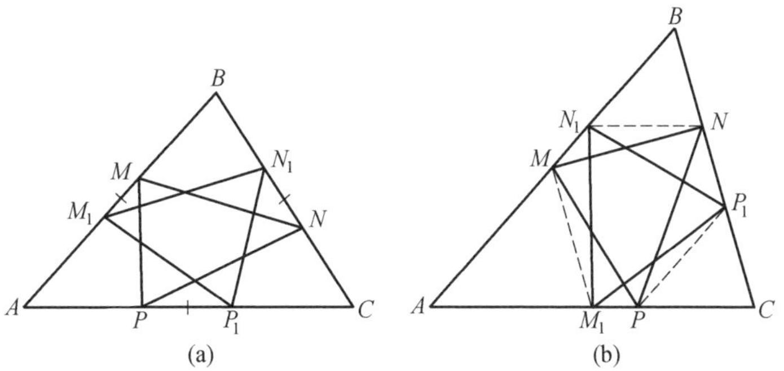

图 1.9

10. 设点 M,N,P 和 M_1,N_1,P_1 的取法如问题 9(1). 试证明以 AN,BP,CM 为边的三角形与以 AN_1,BP_1,CM_1 为边的三角形的面积相等(特别地,如果直线 AN,BP,CM 共点,那么直线 AN_1,BP_1,CM_1 也共点).

11. (1) 设 l 是通过 $\triangle ABC$ 的中线的交点 M 的直线,交三角形的边于点 R, S, T(R 和 S 在 M 的同一侧). 试证明

$$\frac{1}{MR}+\frac{1}{MS}=\frac{1}{MT}$$

(2) 设 l 是经过平行四边形 $MNPQ$ 的顶点 M 的直线,并交直线 NP,PQ, NQ 分别于点 R,S,T. 试证明

$$\frac{1}{MR}+\frac{1}{MS}=\frac{1}{MT}$$

12. 试在给定的 $\triangle ABC$ 中内接一个具有给定面积 σ 的矩形,使它的两个顶点在边 AB 上,其余的顶点分别在边 CA 和 CB 上.

13. $\triangle ABC$ 的边是三个平行四边形的对角线,这些平行四边形的边有相同的方向(图 1.10). 试证明这些平行四边形的另一条对角线共点.

14. 试证明:四边形 $ABCD$ 的对角线的中点的连线平分四边形的对边交点的连线(图 1.11). (显然,要使得对边相交,这个四边形不能是平行四边形或梯形.)

在问题 14 中的定理常常陈述成不同的形式. 四条直线(其中没有三条直线共点,并且任意两条直线都不平行)构成的图形称为完全四边形,这四条直线(这个完全四边形的边)的六个交点称为它的顶点,对顶点(即不在同一边上的顶点)的连线称为它的对角线. 用这些术语可以将问题 14 陈述如下:完全四边

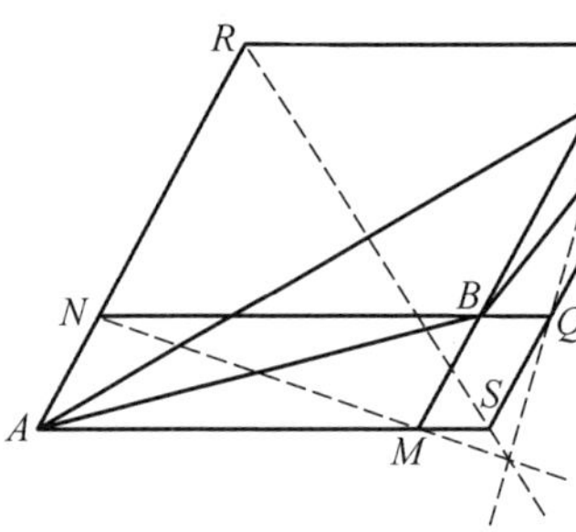

图 1.10

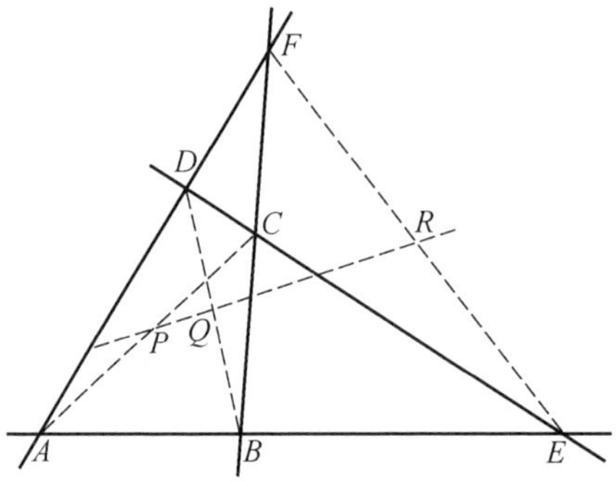

图 1.11

形的对角线的中点共线(高斯(Gauss) 定理或完全四边形定理).

15.(1) 设 A_1,B_1,C_1,D_1 分别是平行四边形 $ABCD$ 的边 CD,DA,AB,BC 上的点,它们使得

$$\frac{CA_1}{CD}=\frac{DB_1}{DA}=\frac{AC_1}{AB}=\frac{BD_1}{BC}=\frac{1}{3}$$

试证明由直线 AA_1,BB_1,CC_1,DD_1 构成的四边形的面积是平行四边形 $ABCD$ 的面积的 1/13.

(2) 设 A_1,B_1,C_1 分别是 $\triangle ABC$ 的边 BC,CA,AB 上的点,它们使得

$$\frac{BA_1}{BC}=\frac{CB_1}{CA}=\frac{AC_1}{AB}=\frac{1}{3}$$

试证明由直线 AA_1,BB_1,CC_1 确定的三角形的面积是 $\triangle ABC$ 的面积的 1/7.

16. 试证明塞瓦(Ceva) 定理:设 M,N,P 分别是 $\triangle ABC$ 的边 AB,BC,CA 上的点(但不在它们的延长线上),并设

$$\frac{AM}{MB}\cdot\frac{BN}{NC}\cdot\frac{CP}{PA}=1$$

则直线 AN,BP,CM 共点.

在《几何变换（Ⅱ）》，第 1 章，1.1 节的问题 27(2) 和本书 1.2 节的问题 34(2) 中，给出了证明塞瓦定理的一个更为完全的证法；在 1.2 节中还有这个重要定理的许多应用.

到现在为止，我们总假设平面 π 和 π' 是不同的. 这就是为什么在这一节中我们宁可说平面 π 到平面 π' 的映射，而不说平面到它自身的变换（例如《几何变换（Ⅰ）》和《几何变换（Ⅱ）》中所研究的等距变换和相似变换）的原因.

现在我们来考虑平面 π 到它自身的用下述方法得到的变换：先在空间中移动 π 的位置，然后用平行射影把它映射到它原来的位置. 这种变换我们称为平面到它自身的平行射影. 每一个等距变换是平面的这种变换的特殊情形；当平面在空间中的新位置平行于它原来的位置时，平面到它自身的平行射影就是等距变换.

从平行射影的性质 A 可以推出：在平面到它自身的平行射影下，直线变成直线. 平面到它自身的将直线变成直线的 1－1 变换称为仿射变换或仿射. 平面的等距变换和相似变换是仿射的最简单的例子. 比它们较为一般的例子是平面到它自身的平行射影，由于它不一定保持线段的长度之比不变，因此一般说来会改变图形的形状.

可以证明，平面的每一个仿射基本上是平面到它自身的一个平行射影. 事实上，下面的定理成立：

定理 2 平面的每一个仿射可以用平面到它自身的一个平行射影，随后再作一个相似变换来实现.

这个定理表明，研究仿射变换的性质与研究平面到它自身的平行射影和相似变换的共同性质是一回事①；特别地，它意味着平面的仿射有性质 B，C，D，因为它们都是平面到它自身的平行射影和相似变换所共同具有的性质. 定理 2 还揭示了平面到它自身的两个或多个平行射影的乘积的性质；那就是说，它证明了这种乘积还是平面到它自身的平行射影，或者是先平行射影，随后再作一个相似变换（因为这种乘积显然是平面的一个仿射）.

定理 2 是定理 1 和下列定理的结果：

定理 3 有唯一的平面仿射把不共线的三个点 A，B，C 分别变成不共线的三个点 A'，B'，C'.

如果我们假设定理 3 已经证明，那么定理 2 就容易推出来. 实际上，由于只有唯一的仿射把给定的一个 $\triangle ABC$ 变成给定的 $\triangle A'B'C'$，因此这个变换必定和下面所说的变换相一致，该变换就是平面到它自身的平行射影，随后再作相

① 定理 2 说明仿射变换可以定义为平面到它自身的平行射影，随后再作一个相似变换（参看《几何变换（Ⅰ）》，第 2 章，1.2 节）.

似变换，并且其结果也要把$\triangle ABC$变成$\triangle A'B'C'$（从定理1可知这种平行射影和相似变换是存在的）. 现在只剩下定理3尚待证明①.

这个证明的想法如下：假设一个仿射把三个点A,B,C分别变成给定的三个点A',B',C'. 我们要证明的平面上每个点M的像M'也就确定了. 为此，首先找出其像是确定的若干点，其次找出比较多的这种点，再次找出更多的这种点，等等. 用这种方法我们可以在平面上得到任意稠密的一个点集，这些点在考虑的仿射下的像都是能够作出的. 这样，对于平面上的每个点M，在这个点集中都有任意接近于M的点. 我们可以把任意点M包含在任意小的一个多角形内部，这个多角形的顶点属于其像已经确定的那个点集. 因此，每个这样的多角形都变成一个确定的多角形，从而点M的像M'也就可以确定②，这就是我们所要证明的.

下面我们来说明如何作出上面讲到的那个点集. 为此要利用仿射的下述性质：仿射把平行线变成平行线. 因为如若不然，两条平行线l和m变成两条相交的直线，则它们的交点的原像将同时属于l和m，而这是不可能的③.

设l_1表示直线AB，l_2表示直线AD，我们的变换把l_1变成经过点A',B'的直线l_1'；l_2变成经过点A',D'的直线l_2'. 设DC是经过D且平行于l_1的直线，BC是经过B且平行于l_2的直线（图1.12(a)）. 由于仿射把平行线变成平行线，DC变成经过D'且平行于l'_1的直线$D'C'$，BC则变成经过B'且平行于l'_2的直线$B'C'$，从而C变成这两条直线的交点C'. 这样，图1.12(a)中的平行四边形$ABCD$就变成平行四边形$A'B'C'D'$，并且平行四边形$ABCD$的对角线AC和BD的交点O变成平行四边形$A'B'C'D'$的对角线$A'C'$和$B'D'$的交点O'. 现在考虑平行四边形$ABCD$的中线，即经过点O分别平行于l_1和l_2的直线，它们的像是经过O'分别平行于l'_1和l'_2的直线，即$A'B'C'D'$的中线；换句话说，$ABCD$的中线同l_1和l_2的交点变成$A'B'C'D'$的边的中点.

---

① 严格地说，从定理3和定理1只能推出：把至少一组不共线的三个点A,B,C变成一组不共线的三个点A',B',C'的平面上的每一个仿射，可以用平面到它自身的平行射影同一个相似变换的乘积来实现. 然而，容易看到，我们不可能有把每个三点组都变成共线的三点组的仿射变换. 事实上，如果每个三点组A,B,M（其中A,B固定，M任意）都变成共线的三个像点A',B',M'，那么平面上所有的点都将变成直线$A'B'$上的点，与平面上仿射变换的定义相矛盾.

② 虽然这些解释使得定理3似乎是有道理的，但它并不构成一个严格的证明；单凭我们有一个其像为已知的任意稠密的点集这一事实，不能推出每一个点都包含在这个集中（例如，在x轴上有理点的任意一个集合，无论怎样稠密，都不能包含坐标$x=\sqrt{2}$的点）. 如此，尽管我们知道任意接近于M的点的像，还是可能存在我们不知道它的像的点M. 要使上面的说明成为定理3的严格的证明，还需要用到在这里我们没有讲的另外的事实. 这方面可以参看，例如，H. S. M. Coxeter的*Introduction to Geometry*, J. Wiley and Sons, Inc., New York, 1961.

③ 注意，仿射把相交直线变成相交直线.

正如我们对 $ABCD$ 所作的那样，对平行四边形 $ABCD$ 被它的中线所分得的四个小平行四边形中的每一个都作同样的处理，依此类推(图1.12(a)). 这就在 $ABCD$ 的内部给出了平行四边形的格子(即一个网)，我们的仿射变换把这个格子变成 $A'B'C'D'$ 内部的平行四边形的格子，$ABCD$ 中的格子点变成 $A'B'C'D'$ 中的相应的格子点. 充分多次地重复这个过程，总能使得在网中的平行四边形的边长任意小，并且使得格子点任意稠密.

下面，我们通过 A 和 D 分别作平行于 BC 的直线，通过 B 和 C 分别作平行于 AD 的直线. 在我们的仿射变换下，它们的像是分别通过 A' 和 D' 且平行于 $B'C'$ 的直线，以及通过 B' 和 C' 且平行于 $A'D'$ 的直线. 用这种方法我们得到其面积是 $ABCD$ 的面积的两倍的平行四边形 $KLMN$，它的像是可以作出的平行四边形 $K'L'M'N'$. 重复这个过程，我们可以得到其面积为 $ABCD$ 的面积的四倍的平行四边形 $PQRS$，$PQRS$ 的边平行于 $ABCD$ 的边(图1.12(b))，它的像则是可以作出的平行四边形 $P'Q'R'S'$，依此类推.

把上面讲的两个过程(作出不断增大的且其像可知的平行四边形，和在它们的内部作出越来越小的且其像可知的平行四边形) 结合起来，在平面上可以作出一个稠密的点集，其中的点在我们的仿射下的像可以确定，这就是我们所要的点集.

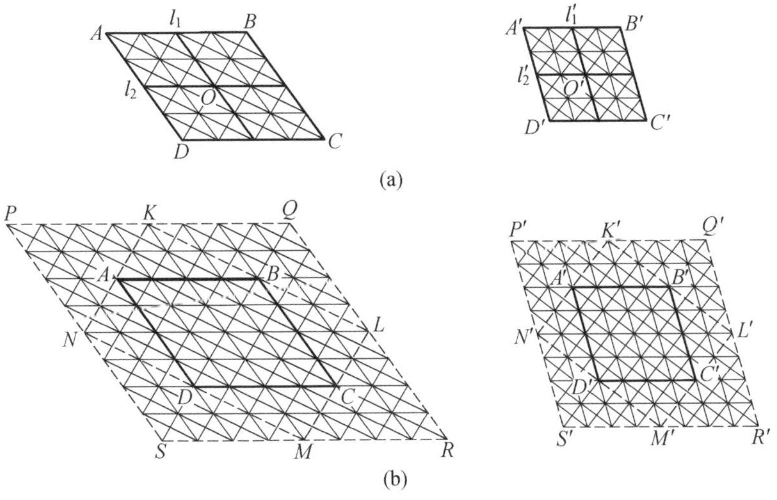

图 1.12

1.2 平面到平面上的中心射影——平面的射影变换

设 π 和 π' 是空间中的两个平面. 我们选定不在 π 和 π' 上的一个点 O, 并且从 O 把平面 π 射影到平面 π', 即对于 π 上的每一个点 P, 让它对应于 π' 上属于直线 OP 的点 P'(图 1.13(a)(b)).

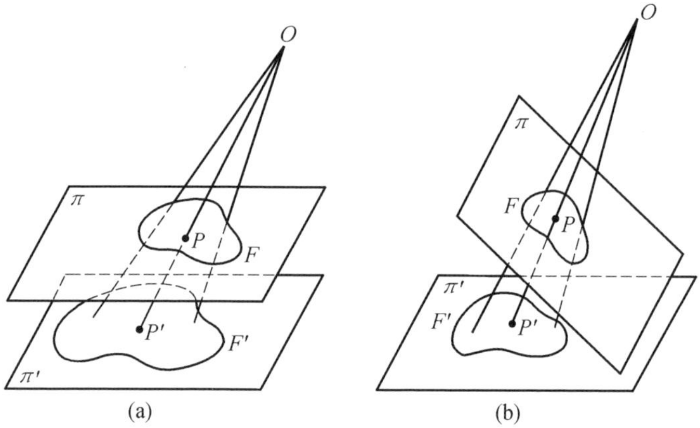

图 1.13

上面定义的映射称为(从 π 到 π' 的) 中心在点 O 的中心射影. 在中心射影下, π 上的图形 F 的像是 π' 上的某个图形 F'(例如, 设想在夜里灯光明亮的房间中一个窗户的框架投影到街道上的影子; 参看图 1.14).

如果平面 π 和 π' 平行, 那么从 π 到 π' 的中心射影把 π 上的每个图形 F 变成 π' 上的一个与它相似的图形 F'(这种情况给出了空间中以点 O 为中心的中心相似①; 参看图 1.13(a)), 以后我们主要考虑 π 和 π' 不平行的情形(图 1.13(b)).

我们注意, 在后一种情形 π 上有一条直线, 它上面的点在 π' 上没有像, 这条直线就是经过点 O 平行于 π' 的平面与 π 的交线 x(图 1.15(a)). 类似地, π' 上有一条直线, 即经过点 O 平行于 π 的平面与 π' 的交线 y', 它的点在平面 π' 上没有原像(图 1.15(b)).

这样, 从平面 π 到平面 π' 的中心射影下, 有两条直线(一条在 π 上, 另一条

① 参看《几何变换(Ⅱ)》, 第 2 页中的注 ②.

图 1.14

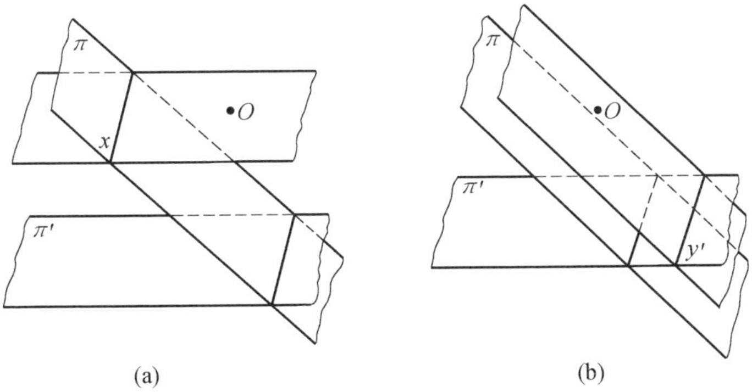

图 1.15

在 π' 上) 处于特殊的地位,我们称之为平面 π 和 π' 上的特殊直线①.

中心射影比平行射影会使图形发生更大的变形. 在中心射影下,一条线段的像可能是一条线段,也可能是一条射线或两条射线(图 1.16),而一个三角形的像则可以是图 1.17(a) ~ (e) 中画出的任何一个图形.

有时候用适当的中心射影可能使一个复杂的图形得到简化,从而使得关于

① 显然,x' 平行于 y',它们都与平面 π 和 π' 的交线平行.

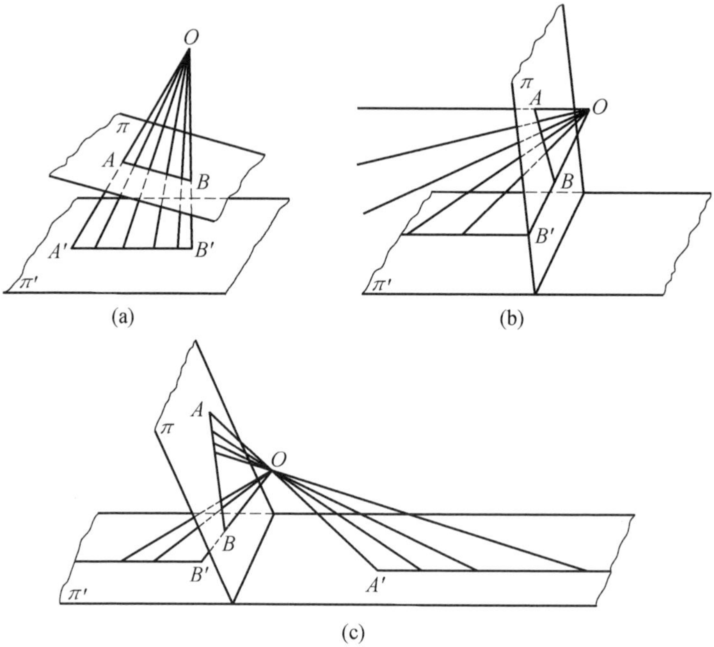

图 1.16

这个图形的某些问题较易解决. 这时我们要用到中心射影的下列性质:

A. 中心射影把 π 上的直线变成 π' 上的直线(一个例外是 π 上的特殊直线 x,在前面已经指出,x 上的点不变成 π' 上的任何点).

其实,π 中直线 l 上的点同点 O 的连线构成一个平面 σ. 以 O 为中心的射影把 l 变成 σ 与 π' 的交线 l'(图 1.18).

反之,π' 上的每一条直线 l'(除去特殊直线 y') 都是平面 π 上某一条直线 l 的像.

B. 若平面 π 上的直线 l_1 和 l_2 交于特殊直线 x 上的一点 M,则在中心射影下它们的像是 π' 上的两条平行直线 l'_1 和 l'_2.

其实,这时由点 O 和直线 l_1,l_2 分别确定的两个平面 σ_1,σ_2 交于与 π' 平行的直线 OM. 因此,l_1 和 l_2 的投影 l'_1 和 l'_2 是 π' 上的平行直线(图 1.19(a)).

中心射影把 π 上的两条平行直线 m_1 和 m_2 分别变成 π' 上的两条直线 m'_1 和 m'_2,它们的交点 M' 在特殊直线 y' 上. 这从下列事实可以推出:由点 O 和直线 m_1,m_2 分别确定的平面 τ_1,τ_2 交于同 π 平行的直线 OM',并且同 π' 交于特殊直线 y' 上的一点 M'(图 1.19(b)),这个规则的例外是平行于 x 的那些直线,它们映射成平行于 y' 的直线(图 1.20).

利用中心射影的性质 A 和 B,我们能够证明许多有趣的结果.(大家看到,在这些定理的一些陈述中包含某些不确切的地方,这些问题到后面再讨论(参考第 32 页及其后诸页).)

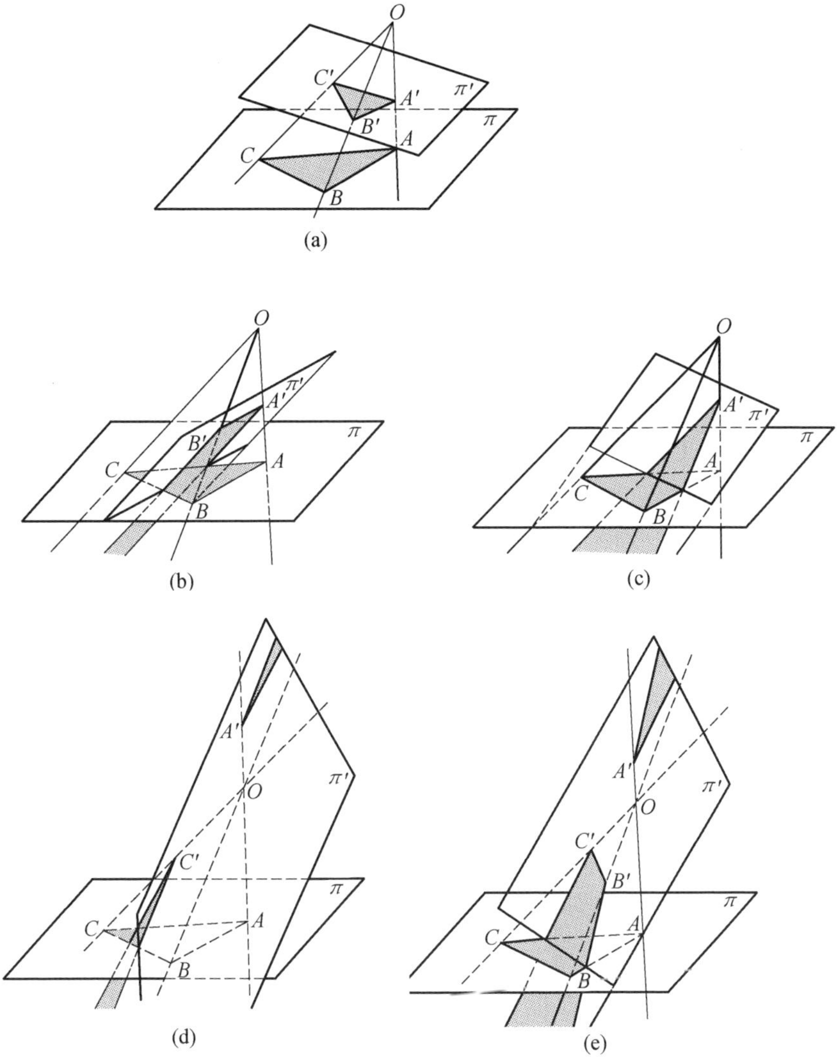

图 1.17

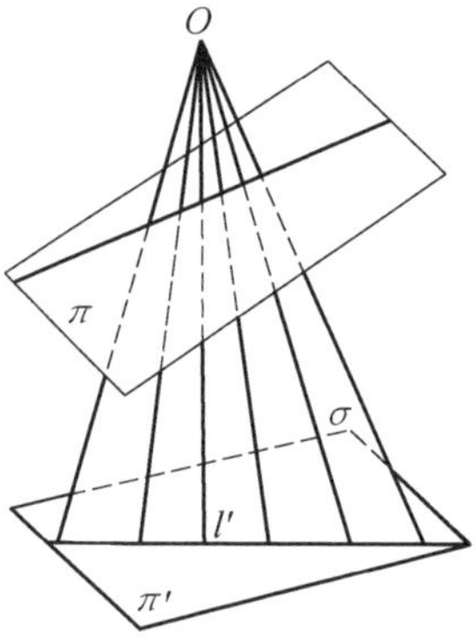
O
π
σ
l′
π′

图 1.18

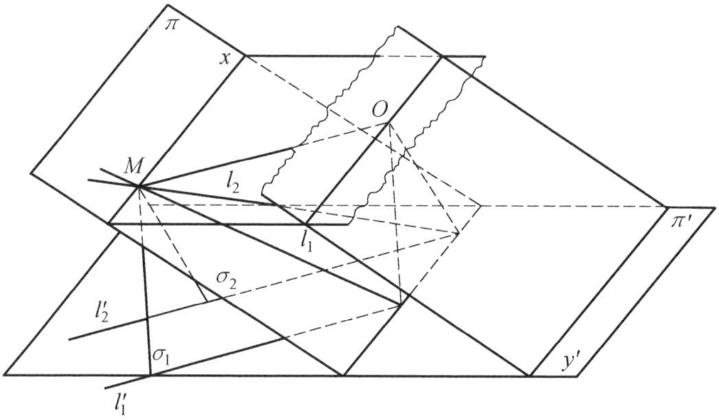
π
x
O
M
l_2
l_1
π′
σ_2
l_2'
σ_1
l_1'
y′

(a)

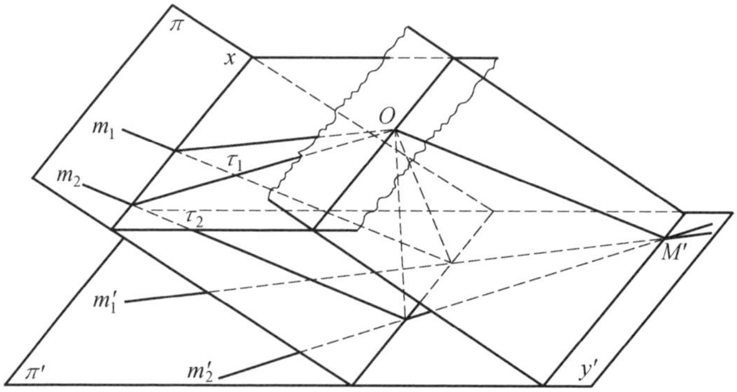
π
x
O
m_1
τ_1
m_2
τ_2
M′
m_1'
π′
m_2'
y′

(b)

图 1.19

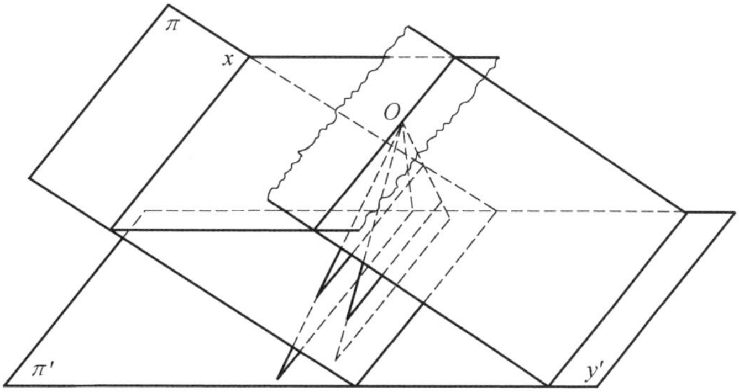

图 1.20

习　题

17. (1) 设在一平面上给定两条直线 l_1, l_2 和一个点 P, P 不在 l_1 和 l_2 上，经过 P 作两条直线，一条交 l_1 和 l_2 分别于点 A 和 B，另一条交 l_1 和 l_2 分别于点 C 和 D(图 1.21(a)). 试证明：

(i) 直线 AD 和 BC 的交点(对于经过点 P 的所有直线偶) 的轨迹是一条直线 p；

(ii) 对于不平行的 l_1 和 l_2，p 经过 l_1 和 l_2 的交点 Q；

(iii) 如果以直线 PQ 上的点 P_1 代替 P，p 不变.

(2) 在平面上给定直线 q 和不在 q 上的两个点 A, B. 设 U, V 是 q 上的一对点，M 是直线 UA 和 VB 的交点，N 是直线 UB 和 VA 的交点(图 1.21(b)). 在 q 上每选择一对点 U, V 就给出一条对应的直线 MN. 试证明：所有这些直线交于直线 AB 上的同一个点 Q；如果我们用经过 q 和 AB 的交点 P 的直线 q_1 代替 q，那么这个点 Q 不变.

问题 17(1) 中的直线 p 称为点 P 关于直线偶 l_1 和 l_2 的极线(可以把这个概念同本书 1.4 节中点关于一个圆的极线进行比较). 问题 17(2) 中的点 Q 称为直线 q 关于点偶 A, B 的极点.

18. (1) 设 M 是平面上一点，l_1 和 l_2 是平面上交于一不可达点(参看《几何变换(Ⅱ)》，第 1 章，1.1 节) 的两条直线. 试用直尺(不用圆规) 作经过点 M 和 l_1 与 l_2 的交点的直线(图 1.22(a)).

(2) 平面上的一条不可达直线 l 由两对直线 p_1, p_2 和 q_1, q_2 确定，这两对直线分别交于 l 上的点 P 和 Q(图 1.22(b)). 设 m 是给定的一条直线，M 是给定的一个点. 试只用直尺作出经过 M 并且经过 m 与 l 的交点的直线.

(3) 试只用直尺作出经过不可达点 P 和 Q 的直线 l，P 和 Q 分别由两对直线 p_1, p_2 和 q_1, q_2 确定(图 1.22(c)).

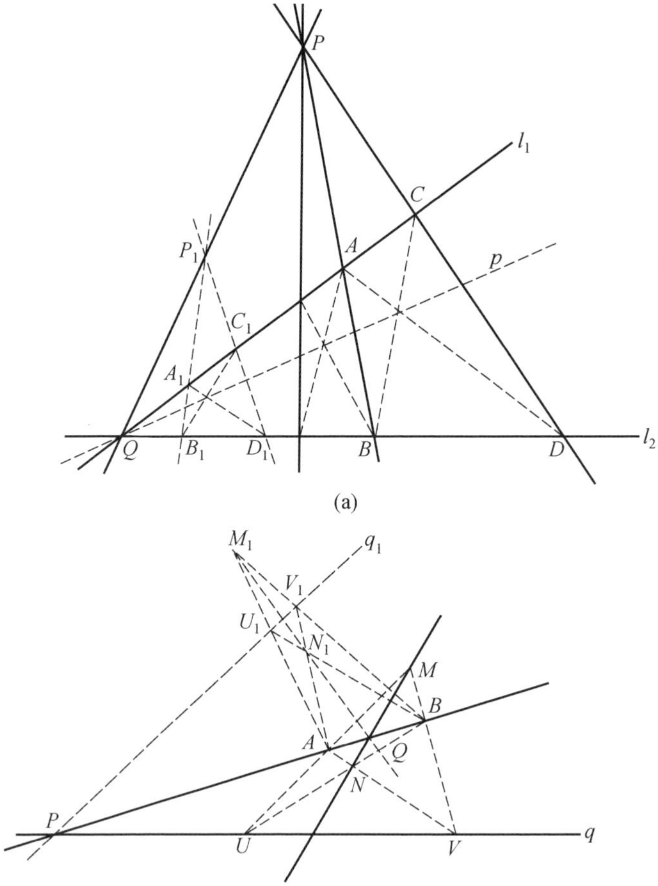

(a)

(b)

图 1.21

(4) 平面上两条不可达直线 l_1 和 l_2(图 1.22(d)),每一条都用上面问题(3)中确定直线 l 的方法由两对直线确定. 试只用直尺作出经过给定点 M 和 l_1 与 l_2 的交点 L 的直线.

在《几何变换(Ⅱ)》中,我们第一次遇到了包含不可达元素的作图(即"在平面的一个有界部分作图"),在那里特别提到这种作图法在大地测量中的重要性(参看《几何变换(Ⅱ)》,第 12 页中的注). 在这方面应当指出,由于在大地测量中不可能用圆规,因此只用直尺作图有着特殊的意义①. 问题18(1) ~ (4) 正是这样一种类型的问题.

① 严格地说,大地测量作图的几何模式是用直尺和量角器作图,其实,大地测量所使用的仪器使得我们可以作直线和在给定直线上的给定点处作一给定的角. 只用直尺作图是实际的大地测量中最简单的作图.

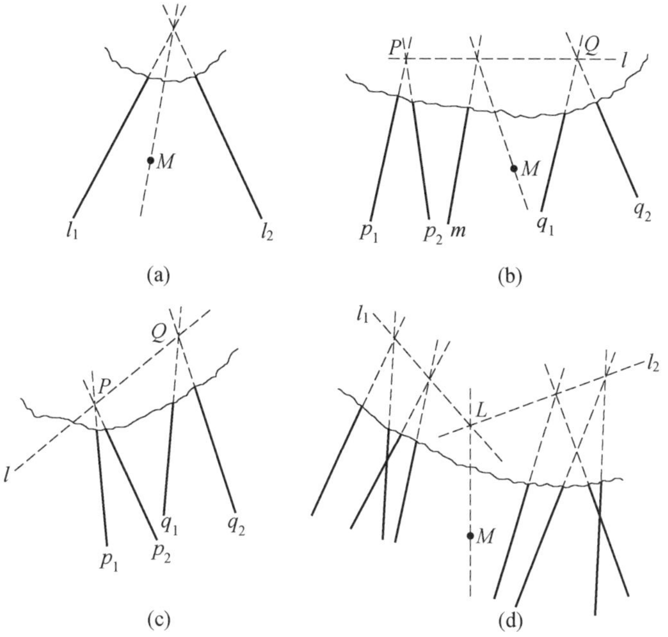

图 1.22

19. 考虑一条线段 AB 和与它共面的一个区域 Q(图 1.23),试问:只用直尺,如何把线段 AB 延长到区域 Q 的右侧,而不在区域 Q 内部作任何直线?(这个问题可以解释为,譬如说,一片树林外的场地上的一条直线,要朝树林的另一侧作延伸而又不穿过这片树林.)

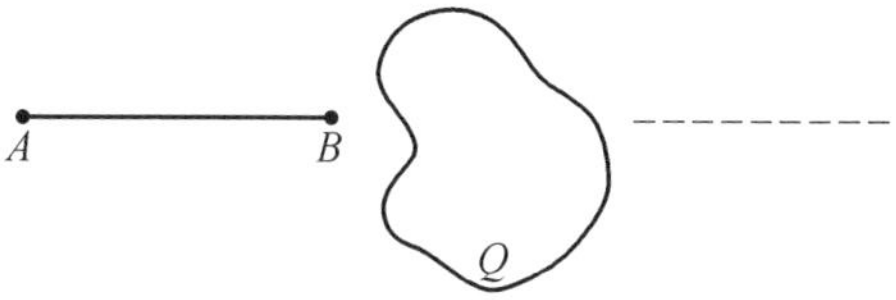

图 1.23

20. 考虑平面上的两点 A,B,如果只有一把其长度比距离 AB 要短的直尺可供我们使用,试问怎样作联结 A,B 的线段(图 1.24)?

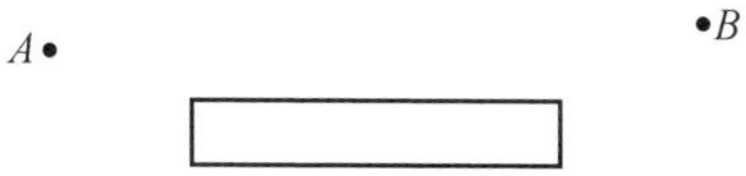

图 1.24

在解作图问题时,通常假定任意两点可以用一条直线相联结,其意思是解这个问题的人有一把无限长的直尺可供他使用. 当然,实际的直尺都是十分短的. 问题 20 的意义在于证明:凡是能用无限长的直尺作出的图,都能用一把有限长(事实上可以是任意短)的直尺作出.

我们顺便提一下,限制圆规的"两只脚"的跨度,不会缩小可以作图的范围,也就是说,能够用直尺和圆规作出的每个图,也能用直尺和"两只脚"的跨度固定的圆规作出(并且还可限制至多只能用一次圆规). 在 1.5 节中我们将证明这一点.

21. (1) 直线 p 与 $\triangle ABC$ 的边(或其延长线) BA, BC, CA 分别交于点 L, M, N. 如图 1.25(a),以 R, S, T 分别表示 AM 和 BN, BN 和 CL, MA 和 CL 的交点. 试证明直线 AS, BT, CR 共点.

(2) 设给定 $\triangle ABC$ 和点 Q. 如图 1.25(b),直线 QA, QB, QC 同 $\triangle ABC$ 的相应的边(或其延长线)的交点分别用 K, L, M 表示,三对直线 LK 和 AB, MK 和 AC, LM 和 CB 的交点分别用 R, S, T 表示. 试证明点 R, S, T 共线.

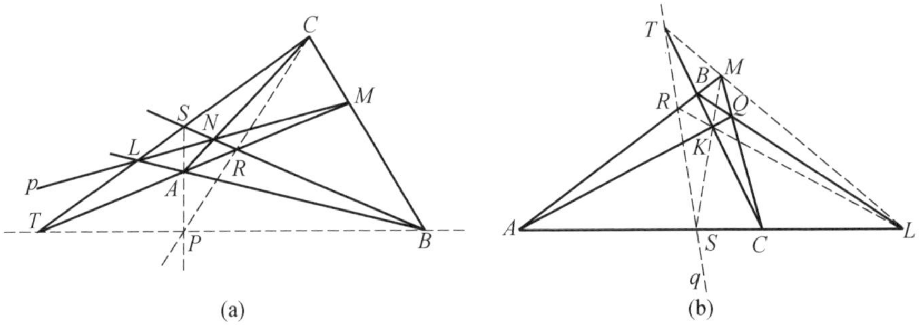

图 1.25

问题 21(1) 中的三条直线 AS, BT, CR 的交点 P 有时叫作直线 p 关于 $\triangle ABC$ 的三线极点. 问题 21(2) 中的三点 R, S, T 所在的直线 q 称为点 Q 关于 $\triangle ABC$ 的三线极线.

22. 德札尔格(Desarques)定理. 试证明:假若两个 $\triangle ABC$ 和 $\triangle A_1B_1C_1$ 位于同一个平面上,并且直线 AA_1, BB_1, CC_1 共点,则三对直线 AB 和 A_1B_1, AC 和 A_1C_1, BC 和 B_1C_1 的交点共线(图 1.26). 反之,如果三对直线 BA 和 B_1A_1, CA 和 C_1A_1, CB 和 C_1B_1 的交点共线,那么直线 A_1A, B_1B, C_1C 共点.

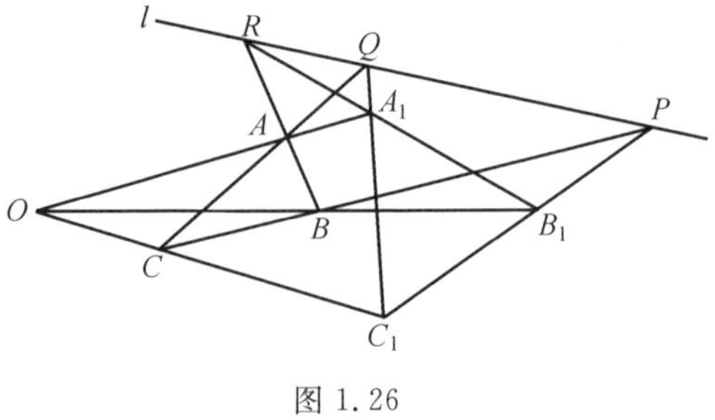

图 1.26

满足德札尔格定理假设的两个三角形称为透视的. 三角形的三对对应顶点的连线的公共点O称为透视中心，而三对对应边的交点所在的直线则称为透视轴.

注意，德札尔格定理表示平面上的直线和点的一种普遍的性质，这些直线和点不一定依附于一对三角形. 在图 1.26 中，假设给定了某些元素，从而使得这个定理易于记忆，但是这样一来却掩盖了它的对称性，因为德札尔格定理中所有的点和直线本来都是平等的. 例如，在图1.26 中，直线OCC_1可以看成一条透视轴(对于$\triangle PBB_1$和$\triangle QAA_1$)，而点B则可以看成一个透视中心(对于$\triangle PRB_1$和$\triangle CAO$). 对于问题 21(1)(2), 25, 26, 27, 28 可以做类似的注释；在这方面可以参看希尔伯特(Hilbert) 和康福森合著的一本非常有趣的书《直观几何》[①] 中的第三章.

在问题 21(1) 和(2) 中的定理是德札尔格定理的特殊情形；在图 1.25(a) 中，$\triangle STR$和$\triangle ABC$是透视的，有透视轴p；而在图 1.25(b) 中，$\triangle KLM$也和$\triangle ABC$是透视的，Q为透视中心.

23. 四边形$EFGH$内接于四边形$ABCD$(E在AB上，F在BC上，等等). 试证明：如果边EF和HG的交点在$ABCD$的对角线AC上，那么EH和FG的交点在对角线BD上.

24. (1) 给定$\triangle ABC$和三个共线的点P,Q,R. 试在$\triangle ABC$中内接一个$\triangle XYZ$，它的边分别经过点P,Q,R[②].

(2) 在给定的n角形$A_1A_2\cdots A_n$中，试内接另一个n角形，使得它的边分别通过n个给定的共线的点[③].

(3) 在一平面上给定了三条共点的直线l_1,l_2,l_3以及三个点A,B,C. 试作一个$\triangle XYZ$，使得它的边分别经过点A,B,C，它的顶点分别在直线l_1,l_2,l_3上.

注意，问题24(1) 是问题24(2) 的特殊情形，问题24(3) 是问题61 的特殊情形，并且这四个问题都是问题 90 的特殊情形.

25. 关于双重透视的三角形的定理. 设$\triangle ABC$和$\triangle A_1B_1C_1$是两个给定的三角形，直线AA_1,BB_1,C_1C交于一点O，并且直线AB_1,C_1B,A_1C交于一点O_1(图 1.27). 试证明：直线C_1A,BA_1,B_1C也交于一点O_2；换句话说，两个双重透视的三角形(在这个定理的假设的意义下) 实际上也是三重透视的.

(如果假定了双重透视的三角形存在，那么问题 25 的定理就断定存在

① 本书有中译本，王联芳译，人民教育出版社，1959，1964. —— 中译者

② 这个意思是要作一个$\triangle XYZ$. 它的顶点X,Y,Z在$\triangle ABC$的边或其延长线上，并且$\triangle XYZ$的边或其延长线要经过给定的点.

③ 按照上面的注理解“内接” 这个词.

$\triangle ABC$，$\triangle A_1B_1C_1$，$\triangle OO_1O_2$，其中任意两个三角形是三重透视的，在每种情形下这三个透视中心是第三个三角形的顶点.）

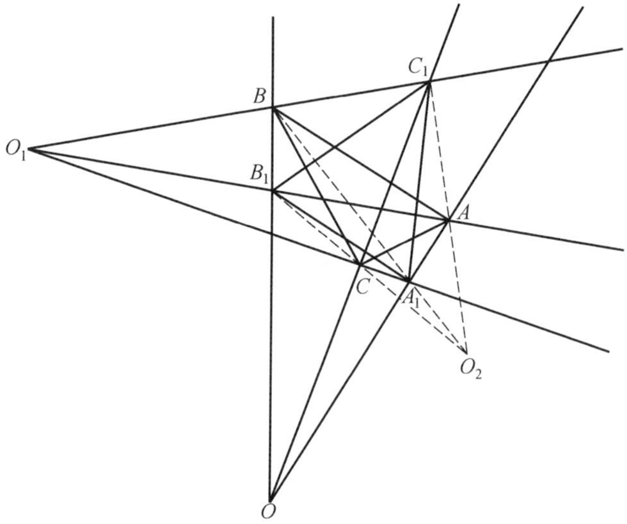

图 1.27

26. 关于三重透视的三角形的定理. 设给定 $\triangle ABC$，$\triangle A_1B_1C_1$，直线 A_1A，B_1B，C_1C 交于一点 O，直线 AA_1，BC_1，B_1C 交于一点 O_1，并且直线 AC_1，BB_1，A_1C 交于一点 O_2（图 1.28）. 试证明：直线 AB_1，BA_1，CC_1 也交于一个点 O_3（换句话说，在这个定理假设的意义下，两个三重透视的三角形必定是四重透视的）.

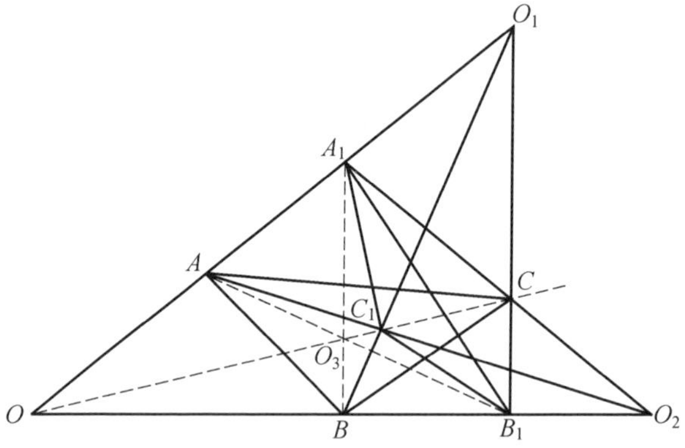

图 1.28

27. 设给定 $\triangle ABC$，$\triangle A_1B_1C_1$，$\triangle A_2B_2C_2$，使得直线 AB，B_1A_1，B_2A_2 交于一点 P，直线 AC，C_1A_1，C_2A_2 交于一点 Q，直线 BC，C_1B_1，C_2B_2 交于一点 R，并且 P，Q，R 共线. 根据德札尔格定理（问题 22），三个三线组 AA_1，BB_1，CC_1；AA_2，BB_2，CC_2；A_1A_2，B_1B_2，C_1C_2 中的每一组直线都交于一点. 试证明这三个交点共线（图 1.29）.

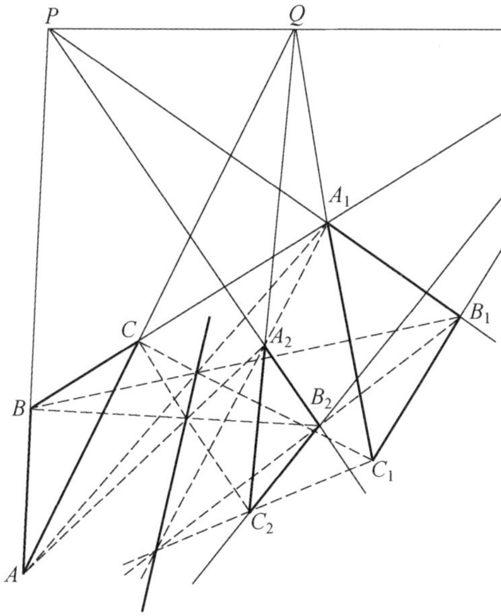

图 1.29

(问题 27 中的定理可以简述如下:如果三个两两透视的三角形的透视轴重合,那么它们的透视中心共线.)

28. 帕普斯(Pappus)定理. 试证明:如果直线 EF 分四边形 $ABCD$ 为两个四边形 $AEFD$ 和 $BCFE$(图 1.30),那么三个四边形 $ABCD$,$AEFD$,$BCFE$ 的对角线的交点共线.

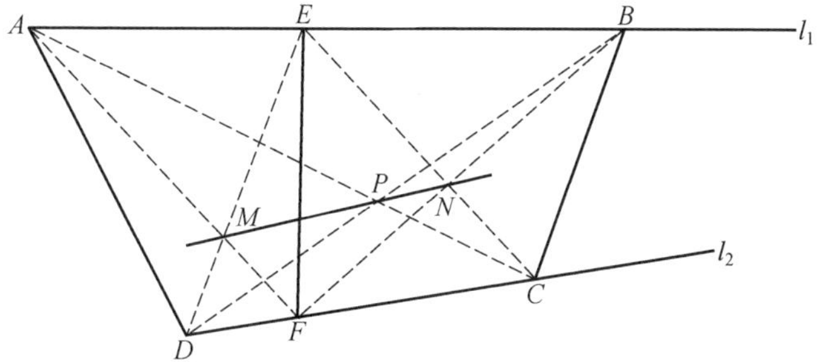

图 1.30

大家注意,问题 28 也可以用下列两种方式表述:

(1) 如果六角形 $AFBDEC$(它可以不是凸的,甚至可以自交)的顶点 A,E,B 在直线 l_1 上,而顶点 D,F,C 在直线 l_2 上,那么这个六角形的对边的交点共线.

(2) 如果六角形 $ABNCDM$(它可以不是凸的,甚至可以自交)的边 AB,CN,DM 经过一点 E,并且边 CD,BN,AM 经过一点 F,那么这个六角形的对角线 AC,BD,MN 共点.

问题 28 的这两种模式非常类似于 1.3 节中的问题 46 和 47(还可参看 1.5 节中的问题 75 和 80 的解答)①.

29. 试把图 1.30 中的平面 π 投影到另一个平面 π' 上,使得:

(1) 直线 AB 是 π 的特殊直线;

(2) 直线 AD 是 π 的特殊直线.

试问这时问题 28 变成什么形式?

30. 设在平面上给定四条直线,其中没有两条是平行的,并且没有三条共点. 试证明:在由这些直线构成的四个三角形中,各个三角形的高线的交点在一条直线上.

问题 30 以另一种形式出现在《几何变换(Ⅱ)》中(参看问题 63).

31. 试把问题 23 中四边形 $ABCD$ 的平面 π 投影到另一个平面 π',使得:

(1) 边 AB 是 π 的特殊直线;

(2) 对角线 AC 是 π 的特殊直线.

试问这时问题 23 变成什么样子?

中心射影的性质 A 和 B 在某种程度上类似于平行射影的性质 A 和 B(参看第 9 页). 现在我们试图找出与平行射影的性质 C(参看第 9 页) 部分类似的性质.

我们来考察中心射影对一条线段的长度的影响. 设 AB 是平面 π 上的一条线段,在以 O 为中心的中心射影下,AB 在平面 π' 上的像是 $A'B'$(图 1.31). 我们知道,有公共角的两个三角形的面积之比等于夹这个角的两边的乘积之比(从熟知的公式 $S_{\triangle ABC}=(ab\sin C)/2$ 即可推出). 所以,如果用 h 和 h' 分别表示从点 O 到直线 AB 和 $A'B'$ 的距离,则有

$$\frac{S_{\triangle OA'B'}}{S_{\triangle OAB}}=\frac{h'\cdot A'B'}{h\cdot AB}=\frac{OA'\cdot OB'}{OA\cdot OB}$$

或

$$A'B'=AB\cdot\frac{OA'\cdot OB'}{OA\cdot OB}\cdot\frac{h}{h'}$$

于是,如果 A,B,C 是在 π 中直线 l 上的三个点,而 A',B',C' 是这些点在 π' 的射影下的像,则从上面的推导可得

$$\begin{aligned}\frac{A'C'}{B'C'}&=\frac{AC[(OA'\cdot OC')/(OA\cdot OC)](h/h')}{BC[(OB'\cdot OC')/(OB\cdot OC)](h/h')}\\&=\frac{AC}{BC}\cdot\frac{OA'/OA}{OB'/OB}\end{aligned}\qquad(*)$$

---

① 这种类似绝不是偶然的,要完全说明这一点,就要用到圆锥截线的一般理论(参看在第 27 页中引用的希尔伯特和康福森的著作). 由于篇幅的限制,我们在本书中不准备介绍这个理论.

这表明:与平行射影情形的性质相反,在这里比值 $A'C'/B'C'$ 和 AC/BC 一般是不等的. 然而,如果对直线 AB 上的两点 C 和 D,作它们分线段 AB 所得到的两个单比的比(图 1.31),那么显然有

$$\frac{A'C'}{B'C'}\Big/\frac{A'D'}{B'D'}=\frac{AC}{BC}\cdot\frac{OA'/OA}{OB'/OB}\Big/\frac{AD}{BD}\cdot\frac{OA'/OA}{OB'/OB}=\frac{AC}{BC}\Big/\frac{AD}{BD}$$

表达式

$$\frac{AC}{BC}\Big/\frac{AD}{BD}$$

称为四个点 $A,B;C,D$ 的交比.

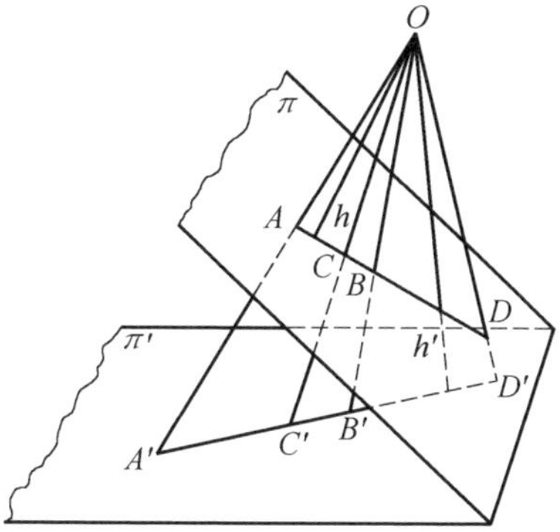

图 1.31

总之:

C. 中心射影保持共线的四个点 $A,B;C,D$ 的交比不变.

四个(共线的)点的交比是两个单比 AC/BC 和 AD/BD 的比. 由于单比可正可负(参看《几何变换(Ⅱ)》,第 1 章,1.1 节),共线的四个点的交比自然也有正有负. 显然,如果 C 和 D 都在线段 AB 之内或之外,那么交比 $(AC/BC)/(AD/BD)$ 为正(因为这时单比 AC/BC 和 AD/BD 同号);如果 C 和 D 一个在线段 AB 的内部而另一个在外部,那么这个交比为负(因为这时单比 AC/BC 和 AD/BD 异号). 换句话说,我们可以讲:如果点偶 A,B 和 C,D 彼此分开(图 1.32(a)),那么四个点 $A,B;C,D$ 的交比为负;如果它们不彼此分开(图 1.32(b)),那么交比为正. 由此可知中心射影保持交比的符号不变,这就是说,即使我们考虑到交比的符号,性质 C 仍然成立. 要证明这个结论,只需注意:如果点偶 A,B 和 C,D 彼此分开(不分开),那么线偶 OA,OB 和 OC,OD 也彼此分开(不分开). 因此,在以 O 为中心的射影下,A,B 和 C,D 的两对像点 A',B' 和 C',D' 也彼此分开(不分开)①.

① 注意,类似地有:平行射影不仅保持共线的三个点 A,B,C 的单比 AC/BC 的大小不变,而且也保持它的符号不变.

(a)　　　　　　　　(b)

图 1.32

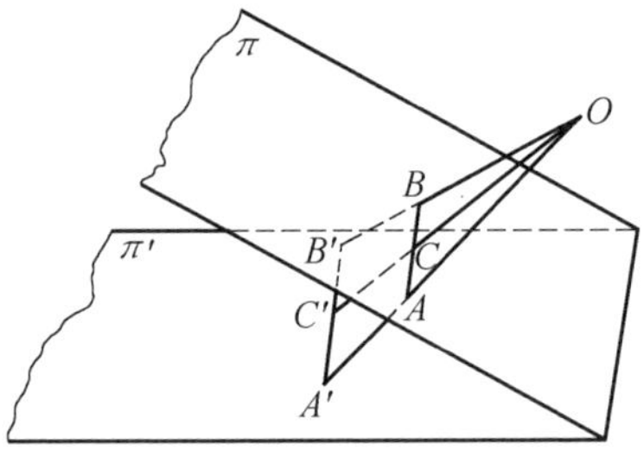

图 1.33

注意,如果 AB 平行于 π 的特殊直线(即如果它平行于 π 和 π' 的交线,图 1.33),那么显然有 $AB \parallel A'B'$,以及 $OA'/OA = OB'/OB$.因而在这种情形下从公式(*)可以得到

$$\frac{A'C'}{B'C'}=\frac{AC}{BC}$$

换句话说,在中心射影下,如果平面上的一条直线与该平面上的特殊直线相平行,那么此直线上的两条线段的单比保持不变.

中心射影的性质 C 是比较复杂的.在我们的初步介绍中,它往往起重要的作用(特别地,看最后一节).在讨论中心射影的所有高等著作中,它起着决定性的作用.

考虑点 C 分线段 AB 的比 AC/BC.当 C 是 AB 的中心时是特别有趣的,这时 AC 和 BC 的大小相等而方向相反,从而 $AC/BC=-1$.类似地,在考虑四点 $A,B;C,D$ 的交比$(AC/BC)/(AD/BD)$时,我们对$(AC/BC)/(AD/BD)=-1$的情形也特别感兴趣.这时,点 C 和 D 中有一个在线段 AB 之内,另一个在 AB 之外,而且单比 AC/BC 和 AD/BD 的绝对值相等(图 1.34).为了研究这种情况,我们说点 C 和 D 调和地分割线段 AB(或点 C 和 D 关于点 A 和 B 是调和共轭的).

图 1.34

从上面我们可以看到,线段的中心屡次出现在包含平行射影的问题中(例如,参看问题 1,2,3,4,8,9,14,问题 3,8,9 的解答,以及 1.1 节末定理 3 的证明,在那里某些平行四边形的中线起了重要的作用).类似地,在涉及中心射影的问题中,常常出现调和分割某些线段的点偶.例如,在问题 17(1) 中的轨迹——点 P 相对于一对直线 l_1 和 l_2 的极线——可以定义为适合如下条件的点 M 的轨迹:点 P 和 M 调和分割直线 PM 被 l_1,l_2 所截下的线段;问题 17(2) 中的点 Q 应是直线 PM 上这样的一个点,使得 Q 和 P 调和分割线段 AB①,等等.所有这

① 问题 17(2) 中的点 P 和 Q 调和分割线段 AB,通常陈述如下,完全四边形的任何两条对角线调和分割第三条对角线(参看上面讲的).关于这个定理与问题 17(2) 的结论等价的证明,我们把它留给读者.

些结论用中心射影的性质 C 都很容易证明.

现在要来弥补我们在前面的阐述中的某些不确切的地方. 大家记得,当平面 π 投影到平面 π' 时,每个平面都包含一条特殊直线;在 π 的特殊直线上的点在 π' 上没有像,在 π' 的特殊直线上的点不是 π 上任何点的像. 因此,与中心射影有关的命题的确切陈述总要区别这种特殊情况. 刚才提到的不确切之处,就是由于迄今为止我们通常不考虑这种特殊情况. 因此,例如,德札尔格定理(参看问题 22)的陈述严格地说是不正确的,因为它没有考虑中心射影可以把共点直线(例如图 1.26 中的直线 AA_1,BB_1,CC_1 或 AB,A_1B_1,PQ)或者变成共点直线,或者变成平行直线这两种可能性. 德札尔格定理确切的陈述取下列形式:如果两个共面的三角形对应顶点的连线共点或平行,那么这两个三角形的对应边的交点或者共线(图 1.35(a)(b)),或者一对对应边平行于另外两对对应边的交点的连线(图 1.35(c)(d)),或者两个三角形的对应边两两平行(图1.35(e)(f));

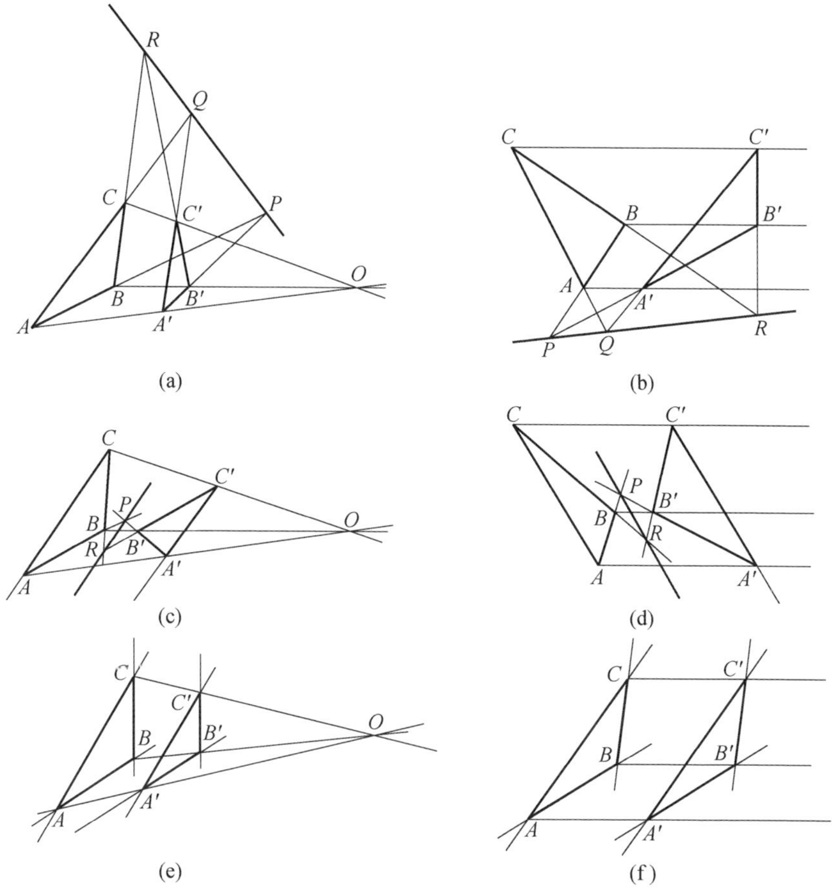

图 1.35

反过来也成立. 我们看到,在确切地陈述的时候,这个定理显得十分累赘并且难于掌握. 对于其他许多结果的陈述类似的评注也成立.

为了消除由特殊直线的例外性质所带来的复杂化,我们宁可说平面 π 中的特殊直线 x 投影到平面 π' 的无穷远直线(图 1.36),而配属于 π 的无穷远直线则投影到 π' 中的特殊直线 y'. 应当着重指出,用这个术语是为了方便;说"直线 x 投影为无穷远直线",等价于说"直线 x 在射影下没有任何像". 相应地,我们宁可说特殊直线 x 上的每一个点 X 都投影到平面 π' 中的一个对应的无穷远点. 我们还说经过 X 的直线束通过射影所得到的平行直线束并交于一个无穷远点①. 这样,每一条直线 l 都有一个无穷远点②,那就是 l 同与它平行的每一条直线的交点. 平面中所有直线的无穷远点的全体构成这个平面的无穷远直线.

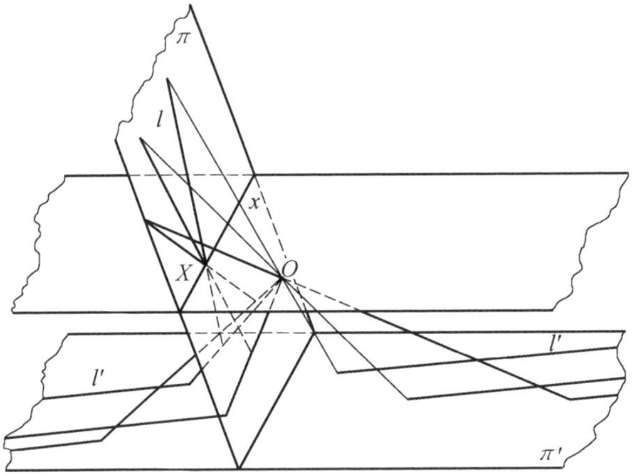

图 1.36

下面来说明使用这种术语的理由. 如果直线 l 上的一点 M 趋向于 l 与 x 的交点 X,那么它在平面 π' 上的投影沿直线 l' 跑向无穷远处(其方向依赖于 M 趋向 X 的方向(图 1.37)). 类似地,如果 M 在 l 上无论朝哪一个方向无限远移,那么它的投影都趋向于 l' 同 y' 的交点 Y'(图 1.37).

无穷远点的引进,使得我们必须补充共线的四个点的交比的定义. 注意:如果 D 是直线 AB 的无穷远点,那么自然可以令比值 AD/BD 等于 1(由于当 M 趋向无穷远点 D,即当 M 沿着 AB 朝随便哪个方向移向无穷远时,比值 AM/BM 都趋向于极限 1). 于是,如果 D 是无穷远点,那么交比 $(AC/BC)/(AD/BD)$ 就

---

① 从每一个无穷远点配属于经过该点的平行直线束这一事实,使得我们可以把无穷远点同平面上的方向等同起来. 例如,说"经过给定点 A 和给定的无穷远点 B 的直线",意思就是这条直线经过点 A,并且与无穷远点 B 所对应的方向平行,等等.

② 与直觉相反,给一条直线配上一个无穷远点已经证实是适宜的.

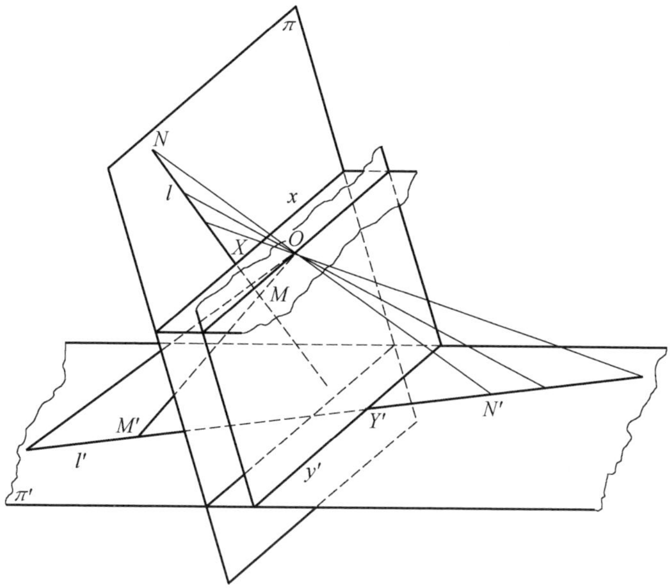

图 1.37

同单比 AC/BC 一致. 容易看到,即使点 A,B,C,D 中有一个是无穷远点,或者它的投影是无穷远点,中心射影的性质 C 仍然成立.

无穷远点和无穷远直线的引进,使得我们能够把可以用类似的方法证明的一些特殊的命题,归并在一个命题中. 这是因为就所讨论的中心射影来说,虚构的无穷远点同真点是平等的;一种类型的点可以变成另一种类型的点. 例如,前面所列的德札尔格定理的特殊情形,都可包含在这个定理的原来的陈述(问题22)中,只要把直线 AA_1,BB_1,CC_1 的交点以及 $\triangle ABC$ 和 $\triangle A_1B_1C_1$ 的对应边的交点解释成通常点或无穷远点即可.

用添加虚构的无穷远点和一条虚构的无穷远直线的方法来扩充通常的平面,所得到的新"平面"称为射影平面.

我们想要指出所虚构的无穷远点的两种用途之间的基本差别,这两种用途是:(1) 创造一个方便的术语以表示有关中心射影的某些事实(参考上面讲的);(2) 引进射影平面.

射影平面的概念不仅仅是一个术语. 它是在数学的抽象化的道路上所迈出的一步,这种抽象化的结果之一产生了一个新的数学概念:一张平面. 它除了包含中学几何中熟知的点,还包含添加的点,即无穷远点.(无穷远点同其他的点有同等的地位,因为中心射影能够把一种类型的点变成另一种类型的点.)应该强调指出，射影平面与通常的“欧几里得平面”（或第 2 章中讨论的“反演平面”[①]）具有同等地位. 说到底，在欧几里得平面上，直线都可以无限延长，因此欧几里得平面的概念也不过是一种抽像的数学. 在物质世界中并没有实际的类似物，而对它的完美的描述，是由刻画这种平面的几何学的一组公理达到的. 对“平面”这一术语的各种不同的解释，引导我们对公理的不同的选择. 例如，在欧几里得平面中并不成立的公理：“任意两条（不同的）直线必交于唯一的一点”，而在射影平面中它却是成立的（事实上，在欧几里得意义下平行的两条直线交于射影平面上的一个无穷远点，通常的直线和无穷远直线交于该通常直线上的无穷远点）. 在各种不同的并且是合理的平面概念的定义中，每一种平面都以特定的公理系统为标志. 根据我们要解决的问题的类型，可以发现用这种或那种方式解释“平面”这个词是有益的. 一个例证是在第 2 章中对反演所做的研究[②]，在那里我们利用“无穷远点”的方式和射影平面的情形完全不同. 所得到的“平面”既不同于欧几里得平面，也不同于射影平面，但这里并没有“好”或“坏”的差别.

指出下面这一点是恰当的：在不包含中心射影的问题中，引进无穷远的点和直线可能也有用处. 例如，把一个平移当作中心在对应于平移方向的无穷远点、系数是 1 的中心相似往往是有用的（为说明这一点，考虑图形 F 在一串中心相似下的像 $F_1, F_2, F_3, \cdots$，这些中心相似把 F 的某一个点 A 映射成点 A'，则当这些相似变换的中心 $O_i(i=1,2,3,\cdots)$，沿着直线 AA' 向无穷远处移动时，图形 F_i 趋向于图形 F'，F' 是从 F 经过由线段 AA' 所确定的平移得到的，并且系数

$$\frac{O_iA'}{O_iA} \quad (i=1,2,3,\cdots)$$

趋向于 1（图 1.38））. 作为这种看法的一个应用，在包含中心相似图形的一些定理中，我们就不再需要把出现的一些特殊情形单独分出来. 例如，我们现在可以断定任意两个圆以两种方式中心相似（参看《几何变换（Ⅱ）》，第 1 章，1.1 节）. 两个中心相似变换的乘积还是一个中心相似变换（中心是通常的点或无穷远点；参看《几何变换（Ⅰ）》，第 1 章，1.1 节和《几何变换（Ⅱ）》，第 1 章，1.1 节）. 关于三相似中心定理（《几何变换（Ⅱ）》，第 1 章，1.1 节）现在可以陈述成如下简洁的形式：三个两两中心相似的图形的三个相似中心共线. 这个结论包括：一个中心是无穷远点（三个图形中有两个全等）的情形，三个中心都是无穷远点，并且轴是无穷远直线（三个图形两两全等）的情形，最后，还有三个中心重合的情形. 如果我们运用现在的观点，那么三个圆总有六个相似中心，三个一组地在四

① 参看《几何变换（Ⅱ）》. —— 英译者

② 参看《几何变换（Ⅳ）》. —— 英译者

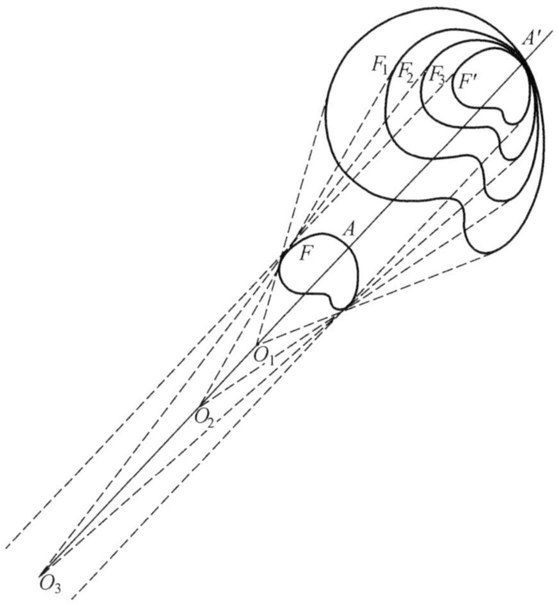

图 1.38

条相似轴上(对于这个定理所包含的特殊情形,参看《几何变换(Ⅱ)》,第 1 章,1.1 节).《几何变换(Ⅱ)》,第 1 章,1.2 节中的定理 2 现在有一个比较简单的形式,因为我们可以把滑动反射看成伸缩反射的特殊情况,所以当 F 由一个滑动反射映射到 F' 上时,这种情形无须另外单独处理. 从我们现在的观点来看,在《几何变换(Ⅰ)》,第 2 章,2.2 节中的定理 2,是《几何变换(Ⅱ)》,第 1 章,1.2 节中定理 2 的特殊情形(它说明了这两个定理的陈述和证明为何会如此相似). 有时,把平移看成中心在无穷远点的旋转也是有益的,这个无穷远点所对应的方向垂直于该平移的方向. 于是,关于正向运动(即旋转和平移,参看《几何变换(Ⅰ)》) 的乘积的所有定理,都可以用一个定理概括起来.

习　题

32. (1) 设 $ABCD$ 是给定的平行四边形. 试证明:如果直线 DM 在边 AB 上截得线段 $AM = AB/n$,那么它从对角线 AC 上截得线段 $AN = AC/(n+1)$(图 1.39 表示 $n=2$ 的情形). 如果我们把这个图形所在的平面投影到另一个平面,使得直线 AB 平行于该平面的特殊直线,试问这个命题将取什么形式?

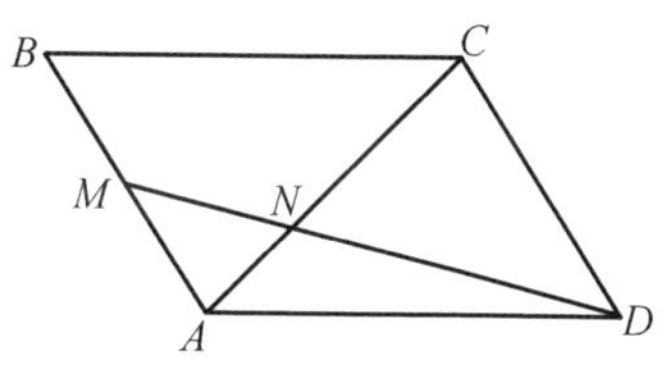

图 1.39

(2) 设给定两条平行直线 l 和 l_1 以及 l 上的一条线段 AB. 试只用直尺把线段 AB 分成 n 等份.

33. 如果我们对图 1.11 作投影,使得直线 ABE 是特殊直线,那么关于该完全四边形的定理(参看问题 14 及其后面的注释)将取什么形式?

34. (1) 试证明梅涅劳斯(Menelaus)定理:设 M,N,P 分别是 $\triangle ABC$ 的边 AB,BC,CA(或其延长线)上的点(图 1.40),则 M,N,P 共线的充分必要条件是

$$\frac{AM}{BM}\cdot\frac{BN}{CN}\cdot\frac{CP}{AP}=1$$

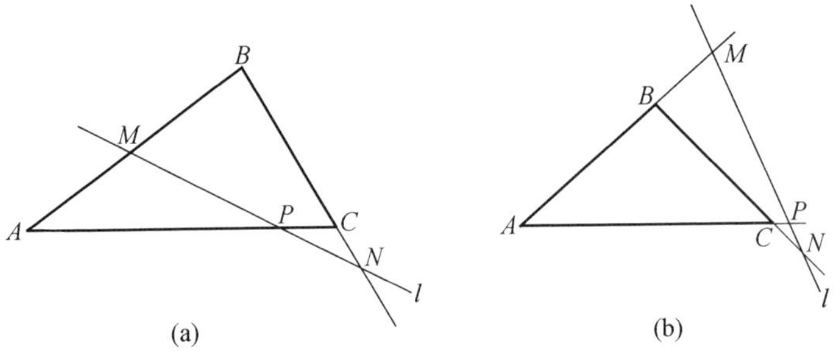

图 1.40

(2) 试证明塞瓦定理:设 M,N,P 分别是 $\triangle ABC$ 的边 AB,BC,CA(或其延长线)上的点(图 1.41),则三条直线 AN,BP,CM 共点或平行的充分必要条件是

$$\frac{AM}{BM}\cdot\frac{BN}{CN}\cdot\frac{CP}{AP}=-1$$

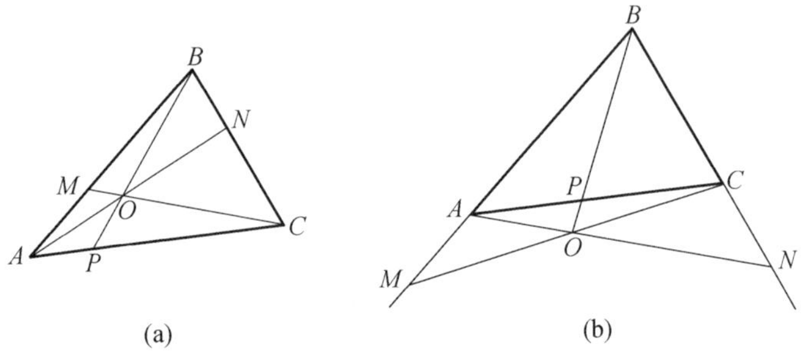

图 1.41

还可以参看《几何变换(Ⅱ)》,第 1 章,1.1 节中的问题 27(1)(2) 和本书中的问题 16. 关于梅涅劳斯定理和塞瓦定理之间的联系,参看本书 1.4 节中的问题 66.

不难看到，对于任意 $\triangle ABC$，如果点 M,N,P 共线，那么这三个点中或有两个点，或没有一个点在这个三角形的边上(图 1.40(a)(b))．因此，在三个单比 $AM/BM,BN/CN,CP/AP$ 中，或者有两个是负的，或者全是正的，所以这三个单比的乘积必定是正的．类似地，如果直线 AN,BP,CM 共点或平行(图 1.41(a)(b))，那么在三个点 M,N,P 中，或所有的点，或只有一个点在这个三角形的边(作为线段)上．因此，在三个单比 $AM/BM,BN/CN,CP/AP$ 中，或有两个是正的，或全是负的，所以这三个单比的乘积必定是负的．

在证明三点共线或三线共点时，常常应用梅涅劳斯定理和塞瓦定理．应用梅涅劳斯定理可以解出问题 14，21(2)，22，27，28，38(2)，45，46，68，71，73 以及其他问题．应用塞瓦定理可以证明三角形的中线、高线、角平分线各自都是共点的，并解决问题 8，13，21(1)，22，25，26，38(1)，39，40，47，50，57，70 以及其他问题．(同样，在问题 60，62 ～ 64，69 ～ 74 中要求陈述的许多定理也可以用塞瓦定理和梅涅劳斯定理证明．我们建议读者用这些定理去证明各个结果．)

习　题

35. 试证明：假若 E 和 F 是一个(任意)四边形的对边 AB 和 DC，AD 和 BC 的交点，则有

$$\frac{AE\cdot CE}{BE\cdot DE}=\frac{AF\cdot CF}{BF\cdot DF}$$

现在我们来证明下列重要结果．

定理 1　设 A,B,C,D 是平面 π 上的四个点，其中没有三个点共线，又设 M,N,P,Q 是平面 π' 上的四个点，其中也没有三个点共线．则 π 和 π' 可以如此放置在空间中，使得从 π 到 π' 有一个中心(或平行)射影，它把四边形 $ABCD$ 变成与 $MNPQ$ 相似的四边形 $A'B'C'D'$①．

我们先在 $AD\parallel BC$，$MQ\parallel NP$(即四边形 $ABCD$ 和 $MNPQ$ 是梯形)的特殊情况下，证明这个定理．在 π' 上引进一个相似于 $MNPQ$ 的梯形 $A'B'C'D'$，并使得 $A'D'=AD$．然后在空间中移动平面 π，使得线段 AD 和 $A'D'$ 重合，并且点 B 和 C 不在平面 π' 上(图 1.42)．用直线联结 B 和 B'，C 和 C'，则直线 $B'B$ 和 $C'C$ 共面；其实，$BC\parallel AD$，$AD\parallel B'C'$，从而 $BC\parallel B'C'$，所以它们共面．假设 O 是直线 BB' 和 CC' 的交点，则以 O 为中心的中心射影把 $ABCD$ 变成 $A'B'C'D'$．如果 $BB'\parallel CC'$，那么沿着由这些直线确定的方向的平行射影把 $ABCD$ 变成

① 更准确地说，四边形 $ABCD$ 的顶点可以映射到与 $MNPQ$ 相似的四边形 $A'B'C'D'$ 的顶点上(参看问题 21(1) 解答中的注)．

$A'B'C'D'$.

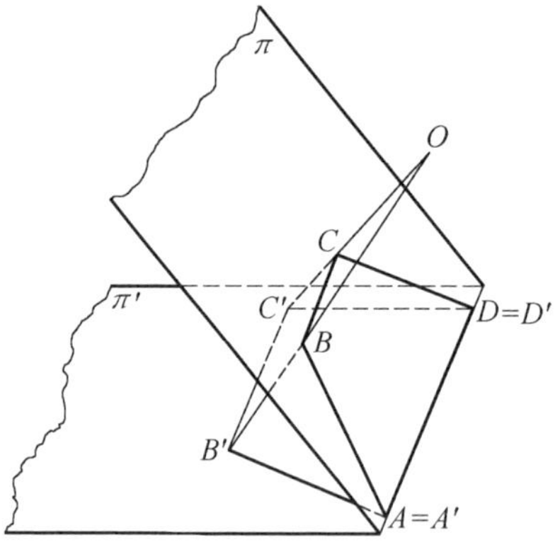

图 1.42

下面我们来证明把一般情形化成上述的特殊情形. 设 $ABCD$ 和 $MNPQ$ 是分别在 π 和 π' 上的两个四边形(图 1.43)①. 假如有 π 到 π' 的某一个中心(或平行)射影,把四边形 $ABCD$ 变成相似于 $MNPQ$ 的四边形 $A'B'C'D'$,我们可以证明四边形 $ABCD$ 和 $MNPQ$ 确定 π 上的特殊直线. 为此,设 E,E',R 分别是四边形 $ABCD,A'B'C'D',MNPQ$ 的对边 AB 和 CD, $A'B'$ 和 $C'D'$, MN 和 PQ 的交点,根据中心射影的性质 A,点 E 的像是 E'. 如果 X_1' 是 $A'B'$ 的无穷远点,那么由中心射影的性质 C 知,它是 AB 上一点 X_1 的像,点 X_1 应使得

$$\frac{AE/BE}{AX_1/BX_1}=\frac{A'E'/B'E'}{A'X_1'/B'X_1'}=\frac{A'E'}{B'E'}=\frac{MR}{NR}$$

(由于 $A'X_1'/B'X_1'=1$). 从这个关系式我们可以确定比值 AX_1/BX_1(包括大小和符号),从而确定 X_1. 类似地,关系式

$$\frac{CE/DE}{CX_2/DX_2}=\frac{C'E'}{D'E'}=\frac{PR}{QR}$$

确定 DC 上的一点 X_2,它被映射为 $D'C'$ 上的无穷远点 X_2'②. 直线 X_1X_2 就是所要求的 π 上的特殊直线. 注意, X_1 和 X_2 可以由给定的四边形 $ABCD$ 和 $MNPQ$ 确定. 根据类似的道理,我们可以确定 π' 上的特殊直线 $Y_1'Y_2'$(图 1.43). 点 Y_1' 和 Y_2' 由关系

---

① 图 1.43 中的四边形 $ABCD$ 和 $MNPQ$ 是凸的. 然而如果其中有一个或两个不是凸的,那么证明仍然适用.

② 如果 E 映射到 $A'B'$ 的无穷远点(即如果 $A'B' \parallel C'D'$),那么代替 AB 和 CD,我们考虑 AD 和 BC. 如果 AD 同 BC 的交点 I 和 E 都映射到无穷远点(即如果 $A'B'C'D'$ 是一个平行四边形),那么 π 的特殊直线是 EI. 在这里不必计算线段的比值就可以证明定理 1(如果读者能证明这一点,那么将会是有益的).

$$\frac{AE}{BE}=\frac{A'E'/B'E'}{A'Y_1'/B'Y_1'} \text{和} \frac{CE}{DE}=\frac{C'E'/D'E'}{C'Y_2'/D'Y_2'}$$

确定.

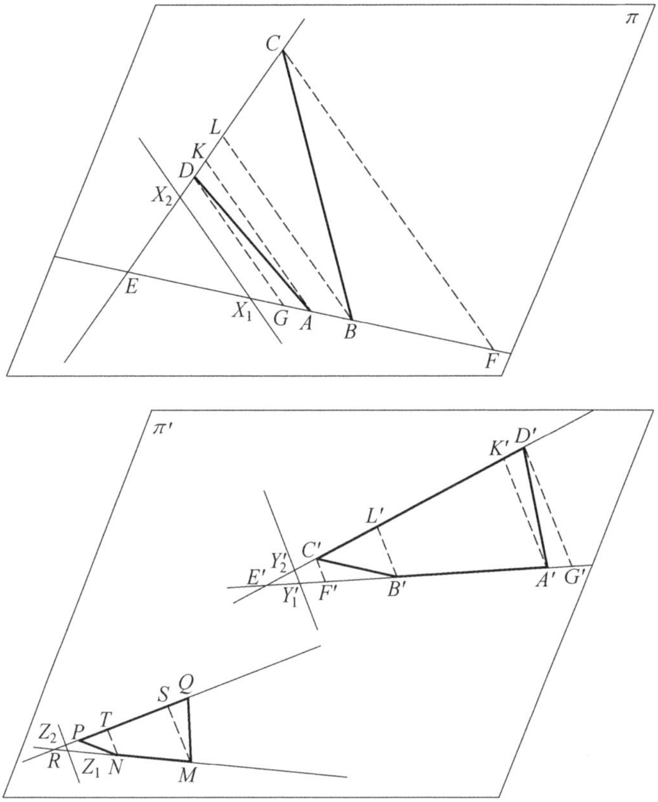

图 1.43

经过点 A 和 B 分别作平行于特殊直线 X_1X_2 的直线，它们与 CD 的交点用 K, L 表示. 根据中心射影的性质 B，平行线 AK 和 BL 变成平行线. 这意味着我们的中心射影把梯形 $ABLK$ 变成梯形 $A'B'L'K'$（这里 $A'K' \parallel B'L' \parallel Y_1'Y_2'$）. 现在，我们可以从四边形 $ABCD$ 和 $MNPQ$ 找出梯形 $ABLK$ 和相似于 $A'B'L'K'$ 的梯形 $MNTS$. 为此，只需在直线 MN 和 PQ 上找出点 Z_1 和 Z_2，使得

$$\frac{MR/NR}{MZ_1/NZ_1}=\frac{A'E'/B'E'}{A'Y_1'/B'Y_1'}=\frac{AE}{BE}$$

$$\frac{PR/QR}{PZ_2/QZ_2}=\frac{C'E'/D'E'}{C'Y_2'/D'Y_2'}=\frac{CE}{DE}$$

并作 $MS \parallel NT \parallel Z_1Z_2$.

上面所证明的定理 1 的特殊情形，保证了把梯形 $ABLK$ 变成相似于 $MNTS$ 的梯形 $A'B'L'K'$ 的中心（或平行）射影的存在. 为证明我们的定理，必

须证明这个射影把 $ABCD$ 变成 $A'B'C'D'$，即把点 C，D 变成点 C'，D'.

注意，π 中相对于我们的射影的特殊直线就是上面找出的直线 X_1X_2. 事实上，这条特殊直线应平行于 AK 和 BL（中心射影的性质 B①），并经过 X_1（因为 BA 和 LK 的交点 E 映射为 $A'B'$ 和 $K'L'$ 的交点 E'，并且使得适合 $(AE/BE)(AX_1/BX_1)=A'E'/B'E'$ 的点 X_1 被映射成无穷远点）. 用几乎同样的方法可以证明 π' 上的特殊直线是 $Y_1'Y_2'$. 由于 E，X_2 和 KL 的无穷远点分别映射为 E'，一个无穷远点和 $K'L'$ 上的点 Y_2'，根据中心射影的性质 C，可知点 C 的像是 $K'L'$ 上的点 $\bar{C}$，$\bar{C}$ 应满足

$$\frac{EX_2/CX_2}{1}=\frac{1}{E'Y_2'/\bar{C}Y_2'}$$

因此

$$\bar{C}Y_2'=E'Y_2'\cdot\frac{EX_2}{CX_2}$$

下面来证明 $\bar{C}$ 和 C' 重合. 为此，作一个中心（或平行）射影且再作一个相似变换，把图 1.43 中的梯形 $CDGF$（$CF\ /\!/\ DG\ /\!/\ X_2X_1$）变成梯形 $C'D'G'F'$（$C'F'\ /\!/\ D'G'\ /\!/\ Y_2'Y_1'$）；从上面已经证明的部分结果来看，这是可能的. 这个映射把 E 变成 E'，把 CD 上的点 X_2 变成 $C'D'$ 上的无穷远点 X_2'，并且把 CD 上的无穷远点 Y_2 变成 Y_2'. 因为根据点 X_2 和 Y_2' 的定义，有

$$\frac{CE/DE}{CX_2/DX_2}=\frac{C'E'}{D'E'}$$

$$\frac{CE}{DE}=\frac{C'E'/D'E'}{C'Y_2'/D'Y_2'}$$

所以，由中心射影的性质 C，有

$$\frac{EX_2/CX_2}{1}=\frac{1}{E'Y_2'/C'Y_2'}$$

因此

$$C'Y_2'=E'Y_2'\cdot\frac{EX_2}{CX_2}$$

从而 $\bar{C}$ 和 C' 重合. 用几乎同样的方法可以证明：把 $ABLK$ 变成 $A'B'L'K'$ 的中心（或平行）射影，把 D 映射到 D'. 至此我们看到，所说的射影确实把四边形 $ABCD$ 变成四边形 $A'B'C'D'$. 这就是所要证的.

在 A，B，C，D 或 A'，B'，C'，D' 中的某些点是无穷远点时，不难修改定理 1 的证明.

---

① 只要注意我们是如何把梯形变成梯形的中心（或平行）射影的（参看定理 1 的证明），也可以得到这个结论.

习　题

36. 设 $A_1A_2A_3A_4$ 是一个四边形，其对角线交于点 N，并设两对对边交于点 P 和 Q；设 B_1, B_2, B_3, B_4 是四边形的边同直线 NP 和 NQ 的交点. 用 $M_1, M_2, M_3, M_4, M_5, M_6, M_7, M_8$ 表示 $A_1A_2A_3A_4$ 的边同内接四边形 $B_1B_2B_3B_4$ 的边的交点，如图 1.44. 试证明：

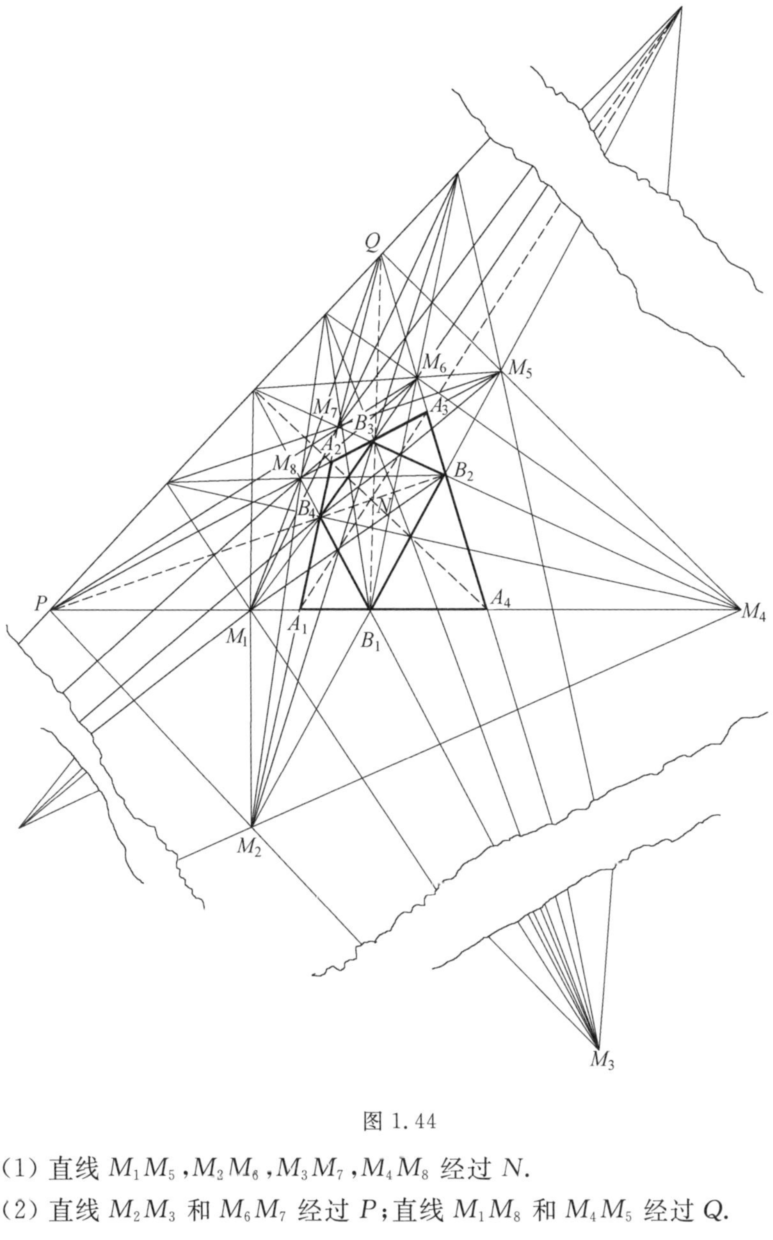

图 1.44

(1) 直线 $M_1M_5, M_2M_6, M_3M_7, M_4M_8$ 经过 N.

(2) 直线 M_2M_3 和 M_6M_7 经过 P；直线 M_1M_8 和 M_4M_5 经过 Q.

(3) 直线 M_1M_2，M_3M_8，M_4M_7，M_5M_6 经过 PQ 与对角线 A_2A_4 的交点；直线 M_3M_4，M_2M_5，M_1M_6，M_7M_8 经过 PQ 与对角线 A_1A_3 的交点.

(4) 四个四条直线的组

$$M_1M_3, M_5M_7, B_4M_4, B_2M_8$$
$$M_2M_4, M_6M_8, B_4M_5, B_2M_1$$
$$M_3M_5, M_1M_7, B_1M_6, B_3M_2$$
$$M_4M_6, M_2M_8, B_1M_7, B_3M_3$$

中每一组直线都交于一个点，并且这四个点在 PQ 上.

37. 设 P_1 表示四边形 $ABCD$ 的边 AB 上的一点(图 1.45). 又设 P_2 表示 P_1 从中心 D 到直线 BC 上的射影；P_3 表示 P_2 从 A 到直线 CD 上的射影；P_4 表示 P_3 从 B 到直线 DA 上的射影；P_5 表示 P_4 从 C 到直线 AB 上的射影，等等. 试证明：

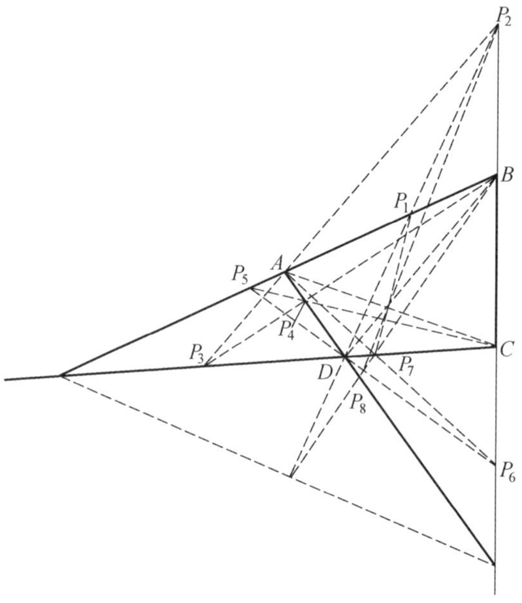

图 1.45

(1) 边 AB 上的点 P_{13}(围绕四边形三周后得到的点)同给定的点 P_1 重合(由此，点 P_{14} 同 P_2 重合，点 P_{15} 同 P_3 重合，等等).

(2) 直线 P_1P_7，P_2P_8，P_3P_9，等等，经过四边形的对角线的交点.

(3) 直线 P_1P_2 和 P_7P_8，P_2P_3 和 P_8P_9，P_3P_4 和 P_9P_{10}，等等，交于四边形对边交点的连线上.

38. 设 O 是 $\triangle ABC$ 所在平面上的一点，A_1，B_1，C_1 分别是三角形中角 A，B，C 的对边同相应的直线 AO，BO，CO 的交点(图 1.46). 试证明：

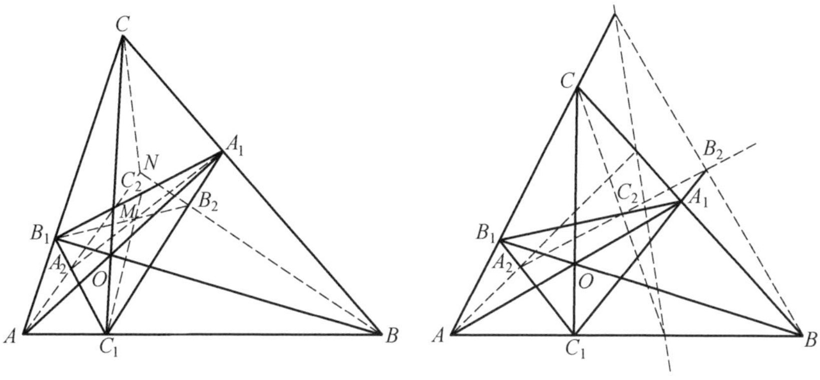

(a)　　(b)

图 1.46

(1) 如果 A_2, B_2, C_2 分别是 $\triangle A_1B_1C_1$ 的边 B_1C_1, C_1A_1, A_1B_1 上的点，它们使得三条直线 A_1A_2, B_1B_2, C_1C_2 共点，那么直线 AA_2, BB_2, CC_2 也共点（图 1.46(a)）.

(2) 如果 $\triangle A_1B_1C_1$ 的边 B_1C_1, C_1A_1, A_1B_1 上的点 A_2, B_2, C_2 共线，那么直线 AA_2, BB_2, CC_2 同 $\triangle ABC$ 的对边的交点也共线（图 1.46(b)）.

到目前为止，我们只考虑了一个平面 π 到另一个平面 π' 的映射. 下面讨论把 π 变到它自身的变换，其定义如下：在空间中任意移动平面 π，然后从某一个中心 O 把它射影到它原来的位置. 这种变换我们称为平面 π 到它自身的中心射影. 相似变换是这种变换的一个特殊情形. 如果平面在移动以后的新位置同它原来的位置平行，那么平面到它自身的中心射影必是相似变换.

从中心射影的性质可以推出，平面 π 到它自身的中心射影把直线变成直线，只有特殊直线是例外，它变成无穷远直线. 在平面 π 的不包含特殊直线的那一部分中，每一条直线都变成直线.

平面的变换如果将穿过该平面的某个确定部分的直线变成直线，就称为射影变换或射影①. 每个仿射变换都是射影变换，但是反过来不对. 例如，平面到它自身的中心射影是射影变换，但一般说来不是仿射变换.

下面的基本定理阐明了平面射影变换的性质.

定理 2　平面的每个射影变换可以用平面到它自身的一个中心（或平行）射影且再作一个相似变换来实现.

定理 2 的证明类似于 1.1 节中定理 2 的证明.

---

① 射影也能够定义为射影平面 π（参看第 35 页）到它自身的、将直线变成直线的 1－1 变换. 这个定义同仿射变换的定义（参看第 15 页）的差别就在于这里的 π 表示射影平面而不是通常的平面.

我们将就射影变换的定义中所提到的平面的确定部分是一个凸四边形①的情形，给出定理 2 的一个证明.

设射影变换把四边形 $ABCD$ 变成四边形 $A'B'C'D'$(图 1.47). 定理 1 告诉我们，用平面到它自身的一个中心(或平行) 射影，再作一个相似变换，把 $ABCD$ 变成 $A'B'C'D'$，这是可能的. 故若我们能够证明把 $ABCD$ 变成 $A'B'C'D'$ 的射影变换是唯一的，则定理 2 也就证明了.

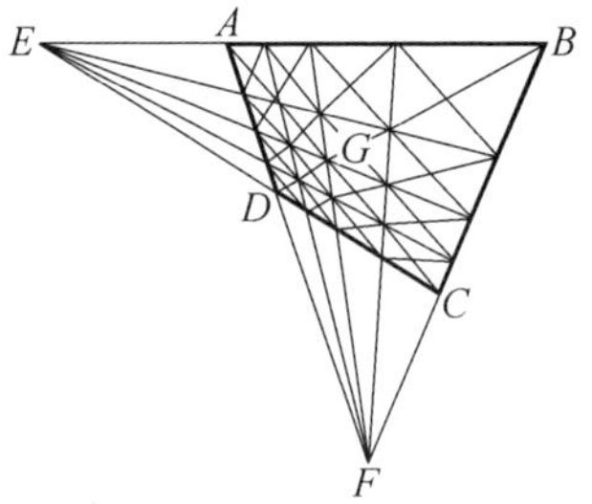

(a)

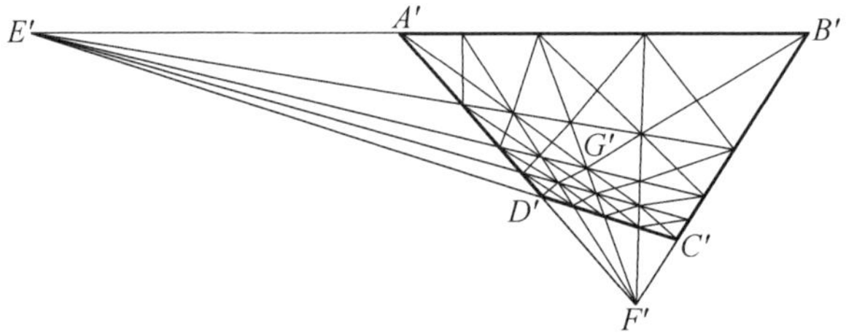

(b)

图 1.47

射影变换被一个四边形的顶点的像所确定，这个事实的证明类似于 1.1 节定理 3 的证明，所以我们只是粗略地说说这个证明. 设 $E,F;E',F'$ 分别是四边形 $ABCD$ 和 $A'B'C'D'$ 的边 BA 和 CD，AD 和 BC；$B'A'$ 和 $C'D'$，$A'D'$ 和 $B'C'$ 的延长线的交点(这些交点中有一些可以是无穷远点)，而 G 和 G' 是它们的对角线的交点. 由于 AB 变成 $A'B'$，CD 变成 $C'D'$，可知 E 变成 E'；类似地，F 变成 F'，G 变成 G'，因此直线 EG 和 FG 分别变成直线 $E'G'$ 和 $F'G'$.

直线 EG 和 FG 把四边形 $ABCD$ 分成四个小四边形；我们的射影变换把每一个小四边形变成已知的四边形. 把小四边形的对角线的交点与 E 和 F 用直线联结起来，并继续上述过程，我们得到 $ABCD$ 中的一个直线网，在我们的变换下这个直线网在 $A'B'C'D'$ 中的像网是已知的(图 1.47). 这个网可以作得任意

---

① 这个假定并不限制定理的一般性：事实上，在任意一个区域 G 中可以选取一个(小的) 四边形 $ABCD$. 与 $ABCD$ 相交的每一条直线必定都通过 G. 但是，把通过 G 的直线变成直线的每个变换必然把与这个(凸) 四边形 $ABCD$ 相交的直线变成直线.

密.(容易看到,我们的图形所在的平面到它自身的、把 EF 变成无穷远直线的中心射影,把上面的网变成图 1.48 中的平行四边形网,这种网在 1.1 节定理 3 的证明中曾经出现过. 于是,用类似于 1.1 节定理 3 的证明中的方法,就可得到将 $ABCD$ 变成 $A'B'C'D'$ 的射影变换的唯一性的证明.)①

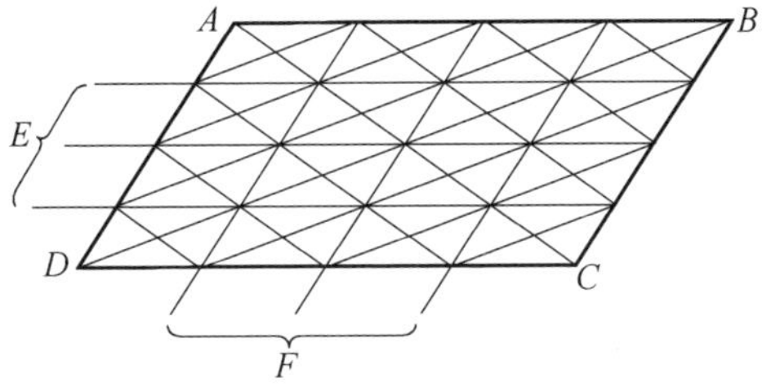

图 1.48

1.3 把一个圆变成一个圆的中心射影——球极平面射影

在前一节中我们曾经介绍过一些问题,通过从有关图形所在的平面到另一个平面的适当的射影,这些问题的解法可以得到简化. 因此,进一步考虑这种方法的适用范围是很自然的. 初等几何所研究的是由直线和圆组成的图形的性质,而中心射影保持直线,但一般不保持圆. 这就可能给人一种印象:只能对不包含圆的相当少的一类问题(前一节中所有的问题都属于这个范围) 运用中心射影. 其实,这种印象是不正确的. 在这一节中我们要说明中心射影也可以用来解决包含圆的问题. 为此,先要建立下面两个结果.

定理 1 设 S 是平面 π 上的一个圆,Q 是 S 内部的一点. 则存在从平面 π 到一个适当的平面 π' 的中心射影,它把 S 变成 π' 上的圆 S',并且把 Q 变成 S' 的中心 Q'.

定理 1′ 设 S 是平面 π 上的一个圆,l 是 π 上的不与 S 相交的一条直线. 则存在从平面 π 到一个适当的平面 π' 的中心射影,它把 S 变成 π' 上的一个圆 S',并且把 l 变成 π' 上的无穷远直线.

有几种方法可以证明这些定理. 虽然我们在这里所用的方法不是最简单

① 我们只限于讨论在确定的四边形内部的点的像,正是由于射影变换的定义本身与平面的一部分有关. 然而,我们注意,用与 1.1 节定理 3 的证明中所用的几乎相同的方法,可以把我们的网扩大到原来的四边形的外面.

的，但是由于能使我们增长见识，开阔思路，即使麻烦一点也是值得的[①]. 这种方法以从一个球面到一个平面的球极平面射影及有关的结果为基础.

所谓从球面 σ 到它在一点 A 处的切平面 π' 的球极平面射影，就是中心在点 O 的从 σ 到 π' 的中心射影，这里点 O 是 σ 上的过点 A 的直径的另一个端点；在球极平面射影下，σ 上的任意一点 $M(M\neq O)$ 的像是直线 OM 与 π' 的交点 M'(图 1.49). 在这个球极平面射影下，σ 上的点 O 在 π' 上没有像.

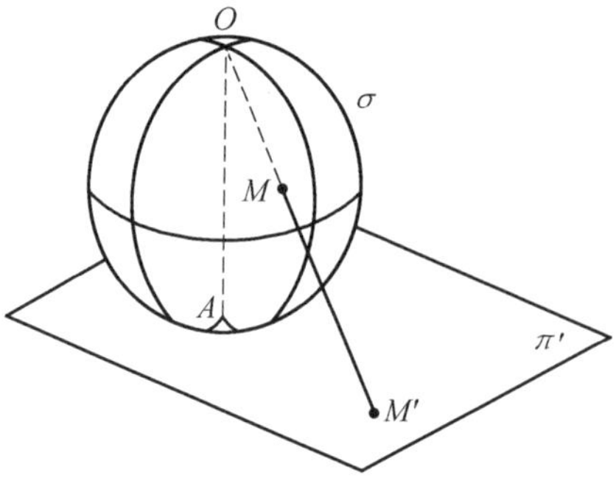

图 1.49

球极平面射影的最重要的性质包含在下面的定理中.

定理 2 球极平面射影把球面 σ 上的每一个圆变成平面 π' 上的一个圆或一条直线，反过来，π' 上的圆或直线的原像是 σ 上的圆.

证明 显然，球极平面射影把球面 σ 上经过点 O 的圆 S 变成平面 π' 上的直线 S'(图 1.50)，反过来，π' 上的直线在球极平面射影下的原像是 σ 上经过点

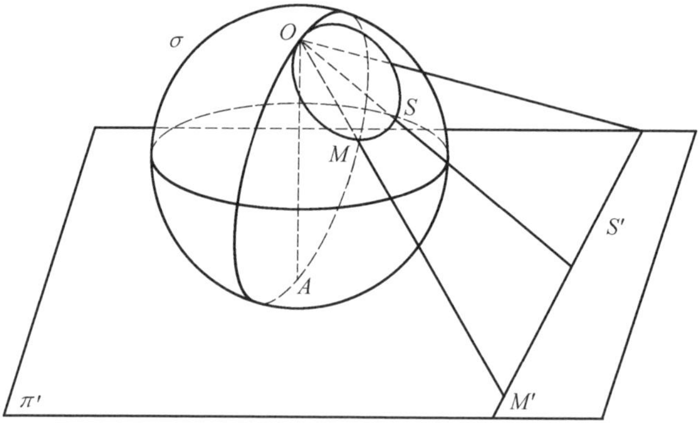

图 1.50

① 在拉德马赫(Rademacher)和特普利茨(Toeplitz)的著作《数学欣赏》(左平译，北京出版社，1981)，或施坦豪斯(Steinhaus)的著作《数学万花镜》(裘光明译，中国青年出版社，1953)中，可以找到另一种证明的摘要. —— 中译者

O 的圆. 现在假设 S 是 σ 上不经过点 O 的圆；S 可以设想为 σ 与它的外切圆锥面 K(图 1.51(a)) 或外切圆柱面 Λ(图 1.51(b)) 的相切曲线. 假设经过点 O 和圆锥面 K 的顶点 P 的直线，或经过点 O 同圆柱面 Λ 的直母线平行的直线与 π' 的交点以 P' 表示. 我们要证明球极平面射影把 S 变成 π' 上以 P' 为中心的圆 S'.

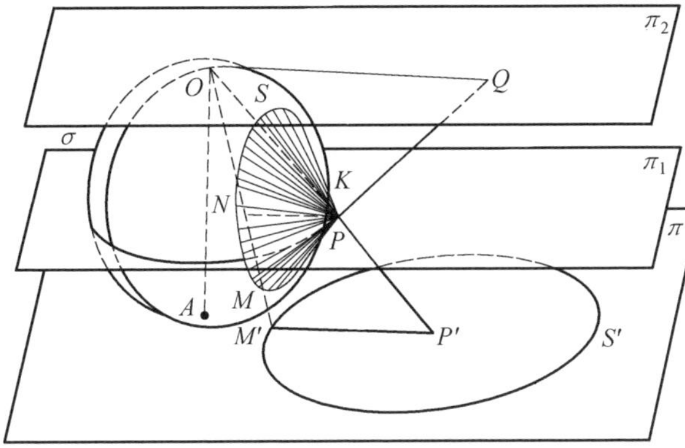

(a)

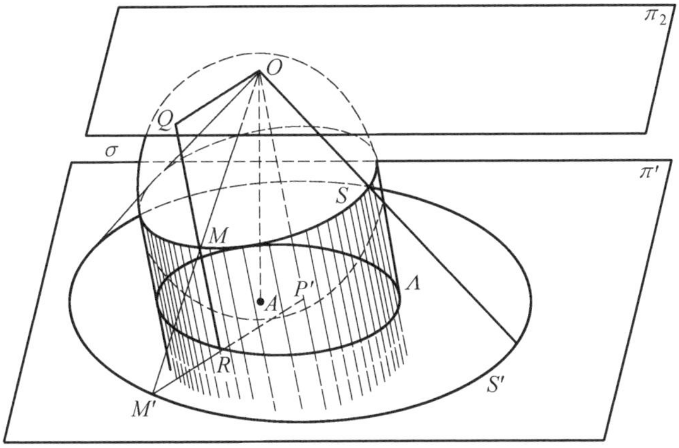

(b)

图 1.51

设 M 是 S 上一点，M' 是它在平面 π' 上的射影. 我们要证明：距离 $P'M'$ 与 S 上点 M 的选择无关(这等价于证明 M' 的轨迹是以 P' 为中心的一个圆 S'). 首先考虑 S 是圆锥面 K 与球面 σ 相切的圆的情形(图 1.51(a)). 设 π_1 和 π_2 分别是经过点 P 和 O 且平行于 π' 的平面，以 N 表示直线 OM 与 π_1 的交点，Q 表示直线 PM 与 π_2 的交点，然后作 Q 和 O 的连线. 直线 $P'M'$，PN，QO 是平行的，因为它们是平面 OPM 与平行平面 π'，π_1，π_2 的交线. 由此可以推出 $\triangle MPN \backsim \triangle MQO$ 和 $\triangle OPN \backsim \triangle OP'M'$. 从第一对三角形的相似性可以得到 $PN/PM = QO/QM$. 由于 QO 和 QM 都是从 Q 到球面 σ 的切线(QO 在与 σ 相切的平面 π_2

上；QM 则是外切于σ 的圆锥面K 的直母线)，因此 $QO=QM$. 从而 $PN=PM$. 这就证明了线段 PN 的长度与S 上M 的选取无关(对S上所有的M，PM 是常数). 又从第二对三角形的相似性可以推出 $P'M'/PN=OP'/OP$，所以

$$P'M'=PN\cdot\frac{OP'}{OP}$$

这说明 $P'M'$ 确实与M 的选取无关，这就是我们所要证的结论.

假设S是圆柱面Λ 与球面σ 相切的圆(图 1.51(b))，过M分别作圆柱面的直母线，它与平面π' 和π_2(上面引进的)的交点分别用R和Q表示. 由于$MR\parallel OP'$，R 在线段$M'P'$ 上. 用直线联结 Q 和 O，和前面一样可以断定 $\triangle MRM'\backsim\triangle MQO$. 由此可以推出 $MR=RM'$(因为作为从Q到σ 的切线，有 $QM=QO$). 而从 $\triangle OP'M'\backsim\triangle MRM'$，则可以推出

$$P'M'=P'O$$

它说明在这种情形下 $P'M'$ 的长度也与S 上点M 的选取无关.

反过来，设S'是平面π'上的以P'为中心的任意一个圆，M'是S'上的一个点，M是σ 上的一个点，在球极平面射影下M变成M'. 设P是直线OP'与σ 在M的切平面α 上的交点(只要这样的点存在). 和前面一样，我们可以证明 P 与M' 在圆S' 上的取法无关. 如果对所取的M'，平面α 与OP' 平行，那么对S' 上所有的点M'，α 都平行于OP'. 由此我们可以推出点M的轨迹是σ 上的一个圆S，S 或是由球面σ 的经过点P 的切线组成的圆锥面K 与σ 的相切曲线，或是由平行于 OP' 的切线组成的圆柱面Λ 与σ 的相切曲线.

用定理 2 不难证明基本定理 1 和 1′.

定理 1′ 的证明　设S是平面π 上的一个圆，l是π 上不与S 相交的一条直线. 经过S作一个球面σ，经过l作一个与σ 切于某一点O的平面α. 然后设π'是平行于α 并与σ 相切的平面，切点A是O的对径点(图 1.52)，以O为中心的从π 上到π' 上的中心射影，把S变成π' 上的一个圆S'(根据定理 2)，并且显然把直线l变成π' 上的无穷远直线.

定理 1 的证明　设S是一个圆，Q是S内部的一个点. 令AC和BD是经过Q的两条弦，考虑四边形$ABCD$(图 1.53). 用E和F表示它的对边的交点.

经过E的所有直线，或者与S的$\overset{\frown}{AB}$ 有两个交点，或者与S的$\overset{\frown}{CD}$ 有两个交点①，或者与$\overset{\frown}{AD}$ 和$\overset{\frown}{BC}$ 各交于一点，或者与S没有公共点. 类似地，经过F的所有直线或者在$\overset{\frown}{AD}$ 上交S两次，或者在$\overset{\frown}{BC}$ 上交S两次②，或者在$\overset{\frown}{AB}$ 和$\overset{\frown}{CD}$ 上各交S一次，或者与S没有公共点. 直线EF必然属于第四类，因为如果它属于关

---

① 如果在同一段弧上的两个交点重合，那么所说的直线是切线，并且情况仍然不变.

② 同上注.

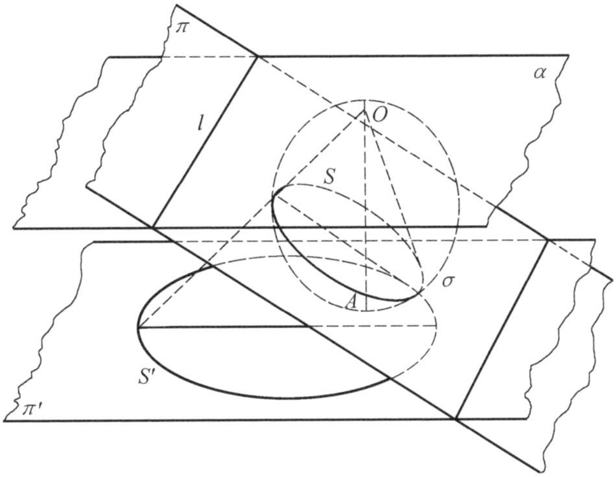

图 1.52

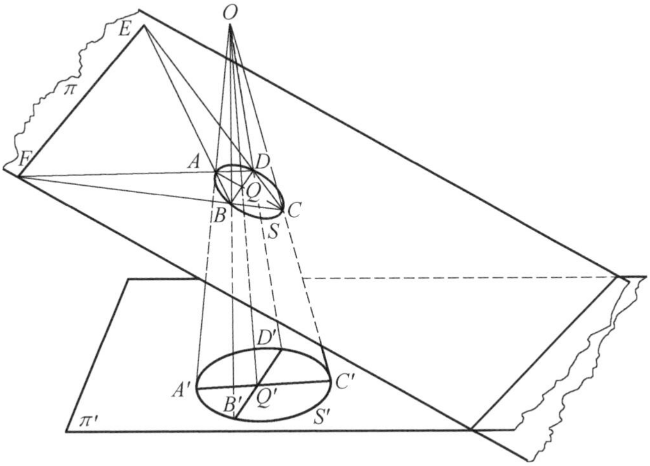

图 1.53

于 E 的其他三类中的某一类，那么就不符合它是关于 F 的四类中随便哪一类所应满足的条件.

现在，将我们的图形投影到一个平面 π' 上，使得 S 变成一个圆 S'，而 EF 变成 π' 上的无穷远直线(由定理 1'，这是可以做到的). 四边形 $ABCD$ 的像是内接于 S' 的一个平行四边形 $A'B'C'D'$，即一个矩形. 由于 Q 是 $ABCD$ 的对角线的交点，可知它的像 Q' 是矩形 $A'B'C'D'$ 的对角线的交点，即 S' 的中心.

定理 1 和 1' 使得我们能够用中心射影去解决包含圆的许多问题. 其中有一些列在下面. 在解决这些问题时，常常要用到一个相当明显的事实：将圆 S 变成圆 S' 的中心射影，也将 S 的切线(即同 S 只有一个公共点的直线) 变成 S' 的切线. 这些问题如果不用中心射影来解，一般来说将是非常困难的.

习　题

39.(1) 试证明：三角形的顶点同它的内切圆与对边的切点的连线共点(图 1.60(d)).

(2) 设给定 $\triangle ABC$，S 是一个圆，它同边 AB，BC，CA 分别交于点 M 和 N，P 和 Q，R 和 T. 设 C_1，A_1，B_1 分别是 S 在点 M 和 N，P 和 Q，R 和 T 处的切线的交点. 试证明直线 AA_1，BB_1，CC_1 共点.

显然，问题 39(1) 是问题 39(2) 的一个极限情形. 明确地说，当 M 和 N，P 和 Q，R 和 T 成对地重合时，39(2) 就变成 39(1).

40. 设 $ABCD$ 是圆 S 的一个外切四边形，而 A_1，B_1，C_1，D_1 是它的边同 S 的切点(图 1.54). 试证明：

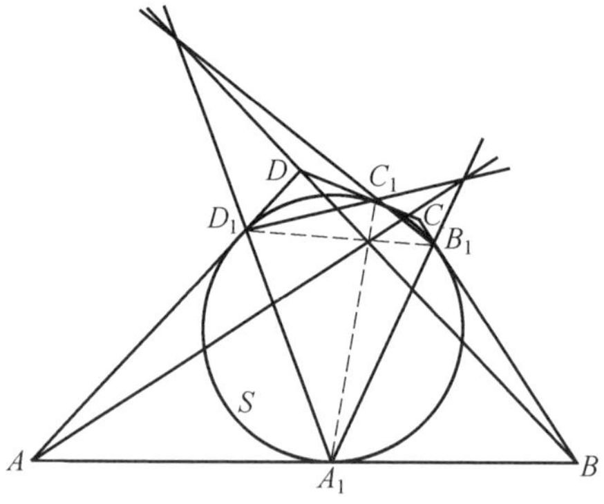

图 1.54

(1) 四边形 $ABCD$ 和 $A_1B_1C_1D_1$ 的对角线的交点重合.

(2) 四边形 $ABCD$ 的对角线的延长线经过四边形 $A_1B_1C_1D_1$ 的对边的交点.

41. 设 $ABCD$ 是圆 S 的一个内接四边形，而 P 和 Q 是它的对边的交点，O 是它的对角线的交点. 试证明：

(1) 存在无穷多个内接于 S 的三角形，它们的边(或其延长线)都分别经过 P，Q，O(更确切地说，如果 S 的一个内接三角形的两条边分别经过点 P，Q，O 中的两个点，那么它的第三条边必定经过第三个点).

(2) 存在无穷多个内接于 S 的四边形，它们的对边的交点与 P，Q 重合(更确切地说，如果 S 的一个内接四边形的两条对边交于点 P，而第三条边经过 Q，那么它的对边也经过 Q)，并且所有这种四边形的对角线的交点与 O 重合.

(3) 存在无穷多个内接于 S 的四边形，它们的对角线的交点与点 O 重合，一对对边的交点与 P 重合(更确切地说，如果内接于 S 的一个四边形的对角线的

交点与 O 重合，并且一条边经过点 P，那么它的对边也经过点 P)，另一对对边的交点与 Q 重合.

42. 设 S 是一个圆，P 是 S 所在平面上的一点. 考虑 S 的经过 P 的全部割线，这些割线中的每一条确定 S 的一对点. 对于每一对这样的点，S 在这对点处的切线有一个交点. 试求这些交点的轨迹.

43. 设 S 是一个圆，P 是一个点，l 是经过 P 的直线，交 S 于点 A 和 B. 以 K 表示 S 在 A 和 B 处的切线的交点.

(1) 过 P 的动直线交 AK 和 BK 分别于点 M 和 N(图 1.55(a)). 试证明：从点 M 和 N 到圆 S 的另一条切线的交点 X 的轨迹，是经过 K 的一条直线(更确切地说，是该直线在 S 外的部分).

(2) 从圆 S 上的动点 R 到点 P 和 K 分别作连线(图 1.55(b)). 试证明：直线 RK 和 RP 分别同 S 的第二个交点 M 和 N 的连线 x，经过直线 l 上的一个定点(与 R 的选取无关).

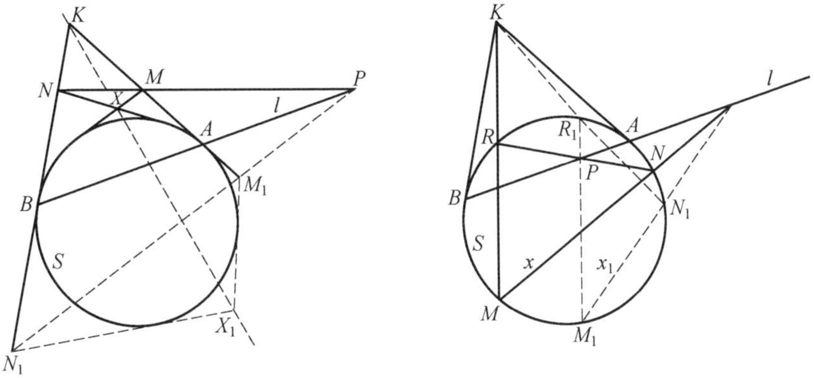

图 1.55

44. 在一个给定的圆中试内接一个四边形，已知：

(1) 它的对角线的交点 M 和对边上的两个点 K，L.

(2) 两条对边的交点和其余的两条边上的各一个点.

45. 设 AA_1，BB_1，CC_1 是圆 S 的交于一点 O 的三条弦，X 是 S 上的任意一点. 试证明：$\triangle ABC$ 的边 BC，CA，BA 分别同直线 XA_1，XB_1，C_1X 的交点 P，Q，R 在经过点 O 的一条直线上(图 1.56).

46. 帕斯卡(Pascal) 定理. 试证明圆内接六边形的三对对边的交点共线(图 1.57).

在 1.5 节中(参看问题 80) 还要再一次(以稍微更一般的形式) 陈述帕斯卡定理.

47. 布里昂雄(Brianchon) 定理. 试证明联结圆的外切六边形的对顶点的三

条对角线共点(图 1.58).

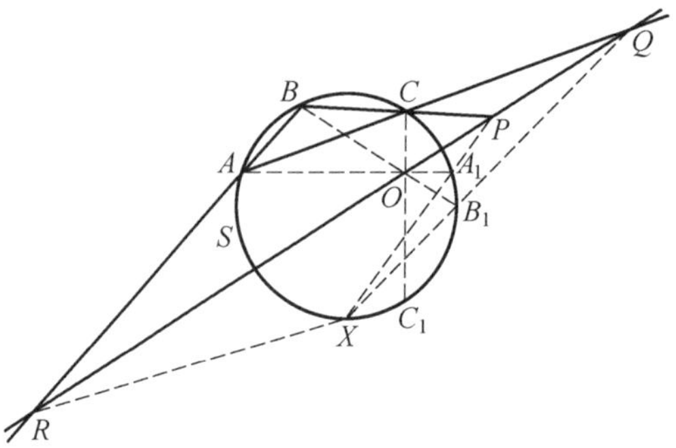

图 1.56

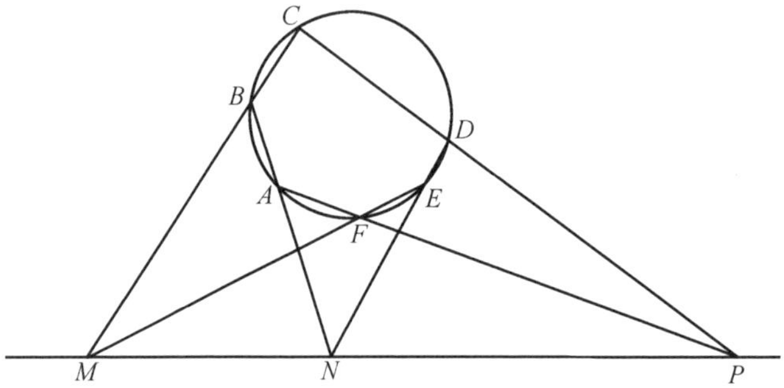

图 1.57

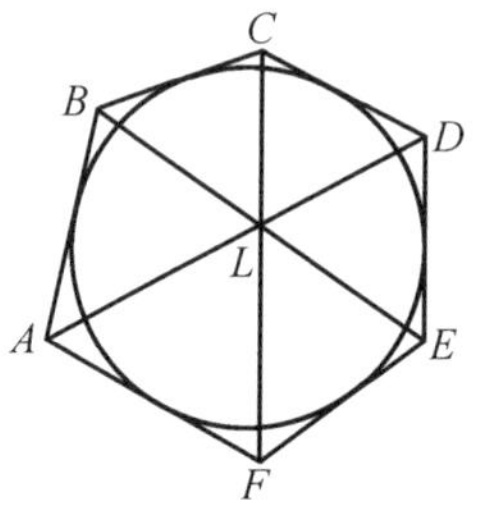

图 1.58

布里昂雄定理的一个颇使人感到惊奇的证明可以在附录中找到(参看第 101 页问题 3).关于布里昂雄定理和帕斯卡定理之间的联系参看 1.4 节中的问题 63.

关于外切或内接五边形、四边形和三角形的某些结果是布里昂雄定理和帕斯卡定理的极限情形.例如,若六边形 $ABCDEF$ 的顶点 F 在圆上移动并趋向于点 E,则边 EF 趋向于圆在点 E 的切线,在这种极限情况下我们得到下列结果:

内接于圆的五边形 $ABCDE$ 的边 BC 同圆在点 E 的切线的交点，与边 AB 和 ED 的交点及 DC 和 EA 的交点共线(图 1.59(a)). 类似地，假如在六边形 $ABCDEF$ 中顶点 F 与 E 重合、D 与 C 重合，则相应地有：圆的内接四边形 $ABCE$ 的边 AB 和 CE 的交点，与 BC 和圆在点 E 的切线的交点，以及 AE 和圆在点 C 的切线的交点共线(图 1.59(b)). 在六边形中，如果我们假定顶点 F 和 E 重合、C 和 D 重合，那么容易看到：圆在一个内接四边形 $ABDE$ 的顶点 E 和 B 处的切线的交点同两对对边的交点在一条直线上；显然，圆在点 A 和 D 处的切线的交点也在那条直线上(图1.59(c)). 最后，假定六边形的顶点 A 和 B 重合、C 和 D 重合、E 和 F 重合，则可推出：$\triangle ACE$ 的边同它的外接圆在对顶点处的切线的交点共线(图 1.59(d)). 我们不妨认为所有这些命题都可以看成帕斯卡定理的特殊情形，只要其中有一条或几条边的长度等于 0，并且它们都可以用证明帕斯卡定理的方法进行证明(而且在某些情况下证明可以大大简化).

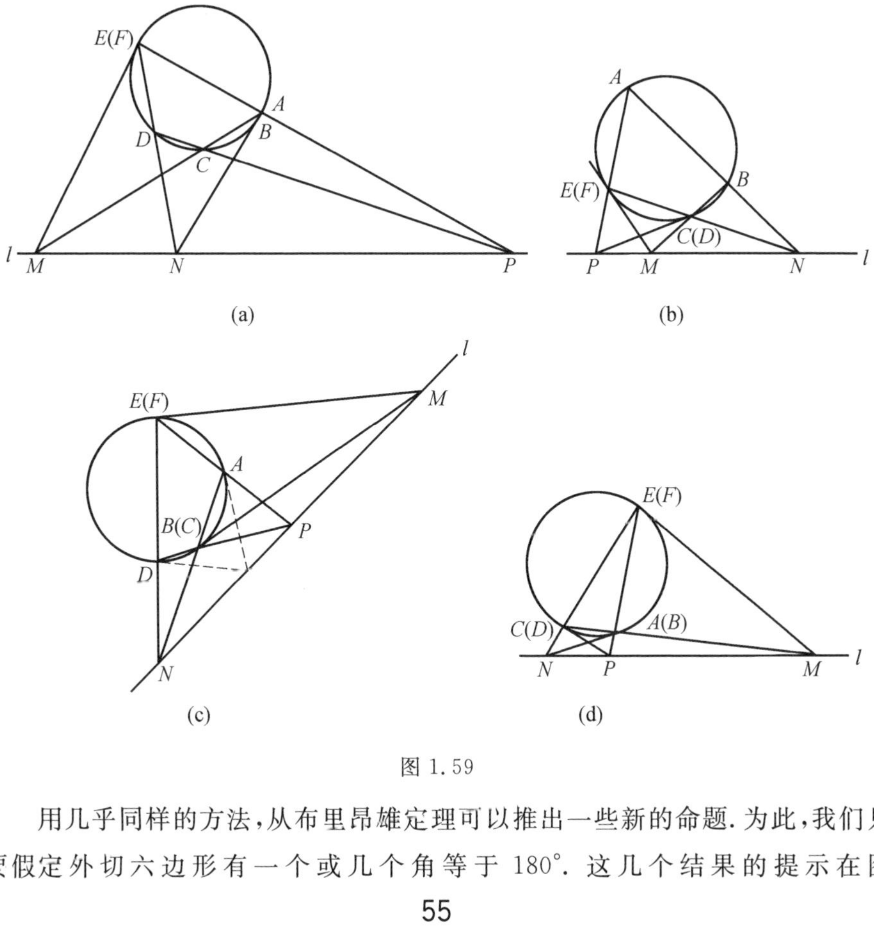

图 1.59

用几乎同样的方法，从布里昂雄定理可以推出一些新的命题. 为此，我们只要假定外切六边形有一个或几个角等于 180°. 这几个结果的提示在图

1.60(a) ～(d) 中，它们的陈述留给读者(注意，在图 1.60(c)(d) 中所表示的定理和问题 39(1) 和 40(1) 中的定理相同).

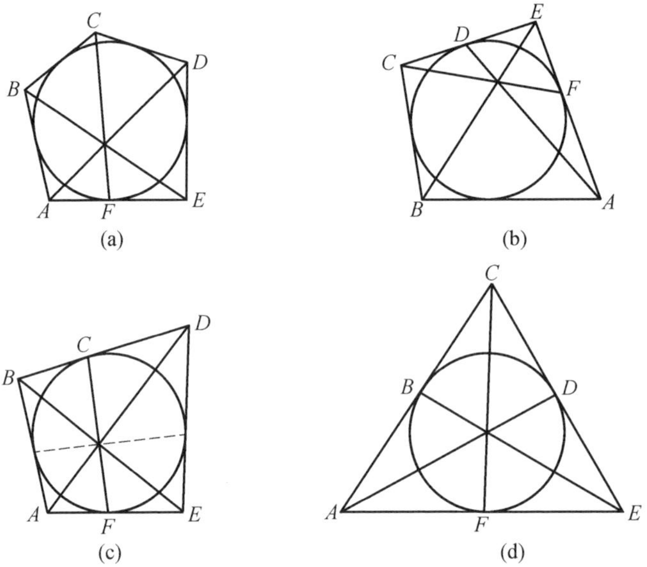

图 1.60

习　题

48. 设 A 是圆上一点. 试只用直尺作圆在点 A 的切线.

可以把问题 48 与下节中的问题 54 做比较.

49. 设 MN 是圆 S 的弧，l 是和这段弧交于一点的直线(图 1.61). 试只用直尺找出 l 与 S 的另一个交点.

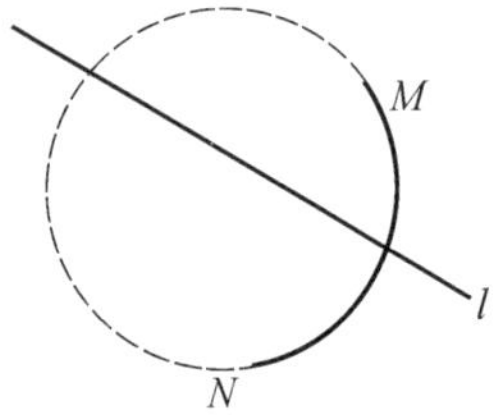

图 1.61

可以把问题 49 与下节中的问题 55 做比较.

50. 给定 $\triangle ABC$ 和一个点 Q. 设 M,N,P 分别是直线 AQ,BQ,CQ 与边 BC,CA,AB 的交点(图 1.62). 又设 S 是 $\triangle ABC$ 的内切圆，与它的边切于点 D',E',F'，从 M,N,P 到 S 的另一条切线构成的三角形为 $\triangle DEF$①，试证明：直线 DD',EE',FF' 交于点 Q.

① 其中 EF,FD,DE 分别在经过 M,N,P 的切线上.

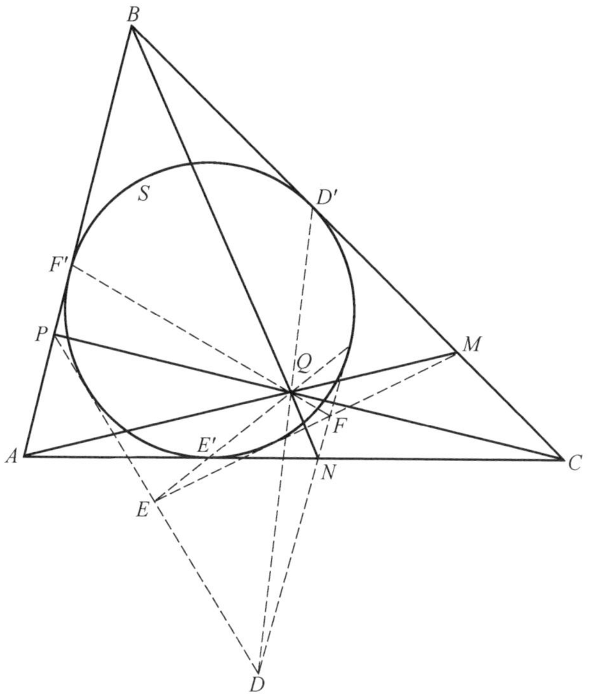

图 1.62

1.4 平面上的配极·对偶原理

下面的定理在以后将起重要的作用.

定理 1 设 P 是不在圆 S 上的一个点,经过 P 作所有可能的成对的割线,它们与 S 的交点以 A 和 A_1, B 和 B_1 表示. 则所有直线 AB 和 A_1B_1 的交点,以及直线 AB_1 和 A_1B 的交点全都在一条直线 p 上(图 1.63).

直线 p 称为点 P 关于圆 S 的极线,而 P 称为 p 的极点①.

初看起来,定理 1 可能显得并不特别有趣. 然而,它寓于简单形式中的惊人的不平凡性将充分证明我们对它的重视是有道理的.

前一节的定理 1 和 1′ 使得我们可以给出定理 1 的一个普通的证明. 实际上,如果点 P 在圆 S 的内部(图 1.63(a)),那么用适当的中心射影可以把 S 变成

① 点 P 关于圆 S 的极线也可以定义成如下的点的轨迹:这种点在经过点 P 的割线上,并同 P 一起调和地分开由 S 在该直线上所截下的线段(参看第 32 页).

圆 S'，而 P 则变成 S' 的中心(参看 1.3 节定理 1)．当 P 是 S 的中心时定理 1 是显然的；事实上，这时四边形 ABA_1B_1 是一个矩形(它的各个角都对着直径)，$AB \parallel B_1A_1$，$AB_1 \parallel BA_1$，因此所要找的轨迹是平面的无穷远直线(图 1.64(a))．由此可见，我们的定理对 S 内部的任何点 P 都成立．如果 P 在 S 外面(图 1.63(b))，那么用一个适当的中心射影可将经过点 P 而且不与 S 相交的一条直线变成无穷远直线(参看 1.3 节定理 1′)，从而 P 变成无穷远点．然而，如果 P 是一个无穷远点，那么定理 1 是显然的；事实上，这时四边形 AA_1B_1B 是一个内接于圆的梯形(即一个等腰梯形)，底具有固定的方向(图 1.64(b))，并且它的边 AB 和 A_1B_1 的交点，以及它的对角线 A_1B 和 AB_1 的交点都在它的对称轴上，即在 S 的垂直于梯形的底的一条直径上．这说明定理 1 对于 P 在 S 外的情形也成立．

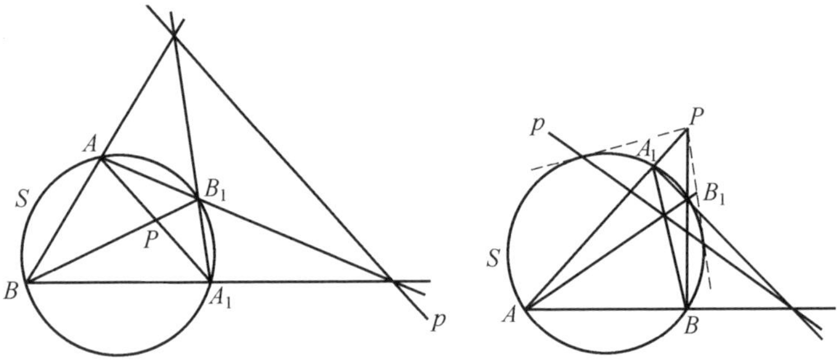

(a)　　　　(b)

图 1.63

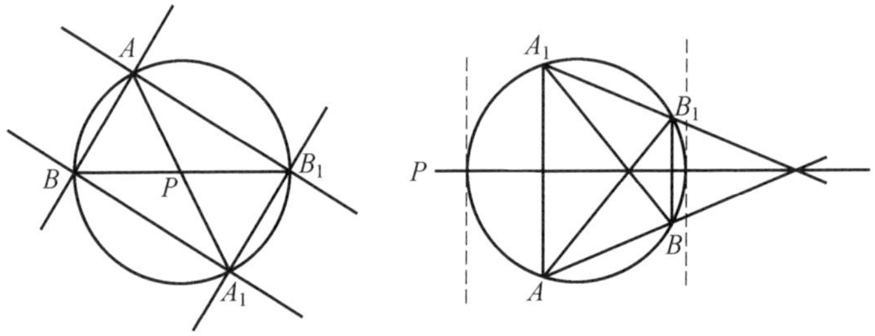

(a)　　　　(b)

图 1.64

如果 P 在 S 上，那么定理 1 中的轨迹没有意义，因为这时点 A 和 B 与 P 重合，四边形 ABB_1A_1 退化成 $\triangle A_1B_1P$，直线 A_1B 和 AB_1 交于 P，而直线 AB 则不确定(图 1.65)．然而，容易看到，如果不在 S 上的点 P' 无限趋向于 P，那么 P' 的极线 p' 趋向于 S 在点 P 的切线(图 1.65)．所以我们自然可以把 S 上一点 P 的(相对于 S 的)极线定义为 S 在点 P 的切线 p．

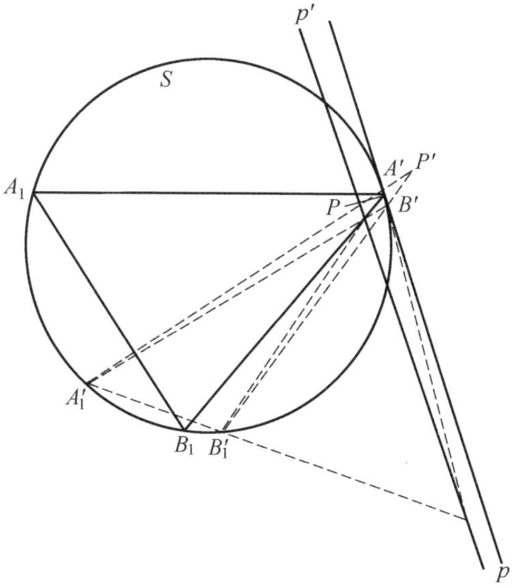

图 1.65

如果 P 在 S 的内部,那么它相对于 S 的极线完全在 S 的外部;如果 P 在 S 的外部,那么它的极线 p 和 S 相交(图 1.63).不难证明,如果点 P 在圆 S 的外部,那么它的极线 p 是从 P 到 S 的两条切线上的切点的连线(图 1.63(b)).为了证明这一点,可以注意这个论断当 P 是无穷远点时成立(图 1.64(b));又因为把 P 变成 P'、把 S 变成圆 S' 的中心射影,同时也把 P 关于 S 的极线变成 P' 关于 S' 的极线,并且把 S 的切线变成 S' 的切线,所以可以推知所要证的结论成立.

注意,点 P 关于圆 S 的极线 p 垂直于 S 的经过点 P 的直径.反之,直线 p 的极点 P 在从 S 的中心 O 到 p 的垂线上.只要利用对称性就不难得到这个结论(图 1.66).

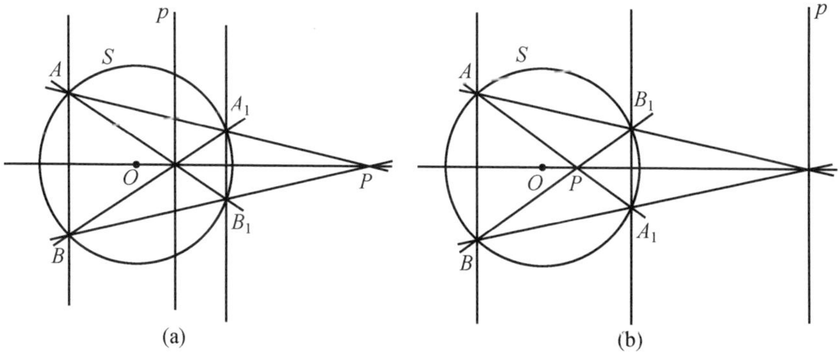

图 1.66

关于给定的圆 S，一个点 P 的极线的作图方法，以及任意一条直线 p 的极点的作图方法，蕴含在这些概念的定义中(图 1.63). 这两个作图都只用到直尺，这一点我们以后要用到.

关于极线最重要的结果是：

定理 2 如果点 A 在点 B 的极线 b 上，那么点 B 在点 A 的极线 a 上(图 1.67).

这个性质是定义的一个直接推论. 因为如果 A 是圆 S 内部的一点，那么 B 必在 S 的外部(图 1.67(a))，否则 B 的极线 b 将全部在 S 的外面，从而与 S 内部的点 A 落在 b 上这一事实相矛盾. 由于 A 在 B 的极线上，因而经过 B 有两条割线分别交 S 于点 M, M_1 和 N, N_1，使得 A 是四边形 MM_1N_1N 的对角线的交点. 所以反过来从点 A 看，它的极线就是 BQ，其中 Q 是 MN 和 M_1N_1 的交点，这就证明了 A 的极线经过点 B. 如果 A 在 S 的外部，那么定理 2 可用类似的推理证明(这时 B 可能在 S 的内部，如图 1.67(a)，我们只需在其中交换 A 和 B 的位置即可，或者像图 1.67(b) 那样在 S 的外部). 如果 A 是 S 上的一点，那么定理 2 的证明可以从图 1.67(c) 看出来.

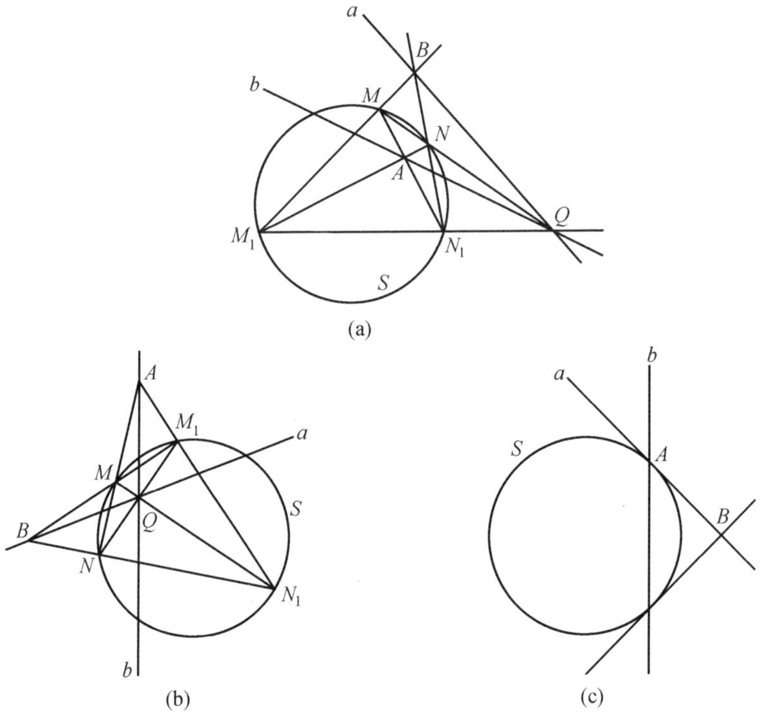

图 1.67

习　题

51. 试证明：如果从半径为 1 的圆 S 的中心 O 到一点 A 的距离是 d，那么从 O 到 A 关于 S 的极线 a 的距离等于 $1/d$.

52. 设 A 和 B 是两个点，a 和 b 是它们关于中心在点 O 的圆的极线，AP 和 BQ 分别是从 A 到 b 和从 B 到 a 的距离.

试证明：$\dfrac{OA}{AP}=\dfrac{OB}{BQ}$.

53. (1) 设 $ABCD$ 是圆 S 的内接四边形. 试证明：从 S 的中心到四边形对边交点的连线的垂线经过它的对角线的交点.

(2) 在 $ABCD$ 是圆 S 的外切四边形的假定下证明上述命题.

54. 设 A 是圆 S 外一点. 试只用直尺作出从 A 到 S 的切线.

可以把这个问题与 1.3 节的问题 48 做比较.

55. 设 MN 是圆 S 的一段给定的弧，l 是不与这段弧相交的给定的直线(图 1.68). 试只用直尺作出 l 与 S 的交点.

可以把这个问题与 1.3 节的问题 49 做比较.

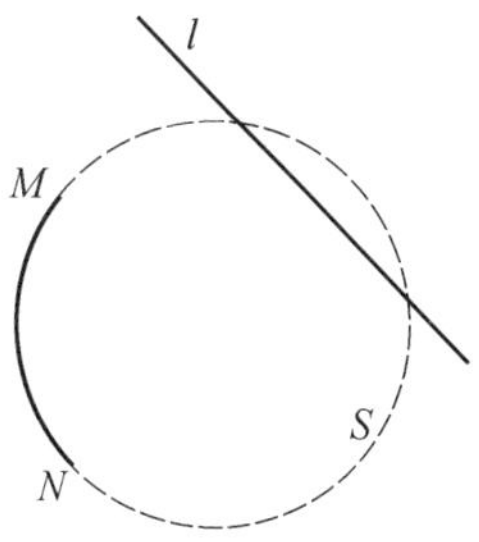

图 1.68

56. 有两条平行边的直尺称为一个平行直尺. 这种直尺可以用来画相距等于直尺宽度 a 的两条平行线 l_1 和 l_2，并且使得 l_1 经过给定的两点 A 和 B(图 1.69(a))，或者使 l_1 经过 A，而 l_2 经过 B(图 1.69(b))①.

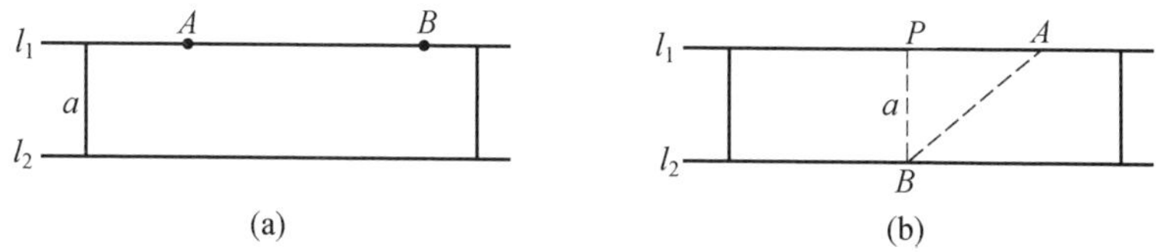

图 1.69

试证明：只用一个宽度为 a 的平行直尺，可以找出给定直线 l 与已知中心为 A、半径为 a 的圆的交点(即使这个圆没有画出来).

平行直尺是非常普通的作图工具. 要确定什么样的作图问题可以只用这样的直尺来解是一个很有趣的问题. 显然，只用直尺可以实现的作图用平行直尺

① 显然，后者只有当 $AB\geqslant a$ 时才可能成立.

也可以作出来，但是反过来不对. 例如，我们将在 1.5 节中看到，只用直尺不能作出经过给定点 M 且与给定直线 l 平行的直线(参看第85页)；而这时只用平行直尺显然可以解决这种类型的某些作图问题(参看 1.1 节问题 3(2)).

容易看到，用平行直尺可以作出来的图都能够用直尺和圆规作出来(因为我们可以用这些工具解决在图 1.69(a)(b) 中表示的两个作图问题；在图 1.69(b) 中 l_1 和 l_2 的作图可以归结为给定了 Rt$\triangle ABP$ 的斜边 AB 和边 $BP=a$，要作出它的顶点 P). 反过来，在 1.5 节中我们将证明，能用直尺和圆规作出来的图，也能够只用平行直尺作出来；在这方面，问题 56 中的作图是基本的.

习　题

57. 试证明：联结 $\triangle ABC$ 的顶点与这个三角形的对边关于某圆 S 的极点 A'，B'，C' 的直线共点.

这个问题中的定理可以重述如下. 如果 $\triangle A'B'C'$ 的边是 $\triangle ABC$ 的对应顶点的极线，那么 $\triangle ABC$ 和 $\triangle A'B'C'$ 关于给定的圆是配极的. 定理 2 说明，$\triangle ABC$ 的边也就是 $\triangle A'B'C'$ 的对应顶点的极线. 从而问题 57 中的定理断定：配极的三角形总是透视的(参看1.2节问题22和它后面的注释). 由此可以推出 $\triangle ABC$ 和 $\triangle A'B'C'$ 的对应边的交点共线(参看问题 22)(在 1.3 节的问题 39(1)(2) 中的结论是问题 57 中的定理的特殊情形).

58. 设给定了 $\triangle ABC$，$\triangle A_1B_1C_1$ 和一个圆 S. 试证明：如果这两个三角形的对应顶点的连线共点，那么 $\triangle ABC$ 的边关于圆 S 的极点和 $\triangle A_1B_1C_1$ 的对应边关于 S 的极点的连线也共点.(换句话说，如果两个三角形透视，那么和它们配极的两个三角形也透视；参看问题 57 后面的注释.)

59. 如果一个三角形的每一条边是对顶点的极线，那么称它关于给定的圆是自配极的. 试证明：对于一个钝角 $\triangle ABC$，存在唯一的圆，使得 $\triangle ABC$ 对于它是自配极的，而且这个圆的中心就是 $\triangle ABC$ 的高线的交点. 直角三角形和锐角三角形关于任何圆都不是自配极的.

我们注意，从定理 1 可以推出：如果在圆 S 中内接一个四边形，那么以四边形的对角线的交点和两对对边交点为顶点的三角形关于 S 是自配极的(图 1.70(a)). 类似地，如果作圆 S 的一个外切四边形，那么以四边形的对角线和对边交点的连线为边的三角形关于 S 是自配极的(图 1.70(b)).

(如果在图 1.70(b) 中的外切四边形的边是 S 在图 1.70(a) 中所示的内接

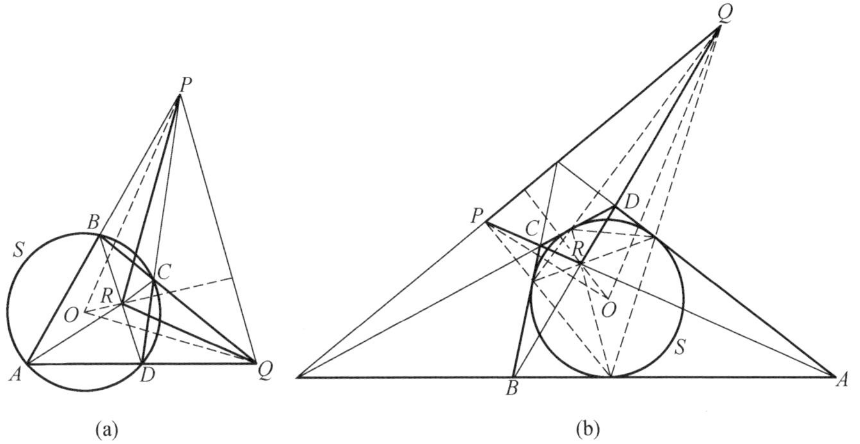

图 1.70

四边形的顶点处的切线，那么图 1.70(b) 中的 $\triangle PQR$ 与图 1.70(a) 中的 $\triangle PQR$ 重合；请读者自己证明这个结论.）从问题 59 中的结果可以推出，上面提到的两个三角形都是钝角三角形，并且它们的高线的交点与 S 的中心重合.

利用一个点关于圆的极线的概念，我们可以定义平面的一类变换，这种变换在证明许多定理时是有用的. 设 F 是由点和直线组成的平面图形，S 是一个定圆. 把 F 的每一个点换成它关于 S 的极线，F 的每一条直线换成它关于 S 的极点，这些极线和极点组成一个和图形 F 相对应的图形 F'. 用上述方法把 F 变成确定的图形 F' 的变换，称为关于 S 的配极①. 有时我们也用配极变换这个词.

当然，在我们至今所用的变换这个词的意义下，也就是说在将点变成点的映射(点变换) 的意义下，配极不是一个变换；由定义，它是将点和线互换的一种映射. 因此，配极不同于我们迄今所碰到的所有的变换(运动、相似变换、射影). 在下面(参看《几何变换 Ⅳ》，第 2 章，2.5 节)，我们将会遇到其他不是点变换的变换的例子.

就后面所列出的问题来说，上面定义配极的方式是完全可以令人满意的；此外，可以把配极看成平面到它自身的变换，更确切地说，作为平面上的点和直线的集合的一种变换，它把每一个点变成某一条直线，把每一条直线变成某一个点. 并且，根据定理 2，在直线 l 上的点变成经过 l 的像点 L 的直线(图 1.71(a)). 配极把(看成点集合的) 一条曲线 γ 变成新的曲线 Γ，Γ 可以设想为它

① 然而，"配极" 常常表示一种更为一般的变换(参看第 62 页)，在它自己的极线上的这些点一般构成一条圆锥曲线，而不一定构成一个圆，或者根本没有这样的点. —— 英译者

的切线族的包络(图 1.71(b))①.

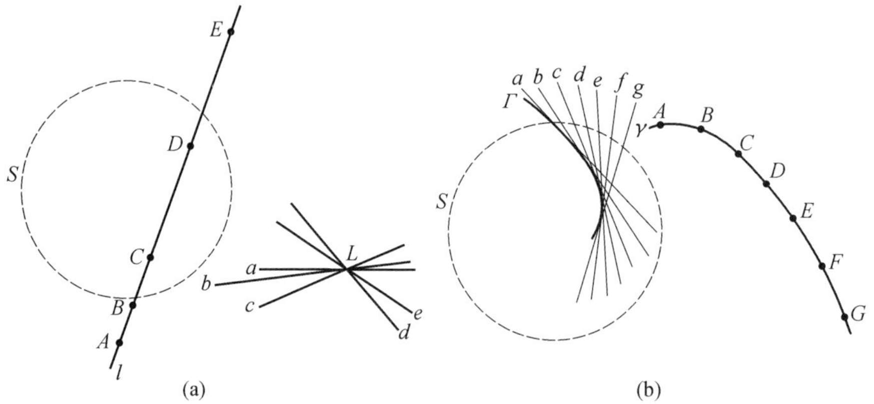

图 1.71

注意,可以不借助于定理 1 而用下面的立体几何作图来定义平面到它自身的配极. 设 π 和 π' 是平行平面,M 是与这两个平面等距离的一个点(图 1.72). 对于 π 上的每一个点 A(除从 M 到 π 的垂足 O 以外),配以如下得到的直线 a:过 A 和 M 作直线 l,经过 M 作平面 λ 垂直于 l,用 a' 表示 λ 和 π' 的交线,然后把 π'"下降"到平面 π 上(即将 π' 垂直投影到 π 上),设 a' 这时变成 π 上的直线 a. 不难证明,将 A 变成与它相配的直线 a 的变换是关于以 O 为中心、OM 为半径的圆的配极. 我们没有机会来运用这个结果,它的证明留给读者. 从刚才给出的定义容易推出配极的所有性质,我们建议读者自己做一做这些问题.

有时候利用配极可以把给定的一个问题归结为比较简单的问题(例如,下面的问题 67 和 68). 更重要的是配极可以用来作为从已知的结果获得新的结果的一种方式. 为阐明这一点,注意在用中心射影或平行射影解决前几节中的问题时,我们的想法是把给定的问题归结为这同一个问题的简单的特殊情形(例如,在 1.1 节中用等边三角形代替任意三角形,而在 1.2 节和 1.3 节中用一对平

---

① 这里有一个恰当而有趣的解释. 显然,关于具有中心为 O、半径为 1 的圆 S 的配极,中心在点 O,半径为 r 的圆 s 变成半径为 $1/r$ 的圆 s',这里把 s 设想为它上面的点的集合,而 s' 则作为自己的切线的集合(与 O 相距 r 的点 A 变成与 O 相距 $1/r$ 的直线 a;参看问题 51),或者反过来. 现在假设圆 s(这时把 s 看成它的切线 a 的集合是有益的)的中心 B 与 O 不重合(如前,s 的半径是 r). 如果 b 和 A 是在关于 S 的配极下 B 和 a 的像,那么由问题 52 的结果,$OA/AP = OB/BQ(= OB/r)$,其中 AP 和 $BQ = r$ 分别是从 A 到 b 和从 B 到 a 的距离. 因此直线 a 的集合(即圆 s)变成满足关系式

$$OA/AP = C(C\text{ 为常数})(= OB/r)$$

的点 A 的集合("轨迹")s',即变成到 O 和 b 的距离之比是常数(并且等于 OB/r)的点 A 的轨迹. 但是,大家知道,这个轨迹是一个椭圆(如 $OB/r < 1$,即 O 在 s 的内部),或抛物线(如 $OB/r = 1$,即 O 在 s 上),或双曲线(如 $OB/r > 1$,即 O 在 s 的外部). 由此,配极将圆 s 或者变成圆(这是当 s 的中心和确定配极的圆 S 的中心 O 重合时的情形),或者变成椭圆、抛物线或双曲线.(参看《几何学的新探索》第六章)从这个事实可以推出圆锥截线的许多有趣的性质.

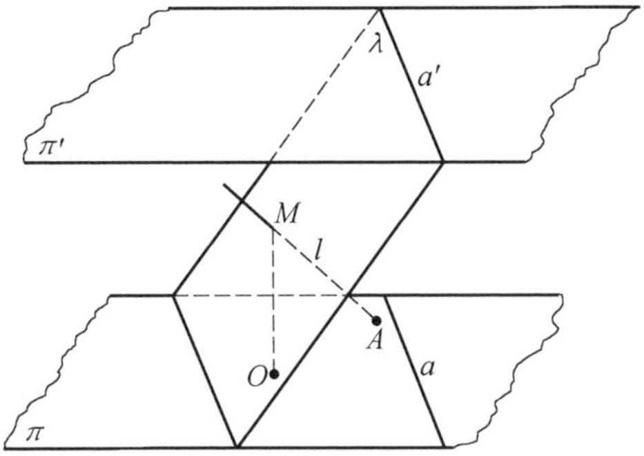

图 1.72

行线代替一对任意直线). 在用配极时，一般地说，我们不是把给定的问题化成它的一种特殊情形；事实上，配极把一个图形变成另一个与它完全不同的图形，点换成了直线，而直线换成了点. 因此，如果我们对伴随某一个命题的图形使用配极，那么将得到对应于一个新的命题的图形. 这个新的命题可能比原来的要简单；通过证明它，我们也就证明了原来的命题. 如果这个新命题并不比原来的简单，那么对我们仍然是有好处的，因为证明了其中的一个，另一个也就自然成立.

从一个定理用配极变换所得到的另一个定理，称为原定理的对偶定理，而彼此对偶的成对的定理的存在性，就是众所周知的对偶原理，在后面我们将用许多例子来阐述它.

以平面的配极概念为基础的对偶原理，使得我们可以从给定的一个定理通过术语“点”和“直线”的互换得到一个新的定理. 在定义配极时，我们用到了本节开头的定理 1. 它的意义并不仅仅在于使得我们能够对每一个点配以一条确定的直线和对每一条直线配以一个确定的点 —— 这种对应是十分普通的(例如，对于一个点 P，我们可以用由 P 和某个定点 O 的连线的垂直平分线和它相对应，而 O 对应的是，譬如说，无穷远直线；而无穷远点则和经过点 O 垂直于该无穷远点所确定的方向的直线相对应)—— 而在于它使得我们给直线 l 上的一点所配的直线是经过与 l 相对应的点的一条直线(参看定理 2). 可以证明，刚才所说的后一种对应(使得一个点(一条直线) 对应于唯一的一条直线(一个点)，并且使得一个点和经过它的一条直线，对应的是一条直线和在它上面的一个点)，都能够用关于某一个圆的配极，以及平面到它自身的一个中心射影，或者中心对称加一个中心射影来实现①.

再说明一点. 我们可能已经给读者以这样的印象，那就是配极基本上是从

① 关于这方面可参考 H. S. M. Coxcter 的 *Projective Geometry*(Blaisdell Publishing Co. ,New York,1964),第八章.

已有的定理获得新定理的一种方法，而中心射影和平行射影则仅仅是用来作为证明几何命题的一种技巧.这种看法不是完全正确的，因为正如我们在上面提到的，配极有时可以用来证明给定的几何命题，并且就像我们将要说明的，中心射影和平行射影偶尔也用来从已知的定理推出新的定理:通过对一个定理的图形作中心射影或平行射影，有时候可以得到一个新的定理.考虑一个定理，如果它仅仅包含在平行射影下保持的那些概念(即仿射几何的一个定理；参看本书的引论)，那么显然，对这种定理作平行射影，不能给出一个新的定理(正如用运动作用在任何定理的图形上总不会导致一个新的定理一样；关于这个问题的更加详细的讨论，可以参看《几何变换(Ⅰ)》的前言)，但是有可能导致这个定理的一种简单的特殊情形；在1.1节中已经给出这种类型的许多恰当的例子.然而，对于不包含仿射概念的定理中的图形，作平行射影有可能给出一个新的定理，例如，利用射影把直角三角形变成等边三角形，我们就能从关于直角三角形的定理得到新的定理.类似地，对仿射性的定理用中心射影可以导出新的定理出现；在前面已经给出恰当的例子(参看1.1节中的问题29,31,32(1),33).总之，比较稳妥的说法是:中心射影和平行射影更常见地是用来证明定理，而配极则更常用来从已知的定理获得新的定理.

重要的是要注意，对偶原理仅仅在射影平面，即在“无穷远元素”的平面上成立(关于圆S的配极，将S的中心变成无穷远直线，而它的直径则变成无穷远点).这是因为对偶原理使得我们可以互换几何命题中的点和直线，这意味着点和直线在某种意义下是对等的.而在引进无穷远元素以前，点和直线绝不是对等的，因为如果对等，那么从平行直线(没有公共点的直线)的存在就能推出“平行”点(“没有公共直线”的点，即没有同时经过它们的直线的点)的存在，但是这样的点是不存在的.无穷远元素的引进消除了平行直线的特殊地位；在射影平面上，任意两条直线都有唯一的公共点(通常的点或无穷远点)，而任意两个点也总是确定唯一的经过它们的直线(参看第1章，1.2节中第32页及其后诸页).

可以证明:从上面提到的射影平面的点和直线的基本性质的对称性，能够推出对偶原理，即从给定的一个定理通过互换术语“点”和“直线”以及“在上”和“经过”，可以得到一个新的定理(它的对偶).实际上，在证明任何几何定理时，我们总是把它归结成一个比较简单的定理，然后再归结成一个更加简单的定理，如此下去，直至达到最简单的几何命题，即所谓公理(公认的无须证明的假设).现在，在射影平面上的点和直线的基本性质是完全对等的，这就是说，在任何给定的公理中，如果我们互换“点”和“直线”以及“在上”和“经过”，可以得到一个正确的命题.不妨把这些命题也列为公理.虽然这样所得到的公理系统会显得累赘，但它是自对偶的.另外，任何(正确的)定理的对偶，必然是一个新的且正确的定理，它可以用与原定理的证明过程大致相同的形式来证明，唯一的差别只是这时的证明过程追溯到的有关的公理与原定理追溯到的公理是互相对偶的①.

还要说明一点.就获得对偶定理这一点来说,利用配极可以比利用点和直线的基本性质的对等性得到多得多的对偶定理.因为一方面,这种对等性(来源于存在成对对偶的公理)的运用,仅限于不涉及角度或距离的那些定理(由于我们没有这些概念的对偶)②.另一方面,在下面第 69 页中给出的配极的性质 B 和 C,使得我们能够对更多的一类定理应用对偶原理.

下面我们来考虑配极的某些性质,其中最重要的是:

A.配极把点 A 和经过 A 的直线 b 分别变成直线 a 和在 a 上的点 B(图 1.73).

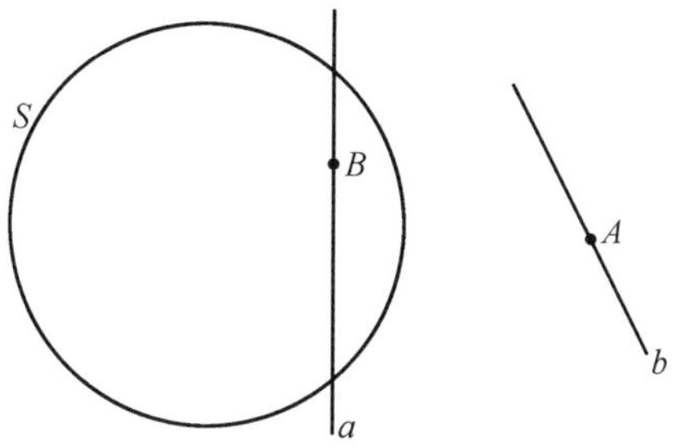

图 1.73

配极的这个性质是定理 2 的直接推论.

从性质 A 可以推出:配极把在一条直线 l 上的三个点 A,B,C 变成经过一点 L 的三条直线 a,b,c(图 1.74;也可参看图 1.71(a)).反过来,它把三条共点的直线(经过同一个普通的点或无穷远点)变成三个共线的点.仅仅用这个事实就使得我们可以从给定的定理获得新的定理.例如,考虑问题 38(1) 中的定理:假设 A_1,B_1,C_1 是 $\triangle ABC$(为简单起见,称为 $\triangle T$)的边上的点,它们使得直线 AA_1,BB_1,CC_1 交于一点 O,并假设 A_2,B_2,C_2 是 $\triangle A_1B_1C_1$($\triangle T_1$)的边上的点,使得直线 A_1A_2,B_1B_2,C_1C_2 交于一点 O_1,则直线 AA_2,BB_2,CC_2 也交于一点(图1.75(a)).对这个定理作配极,则 $\triangle T$ 变成 $\triangle t$,它的边是 T 的顶点的极线 a,b,c;点 O 变成直线 o,而 $\triangle T_1$ 则变成 $\triangle t_1$,它的边是 t 的顶点与它的对边和 o 的交点的连线 a_1,b_1,c_1;点 O_1 变成直线 o_1,而点 A_2,B_2,C_2 则分别变成 t_1 的顶点与它的对边和 o_1 的交点的连线 a_2,b_2,c_2(图 1.75(b)).

由于问题 38(1) 的定理告诉我们直线 AA_2,BB_2,CC_2 共点,因此可以推出

① 详细情形可参看 H. S. M. Coxeter 的 *Projective Geometry* 的第三章.

② 换句话说,射影平面的中点和直线的基本性质的等价性,只允许我们对射影几何的定理(参看本书引论)应用对偶原理.

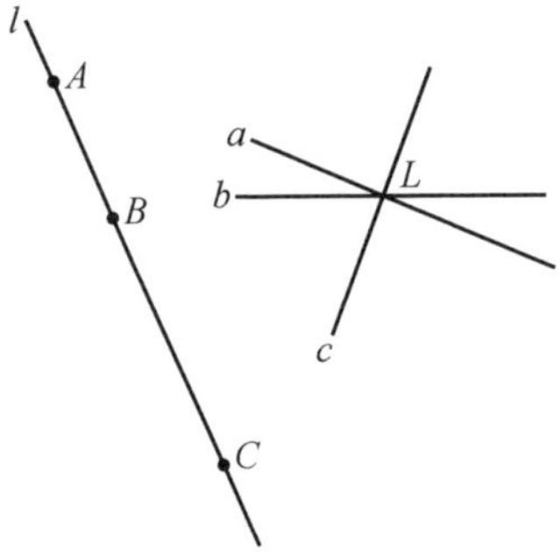

图 1.74

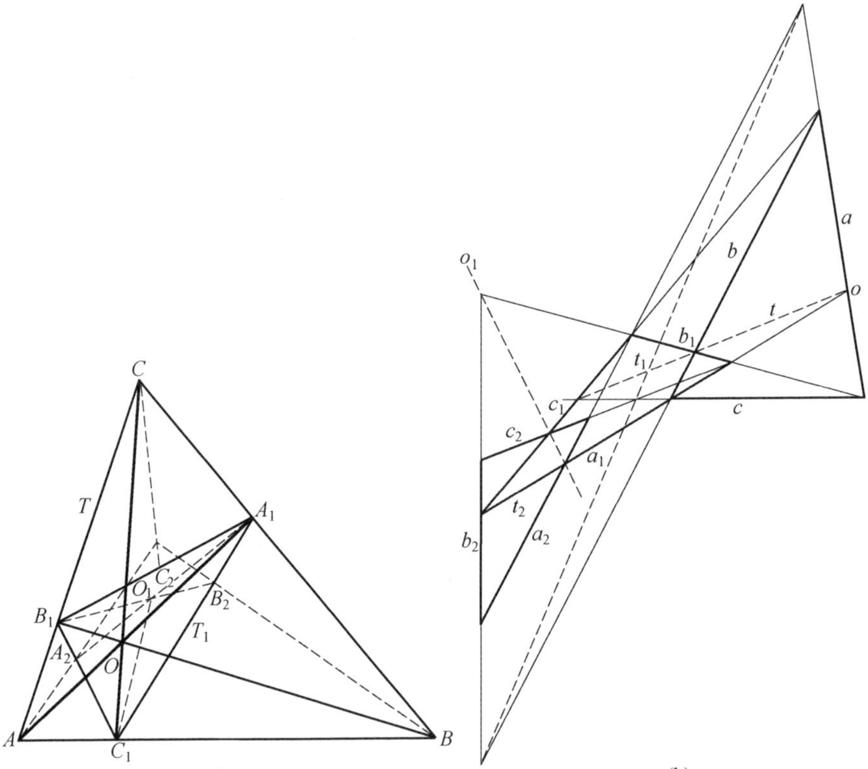

(a) (b)

图 1.75

直线偶 a 和 a_2，b 和 b_2，c 和 c_2 的交点共线. 于是我们得到下述定理：如果 t_1 是一个三角形，它的边在 $\triangle t$ 的顶点与它们的对边和一直线 o 的交点的连线上；又 t_2 是一个三角形，它的边在联结 t_1 的顶点与它们的对边和某一直线 o_1 的交点的直线上，那么 $\triangle t$ 和 $\triangle t_2$ 的对应边的交点共线. 这是一个用新的图形描绘的全新的定理，它的成立由问题 38(1) 的定理和配极的性质 A 所保证，从而无须再另外给出证明①.

习　题

60. 试问:对问题 17,21,22,25,26,27,28 中的定理作配极,得到的是一些什么样的定理?

61. 在一平面上给定 n 条共点的直线 $l_1, l_2, \cdots, l_n$ 和 n 个点 $M_1, M_2, \cdots, M_n$. 试作一个 n 角形 $A_1A_2\cdots A_n$,要求它的顶点在直线 $l_1, l_2, \cdots, l_n$ 上,而它的边又经过点 $M_1, M_2, \cdots, M_n$.

1.5 节中的问题 90 是问题 61 的一个相当大的推广.

62. 试问:对问题 36(1) ~ (4),37(1) ~ (3),38(2) 中的定理作配极,将得到哪些定理?

63. 试问:通过对问题 39(a)(b),40(a)(b),41,43(a)(b),45,46,47,50 中所提到的圆作配极,得到的是什么定理?

64. 试问:如果我们对问题 42 关于圆 S 作配极,将得到什么定理?

65. 给定一个圆 S 和三条直线 l_1, l_1, l_2,试作 S 的外切四边形 $ABCD$,使得 A 和 C 在 l 上,B 在 l_1 上,而 D 在 l_2 上.

1.5 节中的问题 84(2) 是这个问题的推广.

66. 试从梅涅劳斯定理(参看 1.2 节中的问题 34(1))利用配极得到塞瓦定理(问题 34(2)),并且反过来,从塞瓦定理得到梅涅劳斯定理.

下面我们考虑配极的其他性质.

B. 关于圆 S 的配极把平行线变成和 S 的中心 O 共线的点,反过来,把同 S 的中心 O 共线的点变成平行线(图 1.76).

这个性质是下列事实的直接推论:直线 a 的极点在经过 S 的中心,且垂直于 a 的直线上(参看第 59 页).

C. 设 A 和 B 是两个点,a 和 b 是它们在关于中心为 O 的某个圆 S 的配极下的像. 则直线 a 和 b 的夹角等于线段 AB 对点 O 所张的角(或它的补角).

这个性质也可以从点 A 的极线 a 与直线 OA 互相垂直推出来,因为它说明直线 a 和 b 的夹角的边与 OA 和 OB 的夹角的边两两垂直(图 1.77).

① 注意,严格地说,用配极导出新的定理需要将一个配极作用两次. 只要我们对刚才讲的例子做进一步的分析就可明白这一点. 对给定的定理(这里就是问题 38(1) 中的定理)作一次配极变换,可以得到一个新的定理的陈述. 我们不能肯定新的定理在所有的情形下都是真的(对于 t, o 和 o_1 完全任意的图 1.75(b),我们不能断定它能够通过对图 1.75(a) 作一次配极得到);为证明所得到的定理,必须作第二次配极把它归结为原来的定理.

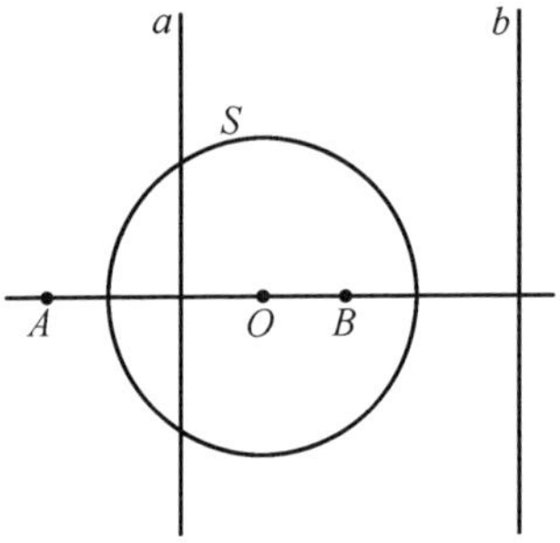

图 1.76

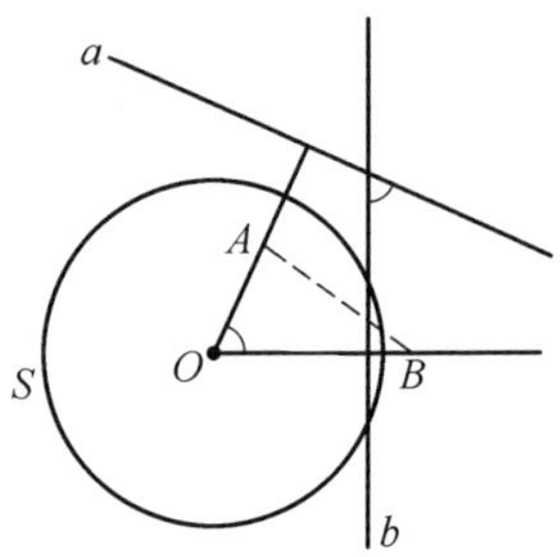

图 1.77

配极的性质 B 和 C 使得我们可以从初等几何的许多定理得到新的定理. 例如,考虑命题:内接于半圆的角是直角(图 1.78(a)). 关于所说的圆作配极,则点 A,B,C 变成 S 的切线 a,b,c;特别地,如果 A 和 B 是 S 的对径点,那么切线 a 和 b 平行(参看配极的性质 B). 考虑到配极的性质 C,我们立刻可以断定:如果 S 是中心在点 O 的圆,S 的两条平行切线交 S 的第三条切线于点 K 和 L,那么 $\angle KOL$ 是直角(图 1.78(b)).

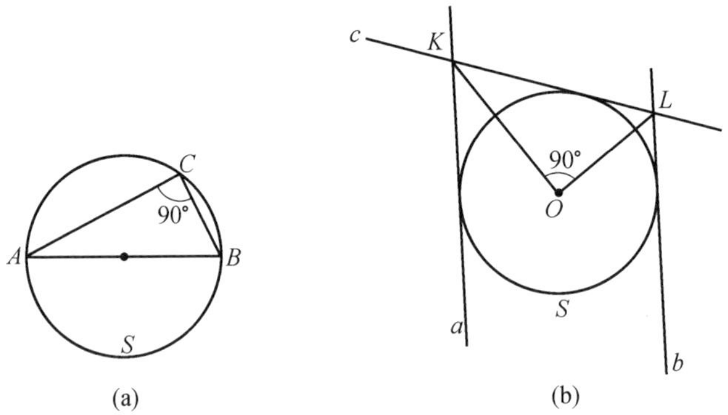

图 1.78

下面是另一个较为复杂的例子. 以平行四边形的边的中点作为顶点的四边形也是一个平行四边形(图 1.79(a)). 这几乎是显然的. 我们来看看对这个命题作配极可以得到什么命题.

首先,我们必须用在配极下其像为已知的内容来定义平行四边形的边的中点(因为我们不知道线段的中点在配极下的像是怎样的直线). 我们采用的定义是:平行四边形的边的中点是它的边和它的中线 —— 经过对角线的交点平行于该边的直线 —— 的交点.

由配极的性质 B,$\square ABCD$ 变成四边形 $A'B'C'D'$,它的对角线的交点和 S 的中心 O 重合(参看图 1.79(b);S 在图中没有画出来). 平行四边形的对顶点变成四边形 $A'B'C'D'$ 的对边,平行四边形的对角线变成四边形的两对对边的交点 K 和 L,而对角线的交点则变成直线 KL. 根据配极的性质 B 和 C,平行四边形的中线变成四边形 $A'B'C'D'$ 的对角线 $A'C'$ 和 $B'D'$ 与直线 KL 的交点 E 和 F. 从而平行四边形的边的中点变成直线 EB' 和 ED' 以及 FA' 和 FC',而原命题则变成如下的对偶命题:其边在直线 FA',EB',FC' 和 ED' 上的四边形的对角线的交点与四边形 $A'B'C'D'$ 的对角线的交点重合(图 1.79(b)).

这个新命题既不是明显的,也不是简单的. 它的直接证明是相当复杂的.

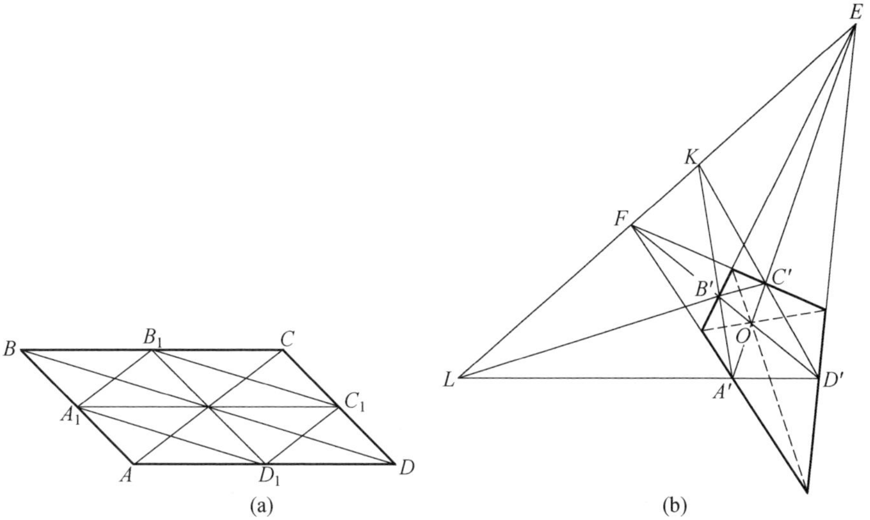

图 1.79

习　题

67. 试用配极的性质 B 证明德札尔格定理(1.2 节问题 22).

68. 设 S 是 $\triangle ABC$ 的内切圆,l 是 S 的切线,M,N,P 是 l 同 $\triangle ABC$ 的边的交点(图 1.80). 从 S 的中心 O 分别引垂直于直线 OM,ON,OP 的直线,它们同这个三角形的对应边的交点用 M_1,N_1,P_1 表示. 试证明点 M_1,N_1,P_1 在 S 的一条切线上.

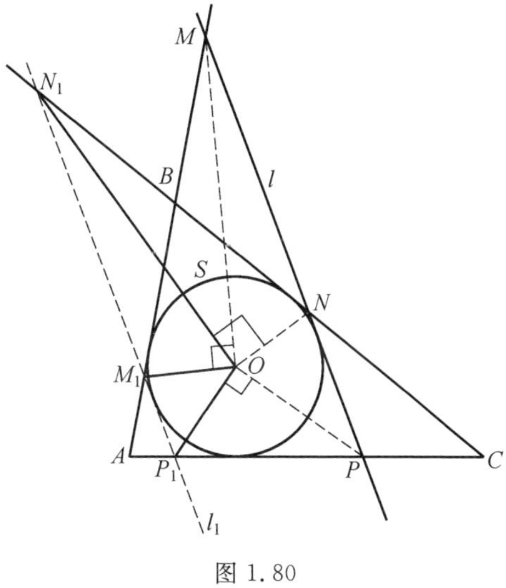

图 1.80

69. 在圆中,同弧所张的圆周角相等. 试叙述对这个命题作配极所得到的新命题.

70. 对关于西姆森(Simson)

线的定理(《几何变换(Ⅱ)》)作配极得到一个新的定理,试叙述之.

71. 三角形的中线共点. 对这个定理作配极,这个配极所用的圆是该三角形的外接圆. 试陈述所得到的新定理.

72. 如果平行四边形的对角线正交,那么它们平分顶角. 对这个定理作配极,试陈述所得到的定理.

73. 试陈述对下列定理作配极所得到的定理:

(1) 三角形的高线共点;

(2) 三角形的角平分线共点.

74. 试给出一对对偶定理的例子.

除了性质 A ~ C,配极还有其他的性质,例如在问题 51 和 52 中所给出的那些性质,在从已知定理获得新定理时它们也是有用的①. 例如,假若我们用性质 C 和问题 51 中的定理,就容易证明:如果 p_1, p_2, p_3 是从一点 O 到 $\triangle ABC$ 的三条边的距离,并且这些边对点 O 所张的角相等(或互补)②,那么 $1/p_1, 1/p_2, 1/p_3$ 中的最大数不超过其余两数之和. 类似地,利用问题 52 可以得到下列结果:

设 S 是 $2n$ 角形 $A_1A_2\cdots A_{2n}$ 的内切圆,l 是 S 的任意一条切线. 则从该 $2n$ 角形的偶数编号的顶点到 l 的距离之积等于从奇数编号的顶点到 l 的距离之积.

设 S 是 n 角形 $A_1A_2\cdots A_n$ 的内切圆,l 是 S 的任意一条切线. 则从该 n 角形的顶点到 l 的距离之积等于从该 n 角形与圆的切点到 l 的距离之积.

设 S 是正 n 角形 $A_1A_2\cdots A_n$ 的内切圆,l 是 S 的任意一条切线. 如果从这 n 角形的顶点到 l 的距离 $d_0, d_1, \cdots, d_{n-1}$ 的最小值为 d_0,那么有

$$\frac{1}{d_0}=\frac{1}{d_1}+\frac{1}{d_2}+\cdots+\frac{1}{d_{n-1}}$$

我们把用配极获得这些结果的工作留给读者.

大家注意,配极还有一个性质,它在包含这种变换的比较深的工作中将起

---

① 从问题 51 可以推出,关于以 O 为中心、1 为半径的圆 S 的配极,到点 O 距离为 d 的点 A 将变成到点 O 距离为 $1/d$ 的直线 a,并且将彼此相距为 d 的两个点 A 和 B 分别变成两条这样的直线 a 和 b,它们要满足条件 $A'B'/(OA'\cdot OB')=d$;这里 A' 和 B' 分别表示 O 在 a 和 b 上的射影. 从问题 52 可以推出,这同一个配极将点 A 和到 A 的距离为 d 的直线 b 变成直线 a 和到 a 的距离为 $d\cdot OB/OA$ 的点 B. 关于这些结论的应用,例如,可以参看第 64 页中的注.

② 如果 $\triangle ABC$ 的三个角都小于 $120°$,那么 O 是这个三角形的内点,且所说的这些角都等于 $120°$. 如果这个三角形是钝角三角形,且它的钝角大于 $120°$,那么不存在使得所说的角都相等的点,这时 O 是三角形的外点. 所说的三个角中有两个角等于 $60°$,而三角形的最大边所张的第三个角等于 $120°$. 最后,如果三角形有一个角等于 $120°$,那么点 O 和该角的顶点重合,这个定理没有意义.

这个点 O 有一些值得注意的性质(其中有一些在《几何变换(Ⅱ)》,第 2 章,2.2 节中讨论过);在文献中有时称它为这个三角形的托里拆利(Torricelli)点.

基本的作用. 为了陈述这个性质,我们必须先引进与共线四点的交比(参看第31页)相类似的所谓共点四线 $a,b;c,d$ 的交比. 这种交比定义为给定的这四条直线同任意第五条直线 l(不经过给定四条直线的公共点,参看图 1.81)的交点 $A,B;C,D$ 的交比. 显然,四条直线 $a,b;c,d$ 的这种交比与直线 l 的选取无关. 因为如果另一直线 l' 同 a,b,c,d 分别交于点 A',B',C',D',那么 $A',B';C',D'$ 的交比等于点 $A,B;C,D$ 的交比(根据中心射影的性质 C;参看图 1.81 和图 1.31)①.

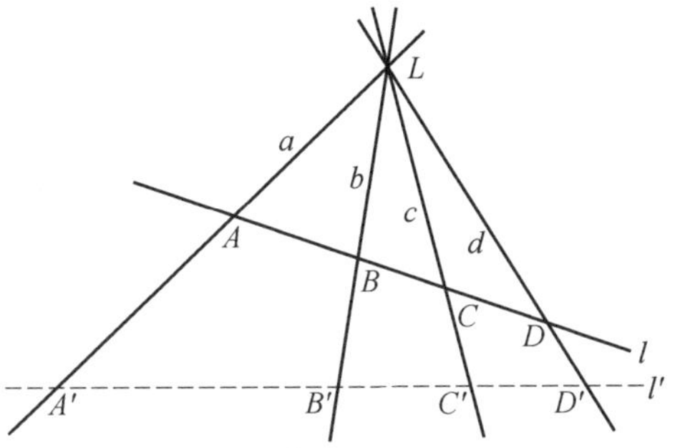

图 1.81

现在我们可以叙述配极的另一个性质:

D. 如果配极将直线 l 上的四个点 A,B,C,D 变成四条直线 a,b,c,d(由配极变换的性质 A,这些直线交于一点 L),那么四条直线 $a,b;c,d$ 的交比等于四个点 $A,B;C,D$ 的交比.

性质D的证明是简单的. 考虑直线 l 上的四个点 A,B,C,D 和它们关于圆 S 的极线 a,b,c,d(图 1.82). 从四条直线的交比的定义,可以推出点 $A,B;C,D$ 的交比等于直线 $OA,OB;OC,OD$ 的交比,其中 O 是 S 的中心. 由于一点关于圆 S 的极线垂直于该点同 S 的中心的连线(参看第 30 页),从而直线 OA,OB,OC,OD 分别垂直于直线 a,b,c,d. 由此可以断定,两组四条直线 a,b,c,d 和 OA,OB,OC,OD 经过适当的运动可以重合;事实上,先将直线 OA,OB,OC,OD 做平移,使得 O 和 L 重合,然后再将这些直线绕 L 旋转 $90°$,就可实现这一点. 从而推出四条直线 $OA,OB;OC,OD$ 的交比等于四条直线 $a,b;c,d$ 的交比,所以四个点 $A,B;C,D$ 的交比也等于四条直线 $a,b;c,d$ 的交比,这就是我们所要证明的.

---

① 可以证明,四条直线 $a,b;c,d$ 的交比等于

$$\frac{\sin\angle(a,c)}{\sin\angle(b,c)}\bigg/\frac{\sin\angle(a,b)}{\sin\angle(b,d)}$$

其中 $\angle(x,y)$ 表示直线 x 和 y 所夹的角.

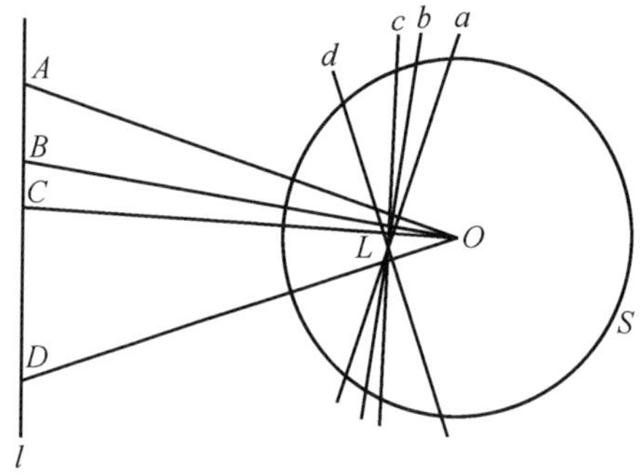

图 1.82

1.5 直线和圆的射影变换・直尺作图

设 l 和 l' 是同一平面上两条不同的直线，O 是该平面上的一点，它不在这些直线上. 从 O 将 l 射影到 l'，即对于 l 上的每一个点 P，以 l' 和直线 OP 的交点 P' 与它相对应(图 1.83). 注意，如果 l 不平行于 l'，那么 l 同经过点 O 平行于 l' 的直线的交点 X，在这个射影下没有 l' 上的任何点与它相对应. 为了使 X 同其他的点处于平等的地位，我们说 X 射影到 l' 的无穷远点. 类似地，对于 l' 同经过点 O 平行于 l 的直线的交点 Y'，在这个射影下，我们说它是 l 的无穷远点的像.

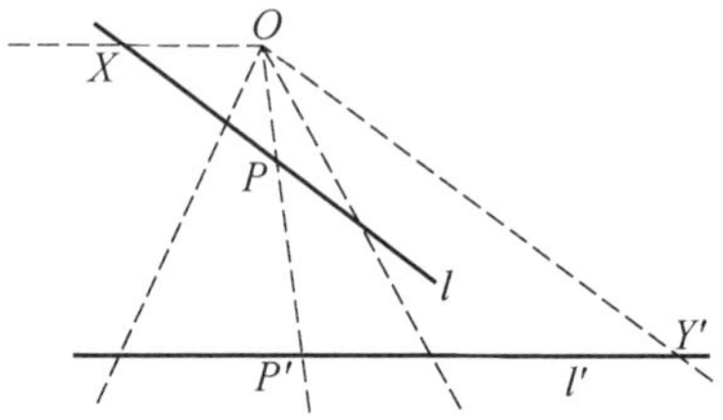

图 1.83

若直线 l 和 l' 平行(图 1.84(a))，则说这个射影将 l 的无穷远点变成 l' 的无穷远点. 若从 l 到 l' 的射影是平行射影(图 1.84(b))，我们也说 l 的无穷远点变成 l' 的无穷远点.

中心(或平行) 射影不是直线到它自身上的变换，而是从一条直线到另一条直线上的映射. 现在，从点 O 将直线 l 射影到直线 l_1 上，再从点 O_1 将直线 l_1 射影到直线 l_2 上，然后从点 O_2 将直线 l_2 射影到 l_3 上，等等，最后又从点 O_n 将直线 l_n 回过来射影到 l 上(图 1.85). 这一连串射影先将 l 上的点 A 变到 l_1 上的点 A_1，又射影到 l_2 上的点 A_2，再射影到 l_3 上的点 A_3，等等，最后射影到原直线 l 上

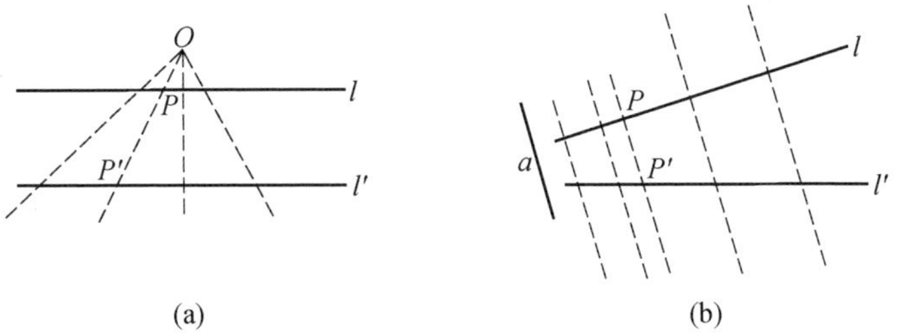

图 1.84

的点 A',如此,这一串中心射影确定了 l 到它自身的一个变换,它将点 A 变成点 A'. 我们把直线上的这种变换称为一个射影变换或射影. 在上面的一串射影中有一个或几个是平行射影而不是中心射影的情形,也一样叫作射影变换①.

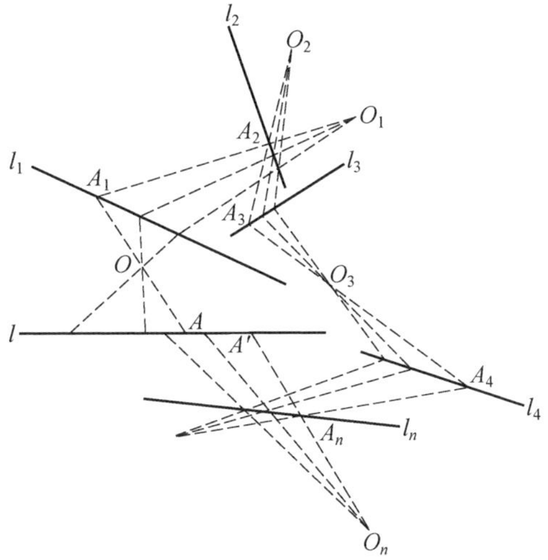

图 1.85

下面是射影的基本性质:直线的射影保持四个点的交比不变. 实际上,一条直线到另一条直线上的中心射影保持四个点的交比不变(参看第 31 页中心射影的性质 C). 类似地,直线到直线上的平行射影也保持四个点的交比不变(它甚至保持三个点 A,B,C 的单比 AC/BC 不变). 由此,直线的射影变换(用一串射影实现)将四个点变成有相同交比的四个点.

从这个基本性质可以推出:直线的射影由三个点的像完全确定. 实际上,如果三个点 A,B,C 在射影变换下的像是三个已知的点 A',B',C',那么该直线上任意点 M 的像应是满足下式的点 M',即

① 只要引进平面的无穷远点的概念(参看 1.2 节),我们就能将直线到直线的平行射影看成中心在无穷远点的中心射影.

$$\frac{AC}{BC}\Big/\frac{AM}{BM}=\frac{A'C'}{B'C'}\Big/\frac{A'M'}{B'M'} \qquad (*)$$

这个关系式唯一地确定了 M' 的位置.

另外,存在直线的一个射影,它将三个给定的点 A,B,C 变成三个预先指定的点 A',B',C'. 为了实现这个变换,可以先将我们的直线 l 射影到任意直线 l_1 上,它把点 A,B,C 变成 l_1 上的点 A_1,B_1,C_1;再将直线 l_1 射影到与 l 交于点 A' 的任意直线 l_2 上,这时 A_1 变到 A',而 B_1,C_1 变到 l_2 上的点 B_2,C_2;最后,用直线 $B'B_2$ 与 $C'C_2$ 的交点 O 作为射影的中心,将 l_2 射影到直线 l 上(图 1.86),O 照例可以是通常的点或无穷远点.

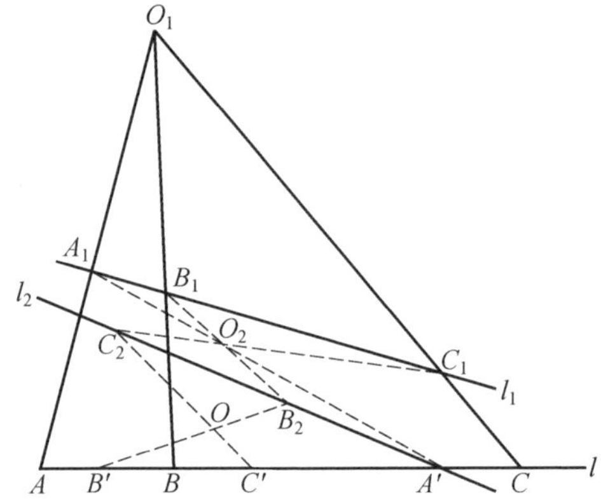

图 1.86

现在容易证明,直线的保持其上任意四个点的交比的变换必是射影变换(即它能够通过一串射影实现). 为此,考虑直线上的一个变换,它保持其上任意四个点的交比不变,并假定三个点 A,B,C 变成点 A',B',C'. 我们知道,存在一个射影将点 A,B,C 变为 A',B',C'. 如果直线的两个变换都保持四个点的交比不变,并且在直线的同一组三个点上它们确定的像是相同的,那么必然将任意的第四个点 M 变成同一个点 M'(它的位置由公式(*)确定),即这两个变换是相同的.

习 题

75. 试用直线上的射影的性质证明帕普斯定理(参看 1.2 节的问题 28).

76. 试用直线上的射影的性质证明 1.2 节中问题 37(1) 的定理.

77. 将正 n 角形 $A_1A_2\cdots A_n$ 的边 A_1A_2 上的一个点 M_1,从 A_n 射影到边 A_2A_3 上的一个点 M_2;然后从 A_1 将 M_2 射影到边 A_3A_4 上的一个点 M_3;再从 A_2 将 M_3 射影到边 A_4A_5 上的一个点 M_4;等等. 试证明:

(1) 如果 $n=4$,那么绕这个 n 角形三周以后所得到的点 M_{13} 与起点 M_1 重合(所以 M_{14} 与 M_2 重合,M_{15} 与 M_3 重合,等等).

(2) 如果 $n=6$,那么绕这个 n 角形两周以后所得到的点 M_{13} 与起点 M_1 重合(所以 M_{14} 与 M_2 重合,M_{15} 与 M_3 重合,等等).

(3) 如果 $n=10$,那么绕这个 n 角形一周以后所得到的点 M_{11} 与起点 M_1 重合(所以 M_{12} 与 M_2 重合,M_{13} 与 M_3 重合,等等).

下面,我们来考虑包含直线和圆的一串射影. 例如,从圆 S 上的一个点 O_1 将 S 射影到直线 l_1 上;然后从一个点 O_2 将 l_1 射影到直线 l_2 上;再从圆 S_3 上的一点 O_3 将 l_2 射影到这个圆上,接着从 S_3 上的另一个点 O_4 将 S_3 射影到直线 l_4 上;最后,从 S 的一个点 O_5 将 l_4 射影到圆 S 上(图 1.87)①. 第一个射影将 S 上的任意一点 A 变成 l_1 上的一点 A_1,第二个射影将 A_1 变成 l_2 上的一点 A_2,第三个射影又将 A_2 变成 S_3 上的一点 A_3,第四个射影再将 A_3 变成 l_4 上的一点 A_4,最后一个射影将 A_4 变成 S 上的一点 A'.

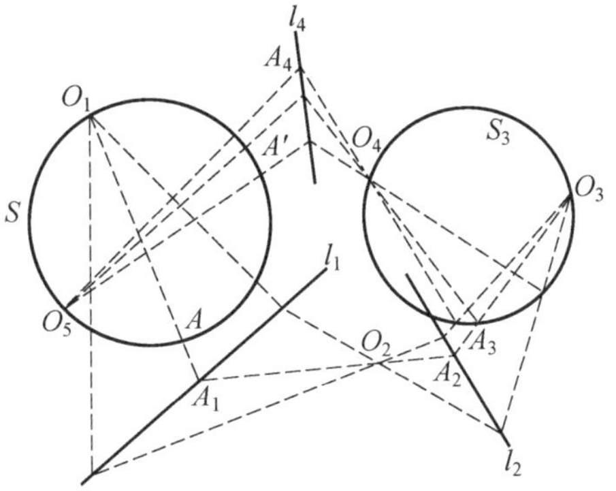

图 1.87

这样一来,上面的一串射影确定了圆 S 到它自身的一个变换,它将 A 变成 A'. 我们把能用上面所说的那些射影的序列实现的圆的变换称为(该圆上的)射影.

所谓圆 S 的四个点 $A,B;C,D$ 的交比,我们定义为在从 S 上任意一点 P 到任意一条直线 l 上的射影下,点 A,B,C,D 的四个像点 $A_1,B_1;C_1,D_1$ 的交比(图 1.88). 不难证明,圆 S 上四个点的交比,与 S 上点 P 和直线 l 的选取无关,即它的值由四个点 A,B,C,D 完全确定. 实际上,设从 S 上的某个点 Q 将 S 射影到任

① 一个圆必须从在该圆上的一点 O 才能作射影;实际上,如果 O 在圆内,那么这个圆上的两个点将射影到直线上的同一个点;如果 O 在圆外,那么直线上的某些点将有两个原像,而其他的点则没有原像.

意一条直线 m 上，点 A，B，C，D 的像分别是点 A_2，B_2，C_2，D_2（图 1.88）. 根据圆周角的众所周知的性质，直线 PA，PB，PC，PD 所构成的角和由直线 QA，QB，QC，QD 所构成的角相等（或互补）. 在直线 QA，QB，QC 和 QD 上分别截取线段 $QA^*=PA_1$，$QB^*=PB_1$，$QC^*=PC_1$，$QD^*=PD_1$. 则图形 $QA^*B^*C^*D^*$ 和 $PA_1B_1C_1D_1$ 全等（它们可以经过运动重合在一起：将 Q 移到 P，并使射线 QA^* 和 QB^* 分别与射线 PA_1 和 PB_1 重合）. 从而点 A^*，B^*，C^*，D^* 在一条直线 m^* 上，且四个点 A^*，B^*；C^*，D^* 的交比等于四个点 A_1，B_1；C_1，D_1 的交比. 另外，在以 Q 为中心的从直线 m 到直线 m^* 上的射影下，A^*，B^*，C^*，D^* 分别是 A_2，B_2，C_2，D_2 的像，因此 A^*，B^*；C^*，D^* 和 A_2，B_2；C_2，D_2 的交比相等. 从而 A_2，B_2；C_2，D_2 和 A_1，B_1；C_1，D_1 的交比相等.

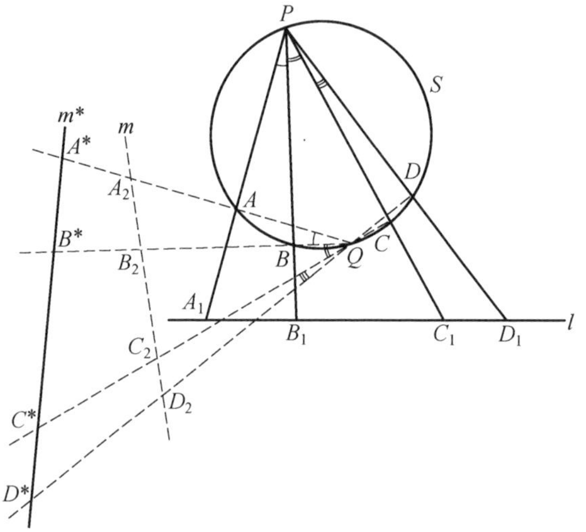

图 1.88

由于直线到圆上（或圆到直线上）的射影保持四个点的交比不变，可以看到：圆上的射影保持四个点的交比不变. 正如一条直线的射影一样，我们立即能够断定，圆上的射影由三个点的像完全确定. 最后，容易证明，圆的保持四个点交比的每个变换是一射影（即它能够通过一串射影实现）. 为此只需证明，存在一个射影把圆 S 的三个给定的点 A，B，C 变成该圆的三个预先指定的点 A'，B'，C'（参看第 76 页）. 为给出这种变换，从一点 O_1 将 S 射影到直线 l_1 上，点 A，B，C 的像以 A_1，B_1，C_1 表示；再从联结 A' 和 A_1 的直线同 S 的另一个交点 O_2，将 S 射影到经过 A_1 的直线 l_2 上，以 A_1，B_2，C_2 分别表示 A'，B'，C' 的像；最后，将 l_1 射影到 l_2 上，使得 A_1，B_1，C_1 变成 A_1，B_2，C_2（图1.89），用 O 表示这个射影的中心. 显然，这一串射影 —— 从 O_1 将 S 射影到 l_1 上，从 O 将 l_1 射影到 l_2 上，再从

O_2 将 l_2 射影到 S 上——把点 A,B,C 分别变成点 A',B',C',它正是我们所要的.

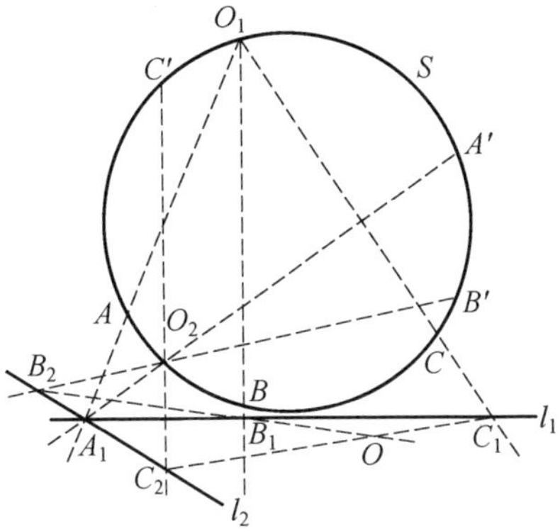

图 1.89

习 题

78. (1) 设 O 是圆 S 的弦 AB 的中点,MN 和 PQ 是经过点 O 的另外两条弦. 又设 E,F 分别是 MP 和 NQ 与 AB 的交点. 试证明 O 是线段 EF 的中点(图 1.90).

(2) 设 O 是从圆 S 的中心到直线 l 的垂线的垂足,MN 和 PQ 是 S 的两条弦,交 l 分别于点 C 和 D,并且 $OC=OD$. 用 E 和 F 分别表示 MP 和 NQ 同 l 的交点. 试证明 O 是 EF 的中点.

79. 试用圆上的射影的性质,证明 1.3 节问题 41(1) ~ (3) 中的那些定理.

80. 试用圆上的射影的性质,证明帕斯卡定理:假若 A,B,C,D,E,F 是一个圆上的六个点,则 AB 和 DE,BC 和 EF,CD 和 FA 的交点共线(图 1.91;参看 1.3 节的问题 46).

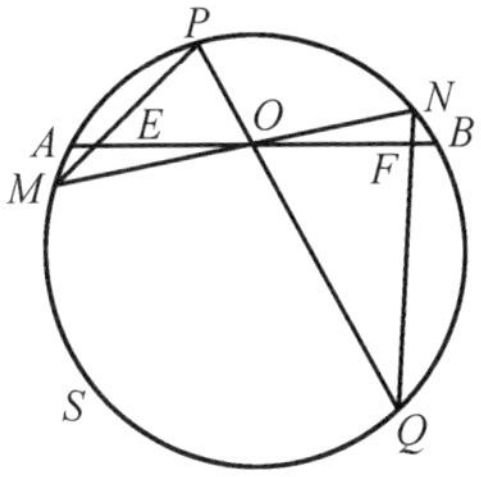

图 1.90

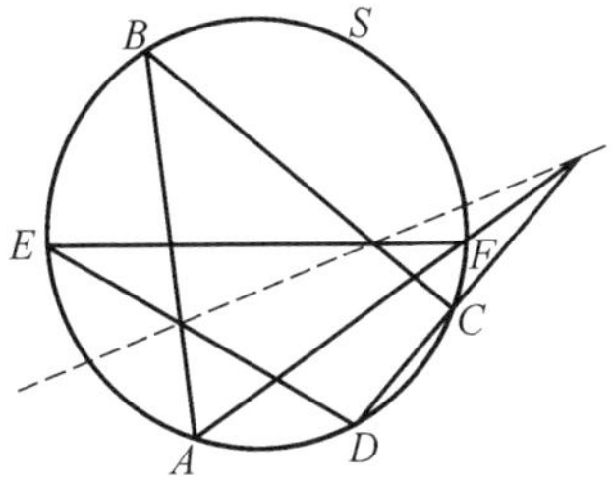

图 1.91

大家注意,在问题 80 中陈述的结果比问题 46 的要强,在那里我们假定内接在圆中的六边形 $ABCDEF$ 是凸的,而在问题 80 中的六边形 $ABCDEF$ 则可以自相交. 对于问题 46 中考虑的每个六边形,在问题 80 中有 60 个和它有相同顶点的六边形,它们对应于顶点标记 60 种可能的排列①. 因此,对于圆上的六个

① 对于给定的六个点,有 60 个六边形以它们为顶点. 实际上,从任意一个顶点开始,第二个顶点有 5 种不同的选法,第三个顶点有 4 种选法,第四个顶点有 3 种选法,第五个顶点有 2 种选法,而最后一个顶点则是唯一确定的. 所以总共有 $5\times4\times3\times2\times1=120$(种) 可能的选法,由于每个六边形被考虑了两次(按照遍历它们的两种可能的转向),这个数目应当减半.

点，有 60 条“帕斯卡线”和它相联系①.

大家注意，由于布里昂雄定理(参看 1.3 节问题 47)可以从帕斯卡定理推出来(参看 1.4 节问题 63 的解答)，因此对于自相交的六边形(图 1.92)用问题 80 的定理可以推出布里昂雄定理成立.

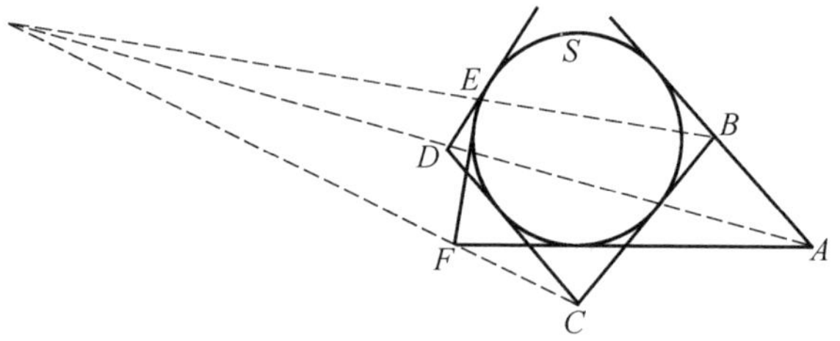

图 1.92

81.(1) 试从帕斯卡定理推出 1.3 节中问题 45 的结论.

(2) 从 $\triangle ABC$ 所在平面上的一点 T，到它的边 AB 和 AC 作垂线 TP 和 TQ；再用直线分别联结 T 和顶点 B，C，并作直线 TC 和 TB 的垂线 AR 和 AS(图 1.93). 试证明直线 PR 和 QS 的交点在直线 BC 上.

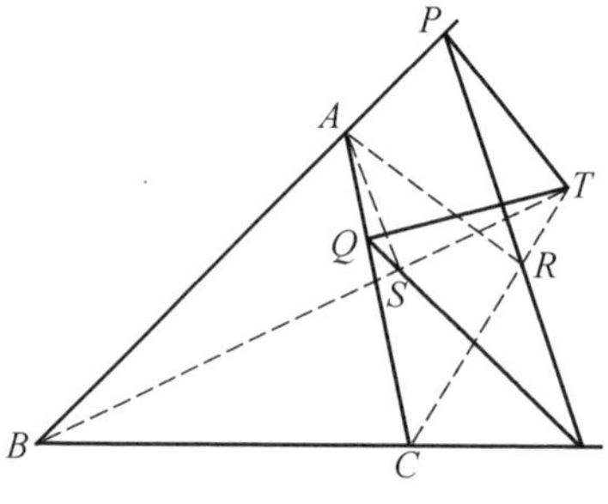

图 1.93

(3) 设 MP，MQ，MR 是从点 M 到 $\triangle ABC$ 的三边的垂线，P'，Q'，R' 是这个三角形的边同经过 P，Q，R 的圆 S 的另一个交点(图 1.94). 试证明：PQ' 和 $P'Q$，PR' 和 $P'R$，QR' 和 $Q'R$ 的交点在直线 OM 上，这里 O 是 S 的中心.

---

① 19 世纪的几何学家发现，用上面指出的方法所得到的 60 条直线组成的集合，有许多值得注意的性质. 诸如这 60 条直线中 4 条一组有 45 个交点(每条帕斯卡直线经过其中的 3 个点)，3 条一组有 80 个交点(每条帕斯卡直线经过其中的 4 个点)，除了帕斯卡直线，后面的那 80 个点在 20 条新的直线上，它们又 4 条一组地交于 15 个新的点，等等. 所有这些结果从德札尔格定理(1.2 节问题 22)、帕斯卡定理和布里昂雄定理可以相当容易地推出来，然而这些证明将使我们离题太远，在此无法给出.

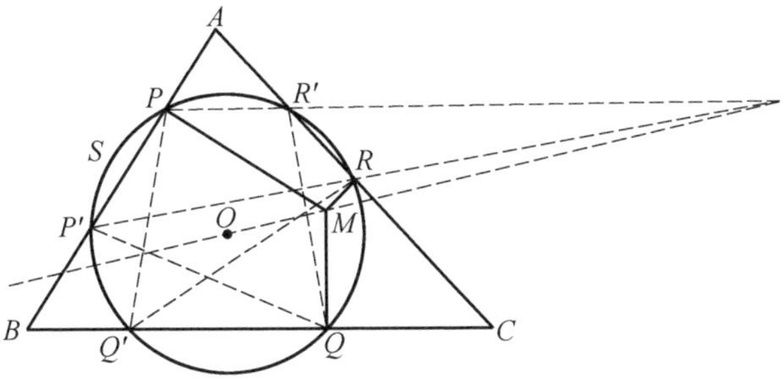

图 1.94

常常需要确定一个圆上的射影的不动点，即在给定的这个射影变换下变成自身的这种点. 假设这个射影由下列条件确定：它将 S 上给定的三个点 A，B，C 分别变成 S 上已知的三个点 A'，B'，C'. 我们可以假定点 A，B，C 不与 A'，B'，C' 重合；否则这个射影就是恒同变换，从而圆上所有的点都成为不动点①. 如此，不妨设 A' 不同于 A；并设 M 是圆 S 上的一个点，M' 是它在上述射影下的像(图 1.95). 我们要来证明：直线 AM' 和 $A'M$ 交在直线 UV 上，其中 U 是 AB' 和 $A'B$ 的交点，V 是 AC' 和 $A'C$ 的交点.

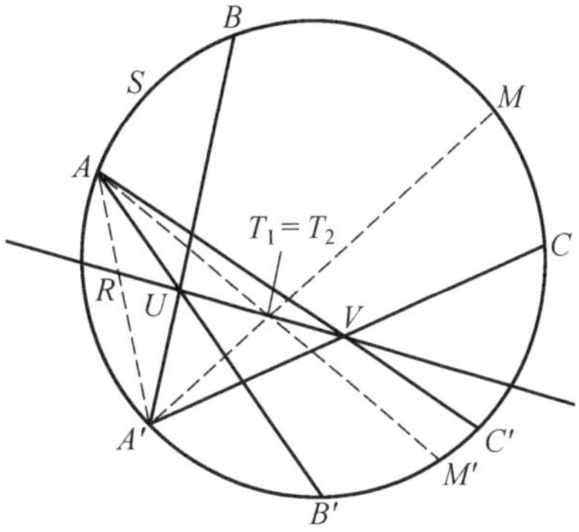

图 1.95

假定不是这样，以 T_1 和 T_2 分别表示直线 $A'M$ 和 AM' 同 UV 的交点；并设 R 表示直线 AA' 同 UV 的交点. 分别从 A' 和 A 把 S 投影到 UV 上，则 S 上两组四个点 A，B；C，M 和 A'，B'；C'，M' 的交比分别等于 UV 上两组四个点 R，U；V，T_1 和 R，U；V，T_2 的交比. 根据将 A，B，C，M 变成 A'，B'，C'，M' 的射影的存在性，这两组四个点的交比相等. 所以 R，U；V，T_1 和 R，U；V，T_2 的交比相等，从而 T_1 和 T_2 重合.

现在我们可以看到，为了作出给定的点 M 在上述射影下的像 M'，只需作 $A'M$ 和 UV 的交点 T 同 A 的连线(这里 U 是 AB' 和 $A'B$ 的交点，V 是 AC' 和 $A'C$ 的交点)；M' 就是直线 AT 同 S 的交点. 从这个作图可以推出：圆 S 上的一个射影的不动点，就是直线 UV 同 S 的交点. 因此，根据 UV 同 S 交于两个点(这就是图 1.95 所示的情形)，或是 S 的切线，或完全在 S 的外部，可以推出这个变换分别有两个不动点，或一个不动点，或没有不动点.

---

① 由于圆上的射影被三个点的像唯一确定，保持三个点不动的这种变换必定是恒同变换.

注意，可以只用直尺，把圆 S 的将三个点 A，B，C 分别变成三个点 A'，B'，C' 的射影变换的不动点作出来.

习　题

82. 设 S 是一个圆，AB 和 CD 是 S 的两条弦. 试在 S 上找出一点 X，使得直线 AX 和 BX 在 CD 上确定：

(1) 一个给定长度为 a 的线段；

(2) 其中点是 CD 上预先指定的点 E 的一个线段.

83. (1) 设 l 是一条直线，P 是不在 l 上的一个点. 试在 l 上找出一条线段 XY，它对点 P 张成一个给定的角 α（即 $\angle XPY=\alpha$）.

(2) 设 l_1 和 l_2 是两条直线，P 和 Q 是不在这些直线上的两点. 试找出 l_1 上的一个点 X 和 l_2 上的一个点 Y，使得线段 XY 对点 P 张成给定的角 α，并对点 Q 张成给定的角 β.

84. (1) 试在给定的圆中内接一个 n 角形，使得它的边经过 n 个给定的点 M_1，M_2，…，M_n（图 1.96(a)），或者使得某些边经过给定的点而其他的边平行于给定的直线.

(2) 试作给定圆的一个外切 n 角形，使得它的顶点在 n 条给定的直线 l_1，l_2，…，l_n 上（图 1.96(b)）.

（问题 84(1) 和(2) 也可以陈述如下：

(1) 试作一个 n 角形，它内接于给定的圆 S，并外接于给定的 n 角形 $M_1M_2\cdots M_n$（参看问题 24(1) 的注）.

(2) 试作一个 n 角形，它内接于给定的 n 角形 $N_1N_2\cdots N_n$，并外切于给定的圆 S.）

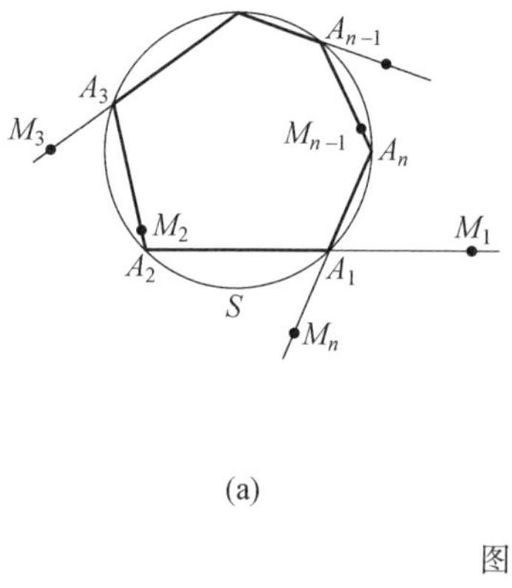

(a)

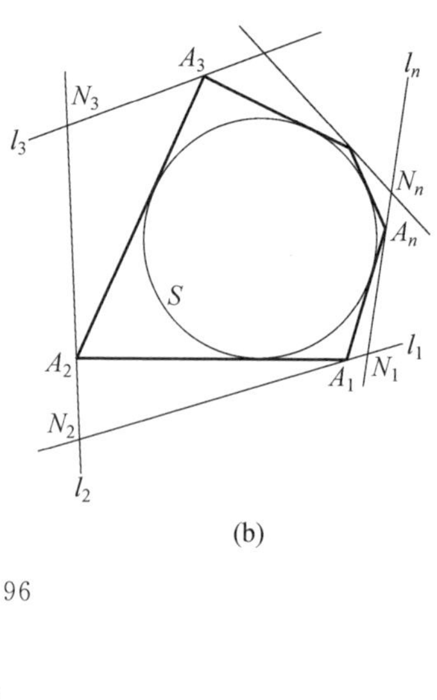

(b)

图 1.96

问题 84 的特殊情形是 1.3 节的问题 44(2).

85.(1) 试在给定的圆 S 中作一个内接 $\triangle ABC$,要求它的边 AB 有给定的长度,边 BC 沿给定的方向,而边 AC 则经过一个给定的点.

(2) 试在给定的圆 S 中作内接四边形 $ABCD$,已知它的两条对边上的两个点和另外两条对边的长度.

现在我们来考虑直线 l 的射影变换,它将三个给定的点 A,B,C(在 l 上) 变成三个给定的点 A',B',C'(也在 l 上),目的是要确定它的不动点. 为解这个问题,引进辅助圆 S,并从 S 上一点 O 将 l 投影到 S 上(图 1.97). 对于直线 l 上的每一个将点 M 变为点 M' 的变换,通过从 l 到 S 上的射影,相应地产生这个圆上的一个变换,它将 M 在这个射影下的像 M_1 变为 M' 在这个射影下的像 M_1',如果 l 的这个变换是射影,即保持交比不变,那么在 S 上导出的变换也是射影(由于 S 上四个点的交比等于 l 上对应的四个点的交比). 现在设 $A,B,C;A',B',C'$ 是 l 上的点,而 $A_1,B_1,C_1;A_1',B_1',C_1'$ 是它们在 S 上的投影(图 1.97),l 上将 A,B,C 变为 A',B',C' 的射影变换,对应于 S 上的将 A_1,B_1,C_1 分别变为 A_1',B_1',C_1' 的射影变换. 这两个射影变换的不动点,在从 l 到 S 的这个射影下相对应. 由于我们已经知道如何找出圆的射影变换的不动点(参看图 1.95),我们也就知道:直线 l 的射影变换的不动点就是从 S 同直线 UV 的交点到 O 的连线与 l 的交点,其中 U 是直线 A_1B_1' 和 $A_1'B_1$ 的交点,V 是直线 A_1C_1' 和 $A_1'C_1$ 的交点(在这里我们假定 A 和 A' 不同,从而 A_1 和 A_1' 不同,如果 A',B',C' 分别和 A,B,C 重合,那么 l 上所有的点都是不动点). 直线上的射影(除了恒同变换) 可以有两个不动点,一个不动点,或没有不动点. 注意,不动点可以是无穷远点;当从 O 到圆上的射影变换的不动点的连线与 l 平行时,就出现这种情形.

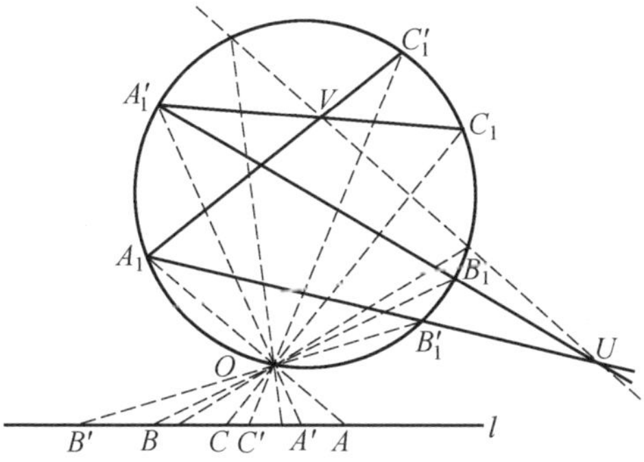

图 1.97

注意,给定了圆 S,我们可以只用直尺找出直线的将点 A,B,C 变成点 A',B',C' 的射影变换的不动点.

86. 设给定两条直线 l_1 和 l_2,以及不在这些直线上的两个点 A,B. 试找出 l_1

上的点 X，使得在 l_2 上由直线 AX 和 BX 所确定的线段有：

(1) 给定的长度 a；

(2) l_2 上给定的点 E 是它的中心.

可以将这个问题同问题 82 做比较.

87. 给定两条直线 l_1 和 l_2，以及 l_1 上的点 A 和 l_2 上的点 B，并给定不在 l_1 和 l_2 上的一点 P. 试作经过点 P 并分别交 l_1 和 l_2 于点 X 和 Y 的直线，使得：

(1) $AX/BY=m/n$，其中 m/n 是给定的；

(2) $AX\cdot BY=k^2$，其中 k 是给定的.

88. 在一个平面上给定三条直线 l_1，l_2，l_3 和一个点 P. 试作经过点 P 的直线，使得在这条直线上由三条给定的直线所截得的两条线段相等.

89. 给定两条直线 l_1 和 l_2，以及不在这些直线上的一个点 P. 试作经过点 P 的两条直线，使得它们在 l_1 和 l_2 上截下的线段 X_1Y_1 和 X_2Y_2 有给定的长度

$$X_1Y_1=a_1,X_2Y_2=a_2$$

90. 在一平面上给定 n 条直线 l_1，l_2，…，l_n 和 n 个点 M_1，M_2，…，M_n（图 1.98）. 试作一个 n 角形，它的顶点要在给定的直线上，并且它的边要经过给定的点（或者某些边经过给定的点，而其余的边沿着预先指定的方向）.

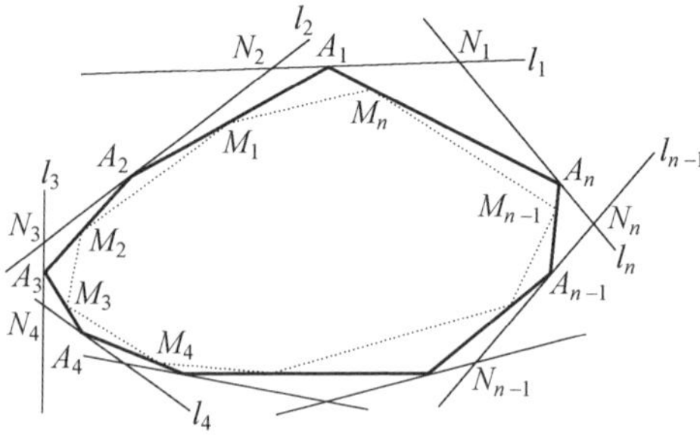

图 1.98

（这个问题也可以陈述如下：在一个给定的 n 角形中内接一个 n 角形，它的边经过 n 个给定的点（或者有些边经过给定的点而其余的边沿预先给定的方向）；或者还可以陈述为另一种形式：试作一个 n 角形，它内接于一个给定的 n 角形 $N_1N_2\cdots N_n$，并外接于另一个给定的 n 角形 $M_1M_2\cdots M_n$.）

1.2 节中的问题 24(1) ～ (3)，以及 1.4 节中的问题 61 都是问题 90 的特殊情形.

在这一节中的材料和只用直尺作图问题之间有密切的联系. 通常的几何作图问题是用直尺和圆规作图. 然而，如果我们限定只能用这两种工具中的一种作图，那么其结果是可解的作图问题的范围并没有缩小很多；事实上，在《几何变换(Ⅳ)》的 1.2 节中将证明：所有能够用直尺和圆规解决的作图何题，都能够

只用圆规解决. 在这里我们考虑只用直尺的作图问题.

容易看到,不是所有的直尺和圆规作图问题都能够只用直尺作出的. 例如,我们将证明:只用直尺不可能作出经过给定点 P,并且平行于给定直线 l 的直线. 实际上,假若通过只包含画直线的作图可以确定这样的一条直线 m,则可以将平面 π 中的假设的图形(只由直线组成)射影到另一个平面 π' 上,使得平行线 l,m 分别变成相交直线 l',m'. 这就表明,我们假设的确定直线 m 的作图,运用在 π' 上时(在这里以 l' 代替 l)所确定的直线 m' 并不平行于 l'. 因而假设的作图不是总能给出与已知直线相平行的直线.

可以证明,在初等几何中的所有作图问题,我们可以只用到一次圆规便可作出. 所需要的是用圆规作一个任意圆,此后在任何作图中不再需要用圆规. 换句话说,在平面上给定了一个有已知中心 O 的圆,我们可以用它并只用直尺解决任何用直尺和圆规的作图问题. 在本节中所剩下的问题,其目的就在于建立这个命题.

所有用直尺和圆规的作图问题,都可以归结为作某些直线和圆. 每一条直线由该图形中的两个点确定,而每一个圆则由一个已知点(它的中心)和一个已知线段(它的半径)确定. 在这些作图问题中所出现的点,或者是从开始时就给定的,或者是某些辅助线和辅助圆的交点. 于是,每个直尺和圆规的作图问题,都可以归结成下列基本作图问题的组合:

A. 经过给定的两个点作一条直线;

B. 作一个已知其中心和半径的圆;

C. 确定两条给定直线的交点;

D. 确定给定的直线和圆的交点;

E. 确定两个给定圆的交点.

问题 A 和 C 可以只用直尺解决. 至于问题 B 显然不能只用直尺解决,然而,给定了一个辅助圆,就可以只用直尺确定已知其中心和半径的圆上的任意多个点(参看下面的问题 92;这是比较粗略的说法 —— 即给定了一个辅助圆,可以只用直尺解决所有的直尺和圆规作图问题 —— 的精确含意). 此外,借助于一个辅助圆,可以解决作图问题 D 和 E(参看问题 93 和 94),总之,只用一个辅助圆和一把直尺,我们就可以解决所有直尺和圆规的作图问题,条件是把画一个具有已知中心和半径的圆的工作理解为确定这个圆上的任意多个点.

在问题 91 ~ 94 中,假定我们已经给定了具有已知中心 O 的一个定圆 S. 所有的作图问题要求只用直尺解决. 在解这些问题时,我们要用到一个事实,即一个点和一条直线关于一个已知圆的极线和极点,可以不用圆规作出来(参看1.4 节).

习　题

91.(1) 经过给定点 P 试作一直线平行于给定的直线 l.

(2) 试在给定的点 M 处作出平行且等于给定线段 AB 的线段 MN.

(3) 试从给定的点 P 作出到给定直线 l 的垂线.

92. 你能作出中心和半径都给定的圆上的任意多个点吗?

93. 设圆 S 的中心 A 和半径 BC 都给定,试找出给定直线 l 与 S 的交点.

94. 设给定了两个圆 S_1 和 S_2 的中心 A_1 和 A_2,以及它们的半径 B_1C_1 和 B_2C_2,试找出 S_1 和 S_2 的交点.

大家注意,如果以给定辅助圆 S 上的一个任意小的$\overset{\frown}{MN}$(和它的中心 O) 来代替 S,我们仍然可以只用直尺解决所有的直尺和圆规作图问题. 这是因为,只要给定了 S 的一段$\overset{\frown}{MN}$,直线 l 同圆 S 的交点可以只用直尺确定(参看 1.3 节中问题 49 和 1.4 节中问题 55).

给定辅助圆 S(或辅助$\overset{\frown}{MN}$) 的中心 O,这是不能缺少的条件. 我们可以相当容易地证明,如果不给定 S 的中心,那么不用圆规就不能确定这个中心. 证明这个结论所用的方法,和证明不能只用直尺作出与给定直线平行的直线的方法大致相同. 假若有一种直尺作图法可以确定圆 S 的中心,则这个假想中所作出的图形只能是一组与圆 S 以某种方式相联系的直线,并且其中有两条直线交于 S 的中心. 将这个图形的平面 π 射影到一个新的平面 π' 上,使得 S 变成圆 S',而 S 的中心 O 则变成不是 S' 的中心的一个点 O',根据 1.3 节的结果(特别地,参看 1.3 节定理 1),这显然是能够做到的. 在 π' 上的图形,除了点 O' 不是 S' 的中心,完全类似于 π 上的图形. 这就证明了不能只用直尺作图来确定任意圆 S 的中心. 总之,如果不给定辅助圆 S 的中心,那么我们就不能只用直尺解决所有的直尺和圆规作图问题(特别地,用直尺和圆规可以确定 S 的中心,但不能只用直尺确定这个中心).

即使我们给定平面上两个不相交的、其中心未知的圆,这些中心也不能只用直尺确定出来①(除非知道这两个圆是同心的;参看下面的问题 95(3)). 可以证明,能够用直尺作图来确定两个相交或相切的圆的中心(参看问题 95(1)(2)),或不属于同一束的三个任意圆的中心②.

---

① 例如,参看拉德马赫和特普利茨的《数学欣赏》(左平译,北京出版社,1981). —— 中译者

② 参看《几何变换(Ⅳ)》,第 2 章,2.3 节.

习　题

95. 在平面上给定两个圆 S_1 和 S_2. 试给出确定它们的中心的直尺作图法，如果这两个圆：

(1) 交于两点；(2) 相切；(3) 同心.

现在我们能够来证明在 1.4 节中所讲的关于用平行直尺作图的定理 3. 实际上，由于可以只用平行直尺找出直线 l 与圆 S 的交点，这里 S 的中心 A 和半径 a 都是已知的(参看 1.4 节问题 56). 我们能够断定：凡是在平面上给定其中心为已知的辅助圆的条件下，可以只用直尺解决的作图问题，即凡是可以用直尺和圆规作出的图都可以用平行直尺作出.

罗巴切夫斯基－波尔约的非欧几里得几何(双曲几何)

附录

在引论中我们指出，每一个变换群都和一种几何相联系．这种几何专门研究几何图形在所说的群的变换下保持不变的那些性质．这样，在中学里所研究的经典的欧几里得几何就不是唯一可能的几何了，通过选取一个不同于运动群(或导致与欧几里得几何密切相关的几何的相似变换群)的变换群，我们就有一种新的非欧几里得几何．这种非欧几里得几何的一个例子，就是射影几何，它研究图形在射影变换下保持不变的性质．射影几何不仅不是欧几里得几何，而且是非欧几里得几何．例如，两点之间的距离不是一种射影性质，因为用射影变换可以将一条线段变成任意其他线段；换句话说，在射影几何中所有线段都是“全等的”．同样地，所有的角也都是“全等的”，所以通常的直线之间的夹角的概念，在射影几何中没有意义．还有，平面上任意两个四边形，在射影几何的意义下也都是“全等的”(这方面可以参看1.2节的定理1)．所以谈论各种四边形(如平行四边形、梯形等)是没有意义的．再有，任意两个三角形都是“全等的”；事实上，可以用一个射影变换将三角形 T_1 映射到另一个任意的三角形 T_2 上，并使得在 T_1 内部的一个给定的点变成在 T_2 内部的一个任意给定的点．这个事实消除了“三角形内部的异常点”(即三角形内部所有的点都是射影等价的)．

总之,我们可以说,在中学几何中这样重要的三角形和四边形的研究,在射影几何中没有任何意义,在射影几何中,对多边形的研究起始于五边形,我们可以把全体五边形做有意义的分类,并给出两个五边形"全等"的判据.

射影几何的所有这些不平常的特点,起因于这样的一个事实:射影变换的类远远大于运动的类(运动是非常特殊的射影变换).因此,射影几何中的几何性质自然要比欧几里得几何中的少得多;在运动下不变的大部分性质在射影变换下不是不变的.为了得到比射影几何有更多的不变性质的一种几何,我们必须选取射影变换类的一个子集;当然,这个子集应当构成一个变换群.选取由运动所构成的子集就得到欧几里得几何.然而,射影变换群的子群(即构成变换群的子集)有很多个,选择别的子群就会得到新的有趣的几何.

下面介绍选取射影变换群的一个子群的非常简单的方法,用这种方法得到的子群小得足以确定一种几何,这种几何具有比较丰富多彩的几何性质.考虑将平面上给定的一个圆盘 K 变成自己的射影变换的全体.显然,这些变换构成一个变换群:如果有两个变换将圆盘 K 变成自己,那么它们的乘积也有这样的性质;变换群的其余的条件可以同样容易地验证.我们把这种变换称为双曲运动,并把研究图形在双曲运动下保持不变的性质的几何称为双曲几何.

乍看起来,可能会认为双曲运动群不是一种能够导致很好结果的变换群.我们已经看到,线段的长度概念之所以在射影几何中失去意义,是由于射影变换群太大.现在的双曲运动群似乎又太小,也会带来困难.那就是由于没有一个双曲运动能将圆盘 K 的点变成 K 以外的点,可能会认为在这种几何中没有线段的长度的概念(因为不是所有的线段都可以比较).为了排除这个困难,我们规定:双曲几何的点是圆盘 K 内部的点,双曲几何的直线是落在 K 内部的线段.这时,所有的点在我们的几何中都是等价的.容易看到,总有双曲运动将 K 的一个内点 A 变成 K 的任意另一个内点 A'(参看 1.3 节中的定理 1),并且能够证明:假若 AP 和 $A'P'$ 是两条射线(所谓起点是 A 的射线,我们指的是介于点 A 和 K 的边界 Σ 之间的直线段;参看图 1),则存在一个双曲运动,将 A 变成 A',并将 AP 变成 $A'P'$.为证明它,注意按 1.3 节的定理 1,有一个双曲运动 M_1 将 A 变成圆盘 K 的中心 O,并有一个双曲运动 M_2 将 A' 变成 O.射线 AP 和 $A'P'$ 在 M_1 和 M_2 的像分别用 OQ 和 OQ' 表示.以 M_2^{-1} 表示 M_2 的逆,它也是一个双曲运动(M_2^{-1} 将射线 OQ' 变成射线 $A'P'$,而它的存在性则可以从双曲运动的变换群的性质推出).现在考虑由 M_1,K 的转角为 $\angle QOQ'$ 的旋转 $\mathscr{R}$ 和 M_2^{-1} 组成的连续双曲运动,其中第一个将 AP 变成 OQ,第二个将 OQ 变成 OQ',第三个将 OQ' 变成 $A'P'$.这样,上述三个非欧几里得运动的乘积将 AP 变成 $A'P'$,从而证明了我们的结论.

正如刚才我们所看到的,在双曲几何中每一个点可以变成任意其他点,并且每条射线可以变成任意其他射线. 自然要问，是否能够将任意线段 AB 变成任意其他线段 $A'B'$ 呢？可以证明这是不可能的. 实际上，如果有一个双曲运动将线段 AB 变成线段 $A'B'$（图 2），它也就把通过 A 和 B 的整条双曲直线 AB 变成双曲直线 $A'B'$；并且由于每个双曲运动都将圆盘 K 的边界 Σ 变成它自身，AB 同 Σ 的交点 P 和 Q 将变成 $A'B'$ 同 Σ 的交点 P' 和 Q'. 因而我们的双曲运动将把四个点 A,B,P,Q 依次变为点 A',B',P',Q'. 与所有的射影变换一样，双曲运动保持四个点的交比不变（参看第 31 页），由此推出等式

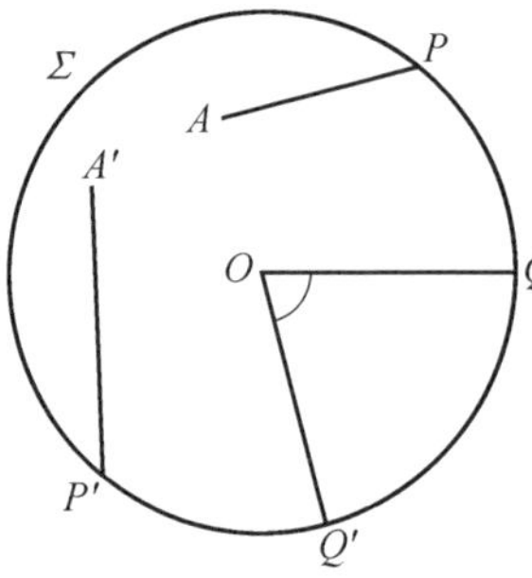

图 1

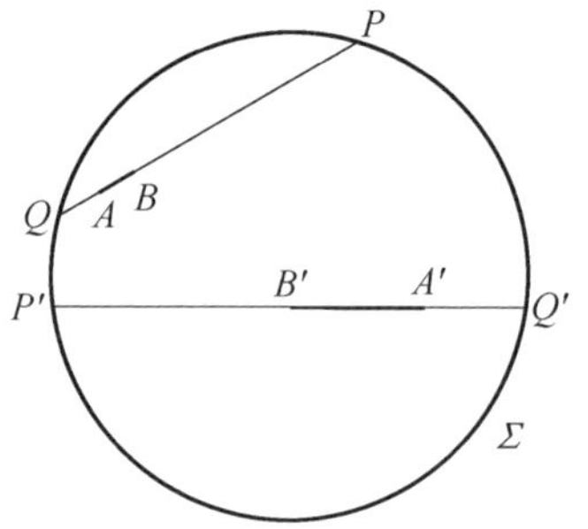

图 2

$$\frac{AP/BP}{AQ/BQ}=\frac{A'P'/B'P'}{A'Q'/B'Q'}$$

若这个等式不成立，那就不存在将线段 AB 变成线段 $A'B'$ 的双曲运动[①].

这样，我们就证明了：如果线段 AB 能够用双曲运动变成线段 $A'B'$，那么有

$$\frac{AP/BP}{AQ/BQ}=\frac{A'P'/B'P'}{A'Q'/B'Q'} \qquad (*)$$

下面要证明，反过来，如果等式（$*$）成立，那么存在将线段 AB 变成线段 $A'B'$ 的双曲运动. 做双曲运动将 A 变成 A'、射线 AP 变成射线 $A'P'$（早先已经证明这种运动总是存在的），这时 Q 变成 Q'. 以 B_1 表示 B 的像，由于射影变换保持四个点的交比不变，应当有

$$\frac{AP/BP}{AQ/BQ}=\frac{A'P'/B_1P'}{A'Q'/B_1Q'}$$

从这个等式和假定的等式（$*$），我们得到

$$\frac{A'P'/B'P'}{A'Q'/B'Q'}=\frac{A'P'/B_1P'}{A'Q'/B_1Q'}$$

---

① 这个等式的一个推论是：如果在（欧几里得）直线上的点的顺序为 Q,A,B,P 和 Q',A',B',P'，那么将线段 AB 变成线段 $A'B'$ 的双曲运动，一定将 P 变成 P'，Q 变成 Q'（而不是 P 变成 Q' 和 Q 变成 P'）. 实际上，交比 $(AP/BP)/(AQ/BQ)$ 和 $(A'P'/B'P')/(A'Q'/B'Q')$ 都大于 1（$AP/BP>1$，$AQ/BQ<1$），而交比 $(A'Q'/B'Q')/(A'P'/B'P')$ 小于 1（$A'Q'/B'Q'<1$，$A'P'/B'P'>1$），所以下列等式不成立

$$(AP/BP)/(AQ/BQ)=(A'Q'/B'Q')(A'P'/B'P')$$

从而可以断定 B_1 与 B' 重合,即上述双曲运动将线段 AB 变成线段 $A'B'$,这就是所要证的结论.

大家看到,按照双曲几何的观点,两条线段 AB 和 $A'B'$ 全等的充分必要条件是,交比$(AP/BP)/(AQ/BQ)$ 和$(A'P'/B'P')/(A'Q'/B'Q')$ 相等. 在这个意义下,交比$(AP/BP)/(AQ/BQ)$ 刻画了线段 AB 的"双曲长度". 然而,光是这个事实还不足以说明将交比$(AP/BP)/(AQ/BQ)$ 叫作线段 AB 的"双曲长度"是完全有道理的,在欧几里得几何中,长度的任何可逆函数(例如,长度的平方,或长度的立方根),毕竟也能刻画全等的线段. 我们所惯用的附加条件是:如果点 C 分线段 AB 为两个小线段 AC 和 CB(图 3(a)),那么 AB 的长度是线段 AC 和 CB 的长度之和. 在这方面,用交比作为双曲长度的可能的测度是不能令人满意的,因为如果点 C 分线段 AB 为两条小线段 AC 和 CD(图 3(b)),那么显然

$$\frac{AP/BP}{AQ/BQ}=\left(\frac{AP/CP}{AQ/CQ}\right)\cdot\left(\frac{CP/BP}{CQ/BQ}\right)$$

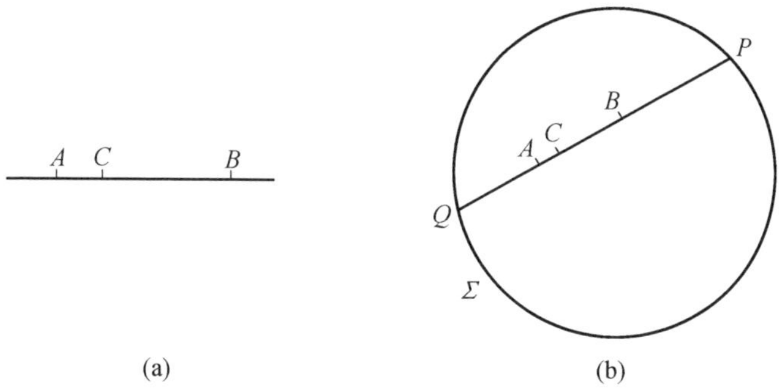

图 3

即交比$(AP/BP)/(AQ/BQ)$ 是交比$(AP/CP)/(AQ/CQ)$ 和$(CP/BP)/(CQ/BQ)$ 之积而不是和. 然而,由于乘积的对数是其因子的对数之和,有①

$$\log\left(\frac{AP/BP}{AQ/BQ}\right)=\log\left(\frac{AP/CP}{AQ/CQ}\right)+\log\left(\frac{CP/BP}{CQ/BQ}\right)$$

因此这就提示我们把

$$\log\frac{AP/BP}{AQ/BQ}=d_{AB} \qquad (**)$$

定义为线段 AB 的双曲长度,其中 P 和 Q 总表示直线 AB 同圆 Σ 的交点,因为这时有

$$d_{AB}=d_{AC}+d_{CB}$$

① 注意,我们对直线 AB 上有关的点的顺序的要求(参看第 90 页的注),保证了交比$(AP/BP)/(AQ/BQ)$ 大于 1,因此它的对数是正的. 对于另外两个交比,类似的注释也成立.

这个可加性，以及在上面所说的几何意义下线段 AB 与线段 $A'B'$ 全等的充分必要条件是 $d_{AB}=d_{A'B'}$，这两者说明我们把(＊＊)定义的数 d_{AB} 称为线段 AB 的双曲长度是有道理的①.

大家注意，如果点 B 沿着直线 AP 向点 P 无限接近，那么交比 $(AP/BP)/(AQ/BQ)$ 无限地增加($BP\to 0$). 因此，线段 AB 的双曲长度 d_{AB} 无限地增加. 这说明射线 AP 的双曲长度是无穷大的(尽管整个双曲直线是用一条其欧几里得长度为有限的线段表示的).

双曲直线是无限长的这一事实也可以不用交比来证明. 有关的构思示意在图 4 中，图 4(a) 表示如何将双曲直线 AP 上的线段 AB 的长度加倍；而图 4(b) 则表示在射线 AP 上(从点 A 出发) 接连地截取等于线段 AB 的线段的过程，可

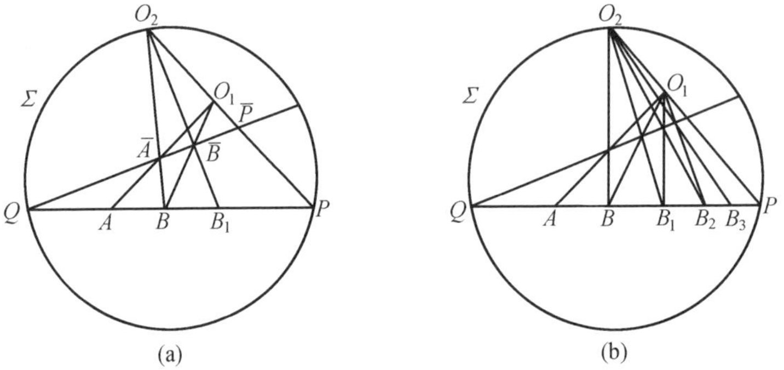

图 4

以无限地进行下去而总是不能达到点 P. 我们现在来说明表示在图 4(a) 中的“加倍作图”的细节. 由于四个点 A,B,P,Q 和四个点 $\bar{A},\bar{B},\bar{P},Q$ 是从 O_1 透视的，交比 $(AP/BP)/(AQ/BQ)$ 和 $(\bar{A}\bar{P}/\bar{B}\bar{P})/(\bar{A}Q/\bar{B}Q)$ 相等，又因四个点 $\bar{A},\bar{B},\bar{P},Q$ 和四个点 B,B_1,P,Q 是从 O_2 透视的，所以交比 $(\bar{A}\bar{P}/\bar{B}\bar{P})/(\bar{A}Q/\bar{B}Q)$ 和 $(BP/B_1P)/(BQ/B_1Q)$ 相等. 因此

$$\frac{AP/BP}{AQ/BQ}=\frac{BP/B_1P}{BQ/B_1Q}$$

或等价地有

$$d_{AB}=d_{BB_1}$$

这就推出线段 AB 和 BB_1 全等(在双曲几何的意义下). 图 4(b) 不过是图 4(a) 中描述的作图方法的简单应用：先用于 AB(给出 BB_1)，再用于 BB_1(给出

① 我们可以同样令人满意地用数 $k\log[(AP/BP)/(AQ/BQ)]$ 来定义线段 AB 的双曲长度，其中 k 是一个任意的正的常数. 选择一个特殊的 k 相当于在双曲几何中选择一个特殊的长度单位. 这个注释说明，与在公式(＊＊)中对数的底的选择没有多大关系，因为对数的底的改变等价于用同一个常数乘所有的“长度”d_{AB}.

B_1B_2),等等.

下面,我们来研究双曲几何中直线之间的夹角问题. 先考虑从圆盘 K 的中心 O 出发的两对射线 OP 和 OQ, OP' 和 OQ'. 显然,如果通常的(欧几里得的)$\angle POQ$ 和 $\angle P'OQ'$ 相等(图 5),那么存在一个将 $\angle POQ$ 变成 $\angle P'OQ'$ 的双曲运动,这个运动就是绕中心 O 的旋转(绕 O 的旋转是双曲运动,因为它是将圆盘 K 变成自身的射影变换①). 我们要证明,反过来,如果有一个双曲运动将 $\angle POQ$ 变成 $\angle P'OQ'$,那么(通常的,即欧几里得的)$\angle POQ$ 和 $\angle P'OQ'$ 全等. 实际上,平面的这种将 K 变到它自身的射影变换,将点 P 和 Q 分别变成点 P' 和 Q',从而直线 PQ 变成直线 $P'Q'$;它还将圆 Σ 在点 P 和 Q 处的切线 PR 和 QR 分别变成在点 P' 和 Q' 处的切线 $P'R'$ 和 $Q'R'$. 此外,它将直线 OR 变成直线 OR',并将 PQ 和 OR 的交点 T 变成 $P'Q'$ 和 OR' 的交点 T'(图 5),因此上述双曲运动将线段 OT 变成线段 OT',它说明这两条线段在双曲几何的意义下是全等的. 但是从这可以推出它们在欧几里得意义下也是全等的. 因为,譬如说,如果线段 OT 小于线段 OT',那么我们可以用绕点 O 的旋转(它是双曲运动)将线段 OT 变成线段 OT' 的一部分,而这表明线段 OT 和 OT' 的双曲长度是不同的,与已经证明的它们是双曲全等的相矛盾. 又从等式 $OT=OT'$ 可以推出 $\angle POQ=\angle P'OQ'$,因为 $OT=r\cos\frac{1}{2}\angle POQ$, $OT'=r\cos\frac{1}{2}\angle P'OQ'$,其中 r 是圆盘 K 的半径.

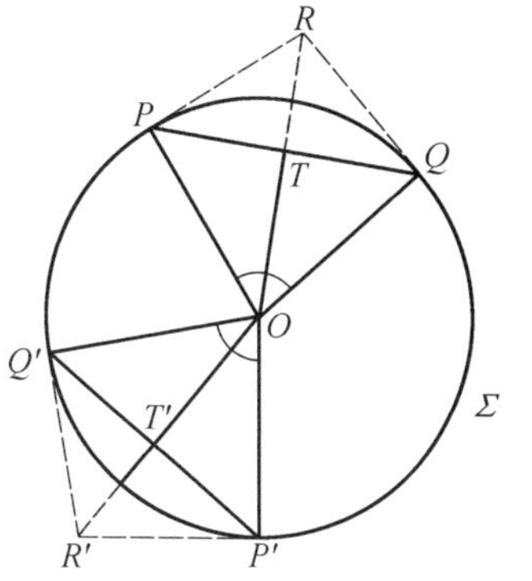

图 5

就像我们看到的,和交比 $(AP/BP)/(AQ/BQ)$ 刻画线段 AB 的双曲长度大致类似,$\angle POQ$ 的大小刻画 OP 和 OQ 之间的"双曲角". 而且,如果射线 OU 把 $\angle POQ$(在内部)分成 $\angle POU$ 和 $\angle UOQ$,那么 $\angle POQ=\angle POU+\angle UOQ$(两角之和的大小等于它们的大小之和). 这样,我们说明了把从圆盘 K 的中心点 O 出发的两条射线 OP 和 OQ 之间的双曲角的大小 δ_{POQ},定义为 $\angle POQ$ 在欧几里得意义上的大小是合理的.

考虑顶点在圆盘 K 的任意一点 A 处的 $\angle PAQ$(图 6). 用双曲运动将 A 变成 K 的中心 O,以 $\angle P'OQ'$ 表示 $\angle PAQ$ 的像. 当然,这种运动有许多种选择方法

---

① 通过双曲运动可以将 $\angle POQ$ 和 $\angle P'OQ'$(假定在欧几里得意义下相等)叠合起来,而且使得 OP 与 OP' 叠合, OQ 与 OQ' 叠合(而不是 OP 与 OQ' 叠合, OQ 与 OP' 叠合). 为此,我们只要将圆盘 K 绕中心 O 旋转 $\angle POP'$,如果需要的话再将 K 对直径 OP 作一个反射(对 K 的直径的反射是双曲运动).

(参看第89页);然而,如果M_1和M_2是两个运动,将$\angle PAQ$分别变为两个不同的中心角$\angle P'OQ'$和$\angle P_1OQ_1$,那么M_1的逆M_1^{-1}将$\angle P'OQ'$变成$\angle PAQ$,于是双曲运动M_1^{-1}和M_2的乘积将$\angle P'OQ'$变成$\angle P_1OQ_1$. 这说明在双曲几何意义上$\angle P'OQ'$和$\angle P_1OQ_1$是全等的,所以在通常的(欧几里得的)意义下也是全等的. 因此,我们可以把两条射线AP和AQ之间的双曲角的大小δ_{PAQ},定义为圆盘K的$\angle P'OQ'$在欧几里得几何意义上的大小,其中$\angle P'OQ'$是由$\angle PAQ$在双曲运动下变成的任意一个中心角. 显然,角的这个非欧几里得度量,具有角的通常的欧几里得度量的基本性质. 这就是说,当且仅当有一个双曲运动将一个角变成另一个角时,这两个角相等,以及如果射线AR内分$\angle PAQ$为$\angle PAR$和$\angle RAQ$,则$\delta_{PAQ}=\delta_{PAR}+\delta_{RAQ}$.

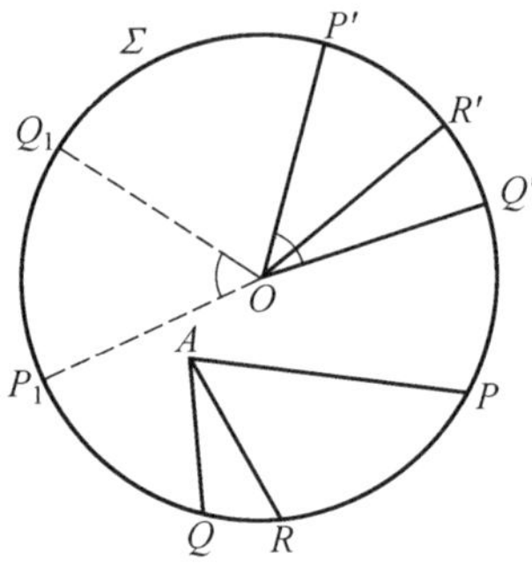

图 6

由于双曲运动将直线变成直线,因而在任意点A处的平角的大小和在点O处的平角的大小是一致的. 即和平角在欧几里得几何意义上的大小是一致的;换句话说,在双曲几何中和在欧几里得几何中一样,一个平角等于180°,一个周角总等于两个平角,即360°,一个直角,即与它的补角全等的角,等于半个平角,即90°. 然而,在双曲几何中两条垂直(即构成一个直角)的直线,一般地说,在通常(欧几里得的)意义下不一定是垂直的. 在何时两条双曲直线PQ和P_1Q_1在双曲几何意义下垂直的问题,将在下面研究.

如果两条交于K的中心O的直线PQ和P_1Q_1在双曲几何的意义下垂直,那么它们必定在通常(欧几里得的)意义下垂直. 因此,这时圆Σ于P和Q处的切线必平行于直线P_1Q_1(图7(a)),用射影的话来说,这两条切线和直线P_1Q_1必定都通过射影平面上的同一个无穷远点. 在将点O变成点A的双曲运动下,图7(a)中的图形将变成图7(b)中的图形,而在将A变成O的逆变换下,图7(b)中的图形又变成图7(a)中的图形. 由此,两条双曲直线PQ和P_1Q_1垂直的充分必要条件是,直线P_1Q_1超出圆盘K的延长线经过Σ在点P和Q处的切线的交点(图7(b))①. 特别地,如果直线PQ是K的直径(图7(c)),那么Σ在点P和Q处的切线彼此平行,并且垂直于(在欧几里得意义下)该直径. 由此,在非

① 换句话说,直线P_1Q_1垂直于直线PQ,如果它的超出圆盘K的延长线经过直线PQ关于圆Σ的极点(参看1.4节),假若适合这个条件,则根据1.4节的定理2,直线PQ的延长线同样要经过直线P_1Q_1关于Σ的极点,即经过Σ在P_1和Q_1处的切线的交点. 由此可见,在双曲几何中(如同在欧几里得几何中那样)直线的垂直关系是对称的:如果$P_1Q_1\perp PQ$,那么$PQ\perp P_1Q_1$(还可参看图6(a)).

欧几里得意义下垂直于直径 PQ 的直线 P_1Q_1，在欧几里得意义下同样垂直于 PQ(不管直线 P_1Q_1 是否经过 K 的中心). 显然，在双曲几何中从一个点 B 到一条直线 PQ 有唯一的垂线；要作出这条垂线，只需作 Σ 在点 P 和 Q 处的切线的交点到点 B 的连线. 这条垂线的垂足自然称为点 B 在直线 PQ 上的投影. 如果 B 就在 PQ 上，那么上述构图说明如何在给定直线上的一个给定点处作该直线的垂线.

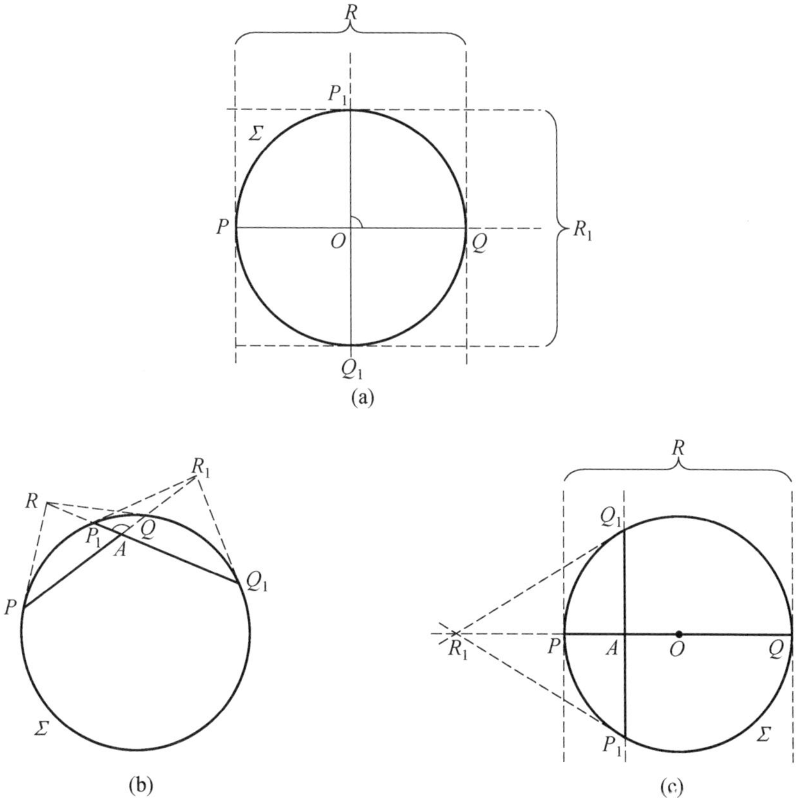

图 7

下面我们来说明在双曲几何中如何平分一个角. 假若这个角是中心角，则在通常(欧几里得的)意义下平分这个角的直线 OU(图 8(a))，即它超出圆盘 K 的延长线经过 Σ 在 P 和 Q 处的切线的交点 R 的直线，在非欧几里得意义下也平分这个角. 由此推出，直线 AU 平分非欧几里得 $\angle PAQ$(而点 A 是双曲平面上任意一点) 的充分必要条件是，AU 超出圆盘 K 的延长线经过 Σ 在点 P 和 Q 处的

切线的交点 R(图 8(b))①.

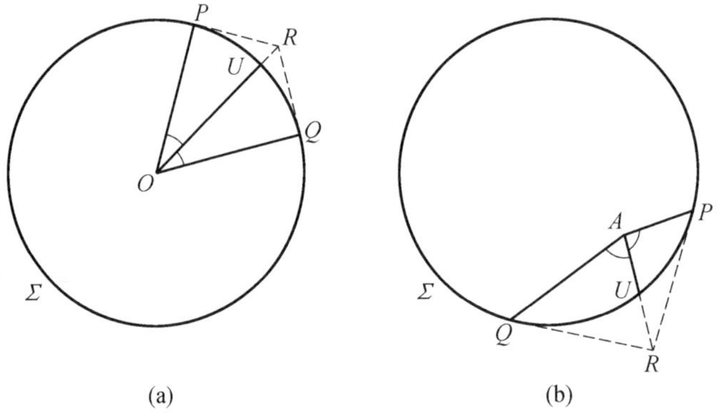

图 8

作圆盘 K 的与给定的 $\angle PAQ$ 全等的中心角 $\angle P'OQ'$,有一个简单的方法(图 9(a);在这里的全部讨论中,线段和角的全等都是在双曲几何的意义下讲的). 考虑两个角 $\angle \overline{P}\overline{A}\overline{Q}$ 和 $\angle \overline{P}_1\overline{A}_1\overline{Q}_1$(图 9(b)),它们对于圆盘 K 的直径 MN 对称(在通常意义下),并且使得 $\angle \overline{A}_1\overline{A}\overline{P}$ 和 $\angle \overline{A}_1\overline{A}\overline{Q}$ 分别与 $\angle OAP$ 和 $\angle OAQ$ 全等(从而 $\angle \overline{P}\overline{A}\overline{Q}$ 和 $\angle PAQ$ 全等),还使得距离 $d_{\overline{AA_1}}$ 等于距离 d_{AO}. 则 $\angle \overline{P}\overline{A}\overline{Q}$ 和 $\angle \overline{P}_1\overline{A}_1\overline{Q}_1$ 一定全等,因为通过一个双曲运动,即关于直径 MN 的反射,可以使得它们互相变换. 将线段 $\overline{AA}_1$ 变成线段 AO 的双曲运动,将 $\angle \overline{P}\overline{A}\overline{Q}$ 变成 $\angle PAQ$(这就是为什么我们要求 $\angle \overline{A}_1\overline{A}\overline{P}$ 和 $\angle OAP$ 全等、$\angle \overline{A}_1\overline{A}\overline{Q}$ 和 $\angle OAQ$ 全等的道理),并且将 $\angle \overline{P}_1\overline{A}_1\overline{Q}_1$ 变成和 $\angle PAQ$ 全等的中心角 $\angle P'OQ'$(双曲运动将全等的角变成全等的角). 我们的问题是要说明,给定了 $\angle PAQ$,如何作 $\angle P'OQ'$.

为确定起见,假设 $\angle PAO$ 和 $\angle QAO$ 都是锐角. 在点 A 和 O 作 AO 的双曲垂线 KL 和 $K'L'$(由于 AO 是直径,KL 和 $K'L'$ 也是 AO 的欧几里得垂线;参看图 7(c)),如图 9(a),以 G,H 和 G',H' 分别表示 $\angle P'OQ$ 和 $\angle PAQ$ 的边与直线 KL 和 $K'L'$ 的交点. 类似地,在点 $\overline{A}$ 和 $\overline{A}_1$ 作 $\overline{AA}_1$ 的双曲垂线 $\overline{KL}$ 和 $\overline{K}_1\overline{L}_1$,并如图 9(b),以 $\overline{G},\overline{H}$ 和 $\overline{G}_1,\overline{H}_1$ 分别表示 $\angle \overline{P}_1\overline{A}_1\overline{Q}_1$ 和 $\angle \overline{P}\overline{A}\overline{Q}$ 的边同直线 $\overline{KL}$ 和 $\overline{K}_1\overline{L}_1$ 的交点. 显然,从图 9(b) 可以看出,欧几里得直线 $\overline{KK}$,$\overline{LL}_1$,$\overline{GG}_1$,$\overline{HH}_1$(和 $\overline{AA}_1$)交于同一个无穷远点 $\overline{R}$. 由于在图 9(a) 中的图形是从图 9(b) 中的图形做一个双曲运动得到的,因此直线 KK',LL',GG',HH'(和 AO)都交于同一个点 R.

① 即 AU 的延长线经过直线 PQ 关于圆 Σ 的极点(参看第 94 页中的注). 特别地,如果 $\angle PAQ$ 是一个平角,那么我们已经看到,角平分线的作图和直线 PQ 在其上一点 A 处引垂线的作图是一样的.

这就表明可以如何作出 $\angle P'OQ'$;这就是说,为了用一个双曲运动将 $\angle PAQ$ 的顶点 A 变成圆盘 K 的中心 O,在点 A 和 O 作直径 AO 的(通常的)垂线 KL 和 $K'L'$(K,L 和 K',L' 是这两条垂线同圆 Σ 的交点,K 和 K' 在 OA 的同侧),从 AP 和 AQ 分别与 $K'L'$ 的交点 G' 和 H' 到直线 KK' 和 LL' 的交点 R(在 K 外)作连线.设 G 和 H 分别表示直线 RG' 和 RH' 同直线 KL 的交点,则 $\delta_{G'AH'}=\delta_{GOH}$①.至此,由于 $\delta_{GOH}=\angle GOH$(其中 δ_{GOH} 表示 OG 和 OH 之间的角的双曲度量.而 $\angle GOH$ 则是这个角的欧几里得度量),因此最后我们得到

$$\delta_{PAQ}=\angle GOH$$

大家还可以注意从图 9(a) 可以推出的一个事实,即如果 $A\neq O$,那么

$$\delta_{PAQ}=\angle GOH<\angle PAQ$$

(因为 $AG<OG'$,$AH<OH'$,所以 $\angle GOA<\angle G'AO$,$\angle HOA<\angle H'AO$).

在这里还有交于双曲平面中点 A 的直线 PP_1 和 QQ_1 之间的双曲角的另一个(更简单的)作图(图 9(c)):设 t 和 t_1 是圆 Σ 在弦 PP_1 的端点 P,P_1 处的切线,它们交于点 U.又设 s_1 是中心在 U,半径为 $UP=UP_1$ 的圆在 K 中的弧(如果 $t\parallel t_1$,那么 K 的弦 PP_1 起弧 s_1 的作用).类似地,设 s_2 是以 Σ 的切线 QV 和 Q_1V 的交点 V 为中心,$VQ=VQ_1$ 为半径的圆在 K 中的弧.则弧 s_1 和 s_2 之间的通常的(欧几里得)角(即这两条弧在其交点处的切线所夹的角,图 9(c))等于双曲

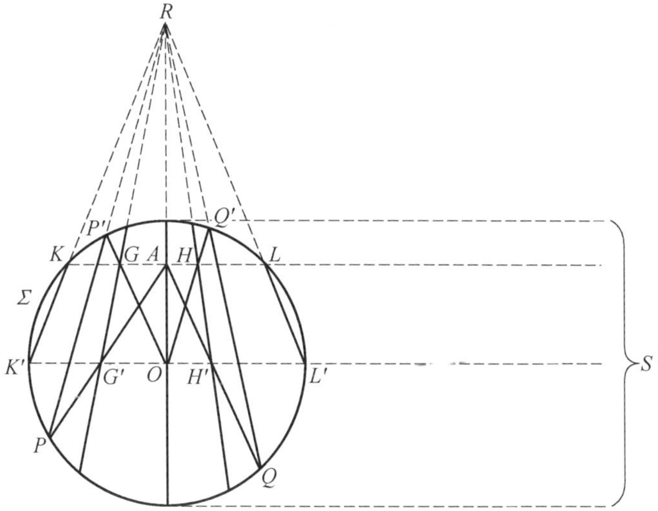

(a)

图 9

① 也可以作点 P 和 Q 到 R 的连线.这时直线 RP 和 RQ 同圆 Σ 交于点 P' 和 Q'(参看图 9(a)(b)).

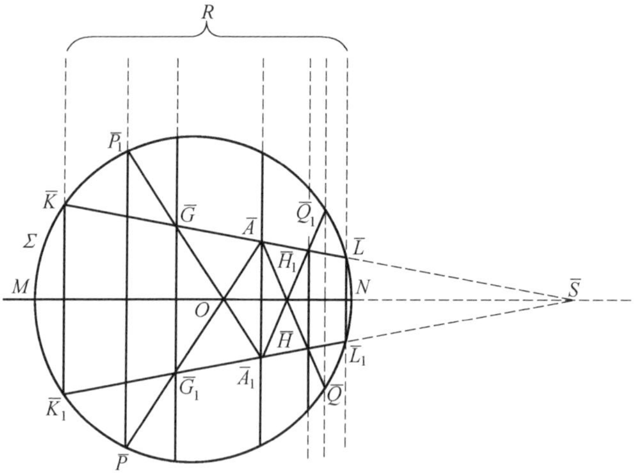

(b)

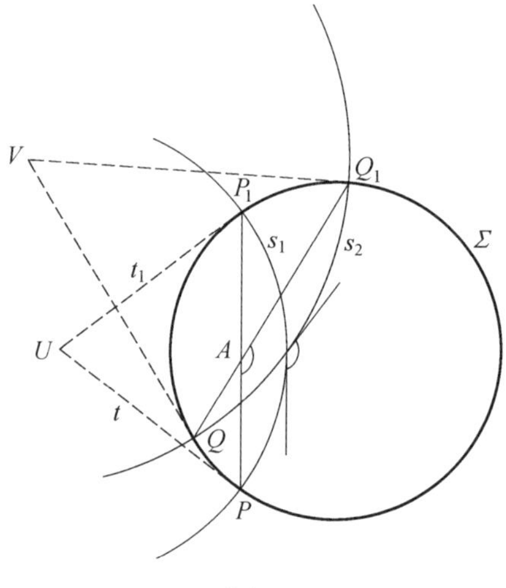

(c)

续图 9

$\angle PAQ$. 这一事实的证明,在双曲几何的所谓"庞加莱(Poincaré)模型"的背景下最容易给出来,我们将在《几何变换(Ⅳ)》的第 2 章中给出这个证明.

现在我们来把罗巴切夫斯基－波尔约的非欧几里得几何与中学里学习的欧几里得几何做一个比较. 首先想到的一个问题是这两种几何有多少共同之处. 在这两种几何中,两个点确定唯一的直线,两条直线至多有一个公共点(它可以由双曲几何中的直线是平面中的线段这一事实推出). 在这两种几何中,可以通过运动将一个点和从这个点出发的一条射线变成任意一点和从此点出发的一条任意指定的射线. 线段的双曲长度和角的双曲大小和欧几里得几何中与之相应的概念有许多共同的性质.例如,在两种几何中,两条线段之和的长度等于它们的长度之和,两角之和的量度等于它们的量度之和.

如同在普通的欧几里得几何中一样,在双曲几何中,直线上的一个给定点和沿两个方向中的随便哪一个方向,可以作任意长的一条线段(在这里要用到一个重要事实,即双曲直线是无限的;参看第 92 页);类似地,在直线上的一个给定点并在该直线的随便哪一侧,可以作出一个给定的角.这说明,在中学几何中所有那些熟悉的、其证明以上面提到的欧几里得几何中那些简单的命题(公理)为基础的定理,在双曲几何中无需做任何修改全都成立.例如,在双曲几何中,关于补角和对顶角的定理(以及对顶角的角平分线在同一条直线上,补角的角平分线互相垂直等定理);关于三角形全等的所有判别法(包括直角三角形全等的判别法);关于等腰三角形的性质的定理;关于线段的垂直平分线和角平分线的性质的定理;关于三角形的角平分线共点的定理等,全都仍然成立.从关于三角形全等的判别法,用通常的方法可以推出关于三角形的一个外角的定理(这个外角大于不相邻的每一个内角),并且从这个定理又可推出三角形的边和角之间的关系,以及关于三角形任意一边的长度小于另外两边的长度之和的定理.从这些结果我们可以推出关于从一点到一直线的垂直线段和斜线段的相对长度的定理(它说明将点到直线的距离定义为从该点到所说的直线的垂直线段的长度是合理的),以及关于一条线段比联结它的端点的任何其他折线要短的定理.如果我们把曲线的长度定义为它的内接折线的长度的极限,那么与在欧几里得几何中的情形一样,在双曲几何中也可以断定:联结两个定点的曲线中长度最小的就是以这两点为端点的直线段.这就使得我们可以将两点之间的距离定义为联结它们的直线段的长度.所有这些命题强调了这两种几何的相似性.

作为例子,我们来证明上面提到的那些定理中的两个定理.

在双曲几何中关于三角形全等的第一个判别法的证明.设 ABC 和 $A_1B_1C_1$ 是两个三角形,并且 $d_{AC}=d_{A_1C_1}$,$d_{AB}=d_{A_1B_1}$,$\delta_{BAC}=\delta_{B_1A_1C_1}$.问题是要证明这两个三角形全等(图 10).用双曲运动将点 A 变成点 A_1,并使得边 AC 的像和 A_1C_1 在一条射线上.由于 $d_{AC}=d_{A_1C_1}$,点 C 和 C_1 重合,又由于 $\angle A$ 和 $\angle A_1$ 全等,边 AB 的像和 A_1B_1 在一条射线上;根据 $d_{AB}=d_{A_1B_1}$,点 B 和 B_1 重合.所以边 CB 和 C_1B_1 重合(两点确定唯一的直线),从而这两个三角形重合,因此原来的两个三角形全等①. 这个证明与基谢廖夫的教科书②中关于三角形全等的第一个判别法的证明叙述是一样的，虽然这里的图形和那里完全不同.

定理"三角形的角平分线交于一点"的证明. 前面已经提到，关于角平分线上的点到角的两边距离相等的定理及其逆定理，在双曲几何中也成立(试证明). 现在考虑 $\triangle ABC$ 的 $\angle A$ 和 $\angle B$ 的平分线 AM 和 BN(图 11). 显然，这两条角平分线交于三角形的一个内点 Q. 由于 Q 是 AM 和 BN 的公共点，它到边 BA 和 BC 以及到边 AB 和 AC 都等距，所以到边 AC 和 BC 也等距，从而 Q 是 $\angle C$ 的平分线上的一点，这就证明了我们所做的结论. 这个证明实质上也是基谢寥夫的教科书③中的证明的重复. 我们建议读者补充上面提到的各个定理的证明.

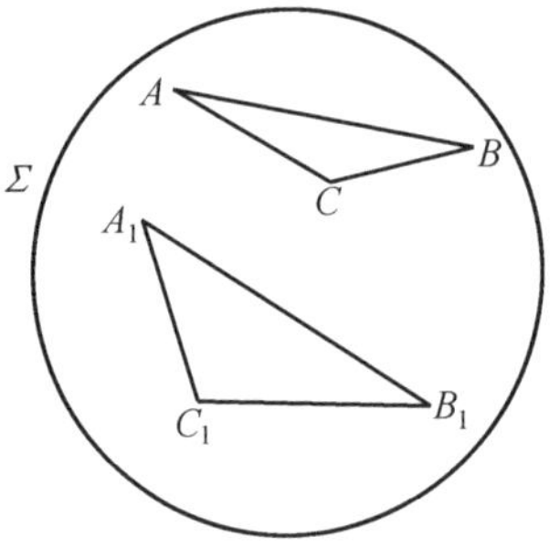

图 10

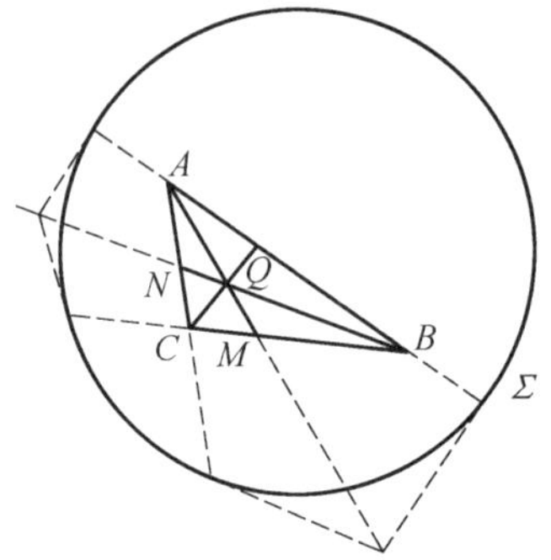

图 11

大家注意，双曲几何的每个定理都可叙述为欧几里得几何的关于圆盘 K 的弦和点的定理. 例如，双曲几何的定理：角平分线是到角的两边等距离的点的轨迹，有如下"欧几里得"的意义. 设 PR, QS, MN 是圆 Σ 的经过一点 A 的三条弦，并设 MN 的延长线经过 Σ 在 P 和 Q 的切线的交点(MN 是 $\angle PAQ$ 的"双曲角平分线"；参看图 12).

令 K 是弦 MN 上的一个点. 设 T_1, T_2 分别是 Σ 在点 P 和 R, Q 和 S 处的切线的交点，从点 T_1 和 T_2 分别作到 K 的连线(即从 K 到直线 PR 和 QS 作"双曲垂线"). 令 U_1V_1 是直线 T_1K 上的弦，C 是它同 PR 的交点. 类似地，令 U_2V_2 是直线 T_2K 上的弦，D 是它同 QS 的交点. 则四个点 K, C; U_1, V_1 的交比等于四个

---

① 将 A 变成 A_1，并将射线 AC 变成射线 A_1C_1 的非欧几里得运动，可以用第 131 页中说明的或下面的方法实现：先做运动 M_1 将 A 变成 O，然后做绕点 O 的旋转 $\mathscr{R}$，有时可能还要做圆盘 K 对直径 OQ' 的反射 $\mathscr{F}$，其中 OQ' 是射线 AC 在前两个运动下的像，其后再做将 O 变成 A_1 的运动 M_2^{-1}. 如果 $\delta_{BAC}=\delta_{B_1A_1C_1}$，那么将射线 AC 变成射线 A_1C_1 的这两个双曲运动中，其中有一个必定将射线 AB 变成射线 A_1B_1.

② 见引论第 2 页中的注. —— 英译者

③ 见引论第 2 页中的注. —— 英译者

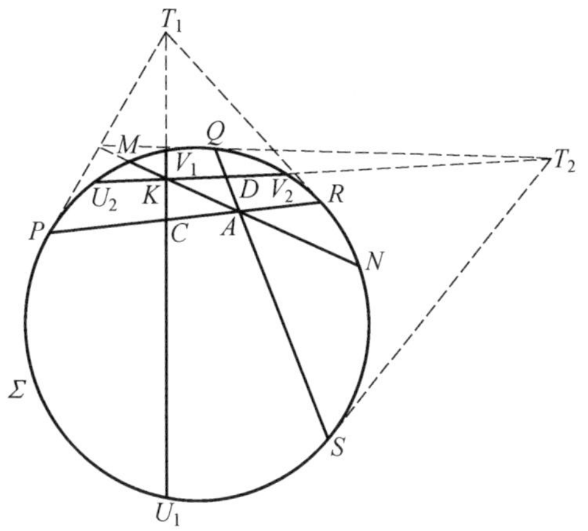

图 12

点 $K,D;V_2,U_2$ 的交比.

双曲几何和欧几里得几何之间的这种联系,一方面使得我们可以把双曲几何的任意一个定理的证明归结为包含圆盘 K 的点和弦的某一个定理的证明,即它向我们提供了用欧几里得几何的术语详细研究双曲几何的一种普遍的方法(参看问题 4 及问题 5 ~ 17). 另一方面,双曲几何中一个定理的证明自然给出欧几里得几何的相应定理的一个证明. 刚才讨论的例子就是一个很好的说明,证明了双曲几何中关于角平分线的定理成立,就意味着证明了等式

$$\frac{KU_1/CU_1}{KV_1/CV_1}=\frac{KV_2/DV_2}{KU_2/DU_2}$$

(图 12). 要直接证明它却是相当复杂的. 用双曲几何来证明欧几里得几何的定理的这种方法,有时可以产生有趣的结果.

习 题

1. 试证明:双曲几何的定理"对顶角的平分线在一条直线上",等价于 1.3 节问题 40(1) 的欧几里得几何的定理.

2. 与双曲几何的定理"补角的平分线正交" 等价的欧几里得几何的定理是什么?

3. 试证明:双曲几何的定理"三角形的角平分线共点" 等价于欧几里得几何中的布里昂雄定理(参看 1.3 节问题 47).

4. 试用关于线段的双曲长度的表达式直接证明:在双曲几何中三角形任意一边的长度总小于其他两边的长度之和.

直到现在,我们强调了通常的(欧几里得) 几何和双曲几何的相似性. 下面我们要来指出它们的显著差别. 首先考虑所谓的平行公理在双曲几何中的情

况，这个公理是：

如果 a 是一条直线，A 是不在 a 上的一个点，那么恰有一条直线经过 A 并且和 a 不相交.

这条公理包含两个结论：经过点 A 的这条直线的存在性（这一点在双曲几何中仍然成立）和它的唯一性. 平行公理的唯一性在双曲几何中不成立. 事实上，在双曲几何中我们说两条直线 PQ 和 RS 相交，是指它们交于圆盘 K 内的一点（图 13），因为在 K 外部的点和在它边界上的点（圆 E 上的点）都不能看成双曲平面上的点. 由此可以推出，经过不在直线 PQ 上的一个点 A，可以作无穷多条不和 PQ 相交的直线（如图 13 中的直线 MN）. 因而在双曲几何中平行公理不成立. 这说明：中学几何中的、其证明要用到平行公理的所有定理（从而是中学几何中的多数定理），看成双曲几何中的定理时可能成立（参看问题 7，8，9），也可能不成立（例如，参看问题 5（1）（2），13 ～ 17）①.

在圆 Σ 上点 P 处相交的直线 QP 和 UP（图 13）称为双曲几何的平行线. 由于 E 上的点不是双曲平面上的点，平行线是不相交的. 另外，当然有既不平行又不相交的直线. 这样一来，通常的平行线作为不相交直线的这种定义，不等价于双曲几何中平行线的上述定义.

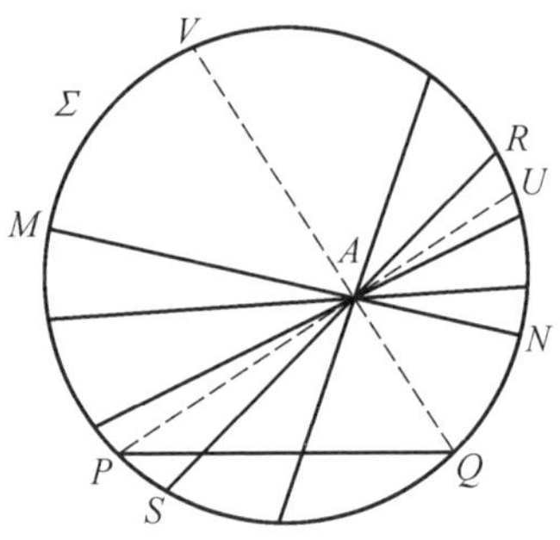

图 13

正如在图 13 中所看到的，平行于 PQ 的直线 AU 和 AV 将经过 A 的直线中与 PQ 相交的和不与 PQ 相交的直线分隔开. 所以我们可以把经过点 A 平行于 PQ 的直线定义为这样的两条直线 AU 和 AV，它们既与 PQ 不相交，又使得经过点 A 在 $\angle UAV$ 内部的直线都和 PQ 相交. 有趣的是，平行的这个“非欧几里得”定义在欧几里得几何中成立（只不过在后一种几何中直线 AU 和 AV 重合，并且 $\angle UAV$ 是一个平角）. 这个事实就是把直线 AU 和 AV 定义为 PQ 的平行线的根据，并且它暗示欧几里得的平行和双曲平行之间的许多相似的地方.

在双曲几何中既不平行又不相交的直线称为超平行的，有时也叫“发散的”，因为当沿着这种直线朝随便哪个方向移动时，它们之间的距离无限地增加（参看下面的问题 5（3））.

① 在某个定理的一种证明中用到平行公理，并不说明该定理没有不用平行公理的证明. 因而，一个定理的某个证明在双曲几何看来是不对的，并不意味着这个定理在双曲几何中不成立.

习 题

5.(1) 设 PQ 和 RS 是双曲平面中交于一点 B 的两条直线. 试证明:在 B 的任意一侧,从 RS 上的点到直线 PQ 上的距离无限增加;而且,从 RS 上的所有的点到 PQ 上的垂足,即 RS 上的点到 PQ 上的投影,在直线 PQ 上只布满一个有限的线段 P_1Q_1(换句话说,RS 在 PQ 上的投影是 PQ 上的一个有限线段 R_1Q_1). PQ 在点 P_1 和 Q_1 处的垂线平行于 RS.

相交直线 PQ 和 RS 的相互关系的所有这些特点,用示意的形式表示在图 14(a) 中,其中曲线 RBS 表示"双曲直线"RS. 平行于 RS 的直线 P_1R 和 Q_1S 表示 RS 的渐近线;示意图的这个特性是根据本问题(2) 得来的.

(2) 设 PQ 和 UP 是双曲平面上的两条平行直线. 试证明:沿射线 AP 的方向(A 是 UP 上的任意一点)从 UP 上的点到 PQ 的距离无限递减(即趋向于 0),而沿射线 AU 的方向则无限递增;UP 到 PQ 的投影是一条射线 Q_1P;并且 PQ 在 Q_1 的垂线平行于 UP.

平行直线 PQ 和 PU 的相互关系的所有这些特性表示在图 14(b) 中.

(3) 试证明:双曲平面上的超平行直线 PQ 和 MN 有一条(唯一的) 公垂线 KL,反之,有一条公垂线的两条直线是超平行的. 从直线 MN 上的点到直线 PQ 的距离,无论在公垂线的垂足 K 的哪一边都是无限递增的. MN 到 PQ 的投影是一个有限线段 P_1Q_1;PQ 在点 P_1 和 Q_1 处的垂线平行于 MN.

超平行线 PQ 和 MN 的相互关系的这些特征,以示意图的方式表示在图 14(c) 中.

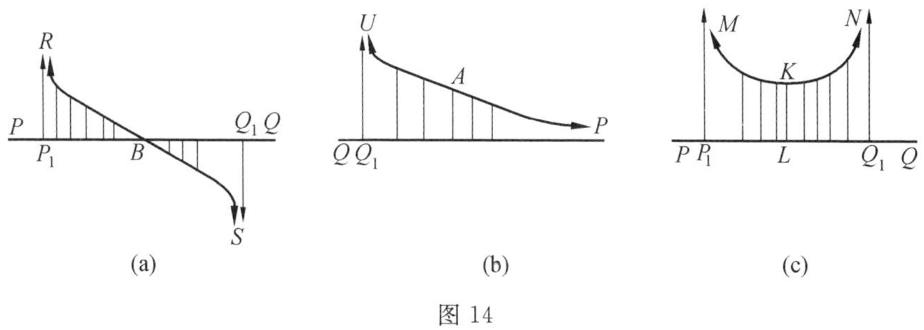

图 14

由于从直线 MN 上的点 A 到直线 PQ 上各点的所有距离中,最短的距离是沿着从 A 到 PQ 的垂线量度的(有关欧几里得的定理在双曲几何中成立,参看第 99 页中的说明). 又由于从直线 MN 上的点到超平行于 MN 的直线 PQ 的距离,在这两条直线的公垂线 KL 的垂足 K 的两边都是递增的(参看问题 5(3)),因此 KL 的长度是它们之间的最短距离,这说明把线段 KL 的长度叫作超平行线 PQ 和 MN 之间的距离是合理的. 与欧几里得几何不同,在双曲几何中平行线之间没有合理的距离概念(可以证明,双曲平面上的任意一对平行线能够用双曲运动变成任意其他的一对平行线).

由于双曲平面上的两条相交或平行直线没有公垂线,并由于超平行的两条直线恰有一条公垂线(参看问题 5(3)),因此在双曲几何中两条直线不能有两条公垂线;换句话说,在双曲几何中没有矩形(即有四个直角的四边形)(还可参看下面的问题 13(2)).

问题 5(3) 还说明另一个差异:在欧几里得几何中,如果两条直线和第三条直线垂直,那么它们平行;反之,两条(或多条) 平行线总能看成垂直于同一条直线. 而在双曲几何中,垂直于同一条直线的两条直线不可能是平行的;问题 5(3) 指出这些直线必定是超平行的. 大家注意,如果在双曲平面上的直线 P_1Q_1,P_2Q_2,P_3Q_3,… 垂直于同一条直线 KL,那么弦 P_1Q_1,P_2Q_2,P_3Q_3,… 超出圆盘 K 的延长线必经过同一个点 R,即圆 Σ 在点 K 和 L 处的切线的交点,由此,三条或多条超平行直线(即垂直于同一条直线的三条或多条直线) 的性质也就清楚了(图 15(a)). 这样,圆盘 K 的交于它的一个内点 A 的弦,构成双曲平面的一束相交直线(图 15(b));交于圆 Σ 上一点 P 的弦构成一束平行直线(图 15(c));其延长线交于 K 外一个点 R 的弦构成一束超平行直线(图 15(a)).

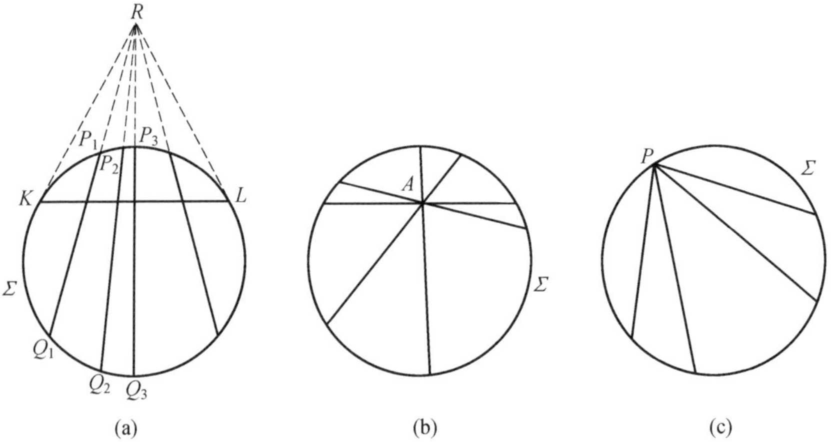

图 15

下面我们继续来阐述双曲几何中点和直线的相互关系的奇异特性. 设 $\angle PAQ$ 是由射线 AP 和 AQ 构成的双曲角. 则在 $\angle PAQ$ 内部的直线 PQ 同时平行于 AP 和 AQ,并且将下列两种点分开:一种是经过它可以作与该角的两边都相交的直线的点,另一种是经过它不能作这样的直线的点(图 16(a);大家记得,在欧几里得几何中,经过一个角的任意一个内点总可以作一条直线与该角的两边都相交). 类似地,如果 QP 和 UP 是双曲平面的平行线,那么在由这两条直线所围的区域内部的直线 UQ 与给定的这些直线平行,并且将下列两种点分开:一种是经过它可以作与 QP 和 UP 都相交的直线的点,另一种点则没有这种性质(16(b)). 最后,在两条超平行直线 PQ 和 MN 的情形,有两条直线 MP 和 NQ,它们将下列两种点分开:一种点是经过它可以作与 PQ 和 MN 都相交的直线,另一种点则不具有这种性质(图 16(c)). 双曲几何的所有这些奇异的特性,示意地表示在图 17(a) ~ (c) 中.

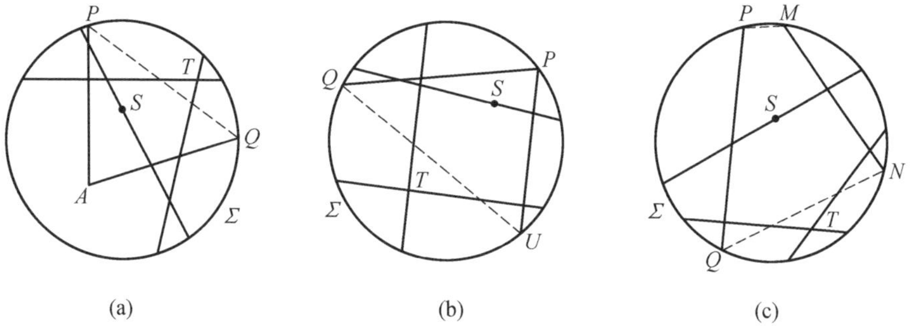

图 16

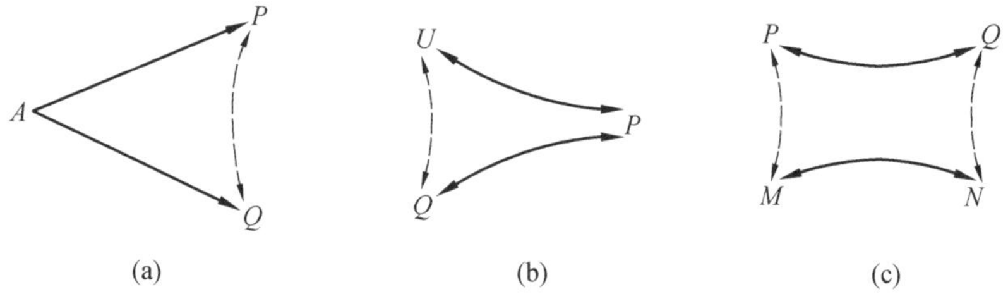

图 17

6. (1) 试证明:双曲平面上的两条直线 l_1 和 l_2 总有一条对称轴 l(在双曲几何中关于一条直线对称的定义,与欧几里得几何中的相同;参看《几何变换(Ⅰ)》,第 2 章,2.1 节的开始部分),并证明 l_1,l_2 和 l 属于一个束(即它们或共点,或平行,或垂直于同一条直线;参看第 104 页).

(2) 试证明:如果双曲平面上的直线 l_1,l_2,l 属于同一个束,并且 l 是 l_1 和 l_3 上的点 A_1 和 A_2 的对称轴,那么 l 是直线 l_1 和 l_2 的对称轴.

7. 双曲平面上的一个四边形,如果它们的对角线被它们的交点平分,就叫作双曲平行四边形. 试证明:

(1) 双曲平行四边形的对边全等.

(2) 双曲平行四边形的对角全等.

(3) 如果一个双曲平行四边形的对角线垂直,那么它的所有的边都全等,且对角线平行其顶角,这种平行四边形称为双曲菱形.

(4) 如果一个双曲平行四边形的对角线全等,那么它的所有的角都全等,这种平行四边形可以称为双曲矩形,虽然,它的角肯定不是直角(参看第 104

页).

(5) 如果一个双曲平行四边形的对角线全等并且垂直,那么它的所有的边全等,所有的角也全等,这种平行四边形可以称为双曲正方形.

8. 双曲平行四边形(参看上一个问题)的对边平行吗?

9. 试证明:在双曲几何中锐角三角形的三条高线共点.这个定理对钝角三角形成立吗?

10. 试证明:在双曲几何中三角形的中线共点.

11. 欧几里得几何中有命题:三角形的中线交点分中线(从顶点开始)之比为 2∶1.在双曲几何中成立吗?

12. 试证明:在双曲几何中三角形的边的垂直平分线属于同一个束(即它们或共点,或平行,或与同一条直线垂直;参看第 104 页).

13. (1) 试证明:在双曲平面中三角形的内角之和总小于 180°①.

(2) 试证明:在双曲平面中 n 角形的内角之和总小于 $(n-2)180°$.

14. 试证明:双曲平面中 n 角形的面积与 $(n-2)180°$ 和该 n 角形内角之和的差成比例;特别地,角为 $\angle A,\angle B,\angle C$ 的三角形的面积是 $k(180°-\angle A-\angle B-\angle C)$,其中的系数 k 和面积单位的选择有关.

$(n-2)180°$(欧几里得几何中 n 角形的内角之和)与双曲平面中一个 n 角形的内角和之差,称为这个 n 角形的角亏.于是,问题 14 中的定理可以叙述如下:双曲平面中 n 角形的面积与它的角亏成正比.特别地,由此可以推出,n 角形的面积愈小,其内角之和愈接近于 $(n-2)180°$.

15. 试证明双曲几何中关于三角形全等的第四个判别法:如果一个三角形的三个角与另一个三角形的三个角全等,那么这两个三角形全等.

问题 15 的一个推论是下列有基本重要意义的事实:在双曲几何中没有相似而不全等的图形.如《几何变换(Ⅱ)》的前言中所指出的,欧几里得几何的定理实际上是相似几何的定理,即它所讨论的是几何图形在相似变换下保持不变的那些性质.这是由于在欧几里得几何中没有一个定理依赖于长度单位的选择.因此,没有一个定理能够讨论线段的长度,而只能讨论线段的长度之比.然而,在双曲几何中,没有相似而又不全等的图形,因此没有一种变换(与双曲运动不同的)能够称作"双曲相似".鉴于我们同欧几里得几何相接触的长期经验,这种差异可能给我们以特别离奇的印象.这就是为什么我们要相当详细地

---

① 可以证明,对于其和小于 180° 的角,A,B,C 的每种选法都存在一个双曲三角形,其角为 A,B,C.问题 14 和 15 的令人惊奇的结果和这个事实有关.在欧几里得几何中,规定一个三角形的三个角等价于规定它的两个角(由于第三个角由前两个角确定),并且这样不能唯一确定一个三角形.然而,在双曲几何中三角形的三个角却是互相独立的,并且它们确定这个三角形.

讨论这个问题的原因.

大家注意,欧几里得几何中的定理可能依赖于角的度量单位的选择,例如,如果我们定义 1° 等于一个直角的 1/100 而不是 1/90,则定理:"一个三角形的内角之和是 180°"显然要改写①.距离和角度之间的这种差异是由于在欧几里得几何中可以给出角度单位的纯几何定义(直角就是这样的一个单位,它可以定义为与它的补角全等的角;直角的一个确定的部分也是如此;另一种是弧度,一个弧度即所对的弧长等于半径的一个中心角),但是和这相反,没有一种提供特定的长度单位的几何方法.在双曲几何中情况就不是这样,可以给出长度单位的一种纯几何的定义;例如,有一个角是 45° 的等边三角形的一条边,可以取作一个长度单位(根据问题 15,这是一个完全确定的线段).这意味着在双曲几何中一个定理的陈述,可以依赖于长度单位的选择.

大家注意,从问题 14 和 15 可以推出,在双曲几何中能够对面积单位下几何的定义,譬如说,规定 n 角形的面积等于它的角亏,或规定具有指定角的三角形的面积作为面积的单位.

我们打算讨论的最后一个问题是双曲平面的运动的分类.在《几何变换(Ⅰ)》中大家看到,欧几里得几何的两个正向全等的图形可以用两个对直线的反射使它们叠合(参看《几何变换(Ⅰ)》,第 2 章,2.2 节).在双曲几何中,我们可以用几乎一样的方法证明:两个正向全等的图形可以用两个对直线的反射使它们叠合.在双曲几何中,对一条直线的反射、正向全等和反向全等的定义,与欧几里得几何中相应的定义类似(参看《几何变换(Ⅰ)》,第 2 章,2.1 和 2.2 节的开始部分)②.然而,在欧几里得几何中,两条直线的关系只有两种本质上不同的方式.即它们或平行,或相交;而在双曲几何中,它们的关系却有三种本质上不同的方式:相交、平行或超平行.这说明,为什么在欧几里得几何中正向运动的类型的个数是两个(旋转与平移,即对两条相交直线的反射之积与对两条平行直线的反射之积),而在双曲几何中正向运动的类型的个数却是三个.对这三种正向运动类型的讨论如下.

(1) 对于在点 A 相交的直线 l_1 和 l_2 的反射的乘积(图 18(a)).在这个运动

---

① 换句话说,在欧几里得几何中,一个定理可能说到角的大小,或线段的大小之比,但不能说线段的大小(例如,参看下列定理中关于长度和角度的提法:在有一个角为 30° 的直角三角形中,该角的对边等于斜边的一半).例如,在 1918 年俄国采用新的度量衡制时,并不需要在基谢廖夫教科书中做任何更改;而角的量度单位一旦有了变化,就必须改变许多定理的陈述.

② 我们建议读者证明:这些定义以及在《几何变换(Ⅰ)》,第 2 章,2.2 节的论证,可以无须改变地用到双曲几何中.

通过类似于在欧几里得几何中所用的论证,可以证明两个反向全等的图形能够用三个对直线的反射使它们叠合.

下点 A 保持不动，因而经过 A 的直线束 Π_1 变到它自身，即这个束中的每一条直线变为同束中的某一条直线. 设 B 是双曲平面中的一点，B_1 是 B 在对 l_1 的反射下的像，B' 是 B 在对 l_1 和 l_2 的反射的乘积下的像. 则 B_1 和 B 关于 l_1 对称，并和 B' 关于 l_2 对称. 容易看到，B' 和 B 关于直线 BA 和 $B'A$ 的对称轴对称. 实际上，根据问题 12 中的定理(应用于 $\triangle BB_1B'$)，点 B 和 B' 的对称轴属于包含 l_1 和 l_2 的束 Π_1. 所以，由问题 6(2) 中的结果，点 B 和 B' 的对称轴同直线 BA 和 $B'A$ 的对称轴相同，这就是所要证的.

在束 Π_1 的每条直线 AP 上，选出与 B 关于直线 AP 和 AB 的对称轴对称的一点 $\overline{B}$，并将 $\overline{B}$ 的轨迹叫作以 A 为中心的双曲圆. 现在我们可以简明地说，在运动(1) 下，一个点和它的像属于以 A 为中心的同一个圆(图 18(a)).

以 A 为中心的圆可以更简单地定义为与 A 等距离①的点的轨迹，因为保持点 A 不动的运动也保持动点到 A 的距离. 以 A 为不动点的(1) 型双曲运动可以称为绕 A 的双曲旋转.

(2) 对垂直于直线 MN 的两条超平行线 l_1 和 l_2 的反射的乘积(18(b)). 在这个运动下直线 MN 保持不动，这说明与 MN 垂直的超平行直线束 Π_2 变到它自身(Π_2 中的每一条直线都变成 Π_2 中的一条相应的直线). 设 B 是双曲平面上的一点，B_1 是 B 在对直线 l_1 的反射下的像，B' 是 B 在对直线 l_1 和 l_2 的反射的乘积下的像. 则 B_1 和 B 关于 l_1 对称，并且和 B' 关于 l_2 对称. 容易看到，B' 和 B 对于束 Π_2 中的直线 BQ 和 $B'Q'$ 的对称轴对称. 实际上，根据问题 12 中的定理(应用于 $\triangle BB_1B'$)，点 B 和 B' 的对称轴属于束 Π_2，Π_2 包含 l_1 和 l_2. 所以根据问题 6(2) 的结果，B 和 B' 的对称轴与直线 BQ 和 $B'Q'$ 的对称轴重合，这就是所要证的.

在束 Π_2 的每一条直线上，选取与 B 关于该直线和直线 BQ 的对称轴对称的点 $\overline{B}$. 点 $\overline{B}$ 的轨迹我们叫作等距曲线，并把直线 MN 叫作它的轴. 于是，在运动(2) 下一个点和它的像在以 MN 为轴的同一条等距曲线上(图 18(b)).

以 MN 为轴的等距曲线，可以更简单地定义为在 MN 的一边并且到直线 MN 等距离的点的轨迹. 这是因为保持一条直线不动的运动，也保持从一动点到该直线的距离不变②. 由一条不动直线 MN(这条直线“沿着它自身滑动”) 所

---

① 是在双曲意义上的等距，从欧几里得几何的观点来看，所提到的轨迹当然不是一个圆. 可以证明所说的曲线(以及后面讨论的在双曲平面中表示等距曲线和极限圆的那些曲线) 是欧几里得几何中的椭圆.

② 因此称为“等距曲线”. 注意，根据问题 5(1) ～ (3) 的结果，到一条给定直线 MN 等距(并且在 MN 的一侧) 的点的轨迹不是一条直线.

大家注意，在关于双曲几何的著作中，等距曲线有时定义为到一条直线 MN 的距离是一常数的点的轨迹，这种定义取消了我们要求轨迹点在 MN 的一侧的限制.

刻画的(2) 型运动,可以称为沿直线 MN 的双曲平移.

(3) 对两条平行直线 l_1 和 l_2 的反射的乘积(图 18(c)). 这个运动把与 l_1 和 l_2 平行的直线束 Π_3 变成它自身,因为对直线 l_1 和 l_2 的反射都把 Π_3 中的直线变成 Π_3 中的直线,所以这些反射的乘积也是这样. 设 B 是双曲平面中的一点,B_1 是 B 在对直线 l_1 的反射下的像,B' 是 B 对 l_1 和 l_2 的反射的乘积下的像. 则 B_1 与 B 关于 l_1 对称,并且与 B' 关于 l_2 对称. 容易看到,B' 与 B 关于直线 BP 和 $B'P$ 的对称轴对称. 实际上,根据问题 12 中的定理,点 B 和 B' 的对称轴属于束 Π_3,Π_3 包含直线 l_1 和 l_2. 所以,根据问题 6(2) 的结果,点 B 和 B' 的这个对称轴同直线 BP 和 $B'P$ 的对称轴相同,这就是所要证的.

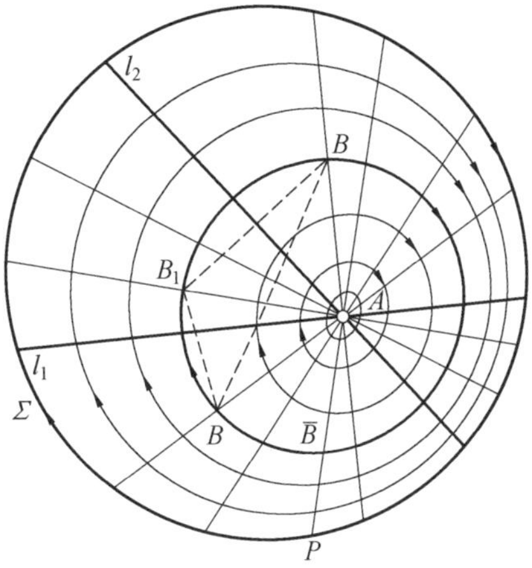

(a)

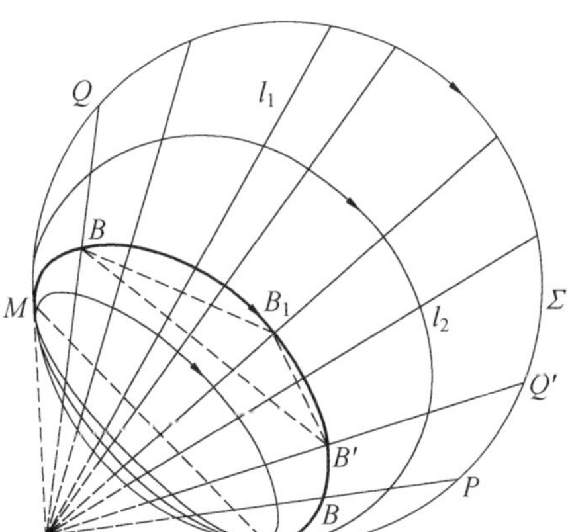

(b)

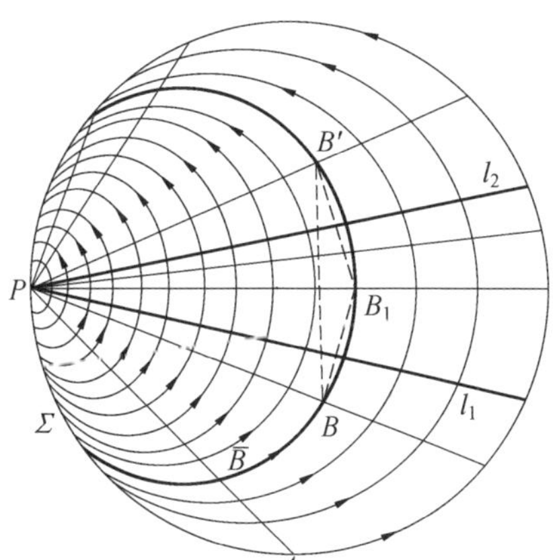

(c)

图 18

在束 Π_3 的每一条直线上,选取与 B 关于直线 AB 和 BP 的对称轴对称的点 $\overline{B}$. 我们将 $\overline{B}$ 的轨迹称为极限圆. 如此,在(3) 型运动下一个点沿着一个极限圆运动(图 18(c)).

在欧几里得几何中，经过点 A 并在该点与给定直线 l 相切的圆的序列，当这些圆的半径趋向无穷大时趋向于直线 l，所以有时候说“直线是半径为无穷大的圆”(图 19(a))①. 在双曲几何中情况就不是这样. 不难看到，经过点 A 并且在

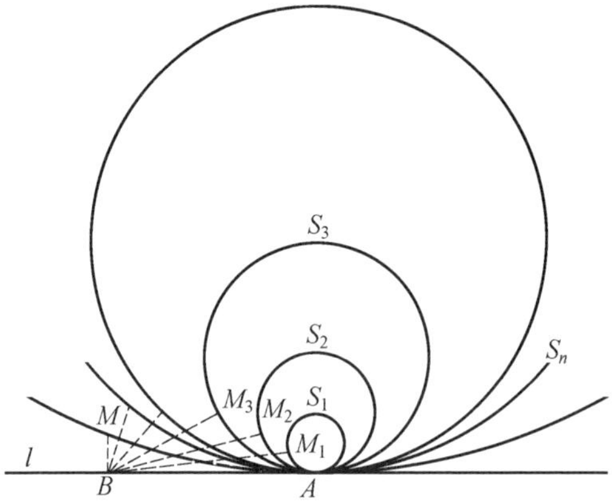

(a)

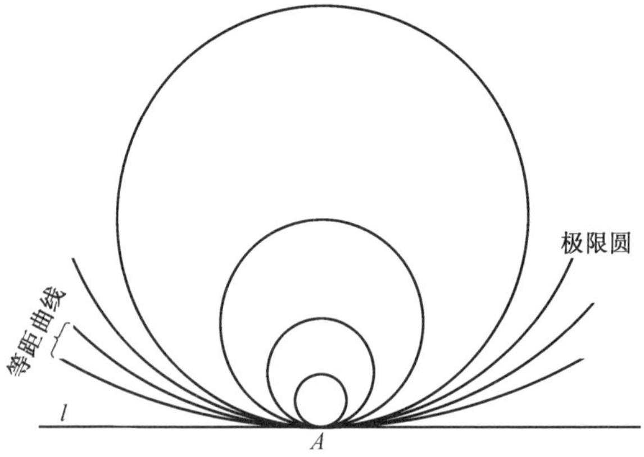

(b)

图 19

点 A 与给定直线 l 相切的圆的序列，当圆的半径趋向无穷大时，趋向于一个经过点 A 并且与 l 相切的“极限圆”，这就是说，在这里“半径为无穷大的圆”是一

① 从一点 B 到一曲线 Γ 的距离，我们指的是从 B 到 Γ 上的点的距离的极小值. 这样，如果 Γ 是一直线 l，那么从 B 到 l 的距离等于从 B 到 l 的垂线的长度，而如果 Γ 是一个以 O 为中心的圆 S，则从 B 到 S 的距离是两条线段 BM 和 BN 中较短的一个的长度，其中 M 和 N 是直线 BO 同圆 S 的交点. 这些内容的意思是：如果在点 A 与直线 l 相切的圆 $S_1, S_2, S_3, \cdots$ 的半径趋向无穷大，那么从 l 上任意一点 B 到圆 $S_1, S_2, S_3, \cdots$ 的距离 $BM_1, BM_2, BM_3, \cdots$ 趋向于 0(图 19(a)).

对后面的双曲几何的内容应当类似地解释.

个极限圆而不是一条直线. 此外,经过点 A 并与 l 在 A 相切的等距曲线的序列,根据等距曲线的宽度是趋向于无穷大还是趋向于零(一条等距曲线的宽度指的是从它的点到它的轴的距离,图 19(b)),分别趋向于上面的在点 A 的极限圆或趋向于直线 l.

三种曲线 —— 圆、极限圆和等距曲线 —— 中的每一种曲线都可以定义为与一束直线正交的曲线①;在圆的情形这是一束相交直线,在极限圆的情形是一束平行直线,而在等距曲线的情形则是一束超平行直线.

习　题

16. 试证明:在双曲平面上,对于给定的一个三角形可以外接一个圆、一个极限圆或一条等距曲线.

大家注意,由于三角形的角平分线的交点到它的边等距离,所以总可以在它的内部作一个内切圆.

17. 试证明:在双曲几何中圆的周长和它的半径之比不是常数.

问题 17 证明了在双曲几何中不全等的圆不相似.(参看第 106 页)②

我们对双曲几何的研究到此为止. 上面的讨论是建立在第 89 页的定义的基础上的. 双曲几何的所有定理都可以归结为关于一个圆盘 K 的点(和弦)的通常的定理,双曲几何所研究的内容是要找出在将 K 映射到自身上的射影变换下圆盘 K(和在它内部的图形)的保持不变的那些性质. 然而,研究双曲几何(以及任何其他的几何)还有别的途径. 有一种方法在第 98 ~ 101 页中已经提到过(参看三角形全等的第一判别法的证明和关于三角形的角平分线共点的定理的证明),它在于将非欧几里得几何的定理建立在有限多个公理的基础上,这和在中学里讲授欧几里得几何所用的方法完全类似. 当从公理推演双曲几何时,我们只需要修改欧几里得几何的一条公理,即平行公理. 代替这条公理的是下面的公理:假设 A 是不在直线 l 上的一个点,则经过 A 有多条直线不同 l 相交. 在双曲几何的这种体系中,并不涉及它同圆盘 K 的点和弦的关系;我们不用以那个圆盘为特征的图形,而用类似于图 14,17 或 19(b) 那样的示意图来解释各种情况.

从历史上来看,双曲几何首先是在公理的基础上发展起来的. 人们试图用

① 两条曲线在一个交点处的夹角指的是它们在这个交点处的切线的夹角.

② 另一个推论是,角 α 的弧度的通常定义(作为中心角 α 所对的弧长和该圆的半径之比)不能用到双曲几何中来,因为这里这个比值不仅依赖于 α,而且也依赖于半径的大小. 角的弧度可以用纯形式的方法引入双曲几何,只要规定数 $\pi = 3.14159\cdots$ 作为一个平角的弧度,或者用如下较为复杂的几何作法:角 α 的弧度定义为中心角 α 所对圆弧的长度与该圆半径之比当半径趋向于零时的极限.

其他公理来证明平行公理,进行了长期的研究,由此产生了双曲几何.关于这个公理是否能从欧几里得几何的其他公理推导出来,人们曾怀疑了很长的时间.在证明这个公理的尝试中,数学家们用了所谓"反证法",即假定平行公理不成立,试图在这个前提下推出矛盾.所有这些尝试都没有什么成果.确实,通过否定这个平行公理所得到的定理显得很离奇,但是它们并不互相矛盾.高斯、罗巴切夫斯基和波尔约等首先明确指出:通过否定这条平行公理可以得到一种新的、和通常的(欧几里得的)几何同样和谐的几何;直到这时这个问题才获得解决[①].罗巴切夫斯基和波尔约把这种新的几何推进到无论在内容上、还是在逻辑结构上都可以和欧几里得几何相匹敌的地步.双曲几何的产生(罗巴切夫斯基第一次发表他的发现的时候,大约是 1829 年),证明了平行公理是不能从欧几里得几何的其他公理推出来的.

我们在上面说过,双曲几何和欧几里得几何是一样无矛盾的.然而,如果回到物理空间,那么两种几何中似乎只能有一种是适用的.事实上,从物理空间的观点来看,似乎显然只有欧几里得几何是唯一"真实的"几何[②].然而,这两种几何同物理现实的关系问题实际上要比想象的复杂得多.没有直接的实验能够确定平行公理的真伪,因为显然不可能用实验的方法来证明:经过给定的一个点 A 只能有一条直线同给定的直线 l 不相交.借助于几何直观同样不能做出明确的回答.显然,如果 A 靠近 l,那么经过点 A 并同从 A 到 l 的垂线构成"充分小"的角(譬如说,$45°$,$60°$ 或 $75°$;参看图 20)的直线,肯定同 l 相交,但是对于同该垂线的夹角"实际上是一个直角"——譬如说,等于 $89°59'59.999''$ 的角——的直线,这一点就不是那么明显了.当从 A 到 l 的距离非常大,比如说,比从地球到太阳的距离还要大时,求助于几何直观简直就毫无意义了.当然,可以尝试用实验解决三角形的内角之和的问题(参看问题 13);用这种方法解决空间的几何性质问题是高斯和罗巴切夫斯基提出来的.高斯试图用大地测量来确定顶点在三个相距很远的山顶为大三角形的内角之和.罗巴切夫斯基则试图在天文数

---

① 关于罗巴切夫斯基和波尔约发现双曲几何以及高斯做出的贡献(他独立地得到了双曲几何的概念)的非常有趣的历史,在 R. Bonola, *Non-Euclidean Geometry*(Dover Publications, New York, 1955)中可以找到.

② 要更准确地说的话,在这两种几何中似乎欧几里得几何更准确地反映了物理空间的性质.其实,要问究竟哪一种几何在物理空间中成立,是没有意义的,因为几何的基本元素——点、直线等——不是在物理上可以实现的对象,而仅仅是我们周围的物体的性质的理想化.这就是为什么几何学不能像物理学、化学或生物学那样包含在自然科学中的原因,那些学科的结论要受到实验的检验.我们所能讨论的,只是哪一种几何能够对空间中非常小的部分和光线的轨道(我们分别把它们当作点和直线)的性质给出较为准确的描述.

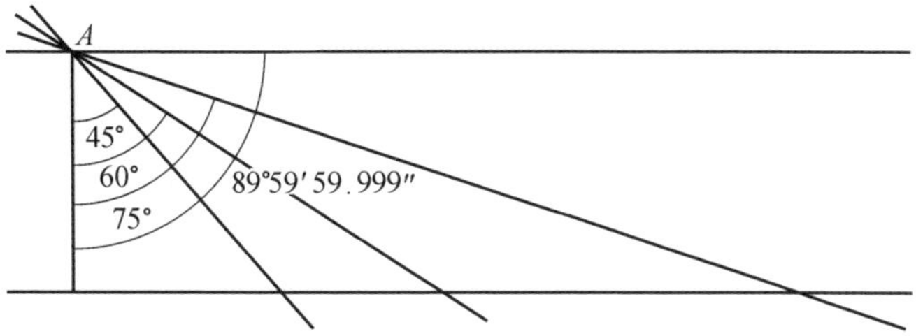

图 20

据的基础上，确定以三颗星作为顶点的非常大的三角形的内角之和①. 这里的困难是：所有的测量都只具有由测量仪器的性能确定的有限的精度，而在实验的基础上我们所能得出的结论，不过是三角形的内角之和近似地等于某一个值，并给出误差的一个估计. 因此，这类实验不能确证三角形的内角和等于 180°. 然而，可以设想：实验有可能证明三角形的内角之和不等于 180°，从而断定欧几里得几何不是空间性质的准确反映. 现在在这方面所能说的只是：在所有测量中，我们观测到的三角形内角之和偏离 180° 的观测偏差都不超过实验误差的界限.

因此，直到用某种特别精确的实验解决什么是空间的真实几何的争论之前，我们看到上述两种几何在研究物理世界的规律时是同样有用的②. 为弄清究竟是哪一种可能的几何系统（这就包括与欧几里得几何和双曲几何不同的其他的几何；参看下面的讨论）最适用于描述物理空间的性质而所做的努力，在很大程度上促进了物理学的发展. 在这个领域中最惊人的成就就是通常所说的相对论③（A. 爱因斯坦的“特殊相对论”，1905；和“一般相对论”，1916）. 它从根本上改变了我们关于空间中大区域的几何的观念，并且完全消除了按照问题的原来提法的双曲几何的真假性问题. 遗憾的是我们在这里不能比较深入地介绍这个理论，虽然它与本书的主题有着密切的关系.

高斯、罗巴切夫斯基和波尔约的伟大功绩，在于他们首先打破了欧几里得几何是唯一的、不可替代的观念. 虽然高斯、罗巴切夫斯基和波尔约非常广泛地

---

① 大家记得，从问题 14 的结果来看，双曲三角形的面积愈大，则它的内角之和与 180° 的差也愈大.

② 在研究双曲几何时，我们必须用像图 14 和 17 那样的失真了的图形，这个事实对双曲几何能否作为空间的“真实”几何没有影响，在欧几里得几何中我们之所以能够利用准确的图形，同相似变换的存在性有着非常密切的关系，用相似变换可以作出平面的一个大区域按比例缩小的模型（参看《几何变换（Ⅱ）》的前言）. 在双曲几何中没有相似变换（参看第 106 页），所以要在一张纸上描绘大区域时，我们必须用失真了的图形（如用曲线表示直线，等等）.

③ 相对论的某些方面的初步介绍，可以在 J. T. Schwartz, *Relativity in Illustrations*(N. Y. U. Press, N. Y. 1962) 中找到. 另一本用不同的观点写的引论性的书是 K. O. Friedrichs 的《从毕达哥拉斯到爱因斯坦》.

展现了他们的几何而确实没有发生矛盾，但是在原则上他们还是没有解决这种几何是否无矛盾的问题①.

在这方面贝尔特拉米(Beltrami)的工作有重要意义. 在1868年他证明了，双曲几何可以在通常(欧几里得)空间中的某种特殊的曲面上实现(假设曲面上两点A,B之间的距离定义为曲面上联结A和B的最短曲线的长度；这种“最短的”曲线在曲面的几何中起直线的作用). 这个发现证明了如果欧几里得几何是无矛盾的，那么双曲几何也是无矛盾的，从而在这个意义上将双曲几何置于和欧几里得几何同等的地位.

在贝尔特拉米的工作发表两年之后，克莱因发表了他关于非欧几何的第一篇论文. 两种不同的几何的存在性，促使克莱因考虑几何究竟指的是什么的问题；他对这个问题的回答在本书的引论中介绍过. 克莱因从一开始就将双曲几何放在与欧几里得几何同等的地位. 还应当认为是他给出了在第89页中的双曲几何的定义. 这就意味着在通常的欧几里得平面的圆盘K内部实现双曲几何的可能性(贝尔特拉米已经提示过)，并证明这种几何是无矛盾的，即平行公理不能从欧几里得几何的其他公理推出来. 克莱因甚至走得更远，他通过找出射影变换的各种充分小的子群，得到了许多(准确地说是九种)平面几何，在每种几何中都自然地引进了两点之间的距离和两条直线之间的夹角的概念②. 现在，不同于欧几里得几何的所有几何都称为非欧几里得几何，从而使得双曲几何只是许多种非欧几里得几何中的一种而已③.

大家注意，双曲几何无矛盾性的贝尔特拉米和克莱因的证明，并不是仅有的两种可能的证明. 在欧几里得空间中，可以构造双曲几何的多种模型，这些模

① 高斯和罗巴切夫斯基是如此深信这两种几何的无矛盾性，以至于他们很少考虑这整个的问题. 另外，波尔约则被这个问题弄得非常苦恼；他对于与双曲几何有关的一整套复杂问题的深刻见识确实是令人震惊的. 他非常艰苦地试图严格证明双曲几何是无矛盾的. 但是他失败了. 因为他的数学素养要比高斯和罗巴切夫斯基差得多.

② 例如，参看 I. M. Yaglom, *Complex Number in Geometry*, Academic Press, New York 1968.

③ 双曲几何在非欧几里得几何中是很特别的一种，因为它满足欧几里得几何中除平行公理以外的所有公理. 其他的非欧几里得几何与欧几里得几何有更为根本的差别；它们中的一些，线段不能朝两边无限地延长；而在另一些中，两个点并不是能用一条直线相连接的.(有一种几何与这种非欧几何有关，那就是黎曼几何，参看《几何变换(Ⅳ)》中的附录)这些说法预先假定大家知道了欧几里得几何的“传统的”公理化，这种公理化由希尔伯特在他的著作《几何基础》(1899)(江泽涵等译，科学出版社，1958)中完成. 对欧几里得平面概念采用不同的方式，可能会影响给定的几何系统与欧几里得几何的相对的“近似程度”. 例如，从显然应归于外尔(Weyl,1918)的欧几里得几何的“向量式”(即基于向量空间的概念)公理化的观点来看，最接近于欧几里得几何的“克莱因的非欧几里得几何”，是所谓(二维)“闵可夫斯基(Minkowski)几何”，这种几何是(特殊)相对论的基础. 在这同一个体系中，非常不同于欧几里得几何的一种几何，是根本不用向量概念的双曲几何.

型不同于贝尔特拉米模型(一个特殊的空间曲面上的点集,并具有在曲面上量度的距离)或克莱因模型(一个圆盘 K 的点集,具有与通常不同的方式量度的距离)①. 另一种有趣的模型是在第 2 章的附录②中讨论的庞加莱模型.

---

① 我们在这里无法解释是由于贝尔特拉米模型的哪些缺陷,使得人们产生一种看法,即认为克莱因模型是双曲几何无矛盾性的第一个令人满意的证明. 尽管如此,在这方面我们应当指出,还是贝尔特拉米首先证明了无矛盾性,因为他的文章实质上也包含了在这个附录中所描述的双曲几何模型,这种模型今天通称为"克莱因模型"或"贝尔特拉米－克莱因模型".(克莱因独立地发现了这个模型. 贝尔特拉米关于双曲几何无矛盾性的第一个实质上不正确的证明,给他的同时代人的印象是如此之深,以至于他们忽视包含在这同一篇文章中的第二个正确的证明.)

② 参考《几何变换(Ⅳ)》. 对于庞加莱模型的讨论,英文的著作有 H. Meschkowski, *Noneuclidean Geometry*, Academic Press, New York, 1964;或 E. E. Moise, *Elementary Geometry from an Advanced Standpoint*, Addison Wesley, 1963, Ch. 25(pp. 348-366); 或 D. Pedoe, *A Course of Geometry for Colleges and Universities*, Cambridge Univ. Press, 1970, Ch. 6(pp. 206-241).

习题解答

第1章　仿射变换和射影变换(仿射和射影)

1.1　平面到平面上的平行射影——平面的仿射变换

1. 设$\triangle ABC$是平面π上的一个任意三角形. 在从π到平面π'的一个适当的平行射影下,$\triangle ABC$的像是一个等边$\triangle A'B'C'$. 根据平行射影的性质C,$\triangle ABC$的边的中点的像是$\triangle A'B'C'$的边的中点. 由于$\triangle A'B'C'$是等边的,它的中线也是它的角平分线,从而交于一点——内切圆的中心,因此原$\triangle ABC$的中线共点[①].

2. 设$ABCD$是一个梯形,E是它的不平行边(的延长线)的交点,F是它的对角线的交点. 从梯形所在的平面π到平面π'上的适当的平行射影下,$\triangle ABE$的像是一个等腰$\triangle A'B'E'$;同时,根据平行射影的性质B,梯形$ABCD$变成梯形$A'B'C'D'$(图1). 显然,直线EF的像$E'F'$是等腰$\triangle A'B'E'$的对称轴,所以平分梯形$A'B'C'D'$的底$A'B'$和$C'D'$. 根据平行射影的性质C,就可推出直线EF平分原来梯形$ABCD$的底AB和CD.

① 三角形的角平分线共点,可以从下列事实直接推出:角平分线是到角的两边等距离的点的轨迹. 三角形中线共点的一般的证明,需要作辅助线,这种作图就现在的方法来说是多余的.

大家注意,用这种方法也能够证明上述定理的逆定理:设 F 是 $\triangle ABE$ 的中线 EM 上一点,用直线分别联结 F 和顶点 A,B,如果这些直线与三角形的边交于点 C 和 D,那么直线 CD 平行于 AB(图 1(b) 说明如果 $\triangle ABE$ 是等腰的,就是这种情形).

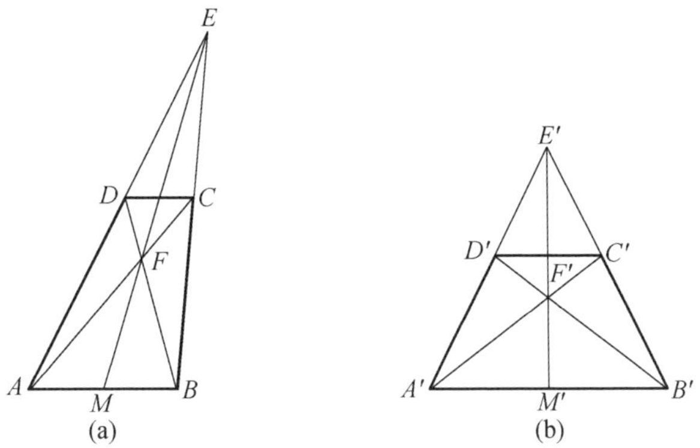

图 1

3. (1) 在平面上选取一点 E,它不在直线 l 或 l_1 上,作 E 到 l 上的点 A 和 B 的连线. 设 D 和 C 分别是 EA 和 EB 同直线 l_1 的交点,并设 F 是直线 AC 和 BD 的交点(图 2(a)),则直线 EF 平分线段 AB(参看问题 2).

(2) 在 l 上选取两点 A 和 B,找出线段 AB 的中点 G(参看(1)). 设 E 是直线 AM 上一点,H 是直线 EG 和 BM 的交点,N 是直线 AH 和 BE 的交点(图 2(b)). 则 MN 就是所要求的平行于 l 的直线(参看问题 2 的解后面的注释).

(为了找出 AB 的中点和作平行于 l 的直线,在作上面的图时,用同一个 $\triangle ABE$ 比较方便.)

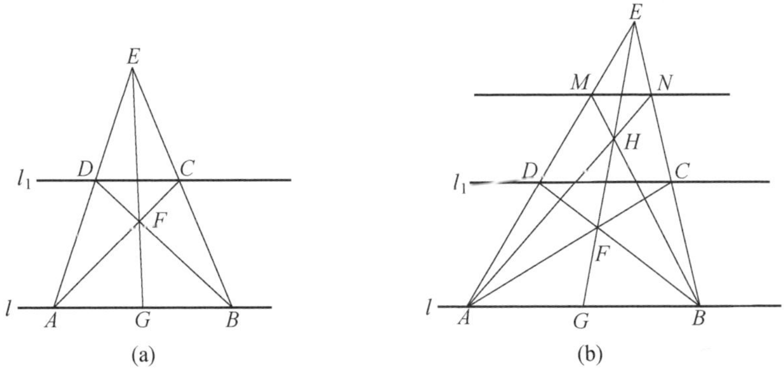

图 2

4. (1) 用一个适当的平行射影,可以将 $\triangle ABC$ 映射到平面 π' 的等边 $\triangle A'B'C'$ 上;根据平行射影的性质 C,这个映射将把点 M,N,P 变成点 M',N',

P'，使得 $A'M'/M'B'=B'N'/N'C'=C'P'/P'A'$(图 3)，把 $\triangle A'B'C'$ 绕它的中心旋转 120° 角，边 $A'B'$，$B'C'$，$C'A'$ 依次变为边 $B'C'$，$C'A'$，$A'B'$，而点 M'，N'，P' 则依次变为点 N'，P'，M'. 因此，这个旋转将 $\triangle M'N'P'$ 变成它自身，而这说明 $\triangle M'N'P'$ 也是一个等边三角形，且它的中心与 $\triangle A'B'C'$ 的中心重合. 换句话说，$\triangle M'N'P'$ 的中线的交点和 $\triangle A'B'C'$ 的中线的交点重合. 由于平行射影将三角形的中线变成它的像三角形的中线，$\triangle MNP$ 的中线的交点也和 $\triangle ABC$ 的中线的交点重合①.

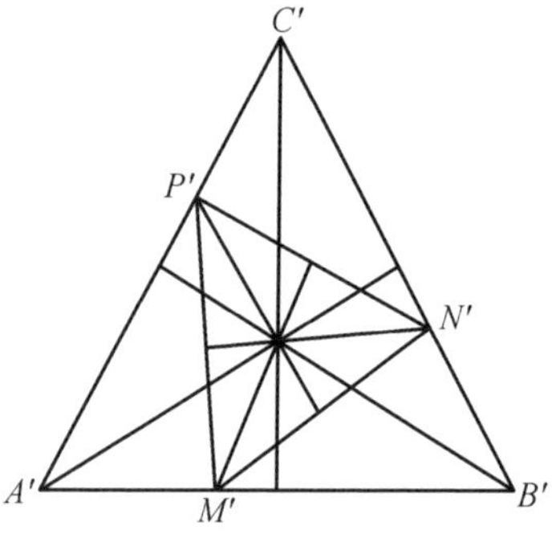

图 3

(2) 可以用类似于(1) 的解法证明.

5. 如果 $\triangle ABC$ 是等边的，那么显然所要找的点 M 到 $\triangle ABC$ 的边应当等距离，即 M 必须是 $\triangle ABC$ 的内切圆的中心，或者说，M 是 $\triangle ABC$ 的中线的交点. 由此可以推出，对任意 $\triangle ABC$，所要找的点 M 必定与它的中线的交点重合(参看附于问题 4(1) 的解答后面的注).

6. 如果 $\triangle ABC$ 是一个等边三角形(图 4)，那么 $\triangle ABC$ 和 $\triangle A_2B_2C_2$ 的边平行(为什么)，即这些三角形是中心相似的(参看《几何变换(Ⅱ)》). 由此可以推出在一般情形下，$\triangle ABC$ 和 $\triangle A_2B_2C_2$ 中心相似②，所以是相似的.

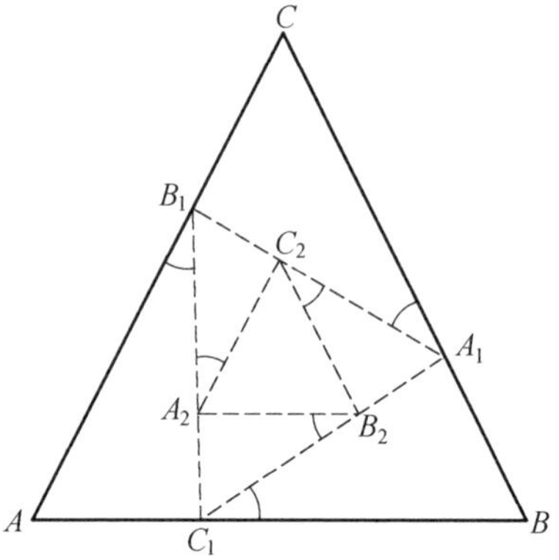

图 4

7. 对于等边三角形这个定理显然成立. 由此推出对任意三角形定理同样成立(例如，参看问题 1 的解答).

8. 只需对等边 $\triangle A'B'C'$ 证明我们的结论就够了(参看问题 1 和 4 的解). 由

---

① 等边三角形的中心与它的角平分线的交点(内切圆的中心)，它的边的垂直平分线交点(外接圆的中心)，以及它的高线的交点(垂心)，最后还有它的中线的交点(垂心) 互相重合. 然而，从 $\triangle A'B'C'$ 的角平分线交点与 $\triangle M'N'P'$ 的角平分线交点重合，当然并不能推出对于 $\triangle ABC$ 和 $\triangle MNP$ 有类似的结果(一般地说，平行射影不将角平分线变成角平分线)；也不能断定 $\triangle ABC$ 和 $\triangle MNP$ 的高线交点相同，或它们的外接圆的中心重合. 所能够肯定的只是这些三角形的中线的交点重合，因为平行射影将三角形的中线变成像三角形的中线.

② 注意，平行射影保持图形的中心相似关系，但不一定保持图形的相似关系，这就是我们在证明时所以要"绕弯" 的原因.

于 $A'N'_2=A'C'/3$ 和 $A'R'_1=A'B'/3$(图 5),直线 $C'R'_1$ 和 $B'N'_2$ 关于 $\triangle A'B'C'$ 的对称轴 $A'P'$ 对称,所以这两条直线的交点 X' 在 $A'P'$ 上.类似地,从 $B'R'_2=B'A'/3$ 和 $C'N'_1=C'A'/3$,可以断定直线 $B'N'_1$ 和 $C'R'_2$ 的交点 X'_1 也在 $A'P'$ 上.因此,我们的六边形的对角线 $X'X'_1$ 与 $\triangle A'B'C'$ 的对称轴 $A'P'$ 重合.用同样的方法可以证明,这个六边形的对角线 $Y'Y'_1$ 和 $Z'Z'_1$ 与等边 $\triangle A'B'C'$ 的另外两条对称轴重合.这就说明上面的三条对角线必定交于一点——等边三角形的中心.由此推出,在 $\triangle ABC$ 中对角线 XX_1, YY_1, ZZ_1 交于一点.

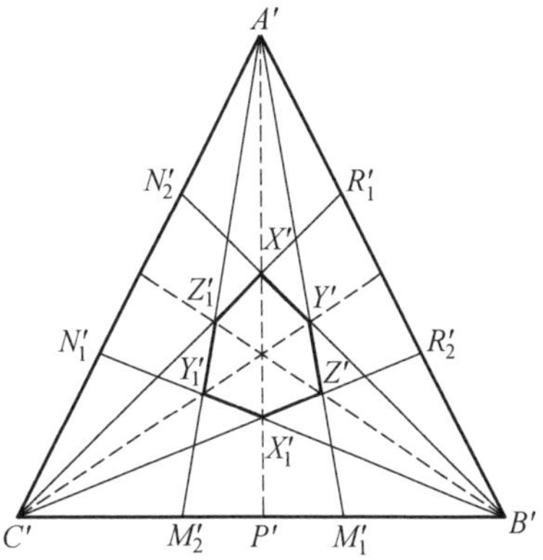

图 5

注　我们的解答证明了直线 XX_1, YY_1, ZZ_1 是 $\triangle ABC$ 的中线,它们的交点就是中线的交点.

9.(1) 根据平行射影性质 C 和 D 以及 1.1 节中的定理 1,只要对等边 $\triangle A'B'C'$ 证明我们的结果就可以了(图 6(a);参看问题 1 和 4 的解答).设 p 表示线段 $B'M'$ 和 $A'M'_1$ 的长度,r 是 $A'P'$ 和 $C'P'_1$ 的长度,q 是 $C'N'$ 和 $B'N'_1$ 的长度,而 a 则表示等边 $\triangle A'B'C'$ 的边的长度,$\triangle XYZ$ 的面积用 $S_{\triangle XYZ}$ 表示.则有

$$\begin{aligned}S_{\triangle A'B'C'}-S_{\triangle M'N'P'}&=S_{\triangle A'P'M'}+S_{\triangle B'M'N'}+S_{\triangle C'N'P'}\\&=\frac{1}{2}\sin 60^\circ[r(a-p)+p(a-q)+q(a-r)]\\&=\frac{1}{2}\sin 60^\circ[a(p+q+r)-(pq+qr+rp)]\end{aligned}$$

以及

$$\begin{aligned}S_{\triangle A'B'C'}-S_{\triangle M'_1N'_1P'_1}&=S_{\triangle A'P'_1M'_1}+S_{\triangle B'M'_1N'_1}+S_{\triangle C'N'_1P'_1}\\&=\frac{1}{2}\sin 60^\circ[(a-r)p+(a-p)q+(a-q)r]\\&=\frac{1}{2}\sin 60^\circ[a(p+q+r)-(pq+qr+rp)]\end{aligned}$$

因此

$$S_{\triangle M'N'P'}=S_{\triangle M'_1N'_1P'_1}$$

(2) 正如(1)中的一样,只需对等边 $\triangle A'B'C'$ 证明这个结论就够了(图 6(b)).由于 $M'M'_1 /\!/ B'C'$, $N'N'_1 /\!/ C'A'$, $P'P'_1 /\!/ A'B'$,可以推出

$$A'M'=A'M'_1,B'N'=B'N'_1,C'P'=C'P'_1$$

将 $\triangle A'B'C'$ 绕它的中心逆时针方向旋转 120° 角.这个旋转把 $\triangle A'B'C'$ 变成它自身,并且根据上面的等式,它把 $\triangle M'_1N'_1P'_1$ 变成 $\triangle M''_1N''_1P''_1$,后者的顶点与

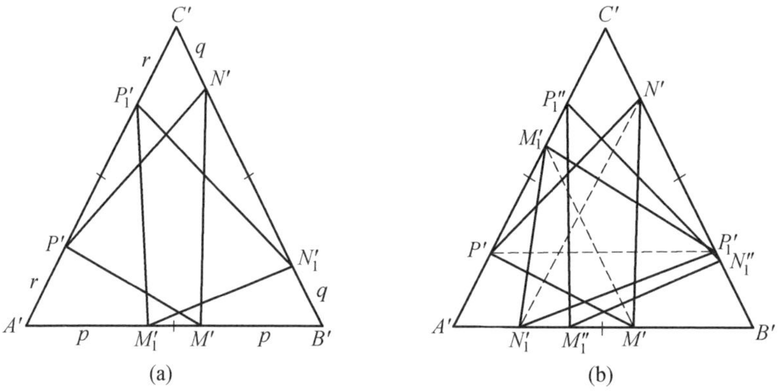

(a)　　(b)

图 6

$\triangle M'N'P'$ 的顶点关于 $\triangle A'B'C'$ 的对应的边的中点是对称的. 从这个事实和上面(1) 中已经证明的结果,可以推出

$$S_{\triangle M_1''N_1''P_1''}=S_{\triangle M'N'P'}$$

所以

$$S_{\triangle M_1'N_1'P_1'}=S_{\triangle M'N'P'}$$

像在(1) 的解答中那样,通过直接计算不难证明 $\triangle M'N'P'$ 和 $\triangle M_1'N_1'P_1'$ 的面积相等.

10. 这个解答类似于问题 9(1) 的解答,请读者自己证明.

11. (1) 设 $\triangle ABC$ 是等边三角形. 考虑图 7(a). 对 $\triangle AMR$, $\triangle BMS$, $\triangle CMT$ 应用正弦定理(并注意到 $d=2/3\times\triangle ABC$ 的中线长),我们有

$$\frac{d}{MR}=\frac{\sin\alpha}{\sin 150^\circ}=2\sin\alpha,\ \frac{d}{MS}=\frac{\sin\beta}{\sin 30^\circ}=2\sin\beta$$

$$\frac{d}{MT}=\frac{\sin\gamma}{\sin 30^\circ}=2\sin\gamma$$

所以有

$$\frac{1}{MR}+\frac{1}{MS}=\frac{2}{d}(\sin\alpha+\sin\beta)\text{ 和 }\frac{1}{MT}=\frac{2}{d}\sin\gamma$$

显然[①], $\alpha=120^\circ-\gamma$, $\beta=\gamma-60^\circ$. 所以

$$\begin{aligned}\sin\alpha+\sin\beta&=\sin(120^\circ-\gamma)+\sin(\gamma-60^\circ)\\&=\sin(120^\circ-\gamma)-\sin(120^\circ+\gamma)\\&=-2\cos 120^\circ\sin\gamma=\sin\gamma\end{aligned}$$

即对于等边 $\triangle ABC$,我们有 $1/MR+1/MS=1/MT$.

为了说明这个关系式对任意 $\triangle ABC$ 成立,大家注意它等价于关系式

---

① 要使这个问题的解答与图形无关,必须引进有向角(参看《几何变换(I)》,第 2 章,2.1 节的注).

$MT/MR+MT/MS=1$，而且用适当的平行射影和相似变换，总可以将等边三角形变成任意一个 $\triangle ABC$.

用类似的理由可以证明，假若我们(譬如说)以中线 AD 的中点 N 代替 M，则刚才建立的关系式将变成类似的一个关系式，即以 $2/NX$，$1/NY$，$1/NZ$(X 表示三个点 R，S，T 中在 $\triangle ABC$ 的边 BC 上的点，Y 和 Z 表示其中的另外两点)分别代替 $1/MX$，$1/MY$，$1/MZ$ 所得到的式子.

(2) 设平行四边形 $MNPQ$ 是一个单位正方形(图 7(b)). 则在 $\triangle MRN$，

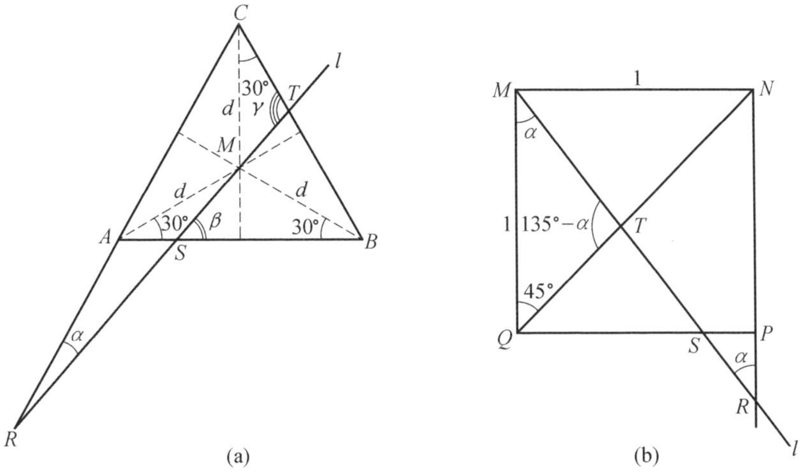

图 7

$\triangle MSQ$，$\triangle MTQ$ 中有

$$\frac{1}{MR}=\sin\alpha,\frac{1}{MS}=\cos\alpha$$

$$\frac{1}{MT}=\frac{\sin(135^\circ-\alpha)}{\sin 45^\circ}=\sqrt{2}\sin(135^\circ-\alpha)①$$

由于

$$\sin(135^\circ-\alpha)=\sin(45^\circ+\alpha)=\sin 45^\circ\cos\alpha+\cos 45^\circ\sin\alpha$$

$$=\frac{1}{\sqrt{2}}(\sin\alpha+\cos\alpha)$$

我们有

$$\frac{1}{MT}=\sqrt{2}\left[\frac{1}{\sqrt{2}}(\sin\alpha+\cos\alpha)\right]=\sin\alpha+\cos\alpha$$

$$=\frac{1}{MR}+\frac{1}{MS}$$

① 同上页的注.

即对于正方形 $MNPQ$ 有

$$\frac{1}{MR}+\frac{1}{MS}=\frac{1}{MT}$$

为了说明这个关系式对于任意平行四边形成立，大家注意这个式子等价于关系式 $MT/MR+MT/MS=1$，而且用一个适当的平行射影总可以将任意平行四边形 $ABCD$ 变成正方形（为此，只要将 $\triangle ABC$ 变成等腰直角三角形即可）.

12. 这个问题和下列问题等价：在给定的 $\triangle ABC$ 中，内接一个给定面积为 σ 的平行四边形 $ARPQ$，使得它和 $\triangle ABC$ 有一个公共的顶点 A，而其余的顶点则分别在三角形的边 AC，BC，AB 上. 这一点不难从图 8(a) 看出来，在这个图形中可以看到平行四边形 $ARPQ$ 和矩形 $MNPQ$ 的面积相等（由于它们有相同的底 PQ 和高 QM）. 换句话说，假若我们能够作出平行四边形 $ARPQ$，也就能作出矩形 $MNPQ$.

如果一个平行射影将平面 π 上的 $\triangle ABC$ 映射为平面 π' 上的 $\triangle A'B'C'$，那么内接于 $\triangle ABC$ 的平行四边形 $ARPQ$ 映射为内接于 $\triangle A'B'C'$ 的平行四边形 $A'R'P'Q'$.（这就是为什么我们要将作矩形 $MNPQ$ 的问题转化成作平行四边形 $ARPQ$ 的原因：平行射影一般不将矩形变成矩形，这就使得我们难于用平行射影来解决原来的问题.）假设内接平行四边形 $ARPQ$ 已经作出来. 用一个适当的平行射影将 $\triangle ABC$ 映射到等腰 $\mathrm{Rt}\triangle A'B'C'$ 上（图 8(b)）. 我们可以假定 $\triangle ABC$ 和 $\triangle A'B'C'$ 有相同的面积（通过对 $\triangle ABC$ 的像作一个适当的相似变换总能做到这一点），则平行四边形 $ARPQ$ 和 $A'R'P'Q'$（当然，后者是一个矩形）也有相同的面积 σ. 如果 S 是 $\triangle ABC$ 的面积，那么等腰 $\mathrm{Rt}\triangle B'R'P'$ 和 $\mathrm{Rt}\triangle C'P'Q'$ 的面积之和是 $S-\sigma$. 由于

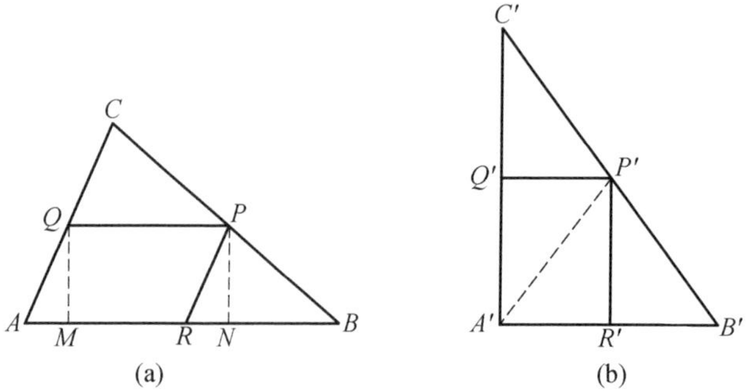

图 8

$$S_{\mathrm{Rt}\triangle B'R'P'}=\frac{1}{2}R'P'^2,S_{\mathrm{Rt}\triangle C'P'Q'}=\frac{1}{2}Q'P'^2$$

可以推出

$$R'P'^2+Q'P'^2=2(S-\sigma)$$

又由于 $R'P'^2+Q'P'^2$ 是矩形 $A'R'P'Q'$ 的对角线 $A'P'$ 的平方，即得 $A'P'=\sqrt{2(S-\sigma)}$.

这个分析提供了作矩形 $MNPQ$ 的方法. 作一个等腰 Rt$\triangle A'B'C'$，其面积 S 等于给定 $\triangle ABC$ 的面积($\triangle A'B'C'$ 的边 $A'B'$ 等于 $\triangle ABC$ 的底和高的几何平均). 然后在斜边 $B'C'$ 上选取一点 P'，使得 $A'P'=\sqrt{2(S-\sigma)}$. 最后，将给定 $\triangle ABC$ 的边 BC 分成比 $BP/PC=B'P'/P'C'$(平行射影的性质 C). 则矩形 $MNPQ$(顶点 Q 在边 AC 上，而顶点 M 和 N 在边 AB 上)就是所要求的矩形.

这个问题可以有两个解、一个解或无解.

13. 设 π 是前文中图 1.10 所在的平面. 可以肯定，能够用一个平行射影将 π 映射到平面 π' 上，使得图 1.10 中的 $\angle AMN$ 和 $\angle ARS$ 变成等角 $\angle A'M'N'$ 和 $\angle A'R'S'$，并使得 $\angle R'A'M'$ 是直角. 实际上，为了使得作为像的 $\triangle A'M'N'$ 和 $\triangle A'R'S'$(它们有公共角 A')相似(即为了 $\angle A'M'N'=\angle A'R'S'$)，只需要它们的边成比例

$$\frac{A'M'}{A'N'}=\frac{A'R'}{A'S'} \tag{$*$}$$

由于比

$$\frac{A'S'}{A'M'}=\frac{AS}{AM}=\alpha \text{ 和} \frac{A'N'}{A'R'}=\frac{AN}{AR}=\beta$$

是已知的，充分条件($*$)等价于

$$\frac{A'M'}{\beta A'R'}=\frac{A'R'}{\alpha A'M'} \text{ 或} \frac{A'M'}{A'R'}=\sqrt{\frac{\beta}{\alpha}}$$

根据定理 1，我们可以将 $\triangle AMR$ 射影到 $\triangle A'M'R'$，使得 $A'M'/A'R'=\sqrt{\beta/\alpha}$，并使得 $\angle R'A'M'$ 是直角. 这就证明了上面的论断，由此我们可以得到图 9，在其中只需要证明 $M'N'$ 和 $R'S'$ 的交点 T 在直线 $P'Q'$ 上. 下面我们就来证明这一点.

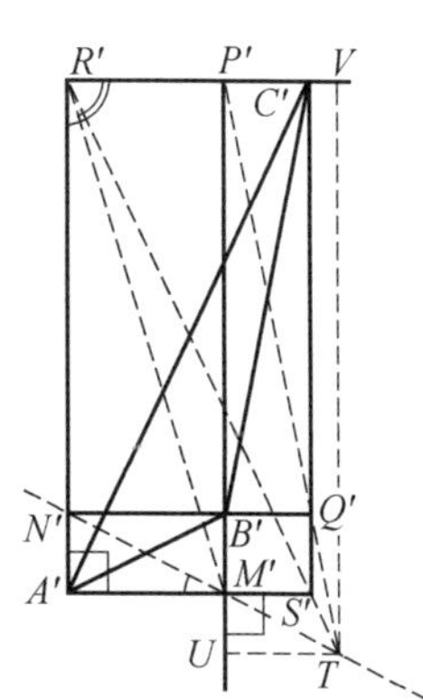

图 9

从 $\triangle M'S'T'$ 和 $\triangle R'N'T$ 的相似性(它们有等角)可知 $M'T/R'T=M'S'/R'N'$. 设 U 和 V 是从 T 到 $P'M'$ 和 $P'R'$ 的垂线的垂足，则从 $\triangle TUM'$ 和 $\triangle TVR'$ 的相似性(在这两个直角三角形中，$\angle TM'U=90°-\angle TM'S'=90°-\angle TR'N'=\angle TR'V$)，可以推出 $TU/TV=M'T/R'T$. 因此

$$\frac{TU}{TV}=\frac{M'T}{R'T}=\frac{M'S'}{R'N'}=\frac{Q'B'}{Q'C'}$$

从而 $TU/TV=Q'B'/Q'C'$，这就证明了 T 在直线 $P'Q'$ 上.

14. 设 P,Q,R 分别是 AC,BD,EF 的中点(图 10). 以 A 为中心和 2 为系数的中心相似, 将 P,Q,R 映射到 C,S,T($ABSD$ 和 $AFTE$ 是平行四边形). 因此, 要证明 P,Q,R 共线, 只需证明 C,S,T 共线, 或等价地, 直线 TS 经过 ED 和 BF 的交点 C. 后面这一点是问题 13 的直接推论. 实际上, 注意在图 10 中的 $ADXE,XTYS,YFAB$ 都是平行四边形, 它们的边有相同的方向, 并且 $\triangle AXY$ 的每一条边是这些平行四边形中某一个的对角线. 从而它们的另一条对角线 ED,TS,BF 也共点.

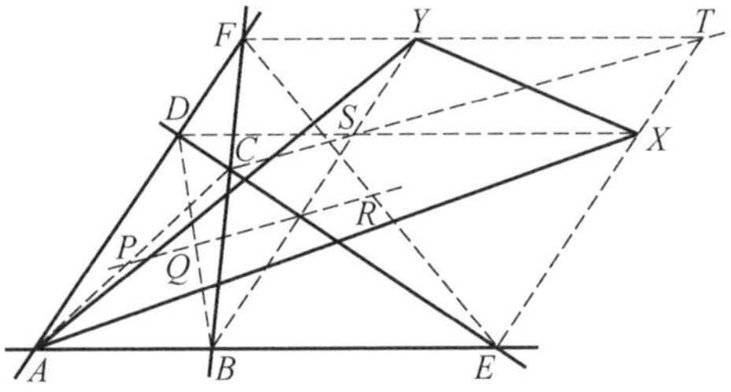

图 10

15. (1) 显然, 只需考虑 $ABCD$ 是单位正方形的情形就够了.(参看问题 11(2) 的解) 由直线 AA_1, BB_1,CC_1,DD_1 构成的四边形 $A_2B_2C_2D_2$(图 11) 是一个正方形. 这是因为, 如果绕正方形 $ABCD$ 的中心旋转 90°, 这个图形变成它自身, 所以 $A_2B_2C_2D_2$ 是正四边形.(顺便指出, 由此可以看到: 如果 $ABCD$ 是平行四边形, 那么 $A_2B_2C_2D_2$ 也是平行四边形) $\mathrm{Rt}\triangle ABB_1$ 和 $\mathrm{Rt}\triangle ABA_2$ 是相似的, 其相似系数 k 等于它们的斜边之比

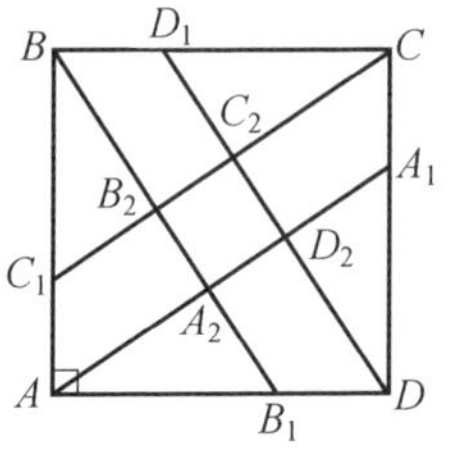

图 11

$$k=\frac{BB_1}{AB}=\frac{\sqrt{1+(2/3)^2}}{1}=\frac{\sqrt{13}}{3}$$

由于

$$S_{\triangle ABB_1}=\frac{1}{2}\times 1\times\frac{2}{3}=\frac{1}{3}$$

我们有

$$S_{\triangle ABA_2}=\frac{1/3}{k^2}=\frac{3}{13}$$

所以

$$\begin{aligned}S_{\text{四边形}A_2B_2C_2D_2}&=S_{\text{四边形}ABCD}-S_{\triangle ABA_2}-S_{\triangle BCB_2}-S_{\triangle CAC_2}\\&=S_{\text{四边形}ABCD}-4S_{\triangle ABA_2}=1-\frac{12}{13}=\frac{1}{13}\end{aligned}$$

即

$$\frac{S_{\text{四边形}A_2B_2C_2D_2}}{S_{\text{四边形}ABCD}}=\frac{1}{13}$$

(2) 解法 1: 只要考虑边长为 1 的等边 $\triangle ABC$ 就够了. $\triangle A_2B_2C_2$(由直线 AA_1,BB_1,CC_1 构成) 是等边的, 因为 $\triangle ABC$ 绕它的中心旋转 120° 以后,

$\triangle A_2B_2C_2$ 变成它自身. 对于等边的 $\triangle ABC$, $\triangle CB_1C_2$ 和 $\triangle CAC_1$(参看图 12,那是根据本题的解法 2 所画的) 相似,相似系数为

$$k=\frac{CB_1}{CC_1}=\frac{1/3}{\sqrt{CK^2+KC_1^2}}=\frac{1/3}{\sqrt{CA^2-AK^2+KC_1^2}}$$
$$=\frac{1/3}{\sqrt{1-(1/2)^2+(1/6)^2}}=\frac{1}{\sqrt{7}}$$

由于 $S_{\triangle CAC_1}=\frac{1}{3}S_{\triangle ABC}$,有

$$S_{\triangle CB_1C_2}=\frac{1}{3}S_{\triangle ABC}\cdot k^2=\frac{1}{21}S_{\triangle ABC}$$

所以

$$S_{\triangle A_2B_2C_2}=S_{\triangle ABC}-S_{\triangle CAC_1}-S_{\triangle ABA_1}-S_{\triangle BCB_1}+$$
$$S_{\triangle CB_1C_2}+S_{\triangle AC_1A_2}+S_{\triangle BA_1B_2}$$
$$=S_{\triangle ABC}-3S_{\triangle CAC_1}+3S_{\triangle CB_1C_2}$$
$$=S_{\triangle ABC}-3\cdot\frac{1}{3}S_{\triangle ABC}+3\cdot\frac{1}{21}S_{\triangle ABC}=\frac{1}{7}S_{\triangle ABC}$$

即

$$\frac{S_{\triangle A_2B_2C_2}}{S_{\triangle ABC}}=\frac{1}{7}$$

解法 2:只要考虑等边 $\triangle ABC$ 就够了. 正如解法 1 中所证明的, 由直线 AA_1, BB_1, CC_1 所构成的 $\triangle A_2B_2C_2$ 是等边的. 设 S 是 $\triangle ABC$ 的外接圆. 令 M 是 S 与 AA_1 的交点(图 12). 从等式 $\angle BMA=\angle BCA$(它们对着同一个圆弧)可以推出 $\triangle BMB_2$ 也是等边的($\angle BMB_2=\angle BB_2M=60^\circ$), 并且 $BM\parallel C_1C$. 又从 $BM=BB_2$ 和 $BB_2=CC_2$($\triangle BB_2A_1\cong\triangle CC_2B_1$)可以推出 $BM=C_2C$,所以四边形 $BMCC_2$ 是平行四边形. 经过点 C_2 作 MA_1 的平行线,设 N 是它同直线 BC 的交点. 由于 $\triangle CC_2N\cong\triangle BMA_1$,有 $BA_1=NC$. 由此,并根据 $BA_1=BC/3$,我们可以断定 $BA_1=A_1N=NC$. 从等式 $BA_1=A_1N$ 可以推出 $BB_2=B_2C_2$,最后得到 $\triangle BB_2M\cong\triangle A_2B_2C_2$.

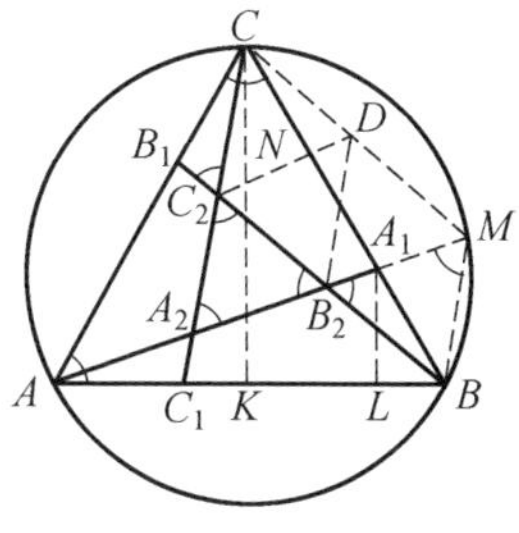

图 12

现在不难计算 $\triangle A_2B_2C_2$ 的面积. 实际上,设 B_2D 是平行四边形 $BMCC_2$ 的中线,则

$$S_{\triangle B_2BM}=\frac{1}{2}S_{\text{平行四边形}B_2BMD}=\frac{1}{4}S_{\text{平行四边形}BMCC_2}$$

由于 $S_{\triangle BC_2C}=S_{\text{平行四边形}BMCC_2}/2$. 我们有

$$S_{\triangle A_2B_2C_2}=S_{\triangle B_2BM}=\frac{1}{2}S_{\triangle BC_2C}$$

然而

$$\begin{aligned}S_{\triangle ABC}&=S_{\triangle BCC_2}+S_{\triangle CAA_2}+S_{\triangle ABB_2}+S_{\triangle A_2B_2C_2}\\&=3S_{\triangle BCC_2}+S_{\triangle A_2B_2C_2}=7S_{\triangle A_2B_2C_2}\end{aligned}$$

因此

$$S_{\triangle A_2B_2C_2}=\frac{1}{7}S_{\triangle ABC}$$

这就是所要证的结论.

注 大家可以看到,在等边三角形中成立的关系式 $BB_2=B_2C_2$,$CC_2=C_2A_2$,$AA_2=A_2B_2$,在任意 $\triangle ABC$ 中也必定成立.

附注:当戈登(Gordon) 教授阅读这份原稿时,对问题 15 的(1) 和(2) 提出了下面的解法:

在图 13 中,"外面的" 每一个小块全等于用相同号码标出的"内部的" 带有阴影的小块. 在第一个图形中,非阴影部分的面积显然是平行四边形 $\mathscr{P}$ 的面积的 13 倍,而在第二个图形中,非阴影部分的面积则是三角形 $\mathscr{T}$ 的面积的 7 倍.

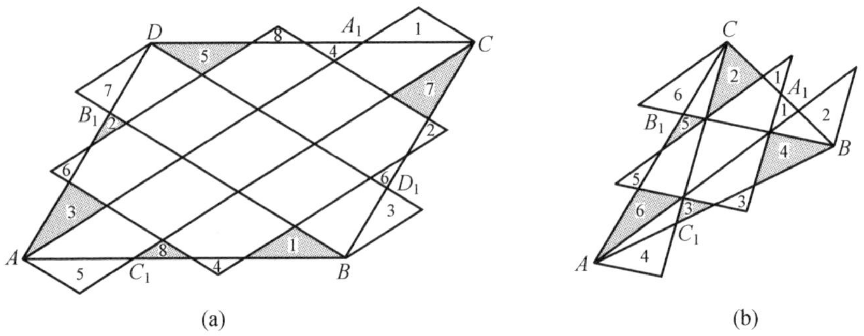

图 13

16. 在中学的几何课程中,曾经证明三角形的三条中线、三条高线和三条角平分线都构成共点的三线组.

如果我们能够用一个平行射影将 $\triangle ABC$ 的平面映射到另一个平面上,使得直线 AN,BP,CM 变成 $\triangle ABC$ 的像 $\triangle A'B'C'$ 的三条中线,或三条角平分线,或三条高线,那么我们的问题也就解决了. 显然,除非直线 AN,BP,CM 本身是 $\triangle ABC$ 的中线,它们不能用平行射影映射到一个三角形的中线上. 而且,并不

是总可能将直线 AN, BP, CM 映射到三角形的角平分线上①. 所以剩下来就是想把直线 AN, BP 和 CM 用平行射影映射到一个三角形的高线上.

我们来证明,如果 $A'N'$, $B'P'$, $C'M'$ 是 $\triangle A'B'C'$ 的高线(图 14(a)),那么

$$\frac{A'M'}{M'B'}\cdot\frac{B'N'}{N'C'}\cdot\frac{C'P'}{P'A'}=1$$

实际上,从 $\mathrm{Rt}\triangle A'N'C'$ 和 $\mathrm{Rt}\triangle B'P'C'$ 的相似性可以推出 $C'P'/N'C'=a/b$,其中 $a=B'C'$, $b=A'C'$. 用类似的方法可以证明 $B'N'/M'B'=c/a$, $A'M'/P'A'=b/c$,其中 $c=A'B'$,由这三个等式可以推出

$$\frac{A'M'}{M'B'}\cdot\frac{B'N'}{N'C'}\cdot\frac{C'P'}{P'A'}=\frac{A'M'}{P'A'}\cdot\frac{B'N'}{M'B'}\cdot\frac{C'P'}{N'C'}$$

$$=\frac{b}{c}\cdot\frac{c}{a}\cdot\frac{a}{b}=1$$

现在作 $\triangle A'B'C'$,使得它的高线的垂足 N', M', P' 分三角形的边为给定比

$$\frac{A'M'}{M'B'}=\frac{AM}{MB},\frac{B'N'}{N'C'}=\frac{BN}{NC},\frac{C'P'}{P'A'}=\frac{CP}{PA}$$

再分任意线段 $B'C'$ 成比 $B'N'/N'C'=BN/NC$,在点 N' 作 $B'C'$ 的垂线. 随后分线段 $C'N'$ 成比 $C'Q/QN'=CP/PA$,并在点 Q 作 $C'B'$ 的垂线(图 14(b)). 设

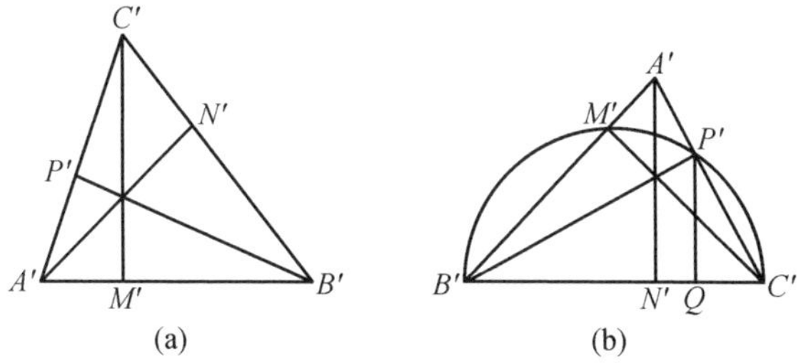

图 14

以线段 $C'B'$ 为直径的半圆与这条垂线的交点是 P',并设 A' 是直线 $C'P'$ 同 $C'B'$ 在 N' 的垂线的交点. 我们说 $\triangle A'B'C'$ 就是所要求的三角形. 实际上, $A'N'$ 和 $B'P'$ 是这个三角形的两条高线;设 $C'M'$ 是它的第三条高线. 由于 $B'N'/N'C'=BN/NC$ 和 $C'P'/P'A'=C'Q/QN'=CP/PA$,并由于

$$\frac{A'M'}{M'B'}\cdot\frac{B'N'}{N'C'}\cdot\frac{C'P'}{P'A'}=1=\frac{AM}{MB}\cdot\frac{BN}{NC}\cdot\frac{CP}{PA}$$

所以有 $A'M'/M'B'=AM/MB$.

现在我们用一个平行射影将 $\triangle ABC$ 映射到和 $\triangle A'B'C'$ 相似的一个三角

① 可以证明(我们希望读者争取给出这个证明):经过 $\triangle ABC$ 的顶点,并交于它的一个内点 O 的三条直线 AN, BP, CM,可以用平行射影映射到一个 $\triangle A'B'C'$ 的角平分线 $A'N'$, $B'P'$, $C'M'$ 上的充分必要条件是,点 O 在其边为 $\triangle ABC$ 的中位线的小三角形内部.

形. 从平行射影的性质 C，点 N,P,M 映射到 $\triangle ABC$ 的高线上. 由于三角形的高线共点，直线 AN,BP,CM 也共点.

注 现在我们不难证明如下的逆命题：假若经过 $\triangle ABC$ 的顶点的三条直线共点，则这些直线同 $\triangle ABC$ 的边的交点 N,P,M 分各自所在的边的比为

$$\frac{AM}{MB}\cdot\frac{BN}{NC}\cdot\frac{CP}{PA}=1$$

实际上，假定 P_1 是边 AC 上的一个点，使得

$$\frac{AM}{MB}\cdot\frac{BN}{NC}\cdot\frac{CP_1}{P_1A}=1$$

则直线 AN,BP_1,CM 共点，即 BP_1 经过 AN 和 CM 的交点. 但是这只有当 BP_1 和 BP 重合，即 P_1 和 P 重合时才可能.

这样一来，我们得到有时也叫作塞瓦定理的下述定理：

设 N,P,M 分别是 $\triangle ABC$ 的各边上的点（但不在它们的延长线上）. 则直线 AN,BP,CM 共点的充分必要条件是

$$\frac{AM}{MB}\cdot\frac{BN}{NC}\cdot\frac{CP}{PA}=1$$

1.2 平面到平面上的中心射影 ——平面的射影变换

17.（1）设 Q 是直线 l_1 和 l_2 的交点. 将图 1.21(a) 的平面 π 射影到平面 π' 上，使得 PQ 是平面 π 上的特殊直线. 为此，只需经过 OP 任意作一个不同于 π 的平面 π_1，并从 π_1 上的一个点 O 将 π 射影到平行于 π_1 的平面 π' 上；参看图 15(a). 则图 1.21(a)（在平面 π 上）变成图 15(b)（在平面 π' 上），并且直线 AC 和 BD 的交点 M 的轨迹变成直线 p'，p' 与 l'_1 和 l'_2 平行且等距离. 从中心射影的性质 A 可以推出点 M 的轨迹是一条直线.

如果 $l_1 \parallel l_2$，通过平面 π 到平面 π' 上的射影，使得经过点 P 与 l_1 和 l_2 平行的直线是 π 上的特殊直线，那么我们也得到图 15(b).

从中心射影的性质 B 立即可以知道，如果 l_1 与 l_2 交于一点 Q，那么 p 经过 Q；如果 $l_1 \parallel l_2$，那么 p 与 l_1 和 l_2 平行.

如果 P_1 是直线 PQ 上的任意一点，那么在上述射影下交于 P_1 的直线变成平行线，并且直线 A_1C_1 和 B_1D_1 的交点 M_1 的轨迹变成直线 p'. 从而可以推出点 M_1 的轨迹与 p 重合.（类似地，如果 $l_1 \parallel l_2$，且 $PP_1 \parallel l_1$，那么 P 和 P_1 确定同一条直线 p.）

（2）将图 1.21(b) 的平面 π 射影到平面 π' 上，使得直线 q 是 π 的特殊直线. 则直线 UA 和 UB，VA 和 VB 都变成平行直线（图 16）；直线 MN 变成平行四边形 $M'A'N'B'$ 的对角线 $M'N'$，且在 Q' 平分第二条对角线 $A'B'$. 因此，对于 U 和

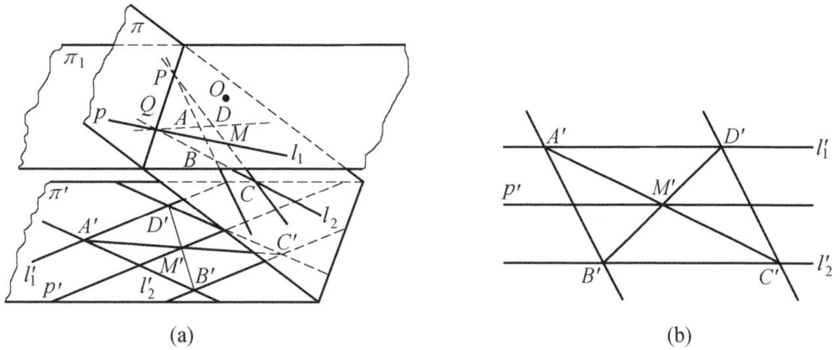

(a)

(b)

图 15

V 的每种选取，直线 MN 变成与直线 $A'B'$ 交于同一点 Q' 的直线 $M'N'$，从而推出所有的直线 MN 交 AB 于同一个点 Q.

现在设 q_1 是另一条直线，它与 AB 交于点 P. 在上述射影下，q_1 变成与 $A'B'$ 平行的直线 q_1'；四边形 ABU_1V_1 变成梯形 $A'B'U_1'V_1'$，而直线 M_1N_1' 则变成直线 $M_1'N_1'$，它是这个梯形的对角线的交点和对边交点的连线(图 16). 但是此时 $M_1'N_1'$ 与梯形的底 $A'B'$ 交于它的中点 Q'(参看 1.1 节问题 2). 这就推出问题中的第二个结论.

18. (1) 首先，经过点 M 作一对直线分别交 l_1 和 l_2 于点 A，C 和 B，D(图 17). 其次，经过直线 AD 和 BC 的交点 P 作一条直线，它同 l_1 和 l_2 的交点分别以 K 和 L 表示. 从问题 17 的定理可以推出，AL 和 DK 的交点与 M 的连线 m 经过 l_1 和 l_2 的交点.

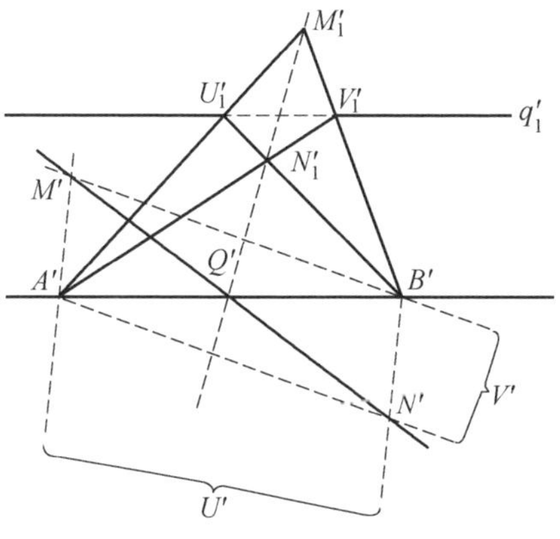

图 16

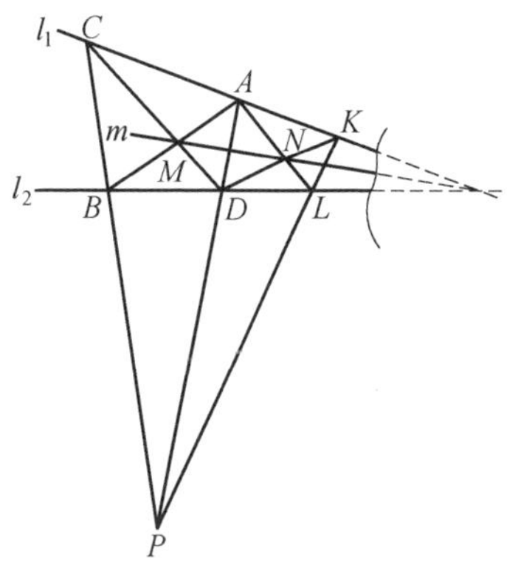

图 17

注 1 注意下面这一点是有意思的. 如果 $l_1 /\!/ l_2$(这时它们的交点在不存在的意义下是不可达的)，那么我们的构图归结成问题 3(2) 的构图，即经过给定点 M 只用直尺作一条直线平行于给定的两条平行直线. 这不是一个巧合，而是中心射影的性质的一个推论，它使得我们可以将问题 3(2) 看成问题 18(1) 的一种特殊情形(参看第 32 页及其后诸页). 还有,在问题 18(2) ~ (4) 中的图给出了只用直尺作平行线的方法. 我们建议读者争取作出这些图.

注 2 问题 18(1) 的以问题 17(1) 中的定理为基础的上述解法,不是唯一可能的解法. 根据问题17(2) 中的定理的一个解法,示意在图 18(a) 中.(这里直线 l_2 和 MN 与直线 l_1 交于同一个点;直线旁边的数字表示作图的次序)图 18(b) 表示以问题 22 中的定理为基础的一种解法.($\triangle ABM$ 和 $\triangle A_1B_1M_1$ 是透视的. 附带提一下,由于在图 17 中的 $\triangle CDK$ 和 $\triangle BAL$ 是透视的,我们的第一种作图方法也可以用德札尔格定理证明)图 18(c) 表示以问题 28(1) 的定理为基础的一种作图方法(六边形 $ABCDEF$ 的顶点依次交替地在直线 m_1 和 m_2 上). 这种作图方法也可以用问题 28(2) 中的定理证明(六边形 $AMDBNE$ 的边依次交替地经过点 F 和C). 问题 18(1) 还有其他的解法. 此外,上面指出的四种作图方法还可以用许多不同的方法证明.

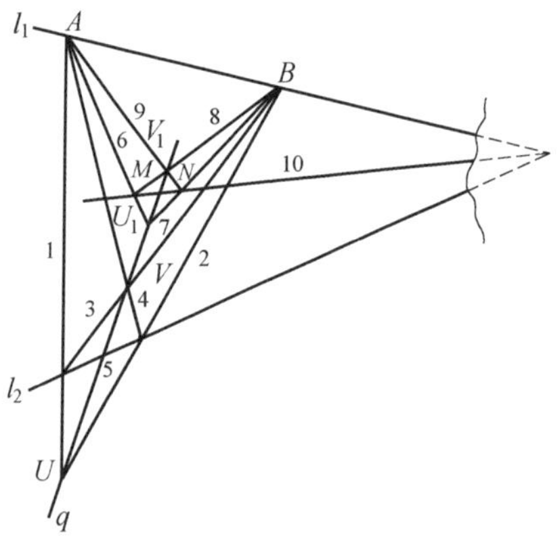

(a)

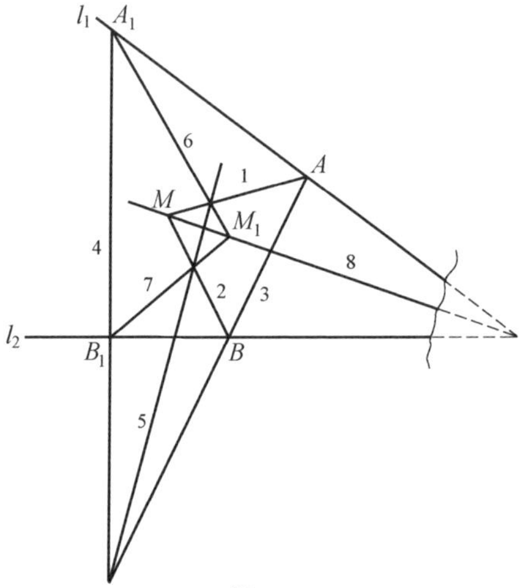

(b)

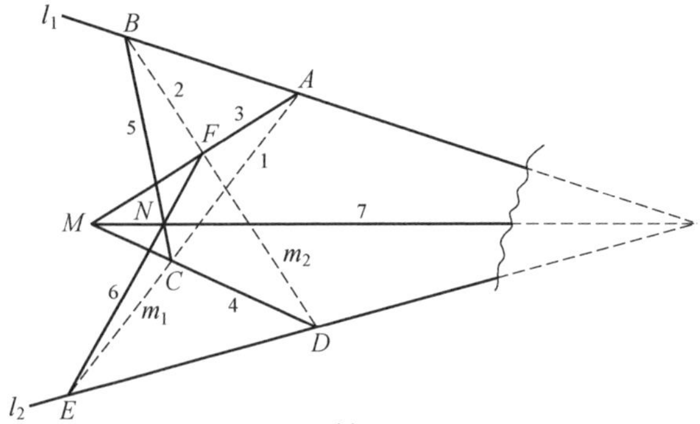

(c)

图 18

下面给出的问题 18(2) ～ (4),19,20 的解法也不是唯一可能的解法.建议读者尝试去找出其他的作图方法.

(2) 这里是一种可能的作图法:设 A 和 B 是 m 上的两点.从 A,B,M 到不可达点 P 和 Q 作连线(参看(1) 的解法).设 C 和 D 分别是 AP 和 BQ,AQ 和 BP 的交点,并设 E 和 F 分别是 MQ 和 MP 与 CD 的交点(图 19).作 E 到 P 和 F 到 Q 的连线,设 N 是 FQ 与 EP 的交点.从问题 17(2) 中的定理可以推出直线 MN,PQ,m 交于同一点 X.(在图 19 中,C 和 D,E 和 F 是同一直线上的两对点.)

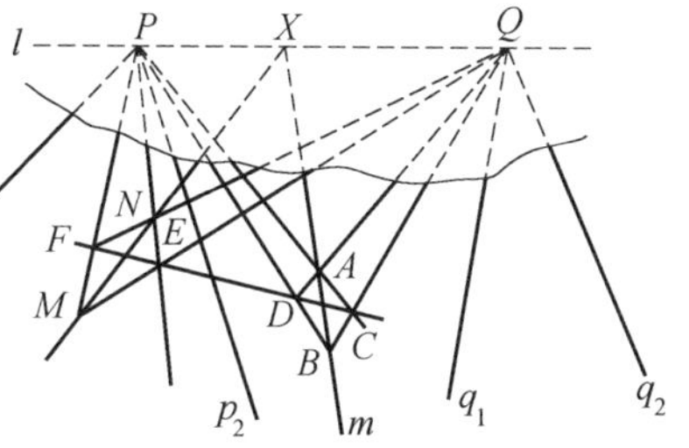

图 19

(3) 下面是一种可能的作图方法:设直线 p_1,p_2 和 q_1,q_2 交于点 A,B,C,D(图 20).(如果这些直线的交点不在这个作图问题的限制范围之内,那么我们可以用经过点 P 和 Q 的其他直线来代替;参看问题 18(a)) 在直线 AC 上(或在与 BD 交于同一点 E 的任何其他直线上) 选取两点 A_1 和 C_1,使得直线 A_1B 和 C_1D,A_1D 和 C_1B 交于问题的限定范围内的点 P_1 和 Q_1.由问题 17(2) 中的定理,直线 P_1Q_1 经过直线 BD 和 PQ 的交点 F.剩下只要作 F 到不可达点 P 的连线(参看问题 18(1)) 就可以了.

(4) 下面是一种可能的作图方法:设 m 和 n 是经过点 M 的两条任意直线(图 21).我们知道如何作经过不可达点 A,B,C,D(它们是 l_1 和 l_2 与 m 和 n 的交点) 的直线(问题 18(2)).我们也知道如何作 A 到 C 和 B 到 D 的连线(问题 18(3)).现在,作 M 到 AC 和 BD 的交点 P 的连线(问题 18(1)).设 MP 与 l_1 和 l_2 交于点 K 和 N.由问题 17(1) 中的定理,直线 KC 和 NA 的交点(它能够作出来;参看问题 18(2)(3)) 在所要求的直线上.

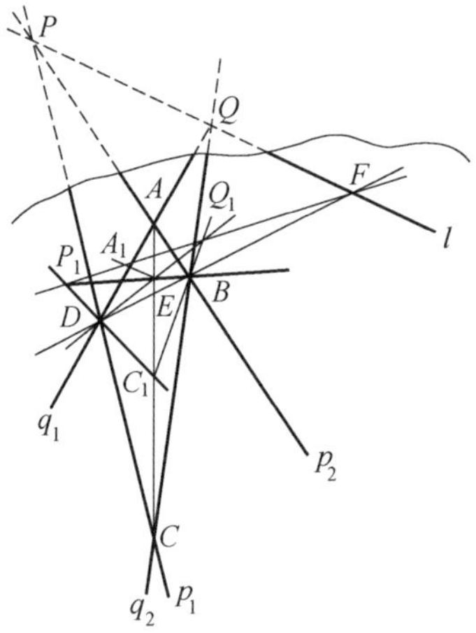

图 20

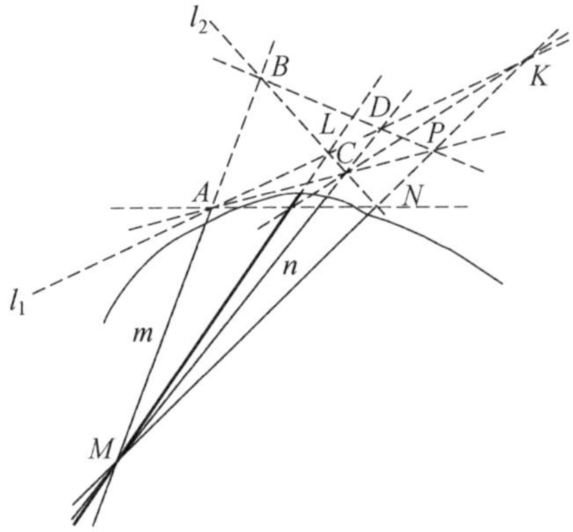

图 21

19. 下面是一种可能的作图方法;经过点 A 作两条不通过区域 Q 的直线 l_1 和 l_2,经过点 B 作两条直线交 l_1 和 l_2 分别于点 K, L 和 M, N. 用 l 表示直线 ML(图 22). 经过点 A 再作两条直线 l_1 和 l_2,它们与 l 交于点 $\overline{M}$ 和 $\overline{L}$. 设 $B\overline{L}$ 和 $B\overline{M}$ 与 $\bar{l}_1$ 和 $\bar{l}_2$ 分别交于 $\overline{K}$ 和 $\overline{N}$. 从问题 17(2) 中的定理可以推出直线 KN 和 $\overline{K}\,\overline{N}$ 的交点 D 在直线 AB 上. 重复这个过程,可以找到直线 AB 上在区域 Q 右边的另一个点. 这两个点使得我们可以越过区域 Q 延长直线 AB.

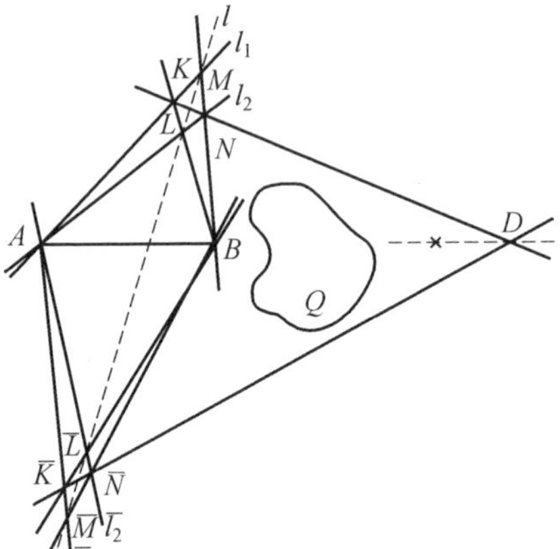

图 22

20. 下面是一种可能的解法:经过点 A 作两条夹角较小的直线 l_1 和 l_2,点 B 要在这个角的内部. 注意,即使用短的直尺也能将直线段延长. 经过点 B 作两条直线与 l_1 和 l_2 分别交于点 K_1, K_2 和 L_1, L_2. 设 P 是 K_1L_1 和 K_2L_2 的交点. 然后从点 P 作若干条直线,它们分别与 l_1 和 l_2 交于点 $K_3, K_4, \cdots, K_n$ 和 L_3,

$L_4, \cdots, L_n$(图 23).

从问题 17(1) 中的定理,可以推出 K_2L_3 和 K_3L_2,K_3L_4 和 K_4L_3,… 的交点在直线 AB 上. 用这种方法可以作出直线 AB 上的任意稠密的点,它们能够用短的直尺联结起来.

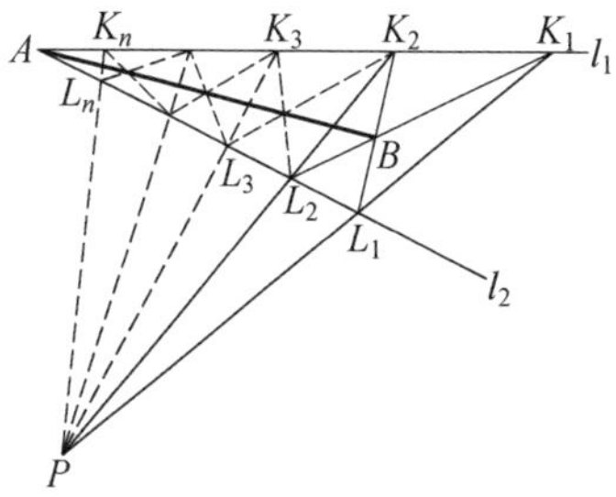

图 23

21. (1) 用中心射影将图 1.25(a) 的平面 π 映射到另一个平面 π' 上,使得 p 是 π 上的特殊直线. 如此,直线 AM 和 BC,BN 和 AC,CL 和 AB 分别变成平行直线 $A'M'$ 和 $B'C'$,$B'N'$ 和 $A'C'$,$C'L'$ 和 $A'B'$,而直线 AS,BT,CR 则分别变成 $\triangle A'B'C'$ 的中线 $A'S'$,$B'T'$,$C'R'$(图 24),后者交于一点 P',由此可知 AS,BT,CR 也交于一点 P[①].

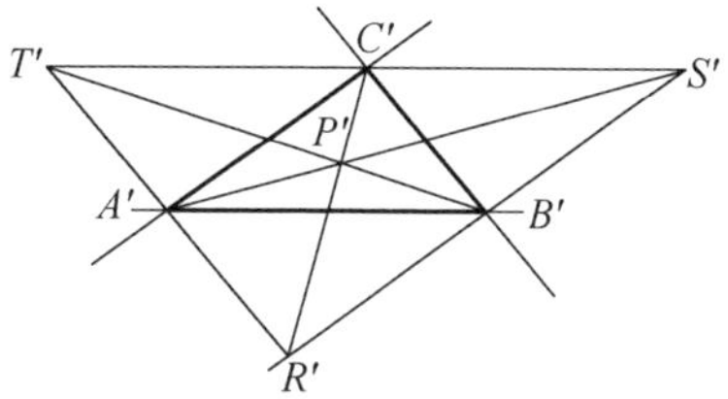

图 24

(2) 用中心射影将图 1.25(b) 的平面 π 映射到另一个平面 π' 上,使得 RS 是平面 π 上的特殊直线. 在 π' 上我们有 $K'L' \parallel A'B'$,$K'M' \parallel A'C'$(图 25(a)). 现在用平行射影将 $\triangle A'B'C'$ 映射成一个等边 $\triangle A''B''C''$(图 25(b)),这时直线 $A''K''$ 和 $B''L''$ 相交在 $\triangle A''B''C''$ 的对称轴 $C''D$ 上[②],而直线 $A''K''$ 和 $C''M''$ 交于这个三角形的对称轴 $B''E$ 上. 由此可以推出,直线 $A''K''$,$C''M''$,$B''L''$ 的交点 Q'' 是两条对称轴的交点,即三角形的重心;而直线 $L''K''$,$K''M''$,$M''L''$ 是三角形的中位线. 因此 $L''M'' \parallel B''C''$.

---

① 注意在从平面 π 到平面 π' 的中心射影下,$\triangle ABC$ 不一定变成 $\triangle A'B'C'$. 例如,如果直线 p 穿过三角形的内部,那么该三角形的像肯定不是三角形. 在中心射影下三角形可以变成相当复杂的图形,参看图 1.17. 然而,三个点 A,B,C 仍然变成三个点 A',B',C',并且联结 A,B,C 中两个点的直线变成联结 A',B',C' 中两个点的直线. 在一个射影下图 1.25(a) 变成图 24,就是在这个意义下理解的. 为方便计,在图 1.25(a) 和图 24 中我们没有整个地描绘直线 $AB,BC,\cdots$ 和直线 $A'B',B'C',\cdots$,而是限于画出这些直线上的某条线段. 然而,这个问题的解答是以直线变成直线(例如直线 AB 变成直线 $A'B'$) 为基础的. 将线段 AB 变成线段 $A'B'$ 的说法一般来讲是不对的. 这个附注也适用于后面许多问题的解答.

此外,在我们的论证中还有其他更加根本的不完善的地方. 图 24 中的点 P' 有可能在平面 π' 的特殊直线上. 这时直线 AS,BT,CR 不交于一点而是互相平行的. 在后面的大部分问题中都可以发现这种不完善的地方. 这个问题我们在第 32 页及其后诸页做了讨论.

② 它们在对直线 $C''D$ 的反射下互相变换. —— 英译者

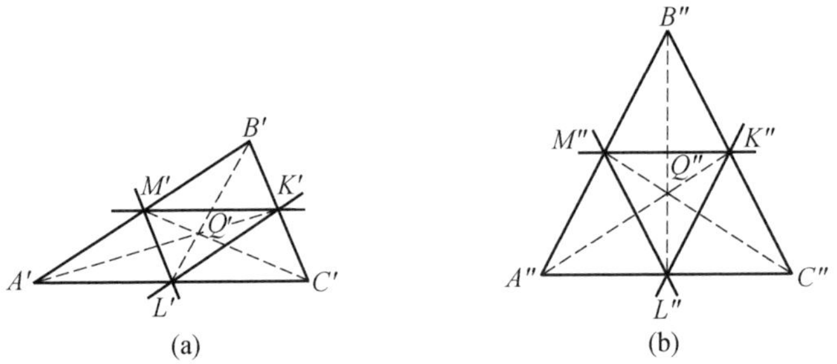

图 25

从平行射影的性质 B 可以推出 $L'M' \parallel B'C'$. 从性质 B 还可以推出 LM 和 BC 的交点 T 也在平面 π 的特殊直线上，所以 R, S, T 共线.

22. 首先来证明：如果直线 AA_1, BB_1, CC_1 共点，那么直线 BC 和 B_1C_1，CA 和 C_1A_1，AB 和 A_1B_1 的交点 P, Q, R 共线. 为此，将图 1.26 的平面 π 射影到平面 π' 上，使得 QR 是 π 上的特殊直线. 于是由中心射影的性质 B，有 $A'B' \parallel A_1'B_1'$ 和 $A'C' \parallel A_1'C_1'$. 从 $C'A' \parallel C_1'A_1'$ 可推出 $O'C'/O'C_1' = O'A'/O'A_1'$，又从 $A'B' \parallel A_1'B_1'$ 可推出 $O'A'/O'A_1' = O'B'/O'B_1'$，所以 $O'B'/O'B_1' = O'C'/O'C_1'$. 因此直线 $B'C'$ 和 $B_1'C_1'$ 平行，从而 BC 和 B_1C_1 的交点 P 落在 π 的特殊直线上，即点 P, Q, R 共线.

现在来证明上述论断的逆. 为此将图 1.26 的平面 π 射影到平面 π' 上，使得包含 P, Q, R 的直线成为 π 的特殊直线. 在这个射影下，$\triangle ABC$ 和 $\triangle A_1B_1C_1$ 变成对应边平行的相似 $\triangle A'B'C'$ 和 $\triangle A_1'B_1'C_1'$（图 26）. 设 O' 是 $A'A_1'$ 和 $B'B_1'$ 的交点，O_1' 是 $A'A_1'$ 和 $C'C_1'$ 的交点. 则有 $O'A'/O'A_1' = A'B'/A_1'B_1'$ 和 $O_1'A'/O_1'A_1' = A'C'/A_1'C_1'$. 另外，从 $\triangle A'B'C'$ 和 $\triangle A'_1B'_1C'_1$ 的相似性，可以推出 $A'B'/A_1'B_1' = A'C'/A_1'C_1'$. 因此 $O'A'/O'A_1' = O_1'A'/O_1'A_1'$，即两个点 O' 和 O_1' 重合. 由于直线 $A'A_1', B'B_1', C'C_1'$ 共点，因此直线 AA_1, BB_1, CC_1 也共点.

注意，问题 22 中的第二个结论可以由第一个推出. 事实上，设图 1.26 中的点 P, Q, R 共线，即 $\triangle PB_1B$ 和 $\triangle QA_1A$ 的对应顶点的连线 PQ, B_1A_1, BA 交于一点 R. 由问题 22 的第一个结论，这两个三角形的对应边的交点 C_1, C 和 O 共线（这里 O 是直线 AA_1 和 BB_1 的交点）. 这就说明 CC_1 经过点 O，即直线 AA_1, BB_1, CC_1 共点.

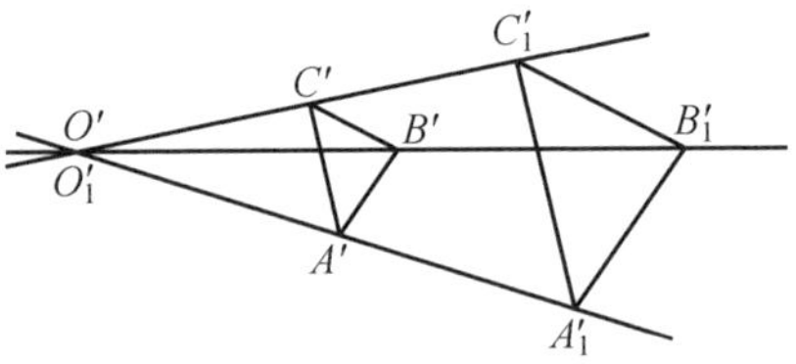

图 26

用类似的方法也可以从德札尔格定理的第二个结论得到第一个结论.

23. 这个问题的结论只是德札尔格定理（问题 22；$\triangle AEH$ 和 $\triangle CFG$ 是透视的）的另一种形式.

24.(1) 经过点 P 作一条直线，它同 $\triangle ABC$ 的边 AB 和 BC 的交点用 Z_1 和 Y_1 表示. 直线 QY_1 和 RZ_1 的交点记作 X_1(图 27(a)).

现在假设我们的问题已经解决，即所要求的 $\triangle XYZ$ 已经作出来. 注意，这时 $\triangle X_1Y_1Z_1$ 和 $\triangle XYZ$ 是透视的(它们的对应边的交点 P,Q,R 共线). 由此直线 XX_1, YY_1, ZZ_1 交于一点(参看问题 22)，并且交点就是 B. 作联结 B 和 X_1 的直线，BX_1 和 AC 的交点就是我们的三角形的一个顶点 X. 至此作出其余的顶点就不会有困难了.

(2) 首先证明：如果变动一个 n 角形，使得它的边经过某一条直线 l 上的 n 个定点，而它的 $n-1$ 个顶点沿给定的 $n-1$ 条直线滑动，那么由第 n 个顶点所描出的轨迹是一条直线. 为说明这一点，只要将我们的图形射影到新的平面 π' 上，使得 l 是 π 的特殊直线.

(3) 经过点 A 作一条直线，分别与 l_1 和 l_2 交于点 X_1 和 Y_1. 从直线 Y_1B 和 l_3 的交点 Z_1 到 X_1 作连线. 现在假设问题已经解决，即 $\triangle XYZ$ 已经作出来(图 27(b)). 由于直线 XX_1, YY_1, ZZ_1 交于点 O, $\triangle XYZ$ 和 $\triangle X_1Y_1Z_1$ 透视，因此直线 X_1Y_1 和 XY 的交点(即点 A)，Y_1Z_1 和 YZ 的交点(即点 B)，ZX_1 和 ZX 的交点共线. 因为直线 ZX 和 Z_1X_1 的交点 C' 与直线 Z_1X_1 和 AB 的交点重合，所以我们不难找到点 C'. 要找的三角形的边 ZX 在点 C' 和 C 的连线上.

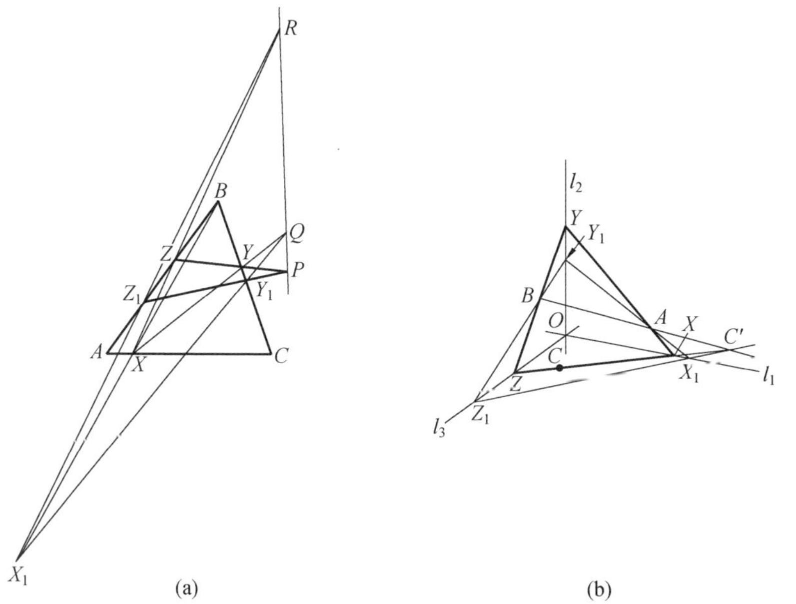

图 27

25. 这个定理同问题 28 中陈述的定理只有说法上的差别；点 C, B_1 以及 A_1B 与 AC_1 的交点 O_2，分别是四边形 $A_1OO_1C_1$, OO_1BA, A_1C_1BA 的对角线的

交点.

26. 用中心射影将图1.28的平面π映射到平面π',使得π的特殊直线是AC和A_1C_1的交点到点O的连线. 在这个映射下,$\triangle ABC$和$\triangle A_1B_1C_1$变成$\triangle A'B'C'$和$\triangle A'_1B'_1C'_1$,对它们有$A'A'_1 /\!/ B'B'_1 /\!/ C'C'_1$,$A'C' /\!/ A'_1C'_1$. 直线$A'A'_1$,$B'C'_1$,$C'B'_1$交于一点$O'_1$,直线$A'C'_1$,$B'B'_1$,$C'A'_1$交于一点$O'_2$(图28(a)). 用$l'_1$,$l'_2$,$l'_3$依次表示平行直线$A'A'_1$,$B'B'_1$,$C'C'_1$. 由于$A'C'_1$和$C'A'_1$是平行四边形$A'C'C'_1A'_1$的对角线,并由于$B'B'_1$经过这两条对角线的交点,可以知道直线$B'B'_1$(即$l'_2$)与$l'_1$和$l'_3$等距离. 下面来证明$A'B'_1$,$B'A'_1$,$C'C'_1$交于一点. 随之就可以知道$AB_1$,$BA_1$,$CC_1$也交于一点.

用平行射影将平面π'映射到平面π''上,使$\triangle A'C'C'_1$变成$Rt\triangle A''C''C''_1$①. 则图28(a)变成图28(b),后者以l''_2为对称轴. 由此可以推出直线$A''B''_1$和$B''A''_1$交在直线$C''C''_1$上的一点O''_3,它与O''_1关于l''_2对称. 因此,图28(a)中的直线$A'B'_1$,$B'A'_1$,$C'C'_1$交于一点O'_3(O'_3是π'上的一点,它在上述平行射影下映射到O''_3上).

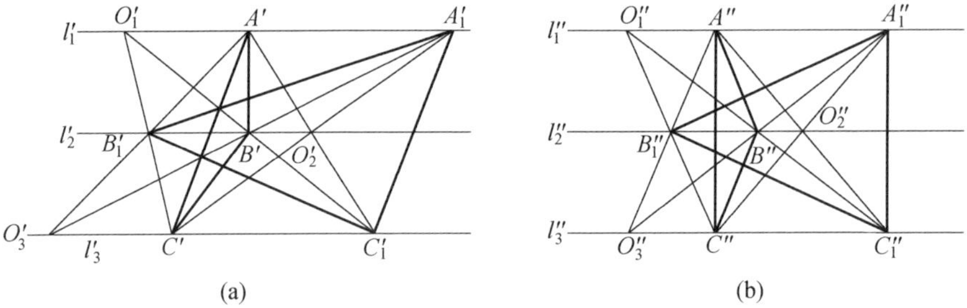

图 28

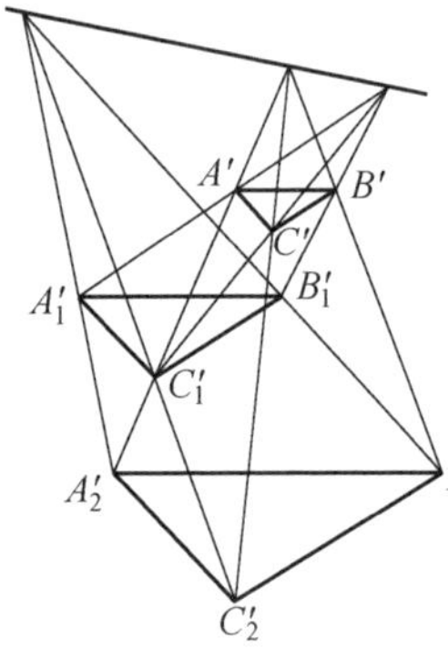

图 29

27. 把三个三角形所在的平面π射影到平面π'上,使得PQR是π上的特殊直线. 在此射影下$\triangle ABC$,$\triangle A_1B_1C_1$,$\triangle A_2B_2C_2$变为成对地中心相似的$\triangle A'B'C'$,$\triangle A'_1B'_1C'_1$,$\triangle A'_2B'_2C'_2$(参看问题22的解答),并且三组直线AA_1,BB_1,CC_1;AA_2,BB_2,CC_2;A_1A_2,B_1B_2,C_1C_2的三个交点分别变成这些三角形的相似中心,根据关于三角形的相似中心的定理(参看《几何变换(Ⅱ)》,第1章,1.1节),这三个点共线(图29).

---

① 如果我们利用定理1(第39页),那么可以用一个中心射影来代替上面所用的两个射影(先是中心射影,后是平行射影),使得四边形ACC_1A_1变成一个矩形(例如:一个正方形).

因此,在我们的射影下这些点的原像也共线.

28. 设 M,N,P 依次是直线 AF 和 ED,EC 和 BF,AC 和 BD 的交点;O 是 AB 和 CD 的交点. 把图 1.30 的平面 π 射影到平面 π' 上,使得 MN 是 π 的特殊直线. 在这个映射下,图 1.30 变成图 30,其中 $A'F' \parallel D'E'$,$B'F' \parallel C'E'$. 从直线 $A'F' \parallel D'E'$ 可以推出 $O'A'/O'E' = O'F'/O'D'$,从直线 $B'F' \parallel C'E'$ 又可推出 $O'E'/O'B' = O'C'/O'F'$. 把这两个等式相乘得到 $O'A'/O'B' = O'C'/O'D'$. 由此可知直线 $A'C' \parallel B'D'$,即 P 在平面 π 的特殊直线 MN 上($l'_1 \parallel l'_2$(图 30 中的记号)这种比较简单的情形,留给读者考虑).

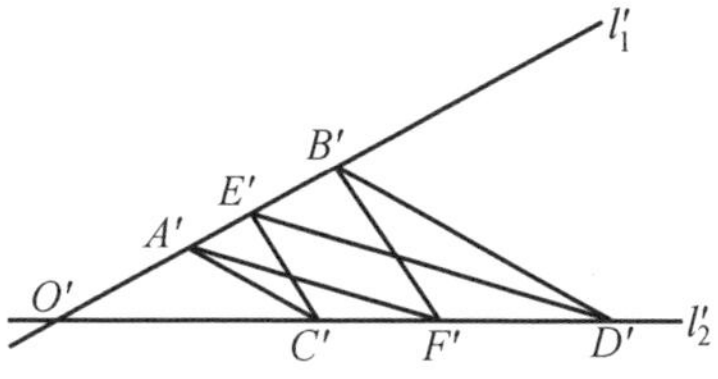

图 30

29. (1) 设 D,F,C 是直线 l 上的三个点. 过这些点作直线 $DB \parallel FB$,$DE \parallel CE$,$FA \parallel CA$(图 31(a),这里 A,B,E 是无穷远点). 则 DE 和 FA,DB 和 CA,FB 和 CE 的交点共线.

(2) 设直线 l 与 $\triangle BCG$ 的边 BG 和 CG 交于点 E 和 F(图 31(b)),则四边形 $BCEF$ 的对角线的交点 N 与平行四边形 $BGCP$ 和 $EGFM$ 的顶点 P 和 M 共线.

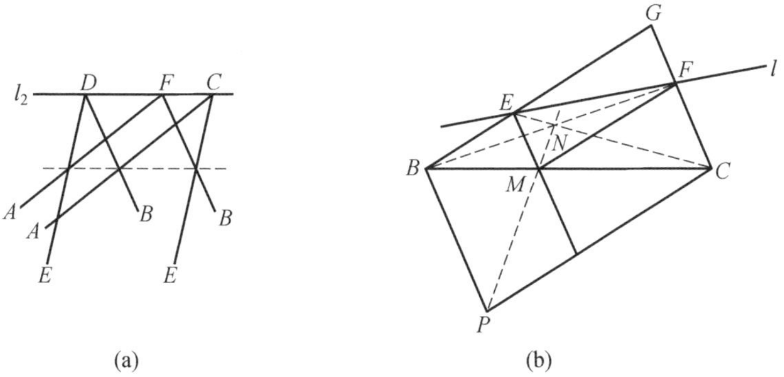

图 31

30. 设 l_1,l_2,l_3 和 l_4 是四条给定的直线,A,B,C,D,E,F 是它们的交点(图 32).

考虑由它们构成的四个三角形中的三个,例如 $\triangle ABE$,$\triangle ACD$,$\triangle BCF$,其中各个三角形的高线的交点分别是直线 $AB_1 \perp l_1$ 和 $BA_1 \perp l_3$ 的交点,$AC_1 \perp l_2$ 和 $CA_1 \perp l_3$ 的交点,$BC_1 \perp l_2$ 和 $CB_1 \perp l_1$ 的交点. 从上题(1) 的结果,可以知道这些点共线. 对于这四个三角形中的任意三个都可以做出类似的结论. 所以,所有这四个垂心共线.

31. 问题 23 等价于德札尔格定理(问题 22),问题 31(1) 和(2) 等价于德札尔格定理的某些特殊情形. 其证明留给读者.

32.(1) 经过这个平行四边形的顶点 B 作直线 $BN' \parallel MD$（N' 在对角线 AC 上，参看图 33(a)）. 由于 $NM \parallel N'B$，我们有 $AN'/AN = AB/AM = n$. 此外，从 $\triangle ADN$ 和 $\triangle CBN'$ 全等可以推出 $AN = CN'$，由此

$$\frac{AC}{AN} = \frac{AN' + N'C}{AN} = n + 1$$

这就是我们所要证的.

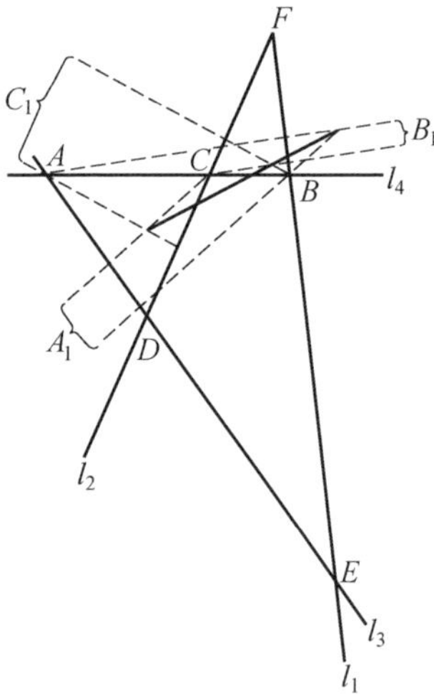

图 32

如果将图 33(a) 射影到另一个平面上，使 AB 与原来平面的特殊直线平行，那么在直线 AB 上的线段之比保持不变（参看第 32 页）. 然而，这个射影不保持对角线 AC 上线段之比不变. 所以，为了得到刚才所证结果的另一种形式，必须把它改写，以消除 AC 上的线段之比而只保留 AB 上的线段之比. 为此，最简单的办法是经过点 N 作直线 $NM_1 \parallel DA$（M_1 在边 AB 上）. 从刚才所证明的定理可以推出：如果 $AM = (1/n)AB$，那么

$$AM_1 = \frac{1}{n+1}AB$$

至此，从我们的射影显然可以得到下列结果：假若一点 M' 分梯形 $A'B'C'D'$ 的底 $A'B'$ 之比为 $A'M'/A'B' = 1/n$，则从该梯形的（不平行）对边的交点 S 到 $D'M'$ 与对角线 $A'C'$ 的交点 N' 的连线，与 $A'B'$ 交于一点 M_1'，它使得

$$A'M_1' = \frac{1}{n+1}A'B'$$

（图 33(b)）.（由于直线 AB 和 CD 平行于该平面的特殊直线，因此在上述射影下它们的像保持平行. 这说明平行四边形 $ABCD$ 变成梯形 $A'B'C'D'$，平行线

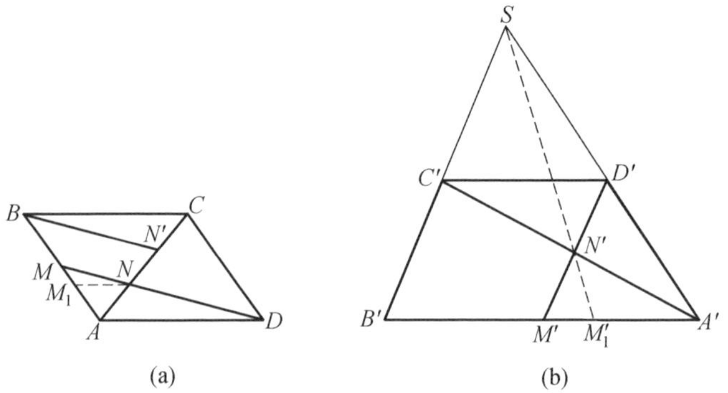

图 33

AD, BC, M_1N 变成交于一点 S 的直线 $A'D'$, $B'C'$, $M_1'N'$. 在射影下保持与该平面的特殊直线平行的直线 AB 上的线段之比不变.)

(2) 从平面上的任意三点 S 到点 A 和 B 分别作连线,设 D 和 C 是直线 SA 和 SB 同 l_1 的交点. 如果 N_1 是 DB 和 AC 的交点,那么 SN_1 与 AB 的交点 M_2 使得 $AM_2=AB/2$(参看问题 2 的解答). 进一步,如果 DM_2 与 AC 交于点 N_2,那么 SN_2 与 AB 的交点 M_3 使得 $AM_3=AB/3$;如果 DM_3 与 AC 交于点 N_3,那么 SN_3 与 AB 的交点 M_4 使得 $AM_4=AB/4$,等等(图 34(a),参看问题 32(1) 的解答).

(一旦确定了使得 $AM_n=(1/n)AB$ 的点 M_n,就容易发现分线段 AB 为 n 等分的其他点. 事实上,经过 S 作与 l 和 l_1 平行的直线 l'(参看问题 3(2)),如果 SM_n 与 DC 交于点 P_n,M_nD 与 l' 交于点 S',而 $S'P_n$ 与 AB 交于点 M_n',那么 $AM_n=M_nM_n'$,所以 $AM_n'=(2/n)AB$,等等;参看图 34(b),其中 $n=5$.)

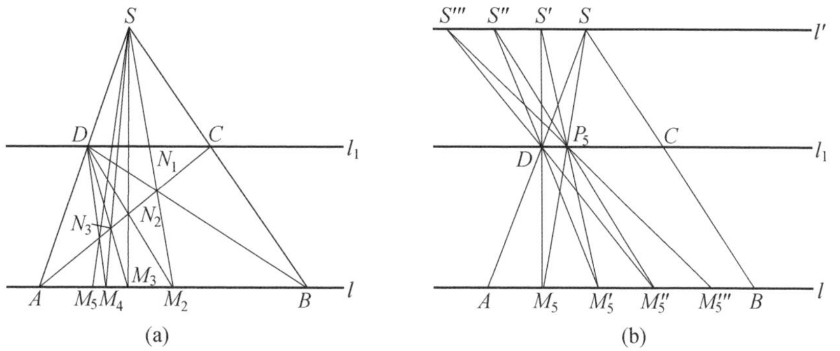

图 34

33. 将图 1.11 的平面 π 射影到平面 π' 上,使得直线 ABE 是平面 π 上的特殊直线,则图 1.11 变成图 35. 完全四边形的对角线 CA, DB, FE 分别变成直线 $C'A' \parallel F'D'$, $D'B' \parallel F'C'$, $F'E' \parallel D'C'$. 这些直线的交点以 C_1, D_1, F_1 表示(图 35). 显然,点 C', D', F' 是 $\triangle C_1D_1F_1$ 的边的中点.

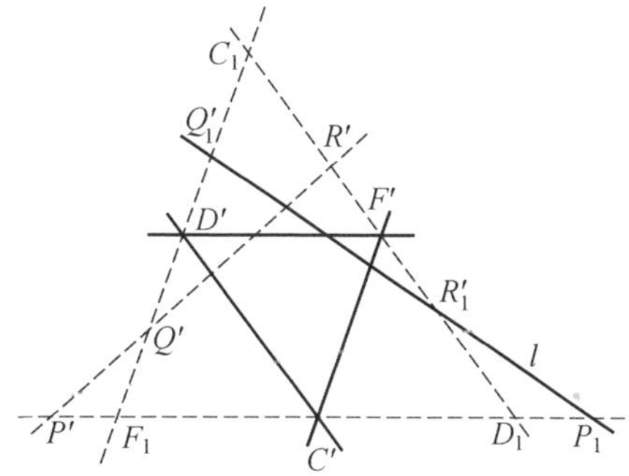

图 35

下面我们要确定这个完全四边形的对角线的中点 P, Q, R 的像. 线段 CA 的中点 P 是使得 $AP/CP=-1$ 的点. 如果 P_1 表示直线 CA 的无穷远点,那么有

$$\frac{AP/CP}{AP_1/CP_1}=-1$$

由中心射影的性质 C,有

$$\frac{A'P'/C'P'}{A'P'_1/C'P'_1}=-1$$

其中 P'_1 是无穷远点 P_1 的像，即是 $C'A'$ 同平面 π' 上的特殊直线 l 的交点. 把上述等式改写成

$$\frac{C'P'_1/C'P'}{A'P'_1/A'P'}=-1$$

由于 $A'P'_1/A'P'=1$(A' 是无穷远点)，又可改写成

$$\frac{C'P'_1}{C'P'}=-1$$

由于可以推出 C' 是线段 $P'P'_1$ 的中点，即 P' 同直线 D_1F_1 与 l 的交点 P'_1 关于 $\triangle C_1D_1F_1$ 的边 D_1F_1 的中点 C' 对称.

类似地，我们可以证明，这个完全四边形的对角线 DB 和 FE 的中点 Q 和 R 被映射到点 Q' 和 R'，它们分别同 $\triangle C_1D_1F_1$ 的边 C_1F_1 和 C_1D_1 与特殊直线 l 的交点 Q'_1 和 R'_1 关于这些边的中点 D' 和 F' 对称. 于是，关于完全四边形的这个定理(断定点 P, Q, R 共线)可以叙述如下：设 P'_1, Q'_1, R'_1 是直线 l 同 $\triangle C_1D_1F_1$ 的边的交点，则它们在关于这个三角形的对应边的中点的反射下的像 P', Q', R' 共线. 这个定理是问题 9(1) 中的定理的特殊情形，并且可以用来推出关于完全四边形的定理.

34. 我们将证明梅涅劳斯定理和塞瓦定理是下述定理的直接推论. 在解问题 34 之前先证明这个定理. 设 $A_1A_2\cdots A_n$ 是一个任意多边形，$M_1, M_2, \cdots, M_n$ 是它的边或边的延长线上的点(图 36). 我们要证明乘积

$$\frac{A_1M_1}{A_2M_1}\cdot\frac{A_2M_2}{A_3M_2}\cdot\cdots\cdot\frac{A_nM_n}{A_1M_n} \qquad (\#)$$

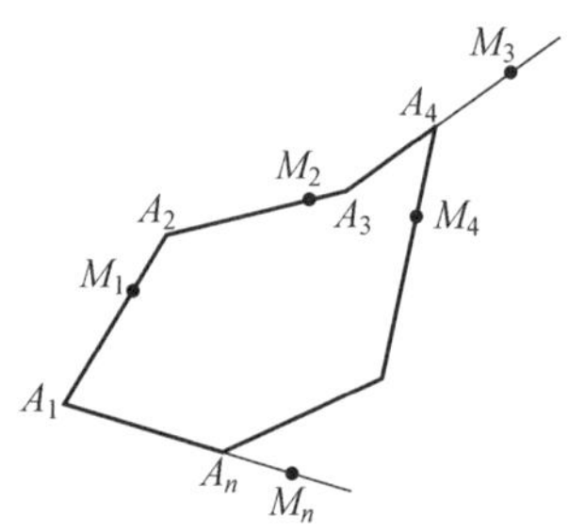

图 36

在中心射影下保持不变. 实际上，如果 $A'_1, A'_2, \cdots, A'_n$ 和 $M'_1, M'_2, \cdots, M'_n$ 分别是点 $A_1, A_2, \cdots, A_n$ 和 $M_1, M_2, \cdots, M_n$ 在以 O 为中心的中心射影下的像，则由第 30 页中的公式(∗)，有

$$\frac{A'_1M'_1}{A'_2M'_1}=\frac{A_1M_1}{A_2M_1}\cdot\frac{OA'_1}{OA_1}\cdot\frac{OA'_2}{OA_2}$$

$$\frac{A'_2M'_2}{A'_3M'_2}=\frac{A_2M_2}{A_3M_2}\cdot\frac{OA'_2}{OA_2}\cdot\frac{OA'_3}{OA_3}$$

$$\vdots$$

$$\frac{A'_nM'_n}{A'_1M'_n}=\frac{A_nM_n}{A_1M_n}\cdot\frac{OA'_n}{OA_n}\cdot\frac{OA'_1}{OA_1}$$

把这些等式乘起来，可以得到

$$\frac{A_1'M_1'}{A_2'M_1'}\cdot\frac{A_2'M_2'}{A_3'M_2'}\cdot\cdots\cdot\frac{A_n'M_n'}{A_1'M_n'}=\frac{A_1M_1}{A_2M_1}\cdot\frac{A_2M_2}{A_3M_2}\cdot\cdots\cdot\frac{A_nM_n}{A_1M_n}$$

这就是我们所要证明的结果.

这个定理可以看成中心射影的性质 C 的一个推广(如果多边形 $A_1A_2\cdots A_n$ 退化成“两边形 ABA”,它就成为性质 C).

下面来说明从它如何推出梅涅劳斯定理和塞瓦定理.

(1) 将 $\triangle ABC$ 的平面 π 射影到平面 π' 上,使得直线 MN 是 π 上的特殊直线.假若点 M,N,P 在直线 l 上,则 l 将变成无穷远直线,而 M,N,P 则变成点 M',N',P',它们分别是直线 $A'B',B'C',C'A'$ 上的无穷远点.因此有

$$\frac{A'M'}{B'M'}=1,\frac{B'N'}{C'N'}=1,\frac{C'P'}{A'P'}=1$$

和

$$\frac{A'M'}{B'M'}\cdot\frac{B'N'}{C'N'}\cdot\frac{C'P'}{A'P'}=1$$

由此,从上面所证明的定理来看,乘积 $(AM/BM)(BN/CN)(CP/AP)$ 的值也是 1.

反之,设 $(AM/BM)(BN/CN)(CP/AP)=1$,由于上述射影把 M,N 分别变成无穷远点 M',N',可以推出 $A'M'/B'M'=1$ 和 $B'N'/C'N'=1$.从上面得到的结果,必有 $(A'M'/B'M')(B'N'/C'N')(C'P'/A'P')=1$,所以 $C'P'/A'P'=1$,它说明 P' 是直线 $A'C'$ 上的无穷远点,从而 P 必在 π 的特殊直线上.这就证明了 M,N,P 在一条直线上.

注 用类似的论证可以证明下列更一般的定理:设 $M_1,M_2,\cdots,M_n$ 是 n 边形 $A_1A_2\cdots A_n$ 同直线 l 的交点,则

$$\frac{A_1M_1}{A_2M_1}\cdot\frac{A_2M_2}{A_3M_2}\cdot\cdots\cdot\frac{A_nM_n}{A_1M_n}=1$$

然而,当 $n>3$ 时从这个等式不能推出 $M_1,M_2,\cdots,M_n$ 是共线的.

(2) 将 $\triangle ABC$ 的平面 π 射影到平面 π' 上,使得 MN 是 π 上的特殊直线.如果直线 AN,BP,CM 交于一点 O 或互相平行,那么平面 π 上的图 1.41 变成图 37,且 $A'N'\parallel B'C',C'M'\parallel B'A'$.因此点 P' 是 $A'C'$ 的中点(由于它是平行四边形 $A'B'C'O'$ 的对角线的交点).如此我们有 $A'M'/B'M'=1$, $B'N'/C'N'=1$(由于 M' 和 N' 是无穷远点)和 $C'P'/A'P'=-1$.由此可得

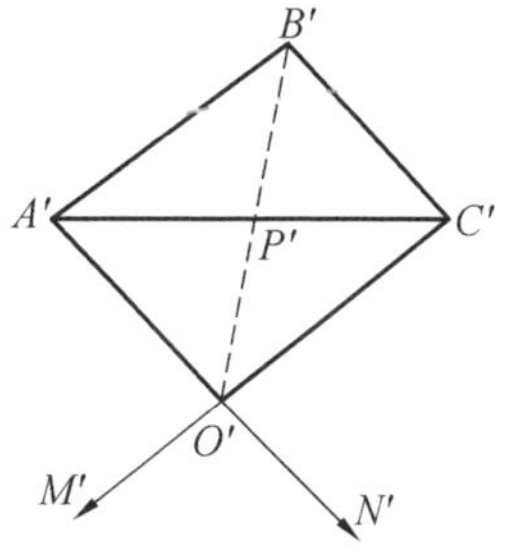

图 37

$$\frac{A'M'}{B'M'}\cdot\frac{B'N'}{C'N'}\cdot\frac{C'P'}{A'P'}=-1$$

所以从上面证明的结果，有

$$\frac{AM}{BM}\cdot\frac{BN}{CN}\cdot\frac{CP}{AP}=-1$$

反之，假设上面这个等式成立. 由于在我们的射影下点 M 和 N 变成无穷远点，有 $A'M'/B'M'=1$ 和 $B'N'/C'N'=1$，因此 $C'P'/A'P'=-1$，即 P' 是 $A'C'$ 的中点. 所以直线 $A'N' \parallel B'C'$，$C'M' \parallel B'A'$，$B'P'$ 交于一点 O'(图 37). 由此可知直线 AN，CM 和 BP 也交于一点或平行.

35. 我们必须证明(图 38)

$$\frac{AE}{BE}\cdot\frac{BF}{CF}\cdot\frac{CE}{DE}\cdot\frac{DF}{AF}=1$$

注意，左边的表达式可以看成第 140 页中公式(♯) 的特殊情形，其中四边形 $ABCD$ 起图 36 中 n 边形 $A_1A_2\cdots A_n$ 的作用，而点 E，F，…(按其次序) 相当于点 M_1，M_2，…，M_n. 由此可知表达式$(AE/BE)(BF/CF)(CE/DE)(DE/AF)$ 在中心射影下不变. 注意，图 38(a) 的平面 π 在以 EF 为它的特殊直线的中心射影下，图 38(a) 变成图 38(b). 由于 E'，F' 是无穷远点，我们有

$$\frac{A'E'}{B'E'}=\frac{B'F'}{C'F'}=\frac{C'E'}{D'E'}=\frac{D'F'}{A'F'}=1$$

因此

$$\frac{A'E'}{B'E'}\cdot\frac{B'F'}{C'F'}\cdot\frac{C'E'}{D'E'}\cdot\frac{D'F'}{A'F'}=1$$

$$\left(=\frac{AE}{BE}\cdot\frac{BF}{CF}\cdot\frac{CE}{DE}\cdot\frac{DF}{AF}\right)$$

这就证明了我们的定理.

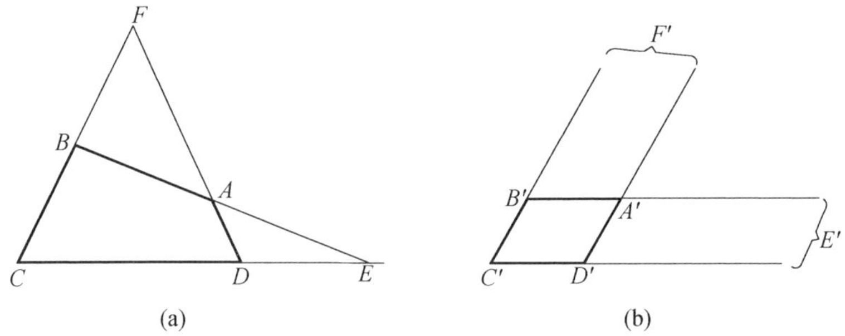

图 38

36. 将四边形 $A_1A_2A_3A_4$ 射影到一个正方形 $A'_1A'_2A'_3A'_4$上(参看第 39 页定理 1). 在这个射影下点 P 和 Q 变成与这个正方形的边的方向对应的无穷远点；直线 PN 和 QN 变成这个正方形的中线；点 B_1，B_2，B_3，B_4 变成正方形的边的中点 B'_1，B'_2，B'_3，B'_4；点 M_1，M_2，…，M_8 变成 M'_1，M'_2，…，M'_8(图 39). 从下列相当明显的事实就可以推出我们的定理的结论：

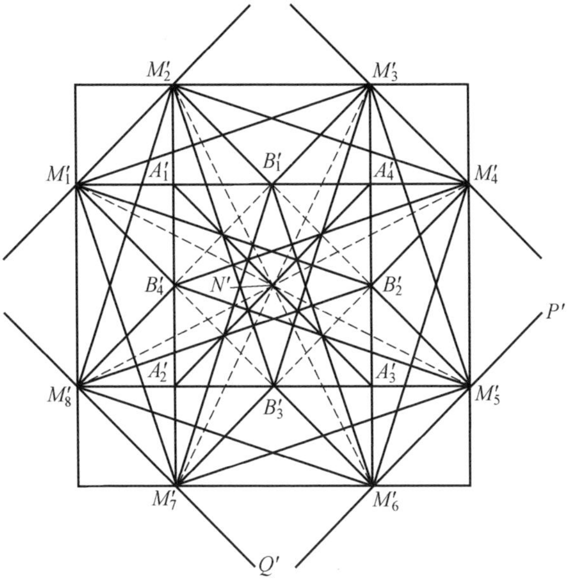

图 39

(1) 点 M'_1 和 M'_5，M'_2 和 M'_6，M'_3 和 M'_7，M'_4 和 M'_8 关于正方形的中心 N' 对称，因此直线 $M'_1M'_5$，$M'_2M'_6$，$M'_3M'_7$，$M'_4M'_8$ 交于点 N'.

(2) 直线 $M'_2M'_3$ 和 $M'_6M'_7$ 平行于 $A'_2A'_3$；直线 $M'_1M'_8$ 和 $M'_4M'_5$ 平行于 $A'_1A'_2$.

(3) 直线 $M'_1M'_2$，$M'_3M'_8$，$M'_4M'_7$，$M'_5M'_6$ 与这个正方形的对角线 $A'_2A'_4$ 平行，而直线 $M'_3M'_4$，$M'_2M'_5$，$M'_1M'_6$，$M'_7M'_8$ 与另一条对角线 $A'_1A'_3$ 平行.

(4) $M'_1M'_3 \parallel M'_5M'_7 \parallel B'_4M'_4 \parallel B'_2M'_8$；

$M'_2M'_4 \parallel M'_6M'_8 \parallel B'_4M'_5 \parallel B'_2M'_1$；

$M'_3M'_5 \parallel M'_1M'_7 \parallel B'_1M'_6 \parallel B'_3M'_2$；

$M'_4M'_6 \parallel M'_2M'_8 \parallel B'_1M'_7 \parallel B'_3M'_3$.

37. 将四边形 $ABCD$ 射影到正方形 $A'B'C'D'$，并设点 $P_1, P_2, P_3, \cdots$ 变成点 $P'_1, P'_2, P'_3, \cdots$(图 40). 这些点在这个正方形的各边上的位置确定一组比值，我们以

$$\lambda_1 = \frac{A'P'_1}{B'P'_1}, \lambda_2 = \frac{B'P'_2}{C'P'_2}, \lambda_3 = \frac{C'P'_3}{D'P'_3}, \cdots$$

表示；注意它们可以是正或负的. 从 $\triangle A'D'P'_1 \backsim \triangle B'P'_2P'_1$(图 40) 可以推出

$$\frac{D'A'}{B'P'_2} = -\frac{A'P'_1}{B'P'_1}$$

所以

$$\frac{C'P'_2}{B'P'_2} = \frac{C'B' + B'P'_2}{B'P'_2} = \frac{C'B'}{B'P'_2} + 1$$

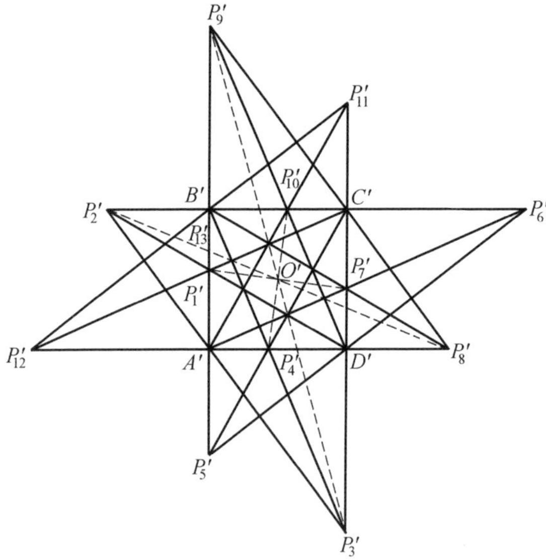

图 40

$$=\frac{D'A'}{B'P'_2}+1=-\frac{A'P'_1}{B'P'_1}+1$$

于是

$$\frac{1}{\lambda_2}=-\lambda_1+1$$

或

$$\lambda_2=\frac{1}{1-\lambda_1} \qquad (*)$$

如果点 P'_1 在边 $A'B'$ 的 A' 或 B' 外的延长线上,容易验证公式(*)仍然成立.

用公式(*)我们可以发现

$$\lambda_2=\frac{1}{1-\lambda_1},\lambda_3=\frac{1}{1-\lambda_2}=1-\frac{1}{\lambda_1},\lambda_4=\frac{1}{1-\lambda_3}=\lambda_1$$

$$\lambda_5=\frac{1}{1-\lambda_4}=\lambda_2,\lambda_6=\frac{1}{1-\lambda_5}=\lambda_3,\cdots$$

即

$$\lambda_1=\lambda_4=\lambda_7=\lambda_{10}=\lambda_{13}=\lambda_{16}=\cdots$$

$$\lambda_2=\lambda_5=\lambda_8=\lambda_{11}=\lambda_{14}=\lambda_{17}=\cdots=\frac{1}{1-\lambda_1}$$

$$\lambda_3=\lambda_6=\lambda_9=\lambda_{12}=\lambda_{15}=\lambda_{18}=\cdots=\frac{1}{1-\lambda_1}$$

至此不难推出我们定理的结论.

(1)$\lambda_1=\lambda_{13}$ 说明点 P'_{13} 和 P'_1 重合.从中心射影的性质可以推出 P_{13} 和 P_1 重

合.

(2) 从 $\lambda_1=\lambda_7$, $\lambda_2=\lambda_8$, $\lambda_3=\lambda_9$, 等等,可以推出点 P_1' 与 P_7', P_2' 与 P_8', P_3' 与 P_9' 关于这个正方形的中心 O' 对称,即直线 $P_1'P_7'$, $P_2'P_8'$, $P_3'P_9'$ 等都交于点 O'. 因此,根据中心射影的性质,直线 P_1P_7, P_2P_8, P_3P_9 等都经过四边形 $ABCD$ 的对角线的交点.

(3) 直线 $P_1'P_2'$ 和 $P_7'P_8'$, $P_2'P_3'$ 和 $P_8'P_9'$, $P_3'P_4'$ 和 $P_9'P_{10}'$ 等关于这个正方形的中心 O' 对称(参看上面的(2)),所以它们分别是平行的. 根据中心射影的性质,可以推出直线 P_1P_2 和 P_7P_8, P_2P_3 和 P_8P_9, P_3P_4 和 P_9P_{10} 等两两相交在四边形 $ABCD$ 的对边交点 S 和 S_1 的连线上(在这个射影下直线 SS_1 变成无穷远直线).

38. 用中心射影将四边形 $ABCO$ 映射到 $A'B'C'O'$, 使得 O' 是 $\triangle A'B'C'$ 的中线的交点. 根据定理 1(第 39 页) 这一点是能够做到的. 在这个射影下 $\triangle A_1'B_1'C_1'$ 的边分别和 $\triangle A'B'C'$ 的边平行(图 41). 用 A_3', B_3', C_3' 分别表示直线 $A'A_2'$, $B'B_2'$, $C'C_2'$ 与 $\triangle A'B'C'$ 的对边的交点,我们可以断定

$$\frac{A'C_3'}{B'C_3'}=\frac{B_1'C_2'}{A_1'C_2'},\frac{B'A_3'}{C'A_3'}=\frac{C_1'A_2'}{B_1'A_2'},\frac{C'B_3'}{A'B_3'}=\frac{A_1'B_2'}{C_1'B_2'}$$

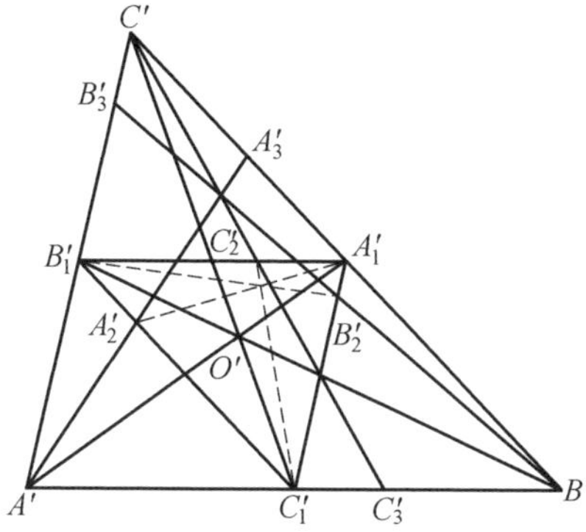

图 41

现在假设

$$\frac{A_1'C_2'}{B_1'C_2'}\cdot\frac{B_1'A_2'}{C_1'A_2'}\cdot\frac{C_1'B_2'}{A_1'B_2'}=\pm 1$$

(根据塞瓦定理和梅涅劳斯定理(参看问题 34),这个假设意味着直线 $A_1'A_2'$, $B_1'B_2'$, $C_1'C_2'$ 共点,或点 A_2', B_2', C_2' 共线.) 由此可以推出

$$\frac{A'C_3'}{B'C_3'}\cdot\frac{B'A_3'}{C'A_3'}\cdot\frac{C'B_3'}{A'B_3'}=\pm 1$$

但是,根据这些定理,从上述乘积的值是 -1 或 1, 可知直线 $A'A_3'$, $B'B_3'$, $C'C_3'$ 共点,或点 A_3', B_3', C_3' 共线.

1.3 把一个圆变成一个圆的中心射影——球极平面射影

39.(1) 解法 1(基于定理 1):设 D,E,F 是 $\triangle ABC$ 同它的内切圆 S 的切点(图 42(a)). BE 和 CF 的交点 O 在圆 S 的内部(如果 G 是 CF 同 S 的另一个交点,那么直线 BG 同直线 AC 上的线段 EC 相交.因此 BE 同 S 的弦 FG 相交).

现在将我们的图形射影到平面 π' 上,使得 S 变成圆 S',而点 O 变成 S' 的中心 O'.在这个射影下图 42(a) 变成图 42(b).容易看到,直线 $B'E'$ 和 $C'F'$ 即是 $\triangle A'B'C'$ 的角平分线又是高线.由此 $A'B'=B'C'$ 和 $C'A'=B'C'$.因而 $\triangle A'B'C'$ 是等边三角形,所以直线 $A'D'$ 经过点 O'.从 $A'D'$,$B'E'$,$C'F'$ 共点可以推出 AD,BE,CF 共点.

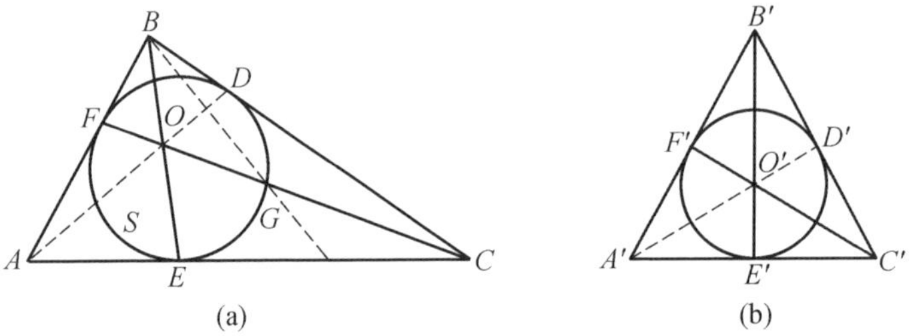

图 42

解法 2(基于定理 1′,这里的记号和上面一样):在 AB 的延长线上找一点 F_1,使得 $F_1A/F_1B=-FA/FB$(图 43(a)).直线 CF_1 在 $\triangle ABC$ 之外,所以在 S 外面.把这个图形射影到平面 π' 上,使得 S 变成 S',且直线 CF_1 变成 π' 上的无穷远直线.则图 43(a) 变成图 43(b),其中 $A'E' \parallel B'D' \parallel F'C'$.注意 F' 是线段 $A'B'$ 的中点(这是因为,根据中心射影的性质 C,有

$$\frac{F_1'A'/F_1'B'}{F'A'/F'B'}=-1$$

$$\frac{F'A'}{B'F'}=\frac{F_1'A'}{F_1'B'}$$

其中 F_1' 是直线 $A'B'$ 上的无穷远点,所以 $F_1'A'/F_1'B'=1=F'A'/B'F'$).由于 $|A'F'|=|B'F'|$,可知 $F'C'$ 是所得到的图形的对称轴,并且直线 $A'D'$ 和 $B'E'$ 的交点显然在 $F'C'$ 上.由于 $A'D'$,$B'E'$,$C'F'$ 共点,因此 AD,BE,CF 也共点.

(2) 可以看出,直线 AA_1 和 BB_1 的交点 O 在圆 S 的内部.实际上,AA_1 和 BB_1 与 S 的弦 PQ 和 RT 分别相交(图 44(a)).设 D 和 E 是 BB_1 与 S 的交点,由于直线 AD 和 AE 与直线 BC 交于线段 PQ 之外,并且在 PQ 的两侧,可知 AA_1 和弦 DE 相交.

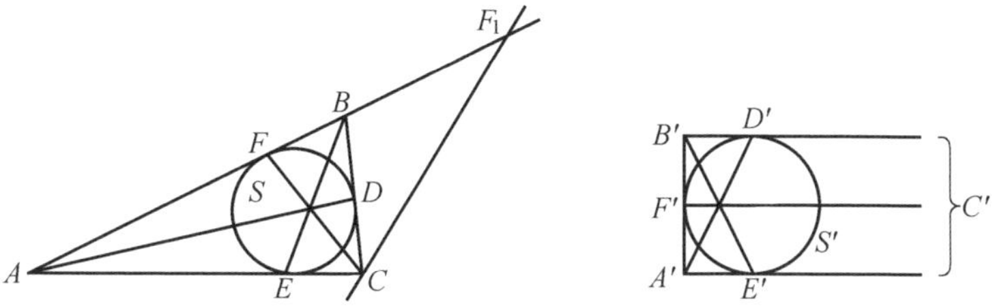

(a) (b)

图 43

将图 44(a) 射影到平面 π' 上,使得 S 变成圆 S' 而点 O 变成 S' 的中心 O',这时图 44(a) 变成图 44(b). 由于 $A'A_1'$ 和 $B'B_1'$ 经过点 O',可知 $A'A_1' \perp B'C'$ 和 $B'B_1' \perp A'C'$,因此 $A'A_1'$ 和 $B'B_1'$ 是 $\triangle A'B'C'$ 的两条高线,且 O' 是它们的交点. 从而 $O'C'$ 是 $\triangle A'B'C'$ 的第三条高线. 显然,从 S' 的中心 O' 到 $\triangle A'B'C'$ 的边 $A'B'$ 的垂线必定经过 C_1'. 因此直线 $A'A_1'$,$B'B_1'$,$C'C_1'$ 交于 O'. 所以直线 AA_1,BB_1,CC_1 交于点 O.

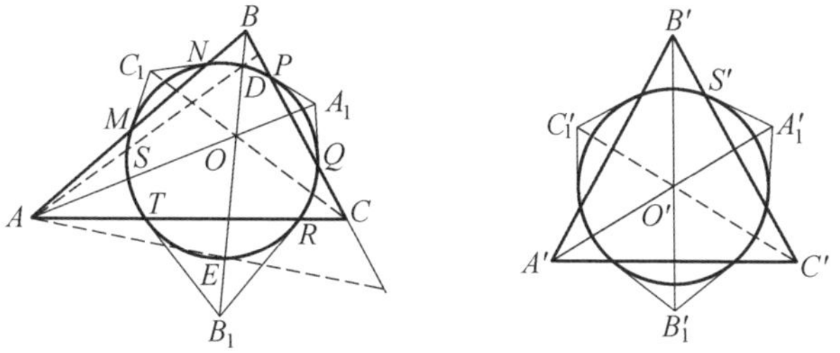

(a) (b)

图 44

40. 将图 45(a) 射影到平面 π' 上,使得 S 变成圆 S',并且四边形 $A_1B_1C_1D_1$ 的对角线的交点 O 变成 S' 的中心 O'. 这时图 45(a) 变成图 45(b),其中 $A'B' \parallel C'D' \perp A_1'C_1'$ 和 $B'C' \parallel A'D' \perp B_1'D_1'$. 因此 $A'B'C'D'$ 是平行四边形. 由于它外切于圆,因此必是一个菱形.

(1) 大家知道,菱形 $A'B'C'D'$ 的对角线的交点与它的内切圆的中心重合. 因此四边形 $A'B'C'D'$ 和 $A_1'B_1'C_1'D_1'$ 的对角线的交点也重合,从而四边形 $ABCD$ 和 $A_1B_1C_1D_1$ 的对角线的交点也重合.

(2) 根据对称性,显然 $A_1'B_1' \parallel D_1'C_1' \parallel A'C'$ 和 $B_1'C_1' \parallel A_1'D_1' \parallel B'D'$. 因此 AC 必经过 P,BD 必经过 Q.

41. 将问题中的图形射影到一个新的平面 π' 上,使得圆 S 变成圆 S',而点 O 变成 S' 的中心 O'. 在这个射影下四边形 $ABCD$ 变成矩形 $A'B'C'D'$(因为 $A'B'C'D'$ 的对角线交于外接圆 S' 的中心). 因此点 P 和 Q 变成与这个矩形的边的方向相对应的无穷远点 P' 和 Q'(图 46).

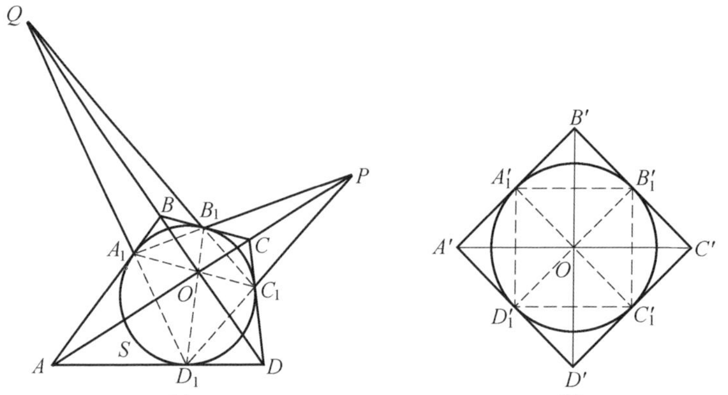

(a) (b)

图 45

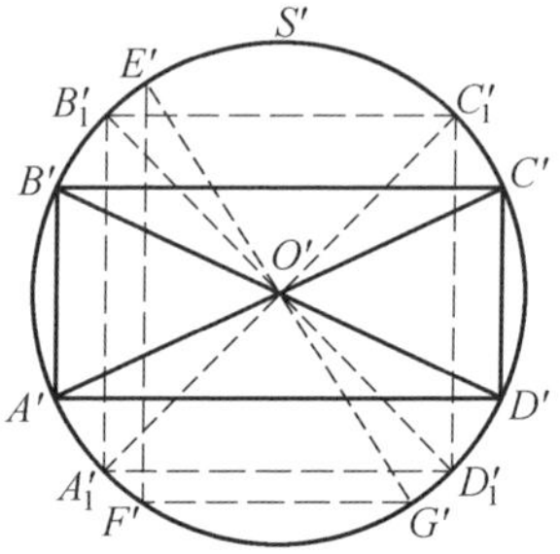

图 46

(1) 如果 S' 的内接 $\triangle E'F'G'$ 的边 $E'F'$ 和 $F'G'$ 分别经过无穷远点 P' 和 Q'，即如果 $E'F' /\!/ A'B'$ 和 $F'G' /\!/ B'C'$，那么边 $E'G'$ 经过 S' 的中心 O'（在 S' 中弦 $E'G'$ 所对的圆周角是直角 $\angle E'F'G'$）. 如果边 $E'G'$ 经过中心 O' 且 $E'F'$ 经过点 P'，即如果 $E'F' /\!/ A'B'$，那么 $F'G' /\!/ B'C'$，即 $F'G'$ 经过点 Q'（由于直径所张的圆周角是直角）. 由此即可得到问题 41(1) 中的结论.

(2) 假若圆 S' 的内接矩形 $A_1'B_1'C_1'D_1'$ 的边 $A_1'B_1'$ 和 $D_1'C_1'$ 经过点 P'，而边 $B_1'C_1'$ 经过 Q'（即 $A_1'B_1' /\!/ D_1'C_1' /\!/ A'B'$ 和 $B_1'C_1' /\!/ B'C'$），则 $A_1'D_1' /\!/ B'C' /\!/ A'D'$，且对角线 $A_1'C_1'$ 和 $B_1'D_1'$ 交于 S' 的中心 O'. 由此可以得到(2) 的结论.

(3) 如果内接四边形 $A_1'B_1'C_1'D_1'$ 的对角线 $A_1'C_1'$ 和 $B_1'D_1'$ 交于圆 S' 的中心 O'，并且边 $A_1'B_1'$ 经过点 P'（即 $A_1'B_1' /\!/ A'B'$），则 $D_1'C_1' /\!/ A'B'$ 且 $B_1'C_1' /\!/ A_1'D_1' /\!/ B'C'$. 由此可得(3) 的结论.

42. 我们考虑两种情形.

(1) P 是 S 的外点. 将问题中的图形射影到平面 π' 上，使得圆 S 变成圆 S'，而 P 变成 π' 上的一个无穷远点 P'. 在这个射影下，所要找的轨迹变成一条直线，即变成 S' 的与 P' 所确定的方向相垂直的直径（图 47(a)）. 由此可知所要找的轨迹是一条直线①.

(2) P 是 S 的内点. 将问题中的图形射影到平面 π' 上，使得圆 S 变成圆 S'，

① 更确切地说，这是一条直线在 S 外的部分.

而 P 变成 S' 的中心 P'. 显然，这时所要找的轨迹变成 π' 上的无穷远直线(图 47(b)). 由此可知所求的轨迹是一条直线.

注意，如果 P 在 S 上，那么所求的轨迹就是 S 在点 P 的切线①.

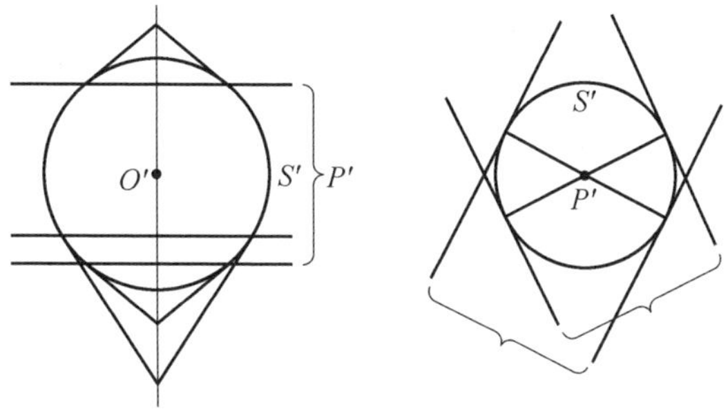

(a) (b)

图 47

43.(1) 我们分两种情形考虑.

(a) P 是 S 的外点(图 1.55(a)). 将问题中的图形射影到平面 π' 上，使得 S 变成圆 S'，而 P 变成 π' 上的一个无穷远点 P'. 这时直线 AB 和 MN 变成平行直线 $A'B'$ 和 $M'N'$(图 48(a)). 根据对称性，可知点 K' 和 X'(图 48(a)) 在 S' 的与直线 l' 相垂直的直径上(l' 是 l 的像). 因此，X' 的轨迹是经过 K' 垂直于 l' 的直线. 所以 X 的轨迹是经过 K 的直线.

(b) P 是 S 的内点. 将这个图形射影到平面 π' 上，使得 S 变成圆 S'，而 P 变成 S' 的中心 P'(图 48(b)). 这时直线 $A'B'$ 和 $M'N'$ 是 S' 的直径. 因此 S' 在 A' 和 B' 的切线 $A'K'$ 和 $B'K'$ 平行. 所以从 M' 和 N' 到 S' 的第二条切线也平行. 我们可以看到，这时 X' 的轨迹是 π' 上的无穷远直线. K' 也在这条直线上. 从而 X 的轨迹是经过 K 的一条直线.

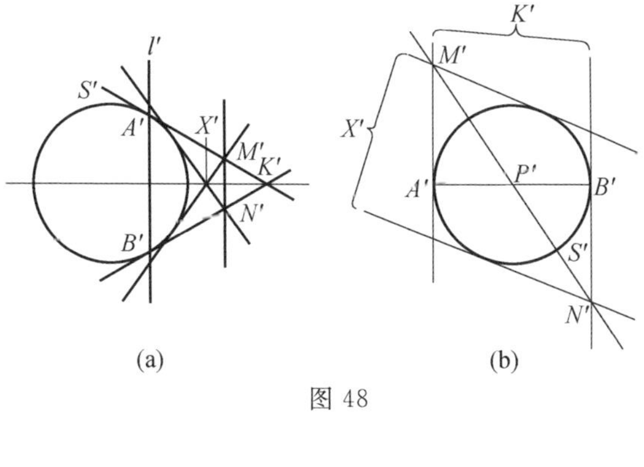

(a) (b)

图 48

① 所考虑的轨迹与 P 关于 S 的极线相重合(参看 1.4 节).

显然，问题中的条件排除了 P 在 S 上的情形（如果 P 和 A 重合，那么 M 也和 A 重合，并且 S 只有一条切线经过 M，此即直线 AK）.

(2) 假如 P 在 S 上，问题中的结论显然是对的（实际上，如果 P 和 A 重合，那么 N 也和 A 重合，不动点 X 和 A 重合）. 所以我们只需考虑下列两种情形.

(a) P 是 S 的外点. 将问题中的图形射影到平面 π' 上，使得 S 变成圆 S'，且 PK 变成 π' 上的无穷远直线（图 49(a)）. 这时 AB 变成 S' 的直径 $A'B'$，而直线 AK 和 BK 则变成 S' 在 A' 和 B' 的切线. 容易看到 $R'M' \perp R'N'$，所以 $M'N'$ 是 S' 的直径. 因此，对于点 R' 的每一种选取，直线 $M'N'$ 总是经过 S' 的中心 X'. 我们的结论由此可以推出.

(b) P 是 S 的内点（图 1.55(b)）. 将问题中的图形射影到平面 π' 上，使得圆 S 变成圆 S'，并且 P 变成 S' 的中心 P'（图 49(b)）. 这时 AB 变成 S' 的直径 $A'B'$，而 K 则变成垂直于 $A'B'$ 的直径的无穷远点 K'. 由于 $R'N' \perp A'B'$ 和 $M'N' \perp R'N'$，可知 $M'N' \parallel A'B'$，即对于点 R' 的每一种选取，直线 $M'N'$ 和 $A'B'$ 总是交于 $A'B'$ 的无穷远点 X'. 由此即可得到我们的结论.

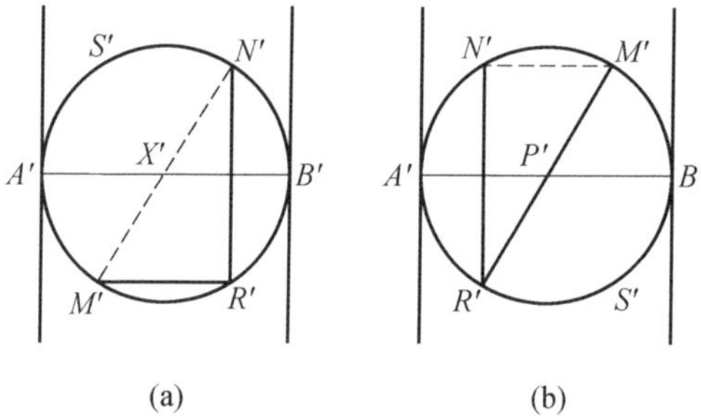

图 49

44. (1) 假设所要求的四边形 $ABCD$ 已经作出来. 令 M 是它的对角线的给定的交点，并设 AB 和 CD 经过给定的点 K 和 L. 把问题中的图形射影到平面 π' 上，使得外接圆 S 变成圆 S'，而点 M 变成 S' 的中心 M'，则 $ABCD$ 变成矩形 $A'B'C'D'$.

现在，如果 $P'Q'R'T'$ 是内接于 S' 的四边形，其对角线交于中心 M'（这说明 $P'Q'R'T'$ 是一个矩形），且其边 $P'Q'$ 经过 K'，那么边 $P'T'$ 必经过 K'_1，K'_1 是 K' 对于 M' 的对称点（图 50(a)）. 这样，所有内接于 S' 的、其对角线交于 M' 且其边 $P'Q'$ 经过 K' 的四边形，它们的边 $R'T'$ 都经过定点 K'_1. 由此可知，内接于 S 的四边形 $PQRT$，如果它的对角线交于点 M 且它的边 PQ 经过 K，那么它的边 RT 必定都经过一个定点 K_1. 为了确定 K_1，只需作出两个这样的四边形就够了. 所要找的四边形 $ABCD$ 的边 CD 可以由联结 K_1 和 L 的直线得到.

如果 K_1 和 L 不重合，且 K_1L 同 S 相交，那么我们的问题有唯一解. 如果

K_1L 不同 S 相交,那么这个问题无解. 如果 K_1 和 L 重合,那么问题有无穷多个解.

(2) 设 $ABCD$ 是内接于圆 S 的所要作的四边形,它的边 BC 和 DA 交于给定的点 M,并且它的边 AB 和 CD 分别经过给定的点 K 和 L. 将这个图形所在的平面射影到平面 π' 上,使得 S 变成圆 S',而 M 变成 π' 上的一个无穷远点 M',则四边形 $ABCD$ 变成以 $B'C'$ 和 $D'A'$ 为底的梯形 $A'B'C'D'$(图 50(b)). 由于这个梯形内接于圆,因此它是等腰的.

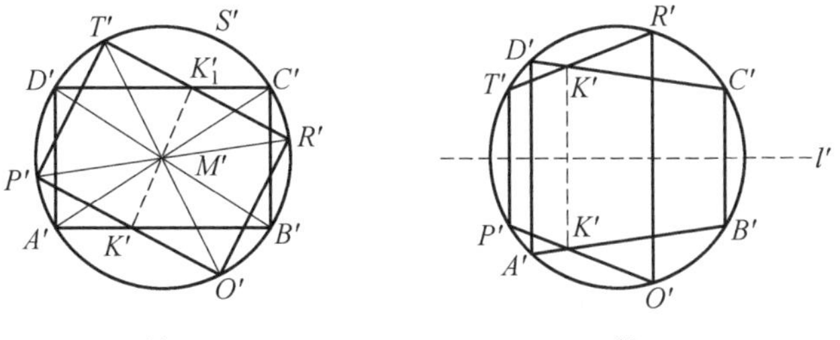

图 50

内接于圆 S' 的四边形 $P'Q'R'T'$,如果它的边 $Q'R'$ 和 $T'P'$ 交于无穷远点 M',那么必定是一个等腰梯形,它的对称轴是 S' 的垂直于由 M' 所确定的方向的直径 l'. 因此,假若这种四边形的边 $P'Q'$ 经过某一个点 K',则边 $R'T'$ 经过与 K' 关于 l' 对称的点 K'_1. 由此可以推出,所有内接四边形 $PQRT$,如果它的边 QR 和 PT 交于 M,且边 PQ 经过 K,那么它的边 RT 必定都经过一个定点 K_1. 为了找出 K_1,只需作出两个这样的四边形. 作联结 K_1 和 L 的直线,就可以得到所要找的四边形的边 CD.

如果 K_1 和 L 不重合,那么这个问题有唯一解或无解(根据直线 K_1L 是否同该圆相交而定). 如果 K_1 和 L 重合,那么这个问题有无穷多个解.

45. 假若点 O 在 S 上,这个问题没有意义. 所以只需考虑下列两种情形.

(1) O 是 S 的外点. 将这个图形所在的平面射影到平面 π' 上,使得圆 S 变成圆 S',并且点 O 变成 π' 上的一个无穷远点 O'. 在这个射影下图 1.56 变成图 51(a),其中 $A'A'_1 /\!/ B'B'_1 /\!/ C'C'_1$.

我们要证明 $P'Q' /\!/ A'A'_1$. 内接于 S' 的梯形 $A'B'B'_1A'_1$ 是等腰的, $A'B' = A'_1B'_1$. 因此 $\overset{\frown}{A'B'} = \overset{\frown}{A'_1B'_1}$, $\angle A'C'B' = \angle A'_1X'B'_1$. 这说明点 X', C', P', Q' 在一个圆上,所以 $\angle X'P'Q' = \angle X'C'Q' = \angle X'C'A'$. 但是 $\angle X'C'A' = \angle X'A'_1A'$,所以 $\angle X'P'Q' = \angle X'A'_1A'$,从而 $P'Q' /\!/ A'A'_1$.

用类似的方法可以证明 $Q'R' /\!/ B'B'_1$. 于是有 $P'Q' /\!/ Q'R' /\!/ A'A'_1$,它说明 P', Q', R' 在经过无穷远点 O' 的一条直线上. 由此可以推出图 1.56 中的点 P, Q, R 在经过点 O 的一条直线上.

(2)O 是 S 的内点. 将图 1.56 射影到平面 π' 上,使得 S 变成圆 S',而 O 变成 S' 的中心 O'(图 51(b)). 我们要证明 $P'Q'$ 经过 O'. 为此先证明

$$\frac{S_{\triangle P'O'A_1'}}{S_{\triangle P'O'B'}}=\frac{S_{\triangle Q'O'A'}}{S_{\triangle Q'O'B_1'}} \quad (*)$$

其中 $S_{\triangle XYZ}$ 表示 $\triangle XYZ$ 的面积.

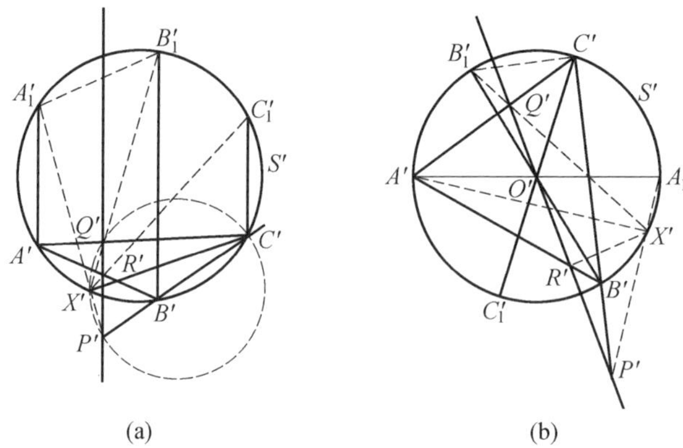

图 51

实际上,设 XY 是一条直线,h_{XY} 是从 O' 到 XY 的垂线段或它的长度(从上下文就可以明白它指的是线段还是长度),则

$$\frac{S_{\triangle P'O'A_1'}}{S_{\triangle P'O'B'}}=\frac{P'A_1'\cdot h_{X'A_1'}}{P'B'\cdot h_{B'C'}}$$
$$\frac{S_{\triangle Q'O'A'}}{S_{\triangle Q'O'B_1'}}=\frac{Q'A'\cdot h_{C'A'}}{Q'B_1'\cdot h_{X'B_1'}} \quad (**)$$

注意,$h_{X'A_1'}$ 是 $\triangle X'A_1'A'$ 的中位线,因此 $h_{X'A_1'}=X'A'/2$. 类似地,$h_{B'C'}=B_1'C'/2$. 从 $\triangle A'Q'X'\backsim\triangle B_1'Q'C'$ 可以推出

$$\frac{A'X'}{B_1'C'}=\frac{Q'A'}{Q'B_1'}$$

所以

$$\frac{h_{X'A_1'}}{h_{B'C'}}=\frac{X'A'}{B_1'C'}=\frac{Q'A'}{Q'B_1'}$$

此外,用类似的推理可以得到

$$\frac{h_{C'A'}}{h_{X'B_1'}}=\frac{P'A_1'}{P'B'}$$

把这些关系式代入等式(**),我们可以得到关系式(*).

现在,以 Q_1' 表示直线 $P'O'$ 同 $\triangle A'B'C'$ 的边 $A'C'$ 的交点. 此外,令 h_1,h_2,h_3,h_4 依次表示从点 A_1',B',A',B_1' 到直线 $P'O'Q_1'$ 的垂线的长度. 由于 $O'A'=O'A_1'$,可知 $h_1=h_3$,类似地,有 $h_2=h_4$. 因此

$$\frac{S_{\triangle P'O'A_1'}}{S_{\triangle Q_1'O'A'}}=\frac{P'O'}{Q_1'O'}$$

$$\frac{S_{\triangle P'O'B'}}{S_{\triangle Q_1'O'B_1'}}=\frac{P'O'}{Q_1'O'}$$

所以
$$\frac{S_{\triangle P'O'A_1'}}{S_{\triangle Q_1'O'A'}}=\frac{S_{\triangle P'O'B'}}{S_{\triangle Q_1'O'B_1'}}$$

或

$$\frac{S_{\triangle P'O'A_1'}}{S_{\triangle P_1'O'B'}}=\frac{S_{\triangle Q_1'O'A'}}{S_{\triangle Q_1'O'B_1'}} \qquad (***)$$

比较等式(＊＊＊)和(＊),我们得到

$$\frac{S_{\triangle Q_1'O'A'}}{S_{\triangle Q_1'O'B_1'}}=\frac{S_{\triangle Q'O'A'}}{S_{\triangle Q'O'B'}}$$

由此可以推出点 Q_1' 和 Q' 重合.

根据类似的理由可以证明 R' 在直线 $O'P'$ 上. 所以 P',Q',R' 在一条经过 O' 的直线上. 由此即可推出问题的结论.

46. 设 M,N,P 是内接六边形 $ABCDEF$ 的对边的交点(参看图 1.57 和图 52(a)). 由于从 N 到 S 的切线切 S 于 $\overset{\frown}{AB}$ 和 $\overset{\frown}{DE}$ 上的点, NM 与 S 不相交. 因此我们可以将图 52(a) 射影到一个平面 π' 上, 使得 S 变成圆 S', 而 NM 变成 π' 的无穷远直线. 这时图 52(a) 变成图 52(b), 其中 $A'B' \parallel E'D'$ 和 $B'C' \parallel E'F'$. 从而

$$\angle A'B'C'=\angle D'E'F'$$

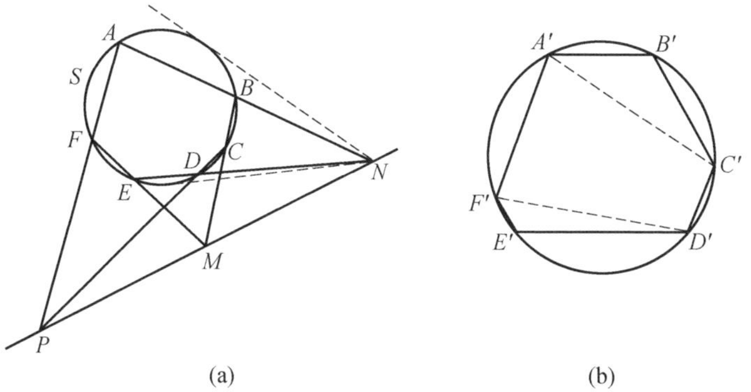

图 52

即

$$\overset{\frown}{A'B'C'}=\overset{\frown}{D'E'F'}$$

由此可以推出

$$\angle F'A'C'+\angle D'C'A'=\frac{1}{2}(\overset{\frown}{C'D'}+\overset{\frown}{D'E'F'})+\frac{1}{2}(\overset{\frown}{F'A'}+\overset{\frown}{D'E'F'})$$

$$=\frac{1}{2}(\overset{\frown}{C'D'}+\overset{\frown}{D'E'F'}+\overset{\frown}{F'A'}+\overset{\frown}{A'B'C'})$$
$$=180^\circ$$

因此 $A'F' \parallel C'D'$，即直线 $A'F'$ 和 $D'C'$ 的交点是无穷远点. 所以六边形 $A'B'C'D'E'F'$ 的对边的交点 P'，M'，N' 共线(它们都在 π' 的无穷远直线上). 从而图 52(a) 中的点 P，M，N 也共线.

47. 图 53(a) 中的六边形 $A_1B_1C_1D_1E_1F_1$ 内接于圆 S，所以满足帕斯卡定理(问题 46) 的条件. 将图 53(a) 射影到平面 π' 上，使得 S 变成圆 S'，且包含六边形 $A_1B_1C_1D_1E_1F_1$ 对边交点的直线 l 变成 π' 上的无穷远直线. 在这个射影下六边形 $A_1B_1C_1D_1E_1F_1$ 变成对边平行的六边形 $A_1'B_1'C_1'D_1'E_1'F_1'$(图 53(b)). 现在考虑 S' 的切线 $A'B'$，$A'F'$，$D'C'$，$D'E'$. 由于 $A_1'F_1' \parallel C_1'D_1'$，由这些切线所确定的四边形以 $A'D'$ 作为对称轴. 这个轴经过 S' 的中心 O'，并且垂直于 $A_1'F_1'$ 和 $C_1'D_1'$. 用完全类似的方法可以证明直线 $B'E'$ 和 $C'F'$ 也经过点 O'. 所以直线 AD，BE，CF 共点.

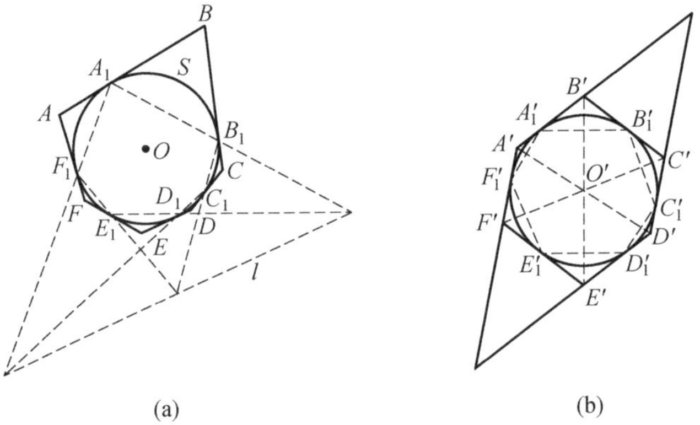

图 53

48. 考虑内接于给定圆 S 的五边形 $ABCDE$(B，C，D，E 是这个圆上的任意点). 假设 L 和 M 分别是直线 AB 和 DE，AE 和 BC 的交点，则从帕斯卡定理可以推出 S 在点 A 的切线同边 CD 的交点 K 在联结 L 和 M 的直线上(参看图 54 和 1.59(a)). 因此，K 可以单用直尺作出来(由于它是 CD 和 LM 的交点). 联结 A 和 K 的直线就是所要求的切线.

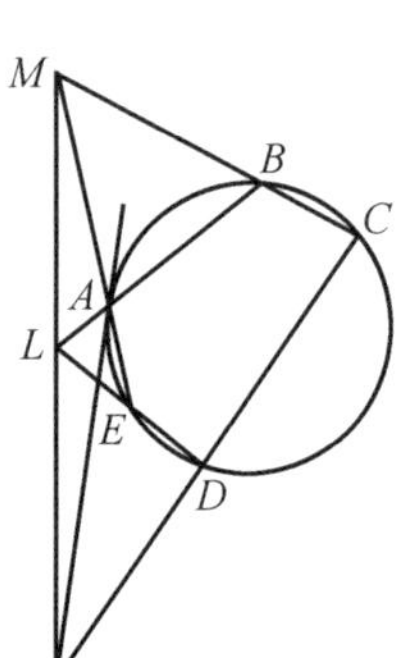

图 54

注　注意，在作这个图时，可以将自身仅限于包含 A 的任意小的一段圆弧内(点 C，D，E，F 可以在这段弧上选取). 这个事实我们在后面要用到.

49. 考虑内接于圆 S 的六边形 $ABCDEX$，其中 A 和 X 是直线 l 同 S 的交点，而 B,C,D,E 则是 $\overset{\frown}{MN}$ 上的任意点(图 55). 用 K,L,P 分别表示直线 AX(即 l) 和 CD，AB 和 DE，BC 和 EX 的交点. 则根据帕斯卡定理(参看问题 46) K,L,P 共线. 因此，我们可以只用直尺先找出 P(作为 BC 和 KL 的交点)，再找出 X(作为 PE 和 l 的交点).

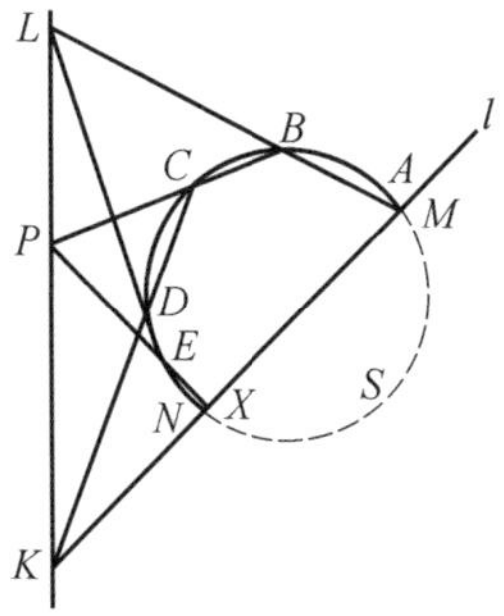

图 55

50. 考虑(退化的)六边形 $AF'BMFN$(图 1.62). 根据布里昂雄定理，直线 FF' 应该经过直线 AM 和 BN 的交点 Q(图 56). 通过考虑适当的六边形，我们可以类似地证明直线 DD' 和 EE' 也经过点 Q.

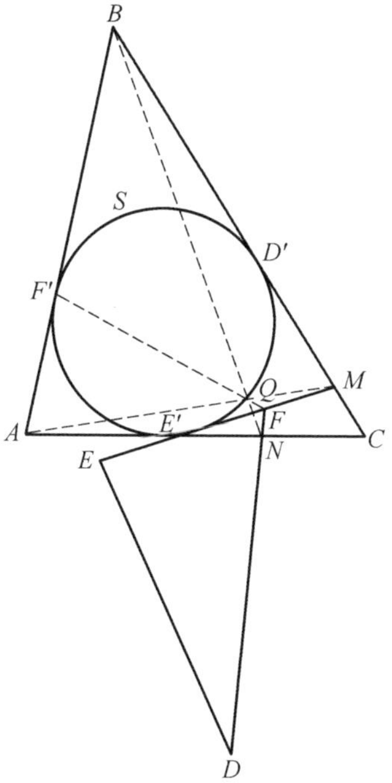

图 56

1.4 平面上的配极・对偶原理

51. 如果 A 在圆 S 的外部($d>1$)，而 AC 和 AD 是从 A 到 S 的两条切线，那么 A 的极线 a 和 CD 重合，并且 $a \perp OA$(参看第 59 页). 设 P 是 CD 和 OA 的交点(图 57(a))，由于 $\triangle OCA \backsim \triangle OPC$，因此有 $OA/OC = OC/OP$，或 $OP = OC^2/OA = 1/d$，这就是我们所要证的.

如果 A 在 S 上($d=1$),那么定理是显然的. 如果 A 在 S 的内部($d<1$),p 是经过点 A 垂直于 OA 的直线,而 P 是 p 的极点,那么 P 在直线 OA 上,并且在 S 的外部(图 57(b)). 我们可以如上推出 $OA=1/OP$,或 $OP=1/OA=1/d$. A 的极线 a 是 OA 的经过点 P 的垂线(参看第 60 页定理 2). 因此 OP 是从 O 到 a 的距离,而这个距离就是 $1/d$.

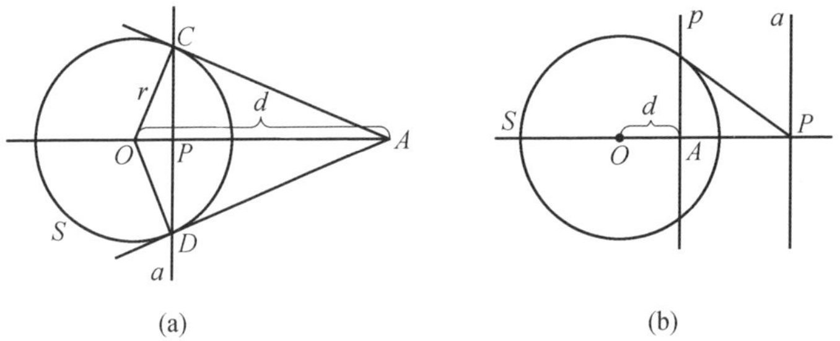

图 57

注 用同样的方法可以证明,如果 S 的半径是 r,那么从 O 到 A 的极线 a 的距离是 r^2/d.

52. 设 P_1 是 OA 和 a 的交点,Q_1 是 OB 和 b 的交点(图 58). 考虑直角梯形 $OAPQ_1$ 和 $OBQP_1$,对它们有 $\angle AOQ_1=\angle BOP_1$. 由问题 51,$OA\cdot OP_1=OB\cdot OQ_1=r^2$($r$ 是 S 的半径),所以 $OA/OB=OQ_1/OP_1$. 由此可知这两个梯形相似(用中心为点 O,系数为 $k=OA/OB=OQ_1/OP_1$ 的伸缩,然后再对 $\angle AOB$ 的平分线作反射,从 $OBQP_1$ 可以得到 $OAPQ_1$). 因此 $OA/AP=OB/BQ$(OA 和 OB,AP 和 BQ 是这两个梯形的两对对应边),这就是我们所要证的.

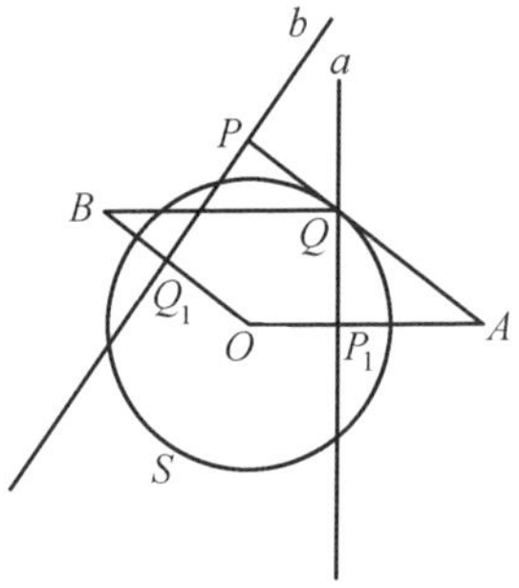

图 58

53. (1) 设 P 和 Q 是 S 的内接四边形的对边的交点,R 是它的对角线的交点. 从定理 1 可知 R 是 PQ 的极点(图 1.70(a)). 这就得到我们所要证明的定理.

(2) 设 A_1,B_1,C_1,D_1 是 S 的外切四边形 $ABCD$ 的边同 S 的切点(图 1.54). 则四边形 $ABCD$ 和 $A_1B_1C_1D_1$ 的对角线的交点重合(参看 1.3 节,问题 40(1)). 这两个四边形的对边交点的连线也重合(证法和问题 40(1) 的解法相类似). 从 (1) 可以得到所要证的结果.

54. 从 A 到圆 S 的两条切线的切点同 S 与 A 的极线 a 的交点相重合(参看第 58 页). 于是单用直尺容易作出 a 来(图 66(b)). 把 S 与 a 的交点用直线和点 A 相联结,就可以得到这两条切线.

55. 设 ABB_1A_1 是圆 S 的内接四边形,并设边 AA_1 和 BB_1 交于点 P,边 AB 和 A_1B_1 交于点 O,而对角线 AB_1 和 A_1B 交于点 Q. 则 P 的极线 p 是直线 OQ(图 59(a)). 由此可知 p 是 P 关于一对直线 AB 和 A_1B_1 的极线(参看 1.2 节,问题 17(1)). 因此,p 是直线 OP 上任意一点关于直线 AB 和 A_1B_1 的极线(参看问题 17(1)). 容易证明:A_1B_1 是 AB 的任意一点关于直线 OP 和 p 的极线. 为此,只要将平面 π 上的四条直线 AB,A_1B_1,OP,p 射影到另一个平面 π' 上,使得 OP 是 π 的特殊直线. 这时 AB 和 A_1B_1 变成平行直线 $A'B'$ 和 $A'_1B'_1$,OP 变成平面 π' 的无穷远直线 $O'P'$,而 p 则变成由 $A'B'$ 和 $A'_1B'_1$所确定的区域的中位线 p'(图 59(b)). 从这一点关于一对直线的极线的定义,可知 $A'_1B'_1$是直线 $A'B'$ 上任意一点 P' 关于直线 p' 和 $O'P'$ 的极线(参看问题 17(1) 的解答). 从而 A_1B_1 是 P' 在直线 AB 上的原像 P 关于直线 p 和 OP 的极线. 因此,给定了直线 OP,p,AB,我们可以只用直尺作出直线 A_1B_1. 那就是画两条相交于直线 AB 上的点 $\overline{P}$ 的直线$\overline{P}\,\overline{A}\,\overline{A}_1$ 和 $\overline{P}\,\overline{B}\,\overline{B}_1$($\overline{A}$ 和 $\overline{B}$ 在 p 上,而 $\overline{A}_1$ 和 $\overline{B}_1$ 则在 OP 上),然后从直线$\overline{A}\,\overline{B}_1$ 和$\overline{B}\,\overline{A}_1$ 的交点 $\overline{Q}$ 到直线 p 和 AB 的交点 O 作连线.

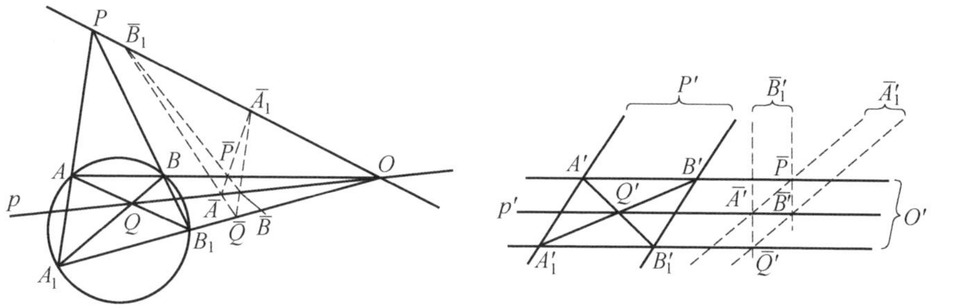

(a) (b)

图 59

现在回来解我们的问题. 设 p 是一条任意直线,它与 l 交于某一个点 O,并与给定的弧交于点 M 和 N(p 与给定弧的交点可以与弧的端点重合. 我们所需要的只是 p 不与 l 平行,以及 $\overset{\frown}{MN}$ 小于半圆). p 关于 S 的极点 P 是 S 在 M 和 N 的切线的交点,它可以只用直尺作出来(例如,参看问题 48,特别是它的解答后面的附注;也可以用 1.4 节的定理 1). 现在假设 l 与 S 交于点 A 和 B(这两个点是我们要定的). 直线 PA 和 PB 与 S 还交于另外两个点 A_1 和 B_1(图 60). 正如我们在上面证明的,给了直线

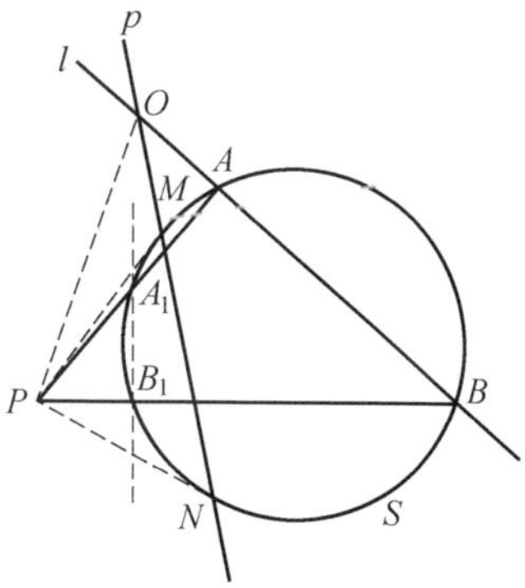

图 60

AB(即 l) 和 p,就能够只用直尺作出 A_1B_1 来. 注意,如果直线 l 在 $\angle MOP$ 的外部(这时 l 与 S 相交而不与 $\overset{\frown}{MN}$ 相交),那么 A_1B_1 穿过 $\angle MOP$ 的内部,因此它或者与 S 不相交(这时 l 与 S 不相交,点 A 和 B 不存在),或者与 $\overset{\frown}{MN}$ 交于点 A_1 和 B_1. PA_1 和 PB_l 与 l 的交点就是所要找的点.

在 A_1 和 B_1 重合,即直线 A_1B_1 是 S 在 A_1 的切线的情形,我们留给读者去仔细考虑. 这时 l 是 S 在直线 PA_1 和 l 的交点 A 处的切线;p 是 P 关于直线 OA 和 OA_1 的极线.

56. 在图 1.69(b) 中,直线 l_2 是从 B 到以 A 为中心,a 为半径的圆 S 的切线. 因此,不必画出 S,我们可以用平行直尺画出从任意一点 B 到 S 的两条切线 l_1 和 l_2(图 61;自然,点 B 必须在 S 的外部). 现在,设 B 是 l 上的一点,L 是 l 关于 S 的极点,并设 m_1 和 m_2 是从 L 到 S 的切线. 由直线 l_1, l_2, m_1, m_2 所构成的四边形的对角线的交点 Q 在 l 上(参看 1.3 节,问题 40). 由此可知 BQ(即 l) 是 L 关于直线 l_1 和 l_2 的极线,而 BL 则是 Q 关于 l_1 和 l_2 的极线(参看 1.2 节,问题 17(1)). 所以 BL 是 l 上的每一点关于 l_1 和 l_2 的极线(参看问题 17(1)). 由于 l 是给定的,并且 l_1 和 l_2 可以作出来,因此直线 BL 能够只用直尺作出来.

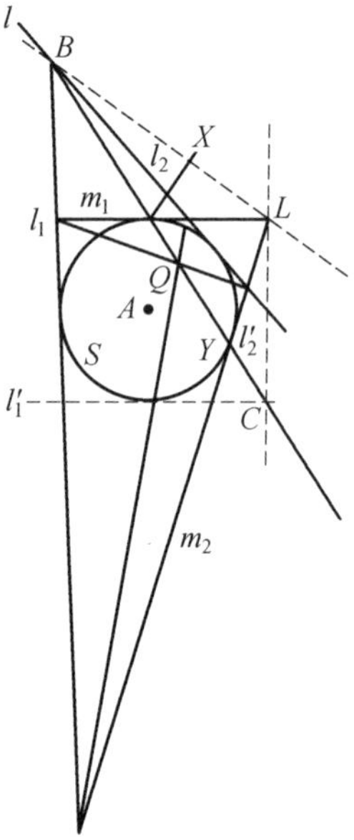

图 61

用类似的方法可以找出直线 CL,其中 C 是在 S 外部的 l 上的另一个点. 从而 L 是 BL 和 CL 的交点. 可以用平行直尺作出来的从 L 到 S 的切线 m_1 和 m_2,与 l 交于所要找的点 X 和 Y.

如果 l 不与 S 相交,那么 L 在 S 的内部,从 L 到 S 没有切线.

57. 设 a 是 A 关于圆 S 的极线. 假如我们用一个中心射影将 S 射影到圆 $\overline{S}$ 上,且 A 变为点 $\overline{A}$,则直线 a 变为 $\overline{A}$ 关于 $\overline{S}$ 的极线 $\overline{a}$. 类似地,在这个射影下,直线 b 关于 S 的极点 B 变成直线 $\overline{b}$ 关于 $\overline{S}$ 的极点 $\overline{B}$,这里 $\overline{b}$ 是 b 的像. 现在我们考虑 $\triangle ABC$ 和 $\triangle A'B'C'$ 关于 S 的各种可能的位置.

1° 假定 $\triangle ABC$ 至少有一个顶点(例如 A) 在 S 的内部. 将我们图形的平面 π 射影到平面 π' 上,使得 S 变成圆 $\overline{S}$,而 A 变成 $\overline{S}$ 的中心 $\overline{A}$. 在这个射影下,我们的图形变成图 62 中的图形,其中 $\overline{A}'$ 是 $\overline{B}\,\overline{C}$ 的极点;直线 AC 和 AB 的极点 B' 和 C' 变成 $\overline{S}$ 的直径 $\overline{A}\,\overline{C}$ 和 $\overline{A}\,\overline{B}$ 的极点,即变成与 $\overline{A}\,\overline{C}$ 和 $\overline{A}\,\overline{B}$ 正交的方向相对应的无穷远点 $\overline{B}'$ 和 $\overline{C}'$(参看图 62 和 1.64(b)). 由此可知 $\overline{B}\,\overline{B}'$ 和 $\overline{C}\,\overline{C}'$ 是 $\triangle\overline{A}\,\overline{B}$

$\bar{C}$ 的高线.由于 $\bar{A}\bar{A}'$ 是 $\triangle\bar{A}\bar{B}\bar{C}$ 的第三条高线($\bar{B}\bar{C}$ 的极点 $\bar{A}'$ 在从 $\bar{S}$ 的中心 $\bar{A}$ 到直线 $\bar{B}\bar{C}$ 的垂线上),直线 $\bar{A}\bar{A}'$,$\bar{B}\bar{B}'$,$\bar{C}\bar{C}'$ 共点.因此 AA',BB',CC' 共点.

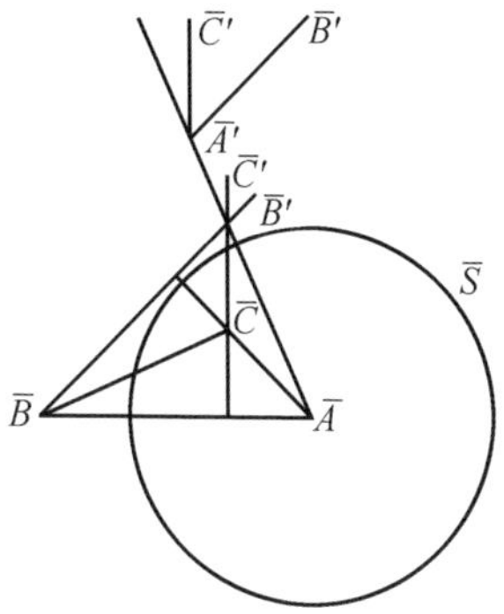

图 62

2° 假定 $\triangle ABC$ 至少有一条边不与 S 相交.这时 $\triangle A'B'C'$ 的对应的顶点在 S 的内部,我们可以将情形 1° 中的论证用到 $\triangle A'B'C'$ 上.

3° 最后,假定 $\triangle ABC$ 的所有顶点都在 S 的外部,并且它的边没有一条整个地在 S 的外部.这时,我们的定理可以归结为问题 39(2) 中的定理.

58. 设 $\triangle ABC$ 和 $\triangle A_1B_1C_1$ 的边关于圆 S 的极点分别是 A',B',C' 和 A'_1,B'_1,C'_1(图 63).根据定理 2,$B'C'$ 是 A 的极线,而 $B'C'$ 和 $B'_1C'_1$ 的交点 K' 则是 AA_1 的极点.类似地,直线 $A'C'$ 和 $A'_1C'_1$,$A'B'$ 和 $A'_1B'_1$ 的交点 L' 和 M' 分别是直线 BB_1 和 CC_1 的极点.因此 $K'L'$ 是 AA_1 和 BB_1 的交点 O 的极线.根据假设,因为 CC_1 经过点 O,CC_1 的极点 M' 在直线 $K'L'$ 上,所以点 K',L',M' 共线,根据德札尔格定理(1.2 节,问题 22),直线 $A'A'_1$,$B'B'_1$,$C'C'_1$ 共点,这就是我们所要证的.

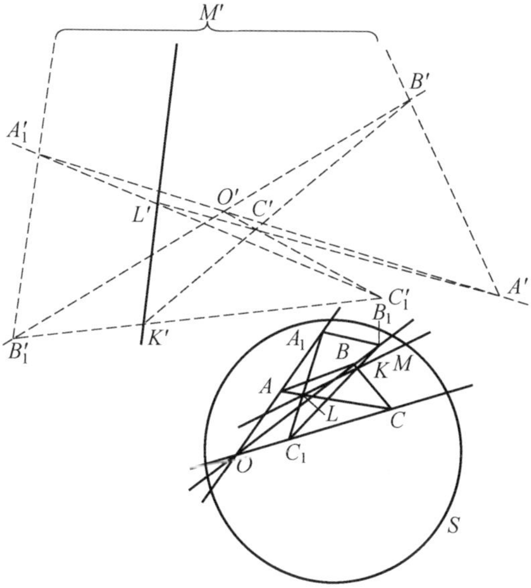

图 63

59. 考虑 $\triangle ABC$,它关于以 O 为中心的圆 S 是自配极的(图 64).由于 A 的极线 BC 与 OA 垂直,O 在 $\triangle ABC$ 的高线 AP 上,类似地,O 也在其他两条高线 BQ 和 CR 上.因此 O 是 $\triangle ABC$ 的垂心.由于 A 和 P,B 和 Q,C 和 R 中的每一对

点都在 O 的同一侧，所以 $\triangle ABC$ 是钝角三角形. 使得一个钝角三角形 T 关于它是自配极的圆 S 是唯一的，这是因为它的中心 O 是 T 的高线的交点，而它的半径 r 由关系 $r^2 = OA \cdot OP = OB \cdot OQ = OC \cdot OR$ 确定(参看问题51).(最后三个乘积之所以相等，是由于 $\triangle OAQ \backsim \triangle OBP$，$\triangle OAR \backsim \triangle OCP$. 容易验证：$r = 2R\sqrt{\cos A \cos B \cos C}$，其中 R 是 $\triangle ABC$ 的外接圆半径.)

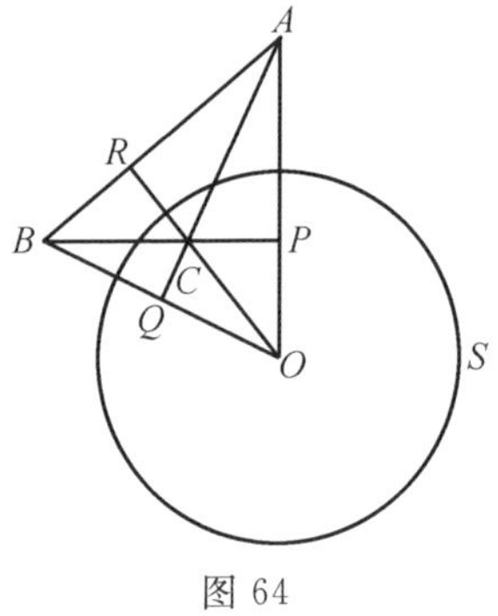

图 64

60. 在配极下问题17(1)和17(2)中的定理互相变换(因此只要证明其中一个就够了). 问题 21(1) 和 21(2) 中的定理以及问题 22 中的定理及其逆定理也都互相变换. 关于后一对定理，由于两个陈述是互相等价的(参看问题 22 的解答后面的附注)，作配极并不能导致任何新的结果. 问题 23 中的定理也变成一个等价的定理(由于这个定理实际上与问题22中的定理相同；参看问题23的解答). 类似地，对问题25和26中的定理作配极也不能得到新的结果；在配极下这些定理变成它们自己(在 1.2 节中陈述的定理经过对偶得到新的表述除外，术语“透视的三角形”指的是从一条直线而不是从一个点透视的三角形；从建立这两个概念的等价性的德札尔格定理来看，这种改变没有什么关系).

在配极下问题 27 中的定理变成下列定理：如果 $\triangle ABC$，$\triangle A_1B_1C_1$，$\triangle A_2B_2C_2$ 放在一个平面上，使得点 A, A_1, A_2 在直线 q 上，B, B_1, B_2 在直线 r 上，C, C_1, C_2 在直线 p 上，并且直线 p, q, r 共点(图 65)，则由德札尔格定理，包含 $\triangle ABC$ 和 $\triangle A_1B_1C_1$，$\triangle ABC$ 和 $\triangle A_2B_2C_2$，$\triangle A_1B_1C_1$ 和 $\triangle A_2B_2C_2$ 的对应边

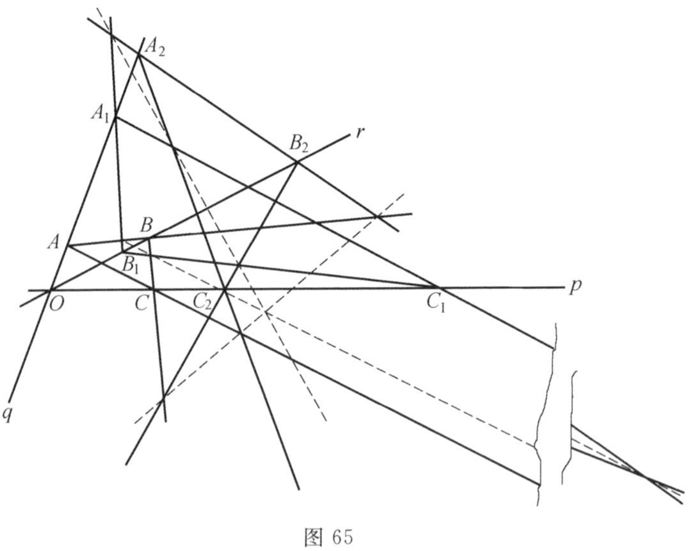

图 65

的交点的三条直线共点;换句话说,如果三个两两透视的三角形的透视中心重合,那么它们的透视轴共点.

在问题 28 中的定理变成一个等价的定理(希望读者把它叙述出来). 要弄清楚这一点,只需注意在问题 28 的陈述后面所给出的另外两种陈述是互相对偶的.

61. 这个问题是 1.2 节中问题 24(2) 的对偶,所以,一种解法是对 n 条直线和 n 个点作一次配极变换(关于圆 S). 直线 $l_1,l_2,\cdots,l_n$ 变成 n 个共线的点 L_1, $L_2,\cdots,L_n$,而点 $M_1,M_2,\cdots,M_n$ 则变成 n 条直线 $m_1,m_2,\cdots,m_n$. 至此,我们可以知道(问题 24(2)) 如何在由直线 $m_1,m_2,\cdots,m_n$ 构成的 n 边形中作一个内接 n 边形 $B_1B_2\cdots B_n$,使得它的边分别经过点 $L_1,L_2,\cdots,L_n$. 然后,从这个 n 边形 $B_1B_2\cdots B_n$ 通过关于 S 的配极,可以得到所要的 n 边形 $A_1A_2\cdots A_n$.

这个问题也可以用另一种方法来解. 这种方法不需要作辅助的 n 边形 $B_1B_2\cdots B_n$. 在解问题 24(2) 时我们曾经证明,如果一个 n 边形的 $n-1$ 个顶点在 $n-1$ 条定直线上,并且它的边分别经过共线的 n 个定点,那么它的第 n 个顶点在一条定直线 l 上. 这条直线可以通过作两个这种 n 边形找出来. 利用对偶原理,我们可以断定:假如一个 n 边形的 $n-1$ 条边分别经过 $n-1$ 个点 M_1, $M_2,\cdots,M_{n-1}$,并且它的顶点分别在 n 条共点的直线 $l_1,l_2,\cdots,l_n$ 上,则它的第 n 条边经过一个定点 M(M 或是通常的点,或是无穷远点). 这个点 M 可以通过作两个这样的 n 边形确定. 作 M 和 M_n 的连线,我们就可以得到所要的 n 边形 $A_1A_2\cdots A_n$ 的边 A_nA_1. 不难确定这个多边形的其他的边. 如果 M 是通常点并且不与 M_n 重合,那么这个问题有唯一解. 如果 M 与 M_n 重合,那么这个问题不确定. 如果 M_n 是一个无穷远点,那么当由 M_n 所确定的方向与 l_1 或 l_n 不平行时,这个问题有唯一解,否则无解.

62. 设 $A_1A_2A_3A_4$ 是一个四边形,n 是它的对边交点的连线,点 P 和 Q 是它的对角线 p 和 q 与 n 的交点,b_1,b_2,b_3,b_4 是它的顶点到 P 和 Q 的连线. 又设 m_1, $m_2,m_3,m_4,m_5,m_6,m_7,m_8$ 是四边形 $A_1A_2A_3A_4$ 的顶点到由直线 b_1,b_2,b_3,b_4 构成的外接四边形 $B_1B_2B_3B_4$ 的顶点的连线(图 66). 根据对偶原理,从问题 36(1) ~ (4) 可以推出:

(1) m_1 和 m_5,m_2 和 m_6,m_3 和 m_7,m_4 和 m_8 的交点在直线 n 上.

(2) m_2 和 m_3,m_6 和 m_7 的交点在 q 上,m_1 和 m_8,m_4 和 m_5 的交点在 p 上.

(3) m_1 和 m_2,m_3 和 m_8,m_4 和 m_7,m_5 和 m_6 的交点在对角线 A_1A_3 和 A_2A_4 的交点同边 A_1A_4 和 A_2A_3 的交点的连线上;m_1 和 m_6,m_7 和 m_8,m_3 和 m_4,m_2 和 m_5 的交点在对角线 A_1A_3 和 A_2A_4 的交点同边 A_1A_2 和 A_3A_4 的交点的连线上.

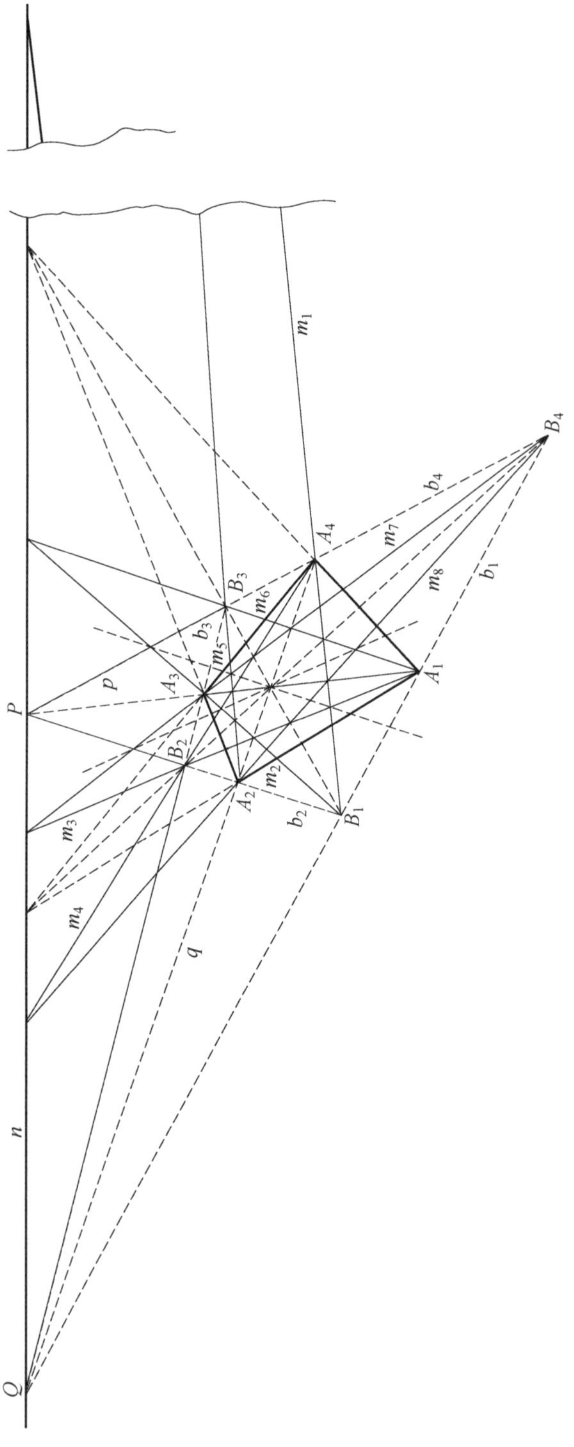

图 66

(4)m_1 和 m_3，m_5 和 m_7，b_4 和 m_2，b_2 和 m_6；m_2 和 m_4，m_6 和 m_8，b_4 和 m_3，b_2 和 m_7；m_3 和 m_5，m_1 和 m_7，b_1 和 m_4，b_3 和 m_8；m_4 和 m_6，m_2 和 m_8，b_1 和 m_5，b_3 和 m_1 的交点，分别在经过对角线交点的四条直线上.

利用对偶原理，从问题 37(1) ～ (3) 中的定理可以推出下列定理. 设 $ABCD$ 是一个四边形，1 是经过顶点 A 的直线，2 是联结 B 到直线 CD 和 1 的交点的直线，3 是联结 C 到直线 DA 和 2 的交点的直线，4 是联结 D 到直线 AB 和 3 的交点的直线，等等(图 67). 则：

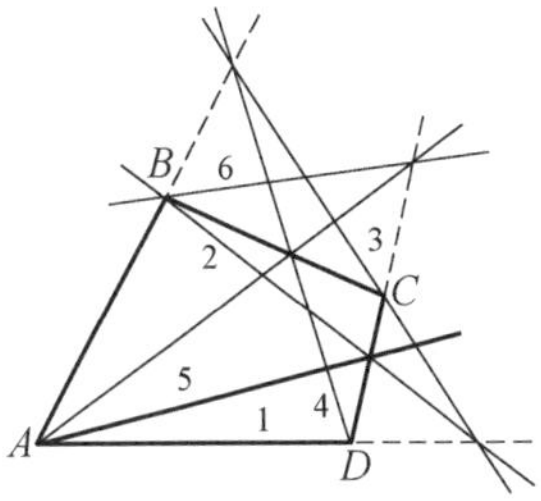

图 67

(1) 绕这个四边形的所有顶点三周所得到的直线 13 与初始直线 1 重合(显然，这个定理等价于问题 37(1) 中的定理).

(2) 直线 1 和 7，2 和 8，3 和 9 等的交点在联结这个四边形对边交点的直线上.

(3) 直线 1 和 2，7 和 8；2 和 3，8 和 9；3 和 4，9 和 10 等的交点的连线，经过这个四边形的对角线的交点.

问题 38(2) 中的定理变成下列定理：从一条直线 o 与 $\triangle ABC$ 的边的交点到对顶点作连线，设 $A_1B_1C_1$ 是由这三条直线所确定的三角形. 令 O 是任意一点，a_1，b_1，c_1 是从 $\triangle A_1B_1C_1$ 的顶点到点 O 的连线，并设 A_2，B_2，C_2 是直线 a_1，b_1，c_1 同 $\triangle ABC$ 的对应边的交点(图 68). 则直线 AA_2，BB_2，CC_2 交于一点.

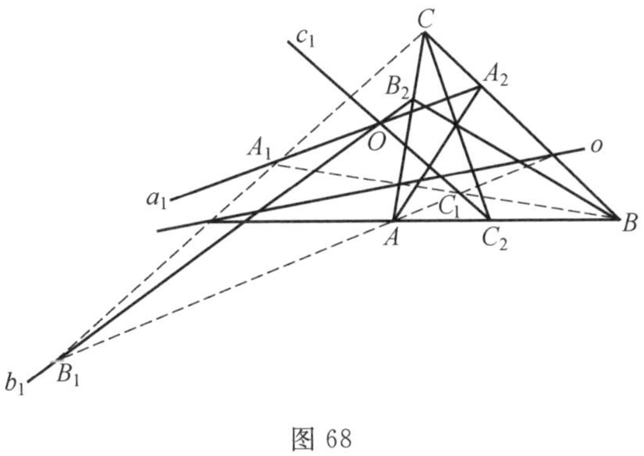

图 68

63. 在配极变换下，问题 39(1) 中的定理变成下述定理. 设 E，F，G 是 $\triangle ABC$ 的边与它的内切圆的切点，则 $\triangle ABC$ 的边与 $\triangle EFG$ 的对应边的交点共线(图 69).

问题 39(2) 中的定理变成下述定理. 设 ABC 是一个三角形，S 是与 AB，BC，AC 相交的圆. 又设 a_1，b_1，c_1 是从 A，B，C 分别到 S 的切线的切点的连线(图

70). 则 a_1, b_1, c_1 与 $\triangle ABC$ 的对应边的交点共线①.

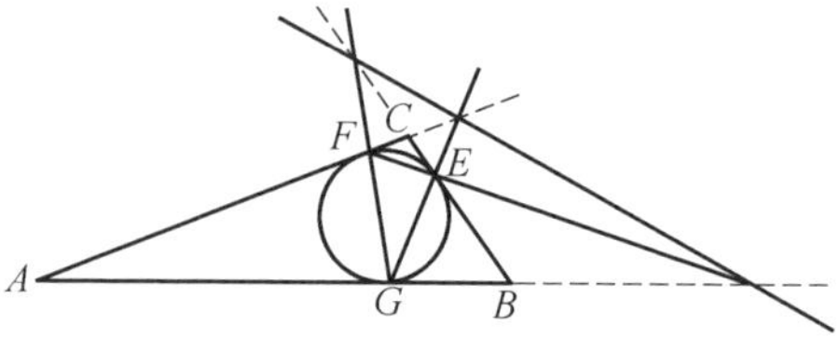

图 69

问题 40(1) 中的定理变成下述定理. 设 $A_1B_1C_1D_1$ 是圆 S 的外切四边形, A, B, C, D 是它的边与 S 的切点(图 71). 则四边形 $ABCD$ 的对边的交点在 $A_1B_1C_1D_1$ 的对边交点的连线上. 在一次配极下问题 40(2) 中的定理变成它自身.

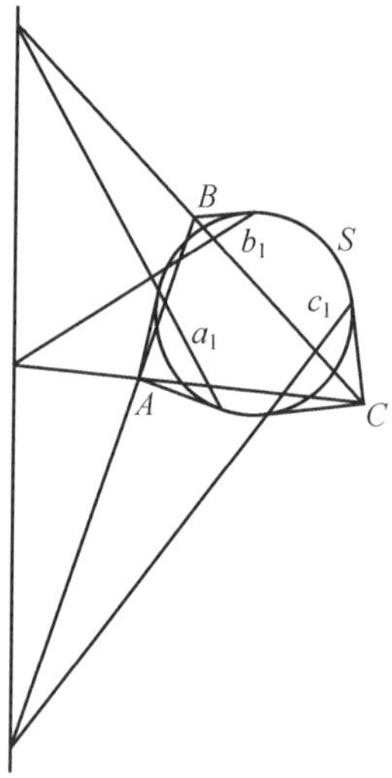

图 70

问题 41(1) ~ (3) 中的定理变成下列定理. 设 $ABCD$ 是圆 S 的外切四边形, l 是它的对边交点的连线, m 和 n 是由这个四边形的对角线所确定的直线. 则:

(1) 如果 S 的外切三角形的两个顶点在三条直线 l, m, n 中的两条上, 那么第三个顶点在其中的另一条直线上.

(2) S 有无穷多个其对角线在直线 m 和 n 上的外切四边形. 所有这些四边形的对边交点的连线和 l 重合.

(3) S 有无穷多个外切四边形, 它们都有一条对角线在 m 上, 并且对边交点的连线都是 l.

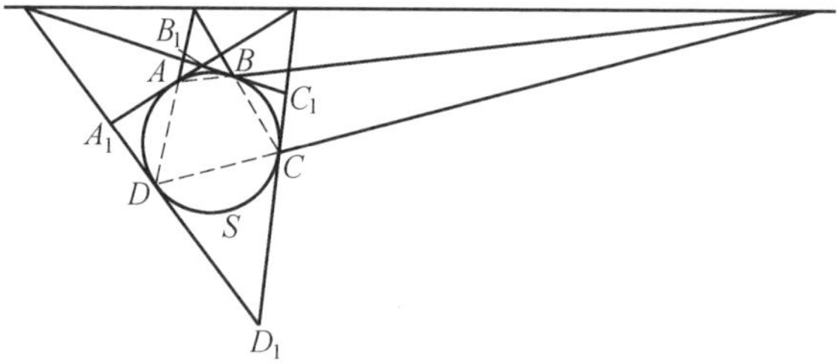

图 71

这种四边形的另一条对角线在 n 上.

问题 43(1) 和(2) 中的定理变成下列定理. 给定一个圆 S 和 S 外的一个点 L, 以及经过 L 的一条直线 p; k 表示从 L 到 S 的切线的切点 A 和 B 的连线. 则

① 根据德札尔格定理, 从问题 39(1) 和(2) 中的定理经过配极所得到的定理等价于在这些问题中所陈述的结果.

有：

(1) 假若 M 是 p 上的动点，则从 M 到 A 和 B 的每一对连线同 S 的另外一对交点的连线 x 都和 k 交于一个定点 X(图 72(a)).

(2) 假若 S 的一条切线 r 交 p 和 k 于点 V 和 U，则从 U 和 V 到 S 的另一条切线的交点在经过 L 的一条直线上(图 72(b)).

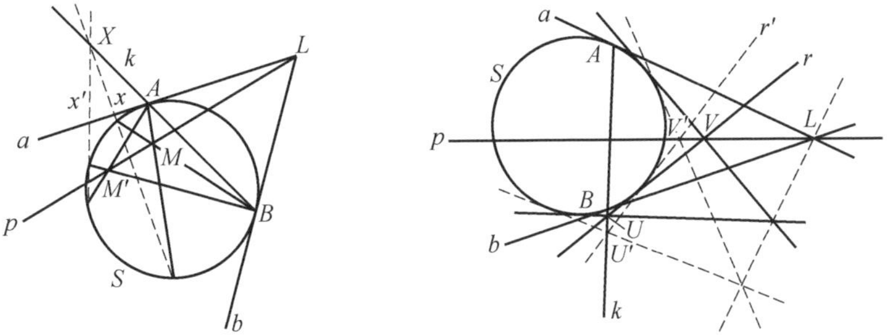

(a) (b)

图 72

问题 45 中的定理变成下述定理. 设 a 和 a_1，b 和 b_1，c 和 c_1 分别是从直线 o 上的点 K，L，M 到圆 S 的切线，则从由 a，b，c 所构成的三角形(图 73 中的阴影部分) 的顶点到 x 与 a_1，b_1，c_1 的对应的交点的连线交于 o 上的一点.

问题 46 和 47 中的定理在配极下互相变换.

问题 50 中的定理变成下述定理. 设 r，s，t 是 $\triangle ABC$ 的外接圆在顶点 A，B，C 的切线，M，N，P 分别是边 BC，CA，AB 与一条直线 q 的三个交点. 直线 AM，BN，CP 与这个外接圆的另一个交点以 R，S，T 表示. 则直线 RS 和 t，ST 和 r，TR 和 s 的交点在 q 上(图 74).

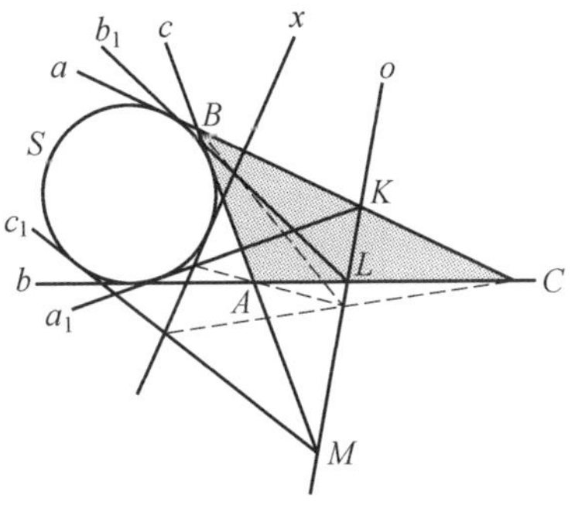

图 73

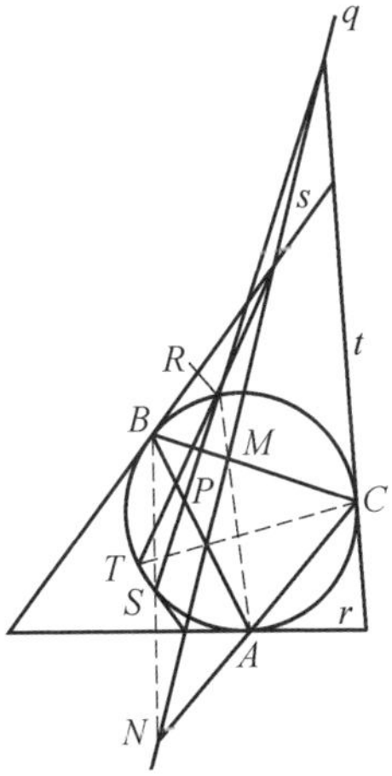

图 74

64. 在配极变换下问题 42 中的定理变成下述命题：设 p 是一条直线，S 是一个圆，从 p 上一点到 S 的每一对切线确定一条弦，则所有这些弦经过同一个点(图 75).

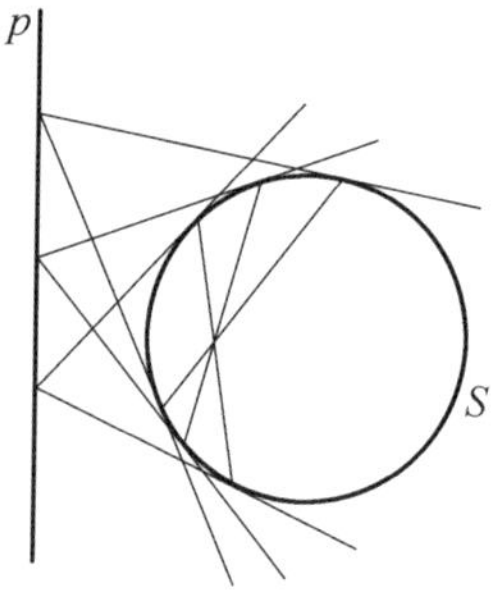

图 75

65. 这个问题与前一节中的问题 44 对偶(在直线不与 S 相交的情形对应于问题 44(1)，在与 S 相交的情形对应于问题 44(2)). 因此这个问题可以解答如下：关于给定圆 S 的配极将这个问题变成问题 44. 在解决后一个问题以后我们得到一个四边形，从这个四边形通过配极可以得到所要的四边形. 然而，在目前的情形下，我们无须首先解问题 44，这个问题的解基于一个命题，这个命题在配极变换下变成下述命题：假如给定圆 S 的一个外切四边形 $ABCD$ 的顶点 A 和 C 在直线 l 上，且顶点 B 在直线 l_1 上，则顶点 D 在某一条定直线 m 上. 直接利用这个命题就不难解答我们的问题(参看问题 44(1) 和(2) 的解答).

66. 设 M, N, P 分别是在 $\triangle ABC$ 的边 AB, BC, CA 或其延长线上的三个点(图 76). 在配极变换下 $\triangle ABC$ 变成 $\triangle A'B'C'$，它的边 a, b, c 分别是点 A, B, C 的极线，而点 M, N, P 分别变成经过 C', A', B' 的直线 m, n, p. 设 M', N', P' 是 m, n, p 同 $\triangle A'B'C'$ 的边的交点. 我们想要找出表达式

$$\frac{AM}{BM}\cdot\frac{BN}{CN}\cdot\frac{CP}{AP} \text{ 和 } \frac{A'M'}{B'M'}\cdot\frac{B'N'}{C'N'}\cdot\frac{C'P'}{A'P'}$$

之间的关系.

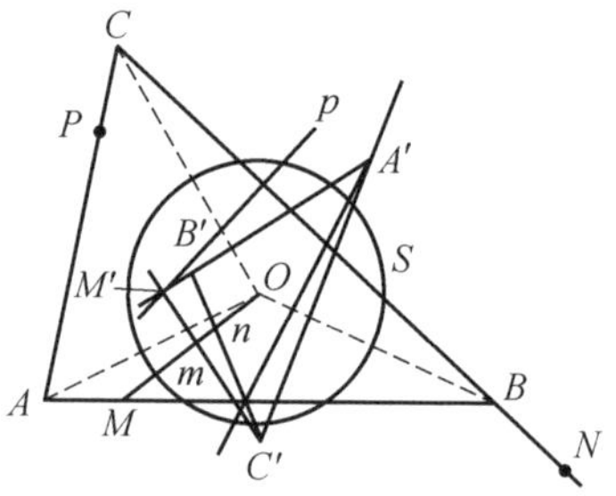

图 76

显然，比值 $A'M'/B'M'$ 等于商$(A'M'/C'M')/(B'M'/C'M')$. 由正弦定律，我们有

$$\left|\frac{A'M'}{C'M'}\right| = \frac{\sin\angle A'C'M'}{\sin\angle C'A'M'}$$

和

$$\left|\frac{B'M'}{C'M'}\right| = \frac{\sin\angle B'C'M'}{\sin\angle C'B'M'}$$

由此可以推出 $A'M'/B'M'$ 的绝对值等于

$$\frac{\sin\angle A'C'M'}{\sin\angle C'A'M'}\bigg/\frac{\sin\angle B'C'M'}{\sin\angle C'B'M'} = \frac{\sin\angle C'B'M'}{\sin\angle C'A'M'}\bigg/\frac{\sin\angle B'C'M'}{\sin\angle A'C'M'}$$

大家知道，A 的极线垂直于 OA，其中 O 是作配极变换的圆 S 的中心(参看第 59 页). 因此 $C'B' \perp OA, C'A' \perp OB, A'B' \perp OC$，所以

$$\sin\angle C'B'M' = \sin\angle AOC, \sin\angle C'A'M' = \sin\angle BOC$$

($\angle C'B'M'$ 和 $\angle AOC$ 的边互相垂直,对于 $\angle C'A'M'$ 和 $\angle BOC$ 也是如此,因此它们相等或互补,从而它们的正弦相等). 于是

$$\frac{\sin\angle C'B'M'}{\sin\angle C'A'M'}=\frac{\sin\angle AOC}{\sin\angle BOC}$$

由于 $C'M'\perp OM$,类似地有

$$\frac{\sin\angle B'C'M'}{\sin\angle A'C'M'}=\frac{\sin\angle AOM}{\sin\angle BOM}$$

下面对后一个表达式再做些变化. 为此我们用两种方法计算 $\triangle AOM$ 和 $\triangle BOM$ 的面积,并作它们之比

$$\frac{S_{\triangle AOM}}{S_{\triangle BOM}}=\left|\frac{\frac{1}{2}AO\cdot OM\cdot\sin\angle AOM}{\frac{1}{2}BO\cdot OM\cdot\sin\angle BOM}\right|=\left|\frac{\frac{1}{2}AM\cdot h_{AB}}{\frac{1}{2}BM\cdot h_{AB}}\right|$$

(在这里 h_{AB} 表示 $\triangle AOM$ 和 $\triangle BOM$ 的公共高). 从后一个等式我们容易得到

$$\frac{\sin\angle AOM}{\sin\angle BOM}=\left|\frac{OB\cdot AM}{OA\cdot BM}\right|$$

因此比值 $A'M'/B'M'$ 的绝对值等于

$$\frac{\sin\angle AOC}{\sin\angle BOC}\Big/\left(\frac{OB}{OA}\cdot\frac{AM}{BM}\right)=\frac{1}{AM/BM}\cdot\left(\frac{\sin\angle AOC}{\sin\angle BOC}\cdot\frac{OA}{OB}\right)$$

用类似的推导可以证明,比值 $B'N'/C'N'$ 和 $C'P'/A'P'$ 的绝对值分别等于

$$\frac{1}{BN/CN}\cdot\frac{\sin\angle BOA}{\sin\angle COA}\cdot\frac{OB}{OC}$$

和

$$\frac{1}{CP/AP}\cdot\frac{\sin\angle COB}{\sin\angle AOB}\cdot\frac{OC}{OA}$$

把这三个式子乘起来,可以知道表示式

$$\frac{AM}{BM}\cdot\frac{BN}{CN}\cdot\frac{CP}{AP}\text{和}\frac{A'M'}{B'M'}\cdot\frac{B'N'}{C'N'}\cdot\frac{C'P'}{A'P'}$$

的绝对值互为倒数.

现在只需要再弄清这些表达式的符号之间的关系. 为简单起见,假定 S 的中心点 O 在 $\triangle ABC$ 的内部. 我们有 $OA\perp B'C'$,$OB\perp A'C'$,$OM\perp C'M'$. 这说明,若 OM 介于 OA 和 OB 之间,则 $C'M'$ 在 $\angle A'C'B'$ 的外部;而若 OM 在 $\angle AOB$ 的外部,则 $C'M'$ 介于 $C'A'$ 和 $C'B'$ 之间(参看图 76 中这些直线的相互位置). 由此可知比值 AM/BM 和 $A'M'/B'M'$ 的符号相反. 用同样的方法可以证明比值 BN/CN 和 $B'N'/C'N'$,CP/AP 和 $C'P'/A'P'$ 的符号也相反. 这就证明了表达式

$$\frac{AM}{BM}\cdot\frac{BN}{CN}\cdot\frac{CP}{AP}\text{和}\frac{A'M'}{B'M'}\cdot\frac{B'N'}{C'N'}\cdot\frac{C'P'}{A'P'}$$

的符号相反①,总之,我们有

$$\frac{A'M'}{B'M'}\cdot\frac{B'N'}{C'N'}\cdot\frac{C'P'}{A'P'}=-\frac{1}{\dfrac{AM}{BM}\cdot\dfrac{BN}{CN}\cdot\dfrac{CP}{AP}} \qquad (*)$$

根据配极的性质A,当且仅当点M,N,P共线时,直线$A'N',B'P',C'M'$交于一点(或平行).从这个事实和公式(*)可以推出,在配极变换下塞瓦定理和梅涅劳斯定理互相变换.所以我们只需要证明其中的一个.

67.设$\triangle ABC$和$\triangle A_1B_1C_1$是两个透视的三角形,AA_1,BB_1,CC_1的交点O是透视中心(看第26页).考虑关于以O为中心的圆S的配极Π.根据配极的性质B,Π将$\triangle ABC$和$\triangle A_1B_1C_1$变成其边两两平行的两个三角形.这样的三角形通过一个平移或一个中心相似互相变换(参看《几何变换(Ⅰ)》,第1章,1.1节和《拓扑学的首要概念》第14,15页).但是这些三角形的对应顶点的连线共点或平行.根据配极变换的性质A,我们可以断定$\triangle ABC$和$\triangle A_1B_1C_1$的对应边的交点共线.

利用对偶原理,从德札尔格定理的第一部分可以推出定理的第二部分,后者是说:假若两个三角形从一条直线透视,则它们从一个点透视(要证明这一点,我们只要对与这个定理的第一部分相对应的图形关于任意一个圆作一次配极;参看问题60).

68.关于圆S作配极,$\triangle ABC$的边BC,CA,AB变成S上的点A',B',C',而外切$\triangle ABC$则变成内接$\triangle A'B'C'$(即$\triangle ABC$的边变成$\triangle A'B'C'$的顶点,反之亦然).切线l变成S上的一点L,点M,N,P变成直线LA',LB',LC',点M_1,N_1,P_1变成经过A',B',C'并且垂直于$A'L,B'L,C'L$的直线;后一个结论是从配极变换的性质C得到的(图77).这个问题中所陈述的定理变成下述定理:直线m_1,n_1,p_1交于S上的一个点,我们只需证明这两个定理中的一个就够了.然而,直线m_1,n_1,p_1交于S上一点是十分明显的.事实上,从$m_1\perp A'L$可以推出m_1与S交于L的对径点L_1.类似地,直线n_1和p_1也必定经过L_1.(注意,由于L和L_1是S的对径点,可知在图1.80中$l_1 \parallel l$;参看配极的性质B.)

69.由圆S的两条切线a和b在变动的第三条切线c上截得的线段对S的中心所张的圆心角是一个定角(图78;参看图1.78(b)).

① 可以证明,当S的中心在$\triangle ABC$的外部时这个结论仍然成立.我们把对各种可能情况的讨论留给读者.

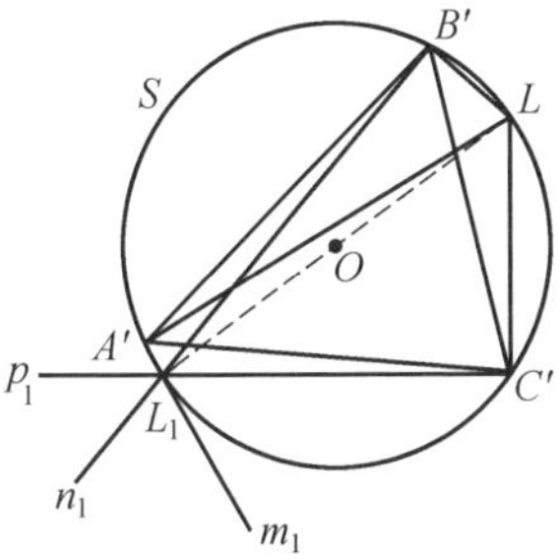

图 77

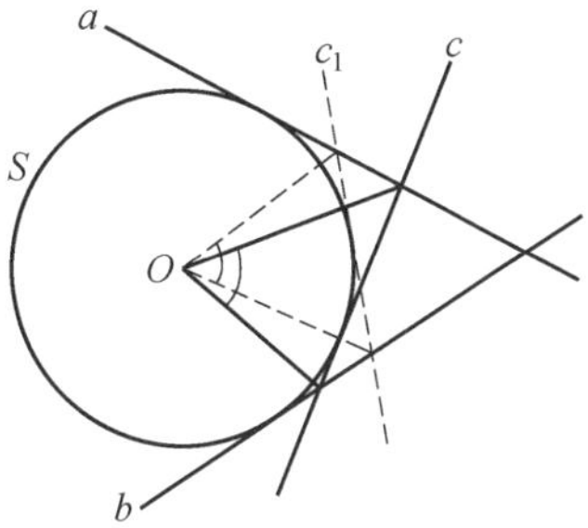

图 78

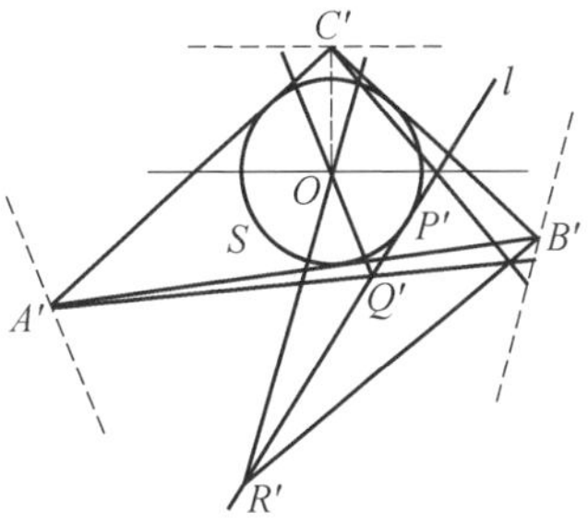

图 79

70. 在关于圆 S 的配极下，内接 $\triangle ABC$ 变成外切 $\triangle A'B'C'$，而 S 上的点 L 则变成 S 的切线 l，并且从 L 到 AB 的垂线的垂足 P 变成直线 $C'P'$，其中 P' 是 l 上使 $\angle C'OP'=90^\circ$ 的一个点，即 P' 是经过点 O 并与在顶点 C' 的外角平分线相平行的直线同 l 的交点(OC' 是在 C' 的内角的平分线，参看图 79). 所以我们得到下述定理：设 O 是 $\triangle A'B'C'$ 的内切圆 S 的中心，l 是 S 的一条切线，经过点 O 分别作与 $\triangle A'B'C'$ 的各外角平分线相平行的直线，它们与 l 分别交于点 Q'，R'，P'，则它们与对应顶点的连线 $A'Q'$，$B'R'$，$C'P'$ 交于一点(图 79).

71. 设 S 是 $\triangle ABC$ 的外接圆，在关于 S 的配极变换下，$\triangle ABC$ 变成 S 的外切 $\triangle A'B'C'$；$\triangle ABC$ 的边的中点变成分别经过 A'，B'，C' 并与角平分线 OA'，OB'，OC' 垂直的直线(O 是 S 的中心)，即变成 $\triangle A'B'C'$ 的外角平分线；而 $\triangle ABC$ 的中线则变成 $\triangle A'B'C'$ 的外角平分线与它的对边的交点(图 80). 所以我们得到下述定理：三角形的外角平分线同它的对边的交点共线.

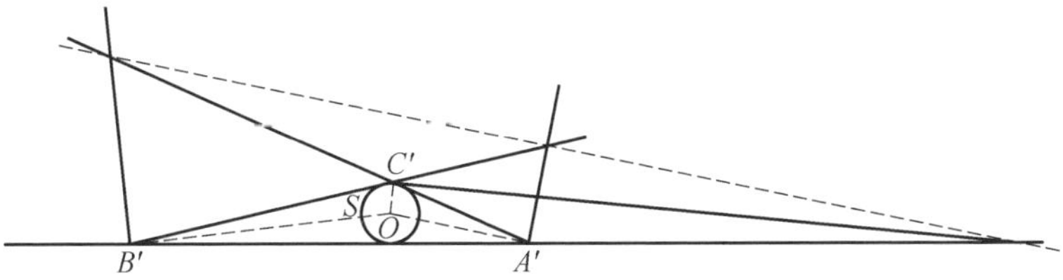

图 80

72. 在关于圆 S 的配极下，平行四边形 $ABCD$ 变成四边形 $A'B'C'D'$，后者的对角线交于 S 的中心点 O(参看配极变换的性质 B). 平行四边形 $ABCD$ 的对角线 AC 和 BD 对应于四边形 $A'B'C'D'$ 的对边的交点 P 和 Q. 如果这个平行四边形的对角线互相垂直(即它是一个菱形)，那么线段 PQ 对点 O 张成直角(图

81;参看配极的性制 C). 在配极下这个问题中所陈述的定理变成下述定理:假若四边形 $A'B'C'D'$ 的对边交点为 P 和 Q,线段 PQ 对于对角线的交点 O 张成直角,则 OP 和 OQ 平分这个四边形的对角线所夹的角.

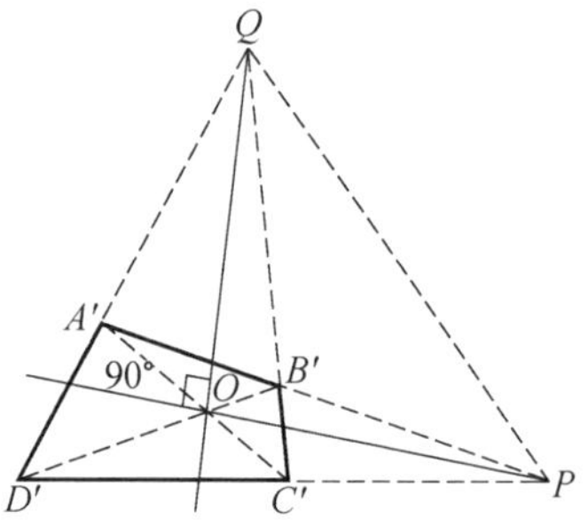

图 81

73. (1) 在关于以 O 为中心的圆 S 的配极下,$\triangle ABC$ 变成 $\triangle A'B'C'$,而且 $\triangle ABC$ 的高线变成 $\triangle A'B'C'$ 的边上的点 P',Q',R',它们使得 $\angle A'OP' = \angle B'OQ' = \angle C'OR' = 90°$(图 82(a));参看配极变换的性质 C. 如此我们就有下述定理:设 O 是 $\triangle ABC$ 所在平面上的一点,则经过点 O 分别垂直于 OA,OB,OC 的直线与这个三角形的对应边的交点共线.

注 对图 82(a) 作配极可以得到下述有趣的定理:设 o 和 O 分别是 $\triangle ABC$ 所在平面上的一条直线和一个点,而 M,N,P 是直线 o 与这个三角形的边 AB,BC,CA 的交点,又设 M_1,N_1,P_1 是 o 上的三个点,使得 $\angle MOM_1 = \angle NON_1 = \angle POP_1 = 90°$,则直线 AN_1,BP_1,CM_1 共点(图 82(b)).

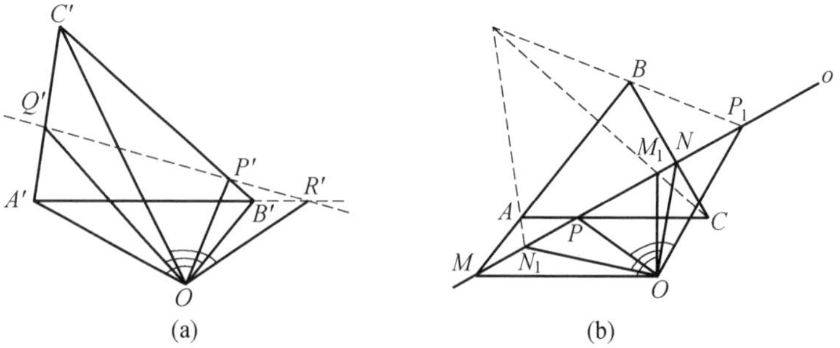

图 82

对这个定理再作一次配极(关于以 $O_1 \neq O$ 为中心的任意一个圆),又可以得到一个新的(相当复杂的) 定理,等等.

(2) 设 l 是由直线 m 和 n 所夹的两个角之一的平分线.

在关于以 o 为中心的圆 S 的配极下,直线 m,n,l 变成共线的点 M,N,L,它们使得线段 ML 和 NL 对点 O 所张的角相等或互补(配极的性质 C);换句话说,L 是 MN 与直线 OM 和 ON 所夹的两个角之一的平分线的交点. 因为我们不知道这两个角中哪一个的平分线包含点 L,所以考虑由 m 和 n 所成的两个角的平分线. 它们变成 MN 和由 OM 和 ON 所构成的两个相邻角的平分线的交点. 所以,比较方便的是考虑 $\triangle ABC$ 的外角的平分线,并将关于这些角平分线的交点的定理陈述如下:$\triangle ABC$ 的内角和外角的六条平分线三条一组地交于四个点.

在配极变换下,这个定理变成下述定理:设 A,B,C,O 是四个点,其中设有三个共线.则由直线 OA 和 OB,OB 和 OC,OC 和 OA 所夹的角的六条平分线与 $\triangle ABC$ 的对应边的交点三点一组地在四条直线上(图 83(a)).

注 对图 83(a) 作一次配极可以得到下述定理:在 $\triangle ABC$ 的平面上,设 o 是一条直线,O 是一个点,M,N,P 分别是 o 同边 AB,BC,CA 的交点,并设 M_1 和 M_2,N_1 和 N_2,P_1 和 P_2 分别是由 ON 和 OP,OP 和 OM,OM 和 ON 所夹的角的平分线与 o 的交点.则六条直线 $AN_1,AN_2,BP_1,BP_2,CM_1,CM_2$ 三条一组地交于四个点(图 83(b)).

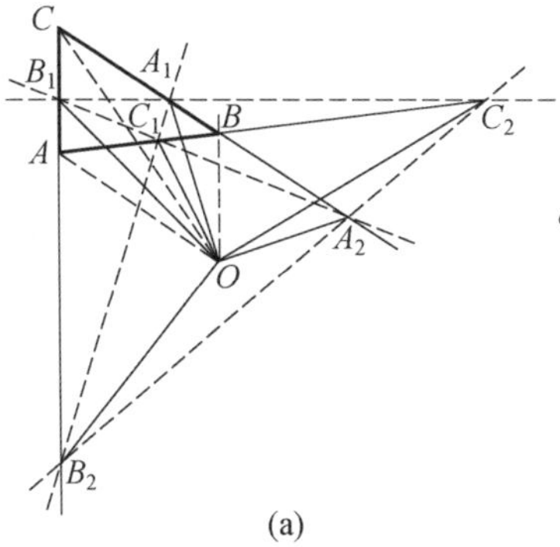

(a)

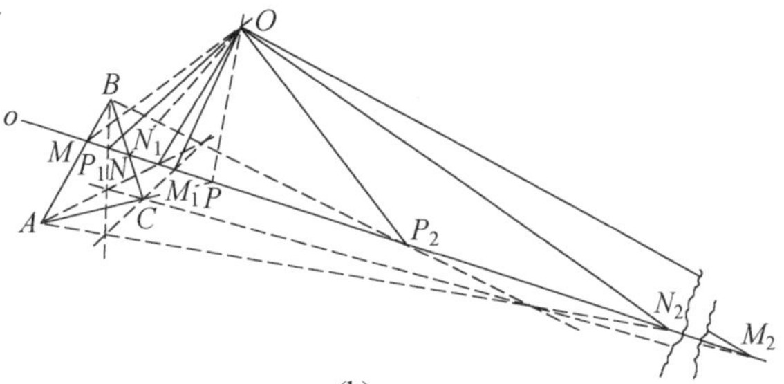

(b)

图 83

74. 答案略.

1.5 直线和圆的射影变换 · 直尺作图

75. 在第 29 页问题 28 中陈述了帕普斯定理的三种模式,现在来证明模式(1).在直线 l_1 和 l_2 上的点分别用 A,C,E 和 B,D,F 表示;直线 AB 和 ED,CD 和 AF,EF 和 CB 的交点依次记作 K,M,L;AB 和 CD,CB 和 ED,l_1 和 l_2 的交点依次记作 G,H,O;KL 和 CD 的交点用 M' 表示(图 84;在这里用的记号与问题 28 中的不同,但是这样容易把这个解答与问题 80 的解答做比较).(其中可能有某些点在无穷远)我们必须证明 M' 和 M 重合.以 A 为中心将直线 CD 射影到 l_2 上,这时 C,G,D,M 分别变成 O,B,D,F.再以 E 为中心将 l_2 射影到直线 CB 上,点 $O,B,$

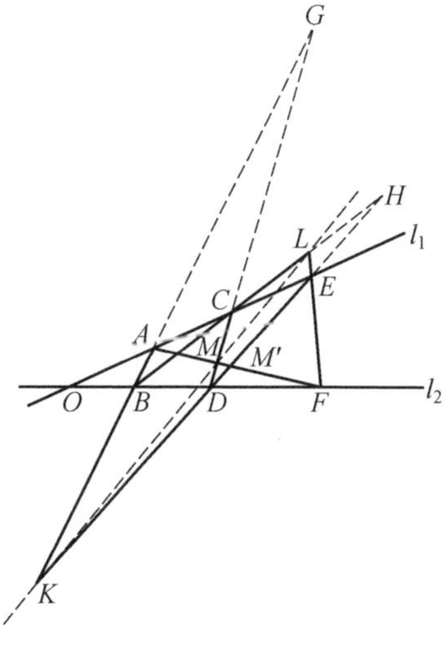

图 84

D,F 变成 C,B,H,L. 以 K 为中心从 CB 回到直线 CD 上的射影，将点 C,B,H,L 变到点 C,G,D,M'. 这三个射影依次作乘积，其结果是直线 CD 的一个射影变换，它将点 C,G,D,M 分别变为点 C,G,D,M'. 根据射影变换的基本性质(看第 75 ～ 76 页)，保持三个点不动的直线的射影变换(在这里 C,G,D 是不动点) 必是恒同变换. 所以点 M 和 M' 重合.

76. 以 S_1 和 S_2 表示四边形 $ABCD$ 的对边的交点(图 85). 以 D 为中心从直线 AB 到 BC 上的射影，把点 S_1,A,B 分别变成 C,S_2,B. 以 A 为中心从 BC 到 DC 上的射影，又把 C,S_2,B 分别变成 C,D,S_1. 以 B 为中心从 DC 到 DA 上的射影，把 C,D,S_1 分别变成 S_2,D,A. 最后，以 C 为中心从 DA 回到 AB 上的射影，又把 S_2,D,A 分别变成 B,S_1,A. 这四个射影的乘积是直线 AB 的一个射影变换，它将 S_1,A,B 分别变成 B,S_1,A. 这个射影变换的平方将 S_1,A,B 分别变成 A,B,S_1，它的立方则将 S_1,A,B 分别变成 S_1,A,B，所以必定是一个恒同变换. 由此可以知道，在绕这个四边形的边三周以后，我们不变地回到出发点；特别地，在边 AB 上的点 P_1 和 P_{13} 重合.

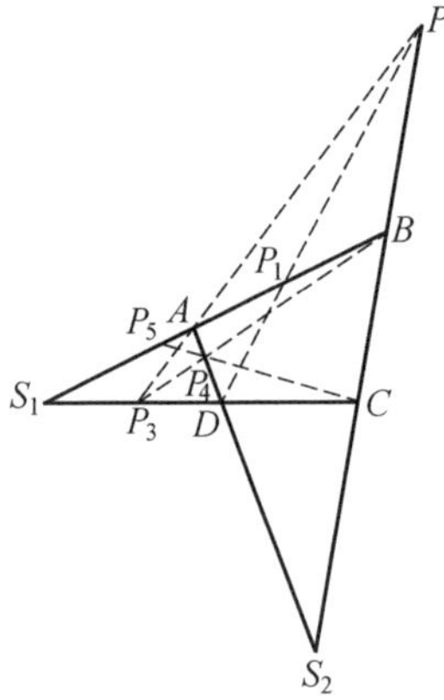

图 85

77. (1) 这个问题是前一个问题的特殊情形.

(2) 我们以 B_1,B_2,B_3,B_4,B_5,B_6 表示这个六边形的边的延长线的交点(图 86(a))，与方向 A_1A_2,A_2A_3,A_3A_4 相对应的无穷远点以 $\infty_1,\infty_2,\infty_3$ 表示，以 A_6 为中心从直线 A_1A_2 到 A_2A_3 上的射影，将点 A_1,A_2,B_6,∞_1 分别变成 B_1,A_2,∞_2,A_3. 以 A_1 为中心从直线 A_2A_3 到 A_3A_4 上的射影又将 B_1,A_2,∞_2,A_3 分别变成 ∞_3,B_2,A_4,A_3. 从直线 A_3A_4 上的点 ∞_3,B_2,A_4,A_3 相继用适当的射影可以先变成 A_4A_5 上的点 A_5,∞_1,A_4,B_3；又变成 A_5A_6 上的点 A_5,A_6,B_4,∞_2；再变成 A_6A_1 上的点 B_5,A_6,∞_3,A_1；最后则变成原来直线 A_1A_2 上的点 ∞_1,B_6,A_2,A_1. 这六个射影的乘积是 A_1A_2 的一个射影变换，它将 A_1,A_2,B_6,∞_1 分别变成 ∞_1,B_6,A_2,A_1. 这个变换的平方将 A_1,A_2,B_6,∞_1 分别变成 A_1,A_2,B_6,∞_1，所以是直线 A_1A_2 上的恒同变换(要证明这个结论成立，只要知道所说的变换有三个不动点就够了；参看问题 76 的解答).

(3) 以 $B_1,B_2,\cdots,B_{10}$ 表示这个十边形的边的延长线的交点；$C_1,C_2,\cdots,C_{10}$ 如图 86(b) 所示，在直线 $A_1A_2,A_2A_3,\cdots$ 上的无穷远点以 $\infty_{12},\infty_{23},\cdots$ 表示. 以 A_{10} 为中心的射影将直线 A_1A_2 上的点 A_1,A_2,B_{10} 分别变成直线 A_2A_3 上的点 B_1,A_2,C_{10}. 相继以 $A_1,A_2,\cdots,A_9$ 为中心作射影，这些点分别先变成直线 A_3A_4 上的点 C_1,B_2,∞_{34}；然后变成直线 A_4A_5 上的点 ∞_{45},C_2,A_5；又变成直线 A_5A_6

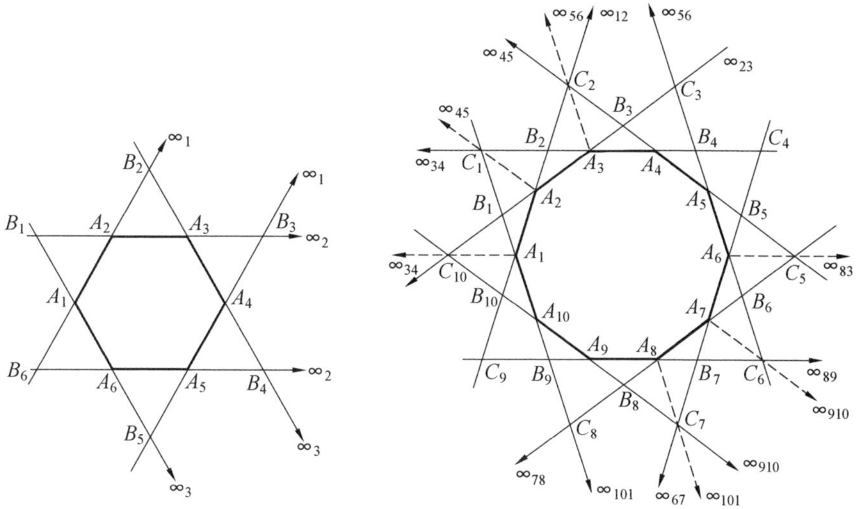

(a) (b)

图 86

上的点 A_6，∞_{56}，A_5；再变成直线 A_6A_7 上的点 A_6，A_7，B_5；随后变成直线 A_7A_8 上的点 B_6，A_7，C_5；此后又变成直线 A_8A_9 上的点 C_6，B_7，∞_{89}；再又变成直线 A_9A_{10} 上的点 ∞_{910}，C_7，A_{10}；接着又变成 $A_{10}A_1$ 上的点 A_1，∞_{101}，A_{10}；最后则变成原来直线 A_1A_2 上的点 A_1，A_2，B_{10}. 这十个射影的乘积确定直线 A_1A_2 的一个射影变换，它保持三个点 A_1，A_2，B_{10} 不变，所以必定是 A_1A_2 的恒同变换(参看(2) 的解答).

78. (1) 从点 M 作圆 S 到直线 AB 上的射影，S 上的点 A，B，N，P 分别变成 AB 上的点 A，B，O，E. 从点 Q 作 S 到 AB 上的射影将原来的四个点分别变成 A，B，F，O. 由此可知四点组 A，B；O，E 和 A，B；F，O 的交比相等，即

$$\frac{AO/BO}{AE/BE}=\frac{AF/BF}{AO/BO}=\frac{BO/AO}{BF/AF}$$

这说明四点组 A，B；O，E 和 B，A；O，F 的交比相等. 现在我们将点 A，B，O，E 对于弦 AB 的中心 O 作反射，依次得到点 B，A，O，F_1，其中 F_1 是 E 关于 O 的对称点. 从而四点组 B，A；O，F 和 B，A；O，F_1 的交比相等，所以 $F=F_1$，这就是我们所要证的.

注 利用 1.3 节中的定理 1，这个问题还有另一种解法. 具体地说，将图 1.90 射影到平面 π' 上，使得圆 S 变成圆 S'，并且点 O 变成 S' 的中心 O'. 然后根据中心射影的性质 C，容易证明四点组 A，B；O，E 和 B，A；O，F 的交比相等.

(2) 是(1) 的一个推广，它的证明与(1) 的证明类似，我们把它留给读者.

79. 设 P 是一个点，S 是一个圆. 所谓 S 从 P 到它自身的射影，指的是这样

的一个变换，它将 S 上的点 M 变成 PM 与 S 的另一个交点 M'(图 87). 这个变换是一个射影变换. 实际上，设 A 和 A' 是一对对应点，M 和 M' 是另一对对应点，根据 1.4 节的定理 1，AM 和 $A'M'$ 的交点 M_1 在一条定直线 p 上，p 就是点 P 关于 S 的极线. 它表明将 M 变成 M' 的这个变换可以用如下的方式实现：先从 A 将 S 射影到直线 p 上(这个射影将 M 变成 M_1；图 87)，然后从点 A' 将 p 射影到 S 上(它将 M_1 变成 M'). 因此从 M 到 M' 的这个变换是一个射影. 它就是我们所要证的.

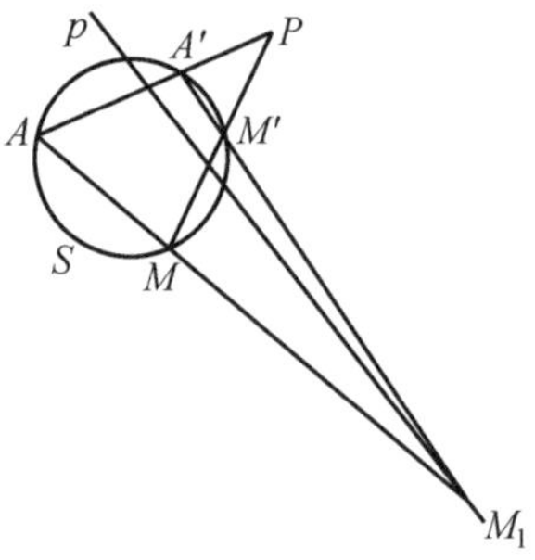

图 87

下面我们来证明问题 41(1) ～ (3) 中的定理.

(1) 考虑这个圆的如下一串射影变换：先从点 P、然后从点 Q、最后从点 O 将 S 射影到它自身上. 容易看到，这些变换作用在这个内接四边形的顶点上的结果如下：$A \to B \to C \to A$，$B \to A \to D \to B$，$C \to D \to A \to C$，$D \to C \to B \to D$. 这说明由它们所产生的射影变换[①]有四个不动点，所以是恒同变换(参看问题 76，77 的解答；要证明这个结论，实际上只需要找出这个圆上的三个点在上述变换下保持不变就可以了). 由此可以推出，如果 S 从 P 到它自身的射影将 S 的点 E 变为 F，又从 Q 的射影将 F 变为 G，那么从 O 的射影将 G 变为 E. 但是这说明：假若一个内接三角形的两条边 EF 和 FG 分别经过点 P 和 Q，则边 EG 经过点 O.

用大致相同的方式可以证明：这个圆从中心 O，P，Q 到它自身的一串射影的乘积是恒同变换(因为它保持四边形 $ABCD$ 的顶点不动). 由此可以推出，假若一个内接三角形的两条边分别经过点 O 和 P，则它的第三条边经过点 Q.

(2) 考虑圆 S 的从点 P，Q，再从 P，又从 Q 到它自身的一串射影. 四边形 $ABCD$ 的顶点变换如下：$A \to B \to C \to D \to A$，$B \to A \to D \to C \to B$，$C \to D \to A \to B \to C$，$D \to C \to B \to A \to D$. 由此可知它们所产生的变换是恒同变换，所以，假如 S 到它自身的从点 P 的射影将 A_1 变成 B_1，从 Q 的射影将 B_1 变成 C_1，以及再从点 P 的射影将 C_1 变成 D_1，则从 Q 的射影将 D_1 变成 A_1. 这就说明，假若 S 的内接四边形 $A_1B_1C_1D_1$ 的边 A_1B_1 和 C_1D_1 经过点 P，而边 B_1C_1 经过点 Q，则边 D_1A_1 也经过点 Q.

以四边形 $ABCD$ 的对角线的交点 O 作为中心的圆 S 到它自身的射影，与 S 从点 P 和 Q 到它自身的一串射影等价. 所作的四边形 $A_1B_1C_1D_1$ 的对角线的交点也有同样的性质，所以这个交点必然和点 O 重合.

---

① 圆(或直线) 的射影变换的乘积仍然是射影变换(因为这种乘积显然不改变四个点的交比).

(3) 这个问题的证明完全类似于问题 41(2) 的证明，我们把它留给读者.

80. 以 K,L,M,M' 分别表示 AB 和 DE，BC 和 EF，CD 和 FA，CD 和 KL 的交点，并以 G 和 H 分别表示 AB 与 CD，BC 与 DE 的交点(图 88). 我们要证明 M 和 M' 重合. 从点 A 作直线 CD 到圆 S 的射影，把点 G,C,D,M 分别变成点 B,C,D,F，再从点 E 作 S 到直线 BC 上的射影，这些点变成 B,C,H,L. 从点 K 作直线 BC 到 CD 的射影，后一组点又变成 G,C,D,M'. 这说明 M' 应当与 M 重合(参看问题 75 的解).

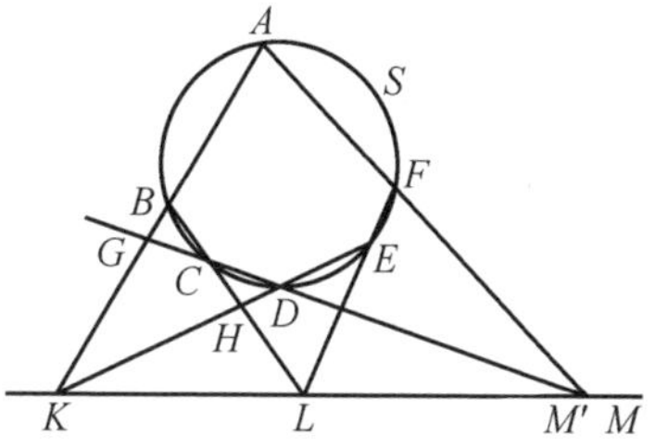

图 88

81. (1) 考虑六边形 $ABB'XC'C$(图 89；注意这些顶点的次序). 由帕斯卡定理，边 AB 和 XC'，AC 和 XB'，BB' 和 CC' 的交点共线(后一个交点以 O 表示). 根据类似的理由可以证明，AB 和 XC'，BC 和 XA' 的交点与点 O 也共线. 由此就能得到这个问题的结论.

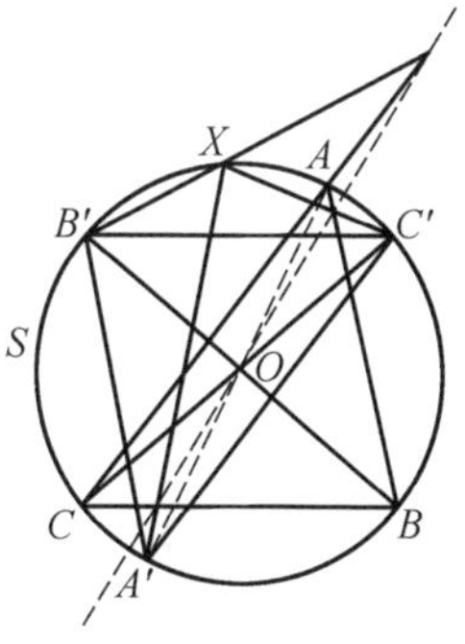

图 89

(2) 考虑以 AT 为直径的圆的内接六边形 $APRTSQ$(注意这些顶点的次序)(图 90(a)). 由帕斯卡定理，边 AP 和 ST，AQ 和 RT，RP 和 QS 的交点共线，这就是我们所要证的.

(3) 设 U 和 V 分别是 PM 和 $P'O$，QM 和 $Q'O$ 的交点(图 90(b)). 由于 $\angle P'PM=\angle Q'QM=90^\circ$，点 U 和 V 在 S 上(它们是 P' 和 Q' 的对径点). 现在考虑 S 的内接六边形 $P'QVQ'PU$(注意这些顶点的次序). 由帕斯卡定理，这个六边形的边 QV 和 PU，$Q'V$ 和 $P'U$，$P'Q$ 和 $Q'P$ 的交点，即点 $M,O,P'Q$ 与 $Q'P$ 的交点是共线的. 类似地可以证明 $P'R$ 和 PR'，$Q'R$ 和 QR' 的交点在直线 MO 上.

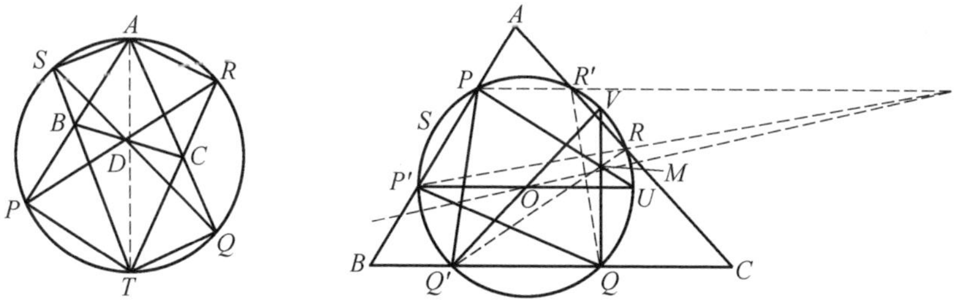

(a) (b)

图 90

82.(1) 考虑圆 S 的下述射影变换:从点 A 将 S 上的点 M 射影到直线 CD 上,在 CD 上所得到的点 N 沿直线 CD 做平移得到点 N',$NN'=a$(这是直线 CD 的一个射影变换). 最后,从点 B 将点 N' 射影到 S 上得点 M'(图 91). 所要找的点是上述射影变换的不动点. 为了确定它,我们必须找出 S 上的任意三个点在这个射影变换下的像. 这个问题可以有两个解、一个解或无解.

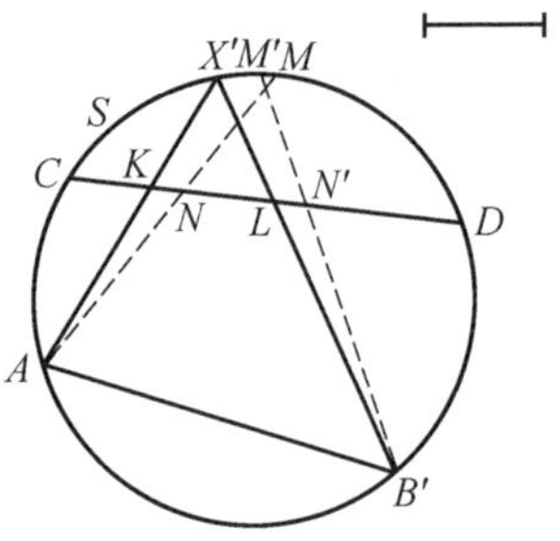

图 91

(2) 这个问题的解法和问题(1) 的解法只在一个地方不同,那就是需要用对给定点 E 的中心对称(它也是 CD 的射影变换)来代替沿直线 CD 平移 a.

83.(1) 设 S 是经过点 P 的圆,并设所要找的直线 PX 和 PY 与 S 交于点 X_1 和 Y_1(图 92(a)). 考虑 S 的下述射影变换:从 P 将 S 射影到直线 l 上,然后将 l 沿它自己平移一段距离 a,再从点 P 将 l 回过来射影到 S 上,最后,将 S 绕它的中心旋转角度 2α,旋转的方向要选得使 PM 与 l 的交点(M 在 S 上)产生沿与上述平移的方向相反的移动. 显然,上述变换①作用在点 X_1 上的结果是 $X_1\to X\to Y\to Y_1\to X_1$(记住 $\overset{\frown}{X_1Y_1}=2\angle X_1PY_1=2\alpha$),所以 X_1 是一个不动点. 在 S 上选取三个点 A,B,C,并作出它们在上述变换下的像 A',B',C'(参看图 92(a);A_1 是 PA 和 l 的交点,$A_1A_2=a$,A_3 是 PA_2 和 S 的交点,$\overset{\frown}{A_3A'}=2\alpha$;$B'$ 和 C' 可以类似地作出来). 点 X_1 是 S 的将 A,B,C 分别变成 A',B',C' 的射影变换的不动点,因此可以作出来.

这个问题可以有两个解、一个解或无解.

(2) 经过点 P 和 Q 分别作圆 S_1 和 S_2. 设 PX 和 PY 与 S_1 交于点 X_1 和 Y_1,QX 和 QY 与 S_2 交于点 X_2 和 Y_2(图 92(b)). 考虑 S_1 的下述射影变换:首先,从

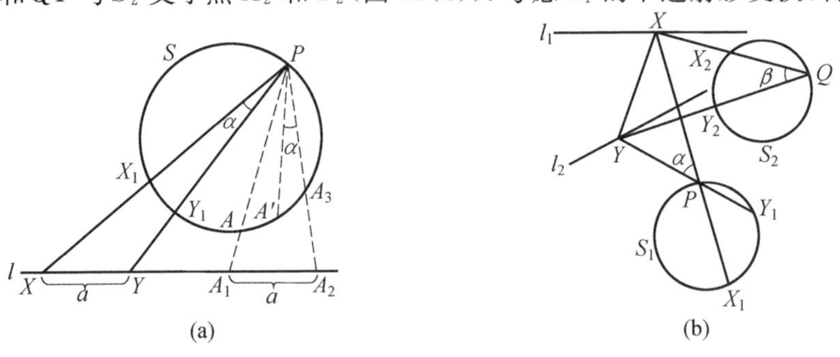

图 92

① 注意这个变换是一个射影变换,因为组成它的各个变换保持交比不变.

点 P 将 S 射影到 l_1 上，然后，从点 Q 将 l_1 射影到 S_2 上，再将 S_2 绕它的中心旋转一个角度 2β，接着从 Q 将 S_2 射影到 l_2 上，随后又从点 P 将 l_2 射影到 S_1 上，最后，将 S_1 绕它的中心旋转一个角度 2α. 这个变换作用在点 X_1 上的结果是 $X_1 \to X \to X_2 \to Y_2 \to Y \to Y_1 \to X_1$，所以 X_1 是一个不动点. 现在在 S_1 上选取三个点 A_1，B_1，C_1，并作出它们在上述变换下的像 A_1'，B_1'，C_1'. 于是，X_1 作为 S_1 的将 A_1，B_1，C_1 分别变成 A_1'，B_1'，C_1'的射影变换的不动点可以确定出来.

由于 S_1 可以朝两个方向旋转 2α 角，因此这个问题可以有多至四个解.

84. (1) 从点 M_1，M_2，…，M_n 联结作给定的圆 S 到它自身的 n 个射影(参看问题 79 的解答的开始一段)，这时多角形 $A_1A_2\cdots A_n$(参看图 1.96(a)) 的顶点 A_1 联结变成 A_2，A_3，…，A_n，最后则变成 A_1，所以 A_1 是这些射影的乘积的一个不动点. 然后找出 S 上的三个点 A，B，C 在上述变换下的像 A'，B'，C'，作为 S 的将 A，B，C 分别变成 A'，B'，C' 的射影变换的不动点，A_1 可以作出来. 这个 n 角形的其他的顶点不难定出. 我们的问题可以有两个解、一个解或无解. 当上述 n 个射影的乘积是恒同变换时，这个问题可以证明是不定的(与这种特殊情形有关的，可参看 1.3 节中问题 41(1) 和(2)). 有意思的是注意这个构图如同问题 84(2) 中的构图一样，可以只用直尺作出来.

假若点 M_1，M_2，…，M_n 中有一些是无穷远点，即假如我们以给定所要找的 n 角形的某些边的方向来代替这些边要经过的点，则 S 到它自身的相应的射影要用关于与给定的这些边的方向相垂直的直径的反射来代替.

(2) 在关于给定圆 S 的配极变换下，直线 l_1，l_2，…，l_n 变成点 L_1，L_2，…，L_n. 现在作 S 的一个内接多边形 A_1'，A_2'，…，A_n'，它的边分别经过 L_1，L_2，…，L_n(参看(1)). 从配极变换的性质 A(参看第 67 页)，可以推出以 A_1'，A_2'，…，A_n'的极线 a_1，a_2，…，a_n 为边的多边形满足本问题的要求.

85. (1) 以 α 表示圆 S 的、有给定长度 AB 的弦所张的中心角. 设 l 是确定边 BC 的方向的直线，并设 M 是 AC 上的一个点(图 93(a)). 考虑 S 的下述射影变换：将 S 绕它的中心旋转 α 角，然后对与 l 垂直的直径作反射，再从 M 将它射影到自身上(参看问题 79 的解答的开始一段). 显然，A 是这个变换的不动点(我们有：$A \to B \to C \to A$). 这样，A 作为一个已知的射影变换的不动点可以确定出来(参看问题 82 ～ 84 的解答). 这个问题可以有两个解、一个解或无解(不难证明，上述射影变换不能是恒同变换).

(2) 设 M 和 N 是所要找的四边形的边 AB 和 CD 上的给定点，α 和 β 是圆 S 中已知的弦 BC 和 AD 所对的圆心角(图 93(b)). 考虑 S 的下述射影变换：先从点 M 将 S 射影到它自身上，然后绕它的中心旋转 α 角，再从点 N 将它射影到自身上，最后绕它的中心旋转 β 角. 显然，A 是这个变换的不动点(其实在这个变换下，$A \to B \to C \to D \to A$)，这是作出点 A 的关键. 这个问题可以有两个解、一个解或无解，在特殊情况下可能是不定的.

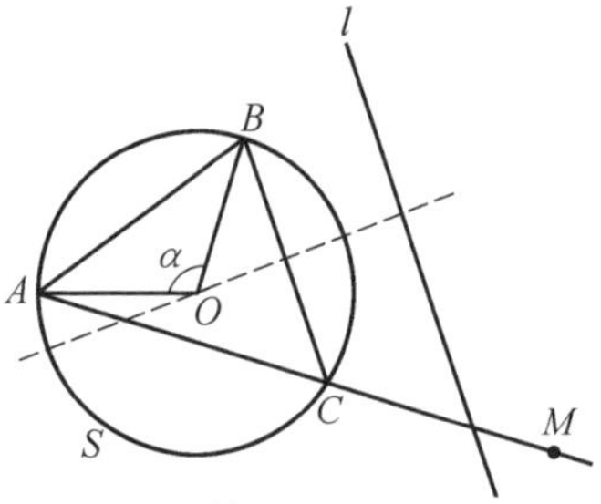

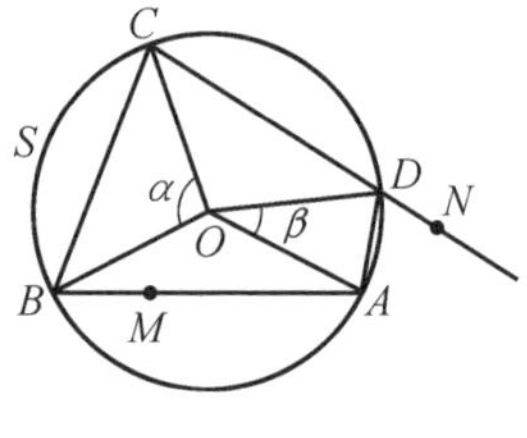

图 93

86.(1) 考虑直线 l_1 的下述射影变换：首先，从点 A 将 l_1 上的点 M 射影到直线 l_2 上，然后，将 l_2 上所得到的点 N 沿 l_2 平移一段距离 $NN'=a$，最后，从点 B 将 N' 射影到 l_1 上的点 M'(图 94). 所要找的点 X 就是这个射影变换的一个不动点，从而可以确定出来(参看问题 82(1) 的解). 这个问题可以有两个解、一个解或无解.

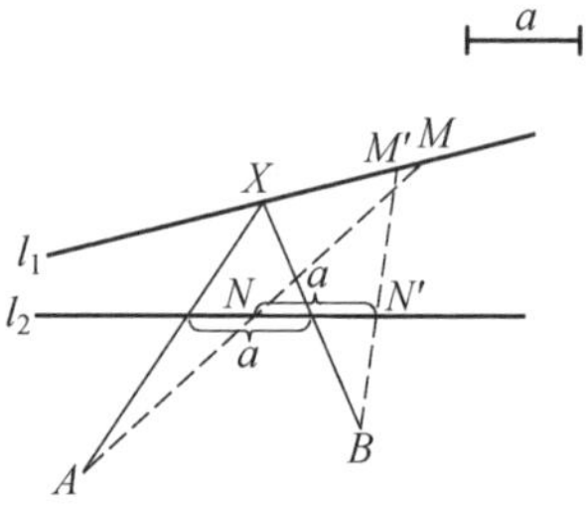

图 94

(2) 这个问题的解法和(1) 的解法只有一个地方不同，那就是要用绕 l_2 上的点 E 旋转 180° 来代替沿 l_2 平移一段距离 a(参看问题 82(2) 的解答).

87.(1) 设 X 和 Y 表示所找的直线同 l_1 和 l_2 的交点(图 95(a)). 首先，从点 P 将 l_1 射影到 l_2 上，然后，让 l_2 和 l_1 重合，特别地，要使得 B 和 A 重合，最后，对 l_2 作以 A 为中心，以 m/n 为系数的中心相似. 这样所得到的 l_1 的变换是一个射影变换，因为它是射影和中心相似变换的乘积. X 是这个变换的不动点(实际上有 $X\to Y\to X$)，从而可以确定出来(参看问题 82 ～ 85 的解答). 由于中心相似变换也可以有系数 $-m/n$，因此这个问题有多至四个解. 在上述射影变换成为恒同变换的情形，这个问题是不确定的(如果在中心为 P，系数为 $\pm m/n$ 的中心相似变换下，那么直线 l_1 和 l_2 对应，并且点 A 和 B 对应).

(2) 假定 $l_1\not\parallel l_2$，从 P 将 l_1 射影到 l_2 上，这时 l_1 上所要找的点 X_1 变成 l_2 上的点 Y. 其次，从分别经过 B 和 A 的直线 l'_1($\parallel l_1$) 和 l'_2($\parallel l_2$) 的交点 Q(图 95(a))，将 l_2 射影到 l_1 上. 假设这个射影将 l_2 上的点 Y 变成 l_1 上的点 X_1. 从 $\triangle AQX_1\backsim\triangle BYQ$ 可以得到 $AX_1/AQ=BQ/BY$，即

$$AX_1\cdot BY=AQ\cdot BQ=p^2$$

其中 p 可以定出来. 现在假若对 l_1 作以 A 为中心，以 k^2/p^2 为系数的伸缩，则点 X_1 变成点 X'，并且

$$AX' = \frac{k^2}{p^2}AX_1 = \frac{k^2}{p^2} \cdot \frac{p^2}{BY} = \frac{k^2}{BY} = AX$$

即 X' 和 X 重合.这就证明了 X_1 是 l_1 的上述射影变换的不动点,因此它可以确定出来.由于上面的中心相似变换也可以有系数 $-k^2/p^2$,这个问题可以有多至四个解(上述射影变换不会是恒同变换).

假若 $l_1 \mathbin{/\mkern-5mu/} l_2$,并且 B_1 是 PA 同 l_2 的交点,则

$$B_1Y = \frac{PB_1}{PA} \cdot AX$$

因此条件 $AX \cdot BY = k^2$ 等价于条件

$$BY \cdot B_1Y = \frac{PB_1}{PA} \cdot k^2$$

(图 95(b)).由于除了线段 BY 和 B_1Y 的乘积 $BY \cdot B_1Y$,我们又已经给出这两条线段的和(或差),因此这些线段容易作出来.

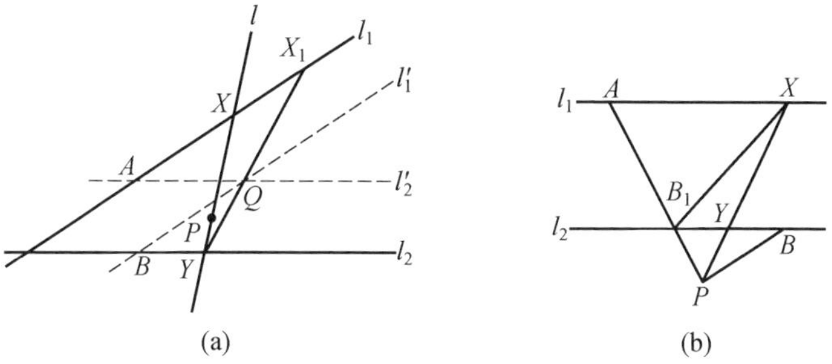

图 95

注　我们可以不要求所找的直线经过给定的点 P,而代之以规定它要有预先指定的方向,这时只需在上面的解法中以平行射影来代替以 P 为中心的中心射影.

88. 设 l_1, l_2, l_3 两两相交于点 A, B, C,并设 X, Y, Z 分别是所要找的直线 l 同 l_1, l_2, l_3 的交点.由假设,$XZ = ZY$(图 96).令 T 是经过点 X 与 l_2 平行的直线 m 同 l_3 的交点;显然,$XT = AY$.从 $\triangle XTB \backsim \triangle CAB$ 可以推出 $XB/XT = CB/CA$.从而 $BX/YA = CB/CA$,并且右边是已知的.这就把我们的问题归结成作一条直线,它要经过点 P 并与给定的直线 l_1 和 l_2 分别交于点 X 和 Y,并且使得 BX/YA 有给定的值,即归结成问题 87(1).在直线 l_1, l_2, l_3 中可能有两条平行或三条都平行的情形,我们把它留给读者去考虑.

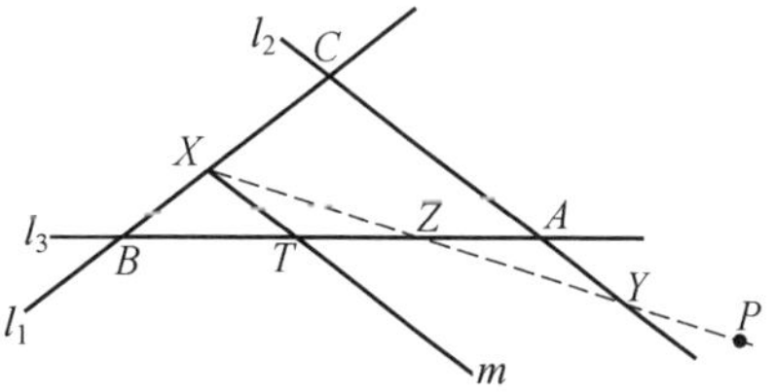

图 96

89. 考虑直线 l_1 的下述射影变换;从点 P 将 l_1 射影到 l_2 上,然后将 l_2 平行于它自己平移一段距离 a_2,再从点 P 将 l_2 射影到 l_1 上,最后将 l_1 平行于它自己平移一段距离 a_1. 显然,所要找的点 X_1 是这个变换的不动点($X_1 \to X_2 \to Y_2 \to Y_1 \to X_1$,图 97),从而能够作出来(参看前面几个问题的解答). 由于沿着一条直线的平移可以朝两个相反的方向,这个问题可以有多至四个解. 在上述变换成为恒同变换的例外情形,这个问题可以是不确定的(假若在以 P 为中心,以 $\pm a_1/a_2$ 为系数的中心相似变换下,直线 l_1 和 l_2 相对应,就会发生这种情形).

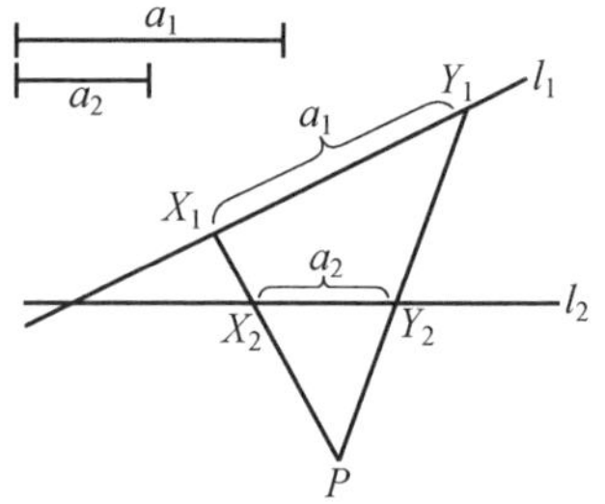

图 97

90. 从 M_1 将 l_1 射影到 l_2 上,然后从 M_2 将 l_2 射影到 l_3 上,再从 M_3 将 l_3 射影到 l_4 上,等等,最后,从 M_n 将 l_n 射影到 l_1 上(图 1.98). 所得到的 l_1 的这个射影变换的不动点就是我们要找的 n 角形的顶点(参看问题 84(1) 的解). 这个问题可以有两个解、一个解或无解. 在 l_1 的这个射影变换成为恒同变换的情形,这个问题是不确定的.

假若对所要找的 n 角形的某条边我们不是给定它的一个点,而是给定它的方向,则相应的中心射影必须用平行射影来代替.

91. (1) 所要找的直线 m(图 98(a)) 的位置由 P 和 l 上的无穷远点确定. 由此可以知道 m 关于给定的圆 S 的极点 M 是 P 的极线 p 与 l 上的无穷远点的极线 q 的交点. 直线 p 单用直尺不难作出来(参看第 59 页). 直线 q 必定经过给定直线 l 的极点 L(它可以单用直尺作出来),并且还要经过无穷远直线的极点,即经过 S 的中心点 O. 这表明 M 可以只用直尺作出来. 只要 M 知道了,它关于 S 的极线 m 就可以只用直尺作出来.

显然,当 l 经过点 O 时作这个图是不可能的. 但是这时 l 和 S 的交点确定一个已知其中点 O 的线段,并且经过点 P 与 l 平行的直线可以像 1.1 节中问题 3(2) 的解答那样作出来. 在另一种情形,即当点 P 与 O 重合时,作这个图也是不可能的. 在这种情形我们的解法如下:作给定的直线 l 关于 S 的极点 L;直线 OL 与 l 垂直;其次作直线 l' 和 OL 平行,并作 l' 关于 S 的极点 L',则 OL' 就是所要的直线,因为它与 l' 垂直,所以与 l 平行(图 98(b)).

(2) 经过点 M 作一条直线与 AB 平行,经过点 B 作直线与 AM 平行. 设 N 是这两条直线的交点. 显然,MN 就是所要的线段.

(3) 设 L 是 l 关于 S 的极点,直线 OL 垂直于 l. 为找出所要的垂线,只需经过点 P 作一条直线平行于 OL. 如果 l 经过 S 的中心 O,那么作这个图是不可能的,然而这时我们可以作一条直线 l' 与 l 平行,并从 P 到 l' 作垂线.

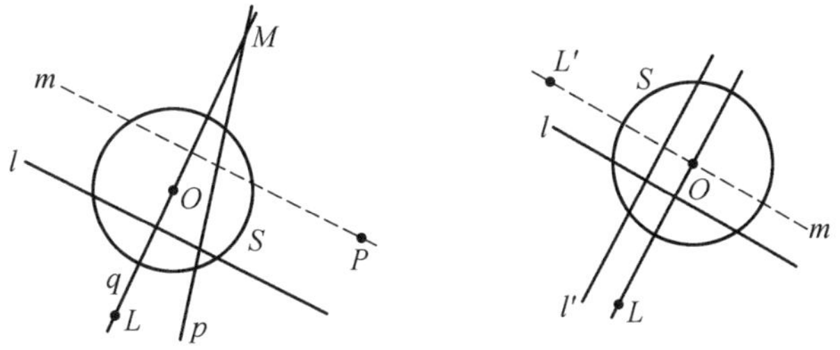

(a) (b)

图 98

92. 作一条线段 BC，它的长度等于给定的半径. 经过点 A 作一条直线与 BC 平行，并在它上面截取等于线段 BC 的线段 MA 和 AN(参看问题 91(2)). 线段 MN 就是所要的圆的直径. 现在经过点 M 作一条直线，并从点 N 作这条直线的垂线(参看问题 91(3))，它的垂足就是所要的圆上的一个点. 通过变动经过点 M 的直线，我们可以得到所要的圆上的任意多个点(图 99).

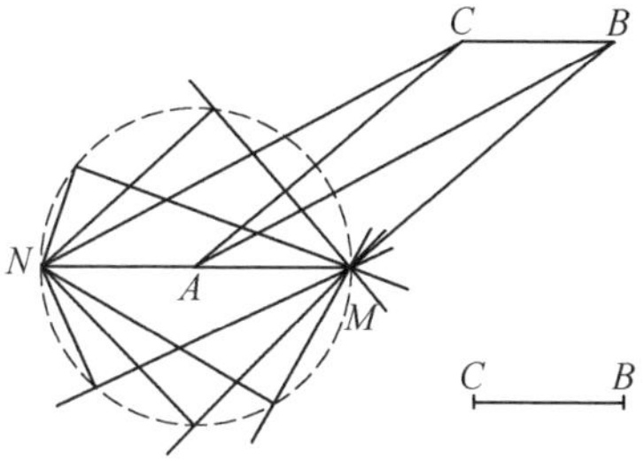

图 99

93. 设 P 和 Q 是 S_1 上的两个点(图 100). 从点 P 将 l 射影到 S_1 上，然后从 Q 回过来将 S_1 射影到 l 上. 显然，在所得到的 l 的射影变换下①，S_1 与 l 的交点是两个不动点. 找出 l 上的三个点 R,S,T 的像的一种简便的方法，是先从点 P 将 S_1 上的三个点 $\overline{R},\overline{S},\overline{T}$ 射影到 l 上，使得它们的像点是 R,S,T，再从点 Q 将 $\overline{R},\overline{S},\overline{T}$ 射影到 l 上得到 R',S',T'(可以用问题 92 中的方法作出圆 S_1 上的五个点 $P,Q,\overline{R},\overline{S},\overline{T}$). 如此，我们的问题就归结为用直尺确定 l 的一个射影变换的不动点问题，这个射影变换由 l 上给定的三个点 R,S,T 的像 R',S',T' 确定. 在这个平面上给定了一个圆 S，这个问题就可以只用直尺解决(参看第 81 页).

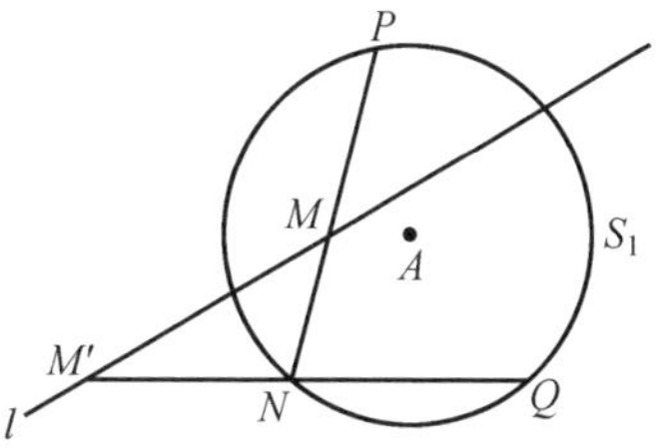

图 100

94. 我们先来找出连心线 A_1A_2 与 S_1 和 S_2 的交点 P_1,Q_1 和 P_2,Q_2(图 101；参看问题 93). 显然，如果线段 P_1Q_1 和 P_2Q_2 中有一条在另一条之外或之内，那么 S_1 和 S_2 不相交. 剩下只要考虑 P_2 在线段 P_1Q_1 内且 Q_1 在线段 P_2Q_2 内的情形.

① 这个变换是射影变换，因为它保持交比不变(参看第 78 页).

下面来确定连心线 A_1A_2 与 S_1 和 S_2 的公共弦 XY 的交点 D(X 和 Y 是这两个圆的所要找的交点). 为此,考虑直线 A_1A_2 的射影变换,它将任意一个点 R 变成 R',使得 $\angle RXR'=90°$. 这个变换是射影变换,因为它可以用下列方法得到:从点 X 将 A_1A_2 射影到经过 X 的任意一个圆 S 上,然后将 S 绕它的中心旋转 180°,再从 X 将 S 射影到 A_1A_2 上(参看问题 83(1) 的解答). 这个变换将 P_1 变成 Q_1,Q_1 变成 P_1,P_2 变成 Q_2,所以我们知道了 l 上三个点的像. 只用直尺可以很容易确定 l 上一个预先指定的点 M 在这个射影变换下的像;事实上,我们可以通过将 l 射影到某一条其他的直线 l_1 上,然后将 l_1 射影到另一条直线 l_2 上,再将 l_2 回过来射影到 l 上的方法来实现这个变换(图 1.86)①. 特别地,点 D 可以作为 l 上无穷远点的像定出来(这需要作一条平行于 l 的直线,而这个图可以只用直尺作出,参看问题 91(1)). 直线 XY 是 A_1A_2 在点 D 的垂线,因此,可以用问题 91(1) 中的解法作出来. 这样,作为直线 XY 同圆 S_1 和 S_2 的交点,所要找的点 X 和 Y 可以定出来(参看问题 93).

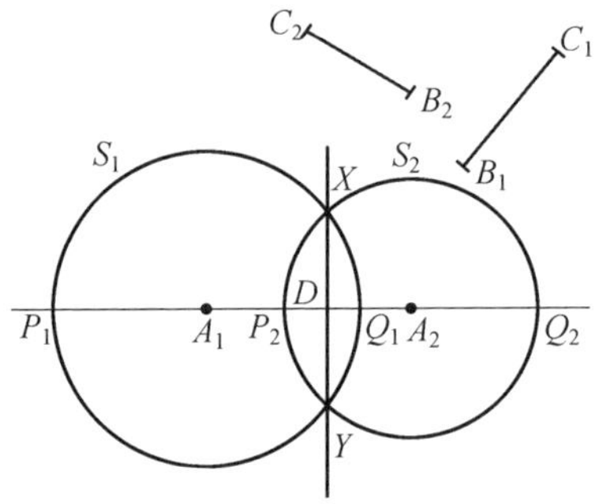

图 101

95. (1) 设 M 和 N 是圆 S_1 和 S_2 的交点(图 102(a)). 从 M 将 S_1 的两个点 A 和 B 射影到 S_2 上,再从 N 将所得到的点 A_1 和 B_1 射影到 S_1 上,得到 S_1 上的点 A' 和 B'. 我们有 $\overset{\frown}{AB}=\overset{\frown}{A'B'}$(因为 $\angle AMB=\angle A'NB'$);而这又是由于它们分别等于 S_2 上 $\overset{\frown}{A_1B_1}$ 所对的周围角 $\angle A_1MB_1$ 和 $\angle A_1NB_1$. 由此可以推出 $AB' \parallel A'B$,所以 AB 和 $A'B'$ 的交点同 AA' 和 BB' 的交点的连线是 S_1 的直径(根据对称性这是显然的;我们还可以证明这条直线是直线 AB' 和 BA' 在无穷远的交点的极线). 用同样的方法可以找出 S_1 的另一条直径. 于是,S_1 的中心就是这两条直径的交点.

(2) 设 M 是 S_1 和 S_2 的切点(图 102(b)). 从 M 将 S_1 的两个点 A 和 B 射影到 S_2 上,得到点 A' 和 B'. 弦 AB 与 $A'B'$ 平行(如果 PQ 是 S_1 和 S_2 的公切线,那么 $\angle ABM=\angle AMP$,因为它们的量度都是 $\overset{\frown}{AM}$ 的一半;类似地,$\angle A'B'M=\angle A'MQ$,所以 $\angle ABM=\angle A'B'M$). 现在,可以只用直尺作出 S_1 的与 AB 平行

---

① 我们也可以从 S 上的任意一个点 O 将 P_1,Q_1,P_2,Q_2,M 射影到 S 上的点 $\overline{P}_1,\overline{Q}_1,\overline{P}_2,\overline{Q}_2,\overline{M}$;然后用图 1.95 所示的作图方法,找出 $\overline{M}$ 在 S 的一个射影变换下的像 $\overline{M}'$,这个射影变换将 $\overline{P}_1,\overline{Q}_1,\overline{P}_2$ 分别变成 $\overline{Q}_1,\overline{P}_1,\overline{Q}_2$;最后,从点 O 将 $\overline{M}'$ 回过来射影到 l 上.

的一条弦(参看 1.1 节的问题 3(2)),所以可以找出 S_1 的一条直径(参看(1) 的解答). 类似的作图方法可以给出另一条直径. 这两条直径的交点就是所要的 S_1 的中心.

(3) 从较大的圆 S_1 的一个点 A 到另一个圆 S_2 作切线 AB 和 AB'(参看1.4 节的问题 54),并从前一条切线同 S_1 的交点 B 作 S_2 的另一条切线 BA'(图 102(c)). 显然 $\angle BAB' = \angle ABA'$(由于对称性),$\angle ABA' = \angle A'B'A$(由于它们对着同一个弧). 由此推出 $\angle BAB' = \angle A'B'A$,所以 $AB \parallel A'B'$. 从而 AA' 和 BB' 的交点同 AB' 和 BA' 的交点在 S_1 的一条直径上(参看(1) 的解). 可以类似地找出 S_1 的另一条直径,从而确定它的中心.

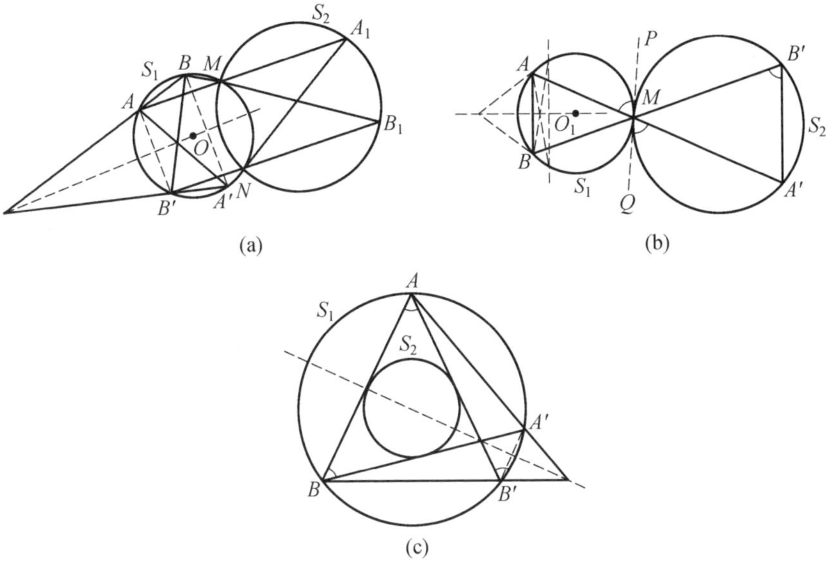

图 102

附录　罗巴切夫斯基一波尔约的非欧几里得几何(双曲几何)

1. 设 $\angle PAQ$ 和 $\angle RAS$ 是两个双曲对顶角,并设 $\overline{P}\,\overline{Q}\,\overline{R}\,\overline{S}$ 是一个四边形,它的边是圆 Σ 分别在 P,Q,R,S 的切线(图 103). 直线 $\overline{P}A$ 和 $\overline{R}A$(更准确些说,是这些直线包含在圆盘 K 内部的线段)是 $\angle PAQ$ 和 $\angle RAS$ 的平分线. 由于这两个角的平分线构成一条直线,$\overline{P}\,\overline{Q}\,\overline{R}\,\overline{S}$ 的对角线 $\overline{P}\,\overline{R}$ 经过 $PQRS$ 的对角线的交点. 这刚好是 1.3 节问题 40(1) 中的定理的结论. 对顶角的平分线构成一条直线这一事实,在欧几里得几何和双曲几何中都容易证明(通过等式

$$\delta_{\overline{P}AP}+\delta_{PAS}+\delta_{SA\overline{R}}=\delta_{\overline{R}AR}+\delta_{RAQ}+\delta_{QA\overline{P}}$$

可以推出来).

用这种方法我们可以得到问题 40(1) 的一个新的简单的解法.

2. 设 $\overline{P}\,\overline{Q}\,\overline{R}\,\overline{S}$ 是圆 Σ 的一个外切四边形;P,Q,R,S 是它同 Σ 的切点,并设 P_1R_1 和 Q_1S_1 是在对角线 $\overline{P}\,\overline{R}$ 和 $\overline{Q}\,\overline{S}$ 上由 Σ 所确定的弦(它们是双曲角 $\angle PAQ$ 和 $\angle QAR$ 的平分线,其中 A 是 PR 和 QS 的交点;参看上一个问题). 则 Σ 在 P_1 和 R_1 的切线相交在直线 $\overline{Q}\,\overline{S}$ 上,在 Q_1 和 S_1 的切线相交在直线 $\overline{P}\,\overline{R}$ 上(图 104).

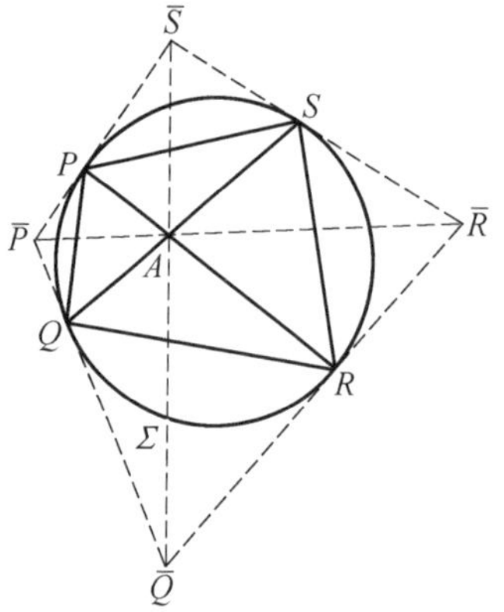

图 103

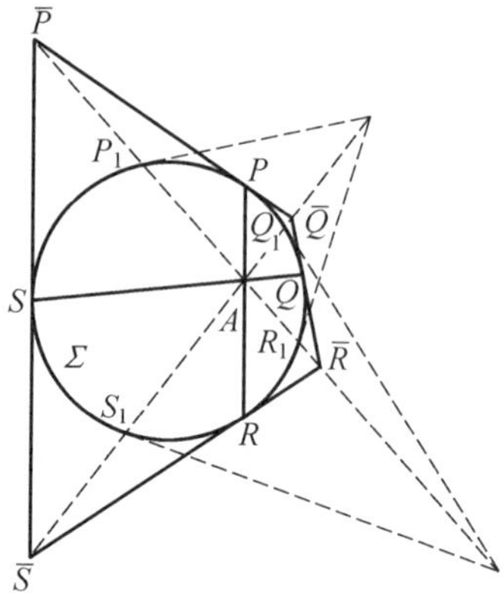

图 104

3. 设 ABC 是由双曲直线 PQ,RS 和 TU 确定的三角形,$EFGHIJ$ 是 Σ 的外切六边形,它的边与 Σ 切于点 P,R,T,Q,S,U(图 105). 则 $\triangle ABC$ 的角平分线是直线 EH,FI,GJ(参看问题 1). $\triangle ABC$ 的角平分线共点,指的就是直线 EH,FI,GJ 共点,而这恰好是布里昂雄定理的结论.

注 我们的解答只是证明从布里昂雄定理可以推出非欧几里得的三角形的角平分线共点. 反过来的论断 —— 从非欧几里得的三角形的角平分线共点推出布里昂雄定理 —— 严格地说是不对的. 问题在于图 105(a) 中的直线 PQ,RS,TU 可能共点(图 105(b)). 在这种(明显例外的)情形我们没有 $\triangle ABC$,而且布里昂雄定理并非是关于三角形的角平分线共点的定理的推论,而是关于对顶角的平分线的更为简单的定理的推论(参看图 105(b) 和图 103).

4. 设 PQ,RS,TU 是确定 $\triangle ABC$ 的非欧几里得的直线,V 是 PR 和 SQ 的交点,并设 A',C',D 分别是直线 VP,VS,VB 与 TU 的交点(图 106). 则

$$d_{AB}=\log\left(\frac{AQ/BQ}{AP/BP}\right),d_{BC}=\log\left(\frac{BS/CS}{BR/CR}\right),d_{AC}=\log\left(\frac{AU/CU}{AT/CT}\right)$$

我们需要证明

$$\log\left(\frac{AQ/BQ}{AP/BP}\right)+\log\left(\frac{BS/CS}{BR/CR}\right)>\log\left(\frac{AU/CU}{AT/CT}\right)$$

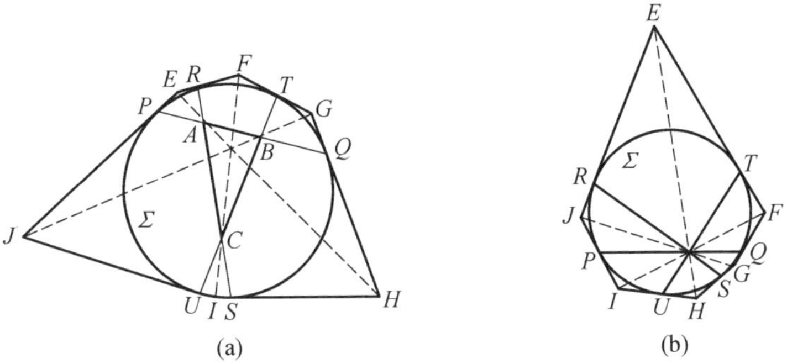

图 105

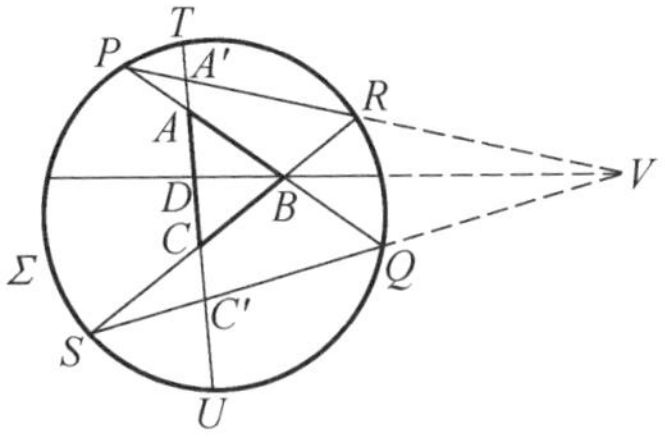

图 106

即

$$\left(\frac{AQ/BQ}{AP/BP}\right)\left(\frac{BS/CS}{BR/CR}\right)>\left(\frac{AU/CU}{AT/CT}\right)$$

当以 V 为中心将 PQ 射影到 UT 时，点 $A,B;Q,P$ 变成点 $A,D;C',A'$，所以有 $(AQ/BQ)/(AP/BP)=(AC'/DC')/(AA'/DA')$. 同样，当从 V 将 RS 射影到 UT 时，点 $B,C;S,R$ 分别变成点 $D,C;C',A'$，所以又有 $(BS/CS)/(BR/CR)=(DC'/CC')/(DA'/CA')$. 由此可得

$$\left(\frac{AQ/BQ}{AP/BP}\right)\left(\frac{BS/CS}{BR/CR}\right)=\left(\frac{AC'/DC'}{AA'/DA'}\right)\left(\frac{DC'/CC'}{DA'/CA'}\right)=\frac{AC'/CC'}{AA'/CA'}$$

由 $\frac{AC'}{CC'}>\frac{AU}{CU}$ (因为

$$\begin{aligned}\frac{AC'}{CC'}-\frac{AU}{CU}&=\frac{AC'\cdot CU-CC'\cdot AU}{CC'\cdot CU}\\&=\frac{AC'(CC'+C'U)-CC'(AC'+CU')}{CC'\cdot CU}\\&=\frac{C'U(AC'-CC')}{CC'\cdot CU}=\frac{C'U\cdot AC}{CC'\cdot CU}>0\end{aligned}$$

)

和 $\frac{AA'}{CA'}<\frac{AT}{CT}$ (因为

$$\frac{AA'}{CA'}-\frac{AT}{CT}=\frac{AA'\cdot CT-CA'\cdot AT}{CA'\cdot CT}$$

$$=\frac{AA'(CA'+A'T)-CA'(AA'+A'T)}{CA'\cdot CT}$$

$$=\frac{A'T(AA'-CA')}{CA'\cdot CT}=-\frac{A'T\cdot CA}{CA'\cdot CT}<0\Big)$$

可以得出

$$\left(\frac{AQ/BQ}{AP/BP}\right)\left(\frac{BS/CS}{BR/CR}\right)=\frac{AC'/CC'}{AA'/CA'}>\frac{AU/CU}{AT/CT}$$

这就是我们所要证明的.

5.(1) 这个问题的第二个结论可以直接从图 107(a) 推出来. 剩下的是要证明:从 RS 上的点到直线 PQ 的距离,当这些点从点 B 往远处移动时是无限递增的,参照图 107(a). 我们先来证明

$$d_{A_1T_1}<d_{A_2T_2}\text{ 或 }\frac{A_1L_1/T_1L_1}{A_1K_1/T_1K_1}<\frac{A_2L_2/T_2L_2}{A_2K_2/T_2K_2}$$

现在

$$\frac{A_2L_2/T_2L_2}{A_2K_2/T_2K_2}=\frac{A_1\overline{L}_1/T_1\overline{L}}{A_1\overline{K}/T_1\overline{K}}$$

(由于通过以 B 为中心的射影,点 $A_2,T_2;K_2,L_2$ 分别变成点 $A_1,T_1;\overline{K},\overline{L}$),并且

$$\frac{A_1L_1}{T_1L_1}<\frac{A_1\overline{L}}{T_1\overline{L}},\ \frac{A_1K_1}{T_1K_1}>\frac{A_1\overline{K}}{T_1\overline{K}}$$

(参看上一个问题的解答). 因此

$$\frac{A_1L_1/T_1L_1}{A_1K_1/T_1K_1}<\frac{A_1\overline{L}/T_1\overline{L}}{A_1\overline{K}/T_1\overline{K}}=\frac{A_2L_2/T_2L_2}{A_2K_2/T_2K_2}$$

这就是我们所要证明的. 因为射线 P_1R 和 Q_1S 是无限的,所以从直线 RS 上的点到直线 PQ 的距离无限递增;参看第 92 页.

(2) 这个问题的第二个结论可以从图 107(b) 直接推出来. 现在来证明从 UP 上的点到直线 QP 的距离,当这个点朝着从 P 到 U 的方向趋近于 U 时是无限递增的. 按照图 107(b) 中的记号,我们需要证明

$$d_{T_1A_1}<d_{T_2A_2}\text{ 或 }\frac{T_1K_1/A_1K_1}{T_1L_1/A_1L_1}<\frac{T_2K_2/A_2K_2}{T_2L_2/A_2L_2}$$

现在

$$\frac{T_2K_2/A_2K_2}{T_2L_2/A_2L_2}=\frac{T_1\overline{K}/A_1\overline{K}}{T_1\overline{L}/A_1\overline{L}}$$

(从点 P 的射影将点 $T_2,A_2;K_2,L_2$ 分别变成 $T_1,A_1;\overline{K},\overline{L}$),并且

$$\frac{T_1K_1}{A_1K_1}<\frac{T_1\overline{K}}{A_1\overline{K}},\ \frac{T_1L_1}{A_1L_1}>\frac{T_1\overline{L}}{A_1\overline{L}}$$

(参看问题 4 的解答). 因此

$$\frac{T_1K_1/A_1K_1}{T_1L_1/A_1L_1} < \frac{T_1\overline{K}/A_1\overline{K}}{T_1\overline{L}/A_1\overline{L}} = \frac{T_2K_2/A_2K_2}{T_2L_2/A_2L_2}$$

这就是我们所要证的.

因为射线 Q_1U 是无限的,所以从直线 PU 上的点到 PQ 的距离,当这个点从 P 到 U 的方向趋向于 U 时是无限递增的(参看第 92 页). 另外,从 PU 上的点到直线 PQ 的距离在从 U 到 P 的方向无限递减,这是因为当点 A_1 趋向 P 时比值 A_1K_1/T_1K_1 趋向于 1. 为说明这一点,只要注意

$$\frac{A_1K_1}{T_1K_1} = \frac{S_{\triangle PA_1K_1}}{S_{\triangle PT_1K_1}} = \frac{\frac{1}{2}PA_1 \cdot PK_1 \cdot \sin\angle A_1PK_1}{\frac{1}{2}PT_1 \cdot PK_1 \cdot \sin\angle T_1PK_1}$$

$$= \frac{PA_1}{PT_1} \cdot \frac{\sin\angle A_1PK_1}{\sin\angle T_1PK_1} = \frac{\sin\angle PT_1A_1}{\sin\angle PA_1T_1} \cdot \frac{\sin\angle A_1PK_1}{\sin\angle T_1PK_1}$$

$$= \frac{\sin\angle PT_1A_1}{\sin\angle T_1PK_1} \cdot \frac{\sin\angle A_1PK_1}{\sin\angle PA_1T_1}$$

如果 $A_1 \to P$,那么

$$\angle PT_1A_1 = \angle UT_1L_1 \to 180^\circ - \angle UPV$$

$$\angle T_1PK_1 \to \angle UPV$$

$$\frac{\sin\angle PT_1A_1}{\sin\angle T_1PK_1} \to 1, \angle A_1PK_1 \to \angle QPV$$

$$\angle PA_1T_1 = \angle QA_1K_1 \to \angle QPV$$

$$\frac{\sin\angle A_1PK_1}{\sin\angle PA_1T_1} \to 1$$

比 A_1L_1/T_1L_1 也趋向于 1(其证明和上述给出的类似). 因此 $\dfrac{A_1K_1/T_1K_1}{A_1L_1/T_1L_1} \to 1$, 即

$$d_{A_1T_1} = \log\left(\frac{A_1K_1/T_1K_1}{A_1L_1/T_1L_1}\right) \to 0$$

(3) 双曲平面上两条直线 PQ 和 MN 的公垂线是圆 Σ 在 P 和 Q, M 和 N 的切线的交点的连线(图 107(c)),即直线 PQ 和 MN 关于 Σ 的极点的连线(参看 1.4 节的开始部分). 这条直线也就是 PQ 和 MN 的交点 B 关于 Σ 的极线(参看 1.4 节的定理 2);它当且仅当 B 在 Σ 的外部时才与 Σ 相交. 这就推出问题中的第一个结论. 最后一个结论可以从图 107(c) 直接推出来. 剩下来的是要证明:从 MN 上的点到直线 PQ 的距离,当这些点从 MN 和 PQ 的公垂线的垂足往两端移动时无限递增. 按照图 107(c) 中的记号,我们首先要证明

$$d_{T_1A_1} < d_{T_2A_2} \text{ 或 } \frac{T_1K_1/A_1K_1}{T_1L_1/A_1L_1} < \frac{T_2K_2/A_2K_2}{T_2L_2/A_2L_2}$$

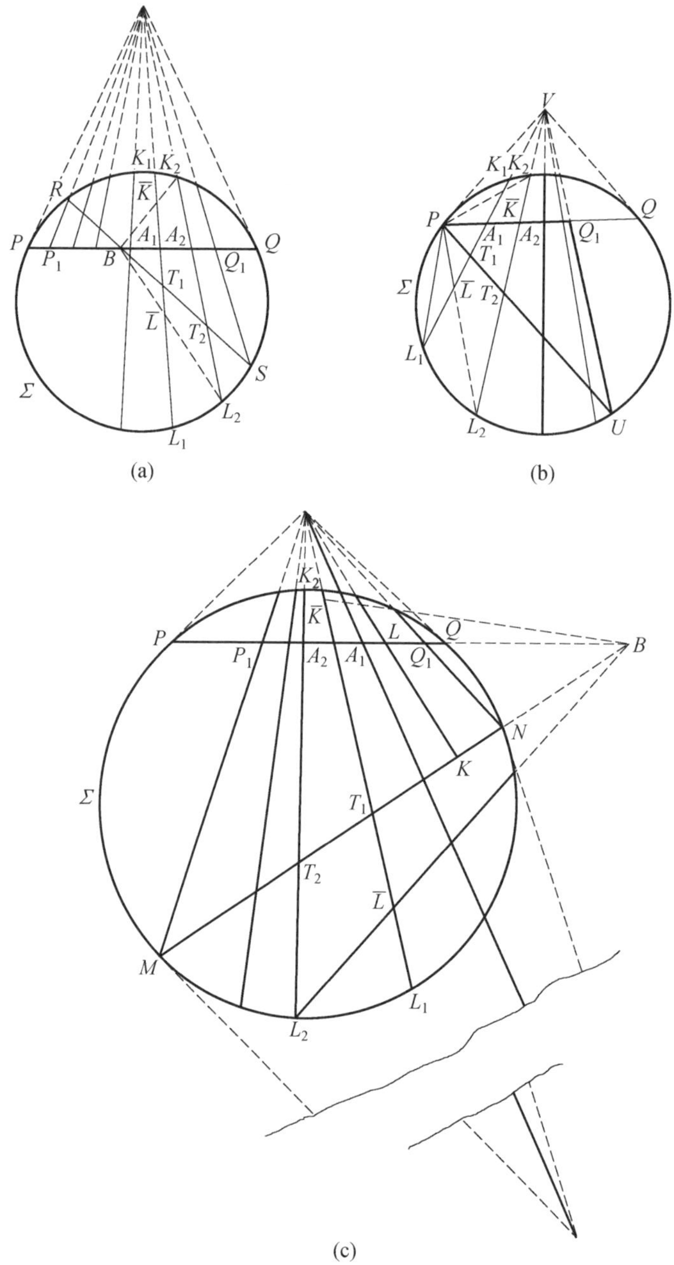

图 107

现在

$$\frac{T_2K_2/A_2K_2}{T_2L_2/A_2L_2}=\frac{T_1\overline{K}/A_1\overline{K}}{T_1\overline{L}/A_1\overline{L}}$$

(利用从点 B 的射影，点 A_2，T_2；K_2，L_2 分别变成 A_1，T_1；$\overline{K}$，$\overline{L}$)，并且

$$\frac{T_1K_1}{A_1K_1} < \frac{T_1\overline{K}}{A_1\overline{K}},\ \frac{T_1L_1}{A_1L_1} > \frac{T_1\overline{L}}{A_1\overline{L}}$$

(参看问题 4 的解答). 因此

$$\frac{T_1K_1/A_1K_1}{T_1L_1/A_1L_1} < \frac{T_1\overline{K}/A_1\overline{K}}{T_1\overline{L}/A_1\overline{L}} = \frac{T_2K_2/A_2K_2}{T_2L_2/A_2L_2}$$

这就是我们所要证的不等式.

因为射线 P_1M 和 Q_1N 是无限的(参看第 92 页)，所以直线 MN 上的点到直线 PQ 的距离，当这些点从公垂线的垂足向两端移动时是无限递增的.

6. (1) 首先设 l_1 和 l_2 是双曲平面上的两条相交直线. 用双曲运动把它们的交点移到圆盘 K 的中心点 O(图 108(a)). 容易看到，这两条直线的夹角 $\angle POR$ 的(既是欧几里得的，又是双曲的) 平分线 UV 是它们的双曲对称轴. 事实上，对于直线 UV 的(欧几里得的) 反射把 PQ 变成 RS，但是这也是对于直线 UV 的双曲反射，因为圆盘 K 的直径 UV 的欧几里得的垂线也是 UV 的双曲的垂线.

现在考虑两条超平行直线 l_1 和 l_2，用双曲运动将它们的公垂线 KL(参看问题 5(3)) 的中点移到圆盘 K 的中心点 O(图 108(b)). 这时 l_1 和 l_2 在欧几里得意义下与 KL 垂直，并且在欧几里得意义下线段 OK 和 OL 全等(参看第 93 页). 直线 KL 在点 O 的(欧几里得的和双曲的) 垂线 UV 是 l_1 和 l_2 的(欧几里得的和双曲的) 对称轴.

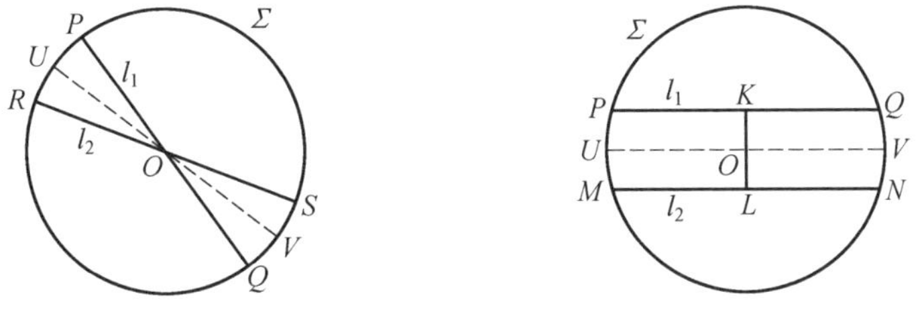

(a)　　　　(b)

图 108

要证明平行线 PQ 和 PT 的对称轴存在就稍为困难一点. 这时作直线 TQ 与 PT 和 PQ 平行，然后作直线 PU 与 PQ 和 PT 平行并与 QT 垂直(图 109(a)). 直线 PU 就是 PQ 和 PT 的对称轴；为要证明这一点，只需要适当的双曲运动将 PU 变成 K 的直径(图 109(b)).

(2) 对于 l 的反射将 l_1 变成经过 A_2 的直线 l_1'(因为 l_1 经过 A_1)，并且 l_1' 与 l_1 和 l 属于同一个束. 由于这种直线显然是唯一的，所以 l_1' 和 l_2 重合.

7. 设 $ABCD$ 是一个双曲平行四边形. 用双曲运动将它的对角线的交点移到圆盘 K 的中心点 O. 由于线段 OA，OC(和线段 OB，OD) 的双曲长度相等，因

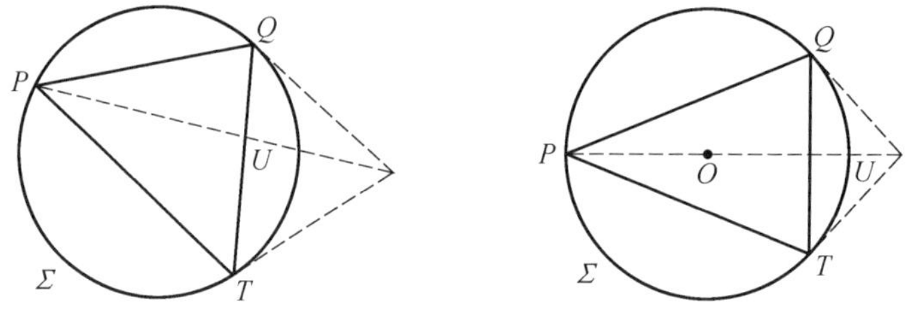

(a)　　　　(b)

图 109

此它们的欧几里得长度也相等(参看第 93 页). 由此可知四边形 $ABCD$ 是一个欧几里得的平行四边形(图 110(a)).

(1) $d_{AB}=d_{CD}$,因为通过一个双曲运动,即对 K 的中心点 O 的中心对称,线段 AB 变成 CD. 同样可以证明 $d_{AD}=d_{BC}$.

(2) $\delta_A=\delta_C$,因为在对点 O 的中心对称(这是个双曲运动)下,$\angle A$ 变成 $\angle C$. 用同样的方法可以证明 $\delta_B=\delta_D$.

(3) 假若对角线 AC 和 BD 在双曲意义下互相垂直,则在欧几里得意义下它们也互相垂直. 由此可以推出 $ABCD$ 是一个欧几里得的菱形(图 110(b)). 在这种情形下 $d_{AB}=d_{AD}$,因为经过对直线 AC 的反射(这是一个双曲运动)AB 变成 AD,并且在这个反射下 $\angle BAC$ 变成 $\angle DAC$,所以 $\delta_{BAC}=\delta_{DAC}$.

(4) 假若 $d_{OA}=d_{OB}$,则线段 OA 和 OB 在欧几里得意义下全等(参看第 93 页),所以 $ABCD$ 是一个欧几里得的矩形(图 110(c)). 在这种情形下 $\delta_A=\delta_B$,因为对 K 的垂直于(在欧几里得的和双曲的意义下)AB 和 DC 的直径的反射(这是一个非欧几里得的运动),$\angle A$ 变成 $\angle B$.

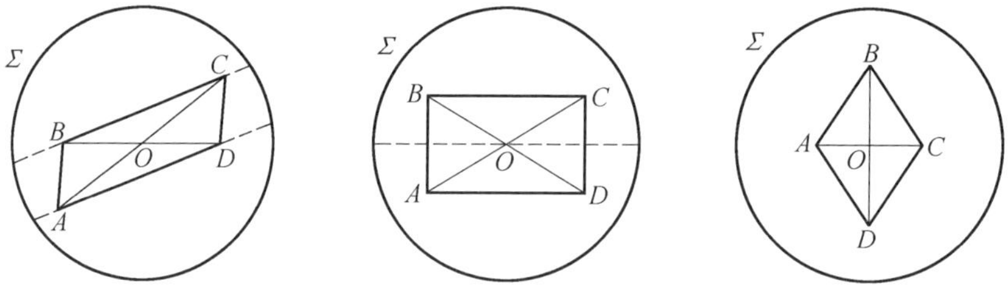

(a)　　　　(b)　　　　(c)

图 110

(5) 参看(3) 和(4).

注　作为不用平行公理的欧几里得几何中的问题,我们建议读者证明问题(1) ~ (5) 中的定理,这也就自然地证明了这些定理在双曲几何中成立.

8. 不是. 它们是超平行的(图 110(a)).

9. 设 H 是锐角 $\triangle ABC$ 的高线 AK 和 BL 的交点(这些高线相交,因为它们都经过 $\triangle ABC$ 的内部;事实上,假若经过点 A 的高线与边 BC 在 C 外面的延长线相交,则根据在双曲几何中关于三角形的一个外角的仍然成立的定理,$\angle C$ 将是钝角(看图 111(a))). 用双曲运动将点 H 移到 K 的中心 O(图 111(b)). 在通常的(即欧几里得的)垂直意义下我们有 $AK \perp BC$,$BL \perp AC$. 由此可以推出 O 是 $\triangle ABC$ 的欧几里得的高线的交点,所以 $CO \perp AB$. 从 AB 在欧几里得意义下垂直于 K 的直径 CO 这一事实,可知 CO 是 $\triangle ABC$ 的双曲的高线. 所以锐角 $\triangle ABC$ 的三条(双曲)高线交于一点.

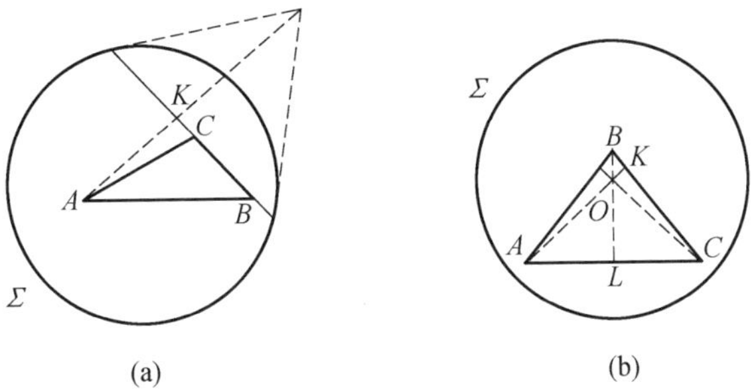

图 111

在钝角三角形的情形问题就不同了. 假若钝角 $\triangle ABC$ 的两条高线 AK 和 BL 交于一点 H,则第三条高线也经过 H;这可如上证明. 假若钝角 $\triangle ABC$($\angle C$ 是钝角)的高线 AK 和 BL 平行,且双曲运动将顶点 C 移到 K 的中心(图 112(a)),则在欧几里得意义下 $AK \perp BC$,$BL \perp AC$. 由此可知 AK 和 BL 的交点 P 在 Σ 上,并是 $\triangle ABC$ 的欧几里得的高线的交点,而且在欧几里得意义下 $CP \perp AB$,从而 CP 也是 $\triangle ABC$ 的双曲的高线. 总之,假若钝角 $\triangle ABC$ 的两条高线 AK 和 BL 平行,则所有三条高线 AK,BL,CM 都平行(请读者自己陈述与之相对应的、关于 K 的弦的欧几里得的定理).

最后,假设 $\triangle ABC$ 的高线 AK 和 BL 是超平行的. 用双曲运动将 C 移到 K

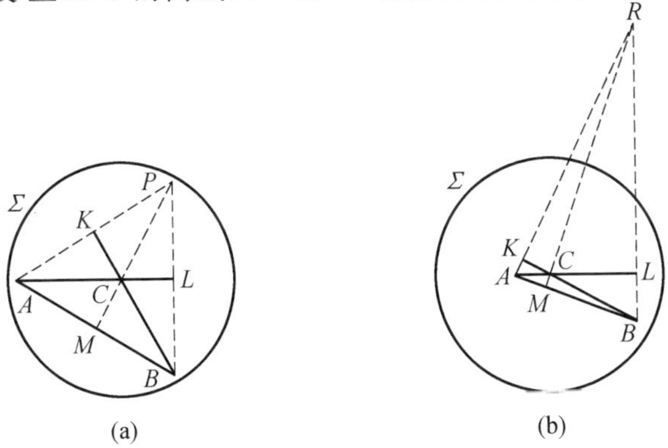

图 112

的中心(图 112(b)). 则在欧几里得意义下,$AK \perp BC$,$BL \perp AC$. 直线 AK 和 BL 的交点R(在K的外部)是$\triangle ABC$ 的欧几里得的高线的交点,所以在欧几里得的意义下 $CR \perp AB$. 由此推出 CR 也是 $\triangle ABC$ 的双曲高线. 总之,假若钝角 $\triangle ABC$ 的高线 AK 和 BL 是超平行的,则所有三条高线 AK,BL,CM 都是超平行的(参看第 103,104 页).

10. 首先证明:双曲 $\triangle ABC$ 的边AB 和AC 的中点的连线DE 与边BC 的垂直平分线正交. 从 $\triangle ABC$ 的顶点作中位线 DE 的垂线 AK,BL,CM(图 113(a)). 根据关于直角三角形全等的判别法(在双曲几何中仍然成立;参看第 99 页),可以知道 $\triangle ADE$ 和 $\triangle BDL$ 全等,$\triangle AEK$ 和 $\triangle CEM$ 全等,所以 $d_{BL} = d_{AK} = d_{MC}$. 用双曲运动将线段 LM 的中点移到圆盘K 的中心点O(图 113(b)). 则 $OL = OM$,$BL \perp LM$,$CM \perp LM$(在欧几里得意义下). 现在,从 $d_{LB} = d_{MC}$ 可以推出线段 LB 和MC 在欧几里得意义下是全等的(否则,对于K 的与LM 垂直的直径的反射(这是一个双曲运动),将把其中的一个线段变成另一个的一部分),所以四边形 $LMCB$ 是一个欧几里得的矩形. 直线 LM 在点O 的欧几里得的垂线也是它在双曲意义上的垂线. 同时,它是 BC 在欧几里得和双曲意义上的垂直平分线. 这就推出我们的结论.

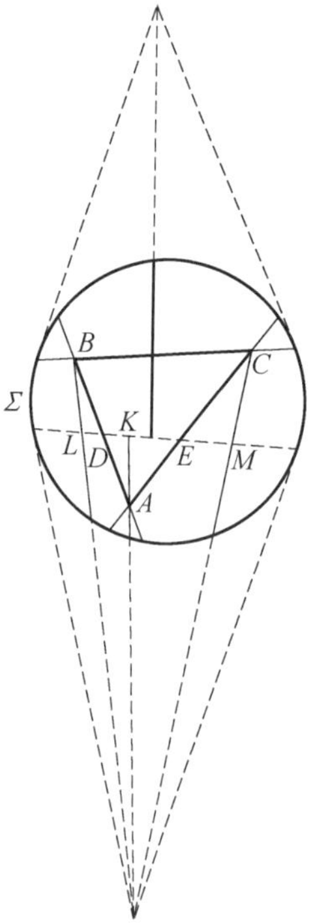

(a)

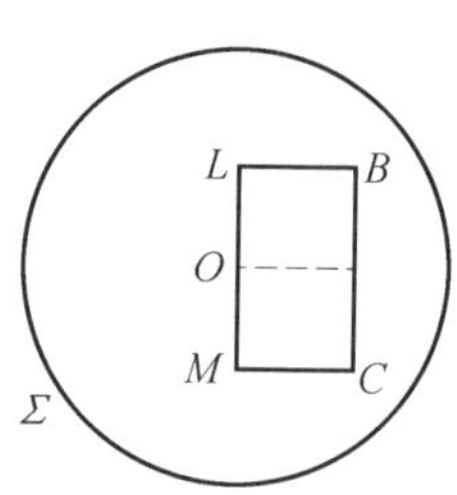

(b)

图 113

现在,令任意$\triangle ABC$的边BC的中点与K的中心点O重合(图114). BC的(欧几里得的)垂线OP也是它在双曲意义上的垂线. $\triangle ABC$的中位线DE在双曲意义上与OP垂直,在欧几里得意义上它们也是垂直的. 由此推出四边形$BCED$是一个欧几里得的梯形. 根据1.1节的问题2中的定理,$\triangle ABC$的中线AO,BE,CD共点.

11. 这个命题不成立. 为了说明这一点,只需考虑一个以圆盘K的中心O为中心的等边三角形(图115). 它的欧几里得的中线也是它的双曲的中线. 此外,$d_{OA}\neq 2d_{OD}$,因为如果$\triangle ABC$的边的双曲长度无限增加(即它的顶点趋向于圆Σ),那么

$$d_{OD}\rightarrow d_{OD_0}=\log\left(\frac{OQ/D_0Q}{OP/D_0P}\right)=\log\left(\frac{2}{2/3}\right)=\log 3$$

$$d_{OA}\rightarrow d_{OP}=\infty$$

注 上面的论证表明,即使是对于等边三角形,中线的交点分中线AD之比OA/OD也不是一个常数,而与三角形的边的长度有关(这与下面事实有关:在双曲几何中不全等的等边三角形是不相似的).

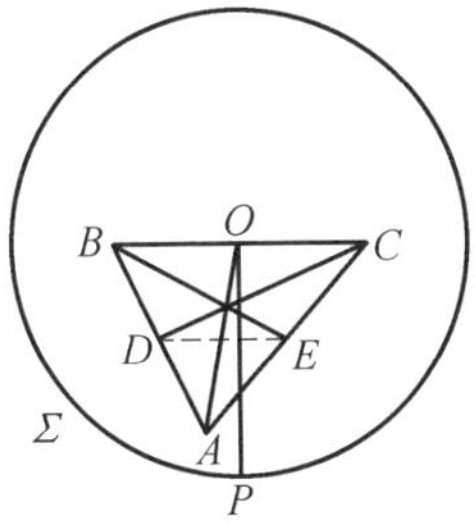

图114

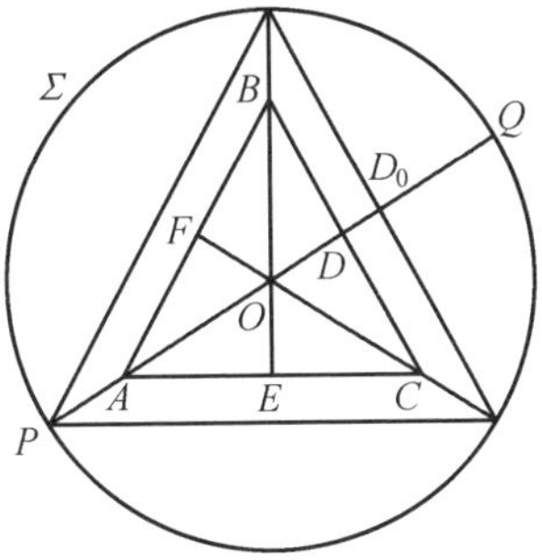

图115

12. 如果一个三角形两边的垂直平分线交于点O,那么第三边的垂直平分线也经过点O,这个事实的证明和通常的证明没有差别(参看第100页双曲的三角形的角平分线共点的证明). 现在假设边AB和BC的垂直平分线KL和MN是超平行的,即它们有一条公垂线PQ(图116(a)). 则可以证明边AC的垂直平分线RS也垂直于PQ(从图116(a)可以直接看到RS与PQ相交). 事实上,对于直线PQ作垂线AA_1,BB_1,CC_1. Rt$\triangle AKL\cong$Rt$\triangle BKL$(直角边全等判别法),所以$AL=BL$,$\delta_{ALK}=\delta_{BLK}$,$\delta_{ALA_1}=\delta_{BLB_1}$. 由此推出Rt$\triangle ALA_1\cong$Rt$\triangle BLB_1$(斜边、锐角全等判别法). 因此$AA_1=BB_1$. 同理可证$BB_1=CC_1$. 所以$AA_1=CC_1$. 此外,Rt$\triangle ARS\cong$Rt$\triangle CRS$(直角边全等判别法),所以$AS=CS$,$\delta_{ASR}=\delta_{CSR}$. 再有,Rt$\triangle ASA_1\cong$Rt$\triangle CSC_1$(直角边、斜边全等判别法),所以$\delta_{ASA_1}=\delta_{CSC_1}$. 现在我们有

$$\delta_{RSA_1}=\delta_{RSA}+\delta_{ASA_1}=\delta_{RSC}+\delta_{CSC_1}=\delta_{RSC_1}$$

这说明 RS 与 PQ 垂直.

最后,考虑边 AB 和 BC 的垂直平分线 UP 和 VP 平行的情形(图 116(b)). 这时边 AC 的垂直平分线 OT 必与 UP 和 VP 平行(因为如果,譬如说,UP 和 QT 超平行,那么根据上面的证明,UP 和 VP 也超平行). 从图 116(b) 显然可以看到 QT 和 UV 不重合. 由此也可以推出,这时直线 UP,VP,QT 属于同一个束.

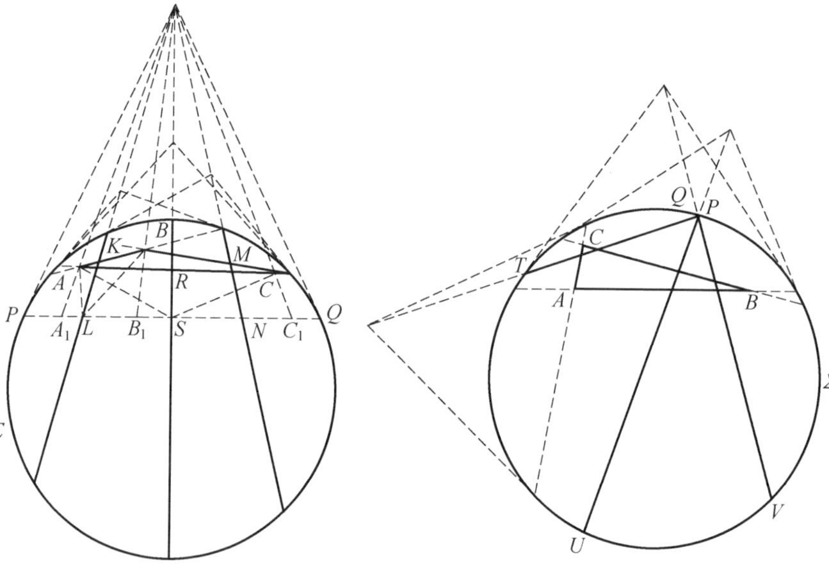

(a) (b)

图 116

13. (1) 将 $\triangle ABC$ 的角平分线的交点(参看第 100 页)移到 K 的中心点 O(图 117). 则在欧几里得和双曲的意义下,$\angle OAB$,$\angle OAC$,$\angle OBA$,$\angle OBC$,$\angle OCA$,$\angle OCB$ 都是锐角. 因此 $\delta_A < \angle A$,$\delta_B < \angle B$,$\delta_C < \angle C$(参看第 98 页). 因此

$$\delta_A + \delta_B + \delta_C < \angle A + \angle B + \angle C = 180°$$

这就是我们所要证明的.

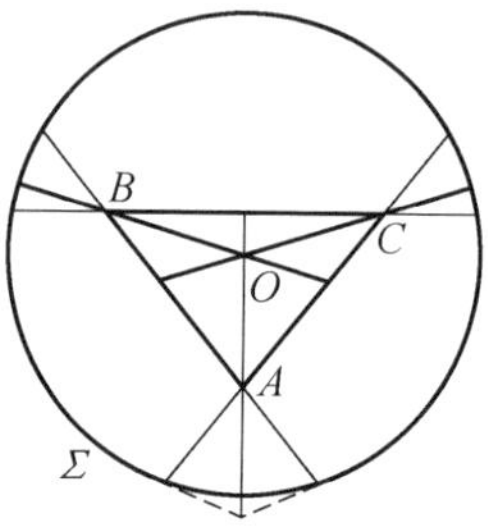

图 117

(2) 首先,我们可以证明:每个 n 角形可以用不相交的对角线分成 $n-2$ 个三角形. 由于每个非欧几里得的多角形是包含在圆盘 K 内部的欧几里得的多角形,只要对欧几里得的多角形证明这个结论就够了(对于凸多角形这个证明是显然的;参看图 118(a)).

现在来证明,每个 n 角形 $M(n>3)$ 可以分成两个较小的多角形. 设 A 是 M 的一个顶点,AB 和 AC 是从点 A 出发的边. 考虑 M 内部以 A 为端点的所有线段

(118(b)(c)). 如果其中有一条线段是M的对角线AK(图 118(b)),那么AK将M分成两个较小的部分. 如果这些线段中不包含对角线,即它们的端点都属于M的某一条边(图 118(c)),那么对角线BC与所有这些线段相交,所以BC完全在M的内部,从而BC把M分成两个较小的多角形.

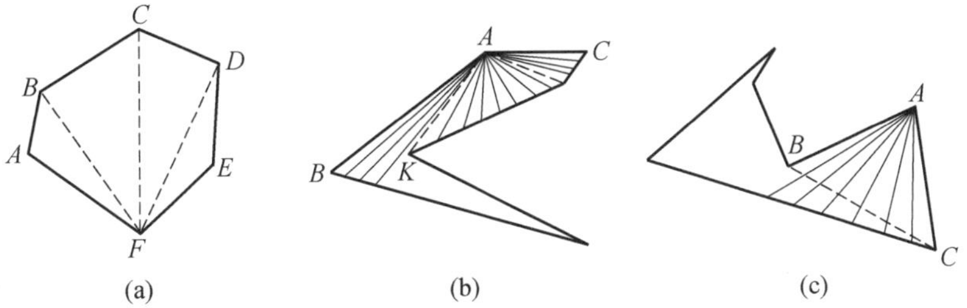

图 118

大家可以看到,用上面所讲的方法能够将M分成三角形. 如果将M剖分成三角形要用k条对角线,那么这些三角形的数目是$k+1$. 这$k+1$个三角形有$3(k+1)$条边,其中n条是M的边,$2k$条是对角线(每一条对角线是两个三角形的公共边). 因此

$$3(k+1)=n+2k, k=n-3$$

从而可知M剖分成$k+1=n-2$个三角形. 因为$n-2$个三角形中每一个的内角和小于$180°$(参看(1)),所以这个n角形的内角和小于$(n-2)\cdot 180°$. 这就是我们所要证的.

14. 设$S(M)$是与多角形M相对应的一个非负数. 如果$S(M)$是M的面积,那么自然要求它满足下列条件①:

1° 假若多角形M_1和M_2全等,则$S(M_1)=S(M_2)$.

2° 假若M是两个不相交的多角形M_1和M_2的并集(即M可以分成没有公共内点的两个多角形部分M_1和M_2),则$S(M)=S(M_1)+S(M_2)$.

3° 对某一个多角形M_0,有$S(M_0)=1$②.

显然,双曲的多角形的角亏(参看第 106 页)满足第一个条件. 我们来证明它也满足第二个条件. 实际上,假若多边形M用一条折线AB剖分成一个k角形M_1和一个l角形M_2(图 119),可以证明M的角亏是M_1的角亏与M_2的角亏之和. 假设折线AB有m节(即除A和B外,还有$m-1$个中间的顶点). 为了确定起见,假设A和M的一个顶点重合,而B在M的一条边上(所有其他的情形与这种情况完全类似). 则有

① 反之,如果$S(M)$满足条件 1° ~ 3°,那么它是M所对应的面积.

② 这个条件确定面积的一个“单位”.

$$k+l=n+2m+1$$

因为在 M_1 的 k 个顶点和 M_2 的 l 个顶点的总数中，包含 M 的 n 个顶点和 $2m+1$ 个多算了的顶点(折线 AB 的每一个中间的顶点和它的顶点 B 在总数 $k+1$ 中都算了两次，并且都没有算在 n 中；顶点 A 在总数 $k+1$ 中算了两次而在 n 中已经算了一次). 其次，如果用 A_1,A_2,A 分别表示多角形 M_1,M_2,M 的内角和，那么

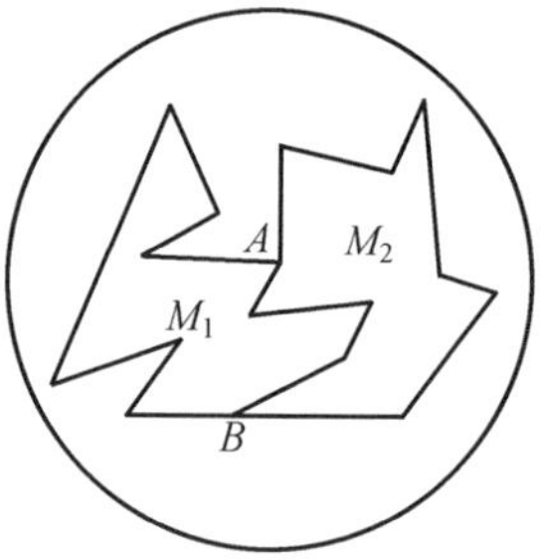

图 119

$$A_1+A_2=A+(2m-1)180^\circ$$

因为和 A_1+A_2 中除了包含 A 中的角，还包含折线 AB 的非端点的顶点处的 $m-1$ 个 360° 角，以及在它的顶点 B 处的一个 180° 角. 所以

$$\begin{aligned}&[(k-2)180^\circ-A_1]+[(l-2)180^\circ-A_2]\\=&(k+l-4)180^\circ-(A_1+A_2)\\=&(n+2m-3)180^\circ-A-(2m-1)180^\circ\\=&(n-2)180^\circ-A\end{aligned}$$

这就是我们所要证的.

由于多角形的角亏满足上述条件 1° 和 2°，它必定与多角形的面积函数成正比(如果 M_0 的角亏是 $1/k$，那么任意多角形的角亏等于它的面积除以 k)①.

注 1 上面的论证表明，双曲的三角形的面积不能任意大(因为角亏不能超过 180°). 面积最大的三角形(其面积等于 $k\cdot180^\circ$，k 是问题 14 中的比例常数)是它的边两两平行的"三角形"(图 120(a))；而图 120(b) 是这种三角形的像前文中的图 14 和 17 那样的示意图.

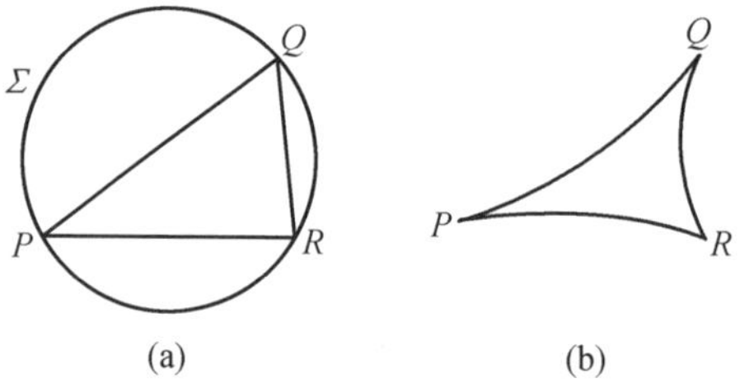

图 120

注 2 多角形的角亏与它的面积成正比，这个事实的证明在欧几里得几何中成立；然而，在那里比例因子是零(在欧几里得几何中 n 角形的角亏是零，因

---

① 这并不是显然的. 对于波尔约的这个著名的定理的证明，可以参看，例如，E. D. Moise, *Elementary Geometry from an Advanced Standpoint* (Addison Wesley Publishing Co., Reading, 1963)，从 p. 345 起. —— 英译者

为它的内角和是$(n-2)\cdot 180°$). 由此可知前面的讨论在欧几里得几何中没有意义;在那里计算一个多角形的面积要经过一个复杂得多的过程. 即使三角形的用它的边长和角度给出的面积公式也远比它的双曲模式复杂,至于对 $n>3$ 的 n 角形,在欧几里得几何中没有一个用它的边和角表示面积的一般的明显表达式.

注意上面给出的证明可以搬到球面几何中去(在那里一个多角形是球面上由大圆弧所围的部分;在球面几何中的大圆和在平面上的直线起相同的作用). 一个球面 n 角形的角亏总是负的,从存在三个角都是直角的球面三角形这一事实就可以预料到这一点. 由此推出在这里(角亏和面积之间的) 比例常数应当是负的. 我们可以说,球面 n 角形的面积同它的内角之和与$(n-2)180°$ 之差成正比(这个差数称为球面 n 角形的角盈).

15. 设 $\triangle ABC$ 和 $\triangle A'B'C'$ 是两个双曲的三角形,它们的三对对应角分别全等,并设 C 和 C' 是这两个三角形的最大的角. 高线 CH 和 $C'H'$ 穿过各自的三角形的内部(因为根据问题 13(1) 中的定理,$\angle A$ 和 $\angle A'$,$\angle B$ 和 $\angle B'$ 都是锐角;详细的说明可以参看问题 9 的解的开始一段). 如果我们知道 $AH=A'H'$,就可以推出 $\mathrm{Rt}\triangle AHC\cong \mathrm{Rt}\triangle A'H'C'$(直角边、锐角判别法). 从而 $CH=C'H'$,并且 $\mathrm{Rt}\triangle BHC\cong \mathrm{Rt}\triangle B'H'C'$(直角边、锐角判别法). 由此可以知道 $\triangle ABC\cong\triangle A'B'C'$. 所以,我们只需要证明:如果 $AH\neq A'H'$,那么就会导致矛盾. 为了确定起见,假设 $AH>A'H'$. 移动两个三角形(利用双曲运动) 使得点 H 和 H' 与 K 的中心重合,并且直线 AB 和 $A'B'$ 重合. (图 121). 由于 $AH>A'H'$,并且 $\delta_A=\delta_{A'}$,可知 $\angle A>\angle A'$(参看第 98 页). 所以 $HC>HC'$,

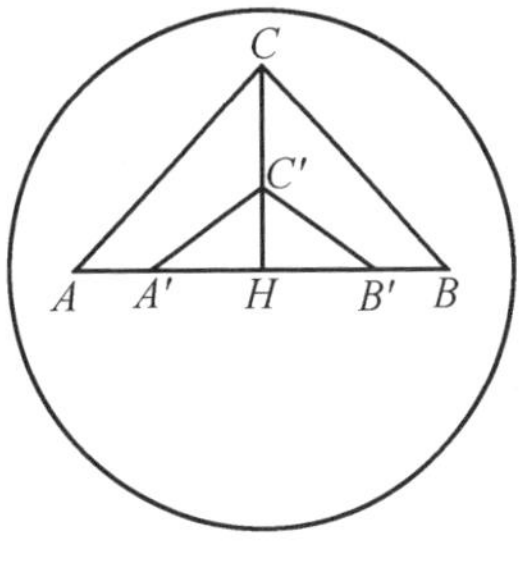

图 121

$\angle HCA<\angle HC'A'$. 从后一式可以推出 $\delta_{HCA}<\delta_{HC'A'}$. 如果有 $HB'<HB$,我们可以用类似的方法证明 $HC'>HC$,它与上面得到的不等式 $HC>HC'$ 矛盾. 因此 $HB>HB'$,并且如上有 $\delta_{HCB}<\delta_{HC'B'}$. 所以

$$\delta_C=\delta_{HCA}+\delta_{HCB}<\delta_{HC'A'}+\delta_{HC'B'}=\delta_{C'}$$

这与等式 $\delta_{C'}=\delta_C$ 矛盾.

16. 作 $\triangle ABC$ 的边 AB 和 AC 的垂直平分线 KL 和 MN,并经过 $\triangle ABC$ 的顶点作直线 AA_1,BB_1,CC_1,它们与直线 KL 和 MN 属于同一个束(根据 KL 与 MN 是相交、超平行还是平行,直线 AA_1,BB_1,CC_1 经过它们的交点、垂直于它们的公垂线或和它们平行;图 122). 从问题 6(2) 中的定理,可以知道 KL 是直线 AA_1 和 BB_1 的对称轴,而 MN 则是直线 AA_1 和 CC_1 的对称轴. 这说明 $\triangle ABC$ 的所有顶点在一个圆(或等距曲线,或极限圆) 上,这个圆(或等距曲线,或极限圆）是由 KL 和 MN 所确定的束中的每一条直线 l 上选取一个点所组成的，这个点与 A 关于 AA_1 和 l 的对称轴相对称（参看第 107 ～ 109 页）.

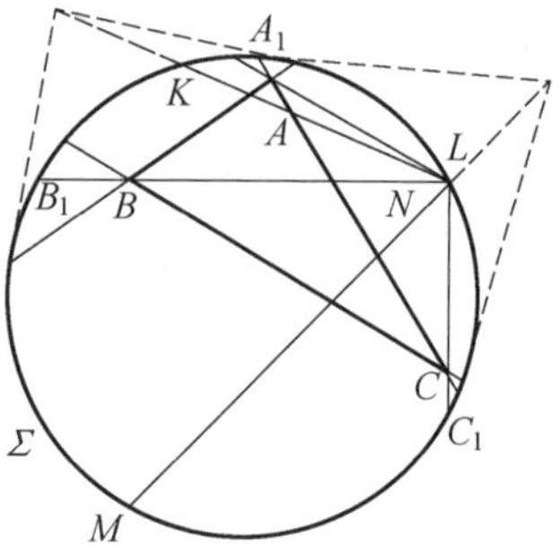

图 122

容易看到，在前面讨论中所设想的各种可能性实际上都有可能出现；在一个圆，或等距曲线，或极限圆中有可能内接任意多个三角形.（同样容易看到，这些可能性是互相排斥的. 如果有可能作 $\triangle ABC$ 的外接圆，那么存在与它和各个顶点等距离的点 O，并且直线 KL 和 MN 必定交于点 O. 类似地，可以证明：如果能够作 $\triangle ABC$ 的外接等距曲线，那么 KL 和 MN 必定有一条公垂直；最后，如果能够作 $\triangle ABC$ 的外接极限圆，那么 KL 和 MN 必定平行.）

17. 考虑半径分别为 r_1 和 r_2 的两个双曲圆 S_1 和 S_2，以及 S_1 的外切正六边形 $A_1A_2A_3A_4A_5A_6$ 和 S_2 的内接正六边形 $B_1B_2B_3B_4B_5B_6$①. 设 s_1 和 s_2 分别表示这两个圆的双曲的周长，p_1 和 p_2 表示这两个六边形的周长，则

$$\frac{s_1}{r_1} < \frac{p_1}{r_1}, \frac{s_2}{r_2} < \frac{p_2}{r_2}$$

因此，如果我们可以选取 r_1 和 r_2，使得 $p_1/r_1 < p_2/r_2$，那么由此可以推出 $s_1/r_1 < s_2/r_2$，这就证明了问题的结论.

如果 S_1 和 S_2 的中心与 K 的中心点 O 重合，那么这两条曲线就是欧几里得的圆（图 123）. 假设它们的欧几里得的半径分别是 a_1 和 a_2（圆盘 K 的半径取作单位长），则有

$$r_1 = \log\left(\frac{OP}{AP} \Big/ \frac{OQ}{AQ}\right) = \log\frac{AQ}{AP} = \log\frac{1+a_1}{1-a_1}$$

$$r_2 = \log\frac{1+a_2}{1-a_2}$$

$$AA_1 = a\sqrt{3}/3, b_1 = AM = \sqrt{1-a_1^2}$$

$$d_{AA_1} = \log\left(\frac{AM}{A_1M} \Big/ \frac{AN}{A_1N}\right) = \log\frac{A_1N}{A_1M} = \log\frac{b_1 + a_1\sqrt{3}/3}{b_1 - a_1\sqrt{3}/3}$$

$$p_1 = 12d_{AA_1}$$

$$BB_1 = \frac{a_2}{2}, OB = \frac{a_2\sqrt{3}}{2}, b_2 = BR = \sqrt{1-\frac{3a_2^2}{4}}$$

① 在双曲几何中，正六边形的定义和欧几里得几何中的定义相同. 大家注意，在双曲几何中并不总是可以作圆的外切正六边形的，这个事实限制了 r_1 的大小.

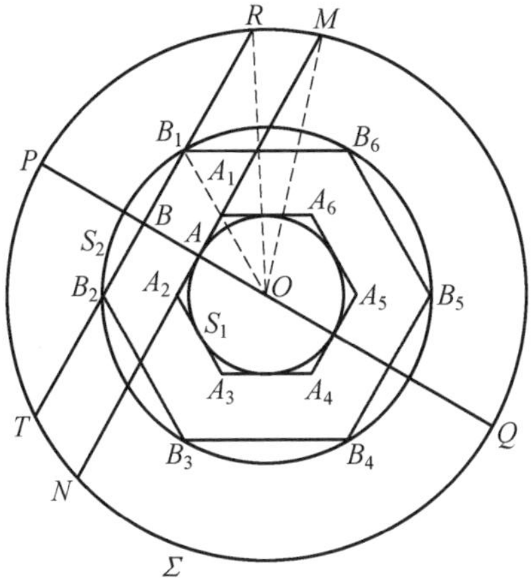

图 123

$$d_{BB_1}=\log\left(\frac{BR}{B_1R}\Big/\frac{BT}{B_1T}\right)=\log\frac{B_1T}{B_2T}=\log\frac{b_2+a_2/2}{b_2-a_2/2}$$

$$p_2=12d_{BB_1}$$

特别地，如果 $a_1=0.1, a_2=0.9$，那么

$$r_1=\log\frac{1.1}{0.9}\approx 0.087\ 15$$

$$r_2=\log\frac{1.9}{0.1}\approx 1.278\ 75$$

$$\frac{a_1\sqrt{3}}{3}\approx 0.057\ 74, b_1\approx 0.994\ 99$$

$$d_{AA_1}\approx\log\frac{1.052\ 73}{0.937\ 25}\approx 0.050\ 46$$

$$p_1\approx 0.605\ 5$$

$$b_2\approx 0.626\ 5, d_{BB_1}\approx\log\frac{1.076\ 5}{0.176\ 5}\approx 0.786\ 27$$

$$p_2\approx 9.435$$

因此

$$\frac{s_1}{r_1}<\frac{p_1}{r_1}<7\text{ 和 }\frac{s_2}{r_2}>\frac{p_2}{r_2}>7$$

注 可以证明，在双曲几何中圆的周长和它的半径 r 之比 S/r 随 r 递增. 特别地，若 $r\to 0$，则 $S/r\to\pi=3.141\ 59\cdots$；又若 $r\to\infty$，则 $S/r\to\infty$.

国家出版基金项目
NATIONAL PUBLICATION FOUNDATION

国家出版基金资助项目

俄罗斯数学经典著作译丛

几何变换（Ⅳ）

JIHE BIANHUAN (Ⅳ)

[苏] 雅格洛姆 著

郑元禄 译

HITP

哈爾濱工業大學出版社
HARBIN INSTITUTE OF TECHNOLOGY PRESS

黑版贸审字 08 - 2015 - 001 号

内 容 简 介

本书研究了反演变换及其性质、圆与反演变换、两圆的互反性等几何知识，系统地阐述了这些几何变换的理论和它们在几何证题方面的应用.

本书适合中学生、大学低年级学生、中学教师以及数学爱好者阅读参考.

图书在版编目(CIP)数据

几何变换. Ⅳ/(苏)雅格洛姆著；郑元禄译.
哈尔滨：哈尔滨工业大学出版社，2024.5. —(俄罗斯数学经典著作译丛). —ISBN 978 - 7 - 5767 - 1473 - 9

Ⅰ. O123.1

中国国家版本馆 CIP 数据核字第 20248T1Y00 号

策划编辑　刘培杰　张永芹
责任编辑　刘家琳
封面设计　孙茵艾
出版发行　哈尔滨工业大学出版社
社　　址　哈尔滨市南岗区复华四道街 10 号　邮编 150006
传　　真　0451 - 86414749
网　　址　http：//hitpress. hit. edu. cn
印　　刷　辽宁新华印务有限公司
开　　本　787 mm×1 092 mm　1/16　印张 42.75　字数 819 千字
版　　次　2024 年 5 月第 1 版　2024 年 5 月第 1 次印刷
书　　号　ISBN 978 - 7 - 5767 - 1473 - 9
定　　价　338.00 元(全 4 册)

目录

在圆上的反射(反演)

第1章

为了利用在直线 l 上的反射作出点 A 的像 A',通常采用如下方法:

作两个圆心在 l 上且通过点 A 的圆.所要求的点 A' 是这两个圆的第 2 个交点(图 1.1).我们说 A' 与 A 关于 l 对称.

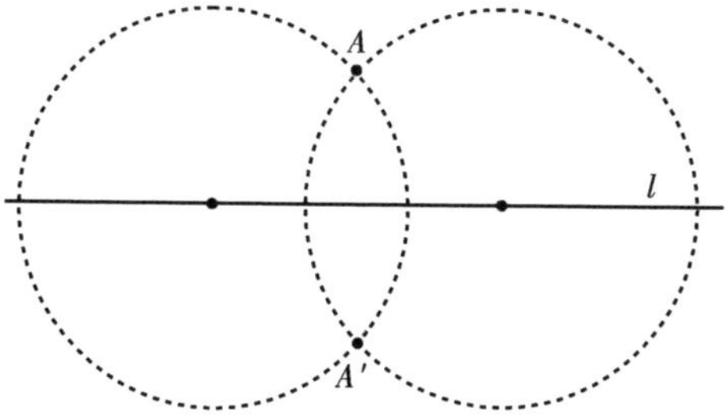

图 1.1

这里我们利用一个事实:所有圆心在直线 l 上且通过点 A 的圆,也通过与 A 关于 l 对称的点 A'(图 1.2).这一事实可以作为在直线上的反射的定义:如果圆心在 l 上且通过 A 的每个圆也通过 A',那么称点 A 与 A' 关于直线 l 对称.显然,这个定义等价于《几何变换(Ⅰ)》中的定义.

在本章中我们研究在圆上的反射.这个变换在许多方面类似于在直线上的反射,它经常被用来解几何问题.

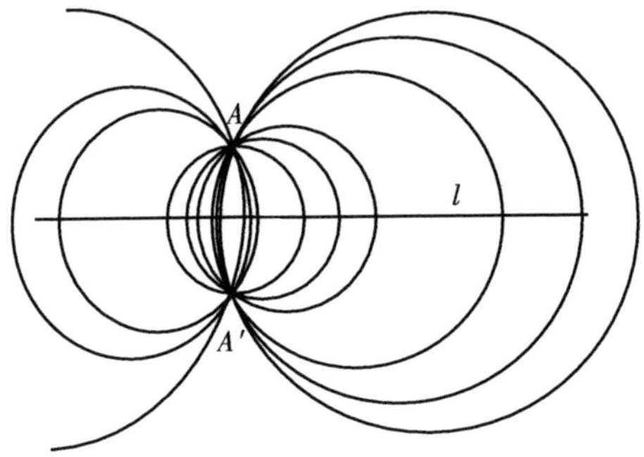

图 1.2

我们的起点是刚才给出的在直线上的反射的定义，把这个定义稍加改变.

在本书中，我们将经常提到两个圆之间的角或圆与直线之间的角. 作两个圆在它们交点处的切线，自然称这两条切线间的角为这两个圆之间在这点处的角(图 1.3(a)). 这个定义蕴涵两圆间的角等于在切点处两条半径间的角(或者邻角；两圆间的角以及两条直线间的角，不是唯一确定的，等于 α 或 $180^\circ-\alpha$). 类似地，如果直线 l 与圆 S 相交于一点，那么我们说直线与圆在这点处的切线之间的角是直线与圆之间的角(图 1.3(b)).[1]

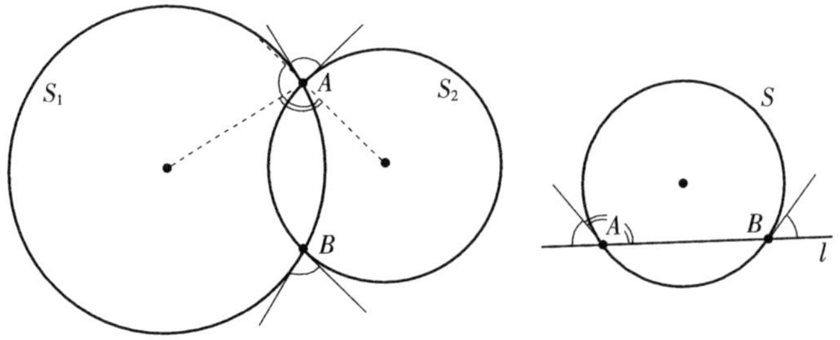

(a)　　　　(b)

图 1.3

圆心在直线 l 上的诸圆(并且只有这些圆) 垂直于 l(图 1.4). 这说明以下关于在直线上的反射的定义是正确的.

如果通过点 A 且垂直于直线 l 的每个圆都通过点 A'，那么 A 与 A' 关于 l 对称.

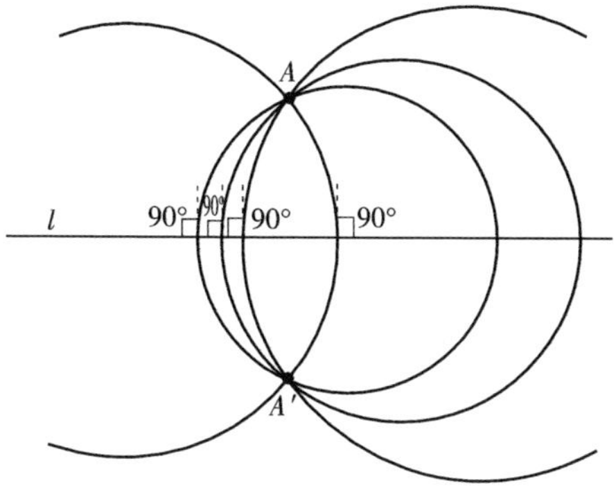

图 1.4

我们现在来证明以下定理.

定理 1 所有通过点 A 且垂直于已知圆 Σ(不通过点 A)的诸圆也通过不同于点 A 的点 A'.

证 令 S 是通过点 A 且垂直于圆 Σ 的圆(图 1.5). 通过点 A 作一条经过圆 Σ 的圆心的直线,联结点 O 与圆 Σ 和 S 的交点 B. 因为圆 S 垂直于圆 Σ,所以 OB 是圆 S 的切线. 令点 A' 是直线 OA 与圆 S 的第 2 个交点. 由于圆切线众所周知的性质,我们有

$$OA \cdot OA' = OB^2$$

或

$$OA' = \frac{R^2}{OA}$$

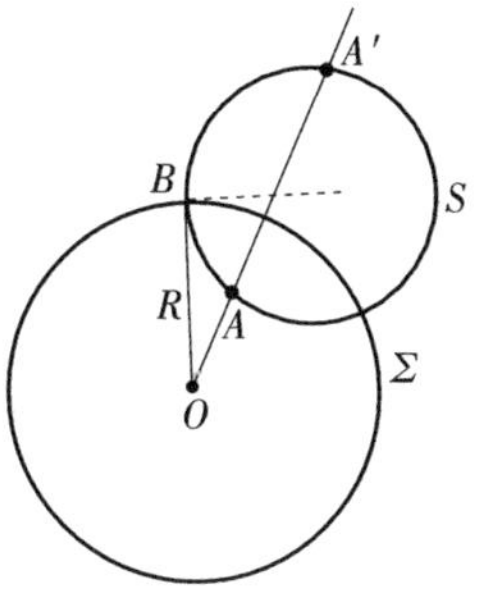

图 1.5

其中 R 是圆 Σ 的半径. 这证明了 OA 与圆 S 的交点 A' 不依赖于圆 S 的选择. 因此垂直于圆 Σ 且通过点 A 的所有圆 S 与直线 OA 相交于同一点 A'(图 1.6),这就是我们所要证明的.

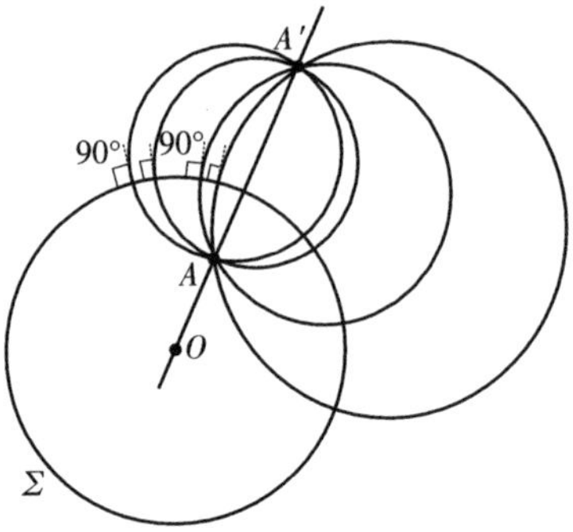

图 1.6

现在可以看出以下定义:

如果通过点 A 且垂直于圆 Σ 的每个圆也通过点 A',那么称点 A 关于圆 Σ 对称于点 A'.[2] 显然,如果点 A' 关于圆 Σ 对称于点 A,那么点 A 关于圆 Σ 对称于点 A'. 图形 F 的诸点关于圆 Σ 对称的全部点构成一个关于圆 Σ 对称于 F 的图形 F'(图 1.7). 如果点 A' 关于圆 Σ 对称于点 A,那么我们也说点 A' 是由点 A 在圆 Σ 上反射得出的.

把在直线上的反射看作在圆上的反射的极限情形是合理的. 因为我们可以把直线看作"半径无限大的圆". 以后将看出,把直线包含于圆类将简化许多关于圆上的反射的论证.

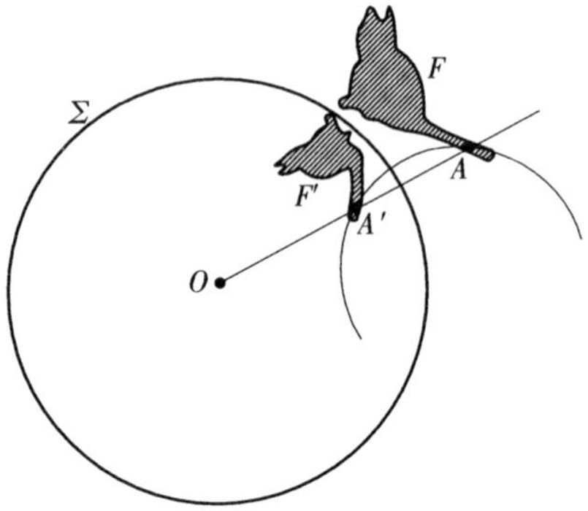

图 1.7

在圆上的反射也称为反演. 从圆上的反射得出的圆称为反演圆,它的圆心称为反演中心,它的半径的平方,即 $k=R^2$ 称为反演幂. 术语"反演"与"在圆上的反射"相比,似乎不太直观,但是由于它简短,因此被普及. 以后我们按惯例采用这个术语.

显然,反演也可以定义为:含反演幂 k 与中心 O 的反演是使平面上的点 A 变为射线 OA 上的点 A' 的映射(变换),即

$$OA' = \frac{k}{OA} \qquad (*)$$

(图 1.8(a)).[3] 显然这个定义等价于以前给出的定义(见定理1的证明).虽然这个定义比以前的定义缺少几何直观性,但是这个定义的优点是简单.[4]

通常研究这样的变换比较方便,它把点 A 变为 A',使 A 与 A' 和定点 O 共线,且在 O 的任一侧,即 $OA' = k/OA$(图 1.8(b)).我们称这种变换为含中心 O 与负幂 $-k$ 的反演.[5] 显然,含中心 O 与负幂 $-k$ 的反演等价于含中心 O 与正幂 k 的反演(在圆心为 O、半径为 $\sqrt{k}$ 的圆上的反射),其后再用在 O 上的反射.

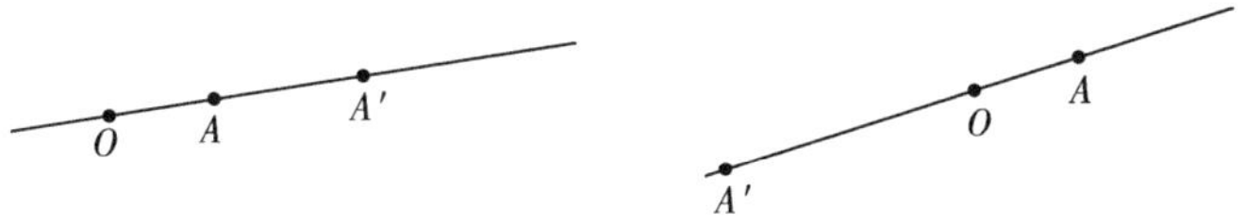

(a) (b)

图 1.8

含负幂的反演在几何上可以用类似于含正幂的反演的第一定义(在圆上的反射) 的方式定义.关于这一点以下定理起了主要的作用.

定理 1′ 通过已知点 A 且与已知圆相交于两个对径点的所有圆也通过不同于 A 的点 A'.

事实上,令 B_1 与 B_2 是圆 Σ 的直径的两个端点,通过已知点 A 的圆 S 与 Σ 相交于这两个点(图 1.9).通过 A 与圆 Σ 的圆心作一直线,以 A' 表示与圆 S 的第 2 个交点.令 MN 是圆 S 通过 O 的直径.因为圆 S 的圆心到 B_1 与 B_2 的距离相等,O 是线段 B_1B_2 的中点,所以由此推出 $MN \perp B_1B_2$.这蕴涵 OB_1 是 $\mathrm{Rt}\triangle MB_1N$ 的高.由众所周知的定理知 $OB_1^2 = MO \cdot ON$.另外,由圆中弦的性质知 $MO \cdot ON = A'O \cdot OA$.因此

$$A'O \cdot OA = OB_1^2$$

即

$$A'O = \frac{R^2}{OA} \qquad (**)$$

其中 R 是圆 Σ 的半径.这蕴涵 $A'O$ 与圆 O 的选择无关.因此通过 A 且与圆 Σ 相交于对径点的所有圆通过同一点 A'.

关系式(**)证明了,如果通过点 A 且与圆心为 O,半径为 R 的圆 Σ 相交于对径点的每个圆都通过点 A',那么 A' 可以从 A 用含负幂 $-R^2$ 与中心 O 的反演得出.

我们现在列出反演的一些基本性质.

A. 在含中心 O 与幂 k 的反演下,圆心为 O,半径为 $\sqrt{|k|}$ 的圆 Σ(如果 k 是

正的，那么圆 Σ 是反演圆）变为它本身，它内部的点（除圆心外）变为它外部的点，反之亦然.

反演中心 O 只是平面上一点，不是平面上的任一点（也不是平面上任一点的像）.

反演性质 A 可从基本公式（$*$）推出：如果 $OA=\sqrt{|k|}$（点 A 在反演圆 Σ 上），那么 $OA'=|k/OA|=\sqrt{|k|}$，即 A' 还在圆 Σ 上；如果 $OA<\sqrt{|k|}$（点 A 在反演圆 Σ 的内部），那么 $OA'=|k/OA|>\sqrt{|k|}$，即 A' 在圆 Σ 的外部；如果 $OA>\sqrt{|k|}$，那么 $OA'=|k/OA|<\sqrt{|k|}$，即 A' 在圆 Σ 的内部.

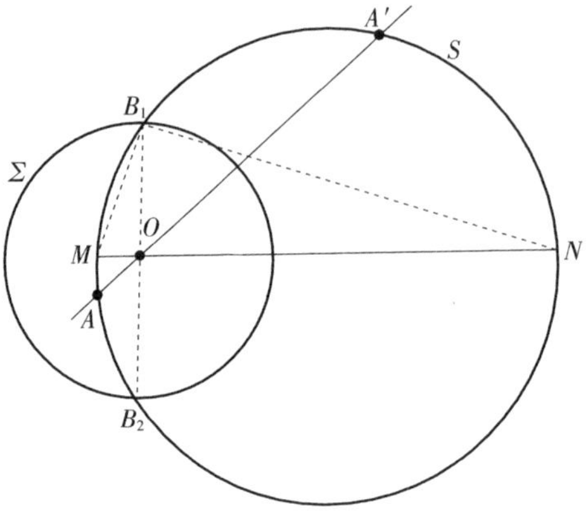

(a)

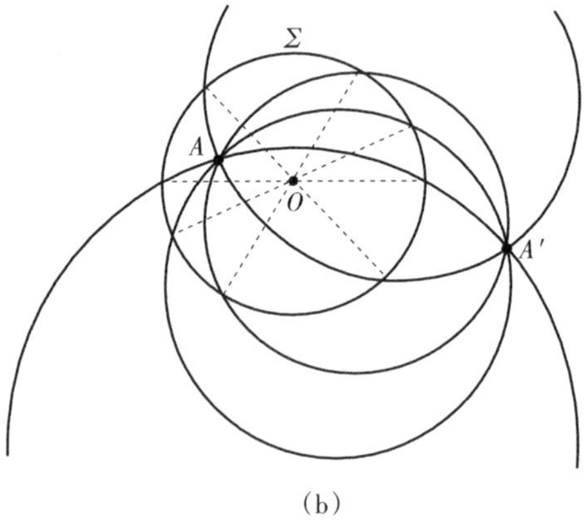

(b)

图 1.9

我们注意到，如果反演幂是正的（反演是在圆 Σ 上的反射），那么圆 Σ 的每一点变为它本身（是固定的反演点）；如果反演幂是负的，那么圆 Σ 的每一点变为圆 Σ 的对径点（含负幂的反演没有固定点）.

B_1. 反演把通过反演中心 O 的直线 l 变为它本身.

这个论断的证明是以下事实的直接推论:

点 A 在反演下的像 A' 在直线 OA 上.

B_2. 反演把不通过反演中心 O 的直线 l 变为通过 O 的一个圆.

令 P 是 l 与从 O 到 l 的垂线的交点,令 P' 是 P 在反演下的像(图 1.10(a),它描述了含正幂的反演的情形;如果反演幂是负的,那么证明实际上是一样的). 反演的第 2 个定义蕴涵

$$OP' = \frac{k}{OP}$$

其中 k 是反演幂. 令 A 是 l 上的点,令 A' 是它在反演下的像,则

$$OP \cdot OP' = OA \cdot OA' = k$$

从而

$$\frac{OP}{OA} = \frac{OA'}{OP'}$$

此式蕴涵 $\triangle OPA \backsim \triangle OA'P'$(因为它们共用一角,并且两个三角形对应边的比相等). 因此 $\angle OA'P' = \angle OPA = 90°$,即 A' 在以线段 OP' 为直径的圆 S 上.

B_3. 反演把通过反演中心 O 的圆 S 变为不通过 O 的直线 l.

令 P 是通过反演中心 O 的圆 S 的直径的第 2 个端点,令 P' 是 P 在这一反演下的像. 令 A 是含像 A' 的圆 S 上的点(图 1.10(b)). 同前,我们来证明 $\triangle OP'A' \backsim \triangle OAP$,因为 $OP \cdot OP' = OA \cdot OA' = k$,所以 $\angle OP'A' = \angle OAP = 90°$,即 A' 在通过 P' 垂直于 OP 的直线上.

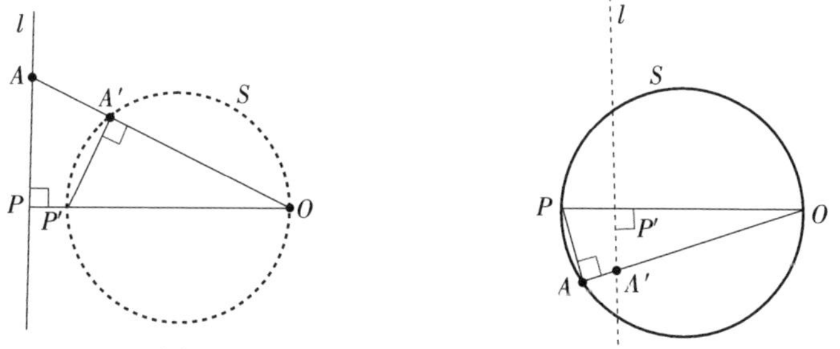

图 1.10

B_4. 反演把不通过反演中心 O 的圆 S 变为不通过 O 的圆 S'.

令 A 是在这一反演下含像 A' 的圆 S 上一点,令 A_1 是直线 OA 与 S 的第 2 个交点(图 1.11(a) 与 1.11(b)). 我们有

$$OA' = \frac{k}{OA}$$

其中 k 是反演幂. 另外,由众所周知的圆的性质知

$$OA \cdot OA_1 = k_1, OA = \frac{k_1}{OA_1}$$

其中 k_1 与 A 无关(如果 O 是 S 的外部,那么 k_1 是从 O 到 S 的切线长的平方).

上面公式蕴涵

$$OA' = \frac{k}{k_1} \cdot OA_1$$

即 A' 在含中心 O 与相似比 k/k_1 下中心相似于 A_1,因此在圆 S 上,即在这个相似下中心相似于 S.[6] 这就证明了我们的论断.

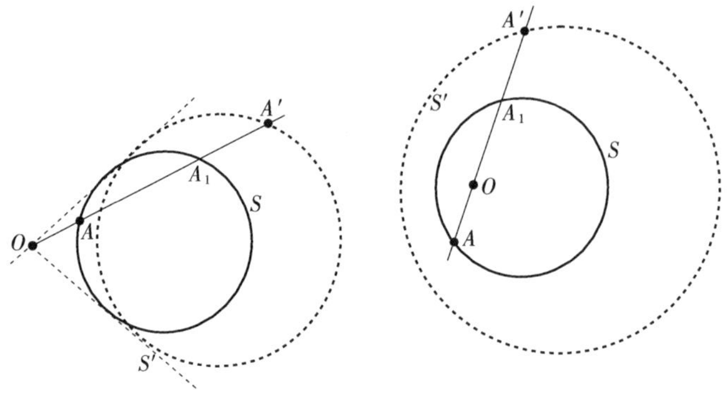

图 1.11

注意到我们的反演不能把圆 S 的圆心变换为圆 S' 的圆心.

我们给出反演性质 B_4 的另一个证明,它较接近于性质 B_2 与 B_3 的证明.

令 Q 是圆 S 的圆心,M 与 N 是圆 S 与直线 OQ 的交点(O 是反演中心),A 是圆 S 上任一点,M',N',A' 是 M,N,A 在反演下的像(图 1.12). 正如证明性质 B_2 与 B_3 一样,我们来证明 $\angle OAM = \angle OM'A'$ 与 $\angle OAN = \angle ON'A'$. 显然,$\angle MAN = \angle OAN - \angle OAM$ 与 $\angle M'A'N' = \angle ON'A' - \angle OM'A'$. 因此

$$\angle M'A'N' = \angle MAN = 90°$$

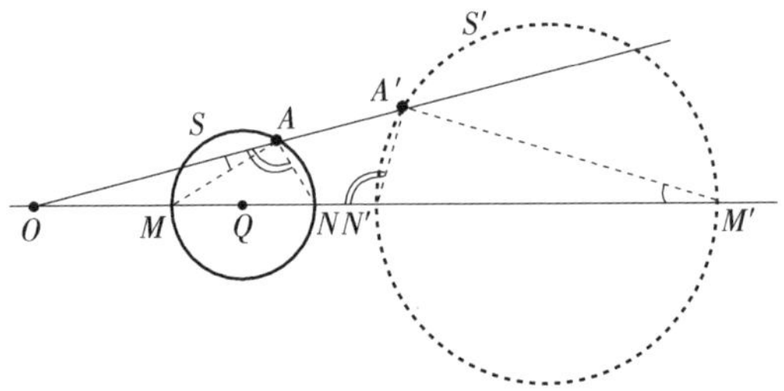

图 1.12

这表示 A' 在直径为 $M'N'$ 的圆 S' 上.

以下命题把反演性质 B_1 与 B_4 合并起来.

B. 反演把圆或直线变为圆或直线.

我们提出性质 B_3 的以下推论:已知一个圆,常有一个反演把它变为一条直线. 事实上,我们需要选取它的任一点作为反演中心.

容易看出,常有一个反演把两个圆之一变为另一个圆. 如果已知圆不全等,那么有两种方法取这些圆内、外相似中心作为各自的反演中心(见性质 B_4 的证明). 如果两个圆全等,那么只有一个反演把其中一个圆变为另一个圆(两个全等圆只有一个相似中心,见《几何变换(Ⅱ)》). 但是在这种情况下,两个圆可以用在它们的对称轴上的反射来互相变换,这种反射可以看作反演的极限情形.

类似地,有两种反演把不相切的圆与直线互相变换. 这两种反演的中心垂直于此直线的圆的直径的两个端点(见性质 B_2 与 B_3 的证明). 如果一个圆与一条直线彼此相切,那么只有一种反演把两者互相变换.

两条直线不能用反演互相变换,但能用在直线上的反射互相交换. 如果两条直线不平行,那么有两种这样的反射(它们的轴是两条直线夹角的两条垂直平分线),如果两条直线平行,那么它们只有一种这样的反射.

C. 反演保持两个圆之间的角(或圆与直线之间的角,或两条直线之间的角)不变.

假设两个圆之一在通过反演中心的一条直线上. 如果第 2 个图形也是一条直线,那么为了证明性质 C,研究图 1.13(a),其中 Q 是圆 S 的圆心,S 是第 2 条直线 l 的像,$A'T$ 是圆 S 在点 A' 的切线. 显然

$$\angle TA'O = 90° - \angle OA'Q = 90° - \angle A'OQ = \angle PAO$$

(见反演性质 B_2 与 B_3 的证明). 如果第 2 个图形是一个圆,那么为了证明性质 C,研究图 1.13(b),其中 Q 与 Q' 分别是圆 S 与圆 S' 的圆心,AT 是圆 S 在点 A 的切线(A_1T_1 是圆 S 在点 A_1 的切线),$A'T'$ 是圆 S' 在点 A' 的切线. 显然

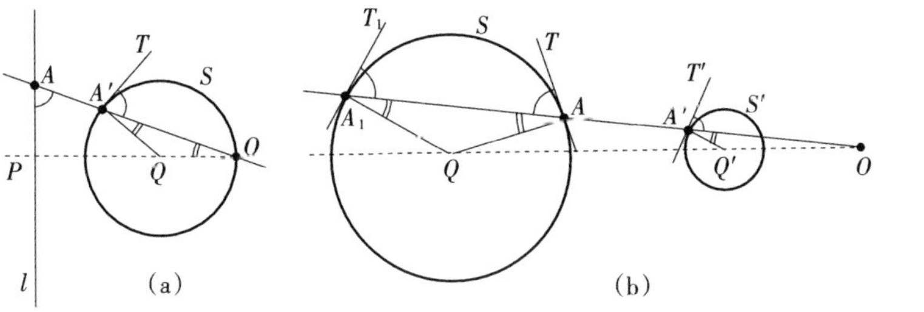

图 1.13

$$\angle Q'A'O = \angle QA_1O = \angle QAA_1$$

$$\angle TAA_1 = 90° - \angle QAA_1 = 90° - \angle QA_1A = 90° - \angle Q'A'O = \angle T'A'O$$

(见反演性质 B_4 的证明).

现在研究两个相交于点 A 的圆 S_1 与圆 S_2 的情形. 令它们在反演下的像是相交于点 A' 的圆 S_1' 与圆 S_2'. 令 AT_1 与 AT_2 分别是 S_1 与 S_2 在点 A 的切线, 令 $A'T_1'$ 与 $A'T_2'$ 分别是 S_1' 与 S_2' 在点 A' 的切线(图 1.14). 由此容易推出

$$\angle T_1'A'O=\angle T_1AO, \angle T_2'A'O=\angle T_2AO$$

于是

$$\angle T_1'A'T_2'=\angle T_1AT_2$$

这就是所要证明的.

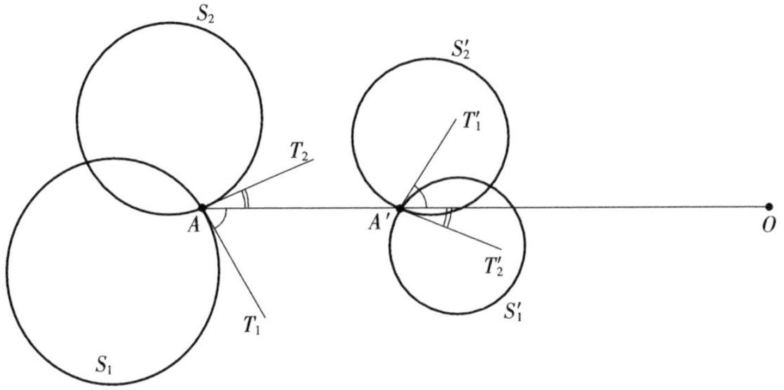

图 1.14

两个相切圆(或一条直线切于一个圆) 之间的角等于零. 如果切点不是反演中心, 那么性质 C 蕴涵两个相切圆与一条直线切于一个圆在反演下的像分别是两个相切圆与一条直线切于一个圆. 如果切点是反演中心, 那么所讨论的每个像都是一对平行线(图 1.15).

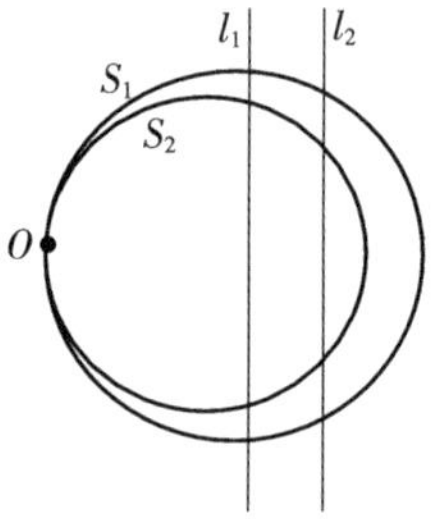

图 1.15

反演使两个圆之间(或两条直线之间, 或直线与圆之间) 的角的方向相反(在这一点上它类似于在直线上的反射)(图 1.16(a) 与图 1.16(b)). 特别地, 令 S_1 与 S_2 是相交于点 A 的两个圆. 令这两个圆在点 A 相应的切线是 AT_1 与 AT_2, 令 AT_1 在绕 A 逆时针方向旋转 α 角后变为 AT_2, 则这个图形在反演下的像是由相交于点 A' 的圆 S_1' 与圆 S_2' 组成, 圆 S_1' 在点 A' 的切线 $A'T_1'$ 在绕 A' 顺时针方向旋转 α 角后变为圆 S_2' 在点 A' 的切线 $A'T_2'$(图 1.16(a) 与 1.16(b)).

所谓曲线γ在点M处的切线指的是割线MM_1在M_1趋向于M时的极限位置(图 1.17(a)). 所谓相交于某一点的两条曲线之间的角指的是它们在这一点两条切线之间的角(图 1.17(b)). 容易证明,反演使两条相交曲线变成新的两条相交曲线,使新的两条相交曲线之间的角和原来两条相交曲线之间的角相同(换言之,反演保持两条曲线之间的角不变).[7]

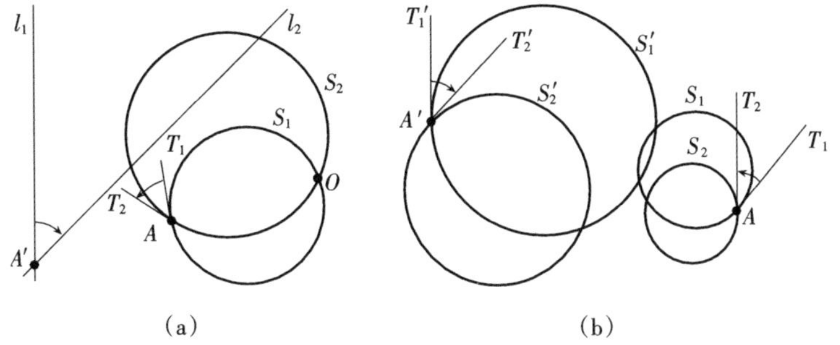

图 1.16

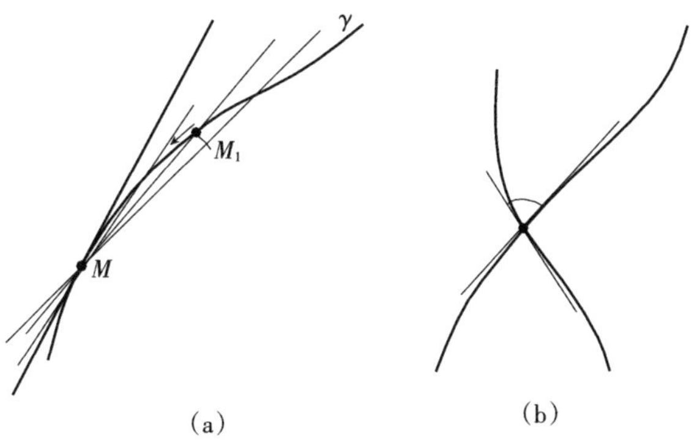

图 1.17

事实上,令γ是一条曲线,γ'是它在中心O与幂k的反演下的像. 令M与M_1是γ上靠近的两个点,在γ'上分别有像M'与M_1'(图 1.18(a)). 因为$OM_1'/OM' = OM/OM_1$(这个等式由$OM \cdot OM' = OM_1 \cdot OM_1' = k$推出),所以$\triangle OMM_1 \backsim \triangle OM_1'M'$. 因此$\angle M_1MO = \angle M'M_1'O$. 如果$M_1$趋向于$M$,那么$\angle OMM_1$趋向于由$\gamma$在$M$上的切线$MT$与直线$OM$所成的$\angle OMT$,$\angle OM_1'M'$趋向于由$\gamma'$在$M'$上的切线$M'T'$与直线$OM'$所成的$\angle OM'T'$. 正如我们在证明性质 C 时所做的讨论,从切线$MT$与$M'T'$所成的角等于$\gamma$与$\gamma'$和直线$OMM'$所成的角推出(图 1.18(a)),反演保持两条曲线之间的角不变(图 1.18(b)).

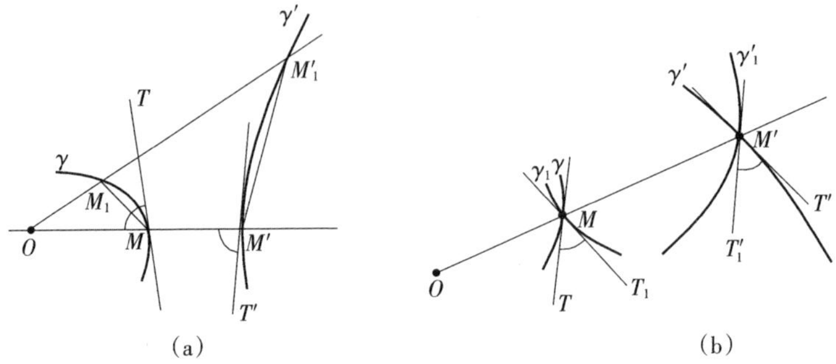

图 1.18

我们指出，反演（在圆上的反射）的性质 B 与 C 对在直线上的反射成立. 在圆上的反射的性质 A 类似于以下在直线上的反射的性质：在直线上的反射保持 l 固定并交换平面被 l 分成的两个半平面.

以下问题的解答依据反演性质 A，B 与 C.

习　题

1. 令 S 是一个和两个圆 S_1 和 S_2 相切的圆. 证明：联结切点的直线通过两个圆的相似中心.

2. 令 A 与 B 是圆 S 上两个已知点. 研究分别和 S 相切于 A 与 B 的所有各对圆 S_1 与 S_2，并且：(1) 彼此相切；(2) 互相垂直.

在(1) 中求切点的轨迹，在(2) 中求 S_1 与 S_2 交点的轨迹.

3. 令 A,B,C,D 是既不共线又不共圆的 4 点. 证明：$\triangle ABC$ 与 $\triangle ABD$ 的外接圆之间的角等于 $\triangle CDA$ 与 $\triangle CDB$ 的外接圆之间的角.

4. 令 S_1,S_2 与 S 是含共线直径 AM,MB 与 AB 的半圆(图 1.19). 在点 M 作直线 AB 的垂线 MD，并在曲线 ADM 与 BDM 内作内切圆 Σ_1 与 Σ_2. 证明：

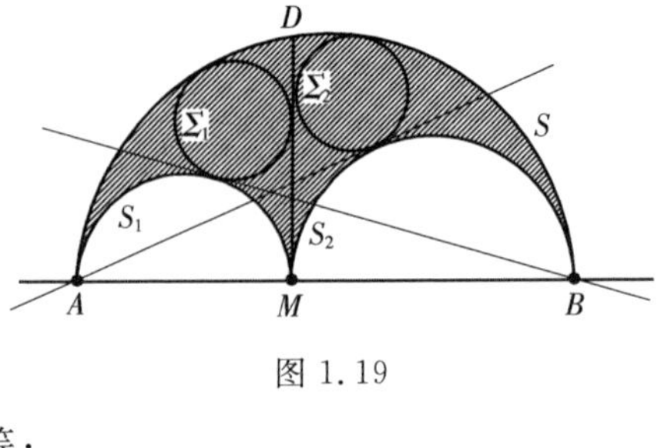

图 1.19

(1)Σ_1 与 Σ_2 全等；

(2)Σ_1 与 S_1 在它们切点的共同切线通过 B，Σ_2 与 S_2 在它们切点的共同切线通过 A.

5. 证明：如果四个圆 S_1,S_2,S_3 与 S_4 中每一个都和与它相邻的圆相切(例如，S_1 的相邻圆是 S_2 与 S_4)，那么 4 个切点共圆；在图 1.20 中，它们在圆 Σ 上.

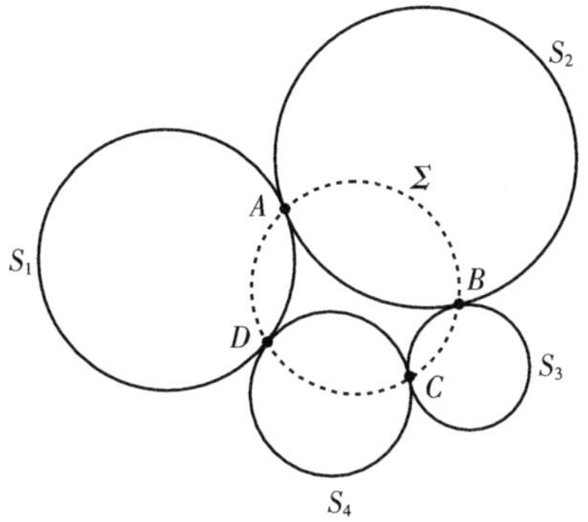

图 1.20

6. (1) 已知 6 个共面点 $A_1, A_2, A_3; B_1, B_2, B_3$. 证明：如果 $\triangle A_1A_2B_3$，$\triangle A_1A_3B_2$ 与 $\triangle A_2A_3B_1$ 的外接圆相交于一点，那么 $\triangle B_1B_2A_3$，$\triangle B_1B_3A_2$ 与 $\triangle B_2B_3A_1$ 的外接圆也相交于一点，见图 1.36(a).

(2) 已知 4 个圆 S_1, S_2, S_3 与 S_4 两两相交：S_1 与 S_2 相交于点 A_1 与 A_2，S_2 与 S_3 相交于点 B_1 与 B_2，S_3 与 S_4 相交于点 C_1 与 C_2，S_4 与 S_1 相交于点 D_1 与 D_2(图 1.21(a)). 证明：如果 A_1, B_1, C_1 与 D_1 在一个圆 Σ(一条直线) 上，那么 A_2, B_2，C_2 与 D_2 也在一个圆 Σ'(一条直线) 上.

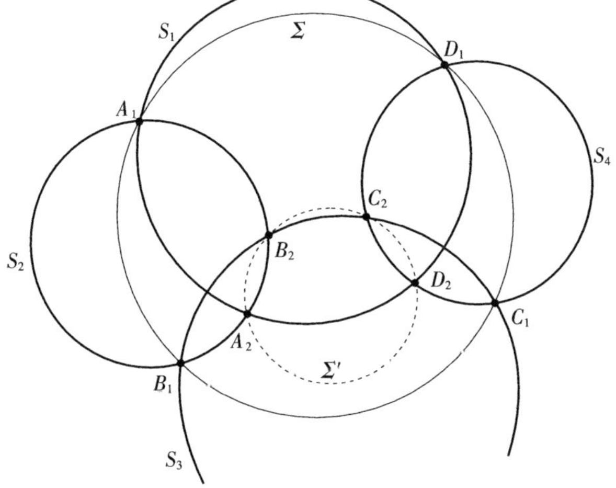

(a)

图 1.21

(3) 已知 6 个共面点 $A_1, A_2; B_1, B_2; C_1, C_2$. 证明：如果 $\triangle A_1B_1C_1$，$\triangle A_1B_2C_2$，$\triangle A_2B_1C_2$ 与 $\triangle A_2B_2C_1$ 的外接圆 S_1, S_2, S_3 与 S_4 相交于一点

(图 1.21(b) 中的点 O),那么 $\triangle A_1B_1C_2$,$\triangle A_1B_2C_1$,$\triangle A_2B_1C_1$ 与 $\triangle A_2B_2C_2$ 的外接圆也相交于一点(图 1.21(b) 中的点 O').

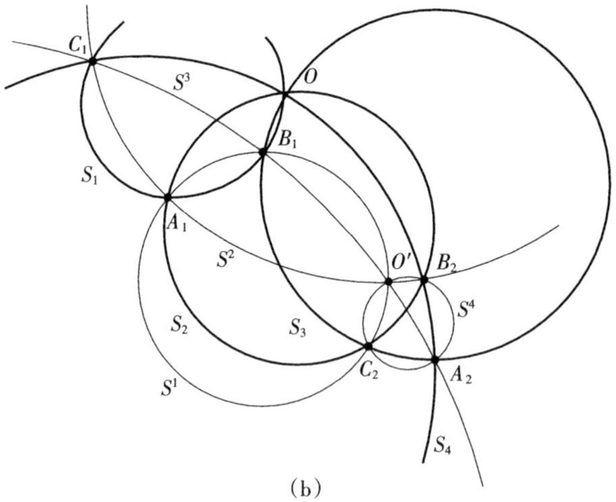

(b)

续图 1.21

7.(1) 我们称平面上 n 条直线处在一般位置上,如果其中没有 2 条平行,且没有 3 条共点.

我们将把 2 条处在一般位置上的直线(即 2 条相交线) 的交点称为它们的中心点(图 1.22(a)).

把处在一般位置上的3条直线中的每一条逐次移动,我们得出3对直线.我们把通过这 3 对直线的 3 个中心点的圆称为 3 条直线的中心圆(显然,3 条直线的中心圆是由 3 条直线构成的三角形的外接圆(图 1.22(b)).)

把处在一般位置上的 4 条直线中的每一条逐次移动,我们得出 4 条三重直线.证明:这些三重直线的 4 个中心圆相交于一点(图 1.22(c)).[8] 我们称这个点为 4 条直线的中心点.

把处在一般位置上的 5 条直线中的每一条逐次移动,我们得出 5 条四重直线.证明:这些四重直线的中心点在一个圆上(图 1.22(d)).我们称这个圆为 5 条直线的中心圆.[9]

完全一般地,把处在一般位置上的 n 条直线中的每一条逐次移动,n 为奇数时,我们得出一组 $n-1$ 条直线的 n 个中心点.证明:这 n 个中心点在一个圆上,即在 n 条直线的中心圆上.n 为偶数时,与每组 $n-1$ 条直线的所有可能组有关的 n 个中心圆对应于处于一般位置上的每 n 条直线.证明:这 n 个圆常相交于一点,即 n 条直线的中心点.

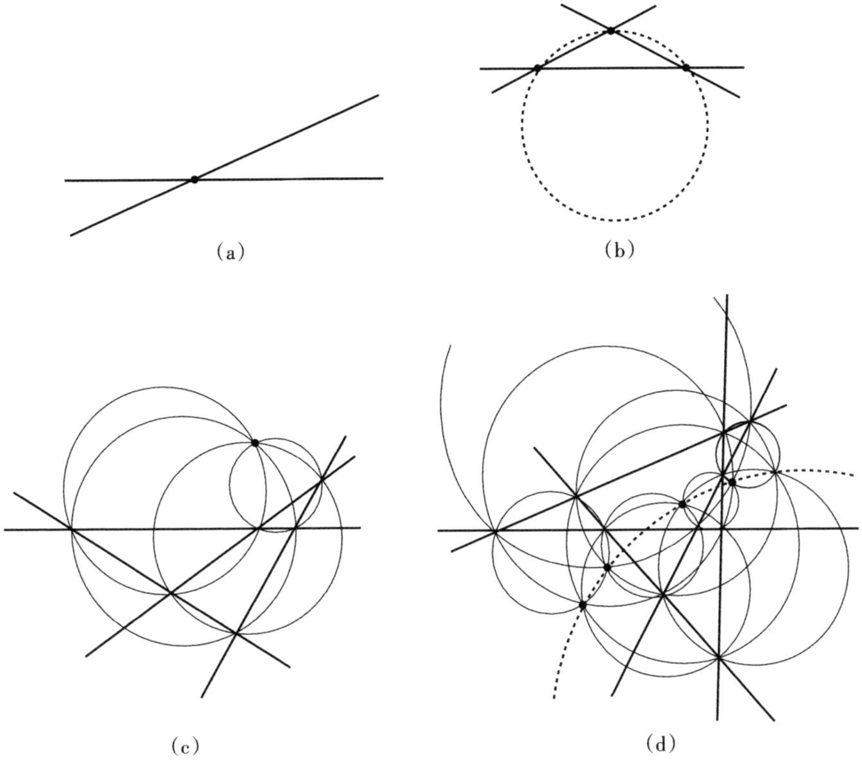

图 1.22

(2) 通过两条相交直线上的两个点且通过它们交点的圆称为这两条直线的有向圆(图 1.23(a)).

首先,研究处在一般位置上的三条直线,其中每条直线有一个已知点.利用逐次移动三条直线中的每一条,我们得出 3 对直线.证明:这 3 对直线的有向圆相交于一点,即三条直线的有向点(图 1.23(b)).[10]

其次,我们研究处在一般位置上的四条直线,其中每条直线有一已知点.我们要求这些点共圆.利用逐次移动四条直线中的每一条,我们得到 4 条三重直线,于是有 4 条三重直线的 4 个有向点.证明:这 4 个点在一个圆上,即在 4 条直线的有向圆上(图 1.23(c)).[11]

一般地,利用逐次移动已知 n 条直线中的每一条将得出以下结果:

n 个圆,即一组 $n-1$ 条直线(其中每一条有一个已知点)的有向圆对应于处在一般位置上的奇数 n 条直线,使每条直线有一个已知点,且所有已知点共圆.证明:这 n 个圆相交于一点,称为 n 条直线的有向点.n 个点对应于处在一般位置上的偶数 n 条直线,使每条直线有一个已知点,且所有已知点共圆.证明:这 n 个点在一个圆上,即在 n 条直线的有向圆上.

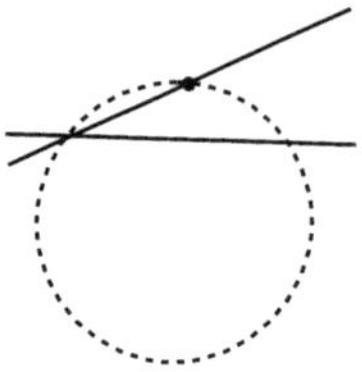

(a)

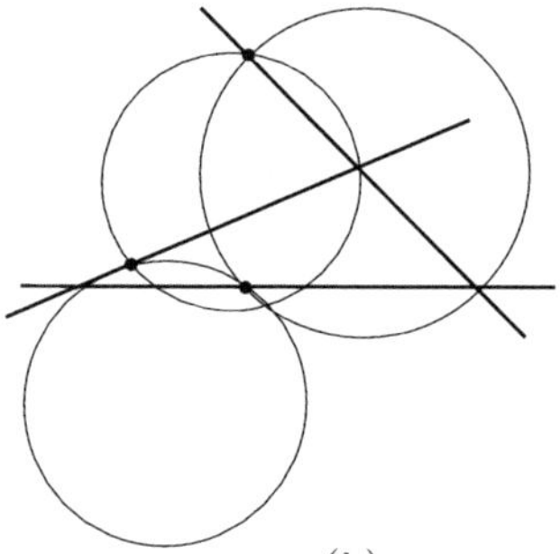

(b)

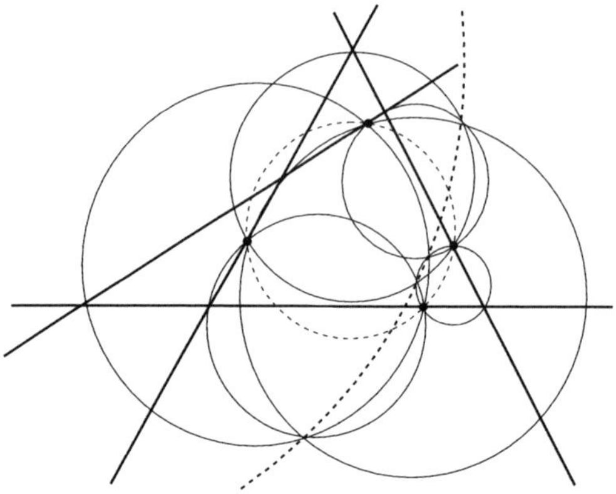

(c)

图 1.23

在问题 7(1) 与 7(2) 中，假设已知 n 条直线处在一般位置上．我们指出这个假设不是基本的．

8.(1) 证明：以下是关于三角形外接圆与内切圆的半径 R 与 r 及两个圆心之间距离 d 的关系式

$$\frac{1}{R+d}+\frac{1}{R-d}=\frac{1}{r} \qquad (*)$$

反之，如果两个圆的半径 R 与 r 及它们圆心之间的距离 d 满足关系式$(*)$，那么这两个圆可以看作一个三角形的外接圆与内切圆(事实上，有无限多个三角形；我们可以取较大圆上的任一点作为这种三角形的顶点(图 1.24))．

(2) 证明：以下是关于三角形的外接圆与内切圆的半径 R 与 r 及它们的圆心之间距离 d_1 的关系式

$$\frac{1}{d_1-R}-\frac{1}{d_1+R}=\frac{1}{r_1}$$

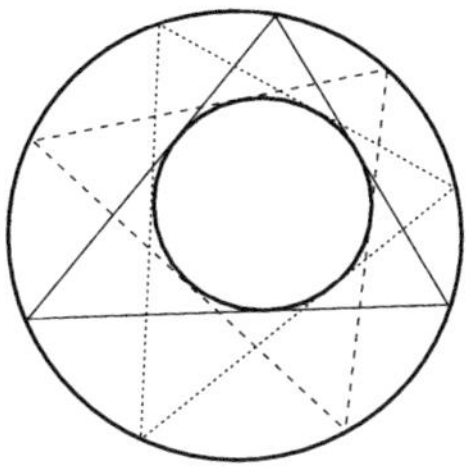

图 1.24

注 问题 8(1) 与 8(2) 中的公式可以改写为以下简单形式

$$d^2=R^2-2Rr, d_1^2=R^2+2Rr_1$$

9.(1) 四边形 $ABCD$ 外切于一个圆且内接于另一个圆. 证明:联结四边形对边与内切圆切点所成的直线互相垂直.

(2) 证明:四边形的外接圆与内切圆的半径 R 与 r 及它们的圆心之间的距离 d 以下列关系式联系起来

$$\frac{1}{(R+d)^2}+\frac{1}{(R-d)^2}=\frac{1}{r^2} \qquad (**)$$

反之,如果两圆的半径 R 与 r 及它们的圆心之间的距离 d 满足关系式(**),那么这些圆可以看作一个四边形的外接圆与内切圆(事实上,有无限多个这样的四边形;可以取较大圆上的任一点作为这种四边形的顶点(图 1.25)).

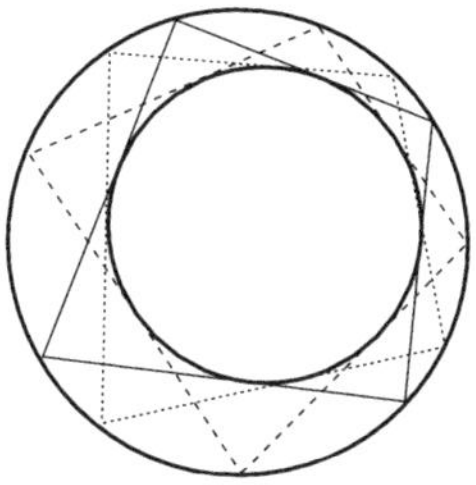

图 1.25

问题 8(1) 与 9(2) 中的结论证明,既没有 n($n=3$ 或 $n=4$) 边形外切于两已知圆之一且内接于另一已知圆,又没有无限多个这样的 n 边形. 我们可以证明,这个命题对任何 $n>4$ 也成立.

10. 证明:三角形的内切圆半径 r 不能超过外接圆半径 R 的一半,当且仅当三角形是等边三角形时等式 $r=R/2$ 成立.

11. 证明:三角形的九点圆(见《几何变换(Ⅱ)》) 和一个内切圆与 3 个外切圆相切(图 1.26).

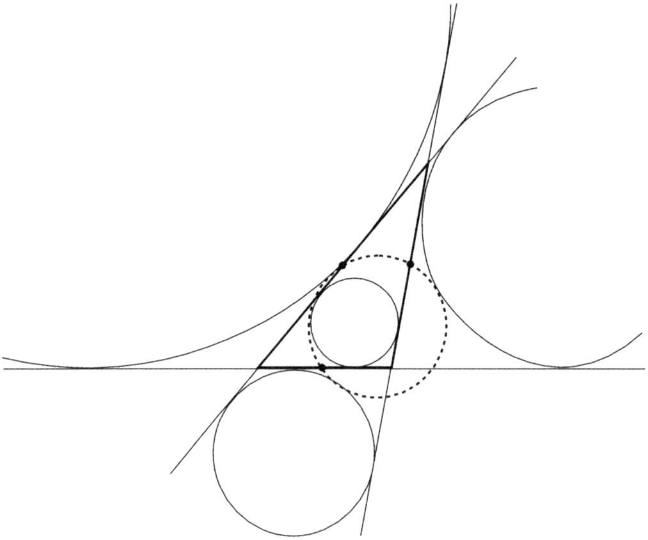

图 1.26

12. 利用反演性质以 3 个相似中心定理(《几何变换(Ⅱ)》) 来推导帕斯卡(Pascal) 定理(《几何变换(Ⅲ)》中问题 46).

我们来证明以下定理,它经常被用来解本书后面的问题.

定理 2 任意两个圆或一条直线与一个圆都可以用反演变为两条(相交或平行) 直线或两个同心圆.

证 一个圆 S 常可以利用它的任一点作为反演中心翻转成直线(见性质 C). 如果我们利用它的任一点作为反演中心来翻转直线,那么直线变为它本身. 由此推出,如果两个圆或一条直线与一个圆有一个公共点,那么以这个公共点为中心作反演,可以把任意一对图形变为一对直线. 更明确地说,如果一对图形彼此相切,那么两条直线的像平行(图 1.27(a)),如果它们共用另一点,那么在反演下,两条直线的像相交于它反演的像上(图 1.27(b)).

还需要证明,不互相影响的两个圆或没有公共点的一条直线与一个圆可以变为两个同心圆. 证明如下:

设圆 S 与直线 l 没有公共点(图 1.28). 过 S 的圆心作 l 的垂线 o,记垂足为 P. 以 P 为圆心与从 P 到 S 的切线 PQ 长为半径作圆 $\overline{S}$;显然 $\overline{S}$ 垂直于 S 与 l 两者. 研究一反演,使它的中心 O 是 $\overline{S}$ 与 o 的交点之一. 在这一反演下,o 变为它本身(反演性质 B_1),$\overline{S}$ 变为直线 $\overline{S}'$(性质 B_3). 直线 l 与圆 S 变为两圆 l' 与 S'(性质 B_2 与 B_4),它们两者都垂直于 o 及 $\overline{S}'$(性质 C). 但是如果一个圆垂直于一条直线,那么它的圆心在这条直线上. 因此两圆 l' 与 S' 的圆心在直线 o 与 $\overline{S}'$ 上,即与它们的交点重合.这证明了正如论断那样,我们的反演把圆 S 与直线 l 变为两个同心圆.

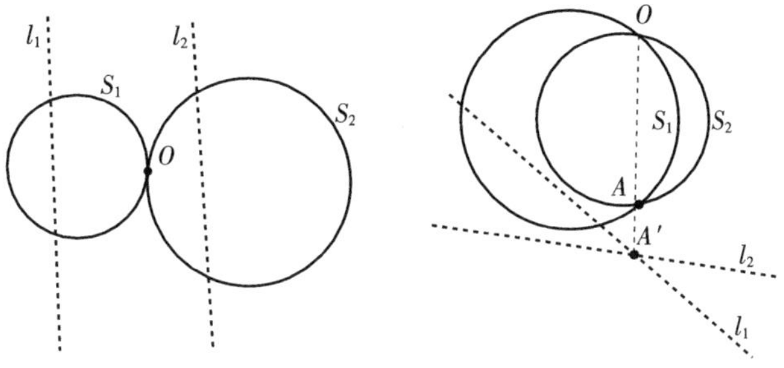

(a)　　　　　　(b)

图 1.27

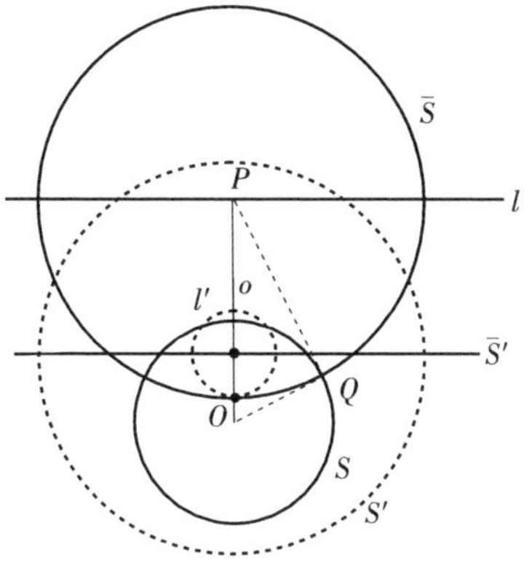

图 1.28

我们用类似的论证可以证明,用反演可以把圆 S_1 与圆 S_2 变为两个同心圆.首先证明有一个圆 S,圆心在直线 o 上,且此直线由这个圆心确定,并垂直于两个圆 S_1 与 S_2.所以一个反演 ,其中心 A 是 S_2 与 o 的交点.这个反演把不相交的圆 S_1 与 S_2 变为2个不相交图形,即圆 $\overline{S}_1$ 与直线 $\overline{S}_2$(图 1.29(a)).令 $\overline{S}$ 是一个圆,其圆心是直线 o 与 $\overline{S}_2$ 的交点,半径等于从 P 到 $\overline{S}_1$ 的切线长;圆 S 是 $\overline{S}$ 在这个反演下的像.因为 $\overline{S}$ 垂直于圆 $\overline{S}_1$ 与直线 $\overline{S}_2$(见以上内容),所以从反演性质C推出,S 垂直于 S_1 与 S_2.

我们现在需要应用一个反演,其中心 O 是圆 S 与直线 o 的交点.同前,我们证明这个反演把两个圆 S_1 与 S_2 变为两个同心圆 S_1' 与 S_2'(它们的共同圆心是直线 o 与直线 S' 的交点;图 1.29(b)).

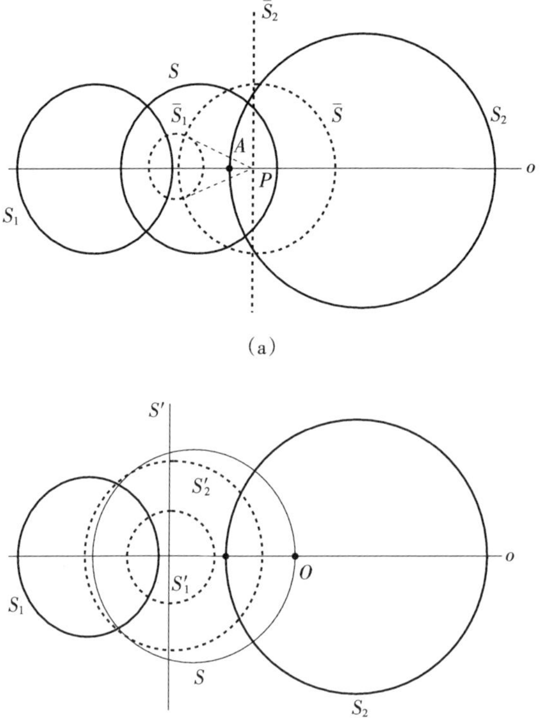

(a)

(b)

图 1.29

习　题

13. 令 Σ_1 与 Σ_2 是两个内切圆. 圆序列 $S_0, S_1, S_2, \cdots$ 内切于由 Σ_1 与 Σ_2 构成的图形(图 1.30). S_0 的圆心在由 Σ_1 与 Σ_2 的圆心所确定的直线 AB 上, S_n 与 S_{n-1} 相切($n=1,2,3,\cdots$). 令 $r_0, r_1, r_2, r_3, \cdots$ 分别表示圆 $S_0, S_1, S_2, S_3, \cdots$ 的半径, $d_0, d_1, d_2, d_3, \cdots$ 是它们的圆心到直线 AB 的距离.

(1) 证明: $d_n = 2nr_n$;

(2) 用 Σ_1 与 Σ_2 的半径 R_1 与 R_2 及数 n 表示 S_n 的半径 r_n.

14. 令 Σ_1 与 Σ_2 是两个相交圆. 令 $S_1, S_2, S_3, \cdots$ 是内切于由 Σ_1 与 Σ_2 构成的弓形中的圆(图 1.31). 令 $r_1, r_2, r_3, \cdots$ 分别表示圆 $S_1, S_2, S_3, \cdots$ 的半径, $d_1, d_2, d_3, \cdots$ 是它们的圆心到 Σ_1 与 Σ_2 的公共弦 AB 的距离. 证明

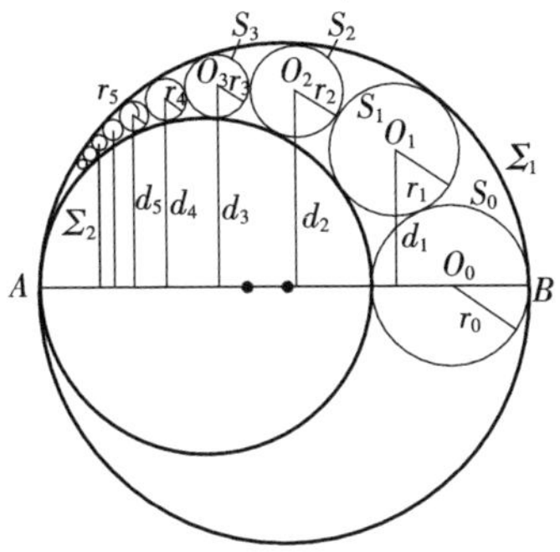

图 1.30

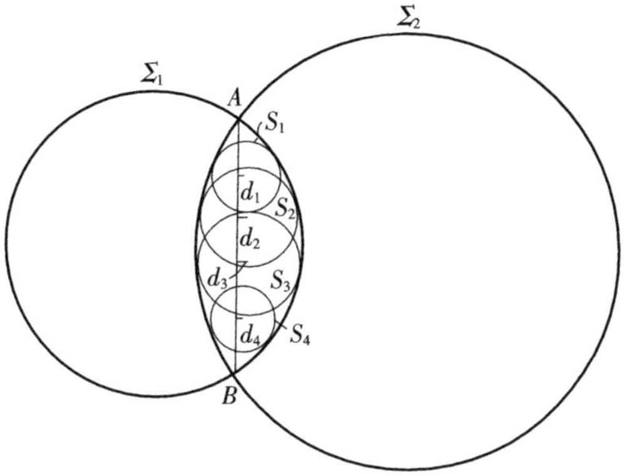

图 1.31

$$\frac{r_1}{d_1}=\frac{r_2}{d_2}=\frac{r_3}{d_3}=\cdots=\sigma$$

σ 的几何意义是什么？

15. 令 $S_0,S_1,S_2,S_3,\cdots$ 是内切于半圆 Σ 和它的直径 AB 的诸圆(图 1.32). 以 $R,r_0,r_1,r_2,r_3,\cdots$ 分别表示圆 $\Sigma,S_0,S_1,S_2,S_3,\cdots$ 的半径，以 $1/t_0,1/t_1,1/t_2,\cdots$ 分别表示比值 $r_0/R,r_1/R,r_2/R,\cdots$.

(1) 用半径 R 与数 n 表示圆 S_n 的半径 r_n.

(2) 证明

$$t_0=2,t_1=4,t_2=18,t_3=100,t_4=578,\cdots$$

更一般地，$t_n(n\geqslant 2)$ 是可由简单公式

$$t_n=6t_{n-1}-t_{n-2}-4$$

表示的整数.

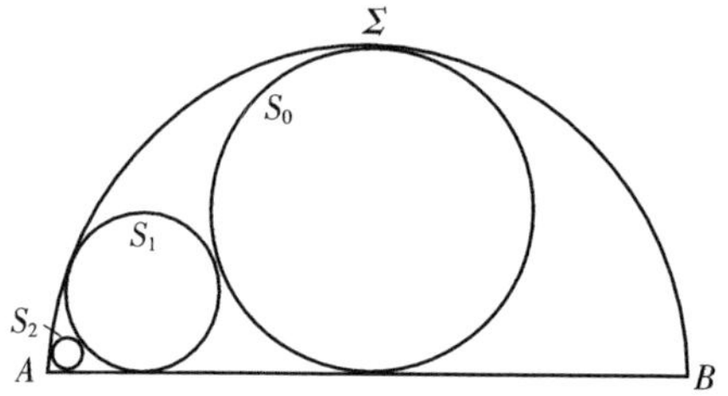

图 1.32

16. 圆链是一个有限多个圆 $S_1, S_2, S_3, \cdots$ 的集合，其中每个圆和两个不相交圆(称为链的基圆)与其他两个圆相切(图 1.33(a) 与 1.33(b)). 显然，如果两个圆 Σ_1 与 Σ_2 之一在另一个圆的内部，那么链中诸圆以不同方式与它们相切(与一个圆外切，与另一个圆内切；图 1.33(a)). 如果两个圆 Σ_1 与 Σ_2 中每一个圆在另一个圆的外部，那么链中诸圆以相同方式与它们相切(与两者外切或内切；图 1.33(b)). 证明：

(1) 如果 Σ_1 与 Σ_2 是链的基圆，那么它们是无限多个链的基圆，其中每个链包含一样多的圆与原始链. (更确切地说，任意一个与 Σ_1 及 Σ_2 相切的圆(如果这些圆中的一个在另一个内部，那么以不同方式相切；如果这些圆中的一个在另一个外部，那么以相同方式相切) 都被包含在具有基圆 Σ_1 与 Σ_2 的链中.)

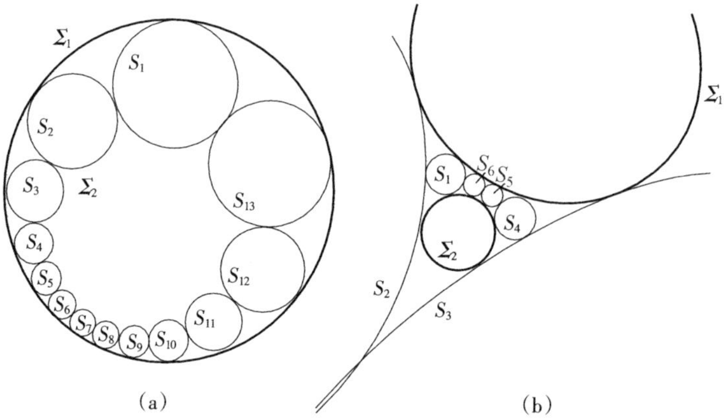

图 1.33

(2) 为使两个不相交圆 Σ_1 与 Σ_2 是一个圆链(因此是无限多个圆链，见问题(1)) 的基圆，充分必要条件是两个圆 S^1 与 S^2 之间的角是可测量的，其中 S^1, S^2 在 Σ_1, Σ_2 和其圆心确定的直线交点上与 Σ_1, Σ_2 相切. 此处当 Σ_1 与 Σ_2 中的一个在另一个的内部时，S^1 与 S^2 应当以相同的方式与 Σ_1, Σ_2 相切(图 1.34(a))，当 Σ_1, Σ_2 中的一个在另一个的外部时，S^1, S^2 应当以不同的方式与 Σ_1, Σ_2 相切(图 1.34(b)). 更确切地说，如果

$$\alpha=\frac{m}{n}\cdot 360^{\circ}$$

那么 Σ_1,Σ_2 可以作为含 n 个圆的链的基圆. 此外,链中各圆与 Σ_1(或 Σ_2) 的切点通过 Σ_1(或 Σ_2)m 次,次序与链中各圆的次序相同(在图 1.33(a) 与 1.33(b) 中,$m=1$). 比值 m/n 称为链的特征数.

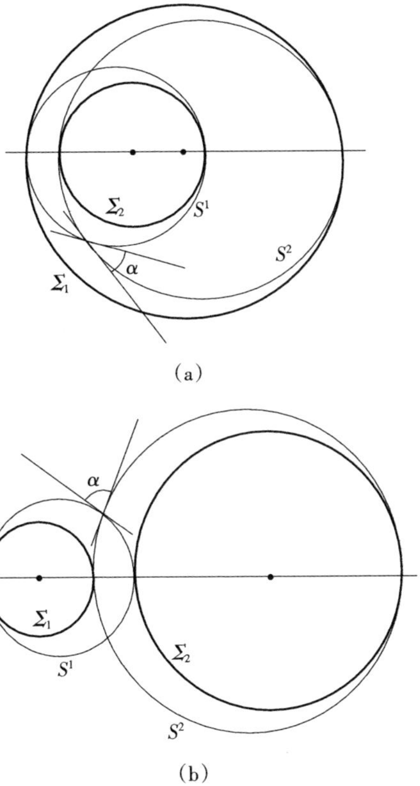

图 1.34

(3) 设含基圆 Σ_1,Σ_2 的链包含偶数个圆 S_1,S_2,$\cdots$,S_{2n},则链的"对应"圆 S_1 与 S_{n+1} 也可以作为链的基圆(图 1.35). 此外,如果含基圆 Σ_1,Σ_2 的链的特征数是 m/n(见(2) 部分),含基圆 S_1,S_{n+1} 的链的特征数是 m'/n',那么

$$\frac{m}{n}+\frac{m'}{n'}=\frac{1}{2}$$

我们以注意以下情形来结束本章:

平面上存在特征("特异") 点(反演中心),它在反演下不变为任一点,为确定起见,称为(至今被忽视的) 约定点. 例如,问题 6(1) 中所述的条件不完全正确:$\triangle A_1A_2B_3$,$\triangle A_1A_3B_2$,$\triangle A_2A_3B_1$ 的外接圆相交于一点, 并不蕴涵 $\triangle B_1B_2A_3$,$\triangle B_1B_3A_2$,$\triangle B_2B_3A_1$ 的外接圆存在,可能为三元点组 B_1,B_2,A_3;

B_1, B_3, A_2；B_2, B_3, A_1 之一(或可能其中所有 3 组)是共线的. 问题的正确表述如下：

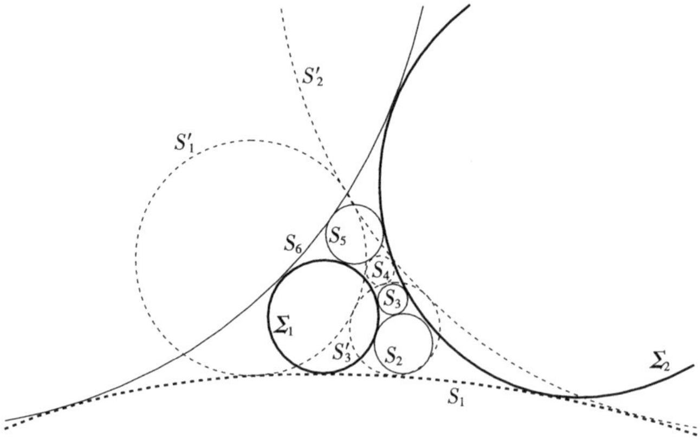

图 1.35

如果 $\triangle A_1A_2B_3$，$\triangle A_1A_3B_2$ 与 $\triangle A_2A_3B_1$ 的外接圆相交于一点，那么或者 $\triangle B_1B_2A_3$，$\triangle B_1B_3A_2$ 与 $\triangle B_2B_3A_1$ 的外接圆相交于一点(图 1.36(a))，此外这些圆中的一个或两个可能是“半径为无限大的圆”，即直线(图 1.36(b))，或者三元点组 B_1, B_2, A_3；B_1, B_3, A_2 与 B_2, B_3, A_1 中的每一组是共线的(图 1.36(c)). 在以前一些问题的表述中也要求类似的约定.

在射影变换情形下处理问题就不需要这样的约定，即引入一个虚构的“无穷远点”，它在反演下变为圆心为 O 的圆 Σ，并且在这个反演下它是 O 的像.[12](注意，利用适当的约定，我们可以把反演性质 D 推广到诸点之一(初始点或被变换点)是“无穷远点”的情形，见《几何变换(Ⅲ)》). 我们还要记住，在讨论反演时，术语“圆”表示通常的圆与直线(它被看作“半径为无限大的圆”及“通过无穷远点的圆”).

提起问题 6(1)，正如刚才所指出，我们可以设三元点组 A_1, A_2, B_3；A_1, A_3, B_2 与 A_2, A_3, B_1 中一组、两组或三组共线. 在最后一种情形中，我们不要求 3 条直线相交于一点(任何 3 条直线相交于“无穷远点”).

引入这些约定就不需要对问题 7(1) 与 7(2) 中直线的配置做出约定，另外，在问题 7(2) 中，我们可以设在直线上选取的点是共圆或共线的. 特别地，如果三条直线 l_1, l_2 与 l_3 相交于点 A，那么这个点可以看作它们的中心圆(“半径为无限大的圆”)；如果三条直线 l_1, l_2 与 l_3 中的两条直线平行，那么这三条直线中的第 3 条应当看作它们的中心圆(“半径为无限大的圆”)；如果三条直线 l_1, l_2 与 l_3 都平行，那么平面上的无穷远点应当看作它们的中心圆. 如果采用这些约定，那么问题 7(1) 中的结论对所研究的 n 条直线在或不在一般位置都成立.

$n=2k$ 条直线的中心点可以是有限或无限的；$n=2k+1$ 条直线的中心圆可以是通常的圆、点（“半径为 0 的圆”；特别地，它是平面上“无穷远点”）或直线（“半径为无限大的圆”）.

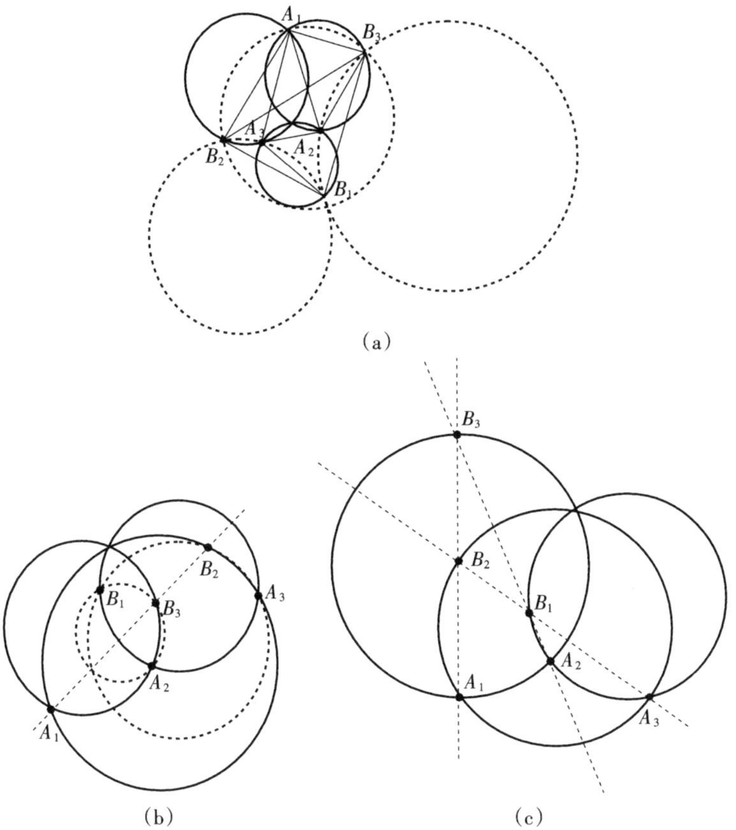

图 1.36

第 1 章的注解

[1]如果两个圆 S_1 与 S_2 相交于两点 A 与 B，那么显然，S_1 与 S_2 在点 A 处切线间的角等于 S_1 与 S_2 在点 B 处切线间的角（图 1.3(a)）. 类似地，如果直线 l 与圆 S 相交于两点 A 与 B，那么圆 S 在 A 与 B 的外切线与 l 形成相等角（图 1.3(b)）.

[2]容易看出，如果两点 A 与 A' 关于圆 S 对称，那么通过 A 与 A' 的任一圆垂直于 S（这与以下事实类似：通过两点 A 与 A' 且关于直线 l 对称的圆的圆心在这条直线上）.

[3]在圆上反射的这个新定义基本上十分接近第 1 章采用的在直线上反射的定义，参考《几何变换（Ⅰ）》.

[4]这个定义说明了为什么反演有时称为半径倒数的变换. 它还说明了术语“反演”有道理.

[5]把它与第 1 章含负相似比的中心相似定义相比较，参考《几何变换（Ⅱ）》.

[6]容易看出，如果 O 在 S 内部或反演的角度是负的（这两种情形不能同时发生），那么 S 与 S' 的相似比是负的（等于 $-\frac{k}{k'}$），即 A' 与 A_1 在 O 的不同侧.

[7]保持两条曲线间角不变的变换称为保形变换. 因此反演是保形变换.

[8]见《几何变换（Ⅱ）》.

[9]不难看出，这个命题类似于以下命题：

把一个（不一定是凸的）五边形每边的两条邻边延长到相交，并对所得的 5 个三角形分别作外接圆，那么相邻各圆的 5 个交点在同一个圆上，称这个圆为五边形各边的中心圆（图1.37）.

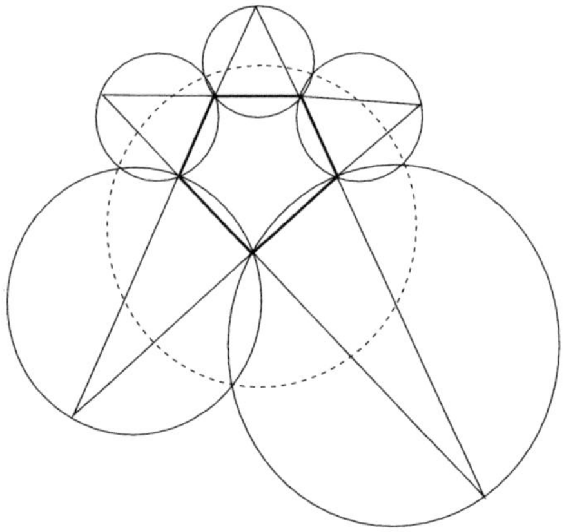

图 1.37

[10]见《几何变换（Ⅱ）》.

[11]不难看出，这个命题等价于以下命题：

如果在任意四边形的边上取 4 个共圆点，把每一点与邻近的点联结起来，作 4 个所得三角形的外接圆，那么相邻圆的 4 个交点在一个圆上，此圆称为四边形各边的有向圆（图 1.38）.

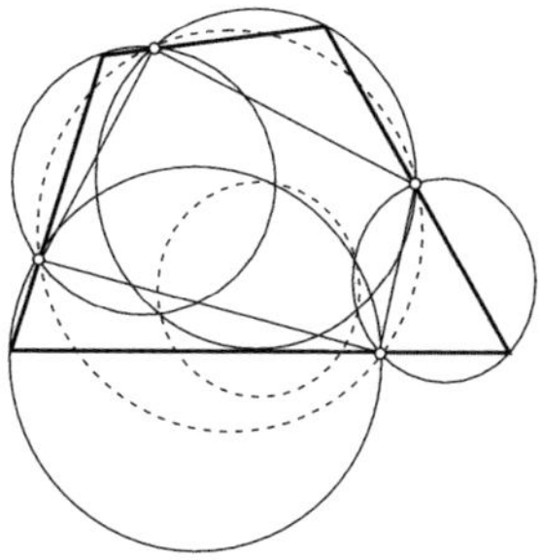

图 1.38

[12] 术语“无穷远点”与以下事实有关:如果点 M 任意地接近圆 Σ 的圆心 O,那么 M 关于圆 Σ 对称的点 M' 从 O 移动到无穷远处.

补充了一个虚构的“无穷远点”的平面称为保形平面或自反平面.

反演在解作图题中的应用

第 2 章

2.1 问题,只用圆规的作图

在本章中,我们研究一些作图题,它们的解答通过利用反演而简化.我们将依据以下事实:由含已知中心 O 与幂 k 的反演,经常可以用直尺与圆规,从已知图形作出要求的图形.例如图 2.1 表示点 A' 与已知点 A 关于圆 Σ 对称的作图.事实上,$\triangle OAP \backsim \triangle OPA'$,蕴涵

$$OA/OP = OP/OA'$$

于是

$$OA \cdot OA' = OP^2$$

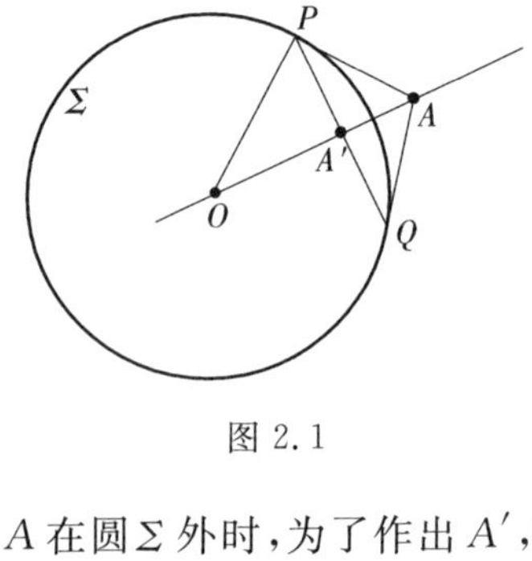

图 2.1

更确切地说,当 A 在圆 Σ 外时,为了作出 A',我们从 A 作圆 Σ 的切线 AP 与 AQ,A' 是直线 OA 与 PQ 的交点.当 A 在圆 Σ

内时,为了作出 A',我们先作 OA 的垂线,后作圆 Σ 在 P 与 Q 处的切线,P 与 Q 是垂线和圆 Σ 的交点.所要求的点 A' 是 OA 与圆 Σ 在 P,Q 处两条切线的交点(假设图 2.1 中 A 与 A' 的位置是可交换的).

为了作与已知圆或直线 S 关于圆 Σ 对称的圆或直线 S',只要求出与 S 的任意三点 M,N 与 P 对称的三点 M',N' 与 P'.更简单的方法是利用反演性质 $B_1 \sim B_4$ 的证明.如果 S 是通过 O 的一条直线,那么 S' 与 S 重合.如果 S 是不通过 O 的直线,那么圆 S' 的直径是线段 OP',其中 P' 是 P 关于圆 Σ 的对称点,是从 O 到 S 的垂线的垂足(图 1.10(a)).如果 S 是通过 O 的一个圆,OP 是圆 S 的直径,那么 S' 垂直于 OP 且通过点 P',P' 是 P 关于 Σ 的对称点(图 1.10(b)).最后,如果 S 是不通过 O 的一个圆,A 是它上面的一个点,那么 S' 是与 S 关于相似中心 O 成中心相似的圆,并通过点 A',A' 是与 A 关于 Σ 对称的点(图 1.11).[1]

我们指出,利用直尺与圆规,容易完成以下反演:把已知圆变为直线,或者两个已知圆(或一条直线与一个圆)变为两条直线或两个同心圆(见第 1 章定理 2).事实上,为了把已知圆 S 变为一条直线,在 S 上选取一点作为反演中心.为了把两个圆(一条直线与一个圆)S_1 与 S_2 变为两条直线,在这两个圆上选取一个公共点作为反演中心.为了把圆 S 与不相交于 S 的直线 l 变为两个同心圆,把垂线 OP(从 S 的圆心到 l 的垂线)与圆心在 P 处、半径为从 P 到圆 S 切线长的圆 $\overline{S}$ 的交点取为反演中心(图 1.30).为了把不相交的圆 S_1 与 S_2 变为两个同心圆,把圆 S_1,S_2 的圆心连线与垂直于 S_1,S_2 的任一圆的交点取为反演中心.这个反演把 S 与 O_1O_2 变为两条直线,把圆 S_1,S_2 变为垂直于这两条直线的圆 S_1',S_2',即具有与这两条直线交点垂直的共同圆心的两个圆(见第 1 章定理 2 的证明).为了作垂直于圆 S_1 与 S_2 的圆 S,我们首先作垂直于圆 $\overline{S}_1$ 的圆 $\overline{S}$ 与直线 $\overline{S}_2$,即圆 S_1 与 S_2 在反演下的像,这个反演的中心是 O_1O_2 与 S_2 的交点;$\overline{S}$ 的圆心是 O_1O_2 与 $\overline{S}_2$ 的交点,它的半径等于从 P 到 S_2 的切线长(图 1.31(a));所要求的圆 S 是圆 $\overline{S}$ 在这个反演下的像,这个反演把 S_1,S_2 变为 $\overline{S}_1$,$\overline{S}_2$(图1.31(b)).[2]

含负幂的反演也容易用直尺与圆规来实现.这是因为这样的反演等价于含正幂的反演(在圆上的反射)用在点上的反射.

习　题

1.已知 $\angle MAN$ 与不在它上的点 O,通过 O 作一条直线与这个角的两边相交于点 X 与 Y,使乘积 $OX \cdot OY$ 是已知值 k.

2.在已知一平行四边形的内部作一内接平行四边形,使它有已知面积,且它的对角线间的角等于已知角.

3. 已知三点 A,B 与 C,通过 A 作直线 l,使:

(1) 从 B 与 C 到 l 的距离的乘积是已知值;

(2) 从 B 与 C 到 l 的距离的平方差是已知值.

4. 令 S 是已知圆,在 S 内作一 n 边形,使它的边通过 n 个已知点(或 n 边形的一些边有已知方向,且其余的边通过已知点),分别研究偶数 n 与奇数 n 的情形.

问题 4 出现在《几何变换(Ⅲ)》的其他内容中(问题 84).

2.2 包含圆作图的问题

习 题

5. 作一个圆:

(1) 通过两个已知点 A 与 B,且与已知圆(直线)S 相切;

(2) 通过已知点 A,且与两个已知圆(两条直线,或一个圆与一条直线)S_1 与 S_2 相切.

6. 作一个圆通过两个已知点 A,B,且:

(1) 垂直于已知圆(直线)S;

(2) 与已知圆 S 相交于对径点.

下面问题 8(1) 是问题 6(1) 的推广.

7. 作一个圆通过已知点 A,且:

(1) 垂直于两个已知圆(两条直线,或一条直线与一个圆)S_1 与 S_2;

(2) 垂直于一个已知圆(直线)S_1,并与另一个已知圆 S_2 相交于两个对径点;

(3) 与两个已知圆 S_1 与 S_2 相交于两个对径点.

下面问题 8(2) 是问题 7(1) 的推广.

8. 作一个圆:

(1) 通过两个已知点 A 与 B,并用已知角 α 分割一个已知圆(一条直线)S;

(2) 通过一个已知点 A,并用已知角 α 与 β 分割两个已知圆(两条直线,或一条直线与一个圆)S_1 与 S_2.

9. 已知三个圆(三条直线,或两个圆与一条直线,或两条直线与一个圆)S_1,S_2 与 S_3,作一个圆垂直于 S_1 与 S_2,且:

(1) 垂直于 S_3;

(2) 与 S_3 相切;

(3) 用已知角 α 分割 S_3.

下面的问题 11(1) 是问题 9(1)(2)(3) 的推广.

10. 已知三个圆(三条直线,或两个圆与一条直线,或两条直线与一个圆)S_1,S_2 与 S_3,作一个圆与 S_1,S_2 相切,且:

(1) 与 S_3 相切(阿波罗尼奥斯问题);

(2) 用已知角 α 分割 S_3.

下面的问题 11(1) 是问题 10(1)(2) 的推广.

阿波罗尼奥斯问题是作一个圆与已知三个圆 S_1,S_2,S_3 相切的问题. 这个著名问题有很多种解法,本书给出了其中一些解法(见问题 10(1) 的两种解法). 圆 S_1,S_2 与 S_3 换为点("半径为 0 的圆")或直线("半径为无限大的圆")的问题,被看作阿波罗尼奥斯问题的极限形式. 于是一个圆与一个点"相切"表示这个圆通过这一点. 这个较普遍的观点导致了阿波罗尼奥斯问题的以下十种变形:

作一个圆:

(1) 通过三个已知点;

(2) 通过两个已知点且与一条已知直线相切;

(3) 通过两个已知点且与一个已知圆相切;

(4) 通过一个已知点且与两条已知直线相切;

(5) 通过一个已知点且与一条已知直线和一个已知圆相切;

(6) 通过一个已知点且与两个已知圆相切;

(7) 与三条已知直线相切;

(8) 与两条已知直线和一个已知圆相切;

(9) 与一条已知直线和两个已知圆相切;

(10) 与三个已知圆相切.

在这十个问题中,问题(1) 与(7) 包含在小学课程中[3];问题(2)(4)(8) 包含在《几何变换(Ⅱ)》中;问题(3)(5) 与(6) 包含在问题 5(1) 与(2) 中. 最后,第 1 章中的问题 9 与 10(正式的阿波罗尼奥斯定理) 包含在问题 10(1) 中.

11. 已知三个圆 S_1,S_2 与 S_3,作圆 S,使:

(1)S 与 S_1,S_2,S_3 所成的角有已知大小 α,β 与 γ;

(2)S 与 S_1,S 与 S_2,S 与 S_3 的共同切线段有已知长度 a,b 与 c.

利用在圆上反射的性质,容易回答的只有用圆规来完成的那些初等几何作图问题. 作图题中通常假设是可以利用直尺与圆规两种工具的. 在某些情形下,我们可以省去圆规. 对于相关的例子,见第 1 章中问题 3(1)(2);本章问题 2(1)(2)(3);《几何变换(Ⅲ)》中问题 32(2). 在《几何变换(Ⅲ)》的 1.5 节中证明了,如果在"作图平面"上给定一个已知圆心的圆,那么所有能用直尺与圆规完成的作图就可以只用直尺完成，还有更惊人的有关只用圆规作图的结果. 原来只用圆规（不用直尺）可以完成利用直尺与圆规完成的所有作图[4]. 我们在下面的问题 12 ～16 中来证明这一点.（这个结果是 17 世纪荷兰数学家 G. 莫尔首先证明的，他的工作被人忘记了，后又被 18 世纪意大利数学家 L. 马斯凯罗尼所证明.）

习　题

12. 在平面上已知一条线段 AB，只利用圆规，画出 AB 的两倍长（即把 AB 向 B 外延长，在延长线上求一点 C，使 $AC=2AB$）.

问题 12 的解法蕴涵只利用圆规可以得出比已知线段 AB 长 n 倍的线段. 换言之，我们可以在 AB 向 B 外的延长线上求一点 C，使 $AC=nAB$. 例如，为作 AB 的三倍长，我们先在 AB 向 B 外的延长线上求 C'，使 $AC'=2AB$，后在 BC' 向 C' 的延长线上求 C，使 $BC=2BC'$，那么显然 $AC=3AB$（图 2.2）.

图 2.2

13. 在平面上给定一个已知圆心的圆 Σ 与点 A，只利用圆规求出一点 A' 与 A 关于 Σ 对称.

14. 在平面上已知圆 S，只用圆规求出它的圆心.

15. 只用圆规，通过不共线的三个点 A，B 与 C 作一个圆.

16. (1) 在平面上已知圆 Σ 与直线 l（l 可以只由它的两点 A 与 B 给出），只用圆规求圆 l' 与 l 关于 Σ 对称.

(2) 在平面上已知两圆 Σ 与 S，只用圆规求出圆（直线）S' 与 S 关于 Σ 对称.

问题 13，15 与 16(1)(2) 证明了以下断言是正确的：

每个可以用直尺与圆规完成的作图可以只用圆规来完成. 事实上，假设可以用直尺与圆规解答某些作图题. 令 F 是与这种作图题有关的图形. F 包含一些圆与直线. 如果我们在圆 Σ 上翻转 F，其中 Σ 的圆心不是 F 的圆或直线上的任一点，那么只用圆就得出新图形 F'. 我们将证明 F' 可以只用圆规作出.

F 的作图过程包含依次作出一些直线与圆. 我们把 F 的已知点变换为 F'（由问题 13，这只用圆规就可以完成）. 于是我们用与 F 作图一样的次序作出 F'. F 的每条直线 l 通过已在 F 上的定点 A 与 B. F' 上的圆 l' 对应于 F 上的 l，通过点 A' 与 B'（A' 与 B' 也对应于 A 与 B），且 l' 通过圆 Σ 的圆心 O. 在 F' 的作图过程中，A' 与 B' 的作图在 l' 的作图之前. 既然如此，l' 可以只用圆规作出（见问题 31）. F 的每个圆 S 利用它的已知圆心 Q 与半径 MN 作出.[5] 在 F' 的"依次"作图过程中，对应于 Q，M 与 N 的点 Q'，M' 与 N' 是在作圆 S' 之前作出的，S' 对应于F中的圆S. 由问题13与16(2)的结果知，可以只用圆规作出F中的点Q，M与N，然后作出圆S，最后作出要求的F'中的圆S'. 换言之，我们可以作出F'，它是由所要求图形F用已知反演得出的(F与F'中的每个图形可能只包含一点).

为了说明刚才所述的一般方法，我们详细地研究利用它的两个例子. 如图2.3(a)所示，为从点M到直线AB的垂线的常见作图. 这个作图预先假设可利用直尺与圆规. 为了只用圆规得出垂足P，我们研究图2.3(a)关于含圆心O的圆Σ对称的图2.3(b). 作点A，B与M关于Σ对称的点A'，B'与M'(问题13). 于是作出了圆心分别为A与B，半径分别为AM与BM的圆S_1与S_2；相交于M'与N'的圆S_1'与S_2'对应于S_1与S_2(容易得出圆S_1'与S_2'，见问题16(2)[6]). 图2.3(b)上的点P'可以作为圆$A'B'O$与$M'N'O$的交点得出，见问题15，所求的点P可以作为P'关于Σ的对称点得出(问题13).（显然，只用圆规可以作出垂线MP的很多点关于圆$M'N'O$的对称点，正如我们希望的那样. 但是，我们不能作出线段MP上的所有点.）

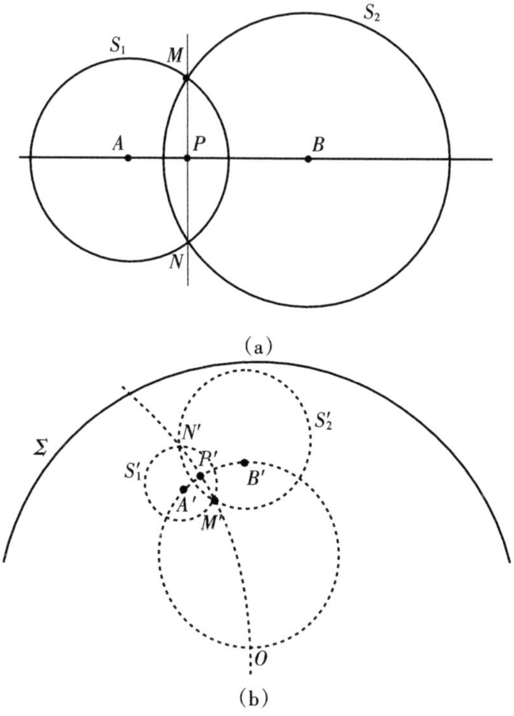

图2.3

作为第2个例子，我们研究作已知$\triangle ABC$内切圆S的问题(图2.4(a)，可以认为三角形只由它的顶点给出). 我们求出三角形的顶点关于圆心为O的

圆 Σ 对称的点 A'，B'，C'（图 2.4(b)）. 作三个圆 $A'B'O$，$A'C'O$ 与 $B'C'O$（问题 15），作圆 S'_1 与 S'_2 对应于圆心为 A，B 的任意圆 S_1 与 S_2（问题 16(b)）. 图 2.4(a) 中的点 D 与 E，F 与 G 对应于圆 S'_1 与圆 $A'B'O$，$A'C'O$，圆 S'_2 与圆 $A'B'O$，$B'C'O$ 的交点（问题 13）；图 2.4(b) 中的圆 σ'_1 与 σ'_2，σ'_3 与 σ'_4 对应于圆 σ_1 与 σ_2，σ_3 与 σ_4，后四个圆有相同的半径及圆心 D，E，F，G（问题 16(b)）. 用 M' 表示 σ'_1 与 σ'_2 的交点，N' 表示 σ'_3 与 σ'_4 的交点，Q' 表示圆 $A'M'O$ 与 $B'N'O$ 的交点（问题 15）；点 Q' 与 $\triangle ABC$ 的内切圆圆心 Q 对称. 从 Q 向三角形的边 AB 作垂线 QP（上面已研究过只用圆规作这条垂线的垂足 P 的问题），然后作一个圆心为 Q，半径为 QP 的圆.

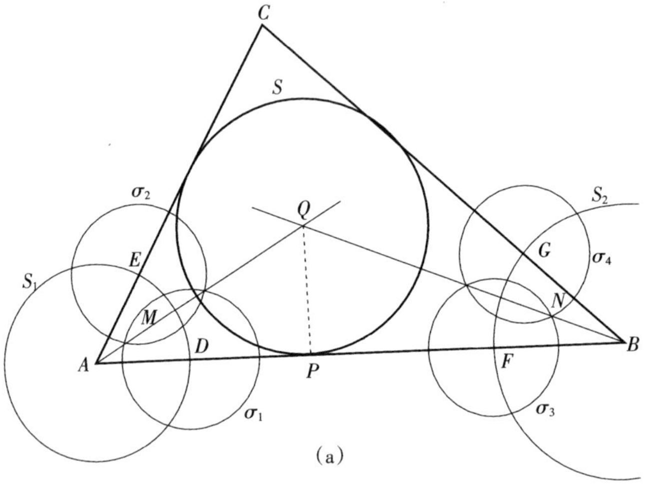

(a)

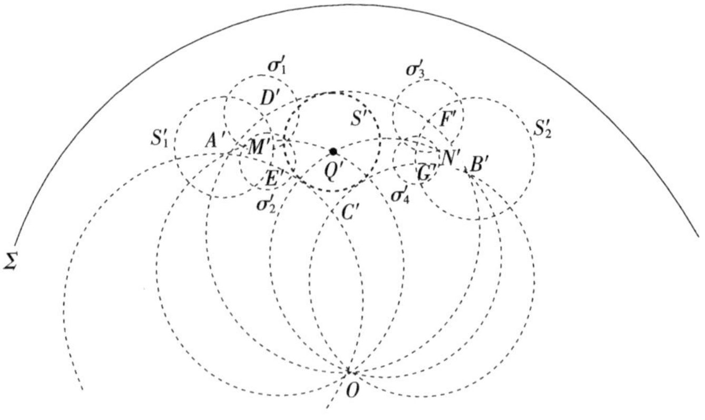

(b)

图 2.4

第 2 章的注解

[1]我们也可以利用以下事实:通过 O 的圆 S' 的直径 $M'N'$ 的两端点 M' 与 N',关于 Σ 对称于通过 O 的圆 S 的直径的两端点 M 与 N(图 1.12).

[2]我们可以把这样任一圆当作 S,使该圆的圆心在圆 S_1 与 S_2 的根轴上,半径等于从 O 到 S_1 或 S_2 的切线长.

[3]不妨说,问题 7 很少在小学数学中讨论,既然如此,指出以下结果是有用的:如果三条直线构成一个三角形,已知这个三角形的一个内切圆与三个旁切圆,那么这个问题有四个解;如果两条直线平行,第三条直线与它们相交,那么这个问题有两个解;如果所有三条直线平行或共点,那么这个问题有一个解.

[4]把这个陈述做一种改进,这种改进类似于有关只用直尺作图的讨论中所做的改进(见《几何变换(Ⅲ)》). 如果我们作直线(的一部分)或直线形(如三角形),那么显然这不能只用圆规作出. 但是我们可以得出所求直线上的许多点,以及所求直线与圆的所有交点(例如所要求的三角形的所有顶点).

[5]最普通的情形是点 M 与 Q 重合的情形.

[6]较简单的方法是求出点 N' 与 Σ 关于 S_1,S_2 的交点 N 对称.

圆束,两圆的根轴

第3章

第1章定理2的证明包含了与两个已知圆垂直的圆.这样的圆对于产生重大意义的结果起了重要作用,我们正要详细地讨论这些结果.

所有垂直于两个已知圆 S_1 与 S_2(或一个圆与一条直线,或两条直线)的圆(或直线)的集合称为圆束.[1] 根据 S_1 与 S_2 的相互配置,我们区分三种类型的圆束.

1° 如果圆 S_1 与 S_2 相交,我们可以用反演把它们变为两条相交直线 S_1' 与 S_2'(见第2章定理2),那么垂直于 S_1 与 S_2 的圆束变为垂直于 S_1' 与 S_2' 的圆束.但是如果一个圆垂直于一条直线,那么它的圆心一定在这条直线上.因此垂直于 S_1' 与 S_2' 的所有圆都是同心圆,它们的共同圆心在 S_1' 与 S_2' 的交点 B' 上(图3.1(a)).因此垂直于两个相交圆 S_1 与 S_2 的圆束可以用反演变为同心圆束,但是它的圆中没有两个圆相交(图3.1(b)).通过反演中心 A 的一个同心圆的像是这个圆束中的一条直线.因为同心圆包含任意接近于 B' 的小圆,所以在我们的圆束中有任意接近于 B(S_1 与 S_2 的交点)的小圆.既然如此,按惯例 B 包含在这个圆束中(类似地,全部同心圆的共同圆心 B' 也包含在这个集合中).因为同心圆包含任意大的圆,所以我们的圆束包含接近反演中心 A 的任意小的圆.既然如此,按惯例,S_1 与 S_2 的第2个交点 A 也包含在这个圆束中.

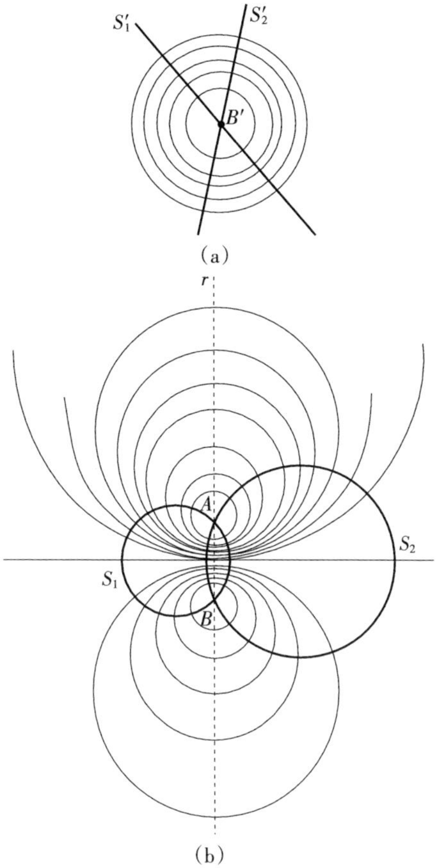

图 3.1

2° 可能把两个相切圆 S_1 与 S_2 变为两条平行线 S_1' 与 S_2'. 如果一个圆垂直于两条平行线，那么必须使它的圆心是这两条直线中每一条直线上的点. 因为这是不可能的，所以垂直于 S_1' 与 S_2' 的全部“圆”由垂直于 S_1' 与 S_2' 的直线组成(图 3.2(a)). 由反演回到 S_1 与 S_2，我们断言，垂直于两个相切圆 S_1 与 S_2 的圆束可以用反演全部变为平行线. 这个圆束由通过 S_1 与 S_2 的切点 A(反演中心) 的圆和在 A 上的切线 l 组成，l 垂直于 S_1 与 S_2，l 也属于这个圆束(图 3.2(b)). 按惯例常常把点 A 包含在这个圆束中.

3° 两个不相交圆 S_1 与 S_2 可以用反演变为两个同心圆 S_1' 与 S_2'. 如果相交于 M 的圆 S 与 Σ 互相垂直(图 3.3)，那么 Σ 在 M 上的切线垂直于 S 在 M 上的切线，因此圆 Σ 的切线通过 S 的圆心 O. 类似地，S 的切线通过 Σ 的圆心 O_1. 从而 $\triangle OMO_1$ 是直角三角形. 这蕴涵 S 与 Σ 的半径的平方和等于它们圆心间距离的平方. 显然，圆心相同但半径不同(同心圆) 的两个圆不能垂直于同一个圆. 于是垂直于 S_1' 与 S_2' 的圆束①不包含圆;它由通过 S_1' 与 S_2' 的共同圆心的直线组成(图 3.4(a)). 我们由此可以断言,垂直于不相交圆 S_1 与 S_2 的圆束,利用反演全部可以变为相交于一点的直线;圆束由通过两个定点 P(在反演下对应于 P')与 Q(反演中心)的所有圆构成(图 3.4(b)). 联结 P 与 Q 所成的直线也属于圆束. [2]

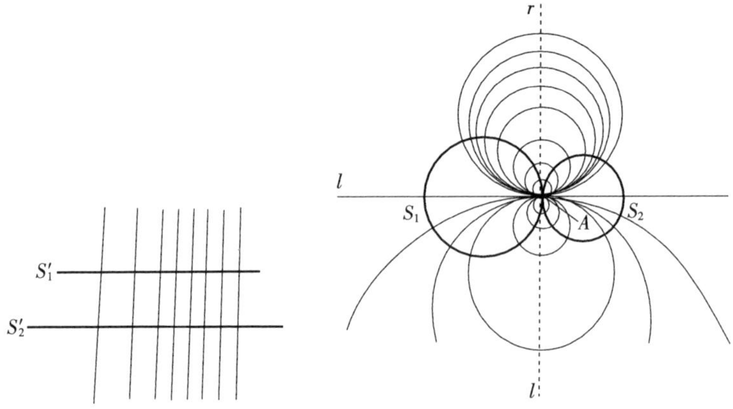

(a) (b)

图 3.2

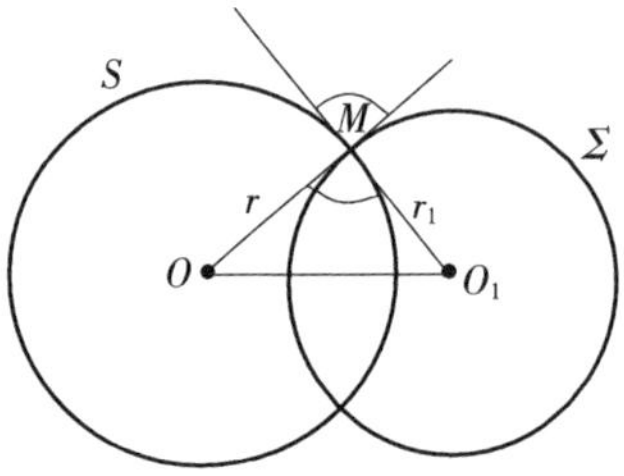

图 3.3

图 3.1,3.2 与 3.4 使我们能够看出所有三种类型圆束的某些共同性质. 例如,不管圆束的类型,圆束中有一个圆通过平面上每一个点,一般地说,这个圆是唯一的. 特殊情形是:相切圆束中的点 A(图 3.2(b))和相交圆束中的点 P 与 Q(图 3.4(b)). 对这两种情形中的每一种情形,通过相关点的圆的个数是无限的.

---

① 在 1°,2°,3° 中的每个"全部"都是圆束,但是它对于结构已经确定的圆束来说,保留术语"圆束"更有用. —— 译者

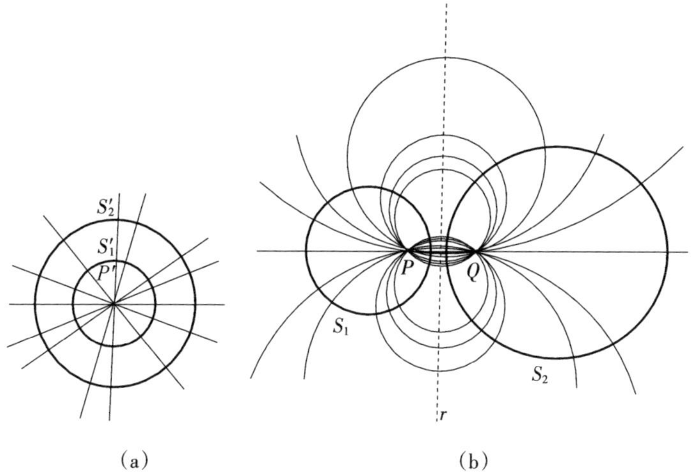

图 3.4

我们还要指出,垂直于圆束中两个圆 Σ_1 与 Σ_2 的圆也垂直于这个圆束中所有的圆. 如果 Σ_1 与 Σ_2 是直线(图 3.5(a) 与 3.5(b))或两个同心圆(图 3.5(c)),

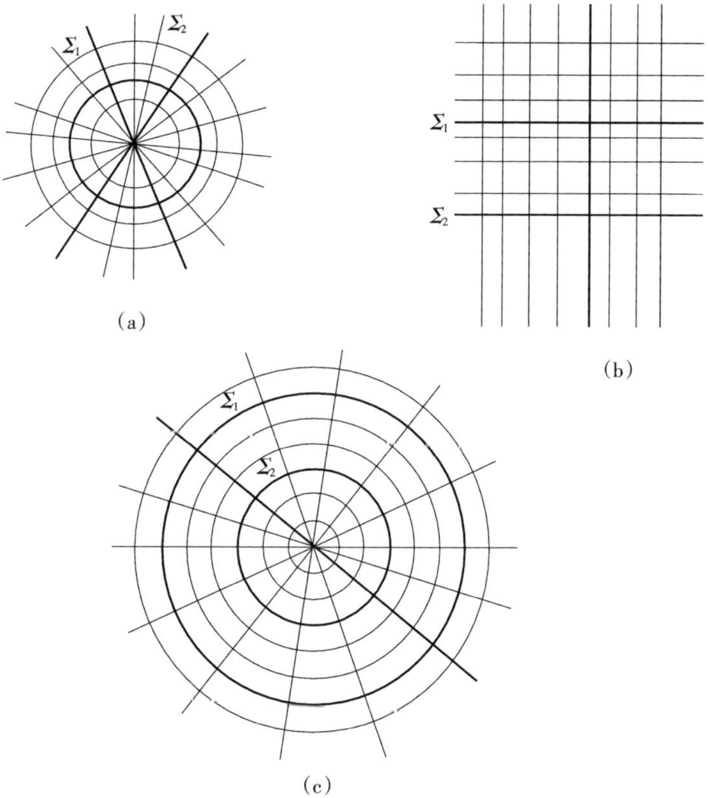

图 3.5

那么这是显然的.由第1章中的定理2推出,这个结论对所有情形都成立.这表示我们可以说它是互相垂直的圆束.显然,垂直于相交圆束的圆束由没有公共点的圆组成,反之亦然(图3.6(a)),并且垂直于相切圆束的圆束由相切圆组成(图3.6(b)).

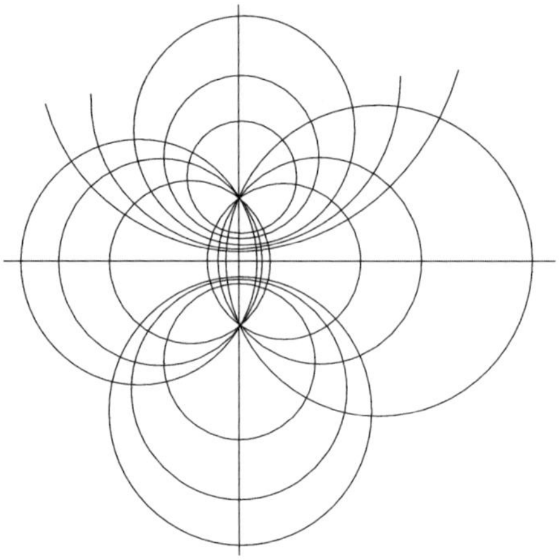

(a)

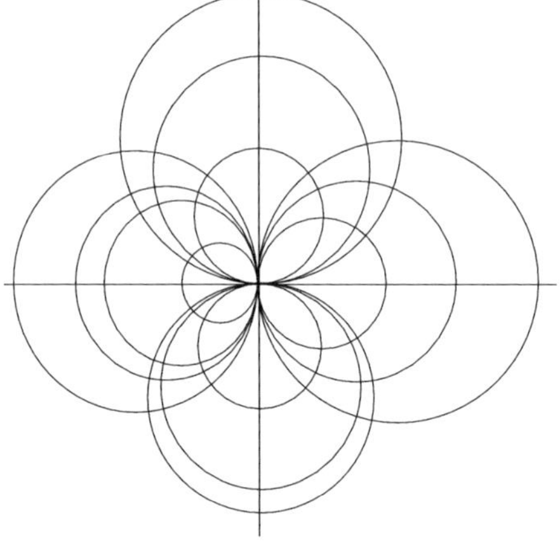

(b)

图3.6

接着指出以下一点是很重要的:圆束的圆心在一条单独直线 r 上.这在相切圆束情形(即在 r 通过 A 且垂直于 l 的情形)是显然的,在相交圆的情形(即在 r 垂直于 PQ 且通过它中点的情形,图3.4(b))也是显然的.在不相交圆束的情形(图3.1(b)),我们的结论由以下事实推出:圆束可以用反演变为同心圆束,因此,所有圆束中的圆一定以相同的相似中心 A(但以不同的相似比,见第1章反演性质 B_4 的证明)与含相同圆心 B' 的圆相似,这表示它们的圆心在一条单

独直线 AB' 上(与 AB 重合,因为 B' 在直线 AB 上).

最后这个陈述蕴涵一个有趣的结果.如果具有圆心 M 与半径 r 的圆 Σ 垂直于圆 S,那么从 M 到 S 的切线的长度为 r(图 3.7).由此推出,如果圆心为 M 的圆垂直于两个圆 S_1 与 S_2,那么从 M 到这两个圆的切线的长度相同;反之,如果从 M 到 S_1 与 S_2 的切线 MT_1 与 MT_2 的长度相同,那么具有圆心 M 与半径 $MT_1=MT_2$ 的圆垂直于 S_1 与 S_2.因此,圆束中各圆的圆心在一条单独直线上,这个事实蕴涵可以向两圆 S_1 与 S_2 作出两条相等长度切线的点在一条单独直线上.这条直线称为 S_1 与 S_2 的根轴.

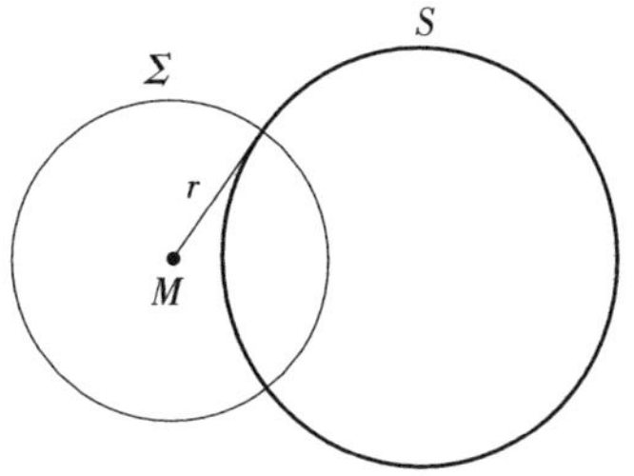

图 3.7

因为根轴的概念很重要,所以我们从另一个方面来解释它.在几何学初等教程中,从点到圆 S 的切线长出现在以下定理中:

定理 1a 令 M 是圆 S 外部一点,令 A 与 B 是过点 M 所作割线与圆 S 的交点,则乘积 $MA\cdot MB$ 只依赖于 M 与 S,而与割线的选取无关,这个乘积等于从 M 到 S 的切线长的平方(图 3.8(a)).

定理 1a 类似于以下定理:

定理 1b 令 M 是圆 S 内部一点,令 A 与 B 是 S 中通过 M 的弦的端点,则乘积 $MA\cdot MB$ 只依赖于 M 与 S,而与弦的选取无关(图 3.8(b)).

定理 1a 与 1b 证明,如果我们通过点 M 作一条直线交圆 S 于点 A 与 B,那么乘积 $MA\cdot MB$ 只依赖于点与圆的选取,而与直线的选取无关.按照线段符号的定义(见第 1 章),如果 M 在 S 的外部,那么这个乘积是正的;如果 M 在 S 的内部,那么这个乘积是负的;如果 M 在 S 上,那么这个乘积为零(图 3.8(c)).这个带符号的数 $MA\cdot MB$ 称为点 M 关于圆 S 的幂.

令 d 是从 M 到 S 的圆心 O 的距离,r 是 S 的半径,研究图 3.8(a) 与 3.8(b) 中通过圆心 O 的割线 MA_0B_0.在图 3.8(a) 中我们有:$MA_0=d-r$ 与 $MB_0=d+r$;在图 3.8(b) 中我们有:$MA_0=r-d$ 与 $MB_0=d+r$.记住我们的符号约定,在所有的情形中,M 关于 S 的幂是 d^2-r^2.

能够向圆 S_1 与 S_2 作出相等切线长的点有一个性质:它们关于 S_1 与 S_2 的幂有相同的值.这可以把所有这样的点在同一条直线上的事实重新阐述如下:

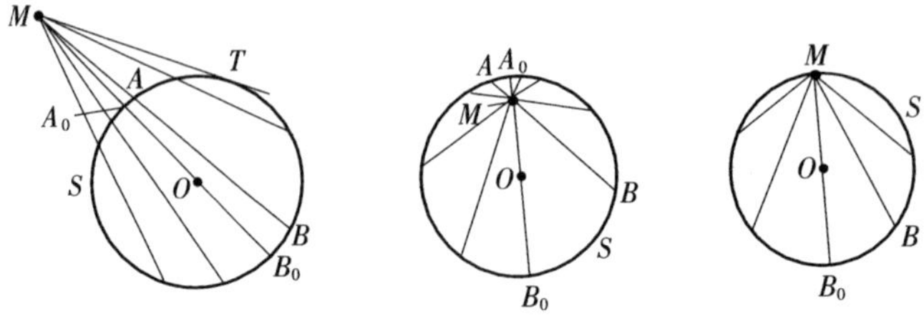

图 3.8

在已知圆 S_1 与 S_2 的外部,且关于 S_1 与 S_2 的幂有同一数值的所有点在同一条直线上.以下我们证明,关于两圆 S_1 与 S_2 的幂有同一数值的点的轨迹是一条直线.[3] 这条直线称为 S_1 与 S_2 的根轴.

令 M 是所求轨迹上一点,令 d_1 与 d_2 分别是它到已知圆 S_1 与 S_2 的圆心 O_1 与 O_2 的距离,其中 S_1 与 S_2 的半径分别为 r_1 与 r_2(图 3.9(a) 与 3.9(b)).我们有等式

$$d_1^2 - r_1^2 = d_2^2 - r_2^2$$

从 M 向连心线 O_1O_2 作垂线 MP,显然,$d_1^2 = MP^2 + PO_1^2$,$d_2^2 = MP^2 + PO_2^2$.因此

$$MP^2 + PO_1^2 - r_1^2 = MP^2 + PO_2^2 - r_2^2$$

从而

$$PO_1^2 - PO_2^2 = r_1^2 - r_2^2$$

$$(PO_1 + PO_2)(PO_1 - PO_2) = r_1^2 - r_2^2$$

现在令 $r_1 \geqslant r_2$,则 $PO_1 \geqslant PO_2$;换言之,如果 T 是线段 O_1O_2 的中点,那么我们可以说 P 与 O_2(小圆的圆心) 在 T 的同一侧.如果 P 在 O_1 与 O_2 之间(图 3.9(a),3.9(c) 与 3.9(e)),那么

$$PO_1 + PO_2 = O_1O_2$$

$$PO_1 - PO_2 = (PT + TO_1) - (TO_2 - PT) = 2PT$$

如果 P 在线段 O_1O_2 的外部(图 3.9(b),3.9(d) 与 3.9(f)),那么

$$PO_1 - PO_2 = O_1O_2$$

$$PO_1 + PO_2 = (PT + TO_1) + (PT - TO_2) = 2PT$$

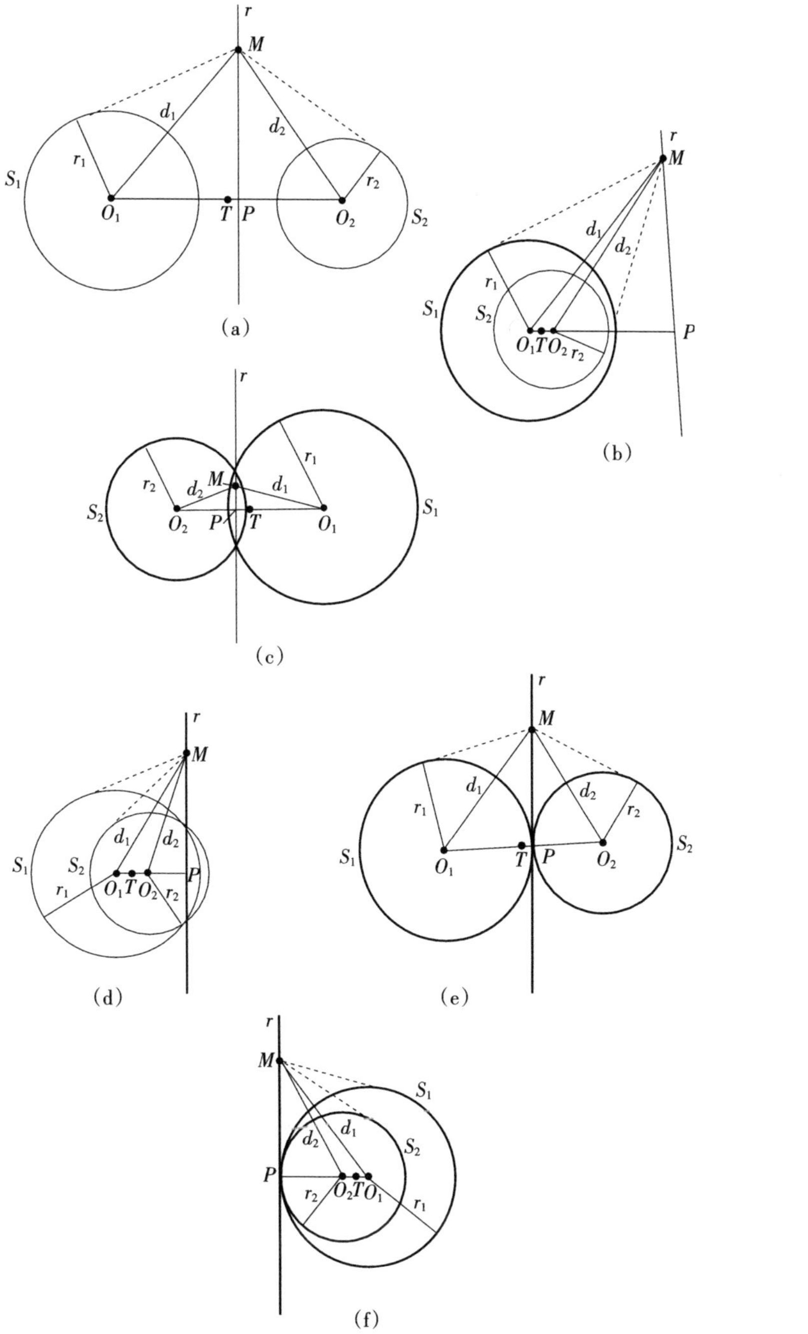

图 3.9

因此在所有的情形中，$PO_1^2 - PO_2^2 = 2O_1O_2 \cdot TP$，最终，$2O_1O_2 \cdot TP = r_1^2 - r_2^2$.

我们断言，P 不依赖于所求轨迹上点 M 的选取，这表示所求轨迹是一条垂直于直线 O_1O_2 的直线，O_1O_2 则由圆心 O_1 与 O_2 确定.

显然，如果圆 S_1 与 S_2 没有公共点，那么它们的根轴与两圆都不相交(图 3.9(a) 与 3.9(b))；如果 S_1 与 S_2 有两个公共点，那么它们的根轴通过这两个点(它们关于 S_1 与 S_2 的幂为 0，图 3.9(c) 与 3.9(d))；如果 S_1 与 S_2 相切，那么它们的根轴通过它们的切点(图 3.9(e) 与 3.9(f)).

利用公式

$$TP = \frac{r_1^2 - r_2^2}{2O_1O_2}$$

我们可以容易确定以下结果，如果圆 S_1 与 S_2 彼此外离，那么它们的根轴在它们之间(图 3.9(a)). 如果 S_2 在 S_1 的内部，那么它们的根轴在 S_1 与 S_2 的外部(图 3.9(b)). 如果 S_1 与 S_2 是全等圆($r_1 = r_2$)，那么它们的根轴与它们的对称轴重合. 如果 S_1 与 S_2 是同心圆($O_1O_2 = 0$)，那么它们没有根轴.[4]

令 S_1，S_2 与 S_3 是三个已知圆. 如果它们的圆心不共线，那么这三个圆中每对圆的根轴(垂直于它们的连心线)不平行. 如果 Z 是一对圆 S_1，S_2 与另一对圆 S_1，S_3 的根轴的交点，那么 Z 关于 S_1，S_2 的幂等于 Z 关于 S_1，S_3 的幂. 但是此时这也是 Z 关于 S_2，S_3 的幂，即 Z 在 S_2，S_3 的根轴上. 换言之，圆心不共线的三个圆 S_1，S_2 与 S_3 中三对圆的根轴相交于一点(图 3.10). 这一点称为三圆的根心.

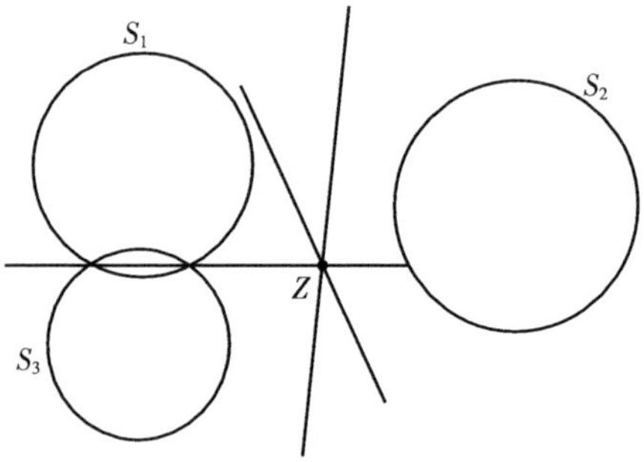

图 3.10

这个讨论蕴涵了两个不相交圆的根轴 r 的简单作图方法(两个相交圆的根轴与它们的公共弦确定的直线重合). 我们作一个辅助圆与 S_1，S_2 相交(图 3.11). 一对圆 S_1，S 与另一对圆 S_2，S 的根轴是由它们的公共弦确定的直线. 取得 r 的一种方法是从 M 向 S_1，S 与 S_2 的连心线作垂线. 另一种方法是引入第 2 个辅助圆 S'，并用这种方法得出 r 的另一个点 M'.

我们指出,在上面的讨论中,假设所考虑的一些(所有)圆的半径为0,即它们是点.特别地,点M关于S的幂是距离MS的平方,两个点的根轴是它们的对称轴,三个点的根心是通过这三个点的圆的圆心.

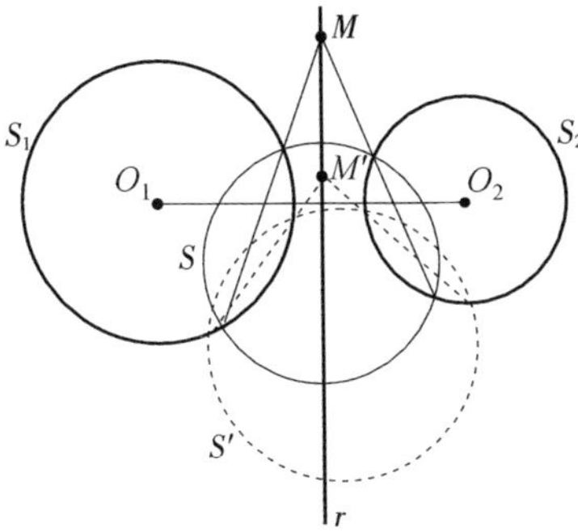

图3.11

我们指出以下命题,类似垂直于两个已知圆的圆心定理:与两个已知圆S_1,S_2相交于对径点的圆的圆心轨迹,是垂直于S_1,S_2连心线的一条直线(并且平行于它们的根轴).事实上,如果圆Σ与圆S相交于对径点A,B,并且它们的连心线OO_1与Σ相交于点K,L(图3.12(a)),那么由$\mathrm{Rt}\triangle KAL$得出等式

$$KO \cdot OL = OA^2$$

或者以R与r表示半径$O_1K=O_1L$与OA,以d表示两个圆心之间的距离OO_1,得出等式

$$(R-d)(R+d)=r^2, R^2=d^2+r^2$$

因此,如果M是圆Σ的圆心,Σ和圆S_1与S_2的直径相交,并且S_1与S_2的圆心分别为O_1与O_2,半径分别为r_1与r_2(图3.12(b)),那么

$$d_1^2+r_1^2=d_2^2+r_2^2, d_2^2-d_1^2=r_1^2-r_2^2$$

此处$d_1=MO_1$,$d_2=MO_2$.由此得出,如果$r_1\geqslant r_2$,那么$d_1\leqslant d_2$.再变换上述第2个等式,我们得出等式

$$2O_1O_2 \cdot TQ = r_1^2 - r_2^2$$

其中Q是从M到O_1O_2的垂线的垂足,T是线段O_1O_2的中点.由此推出,所求出的点M的轨迹是一条直线s,此直线与两个圆S_1,S_2的根轴r关于线段O_1O_2的中点T对称.

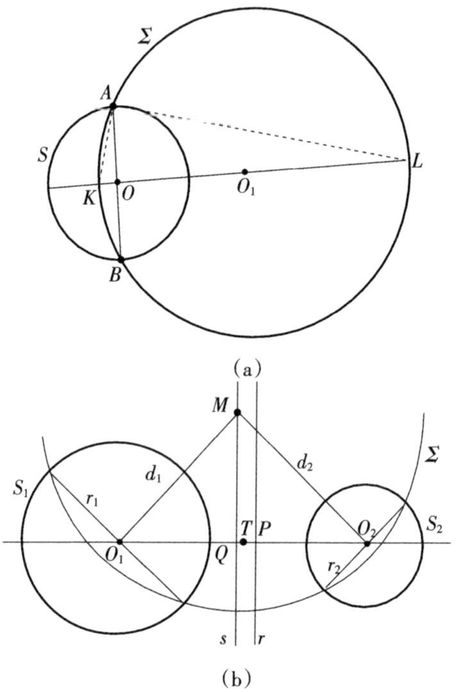

图 3.12

我们现在将求出这样的圆 Σ 的轨迹，使得两个已知圆 S_1 与 S_2 和 Σ 相交于对径点(图 3.13). 显然，Σ 的圆心一定在 S_1 与 S_2 的内部(图 3.12(a)). 因此只有当 S_1 与 S_2 相交时，这样的圆才存在. 令 r_1，r_2 与 R 分别是 S_1，S_2 与 Σ 的半径，令 d_1 与 d_2 分别是从 M 到 S_1 与 S_2 的圆心的距离. 因为 S_1 与 S_2 和 Σ 相交于对径点，所以

$$r_1^2=R^2+d_1^2 \text{ 与 } r_2^2=R^2+d_2^2$$

从而

$$R^2=r_1^2-d_1^2=r_2^2-d_2^2, d_1^2-r_1^2=d_2^2-r_2^2$$

但是这个等式证明，M 关于 S_1 与 S_2 的幂相等. 这表示 M 是 S_1 与 S_2 的根轴上的点. 因此，使 S_1 与 S_2 和 Σ 相交于对径点，这样的圆 Σ 的圆心轨迹是 S_1 与 S_2 的根轴在 S_1 与 S_2 内部的线段，即 S_1 与 S_2 的公共弦(S_1 与 S_2 以直角分割 Σ，这样的圆 Σ 的圆心轨迹是根轴在 S_1 与 S_2 外部的那部分).

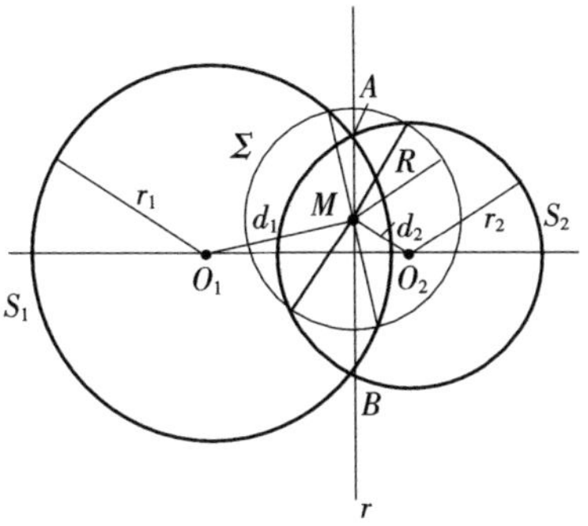

图 3.13

我们再次研究两个互相垂直的圆束(图 3.6(a) 与 3.6(b)). 我们指出,这两个圆束之一的任意两个圆 S_1 与 S_2 的根轴垂直于圆束的中心线(图 3.7),这蕴涵这个圆束的任意两个圆有相同的根轴. 反之,具有相同根轴的全部圆是一个圆束(垂直于这个圆束就是垂直于这个集合中的任意两个圆 S_1 与 S_2).

我们常常把圆束定义为这样的全部圆,使其中任意两个圆有相同的根轴.[5] 但是这个定义不适合我们以前所给的定义,因为它不包含全部同心圆(图 3.1(a))、全部直线(图 3.2(a))与相交于一个定点的直线(图 3.4(a)).[6]

圆束(任意两个圆有相同根轴的全部圆)的类似概念 —— 圆把 —— 任意三个圆有相同根心 Z 的全部圆.(按惯例,我们应用术语"把"于平面上的全部直线.)根据 Z 是不是在圆把的圆的外部、圆上或圆的内部,我们区分三种类型的圆把.[7] 第二种类型的圆把由通过一个定点 Z 的所有圆组成. 可以证明,第一与第三种类型的圆把由这样的全体圆组成,使它们在一个固定反演 I 下变为它们本身(对于第一种类型圆把的正幂与第三种类型圆把的负幂). 第一种类型的圆把也可以定义为垂直于某一圆 Σ 的全部圆(或直线),第三种类型的圆把也可以定义为与圆 Σ 相交于两个对径点的全部圆(或直线). 关于这些结论的证明,见 B. N. 德隆涅与 O. K. 吉托米斯基的《几何学问题集》,1950(俄文版),第 273 ~ 291 页.

习　题

1. 证明:三个两两相交圆的公共弦相交于一点(图 3.14) 或平行.

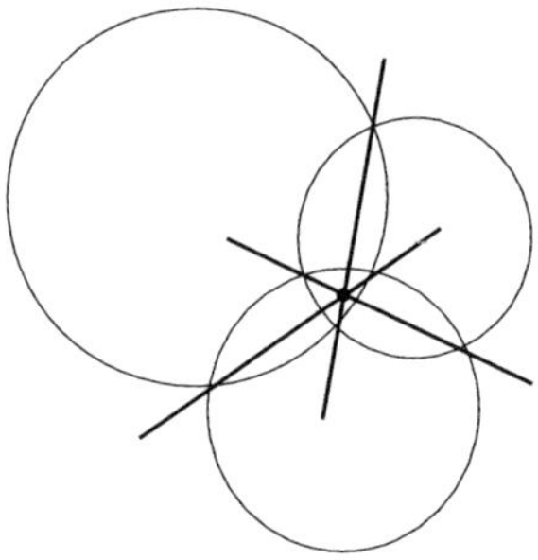

图 3.14

2. 证明:两相交圆的公共弦平分它们的外公切线段,此线段的端点是切点.

3. 令 S 是已知圆,M 是它外部一点.令 Σ 是通过 M 且交 S 于点 A 与 B 的可变圆.求直线 AB 与 Σ 在 M 处切线的交点轨迹.

4. 作一圆:

(1) 通过两个已知点 A 与 B,且与已知圆(或直线)S 相切;

(2) 垂直于两个已知圆 S_1 与 S_2,且与已知圆(或直线)S 相切.

见第 2 章中问题 5(1)(2).

5. 作一个圆通过已知点 M,且:

(1) 垂直于两个已知圆 S_1 与 S_2;

(2) 垂直于已知圆 S_1,与第二个已知圆 S_2 相交于对径点;

(3) 与两个已知圆 S_1,S_2 相交于对径点.

见第 2 章中问题 7(1)(2) 与(3).

6. 已知三个圆 S_1,S_2 与 S_3,作圆 S:

(1) 垂直于 S_1,S_2 与 S_3;

(2) 与 S_1,S_2,S_3 相交于对径点;

(3) 使 S_1,S_2,S_3 与 S 相交于对径点.

见第 2 章中问题 9(1).

7. 已知两个圆 S_1 与 S_2.求这样的点 M 的轨迹,使:

(1) 从 M 到 S_1 与 S_2 的切线长的平方差有已知值 a;

(2) 从 M 到 S_1 与 S_2 的切线长之比有已知值 k.

见第 4 章中问题 8.

在问题 7(1) 与(2) 中,我们可以把两个圆 S_1 与 S_2 之一换为点(“具有半径为 0 的圆”). 此处从 M 到 S 的切线长指的是这两个点之间的距离. 因此这些问题是以下较简单问题的推广:

(1) 求这样的点的轨迹,使这些点到两个已知圆的距离的平方差是一个常数;

(2) 求这样的点的轨迹,使从这些点到两个已知点的距离之比是一个常数.

8. 已知两个圆 S_1,S_2 及一条直线 l,此直线交 S_1 于点 A_1 与 B_1,交 S_2 于点 A_2 与 B_2. 证明:

(1) 如果 l 通过 S_1 与 S_2 的相似中心,那么 S_1 在 A_1 与 B_1 上的切线和 S_2 在 A_2 与 B_2 上的切线相交于 S_1 与 S_2 的根轴上的两点(图 3.15(a));

(2) 如果 l 不通过 S_1 与 S_2 的相似中心,那么 S_1 在 A_1 与 B_1 上的切线和 S_2 在 A_2 与 B_2 上的切线相交于四个共圆点(图 3.15(b)).

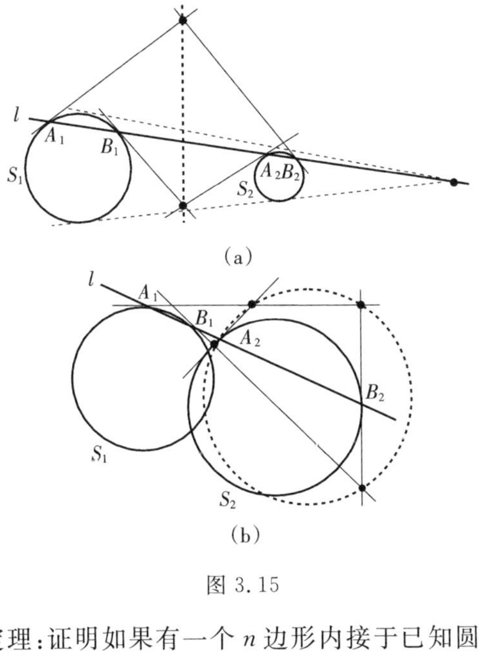

(b)

图 3.15

9. 波西勒特定理:证明如果有一个 n 边形内接于已知圆 S 和外切于另一个已知圆 s,那么有无限多个这样的 n 边形. 我们可以在大圆 S 上取任一点为这样的 n 边形的顶点(图 3.16).

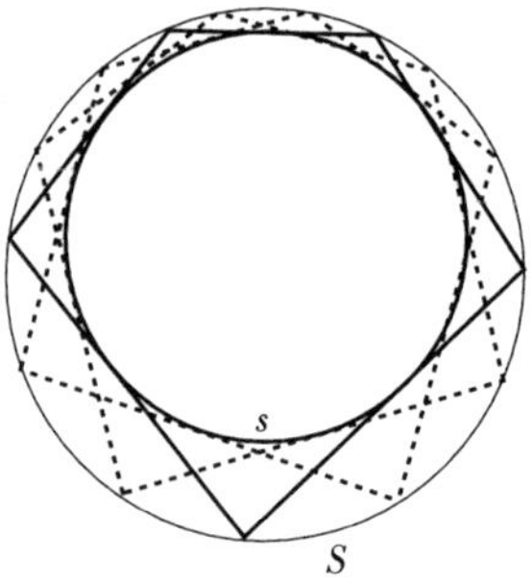

图 3.16

见第 1 章中问题 8(1) 与 9(2).

第 3 章的注解

[1]严格地说,我们应该利用术语“圆束或直线束.”但是为了简短起见,“直线”常被省略.

[2]在文中,1° 中的圆束(不相交圆的圆束)称为双曲圆束;2° 中的圆束(相切圆束)称为抛物圆束;3° 中的圆束(相交圆束)称为椭圆圆束.

[3]如果 S_1 与 S_2 没有公共点,那么关于 S_1 与 S_2 的幂有相同值的所有点在 S_1 与 S_2 的外部.因此,在这种情形中,我们的结论可以看作已经证明了.

[4]这也是以下事实的结论:没有圆垂直于两个同心圆中的每一个(见第 37 页).

我们经常说两个同心圆的根轴“在无穷远处”,此处是根据第 25 页引入的无穷远处元素的概念.

[5]指出以下有趣的一点:关于术语“束”的这个定义,我们常按惯例认为包含在 1° 与 2° 型束中的点,完全自然地包含在这些束中,因为我们可以说点与圆的根轴及两点的根轴.但是按惯例直线必须加到圆束的圆中(需使这个圆束的任意两个圆的根轴也属于这个圆束).

[6]圆束的第一定义的重要特点是,它直接蕴涵反演使圆束变为圆束.由此,第二定义不适用.

[7]第一类型的把称为双曲把;第二类型的把称为抛物把;第三类型的把称为椭圆把.

反演(续完)

第4章

在第1章中,我们看到了两条直线(或一条直线与一个圆,或两个圆)之间的角未被反演所改变(见第9页反演性质C).我们现在证明反演对两点间的距离有什么影响.令A与B是平面上的两点,令A'与B'是它们在具有中心O与幂k的反演下的像(O与A,B不同),为简单起见,我们取k为正(图4.1).因为$\angle AOB=\angle A'OB'$,$\frac{OA}{OB}=\frac{OB'}{OA'}$($OA\cdot OA'=OB\cdot OB'=k$),所以$\triangle OAB\backsim\triangle OB'A'$.从而

$$\frac{AB}{A'B'}=\frac{OA}{OB'}$$

由此

$$A'B'=AB\cdot\frac{OB'}{OA}$$

把OB'换为$\frac{k}{OB}$,我们得出要求的公式

$$A'B'=AB\cdot\frac{k}{OA\cdot OB} \tag{*}$$

如果k是负的,那么只需把式(*)中的k换为$|k|$.

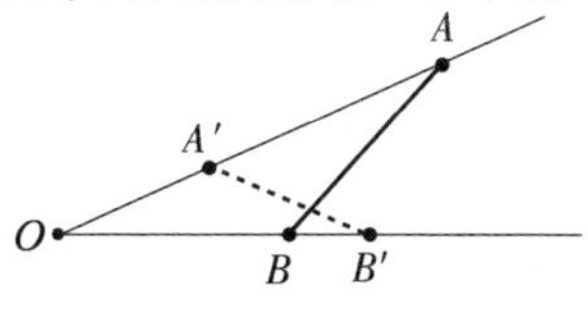

图4.1

习　题

1. (1) 令 $d_1, d_2, d_3, \cdots, d_n$ 是从正 n 边形 $A_1A_2A_3\cdots A_n$ 外接圆的 $\overset{\frown}{A_1A_n}$ 上一点 M 到这个 n 边形的顶点 $A_1, A_2, A_3, \cdots, A_n$ 的距离. 证明

$$\frac{1}{d_1d_2}+\frac{1}{d_2d_3}+\frac{1}{d_3d_4}+\cdots+\frac{1}{d_{n-1}d_n}=\frac{1}{d_1d_n}$$

(特别地，对于 $n=3$，我们得出

$$\frac{1}{d_1d_2}+\frac{1}{d_2d_3}=\frac{1}{d_1d_3}$$

由此

$$d_3+d_1=d_2$$

换言之，从等边三角形外接圆上一点到这个三角形的两个最邻近顶点的距离之和常等于它到第三个顶点的距离.)

(2) 证明：如果 n 是奇数，那么利用问题(1) 的记号，我们有等式

$$d_1+d_3+d_5+\cdots+d_n=d_2+d_4+\cdots+d_{n-1}$$

(特别地，对于 $n=3$，我们得出与问题(1) 中相同的命题.)

2. (1) 令 $p_1, p_2, p_3, \cdots, p_{2n-1}, p_n$ 分别是从圆 S 上一点 M 到内接于 S 中的 $2n$ 边形 $A_1A_2A_3\cdots A_{2n}$ 的边 $A_1A_2, A_2A_3, \cdots, A_{2n-1}A_{2n}, A_{2n}A_1$ 的距离. 证明

$$p_1p_3p_5\cdots p_{2n-1}=p_2p_4p_6\cdots p_{2n}$$

(2) 令 $p_1, p_2, p_3, \cdots, p_n$ 是从圆 S 上一点 M 到内接于 S 中的各边的距离. 令 $P_1, P_2, P_3, \cdots, P_n$ 是从 M 到 S 在点 $A_1, A_2, A_3, \cdots, A_n$ 的切线组成的外切 n 边形各边的距离. 证明

$$p_1p_2p_3\cdots p_n=P_1P_2P_3\cdots P_n$$

3. 令 $a_1, a_2, \cdots, a_{n-1}, a_0$ 是内接于 S 中的 n 边形 $A_1A_2A_3\cdots A_n$ 的边 A_1A_2, $A_2A_3, A_3A_4, \cdots, A_nA_1$ 的长，令 $p_1, p_2, \cdots, p_{n-1}, p_0$ 是从 $\overset{\frown}{A_1A_n}$ 上一点 M 到相应边的距离. 证明

$$\frac{a_0}{p_0}=\frac{a_1}{p_1}+\frac{a_2}{p_2}+\cdots+\frac{a_{n-1}}{p_{n-1}}$$

(特别地，如果 n 边形是正多边形，那么 $\frac{1}{p_0}=\frac{1}{p_1}+\frac{1}{p_2}+\cdots+\frac{1}{p_{n-1}}$.)

4. 令 $A_0, A_1, A_2, \cdots, A_n$ 是半径为 R 的圆 Σ 上的 $n+1$ 个点.

(1) 证明：如果 n 是奇数，那么我们常可作圆 $S_0, S_1, S_2, \cdots, S_n$ 与 Σ 相切于 $A_0, A_1, A_2, \cdots, A_n$，且使 S_1 与 S_0, S_2 相切，S_2 与 S_1, S_3 相切，……，S_0 与 S_n, S_1 相切(图 4.2). 用 R 及点 $A_0, A_1, A_2, \cdots, A_n$ 间的距离表示 S_0 的半径.

(2) 证明：如果 n 是奇数，且存在圆 $S_0, S_1, S_2, \cdots, S_n$ 与 Σ 相切于点 A_0, A_1,

$A_2,\cdots,A_n$,使 S_1 与 S_0,S_2 相切,S_2 与 S_1,S_3 相切,……,S_0 与 S_n,S_1 相切,那么

$$A_0A_1 \cdot A_2A_3 \cdot A_4A_5 \cdot \cdots \cdot A_{n-1}A_n = A_1A_2 \cdot A_3A_4 \cdot \cdots \cdot A_{n-2}A_{n-1} \cdot A_nA_0$$

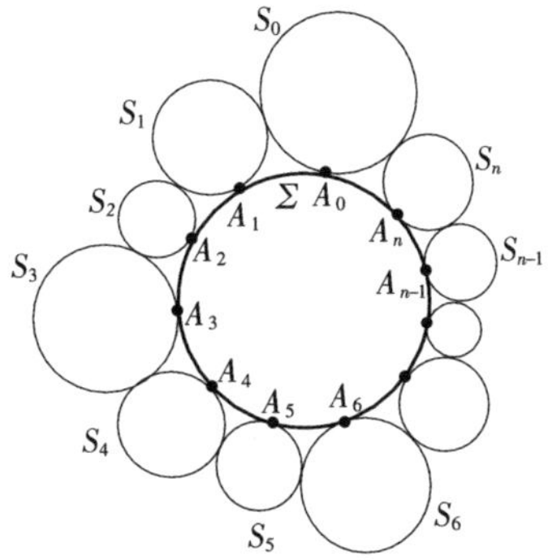

图 4.2

用反演从点 A,B 得出的点 A',B' 之间的距离有一个有趣的结论,称正数

$$\frac{AC}{BC} : \frac{AD}{BD}$$

为平面上四个点 A,B,C,D 的交比(把这与《几何变换(Ⅲ)》中四个共线点交比的定义相比较).我们证明反演有以下性质:

D. 反演保持平面上四个点的交比不变.

令 A',B',C',D' 分别是 A,B,C,D 在反演下的像,利用公式(*),得出

$$A'C' = AC \cdot \frac{k}{OA \cdot OC}, B'C' = BC \cdot \frac{k}{OB \cdot OC}$$

$$A'D' = AD \cdot \frac{k}{OA \cdot OD}, B'D' = BD \cdot \frac{k}{OB \cdot OD}$$

因此

$$\frac{A'C'}{B'C'} = \frac{AC}{BC} \cdot \frac{OB}{OA}, \frac{A'D'}{B'D'} = \frac{AD}{BD} \cdot \frac{OB}{OA}$$

所以

$$\frac{A'C'}{B'C'} : \frac{A'D'}{B'D'} = \frac{AC}{BC} : \frac{AD}{BD}$$

这就得到了证明(把这与中心射影性质 C 的推导相比较;见《几何变换(Ⅲ)》).

我们指出,当四点之一与反演中心重合时,不符合反演性质 D(其理由是平面上没有一点反演为反演中心的像).

5. 求这样的点的轨迹,使它们到两个已知点的距离之比是常数.

6. 证明托勒密定理:如果四边形内接于一个圆,那么它的对边长度的乘积之和等于它的对角线长度的乘积.

见下面问题 17.[1]

7. 利用反演性质 D 解第 2 章问题 4.

我们现在证明反演的一个性质，它可以看作性质 D 的推广，把四个圆 S_1，S_2，S_3，S_4 的交比定义为比

$$\frac{t_{13}}{t_{23}}:\frac{t_{14}}{t_{24}}$$

其中 t_{13} 定义为 S_1 与 S_3 的共同切线段长，这条线段的端点是切点，类似地定义 t_{23}，t_{14} 与 t_{24}.[2] 此处圆 S_1，S_2，S_3，S_4 中的一些(或全部) 可以是点("半径为 0 的圆"). 如果说 S_1 与 S_3 是点，那么 t_{13} 是它们之间的距离 S_1S_3；如果 S_1 是点，S_3 是圆，那么 t_{13} 是从点 S_1 到圆 S_3 的切线长. 以下反演性质成立：

$\overline{\text{D}}$. 如果反演中心在这四个圆的外部或内部，那么反演保持四个圆的交比不变.[3]

(如果在初始各圆的交比中加入 S_1 与 S_3 的外公切线，那么在变换了的圆的交比中，也一定要加入变换了的圆 S_1' 与 S_3' 的外公切线，等等.[4])

如果某些(或全部) 圆换成点("半径为 0 的圆")，那么性质 $\overline{\text{D}}$ 仍然成立. 特别地，如果所有的圆换为点，那么 $\overline{\text{D}}$ 化为 D(因此性质 D 可以看作性质 $\overline{\text{D}}$ 的特殊情形).

我们通过确定反演对两个圆的公切线切点间的线段长度的影响，来开始证明. 令 S_1 与 S_2 是两个圆(没有一个圆通过反演中心)，令 S_1' 与 S_2' 是它们在反演下的像(图 4.3). 令 O 是反演中心，k 是它的幂. 令 O_1 与 O_2 分别是 S_1 与 S_2 的圆心，r_1 与 r_2 分别是 S_1 与 S_2 的半径. 令 O_1' 与 O_2' 分别是 S_1' 与 S_2' 的圆心，r_1' 与 r_2' 分别是 S_1' 与 S_2' 的半径. 设反演中心 O 在 S_1 与 S_2 的外部或在 S_1 与 S_2 的内部.

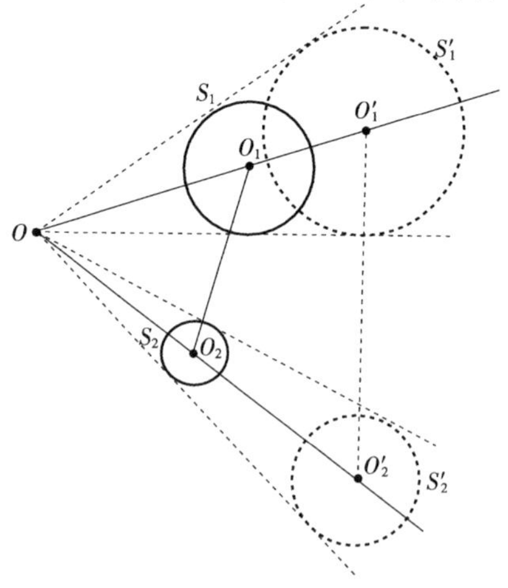

图 4.3

令 t_{12} 是 S_1 与 S_2 的公切线切点间的线段长. 令 t'_{12} 是 S'_1 与 S'_2 的公切线切点间的线段长. 图 4.4(a) 与 4.4(b) 蕴涵

$$t_{12}^2 = O_1O_2^2 - (r_1 \mp r_2)^2$$

其中"∓"的负号对应于外公切线的情形(图 4.4(a)),正号对应于内公切线的情形(图 4.4(b)).

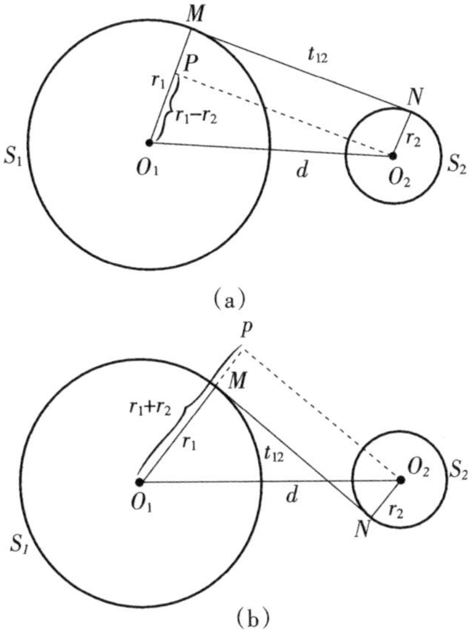

图 4.4

但是

$$O_1O_2^2 = OO_1^2 + OO_2^2 - 2OO_1 \cdot OO_2\cos\angle O_1OO_2$$

因此

$$t_{12}^2 = OO_1^2 + OO_2^2 - 2OO_1 \cdot OO_2\cos\angle O_1OO_2 - r_1^2 - r_2^2 \pm 2r_1r_2$$

或变换后得

$$t_{12}^2 = (OO_1^2 - r_1^2) + (OO_2^2 - r_2^2) - 2OO_1 \cdot OO_2\cos\angle O_1OO_2 \pm 2r_1r_2$$

同理可得

$$t'^2_{12} = (OO'^2_1 - r'^2_1) + (OO'^2_2 - r'^2_2) - 2OO'_1 \cdot OO'_2\cos\angle O'_1OO'_2 \pm 2r'_1r'_2$$

同证明反演性质 B_4 时一样(第 7 页),S'_1 中心相似于 S_1,其相似中心为 O. 相似比是 k/k_1,其中 k_1 是从 O 到 S_1 与通过 O 的任一割线两交点的距离之乘积. k_1 称为 O 关于 S_1 的幂(见第 41 页中的定义). 由割线通过 S_1 的圆心 O_1,我们求出

$$k_1 = OO_1^2 - r_1^2$$

因此

$$OO'^2_1 = \left(\frac{k}{k_1}\right)^2 OO_1^2, r'^2_1 = \left(\frac{k}{k_1}\right)^2 r_1^2$$

类似地

$$OO_2'^2=\left(\frac{k}{k_2}\right)^2 OO_2^2, r_2'^2=\left(\frac{k}{k_2}\right)^2 r_2^2$$

其中，$k_2=OO_2^2-r_2^2$ 是 O 关于 S_2 的幂.

现在我们把关于 OO_1'，OO_2'，r_1' 与 r_2' 的表示式代入 $t_{12}'^2$ 的公式，并利用 O_1' 与 O_2' 分别在直线 OO_1 与 OO_2 上这一事实，即

$$\angle O_1'OO_2'=\angle O_1OO_2$$

（见图 4.3）.[5]

这样，我们得出

$$t_{12}'^2=\frac{k^2}{k_1^2}(OO_1^2-r_1^2)+\frac{k^2}{k_2^2}(OO_2^2-r_2^2)-$$

$$2\frac{k}{k_1}\cdot\frac{k}{k_2}\cdot OO_1\cdot OO_2\cos\angle O_1OO_2\pm 2\frac{k}{k_1}\cdot\frac{k}{k_2}\cdot r_1r_2$$

$$=\frac{k^2}{k_1^2}\cdot k_1+\frac{k^2}{k_2^2}\cdot k_2-2\frac{k}{k_1}\cdot\frac{k}{k_2}\cdot OO_1\cdot OO_2\cos\angle O_1OO_2\pm 2\frac{k}{k_1}\cdot\frac{k}{k_2}\cdot r_1r_2$$

$$=\frac{k^2}{k_1}+\frac{k^2}{k_2}-2\frac{k}{k_1}\cdot\frac{k}{k_2}\cdot OO_1\cdot OO_2\cos\angle O_1OO_2\pm 2\frac{k}{k_1}\cdot\frac{k}{k_2}\cdot r_1r_2$$

$$=\frac{k^2}{k_1k_2}(k_1+k_2-2OO_1\cdot OO_2\cos\angle O_1OO_2\pm 2r_1r_2)$$

因此

$$k_1+k_2-2OO_1\cdot OO_2\cos\angle O_1OO_2\pm 2r_1r_2$$

$$=(OO_2^2-r_2^2)+(OO_1^2-r_1^2)-2OO_1\cdot OO_2\cos\angle O_1OO_2\pm 2r_1r_2$$

$$=t_{12}^2$$

我们得出

$$t_{12}'=\frac{k}{\sqrt{k_1k_2}}t_{12} \qquad (**)$$

注意，如果我们把圆 S_1 与 S_2 之一换为一点（如果令 $r_1=0$），或者把这两个圆换为两个点（即如果令 $r_1=r_2=0$），那么导出公式（**）的论证仍然成立. 所谓 O 关于点 S_1 的幂指的是距离 OS_1 的平方（$k_1=OO_1^2-r_1^2$，其中 O_1 与 S_1 重合，$r_1=0$）. 从而当圆 S_1 与 S_2 中的一个或两个换为点时，公式（**）仍成立. 特别地，如果 S_1 与 S_2 是点，那么式（**）化为式（*）. 因此式（*）可以看作式（**）的特殊情形.

我们指出

$$r_1'=\frac{k}{k_1}r_1, r_2'=\frac{k}{k_2}r_2$$

因为

$$r'_1 r'_2=\frac{k^2}{k_1 k_2}r_1 r_2,\frac{k^2}{k_1 k_2}=\frac{r'_1 r'_2}{r_1 r_2}$$

所以,我们可以把 t'_{12} 的表示式改写为

$$t'_{12}=\sqrt{\frac{r'_1 r'_2}{r_1 r_2}}t_{12}$$

或另一种形式

$$\frac{t'_{12}}{\sqrt{r'_1 r'_2}}=\frac{t_{12}}{\sqrt{r_1 r_2}}$$

最后的等式证明了论断:反演中心在两个圆的外部或内部时,表示式 $\frac{t_{12}}{\sqrt{r_1 r_2}}$(两个圆的公切线切点间线段的长除以两个圆的半径的几何平均数)在这个反演下是不变的.

现在考虑四个圆 S_1,S_2,S_3 与 S_4(其中一些圆可以是点).在这个反演下,它们变为四个圆(或点)S'_1,S'_2,S'_3 与 S'_4.由式(**),我们有

$$t'_{13}=\frac{k}{\sqrt{k_1 k_3}}t_{13}$$

$$t'_{14}=\frac{k}{\sqrt{k_1 k_4}}t_{14}$$

$$t'_{23}=\frac{k}{\sqrt{k_2 k_3}}t_{23}$$

$$t'_{24}=\frac{k}{\sqrt{k_2 k_4}}t_{24}$$

因此

$$\frac{t'_{13}}{t'_{23}}:\frac{t'_{14}}{t'_{24}}=\frac{t_{13}}{t_{23}}:\frac{t_{14}}{t_{24}}$$

这就是我们想要证明的(把它与反演性质 D 的证明相比较).

习　题

8. 求这样的点 M 的轨迹,使从 M 到两个已知圆的切线长之比是一个常数.

见第 3 章中问题 7(2),如果 S_1 与 S_2 是"具有半径为 0 的圆",即点,那么本题化为问题 5.

9. 证明托勒密定理的以下推广:如果四个圆 S_1,S_2,S_3 与 S_4 都和第 5 个圆(或直线)Σ 相切(图 4.5),那么有关系式

$$t_{12}t_{34}+t_{14}t_{23}=t_{13}t_{24}$$

其中 t_{12} 是 S_1 与 S_2 的公切线长，t_{13}，t_{14}，t_{23}，t_{24} 与 t_{34} 有类似的意义.

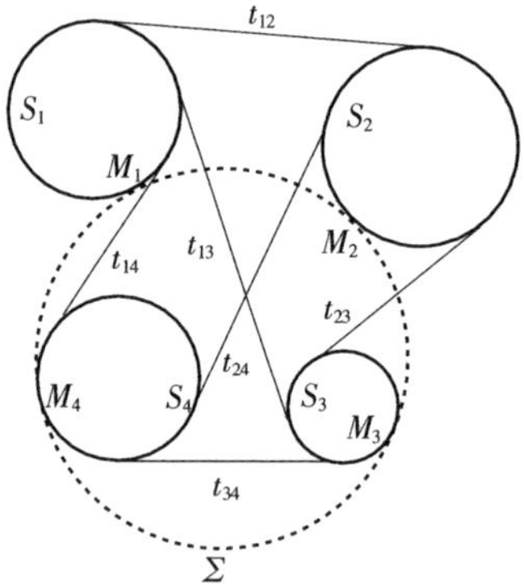

图 4.5

（我们设圆 S_1，S_2，S_3，S_4 与圆 Σ 的切点按次序 M_1，M_2，M_3，M_4 位于 Σ 上. 我们还设，当两圆 S_1 与 S_2 在 Σ 外部或内部时，t_{12} 是这两个圆的外公切线段长，在其他情形下，t_{12} 是它们的内公切线段长；如果 Σ 是一条直线，那么当这两个圆在 Σ 外部或内部时，t_{12} 是它们的外公切线段长，在其他情形下，t_{12} 是它们的内公切线段长.）

当圆 S_1，S_2，S_3，S_4 中的一些或全部换为点（"具有半径为 0 的圆"）时，问题 9 中的结论仍然成立. 如果所有的圆都换为点，那么我们最终得到托勒密定理（见问题 6）.

10. 证明：如果四个圆 S_1，S_2，S_3，S_4 通过 Σ 的同一点，那么这些圆的公切线长满足问题 9 中所述的关系式.

如果把点看作圆的特殊情形（"具有半径为 0 的圆"），那么问题 10 中的结论可以看作问题 9 中结论的特殊情形. 但是要指出，在问题 9 的陈述中，我们把 Σ 是圆的情形与 Σ 是直线（"具有半径为无限大的圆"）的情形合并在一起，而问题 10 中的命题要求分开证明. 这是由于以下事实：在反演理论中，圆与直线有相同情形（在反演下，两者之一可以变为另一个），而圆与点则没有相同情形. 这就是为什么我们讨论包含反演的问题时常可以把圆换为直线（即把直线看作圆的特殊情形），或把直线换为圆，而没有影响这个问题的求解. 但是在问题的陈述中点取代圆的情形，要求分开证明.[6]

我们注意，问题 9 与 10 的逆命题成立. 特别地，如果四个圆的公切线段长满足问题 9 中的关系式，那么这四个圆与第 5 个圆相切，或者与一条直线相切，或者通过一点（见本书第 5 章中问题 3(2)）.

11. 证明：如果两两相交的四个圆 S_1，S_2，S_3，S_4 与圆 Σ 相切，或者通过 Σ 上同一点，那么它们之间的角满足关系式

$$\sin\frac{\alpha_{12}}{2}\sin\frac{\alpha_{34}}{2}+\sin\frac{\alpha_{14}}{2}\sin\frac{\alpha_{23}}{2}=\sin\frac{\alpha_{13}}{2}\sin\frac{\alpha_{24}}{2}$$

其中,例如说 α_{12} 是圆 S_1 与 S_2 间的角(更确切地说是它们交点处所作半径间的角).

(此处假设,圆 S_1,S_2,S_3,S_4 与圆或直线间的切点以问题 9 中指定的次序位于 Σ 上;如果 Σ 是一点,那么半径 $O_1\Sigma$,$O_2\Sigma$,$O_3\Sigma$,$O_4\Sigma$ 依次位于 Σ 上.)

当我们在几何问题(包含《几何变换(Ⅲ)》1.1～1.3 节的证明)中利用仿射变换时,其目的多半是选择仿射变换来简化所包含的图形.另外,当我们在《几何变换(Ⅲ)》1.4 节的问题中利用平面的配极变换时,其目的是不同的,所建立定理的变换了的图形产生一个新定理,不需要证明 —— 原始定理成立蕴涵新定理成立.为了以稍微不同的形式重新陈述这一点,我们可以说,利用配极变换的主要优点是,从所建立定理得出新的定理.

在本书的第 1 章问题 1～16 与本章问题 1～11 中,反演被用来简化与相应问题有关的图形,因此可以利用《几何变换(Ⅲ)》1.1～1.3 节所用的仿射变换的类似方法.但是显然,反演还可以用来从已建立的定理获得新定理.归根结底,反演可以比较完全地改变图形(可以把直线变为圆),它表示可以从原始定理用这种方法非常有效地得出一个新定理.以下问题 12～18 说明了反演的这种应用.[7]

习　题

12.(1) 我们知道,两条相交直线形成的角的平分线是同时与这两条直线相切的圆的圆心轨迹.如果我们翻转与这个定理有关的图形,那么得出与这个翻转图形有关的定理.请陈述这个定理.

(2) 与两条相交直线 l_1 与 l_2 相切的圆的圆心轨迹也是由 l_1 与 l_2 形成的角的平分线.陈述与这个图形有关的定理,使此图形是由翻转与原始定理有关的图形得出的.

(3) 作一个圆与两两相交的四个圆相交的角相同.

13.陈述由应用反演于以下定理得出的定理:三角形的内角和等于 180°.

14.应用反演于以下定理将得出什么定理?

(1) 三角形的高线相交于一点.

(2) 三角形的角平分线相交于一点.

15.在中心在 P 上的反演下,关于西姆松(Simson) 线的定理将变成什么定理?

16.以下定义在反演下将变成什么定理:圆是与一个点等距离的各点的轨

迹(圆的定义).

17.(1) 以下定理在反演下将变成什么定理:三角形的每一边小于其余两边之和.

(2) 证明托勒密定理(问题 6)之逆:如果四边形的对边乘积之和等于它的对角线之乘积,那么它可以内接于一个圆.

18.以下定理在反演下将变成什么定理?

(1) 勾股定理;

(2) 余弦定理;

(3) 正弦定理.

反演性质B断定这个变换把圆变为圆(此处术语"圆"包含直线,被看作"具有半径为无限大的圆").具有这些性质的所有变换称为圆变换.圆变换最简单的例子是等距变换与相似变换.等距变换与相似变换把直线变为直线,因此是圆变换及仿射变换(见《几何变换(Ⅲ)》).反演也是圆变换,但是它比等距变换与相似变换更复杂(当然,反演不是仿射).

我们可以证明,相似是仿射变换与圆变换两者的变换,不是仿射变换的圆变换可以化为反演.更确切地说,以下两个著名定理成立.

定理 1 在平面上是仿射变换的每个圆变换都是相似变换.

定理 2 在平面上不是相似变换的每个圆变换,可以先用反演后用相似变换来实现.

定理 2 蕴涵,我们可以把圆变换定义为先作反演后作相似变换(关于这一点见《几何变换(Ⅰ)》).特别地,它蕴涵圆变换有反演性 A,B,C,D(见第 5 ~ 9 页与第 53 页),显然相似变换也有这些性质.

定理1的证明 我们知道,平面上的每个仿射都是先作平面平行于本身的射影,然后可能作相似变换(见《几何变换(Ⅲ)》).因此我们需要阐明,平面本身的平行射影(见《几何变换(Ⅲ)》)什么时候把圆变为圆.

显然,在平面π与平面π'平行的平行射影下,π上的圆变为π'上的圆.事实上,这样的射影恰好是π在空间中沿与π'重合的射影方向平移(图 4.6(a))[8].另外,如果π不平行于π',那么平行射影不能把圆变为圆.事实上,在这样的射影下,平行于π与π'交线的圆的直径变为同一长度的线段,而其他直径变为不同长度的线段.这表示作为圆像的曲线不是圆(图 4.6(b)).因此,如果把平面变为本身的平行射影把圆变为圆,那么需要使对原始位置完成平行射影产生的新位置,平行于原始位置.因为在这种情形中,平行射影可以换为空间中的平移,所以把平面变为本身的平行射影等价于等距变换.事实上,在《几何变换(Ⅲ)》

第 15 页定理 2 中蕴涵定理 1.

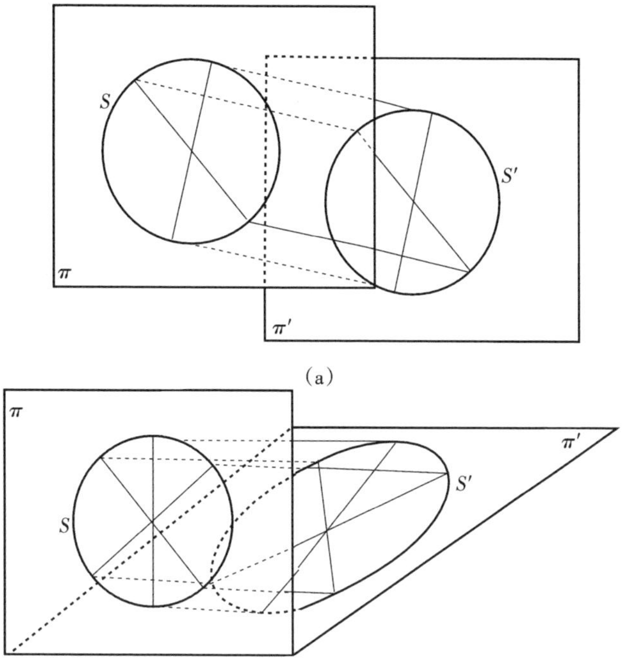

(a)

(b)

图 4.6

定理 2 的证明 （这个证明比定理 1 的证明困难得多.）球到平面的球极平面射影在这个证明中起了主要作用；更准确地说，球极平面射影是把平面上的圆（在本节中术语“圆”包含直线）映射到球上的圆.

令$\mathbb{K}$是平面 π 的变换. 我们利用球极平面射影把 π 映射到球 σ 上. 于是 σ 的变换$\overline{\mathbb{K}}$对应于 π 的变换$\mathbb{K}$. 例如，σ 绕过 A 的直径旋转对应于 π 绕球与 π 的切点 A 旋转（图 4.7(a)）. σ 的变换对应于 π 在 a 上的平移，其中球 σ 上每一点在一圆上移动，此圆通过射影中心且在平行于 a 的平面上（图 4.7(b)）. 球极平面射影的基本性质蕴涵，如果平面变换$\mathbb{K}$是圆变换，那么球变换$\overline{\mathbb{K}}$也是圆变换. 反之，如果球变换$\overline{\mathbb{K}}$是圆变换，那么平面变换$\mathbb{K}$也是圆变换.

现在令$\mathbb{K}$是平面 π 的圆变换，$\overline{\mathbb{K}}$是球的对应变换. 如果$\overline{\mathbb{K}}$固定射影中心 O，那么$\mathbb{K}$是相似变换.

事实上，我们在《几何变换（Ⅲ）》1.3 节中看到，球极平面射影把 π 上的直线变为 σ 上通过 O 的圆. 显然 σ 上固定 O 的变换$\overline{\mathbb{K}}$，把通过 O 的每个圆变为通过 O 的一个圆. 这蕴涵 π 的变换$\mathbb{K}$把 π 上每条直线变为 π 上的一条直线，即$\mathbb{K}$是圆变换与仿射变换. 但是这只有在$\mathbb{K}$是相似变换时才有可能（见定理 1）.

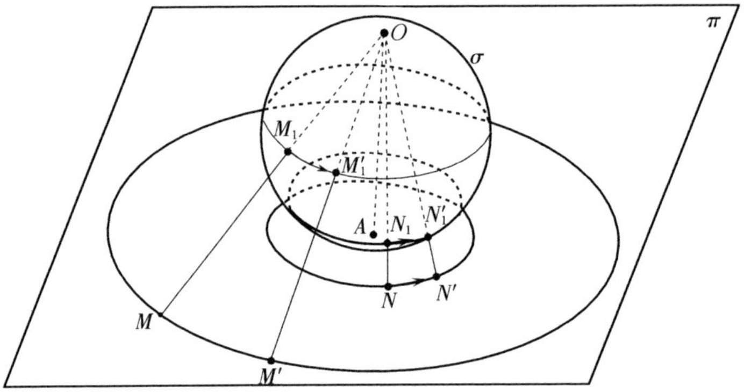

(a)

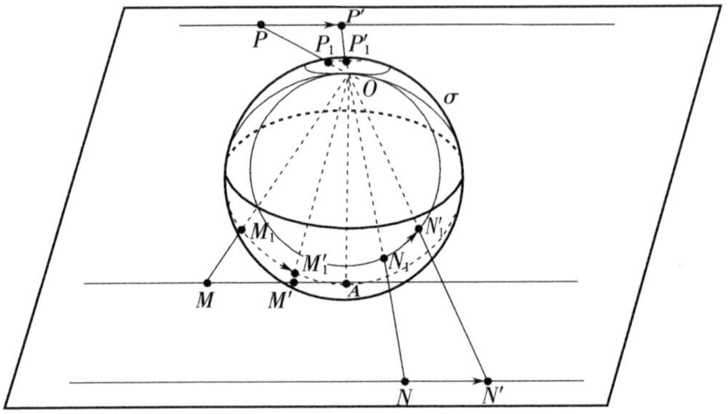

(b)

图 4.7

假设σ的圆变换$\overline{\mathbb{K}}$没有固定O. 令O_1是O在变换$\overline{\mathbb{K}}$下的像，令δ是σ的垂直线段OO_1的径面(图 4.8). 令$\overline{\mathbb{I}}$是σ在δ上的反射(即$\overline{\mathbb{I}}$是σ的一个变换，把点$\overline{M}$变为与M关于δ对称的点$\overline{M'}$). $\overline{\mathbb{I}}$是球的圆变换，把O_1变为O. 令$\overline{\mathbb{K}_1}$是这样的球变换，使$\overline{\mathbb{K}}$是$\overline{\mathbb{I}}$与$\overline{\mathbb{K}_1}$的乘积(即$\overline{\mathbb{K}}$是连续应用$\overline{\mathbb{I}}$与$\overline{\mathbb{K}_1}$的结果).[9] 不难看出，$\overline{\mathbb{K}_1}$也是球的圆变换，如果$\overline{\mathbb{I}}$把圆$\overline{S}$变为圆$\overline{S}_1$，$\overline{\mathbb{K}}$把$\overline{S}$变为$\overline{S}'$，那么$\overline{\mathbb{K}_1}$把$\overline{S}_1$变为$\overline{S}'$. $\overline{\mathbb{K}}$固定O(因为$\overline{\mathbb{K}}$与$\overline{\mathbb{I}}$两者都把O_1变为O).

因为$\overline{\mathbb{K}}$可以写作乘积$\overline{\mathbb{K}_1}\,\overline{\mathbb{I}}$，所以$\mathbb{K}$可以写作乘积$\mathbb{K}_1\mathbb{I}$，其中在球极平面射影下$\mathbb{I}$对应于$\overline{\mathbb{I}}$，$\mathbb{K}_1$对应于$\overline{\mathbb{K}_1}$. 因为$\overline{\mathbb{K}_1}$固定$O$，所以$\mathbb{K}_1$是相似变换(如上所述). 我们将证明，$\mathbb{I}$是反演. 这就完成定理 2 的证明.

令$\overline{S}$是球上一圆，垂直于圆$\overline{\Sigma}$(图 4.9). 这表示$\overline{S}$的平面垂直于平面δ. 令S是一圆(或直线)，使它是$\overline{S}$在球极平面射影下的像. 显然，反射$\overline{\mathbb{I}}$使$\overline{S}$变为它本身. 因此$\mathbb{I}$使S变为它本身. 我们将证明，S垂直于Σ.

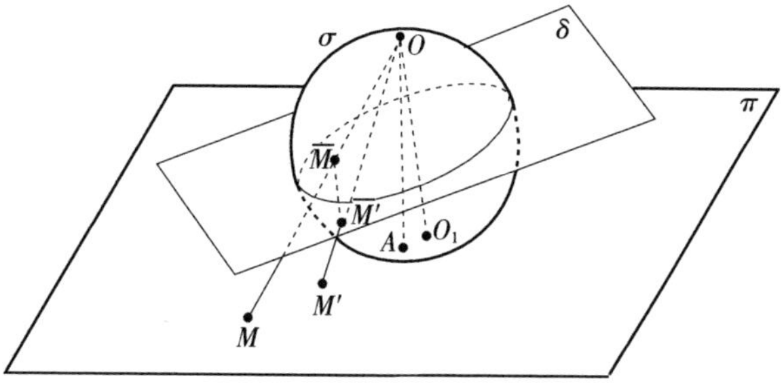

图 4.8

令 $\overline{B}\,\overline{T}$ 与 $\overline{B}\,\overline{T}_1$ 分别是 $\overline{\Sigma}$ 与 $\overline{S}$ 在它们交点 $\overline{B}$ 上的切线；$\overline{B}\,\overline{T}_1 \perp \overline{B}\,\overline{T}$. 具有中心 O 的中心射影把切线 BT 与 BT_1 上的直线 $\overline{B}\,\overline{T}$ 与 $\overline{B}\,\overline{T}_1$ 分别变为在它们交点 B 上的圆 Σ 与 S. 令 P 与 Q 分别表示 $\overline{B}\,\overline{T}$，$\overline{B}\,\overline{T}_1$ 与平面 π 的交点，令 Q_1 表示 $\overline{B}\,\overline{T}_1$ 与平面 π_1 的交点，π_1 平行于 π 且通过 O(平面 π_1 不出现在图 4.9 中). 因为 $\triangle \overline{B}OQ_1 \backsim \triangle \overline{B}BQ$($Q_1O \parallel QB$ 作为平面 $\overline{B}QB$ 与两平行平面 π_1，π 的交线) 与 $Q_1\overline{B} = Q_1O$(它们是从 Q_1 出发的球 σ 的切线)，所以 $QB = Q\overline{B}$. 我们用类似方法证明 $PB = P\overline{B}$. 现在 $\triangle PBQ \cong \triangle P\overline{B}Q$ 蕴涵[10]

$$\angle PBQ = \angle P\overline{B}Q = 90^\circ$$

即圆 S 与 Σ 互相垂直.

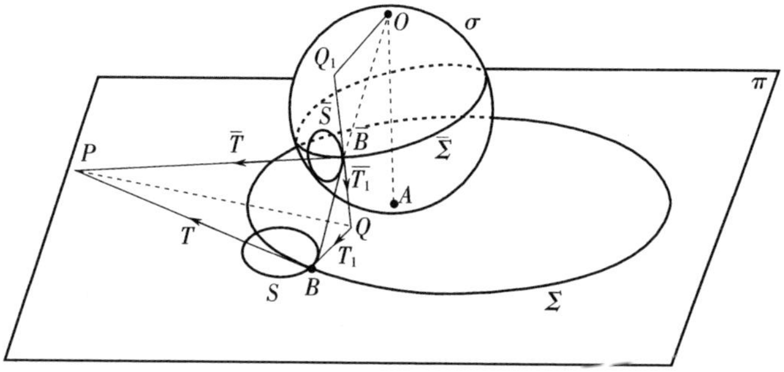

图 4.9

我们看出，𝕀固定圆 Σ 的所有点，且把垂直于 Σ 的每个圆 S 变为它本身.[11] 因此𝕀把所有垂直于 Σ 且通过定点 A 的圆变为它们本身. 记住𝕀交换了 Σ 的外部与内部，我们一定可以断定，𝕀 把与 A' 关于 Σ 对称的点 A 变为 Σ，即𝕀 是 Σ 上的反射.

我们注意，在圆的反射下，平面上存在没有像的奇点，严格地说不允许我们把反演看作普通术语意义上的平面变换(变换通常被看作一一映射). 既然如此，我们对基本定理 2 的表述就不完全准确. 容易看出，正如通常所定义的，平面变换不能把圆、封闭曲线变为直线.因此在通常的术语意义上，平面变换把圆与直线分别变为圆与直线，因此是圆变换(见定理 1)，一定把直线变为直线，圆变为圆，即一定是相似变换.用类似于射影的方式，我们称为圆变换的这个变换，可以严格地定义为把平面上的区域 Ω 变为平面上的区域 Ω'，把圆或与 Ω 相交的直线变为圆或与 Ω' 相交的直线这样的变换(广义圆变换[12]).我们不详细研究这个结果.

第 4 章的注解

[1]托勒密定理的另一证明与它的许多应用，可以在 D. O. Shklyarskiĭ 等著的 *Collected Problems and Theorems* 第 2 部(俄文版)中找到.

[2]如果把 t_{13} 当作 S_1 与 S_3 的外公切线长或它们的内公切线长，并引入 t_{23}，t_{14} 与 t_{24} 的类似定义，那么我们得出两两不相交的四个圆的全部 16 个交比不变.

[3]如果反演中心 O 是所研究圆中的一个圆上的点，那么它在反演下的像是一条直线，且性质 $\overline{\mathrm{D}}$ 没有意义.如果 O 在四个圆中的某圆的外部而在其余圆的内部，那么性质 $\overline{\mathrm{D}}$ 也不成立.例如，如果反演中心 O 在 S_1 的外部而在 S_3 的内部，并且这两个圆相互外切，那么这个反演把它们映射到圆 S'_1 与 S'_3 上，其中一个圆在另一个圆的内部，但此时 S'_1 与 S'_3 没有公切线，因此不能定义它们的交比不变.

[4]如果四个圆互相外离，那么中心在所有四个圆外部的反演保持它们所有的 16 个交比不变.

[5]此处我们利用以下事实：两个相似比 $\frac{k}{k_1}$ 与 $\frac{k}{k_2}$ 同号.情况是这样的，因为根据假设，O 在 S_1 与 S_2 的外部，或在 S_1 与 S_2 的内部.

[6]正如原来所证明，例外情况是，当一些或全部圆换为点时，公式(∗∗)与反演性质 $\overline{\mathrm{D}}$ 仍然成立.这允许我们根据式(∗∗)或 $\overline{\mathrm{D}}$ 把问题中的一些圆换为点.特别地，这就是为什么可以在问题 9 的陈述中假设圆 S_1，S_2，S_3 与 S_4 中一些圆是"半径为 0 的圆"，即点.另外，一定不能把圆 S_1，S_2，S_3 与 S_4 中任一圆换为直线，因为这时式(∗∗)与 $\overline{\mathrm{D}}$ 失去意义.

[7]注意，严格地说，在所有这样的问题中，我们应该两次应用反演(见《几何变换(Ⅲ)》).

[8]见《几何变换(Ⅲ)》.

[9]换言之，如果 $\overline{\mathbb{I}}$ 把 σ 上的点 $\overline{M}$ 变为 $\overline{M_1}$，$\overline{\mathbb{K}}$ 把 $\overline{M}$ 变为 $\overline{M'}$，那么 $\overline{\mathbb{K}}_1$ 把 $\overline{M_1}$ 变为 $\overline{M'}$.

[10]显然,当$\angle \overline{TBT_1}$不是直角时,$\angle \overline{TBT_1}$与$\angle TBT_1$相等的证明成立.这蕴涵球极平面射影保持角不变,也就是σ上圆$\overline{\Sigma}$与$\overline{S}$间的角等于它们在π上的像Σ与S间的角(Σ与S可以是圆或直线).(一般地,σ在π上的球极平面射影是一种保形映射.)

[11]容易看出,平面上垂直于Σ的每一个圆都可以由垂直于$\overline{\Sigma}$的圆$\overline{S}$的球极平面射影而得出(这特别地由以下事实得出:我们可以用这种方法得出这样一个圆,使它垂直于Σ且与Σ相交于任意两个预先指定的点).因此$\mathbb{I}$把垂直于Σ的每个圆变为它本身.

[12]精确的要求,即保形平面的圆变换.这是我们在所有上述论证中的不讲明的处理方法.(我们注意到球极平面射影把球σ上的点变为保形平面π上的点,特别地,把球上的点O变为平面π上的"无穷远点".)

轴向圆变换

第5章

5.1 膨胀变换

在本章开始，我们研究一个经常用来解几何问题的简单变换. 这个变换的性质与到目前为止我们研究过的变换的性质有很大不同.

我们回忆一个著名的问题，在基谢廖夫所著的《几何学》中给出它的解法：作两条已知圆的公切线. 解题的思路如下：设本题已被解答(图 5.1(a)，为确定起见，我们此处只限于外公切线的情形). 现在我们用减少两个已知圆 S_1 与 S_2 的半径 a 与 $b(a<b)$ 而不改变它们的圆心来变换我们的图形. 于是 S_1 变为点 S'_1，S_2 变为半径为 $b-a$ 的圆 S'_2(图 5.1(b)). 显然，从 S'_1 到 S'_2 的切线平行于 S_1 与 S_2 的公切线 l，l 与 l' 之间的距离是 a. 利用从已知点向已知圆作切线，我们作出 l'. 于是我们把 l' 在垂直于 l' 的方向平移 a，用这种方法得出要求的公切线 l.

把图 5.1(b) 变为图 5.1(a) 的变换称为按 a 作膨胀变换；它把所有圆的半径增加 a(因此点 —— 半径为 0 的圆变为半径为 a 的圆)，把所有直线在垂直于它们的方向上平移 a. 把图 5.1(a) 变为图 5.1(b) 的变换称为按负量 $-a$ 作膨胀变换或压缩；它把所有圆的半径减少 a.

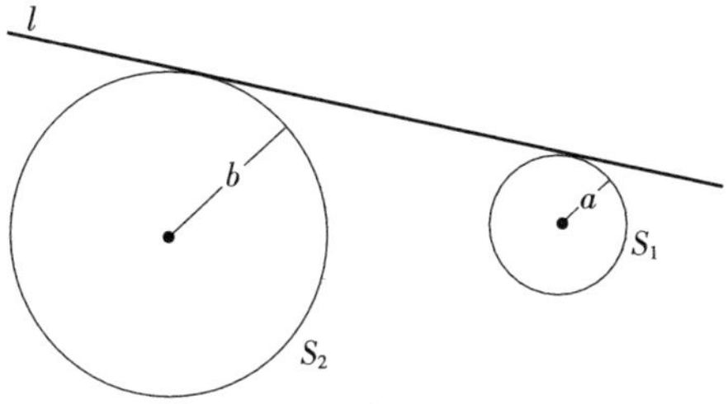

(a)

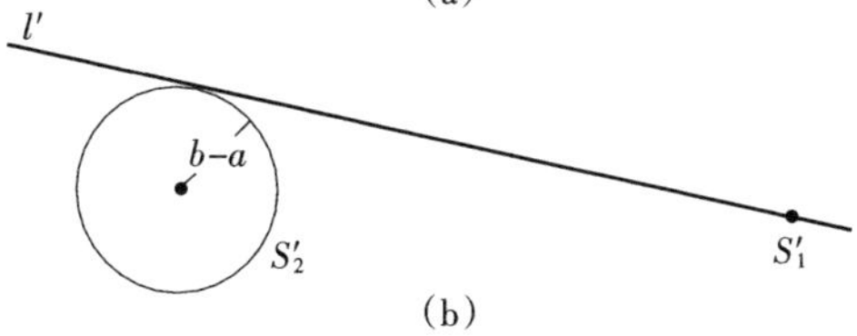

(b)

图 5.1

在研究膨胀性质之前，我们必须考虑一个对本章其余部分很重要的事实. 这个事实对我们的定义要作另外的说明，没有这个说明，它是无意义的. 我们的定义不能说明在负膨胀变换下，半径小于 a 的圆(例如点)的像是什么，即在压缩 $-a$ 下，半径小于 a 的圆(例如点)的像是什么. 情况还不全是这样. 即使我们把它们局限于正膨胀变换，我们还会遇到麻烦. 特别地，我们说按 a 作膨胀变换，即把直线 l 在垂直于 l 的方向平移了距离 a. 但是有两条这样的直线(图 5.2)，于是问题是要回答这两条直线中哪一条可以被选作为 l 在膨胀变换下的像.

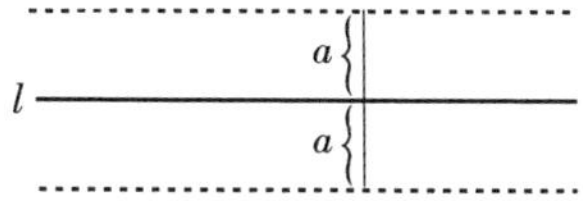

图 5.2

在原来分析的问题中(图 5.1)，帮助我们选择的是以下事实：l 是圆 S_2 的切线；我们平移 l，使它的"被膨胀形式"(此处实际上是它的"被压缩形式")是圆 S'_2 的切线. 但是显然，这种处理方法不能解决一般情形的问题. 如果我们研究图 5.3(a)，其中直线 l 是两个圆的切线，那么我们就断言它在膨胀变换下"分裂为二"，变为两条不同直线 l'_1 与 l'_2(图 5.3(b)). 另外的困难是，我们不知道如何确定与图中任一圆不相切的直线在膨胀变换下的像. 因此为了得出适合于所有情形的膨胀变换定义，我们必须对原始的定义，除"大小"a 外，还要规定任一直线在两个可能方向中的哪个方向移动.

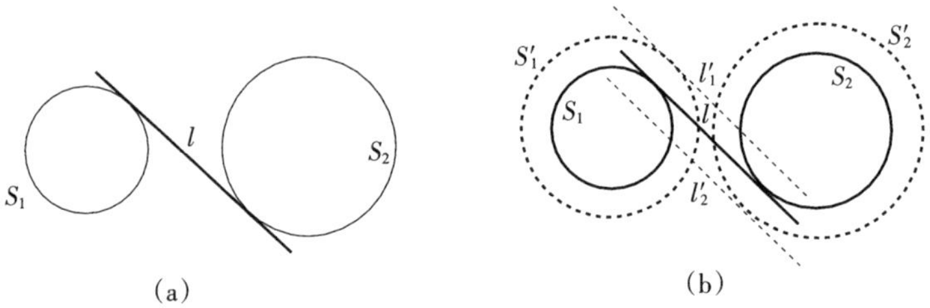

图 5.3

已知一条直线，我们不能把它的两边中的一边与另一边区别开来. 为了作出这样的区别，我们首先必须指定直线本身的方向. 此时最好是，我们可以说直线“向右”或“向左”移动(就像我们没有先指出人在一条街道上散步的方向，则不能说这条街道的“右边”或“左边”). 我们将称具有指定方向的直线为有向直线或有向轴；我们常用这两个术语中的第一个. 因此膨胀变换的完全定义要求引入有向直线的概念. 如果我们假设所有直线是有向的，那么我们可以叙述：在按正数作膨胀变换下，每一条直线沿着与它本身垂直的方向在两个可能方向中确定的一个方向移动了距离 a(以后我们选取右方向)；现在每一条有向直线变为一条有向定直线，没有两条有向直线变为同一条有向直线. 显然，只有方向不同的两条直线 l'_1 与 l'_2，在膨胀变换下，变为两条不同直线 l'_1 与 l'_2(图 5.4(a))；现在我们可以说明直线 l 在膨胀变换下的“加倍”(图 5.3(a)). 反之，图 5.4(b) 中的两条不同直线在相关膨胀变换下变为两条直线 l'_1 与 l'_2，它们只是方向不同，在其他情形中它们重合.

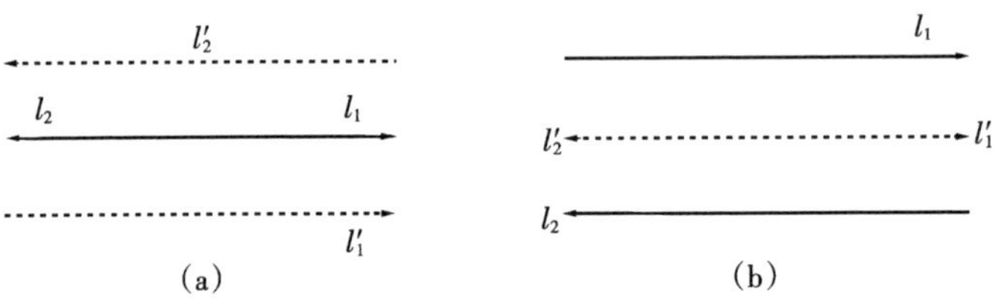

图 5.4

我们给出引进有向直线概念的另一正当理由. 设一个膨胀变换把一条水平线向上移动距离 a. 自然要求邻接这条水平线的直线(即与水平线相交一小角的直线)也沿着接近向上方向的方向移动，而不在相反方向移动(这里开始考虑变换连续性的概念). 我们现在用大体相同的方法，可以对接近水平线的直线 l，确定接近 l 的直线的运动方向，等等. 我们研究一个直线束，它是由水平线绕它逆时针方向旋转 0° 与 180° 间的所有角得出的(图 5.5). 如果我们要求邻接直线在邻接方向移动，那么水平线向上移动这一事实唯一确定了直线束中所有直线的运动方向. 特别地，邻接水平线的直线向上且稍微地向左移动(因为直线是有向的,所以"向左"并不表示"向直线的左边","向左是正在观看平面的人所理解的那样"). 与水平线成 45° 角的直线向上且向左移动,即垂直且稍微向左移动,而与水平线成 180° 角的直线(即水平线本身) 稍微向下移动. 总之,如果膨胀是一个连续变换(具有以下特征的不连续变换在几何学上是没有意义的:邻接直线的像基本上都有不同的定向),那么在膨胀变换下,水平线一定像向下移动,同样也向上移动,正如图 5.5 描绘的变换与所要求的一样. 克服这个困难的唯一方法是把直线看作"二重性",即不但以它们在平面上的位置而且还以它们的方向来区别. 如果我们引入这个约定,那么有向水平直线旋转 180° 后将变为具有相反方向的直线. 当膨胀变换服从这个约定时,最后的直线向下移动,正如要求的一样.

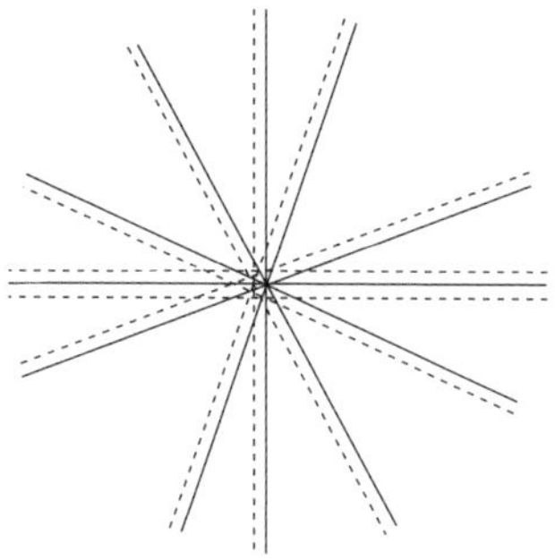

图 5.5

在本章中术语"直线" 常表示有向直线("轴"). (唯一的例外是问题的陈述;此处直线是无向的.) 如果两条有向直线在通常意义上平行且有相同方向,那么我们说这两条有向直线平行(图 5.6(a));因此图 5.6(b) 中的直线不能被认为是平行的. 所谓两条有向直线间的角,指的是由它们确定的有向射线间的角(图 5.7(a)). 另外,我们可以选取两条无向直线所成两角中的任一角(图 5.7(b) 中 $\angle AOC$ 或 $\angle AOB$),作为这两条直线间的角.

(a) (b)

图 5.6

有向直线的引入,消除了与本章开头给出的膨胀变换定义有关的两个困难中的第一个困难. 现在我们可以重新陈述这个定义如下:

研究由有限圆与有向直线(轴) 构成的图形 T. 所谓 T 按正数量 a 作膨胀变换,指的是对 T 作这样的变换,使 T 中每个圆换为有相同圆心与半径增加 a 的圆(特别地,每一点(半径为 0 的圆) 换为有半径 a 与圆心在此点的圆),并且每

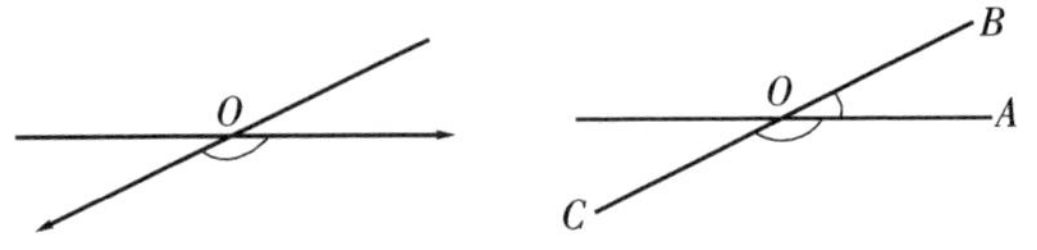

图 5.7

一条有向直线向右移动距离 a. 现在我们还不能定义按负数 $-a$ 作膨胀变换. 情况是这样的,因为还不清楚,当 $r<a$ 时怎样减小圆的半径. 在形式上,我们可以说按负数作膨胀变换,将把半径为 $r<a$ 的圆变为半径为 $r-a=-(a-r)$ 的圆,但是至今还不清楚这表示什么意思. 克服这个困难的方法是由与直线的膨胀变换有关的消除这个困难的方法提供的. 我们假设平面上的所有圆是二重圆,即有两个相反的有向圆对应于已知的圆心与半径. 正如直线的情形一样,平面上的圆的方向用箭头表示. 我们说它是有向圆或圆. 我们可以自由地规定两个方向 —— 顺时针方向与逆时针方向之一为正的. 我们选取逆时针方向为正的,顺时针方向为负的. 我们说正有向圆的半径为正的,负有向圆的半径为负的.

现在我们可以给出膨胀变换的最后定义. 所谓按数 a(它可以是正的或负的) 作的膨胀变换,指的是由有向直线(轴) 与有向圆(圆) 组成的图形作这样的变换,使每个有圆心为 O 与半径为 r 的有向圆变为有相同圆心 O 与半径为 $r+a$ 的有向圆,并且每条有向直线向右平移距离 a. 我们补充说,所谓按负距离 $-a$ 平移指的是向相向方向平移距离 a,即向左平移距离 a. 显然,如果按 a 的膨胀变换把图形 T 变为新图形 T',那么按 $-a$ 的膨胀变换把图形 T' 变为 T. 容易看出,按 a 的膨胀变换把两个只有方向不同的圆(即它们的半径是 r 与 $-r$) 变为两个半径分别为 $r+a$ 与 $-r+a$ 的不同圆 S'_1 与 S'_2(圆"被分为两个";图 5.8(a) 画出 $a<r$ 的情形,图 5.8(b) 画出 $a>r$ 的情形). 反之,按 $-a$ 的膨胀变换把不同的圆 S'_1 与 S'_2 变为只有方向不同的圆 S_1 与 S_2.

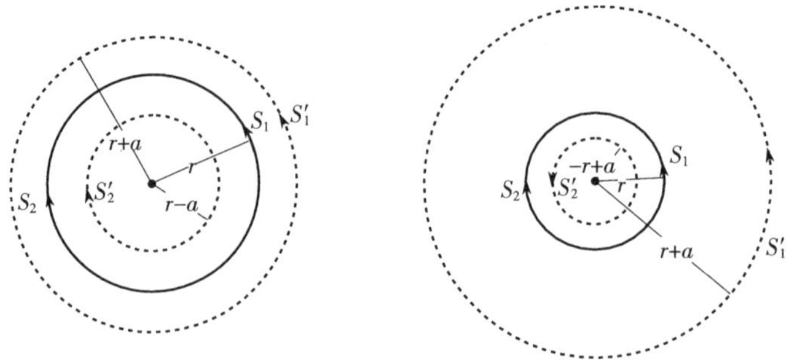

图 5.8

在本章中术语“圆”常表示有向圆(或“圆”).(唯一的例外是问题的陈述;此处圆不是有向的.)对于两个(有向)圆,或一个有向圆与一条(有向)直线,只有当它们在切点上的方向一致时,我们才说它们相切(图 5.9(a));因此图 5.9(b)中的两个圆及在这个图中的圆与直线都不相切.在这些条件下,两个(有向)圆不能有多于两条公切线;当圆有相同方向时,公切线是外公切线(图 5.10(a)),当圆有不同方向时,公切线是内公切线(图 5.10(b)).在本章中我们把点看作“半径为 0 的圆”.显然,点没有方向.当圆(或直线)通过点 A 时,我们说这个圆(或直线)“切触”点 A.

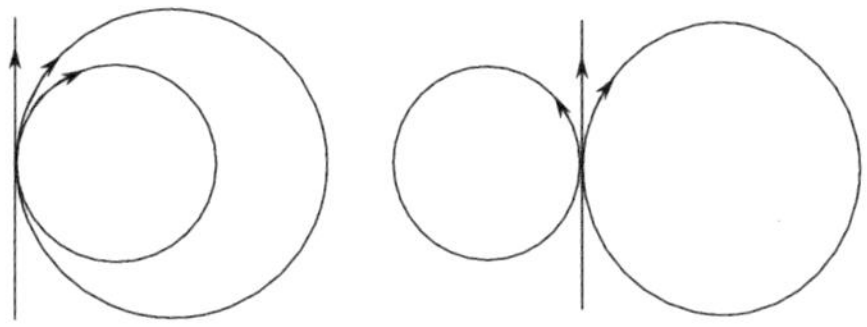

(a)

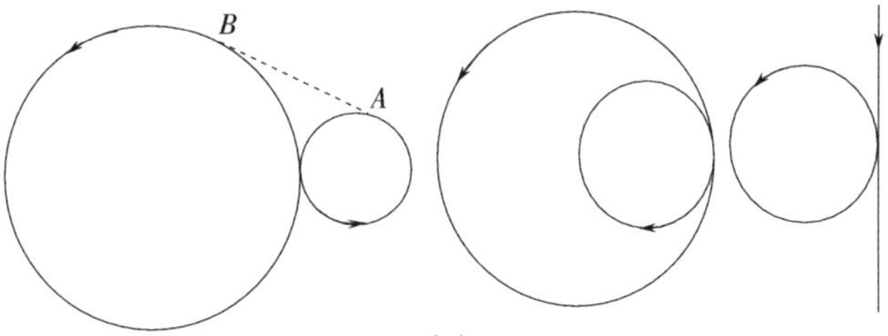

(b)

图 5.9

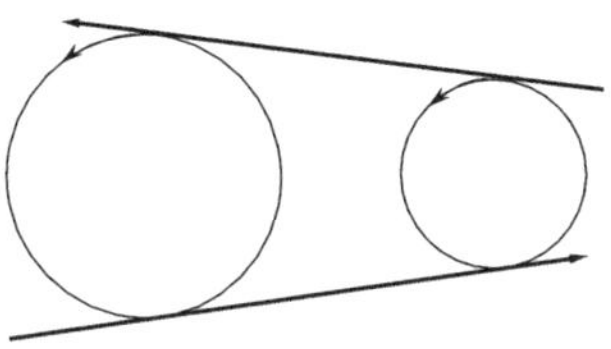

(a)

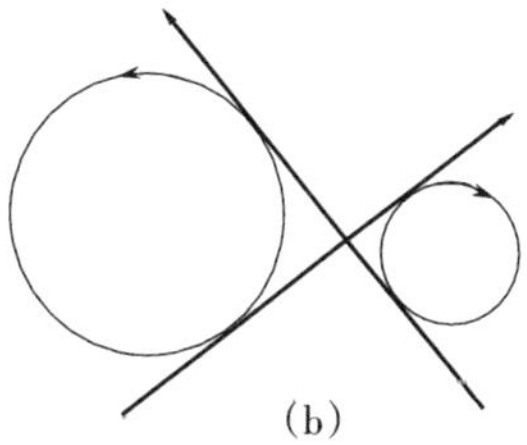

(b)

图 5.10

现在我们来叙述并证明膨胀变换的两个性质,记为 A 与 B,然后引入主切线的距离概念之后,我们来叙述并证明它的另一个性质,记为 C.

A.膨胀变换把相切的圆与直线变为相切的圆与直线.图 5.11(a)与 5.11(b)使这个性质更明显.当点在直线的左边时,我们把从点到有向直线的距离定义为正的,当点在直线的右边时,我们把从点到有向直线的距离定义为负的.当一个圆的圆心到一条直线的距离等于这个圆的(正或负)半径时,这个(有向)圆与这条(有向)直线相切(图 5.11(a)与 5.11(b)).在按 a 的膨胀变换下，从圆 S 的圆心到直线 l 的距离及 S 的半径都增加了 a. 这就证明了，膨胀变换保持直线与圆的切触.

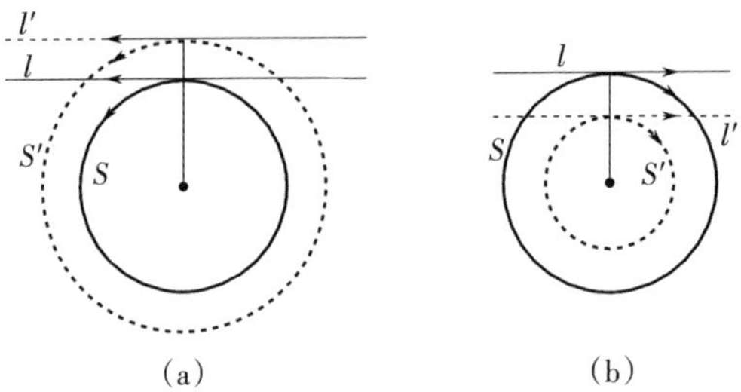

图 5.11

B. 膨胀变换把相切圆变为相切圆. 图 5.12(a) 与 5.12(b) 使这个性质更明显. 容易验证，当且仅当两个(有向) 圆的圆心间距离等于它们的半径之差时，这两个圆相切(图 5.12(a) 与 5.12(b)). 现在按 a 的膨胀变换使所有圆的半径增加了 a，而它们圆心之间的距离保持不变. 这就证明了，膨胀变换保持了两个圆相切的条件.

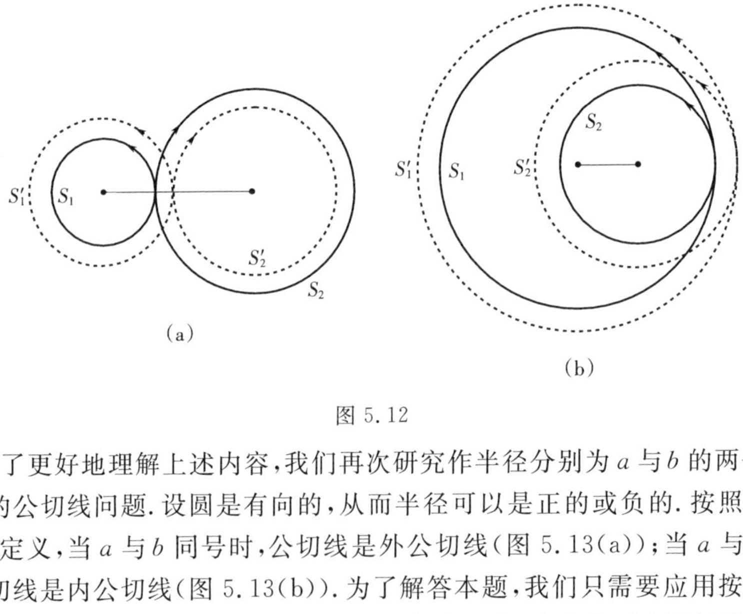

图 5.12

为了更好地理解上述内容，我们再次研究作半径分别为 a 与 b 的两个圆 S_1 与 S_2 的公切线问题. 设圆是有向的，从而半径可以是正的或负的. 按照有向圆相切的定义，当 a 与 b 同号时，公切线是外公切线(图 5.13(a))；当 a 与 b 异号时，公切线是内公切线(图 5.13(b)). 为了解答本题，我们只需要应用按 $-a$ 或 $-b$ 的膨胀变换. 这个膨胀变换把诸圆之一变为一点. 这个作两个圆切线的问题化为从一已知点向一已知圆作切线的问题. 这个例子说明了引入有向直线与有向圆的好处；图 5.13(a) 与 5.13(b) 所显示的各种情形的叙述是相同的(当然，在基谢廖夫的《几何学》课本中，这两种情形是分开研究的).

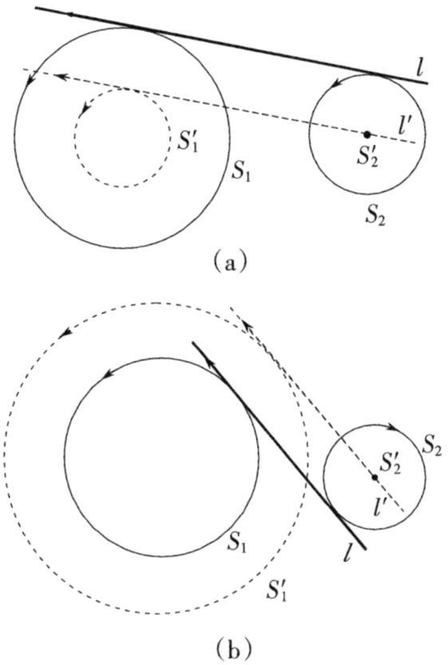

图 5.13

在讨论膨胀变换的第三个性质之前，我们引入切线距离的概念，它在本章中将起主要作用. 所谓圆 S_1 与 S_2 之间的切线距离，指的是它们的公切线在两切点间的线段长(图 5.14(a)). 两个无向圆间的切线长可以取两个不同值中的 AB 或 CD(图 5.14(b)).

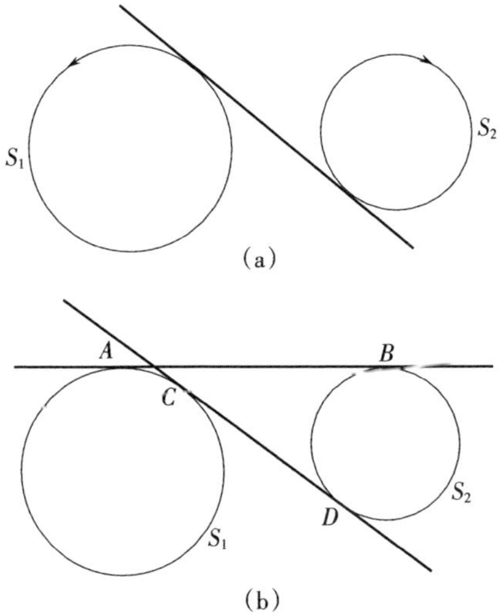

图 5.14

另外，两个有向圆不能有多于两条公切线，并且这些公切线段的长相同(图 5.10).(我们回忆，可以指定两条无向直线间所成角的两值之一，而两条有向直线间所成的角是唯一确定的(图 5.7(a) 与 5.7(b)).) 如果两个(有向) 圆没有公切线(如果说一个圆在另一个圆的内部),那么这些圆没有切线距离(正如我们不能定义两个不相交圆间的角一样). 当且仅当两个有向圆相切时,它们之间的切线距离等于 0(图 5.9(a);类似地,当且仅当两个有向圆相切时,它们之间的角等于 0). 在图 5.9(b) 中,我们约定两个圆没有公切线,则它们之间的切线距离不等于 0(对于此图中第一对圆,它等于 AB,对于第二对圆,它是未定义的).

容易看出,如果圆 S_1 与 S_2 的半径分别是 r_1 与 r_2,圆心间的距离是 d,那么它们的切线距离是

$$t=\sqrt{d^2-(r_1-r_2)^2} \qquad (*)$$

(为了证明,把勾股定理应用于图 5.15(a) 中的 $\mathrm{Rt}\triangle O_1O_2P$,图 5.15(a) 研究半径 r_1 与 r_2 同号的情形,图 5.15(b) 研究 r_1 与 r_2 异号的情形). 这个公式蕴涵,当且仅当

$$d^2-(r_1-r_2)^2=0$$

时,即圆心之间的距离 d 等于半径之差时,两个圆 S_1 与 S_2 相切(即它们的切线距离 $t=0$).

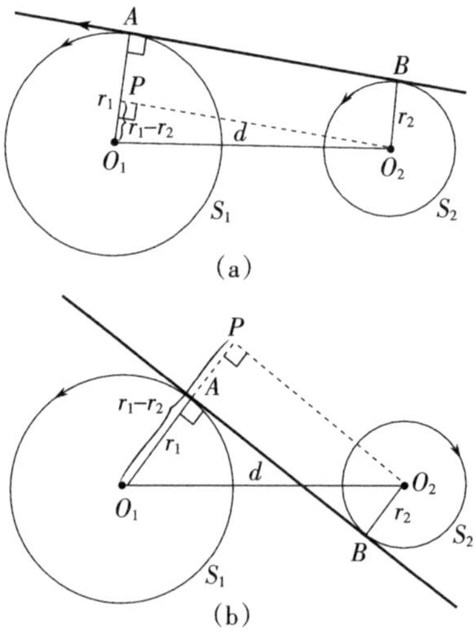

图 5.15

我们现在指出膨胀变换的以下重要性质.

C. 如果膨胀变换把(有向) 圆 S_1 与 S_2 变为(有向) 圆 S_1' 与 S_2',那么 S_1' 与 S_2' 的切线距离等于 S_1 与 S_2 的切线距离(图 5.16).

事实上,根据膨胀变换的定义,圆 S_1' 与 S_2' 的半径 r_1' 与 r_2' 是 r_1+a 与 r_2+a,其中 a 是膨胀变换的值,它们圆心间的距离 d' 等于 S_1 与 S_2 的圆心间距离. 因此

$$t' = \sqrt{d'^2 - (r_1' - r_2')^2} = \sqrt{d^2 - [(r_1 + a) - (r_2 + a)]^2} = \sqrt{d^2 - (r_1 - r_2)^2} = t$$

这就是所要证明的.

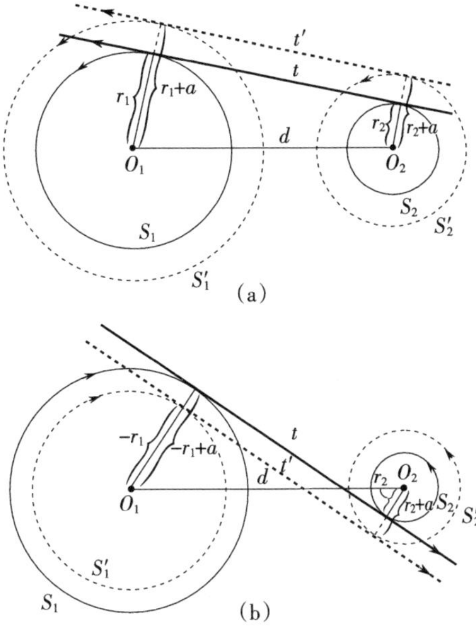

图 5.16

膨胀变换的性质 C 是性质 B 的推广(它可以陈述如下:如果两个有向圆的切线距离是 0,那么变换了的圆的切线距离也是 0).

习　题

1. 利用膨胀变换来解《几何变换(Ⅱ)》第 1 章中的问题 13(3).

2. 利用膨胀变换来解阿波罗尼奥斯问题(第 2 章问题 10(1)).

3. (1) 利用膨胀变换来解第 4 章问题 9.

(2) 证明第 4 章问题 9 与 10 中命题之逆:如果 4 个圆 S_1,S_2,S_3 与 S_4 的切线距离以关系式

$$t_{12}t_{34} + t_{14}t_{23} = t_{13}t_{24}$$

或 $t_{12}t_{34} + t_{13}t_{24} = t_{14}t_{23}$,或 $t_{14}t_{23} + t_{13}t_{24} = t_{12}t_{34}$ 相联系,那么这些圆与某第 5 个圆相切,或与某一条直线相切,或者这些圆是共点圆.

(此处 t_{12} 表示 S_1 与 S_2 的切线距离,t_{13},t_{14},t_{23},t_{24} 与 t_{34} 有类似的意义,并且,如果说 t_{12} 与 t_{13} 分别是 S_1,S_2 与 S_1,S_3 的同样的公切线段(即两者都是外公切线段或内公切线段),那么 t_{23} 表示 S_2 与 S_3 的外公切线段;另外,如果 t_{12} 与 t_{13} 不是同样的公切线段(即一个是外公切线段,一个是内公切线段),那么 t_{23} 表示 S_2 与 S_3 的内公切线段. 类似地,如果 t_{12} 与 t_{14} 是同样(不同) 的公切线段,那么

t_{24} 是 S_2 与 S_4 的外(内)公切线段,等等.)

4. 利用上题的结果,证明第1章问题11中的结论.

5. 证明:如果4个已知圆 S_1,S_2,S_3,S_4 与3个定圆 $\Sigma_1,\Sigma_2,\Sigma_3$ 相切,那么这4个圆也与某第5个圆 Σ 相切.

(在问题5中,我们可以把圆 $\Sigma_1,\Sigma_2,\Sigma_3$ 中的一些(或全部)换为直线("半径为无限大的圆")或点("半径为0的圆");圆 Σ 可以变为一条直线或一个点.[1] 如果 $\Sigma_1,\Sigma_2,\Sigma_3$ 是3条直线,那么 Σ 是这3条直线的九点圆(见问题4).)

有向直线与有向圆的引入对研究本节的变换是不可缺少的,还经常应用在其他问题中.有向直线的优点是它们之间的角是唯一确定的,有向圆的优点是它们可以只有一对公切线.有向直线与有向圆的这些性质使许多问题得到不可缺少的简化.例如具有无向边的三角形有6条角平分线——3条内角平分线与3条外角平分线.它们每3条同时相交于4个点,其中3个点是三角形的旁切圆圆心,第4个点是它的内切圆圆心(图5.17(a)).当这个三角形的各边是有向直线时,这个相当复杂的图形将被显著地简化,因为这时我们只有三条角平分线与一个旁切圆(图5.17(b)).[2](我们把这个留给读者来说明,在《几何变换(Ⅲ)》问题73(2)的解法中,包含把有向直线引入相当复杂的定理中所引起的简化.)两个有向圆有一个相似中心(而不是两个):在具有相同方向的圆的情形中,有一个内相似中心;在具有不同方向的圆的情形中,有一个外相似中心.3个有向圆有3个相似中心——每对圆有一个.这3个相似中心共线,它们在这3个圆的(唯一)相似轴上(图5.18).(把图5.18与《几何变换(Ⅰ)》中所包含的图1.15相比较).如果在第4章问题9,10,本章问题3及以后各题中引入有向圆,那么这些问题中结论的陈述将显著地简化,并且还可以对这些结论以后的陈述节省了相当麻烦的说明.这种类型的例子很多.

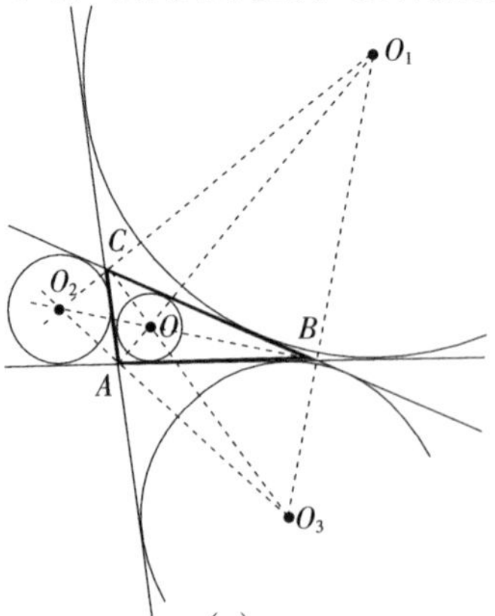

(a)

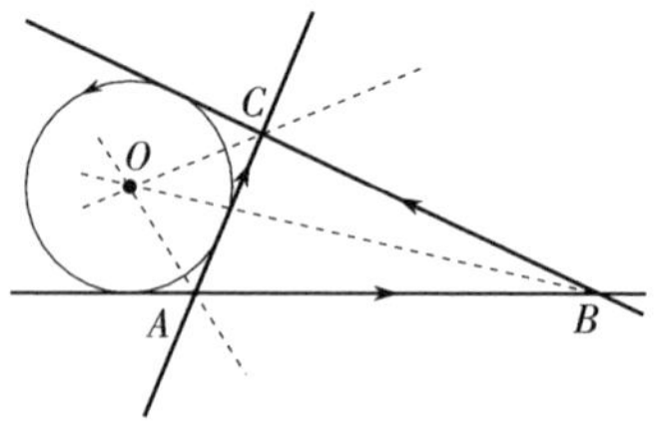

(b)

图5.17

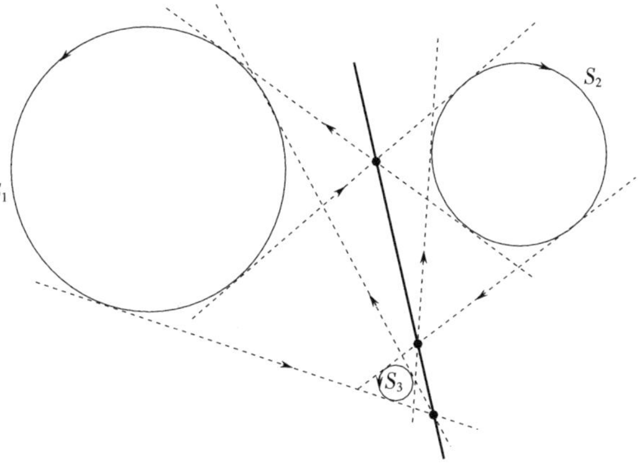

图 5.18

我们再次指出本节的一个极重要的事实.有向直线的性质不仅远比无向直线的性质简单,而且它们类似于点的大部分性质.因此三条有向直线与唯一圆相切的事实,就类似于三个点在唯一圆上的事实;两个有向圆有两条,或一条(当它们相切时),或无(有向)公切线的事实,就类似于两个圆有两个,或一个,或无公共点,等等[3].这就产生了点的性质与有向直线的性质之间的平行性("对偶性"),当直线无向时就没有这种平行性.为了更有说服力地说明这个结果,我们提出一些对偶定理,其中对偶定理的第二个定理是从它的对偶定理把"点"换为"有向直线",把"直线"换为"点",把"圆"换为"有向圆",把"直线上的点"换为通过这点的"有向直线",把"与直线相切的圆"换为"通过这点的有向圆",把"圆上的点"换为"与有向圆相切的有向直线"得出的.[4]

Ⅰ.如果四个圆 S_1,S_2,S_3,S_4 中每一个圆都与它相邻的两个圆相切(S_1 与 S_2,S_4 相切,S_2 与 S_1,S_3 相切,等等),那么四个切点在唯一圆 Σ 上(见第 1 章问题 3).

Ⅰ′.如果四个有向圆 S_1,S_2,S_3,S_4 中每一个圆都与它相邻的两个圆相切,那么相邻各圆的四条有向公切线是唯一有向圆 Σ 的切线(见下面问题 14).

Ⅱ.如果 A_1 与 A_2 是圆 S_1 与 S_2 的交点;B_1 与 B_2 是圆 S_2 与 S_3 的交点;C_1 与 C_2 是圆 S_3 与 S_4 的交点,D_1 与 D_2 是圆 S_4 与 S_1 的交点,并且如果 A_1,B_1,C_1,D_1 在一个圆上,那么 A_2,B_2,C_2,D_2 也在一个圆上(见第 1 章问题 6(2)).

Ⅱ′.如果 a_1 与 a_2 是圆 S_1 与 S_2 的(有向)公切线;b_1 与 b_2 是圆 S_2 与 S_3 的公切线;C_1 与 C_2 是圆 S_3 与 S_4 的公切线;d_1 与 d_2 是圆 S_4 与 S_1 的公切线;并且如果有向直线 a_1,b_1,c_1,d_1 是一个有向圆的切线,那么 a_2,b_2,c_2,d_2 也是一个有向圆的切线(见下面的问题 8(1)).

Ⅲ.令 S_1,S_2 与 S_3 是相交于点 O 的三个圆,我们把通过 S_1,S_2,S_3 的另外三

个交点的圆称为这三个圆的中心圆. 此外,我们可以从相交于 O 的四个圆中选出四个三重圆;与四个相交于唯一点的中心圆对应的是四个圆的中心点(这个断言等价于第1章问题6(3)中的结论). 类似地,我们可以从相交于一点的五个圆中选出五个四重圆;与在唯一圆上的五个中心点对应的是五个圆的中心圆(把这与第1章问题7(1)比较).

Ⅲ′. 令 S_1, S_2, S_3 是与有向直线 o 相切的三个有向圆,我们把与 S_1, S_2, S_3 的另外三条(有向)公切线相切的有向圆称为这三个圆的中心圆. 此外,我们可以从与有向直线 o 相切的四条有向直线中选出四个三重圆;与一有向直线相切的四个中心圆对应的是四个圆的中心线. 类似地,我们可以从与一条有向直线相切的四个有向圆中选出五个四重圆;与一有向圆相切的五条中心线对应的是这五个圆的中心圆,等等(请读者补充证明).

Ⅳ. 令 S_1, S_2, S_3 是相交于点 O 的三个圆,令 A_1, A_2, A_3 是这三个圆上的三点,则通过 A_1, A_2 与通过 S_1, S_2 交点(不同于 O)的圆 Σ_1,和类似于 Σ_1 定义的圆 Σ_2, Σ_3 相交于一点,我们把这一点称为这三个圆的有向点(这个断言等价于第1章问题6(1)中的结论). 此外,令 S_1, S_2, S_3, S_4 是相交于点 O 的四个已知圆,四个共圆点 A_1, A_2, A_3, A_4 在这些圆上;可以从 S_1, S_2, S_3, S_4 中选出四个三重圆的四个有向点,在唯一的圆 —— 这四个圆的方向圆上. 类似地,如果五个圆 S_1, S_2, S_3, S_4, S_5 相交于一点且有已知五个共圆点,那么我们可以从这五个圆中选出五个四重圆,这五个圆的方向点对应于相交于一点的五个方向圆,等等(把这与第1章问题7(2)相比较).

Ⅳ′. 令 S_1, S_2, S_3 是与有向直线 o 相切的三个有向圆,令 a_1, a_2, a_3 是 S_1, S_2, S_3 的任意三条(有向)切线,令有向圆 Σ_1 与 a_1, a_2 和 S_1, S_2 的(有向)公切线(不同于 o)相切,圆 Σ_2 与 Σ_3 是和 Σ_1 类似定义的圆,那么 $\Sigma_1, \Sigma_2, \Sigma_3$ 与唯一的有向直线(即这三个圆的有向直线)相切(见下面问题8(2)). 此外,令 S_1, S_2, S_3, S_4 是与有向直线 o 相切的四个已知圆,这些圆的任何(有向)切线 a_1, a_2, a_3, a_4 都与唯一的有向圆相切,那么可以从 S_1, S_2, S_3, S_4 中选出四个三重圆,使这些三重圆的四条有向直线都与唯一有向圆 —— 这四个圆的有向圆相切. 类似地,如果五个有向圆与一条有向直线相切,而且其五条(有向)切线都与唯一有向圆相切,那么我们可以从这五个有向圆中选出五个四重圆;对应的五个有向圆与唯一的有向直线 —— 这五个圆的有向直线相切.

Ⅴ. 通过 $\triangle ABC$ 三边中点的圆(图5.19(a))与这个三角形的内切圆相切,且与这个三角形的三个旁切圆相切(见第1章问题11).

Ⅴ′. 与 $\triangle ABC$ 的3条外角平分线相切的圆(图5.19(b))与它的外接圆相切(并且与它的角平分线相切的四个圆都有这个性质;选取 $\triangle ABC$ 各边上不同

的方向,从而也有不同的角平分线,我们得出与这个外接圆相切的16个三角形).(为了证明,注意在图5.19(b)中,点A,B,C是$\triangle A_1B_1C_1$的高线的垂足,并利用第1章中问题11的结果.[5])

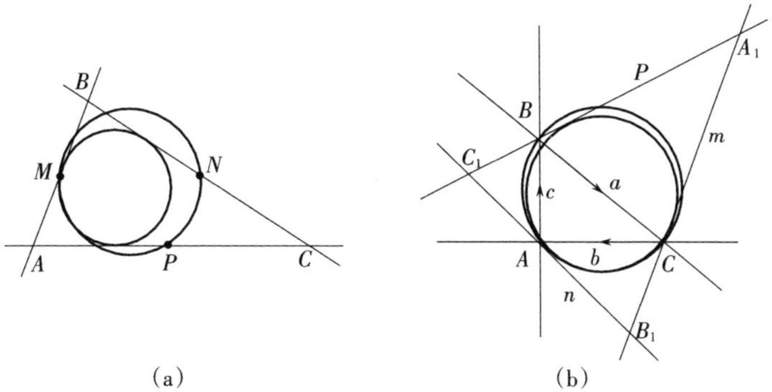

图 5.19

我们可以给出很多这样的其他对偶定理.

我们以后将看到,点与有向直线的性质间的平行性确实是意义深远的.

至此我们把膨胀看作把一个平面图形变为一个新图形的变换.现在我们将以不同方式看这个变换.我们在《几何变换(Ⅰ)》中研究等距变换,在《几何变换(Ⅱ)》中研究相似变换,在《几何变换(Ⅲ)》中研究仿射变换,在本书第1～4章中研究反演变换.所有这些变换都是点对点的变换,即它们把平面上(或在平面一部分上,如在射影变换的情形(见《几何变换Ⅲ》)与反演的情形一样(见本书第9页))的点变为某一新点.在《几何变换(Ⅲ)》1.4节中我们研究了配极变换.这些变换交换了点与直线,因此不是点对点的变换.膨胀也不是点对点的变换,但它们与配极变换完全不同.

在《几何变换(Ⅲ)》1.4节中,我们叙述了对偶原理.根据这个原理,平面上的点与直线在以下意义上有相同的地位:如果我们在一定理中交换术语"点"与"直线",那么我们得出一个新的正确定理.但是,如果点与直线有相等的地位,那么除了点对点变换,我们还要研究这样的变换,它把直线变为直线,而不需要把点变为点.膨胀正是这种平面变换的一个实例.

在点对点变换的情形中,我们把每个几何图形F看作把一点集用这个变换变为新点,因此把图形F变为新图形F'.特别地,点对点变换把曲线γ变为某曲线γ'(图5.20(a)).在直线对直线变换的情形中,我们必须把每个几何图形Φ看作直线集合;这个变换把直线变为直线,因此图形Φ变为新图形Φ'.特别在本章中,我们把曲线看作它的切线的集合;直线对直线的变换把每条曲线Γ变为新曲线Γ'(图5.20(b)).

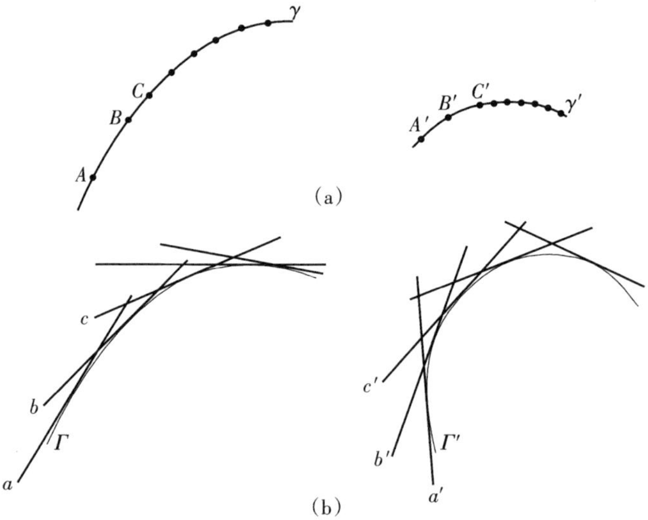

图 5.20

在直线对直线的变换中，结果是它适合于研究有向直线(轴)[6]. 把每个轴变为轴的平面变换称为轴向变换. 轴向变换在对偶原理下对应于点对点变换.

在第 1 章中，我们研究了平面的点对点圆变换，即这样的平面上点对点变换，它把圆(包含直线，看作半径为无限大的圆) 变为圆. 膨胀是一个轴向变换，它把圆(包含点，看作半径为 0 的圆) 变为圆.[7] 我们称这样的变换为轴向圆变换.[8] 轴向圆变换的定义是由圆变换定义中交换术语“点”与(有向)“直线”而得出的. 点对点变换与轴向圆变换的性质比较很好地说明了对偶原理.

膨胀是一个特殊类型的轴向圆变换. 相似是另一个特殊类型的这种变换(见《几何变换(Ⅱ)》). 我们以后将遇到更为复杂类型的轴向圆变换.

膨胀性质 A 蕴涵它们把圆变为圆. 膨胀性质 B 对应于反演的类似性质(“把相切圆变为相切圆的反演”). 我们将说明，在对偶原理下，圆变换的什么性质对应于膨胀性质 C.

仔细地考虑两个圆的切线距离概念的意义. 在本章中我们不把圆看作点集，而把圆看作此圆的切线集合. 为了定义两个圆 S_1 与 S_2 的切线距离，我们首先选出它们的“公共直线”m，即它们的公切线. 令 A 与 B 分别是 S_1 与 S_2 在 m 上的两点(图 5.21(a)). S_1 与 S_2 的切线距离是线段 AB 的长.

现在我们交换定义中的“点” 与“直线”. 我们把 S_1 与 S_2 看作点集；代替它们的“公共直线”，考虑它们的“公共点”，即它们的交点 M. 令 a 与 b 分别是 S_1 与 S_2 通过 M 的直线，即这些圆在点 M 的切线(图 5.21(b)). 显然，在对偶原理下，线段 AB(直线 m 在 A 与 B 间的点集) 对应于 $\angle aMb$(在 a 与 b 间通过 M 的直线集合),线段 AB 的长对应于 $\angle aMb$ 的大小.但是 $\angle aMb$ 是 S_1 与 S_2 间的角.由此可见,在对偶原理下,两个圆间的切线距离的概念对应于两个圆间角的概念.

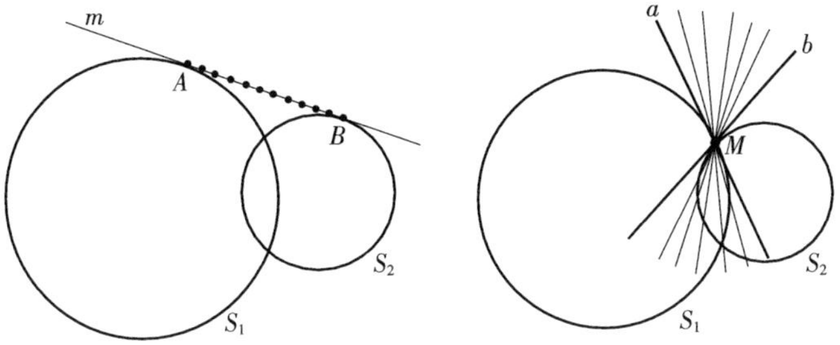

(a) (b)

图 5.21

我们前面看出,反演保持两个圆间角不变(见第 9 页反演性质 C).根据第 4 章(第 60 页)中定理 2 推出,在所有点对点的圆变换下,保持两个圆间角不变.保持两个圆间切线距离不变对应于圆变换的这个性质.[9]

5.2 轴向反演

我们现在将叙述称为轴向反演的变换,它是反演的对偶(即反演在对偶原理下的对应概念).

我们从证明一个定理开始,它提出怎样定义轴向反演.

定理 1 令 S 是一个圆,l 是一条直线(图 5.23;直线与圆都是有向的).令 M 是 S 外在 l 上的点,令 a 与 b 是从 M 到 S 的切线,则积[10]

$$\tan\frac{\widehat{l,a}}{2}\cdot\tan\frac{\widehat{l,b}}{2}$$

只依赖于 S 与 l,而与 l 上 M 的选取无关.

证 令 O 是 S 的圆心,r 是它的半径.令 A 与 B 分别是 a,b 与 S 的切点.令 P 是从 O 到 l 的垂线的垂足,$d=OP$ 是从 S 的圆心到 l 的距离(图 5.22(a) 与 5.22(b);在这两个图中,圆是正有向的,O 在有向直线 l 的左边).我们把切线法则应用于 $\triangle OAP$,得出等式

$$\frac{\tan\dfrac{\angle OAP-\angle OPA}{2}}{\tan\dfrac{\angle OAP+\angle OPA}{2}}=\frac{OP-OA}{OP+OA}$$

因为四边形 $OAMP$ 的对角是互补的,所以我们作它的外接圆.因此

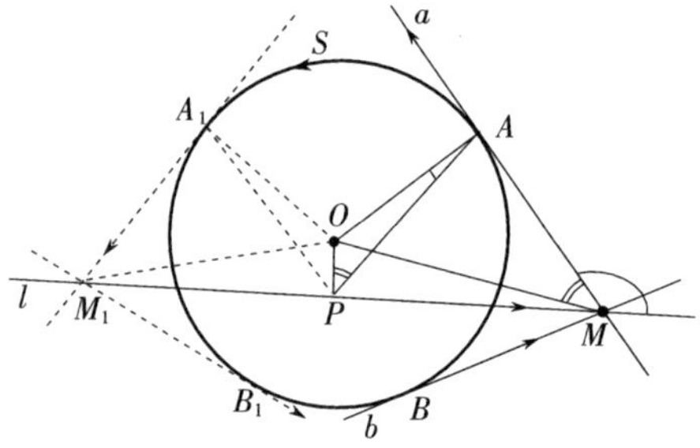

(a)

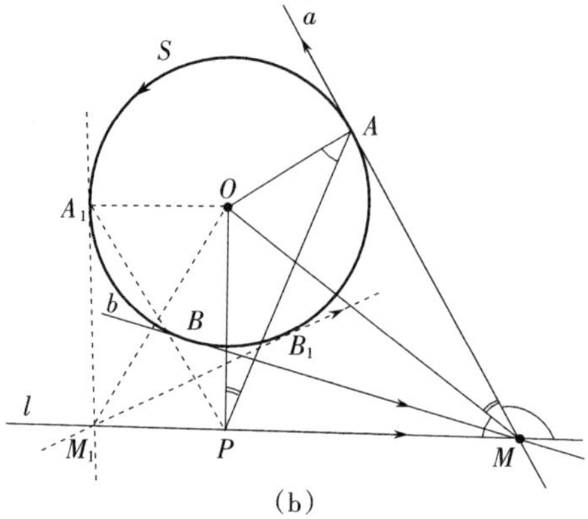

(b)

图 5.22

$\angle OAP=\angle OMP$；$\angle OPA=\angle OMA$(因为这些角对同一弧). 现在我们利用事实

$$\angle OMP+\angle OMA=\angle PMA$$

$$\angle OMP-\angle OMA=\angle OMP-\angle OMB=\pm\angle PMB$$

此外，$OP=d$，$OA=r$，我们有

$$\frac{\dfrac{\tan\angle PMB}{2}}{\tan\dfrac{\angle PMA}{2}}=\frac{|r-d|}{r+d}$$

图 5.23 意味着(注意线的方向)

$$\angle PMB=\widehat{l,b}\ ;\angle PMA=180^\circ-\widehat{l,a}$$

因此

$$\tan\frac{\angle PMB}{2}=\tan\frac{\widehat{l,b}}{2}$$

$$\tan\frac{\angle PMA}{2}=\tan\left(90^\circ-\frac{\widehat{l,a}}{2}\right)=\cot\frac{\widehat{l,a}}{2}=\frac{1}{\tan\frac{\widehat{l,a}}{2}}$$

因此

$$\tan\frac{\widehat{l,a}}{2}\cdot\tan\frac{\widehat{l,b}}{2}=\frac{|r-d|}{|r+d|}\qquad(*)$$

这证明了左边的乘积实际上与 l 上 M 的选取无关(而只依赖于 S 与 l 的选取).[11]

现在我们将看出这个定理是定理 1 的对偶定理. 在定理 1 中我们有圆 S 与直线 l(图 5.23(a)). 它们的对偶是圆 S 与直线 L(图 5.23(b)). l 上点 M 的对偶是通过 L 的直线 l;从 M 到 S 的切线 a 与 b 的对偶是 S 在 m 上的点 A 与 B,$\widehat{l,a}$ 与 $\widehat{l,b}$ 的对偶分别是线段 LA 与 LB. 现在我们陈述中学几何学中的著名定理:

定理 1′ 令 S 是一个(无向)圆,L 是一个点(图 5.23(b)). 令 m 是通过 L 的直线,A 与 B 是它与 S 的交点,则乘积

$$LA\cdot LB\qquad(**)$$

依赖于 S 与 L,而不依赖于通过 L 的直线的选取(见第 41 页第 3 章中的定理 1a 与 1b).

这个定理是定理 1 的对偶.

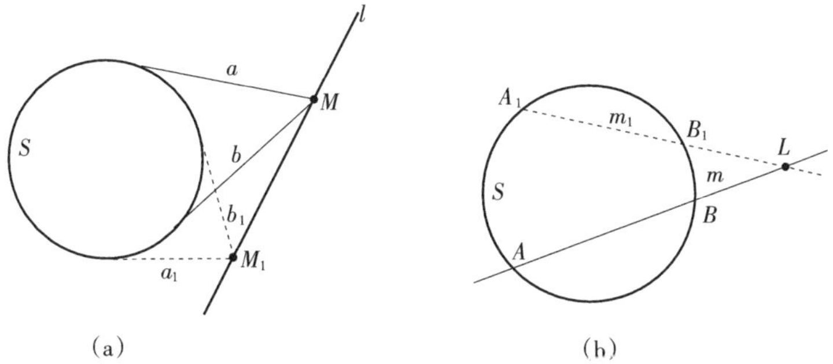

图 5.23

我们称乘积 $LA\cdot LB$ 为点 L 关于有向圆 S 的幂,称乘积 $\tan\frac{\widehat{l,a}}{2}\tan\frac{\widehat{l,b}}{2}$ 为直线 l 关于有向圆 S 的幂是合理的.[12]

在《几何变换(Ⅲ)》1.4 节中,我们称两个定理是彼此对偶的,如果每个定理可以用配极变换应用于与另一个图形有关的图形从另一个定理得出. 我们将证明可以从著名定理 1′ 导出定理 1,即我们将证明,在《几何变换(Ⅲ)》1.4 节的

严格意义上，这两个定理是彼此对偶的.

关于圆 S 的配极变换把图形 5.23(b) 变为图形 5.24. 设 S 与直线 l,a,b 都是有向的，显然 $\widehat{l,a}=\angle LOA$，$\widehat{l,b}=\angle LOB$（配极变换性质 C，见《几何变换(Ⅲ)》）. 此外，应用所谓的莫尔维德公式于 $\triangle LOA$ 与 $\triangle LOB$，我们有

$$\frac{LA}{LO+OA}=\frac{\sin\frac{\angle LOA}{2}}{\cos\frac{\angle LOA-\angle ALO}{2}};\frac{LB}{LO+OB}=\frac{\sin\frac{\angle LOB}{2}}{\cos\frac{\angle LOB-\angle BLO}{2}}$$

显然，$\angle LAO=180^\circ-\angle LBO$，$\angle OLA=\angle OLB$，或，如果 L 在 S 内部，$\angle LAO=\angle LBO$，$\angle OLA=180^\circ-\angle OLB$. 因此，在所有情况下

$$\cos\frac{\angle LAO-\angle ALO}{2}=\sin\frac{\angle LBO+\angle BLO}{2}=\sin\frac{180^\circ-\angle LOB}{2}=\cos\frac{\angle LOB}{2}$$

$$\cos\frac{\angle LBO-\angle BLO}{2}=\cos\frac{\angle LOA}{2}$$

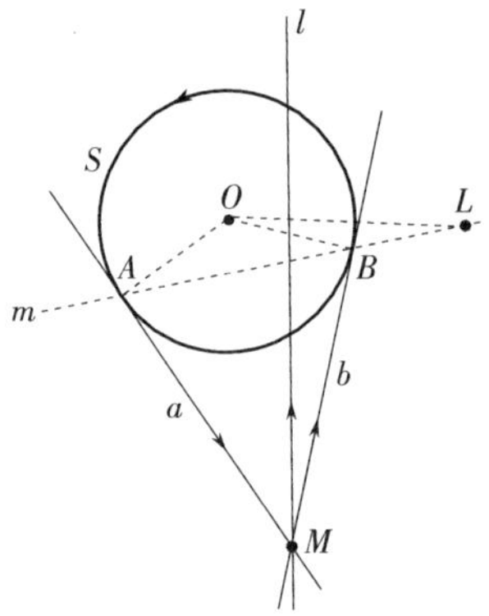

图 5.24

以 D 表示距离 OL，以 r 表示 S 的半径，有

$$\frac{LA}{D+r}=\frac{\sin\frac{\widehat{l,a}}{2}}{\cos\frac{\widehat{l,b}}{2}};\frac{LB}{D+r}=\frac{\sin\frac{\widehat{l,b}}{2}}{\cos\frac{\widehat{l,a}}{2}}$$

我们得到的两个式子相乘

$$\frac{LA\cdot LB}{(D+r)^2}=\tan\frac{\widehat{l,a}}{2}\cdot\tan\frac{\widehat{l,b}}{2}$$

因为乘积 $LA\cdot LB$ 只依赖于 L（定理 $1'$），所以最后这个公式证明乘积

$\tan\frac{\widehat{l,a}}{2}\tan\frac{\widehat{l,b}}{2}$ 只依赖于 l(定理 1).[13]

从定理 1′ 推导出定理 1 时,我们设 S 是正向的,O 在 l 的左边(见图 5.24 与 5.22(a)). 我们把讨论所有其他情形留给读者.

我们回忆反演定义. 具有中心 O 与幂 k 的反演是把点 A 变为点 A' 的变换,使直线 AA' 通过 O,且

$$OA \cdot OA' = k$$

(图 5.25(a)),而且 A 与 A' 在 O 的同一边. 通过定理 1 与定理 1′ 之间的类比,提出以下定义:

具有(有向)中心线 o 与幂 k 的轴向反演是把(有向)直线 a 变为(有向)直线 a' 的(轴)变换,使 a 与 a' 的交点在 o 上,且

$$\tan\frac{\widehat{o,a}}{2}\tan\frac{\widehat{o,b}}{2} = k$$

(图 5.25(b)),而且 a 与 a' 指向 O 的同一边.[14]

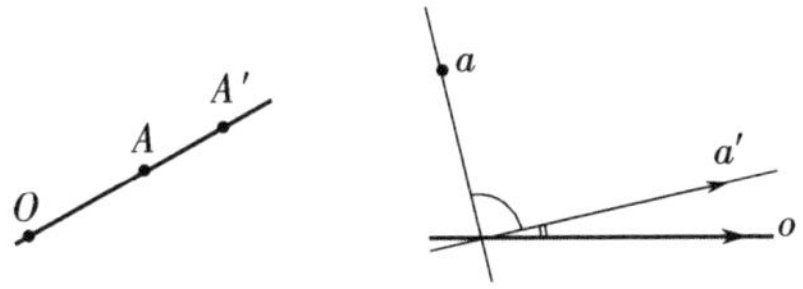

(a)　　(b)

图 5.25

这个定义是不完全的,因为它没有表明怎样变换直线不与中心线 o 相交. 作为引导,指出以下说明,如果 $\widehat{o,a}$ 小(即 $\tan\frac{\widehat{o,a}}{2}$ 小),那么 $\widehat{o,a'}$ 接近 180°(即 $\tan\frac{\widehat{o,a'}}{2}$ 大). 从 o 上任一点 M 分别向 a 与 a' 作垂线 MP 与 MP'(图 5.26);令 O 是 a,a' 与 O 的交点,则

$$MP = OM\sin\widehat{o,a} = OM\frac{2\tan\frac{\widehat{o,a}}{2}}{1+\tan^2\frac{\widehat{o,a}}{2}}$$

$$MP' = OM\sin(180° - \widehat{o,a'}) = OM \frac{2\cot\frac{\widehat{o,a'}}{2}}{1+\cot^2\frac{\widehat{o,a'}}{2}}$$

首先将这些等式分为两部分. 因为

$$1+\tan^2\frac{\widehat{o,a}}{2}\approx 1 \text{ 和 } 1+\cot^2\frac{\widehat{o,a'}}{2}\approx 1$$

($\tan\frac{\widehat{o,a}}{2}$ 和 $\cot\frac{\widehat{o,a'}}{2}$ 是很小的) 并且

$$\tan\frac{\widehat{o,a}}{2}:\cot\frac{\widehat{o,a'}}{2} = \tan\widehat{o,a}\cdot\tan\frac{\widehat{o,a'}}{2} = k$$

所以

$$\frac{MP}{MP'}\approx k$$

既然如此,自然认为理所当然的是,具有幂 k 的轴向反演把平行于中心线 o 且到 o 距离为 MQ 的直线 b,变为反向平行[15] 于 o 且到 o 距离为 MQ' 的直线 b',使 $\frac{QM}{MQ'}=k$(图 5.26). 其逆,b' 的像是 b.

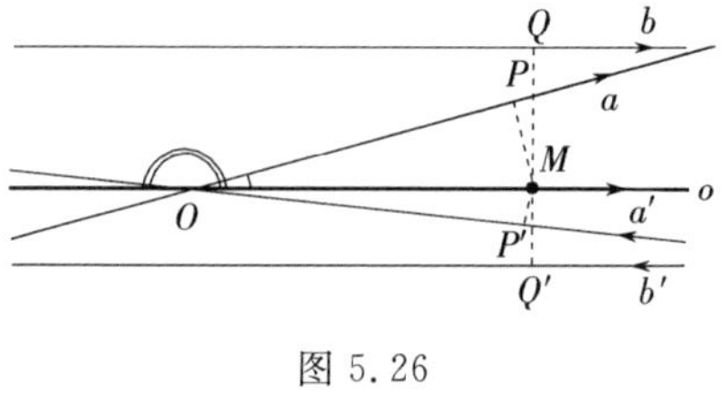

图 5.26

还可以在几何上定义轴向对称变换. 令 o 是轴向对称的中心线,Σ 是与直线 l 的像 l' 相切的圆(这样的圆称为轴向对称的有向圆),a_0 与 a_0' 是 Σ 的(有向) 切线,相交于 o 上(图 5.27). 由定理 1,我们显然有

$$\tan\frac{\widehat{o,a}}{2}\cdot\tan\frac{\widehat{o,a_0'}}{2} = \tan\frac{\widehat{o,l}}{2}\cdot\tan\frac{\widehat{o,l'}}{2} = k$$

其中 k 是轴向反演的幂. 这就得出轴向反演的以下定义:

具有中心线 o 与有向圆 Σ 的轴向反演是这样的把每条(有向) 直线 a 变为(有向) 直线 a' 的轴向变换,使 a 与 a' 相交于 o 上,并且 Σ 的切线 a_0 与 a_0' 平行于 a 与 a',也相交于 o 上(图 5.27). 这个定义不能叙述这个变换对不与中心线 o 相交的直线的作用. 这要求以下的补充陈述:轴向反演交换了有向圆 Σ 的切线 p

与 p'；它把平行于直线 p 的直线变为平行于 p' 的直线 b'，使 b 与 b' 到 o 的距离和 p 与 p' 到 o 的距离成比例.

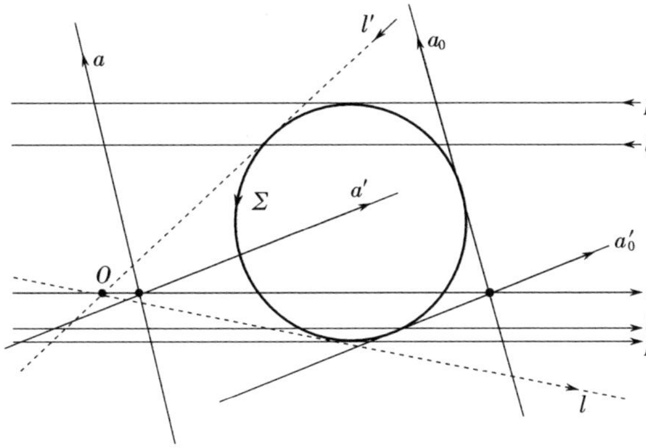

图 5.27

如果轴向反演由它的中心线 o 与它的有向圆 Σ 给出，那么我们可以容易作出已知直线 a（或 b）的像 a'（或 b'）. 为此目的，我们依次作出 a_0，a_0' 与 a'（或 p，p' 与 b'）. 我们指出，因为 a_0 与 a_0' 一定指向 o 的同一边，所以 Σ 与 o 相交.

显然，已知轴向反演的有向圆 Σ 不是唯一确定的. 事实上，我们可以在图 5.27 的 $\angle lOl'$ 中作出无穷多个内切圆，以不同方法选取直线 l 与 l'.

我们在《几何变换（Ⅲ）》1.1 节中看出，经常指定线段的符号是方便的. 类似地，我们经常对由（不同的有向）直线构成的角指定符号，即我们说 $\widehat{a,b}$ 与 $\widehat{c,d}$ 同号，如果它们从 a 到 b 与从 c 到 d 的方向一致（图 5.28(a)），那么说它们不同号（图 5.28(b)）. 当然，角的射线的次序是主要的，按照我们的定义，$\widehat{a,b}$ 与 $\widehat{b,a}$ 的符号相反.

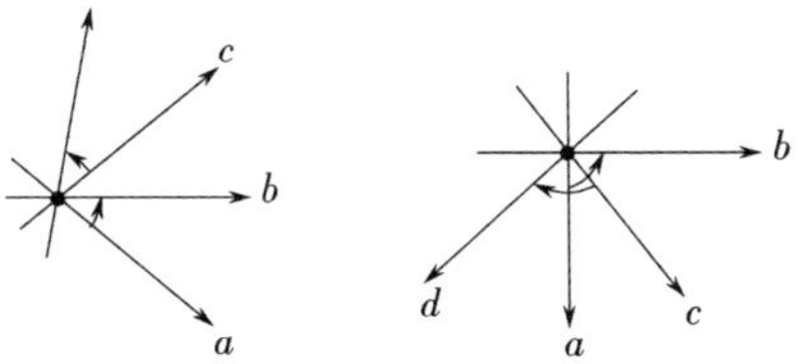

(a)　　　　(b)

图 5.28

如果我们考虑角的符号，那么当点 L 在圆 S 外时，我们一定要取 L 关于 S

的幂 $LA \cdot LB$ 为正的(见图 5.23(b);此处 LA 与 LB 的方向相同). 当 L 在 S 内时,我们一定要取 L 关于 S 的幂 $LA \cdot LB$ 为负的(例如见第 42 页中图 3.8). 如果 r 是 S 的半径,d 是 L 到 S 的圆心的距离,那么 L 关于 S(包括符号) 的幂是

$$d^2 - r^2 = (d+r)(d-r)$$

类似地,如果我们考虑角的符号,那么当(有向) 直线 l 与(有向) 圆 S 相交时,l 关于 S 的幂等于 $\tan\frac{\widehat{l,a}}{2} \cdot \tan\frac{\widehat{l,b}}{2}$,是正的(见图 5.22(a);此处 $\widehat{l,a}$ 与 $\widehat{l,b}$ 的方向一致),当 l 与 S 不相交时,这个幂是负的(图 5.22(b)). 如果 r 是 S 的(正或负的) 半径,d 是从 S 的圆心到直线 l 的(正或负的) 距离,那么 l 关于 S(包括符号) 等于

$$\frac{r-d}{r+d}$$

(见第 82 ~ 83 页定理 1 的证明;我们建议读者研究所包含的各种情形).

如果我们考虑线段的符号,那么(“通常的”) 反演可以是正的或负的,后者蕴涵线段 OA 与 OA' 的符号是不同的;这表示 A 与 A' 在 O 的不同边(图 5.29(a)). 注意,具有负幂 $-k$ 的反演等价于正幂 k 的反演在反演中心 O 上作反射. 类似地,如果我们考虑角的符号,那么轴向反演的幂可以是正的或负的,后者表示 $\widehat{o,a}$ 与 $\widehat{o,a'}$ 有不同符号,即直线 a 与 a' 指向直线 o 的不同边(图 5.29(b)). 显然,负幂 $-k$ 的轴向反演等价于正幂 k 的轴向反演在中心线 o 上作反射. 我们可以给出负幂的轴向反演的几何表述,它等价于正幂的轴向反演定义,除在这种情形中有向圆 Σ 不与中心线 o 相交以外(图 5.30).

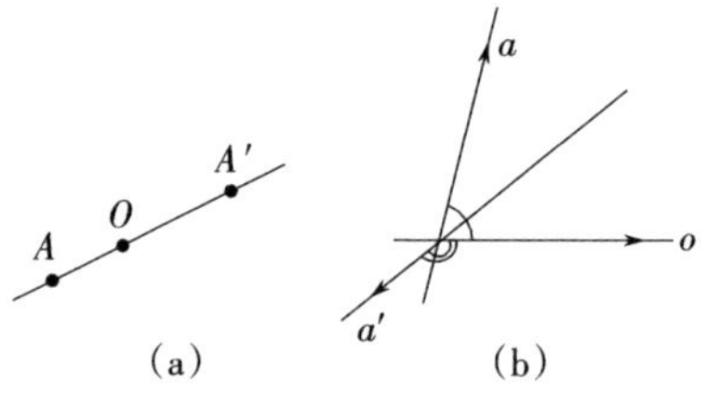

图 5.29

我们指出,(正幂或负幂的) 轴向反演把(有向) 直线交换(即如果它把 a 变为 a',那么它把 a' 变为 a).

我们现在列出并讨论轴向反演的最重要性质.

A. 轴向反演把平行线变为平行线(图 5.31).

性质 A 直接从反演的第一与第二定义推出.

B. 轴向反演把一个(有向) 圆或一个点变为一个圆或一个点(把这与第 1 章

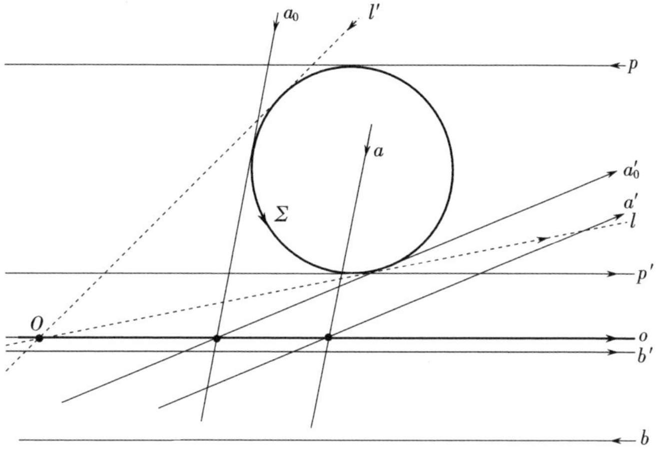

图 5.30

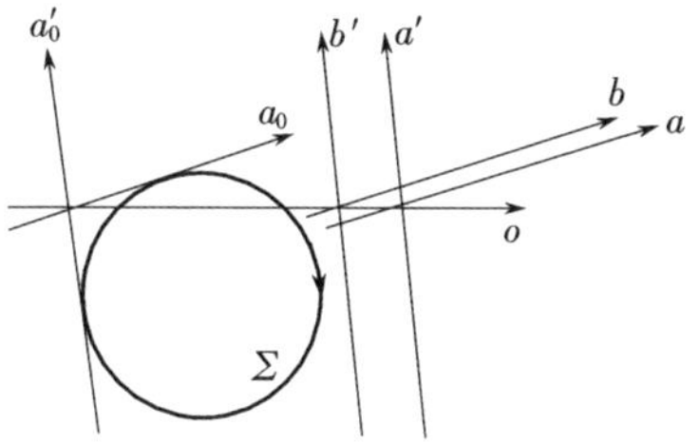

图 5.31

第 9 页通常反演性质 C 相比较).

因为负幂的轴向反演等价于正幂的轴向反演在直线上作反射,所以只要对正幂的轴向反演证明性质 B 就足够了.这表示反演的有向圆 Σ 与中心线 o 相交于点 Q_0 与 R_0(图 5.32).此外,令 Z_0 是 Σ 在 Q_0 与 R_0 上的切线 k_0 与 l_0 的交点,[16] S 是有向圆(或点),a 是 S 的切线,a_0 是 Σ 上平行于 a 的切线,a_0' 是从 a_0 与 o 的交点 M_0 作出的 Σ 的另一条切线,$\overline{a}$ 是 S 上平行于 a_0' 的切线.

类似地,考虑 a 与 $\overline{a}$ 的交点 $\overline{M}$ 在平行于 o 的直线 $\overline{o}$ 上,并且 $\overline{o}$ 到 S 的圆心的距离与 S 的半径有关,正如 o 到 Σ 的圆心的距离与 Σ 的半径有关一样.我们以 Q 与 R 表示 S 与 $\overline{o}$ 的交点,以 Z 表示 S 在 Q 与 R 上的切线 k 与 l 的交点(显然 k 与 l 分别平行于 k_0 与 l_0).

我们考虑一个与 k,l 相切的(有向)圆 S_1;令 a_1 是 S_1 的切线,平行于 $\overline{a}$,令 M 是 a 与 a_1 的交点.我们要求 M 在 S 与 S_1 的根轴 o_1 上(见第 3 章).令 A,$\overline{A}$,A_1 是 a,$\overline{a}$,a_1 与两个圆 S,S_1 中指定的一个圆的切点.显然 S_1 是中心相似于 S,其相似

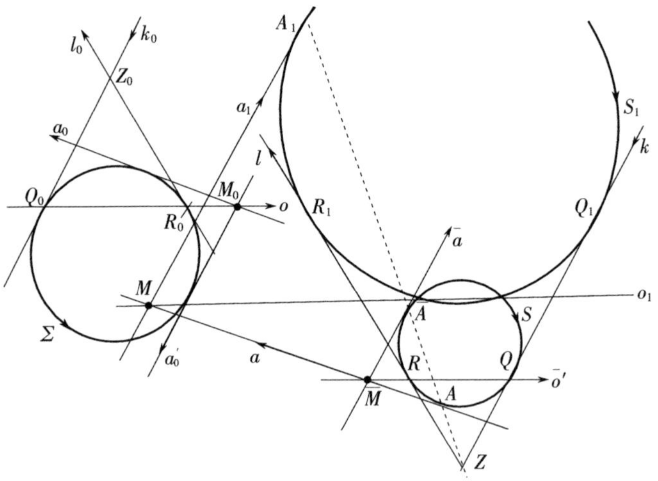

图 5.32

中心在 Z 上，$\bar{A}$ 与 A_1 是这些圆的对应点. 因此 $\bar{A}A_1$ 通过 Z. 另外，$\bar{o}$ 是 Z 关于 S 的极线(见《几何变换(Ⅲ)》1.4 节)；$\bar{o}$ 通过 $\bar{M}$，$\bar{M}$ 的极线，即 $A\bar{A}$ 通过 Z. 从而 A，$\bar{A}$ 与 A_1 在通过 Z 的直线上. 现在 $\triangle \bar{M}A\bar{A} \backsim \triangle MAA_1$ 蕴涵

$$\frac{MA}{MA_1}=\frac{\bar{M}A}{\bar{M}\bar{A}}$$

因为显然 $M\bar{A}=\bar{M}\bar{A}$，所以蕴涵

$$MA=MA_1$$

但是这表示 M 在 S 与 S_1 的根轴 o_1 上. 还要注意，因为 S 与 S_1 的中心线即 $\angle OZR$ 的平分线垂直于 $\bar{o}$ 与 o，所以 $o_1 \parallel o$.

至今我们设 S_1 是内切于 $\angle QZR$ 中任一圆的. 现在用特殊方法选取这个圆，即要求它与 S，S_1 切点间在 k 上的线段 QQ_1 被 o 平分(图 5.33). 于是 S，S_1 的根轴 o_1 与 o 重合(这由以下事实推出：k 与中心线 o 的交点 I 在 S，S_1 的根轴上，$IQ=IQ_1$). 但是如果 a_1 与 a 相交于中心线 o 上，那么由此推出 a_1 与 a' 重合，a' 是 a 在轴向反演下的像(见第 86 页轴向反演的定义). 这表示 S_1(在这种情形中以 S' 表示)是 S 在轴向反演下的像. 这就完成了轴向反演性质B的证明.[17] 已知圆 S 的像圆 S' 的作图方法直接从性质B的证明中推出：圆 S' 与圆 S 的切线 k，l 相切，这两条线平行于方向圆 Σ 在与中心线 o 交点上的切线 k_0，l_0，而且中心线 o 平分 S 与 S' 的公切线段 QQ' 与 RR'. 如果 S 与 o 相交(图 5.33(a))，那么在作圆 S' 时，我们可以利用以下事实作为起点：o 是 S 与 S' 的公共弦(这由 o 是 S 与 S' 的根轴推出).

这个作图蕴涵一些推论. 容易证明，如果圆 S 不与轴向反演中心线相交，那

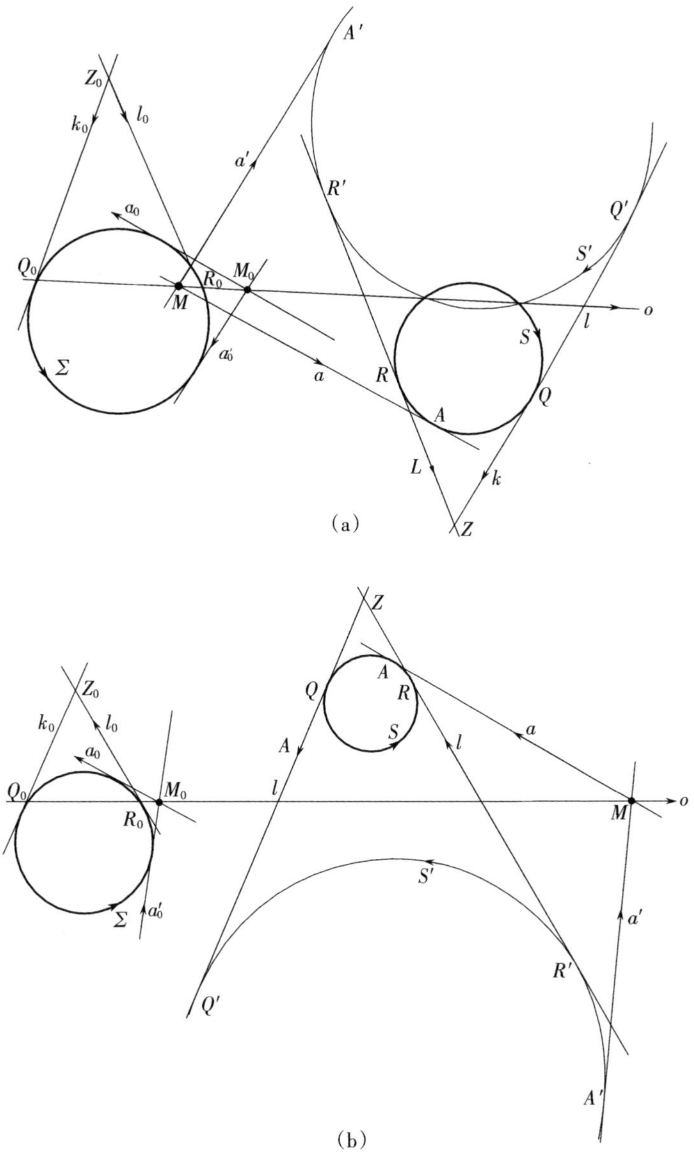

图 5.33

么我们可以选取一个有向圆Σ,使它的像圆 S' 是一点("半径为0的圆");如果 S 与 o 相交,那么我们选取一个圆Σ,使 S' 的圆心在 o 上.事实上,设 S 不与 o 相交.令 P 是 S 的圆心 O 到 o 的垂线的垂足;PT 是从 P 到 S 的切线;S' 是 OP 向 P 外的延长线上一点,使 $PS'=PT$(图 5.34(a)).容易看出,在这种情形中,点

S'（“半径为 0 的圆”）的根轴与 o 重合（因为 $PT=PS'$ 蕴涵 P 在这个根轴上）. 因此，如果轴向反演的有向圆 Σ 使它与轴 o 的交点上的切线平行于从 S' 向 S 所作的切线 $S'Q$ 与 $S'R$（例如，如果 Σ 在线段 $S'Q$ 与 $S'R$ 的中点 I 与 J 上和这两条线段相切；图 5.34(a)），那么轴向反演把 S 变为点 S'. 并且，如果 S 与 o 相交于点 U 与 V，那么把 S 变为直径为 UV 的圆 S'（S' 与 S 的方向相同），我们只要求有向圆 Σ 在它与中心线 o 的交点上的切线平行于 S 与 S' 的公切线（例如，Σ 与这些公切线在它们与 o 的交点上相切；图 5.34(b)）.

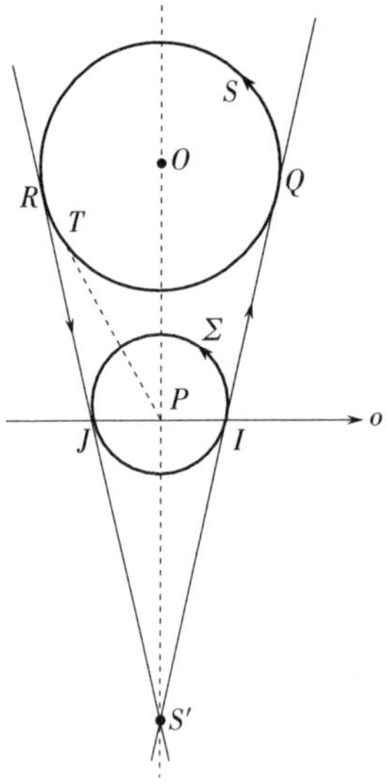

(a)

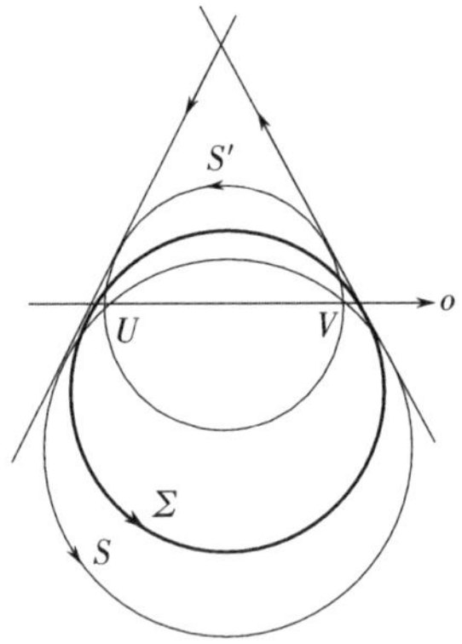

(b)

图 5.34

更进一步设轴向反演把圆 S（不与中心线 o 相交）变为点 S'，m 与 n 是从 o 上的任一点 M 向 S 作的切线，设 S_1 是与 m，n 相切的（任一）圆（图 5.35）.

在我们的轴向反演下，m 与 n 的像 m' 与 n' 通过 M 与 S'，那么可以只有方向不同；在轴向反演下，S_1 的像 S_1' 与 m' 和 n' 相切. 显然，只有一点（不是非 0 半径的圆）可以与两条直线“相切”，这两条直线的位置重合但有相反方向. 从而在我们的轴向反演下，S_1 的像也是圆. 我们断言，适当选取的轴向反演（或膨胀变换）把有两条公切线的两个圆 S 与 S_1 变为两个点；为此只要求轴向反演的中心线 o 应该通过 m 与 n 的交点，并且 S 的像应该是一点（如果 $m \parallel n$，那么 S 与 S_1 可以用膨胀变换变为一些点）. 同样，适当选取的轴向反演将取三个圆 S，S_1 与 S_2，它们的相似轴 o（见《几何变换（Ⅱ）》）[18] 不与这些圆相交于三点；为此我们只需要利用中心线 o 的轴向反演，使 S 变为点（图 5.35）.[19]

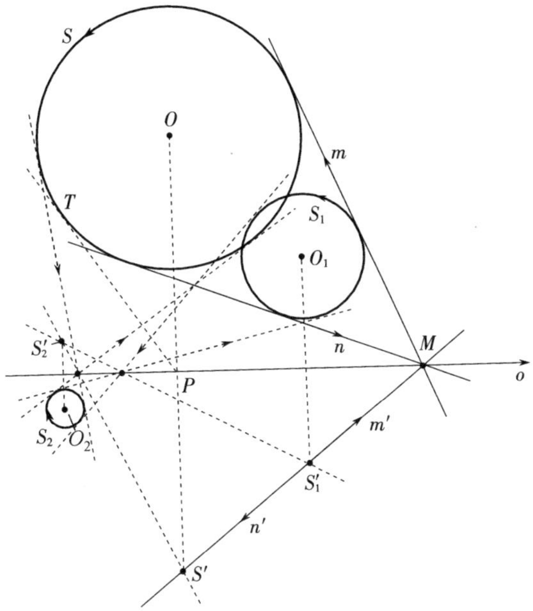

图 5.35

我们现在给出以轴向反演第一定义为基础的轴向反演性质 B 的代数证明. 设圆 S 的切线与中心线 o 相交于 M;S 的半径是 r;从 S 的圆心 O 到 o 的距离是 d(图 5.36). 我们从 O 向 o 与 a 作垂线 OP 与 OQ. 令 k 是 a 与 OK 的交点,$OK \parallel o$. 令 P' 是从 k 到 o 的垂线的垂足,则显然[20]

$$MP = MP' + P'P$$

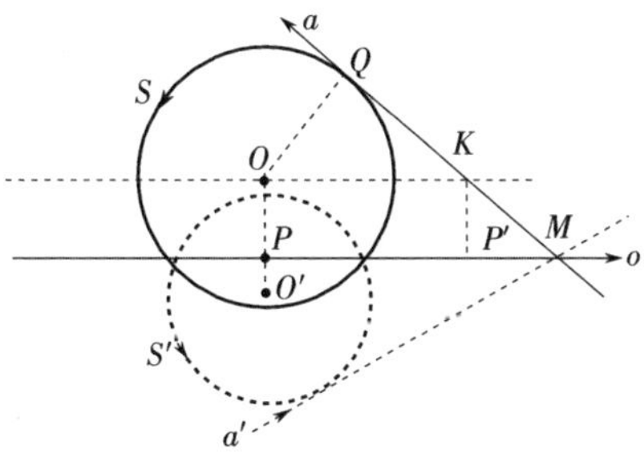

图 5.36

考虑 $\triangle MP'K$ 与 $\triangle KOQ$. 我们有

$$MP' = \frac{KP'}{-\tan \widehat{o,a}} = -\frac{d}{\tan \widehat{o,a}}, PP' = KO = \frac{OQ}{\sin \widehat{o,a}} = \frac{r}{\sin \widehat{o,a}}$$

因此

$$MP=-\frac{d}{\tan\widehat{o,a}}+\frac{r}{\sin\widehat{o,a}}=-d:\frac{2\tan\dfrac{\widehat{o,a}}{2}}{1-\tan^2\dfrac{\widehat{o,a}}{2}}+r:\frac{2\tan\dfrac{\widehat{o,a}}{2}}{1+\tan^2\dfrac{\widehat{o,a}}{2}}$$

最后

$$MP=A\tan\frac{\widehat{o,a}}{2}+B\cot\frac{\widehat{o,a}}{2} \qquad (*)$$

其中

$$A=\frac{d+r}{2},B=\frac{-d+r}{2}$$

现在我们应用轴向反演的幂 k. 那么直线 a' 与轴 o 在点 M 处相交. 因此

$$\tan\frac{\widehat{o,a}}{2}\tan\frac{\widehat{o,a'}}{2}=k$$

即

$$\tan\frac{\widehat{o,a}}{2}=k\cot\frac{\widehat{o,a'}}{2},\cot\frac{\widehat{o,a}}{2}=\frac{1}{k}\tan\frac{\widehat{o,a'}}{2}$$

因此对于新的直线 a',我们有

$$MP=Ak\cot\frac{\widehat{o,a'}}{2}+\frac{B}{k}\tan\frac{\widehat{o,a'}}{2}$$

$$MP=A'\tan\frac{\widehat{o,a'}}{2}+B'\cot\frac{\widehat{o,a'}}{2} \qquad (**)$$

其中

$$A'=\frac{B}{k},B'=Ak$$

从式(*)与(* *)我们断言 a' 是圆 S' 的切线. 它的半径是 r'. 从 S' 的圆心 O' 到轴 o 的距离由以下关系式确定

$$\frac{d'+r'}{2}=A',\frac{-d'+r'}{2}=B'$$

(图 5.36),这就是我们所要证明的.

我们指出所得的这些公式蕴涵

$$r'=A'+B'=\frac{B}{k}+Ak=\frac{-d+r}{2k}+\frac{(d+r)k}{2}$$

$$d'=A'-B'=\frac{B}{k}-Ak=\frac{-d+r}{2k}-\frac{(d+r)k}{2}$$

因此为使 S' 的像是一点，充分必要条件是

$$r' = \frac{-d+r}{2k} + \frac{(d+r)k}{2} = 0$$

或

$$k^2 = \frac{d-r}{d+r}, k = \sqrt{\frac{d-r}{d+r}} = \frac{\sqrt{d^2-r^2}}{d+r}$$

由此推出，如果(有向)直线不与(有向)圆 S 相交，即 $d^2-r^2>0$，那么我们可以用中心线 o 的轴向反演把 S 变为一点. 为此只要选取反演的幂为

$$k = \frac{\sqrt{d^2-r^2}}{d+r}$$

即可.(此处具有$\frac{d-r}{d+r}=k^2$ 或$\frac{d}{r}=\frac{1+k^2}{1-k^2}$ 的所有圆的像是点. 这个圆族的特征是其中任意两圆的相似中心在轴 o 上.)

为使像圆的圆心在中心线 o 上，充分必要条件是

$$d' = \frac{-d+r}{2k} - \frac{(d+r)k}{2} = 0$$

或

$$k^2 = \frac{-d+r}{d+r}, k = \sqrt{\frac{-d+r}{d+r}} = \frac{\sqrt{r^2-d^2}}{r+d}$$

因此，如果 S 与 o 相交，即 $r^2-d^2>0$，那么 S 可以变为圆心在 o 上的圆，为此只要选取反演幂为

$$k = \frac{\sqrt{r^2-d^2}}{r+d}$$

即可.

C. 轴向反演保持两个圆的切线距离不变(把这与通常反演的性质 C 相比较，见第 9 页).

首先我们设两圆之一是在反演轴 o 上的点 M(“半径为 0 的圆”)(图 5.37(a)). 在反演下 M 将变为它本身，点 M 与圆 S 之间的切线距离 MA 等于 M 与 S 的像之间的切线距离 MA'(因为 o 是 S 与 S' 的根轴，见轴向反演性质 B 的证明).

现在令 S_1 与 S_2 是两个圆，令 AB 是它们的公切线，它们与反演轴 o 相交于 M，令 S'_1 与 S'_2 分别是 S_1 与 S_2 在轴向反演下的像，令 $A'B'$ 是它们的公切线(图5.37(b)).

由前面的证明推出

$$AM = A'M, BM = B'M$$

因此

$$AB = A'B'$$

这就是所要证明的.

轴向反演性质 C 特别蕴涵,轴向反演把两个相切圆变为两个相切圆.

在通常反演情形中,两圆间的角大小不变,但方向改变了(见第 11 页).类似地,容易理解在轴向反演情形中,两圆间切线距离大小不变,但方向改变了.明确地说,如果 AB 是圆 S_1 与 S_2 间的距离,从 A 到 B 的线段 AB 的方向与两圆公切线 l 的方向相反,这条线段是公切线的一部分,那么变换了的圆 S_1' 与 S_2' 的切线距离 $A'B'$ 等于距离 AB,但是从 A' 到 B' 的线段 $A'B'$ 的方向与 l 的像直线 l' 的方向一致(图 5.37(b)).

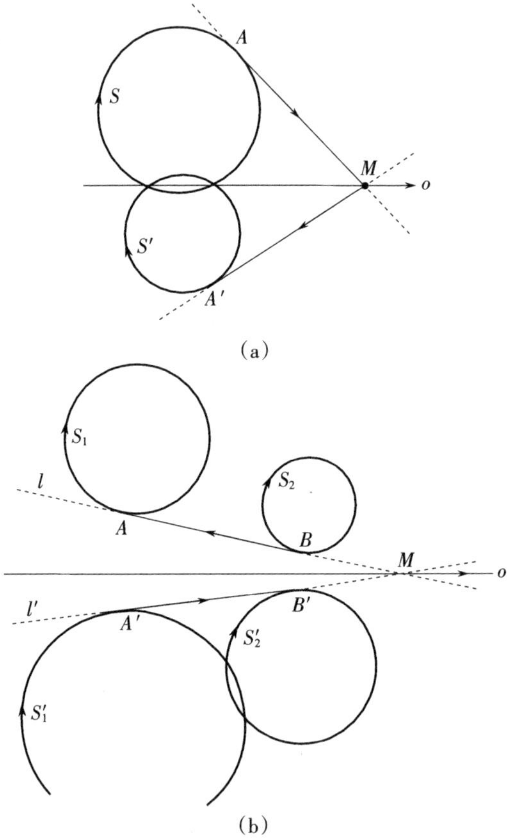

图 5.37

与两个圆的切线距离定义类似,我们可以把两个圆 γ_1 与 γ_2 的切线距离定义为它们的公切线在切点间的长(图 5.38;关于任意曲线的切线概念见第 11 页).我们可以证明,如果轴向反演把曲线 γ_1 与 γ_2 变为曲线 γ_1' 与 γ_2',那么 γ_1' 与 γ_2' 间的切线距离等于 γ_1 与 γ_2 间的切线距离(换言之,轴向反演保持两条曲线间的切线距离不变).[20] 我们不讨论轴向反演的这个性质,因为我们不利用它.

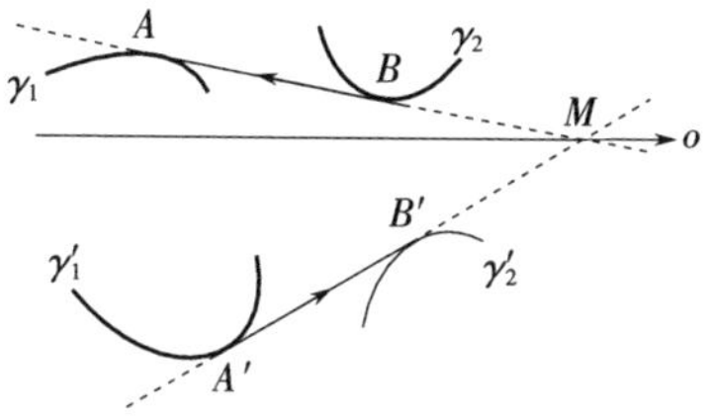

图 5.38

习　题

6.(1) 在已知圆 S_1,S_2,S_3 的相似轴不与其中任一圆相交的情形,利用轴向反演来解阿波罗尼奥斯问题(见第 2 章问题 10(1)).

(2) 在圆 S_1,S_2,S_3 的相似轴不与其中任一圆相交的情形,用轴向反演证明第 4 章问题 9 中的定理(第 57 页).

7.利用轴向反演性质来推导,三个圆中每两个圆的根轴共点这个事实(见《几何变换(Ⅲ)》问题 47).

8.(1) 我们已知四个圆 S_1,S_2,S_3 与 S_4. 令 a_1,a_2 是 S_1 与 S_2 的公切线;b_1,b_2 是 S_2 与 S_3 的公切线;c_1,c_2 是 S_3 与 S_4 的公切线;d_1,d_2 是 S_4 与 S_1 的公切线. 证明:如果 a_1,b_1,c_1,d_1 都是圆 Σ 的切线,那么 a_2,b_2,c_2,d_2 都是圆 $\overline{\Sigma}$ 的切线(图 5.39).[21]

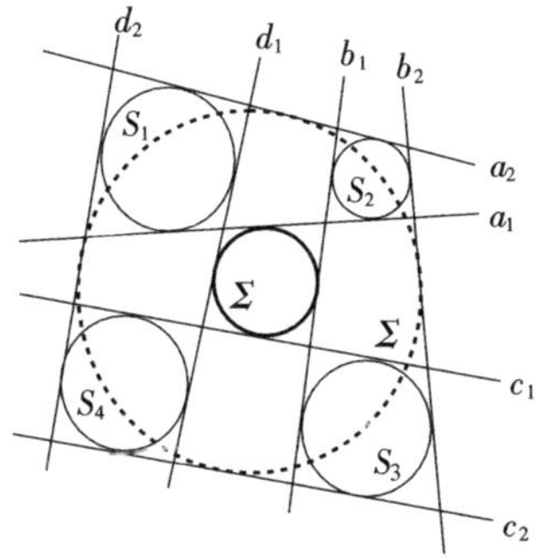

图 5.39

(2) 令 S_1,S_2,S_3 是三个已知圆,令 a_1,a_2,a_3 是这些圆的切线,令 b_3,b_2,b_1 分别是三对圆 $S_1,S_2;S_1,S_3;S_2,S_3$ 的公切线,最后,令 $\Sigma_1,\Sigma_2,\Sigma_3$ 分别有三重切线 $a_2,a_3,b_1;a_1,a_3,b_2;a_1,a_2,b_3$(图 5.40).[22] 证明:如果 S_1,S_2,S_3 都与直线 l(不同于 b_1,b_2,b_3) 相切,那么 $\Sigma_1,\Sigma_2,\Sigma_3$ 都与直线 $\overline{l}$(不同于 a_1,a_2,a_3) 相切.

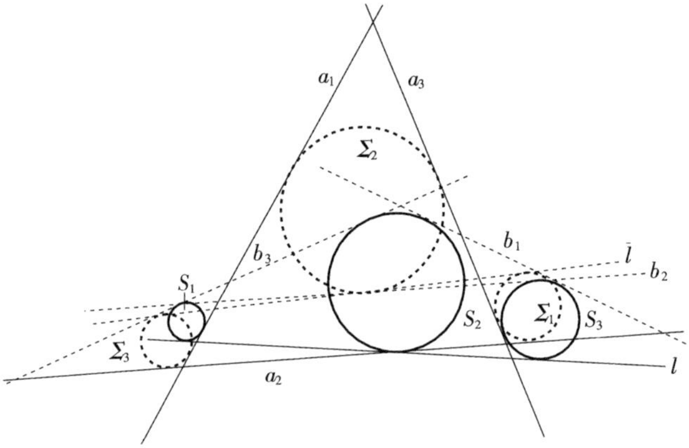

图 5.40

9. 令 A,B,C 是三个圆,令 a,b,c 是这些圆中每两个圆的切线距离,令 D 是一个圆,它与圆 A,B 的公切线 K_1L_1,K_2L_2 相切于线段 K_1L_1,K_2L_2 的中点(图 5.41).[22] 求圆 C 与 D 的切线距离 x.

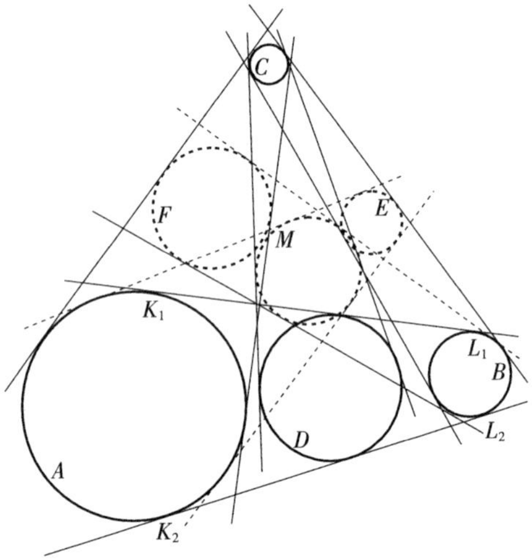

图 5.41

10. 令 A,B,C 是三个圆. 令 D,E,F 是另外三个圆,它们与三对圆 $A,B;B,C;C,A$ 的公切线相切于确定的线段中点(图 5.41).[22] 证明:

(1) 三对圆 $C,D;A,E;B,F$ 的公切线是圆 M 的切线.

(2) 三对圆 $C,D;A,E;B,F$ 的公切线与圆 M 的切点间这些切线段长之比为 2∶1(从圆 C,A,B 开始).[23]

11. 四条(有向) 直线的交比用以下表示式定义

$$\frac{\sin\frac{\widehat{a,c}}{2}}{\sin\frac{\widehat{b,c}}{2}}:\frac{\sin\frac{\widehat{a,d}}{2}}{\sin\frac{\widehat{b,d}}{2}}$$

(把这与《几何变换(Ⅲ)》中的四个点的交比定义相比较). 证明:轴向反演保持四条直线的交比不变(把这与第 53 页中反演性质 D 相比较).

12. 已知的轴向反演序列把点变为点,求前一点的轨迹.

13. 在已知圆 S 内作一内接 n 边形,使它的顶点在 n 条已知直线 $l_1,l_2,\cdots,l_n$ 上.

问题 13 陈述了《几何变换(Ⅲ)》中问题 84(2) 的另一种关系.

我们现在证明一个定理,它对用轴向反演来解题通常是有用的.

定理 2 利用轴向反演经常可以把两个(有向)圆,或一个(有向)圆与一个点,变为两个点,或一个点与通过此点的一个圆,或只是方向不同的两个圆(把这与第 18 页中的定理 2 比较).

证 我们前面看到,利用轴向反演,可以把有两条公切线的两个圆变为两个点(见第 92 页). 而且,因为可以把任一圆用轴向反演变为一个点,所以可以把两个相切圆(具有唯一公切线的圆)用轴向反演变为一个点与通过此点的一个圆,为此我们只需要把这两个圆之一变为一个点. 因此只要证明,可以用轴向反演把无公切线的两个圆(图 5.42) 变为只是方向不同的两个圆 S_1' 与 S_2'.

如果 o 是要求的轴向反演中心线,那么 o 是(无向) 圆 S_1 与 S_1' 的根轴,也是(无向) 圆 S_2 与 S_1' 的根轴(见轴向反演性质 B 的证明). 这表示 o 的任一点关于 S_1,S_1' 的幂与关于 S_2,S_1' 的幂一样. 但是此时 o 的任一点关于 S_1 的幂与关于 S_2 的幂一样,即 o 是 S_1 与 S_2 的根轴.

现在令 p_1 是 S_1 的切线,平行于 o,p_2 是 S_2 的切线,与 o 反向平行.[24] 我们的轴向反演把 p_1 与 p_2 变为 S_1' 与 S_2' 的切线 p_1' 与 p_2'. 因为 S_1' 与 S_2' 只是方向不同,所以 p_1' 与 p_2' 也是方向不同. d_1,d_2,d 表示从直线 p_1,p_2,p_1' 到 o 的距离(正的或负的,由从点到直线的距离符号法则确定). 如果 k 是轴向反演的幂,那么[25]

$$\frac{d_1}{d}=-k,\frac{d}{d_2}=-k$$

即反演幂的平方等于从 p_1 与 p_2 到 o 的距离之比. 同样,比 $\frac{d_1}{d_2}$ 一定是正的. 因为由假设 S_1 与 S_2 没有公切线,所以它们或者每一个在另一个内部,因此在根轴 o 的同一边(图 5.42(a)),或者它们相交,有相同方向,这表示 p_1 与 p_2 在公共弦 o

的同一边(图 5.42(b)).

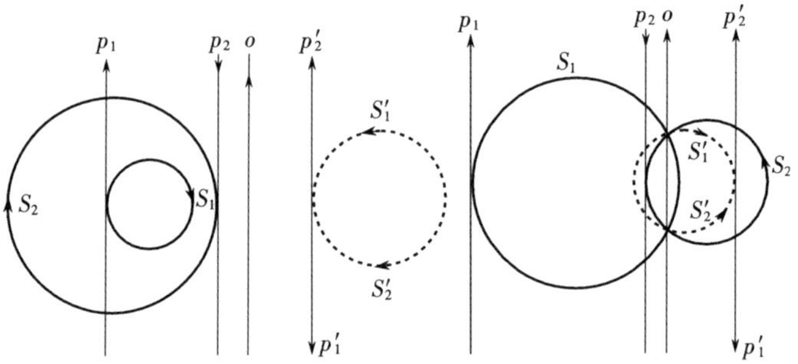

(a)　　　　　　　　　　　　　(b)

图 5.42

设 S_1 与 S_2 是已知的. 我们应用一个轴向反演,它的中心线是它们的根轴 o(其方向任意选取),它的幂是$\sqrt{\dfrac{d_1}{d_2}}$,其中 d_1 与 d_2 同上述定义. 于是直线 p_1 与 p_2 变为直线 p_1' 与 p_2',只是方向不同. 圆 S_1 与 S_2 变为圆 S_1' 与 S_2',后者属于一个圆束,此圆束与 S_1,S_2 共用它们的根轴 o. 但是两个不同无向圆不能与平行于圆束根轴的直线相切,即垂直于中心线(图 3.1(b),3.2(b) 与 3.4(b),它们表示不相交圆、切线与相交圆的圆束),因此 S_1' 与 S_2' 只是方向不同. 这就完成了定理 2 的证明.

我们指出,如果轴向反演把两个无公切线的已知圆变为两个只是方向不同的已知圆,那么这个反演的中心线 o 与有向圆 Σ 可以用直尺与圆规作出. 事实上,o 是 S_1 与 S_2 的根轴. 至于 Σ,从此圆的切线 b 与 b'(分别平行与反向平行于 o) 到中心线 o 的距离之比等于这个反演的幂 k. 因此$\dfrac{l_1}{l_2}=\sqrt{\dfrac{d_1}{d_2}}$,即$\dfrac{l_1}{l_2}$ 等于直角三角形的两个直角边之比,它的高分斜边为两条线段 d_1 与 d_2. 这个条件使 Σ 的作图成为可能(图 5.43). 如果轴向反演把两个已知圆变为两个点,或变为一个点与通过这个点的一个圆,那么这个反演的中心线与有向圆也可以用直尺与圆规作出.

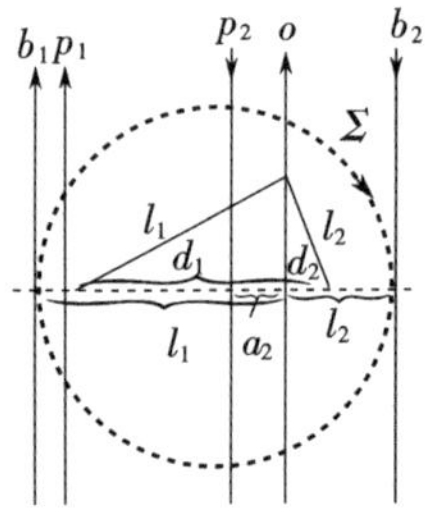

图 5.43

习　题

14. 令 S_1, S_2, S_3, S_4 是四个已知圆，使 S_1 与 S_3 中每一个圆与 S_2, S_4 相切(图 5.44). 证明：每对相切圆的四条公切线通过一个点或与一个圆相切.

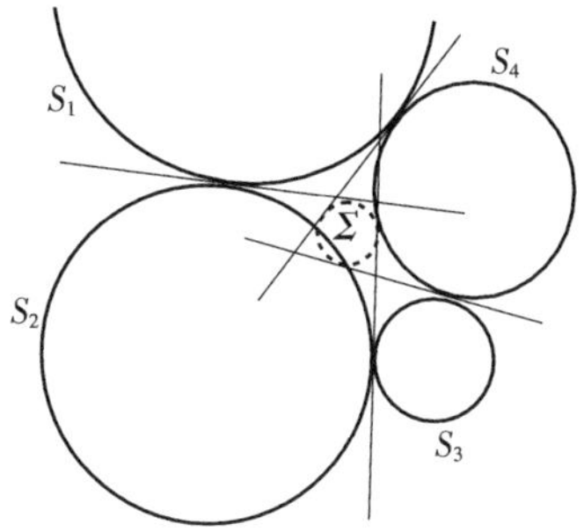

图 5.44

(此处要求，四对相切圆(S_1 与 S_2, S_2 与 S_3, S_3 与 S_4, S_4 与 S_1) 中，偶数对(0,2 或 4) 是内切的，其他偶数对是外切的.[26])

15. 作一个圆与以下已知图形相切：

(1) 直线 l 与两个圆 S_1 与 S_2(或与已知直线 l 和圆 S_1 相切，且通过已知点 S_2)；

(2) 三个圆 S_1, S_2, S_3(或与两个已知圆 S_1, S_2 相切，且通过已知点 S_3)(阿波罗尼奥斯问题).

亦见第 2 章问题 5(2) 与 10(1).

16. 已知三个圆 S_1, S_2, S_3，其中 S_1 在 S_2 的内部. 作圆 Σ，使：

(1) S_1 与 Σ 的切线距离是 a, S_2 与 Σ 的切线距离是 b, S_3 与 Σ 的切线距离是 c, a, b, c 是已知的；

(2) S_1 与 Σ 间的角是 α, S_2 与 Σ 间的角是 β, S_3 与 Σ 间的角是 γ, $90^\circ > \alpha > \beta$.

亦见第 2 章的问题 11(1)(2)(第 31 页).

17. 已知四个圆 S_1, S_2, S_3, S_4，其中 S_1 在 S_2 的内部. 作圆 Σ，使四对圆 S_1 与 Σ, S_2 与 Σ, S_3 与 Σ, S_4 与 Σ 的切线距离都一样.

为了强调通常反演与轴向反演之间的对偶性，我们记下这些变换的定义与基本性质以及选择部分相应的定理(一些已证明的与一些新的定理).

Ⅰ. 如果 m 是通过定点 L 的直线，且与已知圆 S 相交于点 A 与 B，那么乘积

$$LA \cdot LB$$

(图 5.45(a)) 只依赖于 L 与 S，而不依赖于 m(第 83 页定理 1′). 这个乘积称为 L 关于 S 的幂.

Ⅰ′. 如果 M 是在已知(有向) 圆 S 外(有向) 定直线 l 上一点,a 与 b 是从 M 到 S 的切线,那么乘积

$$\tan\frac{\widehat{l,a}}{2}\tan\frac{\widehat{l,b}}{2}$$

(图 5.45(b)) 只依赖于 l 与 S,而不依赖于 M(第 81 页定理 1). 这个乘积称为 l 关于 S 的幂.

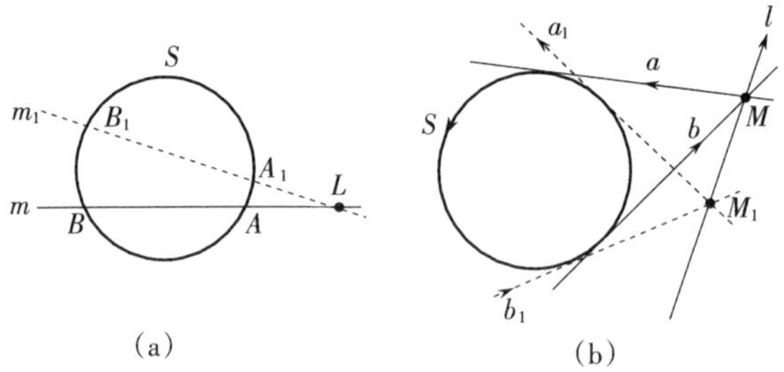

图 5.45

Ⅱ. 当点 L 关于两个已知圆 S_1 与 S_2 的幂相等时,L 的轨迹是直线 o(见第 3 章). 这条直线称为两个圆的根轴. 如果 S_1 与 S_2 有公共点 A 与 B,那么这些点在根轴上(图 5.46). 两个圆的根轴可以定义为这样的一条直线,使得从它的任一点到 S_1 与 S_2 的切线距离相等.

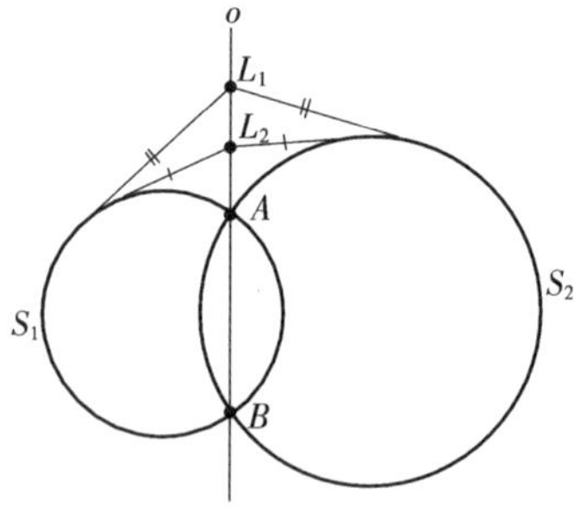

图 5.46

Ⅱ′. 当所有(有向) 直线 l 关于两个(有向) 圆 S_1 与 S_2 的幂相等时,所有这些直线都通过点 O(请读者证明这个结论). 这个点称为这两个圆的相似中心. 如果 S_1 与 S_2 有公切线 a 与 b,那么这些切线通过相似中心(图 5.47). 两个圆的相似中心可以定义为这样一点,使所有通过此点的直线与两个圆形成相等角.

Ⅲ. 当点关于两个圆 S_1 与 S_2 的幂之比为不同于 1 的常数值时,这些点的轨迹是一个圆(见第 3 章问题 7(2)).[27]

Ⅲ′. 当所有(有向) 直线关于两个有向圆 S_1 与 S_2 的幂之比为不同于 1 的常

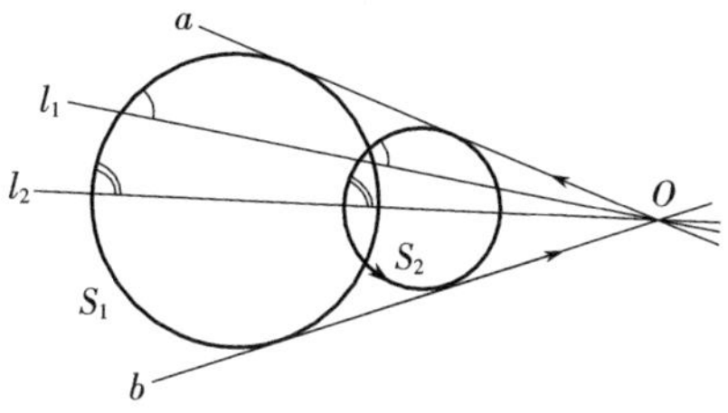

图 5.47

数值时，这些直线与某一个圆相切(请读者证明这一点).[28]

Ⅳ. 三个圆 S_1,S_2,S_3 的根轴中每两条轴都相交于点 O(例如见图 5.48(a)). 这一点称为三个圆的根心(见第 44 页).

Ⅳ′. 三个圆 S_1,S_2,S_3 中每两个圆的相似中心都在一条直线上(例如见图 5.48(b)). 这条直线称为三个圆的相似轴(见《几何变换 Ⅱ》).[29]

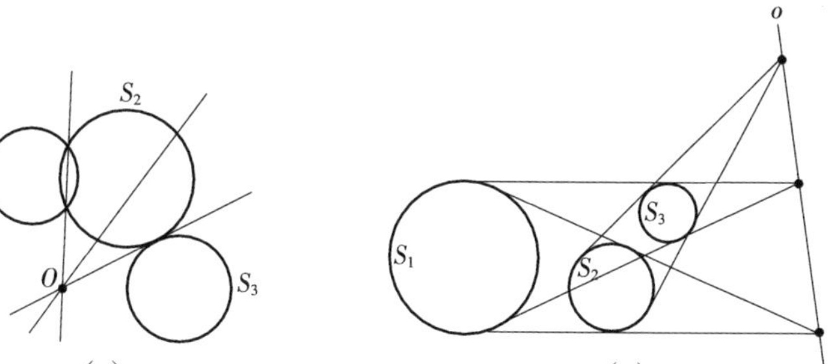

(a) (b)

图 5.48

Ⅴ. 具有中心 O 与幂 k 的反演是把点 A 变为点 A' 的变换，使 A,A',O 在一条直线上，且

$$OA \cdot OA' = k$$

Ⅴ′. 具有中心线 o 与幂 k 的轴向反演是把直线 a 变为 a' 的变换，使 a,a',o 相交于一点，并且

$$\tan\frac{\widehat{o,a}}{2}\tan\frac{\widehat{o,a'}}{2}=k$$

Ⅵ. 反演把圆 S 变为圆 S'(见第 9 页反演性质 B). 此处“圆” 包含直线(“半径为无限大的圆”).

Ⅵ′. 轴向反演把圆 S 变为圆 S'(见第 88 页轴向反演性质 B). 此处“圆”包含点(“半径为 0 的圆”).

Ⅶ. 当反演把圆 S 变为圆 S' 时，反演中心 O 是 S 与 S' 的相似中心(图 5.49(a)；见第 9 页反演性质 B 的证明).

Ⅶ′. 当轴向反演把圆 S 变为圆 S' 时，这个反演的中心线 o 是 S 与 S' 的根轴（图 5.49(b)；见第 88 ～ 92 页轴向反演性质 B 的证明）.

Ⅷ. 考虑把圆 S 变为圆 S' 的反演. 在这个反演下，S 与 S' 在点 A 与 A' 的切线交点的轨迹是一条直线 ——S 与 S' 的根轴 o（图 5.49(a)；见第 3 章问题8(1)）.

Ⅷ′. 考虑把圆 S 变为圆 S' 的轴向反演. 在这个反演下，联结 S 与 S' 在点 A 与 A' 切线的切点所成直线通过一个定点 ——S 与 S' 的相似中心（图 5.49(b)；见轴向反演性质 B 的证明）.

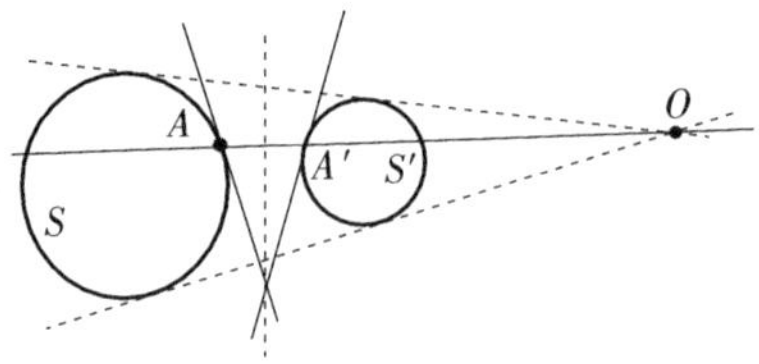

(a)

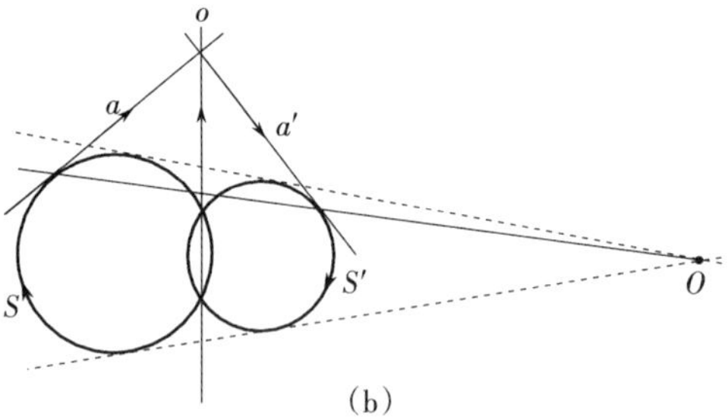

(b)

图 5.49

Ⅸ. 反演保持两个圆间的角不变（第 9 页反演性质 C）.

Ⅸ′. 轴向反演保持两个圆间的切线距离不变（第 95 页轴向反演性质 C）.

Ⅹ. 反演保持四个圆 A,B,C,D 的交比

$$\frac{AC}{BC}:\frac{AD}{BD}$$

不变（第 53 页反演性质 D）.

Ⅹ′. 轴向反演保持四条直线 a,b,c,d 的交比

$$\frac{\sin\frac{\widehat{a,c}}{2}}{\sin\frac{\widehat{b,c}}{2}}:\frac{\sin\frac{\widehat{a,d}}{2}}{\sin\frac{\widehat{b,d}}{2}}$$

不变（见第 99 页问题 70）.

Ⅺ. 在全部圆中，任意两个圆有相同根轴 o 时，这个全部圆称为圆束（见第

47页).直线 o 称为圆束的轴.如果圆束中两个圆相交于点 A 与 B,那么圆束的所有圆都通过 A 与 B(图5.50(a)).

Ⅺ′.在全部圆中,任意两个圆有相同的相似中心 O 时,这个全部圆称为圆行.点 O 称为行中心.如果这个圆行中两个圆有公切线 a 与 b,那么圆行中所有圆都与 a,b 相切(图5.50(b)).

Ⅻ.在全部圆中,各圆关于已知点 o 的幂相同时,这个全部圆称为圆把.点 o 称为圆把中心.如果中心 O 在圆把的圆外部,那么 o 与圆把中每个圆的切线距离有相同值.

Ⅻ′.在全部圆中,各圆关于已知直线 o 的幂相同时,这个全部圆称为圆网.直线 o 称为圆网中心线.如果圆网中的圆与中心线 o 相交,那么它们与 o 形成等角.

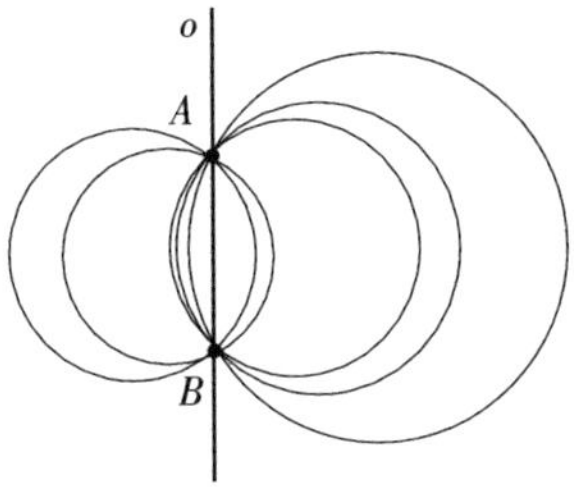

(a)

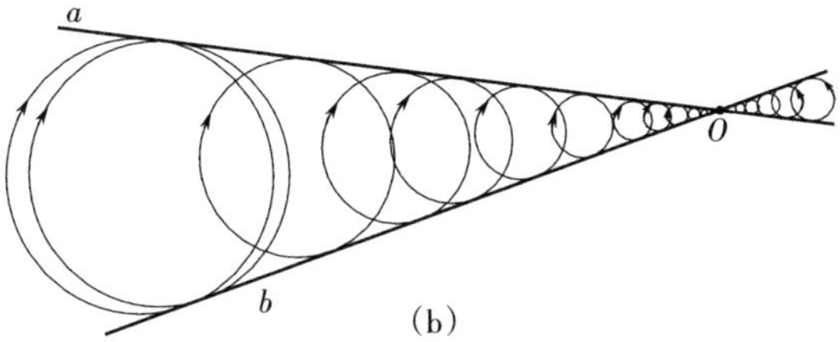

(b)

图5.50

XⅢ.两个不同圆把共有的圆构成圆束.

XⅢ′.两个不同圆网共有的圆构成圆行.

XⅣ.反演将圆束变为新圆束,将圆把变为新圆把.

XⅣ′.轴向反演把圆行变为新圆行,把圆网变为新圆网.

XⅤ.与两个已知圆相交成等角的全部圆构成一个圆把,它的中心是两个已知圆的相似中心.[30]

XⅤ′.与两个已知圆有相等切线距离的全部圆构成一个圆网,它的中心线是两个已知圆的根轴.

XⅥ.与三个已知圆相交成等角的全部圆构成一个圆束,它的轴是三个已知圆的相似轴.这个圆束的所有圆的圆心在从三个已知圆的根心到它们的相似轴的垂线上.

XⅥ′.与三个已知圆有相等切线距离的全部圆构成一个圆行,它的中心是三个已知圆的根心.这个圆行中所有圆的圆心在从三个已知圆的根心到它们的相似轴的垂线上.

这个定理的汇编还可以大大扩充.

最后,我们提出与第 4 章定理 1 与 2 类似的两个定理:

定理 3 每个把点变为点的圆变换是相似变换.[31]

定理 4 每个不是相似变换的轴向圆变换,可以先用膨胀变换或轴向反演,然后用相似变换来实现.[31]

显然,定理 3 等价于第 4 章的定理 1.明确地说,这两个定理表示以下事实:每个平面变换是把点变为点,直线变为直线,圆变为圆的相似变换.

至于定理 4,它的证明(在概念上接近于第 4 章定理 4 的证明)是相当复杂的.我们提出这个证明的概要.

平面圆变换理论的关键是球极平面射影.例如,把反演看作对应于球 σ 反射的平面变换,其中用球极平面射影把平面映射到球 σ 上(见第 4 章,第 61 ~ 64 页);由此可以推导出反演的所有性质(请读者做这一工作).不强调与空间反射有关的所有反演定义(第 4 页的第一个定义与第 4 页的第二个定义)基本上是人为的,不能说明这个变换在圆变换理论中起重要的作用.球极平面射影也是沙勒 - 费多罗夫圆点射影理论的关键,圆点射影是圆变换的对偶变换.

我们把空间中的点,即直角锥的顶点与平面 π 上的每一(有向)圆联结起来,直角锥是一个顶角为 90° 且底面是已知圆的圆锥(图 5.51).根据圆的顺时针或逆时针方向,圆锥在平面 π 的上面或下面.因此圆点射影把平面上的圆变为三维空间中的点.

显然,相切圆的像是相切圆锥(图 5.51).这蕴涵,联结两相切圆的像(点)的直线 l 与 π 构成 45° 角.与直线 l 相切的圆的像是平面 λ 上的点,此平面通过 l,并且与 π 构成 45° 角(图 5.52)[32].因此自然地把平面 λ 看作直线 l 在圆点射影下的像.[33]

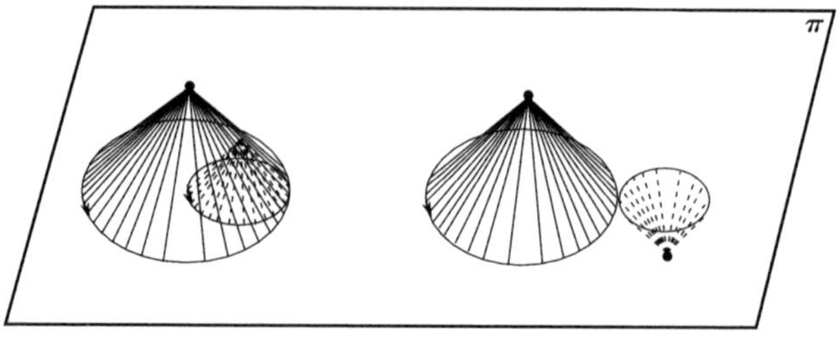

图 5.51

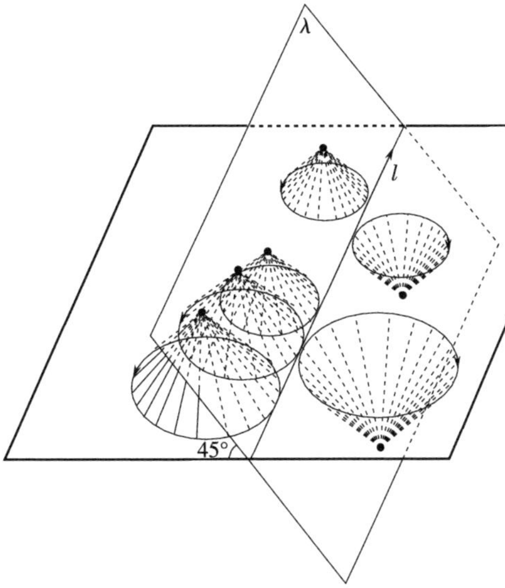

图 5.52

把平面 π 看作坐标平面 xOy 是方便的(图 5.53). 于是我们可以把圆点射影看作:在空间中具有坐标 x, y 与 $z=r$ 的点对应于平面 π 上的圆,它的圆心有坐标 x, y,它的半径是 r(正或负). 空间中两点 (x_1, y_1, z_1) 与 (x_2, y_2, z_2) 对应于两个相切圆,使联结这两个点的线段与 π 构成 45° 角. 于是这个线段在 z 轴上的射影 $|z_1 - z_2|$ 等于它在 π 上的射影

$$\sqrt{(x_1 - x_2)^2 + (y_1 - y_2)^2}$$

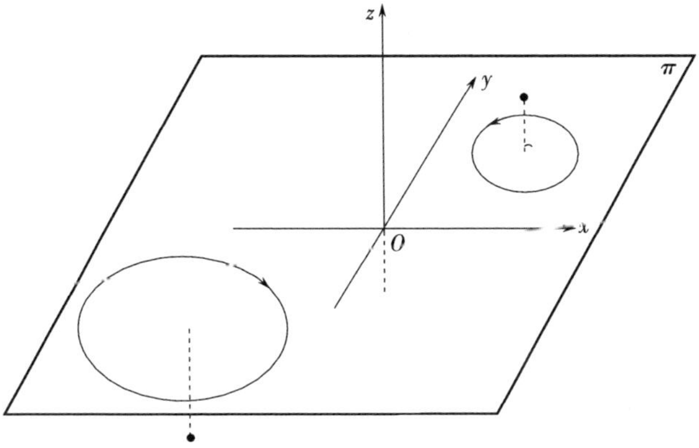

图 5.53

(图 5.54). 因此

$$(x_1 - x_2)^2 + (y_1 - y_2)^2 = (z_1 - z_2)^2$$

或

$$(x_1-x_2)^2+(y_1-y_2)^2-(z_1-z_2)^2=0$$

轴向圆变换把平面上的圆变为圆. 因此,圆点射影把空间中的点变为点的变换与轴向圆变换联系起来了. 这些变换还把直线变为直线. 这蕴涵相切圆(含有唯一公切线)一定变为相切圆. 但是此时圆点射影把坐标满足关系式

$$(x_1-x_2)^2+(y_1-y_2)^2+(z_1-z_2)^2=0$$

的空间中两点变为满足这个关系式的两点的变换,与轴向圆变换联系起来了.

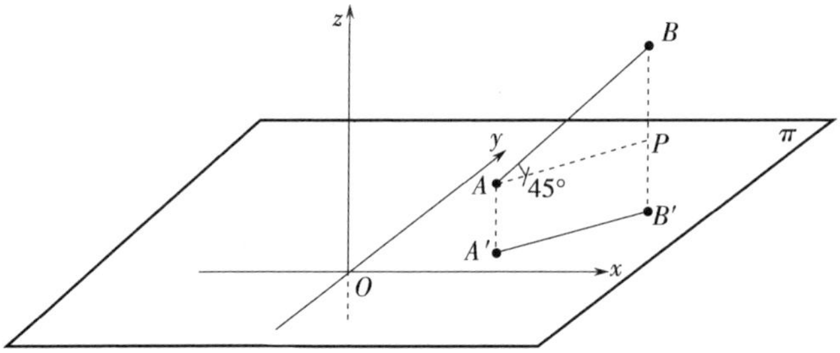

图 5.54

可以证明,具有刚才所述性质的变换可以表示为两个变换的乘积,其中一个保持表示式

$$(x_1-x_2)^2+(y_1-y_2)^2+(z_1-z_2)^2 \qquad (*)$$

的大小不变,另一个保持中心在原点[34] 的空间中心相似(膨胀)不变,这个原点以某种确定的方式改变(*)(特别地,我们以后的研究将蕴涵这个结果). 但是容易看出,圆点射影把平面 π 的中心相似与中心在原点的空间中心相似联系起来了. 因此,轴向圆变换的研究化为保持表示式(*)不变的空间变换的研究,即把空间中任意两点(x_1,y_1,z_1)与(x_2,y_2,z_2)变为两点(x_1',y_1',z_1')与(x_2',y_2',z_2')的变换,使[35]

$$(x_1'-x_2')^2+(y_1'-y_2')^2+(z_1'-z_2')^2=(x_1-x_2)^2+(y_1-y_2)^2+(z_1-z_2)^2$$

保持(*)不变的变换与空间等距变换,即保持表示式

$$(x_1-x_2)^2+(y_1-y_2)^2+(z_1-z_2)^2 \qquad (**)$$

不变的变换,有许多共同之处(见《几何变换(Ⅰ)》). 我们称它们为伪等距变换. 我们应该研究空间图形在空间伪等距变换下保持伪几何学(或用更通俗的术语伪欧几里得几何学)的性质. 伪几何学在现代物理学(更明确地说,在相对论)中起了很重要的作用. 这种几何学与普通中学几何学有许多共同之处. 空间两点(x_1,y_1,z_1)与(x_2,y_2,z_2)间距离的伪几何学类似表示式是

$$\sqrt{(x_1-x_2)^2+(y_1-y_2)^2+(z_1-z_2)^2}$$

它可以取复数值. 与欧几里得几何学类似,两线段 AB 与 BC 称为伪垂直的,如

果勾股定理对 $\triangle ABC$ 成立，即如果伪距离 AB 的平方等于伪距离 AC 与 BC 的平方和.[36] 同样，可以从每一点作每一平面的伪垂线（即伪垂直于平面上所有直线的直线），同一平面上的两条伪垂线平行（在术语的通常意义中，伪几何学中的直线与平面的平行和欧几里得几何学中有相同意义），等等.[37]

我们将考虑在平面上的伪反射概念. 我们说空间两点 A 与 A'，它们互相关于平面 α 伪反射，如果线段 AA' 垂直于 α 且被 α 平分（在伪距离 AP 与 AP' 相等的意义上，其中 P 是 AA' 与 α 的交点；在后一术语的通常意义上，伪相等线段是相等的）. 容易证明，在 α 的伪反射下，与平面 π 成 $45°$ 角的平面 λ 变为与 π 成 $45°$ 角的平面 λ'，且与 λ 一样，与 α 相交于同一条直线 l 上（图 5.55(a)）；[38] 这可以看作 α 上伪反射的定义，因它能够确定空间中的点 A 在这个变换下的像 A'（图 5.55(b)，此处两个顶点在圆锥上，使与这些圆锥相切的平面都与 π 成 $45°$ 角；换言之，这些圆锥的母线与 π 成 $45°$ 角）. 容易看出，伪反射是伪等距变换的特殊情形，即它们保持两点间的伪距离不变.[39] 还可以证明，可以用伪等距变换来互相变换的两平面，在适当选取的平面上，还可以用伪反射来互相变换.[40]

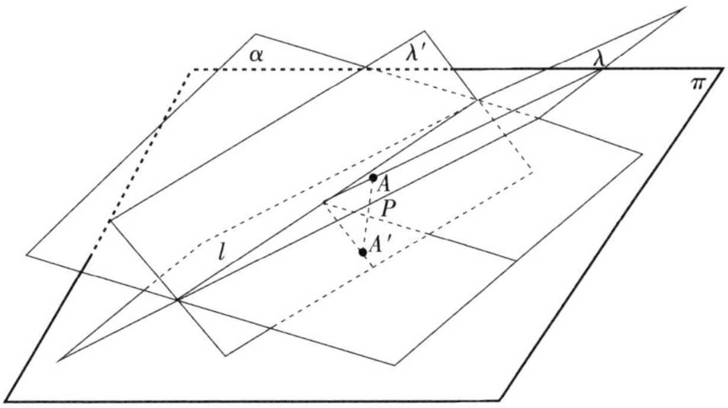

(a)

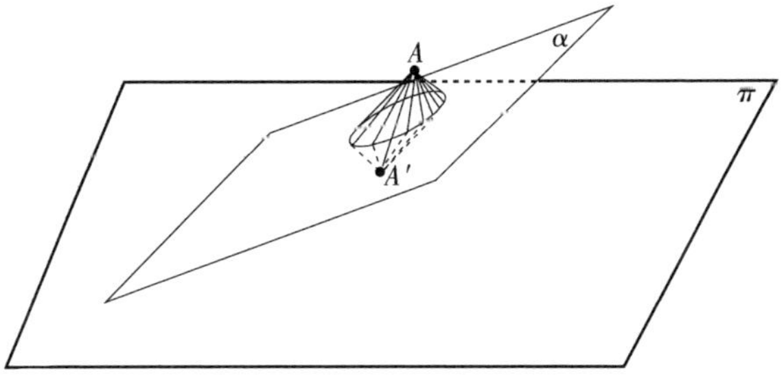

(b)

图 5.55

在所有这些说明后，我们可以证明定理 4. 圆点射影把点到点的变换 $\overline{\Lambda}$ 与每个轴向圆变换联系起来，其中Λ把π上的圆变为圆，$\overline{\Lambda}$把每个与π成45°角的平面λ变为另一个这样的平面（由圆点射影，这些平面对应于π上的直线）．我们现在证明，$\overline{\Lambda}$把空间中每个平面变为另一个平面（因此是空间中的仿射变换）．我们可以使与π成45°角的两个平面通过空间中每一条直线，这些直线与π成小于45°角（图5.56(a)）．由此推出，$\overline{\Lambda}$把这样的直线变为另一条这样的直线（与π成45°角的两个平面变为两个新平面，它们的交线变为它们的像平面的交线）．令μ是任一平面．我们在μ上选取两条直线l_1与l_2，与π成小于45°的角（在每个平面上，可以求出任意多条这样的直线；可以选出与π成"零"角的直线，即直线平行于π），考虑与l_1，l_2相交且与π成小于45°角的所有直线（如图5.56(b)所示，诸直线互相平行，且与l_1，l_2相交，只要考虑这样的直线就够了）．变换$\overline{\Lambda}$把l_1与l_2变为新直线l_1'与l_2'，与l_1，l_2相交的直线变为与l_1'，l_2'相交的直线，这蕴涵$\overline{\Lambda}$把被前面的直线所覆盖的平面μ变为新平面μ'（由l_1'与l_2'所确定）．

我们指出，如果$\overline{\Lambda}$把π变为它本身，那么π的相似平面对应于它．事实上，圆点射影把π上的点（"半径为0的圆"）与平面π上的空间中的点联系起来．由此推出，如果$\overline{\Lambda}$把π上的点变为π上的点，那么轴向圆变换Λ一定把点变为点，即它一定是相似变换（见定理3）．

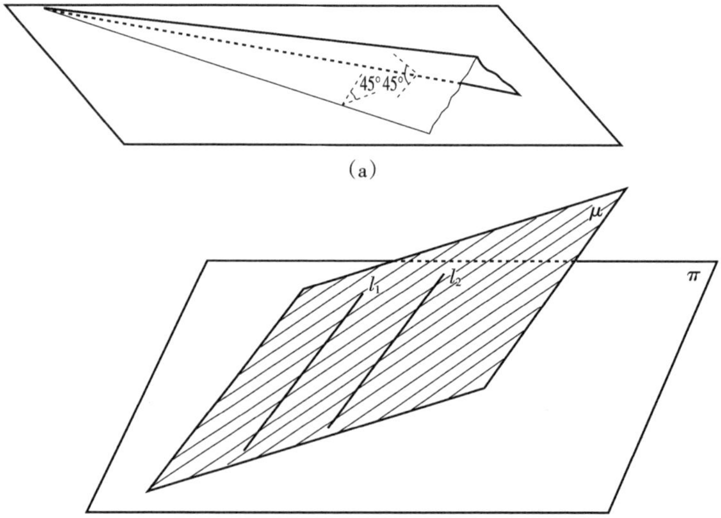

(a)

(b)

图 5.56

现在设$\overline{\Lambda}$不固定π，令π_1是把$\overline{\Lambda}$变为π的平面．我们考虑两种情形．

1° 平面$\pi_1 \parallel \pi$．令$\overline{P}$是在z轴方向（垂直于π与π_1）从π_1到π的平移；[41] $\overline{P}$是把π_1变为π的伪等距变换．此外，令$\overline{\Lambda}_1$是这样的空间变换，使$\overline{\Lambda}$可以表示$\overline{P}$与

$\overline{\Lambda}_1$ 的乘积. 显然 $\overline{\Lambda}_1$ 固定了 π(因为 $\overline{\Lambda}$ 与 $\overline{P}$ 把 π_1 变为 π). 从而对应于空间变换 $\overline{\Lambda}_1$ 的 π 的轴向圆变换 Λ_1 是相似变换. 显然,π 的膨胀变换 P 对应于空间的变换 $\overline{P}$. 事实上,$\overline{P}$ 把空间中的点(x,y,z)变为点$(x,y,z+a)$,其中 a 是 π 与 π_1 之间的距离. 从而 P 把圆心为(x,y)与半径为 r(正或负的)的圆变为同一圆心与半径为 $r+a$ 的圆. 因为 $\overline{\Lambda}$ 是 $\overline{P}$ 与 $\overline{\Lambda}_1$ 的乘积,所以初始的轴向圆变换 $\overline{\Lambda}$ 是膨胀变换 P 与相似变换 Λ_1 的乘积.

2° 平面 π_1 不平行于 π. 令 $\overline{\Omega}$ 是把 π_1 变为 π 的伪反射,[42] $\overline{\Lambda}_1$ 是这样的变换,使 $\overline{\Lambda}$ 是 $\overline{\Omega}$ 与 $\overline{\Lambda}_1$ 的乘积. 显然,$\overline{\Lambda}_1$ 固定了 π. 因此平面的相似变换 Λ_1 对应于 $\overline{\Lambda}_1$. 我们来证明,轴向反演 Ω 对应于伪反射 $\overline{\Omega}$. 这就完成了定理 4 的证明.

令 o 是 π_1 与 π 的交线. 显然 α 也通过 o. 因此 $\overline{\Omega}$(与对应于它的轴向变换 Ω)固定 o 上的每一点. 此外,令 $\overline{S}$ 是平面 α 上一点,S 是一个圆,它在圆点射影下的像是 $\overline{S}$(图 5.57). 变换 $\overline{\Omega}$ 把通过 $\overline{S}$ 且与 π 成 45° 角的每个平面 λ 变为平面 λ',λ' 同样地与 π 成 45° 角,且与 λ 一样,λ' 与 α 相交于一条直线上(图 5.55(a)),从而 λ' 也通过 $\overline{S}$,且与 λ 一样,与 o 相交于同一点 M. 这蕴涵 Ω 把与圆 S 相切的每一条直线 l 变为直线 l',l' 同样地与 S 相切,且与 λ 一样,与 o 相交于同一点 M(图 5.57). 此外,因为 Ω 把平行线变为平行线(因为 $\overline{\Omega}$ 使一些直线与 π 倾斜 45° 角,并且互相平行(即与 α 相交于平行线上)的平面变为平行平面),所以 Ω 是一个具有中心线 o 与有向圆 S 的变换(见第 86 页中的定义).

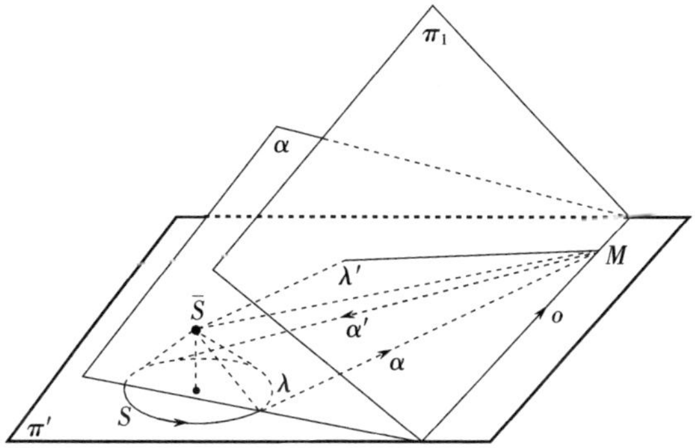

图 5.57

第 5 章的注解

[1]圆 S_1，S_2，S_3 与 S_4 中的某一圆可以是点.

[2]由两条有向直线构成的角的平分线可以定义为一条直线，它与此角两边成等角，或定义为到此角两边有相等距离的点的轨迹(距离的长度相等，符号相同). 这两个定义并不一致. 此处我们利用第一定义意义上的术语“角平分线”，而定理 V′(第 79 页) 中利用第二定义意义上的术语“角平分线”.

[3]此处是同一类型的另一个重要例子：如果我们可以对有向圆 S 作两条(有向) 切线 m 与 n，M 与 N 是 S 在这些切线上的点，那么线段 AM 与 AN 的长度相同，方向相反(图 5.58(a)). 类似地，如果直线 a 与圆 S 相交于点 M 与 N，m 与 n 是 S 在这两个点上的切线，那么 a，m 间的角与 a，n 间的角的大小相等，方向相反(图 5.58(b)).

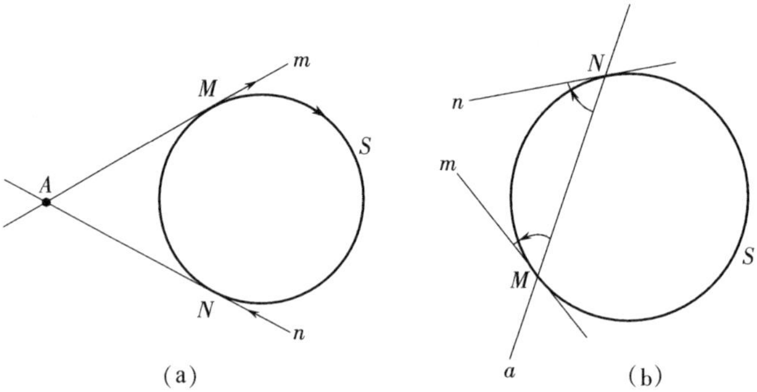

图 5.58

[4]利用点与有向直线的基本性质间的类似，我们可以不加证明地从两个相应命题中一个成立断定另一个也成立(见《几何变换(Ⅲ)》). 我们不详细讨论这个结果.

[5]我们再利用注解 4 中所遇到的距离与角之间的类似.

[6]为什么适合于假设对偶原理与有向直线和点有联系的理由，在第 77 页中讨论.

[7]我们指出，如果把膨胀看作轴向变换，那么在膨胀定义中，不需要指出圆变为什么图形(轴向变换完全由任意直线变为直线确定). 从我们的新观点，膨胀变换把圆变为圆这个事实蕴涵，把与圆 S 相切的所有直线变为它的像圆 S' 的切线. 这个事实是以下法则的推论：这个法则确定了膨胀变换对直线的作用.

[8]这些变换通常称为拉盖尔(Laguerre) 变换(拉盖尔是法国著名数学家，他

是第一个研究这些变换的.)

[9]为了避免误解,很重要的是强调,本章内容提出对偶原理,但这个原理不能从它推出. 因此,正如以下论证:“点到点的圆变换保持两个圆间的角不变,因此轴向圆变换保持两个圆间切线距离不变,在对偶原理下对应于角概念的概念保持不变”,当然是完全无理由的. 我们知道膨胀变换的一些性质,把对偶原理建立在这些性质上(见《几何变换(Ⅲ)》1.4 节),但是这些性质没有提供这个结论的基础.

[10]我们以$\widehat{a,b}$ 表示有向直线 a 与 b 间的角.

[11]容易验证,式(*)对 l 上 M 的另外的选取也成立(图 5.22(a) 与 5.22(b) 中的虚线).

如果圆 S 有负方向,或 O 在 l 的右边,或这两个条件同时成立,那么乘积 $\tan\dfrac{\widehat{l,a}}{2}\cdot\tan\dfrac{\widehat{l,b}}{2}$ 的值也等于 $\left|\dfrac{r-d}{r+d}\right|$,其中 r 是有向圆 S 的半径(可以是正的或负的;见第 70 页),d 是从 O 到有向直线 l 的距离(这也可以是正的或负的;见第 72 页). 请读者研究所有可能的情形.

[12]众所周知,如果点 L 在圆 S 的外部,那么它关于 S 的幂等于 L 与 S 间的切线距离的平方. 类似地,如果有向直线 l 与有向圆 S 相交,那么它关于 S 的幂等于 l 与 S 间半角正切的平方. 为了证明它,只要取 l 与 S 的交点作为图 5.23(a) 中的点 M 即可.

[13]乘积 $LA\cdot LB$(L 关于 S 的幂)是 $|D^2-r^2|$,其中 r 是 S 的半径,D 是 L 与 S 的圆心之间的距离. 因此乘积

$$\tan\frac{\widehat{l,a}}{2}\cdot\tan\frac{\widehat{l,b}}{2}=\frac{D^2-r^2}{(D+r)^2}=\left|\frac{D-r}{D+r}\right|$$

因为 $D=\dfrac{r^2}{d}$,其中 d 是从 O 到 l 的距离(见《几何变换(Ⅲ)》中的问题 51),所以 $\left|\dfrac{D-r}{D+r}\right|=\left|\dfrac{r-d}{r+d}\right|$(见第 82 ~ 83 页).

[14]换言之,在 a,a' 与 o 的交点上,a 与 a' 上的箭头指向 o 的一边.

[15]即平行于 o,并且方向相反.

[16]如果 $k_0 /\!/ l_0$,那么 o 通过 Σ 的圆心. 在这种情形中,轴向反演化为在 o 上的反射,其中所有直线的方向发生变化,性质 B 是显然的.

[17]读者试图改变这个证明,使它适用于有负幂的轴向反演.

[18]一般地,三个无向圆有四条相似轴,三个有向圆有唯一的相似轴(见第 77 页,特别是图 5.18).

[19]“通常”的反演与轴向反演之间的差别变得突出起来. 把三个圆变为三条直线的反演情形是例外(因为这时出现的三个圆一定是共点的). 与此不同的是,很可能经常用轴向反演把三个圆变为三个点(相似轴不与这些圆相交的情形不能看作例外;大体上说,这种情形正如相反情形一样“经常发生”).

[20]为使这个论证与图形无关,我们应当利用有向直线段概念.

[21]在问题 8 ～ 10 中,圆的公切线应当这样选取,使我们可以把它们看作有向圆的有向线段.

例如,在问题 8(1) 中,我们应当要求 a_1 与 a_2 是 S_1 与 S_2 的“同名”公切线(两者应当是内公切线或外公切线). 类似地,b_1 与 b_2,c_1 与 c_2,d_1 与 d_2 应当是“同名”公切线. 同样,我们应当看到,在四对公切线 a_1,a_2;b_1,b_2;c_1,c_2;d_1,d_2 中,内公切线的对数是偶数:0(图 5.39),2 或 4. 即使这些条件满足,问题也不一定很好地被提出. 圆 S_1,S_2,S_3 与 S_4 的方向是这样的,使它们的有向切线 a_1,b_1,c_1 与 d_1 是唯一的有向圆 Σ 的切线(显然,在图 5.59 中,这样选择圆 S_1,S_2,S_3 与 S_4 的方向是不可能的. 在这个图中,a_2,b_2,c_2 与 d_2 不是任一圆的切线.)

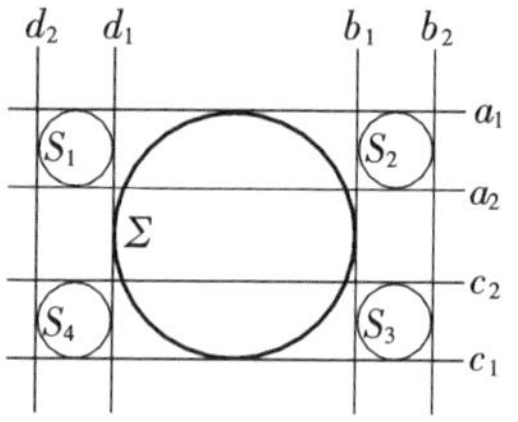

图 5.59

[22]见注解 21.

[23]这个问题的内容与三角形中线的性质之间有明显的类似.

[24]见注解 15.

[25]此处在右边有负号. 如果 k 是正的,那么初始直线与变换了的直线在 o 的不同边(见第 86 ～ 87 页).

[26]这个条件可以把圆 S_1,S_2,S_3 与 S_4 看作有向的,并考虑有向圆相切的条件.

[27]这个圆属于由 S_1 与 S_2 确定的圆束(见第 104 页中的命题 XI).

[28]这个圆属于由 S_1 与 S_2 确定的圆行(见第 105 页中的命题 XI′).

[29]这个命题可以用与根轴定理证明完全类似的方法证明(见第 44 页). 由此我们得出三相似中心定理的新证明(如果这个定理中的图形 F,F_1 与 F' 不是圆,那么只要在这些图形的三个对应点 A,A_1 与 A' 作外接圆,使它们的半径之比等于这些图形的相似比,用这种方法证明就行了).

[30]此处我们必须考虑有向圆;有向圆之间的角作为这些圆交点上它们的切

线间的角唯一确定.与两无向圆相交成等角的全部圆由两个圆把组成,其中心在这些圆的两个相似中心上;与三个无向圆相交成等角的全部圆由四个圆束组成,其轴是这些圆的四条相似轴.

[31]此处与包含有向圆与直线的所有问题中,所谓相似指的是正相似或相反相似(见《几何变换(Ⅱ)》1.2 节),随后可能改变所有的直线与圆的方向.

[32]为使 λ 与 π 重合,我们必须使它逆时针方向旋转 45°—— 注意由图上有向直线 l 所确定的方向.这个条件确定了两平面之一,使它与 π 相交于 l,且与 π 成 45° 角.

[33]读者开始时可能被以下事实所困惑:说到互相对偶的原理,两个似乎完全不同的变换 —— 球极平面射影与圆点射影起着类似的作用.第一个变换把平面上的点变为球上的点,第二个变换把平面上的点变为空间中的点.这是容易理解的.球极平面投影可以看作把平面上的圆变为球上的圆的变换,或者同样地,看作把平面上的圆变为在空间中包含这些圆的平面.球极平面射影把平面上的点变为空间中的一些点,即球 σ 上的一些点.空间中对偶原理在点与平面之间建立了对应(这类似于在平面上建立了点与直线之间的对应).因此很自然,在对偶理论中,从平面上的圆变为空间中的点的射影起着球极射影的作用,并且把平面上的直线变为空间中的一些平面的射影起着圆点射影的作用.

[34]见《几何变换(Ⅱ)》.

[35]圆点射影与这样的轴向圆变换有联系,它保持两个圆间的切线距离不变.实际上,如果

$$(x_1-x_2)^2+(y_1-y_2)^2-(z_1-z_2)^2=d^2>0$$

那么 d 是平面 π 上两个圆间的切线距离,空间中点 (x_1,y_1,z_1) 与 (x_2,y_2,z_2) 对应于这个距离(见第 74 页公式(*)).

[36]如果 OA 与 OB 是空间中两条垂直线段(在通常的术语意义上),(x_1,y_1,z_1) 与 (x_2,y_2,z_2) 分别是 A 与 B 的坐标,那么勾股定理

$$OA^2+OB^2=AB^2$$

蕴涵

$$(x_1^2+y_1^2+z_1^2)+(x_2^2+y_2^2+z_2^2)=(x_1-x_2)^2+(y_1-y_2)^2+(z_1-z_2)^2$$

或

$$x_1x_2+y_1y_2+z_1z_2=0$$

后一等式也被利用作垂直的条件.类似地,勾股定理的伪几何学解释蕴涵,为使两条线段 OA 与 OB 垂直,当且仅当

$$x_1x_2+y_1y_2-z_1z_2=0$$

(此处(x_1, y_1, z_1)与(x_2, y_2, z_2)分别是 A 与 B 的坐标，O 是原点)，这个等式可以作为线段 OA 与 OB 垂直的定义.

[37]空间中的平面 α 的方程可以写作

$$Ax + By + Cz = D$$

容易推导出所有直线关于Π对称于α的任何垂线，即直线平行于线段 OA，其中 O 是原点，A 的坐标为$(A, B, -C)$，并且只有这些直线是 α 的伪垂直，我们所有的结论由此推出.

[38]换言之，垂直于 α 的任一直线 m，与 $\lambda, \alpha, \lambda'$ 相交于点 A, P, P'，使 $AP = AP'$(此处线段相等可以看作通常意义上或伪几何学意义上的相等).

[39]把这与以下事实比较：平面在直线上的反射是等距变换，即它不改变线段的长度(见《几何变换(I)》2.1 节).

[40]显然，与π成的角小于 $45°$ 的平面μ不包含与π倾斜 $45°$ 的直线(这些直线使它的任意两点的伪距离是 0)，与 π 成的角不小于 $45°$ 的平面 v 包含这样的直线. 因此从 μ 变为 v 可以不是伪等距变换.

此外，我们已经指出，与π成 $45°$ 角的任意两平面关于通过它们交线的任一平面是伪对称的. 现在令 μ_1 与 μ_2 是与π所成角小(或大)于 $45°$ 的两个平面. 令 OM_1 与 OM_2 是相等长度的线段，它们垂直于 μ_1 与 μ_2，即 $A_1^2 + B_1^2 - C_1^2 = A_2^2 + B_2^2 - C_2^2$，其中$(A_1, B_1, -C_1)$与$(A_2, B_2, -C_2)$分别是 M_1 与 M_2 的坐标(如果 μ_1 与 π 所成的角大于 $45°$，μ_2 与 π 所成的角小于 $45°$，那么 OM_1 的伪长度是实的，OM_2 的伪长度是虚的). 在这种情形中，μ_1 与 μ_2 关于平面α伪对称，α 通过μ_1 与 μ_2 的交线，且伪垂直于 OM_1 与 OM_2 的“向量和”OA，即联结O与$A(A_1 + A_2, B_1 + B_2, -C_1 - C_2)$的线段.

[41]空间中的平移性质类似于平面上的平移性质.

[42]平面 π_1 与 π 所成的角一定小于 $45°$.

罗巴切夫斯基－波尔约的非欧几里得几何学或双曲几何学①

附录

第二种解释.

(第一种解释可在《几何变换(Ⅲ)》中找到,称为双曲几何学的克莱因模型. 现在的解释称为双曲几何学的庞加莱(Poincaré)模型.)

令$\mathbb{K}$是平面上的一个圆盘. 我们考虑把$\mathbb{K}$变为它本身的平面上所有圆变换. 我们称$\mathbb{K}$的点为双曲几何学中的点,称这些圆变换为非欧运动. 我们将与非欧运动的图形性质有关的几何学称为双曲几何学(参考《几何变换(Ⅲ)》). [1]

容易看出,如果已知双曲几何学的任一点A(即$\mathbb{K}$的任一内点),那么就有一个非欧运动把它变为任何另外这样的一点. 例如,为使A变为$\mathbb{K}$的圆心O,我们在O上作OA的垂线,并以M与N表示它与$\mathbb{K}$的边界Σ的交点. 如果R是Σ在M与N处的切线的交点(图 1),那么由$\triangle ROM \backsim \triangle RMA$,我们有$\frac{RO}{RM}=\frac{RM}{RA}$或$RO\cdot RA=RM^2$. 因此中心为$O$与幂为$RM^2$的反演(它把$\mathbb{K}$变为它本身,因而是一个非欧运动)把$A$变为圆(且把$O$变为$A$). 如果我们要把$A$变为不同于$O$的点$A'$,那么只需要把$A$变为$O$且把$O$变为$A$(用完全相同的非欧运

① 为了方便起见,下文把"欧几里得"称为"欧氏",把非欧几里得称为"非欧"——译者

动把 A' 变为 O).

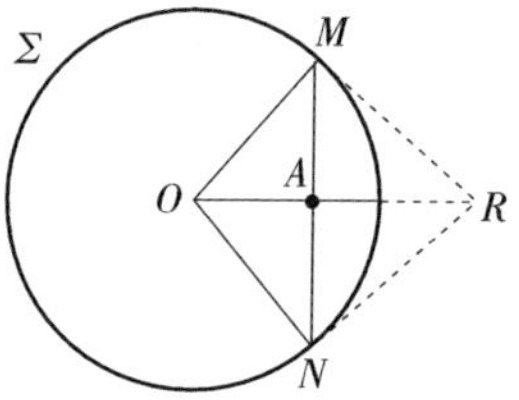

图 1

现在我们来定义非欧直线. 显然,如果我们期望非欧运动把直线变为直线,那么一定不把通常直线看作非欧直线 —— 因为毕竟一般圆变换把直线变为圆. 假设我们把所有与𝕂 相交的圆弧(与直线线段)定义为非欧直线,则运动把"直线"变为"直线",但是已知任意两点时,有很多条"直线"通过这两个点,这违反我们的期望. 既然如此,自然只把与𝕂 相交的一些直线与圆看作"直线". 同样,自然要求非欧运动把全部这样的圆与直线变为它们本身,并且只有一条"直线"通过𝕂 的任意两个内点. 垂直于圆 Σ 的圆(与直线)满足这两个要求. 事实上,任一非欧运动把这样的一个圆或一条直线变为另外这样的一个圆或一条直线. 另外,垂直于 Σ 且通过定点 A 的所有圆(与直线)都通过点 $\overline{A}$,$\overline{A}$ 与 A 关于 Σ 对称(把图 2 与图 1.6 比较),即它们形成一相交圆束. 但是恰有这个圆束的一个圆通过点 B 而不是 A 与 $\overline{A}$(恰有一个圆或一条直线通过三个点 A,B 与 $\overline{A}$;亦见第 3 章). 因此在双曲几何学中,恰好有一个圆通过任意两点 A,B 且垂直于 Σ. 同样,图 2 说明,在点 A 上任一已知方向,恰好有一个圆垂直于 Σ,Σ 在这一方向上通过 A. 因此我们约定把垂直于 Σ 且包含在𝕂 内部的圆弧(与直线线段[2])称为双曲几何学的直线;特别地,通过𝕂 的圆心 O 的非欧直线是𝕂 的直径.

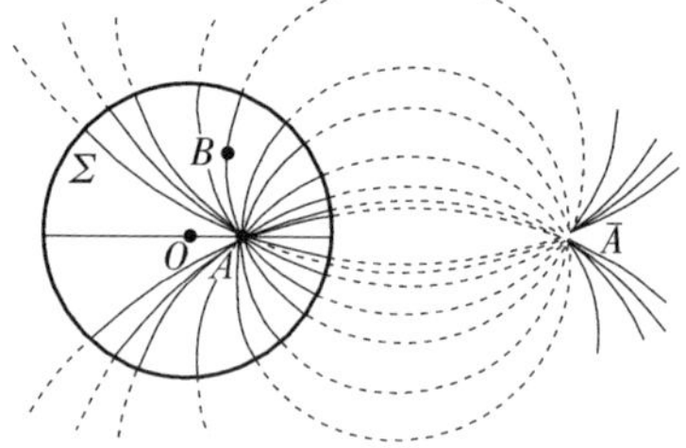

图 2

在双曲几何学中,我们把从点 A 出发的射线定义为垂直于 Σ 的弧,它通过 A 且与 A,Σ 邻接. 容易看出,已知射线 AP 与 AP',就有一非欧运动把 AP 变为 $A'P'$. 事实上,令 E_1 是一个运动,它把 A 变为𝕂 的圆心 O,把射线 AP 变为射线 OQ(图 3),也令 E_2 是一个运动,它把 O 变为 A',把射线 OQ' 变为 $A'P'$,则 E_1 是

绕 O 通过 $\angle Q'OQ$ 的旋转 C, E_2 把射线 AP 变为射线 $A'P'$(见《几何变换(Ⅲ)》).

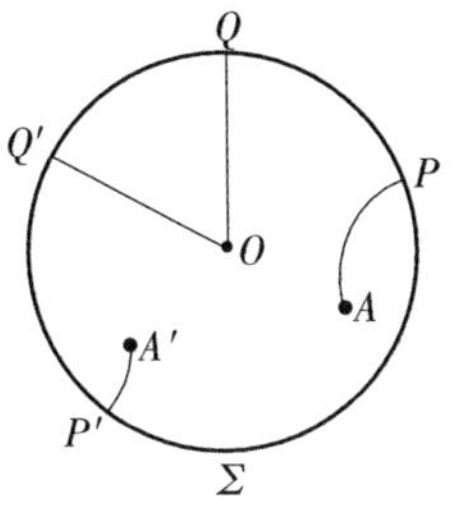

图 3

我们来定义双曲几何学中两点之间距离与两直线之间距离这两个术语. 这两个术语后者比前者简单. 因为圆变换保持两个圆间的角不变(见第 9 页中反演性质C),所以我们可以把相交于点 A 的两条双曲性直线 PQ 与 MN 之间的非欧角,定义为两个圆 PAQ 与 NAM 之间的通常(欧氏)角(图 4(a)). 从而在双曲几何学中,恰和通常(欧氏)几何学一样,环绕一点的周角都相等,因而所有的平角也相等;明确地说,周角是 360°,平角是 180°. 同样,直角(等于它的邻角)是 90°. 两条非欧直线 PQ 与 MN 在非欧几何学意义上垂直,当且仅当圆 PQ 与 MN 在通常的术语意义上垂直(图 4(b)). 从欧氏几何学观点,垂直于已知直线 PQ 的全部非欧直线,是垂直于两相交圆 PQ 与 Σ 的圆束(见第 3 章). 因为这个圆束只有一个圆通过平面上每一点,所以从双曲几何学的每一点 A 可以作唯一(非欧) 垂线与双曲性直线 PQ 垂直.

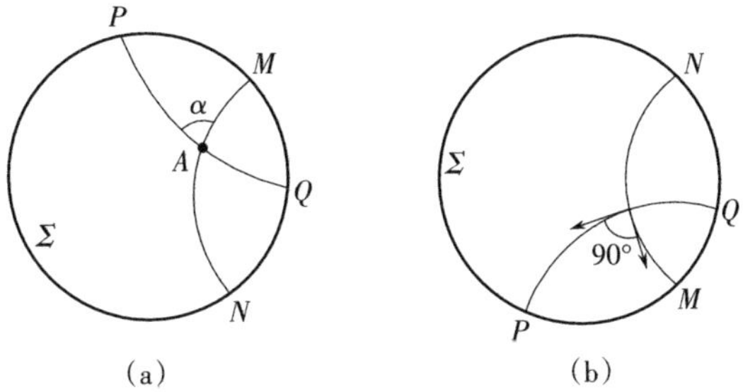

图 4

现在我们讨论双曲几何学中两点间距离的定义. 我们可以用《几何变换(Ⅲ)》的附录中的类似方法进行. 明确地说,由反演性质 D(第 53 页;亦见第 60 页),圆变换保持四点的交比不变. 我们利用这个事实,设非欧运动把点 A 与 B 分别变为点 A' 与 B',非欧直线 AB 与 $A'B'$ 分别交圆 Σ 于点 P, Q 与 P', Q'(图 5),则

$$\frac{AP}{BP}:\frac{AQ}{BQ}=\frac{A'P'}{B'P'}:\frac{A'Q'}{B'Q'}$$

另外,如果 A,B 与 C 依次是非欧直线上的三个点,此直线交 Σ 于 P 与 Q,那么显然

$$\left(\frac{AP}{BP}:\frac{AQ}{BQ}\right)\times\left(\frac{BP}{CP}:\frac{BQ}{CQ}\right)=\left(\frac{AP}{CP}:\frac{AQ}{CQ}\right)$$

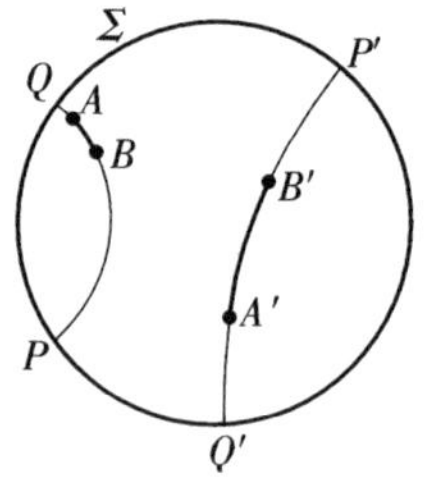

图 5

因此,如果我们令

$$\log\left(\frac{AP}{BP}:\frac{AQ}{BQ}\right)=d_{AB} \qquad (*)$$

那么得到等式

$$d_{AB}+d_{BC}=d_{AC}$$

这个关系式我们希望对线段长度的度量成立. 因此把式(*)定义的数 d_{AB} 称为线段 AB 的非欧长度(或点 A 与 B 间的非欧距离)是有意义的.

如果非欧直线 PQ 上的点趋于点 P(图 5),那么交比$\frac{AP}{BP}:\frac{AQ}{BQ}$趋于无穷大. 这蕴涵在双曲几何学中射线 AP(与整条直线 PQ)的长是无穷大的,虽然直线 PAQ 用有限圆弧表示. 我们可以用纯几何方法证明这一点. 我们考虑垂直于已知直线 PQ 的全部非欧直线. 从欧氏观点,这是一个垂直于相交圆 Σ 与 PAQ 的圆束. 令 S_1 是通过 B 的圆束的一个圆,令 Q_1 是它的圆心(图 6). 因为 Σ 垂直于 S_1,所以在 S_1 上的反射把 Σ 变为它本身,因此使$\mathbb{K}$ 完全固定. 这表示这个反射是一个非欧运动. 因为圆 PAQ 也垂直于 S_1,所以我们的反演也把它变为它本身. 因此我们的反演把 A 变为直线 O_1A 与圆 PAQ 的第二个交点. 因为非欧运动交换了线段 AB 与 BB_1,所以它们的非欧长是相同的:$d_{AB}=d_{BB_1}$. 我们用类似方法得出等式

$$d_{AB}=d_{BB_1}=d_{B_1B_2}=d_{B_2B_3}=\cdots=d_{B_{n-1}B_n}$$

其中 B_2 是 PAQ 与直线 O_2B 的交点,O_2B 是联结 B 与圆束中一个圆的圆心 O_2 而成的,且此圆束通过 B_1;B_3 是 PAQ 与直线 O_3B_1 的交点,O_3B_1 是联结 B_1 与圆束中一个圆的圆心 O_3 而成的,且此圆束通过 B_2,等等. 这蕴涵,如果 A 是非欧直线 PAQ 上任一点,那么只要没有达到这条直线的终点 Q,就可以在这条直

线上多次截取任一线段.

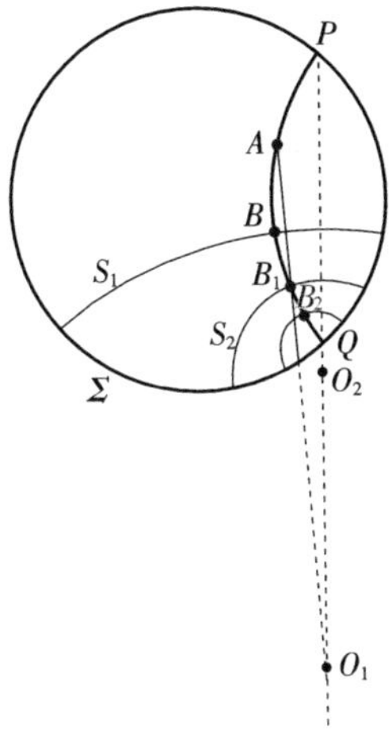

图 6

我们现在就来指出双曲几何学接近到欧氏几何学什么程度.在这两种几何学中,两个点确定唯一的直线;用运动可以把一个点与从此点出发的一条射线变为另一个点与从此点出发的另一条射线;在一条已知直线上,我们可以在任一点上的任一方向截取一条任意长的线段(这是由于射线的无限长);在任一已知点(作为通过此点的任一直线的起点)上,我们可以在任一方向(顺时针或逆时针方向)上,作出一已知角,等等.这就是为什么可以把以这些极简单命题为基础的欧氏几何学的所有定理搬到双曲几何学中去.这对三角形全等的检验、比较斜线段与垂线段的定理、三角形角平分线共点等都是正确的.两种几何学的主要差别是平行公理在双曲几何学中不成立.事实上,容易看出,在通过不在 PQ 上的点 A 的非欧直线中,有无限多条直线与 PQ 相交(图 7 中有一条这样的直线是 RS),有无限多条直线与 PQ 不相交(与 PQ 超平行;图 7 中有一条这样的直线是 MN).被两条直线 UP 与 VQ 分开的两类直线称为 PQ 的平行线.

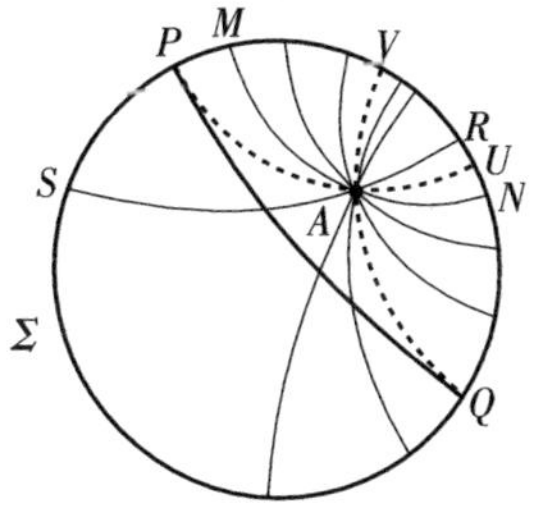

图 7

习 题

1. 证明以下双曲几何学定理：三角形中各角的平分线共点. 陈述这个定理的欧氏形式.

2. 证明以下双曲几何学定理：如果三角形中两底角相等，那么这个三角形是等腰的. 陈述这个定理的欧氏形式.

3. (1) 令 PQ 与 RS 是相交于点 B 的两条双曲直线. 证明：从 RS 上的点到 PQ 的距离（即从 RS 上的点到 PQ 的垂线长）增加. 同样，从 RS 上的点到 PQ 的垂线足只覆盖有限线段 P_1Q_1，在点 P_1 与 Q_1 上所作的垂线是 RS 的平行线（图 8(a)）.

(2) 令 PQ 与 RS 是两条双曲性平行线. 证明：从 UP 上的点到 PQ 的距离在增大，超过射线 AU 方向上的整个范围. UP 在 PQ 上的射影是射线 Q_1P，在 Q_1 上作出的垂线是 UP 的平行线（图 8(b)）.

(3) 证明：两条双曲性超平行线 PQ 与 MN 有唯一公垂线 KL，反之，有公垂线的两条双曲直线是超平行线. 从 MN 到 PQ 的距离增大，超过它们公垂线足两边的整个范围. MN 在 PQ 上的射影是 PQ 的有限线段 P_1Q_1，在 P_1 与 Q_1 上作出的 PQ 的垂线是 MN 的平行线（图 8(c)）.

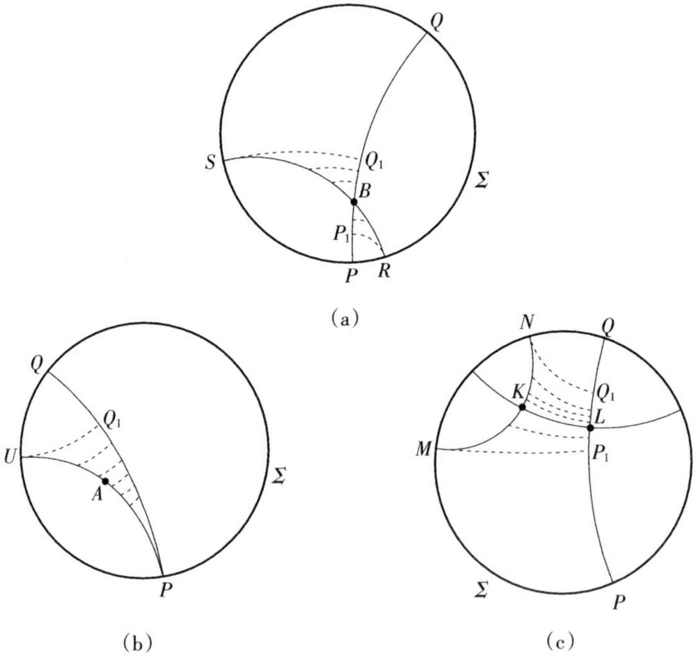

图 8

4. 证明：在双曲性锐角三角形中各条高共点. 这个定理对钝角三角形成立吗？

5. 证明：在双曲性三角形中各角之和小于 180°.

6. 证明：具有两两等角的两个双曲性三角形全等（即用双曲运动可以把一个三角形变为另一个三角形）.

考虑共点于 A 的双曲性直线束 Π_1，在欧氏几何意义上，这是通过 A 与 $\overline{A}$ 的圆束（比较图 9(a) 与 9(b)）. 令 $\overline{\Pi}_1$ 是垂直于束 Π_1 的圆束，这是"通常"不相交圆束，它包含 Σ. 在束 Π_1 的圆 S 上的反射把 $\mathbb{K}$ 变为它本身，因此双曲运动是在直线 S 上的双曲反射. 这个反射把束 $\overline{\Pi}_1$ 的圆 $\overline{S}$ 变为它本身；从而在 $\overline{\Pi}_1$ 的两个圆 S_1 与 S_2 上的反射是关于 A 的双曲性旋转，它把 $\overline{S}$ 变为它本身. 关于 A 的任一旋转把束 $\overline{\Pi}_1$ 中所有圆变为它们本身这一事实蕴涵它们是圆心在 A 上的所有双曲性圆，即到 A 等距离（在双曲几何学意义上）的点的轨迹. 从而双曲性圆是不与 Σ 相交的通常（欧氏）圆；反之，在 Σ 内部的圆 $\overline{S}$ 是双曲性圆.[3]

现在令 Π_2 是双曲超平行线束，这是与两个相交（事实上，互相垂直）的圆 PQ，Σ 垂直的"通常" 圆束（图 9(b)）. 令 $\overline{\Pi}_2$ 是垂直于 Π_2 的圆束，这是包含 PQ 与 Σ 的相交圆束. 在 Π_2 的圆 S 上的反射是在直线 S 上的双曲反射 —— 把 $\overline{\Pi}_2$ 的所有圆变为它们本身. 从而在 Π_2 的圆 S_1 与 S_2 上的两个反射的乘积是关于直线 PQ 的双曲平移 —— 把 $\overline{\Pi}_2$ 的所有圆变为它们本身. 因此 $\overline{\Pi}_2$ 中不同于 Σ 与 PQ 的每个圆是双曲等距曲线 —— 简单地说与轴 PQ 等距 —— 即到 PQ 等距（在双曲几何学意义上）的点的轨迹. 因此双曲等距曲线是与 Σ 相交的圆；反之，与 Σ 相交的圆 $\overline{S}$ 是等距曲线，它的轴是通过 $\overline{S}$ 与 Σ 交点的双曲直线.

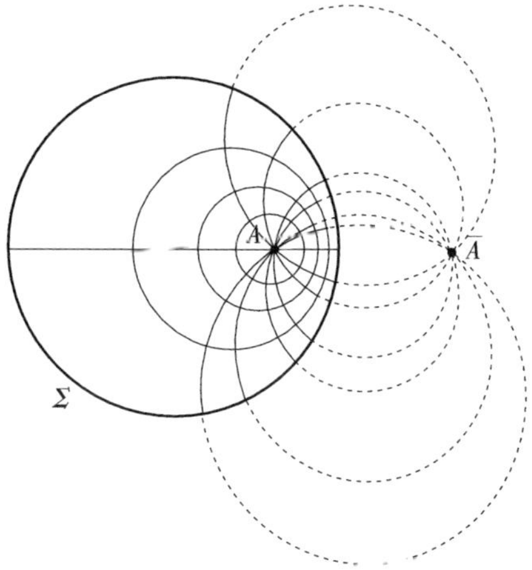

(a)

图 9

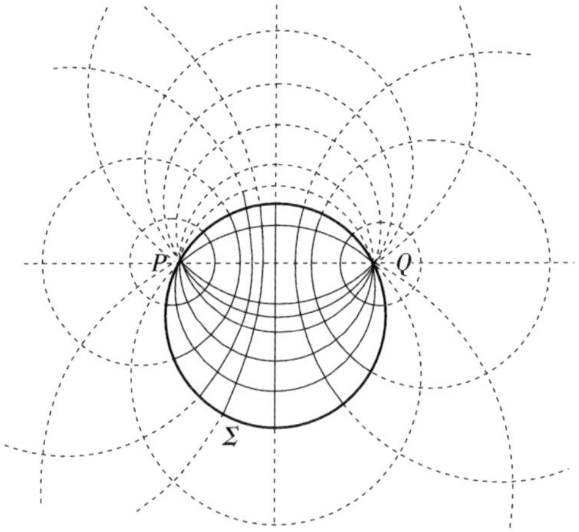

(b)

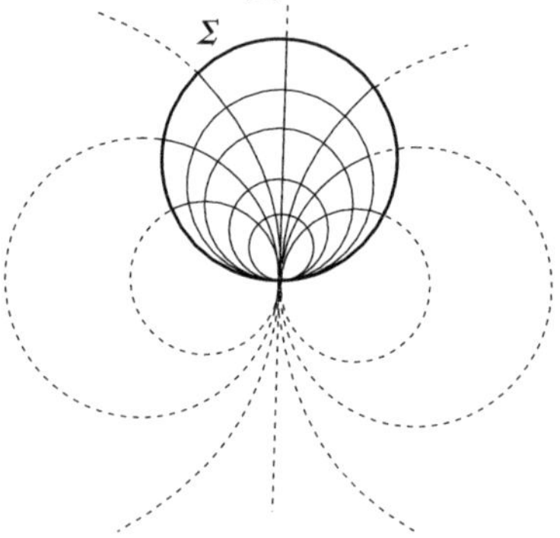

(c)

续图 9

最后，令 Π_3 是双曲平行线束，即与 Σ 垂直的相切圆束，令 $\overline{\Pi}_3$ 是与 Σ 相切且垂直于 Π_3 的圆束(图 9(c)). 在 Π_3 的圆 S 上的反射是在直线 S 上的双曲反射 —— 把 $\overline{\Pi}_3$ 的所有圆变为它们本身. 因此这些圆是双曲几何学中的极限直线或极限圆. 于是极限圆是与 Σ 相切的圆.

圆、等距曲线与极限双曲直线一样，常称为双曲几何学中的圆. 两个圆 S_1 与 S_2 之间的角定义为两个欧氏圆 S_1 与 S_2 之间的角. 如果欧氏圆 S_1 与 S_2 在术语的普通意义上相切，那么圆 S_1 与 S_2 称为相切的.

习　题

7. 证明：在双曲性三角形中可以外接唯一的圆(圆、等距曲线或极限圆).

8. 令 A,B,C 与 D 是四个不共圆的双曲点，S_1,S_2,S_3 与 S_4 是四个三角形 ABC,ABD,ACD 与 BCD 的外接圆. 证明：

(1) 如果两个圆相交于不同于 A,B,C,D 的点 P，那么所有四个圆通过 P；

(2) 圆 S_1,S_2,S_3,S_4 中任意两个圆之间的角等于其中任意两个圆之间的角.

9. 令 S 是双曲圆，A 与 B 是 S 的两个点. 作出所有可能的圆对 S_1 与 S_2，使它们与 S 相切于 A 与 B，且彼此相切. 证明：这些对圆的切点的轨迹是圆 $\overline{S}$.

10. 令 S_1,S_2,S_3 与 S_4 是四个双曲圆，使 S_1 与 S_2 相切，S_2 与 S_3 相切，S_3 与 S_4 相切，S_4 与 S_1 相切. 证明：四个切点共圆.

11. 垂直于两个已知圆 S_1 与 S_2 的全部圆称为圆束. 列出所有可能的双曲圆束类型. 证明：如果 Π 是圆束，那么有无限多个圆垂直于 Π 中所有的圆；构成新圆束的这些圆与 Π 垂直.

12. 令 S_1 与 S_2 是两个双曲圆. 证明：如果有圆与 S_1,S_2 垂直，那么它们的圆心在直线 l 上(见图 10；此处 S_1 是一个圆，S_2 是等距曲线). 直线 l 称为 S_1 与 S_2 的根轴. 如果 S_1 与 S_2 相交，那么它们的根轴是它们的公共弦.

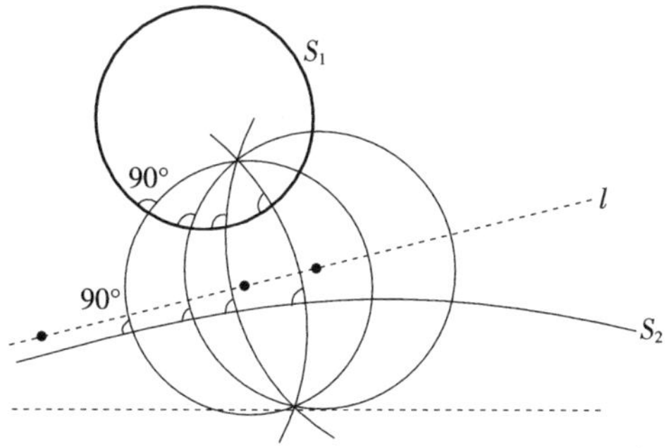

图 10

13. (1) 证明：如果两个双曲圆垂直于第三个圆，通过点 A 且相交于另一点，那么垂直于 S 且通过 A 的所有圆都通过 A'. 点 A' 称为 A 关于 S 的对称点.

(2) 把双曲点 A 变为 A 关于圆 S 对称的点 A' 的变换，称为在 S 上的反射. 证明：在 S 上的反射把圆变为圆，且保持圆之间的角不变.

我们注意到，除了双曲几何学，还有另一种非欧几何学. 这样的几何学称为椭圆几何学.

我们回顾一下双曲几何学. 在我们对这种几何学的解释中，垂直于定圆 Σ 的圆起了主要作用(在第 3 章中，我们把这个集合称为双曲圆把)，我们把这些圆看作双曲几何学的直线. 如果这样的直线通过点 A，那么它们也通过 A'，A' 是 A 关于 Σ 的对称点，因此我们可以把 A 与 $\overline{A}$ 看作相同的双曲点(图 11). 这等价于消除了平面上 Σ 外部的点，并在 Σ 内部建立双曲几何学(当然，我们相反进行，即只考虑Σ的外部——方法是要求把所有图形换为它们在Σ上的反射）．我们把在与Σ垂直的圆S上的反射称为在直线S上的非欧反射，此处主要的目的是把“双曲直线”变为“双曲直线”．此外，双曲运动可以定义为反射的所有可能的乘积，双曲几何学可以看作用这种方法定义的双曲运动所保持的图形性质的研究．

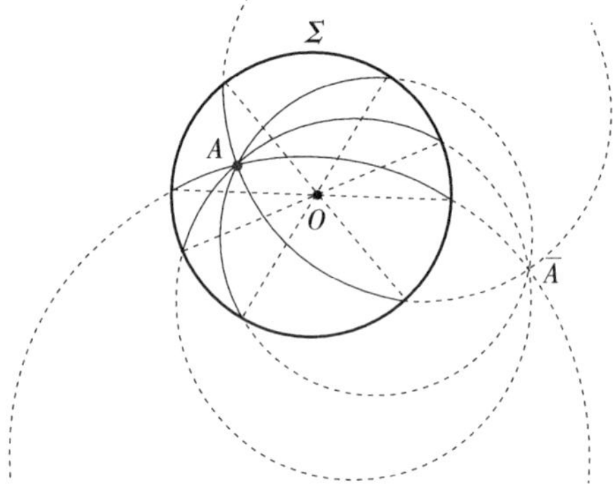

图 11

现在我们来考虑与定圆Σ相交于对径点的全部圆（在第3章中，我们把这个集合称为椭圆把）．通过定点A的这样的全部圆是一相交圆束；这个圆束的各圆的第二交点$\overline{A}$是由A用一个反演得出的，此反演的中心为O，幂为$-R^2$，其中O是Σ的圆心，R是它的半径．从而只有这样的一个圆通过平面上每一点，在这些点的任一方向上，并且，只可以用这样一个圆把任意两点联结起来，此处这两个点不能用一个反演互相变换，此反演的中心为O，幂为$-R^2$．我们将把与Σ相交于对径点的圆，与Σ本身一样，称为椭圆几何学中的直线，把用中心为O与幂为$-R^2$的反演互相得出的点A与$\overline{A}$称为椭圆几何学中的同一点．换言之，椭圆几何中的点是Σ内部所有点与Σ的一半点（Σ的两个对径点是用中心为O与幂为$-R^2$的反演互相得出的，因此一定是等同的．情况是这样的，只有Σ的两半圆之一与这个半圆的两端点之一属于椭圆几何学．）

我们把在欧氏圆S上的反射称为在椭圆几何学上的反射．我们将证明，这样的反射把椭圆直线变为椭圆直线．事实上，令S_1是一条椭圆直线，即与Σ相交于对径点M与N（S与S_1的交点）的圆（图12；容易看出，S与S_1一定相交）．与Σ相交于两个对径点的两个不同圆通过M与N这一事实蕴涵，这些点是用中心为O与幂为$-R^2$的反演得出的．但是这时与S_1关于S对称的圆S_1'一定与Σ相交于两个对径点（因为它通过M与N），这就是我们所要证明的．现在自然把在椭圆直线上的反射的所有乘积定义为椭圆几何学的运动，把椭圆几何学定义为椭圆运动所保持的图形性质的研究．[4]

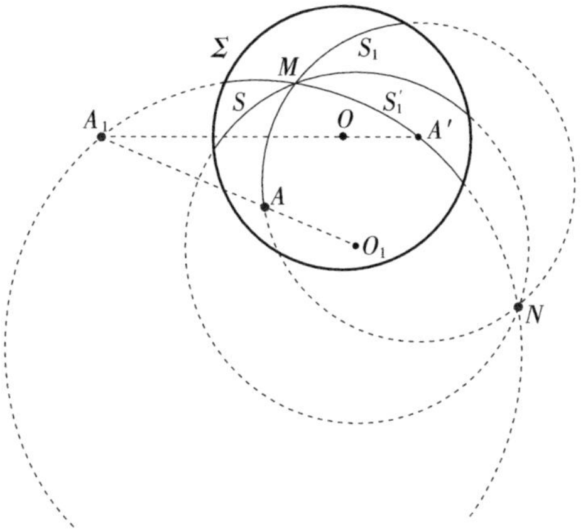

图 12

椭圆几何学的进一步发展类似于本“附录”前面部分中双曲几何学的发展.例如,考虑椭圆几何学中两个点之间的距离与两条直线间的角的定义.显然,两条椭圆直线 S_1 与 S_2 之间的角可以定义为两个圆 S_1 与 S_2 之间的欧氏角.两条椭圆直线 S_1 与 S_2 垂直(即它们之间的邻角相等),如果两个圆 S_1 与 S_2 在通常意义上垂直.现在考虑在椭圆直线 $Q\overline{Q}$ 的所有点上作出的垂线(在每一点上可以作出唯一的垂线,因为有唯一直线在每一方向上通过每一点).令 S_1 与 S_2 是这样的两条垂线,令 P 与 $\overline{P}$ 是圆 S_1 与 S_2 的交点(图 13).因为与 Σ 相交于对径点的两个圆 S_1,S_2 通过 P 与 $\overline{P}$,所以这些对径点可以用中心为 O 与幂为 $-R^2$ 的反演互相得出;另外,因为圆 S_1 与 S_2 垂直于 $Q\overline{Q}$,所以 P 与 $\overline{P}$ 关于圆 $Q\overline{Q}$ 对称.从而通过 P 与 $\overline{P}$ 的每一个圆都与 Σ 相交于对径点,且垂直于 $Q\overline{Q}$.因此这些圆垂直于在其不同点上作出的 $Q\overline{Q}$.因为应当把 P 与 $\overline{P}$ 看作唯一的椭圆点(这两点中只有一点在 Σ 的内部),所以我们断言,在椭圆几何学中,直线 $Q\overline{Q}$ 的所有垂线都通过唯一点(称为直线 $Q\overline{Q}$ 的极点).利用这一事实,我们可以把椭圆直线 $Q\overline{Q}$ 的线段 AB 的长 d_{AB} 定义为 $Q\overline{Q}$ 在点 A 与 B 上所作垂线 AP 与 BP 之间的角.事实上,在椭圆几何学的运动下,保持这样定义的 d_{AB} 的大小不变,如果 A,B 与 C 依次是 $Q\overline{Q}$ 上的三点,那么 $d_{AB}+d_{BC}=d_{AC}$(图 13).同样可证明椭圆直线 $Q\overline{Q}$ 具有有限长(等于 $\angle QP\overline{Q}$[5]);这一事实强调了椭圆几何学与欧氏几何学之间的极大差别.[6]

我们常利用以下事实:当 Σ 相交于对径点的两圆也相交.换言之,任意两椭圆直线相交 —— 在椭圆几何学中没有平行线.因此我们可以把在任意两椭圆直线 S_1 与 S_2 上的两个反射之乘积称为旋转.这一运动把 S_1 与 S_2 的交点 A 变为它本身,因为两点间距离不被运动所改变,所以不同于 A 的每一点 B 在以 A

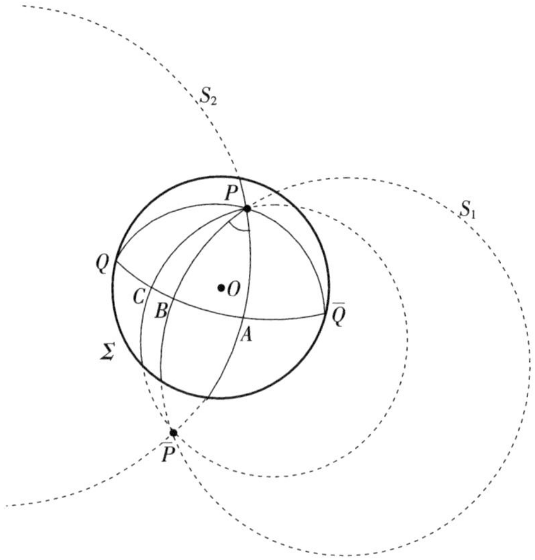

图 13

为圆心的非欧圆上运动 —— 到 A 等距离(在椭圆几何学的意义上)的点的轨迹(图 14).因为在“非欧直线”S_1 与 S_2 上的反射是在圆 S_1 与 S_2 上的反射,这样的反射把垂直于 S_1 与 S_2 的圆变为它本身,所以以 A 为圆心的欧氏圆与垂直于 S_1,S_2 的欧氏圆重合,所有这样的圆构成一个不相交圆束 Π. 因此椭圆是欧氏圆[7](除了与 Σ 相交于对径点的圆与 Σ 本身 —— 这些圆是“直线” 而不是圆. 顺便说一句,在椭圆几何学中可以把直线看作圆的特殊情形 —— 它是到直线极点等距离的点的轨迹).

椭圆几何学与双曲几何学有许多共同之处. 例如在椭圆几何学中:

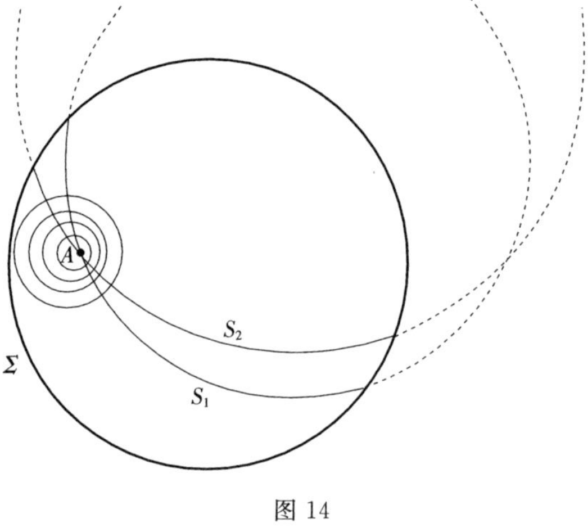

图 14

(1) 三角形的两边之和大于第三边;两点间的最短距离是直线段.

(2) 两三角形在以下各条件下全等:一个三角形的三边等于另一个三角形的对应边;一个三角形的两边与它们的夹角等于另一个三角形的两边与它们的夹角;一个三角形的一边与这边的两邻角等于另一个三角形的一边与这边的两邻角;一个三角形的各角等于另一个三角形的各角(见问题 6).

(3) 如果三角形的底角相等,那么这个三角形是等腰三角形(见问题 2);在等腰三角形中,从相等边的顶点作出的高、角平分线与中线重合.

(4) 在任何三角形中,从各边中点作出的垂线相交于一点 —— 这个三角形的外心;各角的平分线相交于一点 —— 这个三角形的内心(见问题 1);三条高共点(见问题 4);三条中线共点.

(5) 三角形各角之和常大于 $180°$(见问题 5);n 边形各角之和常大于 $180° \cdot (n-2)$.

角盈概念与所有三种几何学都有关. 对于三角形来说,它被定义为差 $\angle A+\angle B+\angle C-180°$. 这个差在椭圆几何学中是正的,在双曲几何学中是负的(见问题 5). 显然,在椭圆几何学中,n 边形的各角之和大于 $180° \cdot (n-2)$;在双曲几何学中,n 边形的各角之和小于 $180° \cdot (n-2)$.

在角盈与面积之间有密切关系. 明确地说,在椭圆几何学中,三角形的面积是 $k(\angle A+\angle B+\angle C-180°)$,其中 k 的值依赖于面积单位的选取;在双曲几何学中,相关的表达式是 $k(180°-\angle A-\angle B-\angle C)$. 显然这两个公式都适用于欧氏几何学.

问题 7 ~ 13 中的定理都可以搬到椭圆几何学中,此处除把术语“圆”表示为这种几何学中的圆与直线以外.

这些定理的大多数证明接近双曲几何学中相应定理的证明. 例如为了证明椭圆三角形中各角之和大于 $180°$,只要用非欧运动把三角形顶点 A 变为圆 Σ 的圆心即可,$\triangle ABC$ 变为图 15 中的 $\triangle OB'C'$. 由此图显然可见,曲线 $\triangle OB'C'$ 的各角之和大于具有相同顶点的直线三角形的各角之和,即它大于 $180°$(见问题 5 的解法). 请读者试图证明刚才所述的定理.[8]

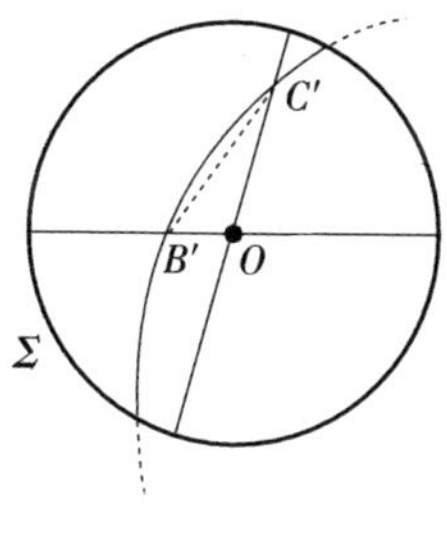

图 15

我们指出，如果把相交于点 O 的圆定义为直线（抛物束的圆），把在这些圆上的反射的所有乘积定义为运动，那么就得出欧氏几何学（回忆双曲几何学的基础是双曲束，椭圆几何学的基础是椭圆束.）

我们最后讨论现在对双曲几何学的解释与《几何变换（Ⅲ）》附录中的解释之间的联系. 在这两种解释中，我们似乎对完全不同的对象给出相同的名称（回忆以下各术语的两种定义：双曲运动、双曲点与双曲直线、双曲距离与双曲角、双曲几何学）. 自然要求证明我们的方法是正确的.

在《几何变换（Ⅲ）》中我们知道，本附录中考虑的圆盘$\mathbb{K}$的点与弦所证明的所有双曲几何学定理，也可以用不同方法，即用类似于中学欧氏几何学证明定理的方法来证明. "通常" 证明定理的方法在于把要求的结果化为更简单的结果，直到我们达到基本"公理" 为止，这些公理是无须证明就被承认正确的. 显然，初始公理的不同集合可以得出不同的"几何学". 公理详细说明了"点" 与"直线" 的基本性质（"只有一条直线通过两点""在每一条直线上的一点的任一方向，我们可以截取任意次已知线段"，等等），但是没有告诉我们点与直线是什么. 的确，我们一向把用作图方法帮助我们找出证明的一些概念与"点""直线" 联系起来.

基本几何对象在本质上与证明的定理不相干，同一个几何体系可能产生不同的解释. 事实上，假设我们能够找出一个对象组，完全满足与点、直线所要求的相同关系，则我们可以约定把这些对象称为"点" 与"直线"，并利用它们来建立"几何学". 几何学的这种解释以公理的具体选取为特征，称为所研究几何学的模型或表示法. 相同的定理在相同几何学的不同模型中都成立（并且由相同公理用相同方法推导出），但是它们的具体本质在不同模型中是完全不同的.[9]

此时很明显，在《几何变换（Ⅲ）》的附录与本书的附录中，我们建立了同一个双曲几何学的两个不同模型（它们与欧氏几何学的不同之处在于不能满足平行公理）. 在《几何变换（Ⅲ）》的附录中所建立的模型（点是圆盘$\mathbb{K}$ 的点；直线是$\mathbb{K}$ 内部的直线段；运动是把$\mathbb{K}$ 变为它本身的仿射变换）称为克莱因（Klein）模型（或克莱因－贝尔特拉米（Beltrami）模型）. 本附录中的模型（点是圆盘$\mathbb{K}$ 的点；直线是$\mathbb{K}$ 内部的圆弧，属于与圆 Σ 垂直的圆，Σ 构成$\mathbb{K}$ 的边界；运动是把$\mathbb{K}$ 变为它本身的圆变换）称为庞加莱模型.

我们指出，可以建立欧氏几何学的不同模型，有关情况如下.

回忆《几何变换（Ⅲ）》1.4 节中的对偶原理. 按照这个原理，可以在几何定理中把"点"与"直线"互换，把"通过"与"关联"互换，用这种方法得出正确的定理. 换言之，对偶原理断定了"重新命名" 的几何概念的合理性. 明确地说，可以把直线称为"点"，把点称为"直线".《几何变换（Ⅲ）》1.4 节列出配极的性质，它提供了这种重新命名的另外规则，例如两直线(即点)A 与 B 之间的角是 $\angle AOB$ 这样的规则，其中 O 是平面上某一定点."点""直线""角"等的这种解释得出正确的几何定理，这表示重新命名方法得出欧氏几何学的新模型. 欧氏几何学的所有定理在这个模型中都成立，但是它们表示完全不同的几何事实. 这说明了新模型对证明几何定理有效(见《几何变换(Ⅲ)》).[10]

在本书第 4 章中，我们得出欧氏几何的另一模型. 此处我们利用以下事实：反演把一些定理变为另一些完全新的定理(见第 4 章问题 12 ～ 18). 这等价于存在用反演得出欧氏几何学的模型. 在这一模型中，"点"是平面上除定点 O 以外的点(并且虚构的"无穷远点"是 O 在反演下的像)；"直线"是通过 O 的直线与圆；"圆"是不通过 O 的直线与圆；"直线"(即圆)S_1 与 S_2 之间的"角"是通常的角；点 A 与 B 之间的"距离"由 $AB \cdot \dfrac{k}{OA \cdot OB}$ 给出；"在直线 S 上的反射"是在圆 S 上的反射；"运动"是"在直线上的反射"的乘积，等等.[11]

三维欧氏几何学的一个有趣模型是利用圆点射影把它映射到平面上(见第 5 章). 在这一模型中，空间中的"点"是平面上的有向圆. 这一模型也可以用来推导新定理；例如，容易看出，第 5 章中问题 10(2) 中的定理，在这一模型中表示一个著名定理，此定理断定位于空间中的三角形的各中线相交于一点，此点分各中线为比 2∶1，从各顶点算起. 如果我们采用切线距离作为这个模型两"点"之间(即两方向圆之间)的"距离"，那么得出三维空间"伪几何学"模型. 于是，例如，问题 10(1) 的解法得出的公式，将给出三角形中线的"伪长度"(请读者试用比欧氏几何学中推导三角形中线长公式更简单的方法来推导这个公式).

我们重复说：欧氏几何学模型是利用配极(见《几何变换(Ⅲ)》1.3 节)与反演得出的. 这些变换能使我们在欧氏几何学的任一特称定理与它的模型中等价形式之间建立直接的联系(见《几何变换(Ⅲ)》1.3 节与 1.4 节的问题). 我们可以在双曲几何学的克莱因模型与庞加莱模型之间建立这类直接联系；换言之，我们可以叙述一个变换把这些模型中的任一个变为另一个，详情如下.

令 $\mathbb{K}$ 是半径为 R 的圆盘，我们在 $\mathbb{K}$ 中建立双曲几何学的克莱因模型，令 σ 是半径为 R 的球，与平面 $\mathbb{K}$ 相切于 $\mathbb{K}$ 的圆心(图 16). σ 的下半球到这个平面上的正交射影，在这半球与 $\mathbb{K}$ 的点之间建立了一个对应；在这一对应下，$\mathbb{K}$ 的弦即克莱因模型的"直线"对应于与圆 Σ_1 垂直的 σ 的圆弧，Σ_1 构成半球的界限(σ 的"赤道"). 反之，我们现在用球极平面射影把半球映射到平面 π 上(见《几何变换(Ⅲ)》1.3 节). 它的像是半径为 $2R$ 的圆盘 $\mathbb{K}'$，垂直于赤道 Σ_1 的圆弧的像是垂直于圆盘 $\mathbb{K}'$ 的圆 Σ' 的圆弧，即庞加莱模型中的"直线". 可以证明，在克莱因模型的意义上，$\mathbb{K}$ 的两点之间"距离"等于在庞加莱模型的意义上它们在 $\mathbb{K}'$ 中的像之间的距离，在克莱因模型的意义上，$\mathbb{K}$ 的两弦之间的"角"等于它们在 $\mathbb{K}'$ 中的像之间的角，即垂直于$\mathbb{K}'$的圆弧．换言之，我们的变换把克莱因模型变为庞加莱模型．

在《几何变换（Ⅲ）》的附录中，我们把双曲几何学定义为在把$\mathbb{K}$变为它本身的仿射变换下，研究圆盘$\mathbb{K}$的点与弦的不变性质——在这个附录中所研究的非欧几何学的克莱因模型的非欧运动．在本书附录中，我们把双曲几何学定义为圆盘$\mathbb{K}$的点与$\mathbb{K}$内部圆弧的性质的研究（其中$\mathbb{K}$属于与Σ垂直的圆，Σ是$\mathbb{K}$的边界），即在把$\mathbb{K}$变为它本身的圆变换下不变性质的研究——庞加莱模型的非欧运动．因此，为了证明图16所示的变换把克莱因模型变为庞加莱模型，只要证明它把固定$\mathbb{K}$的全部仿射变换变为固定$\mathbb{K}'$的全部圆变换．[12] 但是显然，把$\mathbb{K}'$变为它本身的每一个圆变换对应于把$\mathbb{K}$变为它本身的仿射变换；这可由以下事实推出：$\mathbb{K}$变为$\mathbb{K}'$，与$\mathbb{K}$相交的直线变为与Σ'垂直的圆（它是把固定的$\mathbb{K}'$再变为这种圆的圆变换）．此外，在庞加莱模型的“非欧运动”中，只有两种变换把$\mathbb{K}$的两个已知点A'与A_1'互相变换，其中$\mathbb{K}$具有在这两点上的指定方向．[13] 因此，在对应于这些运动的$\mathbb{K}$的仿射变换中，只有两种变换把$\mathbb{K}$的任意两点A与A_1互相变换．这已经蕴涵，我们的变换把克莱因模型的全部“非欧运动”变为庞加莱模型的全部“非欧运动”．

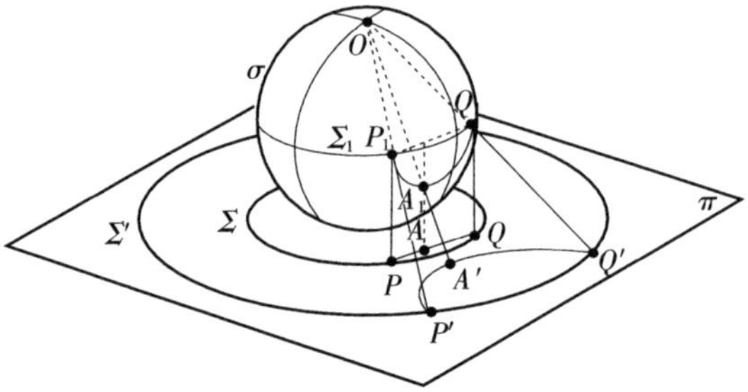

图 16

我们最后重现把克莱因模型变为庞加莱模型的完美变换，它是近来由雅·斯·杜布诺夫发现的，已知一个变换，它不包含空间的内容．令$\mathbb{K}$是圆心为O的圆盘，我们要在这个圆盘上建立庞加莱模型．把$\mathbb{K}$的每一点A与射线的点A'联系起来，使

$$d_{OA'}=\frac{1}{2}d_{OA}$$

（图17），此处d_{OA}与$d_{OA'}$是线段OA与OA'的非欧长度，根据《几何变换（Ⅱ）》第1章1.1节的内容，我们可以把这样的变换称为相似比为$\frac{1}{2}$的“非欧中心相似”．我们要求这一变换把克莱因模型（即$\mathbb{K}$的弦PK）变为在$\mathbb{K}$中建立的庞加莱模型的非欧直线PQ（即变为圆S的$\overset{\frown}{PQ}$，S与$\mathbb{K}$的边界圆Σ垂直），克莱因模型

变为庞加莱模型.

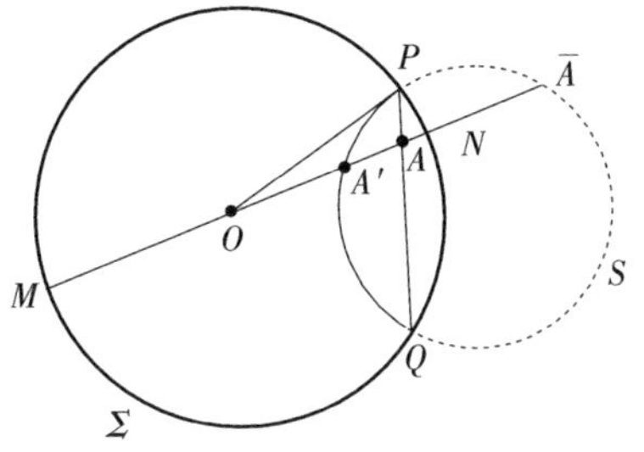

图 17

为了证明,用 A 表示$\mathbb{K}$的任一直径 MN 与弦 PQ 的交点,用 A' 表示这一直径与圆 S 的$\overset{\frown}{PQ}$ 的交点,我们必须证明 $d_{OA'}=\frac{1}{2}d_{OA}$,根据线段的非欧长的定义(见《几何变换(Ⅲ)》)

$$d_{OA}=\log\left(\frac{ON}{OM}:\frac{AN}{AM}\right)=\log\frac{AM}{AN}=\log\frac{R+OA}{R-OA} \qquad (*)$$

与

$$d_{OA'}=\log\left(\frac{ON}{OM}:\frac{A'N}{A'M}\right)=\log\frac{A'M}{A'N}=\log\frac{R+OA'}{R-OA'} \qquad (**)$$

此处 R 是$\mathbb{K}$的半径. 此外,令 $\overline{A}$ 是 MN 与 S 的第二个交点,则 $OA'\cdot O\overline{A}=R^2$,因此 $O\overline{A}=\frac{R^2}{OA'}$. 现在用圆的弦的熟知性质于 Σ 与 S,我们有

$$MA\cdot AN=PA\cdot AQ=A'A\cdot A\overline{A}$$

或

$$(R+OA)(R-OA)=MA\cdot AN=A'A\cdot A\overline{A}=(OA-OA')(O\overline{A}-OA)$$

所以

$$R^2-OA^2=(OA-OA')\left(\frac{R^2}{OA'}-OA\right)=OA\cdot\frac{R^2}{OA'}-R^2-OA^2+OA\cdot OA^2$$

由此

$$OA=2R^2:\left(\frac{R^2}{OA'}+OA'\right)=\frac{2R^2\cdot OA'}{R^2+OA'^2}$$

最后得

$$d_{OA}=\log\frac{(R+OA)}{(R-OA)}=\log\left[\left(R+\frac{2R^2\cdot OA'}{R^2+OA'^2}\right):\left(R-\frac{2R^2\cdot OA'}{R^2+OA'^2}\right)\right]$$
$$=\log\frac{R^3+R\cdot OA'^2+2R^2\cdot OA'}{R^3+R\cdot OA'^2-2R^2\cdot OA'}=\log\frac{(R+OA')^2}{(R-OA')^2}$$

$$=2\log\frac{R+OA'}{R-OA'}=2d_{OA'}$$

这就是所要证明的.我们又补充说，因为公式(*)与(**)也适用于确定庞加莱模型中的线段 OA 与 OA' 的"非欧长"，所以反之，为了把庞加莱模型变为克莱因模型，我们一定要把相似比为 2 的"非欧中心相似"应用于庞加莱模型.

由此在简单的作图之后，容许我们得出克莱因模型中非欧角的大小.令 $P\overline{P}$ 与 $Q\overline{Q}$ 是克莱因模型中的两条相交直线，即 $\mathbb{K}$ 中相交于 A 的两条弦 $P\overline{P}$ 与 $Q\overline{Q}$（图 18).把克莱因模型变为庞加莱模型的变换，将把这些直线变为圆 S_1 与 S_2 的 $\overset{\frown}{P\overline{P}}$ 与 $\overset{\frown}{Q\overline{Q}}$，其中 S_1 与 S_2 都垂直于 $\mathbb{K}$ 的边界圆 Σ，这些圆的作图是容易的.此外，克莱因模型的直线 $P\overline{P}$ 与 $Q\overline{Q}$ 之间的非欧角(它的大小 δ_{PAQ} 是确定的)变为庞加莱模型的直线 S_1 与 S_2 之间的非欧角，即变为圆 S_1 与 S_2 之间的非欧角.后者是 S_1 与 S_2 在公共点 A' 的切线之间的角.因此

$$\delta_{PAQ}=\angle T_1A'T_2$$

显然，这一作图比《几何变换(Ⅲ)》中附录所给的作图简单.

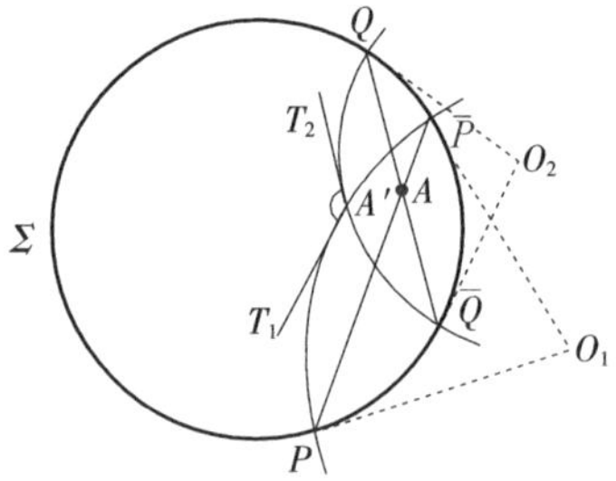

图 18

附录的注解

[1]我们将看出，被定义为双曲几何学的所有定理与在《几何变换(Ⅲ)》中附录所引入的定理一致.这证明了在两种情形中利用术语"双曲几何学"是正确的.

[2]以后我们照例用术语"圆"而不用"圆与直线"."圆"包含直线("无限半径的圆")的情形在上下文中是显然的.

[3]但是我们要记住，圆 $\overline{S}$ 的非欧圆心 A 与它的欧氏圆心 $\overline{O}$ 不重合.为了求出 A，我们应当考虑垂直于 $\overline{S}$ 与 Σ 的圆束；A 是包含在 Σ 内部的圆束的各圆的交点.

[4]我们注意双曲运动与椭圆运动之间的主要差别.在双曲几何运动中把 Σ

的内部变为它本身,从而在这一几何学中我们可以不考虑Σ外部的点.与此相反,在椭圆几何运动中没有把Σ的内部变为它本身.情况如此,我们一定要经常记住以下事实:用中心为O与幂为$-R^2$的反演互相得出的点A与$\overline{A}$,被看作一点.例如,我们应当设在S上的反射把图12中的点A变为椭圆点A'(在S上的反射把A变为与A'等同的A_1).

[5]容易证明这个角是钝角.

[6]椭圆直线是闭合的,与圆一样(我们回忆,约定把Q与$\overline{Q}$看作直线上的同一点).如果从任一点A开始,我们在任一方向上截取一条线段,使其长等于这一直线段,那么又回到A.

[7]我们应当记住以下事实:S的非欧圆心A与它的欧氏圆心O不重合.为了求出A,我们应当考虑一个圆束,它交Σ于对径点且垂直于S(见解答图9,特别是图13);A是位于Σ内部的这一圆束中各圆的交点.

[8]在《几何变换(Ⅲ)》的附录中,我们注意到,三维空间中某一曲面的几何学是双曲几何学.类似地,某一其他曲面的几何学是椭圆几何学.这样的几何学是球面几何学.为了建立椭圆几何学与球面几何学之间的联系,我们必须用球极平面射影把球σ映射到平面上(见《几何变换(Ⅲ)》1.3节).用Σ表示球的赤道S在平面上的像(图19).球的大圆(球被通过它的球心的平面所截的截面)变为平面圆,与Σ相交于对径点.球上大圆之间的角与平面圆(大圆的像)之间的角相同(见第65页第4章的注解10).如果我们采用适当的长度单位,那么球上两点M与N之间的距离(即由这两点确定的两圆弧中较短圆弧的长)等于它们对应的像M'与N'之间的椭圆距离.在球极平面射影下,平面的椭圆运动对应于球绕球心的旋转.平面上的点M'与M_1'是由中心为O与幂为$-R^2$的反演互相得出的,我们把M'与M_1'看作唯一的椭圆点变换为需要识别的σ上的对径点M与N——这一条件是由于以下事实:σ上的两个大圆相交于两个对径点.椭圆几何学与球面几何学之间的联系有助于证明椭圆几何学的定理.

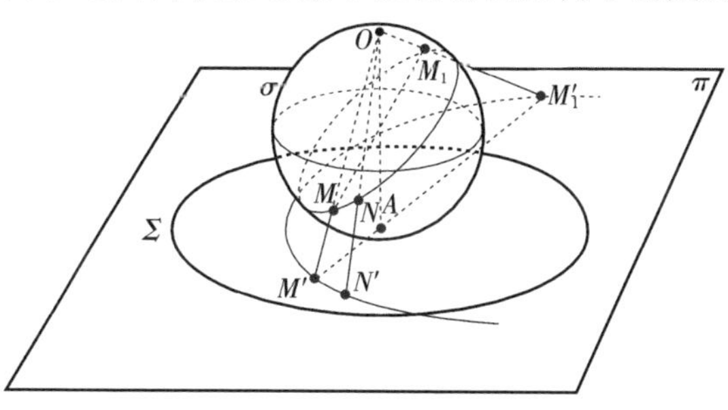

图19

[9]《几何变换(Ⅲ)》的附录与本书的附录中所说明的结果在以下公认的难懂的书中讨论过:维·艾·柯斯丁,《几何学基础》,莫斯科,1948(俄文).

[10]在《几何变换(Ⅲ)》1.4节中，我们注意到对偶原理在应用射影几何学时有最大价值；换言之，射影几何学的“对偶模型”很实用.至于欧氏几何学的对偶模型，其中把术语“点”应用于平面上的直线与虚构的“无穷远直线”，把术语“直线”应用于平面上的点与所谓的“无穷远点”(可以认为它们都是有方向的)，都是有缺点的.

[11]在几何学公理中，对于它的基本对象(“点”与“直线”)的本质或对它们之间基本关系的意义(例如各线段之间相等的意义，各角之间相等的意义或者“直线通过点”这一概念的意义)，我们没有强调与说明；这就是为什么我们建立模型时，一定要详细说明“点”与“直线”之间这些关系的意义.例如，在双曲几何学的克莱因模型中，图形的“全等”表示有一个仿射变换固定$\mathbb{K}$且把一个图形变为另一个图形，但是在庞加莱模型中，同一术语表示有一个圆变换固定$\mathbb{K}$且把一个图形变为另一个图形.如果我们同意称“直线”不是$\mathbb{K}$的弦，而是它们关于Σ的极点(见《几何变换(Ⅲ)》)，那么我们得出一个新模型，其中术语“点”是$\mathbb{K}$内的点，“直线”是$\mathbb{K}$外部的点，其中术语“直线通过一点”具有完全特殊的意义：当联结从A到圆Σ的两条切线与圆Σ的两个切点所得的弦通过M时，“直线”(即点)A通过点M(图20).

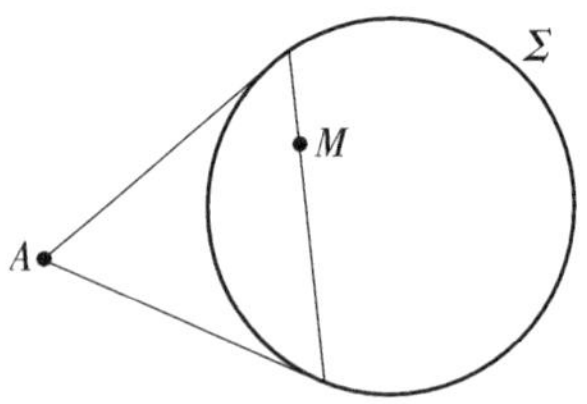

图20

[12]例如，这蕴涵，在克莱因模型中圆盘$\mathbb{K}$内两点A与B之间的“非欧距离”，等于庞加莱模型中圆盘$\mathbb{K}'$内对应于A与B的两点A'与B'之间的“非欧距离”(当然，因为在这两种情形中长度单位可以独立地选取，所以这两种“非欧距离”是成比例而不是相等的).事实上，点A与B之间的“距离”d_{AB}的特征是：

1° 如果两点A,B在运动下到达两点A_1,B_1(线段A,B与A_1,B_1“重合”)，那么$d_{AB}=d_{A_1B_1}$；

2° 如果A,B,C依次是直线上的三点，那么$d_{AB}+d_{BC}=d_{AC}$(见《几何变换(Ⅲ)》中“非欧距离”的定义).

因此直线AB到达直线$A'B'$与“运动”到达“运动”这个事实保证了距离d_{AB}与$d_{A'B'}$相等.

[13]这两种变换与“非欧反射”(见《几何变换(Ⅲ)》)的不同之处在于直线在A_1'的已知方向上通过A_1'.

习题解答

第 1 章　在圆上的反射(反演)

1. 令圆 S 分别与 S_1, S_2 相切于 A, B, 令 O_1, O_2 与 $\overline{O}$ 分别是 S_1, S_2 与 S 的圆心, 令 O 是 AB 与 O_1O_2 的交点(图 1). 我们应用中心为 O 与幂为 $k=OA\cdot OB$ 的反演. 那么 A 与 B 是可交换的; S 变为它本身(对通过 O 的任一直线与 S 相交于 M 与 N, 使 $OM\cdot ON=OA\cdot OB=k$); 与 S 相切于 A 的 S_1 变为 S'_1, S'_1 与 S 相切于 B. 还有 S'_1 的圆心在直线 OO_1 上(见第 7～8 页性质 B_4 的证明), 即它与 $\overline{O}B$, OO_1 的交点 O_2 重合. 从而 S'_1 与 S_2 重合. 因此中心为 O 的反演把 S_1 变为 S_2, 即 O 是 S_1 与 S_2 的相似中心(见性质 B_4 的证明), 这就是所要证明的.

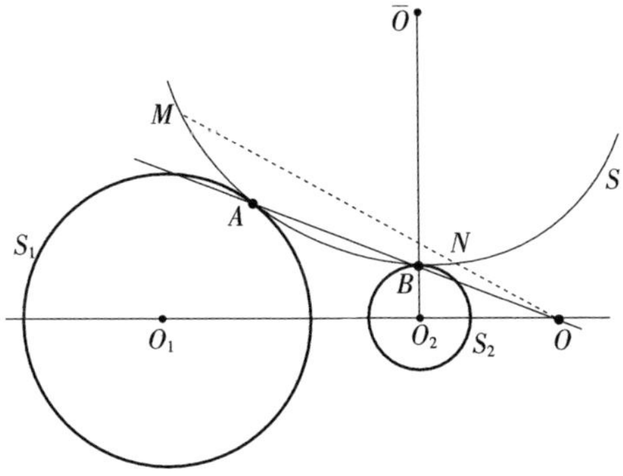

图 1

（如果 AB 与 O_1O_2 重合，那么我们的命题是显然的. 如果 $AB \parallel O_1O_2$，那么代替中心为 O 的反演，我们将应用把 A 变为 B 的反射，在这种情形下，同前，我们将证明这个反射把 S_1 变为 S_2. 因此这些圆全等，且没有相似外心，这是一种例外情形.）

2.（1）解法 1：我们应用中心在圆 S 的圆心的反演. 那么 S 变为直线 l，两圆 S_1 与 S_2 变为两圆 S_1' 与 S_2'，S_1' 与 S_2' 彼此相切且与直线 l 相切于定点 A' 与 B'（图 2(a)). 令 M' 是 S_1' 与 S_2' 的切点，令 O' 是 l 与一条通过 M' 且和 S_1'，S_2' 相切的直线的交点. 那么显然

$$O'A' = O'M',O'B' = O'M'$$

即

$$O'A' = O'B' = O'M'$$

于是 M' 是圆 O' 上一点，圆 O' 的圆心为 O'，半径等于 $A'B'$ 长的一半. 从而 S_1 与 S_2 的切点轨迹是一个通过 A 与 B 且垂直于 S 的圆.

解法 2：我们可以用中心在 A 上的反演来简化这个问题. 那么圆 S 变为直线 l，且与 S 相切于 A 与 B 的两圆 S_1 与 S_2 变为平行于 l 的直线 l_1，并且圆 S_2' 与 l 相切于定点 B'（图 2(b)). 显然 l_1 与 S_2' 的切点 M' 的轨迹是一条垂直于 l 与 l_1 且通过 B' 的直线. 从而 S_1 与 S_2 的切点 M 的轨迹是一个圆（通过 A 与 B 且垂直于 S).

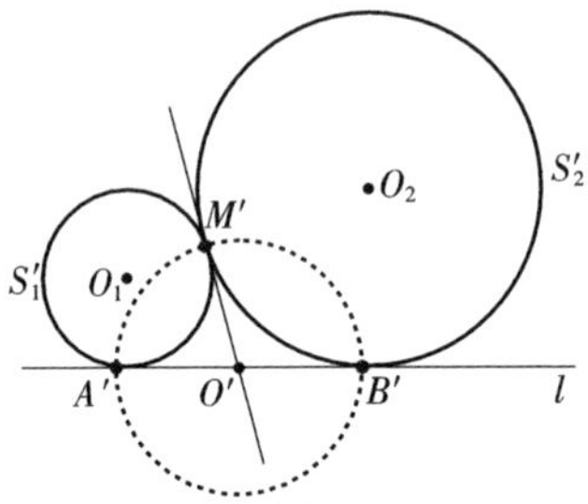

(a)

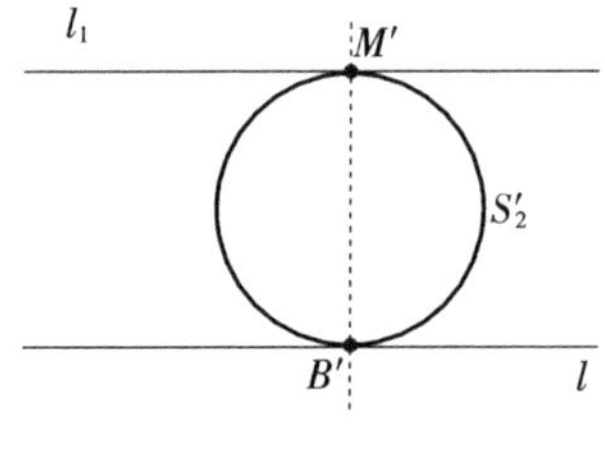

(b)

图 2

（2）在中心在 A 上的反演下，圆 S 变为直线 l，圆 S_2 变为与 l 相切于定点 B' 的圆 S_2'，圆 S_1 变为平行于 l 且垂直于圆 S_2' 的直线 l_1，即通过它的圆心（图 3). 显然，l_1 与 S_2' 的交点 N_1' 与 N_2' 的轨迹由两个互相垂直的圆组成，这两个圆通过 A 与 B'，且与 l 成 45° 角.

3. 我们应用中心在 A 上的反演. 那么 $\triangle ABC$，$\triangle ABD$ 与 $\triangle ADC$ 的外接圆变为直线，我们得出图 4. 这个图表明，$\triangle B'C'D'$ 的外接圆 S' 与直线 $C'D'$ 间的角等于直线 $B'C'$ 与 $B'D'$ 间的角（这 2 个角都等于 S' 的 $\overset{\frown}{C'D'}$ 所对圆心角的一

半). 这蕴涵这个问题的论断.

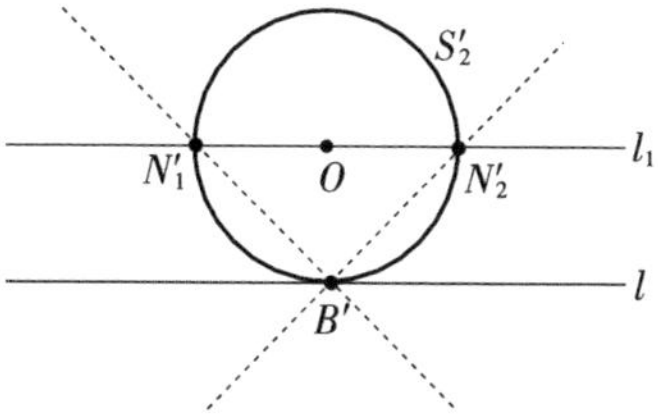

图 3

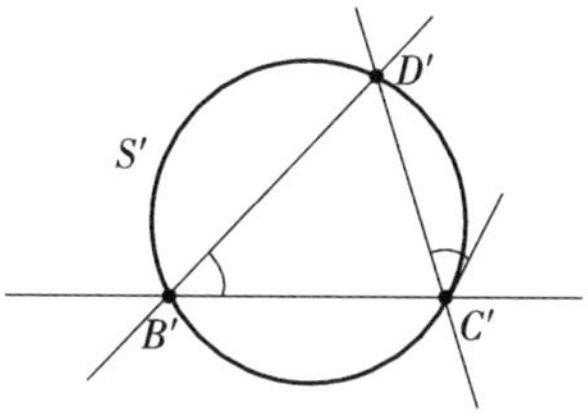

图 4

4. (1) 令 r_1, r_2 与 r 分别是圆 S_1, S_2 与 S 的半径; $r=r_1+r_2$. 在中心为 M 与(负)幂 $k=MA\cdot MB$ 的反演下, 圆 S 与直线 MD 变为它们本身, 两圆 S_1 与 S_2 变为 S 在点 B 与 A 处的切线, 两圆 Σ_1 与 Σ_2 变为半径分别为 r_1 与 r_2 的两圆 Σ_1' 与 Σ_2', 如图 5. 两圆 Σ_1 与 Σ_1' 是中心相似的, 其中心为 M, 相似比为 $\frac{k}{k_1}$, 其中 $k=MA\cdot MB=4r_1r_2$, k_1 是从 M 到 Σ_1' 的切线长的平方(见性质 B_4 的证明). 从 $\triangle OO_1E$ 得出

$$MP^2=O_1E^2=OO_1^2-OE^2=(r+r_2)^2-(r-r_2)^2=4rr_2$$

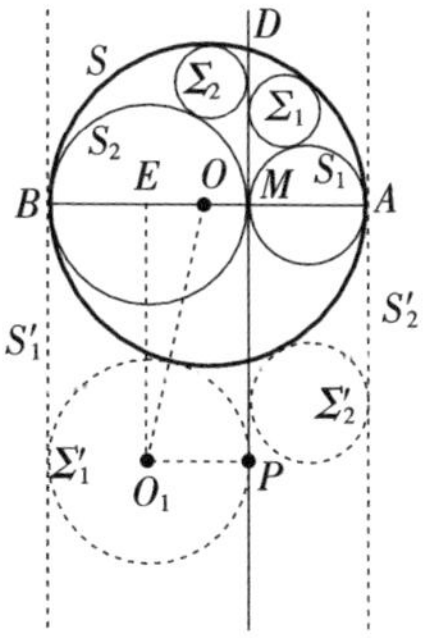

图 5

这蕴涵 Σ_1 的半径是

$$r_2\frac{k}{k_1}=r_2\frac{4r_1r_2}{4rr_2}=\frac{r_1r_2}{r_1+r_2}$$

用与前面相同的方法，我们证明 Σ_2 的半径也是 $\frac{r_1 r_2}{r_1 + r_2}$.

(2) 中心为 B 与(正)幂 $BM \cdot BA$ 的反演把圆 S_1 变为它本身，把圆 S 变为直线 MD，把直线 MD 变为 S. 于是图 1.19 中的曲线三角形 AMD 变为它本身，对这个三角形的内切圆 Σ_1 也这样做.

S_1 与 Σ_1 的切点 T 保持不变(因为 S_1 与 Σ_1 变为它们本身)，因此 T 在反演圆上. S_1 的切点 T_1 与从 B 向 S_1 作的切线也是固定的(因为 S_1 与 BT_1 变为它们本身)，因此 T_1 也在反演圆上. 但是半圆 S_1 与反演圆只相交于一点，这蕴涵 T_1 与 T 重合，S_1 与 Σ_1 在 T 处的切线通过 B. 我们用同样方法可以证明 S_2 与 Σ_2 在它们切点处的切线通过 A.

5. 中心为 A(S_1 与 S_2 的切点)的反演把图 1.20 变为图 6，显然我们需要证明，图 6 中的 B'，C' 与 D' 在同一条直线 Σ' 上. 令 MN 是 S'_3 与 S'_4 在 C' 处的共同切线，令 D_1 是直线 $B'C'$ 与 S'_1 的交点，则 $\angle NB'C' = \angle NC'B'$(它们每个角等于圆 S'_3 的 $\widehat{B'C'}$ 所对圆心角的一半)，$\angle NC'B' = \angle MC'D_1$(对顶角)，$\angle NB'C' = \angle MD_1C'$(两条平行线 S'_1 与 S'_2 的内错角). 于是 $\angle MC'D_1 = \angle MD_1C'$，因此 $MD_1 = MC'$，因为 $MD' = MC'$(过 M 的 S'_4 的切线)，从而 D_1 与 D' 重合，这就是所要证明的.

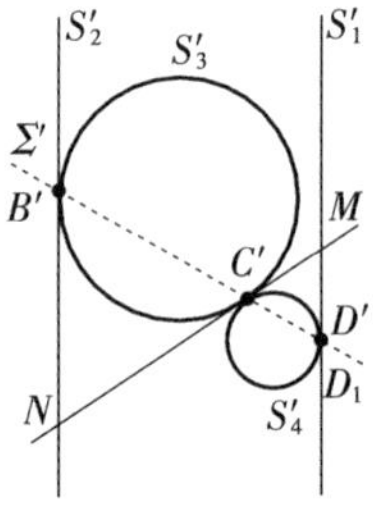

图 6

6. (1) 我们应用中心为 P 的反演，P 是 $\triangle A_1A_2B_3$，$\triangle A_1A_3B_2$ 与 $\triangle A_2A_3B_1$ 的外接圆的交点. 然后这三个圆变为直线，并且用以下问题来结束本题：证明：$\triangle B'_1B'_2A'_3$，$\triangle B'_1B'_3A'_2$ 与 $\triangle B'_2B'_3A'_1$ 的外接圆相交于一点，其中 B'_1，B'_2 与 B'_3 是 $\triangle A'_1A'_2A'_3$ 的边 $A'_2A'_3$，$A'_3A'_1$ 与 $A'_1A'_2$ 上的点.

(2) 这个问题可以表述如下. 已知六点 A_1，C_1，D_2，C_2，A_2，B_1，证明：如果 $\triangle A_1C_1B_1(\Sigma)$，$\triangle C_1D_2C_2(S_4)$，$\triangle D_2A_1A_2(S_1)$ 的外接圆相交于一点 D_1，那么 $\triangle C_2A_2D_2(\Sigma')$ 的外接圆通过点 B_2，B_2 是 $\triangle A_2A_1B_1(S_2)$ 与 $\triangle B_1C_2C_1(S_3)$ 的外接圆的交点.

(3) 中心为 O 的反演把四个圆 S_1，S_2，S_3 与 S_4 变为四条直线，因此我们的问题变成以下问题：证明：由两两相交的四条直线(其中没有三条直线相交于一点)组成的 4 个三角形的外接圆相交于一点.

7.(1) 对于 $n=4$,这个命题与《几何变换(Ⅱ)》中的证明相同.现在我们设对 n 小于某一固定值已经证明了,并对此值来证明它.这个问题的解法以数学归纳法为基础,可以用公式完全地表达出来.

设 $n(n\geqslant 5)$ 是奇数.我们有 n 条直线 $l_1,l_2,\cdots,l_n$,这 $n-1$ 条直线的中心点 A_i 对应于这 $n-1$ 条直线的每一集合,这些集合是由移动直线 $l_i(i=1,2,\cdots,n)$ 得出的.这 $n-2$ 条直线的中心圆 S_{ij} 对应于这 $n-2$ 条直线的每一集合,这些集合是由移动直线 l_i 与 $l_j(i,j=1,2,\cdots,n)$ 得出的.这 $n-3$ 条直线的中心点对应于这 $n-3$ 条直线的每一集合,这些集合是由移动直线 l_i,l_j 与 $l_k(i,j,k=1,2,\cdots,n)$ 得出的.这 $n-4$ 条直线的中心圆 S_{ijkm} 对应于这 $n-4$ 条直线的每一集合,这些集合是由移动直线 l_i,l_j,l_k 与 $l_m(i,j,k,m=1,2,\cdots,n)$ 得出的.(如果 $n=5$,那么例如代替圆 S_{1234},我们有直线 l_5).我们要证明这 n 个点 A_1,$A_2,\cdots,A_n$ 共圆,为此只要证明,这些点中的每四个点,例如点 A_1,A_2,A_3 与 A_4 共圆即可.

按照中心点与中心直线的定义,A_1 是圆 $S_{12},S_{13},S_{14},\cdots,S_{1n}$ 的交点,类似的陈述对 $A_2,A_3,\cdots,A_n$ 成立;点 $A_{123},A_{124},\cdots,A_{12n}$ 在圆 S_{12} 上;A_{123} 是圆 S_{1234},$S_{1235},\cdots,S_{123n}$ 的交点,等等.因此我们看出:

圆 S_{12} 与 S_{23} 相交于点 A_2 与 A_{123};

圆 S_{23} 与 S_{34} 相交于点 A_3 与 A_{234};

圆 S_{34} 与 S_{41} 相交于点 A_4 与 A_{134};

圆 S_{41} 与 S_{12} 相交于点 A_1 与 A_{124}.

因为四点 A_{123},A_{234},A_{134} 与 A_{124} 在圆 S_{1234} 上,所以由问题 6(2) 的命题推出 A_1,A_2,A_3 与 A_4 也共圆,这就是我们所要证明的.

现在我们研究偶数 n 的情形.利用类似于以上的记号,除 S_1 是 $n-1$ 条直线 $l_2,l_3,\cdots,l_n$ 的中心圆,且 A_{12} 是 $n-2$ 条直线 $l_3,l_4,\cdots,l_n$ 的中心点等以外.我们来证明 n 个圆 $S_1,S_2,\cdots,S_n$ 相交于一点,为此只要证明其中每三个圆,例如 S_1,S_2 与 S_3 相交于一点即可.[1]

中心点与中心圆的定义蕴涵:

圆 S_1 通过点 A_{12},A_{13} 与 A_{14};

圆 S_3 通过点 A_{13},A_{23} 与 A_{34};

圆 S_2 通过点 A_{23},A_{12} 与 A_{24};

圆 S_{134} 通过点 A_{14},A_{34} 与 A_{13};

圆 S_{234} 通过点 A_{34},A_{24} 与 A_{23};

圆 S_{124} 通过点 A_{24},A_{14} 与 A_{12}.

但是上面最后三个圆相交于点 A_{1234}. 因此,由问题 6(1) 的命题知,前三个圆也相交于一点,这就是我们所要证明的.[2]

(2) 对于 $n=3$,我们的论断与《几何变换(Ⅲ)》中问题 58(1) 一致,并且对于$n=4$,它被问题6(2)的命题所包含(见第1章注解11中对这种情况的表述).现在我们假设这个命题已经对所有小于某特殊值的 n 证明了,并且对 n 来证明它.

假设 $n(n\geqslant 5)$ 是奇数. 我们有 n 条直线 $l_1, l_2, \cdots, l_n$,在其中每条直线上选取一点(这些点是共圆的);有向圆 S_i 对应于这些直线中的每 $n-1$ 条,这 $n-1$ 条是由移动直线 l_i 得出的;有向点 A_{ij} 对应于这些直线中的每$n-2$ 条,这 $n-2$ 条是由移动直线 l_i 与 l_j 得出的;有向圆 S_{ijk} 对应于这些直线中的每$n-3$ 条,这 $n-3$ 条是由移动直线 l_i, l_j 与 $l_k(i, j, k=1, 2, \cdots, n)$ 得出的;有向点 A_{ijkm} 对应于这些直线中的每 $n-4$ 条,这 $n-4$ 条是由移动 l_i, l_j, l_k 与 $l_m(i, j, k, m=1, 2, \cdots, n)$ 得出的(如果 $n=5$,那么说代替 A_{1234},在直线 l_5 上取一点). 我们应当证明,这 n 个圆 $S_1, S_2, \cdots, S_n$ 相交于一点,为此只需证明这些圆中任意三个圆,例如 S_1, S_2 与 S_3 相交于一点即可. 有向点与有向圆的定义蕴涵:

圆 S_1 通过点 A_{12}, A_{13} 与 A_{14};

圆 S_3 通过点 A_{13}, A_{23} 与 A_{34};

圆 S_2 通过点 A_{23}, A_{12} 与 A_{24};

圆 S_{134} 通过点 A_{14}, A_{34} 与 A_{13};

圆 S_{234} 通过点 A_{34}, A_{24} 与 A_{23};

圆 S_{124} 通过点 A_{24}, A_{14} 与 A_{12}.

关于论证的其余部分,见问题 6(1) 论证中的最后部分.

在偶数 n 的情形的论证类似于本题(1) 解答的开始部分的论证.

8. (1) 令 S 与 s 分别是 $\triangle ABC$ 的外接圆与内切圆,O 与 o 分别是它们的圆心,R 与 r 分别是它们的半径,D, E 与 F 是 s 与这个三角形各边的切点,M, N 与 P 分别是 $\triangle DEF$ 的边与 oA, oB 与 oC 的交点. 显然这些点与 $\triangle DEF$ 各边的中点重合(图 7). 我们将证明,在圆 S 的反射下,点 A, B, C 分别变为点 M, N, P. 事实上,例如,$\text{Rt}\triangle oME \backsim \text{Rt}\triangle oEA$ 蕴涵 $\frac{oA}{oE}=\frac{oE}{oM}$,即 $oA\cdot oM=oE^2=r^2$. 从而我们的反演交换了 A 与 M.

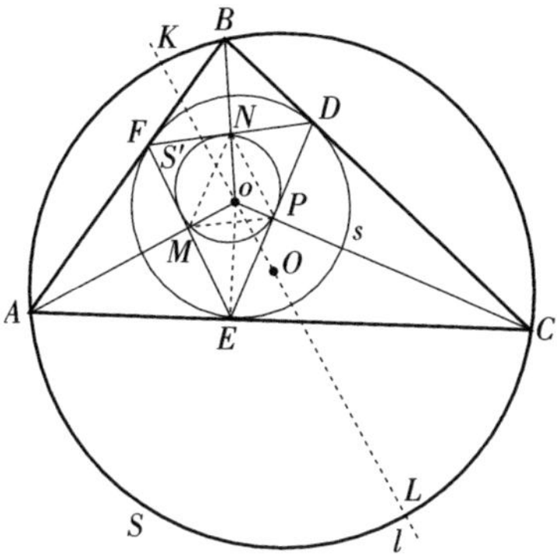

图 7

现在我们看出,反演把$\triangle ABC$的外接圆S变为$\triangle MNP$的外接圆S'. 因为$\triangle MNP \backsim \triangle DEF$,其相似比为$\frac{1}{2}$,所以 S' 的半径是$\frac{r}{2}$. 另外,S' 与 S 中心相似,其相似中心为 o,相似比为$\frac{-r^2}{k}$,其中$k=oK\cdot oL$,而K与L是S与通过o的任一直线l的交点(见反演性质 B_4 的证明). 取直线 oO 为l,则$oK=R-d$,$oL=R+d$,因此$k=(R-d)(R+d)=R^2-d^2$.

我们看出 S' 与S中心相似,其半径分别为$\frac{r}{2}$与R,相似比为$\frac{r^2}{R^2-d^2}$. 因此

$$\frac{\frac{r}{2}}{R}=\frac{r^2}{R^2-d^2},\ \frac{1}{r}=\frac{(R-d)+(R+d)}{R^2-d^2}=\frac{1}{R+d}+\frac{1}{R-d}$$

这就是所要证明的.

逆命题的一个简单的证明方法如下. 令R与r分别是圆S与s的半径. 令它们圆心间的距离 d 用以下关系式与R,r相联系

$$\frac{1}{R+d}+\frac{1}{R-d}=\frac{1}{r}$$

这首先蕴涵

$$2Rr=R^2-d^2,\ d^2=R^2-2Rr<R^2-2Rr+r^2=(R-r)^2,\ d<R-r$$

即s完全包含在S内部. 令A是S上的点. 我们作S的弦AB,AC与s相切,联结B与C(图 8). 我们设直线BC不和s相切,但是相交. 不改变s的圆心,缩小它的半径,直到得出这样的圆$\bar{s}$,使S的弦$\overline{BC}$是$\bar{s}$的切线,其中$A\overline{B}$与$A\overline{C}$是S的弦且与$\bar{s}$相切(图 8). 由此证明了,$\bar{s}$的半径$\bar{r}$与R,d的值用以下关系式相联系

$$\frac{1}{R+d}+\frac{1}{R-d}=\frac{1}{\bar{r}}$$

但这是不可能的,因为$\bar{r}<r$且

$$\frac{1}{R+d}+\frac{1}{R-d}=\frac{1}{r}$$

用大体相同的方法证明弦 BC 不能通过 s 的外部(为此要增大 s).

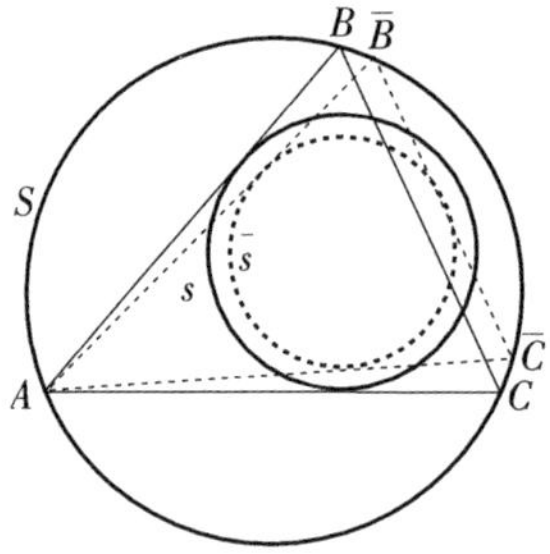

图 8

(2) 用与问题(1) 类似的解法处理,我们证明,在 $\triangle ABC$ 外接圆 s_1 上的反射,把它的顶点变为 $\triangle D_1E_1F_1$ 各边上的中点 M_1,N_1 与 P_1,$\triangle D_1E_1F_1$ 的顶点在 s_1 与 $\triangle ABC$ 的边的切点上(图 9). 从而外接圆 S 变为半径为$\frac{r_1}{2}$ 的圆 S_1'(参考问题(1) 的解法). 另外,圆 S_1' 与 S 中心相似,其相似中心为 o_1,相似比为$\frac{r_1^2}{k}$,其中

$$k=o_1K_1\cdot o_1L_1=(d_1-R)(d_1+R)=d_1^2-R^2$$

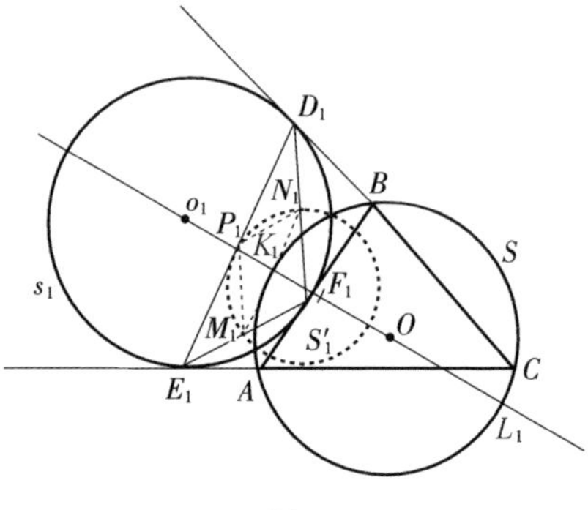

图 9

因此

$$\frac{\frac{r_1}{2}}{R}=\frac{r_1^2}{d_1^2-R^2}$$

所以

$$\frac{1}{d_1-R}-\frac{1}{d_1+R}=\frac{1}{r_1}$$

这就是所要证明的.

附注. 相反地，我们可以证明，如果两个圆的半径 R 与 r_1 及它们圆心间距离 d_1 用以下关系式相联系

$$\frac{1}{d_1-R}-\frac{1}{d_1+R}=\frac{1}{r_1}$$

并且第一个圆不完全包含在第二个圆内(问题没有蕴涵这一点，应当单独约定)，那么这两个圆可以看作某个三角形的外接圆与旁切圆.

9. (1) 令四边形 $ABCD$ 内接于圆 S(含圆心 O 与半径 R) 且外切于圆 s(含圆心 o 与半径 r)；令 E,F,G,H 是 s 与四边形各边的切点，令 M,N,Q,P 分别是 oC,oB,oA,oD 与 FG,EF,HE,GH 的交点(四边形各边的中心，图 10(a)). 在 s 上的反射把 $ABCD$ 的顶点变为 $MNQP$ 的顶点，把圆 S 变为 $MNQP$ 的外接圆 S'(参考问题 8(1) 的解法). 但是 MN 与 PQ 分别是 $\triangle EFG$ 与 $\triangle GEH$ 的中位线，所以 $MN \parallel PQ \parallel EG$. 我们类似地证明 $MP \parallel NQ \parallel FH$. 因此 $MNQP$ 是一个平行四边形，它的边平行于 FH 与 EG. 因为圆 S' 是这个平行四边形的外接圆，所以这个平行四边形是矩形. 此时 $FH \perp EG$，这就是我们所要证明的.

(2) 我们首先证明，如果有一个四边形内接于已知圆 S 且外切于另一圆 s，那么有无限多个这样的四边形. 我们看出 $FH \perp EG$(图 10(b))；我们利用与问题(1) 一样的字母. 我们有另一对 s 的互相垂直的弦 $F'H'$ 与 $E'G'$ 通过 FH 与 EG 的交点 T. 要求四边形 $E'F'G'H'$ 各边的中点 M',N',P' 与 Q' 在同一圆 S' 上，S' 曾出现在问题(1) 的解法中.

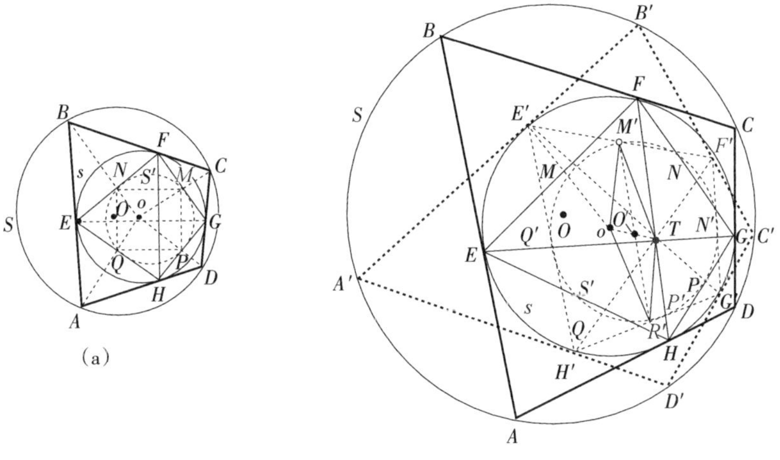

(a)　(b)

图 10

我们需要证明，使 $TE' \perp TF'$ 的 s 的弦 $E'F'$ 的中点轨迹由在唯一圆 $\overline{S}'$ 上的点组成；如果情况是这样，那么 M,N,P 与 Q 属于这一轨迹，这个事实蕴涵 $\overline{S}'$ 与 S' 重合，又蕴涵 M',N',P' 与 Q' 属于这一轨迹，因此是要求的命题. 联结 M'

与 T，联结 M' 与 s 的圆心 o，研究平行四边形 $M'TR'o$. 众所周知的平行四边形的性质蕴涵

$$M'R'^2+To^2=2TM'^2+2oM'^2$$

或

$$O'M'^2+O'T^2=\frac{1}{2}(TM'^2+oM'^2)$$

其中 O' 是 To 的中点. 因为 TM' 是 $\mathrm{Rt}\triangle TE'F'$ 的中线，所以 $TM'=M'E'=M'F'$. 因为 M' 是弦 $E'F'$ 的中点，所以推出 $oM'\perp E'F'$. 因此

$$oM'^2+TM'^2=oM'^2+M'E'^2=oE'^2=r^2$$

（r 是 s 的半径），即

$$O'M'^2=\frac{r^2}{2}-O'T^2$$

不依赖弦 $E'F'$ 的选择. 这就完成我们论断的证明，所要求的轨迹是圆心为 O'，半径为 $\sqrt{\frac{r^2}{2}-O'T^2}$ 的圆.

现在令 $A'B'C'D'$ 是由 s 在 E'，F'，G' 与 H' 的切线形成的四边形. 正如问题 8(1) 的解法一样，我们证明 A'，B'，C'，D' 关于 s 对称于 M'，N'，P'，Q'. 并且因为由已有证明知，点 M'，N'，P'，Q' 在 S' 上，$A'B'C'D'$ 的顶点在 S 上（S 关于 s 对称于 S'），从而四边形 $A'B'C'D'$ 外切于 s 且内接于 S.

现在我们可以讨论这个问题的主要论断. 令直线 $E'G'$ 和两圆 s 与 S 圆心的连线 oO 重合. 对称性的考虑容易证明，在这种情形中四边形 $A'B'C'D'$ 是梯形（图 11）. 因为这个梯形内接于圆，所以两底边之和等于两腰之和，即这个梯形的中位线等于两腰的和. 因此，如果 o 是 $E'G'$ 的中点（o 是 s 的圆心；$oE'=oG'=r$），K 是腰 $A'D'$ 的中点，那么 $\triangle oA'D'$ 的中线 oK 等于腰 $A'D'$ 的一半. 因此 $\triangle oA'D'$ 是直角三角形. 这蕴涵 $\angle A'oE'+\angle D'oG'=90°$，即 $\mathrm{Rt}\triangle A'oE'\backsim\mathrm{Rt}\triangle oD'G'$.

但是，如果 O 是 S 的圆心，$oO=d$，那么

$$OE'=r-d,\ OG'=r+d$$

$$A'E'=\sqrt{OA'^2-OE'^2}=\sqrt{R^2-(r-d)^2}$$

$$D'G'=\sqrt{OD'^2-OG'^2}=\sqrt{R^2-(r+d)^2}$$

$\mathrm{Rt}\triangle A'oE'\backsim\mathrm{Rt}\triangle oD'G'$ 蕴涵

$$\frac{r}{\sqrt{R^2-(r-d)^2}}=\frac{\sqrt{R^2-(r+d)^2}}{r}$$

因此

$$r^4=(R^2-r^2-d^2)^2-4r^2d^2$$

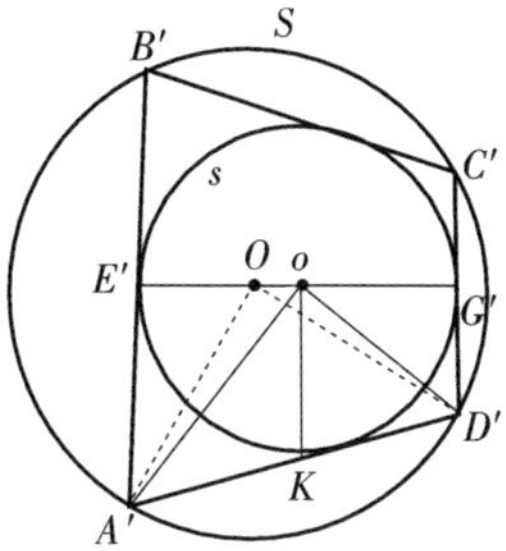

图 11

$$r^4 = (R^2 - d^2)^2 - 2r^2R^2 + r^4 - 2r^2d^2$$

$$(R^2 - d^2)^2 = 2r^2(R^2 + d^2)$$

如果把最后等式的右边改写为 $r^2[(R+d)^2 + (R-d)^2]$,并把这个新等式的两边同时除以 $r^2(R^2 - d^2)^2 = r^2(R+d)^2(R-d)^2$,那么得到所要求的关系式

$$\frac{1}{r^2} = \frac{1}{(R-d)^2} + \frac{1}{(R+d)^2}$$

(我们没有证明圆 S 上任一点可以选作为内接于 S 且外切于 s 的四边形的顶点,但是这容易由问题的解法中推出,或用类似于问题 8(1) 的解法来证明.)

10. 等式(见问题 8(1))

$$\frac{1}{R+d} + \frac{1}{R-d} = \frac{1}{r}$$

蕴涵

$$d^2 = R^2 - 2Rr = R(R - 2r)$$

因此

$$R - 2r \geqslant 0 \Rightarrow r \leqslant \frac{R}{2}$$

这就是所要证明的.

如果 $r = \frac{R}{2}$,那么 $d = 0$,即三角形的外接圆与内切圆是同心圆(从各边中点作出的各条垂线与三角形各角的平分线交点重合). 由此容易证明这个三角形是等边的.

11. 令 O 是 $\triangle ABC$ 边 AB 的中点,这个三角形的内切圆 s,外接圆 s_1 分别与 AB 相切于点 P 与 Q. 我们将证明 $OP = OQ$. 令 a, b 与 c 是这个三角形的三边长,P, P_1 与 P_2, Q, Q_1 与 Q_2 分别是 s 与 s_1 和三角形各边的切点. 那么

$$AP = \frac{1}{2}(AP + AP_1) = \frac{1}{2}[(c - BP) + (b - CP_1)]$$

$$= \frac{1}{2}[c + b - (BP + CP_1)] = \frac{1}{2}[c + b - (BP_2 + CP_2)]$$

$$=\frac{1}{2}(c+b-a)$$

$$OP=AP-AO=\frac{1}{2}(c+b-a)-\frac{1}{2}c=\frac{1}{2}(b-a)$$

我们用类似方法证明

$$BQ=\frac{1}{2}(c+b-a),OQ=\frac{1}{2}(b-a)$$

我们应用中心为 O 且幂 $OP^2=OQ^2$ 的反演，要求这个反演把 s 与 s_1 固定. 实际上，令内切圆 s 的像是圆 s'，与 s 一样，s' 与反演圆 Σ 相交于相同的两点，由反演性质 C，s' 也垂直于 Σ(对此容易看出 s 垂直于 Σ；在它们的交点上，这两个圆成 $90°$ 角). 由此直接推出 s' 与 s 重合；类似的论证将证明 s_1 变为它本身.

现在我们将说明，在反射下，九点圆 $\overline{S}$ 的像是什么. $\triangle ABC$ 的各边是 s 与 s_1 的公切线. 我们将作出这些圆的第 4 条公切线；令 D 与 E，M' 与 N' 分别为它和边 AC 与 BC，它和中位线 OM 与 ON 的交点. 我们将证明在 Σ 上的反射把九点圆 $\overline{S}$ 变为直线 $M'N'$.

对称性的考虑蕴涵 $CD=CB=a$，$CE=CA=b$(图 12). $\triangle MM'E\backsim\triangle CDE$ 蕴涵

$$\frac{MM'}{ME}=\frac{CD}{CE}\Rightarrow\frac{MM'}{b-\frac{a}{2}}=\frac{a}{b}$$

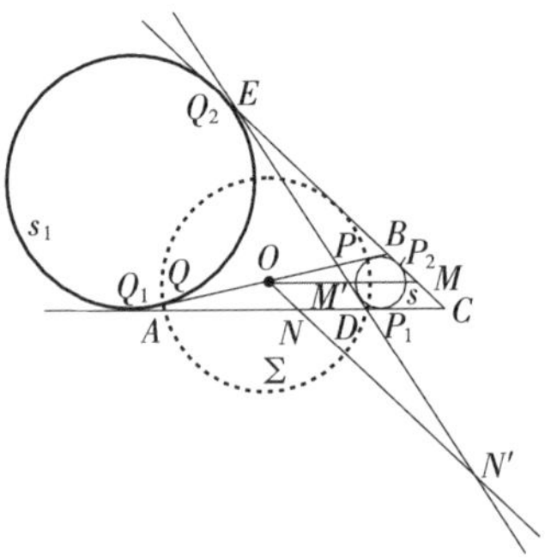

图 12

从而

$$MM'=\frac{a}{b}\left(b-\frac{a}{2}\right)$$

因此

$$OM'=OM-MM'=\frac{b}{2}-\frac{a}{b}\left(b-\frac{a}{2}\right)=\frac{b^2+a^2-2ab}{2b}=\frac{(b-a)^2}{2b}$$

用类似方法(利用 $\triangle NN'D\backsim\triangle CED$)，我们推导出

$$ON'=\frac{(b-a)^2}{2a}$$

因此

$$OM'\cdot OM=\frac{(b-a)^2}{2b}\cdot\frac{b}{2}=\frac{(b-a)^2}{4}=OP^2=OQ^2$$

类似地

$$ON'\cdot ON=OP^2=OQ^2$$

这些等式证明，M' 与 N' 和 M 与 N 关于 Σ 对称. 由此推出在 Σ 上的反射把通过 M，N 与 O 的九点圆变为直线 $M'N'$.

在 Σ 上的反射把圆 s 与 s_1 变为它们本身，把圆 $\overline{S}$ 变为与 s，s_1 相切的直线 $M'N'$ 这个事实蕴涵 $\overline{S}$ 与 s，s_1 的切线.

12. 令 L，M 与 N 是内接于圆 S 的六边形 $ABCDEF$ 的边 AB 与 DE，BC 与 EF，CD 与 FA 的交点(图 13). 我们通过 A 与 D 作圆 S_1，并应用中心为 L 与幂 $k_1=LB\cdot LA=LD\cdot LE$ 的反演. 这个反演把 A 变为 B，把 B 变为 A，把 D 变为 E，把 E 变为 D；它把 S 变为它本身，把 S_1 变为通过 B 与 E 的圆 S_2.

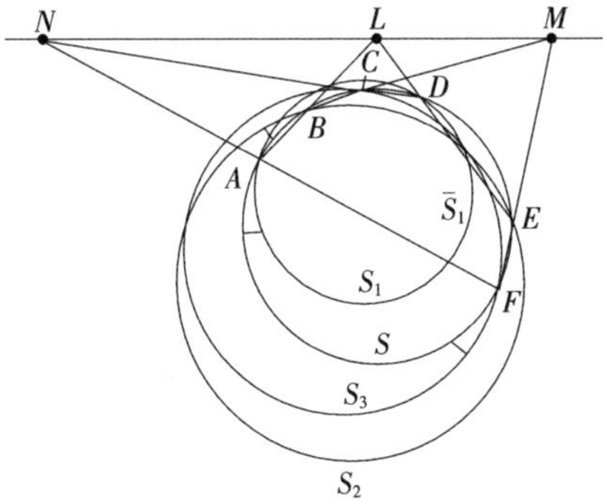

图 13

现在我们应用中心为 M 且幂 $k_2=MC\cdot MB=ME\cdot MF$ 的反演. 这个反演把 S 变为它本身，把 S_2 变为通过 C 与 F 的圆 S_3. 最后应用中心为 N 与幂 $k_3=NC\cdot ND=NA\cdot NF$ 的反演. 这个反演把 S 变为它本身，把 S_3 变为与 S 相交于 D 与 A 的圆 $\overline{S}_1$.

由反演性质 C，四个圆 S_1，S_2，S_3，$\overline{S}_1$ 和 S 形成同一角. 与 S 相交于相同点 A，D 的 S_1，$\overline{S}_1$ 与 S 形成相同角这个事实蕴涵，这两个圆重合.[3]

我们看出 L，M 与 N 是反演中心，这些反演把 S_1 变为 S_2，把 S_2 变为 S_3，把 S_3 变为 S_1. 但是这表示这些点与这三个圆(一次取两圆)的相似中心重合(见反演性质 B_4 的证明). 由相似中心定理(见《几何变换(Ⅱ)》)知，我们现在可以断言，L，M 与 N 共线.[4]

我们的证明对自相交的六边形 $ABCDEF$ 仍然成立.

13.(1) 应用一个反演把圆 Σ_1 与 Σ_2 分别变为两条平行线 Σ_1' 与 Σ_2'(见第 18 页定理 2);它的中心是 Σ_1 与 Σ_2 的切点 A. 圆 $S_0, S_1, S_2, \cdots$ 分别变为与平行线 Σ_1', Σ_2' 相切的圆 $S_0', S_1', S_2', \cdots$;显然所有这样的圆都全等(图 14). 令 r' 是这些圆中每个圆的半径,令它们的圆心到 AB 的距离是 $d_0', d_1', d_2', \cdots$. 显然 $d_n' = 2nr'$,即 $\frac{r'}{d'_n} = \frac{1}{2n}$. 但是 S_n 与 S'_n 是中心相似的,其相似中心在 A 上(见反演性质 B_4 的证明). 因此

$$\frac{r_n}{d_n} = \frac{r'_n}{d'_n} = \frac{1}{2n} \Rightarrow d_n = 2nr_n$$

这就是所要证明的.

(2) 为了简单起见,我们设问题(1) 解法中所用的反演幂是 $(2R_1)^2$,则在图 14 中 B' 与 B 重合,并且

$$AM' = \frac{(2R_1)^2}{AM} = \frac{4R_1^2}{2R_2} = \frac{2R_1^2}{R_2}$$

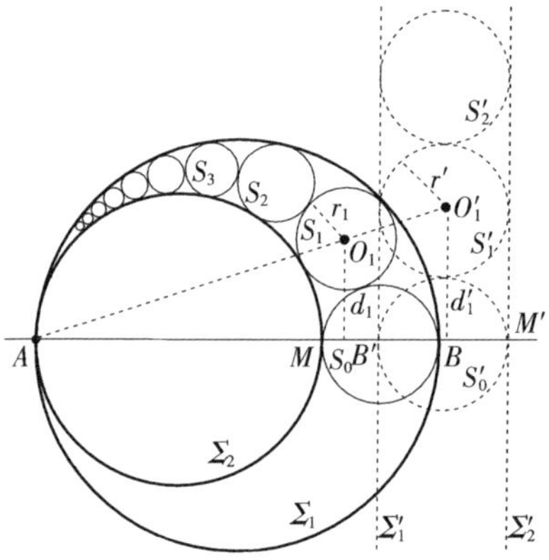

图 14

由此得出,$S_0', S_1', S_2', \cdots$ 的共同半径是

$$\frac{1}{2}(AM' - AB') = \frac{1}{2}\left(\frac{2R_1^2}{R_2} - 2R_1\right) = \frac{R_1(R_1 - R_2)}{R_2}$$

S_n 与 S'_n 的相似比是 $\frac{k}{k_n}$,其中 $k = 4R_1^2$ 是反演幂,k_n 是从 A 到 S'_n 的切线长的平方(见反演性质 B_4 的证明). 显然,从 A 到 S'_n 的切线长的平方是 $AO_n'^2 - r'^2$,其中 O_n' 是 S'_n 的圆心,并且

$$AO_n'^2 = AO_0'^2 + O_0'O_n'^2$$

(O_0' 是 S_0' 的圆心,即线段 $B'M'$ 的中点). 因此

$$AO'_0=2R_1+r'=\frac{R_1(R_1+R_2)}{R_2},O'_0O'_n=d'_n=2nr'$$

$$AO'^2_n=\left[\frac{R_1(R_1+R_2)}{R_2}\right]^2+4n^2r'^2$$

S_n 与 S'_n的相似比是

$$\frac{k}{k_n}=4R_1^2:\left\{\left[\frac{R_1(R_1+R_2)}{R_2}\right]^2+4n^2r'^2-r'^2\right\}$$

$$=4R_1^2:\left\{\left[\frac{R_1(R_1+R_2)}{R_2}\right]^2+(4n^2-1)\left[\frac{R_1(R_1-R_2)}{R_2}\right]^2\right\}$$

$$=4R_1^2:\left\{[(R_1+R_2)^2+(4n^2-1)(R_1-R_2)^2]\left(\frac{R_1}{R_2}\right)^2\right\}$$

从而要求的半径是

$$r_n=\frac{k}{k_n}r'=\frac{4R_1R_2(R_1-R_2)}{(R_1+R_2)^2+(4n^2-1)(R_1-R_2)^2}$$

14. 我们应用一个反演把 Σ_1 与 Σ_2 变为两条相交直线 Σ'_1与 Σ'_2;它的中心是 Σ_1 与 Σ_2 的交点 A. 这个反演把圆 $S_1,S_2,S_3,\cdots$ 变为圆 $S'_1,S'_2,S'_3,\cdots;S'_1,S'_2,S'_3,\cdots$ 内切于Σ'_1与Σ'_2所成的角(图 15);显然,如果 $r'_1,r'_2,r'_3,\cdots$ 是圆 $S'_1,S'_2,S'_3,\cdots$ 的半径,$d'_1,d'_2,d'_3,\cdots$ 是从它们的圆心到直线的距离,那么

$$\frac{r'_1}{d'_1}=\frac{r'_2}{d'_2}=\frac{r'_3}{d'_3}=\cdots$$

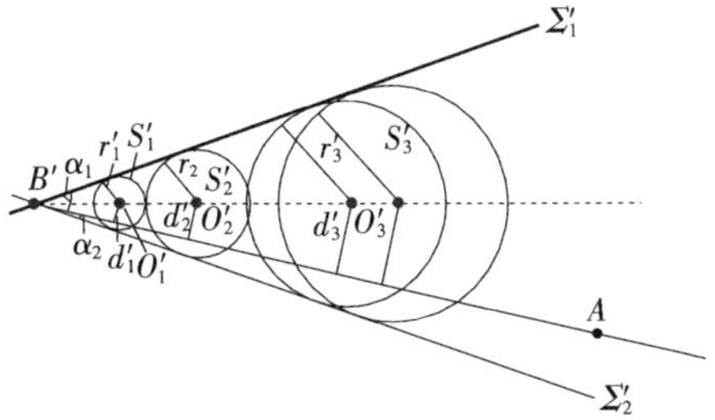

图 15

(圆 S'_1,S'_2,S'_3是相似中心为 B' 而彼此中心相似的). 但是圆 $S_1,S_2,S_3,\cdots$ 是相似中心为 A 而与圆 S'_1,S'_2,S'_3中心相似的. 因此

$$\frac{r_1}{d_1}=\frac{r'_1}{d'_1},\frac{r_2}{d_2}=\frac{r'_2}{d'_2},\frac{r_3}{d_3}=\frac{r'_3}{d'_3}$$

这蕴涵

$$\frac{r_1}{d_1}=\frac{r_2}{d_2}=\frac{r_3}{d_3}=\cdots$$

此外,利用图 15 的记号,我们有

$$\frac{r_1'}{d_1'}=\frac{r_1'}{O_1'B'}:\frac{d_1'}{O_1'B'}=\frac{\sin\angle O_1'B'P}{\sin\angle O_1'B'Q}=\frac{\sin\frac{\alpha_1+\alpha_2}{2}}{\sin\left(\frac{\alpha_1+\alpha_2}{2}-\alpha_2\right)}=\frac{\sin\frac{\alpha_1+\alpha_2}{2}}{\sin\frac{\alpha_1-\alpha_2}{2}}$$

因此

$$\sigma=\frac{\sin\frac{\alpha_1+\alpha_2}{2}}{\sin\frac{\alpha_1-\alpha_2}{2}}$$

其中由反演性质 C 知，α_1 与 α_2 是由含公共弦 AB 的 Σ_1 与 Σ_2 所成的角.

15.(1) 我们应用一个反演把 Σ 与直线 AB 变为两条相交直线 Σ' 与 AB(它的中心是 Σ 的直径 AB 的端点 A)；由反演性质 C，Σ' 垂直于 AB. 取反演幂为 $2R$，则 B 是固定的. 圆 $S_0, S_1, S_2, \cdots$ 变为位于由 AB 与 Σ' 所成直角内的圆 S_1'，$S_2', S_3', \cdots$(图 16).

Σ 的圆心变为点 O'，使

$$AO'=\frac{AB^2}{AO}=\frac{4R^2}{R}=4R$$

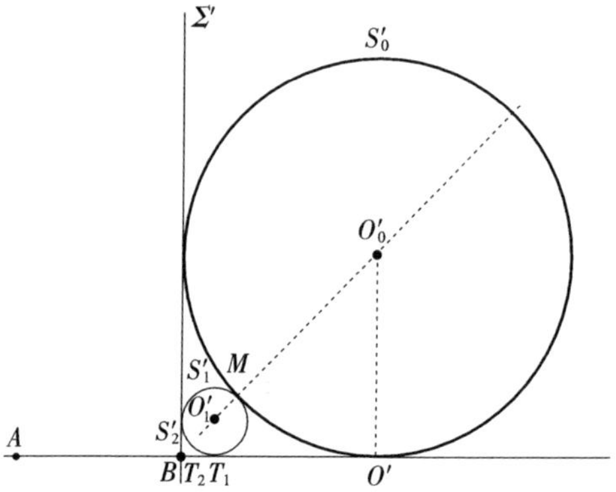

图 16

因此 S_0' 的半径 $r_0'=BO'$，$4R-2R=2R$. 两圆 S_2', S_1' 与两圆 S_1', S_0' 成中心相似，其相似中心为 B. 因此

$$\frac{r_2'}{r_1'}=\frac{r_1'}{r_0'}$$

(此处 $r_1', r_2', \cdots$ 分别是圆 $S_1', S_2', \cdots$ 的半径). 令 $\frac{r_1'}{r_0'}=\omega$，则

$$r_1'=r_0'\omega, r_2'=r_1'\omega=r_0'\omega^2$$

用类似方法证明

$$r_3'=r_2'\omega=r_0'\omega^3, r_4'=r_0'\omega^4, \cdots, r_n'=r_0'\omega^n$$

容易确定 ω. 令 O_0' 与 O_1' 分别是 S_0' 与 S_1' 的圆心，且 S_0' 与 S_1' 相切于 M. 显然

$$O_0'B = r_0'\sqrt{2}, O_1'B = O_0'B - (r_0' + r_1') = r_0'(\sqrt{2}-1) - r_1'$$

与

$$O_1'B = r_1'\sqrt{2}$$

因此

$$r_0'(\sqrt{2}-1) - r_1' = r_1'\sqrt{2}, \omega = \frac{r_1'}{r_0'} = \frac{\sqrt{2}-1}{\sqrt{2}+1}$$

与

$$r_n' = r_0'\omega^n = 2R\left(\frac{\sqrt{2}-1}{\sqrt{2}+1}\right)^n, n = 0, 1, 2, \cdots$$

现在我们利用以下事实：

圆 S_n 与 S_n' 是中心相似的，相似比为 $\frac{k}{k_n}$，其中 $k = 4R^2$ 是反演幂，k_n 是从 A 到 S_n' 的切线长的平方. 令 $T_1, T_2, \cdots$ 分别是 $S_1, S_2, \cdots$ 与 AB 相切的切点. 由于相似，这蕴涵

$$\frac{BT_n}{BO'} = \frac{r_n'}{r_0'} = \omega^n$$

所以

$$BT_n = BO' \cdot \omega^n = 2R\omega^n, AT_n = 2R + 2R \cdot \omega^n = 2R(1+\omega^n)$$

因此

$$\frac{k}{k_n} = \frac{4R^2}{4R^2(1+\omega^n)^2} = \frac{1}{(1+\omega^n)^2}$$

由这些等式得出

$$r_n = \frac{k}{k_n} r_n' = \frac{1}{(1+\omega^n)^2} 2R\omega^n = 2R\frac{\omega^n}{(1+\omega^n)^2}$$

其中 $\omega = \frac{\sqrt{2}-1}{\sqrt{2}+1}$.

(2) 利用(1) 的结果，有

$$2t_n = \frac{2R}{r_n} = \frac{(1+\omega^n)^2}{\omega^n} = \frac{1+2\omega^n+\omega^{2n}}{\omega^n} = \omega^n + \frac{1}{\omega^n} + 2$$

其中

$$\omega = \frac{\sqrt{2}-1}{\sqrt{2}+1}, \frac{1}{\omega} = \frac{\sqrt{2}+1}{\sqrt{2}-1}$$

把分式 ω 与 $\frac{1}{\omega}$ 的分母有理化，得

$$\omega=\frac{(\sqrt{2}-1)^2}{2-1}=3-2\sqrt{2},\frac{1}{\omega}=\frac{(\sqrt{2}+1)^2}{2-1}=3+2\sqrt{2}$$

因此

$$2t_n=(3-2\sqrt{2})^n+(3+2\sqrt{2})^n+2$$

(这个公式蕴涵 t_n 是对所有 n 值的整数).

和 $\omega+\frac{1}{\omega}$ 是整数, $\omega+\frac{1}{\omega}=6$. 因为乘积 $\omega\cdot\frac{1}{\omega}=1$, 所以 ω 与 $\frac{1}{\omega}$ 是以下二次方程的根

$$x^2-6x+1=0$$

现在我们证明

$$t_n=6t_{n-1}-t_{n-2}-4$$

显然

$$\begin{aligned}&2t_n-6\cdot 2t_{n-1}+2t_{n-2}+8\\&=\left[\omega^n+\left(\frac{1}{\omega}\right)^n+2\right]-6\left[\omega^{n-1}+\left(\frac{1}{\omega}\right)^{n-1}+2\right]+\left[\omega^{n-2}+\left(\frac{1}{\omega}\right)^{n-2}+2\right]+8\\&=\omega^{n-2}(\omega^2-6\omega+1)+\left(\frac{1}{\omega}\right)^{n-2}\left[\left(\frac{1}{\omega}\right)^2-6\left(\frac{1}{\omega}\right)+1\right]=0\end{aligned}$$

因为 $\omega^2-6\omega+1=\left(\frac{1}{\omega}\right)^2-6\left(\frac{1}{\omega}\right)+1=0$. 这蕴涵要求的公式. 为完成本题的解答,只要指出

$$2t_0=(3-2\sqrt{2})^0+(3+2\sqrt{2})^0+2=4$$

$$2t_1=(3-2\sqrt{2})+(3+2\sqrt{2})+2=8$$

16. 这个问题的陈述比较难于理解,但它的解法却相对易懂. 圆链的定义蕴涵反演把圆链变为圆链. 但是任何一对相交圆可用反演变为一对同心圆(见第18页定理2). 因此每一个链可用反演变为一个较为简单的链,它以一对同心圆的基圆来做(图8). 这个陈述蕴涵了问题的所有论断.

(1) 有关论断对一对同心圆 Σ_1' 与 Σ_2' 是显然的,因此对任一对不相交圆都应当成立.

(2) 显然,为使一对同心圆 Σ_1' 与 Σ_2' 作为圆链的基圆,充分必要条件是,从 Σ_1' 与 Σ_2' 的共同圆心 O 到与 Σ_1', Σ_2' 相切(一个外切,另一个内切;如图17)的圆 S' 的两条切线 l_1', l_2' 间的角 α, 是与 $360°$ 可公度的.

如果 $\alpha=\frac{m}{n}\cdot 360°$, 那么显然含基圆 Σ_1', Σ_2' 的链包含 n 个圆,并且链中的圆与 Σ_1' 的切点的次序与链中圆的次序相同,通过 Σ_1' m 次. 回到从一对圆 Σ_1', Σ_2' 到任一对不相交圆 Σ_1, Σ_2 的反演,我们看出,为使这对圆可以作为链的基圆,当且

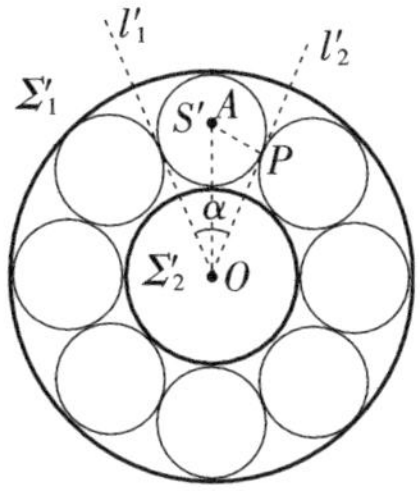

图 17

仅当垂直于 Σ_1,Σ_2 且与圆 S 相切的两圆 l_1 与 l_2 之间的角 α 与 360° 可公度,其中 S 又与 Σ_1,Σ_2 相切(当 Σ_1 与 Σ_2 彼此外离时,对链中圆要求的相切方式是相同的;当这两个圆中小圆在大圆的内部时,相切方式是不同的). 另外的理解是这个角仅依赖于 Σ_1 与 Σ_2,而不依赖于 S 的选择. 但是我们可以得出 α 的更明显的表示式.

我们回到一对同心圆 Σ'_1 与 Σ'_2 的情形. 令 $S^{1\prime}$ 与 $S^{2\prime}$ 是一对如图 18 所示的与 Σ'_1,Σ'_2 相切的圆. 我们证明 $S^{1\prime}$,$S^{2\prime}$ 间的角是 α. 令 Σ'_1 与 Σ'_2 的半径是 r_1 与 r_2;为确定起见设 $r_1 > r_2$. 显然,与 Σ'_1,Σ'_2 相切的圆 S' 的半径是 $\frac{r_1 - r_2}{2}$;圆 $S^{1\prime}$ 与 $S^{2\prime}$ 的半径是 $\frac{r_1 + r_2}{2}$;从 O 到 S' 的圆心的距离是 $\frac{r_1 + r_2}{2}$;从 O 到 $S^{1\prime}$ 与 $S^{2\prime}$ 的圆心的距离是 $\frac{r_1 - r_2}{2}$. 由此我们容易推导出 $\alpha = 2\arcsin\frac{r_1 - r_2}{r_1 + r_2}$(在图 17 的直角三角形中,$OA = \frac{r_1 + r_2}{2}$,$AP = \frac{r_1 - r_2}{2}$).

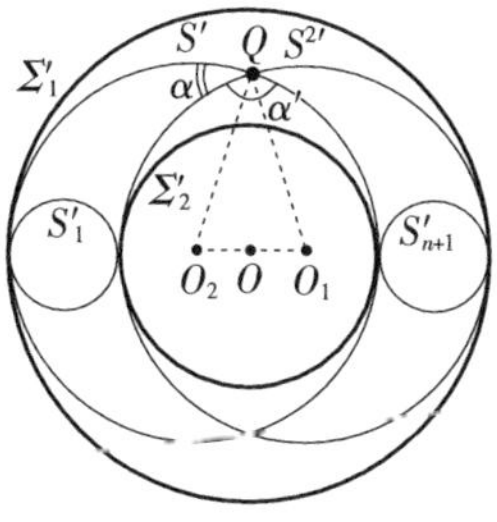

图 18

把圆 $S^{1\prime}$ 与 $S^{2\prime}$ 的圆心和它们的交点 O 联结起来,我们得出一个等腰三角形,其底也是 $2\frac{r_1 - r_2}{2}$,腰是 $\frac{r_1 + r_2}{2}$,这蕴涵 $S^{1\prime}$ 与 $S^{2\prime}$ 的半径之间的角在它们的交点上终止,或者等价地说,$S^{1\prime}$ 与 $S^{2\prime}$ 之间的角也是 $2\arcsin\frac{r_1 - r_2}{r_1 + r_2}$,这就是我们所要证明的.

现在一个反演把一对Σ_1',Σ_2'变为一对不相交圆Σ_1与Σ_2,我们求出角α等于与Σ_1,Σ_2相切的圆S^1,S^2间的角,其切点在Σ_1,Σ_2与垂直于Σ_1,Σ_2的圆的交点上.还有,S^1,S^2与Σ_1,Σ_2相切的方式不同于含基圆Σ_1,Σ_2的圆链中的圆与这些圆相切的方式(即如果Σ_1,Σ_2互相内含,那么S^1,S^2与Σ_1,Σ_2相切的方式相同;如果它们互相外离,那么它们相切的方式不同).这特别地蕴涵16(2)中的命题.

我们再来研究一对同心圆Σ_1',Σ_2'.令S_1',S_{n+1}'是在对径点上与Σ_1',Σ_2'相切的圆(假设按照链中圆与Σ_1',Σ_2'相切的方式相切,如图18).

显然,对于Σ_1',Σ_{n+1}'与S_1',S_{n+1}'来说,出现在问题16(2)中的圆$S^{1\prime}$与$S^{2\prime}$是相同的.我们把它留给读者,试图说明为什么不把角α与α'看作相等,而把它们看作互补($\alpha+\alpha'=180°=\frac{1}{2}\times 360°$).

第1章解答的注解

[1]四个圆中每三个圆相交于一点而不需要四个圆相交于一点(这样的四个圆可以用反演于一个三角形的各边与它的外接圆而得出).但是,如果$n(n\geqslant 5)$个两两不同的圆使得其中每三个圆相交于一点,那么其中所有n个圆一定相交于一点.

[2]问题7(1)的解法以问题6(1)与6(2)的结论为基础,还可以用问题6(3)的结论来解本题.

[3]为了可以断言$\overline{S}_1$与S_1重合,我们必须证明这些圆与S所成的角不但相等并且方向相同(图19上的圆S_1,S_1'与S所成的角相等,与它相交于相同的点但不重合).

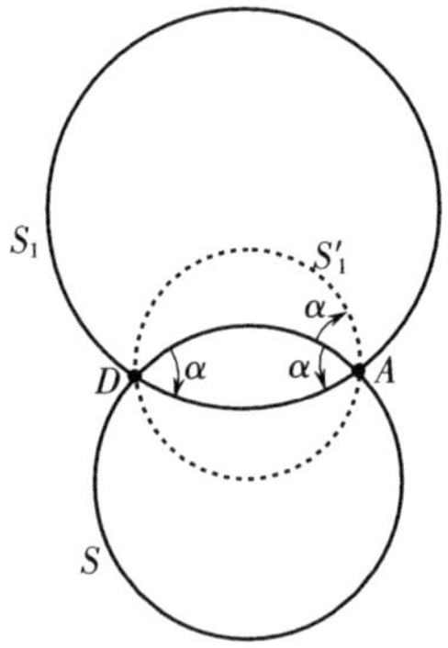

图19

容易证明这个条件是满足的.事实上,设在A上S与S_1之间的角是α,并且是逆时针方向的(即把它逆时针方向旋转α,可以使S在A上的切线与S_1的切线重合).在这种情形下,显然,在D上S与S_1之间的角也等于α,但是是顺时针方向的(例如图 14). 由反演性质(见第 10 页),在 B 上 S 与 S_2 之间的角等于 α,是顺时针方向的,在 C 上 S 与 S_3 之间的角等于 α,是逆时针方向的. 最后,在 D 上 S 与 $\overline{S}_1$ 之间的角等于 α,是逆时针方向的. 因此 S_1,$\overline{S}_1$ 与 S 所形成的角的大小相等、方向相同.

[4]我们留给读者证明,三个圆 S_1,S_2 与 S_3 的 3 个相似中心使 2 个中心同时在一条直线上.

第 2 章　反演在解作图题中的应用

1. 设问题已被解答. 等式 $OX \cdot OY = k$ 蕴涵,用中心为 O 与幂为 k 的反演,从直线 AN 上的 Y 得出 X. 因此 X 在圆 S 上,此圆是从 AN 用中心为 O 与幂为 k(或 $-k$) 的反演得出的,即 X 是直线 AM 与圆 S 的交点(S 可以作出). 问题有四个解.

2. 设问题已被解答,$MNPQ$ 是所要求的平行四边形. $MNPQ$ 的中心与已知平行四边形 $ABCD$ 的中心重合(图 20;见《几何变换(Ⅱ)》). 我们已知 $\angle MON = \alpha$ 与 $2OM \cdot ON \sin\alpha = S$($S$ 是 $MNPQ$ 的面积).

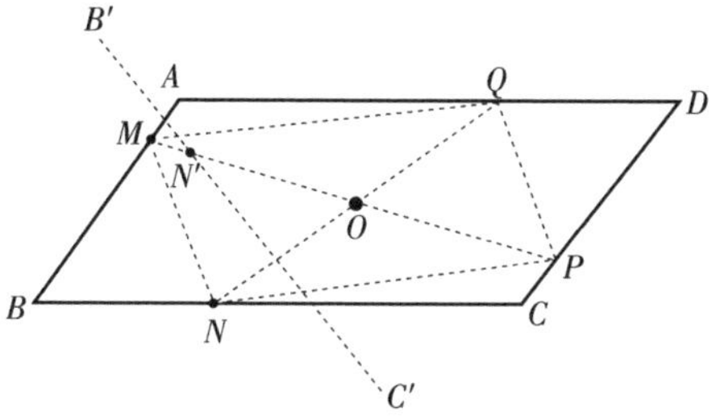

图 20

如果 N' 是从 N 绕 O 旋转 α 角得出的,那么 $ON'M$ 是一条直线,$OM \cdot ON' = \dfrac{S}{2\sin\alpha} = k$ 是已知数量. 因为 N' 在直线 $B'C'$ 上,$B'C'$ 是从 BC 绕 O 旋转 α 角得出的. 我们回到上述问题:通过 O 作一条直线与已知直线 AB,$B'C'$ 分别相交于点 M,N',使 $OM \cdot ON' = k$.

3. (1) 设直线 l 已作出,令 X 与 Y 是从 B 与 C 到 l 所作垂线的垂足,$BX \cdot CY = k$(图 21). 我们把 $\triangle AYC$ 平行于线段 CB 移动通过距离 CB 到达位置 $A'Y'B$;A' 从 A,B 与 C 容易确定. 因为 $\angle A'Y'B$ 是直角,所以点 Y' 在直径为 $A'B$ 的圆 S 上;因为 $BX \cdot BY' = BX \cdot CY = k$,所以是从 Y' 由中心为 B 与幂为 k(或 $-k$) 的反演得出 X 的. 因此 X 在从 S 由这个反演得出的直线 S' 上,X 也在直径为 AB 的圆 S_1 上(因为 $\angle AXB = 90°$). 因此 X 是直线 S' 与圆 S_1 的交点. 问

题有四个解.

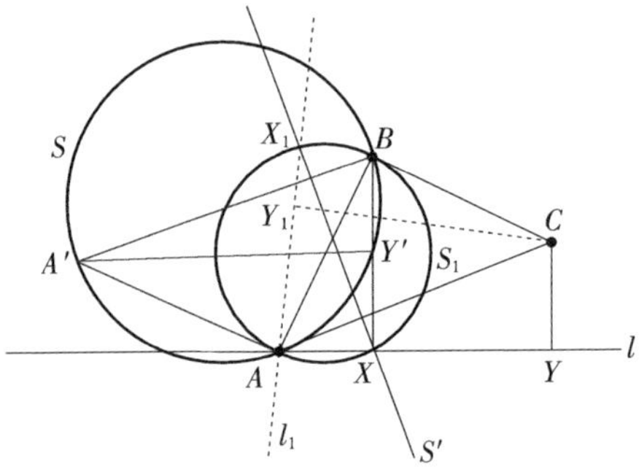

图 21

(2) 令 X 与 Y 是从 B 与 C 到所求直线 l 的垂线的垂足，$CY^2-BX^2=k_1$(图 22). 所以在直线 BX 上在 X 的两边截下线段 XD 与 XD' 等于 YC，那么

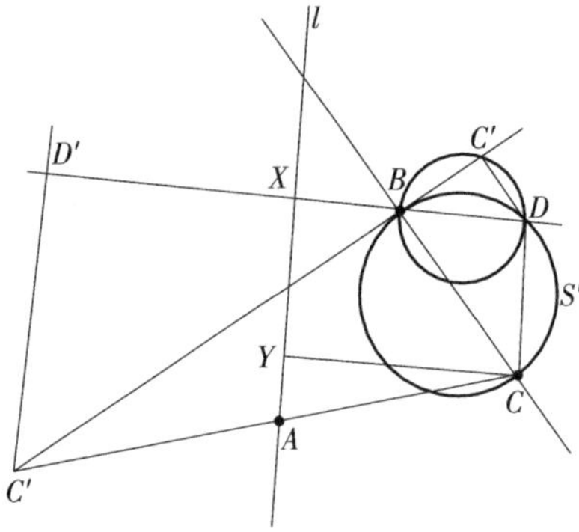

图 22

$$BD \cdot BD'=(CY-BX)(CY+BX)=k_1$$

令 C_1 是 C 关于 A 对称的点，则 $C_1D' \parallel CD \parallel l$. 我们应用中心为 B 与幂为 k_1(或 $-k_1$) 的反演. 令 C' 是 C_1 在这个反演下的像. 直线 C_1D' 变为通过 B，C' 与 D 的圆 S. 因为 $C_1D' \perp BD'$，所以 BD 是 S 的直径. 从而 D 在从 C' 作出的 BC_1 的垂线上. 此外，因为 $\angle BDC=90^\circ$($CD \parallel l$)，所以 D 也是直径为 BC 的圆 S_1 上的点. 问题有两个解.

4. 令 $A_1A_2A_3\cdots A_n$ 是所求的多边形，它的边 A_1A_2，A_2A_3，$\cdots$，$A_{n-1}A_n$，A_nA_1 分别通过已知点 M_1，M_2，$\cdots$，M_{n-1}，M_n(图 23).

我们应用中心为 M_1 与幂为 $\pm M_1A_1 \cdot M_1A_2$ 的反演 I_1(当 M_1 在 S 的外部时用加号，当 M_1 在 S 的内部时用减号)，这个反演的幂容易由圆 S 通过 M 的割线 PQ 确定，并有 $M_1A_1 \cdot M_1A_2=M_1P \cdot M_1Q$. 这个反演把 S 变为它本身，把所求多边形的顶点 A_1 变为 A_2. 再应用中心为 M_2 与幂为 $\pm M_2A_2 \cdot M_2A_3$ 的反演 I_2，然

后应用中心为 M_3 与幂为 $\pm M_3A_3\cdot M_3A_4$ 的反演 I_3，……，最后应用中心为 M_n 与幂为 $\pm M_nA_n\cdot M_nA_1$ 的反演 I_n. 反演 $I_1,I_2,\cdots,I_n$ 把 S 变为它本身，它们依次把 A_1 变为 $A_2,A_3,A_4,\cdots$，最后回到 A_1.

现在令 S_1 是通过 A_1 的直线或圆. 反演 $I_1,I_2,\cdots,I_n$ 依次把 S_1 也变为通过 A_1 的圆（或直线）S'_1（因为 S_1 可以从 S'_1 按所示次序对 S'_1 应用反演 I_n，$I_{n-1},\cdots,I_2,I_1$ 而得出，第一用 I_n，第二用 I_{n-1}，……）.

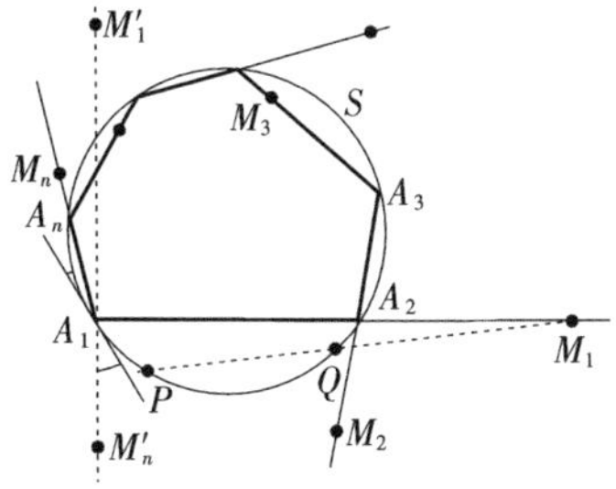

图 23

显然，如果圆（或直线）S_1 变为直线 S'_1，那么圆或直线 S_n 从 S_1 作为依次应用反演 $I_1,I_2,\cdots,I_{n-1}$ 的结果得出，一定通过这些反演中最后一个反演的中心 M_n，或者等价地 S_1 一定通过点 M'_n，它作为依次应用反演 $I_1,I_2,\cdots,I_{n-1}$ 的结果变为 M_n；反之，如果 S_1 通过 M'_n，那么 S'_1 是直线. 容易得出 M'_n，它是按所示次序依次应用反演 $I_{n-1},\cdots,I_2,I_1$ 下 M_n 的像. 类似地，如果 S_1 是直线，那么圆（或直线）S'_1 通过点 M'_n，它是依次应用反演 $I_2,I_3,\cdots,I_n$ 下 M_1 的像（因 I_1 把直线 S_1 变为通过 M_1 的圆 S_2）.

现在研究直线 $A_1M'_n$. 因为它通过 M'_n，所以它在 n 个依次反演下变为直线；因为 $A_1M'_n$ 是直线，所以结果的直线通过 M'_1. 但是 n 个依次反演把 A_1 变为它本身. 因此反演序列 $I_1,I_2,\cdots,I_n$ 把直线 $A_1M'_n$ 变为直线 $A_1M'_n$. 在这一点上我们必须区别两种情形.

1° n 是偶数（图 23）. 在这种情形中，n 个反演序列的应用，既不改变直线 M'_nA_1 与圆 S 之间的角的大小，也不改变角的方向（见第 9 页反演性质 C）. 从而在 A_1 上和圆 S 成等角的直线 M'_nA_1 与 M'_1A_1 重合. 点 A_1 可以作为 $M'_nM'_1$ 与 S 的交点得出. 依赖于 $M'_nM'_1$ 与 S 的配置，本题可以有两解、一解或无解；在 M'_n 与 M'_1 重合的例外情形，本题是不确定的（在这种情形中，可以取圆 S 上任一点作为所求多边形的顶点 A_1）.

2° n 是奇数. 在这种情形中，直线 M'_nA_1，M'_1A_1 与 S 所成的角大小相等、方向相反. 因此本题化为在 S 上求点 A_1，使直线 M'_nA_1，M'_1A_1 与 S 形成的角大小相等、方向相反（即使得 M'_nA_1 与 M'_1A_1 关于 S 的半径 OA_1 对称）. 这原来是一个更复杂的问题. 既然如此，我们利用一个技巧，把奇数 n 的情形化为偶数 n 的情形. 研究$n+1$个反演的序列$I_1, I_2, I_3, \cdots, I_n, I$，其中$I$是$S$上的反射. 这$n+1$个反演序列把$S$变为它本身；$A_1$变为$A_1$；通过$A_1$与点$O'$的任一圆变为通过$A_1$的直线，其中$O'$是$S$的圆心$O$在$n$个反演序列$I_n, I_{n-1}, I_{n-2}, \cdots, I_1$下的像；通过$A_1$的任一直线变为通过$A_1$和$M'$的圆或直线，其中$M'$是$M_1$在反演序列$I_2$，$I_3, \cdots, I_n, I$下的像. 因为$n+1$是偶数，所以同前，$A_1$是$S$与直线$M'O'$的公共点. 依赖于$S$与$M'O'$公共点的个数，本题有两解、一解或无解. 如果$M'$与$O'$重合，那么本题是不确定的.

如果多边形一些边的方向是已知的(但是没有通过这些边上的点)，那么相应的反演可以换为在垂直于已知方向的S的直径上的反射. 同样，如果在反演序列$I_1, I_2, I_3, \cdots, I_n, I$中或在直线上的反射中，前$k$个变换$I_1, I_2, \cdots, I_k$与后$n-l$个变换$I_{l+1}, I_{l+2}, \cdots, I_n$是在直线上的反射，$I_{k+1}$与$I_l$是反演(此处$k+1$可以是1，$l$可以是$n$. 如果$n$是奇数，那么反演序列以反演$I_n=I$结束，且$I_l$与这个反演重合)，那么点$M'_l$起了点$M'_n$的作用，$M'_l$是反演$I_l$的中心在反演序列$I_{l-1}$，$I_{l-2}, \cdots, I_1$或在直线上反射下的像，并且点$M'_{k+1}$起了点$M'_1$的作用，$M'_{k+1}$是反演$I_{k+1}$的中心$M_{k+1}$在反演序列$I_{k+2}, I_{k+3}, \cdots, I_n(I)$或在直线上反射下的像.

附注1. 可以不用补充的反演(I)来解奇数n的问题. 事实上，可以证明点M'_1与N'_1一定和S的圆心O等距离，这一特殊性质使它容易求出点A_1. 为了证明这一性质，要注意到，如果n是奇数，那么n个反演的序列$I_1, I_2, \cdots, I_n$把直线$M'_1M'_n$不变为它本身，而变为通过M'_1的直线，因为$M'_1M'_n$是通过M'_n的直线，所以把它变为通过M'_n的直线b. 由反演性质C，b与$M'_1M'_n$之间的角等于$M'_1M'_n$与a之间的角；另外，由同一性质，所有三个直角与S形成等角(我们设它们与S相交). 这就蕴涵M'_1，N'_1与O等距离.

附注2. 我们还可以提出问题4的一种解法. 这是一个比上面给出的解法更为实质的解法. 我们不用这一解法的理由是它需要研究相当复杂的反演复合理论(两个反演的乘积不是一个反演)，我们以后不利用这个理论.

5. (1) 应用中心为A的反演，则B变为点B'，圆(直线)S变为圆(直线)S'，要求的圆Σ变为圆Σ'，圆Σ'通过B'且与圆S'相切(平行于直线S'). 作出Σ'后，容易得出圆(直线)Σ. 本题有两个解、一个解或无解.

(2) 本题的解法很类似于问题(1)的解法. 我们应用中心为A的任一反演，则S_1与S_2变为新圆S'_1与S'_2，要求的圆Σ变为S'_1与S'_2的公切线，后者可以作出.

本题有四个解(图24).

附注. 如果S'_1与S'_2有四条公切线，那么对称性的研究蕴涵，S'_1与S'_2在外公切线上的各切点共圆，S'_1与S'_2在内公切线上的各切点共圆，外公切线与内公切线的各交点也共圆(不难证明，这三个圆是同心圆，它们的共同圆心是线段

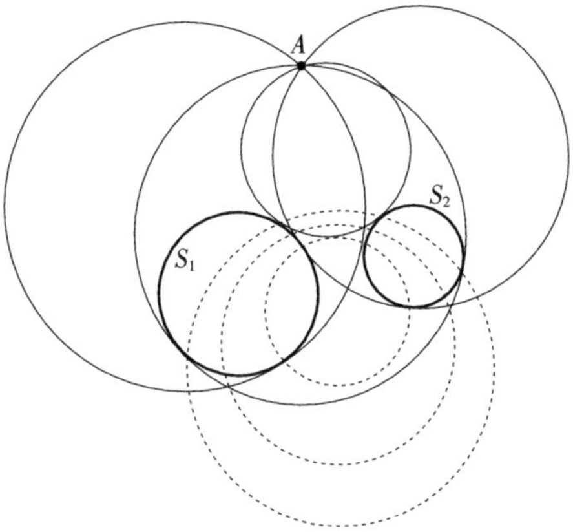

图 24

$O_1'O_2'$ 的中点，其中 O_1' 与 O_2' 是圆 S_1' 与 S_2' 的圆心). 由反演性质 B_4，这蕴涵 S_1 与 S_2 和四个圆的八个切点在两个圆的各四点上，这四个圆都通过 A 且都和 S_1 与 S_2 相切(此处我们设有这样的四个圆)，且蕴涵，除了 A_1 与 S_1，S_2 以相同方式相切的圆和与 S_1，S_2 以不同方式相切的圆的交点是共圆的(图 24；我们指出，因为反演不把圆心变为像圆的圆心，所以这三个圆不是同心圆).

6. (1) 按照在圆上反射的定义(见第 1～4 页)，要求的圆(直线)Σ 应当也通过点 A'，A' 与 A 关于这个圆(或直线)S 对称. 如果 $A' \neq B$，那么本题有唯一解；如果 $A' = B$，那么本题的解是不确定的.

在中心为 A 的反演下，点 B 变为新点 B'，圆 S 变为圆(直线)S'，要求的圆(直线)Σ 变为直线 Σ'，Σ' 通过 B' 且垂直于圆(直线)S'(即如果 S' 是圆，那么 Σ' 通过 S' 的圆心). 在作出 Σ' 后，我们容易求出 Σ. 一般地，本题有唯一解. 如果 B' 与 S' 的圆心重合，那么本题的解是不确定的.

(2) 令 O 是 S 的圆心，r 是它的半径. 要求的圆(直线)Σ 应当通过点 A'，A' 是从 A 用中心为 O 与幂为 $-r^2$ 的反演得出的. 一般地，本题有唯一解. 如果 A' 与 B 重合，那么本题的解是不确定的.

7. (1) 按照在圆上反射的定义，要求的圆(直线)Σ 应当通过点 A' 与 A''，这两点和 A 关于圆(直线)S_1 与 S_2 对称. 一般地，本题有唯一解(如果 A' 与 A'' 重合，那么本题是不确定的；但是如果 A 是 S_1 与 S_2 的两交点之一，那么本题无解).

用中心为 A 的反演把圆 S_1 与 S_2 变为圆(或一条直线与一个圆，或两条直线)S_1' 与 S_2'，要求的圆(直线) 变为垂直于 S_1'' 与 S_2' 的直线 Σ'(即后者是一个圆时通过 S_1' 与 S_2' 的中心). 作出 Σ' 后，我们容易求出 Σ. 一般地，本题有唯一解. 如果 S_1' 与 S_2' 是同心圆或平行线，那么本题是不确定的；如果 S_1' 与 S_2' 是相交直线，那么本题无解.

(2) 令 O_1 与 O_2 分别是圆 S_1 与 S_2 的圆心，r_1 与 r_2 分别是圆 S_1 与 S_2 的半径. 要求的圆(直线)Σ 应当通过点 A'，A' 是从 A 用中心为 O_1 与幂为 r_1^2 的反演得出的(如果 S_1 是直线，那么 A' 与 A 关于 S_1 对称)，并且 Σ 通过点 A''，A'' 是从 A 用中心为 O_2 与幂为 $-r_2^2$ 的反演得出的(见问题 6(1) 与 6(2) 的解法). 一般地，本题有唯一解. 如果 A' 与 A'' 重合，那么本题的解是不确定的.

(3) 令 O_1 与 O_2 分别是圆 S_1 与 S_2 的圆心，r_1 与 r_2 分别是圆 S_1 与 S_2 的半径. 要求的圆(直线)Σ 应当通过点 A' 与 A''，这两点是从 A 用中心分别为 O_1 与 O_2，幂分别为 $-r_1^2$ 与 $-r_2^2$ 的反演得出的. 一般地，本题有唯一解. 如果 A' 与 A'' 重合，那么本题的解是不确定的.

8. (1) 中心为 A 的反演把点 B 变为另一点 B'，把圆(直线)S 变为圆(直线)S'；要求的圆(直线)Σ 变为直线 Σ'，它以已知角分割 S'. 但是如果 Σ' 以已知角分割已知圆 S'(图 25)，那么在圆 $\overline{S}'$ 上被 Σ' 分割出的弧是 2α，因此，我们知道从 Σ' 到 S' 圆心的距离；换言之，Σ' 是 $\overline{S}'$ 的切线，$\overline{S}'$ 是 S' 的同心圆. 作出 Σ' 后可得出 Σ. 本题可以有两个解、一个解或无解.

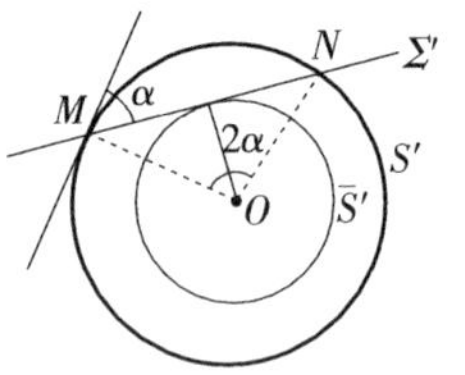

图 25

(2) 中心为 A 的反演把 S_1 与 S_2 分别变为圆(直线)S_1' 与 S_2'，要求的圆(直线)Σ 变为直线 Σ'，它以角 α 与 β 分割 S_1' 与 S_2'，即如果 S_1' 与 S_2' 是圆，那么 Σ 变为辅助圆 $\overline{S}'_1$ 与 $\overline{S}'_2$ 的共同切线(见问题(1) 的解法). 作出 Σ' 后可得出 Σ. 本题有四个解. 如果 S_1' 与 S_2' 是直线，那么本题无解，或解不确定.

9. 分别研究三种情形.

1° S_1 与 S_2 相交. 我们用一个反演把 S_1 与 S_2 分别变为两条相交直线 S_1' 与 S_2'(见第 18 页定理 2；如果 S_1 与 S_2 开始时是直线，那么问题的解法将被简化). 这个反演把要求的圆(或直线)Σ 变为圆 Σ'，其圆心在 S_1' 与 S_2' 的交点 O(因为垂直于 S_1' 与 S_2' 的圆的圆心一定在两条直线上). 如果能作出 Σ'，那么可以容易作出 Σ.

2° S_1 与 S_2 相切. 在这一情形中，我们可以用一个反演把 S_1 与 S_2 变为两条平行线 S_1' 与 S_2'(见第 18 页定理 2；如果 S_1 与 S_2 开始时是平行线，那么问题的解法将被简化). 要求的圆(直线)Σ 变为垂直于 S_1' 与 S_2' 的直线 Σ'；显然，Σ' 是垂直

于 S_1' 与 S_2' 共同方向的直线. 如果能作出 Σ'，那么可以容易作出 Σ.

3° S_1 与 S_2 不相交. 在这一情形中，我们可以用一个反演把 S_1 与 S_2 变为两个同心圆 S_1' 与 S_2'（见第 1 章第 18 页定理 2；如果 S_1 与 S_2 开始时是同心圆，那么问题的解法将被简化）. 要求的圆（直线）Σ 变为垂直于 S_1' 与 S_2' 的直线 Σ'，即变为通过圆 S_1' 与 S_2' 共同圆心 O 的直线. 如果能作出 Σ'，那么可以容易作出 Σ.

我们分别分析问题(1)(2) 与(3).

(1) 在情形 1° 中，问题化为作已知圆心 O 的圆 Σ'，使 Σ' 垂直于圆或直线 S_3'，S_3' 是 S_3 在这个反演下的像（如果 S_3' 是圆，那么 Σ' 的半径等于从 O 到 S_3' 的切线段长度）；在情形 2° 中，问题化为作具有已知方向的直线 Σ'，且使 Σ' 垂直于圆（直线）S_3'（如果 S_3' 是圆，那么 Σ' 通过它的圆心）；在情形 3° 中，问题化为作直线 Σ'，使它通过已知点 O 并垂直于圆（直线）S_3'（如果 S_3' 是圆，那么 Σ' 通过它的圆心）. 一般地，本题有唯一解；在情形 1° 中，当 O 在 S_3' 内部时本题无解；在情形 3° 中，当 O 是 S_3' 的圆心时本题的解是不确定的；如果 S_1，S_2 与 S_3 是三条直线，那么本题无解，或解不确定.

(2) 在情形 1° 中，问题化为作圆 Σ'，使它有已知圆心 O 并与圆（直线）S_3' 相切，S_3' 是 S_3 在这个反演下的像；在情形 2° 中，问题化为作直线 Σ'，使它具有已知方向并与圆 S_3' 相切（平行于直线 S_3'）；在情形 3° 中，问题化为作直线 Σ'，使它通过已知点 O 并与圆 S_3' 相切（平行于直线 S_3'）. 本题有两解、一解或无解；如果 S_1，S_2 与 S_3 是三条直线，那么本题无解，或解不确定.

(3) 在情形 1° 中，问题化为作圆 Σ'，使它有已知圆心 O 并以角 α 分割圆（直线）S_3'，S_3' 是 S_3 在这个反演下的像. 如果 S_3' 是圆心为 O_3' 的圆，且与 Σ' 相交于 A，那么我们知道 $\angle OAO_3'=\alpha$（见第 2 页），这能使我们确定 A，因而也确定 Σ'. 如果 S_3' 是与 Σ' 相交于点 A 与 B 的一条直线，那么我们知道等腰 $\triangle AOB$ 的各角，这就能确定 Σ'.

在情形 2° 中，问题化为作直线 Σ'，使它具有已知方向并以角 α 分割圆（直线）S_3'（如果 S_3' 是圆，那么 Σ' 是被确定圆 $\overline{S}_3'$ 的切线，$\overline{S}_3'$ 与 S_3' 是同心圆；见问题 8(1) 的解法）.

在情形 3° 中，问题化为作直线 Σ'，使它通过已知点 O 并以角 α 分割已知圆（直线）S_3'（如果 S_3' 是圆，那么直线 Σ' 是被确定圆 $\overline{S}_3'$ 的切线）.

本题有两解、一解或无解；如果 S_1' 与 S_2' 是平行线，那么本题的解还是不确定的.

10. 本题可以用类似于问题 9 的解法去解. 我们分别研究三种情形.

1° S_1 与 S_2 相交. 在这种情形中，我们可以用一个反演把 S_1 与 S_2 变为相交直线 S_1' 与 S_2'，这个反演把要求的圆（直线）Σ 变为与这些直线相切的圆 Σ'.

2° S_1 与 S_2 相切. 在这种情形中，我们可以用一个反演把 S_1 与 S_2 变为两条平行线 S'_1 与 S'_2，这个反演把要求的圆（直线）Σ 变为与 S'_1，S'_2 相切的圆 Σ'；或变为平行于 S'_1，S'_2 的直线 Σ'（如果 Σ' 是圆，那么它的圆心在 S'_1 与 S'_2 所构成带形的中线上，它的半径等于 S'_1 与 S'_2 之间距离的一半）.

3° S_1 与 S_2 没有公共点. 在这种情形中，我们可以用一个反演把 S_1 与 S_2 变为两个同心圆 S'_1 与 S'_2，这个反演把要求的圆（直线）Σ 变为与 S'_1，S'_2 相切的圆 Σ'（Σ' 的圆心在与 S'_1，S'_2 同心的圆上，它的半径是 S'_1 与 S'_2 的半径之和或差的一半，Σ' 的半径分别是 S'_1 与 S'_2 的半径之差或和的一半；图 26）.

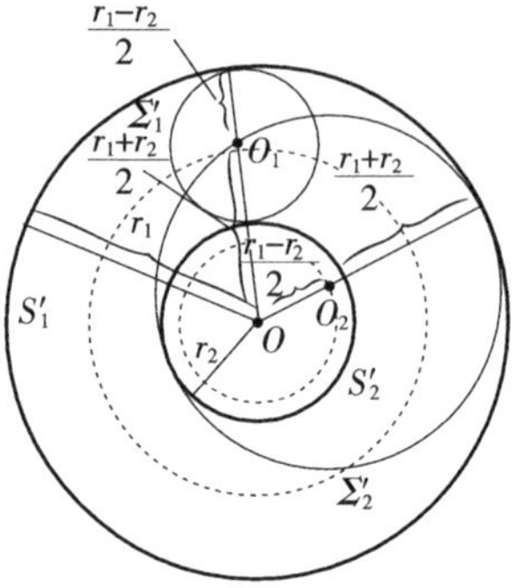

图 26

现在我们研究问题（1）与（2）.

（1）解法 1：在情形 1° 与 2° 中，我们的问题化为作圆 Σ'，使 Σ' 和直线 S'_1，S'_2 与已知圆（直线）S'_3 相切，S'_3 是 S_3 在我们的反演下的像. 在情形 3° 中，问题化为作圆 Σ'，使 Σ' 和同心圆 S'_1，S'_2 与已知圆（或直线）S'_3 相切. 这个问题容易解，因为我们已知 Σ' 的半径与这样一圆，Σ' 的圆心在此圆上（图 26）.

本题可以达到八个解；如果 S'_1，S'_2 与 S'_3 是平行线（即 S'_1，S'_2 与 S'_3 是单个点上的切线，那么本题是不确定的）.

这个问题的另一解法在解问题（2）后给出.

（2）我们研究情形 3°. 令 S'_3 是圆心为 O'_3 的圆且与圆心为 O' 的要求的圆 Σ' 相交于 A. 在 $\triangle O'AO'_3$ 中，我们知道边 O'_3A 与 $O'A$（后者等于 $\frac{r_1 \pm r_2}{2}$，其中 r_1 与 r_2 分别是 S'_1 与 S'_2 的半径）及 $\angle O'AO'_3$. 因此我们可以确定距离 O'_3O'，然后求出 Σ'. 如果 S'_3 是一条直线，和圆心为 O' 的圆 Σ' 相交于点 A 与 B，那么我们知道等腰 $\triangle O'AB$ 的各角与腰长；这就能确定它的高，从 S'_3 到 O' 的距离，然后作出 Σ'.[1]

问题（1）的解法 2：令 A_1，A_2 与 A_3 是要求的圆 Σ 与已知圆 S_1，S_2，S_3 的切点（图 27；我们限定解 S_1，S_2 与 S_3 是圆的情形）. 那么直线 A_1A_2 通过圆 S_1 与 S_2 的

相似中心 O_1，并且中心在 O_1 上的反演(把 S_1 变为 S_2) 把 A_1 变为 A_2(见第1章的问题1及其解法). 以大体类似的方法，直线 A_2A_3 通过圆 S_2 与 S_3 的相似中心 O_2，并且中心在 O_2 上的反演(把 S_2 变为 S_3) 把 A_2 变为 A_3. 最后，直线 A_3A_1 通过圆 S_3 与 S_1 的相似中心 O_3，并且中心在 O_1 上的反演(把 S_3 变为 S_1) 把 A_3 变为 A_1.

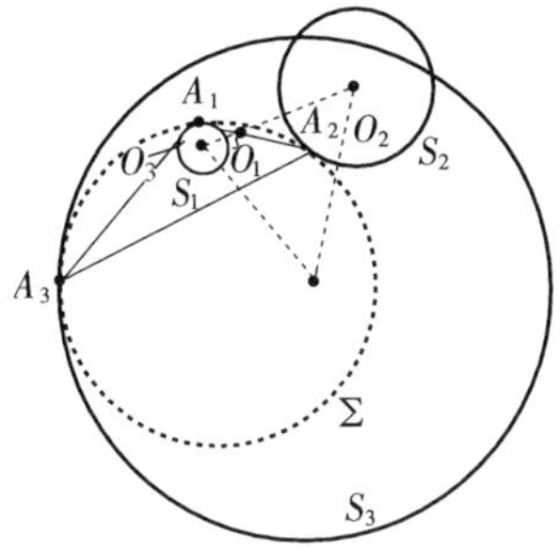

图 27

现在我们应用反演序列 I_1, I_2, I_3. 这个反演序列把 S_1 变为它本身，并使 A_1 固定. 可以与问题 4 的解法一样求出 A_1；在问题 4 的解法中，反演 $I_1, I_2, \cdots, I_n$ 的每一个反演把 S 变为它本身的事实是不相关的. 因为 3 是一奇数，所以必须引入在 S_1 上的反射，并在 S_1 上求出点 A_1，A_1 被反演序列 I_1, I_2, I_3, I 所固定. A_1 一旦被求出，就容易作出 Σ.

反演 I_1, I_2, I_3 中每个反演把两已知圆交换，有两种方法选择每个反演(如果 S_1 与 S_2 重合，那么代替反演 I_1，可以取在一垂线上的反射，此垂线是在 S_1 与 S_2 的圆心联结成的线段中点作出的). 这蕴涵本题达到八个解.

11. (1) 这个问题推广了问题 9 与 10，并用类似于它们的解法来解. 我们再研究与上一题解法中相同的三种情形.

1° S_1 与 S_2 相交. 那么可以用一个反演把它们变为两条相交直线 S_1' 与 S_2'，这个反演把要求的圆(直线)Σ 变为圆(直线)Σ'，Σ' 以已知角 α 与 β 分割直线 S_1' 与 S_2'.

令 $\overline{\Sigma}'$ 是任一圆，$\overline{S}'_1$ 与 $\overline{S}'_2$ 是和圆 S_1' 与 S_2' 形成同一角的两条直线，这两条直线以角 α 与 β 分割 $\overline{\Sigma}'$(图 28(a)). 从 $\overline{S}'_1$ 与 $\overline{S}'_2$ 的交点作出的 $\overline{\Sigma}'$ 的切线 $\overline{t}_1$ 与 $\overline{t}_2$，和直线 $\overline{S}'_1$ 与 $\overline{S}'_2$ 所成的角只依赖于 α 与 β，而不依赖于 $\overline{\Sigma}'$ 的半径. 因此我们由所作任意 $\overline{\Sigma}'$ 来确定它们，然后确定直线 $\overline{S}'_1$ 与 $\overline{S}'_2$. 现在可以通过 S_1' 与 S_2' 的交点作直线 t_1 与 t_2，它们和 S_1' 与 S_2' 所成的角等于 $\overline{t}_1$ 与 $\overline{t}_2$ 和 $\overline{S}'_1$ 与 $\overline{S}'_2$ 所成的角；直线 t_1 与 t_2 是 $\overline{\Sigma}'$ 的切线. 因此我们的问题化为作一圆 Σ'，它们和已知直线 t_1 与 t_2 相切，并以已知角 γ 分割圆(直线)S_3'，S_3' 是 S_3 在这个反演下的像，即问题化为问题

10(2) 的特殊情形.

2° S_1 与 S_2 相切. 在这种情形中，我们可以用一个反演把 S_1 与 S_2 变为两条平行线 S_1' 与 S_2'. 此外要求的圆(直线)Σ 变为圆 Σ'，它以已知角 α 与 β 分割平行线 S_1' 与 S_2'.

令 $\overline{\Sigma}'$ 是任一圆，$\overline{S}_1'$ 与 $\overline{S}_2'$ 是两条平行线，以角 α 与 β 分割 $\overline{\Sigma}'$(图 28(b)). 我们作切线 $\bar{t}_1$ 与 $\bar{t}_2$ 平行于 $\overline{S}_1'$ 与 $\overline{S}_2'$. 显然直线 $\bar{t}_1$，$\bar{t}_2$ 与 $\overline{S}'_1$，$\overline{S}_2'$ 之间的距离只依赖于角 α 与 β，而不依赖于圆 $\overline{\Sigma}'$；可以作任一圆 $\overline{\Sigma}'$ 来确定它们，然后确定直线 $\overline{S}'_1$ 与 $\overline{S}_2'$. 再作出直线 t_1 与 t_2，使四重线 S_1'，S_2'，t_1，t_2 相似于四重线 $\overline{S}'_1$，$\overline{S}_2'$，$\bar{t}_1$，$\bar{t}_2$，我们又得出作这样一圆 Σ' 的问题，使它和已知平行线 t_1 与 t_2 相切，t_1 与 t_2 以已知角 γ 分割圆(直线)S_3'，S_3' 是 S_3 在这个反演下的像.

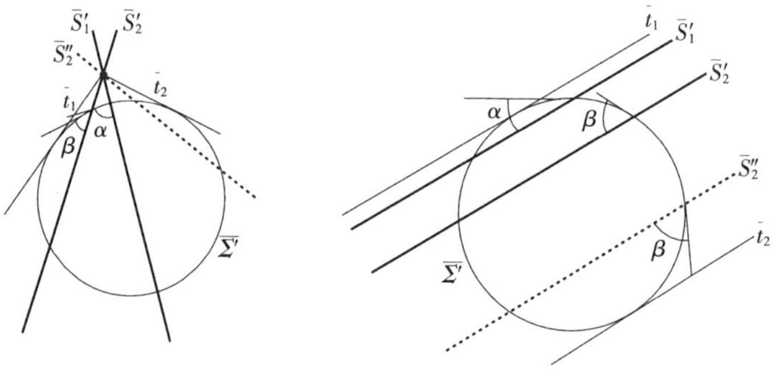

(a) (b)

图 28

3° S_1 与 S_2 不相交. 在这种情形中，我们用一个反演把 S_1 与 S_2 变为两个同心圆 S_1' 与 S_2'. 此处要求的圆(直线)Σ 将变为圆(直线)Σ'，Σ' 以角 α 与 β 分割 S_1' 与 S_2'.

我们作圆 Σ'，它以角 α 与 β 分割 S_1' 与 S_2'，且与 S_1' 相交于已知点 M(见问题 8(2)[2]). 作 Σ' 的问题可以有多达四个解；Σ' 的半径和 Σ' 与 S_1' 的圆心之间的距离只依赖于圆 S_1' 与 S_2'，且依赖于角 α 与 β，而不依赖于 M 的位置. 这就是为什么以角 α 与 β 分割同心圆 S_1' 与 S_2' 的圆一般形成四个圆族，其中每一圆族由不同的圆组成，这些圆的圆心在到 S_1' 与 S_2' 的共同圆心等距离的位置上. 我们应当求这些圆族的圆，使它们以已知角 γ 分割已知圆(直线)S_3'. 利用以下事实：含已知半径且半径以已知角 γ 分割圆(直线)S_3' 的所有圆，与 S_3'(平行于 S_3' 的直线 $\overline{S}_3'$) 的同心圆 $\overline{S}_3'$ 相切，我们可以容易作出 Σ'，然后作要求的圆 Σ.

本题有多达八个解；如果 S_1'，S_2' 与 S_3' 是直线，那么本题的解不确定.

(2) 这个问题可以用以下方法化为前面的问题. 令圆 Σ 与已知圆 S_1(具有

圆心 O_1 与半径 r_1) 的公切线 MN 的长等于已知线段 a_1. 为确定起见，我们设 MN 是圆 S_1 与 Σ 的外公切线(图 29)，则点 N 在圆 $\overline{S}_1$ 上，$\overline{S}_1$ 是半径为 $\sqrt{r_1^2+a_1^2}$ 的圆 S_1 的同心圆. 因为 Σ 的半径 ON 垂直于 MN，所以圆 $\overline{S}_1$ 与 Σ 之间的角 α 有已知值 $\angle ONO_1=\angle NO_1M(=\arctan\frac{a_1}{r_1})$. 我们可以用大体相同的方法作出另两个圆 $\overline{S}_2$ 与 $\overline{S}_3$，它们分别和 S_2 与 S_3 是同心圆，要求的圆 Σ 与它们形成已知角. 那么我们需要作圆 Σ，使它与圆 S_1,S_2,S_3 形成已知角，即把问题(2) 化为问题(1).

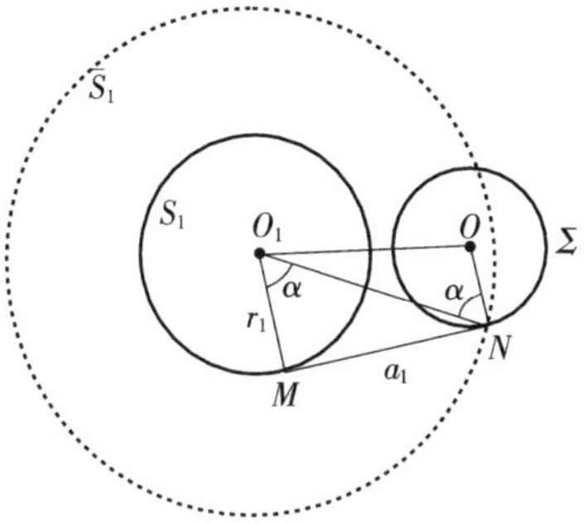

图 29

12. 我们作一个圆心为 B、半径为 BA 的圆，在圆上取 M,N,C，使 $AM=MN=NC=BA$(图 30). 显然 AM,MN 与 NC 是此圆内接六边形的边. 因此 C 与 A 是圆的对径点，即 C,B 与 A 共线，且 $AB=BC$.

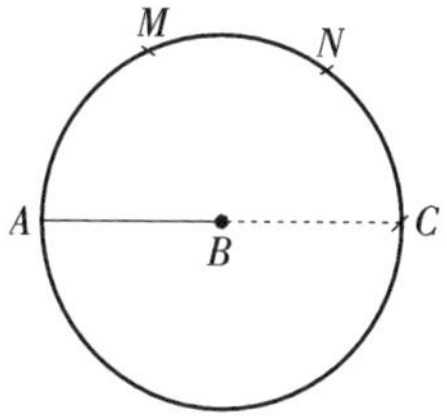

图 30

13. 令 A 在 Σ 的外部(图 31(a)). 作一个以 A 为圆心、半径为 AO 的圆(O 是 Σ 的圆心)；令 M 与 N 是此圆与圆 Σ 的交点. 作两个圆心分别为 M 与 N 和半径分别为 MO 与 NO 的圆. 这两个圆的公共点 A' 是所求的点. 事实上，含共同底角的等腰 $\triangle AOM$ 与 $\triangle MOA'$ 相似，蕴涵 $\frac{AO}{OM}=\frac{OM}{OA'}$，从而 $OA\cdot OA'=OM^2$，这就是我们所要证明的(我们指出，这个作图比第 28 页中的作图简单，后者利用了直尺与圆规两种工具.)

如果 A 在 Σ 的内部，那么只有在圆心为 A、半径为 AO 的圆与 Σ 相交于两点时，我们的作图才能完成(即当 A 到 Σ 的圆心的距离大于 Σ 的半径一半时，作图才能完成；如图 31(b))．但是对任一点 A，可求出一整数 n，使 $n\cdot OA$ 大于 Σ 的半径一半．我们在 OA 向 A 外的延长线上求出点 B，使 $OB=n\cdot OA$，然后作出 B' 与 B 关于 S 对称(在图 32 中，$n=2$)．现在如果 A' 是直线 OA 上一点，使 $OA'=n\cdot OB'$，那么 $OA\cdot OA'=OB\cdot OB'$，即 A' 是所求的点，与 A 关于 Σ 对称．

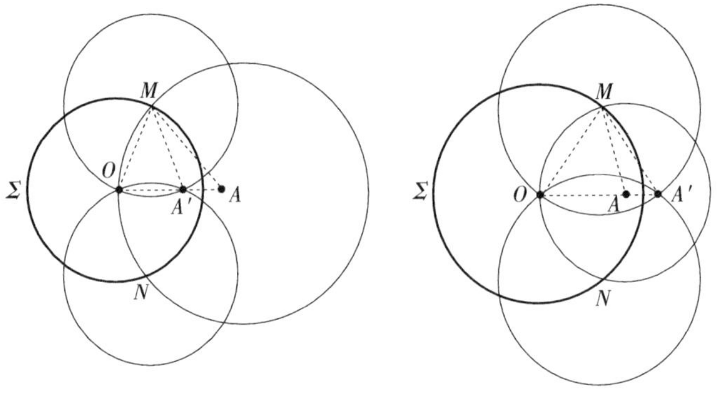

(a)　　　　(b)

图 31

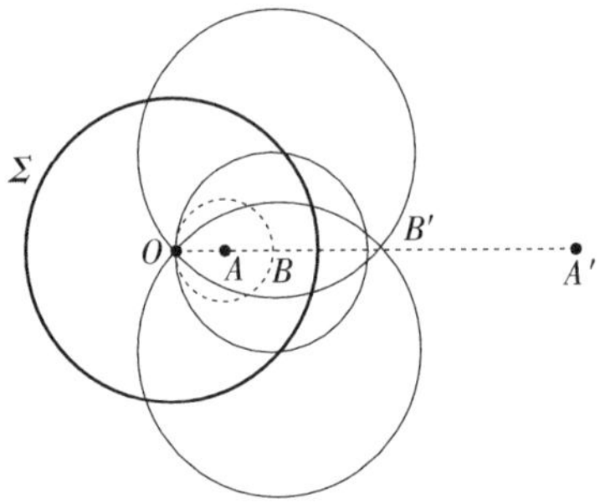

图 32

14．我们作任一圆 Σ，使它的圆心在已知圆 S 的点 A 上，且与 S 相交于点 P 与 Q．令 K 是 A 关于 PQ 对称的点(图 33；显然只用圆规可以作出 K)．含共同底角的等腰 $\triangle APK$ 与 $\triangle AOP$ 相似(O 是要求的 S 的圆心)，蕴涵 $\dfrac{AP}{AK}=\dfrac{AO}{AP}$，即 $AK\cdot AO=AP^2$．因为 O 与 K 关于圆 Σ 对称，所以能作出它(见前面的问题)．

15．本题的解法类似于前面问题的解法．我们作圆心为 A、半径为 AB 的圆 Σ(图 34)．点 B 起了前面作图中点 P 的作用．但是不知道 Σ 与要求的圆 S 的第 2 个交点 B_1，这就是作出点 K 与 A 关于 S，Σ 公共弦对称的原因．为了解决这个困难，我们注意到，在 Σ 上的反射下，S 的像是直线 BB_1(因为 S 通过 Σ 的圆心)．因此与C关于Σ对称的点C'(见问题13)在这一直线上.已知B与C',可以容易求出与A关于弦BC'对称的点K.S的圆心的其后作图与前面问题的作图相同;求出它的圆心,就可以作出圆S本身.

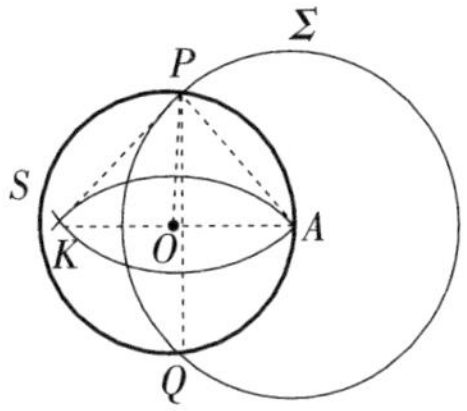

图 33

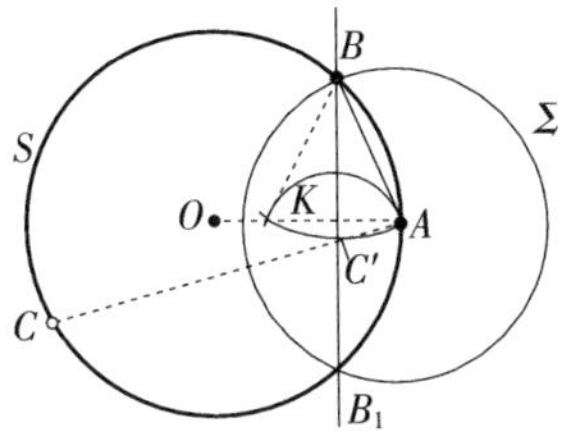

图 34

16.(1) 解法1:我们在直线l上取三点A,B与C(在这条直线上求第三点,对研究问题12有用处),得出与A,B,C关于圆Σ对称的点A',B',C'(见问题13),然后通过A',B',C'作圆Σ(问题15).显然,S是所要求的圆.

解法2:令O是Σ的圆心(问题14).K与O关于直线AB对称,O_1与K关于Σ对称(图35).我们要求O_1是所求圆S的圆心.现在我们可以利用其圆心O_1与其上一点O作S.事实上,令K_1是直线OK与l的交点,L是所求圆S与直线OK的第2个交点.点L与K_1关于Σ对称(见第7～8页反演性质B_2的证明),因为$OL=2O\overline{O}_1$,其中$\overline{O}_1$是S的圆心,$OK_1=\frac{1}{2}OK$,所以$\overline{O}_1$与K也关于Σ对称,即$\overline{O}_1$与O_1重合.

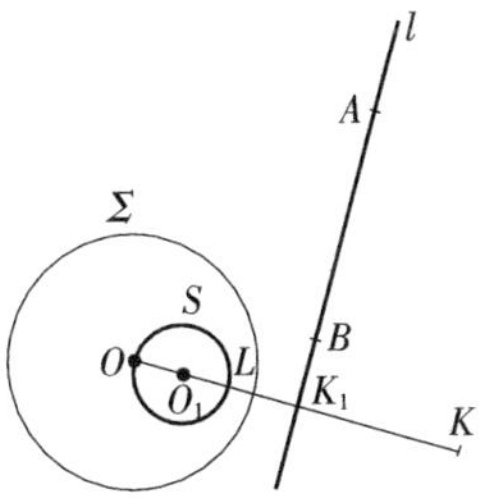

图 35

(2) 解法1:令A,B与C是圆S上三点,令A',B'与C'分别和A,B与C关于

圆 Σ 对称(问题 13). 显然,圆 S' 通过 A',B' 与 C'(问题 15),S' 是所求的圆.

解法 2:令 O 与 O_1 分别是圆 Σ 与 S 的圆心,R 与 r 分别是它们的半径,$d=OO_1$ 是 Σ 与 S 的圆心之间的距离,K 是 O 关于 S 的对称点(问题 13),O_1' 是 K 关于 Σ 的对称点(图 36). 我们要求 O_1' 是所求圆 S' 的圆心,如果已知其圆心 O_1' 与其上一点 A'(S 上某点 A 关于 Σ 对称的点).[3] 事实上,$O_1O \cdot O_1K = r^2$,从而 $O_1K = \frac{r^2}{d}$,$KO = d \pm \frac{r^2}{d} = \frac{d^2 \pm r^2}{d}$. 再利用等式 $OK \cdot OO'_1 = R^2$,得

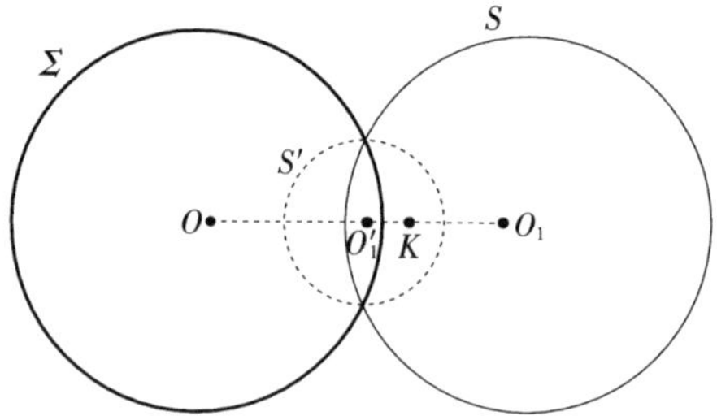

图 36

$$\frac{OO'_1}{OO_1} \cdot \frac{OK}{KO_1} = \frac{R^2}{r^2},\frac{OO'_1}{OO_1} = \frac{R^2}{r^2} \cdot \frac{KO_1}{OK} = \frac{R^2}{r^2} \cdot \frac{r^2}{d^2 \pm r^2}$$

最后有

$$\frac{OO'_1}{OO_1} = \frac{k}{k_1}$$

其中

$$k = R^2,k_1 = d^2 \pm r^2$$

因此 O_1' 中心相似于 O_1,相似中心为 O,相似比为 $\frac{k}{k_1}$,这蕴涵我们的断言(见第 7 ~ 8 页反演性质 B_4 的证明).

第 2 章解答的注解

[1]我们可以证明,具有已知半径 $\frac{r_1 \pm r_2}{2}$ 且与已知圆(直线)S'_3 相交的圆 Σ',与定圆(直线)$\overline{S}'_3$ 相切,$\overline{S}'_3$ 是 S'_3 的同心圆(平行线).

[2]此处还有另一作法. 令 N 是 $\overline{\Sigma}'$ 与 S'_2 的交点,O_1 与 O 分别是 S'_1(和 S'_2)与 $\overline{\Sigma}$ 的圆心(图 37). 我们把 $\triangle ONO_1$ 绕 O 旋转 $\angle NOM$ 到位置 OMO'_1. 因为我们知道距离 $MO'_1 = NO_1$ 与 $\angle O_1MO'_1$(因为 $\angle OMO_1 = \alpha$,$\angle OMO'_1 = \angle ONO_1 = \beta$),所以可以作出点 O'_1. 因此容易求出 O(因为 $\angle O_1MO = \alpha$ 与 $O_1O = O'_1O$).

[3]图 36 表示 S 与 Σ 相交的情形. 在这一较简单的情形中,我们可以把 A' 当作 S 与 Σ 的交点.

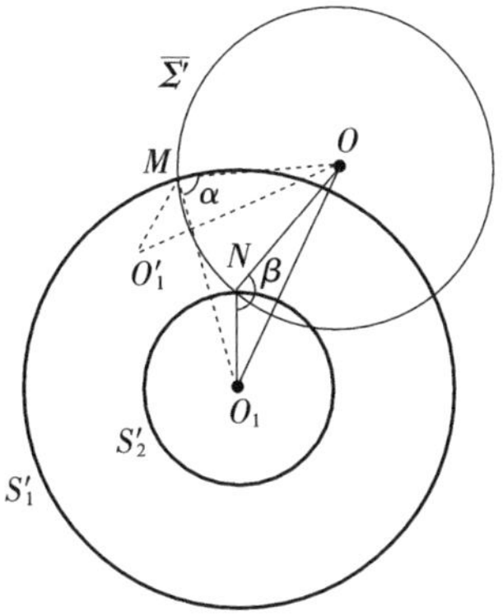

图 37

第 3 章　圆束,两圆的根轴

1. 本题的断言是以下定理的特殊情形:三个圆的三条根轴中每两条根轴相交于一点或三条根轴平行.

2. 因为公共弦是两圆的根轴,所以从它的任一点到圆的切线长相等.

3. 如果 P 是要求的轨迹上一点,那么 $PA \cdot PB = PM^2$(圆 Σ 的切线与割线的性质). 因此,P 关于 S 的幂 $PA \cdot PB$ 等于 P 关于点 M 的幂 PM^2(图 3.8). 从而 P 在点 M 与圆 S 的根轴 r 上.

4. (1) 如果 S 是一条平行于 AB 的直线,那么要求的圆 Σ 与 S 在线段 A_1B_1 的中点上相切,其中 A_1 与 B_1 分别是 A 与 B 在 S 上的射影(图 38(a)). 如果 S 是一条与 AB 相交于 M 的直线,那么我们知道 M 关于要求的圆 Σ 的幂为 $MA \cdot MB$,因此知道 M 与 S,Σ 切点 T 之间线段 MT 的长;本题可以有两解(图 38(b)). 于是只须研究 S 是圆的情形. 我们作任一圆 $\overline{S}$ 通过 A 与 B,且交 S 于点 M 与 N(图 38(c)). 要求的圆 Σ 与 $\overline{S}$ 的根轴是直线 AB;$\overline{S}$ 与 S 的根轴是直线 MN;Σ 与 S 的根轴是它们的公切线 t. 因此 t 是 S 的切线,通过直线 AB 与 MN 的交点 Z,即 S,$\overline{S}$ 与 Σ 的根心(并且如果 $MN \parallel AB$,那么同样 $t \parallel AB$). 本题可以有两解、一解或无解.

(2) 如果 S_1 与 S_2 不相交,那么所有垂直于 S_1 与 S_2 的圆通过两点 A 与 B(见第 37 页). 因此问题(2) 化为问题(1). (为了确定 A 与 B,只要作出垂直于 S_1 与 S_2 的两圆;我们可以取 S_1 与 S_2 的根轴上任意两点作为这两个圆的圆心,它们的半径等于从它们的圆心到 S_1 与 S_2 的切线长.) 如果 S_1 与 S_2 相切,那么垂直于 S_1 与 S_2 的所有圆通过切点 A,所有圆的圆心在 S_1 与 S_2 的根轴 r 上. (它们也通过 A),并且,要求的圆 Σ 的圆心到圆 S 的圆心与直线 r 上点 D 等距离,使

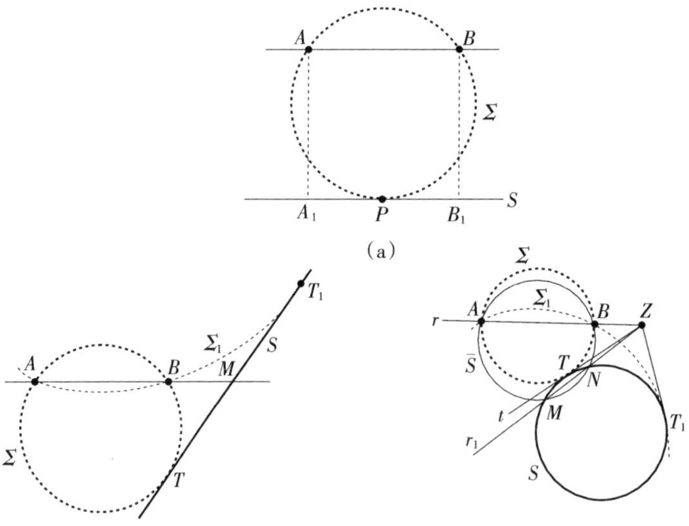

(a)　(b)　(c)

图 38

AD 等于S 的半径(或者到直线 S 与通过A 垂直于r 的直线等距离). 如果 S_1 与 S_2 相交,S 是平行于S_1 与 S_2 的连心线 l 的一条直线(垂直于 S_1 与 S_2 的束的根轴),那么要求的圆 Σ 与S 相切于点P,P 是 S 与 S_1,S_2 的根轴 r 的交点(圆束连心线垂直于 S_1 与 S_2;图 39(a));它的圆心是 r 和圆 S_1 与点 P 的根轴 r_1 的交点. 如果直线 s 交 l 于点 J,并且 $\overline{S}$ 是垂直于 S_1 与 S_2 的圆,那么从 J 到 $\overline{S}$ 所作切线 $\overline{T}$ 的长等于从 J 到所求圆 Σ 所作切线的长(因为 l 是 $\overline{S}$ 与 Σ 的根轴)(图 39(b);把这与问题(1)的解法相比较). 本题有两解. 如果 S 是圆,$\overline{S}$ 是垂直于 S_1 与 S_2 的某一圆(图 39(c)),那么 $\overline{S}$ 与要求的圆 Σ 的根轴是 S_1 与 S_2 的连心线;我们可以作出 $\overline{S}$ 与 S 的根轴 r. 因此圆 Σ 与 S 的根轴 t 是它们的公切线,通过 l 与 r 的交点 Z,或者当 $l \parallel r$ 时,$t \parallel l$(把这与问题(1)的解法做比较).

本题可以有两解、一解或无解;如果 S_1 与 S_2 相切,S 通过它们的切点且垂直于它们,那么本题的解是不确定的.

5. (1) 解法 1:垂直于 S_1 与 S_2 的圆构成一个圆束;我们要求这个圆束通过 M 的圆. 如果 S_1 与 S_2 不相交,那么圆束的圆通过两定点 A 与 B(见问题 4(2)的解法);要求的圆 S 通过 A,B 与 M. 如果 S_1 与 S_2 在 A 上相切,那么要求的圆 S 的圆心为圆 S_1 与 S_2 的公切线 r 上(它们的根轴),且垂直于在它中点作出的线段 AM. 最后,如果 S_1 与 S_2 相交于点 A 与 B(图 40),那么我们作圆 S 通过 A,B 与 M(圆束的圆包含 S_1 与 S_2). 要求的圆 Σ 垂直于整个圆束. 因此,Σ 的圆心为 S_1 与 S_2 的根轴和 S 在 M 上的切线的交点.

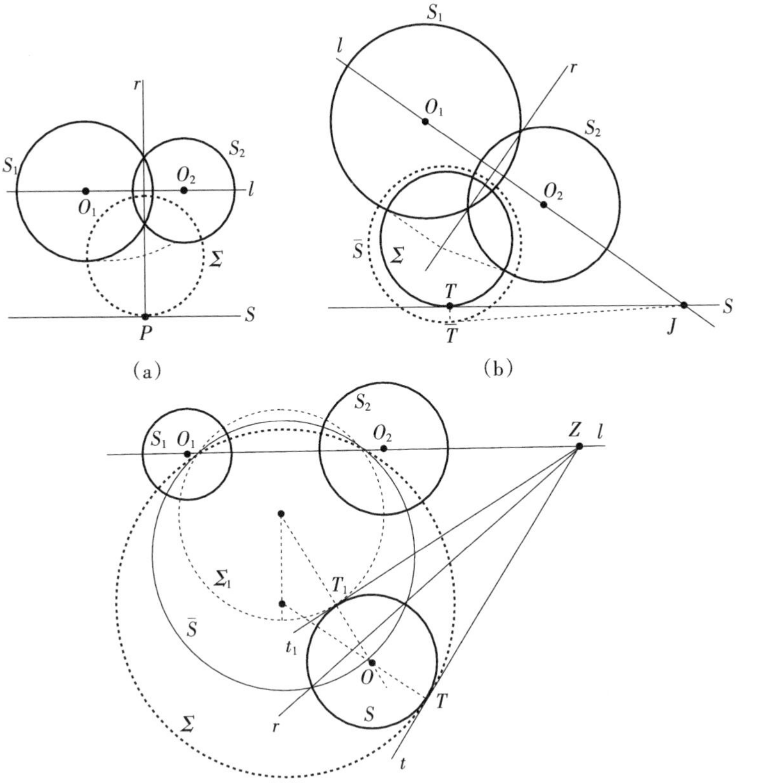

(a) (b) (c)

图 39

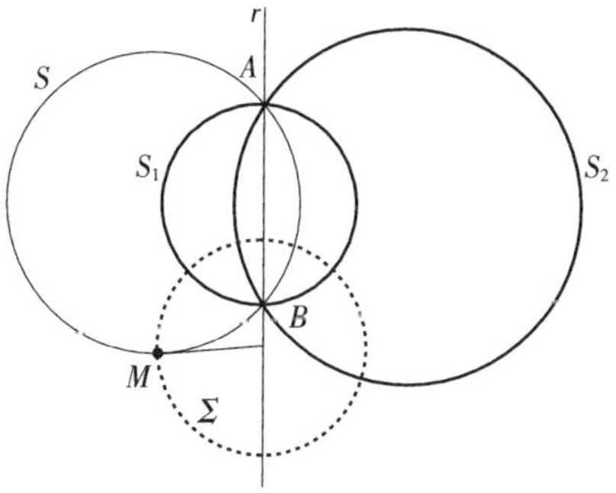

图 40

解法 2:要求的圆 Σ 的圆心与根轴 r, r_1 的交点重合,其中 r 是圆 S_1 与 S_2 的根轴,r_1 是点 M("半径为 0 的圆")与圆 S_1 的根轴. r_1 通过从 M 到 S_1 所作切线的中点.

(2) 要求的圆 Σ 的圆心是根轴 r 与直线 s 的交点,其中 r 是圆 S_1 与点 M 的根轴，直线 s 与圆 S_2，点 M 的根轴关于线段 O_2M 的中点对称（O_2 是 S_2 的圆心）.

(3) 要求的圆 Σ 的圆心和直线 s 与直线 s_1 的交点重合，其中 s 与 S_1，S_2 的根轴 r 关于线段 O_1O_2 的中点对称（O_1 与 O_2 分别是 S_1 与 S_2 的圆心），s_1 与圆 S_1，点 M 的根轴 r_1 关于线段 O_1M 的中点对称.

6.(1) 要求的圆 Σ 的圆心与圆 S_1，S_2，S_3 的根心重合（见第 44 页）；它的半径等于从 O 到 S_1 的切线长. 当 O 在 S_1，S_2，S_3 的外部时，本题有一解，在其他情形下本题无解.

(2) 要求的圆 Σ 的圆心与直线 s_1，s_2 的交点重合，其中 S_1 与 S_2 的根轴 r_3 关于线段 O_1O_2 的中点对称，S_1 与 S_3 的根轴 r_2 关于线段 O_1O_3 的中点对称（O_1，O_2，O_3 分别是圆 S_1，S_2 与 S_3 的圆心）；Σ 通过 S_1 与在 O_1 上作的垂线 OO_1 的交点.

(3) 要求的圆 Σ 的圆心与圆 S_1，S_2，S_3 的根心重合；Σ 交 S_1 于点 A 与 B，使 AB 通过 O 且 $AB \perp OO_1$（O_1 是 S_1 的圆心）. 当 O 在 S_1，S_2，S_3 的内部时，本题有唯一解，在其他情形下本题无解.

7.(1) 令 M 是要求的轨迹上一点，Q 是 M 在已知圆 S_1 与 S_2 连心线上的射影，S_1 与 S_2 的半径分别为 r_1 与 r_2（图 41(a)）. 用第 41～44 页类似的论证，我们得出等式

$$2O_1O_2 \cdot TQ = r_1^2 - r_2^2 + a$$

其中 T 是 O_1O_2 的中点. 从而要求的轨迹是垂直于连心线的一条直线（$TQ = \dfrac{r_1^2 - r_2^2 + a}{2O_1O_2}$ 是已知的），因此平行于根轴.

(2) 公式 $2O_1O_2 \cdot TP = r_1^2 - r_2^2$（见第 42 页）与 $2O_1O_2 \cdot TQ = r_1^2 - r_2^2 + a$（见问题(1) 的解法）蕴涵

$$2O_1O_2 \cdot QP = a$$

总之，点 M 关于两圆 S_1 与 S_2 的幂之差等于 S_1，S_2 两圆心间距离 O_1O_2 乘以从 M 到 S_1，S_2 的根轴 r 的距离，$QP = MP'$（图 41(a)）.

现在令 S 是与 S_1，S_2 一样的圆束中的一圆，M 是 S 上一点，O_1，O_2 与 O 分别是圆 S_1，S_2 与 S 的圆心（图 41(b)）. 那么 M 关于 S 的幂为零. 因此由刚才叙述过的定理

$$2OO_1 \cdot MP' = a_1, 2OO_2 \cdot MP' = a_2$$

其中 a_1 与 a_2 分别是 M 关于 S_1 与 S_2 的幂. 因此

$$\frac{a_1}{a_2} = \frac{OO_1}{OO_2}$$

总之，点 M 关于圆 S_1 与 S_2 的幂之比等于从含 S_1，S_2 的圆束中圆心 O 到 S_1，S_2 的圆心距离之比.（此处我们假设 M 不是圆 S_1 与 S_2 的根轴 r 上的点；我

们回忆一下，包含 S_1 与 S_2 的圆束中有唯一一个圆不通过 r 上每一点；见第 39 页）.

从而推出，当 $k \neq 1$ 时，要求的轨迹是一个圆，当 $k=1$ 时，要求的轨迹是一条直线. 知道了 k，可以容易作出要求的轨迹.

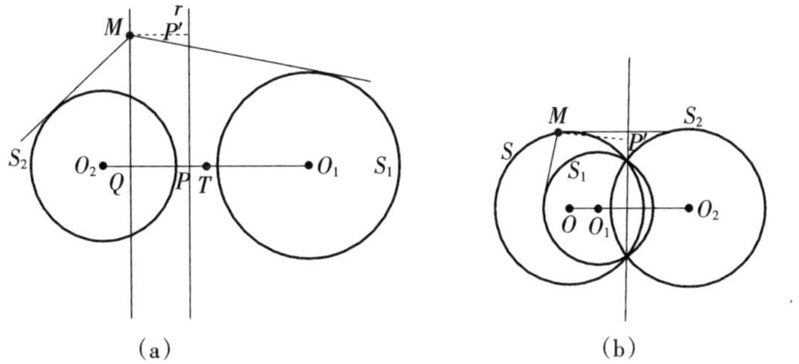

图 41

8.（1）令 l 通过圆 S_1 与 S_2 的相似中心 O（图 3.15(a)），则具有中心 O 的中心相似把 S_1 变为 S_2，l 变为它本身. 因此 l 和 S_1 与 S_2 构成等角 α. 这蕴涵 S_1 与 S_2 在点 A_1 与 A_2 的切线在相应的中心相似下平行；S_1 与 S_2 在 B_1 与 B_2 的切线同样平行. 令 M 是 S_1 与 S_2 在 A_1 与 B_2 的切线的交点，那么 $\angle MA_1B_2=\angle MB_2A_1=\alpha$，从而 $MA_1=MB_2$，即 M 在 S_1 与 S_2 的根轴上. 用大致类似的方法，我们证明 S_1 与 S_2 在 B_1 与 A_2 的切线相交于根轴上的点 N.

（2）令 S_1 与 S_2 在 A_1 与 A_2 的切线相交于点 M（图 3.15(b)）. 令 α_1 与 α_2 分别是 l 与 S_1，S_2 所构成的角，则

$$\frac{MA_1}{MA_2}=\frac{\sin\angle MA_2A_1}{\sin\angle MA_1A_2}=\frac{\sin\alpha_2}{\sin\alpha_1}$$

这蕴涵 M 在圆 Σ 上，点的轨迹使它们关于 S_1 与 S_2 的幂之比是 $\frac{\sin^2\alpha_2}{\sin^2\alpha_1}$（见问题 7）. 用类似的方法，我们证明 S_1 在 A_1，B_1 的切线与 S_2 在 A_2，B_2 的切线的其余三交点也在 Σ 上.

附注. 问题 7(2) 的结果蕴涵，问题 8(2) 中的圆 Σ，S_1 与 S_2 属于同一个圆束.

9. 令 $A_1A_2A_3\cdots A_n$ 是 S 的内接与 s 的外切 n 边形. 我们证明，如果在 S 上移动 A_1，并研究一个连续变动的 n 边形 $A_1'A_2'A_3'\cdots A_n'$，使它的所有顶点都在 S 上，使它的所有边（除最后一边 $A_n'A'$ 外）都与 s 相切，那么 $A_n'A_1'$ 也与 s 相切.

令 $A_1A_2A_3\cdots A_n$ 与 $A_1'A_2'A_3'\cdots A_n'$ 是变动的 n 边形的两个接近的位置（图 42）. 我们考虑四边形 $A_1A_1'A_2A_2'$. 令 R_1 与 R_2 是直线 M_1M_1' 上的点，M_1M_1' 是联结 A_1A_2 与 $A_1'A_2'$ 和 s 的切点 M_1 与 M_1' 而成的，R_1 是 M_1M_1' 与 A_1A_1' 的交点，R_2 是 M_1M_1' 与 A_2A_2' 的交点.

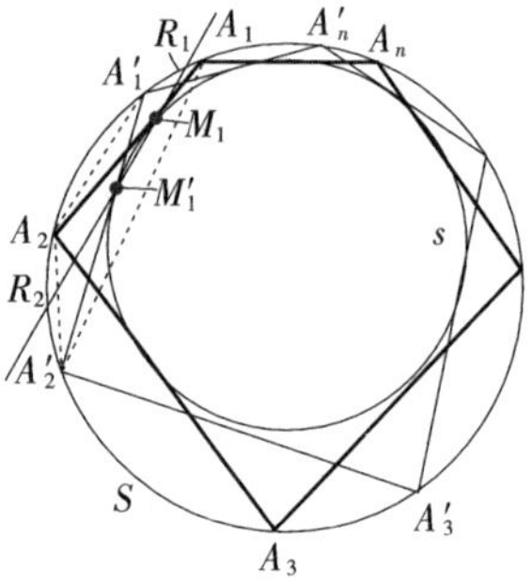

图 42

图 42 告诉我们

$$\angle A_1R_1R_2=\angle R_1M'_1A'_1+\angle R_1A'_1A'_2$$

$$\angle A'_2R_2A_1=\angle R_2M_1A_2+\angle R_2A_2A_1$$

但是 $\angle R_1A'_1A'_2=\angle R_2A_2A_1$(两者都是圆 S 的$\overset{\frown}{A_1A'_2}$所对的角),$\angle R_1M'_1A'_1=\angle R_2M_1A_2$(两者都是圆 s 的$\overset{\frown}{M_1M'_1}$所对的角).因此

$$\angle A_1R_1R_2=\angle A'_2R_2R_1$$

这蕴涵存在一个圆 s' 在 R_1 与 R_2 上分别和 $A_1A'_1$,$A_2A'_2$ 相切,并且此圆通过 s 与 s' 在 M_1,M'_1 与 R_1,R_2 上切线的交点,即圆 S 通过点 A_1,A'_1,A_2,A'_2,此圆属于与圆 s,s' 一样的圆束(见问题 8(2) 的解法).换言之,s' 属于与圆 S,s 一样的圆束.

用大致相同的方法,我们证明,存在一圆与 $A_2A'_2$,$A_3A'_3$ 相切于 $A_2A'_2$,$A_3A'_3$ 和一直线的交点,此直线是联结 A_2A_3,$A'_2A'_3$ 与 s 的切点而成的.这个圆以 s'' 表示,属于 S 与 s 的圆束中.很重要的是指出,圆 s'' 与圆 s' 重合.事实上,一般地,所研究的圆束(包含 S 与 s 的圆束)中的两圆与直线 $A_2A'_2$ 相切(见问题 4(2) 的解法).这由以下事实推出:每个圆束可以用反演变为同心圆集合,或平行线,或通过一点的直线.让我们假设 s' 与 s'' 是两个不同圆,并连续改变 n 边形 $A'_1A'_2A'_3\cdots A'_n$,使它趋向 n 边形 $A_1A_2A_3\cdots A_n$.当我们这样作时,圆 s' 与 s'' 也连续改变,因此它们趋向于包含 S 与 s 的圆束,这些圆与 S 在 A_2 上的切线相切(直线 $A_2A'_2$ 趋向于这条特别的切线).但是这与以下事实矛盾:s' 与 s'' 趋向于同一圆 S(因为 $A_1A'_1$ 与 $A_2A'_2$ 趋向于 S 在 A_1 与 A_2 上的切线).

我们证明了,圆 s' 与直线 $A_1A'_1$,$A_2A'_2$,$A_3A'_3$ 相切.用类似的方法,我们证明它还与直线 $A_4A'_4$,$A_5A'_5$,…,$A_nA'_n$ 相切.因此我们看出,存在圆 s' 与 $A_1A'_1$,$A_nA'_n$ 相切.现在考虑四边形 $A_1A'_1A_nA'_n$;我们来证明(正如我们原来所做的那样),存在属于与 s,s' 同一圆束的圆 $\bar{s}$,与 A_1A_n,$A'_1A'_n$ 相切(在这些直线与直线 R_1R_n 的交点上相切,$A_1A'_1$ 与 $A_nA'_n$ 在 R_1 与 R_n 上和 s' 相切).但是 A_1A_n 是这个圆束中圆 s 的切线.这蕴涵在这个多边形变化的过程中,边 A_1A_n 仍然是同一圆

s 的切线.(A_1A_n 也是包含 s,s' 与 S 的圆束中圆 s_1 的切线;但是容易看出,R_1R_n 与 A_1A_n 的交点在线段 A_1A_n 与 $A'_1A'_n$的内部,这蕴涵 $\bar{s}$ 与 s 重合,而不与 s_1 重合.)

附注.用类似的方法,我们可以证明以下更一般的定理:如果 n 边形 $A_1A_2A_3\cdots A_n$ 连续改变,但始终内接于圆 S,使它的边 A_1A_2,A_2A_3,$\cdots$,$A_{n-1}A_n$ 仍然是包含 S 的一个圆束中圆 s_1,s_2,$\cdots$,s_{n-1} 的切线,那么 A_nA_1 仍然是同一圆束中圆 s_n 的切线.并且,n 边形 $A_1A_2A_3\cdots A_n$ 的每条对角线仍然是同一圆束中圆的切线.特别地,如果 n 边形连续改变时,仍然保持内接于圆 s 与外切于圆 s,那么它的每条对角线仍然包含 S 与 s 的圆束中圆的切线.

第 4 章　反演(续完)

1.(1) 我们应用中心在点 M 与幂为 1 的反演.于是点 A_1,A_2,A_3,$\cdots$,A_n 变为共线点 A'_1,A'_2,A'_3,$\cdots$,A'_n.令 a 是正 n 边形的边长(图 43).公式($*$)(第 51 页)蕴涵

$$A'_1A'_2=\frac{1}{d_1d_2}a$$

$$A'_2A'_3=\frac{1}{d_2d_3}a$$

$$A'_3A'_4=\frac{1}{d_3d_4}a,\ \cdots,\ A'_{n-1}A'_n=\frac{1}{d_{n-1}d_n}a$$

$$A'_1A'_n=\frac{1}{d_1d_n}a$$

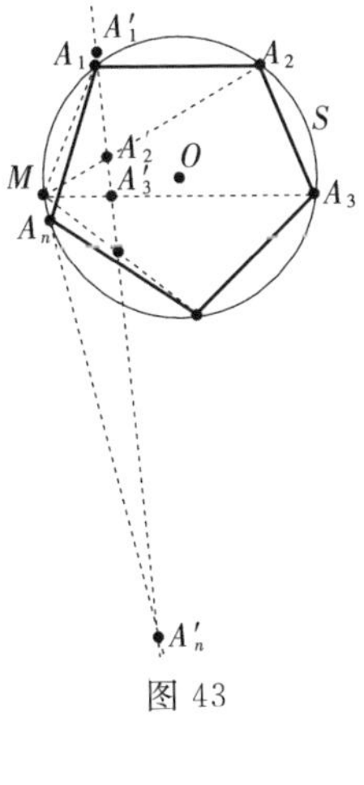

图 43

把所有这些表示式代入显然的关系式

$$A_1'A_n' = A_1'A_2' + A_2'A_3' + A_3'A_4' + \cdots + A_{n-1}'A_n'$$

把最后所得的等式两边除以 a，我们得出要求的结果.

(2) 用 a 表示正 n 边形的边长，b 表示这个 n 边形两边所对的弦长. 令 A_1'，A_2'，A_3'，…，A_n' 是在中心为 M 与幂为 1 的反演下 n 边形顶点的像. 于是有(见问题(1)的解法)

$$A_1'A_2' = \frac{1}{d_1d_2}a$$

$$A_2'A_3' = \frac{1}{d_2d_3}a,\ \cdots,\ A_1'A_n' = \frac{1}{d_1d_n}a$$

$$A_1'A_3' = \frac{1}{d_1d_3}b$$

$$A_2'A_4' = \frac{1}{d_2d_4}b,\ \cdots,\ A_{n-2}'A_n' = \frac{1}{d_{n-2}d_n}b$$

$$A_{n-1}'A_1' = \frac{1}{d_1d_{n-1}}b$$

$$A_n'A_2' = \frac{1}{d_2d_n}b$$

此外

$$A_1'A_2' + A_2'A_3' = A_1'A_3'$$

$$\frac{1}{d_1d_2}a + \frac{1}{d_2d_3}a = \frac{1}{d_1d_3}b \text{ 或 } ad_1 + ad_3 = bd_2$$

$$A_2'A_3' + A_3'A_4' = A_2'A_4'$$

$$\frac{1}{d_2d_3}a + \frac{1}{d_3d_4}a = \frac{1}{d_2d_4}b \text{ 或 } ad_2 + ad_4 = bd_3$$

$$A_3'A_4' + A_4'A_5' = A_3'A_5'$$

$$\frac{1}{d_3d_4}a + \frac{1}{d_4d_5}a = \frac{1}{d_3d_5}b \text{ 或 } ad_3 + ad_5 = bd_4$$

$$A_4'A_5' + A_5'A_6' = A_4'A_6'$$

$$\frac{1}{d_4d_5}a + \frac{1}{d_5d_6}a = \frac{1}{d_4d_6}b \text{ 或 } ad_4 + ad_6 = bd_5$$

$$\vdots$$

$$A_{n-2}'A_{n-1}' + A_{n-1}'A_n' = A_{n-2}'A_n'$$

$$\frac{1}{d_{n-2}d_{n-1}}a + \frac{1}{d_{n-1}d_n}a = \frac{1}{d_{n-2}d_n}b \text{ 或 } ad_{n-2} + ad_n = bd_{n-1}$$

$$A_{n-1}'A_n' + A_{n-1}'A_1' = A_n'A_1'$$

$$\frac{1}{d_{n-1}d_n}a + \frac{1}{d_{n-1}d_1}b = \frac{1}{d_nd_1}a \text{ 或 } ad_1 + bd_n = ad_{n-1}$$

$$A'_nA'_2+A'_2A'_1=A'_1A'_n$$

$$\frac{1}{d_2d_n}b+\frac{1}{d_1d_2}a=\frac{1}{d_1d_n}a \text{ 或 } bd_1+ad_n=ad_2$$

把所有“最后”的等式相加，我们得出等式

$$(2a+b)(d_1+d_3+d_5+\cdots+d_n)=(2a+b)(d_2+d_4+\cdots+d_{n-1})$$

这蕴涵要求的结果.

2. (1) 我们应用中心为M的反演. 于是内接$2n$边形的顶点$A_1,A_2,A_3,\cdots,A_{2n}$变为$2n$个共线点$A'_1,A'_2,A'_3,\cdots,A'_{2n}$(图44). $\triangle MA_1A_2\backsim\triangle MA'_2A'_1$(见51页)蕴涵

$$\frac{p_1}{p'}=\frac{MA_1}{MA'_2}=\frac{MA_2}{MA'_1} \text{ 或 } \frac{p_1^2}{p'^2}=\frac{MA_1\cdot MA_2}{MA'_1\cdot MA'_2}$$

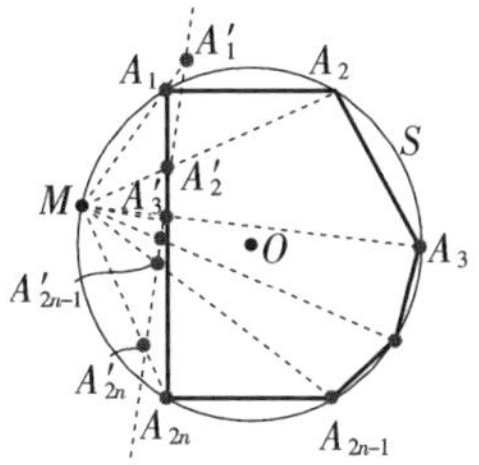

图 44

其中p'是从M到直线$A'_1,A'_2,A'_3,\cdots,A'_{2n}$的距离，即$\triangle MA'_1A'_2$的高. 类似地

$$\frac{p_2^2}{p'^2}=\frac{MA_2\cdot MA_3}{MA'_2\cdot MA'_3}$$

$$\frac{p_3^2}{p'^2}=\frac{MA_3\cdot MA_4}{MA'_3\cdot MA'_4},\ \cdots,\ \frac{p_{2n-1}^2}{p'^2}=\frac{MA_{2n-1}\cdot MA_{2n}}{MA'_{2n-1}\cdot MA'_{2n}}$$

$$\frac{p_{2n}^2}{p'^2}=\frac{MA_{2n}\cdot MA_1}{MA'_{2n}\cdot MA'_1}$$

由此

$$\left(\frac{p_1p_3p_5\cdots p_{2n-1}}{p'^n}\right)^2=\frac{MA_1\cdot MA_2\cdot MA_3\cdot MA_4\cdot\cdots\cdot MA_{2n-1}\cdot MA_{2n}}{MA'_1\cdot MA'_2\cdot MA'_3\cdot MA'_4\cdot\cdots\cdot MA'_{2n-1}\cdot MA'_{2n}}$$

与

$$\left(\frac{p_2p_4p_6\cdots p_{2n}}{p'^n}\right)^2=\frac{MA_2\cdot MA_3\cdot MA_4\cdot MA_5\cdot\cdots\cdot MA_{2n}\cdot MA_1}{MA'_2\cdot MA'_3\cdot MA'_4\cdot MA'_5\cdot\cdots\cdot MA'_{2n}\cdot MA'_1}$$

即

$$p_1p_3p_5\cdots p_{2n-1}=p_2p_4p_6\cdots p_{2n}$$

这就是我们所要证明的.

(2) 这个定理可以看作问题(1)的定理的极限情形：如果内接$2n$边形的顶点A_2趋向于顶点A_1，顶点A_3趋向于顶点A_4，顶点A_5趋向于顶点A_6等，那么内接$2n$边形的边$A_1A_2,A_3A_4,A_5A_6,\cdots$趋向于圆在内接$n$边形$A_1A_3A_5\cdots A_{2n-1}$

的顶点 $A_1, A_2, A_3, \cdots$ 上的切线.

3. 我们应用中心在 M 上的反演. n 边形的顶点 $A_1, A_2, A_3, \cdots, A_n$ 变为 n 个共线点 $A'_1, A'_2, A'_3, \cdots, A'_n$(图 44),并且

$$A'_1A'_n = A'_1A'_2 + A'_2A'_3 + A'_3A'_4 + \cdots + A'_{n-1}A'_n \qquad (*)$$

我们以 p' 表示从 M 到直线 $A'_1A'_n$ 的垂线长,即 $\triangle A'_1MA'_2, \triangle A'_2MA'_3, \triangle A'_3MA'_4, \cdots, \triangle A'_{n-1}MA'_n$ 与 $\triangle A'_1MA'_n$ 的共同的高. $\triangle A_1MA_2 \backsim \triangle A'_1MA'_2$ 蕴涵

$$\frac{A_1A_2}{A'_1A'_2} = \frac{p_1}{p'}$$

相似三角形对应边之比等于这些边上的高之比. 从而

$$A'_1A'_2 = \frac{A_1A_2}{p_1}p' = \frac{a_1}{p_1}p'$$

类似地

$$A'_2A'_3 = \frac{a_2}{p_2}p',\ A'_3A'_4 = \frac{a_3}{p_3}p',\ \cdots,\ A'_{n-1}A'_n = \frac{a_{n-1}}{p_{n-1}}p',\ A'_1A'_n = \frac{a_0}{p_0}p'$$

把所有这些表示式代入式($*$),并把最后得出的等式除以 p',我们得出要求的结果.

4. 我们应用具有中心 A_0 与幂 1 的反演. 圆 Σ 与 S_0 变为平行线 Σ' 与 S'_0,并且前文中图 4.2 变为图 45,以 $r'_1, r'_2, \cdots, r'_n$ 分别表示变换了的圆 $S'_1, S'_2, \cdots, S'_n$ 的半径. 我们从图 45 得出

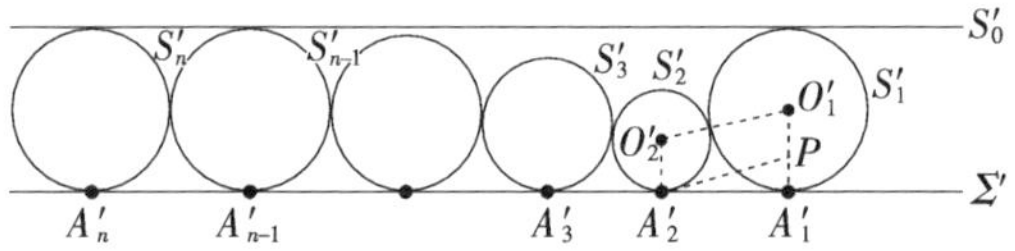

图 45

$$A'_1A'^2_2 = O'_1O'^2_2 - A'_1P^2 = (r'_1 + r'_2)^2 - (r'_1 - r'_2)^2 = 4r'_1r'_2$$

类似地

$$A'_2A'^2_3 = 4r'_2r'_3,\ A'_3A'^2_4 = 4r'_3r'_4,\ \cdots,\ A'_{n-1}A'^2_n = 4r'_{n-1}r'_n$$

(1) 令 n 是偶数. 我们有

$$r'_2 = \frac{A'_1A'^2_2}{4r'_1},\ r'_3 = \frac{A'_2A'^2_3}{4r'_2} = \frac{A'_2A'^2_3}{A'_1A'^2_2}r'_1$$

$$r'_4 = \frac{A'_3A'^2_4}{4r'_3} = \frac{A'_1A'^2_2 \cdot A'_3A'^2_4}{A'_2A'^2_3}\frac{1}{4r'_1}$$

$$\vdots$$

$$r'_n = \frac{A'_1A'^2_2 \cdot A'_3A'^2_4 \cdot \cdots \cdot A'_{n-1}A'^2_n}{A'_2A'^2_3 \cdot A'_4A'^2_5 \cdot \cdots \cdot A'_{n-2}A'^2_{n-1}}\frac{1}{4r'_1}$$

条件 $r'_n = r'_1$ 使我们可以确定圆 S'_1 的直径,即直线 Σ' 与 S'_0 间的距离

$$2r'_1=\frac{A'_1A'_2\cdot A'_3A'_4\cdot\cdots\cdot A'_{n-1}A'_n}{A'_2A'_3\cdot A'_4A'_5\cdot\cdots\cdot A'_{n-2}A'_{n-1}}$$

或者

$$A'_1A'_2=\frac{A_1A_2}{A_0A_1\cdot A_0A_2}$$

$$A'_2A'_3=\frac{A_2A_3}{A_0A_2\cdot A_0A_3}\qquad(**)$$

$$\vdots$$

$$A'_{n-1}A'_n=\frac{A_{n-1}A_n}{A_0A_{n-1}\cdot A_0A_n}$$

见第 51 页中公式(*)

$$2r'_1=\frac{A_1A_2\cdot A_3A_4\cdot\cdots\cdot A_{n-1}A_n}{A_0A_1\cdot A_2A_3\cdot A_4A_5\cdot\cdots\cdot A_{n-2}A_{n-1}\cdot A_nA_0}$$

令 d 是从反演中心 A_0 到直线 Σ' 的距离,则从 A_0 到 S'_0 的距离是 $d\pm 2r'_1$. 在这种情形中, $2R=\frac{1}{d}$, $2r_0=\frac{1}{d\pm 2r'_1}$(见反演性质 B_3 的证明),最后我们得出

$$d=\frac{1}{2R},r_0=\frac{1}{\frac{1}{R}\pm 2\frac{A_1A_2\cdot A_3A_4\cdot\cdots\cdot A_{n-1}A_n}{A_0A_1\cdot A_2A_3\cdot A_4A_5\cdot\cdots\cdot A_{n-2}A_{n-1}\cdot A_nA_0}}$$

(加号对应于 $S_0,S_1,\cdots,S_n$ 与 S 内切的情形,减号对应于外切的情形).

(2) 正如问题(1) 的解法一样,我们得出

$$r'_n=\frac{A'_2A'^2_3\cdot A'_4A'^2_5\cdot\cdots\cdot A'_{n-1}A'^2_n}{A'_1A'^2_2\cdot A'_3A'^2_4\cdot\cdots\cdot A'_{n-2}A'^2_{n-1}}r'_1$$

这蕴涵点 $A'_1,A'_2,\cdots,A'_n$ 相互距离之间的以下关系式

$$A'_1A'_2\cdot A'_3A'_4\cdot\cdots\cdot A'_{n-2}A'_{n-1}=A'_2A'_3\cdot A'_4A'_5\cdot\cdots\cdot A'_{n-1}A'_n$$

利用问题(1) 解法中的公式(**),我们得出点 $A_0,A_1,A_2,\cdots,A_n$ 相互距离之间所求的关系式

$$A_1A_2\cdot A_3A_4\cdot\cdots\cdot A_{n-2}A_{n-1}\cdot A_nA_0=A_0A_1\cdot A_2A_3\cdot A_4A_5\cdot\cdots\cdot A_{n-1}A_n$$

5. 显然,要求的轨迹的特征用交比 $\frac{AM_1}{BM_1}:\frac{AM_2}{BM_2}=1$ 表示,其中 M_1 与 M_2 是轨迹上任意两点. 由性质 D,这蕴涵,如果反演把点 A,B 变为 A',B',那么它使要求的轨迹变为这样的点的轨迹,使这些点到 A' 与 B' 的距离之比是常数(但是这个比不需要等于原始轨迹上的各点到 A 与 B 的距离之比).

现在设反演中心 O 是要求的轨迹上的点,则从点 M'(轨迹上的点 M 在反演下的像) 到点 A' 与 B' 的距离之比等于 1

$$M'A':M'B'=MA\frac{k}{OM\cdot OA}:MB\frac{k}{OM\cdot OB}=\frac{MA}{MB}:\frac{OA}{OB}=1$$

(见第51页中的公式(*);由点O的选取有$\frac{MA}{MB}=\frac{OA}{OB}$).从而要求的轨迹的像由到$A'$与$B'$等距离的点组成,因而是一条直线.因此要求的轨迹是一条直线或一个圆.

显然,只有当问题条件所述的比有数值1时,要求的轨迹才是一条直线.

6.四边形$ABCD$的对边乘积之和与它的对角线乘积之比

$$\frac{AB\cdot CD+AD\cdot BC}{AC\cdot BD}$$

可以改写为

$$\frac{AB\cdot CD}{AC\cdot BD}+\frac{AD\cdot BC}{AC\cdot BD}=\frac{AB}{DB}:\frac{AC}{DC}+\frac{DA}{CA}:\frac{DB}{CB}$$

因此是点A,D,B,C与D,C,A,B(注意字母的次序)的交比之和,既然如此,它不会被反演所改变.

设圆S可以外接于四边形$ABCD$.我们应用中心在S上的任一点O的反演,则点A,B,C,D变为共线点A',B',C',D'.

为确定起见,设点A',B',C',D'以上述次序出现在直线上(图46;这是点O在S的$\overset{\frown}{AD}$上的情形).令a,b与c分别表示线段$A'B',B'C'$与$C'D'$的长,则

$$A'D'=a+b+c,A'C'=a+b,B'D'=b+c$$

从而

$$\frac{A'B'\cdot C'D'+A'D'\cdot B'C'}{A'C'\cdot B'D'}=\frac{ac+(a+b+c)b}{(a+b)(b+c)}=\frac{ac+ab+b^2+bc}{ab+b^2+ac+bc}=1$$

这就证明了本题的断言.

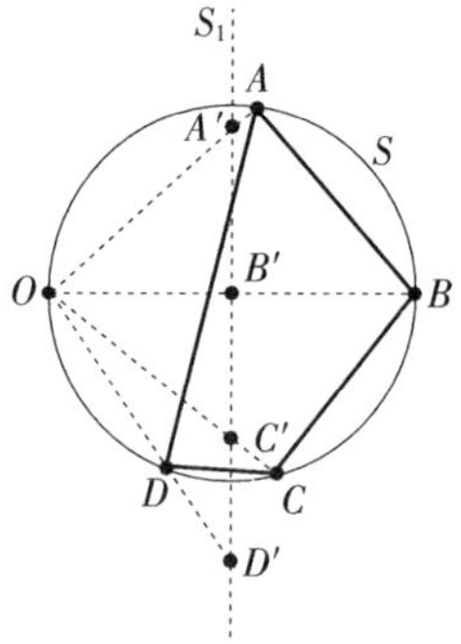

图46

7.令P,Q,R,T是圆S上的任意四点,令P',Q',R',T'是它们在反演序列$I_1,I_2,\cdots,I_n$作用下的像.因为反演保持交比不变,所以

$$\frac{PR}{QR}:\frac{PT}{QT}=\frac{P'R'}{Q'R'}:\frac{P'T'}{Q'T'}$$

但是,显然

$$PR=2r\sin\frac{\overset{\frown}{PR}}{2},QR=2r\sin\frac{\overset{\frown}{QR}}{2},\cdots$$

其中,r 是圆 S 的半径.因此上面所述的比的等式可以改写如下

$$\frac{\sin\frac{\overset{\frown}{PR}}{2}}{\sin\frac{\overset{\frown}{QR}}{2}}:\frac{\sin\frac{\overset{\frown}{PT}}{2}}{\sin\frac{\overset{\frown}{QT}}{2}}=\frac{\sin\frac{\overset{\frown}{P'R'}}{2}}{\sin\frac{\overset{\frown}{Q'R'}}{2}}:\frac{\sin\frac{\overset{\frown}{P'T'}}{2}}{\sin\frac{\overset{\frown}{Q'T'}}{2}}$$

最后,令 O 是 S 的任一定点,则 $\overset{\frown}{PR}=\overset{\frown}{PO}-\overset{\frown}{RO}$,[1] 等等.因此

$$\sin\frac{\overset{\frown}{PR}}{2}=\sin\frac{\overset{\frown}{PO}-\overset{\frown}{RO}}{2}=\sin\frac{\overset{\frown}{PO}}{2}\cos\frac{\overset{\frown}{RO}}{2}-\sin\frac{\overset{\frown}{RO}}{2}\cos\frac{\overset{\frown}{PO}}{2}$$
$$=\cos\frac{\overset{\frown}{PO}}{2}\cos\frac{\overset{\frown}{RO}}{2}\left(\tan\frac{\overset{\frown}{PO}}{2}-\tan\frac{\overset{\frown}{RO}}{2}\right)$$

等等.由此得

$$\frac{\tan\frac{\overset{\frown}{PO}}{2}-\tan\frac{\overset{\frown}{RO}}{2}}{\tan\frac{\overset{\frown}{QO}}{2}-\tan\frac{\overset{\frown}{RO}}{2}}:\frac{\tan\frac{\overset{\frown}{PO}}{2}-\tan\frac{\overset{\frown}{TO}}{2}}{\tan\frac{\overset{\frown}{QO}}{2}-\tan\frac{\overset{\frown}{TO}}{2}}$$
$$=\frac{\tan\frac{\overset{\frown}{P'O}}{2}-\tan\frac{\overset{\frown}{R'O}}{2}}{\tan\frac{\overset{\frown}{Q'O}}{2}-\tan\frac{\overset{\frown}{R'O}}{2}}:\frac{\tan\frac{\overset{\frown}{P'O}}{2}-\tan\frac{\overset{\frown}{T'O}}{2}}{\tan\frac{\overset{\frown}{Q'O}}{2}-\tan\frac{\overset{\frown}{T'O}}{2}}$$

现在设 T 是点 A_1,以 X 表示(未知点),则 T' 也与 A_1 重合(n 个反演的序列把 A_1 变为它本身).因此

$$\frac{\tan\frac{\overset{\frown}{PO}}{2}-\tan\frac{\overset{\frown}{RO}}{2}}{\tan\frac{\overset{\frown}{QO}}{2}-\tan\frac{\overset{\frown}{RO}}{2}}:\frac{\tan\frac{\overset{\frown}{PO}}{2}-\tan\frac{\overset{\frown}{XO}}{2}}{\tan\frac{\overset{\frown}{QO}}{2}-\tan\frac{\overset{\frown}{XO}}{2}}$$
$$=\frac{\tan\frac{\overset{\frown}{P'O}}{2}-\tan\frac{\overset{\frown}{R'O}}{2}}{\tan\frac{\overset{\frown}{Q'O}}{2}-\tan\frac{\overset{\frown}{R'O}}{2}}:\frac{\tan\frac{\overset{\frown}{P'O}}{2}-\tan\frac{\overset{\frown}{XO}}{2}}{\tan\frac{\overset{\frown}{O'O}}{2}-\tan\frac{\overset{\frown}{XO}}{2}}\qquad(*)$$

我们选取任意点 P,Q,R,现在不难求出 P',Q',R'.等式(*)可以看作关于未知数 $\tan\frac{\overset{\frown}{XO}}{2}$ 的二次方程.解此方程得出 $\tan\frac{\overset{\frown}{XO}}{2}$,因此可以作出对应于 $\overset{\frown}{XO}$

的圆心角，并求出点 $X=A_1$，这是一个求 n 边形其余顶点的简单问题，利用直尺与圆规容易作图.

根据方程（ * ）的根的个数，本题有两解、一解或无解.

8. 本题与问题5类似. 首先，显然，如果从点 M_1 向两个圆 S_1 与 S_2 所作切线段长之比等于从另一点 M_2 向这两个圆所作切线段长之比，那么四个圆 S_1，S_2，M_1，M_2 的交比 $\frac{t_{S_1M_1}}{t_{S_2M_1}}:\frac{t_{S_1M_2}}{t_{S_2M_2}}$ 等于 1（此处我们把点 M_1 与 M_2 看作"半径为 0 的圆"；例如，$t_{S_1M_1}$ 表示从点 M_1 向圆 S_2 所作切线段长）. 由此推出，如果中心在 S_1 与 S_2 外部的反演把这些圆变为 S_1' 与 S_2'，那么要求的轨迹变为这样的点的轨迹，使从这些点向圆 S_1' 与 S_2' 所作切线段长之比有常数值.

现在令 O 是要求的轨迹上任一点，因为我们可以从它作出 S_1 与 S_2 的切线，所以它一定在这些圆的外部. 中心在 O 的反演把要求的轨迹变为这样的点的轨迹，使从这些点向像圆 S_1' 与 S_2' 所作切线段长相等. 事实上，如果要求的轨迹上的点 M_1 变为点 M_1'，那么由公式（ * * ）（见第 56 页），我们有

$$\frac{t_{S_1'M_1'}}{t_{S_2'M_1'}}=\left(t_{S_1M_1}\frac{k}{\sqrt{OM_1^2\cdot k_1}}\right):\left(t_{S_2M_1}\frac{k}{\sqrt{OM_1^2\cdot k_2}}\right)=\frac{t_{S_1M_1}}{t_{S_2M_1}}:\frac{\sqrt{k_1}}{\sqrt{k_2}}$$

$$=\frac{t_{S_1M_1}}{t_{S_2M_1}}:\frac{\sqrt{t_{S_1O}^2}}{\sqrt{t_{S_2O}^2}}=\frac{t_{S_1M_1}}{t_{S_2M_1}}:\frac{t_{S_1O}}{t_{S_2O}}=1$$

（O 关于 S_1，S_2 的幂 k_1，k_2 是 $t_{S_1O}^2$，$t_{S_2O}^2$；由 O 的选取有 $\frac{t_{S_1O}}{t_{S_2O}}=\frac{t_{S_1M_1}}{t_{S_2M_1}}$）. 因此我们看出，在中心为 O 的反演下，要求的轨迹变为使 $t_{M'S_1'}=t_{M'S_2'}$ 的点 M' 的轨迹，即变为 S_1' 与 S_2' 的根轴在这两圆外部的线段（见第 3 章）.

由此推出，要求的轨迹是一个圆或一个圆的一部分（通过 S_1 与 S_2 的交点且在 S_1 与 S_2 外部的圆弧上）. 如果本题陈述中的比值是 1，那么要求的轨迹是一条直线或一条直线的一部分.

9. 本题与问题 6 类似. 容易看出，如果 S_1，S_2，S_3 与 S_4 是四个圆，那么表示式

$$\frac{t_{12}t_{34}+t_{14}t_{23}}{t_{13}t_{24}}$$

可以改写为

$$\frac{t_{21}}{t_{31}}:\frac{t_{24}}{t_{34}}+\frac{t_{41}}{t_{31}}:\frac{t_{42}}{t_{32}}$$

这证明了，用中心在 S_1，S_2，S_3 与 S_4 外部或在这四个圆内部的反演，上述表示式不变.

如果圆 S_1，S_2，S_3 与 S_4 切直线 Σ 于点 A，B，C 与 D（图 47），那么上题所包含

的关系式取形式

$$\frac{AB \cdot CD + AD \cdot BC}{AC \cdot BD} = 1$$

容易验证这个等式实际上成立(见问题 6 的解法).

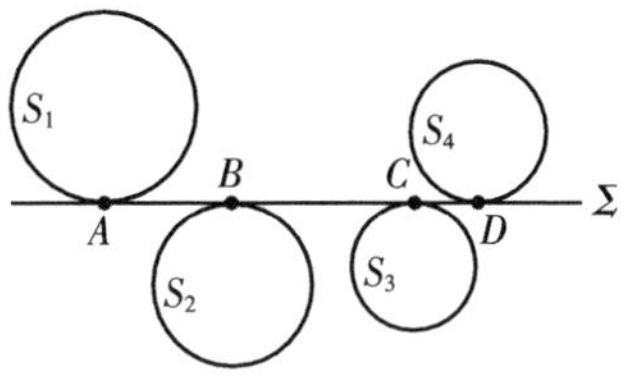

图 47

现在设四个圆 S_1, S_2, S_3, S_4 与圆 Σ 相切. 如果说 S_1 包含 Σ,而 S_2 不包含 Σ,那么 S_1, S_2 与 Σ 有同名切线,但 S_1 与 S_2 没有外公切线(图 48(a)),或者 S_1, S_2 与 Σ 有不同名切线,但 S_1 与 S_2 没有内公切线(图 48(b)). 因此,只有 Σ 在圆 S_1, S_2, S_3, S_4 内部或在这四个圆的外部时,本题的条件才有意义. 现在令 O 是 Σ 的一点. 中心在 O 的反演把圆 S_1, S_2, S_3, S_4 分别变为与唯一直线 Σ' 相切的圆 S_1', S_2', S_3', S_4',并且对于这些情形,正如我们原来看到的一样,本题的条件成立. 这时这个条件一定对四个原始圆也成立.

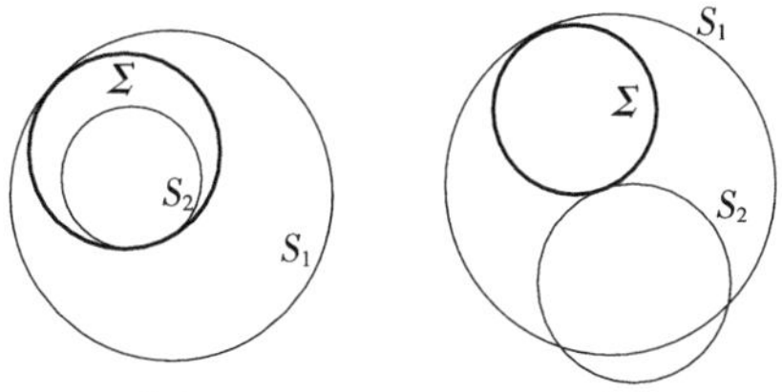

(a) (b)

图 48

10. 令 S_1 与 S_2 是相交于点 A 的两个圆,O_1 与 O_2 分别是它们的圆心,r_1 与 r_2 分别是它们的半径($r_1 \geqslant r_2$),$MN = t_{12}$ 是它们的公切线段(图 49). 令 d 表示线段 O_1O_2,则

$$t_{12}^2 = d^2 - (r_1 - r_2)^2 = d^2 - r_1^2 - r_2^2 + 2r_1r_2$$

因此

$$\frac{t_{12}^2}{r_1r_2} = \frac{2r_1r_2 - (r_1^2 + r_2^2 - d^2)}{r_1r_2} = 2 - \frac{r_1^2 + r_2^2 - d^2}{r_1r_2}$$

由 $\triangle O_1O_2A$,我们知

$$\frac{r_1^2 + r_2^2 - d^2}{r_1r_2} = 2\,\frac{O_1A^2 + O_2A^2 - O_1O_2^2}{O_1A \cdot O_2A} = 2\cos\alpha_{12}$$

其中 $\alpha_{12} = \angle O_1AO_2$ 是圆 S_1 与 S_2 的半径 O_1A 与 O_2A 之间的角. 因此[2]

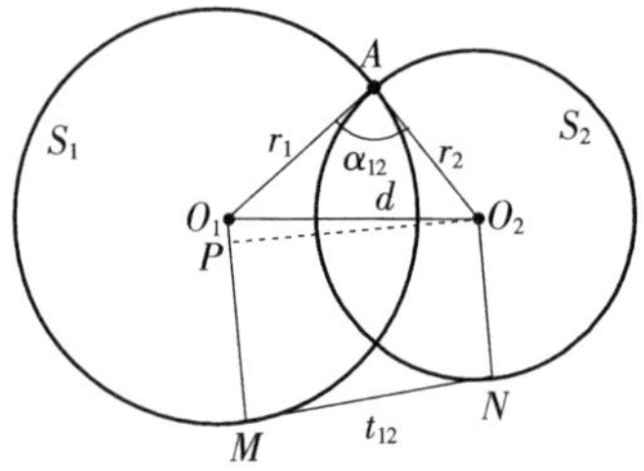

图 49

$$\frac{t_{12}^2}{r_1 r_2}=2(1-\cos\alpha_{12})=4\sin^2\frac{\alpha_{12}}{2} \qquad (*)$$

现在我们设四个圆 S_1,S_2,S_3 与 S_4 相交于点 Σ. 令这些圆的圆心是 S_1,S_2,S_3 与 S_4(图 50),令直线 $O_1\Sigma,O_2\Sigma,O_3\Sigma$ 与 $O_4\Sigma$ 之间两两所成的角(各圆间的角)是 $\alpha_{12},\alpha_{13},\alpha_{14},\alpha_{23},\alpha_{24},\alpha_{34}$,有

$$\alpha_{12}=\beta,\alpha_{13}=\beta+\gamma,\alpha_{14}=\beta+\gamma+\delta$$
$$\alpha_{23}=\gamma,\alpha_{24}=\gamma+\delta,\sigma_{34}=\delta$$

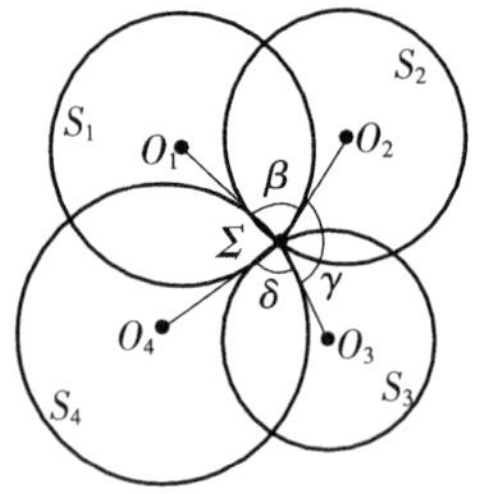

图 50

因此

$$\begin{aligned}
&\sin\frac{\alpha_{12}}{2}\sin\frac{\alpha_{34}}{2}+\sin\frac{\alpha_{14}}{2}\sin\frac{\alpha_{23}}{2}-\sin\frac{\alpha_{13}}{2}\sin\frac{\alpha_{24}}{2}\\
&=\sin\frac{\beta}{2}\sin\frac{\delta}{2}+\sin\frac{\beta+\gamma+\delta}{2}\sin\frac{\gamma}{2}-\sin\frac{\beta+\gamma}{2}\sin\frac{\gamma+\delta}{2}\\
&=\sin\frac{\beta}{2}\sin\frac{\delta}{2}+\left(\sin\frac{\beta+\gamma}{2}\cos\frac{\delta}{2}+\cos\frac{\beta+\gamma}{2}\sin\frac{\delta}{2}\right)\sin\frac{\gamma}{2}-\\
&\quad\sin\frac{\beta+\gamma}{2}\left(\sin\frac{\gamma}{2}\cos\frac{\delta}{2}+\cos\frac{\gamma}{2}\sin\frac{\delta}{2}\right)\\
&=\sin\frac{\beta}{2}\sin\frac{\delta}{2}+\cos\frac{\beta+\gamma}{2}\sin\frac{\delta}{2}\sin\frac{\gamma}{2}-\sin\frac{\beta+\gamma}{2}\cos\frac{\gamma}{2}\sin\frac{\delta}{2}\\
&=\sin\frac{\beta}{2}\sin\frac{\delta}{2}-\left(\sin\frac{\beta+\gamma}{2}\cos\frac{\gamma}{2}-\cos\frac{\beta+\gamma}{2}\sin\frac{\gamma}{2}\right)\sin\frac{\delta}{2}\\
&=\sin\frac{\beta}{2}\sin\frac{\delta}{2}-\sin\frac{\beta+\gamma-\gamma}{2}\sin\frac{\delta}{2}=0
\end{aligned}$$

如果我们把(*)蕴涵的表示式代入刚才所得的圆间半角正弦关系式，那么得出关系式

$$\frac{1}{2}\frac{t_{12}}{\sqrt{r_1r_2}}\frac{1}{2}\frac{t_{34}}{\sqrt{r_3r_4}}+\frac{1}{2}\frac{t_{14}}{\sqrt{r_1r_4}}\frac{1}{2}\frac{t_{34}}{\sqrt{r_2r_3}}-\frac{1}{2}\frac{t_{13}}{\sqrt{r_1r_3}}\frac{1}{2}\frac{t_{24}}{\sqrt{r_2r_4}}=0$$

除以$\frac{1}{4}\frac{1}{\sqrt{r_1r_2r_3r_4}}$，并把第一项移到右边，得出要求的关系式

$$t_{12}t_{34}+t_{14}t_{23}=t_{13}t_{24}$$

11. 本题陈述中的关系式，已在上题中对圆 S_1，S_2，S_3 与 S_4 相交于一点的情形证明了. 对于圆 S_1，S_2，S_3，S_4 与圆或直线 Σ 相切的情形，这个关系式可以直接从问题 9 的结论推出. 为了得出它，我们只需要把 t_{12} 等表示式代入问题 9 的陈述中的关系式，t_{12} 等表示式是从问题 10 解法中的关系式(*)得出的($t_{12}=2\sin\frac{\alpha_{12}}{2}\sqrt{r_1r_2}$ 等).

12. (1) 因为反演不把圆的圆心变为它的像的圆心，所以本题陈述中由相交直线构成的角平分线性质必须重新陈述，因此新陈述只包含反演所保持的概念. 容易看出：代替说与两条相交直线相切的圆的圆心轨迹，我们必须说所述的圆与角平分线的任一条构成直角. 应用反演于这个新陈述，我们得出以下定理：

与两个相交圆 S_1，S_2 相切的圆垂直相交于两圆 Σ_1，Σ_2 之一，Σ_1 与 Σ_2 通过 S_1 与 S_2 的交点，并且平分 S_1，S_2 之间的角(图 51). 这两个辅助圆称为两个原始圆的二等分圆.

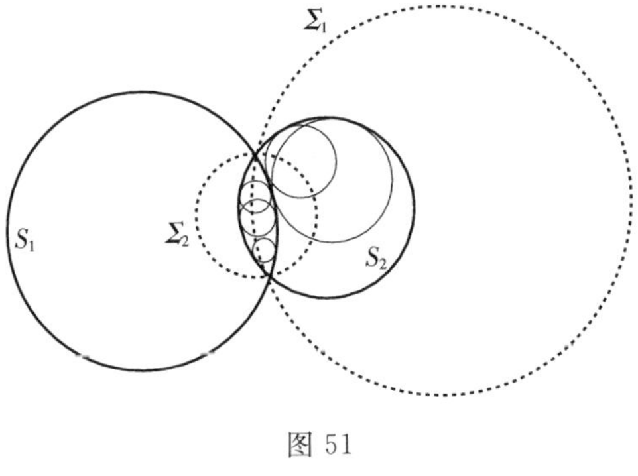

图 51

我们指出，当圆 S_1 与 S_2 不相交时，这样的定理不成立. 在这种情形中，我们可以用反演把 S_1 与 S_2 变为两个同心圆 S_1'，S_2'(见第 18 页第 1 章中定理 2). 于是与 S_1'，S_2'相切的圆构成两族：其中一族包含垂直于定圆 Σ' 的各圆，Σ' 是S_1' 与 S_2'的同心圆，另一族包含没有三圆垂直于一圆的各圆. 从而与 S_1，S_2 相切的圆构成两族：其中一族包含垂直于定圆 Σ 的各圆(垂直于由圆 S_1 与 S_2 确定的圆束)，另一族包含没有三圆垂直于一圆的各圆.

最后，把两个相切圆换为两条平行线，容易看出，与两个相切圆相切的圆构成两族：其中一族包含通过 S_1 与 S_2 切点 T 的各圆，另一族包含垂直相交于圆 Σ 的那些圆，Σ 通过 T 且在 T 上与 S_1，S_2 相切.

(2) 与两相交圆 S_1，S_2 以相等角相交的每一圆，都垂直于 S_1 与 S_2 的两个二等分圆之一(见问题 12(1) 的解法)；反之，垂直于 S_1 与 S_2 的二等分圆的每一圆都以相等角与 S_1，S_2 相交.

(3) 问题(2) 的结果蕴涵的问题等价于以下问题：作一圆垂直于已知圆 S_0，S_1，S_2，S_3 的配对 S_0，S_1；S_0，S_2；S_0，S_3 的三个二等分圆(这显然是可以作出的)，即这是第 3 章中问题 6(1) 的特殊情形. 第 2 章问题 11(1) 的这个特殊情形只能有一个解. 因为包含在作图中的每个二等分圆只能在两种方法中选取一种，本题可以多达八个解.

13. 如果三个圆相交于一点，那么由它们相交处构成的曲线三角形的各角和等于 180°(图 52).

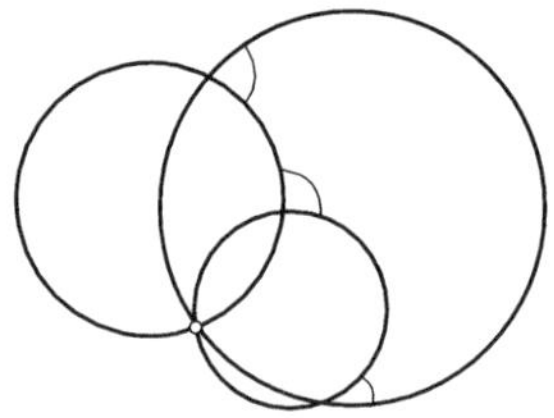

图 52

14. 令 S_1，S_2 与 S_3 是通过点 O 的三个圆；令 A，B 与 C 是对偶 S_3 与 S_2，S_1 与 S_3，S_2 与 S_1 的第 2 交点. 于是：

(1) 三个圆通过点对 O 与 A，O 与 B，O 与 C，并分别与相交一点的 S_1，S_2，S_3 垂直(图 53(a)).

(2) 三个圆通过点对 O 与 A，O 与 B，O 与 C，并分别把相交于一点的 S_3，S_2；S_1，S_3 与 S_2，S_1 所成的角二等分(图 53(b)).

15. 令 A，B，C 是共线的三个点，P 不是这条直线上的点. 我们在 $\triangle PAB$，$\triangle PAC$ 与 $\triangle PBC$ 上作外接圆. 令 PN，PM 与 PL 是这三个圆通过 P 的直径，则 P，N，M 与 L 在圆 S 上(图 54). 反之，如果 PN，PM 与 PL 是圆 S 的三条弦，那么以线段 PN，PM 与 PL 为直径的各圆的第二个交点共线(见《几何变换(Ⅱ)》).

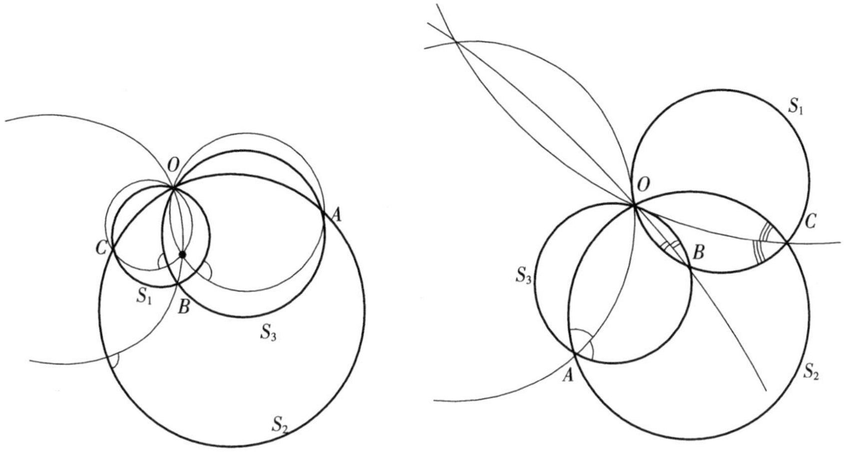

(a) (b)

图 53

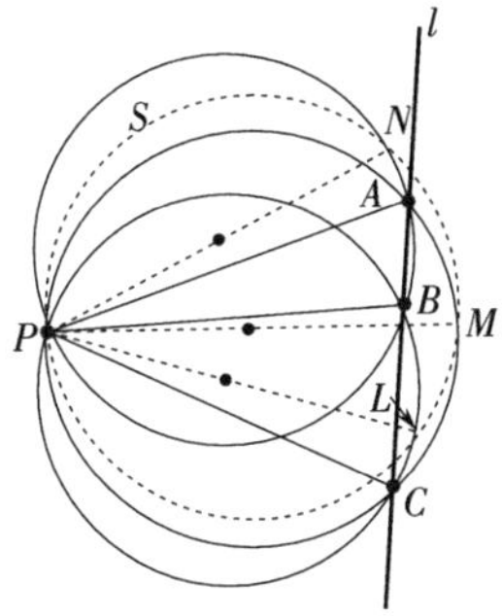

图 54

16. 中心 O 不在已知圆 S 上的反演把 S 变为某圆 S'. 令 Z' 是圆 S 的圆心 Z 的像,令 M' 是某点 M 在 S 上的像(图 55). 按照第 51 页中的关系式(*),我们有

$$M'Z'=MZ\ \frac{k}{OZ\cdot OM}=MZ\ \frac{OM'}{OZ}$$

因为 $\frac{k}{OM}=OM'$,所以

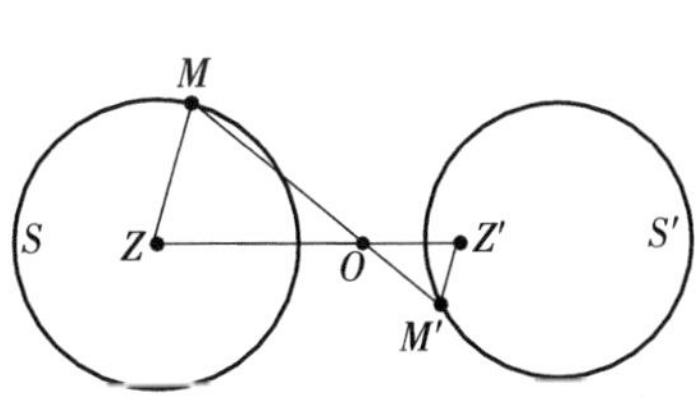

图 55

$$\frac{M'Z'}{M'O}=\frac{MZ}{OZ}=\frac{r}{OZ}$$

其中 r 是 S 的半径. 因此我们看出，圆 S' 可以定义为这样的点 M' 的轨迹，使比 $\frac{M'Z'}{M'O}=\frac{r}{OZ}$，即它与此圆上点 M' 的选取无关.

由此推出，圆不但可以定义为到一已知点等距离的点的轨迹，而且也可以定义为这样的点的轨迹，使它们到两个已知圆的距离之比是一个常数.

17.(1) 我们应用中心在 O 上的反演. 令 $\triangle ABC$ 的顶点 A,B,C 的像是 A'，B'，C'(图 56(a)).

从第 51 页中的(＊)，我们有

$$AB=A'B'\ \frac{k}{OA'\cdot OB'},BC=B'C'\ \frac{k}{OB'\cdot OC'}$$

$$AC=A'C'\ \frac{k}{OA'\cdot OC'}$$

把这些表示式代入不等式

$$AB+BC>AC$$

我们得出关系式

$$A'B'\ \frac{k}{OA'\cdot OB'}+B'C'\ \frac{k}{OB'\cdot OC'}>A'C'\ \frac{k}{OA'\cdot OC'}$$

或

$$A'B'\cdot OC'+B'C'\cdot OA'>A'C'\cdot OB'$$

(2) 因为点 A,B,C 不共线，所以点 O,A',B',C' 不共圆；换言之，如果一个圆不能外接于一个四边形，那么它的对边乘积之和大于它的对角线乘积.

另外，如果点 A,B,C 共线，即点 O,A',B',C' 共圆(图 56(b))，那么

$$AB+BC=AC$$

所以

$$A'B'\ \frac{k}{OA'\cdot OB'}+B'C'\ \frac{k}{OB'\cdot OC'}=A'C'\ \frac{k}{OA'\cdot OC'}$$

或

$$A'B'\cdot OC'+B'C'\cdot OA'=A'C'\cdot OB'$$

这蕴涵托勒密定理及其逆定理.

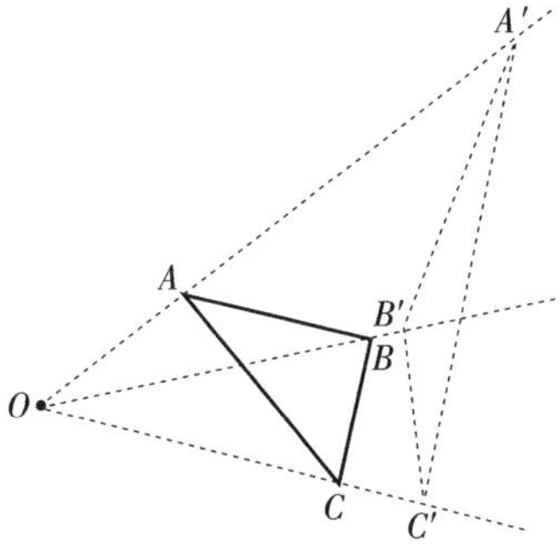

(a)

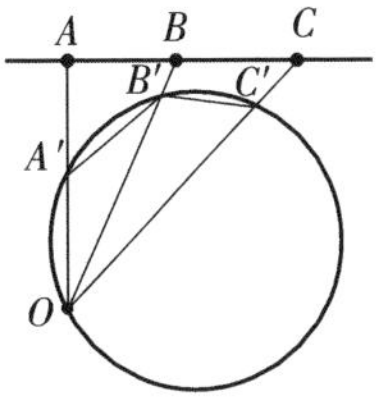

(b)

图 56

18.(1) 我们应用中心在 O 上的反演.令 A',B',C' 分别是 $\mathrm{Rt}\triangle ABC$ 的顶点 A,B,C 的像,其中 $\angle B=90°$(图 57).

从 $\triangle OAB\backsim\triangle OB'A'$ 与 $\triangle OBC\backsim\triangle OC'B'$,有

$$\angle OBA=\angle OA'B',\angle OBC=\angle OC'B'$$

从而

$$\angle OA'B'+\angle OC'B'=90°$$

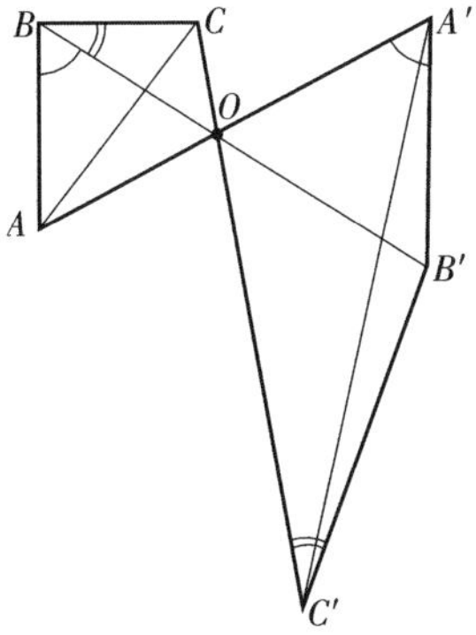

图 57

此外,由第 51 页式(*),有

$$AB=A'B'\frac{k}{OA'\cdot OB'}$$

$$BC=B'C'\frac{k}{OB'\cdot OC'},AC=A'C'\frac{k}{OA'\cdot OC'}$$

利用勾股定理 $AB^2+BC^2=AC^2$,得出关系式

$$A'B'^2\frac{k^2}{OA'^2\cdot OB'^2}+B'C'^2\frac{k^2}{OB'^2\cdot OC'^2}=A'C'^2\frac{k^2}{OA'^2\cdot OC'^2}$$

或

$$A'B'^2 \cdot OC'^2 + B'C'^2 \cdot OA'^2 = A'C'^2 \cdot OB'^2$$

我们得出以下定理：

如果凸四边形的对角之和是 90°，那么对边乘积的平方和等于它的对角线的乘积.

把刚才得出的结果与托勒密定理并列是有趣的，这个定理可以表述如下：如果凸四边形的对角之和是 180°，那么它的对边乘积之和等于它的对角线的乘积.

(2) 应用与上题解法相同的方法，利用余弦定理，我们可以得出托勒密定理与问题(1)中定理的以下推广：如果四边形对角之和是 φ，那么对边平方乘积之和减去各边乘以 $\cos\varphi$ 的 2 倍等于对角线平方的乘积. 我们把这个证明留给读者.

(3) 同前，令 A',B',C' 是 $\triangle ABC$ 顶点在反演下的像(图 58). 由第 51 页中的关系式(*)，有

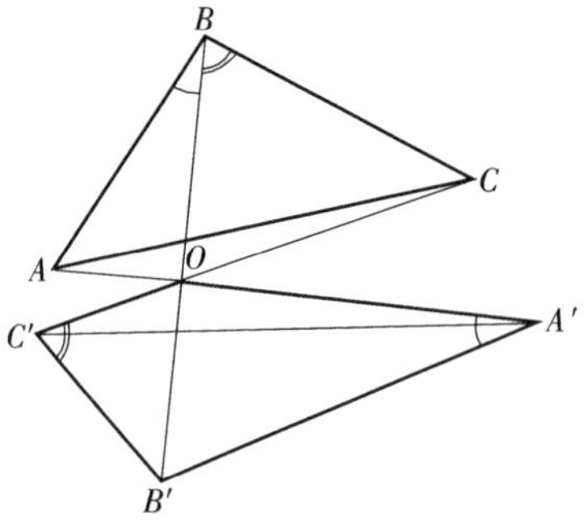

图 58

$$AB = A'B' \frac{k}{OA' \cdot OB'}$$

$$BC = B'C' \frac{k}{OB' \cdot OC'}, AC = A'C' \frac{k}{OA' \cdot OC'}$$

现在得出 $\triangle ABC$ 的各角与四边形 $OA'B'C'$ 的各角间的联系. 首先有

$$\angle OBA = \angle OA'B', \angle OBC = \angle OC'B'$$

因此

$$\angle ABC = \angle OA'B' + \angle OC'B'$$

这是在解问题(1)与(2)时所用的事实，并且

$$\angle OAB = \angle OB'A', \angle OAC = \angle OC'A'$$

因此

$$\angle BAC = \angle OAB - \angle OAC = \angle OB'A' - \angle OC'A'$$

即三角形的 $\angle BAC$ 等于四边形 $OA'B'C'$ 的对角线 $OB', C'A'$ 分别与它的边 $B'A', C'O$ 所成角之差.

类似地

$$\angle BCA = \angle OB'C' - \angle OA'C'$$

即 $\angle BCA$ 等于四边形 $OA'B'C'$ 的对角线 OB',$C'A'$ 分别与它的边 $B'C'$,$A'O$ 所成角之差. 把这些表示式代入正弦定理

$$\frac{AC}{\sin B} = \frac{AB}{\sin C} = \frac{BC}{\sin A}$$

化简后得出关系式

$$\frac{A'C' \cdot OB'}{\sin \varphi} = \frac{A'B' \cdot OC'}{\sin \psi} = \frac{B'C' \cdot OA'}{\sin \chi} \tag{*}$$

其中,φ 是四边形 $OA'B'C'$ 的对角 $\angle OA'B'$ 与 $\angle OC'B'$ 之和,ψ 是四边形的对角线与邻边 OC' 的各边所成两角之差,χ 是四边形的对角线与邻边 OA' 的各边所成两角之差. 关系式(*)是应用反演于正弦定理的结果.

第 4 章解答的注解

[1]此处指定角的符号的规则类似于三角学的单位圆中读角的规则.

[2]由此显然,对相交圆来说,表示式 $\frac{t_{12}}{\sqrt{r_1 r_2}}$ 在反演下的不变性是反演性质 C 的直接推论.

第 5 章　轴向圆变换

1. 我们设直线 l_1,l_2 与圆 S 都是有向的. 应用膨胀变换把圆 S 变为点 S'. 这个膨胀变换把直线 l_1 与 l_2 分别变为 l_1' 与 l_2',把与 l_1,l_2,S 相切的要求的圆 Σ(也把它看作有向的)变为圆 Σ',Σ' 与 l_1',l_2' 相切且通过点 S'(图 59). 因此与两条已知直线且与一已知圆相切的圆 Σ 的作图化为圆 Σ' 的作图,Σ' 与两条已知直线相切且通过一已知点,即化为《几何变换(Ⅱ)》第 1 章中的问题 13(1).

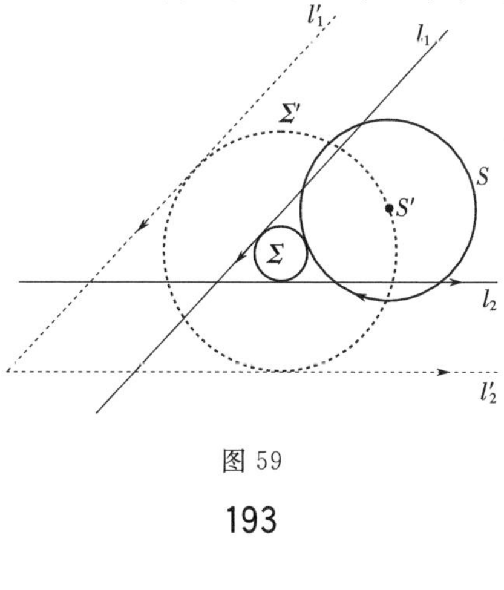

图 59

问题 13(1) 一般有两解. 在用任一方式指定圆 S 的方向后，我们可以用四种方式指定直线 l_1 与 l_2 的方向. 因此本题一般有八个解.

显然，这种解法比第 2 章中问题 5(1) 的解法简单.

2. 我们考虑有向圆 S_1，S_2 与 S_3. 应用膨胀变换把这些圆之一变为点(即圆 S_1 变为 S_1'). 此处圆 S_2 与 S_3 变为圆 S_2' 与 S_3'，把与 S_1，S_2，S_3 相切的要求的(有向)圆 Σ 变为圆 Σ'，Σ' 通过点 S_1' 且与圆 S_2'，S_3' 相切. 因此阿波罗尼奥斯问题化为求圆 Σ'，使 Σ' 与 S_2'，S_3' 相切且通过点 S_1'，即化为第 2 章中的问题 5(2). 在解本题后，我们容易得出要求的圆.

问题 5(2) 化为求两个圆的公切线，因此，在有向圆的情形中，这个问题一般有两解. 在用任一方式指定圆 S_1 的方向后，我们可以用四种方式指定圆 l_2 与 l_3 的方向. 因此阿波罗尼奥斯问题一般有八个解.

容易看出，阿波罗尼奥斯问题的这种解法比第 2 章问题 10(2) 的解法之一简单.

3. (1) 显然，本题是托勒密定理的推广(见第 4 章中问题 6). 在第 3 章中，我们利用反演给出托勒密定理的两个证明. 这个证明之一化托勒密关系式为类似关系式 $AB \cdot CD + AD \cdot BC = AC \cdot BD$，此式包含每次取两点的四个共线点间的切线距离；它能使我们证明托勒密关系式是四点共圆的必要条件(见问题 6). 第二个证明化托勒密关系式为关系式 $AB + BC = AC$，此式把三个共线点每次取两点的距离联系起来；它能使我们证明托勒密关系式是四点共圆的充分必要条件(见第 4 章中问题 17 的解). 第 4 章中问题 9 的解法类似于托勒密定理的第一个证明. 利用膨胀变换，我们还可以给出问题 9 的一个证明，它类似于托勒密定理的第二个证明；此处结果可以证明问题 9 定理中四圆 S_1，S_2，S_3，S_4 与唯一圆(或直线)Σ 相切条件的充分性(即证明问题(2) 中的定理).

(2) 我们有四个圆 S_1，S_2，S_3，S_4(图 60(a))，假设它们是有向的(这等价于说数值 t_{12} 等表示外公切线段长与内公切线段长). 我们应用膨胀变换把这些圆之一变为一点(例如圆 S_1 变为点 S_1')，而其余三个圆 S_2，S_3，S_4 分别变为新圆 S_2'，S_3'，S_4'(图 60(b)). 于是我们应用中心在 S_1'上的反演；这个反演把圆 S_2'，S_3'，S_4'变为新圆S_2''，S_3''，S_4''(图 60(c)).

此外，我们将分别证明问题中四个圆 S_1，S_2，S_3，S_4 与唯一圆相切的必要性与充分性. 必要性的证明提供了问题(1) 的解法，充分性的证明提供了问题(2) 的解法.

必要性的证明：如果圆 S_1，S_2，S_3，S_4 与唯一的圆或直线 Σ 相切，或通过唯一的点 Σ，那么 S_2'，S_3'，S_4'与通过 S_1'的唯一圆(或直线)Σ' 相切[1]，并且圆 S_2''，S_3''，S_4''与唯一的直线 Σ'' 相切. 为确定起见，设 S_3''与 Σ'' 的切点 B 在圆 S_2''，S_3''与

Σ'' 的切点 C 与 A 之间(图 60(c)). 于是

$$AB + BC = AC \text{ 或 } t''_{23} + t''_{34} = t''_{24}$$

其中,t''_{23} 是圆 S''_2 与 S''_3 之间的切线距离,数量 t''_{34} 与 t''_{24} 有类似的意义.

此外,由第 56 页中关系式(* *)^2,有

$$t''_{23} = t'_{23}\frac{k}{\sqrt{k_2k_3}}, t''_{34} = t'_{34}\frac{k}{\sqrt{k_3k_4}}, t''_{24} = t'_{24}\frac{k}{\sqrt{k_2k_4}}$$

其中,$t''_{23}, t''_{34}, t''_{24}$ 是圆 S'_2, S'_3, S'_4 中每次取两圆间的切线距离,k_2, k_3, k_4 分别是从点 S'_1 到圆 S'_2, S'_3, S'_4 的切线长度的平方,我们把它们表示为 $t'^2_{12}, t'^2_{13}, t'^2_{14}$,$k$ 是反演的幂. 因此

$$t'_{23}\frac{k}{t'_{12}t'_{13}} + t'_{34}\frac{k}{t'_{13}t'_{14}} = t'_{24}\frac{k}{t'_{12}t'_{14}}$$

除以 k 并去分母后,得出等式 $t'_{23}t'_{14} + t'_{34}t'_{12} = t'_{24}t'_{13}$,这是我们要证明的关系式. 情况是这样的, 由膨胀变换性质 C,$t'_{12} = t_{12}, t'_{13} = t_{13}, t'_{14} = t_{14}, t'_{23} = t_{23}, t'_{24} = t_{24}, t'_{34} = t_{34}$.

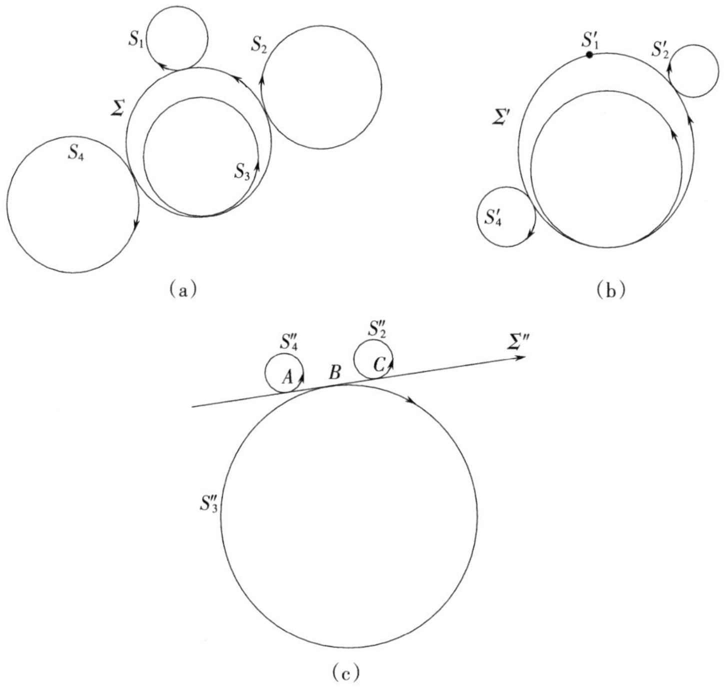

图 60

充分性的证明:相反,例如设有关系式

$$t_{12}t_{34} - t_{13}t_{24} + t_{14}t_{23} = 0$$

同前，我们有

$$t''_{23}=t'_{23}\frac{k}{t'_{12}t'_{13}}=t_{23}\frac{k}{t_{12}t_{13}},t''_{34}=t_{34}\frac{k}{t_{13}t_{14}},t''_{24}=t_{24}\frac{k}{t_{12}t_{14}}$$

在关系式 $t_{12}t_{34}+t_{14}t_{23}=t_{13}t_{24}$ 两边除以 $t_{12}t_{13}t_{14}$，并乘以 k，得出

$$t_{34}\frac{k}{t_{13}t_{14}}+t_{23}\frac{k}{t_{12}t_{13}}=t_{24}\frac{k}{t_{12}t_{14}} \text{ 或 } t''_{34}+t''_{23}=t''_{24}$$

现在设圆 S''_2,S''_3,S''_4 不与唯一圆相切. 我们把 S''_3 关于圆 S''_2 的圆心旋转到 $\overline{S}''_3$ 的位置，使 $\overline{S}''_3$ 与圆 S''_2,S''_4 的公切线相切(图 61).

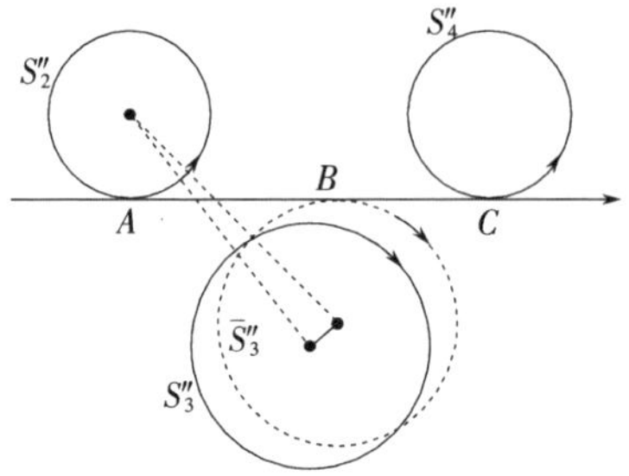

图 61

于是显然

$$\bar{t}''_{34}+\bar{t}''_{23}=t''_{24}$$

其中，$\bar{t}''_{34}$ 与 $\bar{t}''_{23}$ 分别是圆 $\overline{S}''_3$ 与 $\overline{S}''_4$，$\overline{S}''_3$ 与 $\overline{S}''_2$ 的切线距离. 但是 $\bar{t}''_{23}=t''_{23}$(因为 $\overline{S}''_3$ 是由 S''_3绕 S''_2的圆心旋转得出的). 因此 $\bar{t}''_{34}=t''_{24}-\bar{t}''_{23}=t''_{24}-t''_{23}=t''_{34}$，当 $\overline{S}''_3$与S''_3 不同时这是不可能的(如果 $\overline{S}''_3$与 S''_3全等，那么只有当 $\overline{S}''_3$由 S''_3绕 S''_4的圆心旋转时，圆 $\overline{S}''_3$ 与 S''_4，S''_3 与 S''_4 的切线距离才会相同，其中 $\overline{S}''_3$ 与 S''_3 全等). 因此我们可以断言，S'_2,S'_3,S'_4与通过 S'_1的唯一圆或直线 Σ' 相切，所以 S_1,S_2,S_3,S_4 与唯一圆(或直线)Σ 相切，或者通过唯一点 Σ.

附注. 我们指出，问题 3(1) 中定理的以下简单证明不利用反演. 如果四个圆 S_1,S_2,S_3,S_4 与唯一直线相切，那么第 4 章问题 9 中的命题可以很简单地证明. 如果四个圆 S_1,S_2,S_3,S_4 通过唯一点，那么证明也是简单的(见第 4 章问题 10 的解法). 如果四个圆 S_1,S_2,S_3,S_4 与唯一圆 Σ 相切，那么我们用膨胀变换把 Σ变为点Σ'. 于是圆 S_1,S_2,S_3,S_4 分别变为通过点 Σ' 的圆S'_1,S'_2,S'_3,S'_4. 由膨胀变换性质 C，第 4 章问题 9 中的定理化为问题 9 中的定理，它不用反演就可以证明(它的证明比第 4 章问题 9 中的证明更简单，它以复杂的反演性质为基础).

4. 首先我们证明，如果圆 Σ 通过 $\triangle ABC$ 的边 AB,AC 与 CB 的中点 D,E 与 F($\triangle ABC$ 的九点圆)，那么圆 Σ 与这个三角形的内切圆 s 相切. 事实上，令 a,b 与 c 是 $\triangle ABC$ 的边长($a\geqslant b\geqslant c$)，令 P,Q,R 是 s 与边 AB,AC,CB 的切点(图

62(a)),则从 D 到 s 的切线段长是 $DP=AD-AP$. 但是

$$AP=\frac{1}{2}(AP+AQ)=\frac{1}{2}(AB-BP+AC-CQ)$$

$$=\frac{1}{2}(AB+AC-BR-CR)=\frac{c+b-a}{2}$$

由此

$$DP=AD-AP=\frac{c}{2}-\frac{c+b-a}{2}=\frac{a-b}{2}$$

我们用大体相同的方法,证明从点 E 与 F 到圆 s 的切线段长分别是$\frac{a-c}{2}$与$\frac{b-c}{2}$.

现在我们把点 D,E,F 与圆 s 看作上题中的圆 S_1,S_2,S_3 与 S_4(其中三个圆是点,即半径为 0 的圆,当然是不重要的,问题 3 中定理的证明无须改变就可以用在圆 S_1,S_2,S_3,S_4 中一些圆换为点的情形). 于是我们有

$$t_{12}=DE=\frac{a}{2},t_{13}=DF=\frac{b}{2},t_{23}=EF=\frac{c}{2}$$

$$t_{14}=DP=\frac{a-b}{2},t_{24}=EQ=\frac{a-c}{2},t_{34}=FR=\frac{b-c}{2}$$

由此显然,上题中的关系式成立. 事实上

$$t_{14}t_{23}+t_{12}t_{34}-t_{13}t_{24}=\frac{c}{2}\ \frac{a-b}{2}+\frac{a}{2}\ \frac{b-c}{2}-\frac{b}{2}\ \frac{a-c}{2}=0$$

因此"圆"D,E,F,圆 s 和唯一的圆 Σ 相切,在我们的情形中这表示,通过点 D,E,F 的圆 Σ 与 s 相切.

用大致相同的方法,我们将证明九点圆与这个三角形的旁切圆 s_1,s_2,s_3 相切. 事实上,令 s_1 是这个三角形的 $\angle A$ 的旁切圆,令 P_1,Q_1,R_1 是它与三角形各边的切点(图 62(b)),则从 D,E,F 到 s_1 的切线段长是

$$DP_1=AP_1-AD=\frac{1}{2}(AP_1+AQ_1)-AD$$

$$=\frac{1}{2}(AB+BP_1+AC+CQ_1)-AD$$

$$=\frac{1}{2}(AB+AC+BR_1+CR_1)-AD$$

$$=\frac{1}{2}(AB+AC+BC)-AD=\frac{a+b+c}{2}-\frac{c}{2}=\frac{a+b}{2}$$

$$EQ_1=\frac{a+c}{2}$$

与

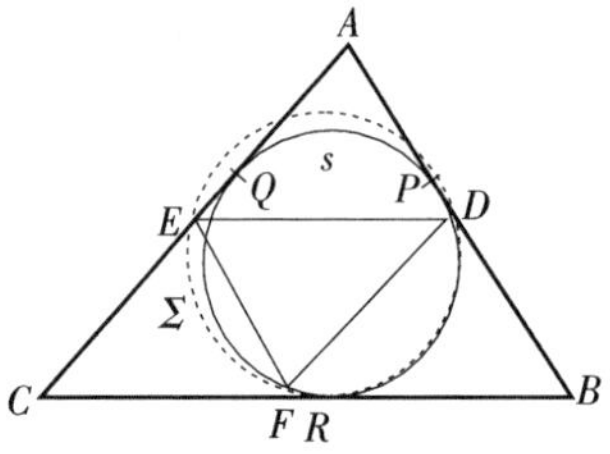

(a)

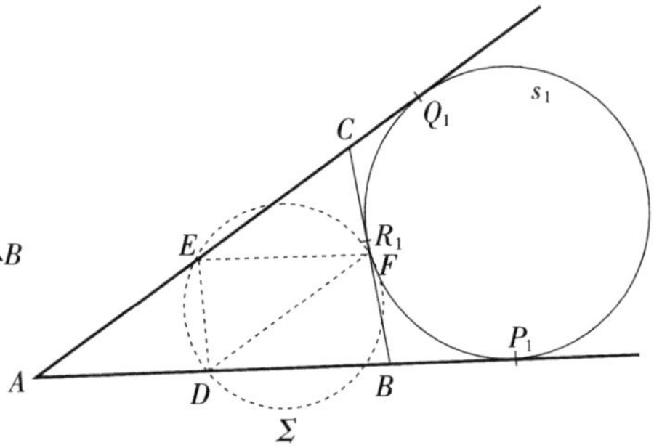

(b)

图 62

$$FR_1 = BR_1 - BF = BP_1 - BF = (AP_1 - AB) - BF$$
$$= \left(\frac{a+b+c}{2} - c\right) - \frac{a}{2} = \frac{b-c}{2}$$

因此

$$DE \cdot FR_1 - DF \cdot EQ_1 + EF \cdot DP_1 = \frac{c}{2}\,\frac{a+b}{2} + \frac{a}{2}\,\frac{b-c}{2} - \frac{b}{2}\,\frac{a+c}{2} = 0$$

这就证明了圆 Σ 与 s_1 相切.

附注. 利用问题 3 中的定理,我们可以证明,圆 s, s_1, s_2, s_3 与唯一的圆 Σ 相切(并且,Σ 与 s_1, s_2, s_3 有同类型相切,与 s 有相反类型相切,即 Σ 与 s_1, s_2, s_3 外切,与 s 内切,或者它与 s_1, s_2, s_3 内切,与 s 外切;不难证明,只能得出这些可能性中的第一种). 事实上,我们用 t_{01}, t_{02}, t_{03} 分别表示圆 s 与 s_1, s 与 s_2, s 与 s_3 的切线距离,用 t_{12}, t_{13}, t_{23} 表示三圆 s_1, s_2, s_3 每次取两圆的切线距离,则显然有

$$t_{01} = RR_1 = BR_1 - BR = \frac{a+b-c}{2} - \frac{a-b+c}{2} = b - c$$

类似地

$$t_{02} = a - c, t_{03} = a - b$$

用大致相同的方法证明,如果 P_3 是圆 s_3 与边 AB 的切点,那么

$$t_{13} = P_1P_3 = AP_1 + BP_3 - AB = \frac{a+b+c}{2} + \frac{b+c-a}{2} - c = b$$

类似地

$$t_{12} = c, t_{23} = a$$

我们由此看出

$$t_{01}t_{23} - t_{02}t_{13} + t_{03}t_{12} = a(b-c) - b(a-c) + c(a-b) = 0$$

这蕴涵 s, s_1, s_2, s_3 与唯一的圆 Σ 相切. 但是为了证明 Σ 与这个三角形的九点圆重合,我们必须按照不同的方法,即按照解上题的方法来做.

5. 为确定起见,设圆 S_1,S_2,S_3,S_4 与 Σ_1,Σ_2,Σ_3 相切,如图 63 所示,则用 t_{12} 表示圆 S_1 与 S_2 的外公切线段,用 $\bar{t}_{12}$ 表示它们的内公切线段,并引入其他各对圆的类似记号,利用问题 3(1) 中的定理,我们得出以下三个等式:等式

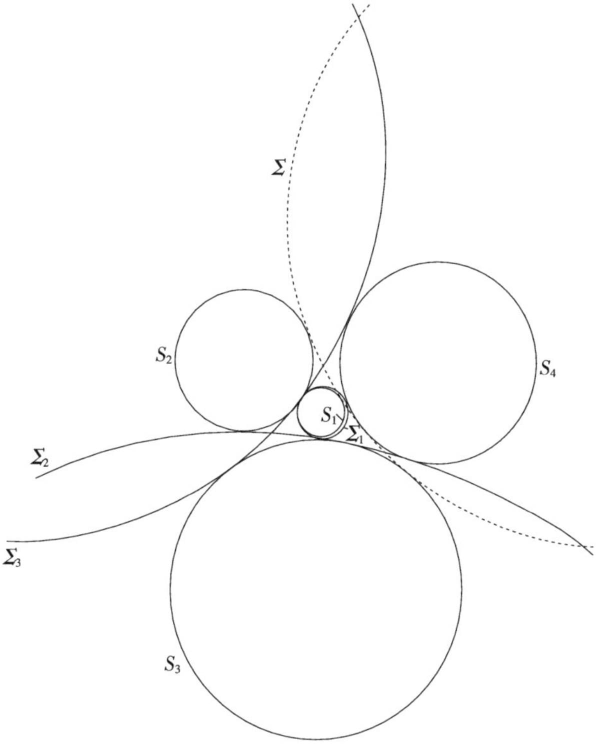

图 63

$$\bar{t}_{13}t_{24}=\bar{t}_{12}t_{34}+\bar{t}_{14}t_{23}$$

蕴涵 S_1,S_2,S_3,S_4 与唯一的圆 Σ_1 相切的事实;等式

$$t_{12}\bar{t}_{34}=\bar{t}_{13}t_{24}+t_{14}\bar{t}_{23}$$

蕴涵 S_1,S_2,S_3,S_4 与唯一的圆 Σ_2 相切的事实;等式

$$t_{13}\bar{t}_{24}=\bar{t}_{12}t_{34}+t_{14}\bar{t}_{23}$$

蕴涵 S_1,S_2,S_3,S_4 与唯一的圆 Σ_3 相切的事实.

把这三个等式的前两式相加,并减去第三个等式,我们得出

$$\bar{t}_{13}t_{24}+t_{12}\bar{t}_{34}-t_{13}\bar{t}_{24}=\bar{t}_{14}t_{23}+\bar{t}_{13}t_{24}$$

即

$$t_{12}\bar{t}_{34}=t_{13}\bar{t}_{24}+\bar{t}_{14}t_{23}$$

由问题 3(2) 中的定理,这蕴涵 S_1,S_2,S_3,S_4 与某一圆 Σ 相切(它与 S_1,S_2,S_3 有相同的切线,与 S_4 有不同的切线).

6.(1) 我们把圆 S_1, S_2, S_3 看作有向的，利用一个特别选取的轴向反演把它们变为点 S'_1, S'_2, S'_3. 此处把与 S_1, S_2, S_3 相切的圆 Σ 变为通过点 S'_1, S'_2, S'_3 的圆 Σ'. 在作出 Σ' 后，我们得出圆 Σ，它是 Σ' 在我们的轴向反演下的原像. 因为我们可以对 Σ 指定两个相反方向，所以对于 S_1, S_2, S_3 的每一指定方向，本题有两个解；本题可以有多达八个解（把这与问题 2 的解法相比较）.

(2) 我们利用轴向反演把圆 S_1, S_2, S_3（把它们看作有向的；见问题 3 的解法）分别变为三点 S'_1, S'_2, S'_3；把圆 S_4 变为新圆 S'_4，它与圆 Σ' 相切且通过点 S'_1, S'_2, S'_3（图 64）. 切线距离 t_{12}, t_{13}, t_{23} 变为线段 $S'_1S'_2, S'_1S'_3, S'_2S'_3$，切线距离 t_{14}, t_{24}, t_{34} 变为从点 S'_1, S'_2, S'_3 到圆 S'_4 的切线长.

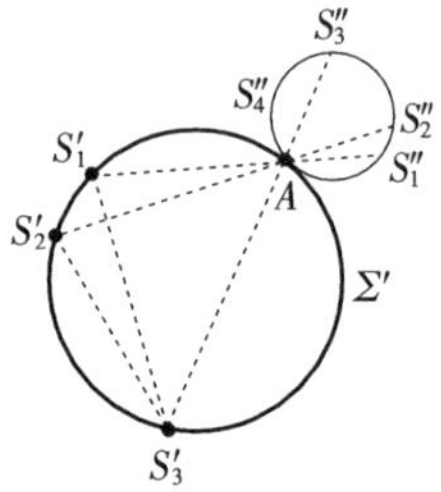

图 64

令 A 是圆 S'_4 与 Σ' 的切点，S''_1, S''_2, S''_3 分别是直线 AS'_1, AS'_2, AS'_3 与圆 S'_4 的交点. 圆 Σ' 与 S'_4 是中心相似的，其相似中心为点 A. 因此

$$AS''_1 = \frac{r'_4}{r'} = AS'_1, AS''_2 = \frac{r'_4}{r'} = AS'_2, AS''_3 = \frac{r'_4}{r'} = AS'_3$$

其中，r'_4 与 r' 分别是圆 S'_4 与 Σ' 的半径. 显然

$$t_{14}^2 = S'_1A \cdot S'_1S''_1$$

所以

$$t_{14} = \sqrt{AS'_1(AS'_1 + AS''_1)} = \sqrt{AS'_1(AS'_1 + \frac{r'_4}{r'}AS'_1)} = AS'_1\sqrt{1 + \frac{r'_4}{r'}}$$

类似地

$$t_{24} = AS'_2\sqrt{1 + \frac{r'_4}{r'}}, t_{34} = AS'_3\sqrt{1 + \frac{r'_4}{r'}}$$

点 A, S'_1, S'_2, S'_3 在圆 Σ' 上. 因此利用托勒密定理，[3] 我们有

$$AS'_1 \cdot S'_2S'_3 + AS'_3 \cdot S'_1S'_2 = AS'_2 \cdot S'_1S'_3$$

（此处我们按照图 64 中出现的次序来安排点 A, S'_1, S'_2, S'_3 在圆 Σ' 上的位置）. 最后的等式乘以 $\sqrt{1 + \frac{r'_4}{r'}}$，把 $S'_1S'_2$ 变为 t_{12} 等，把 $\sqrt{1 + \frac{r'_4}{r'}}AS'_1$ 变为 t_{14} 等（见轴向反演性质 C），我们得出要求的关系式

$$t_{12}t_{34}+t_{14}t_{23}=t_{13}t_{24}$$

7. 本题与第1章中问题12类似(它们是对偶问题). 令 $ABCDEF$ 是圆 S 的外切六边形, S_1 是与这个六边形的边 AB, DE 相切的圆(图65); 我们设这些圆与直线都是有向的. 此外, S 的方向可以任意选取.

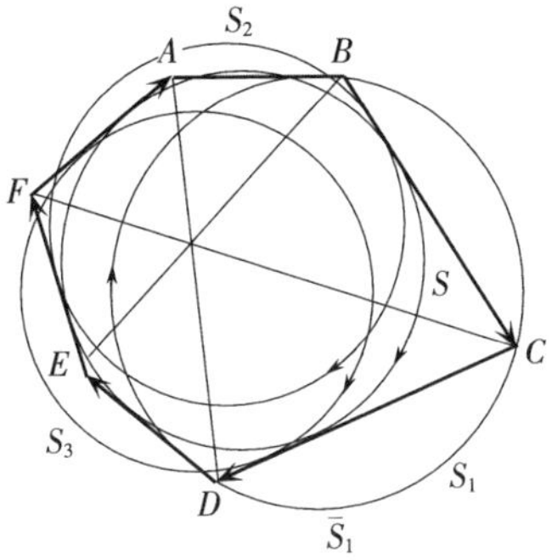

图65

具有中心线 BE 与方向圆 S 的轴向反演把圆 S_1 变为与 BC, EF 相切的圆 S_2(因为 AB 变为 BC, DE 变为 EF); 具有中心线 CF 与方向圆 S 的另一个轴向反演把圆 S_2 变为与直线 CD, FA 相切的圆 S_3; 最后, 具有中心线 DA 与方向圆 S 的轴向反演把圆 S_3 变为与直线 DE, AB 相切的圆 $\overline{S}_1$.

由轴向反演性质C, 圆 S_1, S_2, S_3, $\overline{S}_1$ 与圆 S 有相同的切线距离(所考虑的所有轴向反演把 S 变为它本身). 但是圆 S_1, $\overline{S}_1$ 与直线 DE, AB 相切, 且与圆 S 有相同的切线距离, 这一事实蕴涵它们重合.[4]

因此我们看出, 直线 BE, CF, DA 是轴向反演的中心线, 这个反演把 S_1 变为 S_2, S_2 变为 S_3, S_3 变为 S_1. 但是这蕴涵这些直线是这三个圆每次取两个圆的根轴(见轴向反演性质C的证明). 但是这时这三条直线一定相交于一点, 即圆 S_1, S_2, S_3 的根心(见第44页), 这就是我们所要证明的.

8. (1) 用轴向反演, 我们可以把有公切线 a_1 与 a_2 的圆 S_1 与 S_2 分别变为点 S'_1 与 S'_2(见第93页; 我们设所有的圆与直线都是有向的). 此处图5.40(a)变为图66(a); 我们应当证明, 如果直线 a'_1, b'_1, c'_1, d'_1 是同一圆 Σ' 的切线, 那么直线 a'_2, b'_2, c'_2, d'_2 是同一圆 $\overline{\Sigma}'$ 的切线.

令所考虑直线的交点与圆 S'_3, S'_4 的切点如图66(a)所示. 因为圆 Σ' 内切于四边形 $S'_1P_1Q_1S'_2$, 所以 $S'_1S'_2+P_1Q_1=S'_1P_1+S'_2Q_1$. 如果我们把线段 P_1K_1 与 Q_1M_1 加到最后等式的左边, 把线段 P_1L_1 与 Q_1N_1 加到这个等式的右边, 其中 $P_1K_1=P_1L_1$, $Q_1M_1=Q_1N_1$, 那么得出等式

$$S'_1S'_2+K_1M_1=S'_1L_1+S'_2N_1$$

或

$$S_1'S_2' + K_2M_2 = S_1'L_2 + S_2'N_2$$

(因为 $K_1M_1 = K_2M_2$, $S_1'L_1 = S_1'L_2$, $S_2'N_1 = S_2'N_2$). 如果我们把线段 K_2P_2 与 M_2Q_2 加到最后等式的左边，把线段 L_2P_2 与 N_2Q_2 加到这个等式的右边，其中 $K_2P_2 = L_2P_2$, $M_2Q_2 = N_2Q_2$，那么得出等式

$$S_1'S_2' + P_2Q_2 = S_1'P_2 + S_2'Q_2$$

这蕴涵我们可以作四边形 $S_1'P_2Q_2S_2'$ 的内切圆 Σ'. [5]

(2) 我们应用轴向反演把有公切线 l 与 l_2 的圆 S_1 与 S_3 分别变为点 S_1' 与 S_3'，于是图 5.40(b) 变为图 66(b)(见第 93 页;假设所有的圆与直线都是有向的). 我们要证明图 66(b) 中的圆 Σ_1', Σ_2', Σ_3' 与唯一直线 $\bar{l}'$ 相切，即

$$t_{12} + t_{23} = t_{13}$$

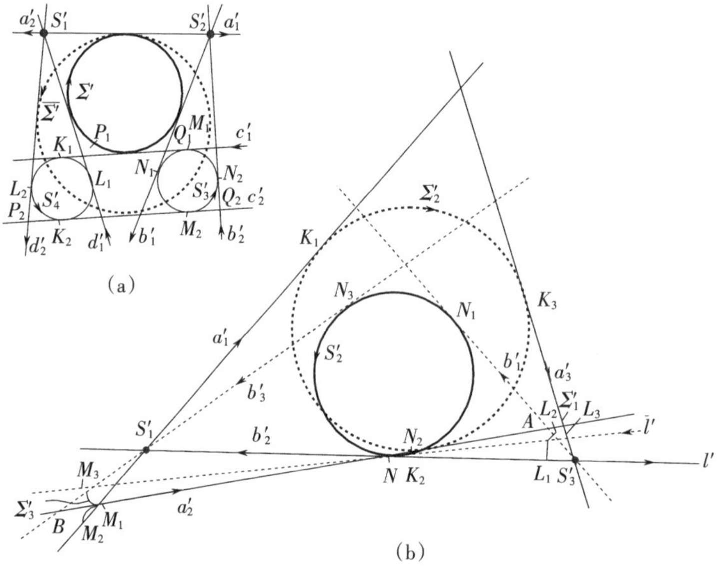

图 66

其中，t_{12} 是 Σ_1' 与 Σ_2' 的切线距离(见问题 3(2) 的解法). 但是从图 66(b) 我们有

$$t_{12} = K_3L_3 = S_3'K_2 - S_3'L_1, \quad t_{23} = K_1M_1 = S_1'K_2 + S_1'M_3$$

$$t_{13} = M_2L_2 = AB - BM_2 + AL_2 = AB - BM_3 + AL_1$$

所以

$$\begin{aligned} t_{12} + t_{23} - t_{13} &= (S_3'K_2 + S_1'K_2) - (S_3'L_1 + AL_1) + (S_1'M_3 + BM_3) - AB \\ &= S_3'S_1' - S_3'A + S_1'B - AB \\ &= S_3'S_1' - S_3'A - (AN_2 + BN_2) + S_1'B \\ &= S_3'S_1' - (S_3'A + AN_1) - (BN_3 - S_1'B) \end{aligned}$$

$$=S_3'S_1'-S_3'N_1-S_1'N_3$$
$$=S_3'S_1'-S_3'N-S_1'N=0$$

这就是所要证明的.[6]

9. 我们分别考虑三种情形.

1° 圆 A,B,C(假设是有向的) 的相似轴不与它们中任一圆相交,则可以用轴向反演把所有三个圆变为三个点 A',B',C'. 于是与本题有关的图变为图67(a). 切线距离 x 等于线段 $C'D'$ 的长,即 $\triangle A'B'C'$ 的中线长,用众所周知的公式

$$x^2=\frac{1}{4}(2a^2+2b^2-c^2)$$

2° 我们应用轴向反演把圆 A 与 B 分别变为点 A' 与 B';设圆 C 变为圆 C', C' 与 $A'B'$ 相交于点 M 与 N(如果 C' 不与 $A'B'$ 相交,那么我们将研究第一种情形). 用有中心线 $A'B'$ 的轴向反演可以把圆 C' 变为有直径 MN 的圆 C'(见第91页). 于是本题的图变为图 67(b),本题化为确定从线段 $A'B'$ 的中点 D' 到圆 C'' 的切线段 $D'P$ 的长. 令距离 $A'O$ 与 $B'O$(O 为 C'' 的圆心) 分别是 d_1 与 d_2,C'' 的半径是 r,则

$$d_1^2-r^2=b^2 \text{ 和 } d_2^2-r^2=a^2$$

所以

$$d_1^2-d_2^2=b^2-a^2$$

现在依赖 O 是在 A' 与 B' 之间(图 67(b)) 还是在 $A'B'$ 的外部,我们有[7]

$$d_1\pm d_2=c, d_1\mp d_2=\frac{b^2-a^2}{c}$$

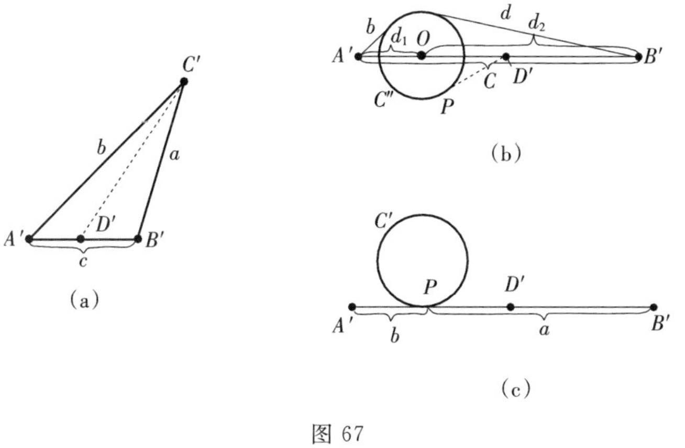

图 67

在这两种情形中

$$d_1=\frac{b^2+c^2-a^2}{2c}$$

$$r^2=d_1^2-b^2=\left(\frac{b^2+c^2-a^2}{2c}\right)^2-b^2=\frac{a^4+b^4+c^4-2a^2b^2-2a^2c^2-2b^2c^2}{4c^2}$$

因为 $D'O=A'D-A'O=\frac{c}{2}-\frac{b^2+c^2-a^2}{2c}=\frac{a^2-b^2}{2c}$，所以最后有相同公式

$$\begin{aligned}x^2&=D'P^2=D'O^2-r^2\\&=\left(\frac{a^2-b^2}{2c}\right)^2-\frac{a^4+b^4+c^4-2a^2b^2-2a^2c^2-2b^2c^2}{4c^2}\\&=\frac{1}{4}(2a^2+2b^2-c^2)\end{aligned}$$

3° 我们用轴向反演把 A 与 B 分别变为点 A' 与 B'；令圆 C 的像是与 $A'B'$ 相切于点 P 的圆 C'（图 67(c)）. 本题化为确定从线段 $A'B'$ 的中点 D' 到圆 C' 的切线段 $D'P$ 的长. 显然 $A'P=b$，$B'P=a$，例如，在图 67(c) 的情形中，有[7]

$$x=D'P=A'D'-A'P=\frac{c}{2}-b$$

我们指出，公式 $x^2=\frac{1}{4}(2a^2+2b^2-c^2)$ 也适用于这种情形. 事实上，此处 $c=a+b$，因此

$$\begin{aligned}\frac{1}{4}(2a^2+2b^2-c^2)&=\frac{1}{4}[2a^2+2b^2-(a+b)^2]\\&=\frac{1}{4}(a-b)^2=\frac{1}{4}[(c-b)-b]^2=(\frac{c}{2}-b)^2\end{aligned}$$

附注. 情形 1° 的特点是线段 a,b,c 中最大者小于其他两线段之和（由 a,b,c 可能作出三角形；如图 67(a)）；情形 2° 的特点是线段 a,b,c 中最大者大于其他两线段之和；情形 3° 的特点是线段 a,b,c 中最大者等于其他两线段之和.

10. 与研究上题的解法一样，我们分别考虑三种情形.

1° 我们用轴向反演把圆 A,B,C 分别变为三点 A',B',C'. 于是图 5.42 变为图 68(a). 本题中所述的所有结论由三角形中线性质推出.

2° 用两个轴向反演，我们可以把圆 A,B,C 变为两点 A',B' 与圆心 O 在直线 $A'B'$ 上的圆 C''，于是图 5.42 变为图 68(b). 令 M_1,M_2,M_3 是三个圆，与从 A' 到 E''，从 B' 到 F''，从 D' 到 C'' 所作的切线相切，它们分这些线段之比为 2∶1（从 A',B',C' 开始）. 我们证明这三个圆重合.

我们用 $\overline{O},o,O_1,O_2,O_3$ 分别表示 E'',F'',M_1,M_2,M_3 的圆心，用 $\bar{r},r,r_1,r_2,r_3$ 分别表示它们的半径；此外，设 $A'O=d_1$，$B'O=d_2$，[8] $A'B'=c$，则 R 表示 C'' 的半径. 圆 E'' 与 C'' 中心相似，其相似中心为 B'，相似比为 $\frac{1}{2}$. 因此 $B'\overline{O}=\frac{d_2}{2}$，$\bar{r}=$

$\frac{R}{2}$. 圆 E'' 与 M_1 中心相似，其相似中心为 A'，相似比为 $\frac{2}{3}$. 因此

$$A'O_1=\frac{2}{3}A'\overline{O}=\frac{2}{3}(c-\frac{d_2}{2})=\frac{2}{3}c-\frac{d_2}{3}, r_1=\frac{2}{3}\bar{r}=\frac{1}{3}R$$

用类似方法得出

$$B'O_2=\frac{2}{3}c-\frac{d_1}{3}, r_2=\frac{1}{3}R$$

这已经蕴涵圆 M_1 与 M_2 重合(因为它们的半径相等，圆心重合，$A'O_1+B'O_2=\frac{4}{3}c-\frac{d_1+d_2}{3}=c=A'B'$). 最后，圆 M_3 与 C'' 一定中心相似，其相似中心为 D'，相似比为 $\frac{1}{3}$. 因此

$$r_3=\frac{1}{3}R, D'O_3=\frac{1}{3}D'O=\frac{1}{3}(d_1-\frac{c}{2})=\frac{d_1}{3}-\frac{c}{6}$$

这表示 M_3 与 M_1，M_2 重合(因为它们的半径相等，圆心重合，$A'O_3=A'D'+D'O_3=\frac{c}{2}+\frac{c-d_2}{3}-\frac{c}{6}=\frac{2}{3}c-\frac{d_2}{3}$).

3° 用轴向反演可以把圆 A，B，C 分别变为点 A'，B' 与圆 C'，C' 与直线 $A'B'$ 相切，于是图 5.42 变为图 68(c). 同前那样定义圆 M_1，M_2，M_3，我们应当证明它们重合. 我们保持与 2° 一样的圆 E'，F'，M_1，M_2，M_3 的圆心与半径的记号. 我们要证明 $r_1=r_2=r_3=\frac{R}{3}$，因此只要证明这些圆的圆心重合. 但是显然，点 O_1，O_2，O_3 分 $\triangle A'B'O$ 的中线 $A'\overline{O}$，$B'o$，OD' 之比为 2∶1；因此这三个点与 $\triangle A'B'O$ 的中心重合.

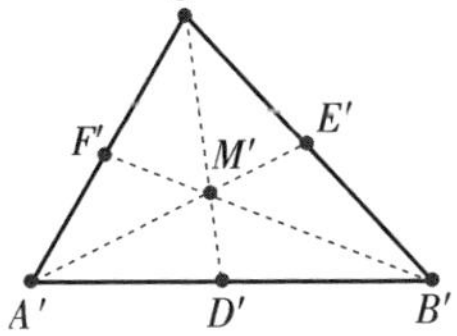

(a)

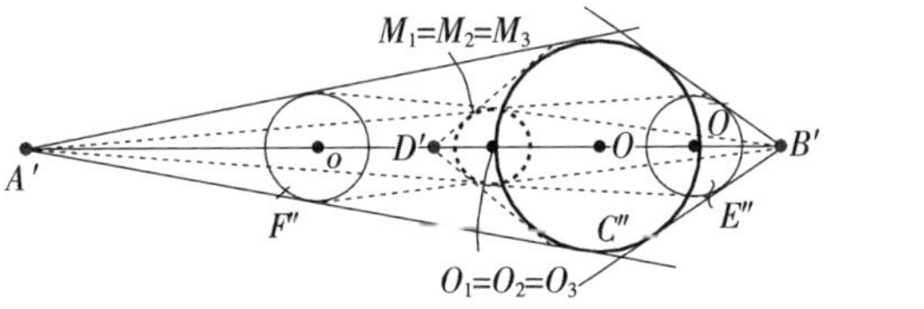

(b)

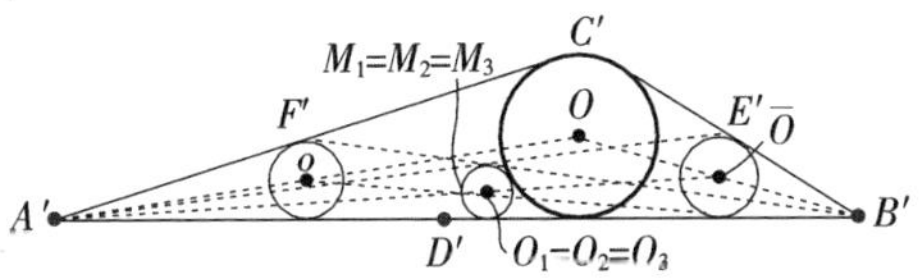

(c)

图 68

11. 如果 o 是轴向反演中心线，那么 $\widehat{a,c}=\widehat{a,o}-\widehat{c,o}$，等等（如图 69，$\widehat{a,c}$ 等的符号根据第 86 页所述的约定）. 因此

$$\sin\frac{\widehat{a,c}}{2}=\sin\frac{\widehat{a,o}-\widehat{c,o}}{2}=\sin\frac{\widehat{a,o}}{2}\cos\frac{\widehat{c,o}}{2}-\sin\frac{\widehat{c,o}}{2}\cos\frac{\widehat{a,o}}{2}$$

$$=\cos\frac{\widehat{a,o}}{2}\cos\frac{\widehat{c,o}}{2}\left(\tan\frac{\widehat{a,o}}{2}-\tan\frac{\widehat{c,o}}{2}\right)$$

$$\vdots$$

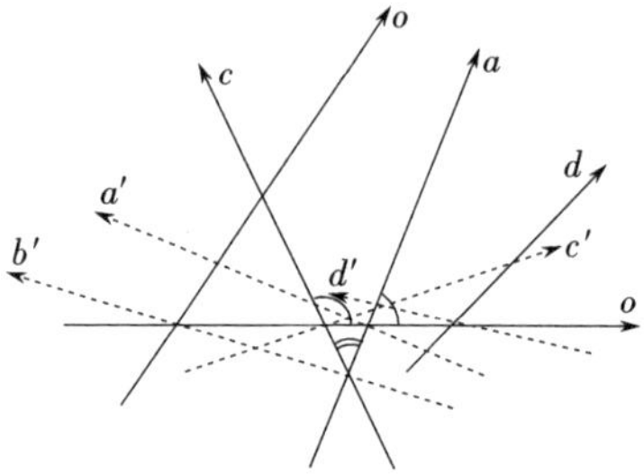

图 69

这蕴涵

$$\frac{\sin\frac{\widehat{a,c}}{2}}{\sin\frac{\widehat{b,c}}{2}}:\frac{\sin\frac{\widehat{a,d}}{2}}{\sin\frac{\widehat{b,d}}{2}}=\frac{\tan\frac{\widehat{a,o}}{2}-\tan\frac{\widehat{c,o}}{2}}{\tan\frac{\widehat{b,o}}{2}-\tan\frac{\widehat{c,o}}{2}}:\frac{\tan\frac{\widehat{a,o}}{2}-\tan\frac{\widehat{d,o}}{2}}{\tan\frac{\widehat{b,o}}{2}-\tan\frac{\widehat{d,o}}{2}}$$

类似地

$$\frac{\sin\frac{\widehat{a',c'}}{2}}{\sin\frac{\widehat{b',c'}}{2}}:\frac{\sin\frac{\widehat{a',d'}}{2}}{\sin\frac{\widehat{b',d'}}{2}}=\frac{\tan\frac{\widehat{a',o}}{2}-\tan\frac{\widehat{c',o}}{2}}{\tan\frac{\widehat{b',o}}{2}-\tan\frac{\widehat{c',o}}{2}}:\frac{\tan\frac{\widehat{a',o}}{2}-\tan\frac{\widehat{d',o}}{2}}{\tan\frac{\widehat{b',o}}{2}-\tan\frac{\widehat{d',o}}{2}}$$

但是由轴向反演的定义，$\tan\frac{\widehat{a',o}}{2}=\frac{k}{\tan\frac{\widehat{a,o}}{2}}$ 等. 把这些表示式代入上面最后一个关系式，我们容易得出要求的关系式

$$\frac{\sin\frac{\widehat{a',c'}}{2}}{\sin\frac{\widehat{b',c'}}{2}}:\frac{\sin\frac{\widehat{a',d'}}{2}}{\sin\frac{\widehat{b',d'}}{2}}=\frac{\sin\frac{\widehat{a,c}}{2}}{\sin\frac{\widehat{b,c}}{2}}:\frac{\sin\frac{\widehat{a,d}}{2}}{\sin\frac{\widehat{b,d}}{2}}$$

12. 如果轴向反演序列 $I_1, I_2, I_3, \cdots, I_n$ 把两个不同点 A 与 B 再变为点 A' 与 B'，那么它把直线 AB 上的所有点变为点. 事实上，在这种情形中，通过点 A，B 且只有方向不同的两条有向直线 l_1 与 l_2，分别变为通过点 A'，B' 且只有方向不同的直线 l'_1 与 l'_2. 因为没有一个非零半径的圆可以与 l'_1，l'_2 两者相切，所以直线 AB 上的所有点变为直线 $A'B'$ 上的点(见第 91 ～ 93 页). 因此，如果轴向反演序列把不共线的三个点 A，B，C 变为点，那么它把平面上所有点都变为点. 事实上，如果 M 是任一点，N 是 AM 与 BC 的交点(图 70)，那么 N 变为一点，因为它在直线 BC 上，M 变为一点，因为它在直线 AN 上，所以就产生以下四种情形：

轴向反演序列：

1° 不把平面上任一点变为一点；

2° 只把点 O 变为一点(我们下面将证明这是不可能的)；

3° 把某一直线 o(不是其他直线) 上的点变为点；

4° 把平面上的点变为点.

本题的其他目的是要看出这些情形中哪一种情形会发生，如果它是情形 3°(最有意义的情形；结果是 1° 与 4° 被排除)，那么要求出的直线 o，就是要求的轨迹.

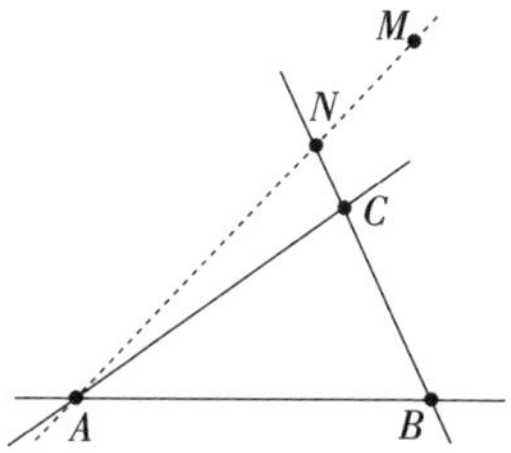

图 70

我们考虑平面上的任一直线 AB. 通过点 A 与 B 且只有方向不同的两条(有向) 直线 l_1 与 l_2，变为两条新直线 l'_1 与 l'_2. 我们分别分析所有的可能性.

(1) 直线 l'_1 与 l'_2 也只是方向不同. 于是直线 AB 的所有点变为直线 l'_1 与 l'_2 的点，后两条直线在平面的位置上重合. 因此只有发生 3°(在这种情形中 o 与 AB 重合) 或 4° 的可能性. 为了阐明得出这两种情形中哪一种，只要检查不在直线 AB 上的任一点 C 是不是变为圆或点.

(2) 有向直线 $l'_1 \parallel l'_2$. 这种可能性立即被排除，因为直线 AB 上的点一定变为与 l'_1，l'_2 相切的圆，但是与平行线相切的(有向) 圆不存在.

(3) 直线 l'_1 与 l'_2 反向平行. 直线 AB 上的点变为有相同半径且与 l'_1，l'_2 相切的圆(图 71). 令 CD 是平行于(但不同方向) 直线 AB 的任一条直线. 直线 m_1 与 m_2 通过点 C 与 D 但只是方向不同，则 m_1 与 m_2 分别变为直线 m'_1 与 m'_2.

我们考虑各种不同的可能性.

a. 如果 m_1' 与 m_2' 只是方向不同，那么我们回到可能性(1)；此处得出 3°，且 o 与 CD 重合.

b. 直线 m_1' 与 m_2' 不能平行(见上述(2)).

c. 如果 m_1' 与 m_2' 反向平行，那么直线 CD 上的点变为有相等半径且与 m_1'，m_2' 相切的圆. 此外，这些圆的连心线一定平行于 AB 上的点的像圆的中心线；在其他情形中，我们将在直线 AB 和 CD 上各求出一点，使它们的像是同心圆，这种可能性与以下事实矛盾：这些点之间的切线距离应当等于初始两点间的距离(所以一定存在). 此外，如果最后的圆的半径等于(关于大小与符号) 直线 AB 上的点的像圆半径(图 71(a))，那么任一直线 MN(其中 M 是 AB 上的点，N 是 CD 上的点) 上的点变为圆，这些圆与有相等半径的两圆 M_1'，N_2' 没有公切线. 因此平面上所有点变为有相等半径的圆，于是得出情形 1°. 另外，如果直线 AB 上的点与 CD 上的点变为不同半径的圆(图 71(b))，那么任一直线 MN(其中 M 是 AB 上的点，N 是 CD 上的点) 变为圆，这些圆与有不同半径的两圆 M'，N' 有公切线. 从而直线 MN 上的点 P 变为点 P'；P 的位置由以下等式确定

$$\frac{MP}{NP}=\frac{\text{圆 } M' \text{ 与点 } P' \text{ 之间的切线距离}}{\text{圆 } N' \text{ 与点 } P' \text{ 之间的切线距离}}=\frac{M' \text{ 的半径}}{N' \text{ 的半径}}$$

(图 71(b)). 所有这样的点 P 的轨迹是与 AB，CD 平行的直线 o，因此我们又回到情形 3°.

d. 最后，容易证明，直线 m_1' 与 m_2' 不能相交. 设它们相交，直线 CD 上的点变为圆，这些圆与相交直线 m_1'，m_2' 相切. 这些圆中的每一个一定与相切于 l_1'，l_2' 的每个圆有一定的切线距离(这个切线距离等于相应点之间的距离). 因此所有这些圆的连心线(由 m_1' 与 m_2' 构成的角的平分线) 一定平行于 l_1' 与 l_2' —— 如果情况不是这样，那么在这些圆中有两个与 l_1'，l_2' 相切的圆是同心圆. 但是在最后这一情形中也可能求出两圆，一圆与 m_1'，m_2' 相切，另一圆与 l_1'，l_2' 相切，但没有切线距离 —— 为证明这一点，只需注意与 m_1'，m_2' 相切的圆可以任意大，因此其中一些圆把与 l_1'，l_2' 相切的圆包含在它们内部(图 71(c)).

(4) 直线 l_1' 与 l_2' 相交. 在这种情形中，直线 AB 上的定点 P 变为 l_1' 与 l_2' 的交点 P'；容易求出 P，因为它到 A 的距离等于点 P' 到圆 A' 的切线距离(A' 是 A 的像). 于是我们考虑不通过点 P 的任一其他直线 CD；通过 C 与 D 的直线 m_1 与 m_2 分别变为相交直线 m_1' 与 m_2'(因为前面的分析证明了，如果直线 l_1' 与 l_2' 相交，那么直线 m_1' 与 m_2' 不能只是方向不同或反向平行). 因此还可能求出一点 Q，它变为点 Q'，所以此处得出情形 3°，且 o 与直线 PQ 重合.

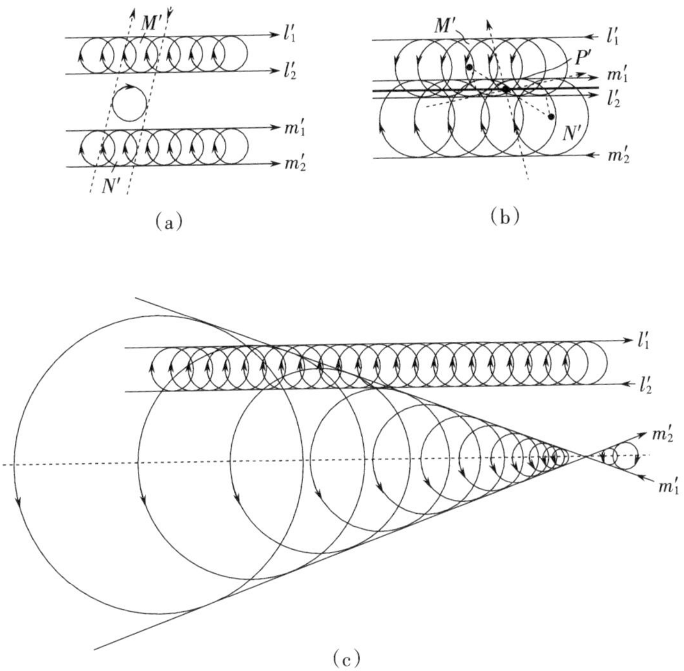

(c)

图 71

13. 本题类似于问题 20(它们是对偶的). 假设本题已被解答,$A_1A_2A_3\cdots A_n$ 是要求的 n 边形,其顶点在已知直线 $l_1,l_2,l_3,\cdots,l_n$ 上(图 72). 设所有出现在本题解法中的直线与圆都是有向的;并且圆 S 与直线 $l_1,l_2,l_3,\cdots,l_n$ 的方向可以任意选取. 我们依次应用具有中心线 $l_1,l_2,l_3,\cdots,l_n$ 与同一有向圆 S 的 n 个轴向反演. 这些反演依次把边 A_nA_1 变为 $A_1A_2,A_2A_3,\cdots,A_{n-1}A_n$, 最后又变为 A_nA_1. 因此我们看出,这 n 个已知轴向反演把 A_nA_1 变为它本身. 所以本题被化为求圆 S 的切线 A_nA_1,这个圆被已知的轴向反演所固定. 我们可以利用不同的方法继续下去.

解法 1(类似于问题 20 的解法):被我们的轴向反演序列变为点的所有点在唯一直线 h 上,h 的像是直线 h'(见问题 12).[9] 令 M 是 h 与 A_1A_n 的交点. n 个轴向反演把点 M 变为直线 h' 上的点. 因为 A_1A_n 变为它本身,所以所讨论的点是 h' 与 A_1A_n 的交点 M'. 正如问题 20 的解法一样,我们现在必须分别考虑两种情形:

1° n 是偶数. 在这种情形中,M 与 S 的切线距离在大小与方向上等于 M' 与 S 的切线距离. 于是 M 与 M' 重合,因此这是 h 与 h' 的交点. 从 M 作出 S 的切线,我们将得出要求的 n 边形的边 A_1A_n. 如果 M 在 S 的外部,那么本题有两个解;

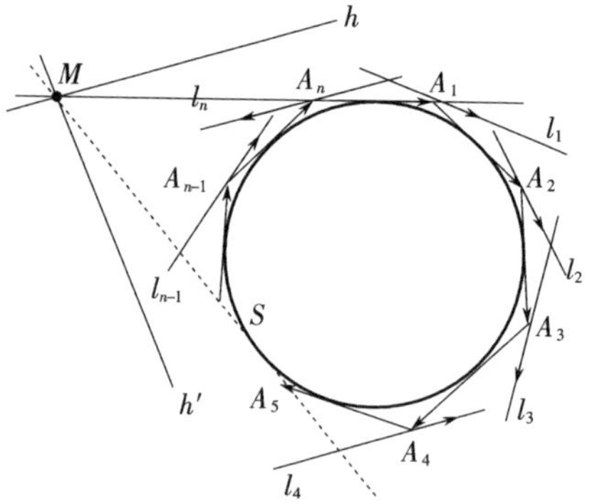

图 72

如果 M 在 S 上，那么本题有一个解；如果 M 在 S 的内部或 $h \parallel h'$，那么本题无解. 在 h 与 h' 重合的特殊情形中，本题的解是不确定的.

2° n 是奇数. 在这种情形中，M 与 S 的切线距离在大小与不同方向上等于 M' 与 S 的切线距离. 因此本题化为 S 的切线 A_nA_1，其中在已知直线 h 与 h' 之间的线段被 A_nA_1 与 S 的切点所平分(图 73). 一般地，这是一个很困难的问题，但在我们的情形中被以下事实简化：直线 h 与 h' 到圆 S 的圆心 O 的距离相等. 事实上，如果 n 是奇数，那么 M 的像(h 与 h' 的交点) 不是 M；我们的 n 个轴向反演把 M 变为直线 h' 上的点 M_1，M 是 h 上的点 M_2 的像. 由轴向反演性质 C，M_2M 与 MM_1 的(切线) 距离相等；另外，M_2 与 S 的切线距离等于 M_1 与 S 的切线距离. 从而 M_2，M 与 M_1 在 S 的同心圆 Σ 上，直线 M_1M 与 MM_2 到 S 的圆心的距离相等. 对称性的考虑蕴涵要求的直线 A_nA_1 垂直于 h 与 h' 之间所成角的平分线(图 73). 本题有两解.

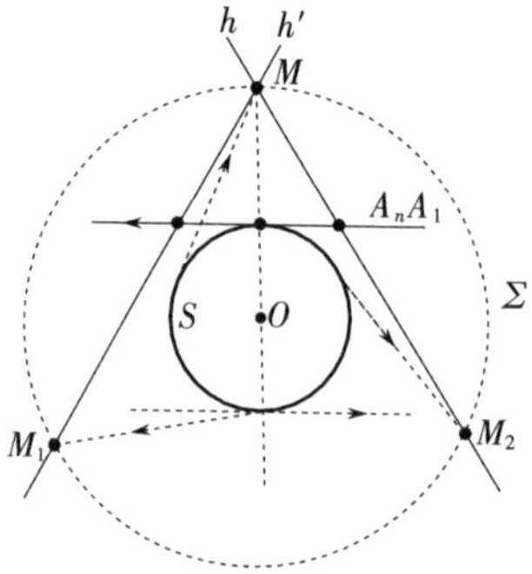

图 73

解法 2(类似于第 4 章问题 7 的解法)：令 p，q 与 r 是任意三条有向直线，n 个反演序列把它们变为三条有向直线 p'，q' 与 r'；用 x 表示要求的直线 A_1A_n，它

与它的像重合.因为轴向反演保持四条直线的交比不变(见问题 11),所以有

$$\frac{\sin\frac{\widehat{p,r}}{2}}{\sin\frac{\widehat{q,r}}{2}}:\frac{\sin\frac{\widehat{p,x}}{2}}{\sin\frac{\widehat{q,x}}{2}}=\frac{\sin\frac{\widehat{p',r'}}{2}}{\sin\frac{\widehat{q',r'}}{2}}:\frac{\sin\frac{\widehat{p',x}}{2}}{\sin\frac{\widehat{q',x}}{2}}$$

现在令 o 是平面上任一有向直线,则最后的等式可以改写为

$$\frac{\tan\frac{\widehat{p,o}}{2}-\tan\frac{\widehat{r,o}}{2}}{\tan\frac{\widehat{q,o}}{2}-\tan\frac{\widehat{r,o}}{2}}:\frac{\tan\frac{\widehat{p,o}}{2}-\tan\frac{\widehat{x,o}}{2}}{\tan\frac{\widehat{q,o}}{2}-\tan\frac{\widehat{x,o}}{2}}=\frac{\tan\frac{\widehat{p',o}}{2}-\tan\frac{\widehat{r',o}}{2}}{\tan\frac{\widehat{q',o}}{2}-\tan\frac{\widehat{r',o}}{2}}:\frac{\tan\frac{\widehat{p',o}}{2}-\tan\frac{\widehat{x,o}}{2}}{\tan\frac{\widehat{q',o}}{2}-\tan\frac{\widehat{x,o}}{2}} \quad (*)$$

(见问题 11 的解法).但是这个等式是关于未知数 $\tan\frac{\widehat{x,o}}{2}$ 的二次方程.在得出 $\tan\frac{\widehat{x,o}}{2}$ 后,我们得到$\widehat{x,o}$;已知与(有向)圆 S 相切的(有向)直线 x 的方向后,我们可以容易得出这条直线.于是作要求的 n 边形的边是一个简单的问题了.作图是用直尺与圆规进行的.

根据二次方程(*)的解的个数,本题有两个解、一个解或无解(我们留给读者来说明,为什么解不依赖于圆 S 与直线 $l_1,l_2,l_3,\cdots,l_n$ 的方向的选取).

14.根据定理 2(第 99 页),我们分别考虑三种情形.

1° 圆 S_1 与 S_2 有两条公切线(假设所有的直线与圆都是有向的).在这种情形中,我们可以用轴向反演把它们变为两点 S_1' 与 S_2',于是图 5.15 变为图74(a).由对称性的考虑可以推出圆 S_1' 与 S_2' 的切线是唯一圆 Σ' 的切线这一事实.

2° 圆 S_1 与 S_2 没有公切线.在这种情形中,我们可以用轴向反演把它们变为只有方向不同的圆 S_1' 与 S_2',于是图 5.15 变为图 74(b)(非零半径的圆不能与 S_1',S_2' 相切).S_1' 与 S_2' 的切线只是方向不同;它们相交于点 Σ',圆 Σ 在轴向反演下的像与初始的圆 S_1,S_2,S_3,S_4 的四条公切线相切,这四个圆通过它们的切点.

3° 圆 S_1 与 S_2 相切的情形是不重要的,因为这时四个圆 S_1,S_2,S_3,S_4 在唯一的点上相切,定理陈述中的四条公切线一定重合.(如果三个有向圆 S_1,S_2,S_3 中每两个圆相切,那么三个切点一定重合 —— 三个无向圆两两相切中没有别的情形可以满足有向圆相切的条件.)

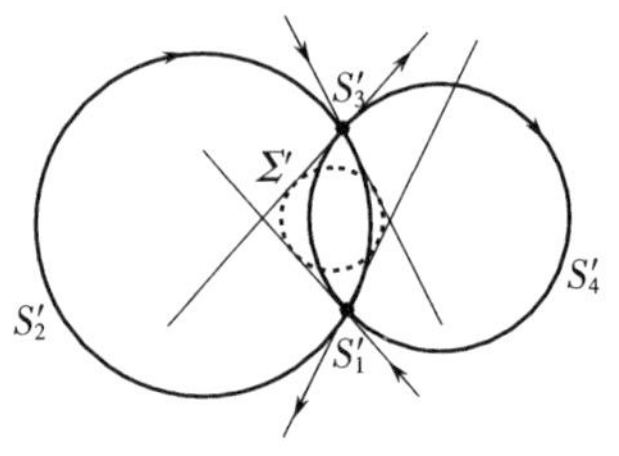

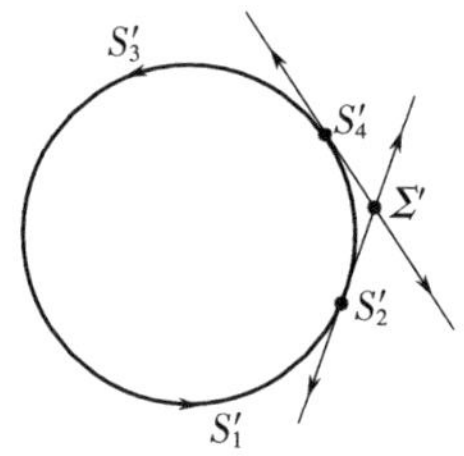

图 74

15. (1) 我们设圆 S_1，S_2 与直线 l 是有向的，分别考虑三种可能情形.

1° 圆 S_1 与 S_2 没有公切线. 在这种情形中，我们可以用轴向反演把它们变为只有方向不同的圆 S_1' 与 S_2'（见第 99 页定理 2）；设此处直线 l 变为直线 l'. 要求的圆 Σ 变为与 S_1'，S_2'，l' 相切的圆 Σ'（或变为 S_1'，S_2' 与 l' 的公共点 Σ'）. 但是有非零半径的圆不能同时与只有方向不同的两圆相切. 因此 Σ' 是 S_1' 与 l' 的交点. 在得出 Σ' 后，我们可以作出要求的圆 Σ，它在要求的轴向反演下对应于 Σ'.

本题有两个解、一个解或无解.

2° 圆 S_1 与 S_2 有一条公切线（两圆相切）. 在这种情形中，我们用轴向反演把它们变为点 S_1' 与通过此点的圆 S_2'；此处令 l 变为某一直线 l'. 要求的圆 Σ 变为圆 Σ'，Σ' 与 S'_2 相切于点 S_1' 且与直线 l' 相切；不难作出 Σ'（它的圆心在直线 OS_1' 上，其中 O 是 S_2' 的圆心，且在 l' 与 S_2' 在点 S_1' 的切线所构成的角平分线上）. 本题可以有两个解；如果 l' 与 S_2' 在 S_1' 上相切（即 S_1，S_2，l 在唯一点上相切），那么本题是不确定的.

3° 圆 S_1 与 S_2 有两条公切线. 在这种情形中，我们可以用轴向反演把它们变为两点 S_1' 与 S_2'；要求的圆 Σ 变为圆 Σ'，Σ 通过点 S_1' 与 S_2' 且与已知直线 l' 相切. 这个圆容易作出（例如第 3 章问题 4(1) 的解法）；本题可以有两个解.

因为 S_1，S_2 与 l 的方向可以用不同方法选取，所以本题（如果它的解是确定的）可以有多达八个解（见第 5 章问题 1 的解法）.

(2) 解法 1（类似于第 2 章问题 10(1) 的解法）：我们设圆 S_1，S_2，S_3 是有向的，分别考虑一些情形.

1° 圆 S_1 与 S_2 没有公切线. 在这种情形中，我们可以用轴向反演把它们变为只有方向不同的圆 S_1' 与 S_2'. 如果 S_3 的像是 S_3'，那么要求的圆 Σ 的像是 S'_1 与 S_2' 的交点 Σ'（见问题(1) 的解法）. 本题有两个解.

2° 圆 S_1 与 S_2 有一条公切线（它们相切）. 在这种情形中，我们用轴向反演可以把圆 S_1 与 S_2 变为点 S_1' 与通过此点的圆 S_2'；此处设 S_3 变为 S_3'. 要求的圆 Σ 变为圆 Σ'，Σ' 与 S'_2 相切于点 S_1' 且与圆 S_3' 相切. Σ' 容易作出.（它的圆心在直线

OS_1'上,其中O是S_1'的圆心;它到圆S_3'的圆心$\overline{O}$与直线OS_1'上的点A的距离相等,使$S_1'A$等于S_3'的半径.)

3° 圆S_1与S_2有两条公切线.在这种情形中,我们可以用轴向反演把它们变为两点S_1'与S_2';令S_3变为圆S_3'.要求的圆Σ变为圆Σ',Σ'通过点S_1',S_2'且与圆S_3'相切(见第3章问题4(1)).本题有两个解.

因为S_1,S_2,S_3的方向可以用不同方法选取,所以本题可以有多达八个解.

解法2(类似于问题10(1)的解法):令Σ是要求的圆,a_1,a_2,a_3分别为Σ与S_1,Σ与S_2,Σ与S_3的公切线;假设所有的圆与直线都是有向的(图75).显然,直线a_1与a_2相交于圆S_1与S_2的根轴o_1的点M_1(从M_1到S_1与S_2的切线距离相等,因为它们是从M到Σ的切线),轴向反演的轴是圆S_2与S_3的根轴o_2,此反演把S_2变为S_3,把a_2变为a_3;同样,轴向反演的轴是圆S_3与S_1的根轴o_3,此反演把S_3变为S_1,把a_3变为a_1.因此,三个轴向反演序列把直线a_1变为它本身.我们可以用类似于问题13的解法的方法得出直线a_1;在求出a_1后,我们容易作出要求的圆Σ.得出a_1的问题可以有两个解.因为S_1,S_2,S_3的方向可以用不同方法选取,所以本题可以有多达八个解.

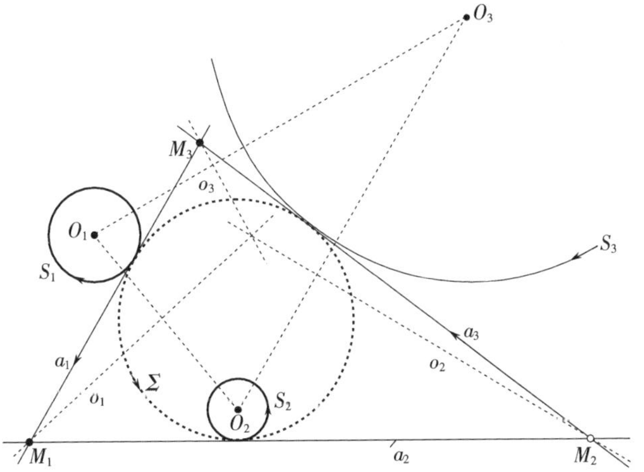

图 75

16.(1)我们应用轴向反演把圆S_1与S_2变为只有方向不同的圆S_1'与S_2'(见第99页定理2);令S_3的像是圆(或点)S_3'.要求的圆Σ变为圆Σ',使Σ'与S_1',Σ'与S_2',Σ'与S_3'的切线距离是a,b,c.令d是Σ'与S_1'的圆心之间的距离,r是Σ'的(未知)半径,r_1是S_1'的半径(及S_2'的半径).第74页中的关系式(*)蕴涵

$$d^2-(r-r_1)^2=a^2,d^2-(r+r_1)^2=b^2$$

由此

$$(r+r_1)^2-(r-r_1)^2=4rr_1=a^2-b^2$$

这个关系式能够让我们确定圆 Σ 的半径 r.

现在我们应用距离为 r 的收缩. 令圆 S_1',S_2',S_3' 的像分别是圆 S_1'',S_2'',S_3'',令圆 Σ' 的像是点 Σ''. 因为我们已知点 Σ'' 到三个已知圆 S_1'',S_2'',S_3'' 的切线距离 a,b,c,所以首先利用以下事实容易求出 Σ'',到圆 S 的切线距离是常数的点的轨迹是 S 的同心圆 $\overline{S}$(为了作 $\overline{S}$,我们只需要在 S 的某一切线上取一已知长的线段),其次我们作圆 Σ',最后作圆 Σ. 得出 Σ 的问题可以有两个解、一个解、无解或不确定. 因为 S_1,S_2,S_3 的方向可以用不同方法选取,所以本题可以有多达八个解.

附注. 如果我们在解题中利用轴向反演,那么 S_1 一定不在 S_2 的内部. 把它留给读者去研究.

(2) 本题可以容易化为前面的问题. 事实上,令圆心为 O 的圆 Σ 与圆心为 O_1 的已知圆 S_1 相交成角 α_1,令 N 表示 S_1 与 Σ 的交点(图 76). 圆 Σ 在点 N 上的切线 NM 与圆 S_1 的半径 O_1N 构成已知角 $90^\circ-\alpha_1$;点 O_1 到这条切线的距离 O_1M 也是已知的($O_1M=r_1\cos\alpha_1$,其中 r_1 是 S_1 的半径). 我们作圆心为 O_1 与半径 $O_1M=r_1\cos\alpha_1$ 的圆 $\overline{S}_1$. 于是 $\overline{S}_1$ 与 Σ 的公切线长是 $r_1\sin\alpha_1$,即圆 Σ 与圆 $\overline{S}_1$(当已知圆 S_1 与角 α_1 时可以作出 $\overline{S}_1$)的切线距离等于 $r_1\sin\alpha_1$.

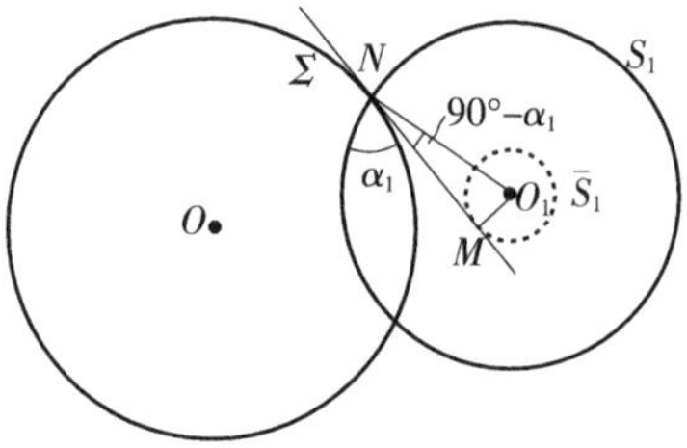

图 76

因此我们看出,圆 Σ 与半径为 r_1,r_2,r_3 的三个已知圆 S_1,S_2,S_3 分别相交成角 $\alpha_1,\alpha_2,\alpha_3$,$\Sigma$ 与另外三个已知圆 $\overline{S}_1,\overline{S}_2,\overline{S}_3$ 的切线距离已知($\overline{S}_1,\overline{S}_2,\overline{S}_3$ 分别与 S_1,S_2,S_3 是同心圆);此外,如果 S_1 在 S_2 的内部且 $90^\circ>\alpha>\beta$,那么 $\overline{S}_1$ 在 $\overline{S}_2$ 的内部,问题(2) 的解法化为问题(1) 的解法.

17. 可以用轴向反演把圆 S_1 与 S_2 变为只有方向不同的圆 S_1' 与 S_2'(见第 99 页中的定理 2;假设 S_1,S_2,S_3,S_4 是有向的). 令圆 S_3 与 S_4 的像分别是圆 S_3' 与 S_4',令要求的圆 Σ 的像是新圆(或点)Σ'(图 77). Σ' 与圆 S_1',S_2' 中每个圆(只有方向不同)的切线距离相等这一事实蕴涵,Σ' 是一点("半径为 0 的圆";见第 74 页中关系式(*)). 因为这个点与圆 S_1',S_2' 中每一圆的切线距离相等,所以 Σ' 在圆 S_1' 与 S_2' 的根轴 r_1 上(见第 3 章);我们用大体相同的方法证明,Σ' 在圆 S_2' 与 S_4' 的根轴 r_2 上. 因此 Σ' 是 S_1,S_2,S_3,S_4 的根心(见第 44 页). 在求出 Σ' 后,我们可以容易作圆 Σ. 本题有唯一解;如果设圆 S_1,S_2,S_3,S_4 是无向的,那么由它们的方向的自由选取，本题可以有多达八个解.

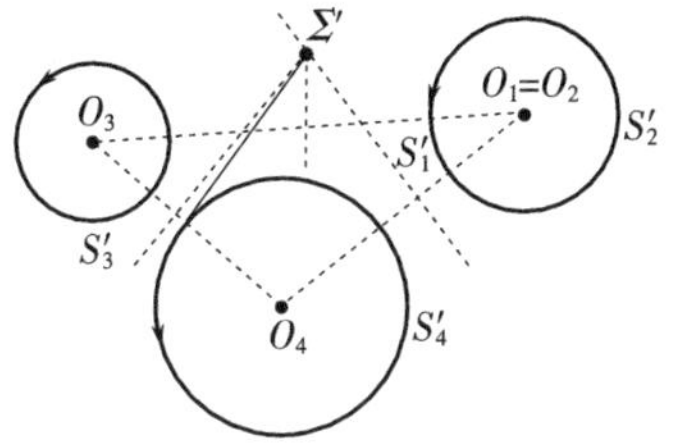

图 77

附注. 即使圆 S_1 不在 S_2 的内部，我们也可以用轴向反演来解本题(见第 106 页 ⅩⅥ′).

第 5 章解答的注解

[1]有向的相切圆 S_1 与 Σ 不能有相同半径(在大小与符号方面)—— 如果它们有相同半径，那么它们重合. 因此使 S_1 变为点 S'_1 的膨胀变换把 Σ 变为一点.

[2]这个公式此处可应用于所有圆 S_2，S_3，S_4 内部的点 S'_1(这由以下事实推出：我们可以从点 S'_1 作出圆 S'_2 的切线；膨胀变换性质 C 蕴涵 S'_1 与切点之间这条切线段长是 t_{12}).

[3]在解本题时，自然不用反演就证明了第 4 章问题 9 中的定理(利用反演的证明，见第 4 章问题 9 与本章问题 3 的解法).

[4]为了明确要求圆 S_1 与 $\overline{S}_1$ 重合，我们必须证明 S_1 与 S，$\overline{S}_1$ 与 S 的切线距离不仅大小相同，而且方向也相同(见第 12 页；在其他情形中，我们可以考虑 $\overline{S}_1$ 与 AB，DE 相切于两点，这些点对称于 S_1 与这两条直线的切点，且对称于 AB，DE 与圆 S 的切点). 事实上，三个逐次轴向反演把 AB 变为 DE，然后变为 CD，最后变为 DE. 用公切线 BC 度量的 S 与 S_2 之间的切线距离和用 AB 度量的 S 与 S_2 之间的切线距离是相反方向的；用 CD 度量 S 与 S_2 之间的切线距离和用 AB 度量 S 与 S_1 之间的切线距离的方向相同；用 DE 度量 S 与 $\overline{S}_1$ 之间的切线距离和用 AB 度量 S 与 S_1 之间的切线距离的方向相反(图 65). 这蕴涵，在 S，S_1 之间与在 S，$\overline{S}_1$ 之间的公切线段 AB 不但大小相同而且方向也相同，这表示 $\overline{S}_1$ 与 S_1 重合.

[5]这个事实的最简单证法之一推出什么结果. 设 $P_2Q_2 > P_2S'_1$，则 $Q_2S'_2 > S'_2S'_1$(当 $S'_1P_2Q_2S'_2$ 的所有边相等时，就不需要证明). 在 P_2Q_2 与 S'_2Q_2 上截取线段 $P_2X = P_2S'_1$ 与 $S'_2Y = S'_2S'_1$(图 78)，则 $Q_2X = Q_2Y$(因为 $S'_1S'_2 + P_2Q_2 = S'_1P_2 + S'_2Q_2$)，四边形 $S'_1P_2Q_2S'_2$ 的角 P_2，S'_2 与 Q_2 的平分线在 $\triangle S'_1XY$ 各边的中点垂直于各边. 这三条角平分线的公共点到四边形 $S'_1P_2Q_2S'_2$ 的各边的距离相等，因此它是四边形外接圆的圆心.

我们指出的论证是从图 66(a) 开始的；为使它与图形无关，我们必须利用有向线段的概念(见《几何变换(Ⅱ)》).

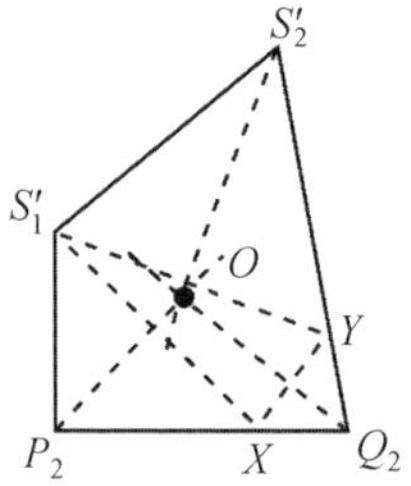

图 78

[6]为使我们的论证与图形无关,我们必须利用有向线段的概念.

[7]见注解 6.

[8]见注解 6.

[9]如果我们的轴向反演序列把平面上的所有点变为点,那么它是一个相似变换(见第 106 页的定理 3).因为这个变换把圆 S 变为它本身,所以它是等距变换,即绕着 S 的圆心 O 的旋转(在这种情形中本题无解)或为在 S 的直径上的反射(在这种情形中,A_1A_n 是与 d 垂直的切线 s,本题有两个解).如果我们的轴向反演序列没有把平面上的点变为点,那么它把所有的点变为有相同半径的圆(见第 5 章问题 12 的解法);同一定理 3 蕴涵这个变换是一个螺线变换,随后作膨胀变换.因为这个变换一定把 s 变为它本身,所以它是一个以 O 为中心的中心相似旋转变换,随后作膨胀变换;当旋转角不为 0 时本题无解,在相反情形中本题是不确定的.

附录　罗巴切夫斯基－波尔约的非欧几里得几何学或双曲几何学

1. 令 ABC 是由垂直于圆 Σ 的三个圆 S_1,S_2,S_3 构成的曲线三角形;令 $\overline{S}_1$, $\overline{S}_2$, $\overline{S}_3$ 是垂直于 Σ 的另外三个圆,通过 $\triangle ABC$ 的各顶点且平分它的各角,则 $\overline{S}_1$, $\overline{S}_2$, $\overline{S}_3$ 相交于一点(图 79(a);$\triangle ABC$ 在 Σ 的内部).

为了证明,应用双曲运动(把 Σ 的内部变为它本身的圆变换),它把圆 $\overline{S}_2$ 与 $\overline{S}_3$ 的交点(在 Σ 的内部)变为 Σ 的圆心 O,于是圆 $\overline{S}_2$ 与 $\overline{S}_3$ 变为圆 Σ 的直径 $\overline{S}_2'$ 与 $\overline{S}_3'$.在图 79(b)中,直径 $\overline{S}_2'$ 与垂直于 Σ 的圆 S_3',S_1' 构成等角,直径 $\overline{S}_3'$ 与垂直于 Σ 的圆 S_1',S_2' 构成等角;这蕴涵 S_3' 与圆 S''_1 重合,S''_1 是用在直线 $\overline{S}_2'$ 上的反射由 S_1' 得出的,S_2' 与圆 S''_2 重合,S''_2 是用在直线 $\overline{S}_3'$ 上的反射由 S_1' 得出的.因此圆 S_1',S_2',S_3' 的半径相等.

但是此时 S'_3 与圆 S''_2 重合，S''_2 是用在直线 OA' 上的反射由 S'_2 得出的(因为在垂直于 Σ 的圆中，通过已知点 A' 的三个圆的半径不相等，见第 120 页图 5). 因此 OA' 与 S'_2，S'_3 构成等角，即 OA' 与圆(直线)$\overline{S}'_1$ 重合，$\overline{S}'_1$ 是圆 $\overline{S}'_1$ 在双曲运动下的像. $\overline{S}'_1$，$\overline{S}'_2$，$\overline{S}'_3$ 相交于公共点 O 这一事实蕴涵，$\overline{S}_1$，$\overline{S}_2$，$\overline{S}_3$ 相交于公共点.

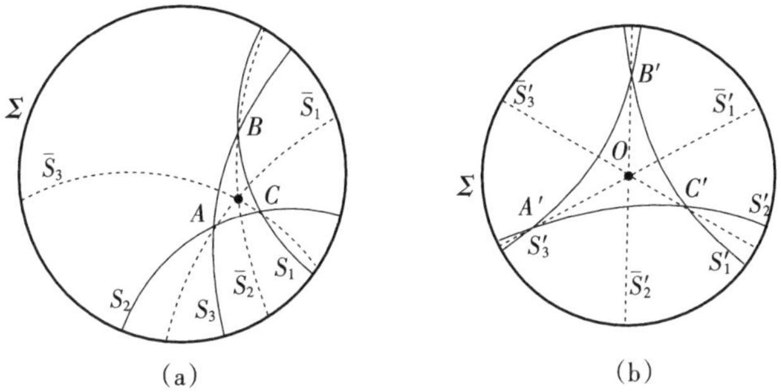

图 79

2. 令 S_1，S_2，S_3 是垂直于圆 Σ 的三个圆，使 S_2，S_3 与 S_1 构成等角，则利用图 80(a) 中的记号，有

$$\frac{AQ}{BQ} : \frac{AP}{BP} = \frac{AT}{CT} : \frac{AR}{CR}$$

为了证明，用双曲运动把点 A 变为圆 Σ 的圆心. 于是图 80(a) 变为图 80(b). 因为直线 S'_2 与 S'_3 分割圆 S'_1 成等角，所以它们关于直线 OO'_1 对称，其中 O 是圆 Σ 的圆心，O'_1 是圆 S'_1 的圆心. 但是此时考虑对称性，这蕴涵 $OB' = OC'$，从而

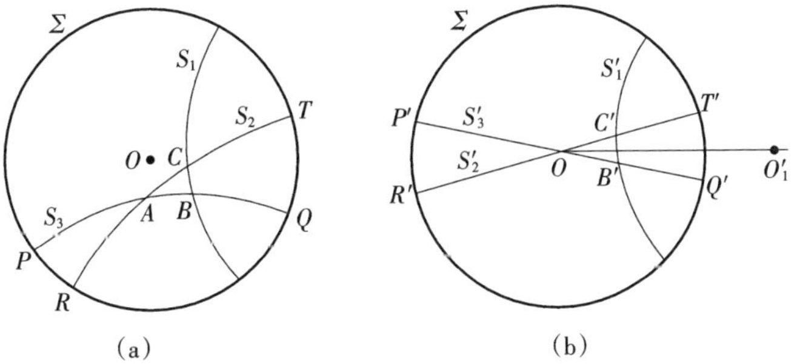

图 80

$$\frac{OQ'}{B'Q'} : \frac{OP'}{B'P'} = \frac{OT'}{C'T'} : \frac{OR'}{C'R'}$$

因为等式右边的所有线段等于它左边的适当的线段. 后面只要利用以下事实：圆变换保持四点的比不变.

附注. 不难看出，直线 OO'_1 平分 $\angle B'OC'$，垂直于 S'_1，且平分圆 S'_1 的 $\overset{\frown}{B'C'}$. 由此直接推出在等腰双曲三角形中，从顶点向底边作出的中线、角平分线与高重合.

3.(1) 中心在点 P 的反演把图 8(a) 变为图 81(a),此处我们用虚线表示从直线 $R'S'$ 上的点到直线 $P'Q'$ 所作的双曲垂线.本题的所有论断直接由此图推出.为了证明从直线 RS 上的点到直线 PQ 的距离,我们只需注意到

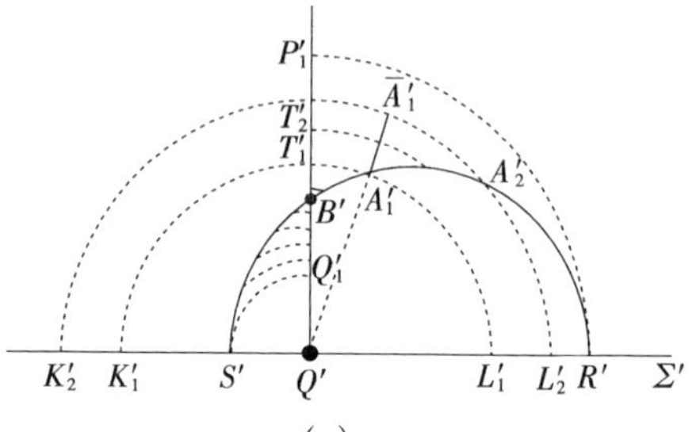

(a)

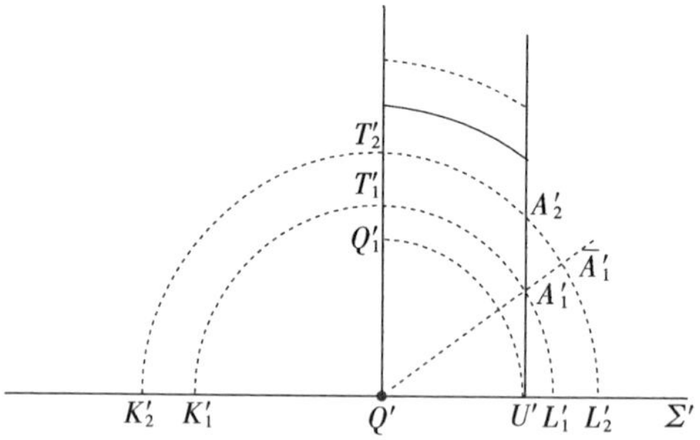

(b)

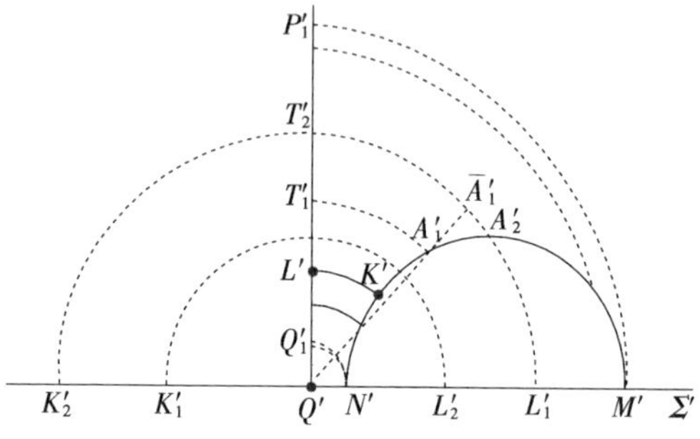

(c)

图 81

$$\frac{A'_1K'_1}{T'_1K'_1}:\frac{A'_1L'_1}{T'_1L'_1}=\frac{\overline{A}'_1K'_2}{T'_2K'_2}:\frac{\overline{A}'_1L'_2}{T'_2L'_2}<\frac{A'_2K'_2}{T'_2K'_2}:\frac{A'_2L'_2}{T'_2L'_2}$$

(2) 中心在点 P 的反演把图 8(b) 变为图 81(b),这蕴涵本题的所有论断.我们注意到

$$\frac{A'_1K'_1}{T'_1K'_1}:\frac{A'_1L'_1}{T'_1L'_1}=\frac{\overline{A}'_1K'_2}{T'_2K'_2}:\frac{\overline{A}'_1L'_2}{T'_2L'_2}<\frac{A'_2K'_2}{T'_2K'_2}:\frac{A'_2L'_2}{T'_2L'_2}$$

(3) 中心在点 P 的反演把图 8(c) 变为图 81(c),这蕴涵本题的所有论断.我

们注意到

$$\frac{A'_1K'_1}{T'_1K'_1}:\frac{A'_1L'_1}{T'_1L'_1}=\frac{\overline{A}'_1K'_2}{T'_2K'_2}:\frac{\overline{A}'_1L'_2}{T'_2L'_2}<\frac{A'_2K'_2}{T'_2K'_2}:\frac{A'_2L'_2}{T'_2L'_2}$$

4. 我们用双曲运动把锐角 $\triangle ABC$ 的高 AK 与 BL 的交点变为圆$\mathbb{K}$ 的圆心(锐角三角形的三条高一定相交于它内部一个公共点);这为我们提出图 82. 令 O'_1, O'_2, O'_3分别是圆 S'_1, S'_2, S'_3的圆心(它们构成 $\triangle A'B'C'$),r_1, r_2, r_3 是它们的半径;此外,令 $O'_1O'_2=d_3, O'_1O'_3=d_2, O'_2O'_3=d_1$. 圆 Σ 的圆心 O 是垂直于Σ 的圆 S'_1, S'_2, S'_3的根心. 直线 OA' 是 S'_2与 S'_3的根轴(它们的公共弦). 因为它垂直于 S'_1,所以O'_1 在这一条直线上. 因此 O'_1有关于 S'_2与 S'_3的相等幂. 因此 $d_3^2-r_2^2=d_2^2-r_3^2$ 或 $d_2^2+r_2^2=d_3^2+r_3^2$. 我们用类似方法证明 $d_1^2+r_1^2=d_3^2+r_3^2$. 因此

$$d_1^2+r_1^2=d_2^2+r_2^2, d_1^2-r_2^2=d_2^2-r_1^2$$

即圆 S'_3的圆心 O'_3有关于 S'_1与 S'_2的相等幂,因此在它们的根轴 OC' 上,这蕴涵 OC' 垂直于S'_3. 因此直线 OA', OB', OC' 是 $\triangle A'B'C'$ 的(双曲)高,即三条高相交于一个公共点,这蕴涵初始 $\triangle ABC$ 的三条高也相交于一个公共点.

如果 $\triangle ABC$ 是钝角三角形,但是高 AK 与 BL 相交于一个公共点,那么这个证明仍然成立;就是说在这种情形中,所有三条高相交于一个公共点. 但是可能发生这样的情形,高 AK 与 BL 没有公共点,则这个定理不成立.

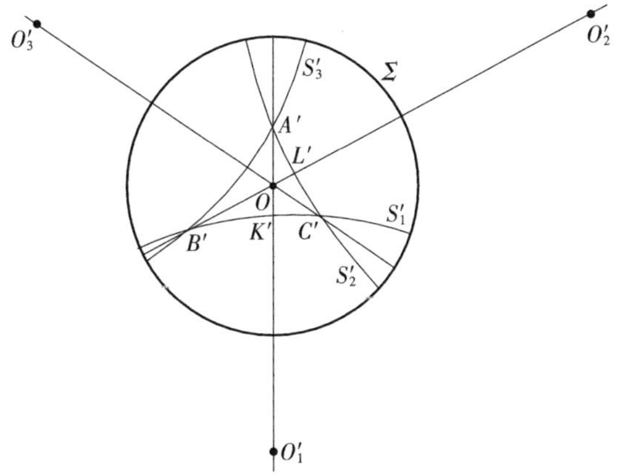

图 82

5. 我们用双曲运动把任一 $\triangle ABC$ 的顶点 A 移到圆 Σ 的圆心 O,则 $\triangle ABC$ 变为图 83 所示的 $\triangle OB'C'$. 显然,$\triangle OB'C'$ 的各角之和(等于 $\triangle ABC$ 的各角之和) 小于有相同顶点的直线三角形的各角之和,即小于 $180°$.

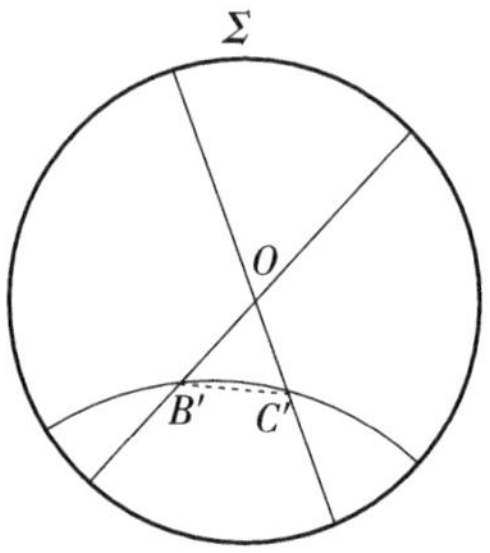

图 83

6. 我们用双曲运动把第一个$\triangle ABC$的顶点A移到圆盘$\mathbb{K}$的圆心O;我们用双曲运动把第二个$\triangle A_1B_1C_1$这样移动,使它的顶点A_1与同一点O重合,它的边在第一个三角形的对应边上(这是可能的,因为$\angle A=\angle A_1$). 如果$\triangle ABC$与$\triangle A_1B_1C_1$不全等,那么得出图 84(a) 或图 84(b). 但是在图 84(a) 中$\triangle B'B'_1D$的各角之和大于$180°$(因为$\angle DB'_1B'+\angle DB'B'_1=\angle DB'_1B'+\angle DB'_1O=180°$),由上题的结果,这是不可能的;在图 84(b) 中,四边形$B'C'C'_1B'_1$的各角之和是$360°$(因为$\angle B'_1B'C'=180°-\angle B'=180°-\angle B'B'_1C'_1$,$\angle C'_1C'B'=180°-\angle C'=180°-\angle C'C'_1B'_1$),四边形$B'C'C'_1B'_1$被它的对角线分成的两个三角形之一的各角和大于或等于$180°$. 这个矛盾证明了我们的三角形全等.

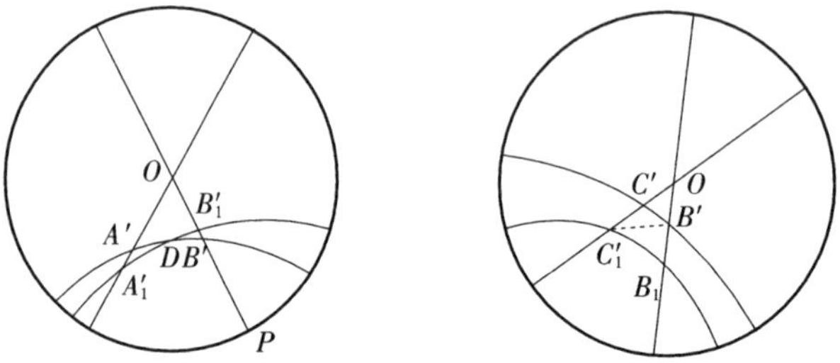

(a) (b)

图 84

7. 从任何三角形只有一个外接圆这一事实直接推出.

8. (1) 从《几何变换(Ⅱ)》中的结果推出.

附注. 在双曲几何学中有一个更一般的定理,它是第 1 章中问题 7(1) 的命题的推论(见问题 13 的解法的附注).

(2) 从第 1 章中问题 3 的结果推出.

9. 从第 1 章中问题 2(1) 的结果推出.

附注. 类似地,如果两个垂直的圆S_1,S_2与固定的圆S相切于它的已知点A与B,那么S_1与S_2的交点的轨迹由两个圆组成(见第 1 章中问题 5).

10. 从第 1 章中问题 5 的结果推出.

11. 显然,双曲圆束与欧氏圆束之间没有差别(见第 3 章),除了双曲点的定义迫使我们考虑的不是整个圆而只是它在圆盘$\mathbb{K}$ 内部的弧(见问题 13 的解法的附注). 因此,本题最后的论断由第 3 章中的结果直接推出.

椭圆圆束中的所有椭圆通过的已知点 P 与 Q 确定. 因此在双曲几何学中,有六个不同的"椭圆圆束"对应于点 P 与 Q 的六个不同位置:

1° P 与 Q 在$\mathbb{K}$ 的内部;

2° P 在$\mathbb{K}$ 的内部,Q 在圆 Σ 上;

3° P 在$\mathbb{K}$ 的内部,Q 在$\mathbb{K}$ 的外部;

4° P 与 Q 都在圆 Σ 上;

5° P 在圆 Σ 上,Q 在$\mathbb{K}$ 的外部;

6° P 与 Q 都在$\mathbb{K}$ 的外部.

双曲圆束可以定义为与椭圆圆束垂直的圆束. 因此有六种"双曲圆束"对应于六种"椭圆圆束",不过这可用来选出一种更特别的情形,即圆 Σ 本身属于所考虑的圆束(见第 123 页中图 9(a));3° 型的椭圆圆束与这个束垂直,其特点是点 P 与 Q 关于圆 Σ 对称 —— 有一个明确的观点告诉我们,这种"椭圆圆束"也被认为是特殊类型的圆束. 因此我们有七种类型的"双曲圆束".

最后,抛物圆束的特点是用点 A 与通过 A 的直线 l 来叙述 —— 所有圆束的圆都与 l 相切于 A. 这就在双曲几何学中得出以下六种抛物圆束:

1° A 在$\mathbb{K}$ 的内部;

2° A 在 Σ 上,l 与 Σ 相交(见第 124 页中图 9(c));

3° A 在 Σ 上,l 与 Σ 相切;

4° A 在$\mathbb{K}$ 的外部,l 与 Σ 相交;

5° A 在$\mathbb{K}$ 的外部,l 与 Σ 相切;

6° A 在$\mathbb{K}$ 的外部,l 与 Σ 没有公共点.

因此有 $6+7+6=19$ 种不同类型的圆束. 建议读者作出相应的图形,并在 19 种圆束的每一种中确定圆的类型.

12. 我们考虑双曲几何学的两种圆束:由同时垂直于 S_1 与 S_2 的所有圆组成的束 $\overline{\Pi}$,垂直于 $\overline{\Pi}$ 的束 Π(因此包含圆 S_1 与 S_2). 假设在束 $\overline{\Pi}$ 的圆中有非欧圆;令 $\overline{S}_1$ 与 $\overline{S}_2$ 是这样的两圆,令 r 是这两圆的连心线. 常可用双曲运动把 r 变为圆 Σ 的直径,于是 r 将是双曲直线(图 85).

直线 r 垂直于 $\overline{S}_1$ 与 $\overline{S}_2$,因此它属于束 Π. 这蕴涵束 $\overline{\Pi}$ 的所有圆垂直于 r,但是此时束 $\overline{\Pi}$ 的所有圆的圆心在 r 上.

如果圆 S_1 与 S_2 相交,那么束 Π 的所有圆通过它们的交点,因此在这种情形中,根轴 r 也通过这两点(因此与 S_1,S_2 的公共弦重合).

附注. 我们可以证明,三圆 S_1,S_2,S_3 中每两圆的根轴属于唯一的双曲直线束. 特别地,如果两条根轴相交于点 Z,那么第三条根轴也通过这一点. 在这种情形中,点 Z 称为三圆 S_1,S_2,S_3 的根心.

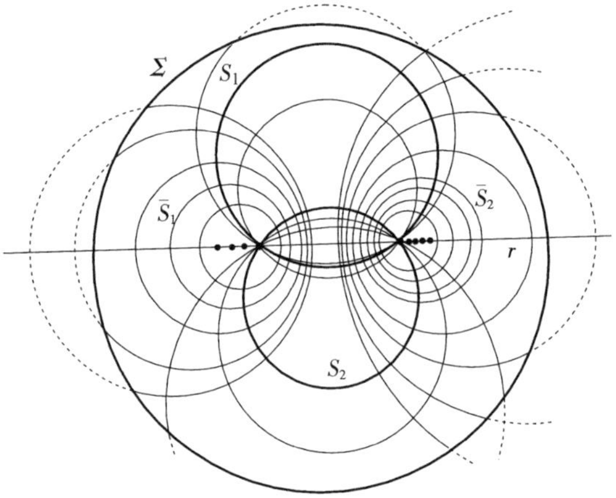

图 85

13. (1) 从第 3 页中定理 1 推出.

(2) 从在圆上的反射性质 B 与 C 推出(见第 1 章).

附注. 我们要记住,在圆 S 上的反射不是把每一点变为某一点的双曲几何学变换. 例如,图 86 中在圆 S 上的反射把 S 的外部变为圆 S 与 σ 之间的圆环(σ 与 Σ 关于 S 对称);至于 σ 内部的点,没有一点是在变换下的像(例如,等距曲线 S_1 在 S 上的反射下的像是圆 S_1' 的 $\overset{\frown}{P'Q'}$). 这一事实使包含在圆上反射的所有论证更加困难.

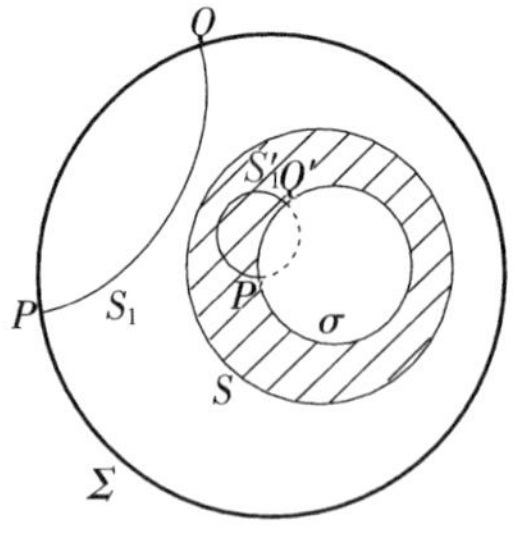

图 86

我们现在的困难类似于在第 5 章中用负量 $-a$ 定义膨胀变换时遇到的困难 —— 此处某些点不变为任意点,某些圆(半径小于 a) 不变为任意圆. 这个困难可以用类似于第 5 章中的方法来克服. 即我们将把所有双曲点看作二重点,正如第 5 章中一样,向点是具有指定“旋转方向”的点,或顺时针方向或逆时针方向(这可以用含有箭头的弧来表示). 此外,我们约定圆盘$\mathbb{K}$ 的所有点都有旋转的逆时针方向,并且只有旋转方向不同的各点关于圆 **Σ** 对称. 另外,如果约定 **Σ** 的点在无穷远处(我们不指定这些点的旋转方向),那么双曲几何学的所有点集与平面的点集重合(补充一"无穷远点",逆时针方向,对应于圆盘$\mathbb{K}$ 的圆心). 我们现在可以把双曲几何学的圆看作有向圆,并且只有在(有向) 点 A 的旋转方向与在圆 S 上运动有关的旋转方向相同时,点 A 才可以看作属于有向圆 S(如图 87,图中点 A 属于圆 S,点 B 不属于圆 S).

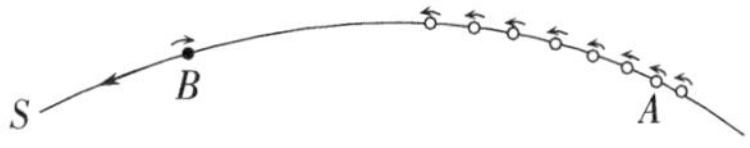

图 87

现在,所谓具有轴 PQ 的等距曲线指的是到直线 PQ 等距离且在 PQ 两边的点的轨迹,并且,等距曲线的上支与下支必须方向相反(图 88(a));等距曲线用与 Σ 相交的整个圆表示(图 88(b)). 我们把没有给它们指定方向的直线包含在圆集中(这类似于我们在第 5 章中所述的情形,其中没有指定各点的方向[1])以及把(也是无向的)"无穷远的圆"Σ 包含在圆集中. 于是双曲几何学的全部圆和平面上的全部圆与直线重合.

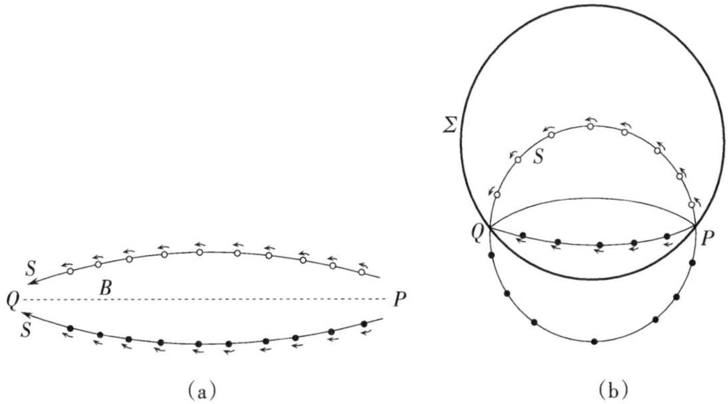

图 88

由于"双曲几何学的点"与"双曲几何学的圆" 的意义的扩大,在圆上的反射变成这样的变换,使每一(有向或无穷远的) 点变为一新的(有向或无穷远的) 点,使每一个圆变为一个新圆. 自然把圆变为圆的双曲几何学变换称为圆的圆变换;把直线变为直线的变换称为线性变换. 于是我们有以下两对定理,完全类似于第 4 章中的定理 1 与定理 2(第 60 页):如果双曲几何学的每一变换都是圆与直线的变换,那么这样的每一变换是一双曲运动,不是线性变换的每一圆变换可以用在圆 S 上的反射,随后可以用双曲运动来实现.[2] 为了证明这两个定理中的第一个定理,我们只需要注意把 Σ 变为它本身的每一圆变换是一双曲运动(见第 117 页中双曲运动的定义). 现在设圆变换 K 把 Σ 变为圆 σ,令圆 Σ 与 σ 关于圆 S 对称. 于是圆变换 K 可以表示为在 S 上的反射与某一圆变换 $\overline{K}$ 的乘积. 现在为了完成上述第一个定理的证明,只要注意到,当 S 不是直线与圆 Σ 时,在 S 上的反射不能把双曲几何学的所有直线变为直线.

把有向点引入圆变换,不仅对圆变换理论而且也对与圆有关的许多其他问题,都是方便的. 例如在问题 8 的陈述中,我们不再要求圆 S_1,S_2,S_3,S_4 中的某两个应当相交于两点 —— 这个条件是已知满足的;同样,有向点的引入明显地简化了相当复杂定理的陈述,正如问题 8 解法后面的附注所提及的那些定理.

和点的圆变换类似 —— 在有向点集上的变换把圆(包含无向直线)变为圆 —— 我们也应当研究轴向变换,即在有向直线集合上的圆变换,此变换把圆(包含无向直线)变为圆. 双曲几何学的轴向圆变换理论与点的圆变换理论有许多共同点.

附录解答的注解

[1]我们引入有向圆的概念,以便建立属于此圆的点的方向;在圆的凸边上作出的在此点周围的弧上箭头方向一定与圆的方向相同(图 7). 但是因为直线不是凸的,所以不能指定它的点的方向(图 89(a)). 从而我们应当把直线看作无向的,它们的点看作二重点,这表示直线可以用与圆 Σ 垂直的整个圆来表示(图 89(b)).

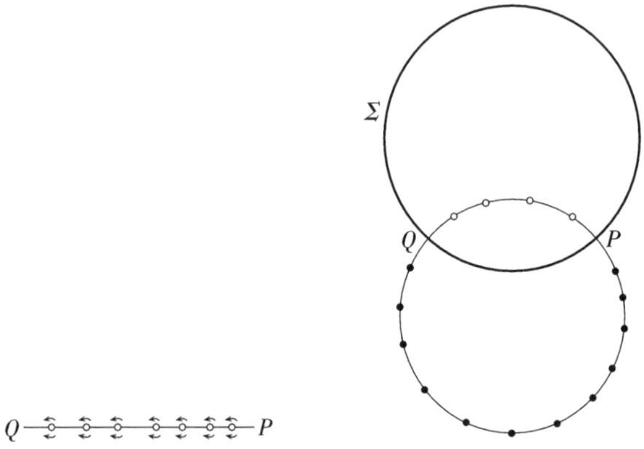

图 89

[2]因此在双曲几何学中,所有的圆变换在特殊意义上被化为以下三种基本的不同变换类型:

(1) 在圆上的反射;

(2) 在极限圆上的反射;

(3) 在等距曲线上的反射.

在前文中讨论的双曲运动可以绕每一点逆转方向(这一变换对应于在圆 Σ 上的反射).